# 일반역학
# INTERMEDIATE DYNAMICS

저자 : PATRICK HAMILL 역자 : 강지훈, 송승기, 양우철, 이영재

*World Headquarters*
Jones and Bartlett Publishers
40 Tall Pine Drive
Sudbury, MA 01776
978-443-5000
info@jbpub.com
www.jbpub.com

Jones and Bartlett Publishers
Canada
6339 Ormindale Way
Mississauga, Ontario L5V 1J2
Canada

Jones and Bartlett Publishers
International
Barb House, Barb Mews
London W6 7PA
United Kingdom

Jones and Bartlett's books and products are available through most bookstores and online booksellers. To contact Jones and Bartlett Publishers directly, call 800-832-0034, fax 978-443-8000, or visit our website, www.jbpub.com.

Substantial discounts on bulk quantities of Jones and Bartlett's publications are available to corporations, professional associations, and other qualified organizations. For details and specific discount information, contact the special sales department at Jones and Bartlett via the above contact information or send an email to specialsales@jbpub.com.



**Production Credits**
Publisher, Higher Education: Cathleen Sether
Acquisitions Editor: Shoshanna Goldberg
Acquisitions Editor: Molly Steinbach
Managing Editor: Dean W. DeChambeau
Associate Editor: Megan R. Turner
Editorial Assistant: Caroline Perry
Production Director: Amy Rose
Senior Marketing Manager: Andrea DeFronzo
V.P., Manufacturing and Inventory Control: Therese Connell
Cover Design: Kristin E. Parker
Assistant Photo Researcher: Bridget Kane
Composition: Northeast Compositors, Inc.
Cover Image: © Courtesy of Jerry Cannon and George Roberts/NASA
Printing and Binding: Malloy, Inc.
Cover Printing: Malloy, Inc.

**Library of Congress Cataloging-in-Publication Data**
Hamill, Patrick.
Intermediate dynamics / Patrick Hamill.
p. cm.
ISBN-13: 978-0-7637-5728-1 (hardcover)
ISBN-10: 0-7637-5728-4 (ibid)
1. Dynamics. I. Title.
QA846.H23 2009
531'.11-dc22

2008039767

6048
Printed in the United States of America
13 12 11 10 09    10 9 8 7 6 5 4 3 2 1

# Preface

이 책은 1학년 대학 물리의 복습문제와 함께 입문과정으로부터 시작하지만, 이 책의 마지막 부분에서 학생들은 중급 역학 과정에서 보통 접할 수 있는 주제뿐만 아니라 보통 다루어지지 않는 몇 가지 고급 주제도 접하게 될 것이다.

## 구성(organization)

이 책의 제1부는 기본 개념을 복습하는 하나의 장으로 되어있다. 이 장은 상위 학생들은 건너 뛸 수 있고, 빠른 복습이 필요한 학생들에게 읽게 할 수 있는데, 이 장을 꼼꼼하게 공부하면 대부분의 학생들이 도움을 받는다. 이 장은 운동학(1차원 운동, 포물체 운동과 회전 운동)과 동력학(선형운동, 회전 운동 및 정역학에 적용되는 뉴턴의 법칙), 선운동량, 각운동량과 에너지를 다루고 있다.

제2부, "역학의 원리"(2~8장)는 역학의 기본 개념을 다루며 운동학, 동역학과 보존의 원리를 철저히 다루고 있다. 2장에서 학생은 데카르트 좌표, 평면극좌표, 원통좌표와 구면좌표에서 가속도, 속도와 위치의 관계를 접하게 된다. 1장에서 철저히 다루어서 본문에서 자세히 논하지는 않지만 벡터 분석의 몇 가지 개념을 소개하고 몇 개의 적당히 어려운 포물체 문제들을 다룬다. 3장에서는 뉴턴의 법칙을 다룬다. 이 장에서는 운동을 구하는 법을 논한다. 여기에서 학생들은 일정한 힘 또는 시간, 속도와 위치의 함수인 힘에 대하여 뉴턴의 2법칙을 적분하여 시간의 함수로서의 위치를 구하는 기법을 배우게 된다. "수치해석법으로 운동을 풀게 하여" 학생이 물리학에서 컴퓨터 기법을 배우게 한다.

나는 물리학을 전공하는 학생들이 일찍 라그랑지안에 접하는 것이 중요하다고 생각한다. 그것은 라그랑지안이 복잡한 동역학계에 대한 운동 방정식을 얻는데 간단한 ("설명서의") 기법을 제공하기 때문이다. 예를 들면 라그랑지안 기법은 이중 진자, 구면 진자 또는 결합된 진동자에 대한 운동 방정식을 쉽게 구하도록 한다. 더 중요하게도 라그랑지안은 보존법칙과 대칭성 사이의 관계를 주는 일반화 운동량(generalized momentum)과 무시되는 좌표(ignorable coordinates)의 개념을 도입할 수 있도록 한다. 4장에서 먼저 운동 방정식을 형성하는 간단한 방법으로서 라그랑지안 기법을 소개한다. 다음에 이 장에서 변분법을 이용해서 라그랑지 방정식을 유도한다. 강사가 너무 고급이라고 생각되면 이 절을 생략할 수 있다. 이 장의 끝부분에 해밀토니안과 해밀턴 방정식에 대해 선택적인 논의가 있다.

5~8장에서 에너지, 선 운동량과 각운동량의 보존 법칙을 논의한다. 5장에서는 에너지 보존에 대해 위치에너지와 유효 퍼텐셜의 개념을 논의한다. 위치에너지는 자연히 스칼라 장의 기울기를 논의하게 한다. "델(del)" 연산자가 원통 좌표 및 구면 좌표에서 표현되는 방법을 묘사하는 절이 있다; 이것은 일반적인 좌표변환을 논의할 수 있게 한다. (나는 물리에서 필요로 할 때 벡터 미적에서 생기는 개념을 도입하는 것이 하나의 기초적인 장(introductory chapter)에서 벡터의 개념을 모두 다루는 것보다 훨씬 더 효과적이라고 생각한다.) 선운동량과 각운동량의 보존에 관한 장 (6~7)에서는 보통의 주제(로켓, 충돌 등) 뿐만 아니라 각운동량이 축성 벡터라는 사실과 같이 조금 평범하지 않은 주제를 다룬다. 8장에서는 대칭성과 보존의 법칙 사이의 관계를 생각한다.

제3부는 아주 짧은 장론(field theory)의 서론이다. 장론은 전자기학에 관한 과정에서 철저히 다루기 때문에 여기에서는 중력장에 대한 것으로 한정된다. 부가적인 벡터 개념이 여기에서 소개되며 학생들은 가우스의 법칙과 포와송 및 라플라스 방정식을 접할 것이다.

다음에 제4부(10~13장)에서는 입자들의 역학을 다룬다. 이 부분은 중심력 운동, 단조화 운동 및 가속기준틀에서의 운동을 다룬다. 학생들은 멱급수에서 전개의 기법을 배우고 달리 다루기 힘든 물리문제를 풀기 위해 연속적인 근사를 이용하는 아이디어를 얻게 된다. 10장에서는 중심력 운동 즉 케플러 문제를 다루며 또한 학생들이 어떻게 작은 섭동이 취급되는지 볼 수 있는 원 궤도의 안정도를 생각한다. 11장의 "단조화 운동"에서 2차 미분방정식을 푸는 것을 포함하여 감쇄 및 구동 조화 진동자에 대해 철저히 논의한다. 또한 이 장에서 결합된 진동자와 기준방식(normal modes)의 분석을 다룬다.

12장은 임의의 진폭을 가진 단진자의 운동으로부터 시작하여 타원적분을 소개한다. 다음에 물리진자, 진동중심과 충격중심(center of percussion), 구면진자와 원뿔진자 (conical pendulum)을 생각한다. 진자에 전체의 장을 할애한다는 것은 지나치게 보이지만 그것은 운동을 설명하는데 시간을 소모할 필요 없이 유용한 수학적 기법을 제공할 수 있는 매우 간단하고 쉬운 가시적 물리계이다. 13장의 "가속기준틀"에서는 코리올리 힘과 원심력을 소개하여 회전하는 지구의표면에서의 운동을 분석한다. 낙하하는 물체, 포물체 및 푸코 진자의 예를 든다.

제5부의 물질 부분인 "크기를 가진 물체의 역학"은 어떤 강의에 대해서는 너무 고급일 수 있지만 강사는 회전 운동학, 회전 동력학 및 파동을 다루고자 할 것이다. 이 부분은, 달랑베르의 원리와 가상적인 일을 논의하는 정역학에 관한 선택적인 장, 14장부터 시작한다. 15장 "회전 운동학"에서는 직교 변환을 소개하고 어떻게 오일러 각을 얻는지 묘사하고 오일러의 정리를 생각한다.

다음에 나오는 회전동력학에 관한 16장에서는 관성텐서와 텐서 분석의 몇 가지 방법을 소개한다. 17장은 파동운동의 서론이다. 학부의 전자기 이론 강의에서 광범위하게 다루기 때문에 나는 이 주제를 자세히 다루지 않는다. 이 부분의 마지막 장인 18장에서 고급 주제이며 선택적인 미소진동을 다룬다.

이 책의 마지막 부분은 두 개의 "특수한 주제"의 장들로 이루어져 있다. 첫 장은 특수 상대론이며 두 번째는 고전 카오스 입문이다. 이 두 장 모두 철저하지 못하다; 그 보다 나는 학생에게 이 재미있는 과제들의 개요를 제공하고자 하는 것이다.

### 연습과 문제

물리학을 배운다는 것은 물리학을 하는 것이므로 나는 책에 있는 거의 각 절의 끝에 많은 수의 연습을 포함시켰다. 그들의 대부분은 본문에서 묘사한 중심적인 아이디어를 강화하기 위한 것이다. 어떤 것은 학생들이 본문에서 언급한 공식들을 다시 공부하도록 하기 위한 시작일 뿐이다. 또 다른 것은 유도에서 생략한 단계들을 학생들이 채우도록 질문한다. 대부분의 질문은 학생들이 자신의 공부를 검토할 수 있도록 하기 위한 것이다. 나는 이 책을 공부하는 학생들은 모든 연습을 풀기를 권한다. 각 장은 이 과정의 난이도 수준에 맞게 더 어려운 문제들의 집합으로 끝난다. 이들의 대부분은 상당한 노력과 분석이 요구된다. 그러나 나는 해당하는 장을 읽고 연습문제들을 푼 학생들은 이 문제들을 공격하고 성공적으로 풀 수 있는 준비를 갖출 것이라고 믿는다.

나는 중급 역학의 전통적인 내용을 가르치는데 두 학기의 대부분이 소요되고 전산물리에 의미 있게 파고들만한 충분한 시간이 없다고 생각하기 때문에 물리학에서 컴퓨터의 역할은 이 본문에서 강조되지 않는다. 또한 많은 대학에서 학부 물리학 교과에 별도의 전산물리 과정을 열고 있다. 여러 강사들이 학생들에게 컴퓨터의 방법에 접하기를 원한다고 알고 수치적 기법의 논의를 조금 포함시켰다. 더욱이 거의 모든 장에서 몇 개의 "컴퓨터 과제"를 주었다.

## 감사의 글

NASA Ames Research Center와 San Jose State University에 있는 나의 학생들과 연구 동료들 그리고 특히 원고의 부분을 읽고 값진 충고를 해준 A. Garcia, B. Holmes와 L. Tomley 박사들께 이 기회를 통해 감사드린다. 또한 Jones and Bartlett 출판사의 직원 여러분, 특히 Amy Rose와 Shoshanna Goldberg에게 감사드린다.

# 저자에 관하여

Patrick Hamill은 1981년 이후 San Jose 주립대학교에서 물리학을 가르쳤다. 그는 Arizona 대에서 천체 역학의 분야를 연구하여 물리학 박사학위를 받았다. 그는 NASA Ames Research Center에서 천체역학과 대기 물리학 연구를 수행하였다. 1997년에 그는 San Jose 주립대학교에서 "President's Scholar"로 지명되었다.

# Contents

## Chapter 7 각운동량 보존



## Chapter 8 보존법칙과 대칭



# 제 3 부 중력장

## Chapter 9 중력장

## 제 4 부 입자들의 역학

### Chapter 10 중심력에 의한 운동



### Chapter 11 조화 운동(Harmonic motion)



### Chapter 12 진자(Pendulum)

# 제 6 부 특별 주제

## Chapter 19 특수 상대성 이론



## Chapter 20 고전 혼돈 이론(선택)

# 제 1 부

# 예비 개념

CHAPTER 1

# 기본원리의 개관

이 장에서는 독자들이 물리학 입문과정 이후에 잊을 수 있는 세 가지 일반적인 과제에 대한 기억을 새롭게 하고자 한다. 이 장에서는 1차원 및 2차원 운동(운동학)의 분석, 뉴턴의 3가지 법칙과 응용(동력학)과 역학의 3가지 기본적인 보존법칙(에너지, 선운동량 및 각운동량 보존의 법칙)을 다룬다.

독자들이 물리학 입문과정에서 이들 개념을 접하였기 때문에 여기에서 다루는 대부분의 내용에 익숙하기를 바란다. 그러나 많은 학생들에게는 어떤 개념들은 좀 불분명하고 심도 있는 역학공부를 시작하기 전에 그 개념들을 복습하는 기회를 갖는 것이 좋을 것이다. 이 장을 공부하고 이 장의 끝에 나오는 문제들을 풀면 역학의 기본 원리를 잘 파악할 수 있을 것이다.

## 1.1 운동학

운동학은 운동에 대한 연구이다. 운동을 묘사하기 위해서 위치, 속도, 가속도 및 시간의 개념을 이용할 필요가 있다. 운동학은 이들 변수 사이의 관계를 구하는 것인데 때때로 물체의 가속도가 알려질 때 위치를 시간의 함수로 구하는 것이다. 회전 운동학은 좀 더 복잡하다; 회전운동의 몇 가지 간단한 관점을 제외하고는 이 과정에서 나중으로 미루겠다.

### 1.1.1 위치

입자의 위치를 어떻게 기술할 수 있을까? 입자 또는 질점은 크기가 없이 점으로 간주할 수 있기 때문에 쉽게 위치를 표시할 수 있다. (크기가 있는 물체의 위치를 기술할 때는 그 물체의 방향도 묘사할 필요가 있으므로 상당히 더 복잡해진다.) 먼저 입자의 위치를 기술하기 위해 공간의 한 점을 원점으로 선택한다. 원점으로 방의 모퉁이, 종이의 한 점 또는 지구의 중심과 같이 보통 쉽게 알 수 있는 곳을 선택한다. 원점은 완전히 임의로 선택할 수 있어서 원하는 곳은 어디든지 원점으로 정할 수 있다. 그때 입자의 위치는 원점으로부터 그 입자까지 *거리*와 입자의 *방향*에 의해 결정된다. 원점으로부터 입자까지의 벡터 $\mathbf{r}$를 기술함으로서 입자의 위치가 주어진다. 그림 1.1(a)에서 입자는 $m$으로 표시된다.

어느 경우에는 한 입자의 위치를 다른 입자를 기준으로 하여 표현하기도 한다. 그 경우를 그림 1.1(b)에서 묘사한다. 입자 $m_1$은 원점을 기준으로 $\mathbf{r}_1$에 위치해 있고 입자 $m_2$는 원점을 기준으로 $\mathbf{r}_2$에 있다. 입자 $m_1$에 대한 입자 $m_2$의 *상대*위치는 $\mathbf{r}_{12}$이다. 벡터의 머리-꼬리 덧셈의 법칙으로부터

$$\mathbf{r}_{12} = \mathbf{r}_2 - \mathbf{r}_1$$

임을 알 수 있다.

벡터 $\mathbf{r}_1$과 $\mathbf{r}_2$는 동일한 입자의 시간적으로 다른 위치를 표현일 수도 있다. 이러한 관점에서는 $\mathbf{r}_1$은 시간 $t_1$에 입자의 위치가 되고 $\mathbf{r}_2$는 시간 $t_2$에 그 입자의 위치가 된다. 그 경우 $\mathbf{r}_2 - \mathbf{r}_1$를 입자의 변위라고 부른다.

위치를 나타내는 벡터는 항상 볼드체 문자 $\mathbf{r}$로 나타낸다. 이 벡터의 길이는 $r$로 표시되며 스칼라이다. 이 책에서 벡터는 항상 볼드체 형태로 표현된다. 벡터를 다룰 때 종종 *단위 벡터*를 사용하는 것이 편리하다. 직교좌표계에서 3개의 단위 벡터를 $\hat{\mathbf{i}}$, $\hat{\mathbf{j}}$, $\hat{\mathbf{k}}$로 표시한다. 이들은 단위길이의 벡터이고 각각 $x-$, $y-$ 및 $z-$축 방향이다. 2장에서는 다른 좌표계에서의 단위 벡터를 다룰 것이다.

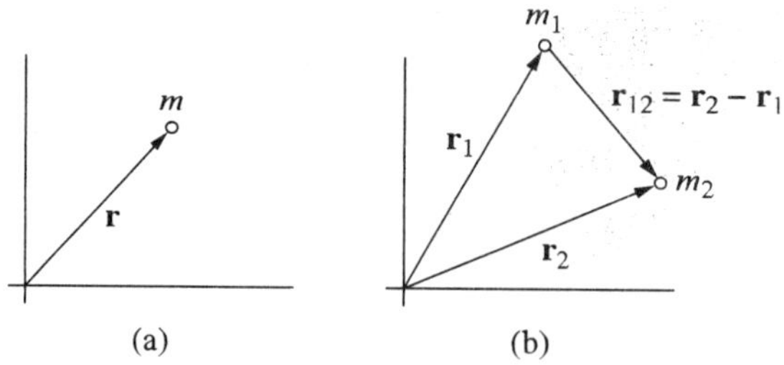


그림 1.1 (a) 임의로 선택된 원점에 대한 입자의 위치. (b) 한 입자의 다른 입자에 대한 위치

### 1.1.2 속도

한 물체가 어떤 위치에서 다른 위치로 움직인다. 이 운동 과정은 시간이 필요하다. 걸리는 시간이 짧다면 물체는 빨리 움직일 것이고 그 시간이 길면 천천히 움직일 것이다. 속력은 물체가 어떤 거리를 움직이는데 걸리는 시간과 관계된다는 것을 우리는 안다. 아마도 초등학교에서 배우는 대략적인 속력의 개념이 움직인 거리 나누기 걸린 시간이라는 것을 기억할 것이다.

물리에서는 속도를 정확히 정량적으로 정의한다. 한 입자가 시간 $t_1$에 위치 $\mathrm{r}_1$에 있고 시간 $t_2$에 위치 $\mathrm{r}_2$에 있다고 하자. 그 입자의 평균 속도는

$$\langle \mathbf{v} \rangle \equiv \frac{\mathbf{r}_2 - \mathbf{r}_1}{t_2 - t_1} = \frac{\Delta \mathbf{r}}{\Delta t} \tag{1.1}$$

로 정의된다. 여기에서 $\Delta\mathrm{r} = \mathrm{r}_2 - \mathrm{r}_1$는 입자의 변위이며 $\Delta t$는 그 변위가 일어나는 동안의 시간 간격이다.

명백히 입자의 위치는 시간의 함수이다. 수학적 부호를 이용해서 이것을 $\mathrm{r} = \mathrm{r}(t)$로 쓴다. 이것을 언어로 "시간 $t$에 r의 값" 또는 "시간 $t$의 함수로서의 r"이라고 말한다. 이러한 표기법으로는 $\mathrm{r}_1 = \mathrm{r}(t_1)$와 $\mathrm{r}_2 = \mathrm{r}(t_2)$이 된다. $t_1$을 $t$로 쓰고 $t_2$를 $t + \Delta t$로 쓰면 평균 속도는

$$\langle \mathbf{v} \rangle = \frac{\mathbf{r}(t_2) - \mathbf{r}(t_1)}{t_2 - t_1} = \frac{\mathbf{r}(t + \Delta t) - \mathbf{r}(t)}{\Delta t}$$

이다.

*순간적인 속도*는 시간 간격이 영으로 접근할 때 평균속도의 극한으로 정의된다. 즉

$$\mathbf{v} = \lim_{\Delta t \to 0} \frac{\mathbf{r}(t + \Delta t) - \mathbf{r}(t)}{\Delta t} = \frac{d\mathbf{r}}{dt}$$

이다. (여기에서 미분의 정의를 이용한다.) 벡터 량인 속도는 시간에 대한 위치의 변화율이다

시간 미분은 보통 해당되는 함수량의 바로 위에 점을 찍어 표시한다, 따라서

$$\mathbf{v} = \dot{\mathbf{r}} \tag{1.2}$$

이다. 속력은 속도의 *크기*이다. 그 스칼라량인 속력은 보통 $v$로 표시한다. 벡터와 벡터의 스칼라 곱의 정의를 이용해서 속력은

$$v = \sqrt{\mathbf{v} \cdot \mathbf{v}} \tag{1.3}$$

으로 쓸 수 있다.

### 1.1.3 가속도

가속도는 속도의 변화를 말한다. 시간간격 $\Delta t = t_2 - t_1$ 동안 한 입자의 평균가속도는 다음 벡터로 주어진다:

$$\langle \mathbf{a} \rangle = \frac{\mathbf{v}_2 - \mathbf{v}_1}{t_2 - t_1} = \frac{\mathbf{v}(t_2) - \mathbf{v}(t_1)}{t_2 - t_1} = \frac{\Delta \mathbf{v}}{\Delta t}. \tag{1.4}$$

순간 가속도는 시간간격이 영으로 접근할 때 식 (1.4)의 극한이다. 그러므로 가속도는 속도의 시간미분이며 위치의 2차 시간미분이다.

$$\mathbf{a} = \frac{d\mathbf{v}}{dt} = \frac{d}{dt}\left(\frac{d\mathbf{r}}{dt}\right) = \frac{d^2\mathbf{r}}{dt^2}, \tag{1.5}$$

또는

$$\mathbf{a} = \dot{\mathbf{v}} = \ddot{\mathbf{r}}.$$

속도는 벡터량이므로 속도의 *방향* 변화도 가속도를 이룬다. 예를 들면, 일정속력으로 원운동을 하는 입자는 원의 중심 쪽으로 가속된다. (이 가속도를 *구심*가속이라 한다.)

### 1.1.4 일차원 운동

단일 매개변수로 묘사할 수 있는 운동은 무엇이든 일차원 운동이라고 말한다. 예를 들면 철사에 꿰어져 미끄러지는 구슬의 위치는 그 철사의 어떤 한 점으로부터 거리로 기술될 수 있다. 철사가 비틀리거나 구불거려도 하나의 숫자로 구슬의 위치를 기술하기 충분하다. 마찬가지로 구부러진 길을 따라 움직이는 차의 위치도 시작점으로부터 거리로 기술할 수 있다. 그러나 선형적인 거리가 사용하기 가장 편리한 매개변수가 아닐 수 있다. 예를 들면, 원형 고리에 꿰어져 미끄러지는 구슬의 위치는 하나의 각으로 가장 잘 묘사된다.

일차원 운동의 가장 간단한 예는 $x$-축과 같은 직선을 따라 움직이는 입자의 경우이다. 가속도는

$$a = \frac{dv}{dt}$$

인데 여기에서 운동이 일차원적이고 벡터를 사용할 필요가 없으므로 **a**나 **v**보다 $a$나 $v$를 쓴다. 양변에 $dt$를 곱하면 다음의 매우 간단한 미분식이 된다:

$$dv = adt.$$

이식을 적분하면

$$\int_{v_0}^{v_f} dv = \int_{t_0}^{t_f} adt$$

이 되는데, 여기에서 적분한계는 시간이 $t_0$로부터 $t_f$까지 이고(즉, "초기" 시간으로부터 "최종" 시간까지) 속도의 초기와 최종 값은 $v_0$와 $v_f$임을 말한다.

$t_0$는 입자가 초기위치 $x_0$에 있을 때의 시간이다. 어떠한 운동과정에서도 시작 시간은 임의적이므로(시작 시간은 단지 스톱워치의 단추를 누르는 때에 따라 다르므로) 시작 시간은 대부분의 경우 영($t_0 = 0$)에 맞춘다.

여기에서 더 진행할 수는 없다. 시간의 함수로서의 가속도에 대한 명시된 수식이 없으므로 적분을 할 수 없다. 그러나 $a = a(t)$ 관계를 알게 된다면 그 적분을 하여 속도에 대한 시간의 함수인 수식을 얻을 수 있다.1) $v = v(t)$. 일단 속도를 결정하면 분석을 계속할 수 있고 다음과 같이 쓸 수 있다:

$$dx = v(t)dt.$$

이 식은 속도의 정의로부터 직접 나온 것이다.

다시 적분하여 위치에 대한 수식을 시간의 함수로 구할 수 있다:

$$x = x(t)$$

또는 더 뚜렷이

$$x = x(t, v_0, x_0)$$

으로 표현된다.

---

1) 정확히 이것은 시간, 초기시간과 초기속도를 변수로 하여 속도를 표현한다, $v = v(t, t_0, v_0)$.

### 일정한 가속도를 갖는 일차원 운동

앞에서의 논의는 조금 추상적이었으므로 일정한 가속도를 갖는 일차원 운동을 묘사하기로 하자. 다시 가속도의 정의로부터 시작한다.

$$dv = adt.$$

적분하여

$$\int_{v_0}^{v_f} dv = \int_0^{t_f} adt = a\int_0^{t_f} dt = at_f.$$

임의의 시간 $t$에

$$v(t) = v_0 + at. \tag{1.6}$$

속도의 정의 $v = \dfrac{dx}{dt}$를 이용해

$$\int_{x_0}^{x_f} dx = \int_{t_0}^{t_f} v(t)dt = \int_{t_0=0}^{t_f} (v_0 + at)dt$$

$$x_f - x_0 = v_0 t_f + \frac{1}{2}at_f^2$$

를 얻는다. 임의의 시간 $t$에 위치는

$$x(t) = x_0 + v_0 t + \frac{1}{2}at^2 \tag{1.7}$$

로 주어진다. 식 (1.6)과 (1.7)은 물리입문 과목에서 배웠던 식이며 사실 독자들은 이것을 기억할 것이다. 그러나 이 물리공부 단계에서 이 식들을 얻는 과정의 이해가 더 중요하고 그 유도에 익숙해져야 한다.

식 (1.6)과 식 (1.7)로부터 시간 $t$를 제거하거나 가속도 $a$를 제거하여 다른 유용한 식을 얻을 수 있다. 이 쉬운 대수적 조작은 독자에게 남기는데 그 결과는

$$x = \frac{1}{2}(v + v_0)t \tag{1.8}$$

과

$$2ax = v^2 - v_0^2 \tag{1.9}$$

이 된다.

지금까지 대수롭지 않은 문제를 논의하며 많은 시간을 할애하였다. 그것이 역학에서 주로 하는 분석을 위한 모델, 즉 정의로부터 시작해서 주의 깊게 점진적으로 수학적인 개발을 실행하는 것이기 때문이다.

얻어진 공식들(식 1.6부터 1.9까지)은 *일정한 가속도에 대해서만 유효하다*는 것을 강조한다. 만일 가속도가 시간 또는 속도 또는 위치의 함수라면 $v(t)$와 $x(t)$의 정확한 수식을 얻기 위해 전체 과정을 수행해야 한다.

**언급**

이 책에 많은 연습문제들이 있다. 그들은 어렵지 않다. 그들은 본문에 있는 개념을 복습하고 이해하게 하기 위한 것이다. 독자는 본문을 읽고 각 연습문제를 풀기 위해 공부해야 한다. (그들을 지적 훈련으로 간주하자.) 각 장의 끝에는 연습보다 상당히 더 어려운 문제들이 있다. 그러나 대부분의 연습들을 풀면 문제들을 풀 준비가 되는 것이다. 많은 학생들은 연습을 공부하는 것이 시험을 위한 좋은 준비라는 것을 알게 될 것이다.

**❑ 연습 1.1**

일정한 가속도를 갖는 운동에 대한 수식에서 가속도가 영일 때의 운동에 대한 예상되는 수식(즉 일정 속력의 운동)을 알 수 있음을 보여라.

**❑ 연습 1.2**

식 $x = v_0 t + \frac{1}{2}at^2$와 $v = v_0 + at$로부터 시작해서 다음 식을 유도하라:

$$x = \frac{1}{2}(v + v_0)t$$

과

$$2ax = v^2 - v_0^2.$$

이들 식은 가속도가 일정하지 않더라도 유효한가?

❐ 연습 1.3

운전자가 새 차를 60 mph(=88 ft/s)의 속도로 달리다가 갑자기 경찰차를 발견했다. 그는 자동적으로 제동장치를 밟았다. 150 ft의 거리를 진행하며 30 mph로 느려졌다. (a) 이때 그 차의 일정 가속도는 얼마인가? (b) 30 mph로 느려지는데 걸린 시간은 얼마인가? **답:** (a) $-19.4\ \text{ft/s}^2$ (b) 2.3 sec

### 일정한 가속도를 갖는 2차원 운동

운동학에서 가장 중요한 문제 중 하나는, 수직방향은 $-g$의 일정 가속도를 갖으나 수평방향은 가속도 성분이 없는 돌과 같은, 포물체의 궤적이다. 이것을 포물체 운동이라고 부른다.

그러한 문제를 공부하는데 주목할 일은 수직과 수평 운동은 서로 독립이라는 것이다. 입자는 수직적으로 가속하지만 수평적으로는 일정한 속도(영의 가속도)를 갖는다. 이 두 방향의 운동은 시간에 의해 관련된다.

수직좌표를 $y$로 쓰면

$$a_y = -g$$

이 된다. 이 때 식 (1.6)로부터

$$v_y(t) = v_{0y} - gt$$

이 되며 식 (1.7)로부터

$$y(t) = -\frac{1}{2}gt^2 + v_{0y}t + y_0$$

이다. 마찬가지로 수평좌표가 $x$이고 수평적으로 가속도가 없으면 수평속도는 일정하고 초기 수평속도와 같다. 즉

$$v_x(t) = v_{0x}$$

이다. 수평위치는 다음과 같이 얻어 진다:

$$\int_{x_0}^{x(t)} dx = \int_0^t v_{0x}\,dt,$$
$$x(t) = v_{0x}t + x_0.$$

궤적의 정상에서 수직 속도($v_y$)는 영이라는 것을 기억할 필요가 있다. 이것은 포물체가 궤적의 정상에 이를 때까지의 시간을 구하는데 유용하다. 즉

$$t_{\text{top}} = v_{0y}/g.$$

**예제 1.1**

대포 탄환(포탄)의 포물체 운동을 생각하자. 대포에서 초기속력 $v_0$로 수평각 $\theta$의 방향으로 발사된 포탄의 수평 도달거리($R$)를 구하여라.

**풀이**: 도달거리($R$)는 수평의 평면을 따라 포물체가 날라 간 수평거리이다; 그것은 $y=0$일 때 $x$의 값이다. 초기 속도의 성분은 $v_{0x} = v_0 \cos\theta$과 $v_{0y} = v_0 \sin\theta$이다. 총 비행시간은 포물체가 정점에 이르는데 걸린 시간의 두 배이므로 도달거리는 $x(t = 2t_{\text{top}})$로 주어진다. 다음과 같이 초기속도로 주어지는 도달거리의 공식을 얻는 것은 쉽다:

$$v_y = v_{0y} - gt.$$

그러나 $t = t_{\text{top}}$ 일 때 $v_y = 0$이므로 $0 = v_{0y} - gt_{\text{top}} = v_0 \sin\theta - g t_{\text{top}}$이 된다. 따라서

$$t_{\text{top}} = (v_0 \sin\theta)/g.$$

그러므로

$$R = v_{0x}(2t_{\text{top}}) = 2v_0 \cos\theta\,(v_0 \sin\theta)/g$$

$$R = 2\frac{v_0^2}{g}\sin\theta\cos\theta. \tag{1.10}$$

지금까지의 포물체 운동의 분석에서 두 가지 가정을 하였다: (1) 중력의 가속도가 일정하고, (2) 포물체에 작용하는 수평력은 없다. 이것은 지구는 평평하고 회전하지 않고 물체에 작용하는 공기의 저항이 없다는 가정이다. 이 터무니없어 보이는 가정들(평평하고 움직이지 않으며 공기가 없는 지구!)이 물리에서는 중요한 기술을 묘사한다. 어려운 문제에 봉착할 때 이와 유사하고 보다 간단한 문제를 푼다. 때때로 간단한 문제의 해가 충분히 정확할 수 있다. 그러한 간단한 문제의 해를 때때로 실제의 문제의 해에 대해 영차의 근사(zeroth order approximation)라고 불린다.

나중에 독자는 정확한 해에 점점 더 가까운 결과를 얻기 위해 영차의 근사에서 무시된 요소들을 찾아내어 포함시키는 기술을 배운다. 13장에서 회전하는 지구상에서의 포물체 운동을 공부할 때 이러한 기술이 어떻게 작용하는지 더 자세히 알게 된다. 상상할 수 있는 바와 같이 연구하는 물리학자는 지속적으로 매우 복잡한 문제를 경험하게 된다. 무엇이 정말 중요하고 무엇을 미세한 오차(또는 높은 차수의 근사)로서 나중에 다루려고 남겨둘 수 있는지를 알게 하는 것은 물리학자 양성교육에서 중요한 부분이다. 예를 들면, 던진 야구공의 궤적은 지구를 평평하고 회전하지 않는 것으로 가정하여도 적당한 정확도로 계산할 수 있지만, 로켓의 궤적은 그러한 요소들을 포함하여 보다 정확히 계산해야 한다.

❐ **연습 1.4**

도달거리를 최대로 하기위해서 포물체의 투사각을 구하라. **답**: 45°.

❐ **연습 1.5**

5000 m의 고도에서 900 km/hr로 날아가는 비행기가 과녁의 바로 위를 지날 때 폭탄을 떨어뜨렸다. 과녁으로부터 얼마나 떨어진 위치에 폭탄이 떨어질까? **답**: $\simeq 8$ km.

### 1.1.5 회전운동학

수학적으로 회전운동학은 선형운동학과 동일하다. 운동학에서 위치, 속도와 가속도의 관계를 공부한다. 회전운동학에서는 각의 위치($\theta$), 각속도($\omega$)와 각가속도($\alpha$)를 다루는데 여기서

$$\omega \equiv \frac{d\theta}{dt} = \dot{\theta}$$

이고

$$\alpha \equiv \frac{d\omega}{dt} = \dot{\omega} = \ddot{\theta}$$

이다.

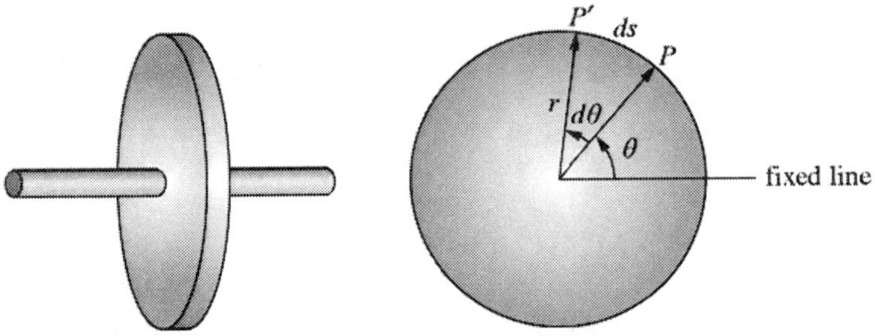


그림 1.2 ▌ 고정축 가진 바퀴. 바퀴는 회전되나 병진은 하지 않는다.

여기서 $\alpha$, $\omega$와 $\theta$는 스칼라이다. 나중에는 회전에 대한 고급 주제를 다룰 때는 이들을 벡터로 표현하게 될 것이다.

회전운동이 매우 복잡할 수 있다는 것을 알게 될 것이다. 당분간 문제를 간단히 하기 위해서 그림 1.2의 좌측에서 묘사되는 바퀴처럼 고정축을 중심으로 회전하는 대칭적인 물체의 특수한 경우를 생각하자. 휠의 중심은 운동하지 않는다고 가정하자. 중심의 선속도와 선가속도가 영이다. 점 $P$는 그 바퀴의 가장자리에 있다. $P$의 각 위치는 한 고정된 선(fixed line)과 중심으로부터 $P$까지 이르는 반지름 벡터(radius vector)가 이루는 각으로 주어진다. 바퀴가 회전하면 시간 $dt$후에 점 $P$는 거리 $ds$를 이동해서 점 $P'$에 이른다. 기하학적으로 $ds = rd\theta$인데 여기서 $d\theta$는 호 $PP' = ds$를 대하는 radian각이다. 점 $P$는 속력

$$v = \frac{ds}{dt} = \frac{rd\theta}{dt} = r\dot{\theta}$$

으로 움직인다. 점 $P$의 속력은 "접선속력"이라 불리고, $\dot{\theta} = \omega$이므로 다음의 식을 쓸 수 있다:

$$v_T = \omega r. \tag{1.11}$$

접선속력 $v_T$에 시간미분을 하면 접선가속도 $a_T$가 된다:

$$a_T = \frac{dv}{dt} = \frac{d}{dt}(r\frac{d\theta}{dt}) = r\frac{d^2\theta}{dt^2} = r\ddot{\theta},$$

여기서 $r$는 일정하다. 그러나 $\ddot{\theta} = \alpha$이므로

$$a_T = r\alpha \tag{1.12}$$

가 성립된다.

각운동에 대한 운동학 방정식은 선형운동에 대해 얻은 방정식과 유사하다. $\alpha =$ 상수라고 가정하면 각가속도의 정의로부터 즉

$$\alpha = \frac{d\omega}{dt}$$

으로부터 선형운동에 대한 식 $v = v_0 + at$에 비유되는 관계식

$$\omega = \omega_0 + \alpha t \tag{1.13}$$

이 얻어진다. 마찬가지로

$$\omega = \frac{d\theta}{dt}$$

으로부터 $x = \frac{1}{2}at^2 + v_0 t + x_0$에 비유되는 식

$$\theta = \frac{1}{2}\alpha t^2 + \omega_0 t + \theta_0 \tag{1.14}$$

이 얻어진다.

**❐ 연습 1.6**

25.0 rev/sec으로 회전하는 휠이 5.0 rad/s$^2$로 일정하게 감속하고 있다. 이 휠은 정지할 때까지 몇 회전 회전하겠는가? **답**: 392.7 회전.

**❐ 연습 1.7**

초기각속도 $\omega_0 = 50.0$ rad/s로 회전하는 휠이 일정하게 감속해서 20.0초 후에 정지했다. 이 휠의 각가속도와 정지할 때까지 회전수를 구하여라.
**답**: −2.5 rad/s$^2$; 79.6 rev.

## 1.2 동력학

이 절에서 동력학의 기본 개념을 복습한다. 동력학은 하나의 계가 외력을 받을 때 어떻게 움직이는지를 묘사한다. 동력학의 본질적인 개념은 뉴턴의 운동법칙으로 요약된다. 입자에 뉴턴의 법칙을 적용하고 그것을 크기가 있는 물체로 일반화한다. 이것은 운동이 회전을 수반한다는 것을 뜻한다.

### 1.2.1 뉴턴의 운동법칙

뉴턴의 법칙은 물체에 가해지는 힘과 그것으로 인한 운동의 관계를 요약한 것이다.[2] 뉴턴의 3가지 법칙은 다음과 같다:

**제1법칙 : 관성 법칙**
알짜외력을 받지 않는 물체는 일정한 속도를 유지한다.

**제2법칙** : $\mathrm{F} = \frac{d\mathrm{p}}{dt}$.
알짜외력을 받는 물체가 겪는 운동량 변화율은 그 외력과 같다.

$$\mathbf{F} = \frac{d\mathbf{p}}{dt}. \tag{1.15}$$

일정한 질량을 갖는 물체에 대해 이 식은 $\mathrm{F} = m\mathrm{a}$가 된다.

**제3법칙 : 작용 반작용 법칙**
한 물체가 다른 물체에 힘을 작용하면, 다른 물체는 힘을 작용하는 그 물체에게 반대방향으로 같은 크기의 힘을 작용한다.

#### 뉴턴의 제1법칙

뉴턴의 제1법칙은 물체의 "자연적인" 운동은 일정한 속도의 직선운동임을 말한다. 이것을 *일정한(uniform)* 운동이라고 한다. 이 법칙은 물체에 작용하는 힘이 없으면 그 물체는 직선으로 영원히 같은 속력으로 움직인다는 것을 말한다. 물체가 정지해 있다면 계속 정지해 있을 것이다. 그것은, 물질로 이루어진 모든 물체가 외력이 없다면 일정한 운동의 상태를 유지하려고 하는 물체의 고유한 성질이다. 물체의 이러한 성질을 *관성*이라고 한다.

---

2) 뉴턴은 이 법칙이 **비 가속** 기준틀 즉 **관성** 기준틀에만 적용된다는 것을 주의 깊게 지적했다.

### 뉴턴의 제2법칙

뉴턴의 제2법칙($\mathrm{F} = d\mathrm{p}/dt$)은 물리적 우주의 자연에 대한 심오한 내용이다. 그것은 임의의 외력을 받는 입자의 움직임을 묘사한다. 뉴턴의 제2법칙에서 F는 입자에 가한 모든 외력의 벡터 합으로 정의되는 "알짜 힘" 또는 "총 힘"이라는 것을 기억해야 한다.

제1법칙은 물체에 알짜 힘이 가해지면 그 물체는 더 이상 일정한 운동을 하지 않는다는 것이다. 물체가 힘을 받을 때 속도가 변한다는 결론을 얻는다. 실제로 대부분의 경우 속도가 변하는 운동이 일어난다. 그러나 제2법칙은 힘이 속도를 변화시킨다는 것이 아니고 힘이 운동량을 변화시킨다는 것이다. 운동량(p)은 질량과 속도의 곱으로 정의된다($\mathrm{p}= m\mathrm{v}$).

제2법칙의 우변을 생각하자. 운동량의 정의와 미분의 곱셈 규칙에 따르면

$$\frac{d\mathbf{p}}{dt} = \frac{d}{dt}(m\mathbf{v}) = \frac{dm}{dt}\mathbf{v} + m\frac{d\mathbf{v}}{dt}$$

이 된다. 질량이 일정하면 $\frac{dm}{dt} = 0$이고 이 식은

$$\frac{d\mathbf{p}}{dt} = m\frac{d\mathbf{v}}{dt} = m\mathbf{a}$$

이 된다. 따라서 질량이 일정하면 뉴턴의 2법칙은 고등학교 시절부터 사용한 식, 즉

$$\mathbf{F} = m\mathbf{a} \tag{1.16}$$

이 될 것이다. 그러나 주의하자! 질량이 일정할 때만 이 단순화된 식이 유효하다. 예를 들면 연료가 연소됨에 따라 질량이 감소하는 로켓의 운동에 대해서는 유효하지 않다. 가변의 질량을 포함하는 문제에서는 뉴턴의 제2법칙의 원래 식을 적용해야 한다.

이 장에서는 일정한 질량을 가진 계만을 생각하므로 단순화된 뉴턴의 2법칙의 식 $\mathrm{F}= m\mathrm{a}$를 사용할 수 있다.

$\mathrm{F}= m\mathrm{a}$를 적용할 때 *물체를 고립시켜* 생각하며 그 물체에 작용하는 힘을 모두 아는 것이 매우 중요하다. 역학 입문 과정에서 항상 "자유체 도형(free-body diagram)"을 그린다는 것을 기억하라. 이것은 물체에 작용하는 벡터 힘을 그린 도형이다. 그림 1.3을 보자. 물체에 작용하는 힘을 알면 $\mathrm{F}= m\mathrm{a}$을 기계적으로 적용

한다. 여기서 F는 계에 가하는 알짜 힘 또는 총 힘을 말한다. 만일 $N$개의 힘이 작용하고 있다면 알짜 힘은 $\mathrm{F}=\sum_{i=1}^{N}\mathrm{F}_i$이 된다.

초보 수준의 학생은 자신의 자유체 도형에서 자주 잘못 생각하여 *물체가* 가하는 힘을 포함시킨다. 우리 독자는 이러한 아주 심각한 잘못을 범하지 않을 것이다.

### 뉴턴의 제3법칙

뉴턴의 제3법칙은 두 물체가 상호작용할 때 그들은 서로에게 크기가 같고 반대 방향을 갖는 힘을 작용한다고 말해준다. 지구와 태양 사이의 중력 상호작용에서 지구가 태양에 가하는 중력은 태양이 지구에 가하는 중력과 크기가 같고 방향은 정확히 반대이다.

자갈을 떨어뜨리면 그것은 지구로 떨어지고 지구는 그 자갈을 아래쪽으로 끌어당긴다고 볼 수 있다. 그러나 제3의 법칙에 의하면 자갈은 위쪽방향으로 같은 크기의 힘을 지구에 가한다. 왜 자갈은 움직이는데 지구는 움직이지 않았는가? 이것에 제2법칙이 관련된다. 물론 지구가 위로 움직이지만 지구와 자갈의 가속도 비율은 그들 질량의 비에 반비례한다. $m_E$는 지구의 질량이고 $m_p$는 자갈의 질량이라고 하자. 제3법칙에 의해

$$\mathbf{F}_p = -\mathbf{F}_E$$

이 되고 따라서 제2법칙에 의해

$$m_p\mathbf{a}_p = -m_E\mathbf{a}_E$$

이 된다. 그러므로

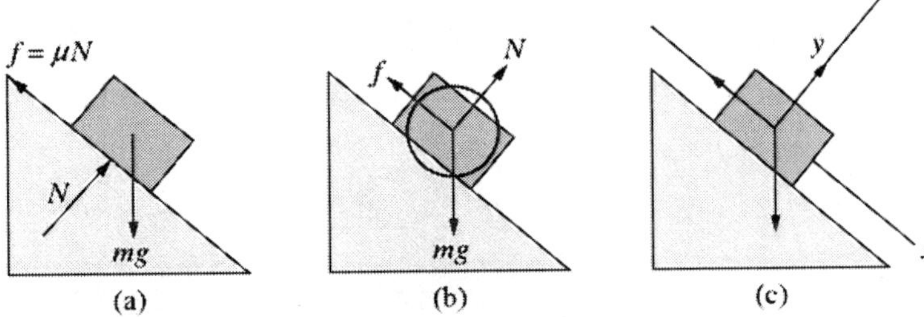


그림 1.3 ▌ 마찰이 있는 경사면을 따라 미끄러지는 블록. 스케치 (a)는 블록에 가하는 힘들을 보여준다. 스케치 (b)는 자유체 도형을 보여준다. 스케치 (c)에서는 $x$-축과 $y$-축이 기울어져서 경사면에 평형하고 직각이다.

$$a_E = -\frac{m_p}{m_E} a_p.$$

$m_p$가 $m_E$보다 대단히 작으므로 $a_E << a_p$이 된다. 이 두 물체는 같은 힘을 받으나 작은 질량은 큰 질량보다 엄청나게 큰 비율로 가속된다. 이것은 왜 때때로 질량을 "가속도 저항"으로 생각하는지를 설명해준다.

**예제 1.2**

경사각 $\theta$의 경사면을 따라 미끄러져 내려가는 질량이 $m$인 블록의 가속도를 구하라. 여기서 미끄럼 마찰계수는 $\mu$이다. 그림 1.3을 참조하라.

**풀이**: 블록에 작용하는 힘은 아래쪽 방향으로 향하는 중력 $mg$, 경사면에 직각방향인 법선력 $N$과 경사면과 평행한 방향인 마찰력 $\mu N$이 있다. 이들 힘은 그림 1.3(a)에 그려 있다. 블록의 질량중심에 작용하는 모든 힘과 자유체 도형은 그림 1.3(b)에서 보여준다. 이러한 문제에서는 그림 1.3(c)에서 보인 것처럼 좌표축을 경사면과 평행하고 직각인 축들로 선택하는 것이 편리하다.
경사면과 직각인 방향으로 알짜 힘이 영이어야 하므로 그 방향의 가속도는 영이다. 따라서 $N = mg\cos\theta$이다. 알짜 힘은 크기가 $F_d = mg\sin\theta - \mu N$이고 경사면을 따라 아래쪽 방향이다. 블록의 가속도는

$$a = \frac{F_d}{m} = g\sin\theta - \mu g\cos\theta$$

이다.

**연습 1.8**

질량이 $M_1$과 $M_2$인 두 블록이 줄로 묶여있다. 그들은 그림 1.4처럼 매끄러운 표면에 놓여있다. $M_1$에 붙어있는 자유로운 줄에 힘 $F$를 가한다. 두 블록 사이의 줄에 걸리는 장력을 구하라. **답**: $T = M_2F/(M_1 + M_2)$

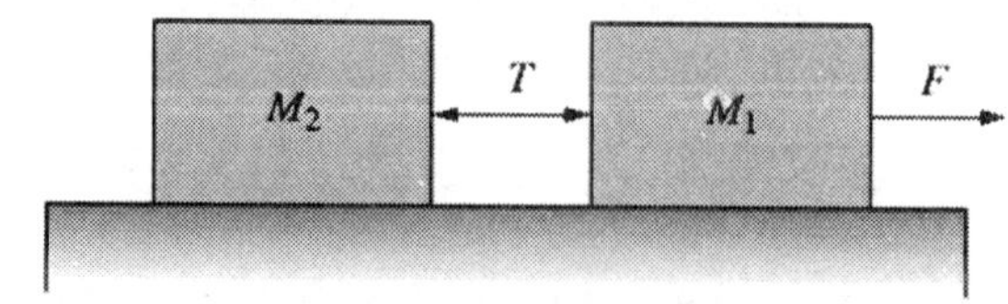


그림 1.4 질량이 없는 줄로 연결된 매끄러운 표면위의 두 블록.

❒ 연습 1.9

질량 25 kg의 블록이 그림 1.5처럼 각 30°의 경사면에 놓여있다. 그 면과 블록 사이의 정지 마찰계수가 0.6이다. (a) 자유체 도형을 그려라. 블록에 가해지는 힘들을 말하라. (b) 줄에 걸리는 장력은 얼마인가? (c) 줄을 자르면 블록의 가속도는 얼마인가? **답**: (b) $T=122.5$ N (c) 0

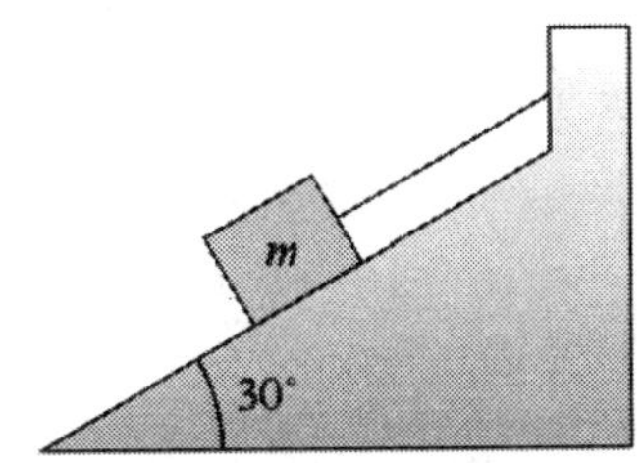


그림 1.5 ▌ 경사면 위의 블록. 줄을 끊으면 블록의 가속도는 얼마인가?

❒ 연습 1.10

질량 20 g의 자갈을 지면위에서 떨어뜨렸다. 이것으로 인해서 지구가 위쪽 방향으로 얼마나 가속되는가? **답**: $3.3\times10^{-26}$ m/s$^2$.

❒ 연습 1.11

5 kg의 소총으로 5 g의 총알을 300 m/s로 발사한다. 총신의 길이가 85 cm이고 총알이 85 cm의 길이를 일정하게 가속된다고 한다. (a) 소총이 작용한 힘을 구하라. (b) 소총의 최종 반동속도는 0.30 m/s이다. 총알이 총신에서 빠져나가기 직전에 소총이 반동거리는 얼마인가? **답**: (a) 264.7 N (b) 0.85 mm.

### 1.2.2 부피를 가진 물체에 응용: 질량 중심

질량이 $m_1$, $m_2$, …를 가진 입자계(입자들의 모임)를 생각하자. 그들은 각각 $\mathbf{r}_1$, $\mathbf{r}_2$, …에 위치해 있다. 정의상 한 입자계의 질량중심은 $\mathbf{r}_c$에 위치하는데, 여기서

$$\mathbf{r}_c = \frac{\sum m_i \mathbf{r}_i}{\sum m_i} \tag{1.17}$$

이다. 이 관계식은 연속적 분포를 가지고 질량밀도 $\rho$가 알려진 물체의 경우로 일반화할 수 있다. 밀도가 위치의 함수이면 $\rho=\rho(\mathbf{r})$로 쓸 수 있다. 정의상

$$\rho(\mathbf{r}) \equiv \lim_{d\tau \to 0} \frac{dm}{d\tau}$$

이며 여기에서 $d\tau$는 위치 $\mathbf{r}$에 위치하는 무한소 부피소이며 $dm$은 그 부피소 안에 있는 질량이다. 그 물체의 총질량은

$$M = \int dm = \int \rho(\mathbf{r}) d\tau$$

이다. 수학적으로 부피소 $d\tau$는 무한소이다. 그러나 실제의 물리적 물체는 양성자, 중성자와 전자로 이루어져 있다. 부피 요소 $d\tau$는(평균 밀도를 정할 수 있도록) 많은 수의 원자를 충분히 포함해야 하지만 미적의 법칙을 적용할 만큼 충분히 작아야 한다. 이 근사가 만족스럽지 못할 수도 있다. 그러나 한 변이 100분의 1 밀리미터인 정육면체는 $10^{12}$개의 분자를 포함한다는 것을 생각한다면 이 근사가 좋다는 것을 알 수 있다.

식 (1.17)로부터 크기를 가진 물체의 질량중심은

$$\mathbf{r}_c = \frac{\int \mathbf{r}\rho(\mathbf{r})d\tau}{\int \rho(\mathbf{r})d\tau} = \frac{1}{M}\int \mathbf{r}\rho d\tau \tag{1.18}$$

이 되는데 여기에서 적분은 물체 전체에 대한 것이다.

데카르트 좌표계에서 질량중심의 위치는 $\mathbf{r}_c$의 성분으로 주어진다:

$$x_c = \frac{1}{M}\int\int\int \rho x d\tau, \quad y_c = \frac{1}{M}\int\int\int \rho y d\tau, \quad z_c = \frac{1}{M}\int\int\int \rho z d\tau.$$

질량중심의 위치를 계산할 때 도움이 되는 분명한 것들이 있다:

1. 물체가 한 평면에 대해 대칭이면 질량중심은 그 평면위에 있다.
2. 물체가 두 평면에 대해 대칭이면 질량중심은 그 두 평면의 교차선상에 있다.
3. 물체가 한 축에 대해 대칭이면 질량중심은 그 축 위에 있다.

이들은 질량중심을 구하는데 계산을 상당히 줄여준다.

물체가 두 부분 또는 여러 부분으로 이루어져 있고 각 부분의 질량중심을 알 수 있다면 그 계의 질량중심은, 각 부분의 질량중심에 놓인 입자들로 이루어진 계를 생각하여, 구할 수 있다. 이 질량중심의 중요한 성질은 식 (1.17)로부터 알 수 있다.

**예제 1.3**

그림 1.6에 묘사된 구멍을 가진 평판의 질량중심을 구하라. 구멍의 반경은 0.5 m 이다.

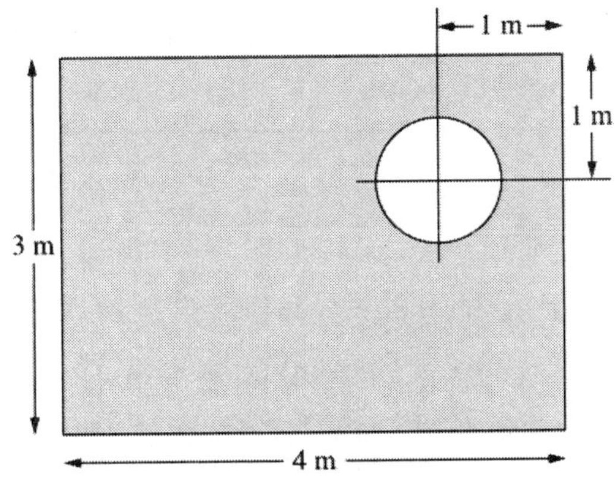


그림 1.6 ▌ 원형 구멍이 뚫린 직사각형판.

**풀이**: 구멍을 가진 평판의 질량중심은, *구멍이 없다고 가정한* 평판의 질량중심과 질량이 *음이라고 가정한* 구멍의 질량중심으로부터 구할 수 있다. 이 방식에서는 표면 질량 밀도가 $\sigma =$ 질량/면적 이면, 구멍이 없는 큰 평판의 질량은 $(3)(4)\sigma$이고 구멍의 질량은 $-\pi(1/2)^2\sigma$이다. 평판의 질량중심은 (2,1.5)이고 구멍의 질량중심은 (3,2)이다. 그러므로 그림에 묘사된 물체의 질량중심은

$$x_c = \frac{1}{M}\sum m_i x_i$$
$$= \frac{\left[(12\sigma)2 - \pi(1/2)^2\sigma(3)\right]}{12\sigma - \pi(1/2)^2} = 1.93 \text{ m}$$

이며 마찬가지로

$$y_c = 1.46 \text{ m}$$

이다.

□ 연습 1.12

몇 부분으로 이루어진 계의 질량중심은 각 부분을 그것의 질량중심에 위치한 입자로 대치한 계의 질량중심과 같다는 것을 증명하라.

□ 연습 1.13

원통형의 봉으로 연결된 두개의 구로 이루어진 계가 있다. 봉의 질량은 10 kg이고 길이는 2 m이다. 하나의 구의 질량은 50 kg이고 반경은 0.2 m이며 다른 구의 질량은 20 kg이고 반경은 0.1 m이다. 질량중심을 구하라. **답**: 50 kg의 구의 중심으로부터 73 cm.

### 1.2.3 회전 동역학

회전 동역학은 물체가 외부의 토크를 받을 때 회전운동을 분석하는 것이다.

그림 1.7처럼 고정축에 대해 회전하게 되어있는 물체가 있다. 단순성을 위하여 평면 층 모양의 물체를 생각한자. 그것의 가장자리의 한 점에 힘 **F**를 가한다. 단순하게 하기 위해 **F**가 회전축에 직각이라고 가정한다. 힘 **F**의 작용점은 회전축 상에 있는 원점으로부터 벡터 **r**에 위치해 있다.

축이 고정되어 있기 때문에 물체는 선형적으로 가속되지 않는다. (따라서 축은 물체에 같고 방향이 반대인 반작용 −**F**을 가한다.) 작용력의 효과는 물체를 축에 대해 회전하게 한다. 회전하도록 하는 힘의 능률을 힘의 *모멘트* 또는 흔히 *토크*라고 한다. 힘을 끄는 것으로 생각하듯 토크를 돌리는 것으로 생각한다.

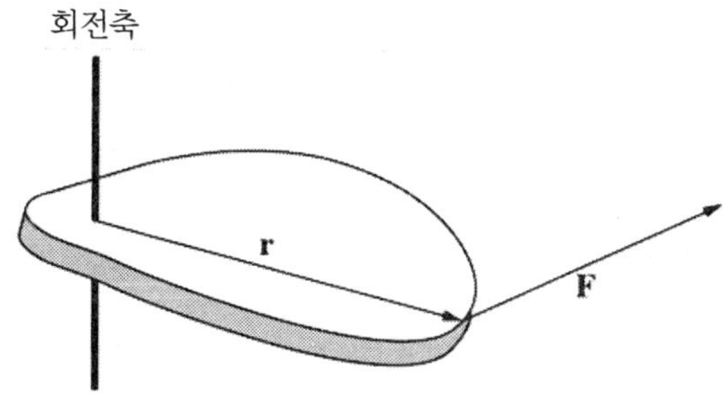


그림 1.7 ▌ 토크의 묘사. 층으로 된 물체가 회전 고정축에 대해 회전한다. 벡터 **r**은 회전축 상에 있는 원점에 대한 힘의 작용점의 위치이다.

회전하게 하는 힘의 능률은 힘의 크기뿐만 아니라 힘의 방향과 힘이 작용하는 점의 위치에 의존된다.

토크의 정의를 위해 힘의 방향을 갖고 적용점을 통과하는 선을 그린다. 이것을 "힘의 작용선"이라고 부른다. 그 다음 회전축에서 시작해서 작용선에 직각으로 교차하는 선을 그린다. 이선을 *지레 팔*이라고 부른다. 지레 팔은 회전축으로부터 힘의 작용선까지 최단 거리이다. 그것의 길이는 $r\sin\theta$이다. 여기서 $\theta$는 **r**과 **F** 사이의 각이다. 토크의 크기는

**토크 = 힘 × 지레 팔**

이다.

토크의 기본적인 정의는 복잡하고 귀찮은 것이다. 다행이 벡터 개념은 그 정의를 단순하게 한다: 토크(**N**)는 **r**와 **F**의 벡터곱이며 따라서

$$\mathbf{N} \equiv \mathbf{r} \times \mathbf{F} \tag{1.19}$$

이다.

식 (1.19)가 명백히 보여주듯이 토크는 좌표의 원점의 선택에 따라 다르다. 보통 원점은 회전축상에 있다. 토크 벡터의 방향은 오른손 규칙으로 주어진다.

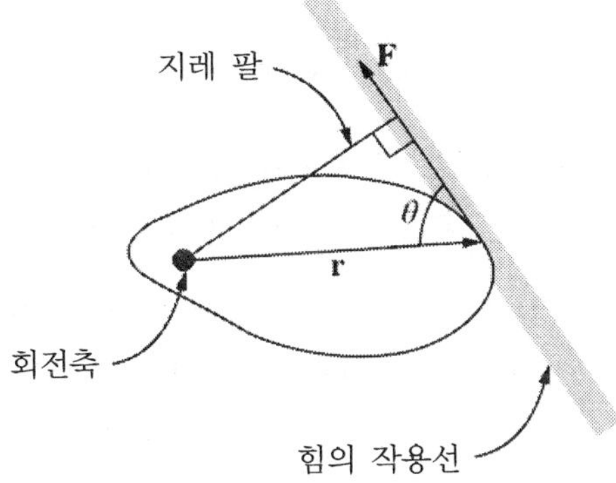


그림 1.8 ▌ 지레팔의 정의. 회전축은 지면과 직각이다.

□ 연습 1.14

작용점이 한 작용선상에 어떤 점이던지 같은 힘을 작용하면 같은 토크를 준다는 것을 보여라. (작용선을 따라 어느 점에 힘을 가해도 같은 토크가 된다는 사실은 힘을 "미끄러지는" 벡터로 묘사할 수 있게 한다.)

### 1.2.4 정역학

이 절은 정역학의 기본 개념의 개요이다. 정역학의 면밀한 분석은 14장에서 다룬다.

뉴턴의 1법칙은 알짜 외력이 작용하지 않으면 물체는 일정한 운동을 유지한다고 말한다. 그러한 물체는 가속도가 없다. 반대로 가속하지 않는 물체는 알짜 외력을 받지 않는다. 마찬가지로 일정한 각속도로 회전하는 물체는 각가속도가 없다. 그러한 물체는 알짜 외부 토크가 없다. 선가속도와 각가속도가 없는 물체는 *평형*에 있다고 말한다. 평형의 조건은

$$\sum \mathbf{F}_i = 0 \tag{1.20}$$

과

$$\sum \mathbf{N}_i = 0 \tag{1.21}$$

인데, 여기에서 $\mathrm{F}_i$와 $\mathrm{N}_i$는 계에 작용하는 *외력*과 토크이다.

평형에 있는 물체는 일정한 선속도와 일정한 각속도를 갖는다. 선속도와 각속도가 모두 영일 때 특이하지만 중요하고 특수한 경우가 된다. 이 경우가 *정적 평형*이다.

평형의 일반적 조건은 식 (1.20)과 (1.21)로 주어진다. 물체에 작용하는 모든 힘이 같은 평면상에 있는 상황에 대해 이 조건들을 언급하고자 한다. (그러나 그것을 일반화하기는 어렵지 않다.) 물체가 정적 평형에 있다면:

1. 서로 직각인 두 방향 각각에 대하여 힘 성분들의 대수적 합은 영이고
2. 힘의 평면상에 있는 어느 점에 대해서도 토크의 대수적 합은 영이다.

첫 조건은 명백하다. 두 번째 조건은 7장에서 증명된다. 그것은 임의의 편리한 점에 대해 토크를 택할 수 있으므로 단순한 정역학을 푸는데 아주 유용하다. 이러한 점은 물체 안에 꼭 있지 않아도 된다.

**예제 1.4**

몸무게는 600 N인 수영 팀의 팀장이 무게가 150 N이고 길이가 4 m인 다이빙 판의 한 끝에서 자세를 취하고 있다. 다이빙 판은 다른 끝($F_1$)과 1.5 m 떨어진 위치($F_2$)에 각각 나사를 박아 고정되어 있다. 나사에 가해지는 장력 또는 압축력을 구하라. 그림 1.9를 참조하라.

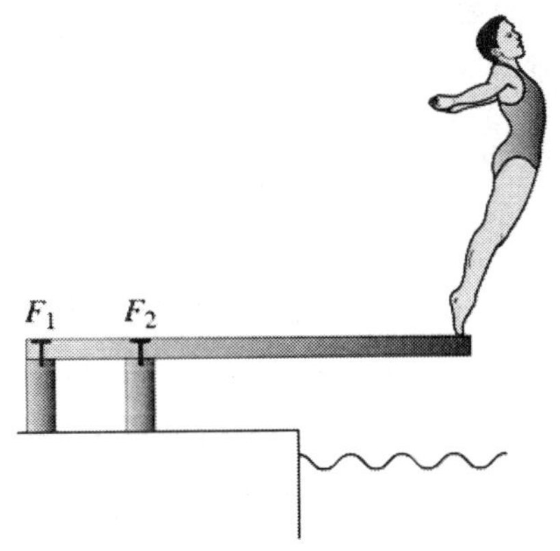


그림 1.9 ▌ 두 기둥에 다이빙 판을 고정한 나사들에 가해지는 힘은 얼마인가?

**풀이**: 판은 평형상태이므로

$$\text{상향 힘} = \text{하향 힘}$$

이고

$$\text{시계방향 토크(CW)} = \text{반시계방향 토크(CCW)}$$

이다. 첫 째 조건은

$$600 + 150 = F_1 + F_2$$

이 되고 두 번째 조건은

$$600 \times 4 + 150 \times 2 = F_2 \times 1.5$$

이 된다. 그러므로 $F_2 = 1800$ N (상향)이고 $F_1 = -1050$ N (하향)이다.

## 1.3 보존법칙

역학입문의 복습에서 마지막 주제로 세 가지 보존법칙이 논의된다. 처음 하는 물리 공부에서 고전물리학의 위대한 보존법칙을 접하였을 것이다:

1. **선운동량의 보존**
2. **각운동량의 보존**
3. **에너지의 보존**

전하보존, 반전성(parity) 보존 등의 여러 다른 보존법칙이 있다. 그러나 지금 여기에서는 위의 세 가지 보존법칙에만 한정하기로 한다.

보존법칙은 어떤 물리량이 일정하게 유지된다는 것일 뿐이다. 보존법칙은 물리량이 유지되게 하는 환경조건도 부가할 수 있다. 예를 들면 전하보존의 법칙은 단순히 "총 전하가 일정하다"는 것을 말하지만 선운동량 보존의 법칙은 "어떤 계에 외력이 작용하지 않는 *환경조건*에서는 그 계의 총 선운동량은 일정하게 유지 된다"는 것을 말한다.

### 1.3.1 선운동량의 보존

앞에서 묘사된 것처럼 뉴턴의 2법칙은 물체에 작용하는 알짜 외력(F)과 그 물체의 운동량 변화율의 관계가

$$\mathbf{F} = \frac{d\mathbf{P}}{dt}$$

임을 말한다. 따라서 외력이 물체에 작용하는 알짜 힘이 영이면

$$\frac{d\mathbf{P}}{dt} = 0$$

이 된다. 어떤 물리량의 시간미분이 영이면 그 양은 시간에 따라 변하지 않는다. 즉 그 양은 일정하다. 그러므로 뉴턴의 제2법칙은

$$\mathbf{F} = 0\text{이면 } \mathbf{P} = \text{일정}$$

이 된다. 다시 말해서

**하나의 계에 알짜 힘이 작용하지 않으면**
**그 계의 총 선운동량은 일정하게 유지된다.**

이 법칙은 두 물체의 충돌에 적용할 수 있다. 보통 우리는 충돌하는 동안 각 물체가 서로 다른 물체에 작용하는 힘을 모른다. 그러면 어떻게 그 상황을 분석할 수 있을까? 계가 충돌하는 두 물체라면 각 물체가 상대방 물체에 가하는 힘은 *내부* 힘이다. 내부 힘이 아닌 힘을 무시할 수 있다면 총 알짜 외력은(기본적으로) 영이다. 따라서 총 운동량은 일정하다. 즉 $P_1$과 $P_2$가 두 물체의 운동량이라면

$$\text{Total momentum} = \mathbf{P}_1 + \mathbf{P}_2 = \text{constant}$$

이 된다.

독자는 충돌하는 동안 외력을 무시할 수 있다고 어떻게 정당화할 수 있는지 궁금할 것이다. 뉴턴의 2법칙은 $d\text{p} = \text{F}_{\text{ext}}dt$로 표현할 수 있으므로 운동량의 변화는

$$\Delta\mathbf{p} = \int \mathbf{F}_{\text{ext}}dt$$

으로 주어진다. 외력이 크기가 작을 수도 있지만 작지 않더라도 충돌은 보통 상당히 짧은 시간동안에 일어난다. 어느 경우든지 $\Delta\text{p}$는 계의 총 운동량보다 보통 상당히 작다. 독자는 스스로 외력의 영향이 무시될 수 있도록 얼마나 $\Delta\text{p}/(\text{P}_1+\text{P}_2)$의 값이 충분히 작은지 판단해봐야 한다.

예를 들면 매끄러운 얼음판 위에서 일어나는 두 퍽(pucks)의 충돌에서 공기저항과 마찰력은 무시할 만큼 작다. 더욱이 중력은 무시할 수 있는데 그것은 퍽들이 얼음판위에 있어서 퍽이 받는 중력과 얼음판이 주는 수직력은 서로 크기가 같고 방향이 반대이므로 퍽이 받는 알짜 힘에는 기여하지 못하기 때문이다.

두 자동차의 충돌에서는 물론 그 계에 작용하는 여러 외력이 있다. 그러나 충돌은 아주 짧은 시간에 일어나서 이러한 외력은 전체의 계의 운동량 변화에는 두드러지게 기여하지는 못한다. (충돌하는 동안 두 물체사이의 상호작용의 힘은 매우 크지만 계가 두 물체이므로 그것은 *내부의* 힘이다.)

사고가 난 후 경찰이 지면에 난 차바퀴 자국의 길이를 재는 것을 보았을 것이다. 사고 후 두 차로 이루어진 계의 운동량을 안다면 차들의 충돌하기 전 속도를 계산할 수 있다.

충돌 전의 총운동량은 충돌 후 총 운동량과 같다고 운동량보존을 표현할 수 있다:

**충돌 전 운동량 = 충돌 후 운동량.**

이것을 첨자 $i$(초기)로 충돌 전의 조건들을 표시하고 첨자 $f$(최종)로 충돌 후의 조건들을 표시하여 표현하자:

$$\mathbf{P}_{1i} + \mathbf{P}_{2i} = \mathbf{P}_{1f} + \mathbf{P}_{2f}.$$

일반적인 두 물체의 충돌 문제는 이 식을 적용하면 된다. 6장에서 볼 수 있듯이 이것은 상당히 복잡해질 수 있다. 그러나 당분간은 다음의 연습들에서 묘사되는 운동량 보존의 법칙의 중요성을 이해하면 충분할 것이다.

**❐ 연습 1.15**

속도 40 km/hr로 동쪽으로 달리는 1500 kg의 차가 모퉁이를 돌아서 북쪽으로 50 km/hr의 속도로 속력을 증가했다. 차의 운동량의 변화량을 구하라.
**답**: 26,700 kg m/s, 38.7° 북쪽 기준으로부터 서쪽으로

**❐ 연습 1.16**

90 kg인 사람이 마찰이 없는 얼음판에 서있다. 그의 옆에 20 kg인 소년이 있다. 그 사람이 소년을 밀었더니 자신은 뒤로 미끄러졌다. 소년이 3 m/s의 속력을 갖는다면 그 사람의 반동속도는 얼마인가? **답**: −0.666 m/s.

**❐ 연습 1.17**

질량이 $M$인 철도 차(railroad car)가 속도 $V$로 매끄럽게 움직여 질량이 $2M$인 정지한 철도 차와 충돌하여 결합되어 달리다가 속력 $V$로 접근하는 제3의 질량 $M$의 철도 차와 충돌한 후 결합하였다. 이 차들로 이루어진 계의 최종 속도는 얼마인가? **답**: $V_f = 0$.

### 1.3.2 각운동량의 보존

입자의 각운동량은

$$\mathbf{l} = \mathbf{r} \times \mathbf{p}$$

으로 정의된다. 입자가 원의 경로를 따라 움직이면 이 식은 스칼라 식

$$l = mvr = mr^2\omega$$

이 된다. 회전하는 물체는 회전축 주위를 원운동 하는 입자들의 모임라고 생각할 수 있다. 그러한 물체의 총각운동량은

$$L = \sum m_i r_i^2 \omega$$

이다. 각속도 $\omega$는 모든 입자들에 대해 같으므로 모든 항의 합을 묶어서 공통으로 나올 수 있어서

$$L = \left(\sum m_i r_i^2\right)\omega = I\omega$$

로 표현할 수 있는데 여기에서 $I$는 관성모멘트라고 불린다. 여러 가지 모양의 관성모멘트의 식은 많은 물리입문 교과서에 열거되어있다. 예를 들면 구의 관성모우멘트는 직경을 지나는 축에 대해서 $I=\frac{2}{5}MR^2$이다. 원통, 고리, 봉 과 구에 대한 관성모멘트 찾아서 기억할 필요가 있다. 물체의 관성모멘트는 축을 어디에 어느 방향으로 잡느냐에 따라 다르다.

정의로부터 각운동량은 명백히 벡터이다. 대칭축을 중심으로 회전하는 대칭적인 물체에 대해 각운동량 벡터 L은 회전축 방향으로 향하고 $\mathrm{L} = I\omega$로 쓸 수 있다.(나중에 보듯이 물체가 대칭이 아니면 아주 더 복잡해진다!)

물체에 가해지는 토크와 각운동량의 변화의 관계는

$$\mathbf{N} = \frac{d\mathbf{L}}{dt}$$

이다. 계에 작용하는 외부 토크가 없다면, 즉 N=0이면

$$\frac{d\mathbf{L}}{dt} = 0$$

이 성립하여 L=일정하다. 각운동량의 보존법칙은 다음과 같이 표현할 수 있다:

**계에 외부 토크가 작용하지 않으면 그 계의 각운동량은 일정하게 유지된다.**

외부 토크가 없는 문제에서 "최종 각운동량은 초기의 각운동량과 같다"는 보존을 생각하면 때때로 편리하다.

$$\mathbf{L}_i = \mathbf{L}_f$$

$L = I\omega$ 이므로

$$I_i\omega_i = I_f\omega_f$$

❐ 연습 1.18

회전하는 피겨 스케이트 선수가 그녀의 두 손을 몸 쪽으로 당겨서 스핀을 빨리 하도록 했다. 그녀를 대략 반경 10 cm이고 질량 30 kg인 원통으로 생각하라. 그녀의 두 손을 질량이 각각 0.25 kg인 두 질점이고 그녀의 두 팔은 질량이 없고 몸통으로부터 90 cm 까지 뻗칠 수 있다. 초기에 2 rev/s의 회전속도였다면 최종 각속도는 얼마인가? **답**: 8.4 rev/s.

❐ 연습 1.19

질량 $m$을 갖는 벌레가 수직중심축을 회전축으로 하여 도는 원형 케이크의 가장자리를 따라 반시계방향으로 속력 $v$로 가고 있다. 그 케이크는 반경이 $R$이고 관성모멘트는 $I$이며 각속력 $\omega$로 시계방향으로 돌고 있다. 벌레는 빵부스러기를 보고 정지해 그것을 먹었다. 그 벌레가 정지한 후 케이크의 각속력을 구하라. (초기의 벌레 속력 $v$는 관성계에 대한 것이다.)

**답**: $(mvR + I\omega)/(mR^2 + I)$.

### 1.3.3 에너지의 보존

에너지는 "일을 할 능력"으로 자주 묘사된다. 일의 개념이 에너지를 이해하는데 근본이 된다는 것이다. 따라서 일을 먼저 정의하고 일-에너지 정리를 말한 후 에너지의 보존에 대한 질문을 하자.

**일**

입자에 해준 일은 힘과 변위의 곱을 적분한 것으로 정의된다.

$$W = \int \mathbf{F} \cdot d\mathbf{s}.$$

(이 정의는 $d\mathrm{s}$를 질량중심의 변위로 보고 크기를 가진 물체에도 적용할 수 있다.)

변위의 방향으로 일정한 힘이 작용하는 경우에 *일은 힘과 변위의 곱*이 된다. 그것이 일의 개념을 기억하는데 좋지만 일반적으로 위 식의 적분을 수행해야 한다. 보다 정확한 표현은

$$\mathbf{F}\cdot d\mathbf{s} = |\mathbf{F}|\,|d\mathbf{s}|\cos(\mathbf{F},\, d\mathbf{s}) = F\,ds\cos\theta$$

이 되는데, 여기에서 $\theta$는 힘의 작용선과 변위 방향이 이루는 각이다.

일-에너지 정리는 *한 계의 운동에너지의 증가는 그 계에 해준 일과 같다*는 것이다. 작용하는 모든 힘에 의해 물체가 받은 일이 $W_{\text{net}}$이라면, 운동에너지의 변화는

$$T_{\text{final}} - T_{\text{initial}} = W_{\text{net}}$$

이다.

**에너지 보존**

역학에서 두 가지 종류의 주요 에너지는 운동에너지($T$)와 위치에너지($V$)이다. 입자에 작용하는 모든 힘이 보존력이면 총 역학적 에너지는 일정하다. (힘이 보존력이면 입자가 움직여 닫힌 경로를 따라 제자리에 돌아올 경우 한 일은 없다. 더 명확히 말하면 보존력은 $\boldsymbol{F}=-\nabla V$로 주어지는 힘이다. 5장에서 더 많은 것을 취급할 것이다.)

에너지 보존의 법칙은 다음과 같이 표현할 수 있다:

$$T + V = E = \text{일정}.$$

여기서 $E$는 총에너지이다.

운동에너지는 운동의 에너지이고 위치에너지는 위치의 에너지이다. 에너지보존의 표현이 뜻하듯이(힘이 보존력인 한) 운동에너지는 위치에너지로 바뀔 수 있고 그 역으로 바뀔 수도 있으나 운동에너지와 위치에너지의 합은 일정하게 유지된다.

속력 $v$로 움직이는 질량 $m$의 물체가 갖는 *선형* 운동에너지는 $T=\frac{1}{2}mv^2$이다. 고정축에 대해 회전하는 물체의 *회전* 운동에너지는 $T=\frac{1}{2}I\omega^2$인데 여기에서 $I$는 그 축에 대한 물체의 관성모멘트이고 $\omega$는 회전속력이다.

역학계에 대하여 위치에너지의 두 가지 흔한 형태는 중력 위치에너지 $V=mgh$ ($m$은 질량, $g$는 중력가속도, $h$는 높이임.)와 용수철의 위치에너지 $V=\frac{1}{2}kx^2$

($k$는 용수철 상수, $x$는 평형 점으로부터의 변위임.)이다.

에너지보존은 총에너지(운동에너지와 위치에너지의 합)는 일정하다는 것이다. 예를 들면 높이 $h$의 건물에서 돌을 떨어뜨릴 때 꼭대기에서 돌의 총에너지($E_T$)는 바닥에서 총에너지($E_B$)와 같다. $E_T = E_B$로부터

$$T_T + V_T = T_B + V_B$$

이 된다. 바닥에서 위치에너지가 영이라고 잡는다면 꼭대기에서 위치에너지는 $V_T = mgh$이다. 돌을 정지 상태에서 떨어뜨렸다면 꼭대기에서 운동에너지는 영($T_T = 0$)이고 바닥에서 운동에너지 $T_B = \frac{1}{2}mv_B^2$이다. 따라서 에너지보존 식은

$$mgh = \frac{1}{2}mv_B^2$$

이 된다. 돌이 바닥에 도달할 때 돌의 속도는 $v_B = \sqrt{2gh}$ 이다.

---

❐ 연습 1.20

높이 30 m 건물의 꼭대기에서 위쪽으로 돌을 5 m/s의 속도로 던졌다. (a) 돌이 원래의 위치로 다시 떨어질 때 (b) 돌이 바닥으로부터 15 m 높이에 있을 때 (c) 바닥에 충돌하기 직전에 돌의 속도를 각각 구하여라.

**답**: (a) −5 m/s (c) 24.76 m/s.

---

❐ 연습 1.21

용수철에 저장된 위치에너지는 $\frac{1}{2}kx^2$이다. 어린이 공기총에서 용수철이 30 cm 압축되면 50 g의 작은 공이 발사된다. 공기총을 발사하여(좋은 가정은 아니지만) 공기저항을 무시한다면 공기총 용수철의 평형상태 위치로부터 얼마나 높이 공이 올라갈 수 있겠는가? 용수철 상수는 5 N/m이다. **답**: 0.16 m.

---

### 1.3.4 일률

일률은 단위시간에 행한 일로 정의된다. 힘 $F$가 $t$로부터 $t+dt$까지 무한소 시간동안 어떤 입자에 작용한다고 하자. 이 시간동안 한 일은 $dW = Fdx$이다. 그러므로 일률은

$$P = \frac{dW}{dt} = \frac{F\,dx}{dt}$$

이다. 속도 $\frac{dx}{dt} = v$로부터 일률은 $P = Fv$ 또는 더 정확하게

$$P = \mathbf{F} \cdot \mathbf{v}$$

으로 표현할 수 있다.

❐ 연습 1.22

질량이 $M$이고 반경이 $r$인 원판이 초기에 정지해 있다. 그것은 시간 $t$동안 일정한 토크 $N$을 받는다. 이 원판의 최종 각속도와 이 각속도 상태까지 회전시키며 해준 일을 구하라. 에너지가 모터에 의해 공급된다면 이 모터의 최소한의 일율의 값은 얼마나 되어야 하는가? **답**: 일율 $= 4N^2 t / Mr^2$.

❐ 연습 1.23

말이 100 kg의 썰매를 20분에 4 km의 거리를 끈다. 말은 물론 1 마력의 일을 한다. 썰매와 지면사이의 미끄럼 마찰계수를 구하라. **답**: $\mu_k = 0.23$.

## 1.4 문제

**[문제 1.1]** 두 퍽이 마찰이 없는 공기 테이블 위에 있다. 첫째 퍽은 초기에 $x$ 방향으로 50 cm/sec의 속도로 가고 1초 후에 둘째 퍽을 테이블 표면상에 발사한다. 길이 cm 단위로 첫째 퍽의 초기 위치는 (0,0)이고 둘째 퍽의 초기위치는 (0, −10)이다. 둘째 퍽이 발사된 다음 2초 후에 두 퍽이 충돌한다면 둘째 퍽의 발사 속력과 발사 방향을 구하라. **답**: 75.17 cm/sec 수평 $x$축에 대해 3.81°.

**[문제 1.2]** 한 물체가 가속도 $a = 2t^3 + 5\cos 2t\ (\mathrm{m/s^2})$로 1 차원에서 움직이고 있다. $x = 0$에 정지 상태로부터 출발한다. 시간 $t = 3$초에 물체의 속도와 위치를 구하라.

**[문제 1.3]** 통근 고가철도 기차가 고속철로를 따라 달린다. 사람들이 자가용으로부터 대중교통으로 끌어내기 위해서는 기차가 평균 45 mph(마일/시간)인 통근시간 교통보다 빠르게 움직이는 것으로 보이는 것이 중요하다. 기차역 간격은 3 miles이고 기차는 각 역에서 30초 간 정지해야 한다. 기차는 같은 일정한 비율로 가속하고 감속한다고 가정하자. (a) 기차에게 필요한 최소 가속도는 얼마인가? (b) 기차가 달릴 수 있는 최대 속도는 얼마인가? (c) 이것은 잘 고안된 빠른 운송 시스템이 아니다. 가속도, 최대 속력, 두 역사이의 거리 및 승객을 승차하는 시간에 대한 합리적인 값으로 자신의 운송 시스템을 고안하여라. **답**: (a) 1.44 ft/sec$^2$.

**[문제 1.4]** 두 자동차가 있다. 차 A와 B는 각각 $x_A = 2t^2 + 4t$(미터)와 $x_B = 6t$(미터)에 따라 움직인다. 두 차의 상대속도의 식을 구하라. 그들의 속도가 같아지는 순간에 두 차의 위치를 각각 구하라.

**[문제 1.5]** 한 블록이 매끄러운 표면위에 초기에 정지해 있다. 그 블록에 시간에 따라 변하는 힘이 가해지고 가속도 $a = ke^{-bt}$로 가속된다. 여기서 $k$와 $b$는 각각 상수이다. 블록의 속도와 위치를 시간의 함수로 구하라. $k = 3$ m/s$^2$ 이고 $b = 0.5$/sec일 때 "종단속도"를 구하여라.

**[문제 1.6]** 경찰차가 난폭한 청소년이 시간당 75 마일의 속력으로 달려올 때 길가에 정지해 있다. 경찰차가 곧 출발해 1초에 시간당 8마일(8 mph/s)로 가속한다. 그 순간에 그 청소년은 가속 페달을 밟지만 단지 1초에 시간당 2 마일로 가속할 수 있었다. 그 지점으로부터 경찰이 청소년차를 얼마의 거리에서 따라잡을 수 있는가? 그 잡는 시점에서의 속도는 각각 얼마인가? 왜 계산된 경찰차의 속도가 사실적이지 못한가?

**[문제 1.7]** 상자가 30 m 높이의 건물로부터 떨어진다. 떨어지면서 상자는 지면 위 10 m로부터 12 m까지 걸쳐 위치해 있는 창문을 통과한다(창문의 높이 2 m). 상자가 창문을 통과하는데 걸리는 시간을 구하라. 즉 창안에 있는 사람은 얼마동안 그 창문을 통해 상자가 떨어지는 것을 볼 수 있는가? ($g = 9.8$ m/s$^2$ 아래쪽)

**[문제 1.8]** 야구에서 외곽에 있는 용호는 3루에 있는 태균과 30.0 m 떨어져 있다. 용호가 야구공을 20.0 m/s로 태균에게 던졌다. 공기의 저항을 무시하고 용호가 던진 공이 태균에게 도달할 수 있도록 하는 두 가지의 발사각이 얼마인지 구하라.
**답**: 23.65°, 66.35°.

**[문제 1.9]** 운동선수나 발레리나가 공중으로 점프해서 궤적의 정점 근체에 머무는 것으로 보인다. (이것은 포물체의 수직성분 속력이 경로상의 정점 근처에서 가장 작고 지면 근처에서는 가장 크기 때문이다.) 점프에서 총 시간의 반절은 정점 높이의 3/4보다 높은 위치에 머무는 것을 보여라.

**[문제 1.10]** 영국 해군은 영국 식민지의 반란을 진압하기 위해 포함을 보낸다. 이 식민지는 그림 1.10처럼 섬의 폭은 3 km이고 그 중심에 산의 정상이 있는데 그 높이는 1.5 km이다. 포함이 섬의 중심으로부터 2.5 km 떨어진 서쪽 근해에 닻을 내리고 있다. 한편 동쪽 해안에는 섬의 중심으로부터 1.5 km 거리에 반군이 속력 200 m/s로 포탄을 발사시킬 수 있는 대포를 갖고 있다. 포함은 300 m/s의 포탄을 쏜다. 영국군이 대포를 겨냥할 수 있는 각도를 구하라. 반군은 영국 포함을 격침시킬 수 없음을 보어라.

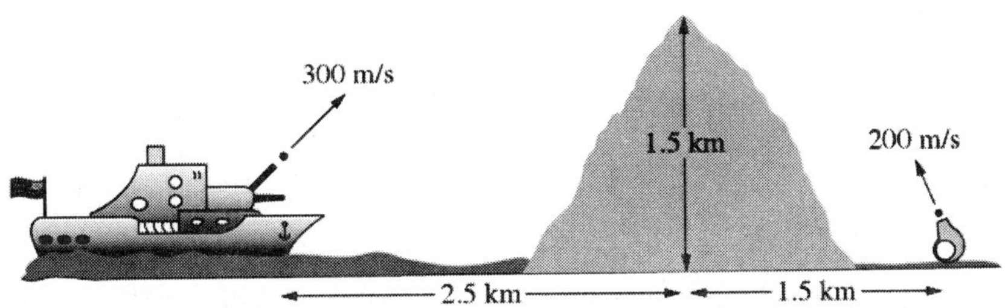


그림 1.10 ▌ 문제 10의 영국 포함과 반군의 대포. 일방의 포탄이 타방에 도달하는가?

**[문제 1.11]** 한 사람이 경사각이 일정하게 10°로 경사진 긴 언덕의 아래에 있다. 그가 소총을 수평선과 30°의 발사각으로 겨냥하였다. 총알 초기 속력이 300 m/s일 때 총알이 경사언덕에 도달하는 거리를 구하여라. 발사된 총알의 초기 수직 높이(총구의 높이)를 무시하라.

**[문제 1.12]** 초기 속력 $v_0$와 각 $\theta_0$로 포물체가 발사된다. (a) $x$의 함수로서의 $y$에 대한 식, $y=y(x)$을 구하여라. (b) 포물체의 속력과 방향에 대한 식을 $x$의 함수로 표현하라. **답**: (b) $v=\left[v_0^2-2gx\tan\theta_0+\dfrac{g^2x^2}{v_0^2\cos^2\theta}\right]^{1/2}$, $\tan\theta=\tan\theta_0-\dfrac{gx}{v_0^2\cos^2\theta_0}$.

**[문제 1.13]** 다윗은 골리앗을 만나러 나가기 전에 그의 돌팔매를 연습하고 있었다. 그 돌팔매는 1.3 m의 길이이고 다윗은 그것을 돌려 그의 머리 위에서 3 rev/sec의

각속도로 수평의 원을 그렸다. 그 돌팔매의 원의 경로는 지면에서 2.0 m 높이였다. 돌이 지면에 떨어지기 전에 날아가는 수평거리는 얼마인가?

**[문제 1.14]** 질량 $M$인 블록이 미끄럼 마찰계수 $\mu$를 가진 경사면(경사각 $\theta$)에 놓여 있다. 어느 순간에 그 블록은 어느 점에 위치하며 속력 $v_0$로 평면에서 가장 가파른 방향으로 움직여 올라간다. (a) 블록이 최고점에 도달할 때까지 시간을 구하라. (b) 블록이 뒤로 미끄러져 내려와 출발점에 도달할 때까지 시간을 구하라. (c) 출발점에 도달할 때의 속도를 구하라. (c)의 **답**: $v = v_0\,[(\sin\theta - \mu\cos\theta)/(\sin\theta + \mu\cos\theta)]^{1/2}$.

**[문제 1.15]** 질량 65 kg인 스노우 보드 선수가 20° 기울어진 눈 덮인 언덕을 따라 정지 상태로부터 출발해서 75 m를 미끄러져 내려가 언덕의 바닥에 이른다. 그는 언덕을 내려갈 때 속력을 얻고 언덕의 바닥에서 수평으로 눈 위로 계속 진행하는데 이 때 감속하면서 50 m 진행한 후 멈추게 된다. 스노우 보드와 눈 사이의 운동마찰계수를 구하라.

**[문제 1.16]** 질량이 10 kg이고 길이가 2.5 m인 균일한 국기봉이 받침대에 의해 벽에 부착되고 건물의 측면으로부터 수평으로 뻗어 있다. 질량 5 kg이고 세로 1 m, 가로 1.5 m인 국기가 국기봉에 걸려있다. 국기봉에 받침대가 주는 작용력의 크기와 방향 및 그림에 보인 부착된 받침줄에 걸리는 장력을 구하라. 그림 1.11(a) 참조.

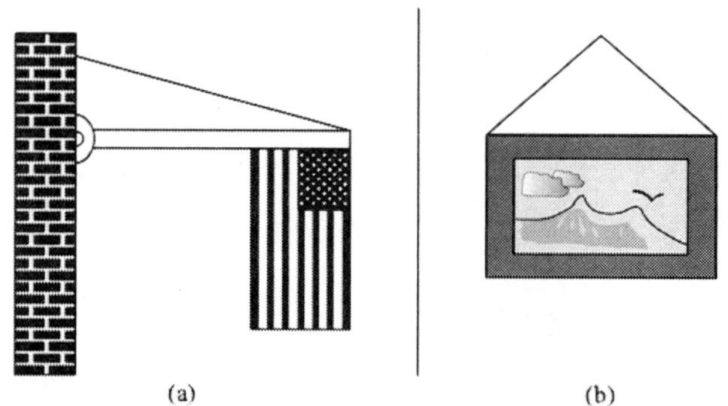


그림 1.11 ▌ 문제 1.16과 1.18에서 이용하는 계들의 스케치

**[문제 1.17]** 지레대의 알키메데스 원리는 역학의 역사에서 최초의 과학적 주장중 하나이다. 그것은 두 가지 제안으로 되어있다: (1) 같은 두개의 무게는 받침대로부터 같은 거리에 둘 때 균형을 이루고 (2) 다른 두 개의 무게는, 받침점으로부터 그들

거리의 비례가 그들 무게의 비례의 역과 같다면 균형을 이룬다. 두 번째 제안을 증명하라.

**[문제 1.18]** 초상화가 그림 1.11(b)와 같이 걸려있다. 사용한 줄은 20 lbs까지 견딜 수 있고 초상화는 무게 30 lbs를 갖는다면 얼마나 긴 줄이 필요한가? 초상화의 폭은 1 foot이다.

**[문제 1.19]** 다음의 층으로 된 물체의 질량중심을 구하라: (a) 장반경과 단반경이 각각 $a$와 $b$인 타원의 4분 타원, (b) 내반경이 $a$이고 외반경이 $b$인 원형 고리의 절반(half), (c) $x$-축, $y$-축 및 곡선 $y=-0.01x^2+20$에 둘러싸인 평면

**[문제 1.20]** 어린이가 정사각형 종이의 두 꼭지점으로부터 대각선을 따라 가위질해서 이등변삼각형을 잘라낸다. 정사각형의 한 변이 $a$일 때 잘라낸 이등변삼각형의 밑변은 $a$이고 높이는 $a/2$일 것이다. 이 삼각형을 잘라낸 후 나머지 종이의 질량중심을 구하라.

**[문제 1.21]** 8분구(구의 8분의 1)의 질량중심을 구하라.

**[문제 1.22]** 반경 $R$인 큰 구에 그 중심으로부터 $\delta$ 떨어진 점을 중심으로 하는 반경 $r$인 작은 둥근 구의 구멍이 뚫려 있다. 이것의 질량중심을 구하라.
**답**: $-r^3\delta/(R^3-r^3)$.

**[문제 1.23]** $z$-축이 중심축이 되는 반경 $a$의 반구로부터 원뿔각 45°인 원뿔이 잘려나갔다. 이 원뿔 구멍의 축이 $z$-축이라고 할 때 나머지 부분의 질량중심을 구하라. (두 가지 방법 이용: 구면좌표계를 이용해 직접 적분하거나 $z$-축에 직각을 이루는 원판들로 잘라서 적분함.)

**[문제 1.24]** 얕은 바다에서 바닷물과 해저 사이의 마찰력은 하루를 1 ms/century로 길어지게 한다. 지구가 둥글다고 가정하고 이러한 변화를 일으키는 토크를 계산하라. **답**: $2.58\times10^{16}$ Nm.

**[문제 1.25]** 길이 2.5 m이고 질량 10 kg인 사다리가 매우 매끄러운 벽에 기대어져 있다. 바닥의 정지 마찰계수는 0.3이다. 질량 80 kg인 사람이 사다리 위쪽에서 0.5 m

의 거리에 서있다면 사다리가 미끄러지지 않도록 하는 사다리와 벽 사이의 최대 각을 구하라.

**[문제 1.26]** 전하가 $q$이고 질량이 $m$인 입자가 자기장 B의 영향에서 힘

$$\mathbf{F} = q\mathbf{v} \times \mathbf{B}$$

을 받는다. 여기에서 v는 입자의 속도이다. 입자의 속도가 자기장에 직각이라고 가정하자. 이 하전 입자가 운동하는 원 궤도의 반경을 구하라.

**[문제 1.27]** 그림 1.12와 같이 경사진 직선 경로와 높이 $h$인 원형 고리로 이루어진 트랙을 따라 질량 $m$의 블록이 내려간다. 지점 $A$에서 속력은 $\sqrt{2gh}$이다. 지점 $A$, $B$와 $C$에서 그 블록에 트랙이 주는 블록에 주는 법선력(normal force)을 각각 구하여라.
**답**: $N_A = 5\,\text{mg}$.

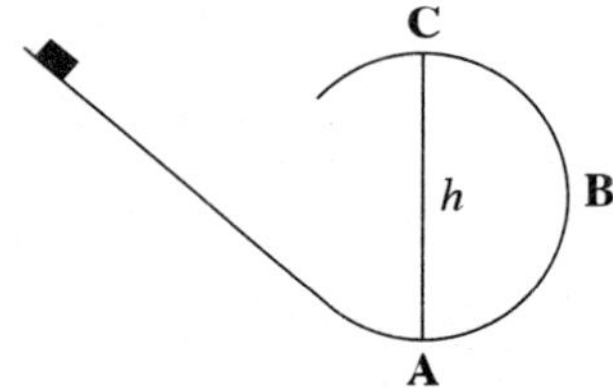


그림 1.12 ▌ 마찰이 없는 표면에 놓인 블록이 직선 경사면을 따라 미끄러진 후 직경 $h$인 원형의 오르막 경로에 진입한다.

**[문제 1.28]** 질량 $m_1$인 블록이 경사각 $\theta$의 매끄러운 경사면에 정지해 있다. 그 블록에 연결된 줄은 경사면의 꼭대기에 있는 도르래를 거쳐 지나서 질량 $m_2$의 물체와 연결되어 $m_2$의 물체가 도르래로부터 연직으로 매달리게 한다. $m_1$의 블록을 정지상태에서 놓아주면 경사면을 따라 올라가지만 시간 $\tau$ 후에 줄이 끊어진다. 그 후 계속해서 경사면을 따라 올라가며 감속하여 정지한 후에 뒤로 미끄러져 내려온다. 블록이(초기의 위치로부터) 경사면을 따라 올라간 총거리가

$$d = \frac{g(m_2 - m_1 \sin\theta)\tau^2}{2(m_1 + m_2)} \left[1 + \frac{(m_2 - m_1 \sin\theta)}{(m_1 + m_2)\sin\theta}\right]$$

임을 보여라.

**[문제 1.29]** 질량 500 lb의 수동차가 철길을 따라 속도 2.2 mph로 달리고 있다. 철길 옆에 서있던 질량이 150 lb인 사람이 차의 진행방향의 직각으로 차에 뛰어오른다. 수동차의 새로운 속력을 구하라. 이번에는 그 사람이 차의 뒤쪽에서 3.0 mph로 속도로 달려와서 차 뒤쪽으로 뛰어오르는 문제를 풀어라. 이 경우 차의 새로운 속력은 얼마인가?

**[문제 1.30]** 질량이 2 kg이고 반경이 15 cm인 원판이 그 판에 직각인 중심축에 대해 자유로이 5 rad/s로 회전한다. 그 회전하는 원판위에 질량이 4 kg이고 반경이 10 cm인 돌지 않는 다른 원판을 살짝 올려놓았다. 두 원판사이에 마찰력으로 인해서 같이 돌게 된다. 이 두 원판으로 이루어진 계의 공통의 각속도를 구하라.

**[문제 1.31]** 피라미드를 건축하기위해 무거운 돌을 경사면위로 끌어 올려야한다. 일군 20명의 무리에 의해 0.25 m/s의 속력으로 20°의 경사면위로 2000 kg의 돌을 끌었다. 돌과 경사면의 운동마찰계수는 0.4이다. 각 일꾼의 일률은 얼마인가?

**[문제 1.32]** (a) 자동차가 일정한 가속도 $a$로 가속하고 있다면 모터의 출력 일률이 시간에 따라 선형적으로 증가해야 한다는 것을 보여라. (b) 운동에너지의 변화율이 일률임을 보여라.

**[문제 1.33]** 두 나무 블록 $M_1$과 $M_2$가 마찰이 없는 표면위에서 같은 방향으로 같은 속력으로 미끄러진다. $M_1 = M_2 = 3$ kg이고 그들의 속도를 2 m/s라고 하자. 제3의 질량 $m = 1$ kg의 블록도 같은 방향으로 10 m/s의 속력으로 달리다가 뒤따라가는 3 kg의 블록과 충돌한다. 제3의 블록은 끈적끈적하고 들러붙는 물질로 덮여있어서 뒤따라가는 블록에 붙는다. 이 결합된 블록들은 앞서가는 3 kg의 블록을 따라잡게 되어 탄성충돌을 한다. 앞서가는 블록의 종속도를 구하라. (이 문제는 1차원 문제이다. 일찍 수치를 대입하면 문제 풀기 쉽다.)

**[문제 1.34]** 그림 1.13과 같이 버블 껌의 끈적끈적한 뭉치($m = 0.20$ kg, $v_0 = 45$ m/s)가 정지해 있던 질량이 $M = 1.10$ kg인 블록과 반경 $R = 0.6$ m인 반원의 경사로 하단에서 충돌하여 들러붙는다. 껌이 충돌한 후 블록은 경사로를 돌아서 경사로의 상단에서 $v_{top}$=2.80 m/s의 속력을 갖는다. 결합된 블록이 반원의 경사로를 돌 때 평균 마찰력은 얼마인가? (경사로를 따라 마찰력은 일정하지 않으므로 이 문제는 평균 힘을 묻는다.)

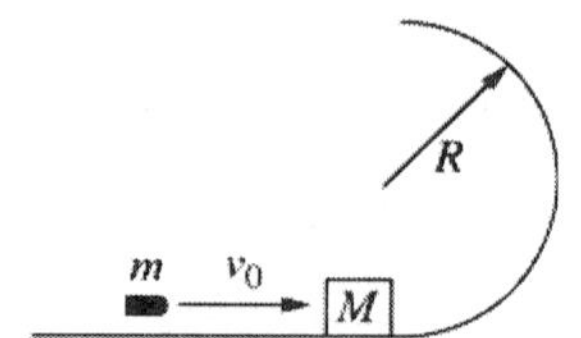


그림 1.13 ‖ 블록에 주는 평균 마찰력은 얼마인가?

**[문제 1.35]** 당신은 정치과학의 전문 직위로서 시 협의회에 간다. 의회는 시의 시내전차를 유선형으로 만드는데 지출하는 계획안에 대해 논쟁하고 있다. 제조회사의 대표는 유선형은 공기저항을 줄인다고 지적한다. 그는 시내전차의 끝을 개조하여 15 %만큼 공기저항을 줄일 수 있다고 한다. 당신은 손을 들고 이것은 차의 무게를 얼마나 증가시키느냐고 묻고 답은 무게가 10 % 증가한다고 한다. 시내전철 엔진은 $P$ 와트의 일률을 발진한다. 당신은 시내전차의 구름 마찰계수를 묻지만 그 대표는 그것을 모른다. 그러나 그는 시내전차가 최대속력으로 가고 있을 때 그 마찰은 공기저항의 20 %뿐이라고 말한다. 이 값들이 맞다면 유선형화는 더 빠른 최고 속력을 줄가?

**[문제 1.36]** 공기궤도상에 200 g의 글라이더가 앞 끝에 질량이 없는 상수가 $k=$ 5000 N/m인 용수철을 달고 있다. 이 글라이더는 궤도를 따라 움직이다가 역시 200 g인 다른 글라이더와 충돌한다. 이들 글라이더는 초기에 상대속력 2 m/s로 서로 접근하였다. 용수철의 최대 압축을 구하라.

## 컴퓨터 과제

다음 문제들은 MATLAB, Visual Basic, FORTRAN 또는 C++과 같은 전산 언어를 알면 쉽게 풀 수 있다. 그들은 EXCEL과 같은 표계산 프로그램을 사용해서도 풀 수 있다. 이 책의 컴퓨터 문제의 어떤 것들은 해석적으로 풀 수 있지만 컴퓨터를 쓰면 더 편리하게 할 수 있는데 그들은 상당히 많고 불필요한 수고를 요구한다.

**[컴퓨터 과제 1.1]** 입자의 위치가 시간의 함수 $x=5t^3-2t$(meters)로 주어진다. 시간 $t=-5$ sec로부터 $t=+10$ sec까지에서 위치를 시간의 함수로 그려라. 관계식

$\bar{v} = \Delta x/\Delta t$를 이용해서 1초 간격에 대한 평균속도를 구하라. 평균속도를 시간의 함수로 그려라. 같은 그림위에 속도에 대한 해석적인 식을 그려라.

**[컴퓨터 과제 1.2]** 어떤 입자의 속도가 초당 미터의 단위로

$$v = 120(1 - e^{-t/10}) + 0.5\cos(t/2)$$

이다. 속도를 시간의 함수로 그려라. 속도-시간 곡선 아래의 면적을 수치적으로 구하여(수치적분) 거리를 시간의 함수로 얻고 그것을 그려라.

**[컴퓨터 과제 1.3]** 문제 1.6보다 더 실제적인 질문을 해보자. 그 문제에서 한 청소년이 33.5 m/s(~75 mph)로 정차한 경찰을 지나서 달린다. 그 다음 경찰과 청소년은 각각 일정한 가속도로 가속하며 시삭섬으로부터 얼나만한 거리에서 경칠이 칭소년을 따라잡느냐는 것이다. 문제를 좀 더 실제적으로 만들기 위해 청소년은 $a_T = k_T e^{-b_T t}$로, 경찰은 $a_P = k_P e^{-b_P t}$로 가속된다고 하자. 여기에서 $k_T = 5$ mph/s이고 $k_P =$ 10mph/s이다. $b_T$와 $b_P$의 여러 가지 값들에 대하여 위치를 시간의 함수로 그려보고 이들 상수들의 적당한 값들을 제시하라. (답이 적당하다는 것을 확인하라. 분명히, 경찰은 청소년을 잡을 것이지만 따라잡는 거리가 수백 마일이라면 답은 적당하지 못할 것이다.)

**[컴퓨터 과제 1.4]** 수많은 전자가 작은 공간에 무작위로 분포되어 있다. (크기는 중요하지 않지만 원한다면 한 변이 10 Å($10^{-10}$ m)인 정육면체를 생각할 수 있다.) 100, 1,000 그리고 10,000개의 전자에 대하여 질량중심의 위치를 수치적으로 구하라. (각 전자의 좌표를 얻기 위해 난수 생성프로그램(random number generator)을 이용해야 한다.)

# 제 2 부

# 역학의 원리

CHAPTER 2

# 운동학

1차원의 운동학은 위치, 속도와 가속도를 스칼라로 취급할 수 있기 때문에 아주 간단하다. 고정축에 대한 회전은 1차원 운동의 예이다. 일정한 중력의 영향에 있는 포물체의 운동은 연결된 두 개의 1차원 문제로 분해할 수 있다. 2차원 또는 3차원 문제들은 상당히 복잡해지는데 그것은 기본 물리량이 벡터로 표현해야 하기 때문이다. 이 장에서는 물리학에서 사용되는 3가지 주요 좌표계, 직각좌표계, 원통좌표계와 구면좌표계에서 위치, 속도 및 가속도 사이의 관계를 배운다. (3차원에서 회전 운동은 선형 운동보다 상당히 더 어렵고 이 운동은 13장 및 16장으로 미룬다.)

이 장에서 나오는 어떤 내용은 독자들에게 익숙할 수 있지만 많은 개념이 새로울 수도 있다. 전 과정을 통해서 이 개념들이 이용되므로 이 장을 철저히 이해하기 바란다. 많은 학생들이 이 내용을 어렵게 느낀다는 것을 알아야 한다.

물리를 공부하는 사람으로서 물리학의 기초를 제공한 사람들에 대한 역사를 아는 것이 중요하다는 생각으로 이 책에서 "역사 노트 옵션"이라고 이름붙인 몇 개의 절을 도입했다. 이러한 절에서는 거의 물리 내용은 없겠지만 역사적 정황에서 몇몇의 유명한 물리학자들을 소개하는 것은 재미있고 유익할 것이다. 첫 역사 노트는 물리학이라는 학문을 만든 사람의 인생에 관한 것이다.

## 2.1 갈릴레오 갈릴레이(역사 노트 옵션)

갈릴레오 갈릴레이(1564–1642)는 물리적 세계를 연구하여 과학적이고 문화적 혁명을 초래한 뛰어나고 명석하지만 까다로운 사람이었다. 이 싸우기 좋아하는 이태리의 천재는 처음의 현대 과학자였다. 그는 권위를 거부했고 관측과 실험 및 합리적 분석을 기초로 결론을 얻었다. 그의 견해는 교회의 권력에 의해 거부되고 그는 가택연금 되어 여생을 보냈다. 그럼에도 불구하고 우주에 대한 그의 관점과 과학적 진실을 발견하기 위한 그의 방법은 결국 승리하고 오늘날의 모든 과학자는 갈릴레오의 지적 후계자이다.[1)]

갈릴레오가 망원경을 발견하지는 않았지만 그는 망원경을 하나 만들어서 그것으로 하늘에서 관측한 것을 과학적으로 연구한 첫 인물이었을 것이다. 곧 그는 달에 산과 계곡이 있고 은하수는 별들로 이루어졌으며 목성은 주위에 위성이 있고 해는 자전하며 표면에 점들이 있다는 것을 발견했다. 그는 첫 "유명한(인기) 과학자"가 되었다. 그러나 그는 거리낌 없이 말했고 이성보다 신앙을 중시하는 사람들에게 참을성이 없었기 때문에 곤경에 처했다. 그는 지구가 우주의 중심에 있고 태양, 행성 및 별들이 지구를 돌고 있다고 믿고 있는 사람들에게 특히 공격적이었다. 이 "지구 중심적인" 우주는 아리스토텔레스의 철학에 근거한 것이며 토마스 아퀴너스에 의해 기독교에 맞추어 졌고 나중에 교회의 공식적인 철학으로 받아들여졌다. 그러므로 지구 중심적인 이론에 대한 갈릴레오의 거리낌 없는 공격은 많은 사람들에게 이교도적이라고 생각되었다. 갈릴레오는 로마로 소환되었고 교회 당국자들은 태양이 우주의 중심이라는 코페르니쿠스의 이론을 가르치지도 말고 옹호하지도 말라고 명령했다. 갈릴레오는 3 사람 사이의 대화 형태인 책을 썼다. 이 책에서 조금은 열등아로 그려진 "Simplicio"라는 이름을 가진 인물의 입을 빌려 교황이 쓰는 논리를 이야기하기 까지 했다. 종교 재판소는 갈릴레오를 로마로 다시 소환하였고 결국 종신형을 선고 받고 그의 집에 가택 연금되었다. 그 당시 그는 70세였으나 일을 계속하며" 두 개의 새로운 과학과 관련된 논설과 수학적 증명"이라는 그의 마지막 책을 1638년에 출판했다. 이 책에서는 그가 앞서 30년간 수행한 많은 물리연구를 묘사한다. 그는 78세의 나이로 생을 마감하였다.

갈릴레오의 생애는 명석한 개인과 사회를 지배하는 권력의 충돌을 잘 말해주는 예가 된다. 의심의 여지없이 갈릴레오는 세계와 세계에 대한 우리의 생각을 바꾸었다. 어떤 사람들은 과학적 발전을 막으려고 하는 교회당국을 비난하는 반면에 다른 사람들은 당시의 모든 세계관이 한 인습 타파자에 의해 위협받는 교회당국을 더 이해하였다.

---

1) 1999년에 뉴욕의 Walker and Co.에서 출판된 Dava Sobel의 *Galileo' s Daughter*는 갈릴레오의 훌륭한 전기이다.

### 2.1.1 관성의 원리

그의 많은 업적 중에 논란의 여지가 있지만 갈릴레오는 운동을 진실로 이해하는 첫 번째 인물이었다. 그는 기울어진 평면들, 구르는 공들과 길이가 다른 진자들로 일련의 실험을 수행했다. 그는 이러한 간단한 장치들을 이용해 실험함으로써 운동의 본질적인 관점 즉 앞선 시대의 위대한 정신에게 알려지지 않은 것을 파악하였다. 갈릴레오의 연구 이전에(아리스토텔레스를 포함한) 가장 존경받는 철학자들은 운동을 현대과학자들에게는 무의미하거나 단지 바보 같이 여겨지는 방식으로 설명했다. 예를 들면 그들은 "물은 있어야할 장소(natural place)인 바다로 돌아가고 싶어 하므로 아래 방향으로 흐른다"고 말했다. 또는 그들은 "연기는 공기이고 고향이 하늘위이기 때문에 올라간다"고 말했다. 그들은 별들과 행성들의 운동을 "천체는 완벽하므로 완벽한 원으로 지구 주위를 움직인다"는 터무니없는 설명을 했다.

운동에 대한 잘못된 이론에서 중요한 요소는 물체가 그것의 "있어야할 장소"로 움직이고 다음에 그곳에 정지하여 머문다는 생각이었다. 물론 이것을 "자연적인 운동(natural motion)"이라고 불렀다. 어떤 것이 자신의 있어야할 장소로부터 움직이기 위해서는 밀거나 잡아당길 필요가 있다. 힘을 필요로 하는 이러한 종류의 운동을 "격렬한 운동"이라고 부른다.

갈릴레오의 가장 중요한 통찰력은 물체는 정지하려고 하지 않고 오히려 움직임을 유지하려고 한다는 것이다. 사실은 그들은 직선으로 일정한 속력으로 움직임을 유지하려고 한다. (이것을 일정한 운동(uniform motion)이라고 한다.) 물질의 물체가 그들의 운동상태를 유지하려고하는 성질을 관성(inertia)라고 한다. 물리학의 입문과정에서 기억할 수 있듯이 관성의 법칙은 다음과 같다:

**물체는 작용 받는 알짜외력이 없는 한 일정한 운동을 유지한다.**

이 기본적인 원리는 뉴턴의 제1법칙으로 알려져 왔다. 이것을 나중에 다시 논하겠다.

그의 장비는 발전된 것은 아니지만 갈릴레오의 실험은 시간이 근본적인 운동의 성분이라는 것을 말해주었다. 역학적인 시계는 아직 발명되지는 않았어도 갈릴레오는 시간간격을  알 수 있는 여러가지 정교한 방법을 고안했다. 그는 맥박을 세거나 진자의 진동을 관측하거나 물통으로부터 물방울을 떨어뜨리며 물통의 물 무게를 측정하였다.

시간은 이해하기 매우 어려운 개념이다. 모든 사람은 직관적이거나 정성적으로 시간을 이해한다. 시간에 대해 생각할 때 개인이 느끼는 시간의 정의는 물질로 이루어진 물체의 운동과 관련되어 있다는 것을 인식할 수 있다. 하루의 길이는 지구의 자전과 관련되고 1년은 지구의 공전주기이다. 많은 사람들은 한 시간과 일 분을 시계바늘의 운동으로 묘사한다. 과학자들은 1초를 특정한 원자의 진동을 가지고 정의한다. 운동에 관계없이 시간을 정의하는 것이 가능한가? 뉴턴은 이러한 철학적인 질문을 피하고 시간은 절대적인 매개변수로 일정한 비율로 연속적으로 변한다고 가정했다. 아인슈타인은 더 간단하게 정의하며 "시간은 시계로 측정하는 것이다"고 말했다. 지금은 뉴턴의 관점을 적용할 것이고 19장의 아인슈타인의 상대론을 생각할 때 다시 시간의 문제를 더 깊이 있게 다룰 것이다.[2)]

앞에서 말한 것처럼 운동학은 위치, 속도, 가속도와 시간 사이의 관계를 연구하는 것이다. 갈릴레오와 그의 제자들은 이 개념들과 씨름했다. 다행이 우리는 갈릴레오에게 알려지지 않은 수학적 도구들을 이용할 수 있다. 예를 들면 미적분은 갈릴레오가 죽은 후 뉴턴과 라이브니츠가 발명하였고 벡터분석은 약 150년전 까지 개발되지 못했다.

## 2.2 일차원 운동학

### 2.2.1 일차원 선 운동과 포물 운동

일차원 운동은 1장에서 다루었다. 선 운동은 1.1.4절에서 고정축에 대한 회전운동은 1.1.5절에서 기본개념이 묘사되었다. 1장에서 나온 문제들은 입문과목에서 나온 문제들과 비슷하다. 여기에서는 개념적으로나 수학적으로 좀 더 어려운 문제를 접할 것이다.

일차원 운동의 기본적인 관계식을 알겠지만 위치(r), 속도(v)와 가속도(a)의 일반적 관계를 다시 생각하자:

$$\mathbf{v} = \frac{d\mathbf{r}}{dt} = \dot{\mathbf{r}},$$
$$\mathbf{a} = \frac{d\mathbf{v}}{dt} = \dot{\mathbf{v}} = \ddot{\mathbf{r}}.$$

2) 어떤 물리학자들은 한 이벤트 이후에 다른 이벤트가 일어난다는 뉴턴적 의미로서의 시간은 양자역학의 영역에 적용할 수 없다고 믿는다. 이 문제의 재미있는 논의를 위해서는 Charles Seife의 논문 "Quantum Physics: Spooky Twins Survive Einstein Torture," *Science, 294*, 1265, 2001을 보라.

따라서 일차원 운동은 스칼라 식으로 묘사된다:

$$v = \frac{dx}{dt},$$
$$a = \frac{dv}{dt} = \frac{d^2x}{dt^2}.$$

독자가 아마(포물체 운동과 같이) 일정한 가속도 문제를 푸는데 경험이 많다 하더라도 이 장의 끝에는 그러한 문제들을 많이 포함시켰다. 어떤 문제들은 어렵다는 것을 볼 수 있을 것이다. 일정한 중력장에서 포물체 운동이 관련된 문제에서 수평운동은 일정한 속도 운동이고($v_x$ = 일정) 수직운동은 일정한 가속도 운동이다($a_x$ = 일정). 사실 포물체 운동은 두가지 독립적인 일차원 운동의 결합이다. 이 두 가지 운동은 시간으로 관련지어진다. 방정식들로부터 시간을 소거하면 포물체의 궤도의 식을 얻게 된다.

**예제 2.1**

포구에서 속력 $v_0$로 포탄을 발사하는 대포의 위치가 지면에서 높이 $h$의 절벽 위에 있다. 최장 거리를 목표로 하는 발사각이 $\theta = \sin^{-1}\left(v_0/\sqrt{2(v_0^2+gh)}\right)$임을 보여라.

**풀이**: 똑바른 접근을, 문제를 풀지 않는 방식으로 먼저 보여주겠다. 그 다음 해답을 제공하는 재주부리는 기교를 보여주겠다. 수월한 접근은 시간 $t$가 포탄이 날아가는 시간일 때 $x$값은 사거리이고 $y$값은 $-h$가 된다는 것이다. (여기에서 대포가 원점 (0,0)에 있다고 가정한다.) 즉

$$R = (v_0 \cos\theta)\, t$$
$$-h = (v_0 \sin\theta)\, t - \frac{1}{2}gt^2.$$

첫 식으로 $t$에 대해 풀어 $t = R/(v_0 \cos\theta)$를 얻는다. 이것을 둘째 식에 대입하여

$$-h = R\tan\theta - \left(\frac{gR^2}{2v_0^2}\right)\frac{1}{\cos^2\theta} \tag{2.1}$$

을 얻는다. $R$에 대한 2차식을 풀어 $\theta$의 함수로서 $R$의 식을 구할 수 있다. 그 다음 $\theta$로 $R$을 미분하고 그 미분한 것이 영이라고 놓으면 $R$를 최대화하는 $\theta$가 구해진다. (시도하고 싶을 것이다.)

재주부리는 기교는 이것이다: $R$을 구해 $\theta$로 미분하는 대신에

$$\frac{dR}{d\theta} = \frac{dR}{dh}\frac{dh}{d\theta}$$

을 이용한다. $\dfrac{dh}{d\theta} = 0$이면 위 식은 영이 된다. 따라서 $-h$에 대한 식 (2.1)로 돌아가서 계산하자.

$$\begin{aligned} -\frac{dh}{d\theta} &= \frac{d}{d\theta}\left[R\tan\theta - \left(\frac{gR^2}{2v_0^2}\right)\frac{1}{\cos^2\theta}\right] = 0 \\ 0 &= 1 - \frac{gR}{v_0^2}\tan\theta \\ R &= \frac{v_0^2}{g\tan\theta}. \end{aligned}$$

이것을 식 (2.1)에 대입하면

$$-h = \frac{v_0^2}{g} - \frac{g}{2v_0^2\cos^2\theta}\left(\frac{v_0^2}{g\tan\theta}\right)^2 = \frac{v_0^2}{g} - \frac{v_0^2}{2g\sin^2\theta}$$

이 된다. 그러므로

$$\begin{aligned} \frac{v_0^2}{2g\sin^2\theta} &= \frac{v_0^2}{g} + h \\ \sin\theta &= \frac{v_0}{\sqrt{2(v_0^2 + gh)}}. \end{aligned}$$

---

### 2.2.2 고정축에 대한 회전

고정된 축에 대한 회전을 묘사하는 변수는 각위치($\theta$), 각속도($\omega$)와 각가속도($\alpha$)이다. (1.1.5절을 보라.) 이들은 정의가

$$\begin{aligned} \omega &= \frac{d\theta}{dt}, \\ \alpha &= \frac{d\omega}{dt} = \frac{d^2\theta}{dt^2} \end{aligned}$$

이다.

**예제 2.2**

물리학을 공부하는 학생은 균형 잡혀 돌고 있는 바퀴를 주의 깊게 관찰하고 있다. 그 바퀴는 어떤 각속도에 이를 때까지 가속되고 그 다음 계속해서 일정한 각 속력으로 회전한다. 집에 가서 그 학생은 이러한 운동을 설명할 수 있는 바퀴의 가속도에 대한 식을 쓰려고 하였고

$$\alpha = bte^{-ct}\ (\mathrm{rad/s^2})$$

을 생각해 냈다. 시간의 함수로서의 각속도($\omega$)의 식을 구하라. $b$와 $c$의 그럴듯한 값은 무엇인가?

**풀이**: 정의 $\alpha = \dfrac{d\omega}{dt}$를 이용하면

$$\int_{\omega_0}^{\omega(t)} d\omega = \int_{t=0}^{t} \alpha dt$$
$$\omega(t) - \omega_0 = \int_0^t bte^{-ct}dt$$

이 된다. 여기에서 $\omega_0 = 0$이다. 적분으로부터

$$\int xe^{ax}dx = \frac{1}{a^2}e^{ax}(ax-1).$$

그러므로

$$\begin{aligned}\omega(t) &= b\left[\frac{1}{c^2}e^{-ct}(-ct-1)\right]_0^t \\ &= -\frac{b}{c^2}\left[(e^{-ct})(ct+1) - e^0(1)\right] \\ &= \frac{b}{c^2}\left[1 - e^{-ct}(ct+1)\right].\end{aligned}$$

시간 $t=0$에 각속력은 영이다. 시간에 따라 속력이 빠르게 증가하고 그 다음 시간이 아주 커짐에 따라 최대값 $b/c^2$에 접근한다. 이 값으로 회전하는데까지 걸리는 시간이 10초라면 $c$의 값이 1에 가까운 값이라고 제안할 수 있고 $t=10$에 $e^{-ct} \simeq 0$이다. $c=1$로 잡자. 최종 바퀴의 각속력이 (예를 들어) 50 rad/s라면 $b/c^2 = 50$이고 $b \simeq 50$이다. $\alpha$ *vs*. $t$ 및 $\omega$ *vs*. $t$를 그리는 것은 유익하다.

어린이가 돌을 끈에 묶어서 원으로 그것을 돌린다고 상상하자. 돌의 운동은 각속도 $\omega$로 묘사될 수 있으나 각운동과 관련된 선속도 $v$도 가진다. 이 선속도는 (그 어린이가 끈을 놓는다면 명백해 지듯이) 어디에서나 돌의 원 궤도의 접선 방향이다. 선속도와 각속도는

$$v = \omega r$$

로 관계된다.

회전운동이 두 가지 다른 종류의 가속도를 준다는 것은 흥미롭다. 이것을 이해하기 위해 회전하는 바퀴를 생각하자. 바퀴의 속력이 빨라지거나 느려진다면 그것은 위의 $\alpha$의 정의가 주는 비율로 가속된다. 그러나 가속도는 속도 벡터의 변화로 정의된다. 일정한 속력으로 원을 도는 차는 가속한다. 이 가속은 속도 벡터의 방향의 변화로 인한 것이다. 마찬가지로 회전체위에 있는 한 점은 그 물체가 일정한 각 속력으로 회전해도 가속된다. 그림 2.1은 고정축에 대해 일정한 회전 속력 $\omega$로 회전하는 바퀴의 가장자리에 있는 한 점의 속도 벡터의 변화를 묘사하고 있다. 정의상

$$\mathbf{a} = \frac{d\mathbf{v}}{dt} = \lim_{\Delta t \to 0} \frac{\mathbf{v}(t+\Delta t) - \mathbf{v}(t)}{\Delta t} = \lim_{\Delta t \to 0} \frac{\Delta \mathbf{v}}{\Delta t}.$$

벡터 $\mathbf{v}(t+\Delta t)$과 벡터 $\mathbf{v}(t)$의 차이 $\Delta\mathbf{v}$는 원의 중심으로 향하는 벡터가 된다. 이 사실을 알 수 있도록 그림 2.1의 좌측에 벡터 $\mathbf{v}(t)$와 벡터 $\mathbf{v}(t+\Delta t)$ 사이의 중간에 벡터 $\Delta\mathbf{v}$를 그렸다. 벡터 $\Delta\mathbf{v}$는 대략 원의 중심을 향하고 있음을 알 수 있다. $\Delta\mathbf{v} \to 0$에 따라 벡터 $\Delta\mathbf{v}$는 점점 더 중심 쪽을 향하게 된다.

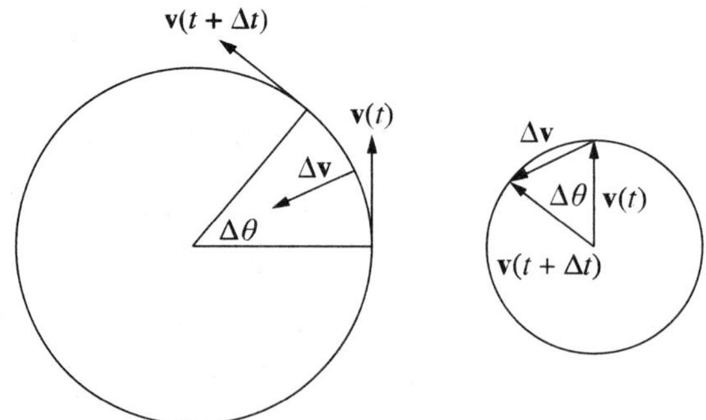


그림 2.1 ▌ 구심 가속의 묘사. 좌측 그림은 입자의 운동을 나타내고 우측 그림은 호도그래프, 속도 벡터의 그림이다.

같은 개념이 그림 2.1의 우측에 다른 방식으로 보여 진다. 각속도가 일정하면 속력은 (즉 속도 벡터의 크기는) $v$와 같은 상수이다. 그러나 그 벡터의 방향은 시간에 따라 변한다. 속도 벡터의 끝은 그림 2.1의 우측에 보인 것처럼 원을 그린다. (속도 벡터의 끝의 궤적을 보여주는 그림을 호도그래프라고 부른다.) 일정 속력의 원운동에 대해 호도그래프는 반경이 $v$인 원이다. 벡터 $\Delta \mathrm{v}$는 이 원의 현이다. $\mathrm{v}(t)$과 $\mathrm{v}(t+\Delta t)$이 입자의 경로의 접선이므로 이들 벡터 사이의 각은 $\Delta\theta$이다. $\Delta\theta$가 점점 작아짐에 따라 $\Delta \mathrm{v}$의 방향은 점점 더 $\mathrm{v}(t)$의 직각방향이 된다. 이 $\Delta \mathrm{v}$ 벡터를 그림 2.1의 좌측 그림에 평행 이동시키면 그 벡터는 원의 중심을 향하게 됨을 볼 수 있다.

따라서 등속원운동을 하는 입자는 원의 중심 방향으로 가속된다. 다시 호도그래프를 고려해 이 가속도의 크기를 구할 수 있다. 무한소의 작은 시간의 한계에서 $\Delta\theta \rightarrow d\theta$, $\Delta \mathrm{v} \rightarrow d\mathrm{v}$이고 현은 그것에 대하는 호에 접근한다. 기본 관계로부터 $ds = r d\theta$이지만 호도그래프에 적용하면 무한소의 한계에서 $\Delta \mathrm{v}$의 크기는 $dv = v d\theta$이다. 그러므로

$$a = \frac{dv}{dt} = \frac{v d\theta}{dt}.$$

그러나 $d\theta = ds/r$이므로

$$a = \frac{v}{r}\frac{ds}{dt} = \frac{v^2}{r}.$$

즉 입자가 등속원운동을 한다면

$$a_c = \frac{v^2}{r}$$

의 구심가속을 갖고 중심을 향해 가속된다. $v = r\omega$이므로 가속도는

$$a_c = \omega^2 r$$

으로 쓸 수 있다.

회전체의 한 점은 3가지 다른 형태의 가속도를 경험한다:

1. 선형 가속도(물체가 전체적으로 가속되고 있다면)
2. 접선 가속도($a_T = r\alpha$; 물체의 각속도가 변한다면)
3. 구심 가속도($a_c = v^2/r = \omega^2 r$; 물체의 회전으로 인하여)

❒ **연습 2.1**

(a) 태양에 대해 궤도운동을 하는 지구의 구심 가속도를 구하라. 궤도는 원이다. (b) 지구의 회전운동으로 인해 지구의 적도에 있는 한 점의 중심 가속도를 구하라. **답:** (a) $5.95 \times 10^{-3}$ m/s$^2$, (b) $3.37 \times 10^{-2}$ m/s$^2$.

❒ **연습 2.2**

그림 2.1의 좌측과 우측 그림에 각각 있는 $\Delta\theta$가 같다는 것을 보여라.

## 2.3 평면상의 점의 위치

위치가 두 좌표 $x$와 $y$로 묘사되는 평면위에서 운동하는 물체를 생각하자. 단순하게 하기 위해 그 물체를 입자, 즉 어느 방향으로든지 크기가 없는 질점이라고 생각하자.

평면상의 임의의 점을 원점으로 잡고 그 점을 지나는 서로 직각인 두 직선을 그려서 좌표계를 정하면 어떤 점의 위치를 쉽게 기술할 수 있다. 이들 축을 $x$와 $y$라고 표시한다. 한점($P$)의 위치는 두 축에 수직선을 떨어뜨려 축들과 교차하는 점들로 표시한다. 그래서 그림 2.2에서 점 $P$의 위치는 (4,5)인데 이것은 $x = 4$이고 $y = 5$임을 뜻한다.

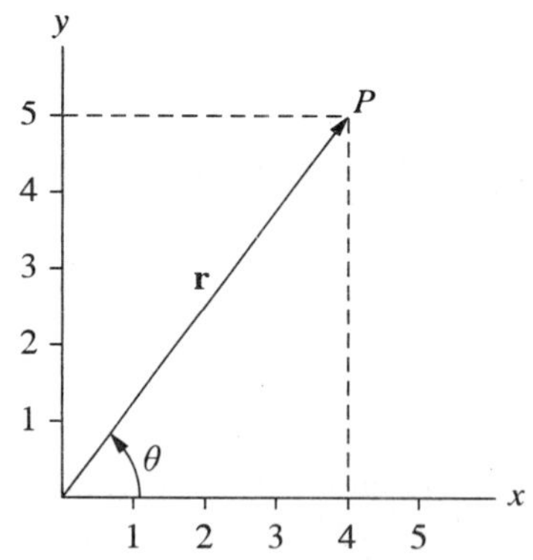


그림 2.2 ▌ 직각좌표 계에서 점 $P$의 위치는 (4, 5)이고 극좌표 계에서는 각을 라디안으로 하여 (6.4, 0.9)이다.

$P$의 위치는 여러 가지 방식으로 기술할 수 있다. 그림 2.2에서처럼 $P$의 위치는 원점으로부터 $P$까지 그려진 벡터(**r**)로 기술하는 것이 가장 유용하다. **r**의 크기는 $r$로 표기하고, 방향은 $x$ 축과 그 벡터가 이루는 각 $\theta$로 주어진다.

벡터 **r**를 묘사하기 위해서 그 벡터의 성분(즉 직각좌표의 $x$와 $y$), 또는 크기와 방향(극좌표계의 $r$과 $\theta$)을 이용할 수 있다. 이들은 **r**의 동등한 표현이므로 그들 사이의 관계가 있다. 그림 2.2에서 얼핏 봐도 이 관계는

$$x = r\cos\theta$$

과

$$y = r\sin\theta$$

이다. 이 관계의 역($x$와 $y$로 $r$과 $\theta$의 표현)은

$$r = \sqrt{x^2 + y^2}$$
$$\theta = \tan^{-1}(y/x)$$

이다. 좌표들의 두 집합을 관련짓는 이와 같은 식을 "변환식(transformation equations)"이라고 한다.

이 역학 공부에서 세 가지 다른 좌표계만을 이용할 것이다: 직각좌표계, 원통좌표계와 구면좌표계. 그러나 많은 다른 좌표계가 있는데 어떤 것은 오직 몇 가지 종류의 문제에 대해서만 아주 전문화되고 적절하다. George Arfken[3]의 초기 판 "Mathematical Methods for Physicists"에 14 가지 다른 좌표계를 묘사한 긴 논의가 있다. 단지 이들의 맛을 보이기 위해 직각 좌표 $x$ 및 $y$는 "bipolar 좌표" $\eta$ 및 $\zeta$와 다음의 변환 관계를 갖는다:

$$x = \frac{a\sinh\eta}{\cosh\eta - \cos\zeta} \quad \text{그리고} \quad y = \frac{a\sin\zeta}{\cosh\eta - \cos\zeta}.$$

이 특수한 좌표를 사용하지 않게 되니 만족스러울 것이다! 다행히 대부분의 좌표 변환은 이것보다 매우 간단하다.

3) *Mathematical Methods for Physicists*, 2nd ed., George Arfken, Academic Press, New York 1970. 고속 컴퓨터가 간단한 좌표계를 이용해 대부분의 물리문제를 풀 수 있게 하므로 이 논의는 나중에 출판된 책에는 논의되지 않았다. 하나 또는 두 특정한 문제에만 적용될 수 있는 더 많은 색다른 좌표계는 폐기되었다.

❐ 연습 2.3

한 입자가 일정한 속력 3 m/s로 $x$-축을 따라 움직인다. $dr/dt$와 $d\theta/dt$를 구하라. **답**: (3 m/s, 영)

❐ 연습 2.4

한 입자가 반경 3 m인 원을 일정속력 5 m/s로 움직인다. $dr/dt$와 $d\theta/dt$를 구하여라. **답**: (영, 5/3 rad/s)

❐ 연습 2.5

Bipolar 좌표에서 한 입자가 $\eta=0.5$, $\zeta=0.5$에 있다. $a=1$(meter)로 생각할 때 평면 극좌표 $r, \theta$로 입자의 위치를 구하여라. **답**: (2.832 m, 0.744 rad)

## 2.4 단위 벡터

단위벡터는 운동학의 기본 단위이다. 그들은 좌표축을 따라 증가하는 방향을 향하고 크기는 단위인 벡터이다. (단위벡터는 단위가 없으며 단위 길이를 갖는다.) 그림 2.3은 직각좌표계 $(x,y,z)$에서 세 단위 벡터 $\hat{\mathbf{i}}, \hat{\mathbf{j}}, \hat{\mathbf{k}}$를 묘사한다.

그림 2.3에서 좌표계는 오른손 방향의 좌표계이다. 그러므로 오른손의 네 손가락을 $x$-축 방향으로 가르키고 다시 그들을 $y$-축 방향으로 구부리면 검지는 $z$-축 방향이 된다.

단위벡터는 서로 직각 또는 직교(orthogonal)임을 기억하라.

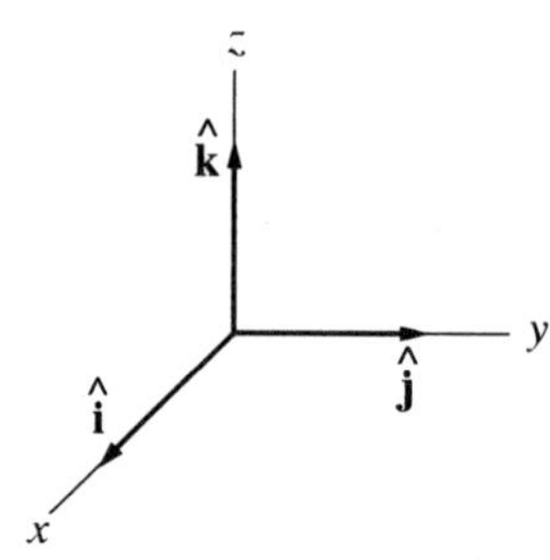


그림 2.3 ▌ 직각좌표계에서 세 단위 벡터 $\hat{\mathbf{i}}$, $\hat{\mathbf{j}}$, $\hat{\mathbf{k}}$. 좌표계는 오른손 방향이다.

벡터 해석 과정에서 두 벡터의 외적(또는 벡터적)의 정의를 공부했다.

$$\mathbf{c} = \mathbf{a} \times \mathbf{b}$$

이면 c의 크기(|c| 또는 $c$)는

$$|\,\mathbf{c}\,| = |\,\mathbf{a}\,|\,|\,\mathbf{b}\,|\sin(\mathbf{a}, \mathbf{b}) \qquad (2.2)$$

인데, 여기서 sin(a,b)는 a와 b 사이의 각의 사인 값이고 c의 방향은 오른손 법칙으로 주어진다.

두 벡터의 내적(또는 스칼라적)의 정의는

$$\mathbf{a} \cdot \mathbf{b} = |\,\mathbf{a}\,|\,|\,\mathbf{b}\,|\cos(\mathbf{a}, \mathbf{b}) \qquad (2.3)$$

이다.

외적(또는 벡터적)과 내적(또는 스칼라적)은 가장 많이 나타나는 벡터 곱의 방식이다. 이 과정에서 나중에 다이애딕스(dyadics)이라고 부르는 수학적 개념을 포함하는 다른 형태의 벡터의 곱셈을 배운다.

단위벡터의 내적을 생각하자. 식 (2.3)으로부터 당연히

$$\hat{\mathbf{i}} \cdot \hat{\mathbf{i}} = 1, \qquad \hat{\mathbf{j}} \cdot \hat{\mathbf{j}} = 1, \qquad \hat{\mathbf{k}} \cdot \hat{\mathbf{k}} = 1,$$
$$\hat{\mathbf{i}} \cdot \hat{\mathbf{j}} = 0, \qquad \hat{\mathbf{i}} \cdot \hat{\mathbf{k}} = 0, \qquad \hat{\mathbf{j}} \cdot \hat{\mathbf{k}} = 0$$

이다. 이 관계는 단위벡터의 *직교성(orthogonality)*을 묘사한다. 마찬가지로 외적의 정의인 식 (2.2)으로부터

$$\hat{\mathbf{i}} \times \hat{\mathbf{i}} = 0, \qquad \hat{\mathbf{j}} \times \hat{\mathbf{j}} = 0, \qquad \hat{\mathbf{k}} \times \hat{\mathbf{k}} = 0,$$

그리고

$$\hat{\mathbf{i}} \times \hat{\mathbf{j}} = \hat{\mathbf{k}}, \qquad \hat{\mathbf{j}} \times \hat{\mathbf{i}} = -\hat{\mathbf{k}},$$
$$\hat{\mathbf{j}} \times \hat{\mathbf{k}} = \hat{\mathbf{i}}, \qquad \hat{\mathbf{k}} \times \hat{\mathbf{j}} = -\hat{\mathbf{i}},$$
$$\hat{\mathbf{k}} \times \hat{\mathbf{i}} = \hat{\mathbf{j}}, \qquad \hat{\mathbf{i}} \times \hat{\mathbf{k}} = -\hat{\mathbf{j}}$$

를 얻을 수 있다.

마지막 6개의 관계식은 그림 2.4의 기억법의 도움으로 쉽게 기억될 것이다.

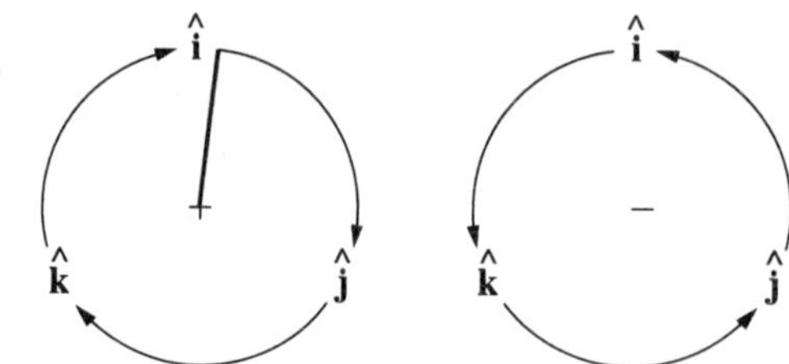


그림 2.4 ▌ 단위벡터의 외적에 대한 기억법. 스케치는 예로 $\hat{i}\times\hat{j}=+\hat{k}$와 $\hat{j}\times\hat{i}=-\hat{k}$를 보인다.

❐ **연습 2.6**

두 벡터가 $A=2\hat{i}+3\hat{j}+4\hat{k}$와 $B=3\hat{i}-2\hat{j}$로 주어진다. A+B, A−B, A · B 및 A×B을 구하라.

❐ **연습 2.7**

벡터 $V=2\hat{i}+4\hat{j}+6\hat{k}$와 벡터 $V=2\hat{i}+2\hat{j}+2\hat{k}$의 사이 각을 계산하라.
**답**: 22.2°.

❐ **연습 2.8**

한 벡터의 방향각은 각각 $x$−, $y$− 및 $z$−축과 이루는 각도이다. 벡터 $r=6\hat{i}+5\hat{j}-2\hat{k}$의 방향각을 구하라. **답**: $\alpha=41.0°$, $\beta=51.67°$, $\gamma=104.3°$.

❐ **연습 2.9**

한 변이 $a$인 정육면체의 대각선을 이루는 벡터가 있다. 그 벡터를 단위벡터로 표현하라.

❐ **연습 2.10**

두 벡터 A와 B의 외적은 다음의 행렬식(determinant)으로 쓸 수 있음을 보여라:

$$\begin{vmatrix} \hat{\mathbf{i}} & \hat{\mathbf{j}} & \hat{\mathbf{k}} \\ \mathbf{A}_x & \mathbf{A}_y & \mathbf{A}_z \\ \mathbf{B}_x & \mathbf{B}_y & \mathbf{B}_z \end{vmatrix}$$

## 2.5 2차원의 운동학

### 2.5.1 데카르트 좌표

2차원에서 한 점의 위치는 두 수로 기술될 수 있다. 데카르트 좌표를 사용할 때는 보통 $z=0$으로 놓고 $x-y$ 평면위에서 운동하게 한다. (운동이 평면에 한정되는 한 어떤 경우에도 예외 없이 $z=0$면을 운동 평면으로 잡을 수 있다.) 이 경우 입자의 위치는

$$\mathbf{r} = x\hat{\mathbf{i}} + y\hat{\mathbf{j}}$$

으로 주어진다. 속도의 정의는 $\mathbf{v} = \dot{\mathbf{r}} = \frac{d\mathbf{r}}{dt}$ 이므로

$$\mathbf{v} = \frac{d}{dt}(x\hat{\mathbf{i}} + y\hat{\mathbf{j}}).$$

데카르트 좌표계의 단위벡터 $(\hat{\mathbf{i}}, \hat{\mathbf{j}}, \hat{\mathbf{k}})$는 크기와 방향이 일정하여 그들의 시간미분은 영이다. 따라서 $\frac{dx}{dt}$를 $\dot{x}$로 쓰고 $\frac{dy}{dt}$를 $\dot{y}$로 쓴다면 속도는

$$\mathbf{v} = \dot{x}\hat{\mathbf{i}} + \dot{y}\hat{\mathbf{j}}$$

이다. 가속도의 정의 $\mathbf{a} = \dot{\mathbf{v}}$를 이용한다면 가속도는

$$\mathbf{a} = \ddot{x}\hat{\mathbf{i}} + \ddot{y}\hat{\mathbf{j}}$$

가 된다.

### 2.5.2 평면 극좌표

평면 극좌표 $(r, \theta)$로 앞에서와 같이 분석하자. 즉 평면 극좌표에서 위치, 속도 및 가속도의 식을 유도하자. 분석이 복잡하지만 무엇을 하고 있는지를 정확히 이해할 필요가 있다. 이절에서 논하는 개념은 이 장의 나머지 부분의 기초가 된다.

먼저 해야 할 일은 극좌표에 대한 단위벡터의 정의이다. 그림 2.5에서 점 $P$는 $(r, \theta)$에 위치하는데 여기에서 $r$은 벡터 $\mathbf{r}$의 길이이고 원점으로부터 $P$까지 거리이다. 벡터 $\mathbf{r}$과 $x$-축 사이의 각은 $\theta$로 표시한다. $\mathbf{r}$의 끝에 두 단위벡터 $\hat{\mathbf{r}}$와 $\hat{\boldsymbol{\theta}}$를 볼 수 있다. 이들은 단위 길이를 갖는다. $\hat{\mathbf{r}}$의 방향은 증가하는 $\mathbf{r}$의 방향이고 $\hat{\boldsymbol{\theta}}$의 방향은 $\theta$가 증가하는 방향이다. 이것의 의미는 $\theta$의 증가가 벡터 $\mathbf{r}$을 $\hat{\boldsymbol{\theta}}$의 방향으로 회전하게 한다는 것이다.

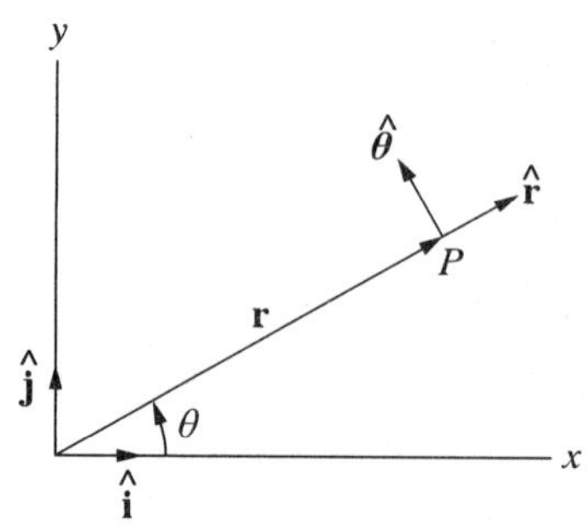


그림 2.5 ▌ 평면 극좌표의 단위벡터 $\hat{\mathbf{r}}$와 $\hat{\boldsymbol{\theta}}$의 정의. 단위벡터 $\hat{\mathbf{r}}$는 증가하는 r의 방향을 가리키고 $\hat{\boldsymbol{\theta}}$는 $\theta$가 증가하는 방향을 가리킨다.

벡터는 크기와 방향이 변하지 않는 한 평행 이동시켜도(미끄러져도) 같은 벡터이다. $\hat{\mathbf{r}}$와 $\hat{\boldsymbol{\theta}}$를 평행이동 시켜 벡터의 시작점이 원점에 놓이도록 하여 그림 2.6에서 보는 바와 같이 끝점이 단위 원위에 놓이도록 할 수 있다.

단위벡터 $\hat{\mathbf{r}}$와 $\hat{\boldsymbol{\theta}}$는 고정된 축들과 관련된 것이 아니므로 일정하지 않다. 오히려 그것들은 시간에 따라 변하는 벡터 r과 관련되어 있다. r이 크기가 변화하면 이 변화는 $\hat{\mathbf{r}}$와 $\hat{\boldsymbol{\theta}}$에 영향을 주지 않지만 만일 r의 방향이 변하면 $\hat{\mathbf{r}}$와 $\hat{\boldsymbol{\theta}}$의 방향이 변할 것이다. 이러한 사실은 $\hat{\mathbf{r}}$와 $\hat{\boldsymbol{\theta}}$가 $\theta$의 함수라는 뜻이다. 수학적인 형태로 이것을 다음과 같이 표현할 수 있다:

$$\hat{\mathbf{r}} = \hat{\mathbf{r}}(\theta)$$

$$\hat{\boldsymbol{\theta}} = \hat{\boldsymbol{\theta}}(\theta).$$

평면 극좌표에서 한 점의 위치는 아주 간단하게

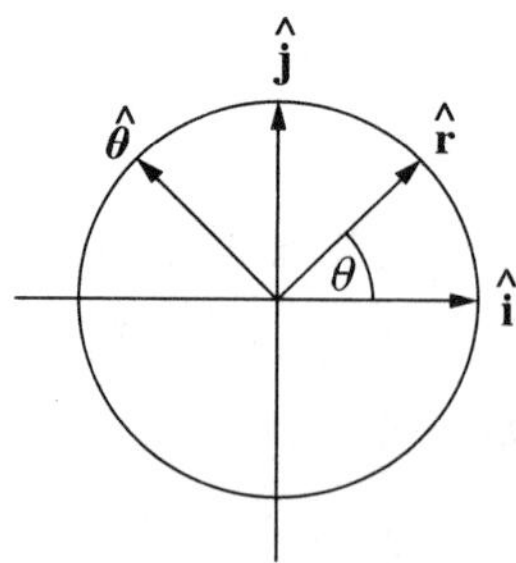


그림 2.6 ▌ 단위벡터 $\hat{\mathbf{r}}$와 $\hat{\boldsymbol{\theta}}$ 및 단위 원. 모든 단위벡터가 원의 중심으로부터 시작하여 원주에서 끝난다.

$$\mathbf{r} = r\hat{\mathbf{r}}$$

로 주어진다. 이 식을 시간으로 미분하면 극좌표에서 속도의 식을 얻는다.

$$\mathbf{v} = \frac{d\mathbf{r}}{dt} = \frac{d}{dt}(r\hat{\mathbf{r}}) = \frac{dr}{dt}\hat{\mathbf{r}} + r\frac{d\hat{\mathbf{r}}}{dt}.$$

마지막 항은 곱의 미분법칙으로부터 나오며 단위벡터 $\hat{\mathrm{r}}$가 시간에 따라 변할 수 있다는 사실을 반영한다. $\hat{\mathrm{r}}$의 크기가 항상 단위이지만 그것의 방향은 변할 수 있다. 앞에서 언급한 바와 같이 $\hat{\mathrm{r}}$는 $\theta$의 함수이다. 사실은 $\hat{\mathrm{r}}$는 $\theta$만의 함수이다. 미분의 체인규칙에 의하면 $\hat{\mathrm{r}} = \hat{\mathrm{r}}(\theta)$이면

$$\frac{d\hat{\mathbf{r}}}{dt} = \frac{d\hat{\mathbf{r}}}{d\theta}\frac{d\theta}{dt} = \frac{d\hat{\mathbf{r}}}{d\theta}\dot{\theta}.$$

그러나 $d\hat{\mathrm{r}}/d\theta$는 무엇인가? 그림 2.6을 볼 때 $\hat{\mathrm{r}}$와 $\hat{\boldsymbol{\theta}}$는 직각좌표의 성분으로 다음과 같이 분해할 수 있다:

$$\hat{\mathbf{r}} = 1\cos\theta\hat{\mathbf{i}} + 1\sin\theta\hat{\mathbf{j}}.$$

이 식에서 단위원의 반경이 1임을 강조하기 위해 숫자 1을 분명히 보였다. 그림 2.6을 검토하여 $\hat{\boldsymbol{\theta}}$에 대한 식을 얻는다. 그 “1”을 쓰지 않고 표현하면

$$\hat{\mathbf{r}} = \cos\theta\hat{\mathbf{i}} + \sin\theta\hat{\mathbf{j}} \tag{2.4}$$

$$\hat{\boldsymbol{\theta}} = -\sin\theta\hat{\mathbf{i}} + \cos\theta\hat{\mathbf{j}} \tag{2.5}$$

이 된다. 그러므로

$$\frac{d\hat{\mathbf{r}}}{d\theta} = \frac{d}{d\theta}(\cos\theta\hat{\mathbf{i}} + \sin\theta\hat{\mathbf{j}}) = -\sin\theta\hat{\mathbf{i}} + \cos\theta\hat{\mathbf{j}} = \hat{\boldsymbol{\theta}}.$$

더욱이

$$\frac{d\hat{\boldsymbol{\theta}}}{d\theta} = -\cos\theta\hat{\mathbf{i}} - \sin\theta\hat{\mathbf{j}} = -\hat{\mathbf{r}}.$$

이 과목 또는 다른 과목에서 다음의 관계를 자주 쓰게 되므로 기억해야 할 것이다.

$$\frac{d\hat{\mathbf{r}}}{d\theta} = \hat{\boldsymbol{\theta}} \text{ 그리고 } \frac{d\hat{\boldsymbol{\theta}}}{d\theta} = -\hat{\mathbf{r}}. \tag{2.6}$$

$d\hat{\mathbf{r}}/d\theta$와 $d\hat{\boldsymbol{\theta}}/d\theta$를 구하였으니 다음과 같이 $d\hat{\mathbf{r}}/dt$와 $d\hat{\boldsymbol{\theta}}/dt$를 얻을 수 있다:

$$\frac{d\hat{\mathbf{r}}}{dt} = \frac{d\hat{\mathbf{r}}}{d\theta}\frac{d\theta}{dt} = \dot{\theta}\hat{\boldsymbol{\theta}}$$

그리고

$$\frac{d\hat{\boldsymbol{\theta}}}{dt} = \frac{d\hat{\boldsymbol{\theta}}}{d\theta}\frac{d\theta}{dt} = -\dot{\theta}\hat{\mathbf{r}}.$$

이들 식을 이용해서 속도는

$$\mathbf{v} = \frac{d}{dt}\mathbf{r} = \frac{d}{dt}(r\hat{\mathbf{r}}) = \frac{dr}{dt}\hat{\mathbf{r}} + r\frac{d\hat{\mathbf{r}}}{dt}$$

또는

$$\mathbf{v} = \dot{r}\hat{\mathbf{r}} + r\dot{\theta}\hat{\boldsymbol{\theta}} \tag{2.7}$$

이 된다. 이 식은 극좌표에서 속도에 대한 식이다. 그것을 미분하여 극좌표에서 가속도의 식을 얻을 수 있다:

$$\mathbf{a} = (\ddot{r} - r\dot{\theta}^2)\hat{\mathbf{r}} + (r\ddot{\theta} + 2\dot{r}\dot{\theta})\hat{\boldsymbol{\theta}}. \tag{2.8}$$

자주 극좌표로 속도 및 가속도의 식이 참고가 되므로 식 (2.6), (2.7) 및 (2.8)을 기억하던지 쉽게 발견할 수 있도록 이 페이지를 표시해두어야 한다.

**예제 2.3**

회전반이 일정한 각속도 $\omega$로 회전한다. 개미가 일정한 속력 $b$로 반지름 선을 따라 가장자리로 기어가고 있다. 위에서 관측하고 있다면 개미는 나선형으로 움직이고 있다. 개미의 속도 및 가속도에 대한 식을 극좌표로 표현하라.

**풀이:** $\dot{r} = b$와 $\dot{\theta} = \omega$가 주어졌다. 그러므로 $r = bt + r_0$이고 $\theta = \omega t + \theta_0$이다. $\ddot{\theta} = 0$이고 $\ddot{r} = 0$이므로

$$\mathbf{v} = \dot{r}\hat{\mathbf{r}} + r\dot{\theta}\hat{\boldsymbol{\theta}} = b\hat{\mathbf{r}} + bt\omega\hat{\boldsymbol{\theta}}$$

이고

$$\mathbf{a} = \hat{\mathbf{r}}(\ddot{r} - r\dot{\theta}^2) + \hat{\boldsymbol{\theta}}(r\ddot{\theta} + 2\dot{r}\dot{\theta})$$
$$= -bt\omega^2\hat{\mathbf{r}} + 2b\omega\hat{\boldsymbol{\theta}}$$

❐ **연습 2.11**

식 (2.8)을 식 (2.7)로 부터 유도하라.

❐ **연습 2.12**

$\mathrm{r} = a(\hat{\mathrm{i}}\sin\omega t + \hat{\mathrm{j}}\cos\omega t)$ 이다. (a) 속도의 크기를 구하라. (b) 속도가 r에 직각임을 증명하라. (c) 운동을 묘사하라. **답:** $a\omega$.

❐ **연습 2.13**

어떤 입자의 위치는 $r = 4t$(미터)와 $\theta = 0.2t$(라디안)로 묘사된다. (a) 극좌표에서 (b) 데카르트 좌표에서 그 입자의 속도를 시간의 함수로 구하라.

**답:** (a) $\mathrm{v} = 4\hat{\mathrm{r}} + 0.8t\hat{\theta}$

(b) $\mathrm{v} = (4\cos 0.2t - 0.8t\sin 0.2t)\,\hat{\mathrm{i}} + (4\sin 0.2t + 0.8t\cos 0.2t)\hat{\mathrm{j}}$.

❐ **연습 2.14**

반경이 $r = 5.0\,\mathrm{cm}$인 바퀴의 가장자리에 페인트칠한 붉은 점의 운동을 분석하고자 한다. 그 점은 매 2초마다 같은 점으로 돌아온다. 시간 $t = 0$에 그 입자는 $(r, \theta) = (5, 0)$에 있다. 직각좌표 및 극좌표에서 그 입자의 위치와 속도를 표현하라.

**답:** $\mathrm{r} = 5\hat{\mathrm{r}} = (5\cos\pi t)\,\hat{\mathrm{i}} + (5\sin\pi t)\hat{\mathrm{j}}$, $\mathrm{v} = 5\pi\,\hat{\mathrm{r}} = (-5\pi\sin\pi t)\hat{\mathrm{i}} + (5\pi\cos\pi t)\,\hat{\mathrm{j}}$.

## 2.6 3차원의 운동학

3차원 운동으로 일반화하자. 3개의 다른 좌표계를 묘사하자: 직각좌표, 원통좌표 및 구면좌표. 이들은 물리에서 가장 일반적으로 이용되는 3차원 좌표계들이다.

원통좌표 및 구면좌표는 앞 절에서 묘사된 극좌표와 밀접한 관계가 있다.

### 2.6.1 데카르트 좌표

한 입자의 위치는 3차원 직각좌표계에서

$$\mathbf{r} = x\hat{\mathbf{i}} + y\hat{\mathbf{j}} + z\hat{\mathbf{k}}$$

이다.

관성계(비가속계)에서 3개의 단위벡터 $(\hat{\mathbf{i}}, \hat{\mathbf{j}}, \hat{\mathbf{k}})$는 크기와 방향이 일정하다. 이것은 속도와 가속도를 직각좌표계의 식으로 쉽게 얻을 수 있게 한다. 속도는 위치의 시간미분이다; 즉

$$\mathbf{v} = \frac{d\mathbf{r}}{dt} = \dot{x}\hat{\mathbf{i}} + \dot{y}\hat{\mathbf{j}} + \dot{z}\hat{\mathbf{k}}.$$

마찬가지로 가속도는 속도의 시간미분을 취하여 얻는다:

$$\mathbf{a} = \frac{d\mathbf{v}}{dt} = \ddot{x}\hat{\mathbf{i}} + \ddot{y}\hat{\mathbf{j}} + \ddot{z}\hat{\mathbf{k}}.$$

### 2.6.2 원통좌표

원통좌표를 묘사하기 위해 그림 2.7에서처럼 데카르트 좌표계에 있는 임의의 어떤 입자를 가시화하자. 그 입자의 위치로부터 시작하여 $x-y$ 평면(즉 $z=0$ 평면)에 수직인 선을 그리자. 이 수직선의 크기는 $z$이고 방향은 $\hat{\mathbf{k}}$이므로 그 성분을 벡터 $z\hat{\mathbf{k}}$로 표시한다. 수직선이 $z=0$인 평면과 교차하는 점의 위치를 그 평면 극좌표로 기술할 수 있다. (그러나 원통좌표로 사용할 때 일반적으로 $r$과 $\theta$ 대신에 $\rho$와 $\phi$를 쓴다.) 좌표 $r, \phi, z$의 집합을 원통좌표라고 한다. 그림 2.7은 이 좌표계를 그림으로 묘사한 것이다. 원점으로부터 그 점까지의 벡터는 마찬가지로 $\mathbf{r}$로 표시하고 이 벡터를 $x-y$ 평면에 투영한 벡터를 $\boldsymbol{\rho}$로 표시한다. $\phi$는 $x$-축과 벡터 $\boldsymbol{\rho}$가 이루는 각이다.

다음 과제는 원통좌표계에 대한 단위벡터를 구하는 것이다. 원통좌표가 이미 배운 성질을 가진 좌표로 이루어져 있기 때문에 단위벡터를 구하기는 쉽다. 그림 2.8에서 $\hat{\boldsymbol{\rho}}$ 및 $\hat{\boldsymbol{\phi}}$는 평면 극좌표 단위벡터 $\hat{\mathbf{r}}$ 및 $\hat{\boldsymbol{\theta}}$와 같고 $z$ 방향의 단위벡터는 직각좌표계의 $\hat{\mathbf{k}}$와 같다.

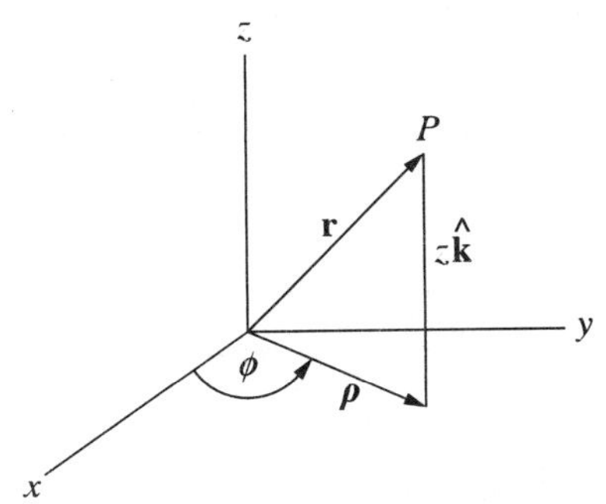


그림 2.7 ▌ 점 $P$의 위치는 데카르트 좌표 $x$, $y$, $z$ 또는 원통좌표 $\rho$, $\phi$, $z$로 기술될 수 있다.

$\hat{\mathbf{k}}$의 크기와 방향이 일정하지만 각 $\phi$가 달라짐에 따라 $\hat{\rho}$와 $\hat{\phi}$는 방향이 변한다. 즉 $\hat{\rho}$와 $\hat{\phi}$는 $\phi$의 함수이다:

$$\hat{\boldsymbol{\rho}} = \hat{\boldsymbol{\rho}}(\phi)$$

그리고

$$\hat{\boldsymbol{\phi}} = \hat{\boldsymbol{\phi}}(\phi).$$

$\hat{\rho}$, $\hat{\phi}$, $\hat{\mathbf{k}}$의 집합은 직교 집합을 이룬다. 이 단위 벡터들의 직교성은 다음과 같은 성질을 갖게 한다:

$$\begin{aligned}
&\hat{\boldsymbol{\rho}} \cdot \hat{\boldsymbol{\rho}} = 1, \qquad &&\hat{\boldsymbol{\phi}} \cdot \hat{\boldsymbol{\phi}} = 1, \qquad &&\hat{\mathbf{k}} \cdot \hat{\mathbf{k}} = 1, \\
&\hat{\boldsymbol{\rho}} \cdot \hat{\boldsymbol{\phi}} = 0, &&\hat{\boldsymbol{\rho}} \cdot \hat{\mathbf{k}} = 0, &&\hat{\boldsymbol{\phi}} \cdot \hat{\mathbf{k}} = 0, \\
&\hat{\boldsymbol{\rho}} \times \hat{\boldsymbol{\phi}} = \hat{\mathbf{k}}, &&\hat{\boldsymbol{\phi}} \times \hat{\mathbf{k}} = \hat{\boldsymbol{\rho}}, &&\hat{\mathbf{k}} \times \hat{\boldsymbol{\rho}} = \hat{\boldsymbol{\phi}}
\end{aligned}$$

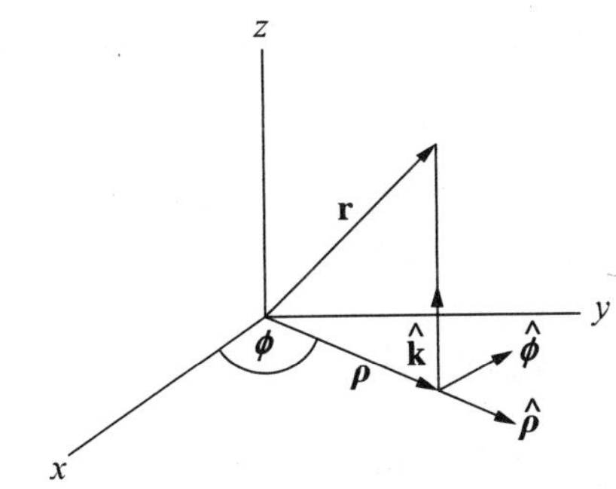


그림 2.8 ▌ 원통좌표 단위벡터 $\hat{\rho}$, $\hat{\phi}$와 $\hat{\mathbf{k}}$의 정의.

원통좌표와 직각좌표 사이의 관계는:

$$x = \rho\cos\phi \qquad y = \rho\sin\phi \qquad z = z.$$

역관계는:

$$\rho = \sqrt{x^2 + y^2} \qquad \phi = \tan^{-1}\left(\frac{y}{x}\right) \qquad z = z.$$

원통좌표에서 입자의 위치는

$$\mathbf{r} = \rho\hat{\boldsymbol{\rho}} + z\hat{\mathbf{k}} \tag{2.9}$$

이다. 속도는 위치 벡터의 시간미분을 취하여 얻는다:

$$\mathbf{v} = \dot{\mathbf{r}} = \frac{d}{dt}(\rho\hat{\boldsymbol{\rho}} + z\hat{\mathbf{k}}) = \dot{\rho}\hat{\boldsymbol{\rho}} + \rho\frac{d\hat{\boldsymbol{\rho}}}{dt} + \dot{z}\hat{\mathbf{k}} = \dot{\rho}\hat{\boldsymbol{\rho}} + \rho\left(\frac{d\hat{\boldsymbol{\rho}}}{d\phi}\frac{d\phi}{dt}\right) + \dot{z}\hat{\mathbf{k}}$$

또는

$$\mathbf{v} = \dot{\rho}\hat{\boldsymbol{\rho}} + \rho\dot{\phi}\hat{\boldsymbol{\phi}} + \dot{z}\hat{\mathbf{k}}. \tag{2.10}$$

마찬가지로 가속도는

$$\mathbf{a} = \ddot{\mathbf{r}} = (\ddot{\rho} - \rho\dot{\phi}^2)\hat{\boldsymbol{\rho}} + (\rho\ddot{\phi} + 2\dot{\rho}\dot{\phi})\hat{\boldsymbol{\phi}} + \ddot{z}\hat{\mathbf{k}} \tag{2.11}$$

이다.

(이 **a**의 식을 얻는데 중간과정을 계산할 수 있어야 한다. 머리를 끄덕이며 "물론 나는 할 수 있지."라고만 생각하지 말아야 한다. 연필을 들고 계산하라. 연습은 개념을 확실하게 해준다.)

**예제 2.4**

나선(helix)으로 굽은 철사줄을 따라서 구슬이 미끄러진다. 시간의 함수인 구슬의 위치는 $\rho = a$, $\phi = \omega t$, $z = bt^2$로 주어진다. 구슬의 속도와 가속도의 식을 시간의 함수로 구하라.

**풀이**: 3차원 원통좌표에서는

$$\begin{aligned}\mathbf{r} &= \rho\hat{\boldsymbol{\rho}} + z\hat{\mathbf{k}},\\ \mathbf{v} &= \dot{\rho}\hat{\boldsymbol{\rho}} + \rho\dot{\phi}\hat{\boldsymbol{\phi}} + \dot{z}\hat{\mathbf{k}},\\ \mathbf{a} &= (\ddot{\rho} - \rho\dot{\phi}^2)\hat{\boldsymbol{\rho}} + (\rho\ddot{\phi} + 2\dot{\rho}\dot{\phi})\hat{\boldsymbol{\phi}} + \ddot{z}\hat{\mathbf{k}}\end{aligned}$$

이다. 이 특수한 문제에 대해

$$\begin{aligned} \rho &= a \therefore \dot{\rho} = 0 \Rightarrow \ddot{\rho} = 0 \\ \phi &= \omega t \therefore \dot{\phi} = \omega \Rightarrow \ddot{\phi} = 0 \\ z &= bt^2 \therefore \dot{z} = 2bt \therefore \ddot{z} = 2b \end{aligned}$$

이므로

$$\begin{aligned} \mathbf{v} &= \dot{\rho}\hat{\boldsymbol{\rho}} + \rho\dot{\phi}\hat{\boldsymbol{\phi}} + \dot{z}\hat{\mathbf{k}} = 0 + a\omega\hat{\boldsymbol{\phi}} + 2bt\hat{\mathbf{k}} \\ &= a\omega\hat{\boldsymbol{\phi}} + 2bt\hat{\mathbf{k}} \end{aligned}$$

그리고

$$\begin{aligned} \mathbf{a} &= (\ddot{\rho} - \rho\dot{\phi}^2)\hat{\boldsymbol{\rho}} + (\rho\ddot{\phi} + 2\dot{\rho}\dot{\phi})\hat{\boldsymbol{\phi}} + \ddot{z}\hat{\mathbf{k}} \\ &= \left(0 - a\omega^2\right)\hat{\boldsymbol{\rho}} + (0+0)\hat{\boldsymbol{\phi}} + 2b\hat{\mathbf{k}} \\ &= -a\omega^2\hat{\boldsymbol{\rho}} + 2b\hat{\mathbf{k}}. \end{aligned}$$

**연습 2.15**

식 (2.11)을 얻는데 단계를 실행하라.

**연습 2.16**

입자의 위치가 $\rho = 3t^2$, $\phi = 2t$ 그리고 $z = 12t$로 주어진다. (거리는 미터이고 각은 라디안이다.) 시간 $t = 2$초에 가속도는 얼마인가?

**답**: $\mathrm{a} = -42\hat{\rho} + 48\hat{\phi}\ \mathrm{m/s^2}$.

### 2.6.3 구면좌표

마지막으로 다룰 좌표계는 구면좌표라고 한다. 이 좌표계에서 입자의 위치는 그림 2.9에서 보여주듯이 길이가 $r$이고 방향이 두 각 $\theta$와 $\phi$로 주어지는 벡터 r로 지정된다. 이들 각은 다음과 같이 정의된다: "극각(polar angle)" $\theta$는 $z$-축으로부터 벡터 r까지의 사이 각이다. "방위각(azimuthal angle)" $\phi$는 $x$-축으로부터 $x-y$ 평면에 r를 투영한 벡터까지의 사이 각이다. $z$-축에 평행한 r의 성분은 $r\cos\theta$이다. $x-y$ 평면에 평행한 r의 성분($\rho$로 표기됨)은 $r\sin\theta$의 길이이다. 그러므로 r의 $x$ 성분은 $r\sin\theta\cos\phi$이고 $y$ 성분은 $r\sin\theta\sin\phi$이다.

적절한 단위벡터는 무엇인가? 단위벡터 $\hat{\mathrm{r}}$는 증가하는 r 방향이다. 단위벡터 $\hat{\theta}$는 $\theta$가 증가할 때 r의 끝이 움직이는 방향이다. 그림 2.10에는 $\theta$가 변함에 따라

r의 움직임을 묘사하기위해 4분원을 스케치하였다. 단위벡터 $\hat{\theta}$는 이 원에 접하고 $\theta$가 증가하는 방향을 갖는다. 단위벡터 $\hat{\phi}$는 $x-y$ 평면에 놓이고 $\phi$가 증가할 때 $\rho$의 끝이 움직이는 방향을 갖는다. 구면좌표의 $\hat{\phi}$는 원통좌표의 $\hat{\phi}$와 같다는 것은 쉽게 알 수 있다.

바로 명백하지는 않겠지만 구면좌표의 단위벡터 $\hat{\mathbf{r}}$, $\hat{\theta}$, $\hat{\phi}$는 서로 직교한다. 그림 2.9는 이 서로 직각인 세 벡터들을 벡터 r의 끝에서 보여준다. 이것이 아마도 그것들을 기억하는데 가장 쉬운 방법일 것이다. 그림 2.9에서 $\hat{\mathbf{r}}$와 $\hat{\theta}$ 모두 벡터 r을 포함하고 있는 어두운 평면에 놓이고 $\hat{\phi}$는 그 평면에 직각이다.

구면좌표와 데카르트 좌표 사이의 관계(변환식)는 다음과 같다:

$$\begin{aligned} x &= r\sin\theta\cos\phi, \\ y &= r\sin\theta\sin\phi, \\ z &= r\cos\theta. \end{aligned} \qquad (2.12)$$

역 변환식은 다음과 같다:

$$\begin{aligned} r &= (x^2+y^2+z^2)^{\frac{1}{2}}, \\ \theta &= \tan^{-1}\left(\frac{\sqrt{x^2+y^2}}{z}\right), \\ \phi &= \tan^{-1}\left(\frac{y}{x}\right). \end{aligned}$$

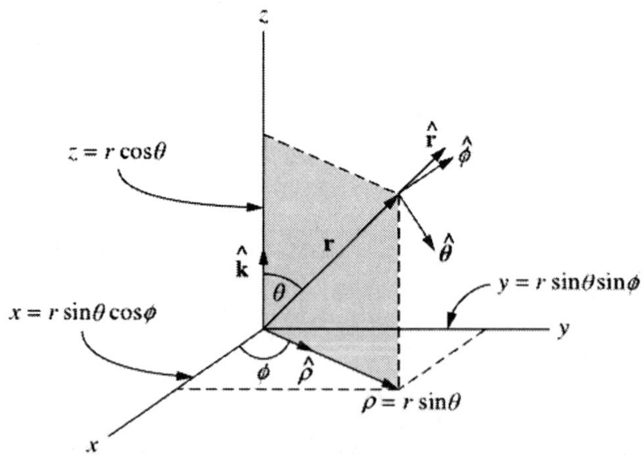


그림 2.9 ▌ 구면좌표계와 단위벡터 $\hat{\mathbf{r}}$, $\hat{\theta}$, $\hat{\phi}$. r의 직각좌표의 성분은 $x=r\sin\theta\cos\phi$, $y=r\sin\theta\sin\phi$와 $z=r\cos\theta$이다. 단위벡터 $\hat{\mathbf{r}}$, $\hat{\theta}$, $\hat{\phi}$는 각각 $r$, $\theta$, $\phi$가 증가하는 방향을 가리킨다. 원통좌표 단위벡터 $\hat{\rho}$와 $\hat{\mathbf{k}}$도 보여준다.

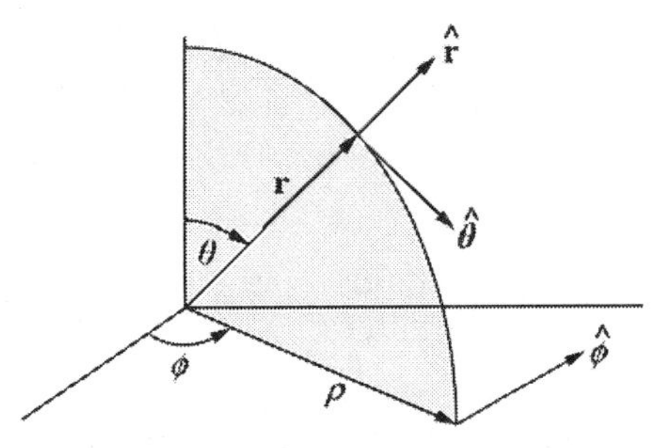


그림 2.10 ‖ 단위벡터 $\hat{\mathbf{r}}$, $\hat{\boldsymbol{\theta}}$, $\hat{\boldsymbol{\phi}}$.

식 (2.12)는 대단히 유용하고 기억하는 것이 좋다. (그러나 그림 2.9를 생각할 수 있다면 그 식들을 기억하기 쉽다.) 이 과목 전체를 통하여 마찬가지로 거의 모든 고학년 학부와 대학원 물리 과정에서 이 식들을 이용할 것이다.

단위벡터 $\hat{\mathbf{r}}$과 $\hat{\boldsymbol{\theta}}$가 $\theta$와 $\phi$ *모두*의 함수이기 때문에 벡터 속도와 가속도의 식들은 원통좌표보다 구면좌표로 얻기가 다소 더 어렵다. (그림 2.10으로부터 $\theta$나 $\phi$의 변화가 $\hat{\mathbf{r}}$과 $\hat{\boldsymbol{\theta}}$의 방향의 변화를 일으킨다는 것이 명백하다.) 한편 $\hat{\boldsymbol{\phi}}$는 $\phi$만의 함수이다. 따라서 보통 수학적 부호로

$$\begin{aligned}\hat{\mathbf{r}} &= \hat{\mathbf{r}}(\theta, \phi), \\ \hat{\boldsymbol{\theta}} &= \hat{\boldsymbol{\theta}}(\theta, \phi), \\ \hat{\boldsymbol{\phi}} &= \hat{\boldsymbol{\phi}}(\phi)\end{aligned}$$

를 쓸 수 있다. 어떤 양(예로 $f$)이 $x$, $y$와 $z$같은 여러 변수의 함수라면 $f = f(x, y, z)$이고 미적의 법칙에 의하여 미분 $df$는

$$df = \frac{\partial f}{\partial x}dx + \frac{\partial f}{\partial y}dy + \frac{\partial f}{\partial z}dz$$

이다. (이 간단한 관계는 물리학에서 반복해서 다시 사용된다. 만일 열역학 과목을 이미 수강했다면 그것이 얼마나 중요한지 알 것이다.)

단위벡터의 논의로 돌아가서 $\hat{\mathbf{r}} = \hat{\mathbf{r}}(\theta, \phi)$이면

$$d\hat{\mathbf{r}} = \frac{\partial \hat{\mathbf{r}}}{\partial \theta}d\theta + \frac{\partial \hat{\mathbf{r}}}{\partial \phi}d\phi$$

이며 따라서

$$\frac{d\hat{\mathbf{r}}}{dt} = \frac{\partial\hat{\mathbf{r}}}{\partial\theta}\frac{d\theta}{dt} + \frac{\partial\hat{\mathbf{r}}}{\partial\phi}\frac{d\phi}{dt}$$

또는

$$\frac{d\hat{\mathbf{r}}}{dt} = \frac{\partial\hat{\mathbf{r}}}{\partial\theta}\dot{\theta} + \frac{\partial\hat{\mathbf{r}}}{\partial\phi}\dot{\phi}. \tag{2.13}$$

그림 2.11은 r과 $z$-축을 모두 포함하는 단위원을 보여주고 있다. 그 원과 $x-y$평면의 교차는 원통좌표의 단위벡터 $\hat{\rho}$를 제공한다. 그림에서

$$\hat{\mathbf{r}} = \cos\theta\hat{\mathbf{k}} + \sin\theta\hat{\boldsymbol{\rho}}. \tag{2.14}$$

$\rho$와 $\phi$가 평면극좌표(앞에서는 $r$과 $\theta$로 표기)와 같고, 식 (2.4)를 이용하여

$$\hat{\boldsymbol{\rho}} = \cos\phi\hat{\mathbf{i}} + \sin\phi\hat{\mathbf{j}}$$

이 된다. 따라서

$$\hat{\mathbf{r}} = \sin\theta\cos\phi\hat{\mathbf{i}} + \sin\theta\sin\phi\hat{\mathbf{j}} + \cos\theta\hat{\mathbf{k}} \tag{2.15}$$

이다. 데카르트 좌표의 단위벡터 $\hat{\mathrm{i}}$, $\hat{\mathrm{j}}$, $\hat{\mathrm{k}}$는 일정하므로

$$\frac{\partial\hat{\mathbf{r}}}{\partial\theta} = \cos\theta\cos\phi\hat{\mathbf{i}} + \cos\theta\sin\phi\hat{\mathbf{j}} - \sin\theta\hat{\mathbf{k}}. \tag{2.16}$$

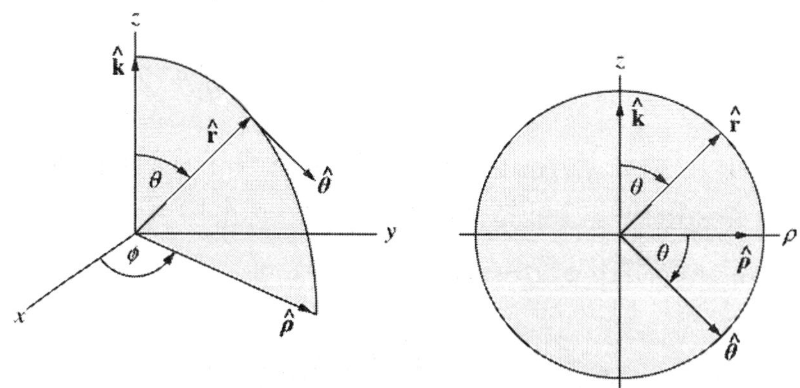


그림 2.11 ▌ 구면좌표의 단위벡터 $\hat{\mathrm{r}}$, $\hat{\theta}$, $\hat{\phi}$와 단위원. $\hat{\rho}$와 $\hat{\mathrm{k}}$도 보여준다. 오른쪽 스케치에서는 $\hat{\theta}$가 $\hat{\mathrm{r}}$의 끝으로부터 원점으로 평행이동 되었다.

그림 2.11의 우측의 단위원으로 돌아가서 단위벡터 $\hat{\theta}$를 데카르트 좌표 단위벡터들로 표현할 동안 이 식을 기억하자. 그림에서 $\hat{\theta}$는 4번째 사분면에 있다. $\hat{\rho}$와 $\hat{\mathbf{k}}$의 방향을 따라 $\hat{\theta}$의 성분은 각각 $\cos\theta$와 $\sin\theta$이다. 따라서

$$\hat{\boldsymbol{\theta}} = \cos\theta\hat{\boldsymbol{\rho}} - \sin\theta\hat{\mathbf{k}}$$

또는

$$\begin{aligned}\hat{\boldsymbol{\theta}} &= \cos\theta(\cos\phi\hat{\mathbf{i}} + \sin\phi\hat{\mathbf{j}}) - \sin\theta\hat{\mathbf{k}} \\ &= \cos\theta\cos\phi\hat{\mathbf{i}} + \cos\theta\sin\phi\hat{\mathbf{j}} - \sin\theta\hat{\mathbf{k}}.\end{aligned}$$

그러나 $\hat{\theta}$의 이 식은 식 (2.16)의 우변과 꼭 같다. 그러므로

$$\frac{\partial\hat{\mathbf{r}}}{\partial\theta} = \hat{\boldsymbol{\theta}}.$$

또 $\partial\hat{\mathbf{r}}/\partial\phi$도 구할 필요가 있다. 같은 방법으로 진행하여 $\hat{\phi}$를 데카르트 좌표로 표현하자. 이것은 매우 쉬운데 그 이유는 $\hat{\phi}$가 평면극좌표의 $\hat{\theta}$와 같은 단위벡터이기 때문이다. 식 (2.5)는

$$\hat{\boldsymbol{\phi}} = -\sin\phi\hat{\mathbf{i}} + \cos\phi\hat{\mathbf{j}}$$

이 된다. 직각좌표의 단위벡터로 $\hat{\mathbf{r}}$를 표현하고 (식 2.15) 그것을 $\phi$로 미분하면

$$\begin{aligned}\frac{\partial\hat{\mathbf{r}}}{\partial\phi} &= -\sin\theta\sin\phi\hat{\mathbf{i}} + \sin\theta\cos\phi\hat{\mathbf{j}} \\ &= \sin\theta(-\sin\phi\hat{\mathbf{i}} + \cos\phi\hat{\mathbf{j}})\end{aligned}$$

또는

$$\frac{\partial\hat{\mathbf{r}}}{\partial\phi} = \sin\theta\hat{\boldsymbol{\phi}}$$

이 된다. 그래서 최종적으로 $d\hat{\mathbf{r}}/dt$의 식 (식 2.13)은

$$\frac{d\hat{\mathbf{r}}}{dt} = \dot{\theta}\hat{\boldsymbol{\theta}} + \sin\theta\dot{\phi}\hat{\boldsymbol{\phi}}$$

으로 쓸 수 있다. 마찬가지로 다음 두 관계식도 얻을 수 있다(문제 2.23을 보라):

$$\frac{d\hat{\boldsymbol{\theta}}}{dt} = \frac{\partial\hat{\boldsymbol{\theta}}}{\partial\theta}\dot{\theta} + \frac{\partial\hat{\boldsymbol{\theta}}}{d\phi}\dot{\phi} = -\dot{\theta}\hat{\mathbf{r}} + \cos\theta\dot{\phi}\hat{\boldsymbol{\phi}} \tag{2.17}$$

$$\frac{d\hat{\boldsymbol{\phi}}}{dt} = \frac{\partial\hat{\boldsymbol{\phi}}}{\partial\theta}\dot{\theta} + \frac{\partial\hat{\boldsymbol{\phi}}}{\partial\phi}\dot{\phi} = 0 - \dot{\phi}\hat{\boldsymbol{\rho}} = -\dot{\phi}\hat{\boldsymbol{\rho}}. \tag{2.18}$$

그림 2.11에 의해

$$\hat{\boldsymbol{\rho}} = \sin\theta\hat{\mathbf{r}} + \cos\theta\hat{\boldsymbol{\theta}}$$

이므로 식 (2.18)을 다음과 같이 쓸 수도 있다:

$$\frac{d\hat{\boldsymbol{\phi}}}{dt} = -\dot{\phi}\sin\theta\hat{\mathbf{r}} - \dot{\phi}\cos\theta\hat{\boldsymbol{\theta}}.$$

세 단위벡터 $\hat{\mathbf{r}}$, $\hat{\boldsymbol{\theta}}$, $\hat{\boldsymbol{\phi}}$의 시간 미분을 구하면 구면 극좌표에서 속도와 가속도의 식을 구하기는 간단하다.

$$\mathbf{v} = \frac{d\mathbf{r}}{dt} = \frac{d}{dt}(r\hat{\mathbf{r}}) = \frac{dr}{dt}\hat{\mathbf{r}} + r\frac{d\hat{\mathbf{r}}}{dt} \tag{2.19}$$

이므로 속도는

$$\mathbf{v} = \dot{r}\hat{\mathbf{r}} + r\dot{\theta}\hat{\boldsymbol{\theta}} + r\sin\theta\dot{\phi}\hat{\boldsymbol{\phi}}. \tag{2.20}$$

양변을 시간으로 미분하고 식 (2.17)과 (2.18)을 이용하면 구면 극좌표에서 다음과 같은 가속도의 식이 된다:

$$\begin{aligned}\mathbf{a} = (\ddot{r} - r\dot{\theta}^2 - r\dot{\phi}^2\sin^2\theta)\hat{\mathbf{r}} + (r\ddot{\theta} + 2\dot{r}\dot{\theta} - r\dot{\phi}^2\sin\theta\cos\theta)\hat{\boldsymbol{\theta}} \\ + (r\ddot{\phi}\sin\theta + 2\dot{r}\dot{\phi}\sin\theta + 2r\dot{\theta}\dot{\phi}\cos\theta)\hat{\boldsymbol{\phi}}.\end{aligned} \tag{2.21}$$

**예제 2.5**

구면좌표에서 단위벡터들은 서로 직각임을 증명하라. 직각좌표계의 단위벡터의 직교성을 이용하라.

**풀이**: 구면좌표에 대한 단위벡터는 직각좌표계 단위벡터로 표현할 수 있다:

$$\begin{aligned}\hat{\mathbf{r}} &= \sin\theta\cos\phi\hat{\mathbf{i}} + \sin\theta\sin\phi\hat{\mathbf{j}} + \cos\theta\hat{\mathbf{k}} \\ \hat{\boldsymbol{\theta}} &= \cos\theta\cos\phi\hat{\mathbf{i}} + \cos\theta\sin\phi\hat{\mathbf{j}} - \sin\theta\hat{\mathbf{k}} \\ \hat{\boldsymbol{\phi}} &= -\sin\phi\hat{\mathbf{i}} + \cos\phi\hat{\mathbf{j}}.\end{aligned}$$

두 벡터가 직교(상호 직각)하면 그들의 내적은 영이므로

$$\begin{aligned}\hat{\mathbf{r}}\cdot\hat{\boldsymbol{\theta}} &= \left(\sin\theta\cos\phi\hat{\mathbf{i}}+\sin\theta\sin\phi\hat{\mathbf{j}}+\cos\theta\hat{\mathbf{k}}\right)\cdot\left(\cos\theta\cos\phi\hat{\mathbf{i}}+\cos\theta\sin\phi\hat{\mathbf{j}}-\sin\theta\hat{\mathbf{k}}\right)\\ &= \sin\theta\cos\phi\cos\theta\cos\phi+\sin\theta\sin\phi\cos\theta\sin\phi-\cos\theta\sin\theta\\ &= (\sin\theta\cos\theta)(\cos^2\phi+\sin^2\phi)-\cos\theta\sin\theta\\ &= \sin\theta\cos\theta-\cos\theta\sin\theta=0\end{aligned}$$

$\therefore$ $\hat{\mathbf{r}}$ 와 $\hat{\boldsymbol{\theta}}$ 직각이다.

마찬가지로

$$\begin{aligned}\hat{\mathbf{r}}\cdot\hat{\boldsymbol{\phi}} &= \left(\sin\theta\cos\phi\hat{\mathbf{i}}+\sin\theta\sin\phi\hat{\mathbf{j}}+\cos\theta\hat{\mathbf{k}}\right)\cdot(-\sin\phi\hat{\mathbf{i}}+\cos\phi\hat{\mathbf{j}})\\ &= -\sin\theta\cos\phi\sin\phi+\sin\theta\sin\phi\cos\phi=0\end{aligned}$$

$\therefore$ $\hat{\mathbf{r}}$ 와 $\hat{\boldsymbol{\phi}}$ 직각이다.

마지막으로

$$\begin{aligned}\hat{\boldsymbol{\theta}}\cdot\hat{\boldsymbol{\phi}} &= \left(\cos\theta\cos\phi\hat{\mathbf{i}}+\cos\theta\sin\phi\hat{\mathbf{j}}-\sin\theta\hat{\mathbf{k}}\right)\cdot(-\sin\phi\hat{\mathbf{i}}+\cos\phi\hat{\mathbf{j}})\\ &= -\cos\theta\cos\phi\sin\phi+\cos\theta\sin\phi\cos\phi=0\end{aligned}$$

$\therefore$ $\hat{\boldsymbol{\theta}}$ 와 $\hat{\boldsymbol{\phi}}$ 직각이다.

❐ **연습 2.17**

한 입자가 직각좌표에서 (3, 4, 5) 미터의 위치에 있다. $r$, $\theta$, $\phi$를 구하라.

**답**: (7.07, $\pi/4$, 0.927)

## 2.7 요약

이 장에서 2차원의 데카르트 좌표와 평면극좌표, 그리고 3차원의 데카르트 좌표, 원통좌표와 구면좌표에서 입자의 위치, 속도와 가속도를 표현하는 방법을 배웠다.

3차원의 데카르트 좌표에서 위치, 속도와 가속도는 다음의 간단한 관계로 주어진다:

$$\begin{aligned}\mathbf{r} &= x\hat{\mathbf{i}} + y\hat{\mathbf{j}} + z\hat{\mathbf{k}} \\ \mathbf{v} &= \dot{x}\hat{\mathbf{i}} + \dot{y}\hat{\mathbf{j}} + \dot{z}\hat{\mathbf{k}} \\ \mathbf{a} &= \ddot{x}\hat{\mathbf{i}} + \ddot{y}\hat{\mathbf{j}} + \ddot{z}\hat{\mathbf{k}}.\end{aligned}$$

2차원 평면 극좌표에서 이들 관계식은

$$\begin{aligned}\mathbf{r} &= r\hat{\mathbf{r}} \\ \mathbf{v} &= \dot{r}\hat{\mathbf{r}} + r\dot{\theta}\hat{\boldsymbol{\theta}} \\ \mathbf{a} &= (\ddot{r} - r\dot{\theta}^2)\hat{\mathbf{r}} + (r\ddot{\theta} + 2\dot{r}\dot{\theta})\hat{\boldsymbol{\theta}}\end{aligned}$$

이며, 3차원 원통좌표에서는

$$\begin{aligned}\mathbf{r} &= \rho\hat{\boldsymbol{\rho}} + z\hat{\mathbf{k}} \\ \mathbf{v} &= \dot{\rho}\hat{\boldsymbol{\rho}} + \rho\dot{\phi}\hat{\boldsymbol{\phi}} + \dot{z}\hat{\mathbf{k}} \\ \mathbf{a} &= (\ddot{\rho} - \rho\dot{\phi}^2)\hat{\boldsymbol{\rho}} + (\rho\ddot{\phi} + 2\dot{\rho}\dot{\phi})\hat{\boldsymbol{\phi}} + \ddot{z}\hat{\mathbf{k}}\end{aligned}$$

이다. 마지막으로 구면좌표에서 위치, 속도와 가속도는 다음과 같다:

$$\begin{aligned}\mathbf{r} &= r\hat{\mathbf{r}}, \\ \mathbf{v} &= \dot{r}\hat{\mathbf{r}} + r\dot{\theta}\hat{\boldsymbol{\theta}} + r\sin\theta\dot{\phi}\hat{\boldsymbol{\phi}}, \\ \mathbf{a} &= (\ddot{r} - r\dot{\theta}^2 - r\dot{\phi}^2\sin^2\theta)\hat{\mathbf{r}} + (r\ddot{\theta} + 2\dot{r}\dot{\theta} - r\dot{\phi}^2\sin\theta\cos\theta)\hat{\boldsymbol{\theta}} + \\ &\quad (r\ddot{\phi}\sin\theta + 2\dot{r}\dot{\phi}\sin\theta + 2r\dot{\theta}\dot{\phi}\cos\theta)\hat{\boldsymbol{\phi}}.\end{aligned}$$

## 2.8 문제

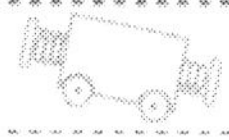

**[문제 2.1]** 초기에 정지해 있던 입자가 $a = 3e^{-0.5t}$ $\mathrm{m/s^2}$로 가속된다. 종단속도를 구하여라.

**[문제 2.2]** 이것은 적색신호를 보고 달렸다고 딱지를 떼인 Freddy Physics의 이야기이다. 그가 신호가 황색으로 바뀌는 것을 보고 제동장치를 밟으면 교차로에 도달하기 전에 정지할 수 없고, 그가 일정한 속력으로 계속 가면 교차로에 도달하기 전에 신호가 적색으로 바뀐다고 판사에게 설명했다. 이 문제에서는 신호가 황색으로 변할 때 Freddy는 신호등으로부터 얼마나 멀리에 있는가를 구하는 것이다. 그가 제한속도 $v_0$로 달리고, 신호가 시간 $t_0$동안 황색으로 머물고 Freddy의 반응 시간

이 $T$라고 가정하자. 그의 차는 $a$ 비율로 감속한다. (a) 그가 제한속도로 진행할 때 시간 $t_0$동안 달리는 거리 $d_1$을 구하라. (b) 정지하는데 필요한 거리 $d_2$를 구하여라. (c) 신호가 황색으로 바뀌었을 때 Freddy는 신호로부터 얼마나 멀리 있나? (d) 제한속도가 $2a(t_0 - T)$보다 클 경우에만 이러한 상황이 일어난다는 것을 보여라.

**[문제 2.3]** 어떤 상황에서는 가속도가 속도의 함수이다. (하나의 예는 공기와 같이 저항이 있는 매질에서의 물체의 운동이다.) 가속도가 $a = -kv^2$라고 가정하자. 여기에서 $k$는 상수이다. 속도와 위치를 시간의 함수로 구하라. 시간이 매우 클 때 속도의 값을 얼마인가?

**[문제 2.4]** 포물체가 원점으로부터 그것의 궤도의 정점까지 운동할 때 그 포물선 경로를 따라 움직인 거리를 구하라. 초기속도는 $\theta$각 방향의 $v_0$로 쏘아 올린다.

**답**: $\left(\frac{v_0^2}{g}\cos^2\theta\right)\left[\frac{\sin\theta}{\cos\theta} + \log(\sec\theta + \tan\theta)\right]$.

**[문제 2.5]** $y=0$으로부터 발사된 포물체가 궤도의 정점에 도달했다. 그 점의 좌표는 $(x_t, y_t)$이다. 초기속도의 크기와 방향에 대한 식을 $x_t$와 $y_t$의 함수로 구하라.

**답**: $v = \sqrt{(gx_t^2/2y_t) + 2gy_t}$, 발사각 $\theta = \tan^{-1}(2y_t/x_t)$.

**[문제 2.6]** 제임스 본드가 미스 머니페니에게 인상 깊게 하고 싶어 한다. 그들은 넓은 들로 나아가서 본드가 그의 권총을 각도 $\theta_1$으로 발사하고 잠간 후에 그는 다시 낮은 각도 $\theta_2$로 쏘았다. 그들 총알이 공중에서 충돌한다. 두 발사의 사이의 시간 간격이

$$\Delta t = \frac{2v}{g}\frac{\sin(\theta_1 - \theta_2)}{\cos\theta_1 + \cos\theta_2}$$

임을 보여라.

**[문제 2.7]** 지구의 궤도가 완전한 원이라고 가정하자. 지구궤도의 반경과 필요한 질량들을 표에서 이용하여 지구와 태양의 구심가속도의 비율을 구하라. 이것으로부터 이 계의 질량중심에 대해 태양의 궤도의 반경을 구하여라.

**[문제 2.8]** 미터의 단위로 입자의 위치 $(x, y)$는

$$x = 3\sin 5t$$
$$y = 3\cos 5t$$

(a) 입자의 경로를 그려라. (b) 입자의 접선가속도를 구하라. (c) 입자의 구심가속도를 구하여라.

**[문제 2.9]** 지구의 반경과 같은 반경을 갖는 원형궤도를 따라 도는 지표를 스쳐 지나는 인공위성을 생각하자. (a) 가속도와 반경으로 그러한 인공위성 주기의 식을 표현하라. (b) 지구의 반경을 표에서 찾아서 그 인공위성의 가속도, 속력과 주기를 계산하라. **답:** (a) $\tau = 2\pi\sqrt{r/a}$

**[문제 2.10]** 팽이가 자신의 축에 대해 20 rev/sec로 회전하고 있다. 그 축은 수직으로부터 15° 기울어져 수직선에 대해 0.5 rev/sec으로 세차운동하고 있다. 총 각속도 벡터 $\omega$는 얼마인가?

**[문제 2.11]** 인공위성이 지구를 중심으로 원형궤도에 있다. 문제 2.9처럼 주기, 반경과 가속도가 $\tau = 2\pi\sqrt{r/a}$ 의 관계를 갖고 있다. 더욱이 뉴턴의 만유인력의 법칙으로부터 가속도는 지구의 중심으로부터 거리와

$$a \propto \frac{1}{r^2}$$

의 관계에 따라 감소한다고 알려져 있다. 궤도 반경이 작은 양 $\Delta r$만큼 증가한다면 주기가 $\Delta\tau$만큼 증가한다. 다음의 관계가 성립함을 보여라.

$$\frac{\Delta\tau}{\tau} = \frac{3}{2}\frac{\Delta r}{r}.$$

**[문제 2.12]** 두 벡터 A와 대하여 $|A+B| \leq |A|+|B|$임을 증명하라. (삼각형 부등식)

**[문제 2.13]** A · (B×C)는 벡터 A, B, C가 각각 변이 되는 평행육면체의 부피임을 보여라.

**[문제 2.14]**

$$(\mathbf{A} \times \mathbf{B}) \cdot \mathbf{C} = \begin{vmatrix} A_x & A_y & A_z \\ B_x & B_y & B_z \\ C_x & C_y & C_z \end{vmatrix}$$

임을 보여라.

**[문제 2.15]** "BAC − CAB" 법칙을 증명하라:

$$\mathbf{A} \times (\mathbf{B} \times \mathbf{C}) = \mathbf{B}(\mathbf{A} \cdot \mathbf{C}) - \mathbf{C}(\mathbf{A} \cdot \mathbf{B})$$

**[문제 2.16]** 삼각형의 코사인 법칙을 유도하라. 즉 삼각형의 변의 길이가 각각 $a, b, c$이고 $a$와 $b$사이의 각이 $\theta$일 때

$$c^2 = a^2 + b^2 - 2ab\cos\theta$$

이 성립함을 보여라.

**[문제 2.17]** 한 입자의 위치가 $r = 2t$(미터), $\theta = 5t$(라디안)으로 주어진다. (a) 입자의 경로를 그려라. (b) 속력의 식을 시간의 함수로 구하라. **답**: (a) 이것이 아르키메데스의 나선이다. (b) $v = (4 + 100t^2)^{1/2}$ m/s.

**[문제 2.18]** 시간의 함수로서의 입자의 위치가 $r = 1 + \sin t$와 $\theta = 1 - e^{-t}$로 주어진다. 단위벡터 $\hat{\mathbf{r}}$와 $\hat{\theta}$를 써서 $\mathbf{v}$와 $\mathbf{a}$를 구하라.

**[문제 2.19]** 평면위에서 입자가 $r = 1 - \cos\theta$ m/s와 $\dot{\theta} = 4$ rad/s로 움직인다. 속도 $\mathbf{v}$와 가속도 $\mathbf{a}$를 구하라.

**[문제 2.20]** 초기 $t = 0$에 $(r, \theta) = (2, 0)$에서 출발한 입자가 평면위에서 $r = 2 + \sin t$(m) 및 속도의 크기 $v = \sqrt{2}\cos t$(m/s)로 움직인다. $\theta = \theta(t)$ 식을 구하여라.

**[문제 2.21]** 평면 극좌표에 대하여

$$\frac{d^3\mathbf{r}}{dt^3}$$

을 구하여라.

**[문제 2.22]** $\hat{e}_\nu$를 속도벡터 v와 평행한 방향의 단위벡터라고 하자. 그러므로 가속도는 다음과 같다.

$$\mathbf{a} = \left(\frac{dv}{dt}\right)\hat{\mathbf{e}}_\nu + v\left(\frac{d\hat{\mathbf{e}}_\nu}{dt}\right)$$

(a) $\left(d\hat{\mathbf{e}}_\nu/dt\right)$가 $\hat{\mathbf{e}}_\nu$에 직각임을 보여라. (b) $r$이 운동경로의 곡률반경(radius of curvature)이라고 한다면 $\left(d\hat{\mathbf{e}}_\nu/dt\right) = v/r$임을 보여라. (c) 마지막으로 $\hat{\mathbf{e}}_n$이 경로의 오목한 쪽의 곡률중심(center of curvature)으로 향하는 단위벡터라고 한다면

$$\mathbf{a} = a_t\hat{\mathbf{e}}_\nu + a_n\hat{\mathbf{e}}_n = \dot{v}\hat{\mathbf{e}}_\nu + \frac{v^2}{r}\hat{\mathbf{e}}_n$$

이 성립함을 보여라.

**[문제 2.23]** 식 (2.17)과 식 (2.18)을 유도하라.

**[문제 2.24]** 식 (2.20)으로부터 식 (2.21)을 유도하라.

**[문제 2.25]** 반경이 0.10 m인 구의 표면 위를 달리는 벌레가 있다. 구면위의 그 벌레의 위치가 $\theta = 2t^2$와 $\phi = 6t$로 주어진다. 구면좌표로 벌레의 속도의 식을 쓰라. 시간 $t = 2$ s에 벌레의 속력은 얼마인가? **답**: 0.996 m/s

**[문제 2.26]** 힘 $F$가 질량 $m$을 가진 입자를 작용해서 반경 $R$의 원통의 표면위에서 움직이게 한다. 원통좌표로 운동방정식을 쓰고 각 항을 확인하라.

**[문제 2.27]** 원통좌표에서 벡터 F의 발산(divergence)은

$$\nabla \cdot \mathbf{F} = \frac{1}{\rho}\frac{\partial(\rho F_\rho)}{\partial\rho} + \frac{1}{\rho}\frac{\partial F_\phi}{\partial\phi} + \frac{\partial F_z}{\partial z}$$

으로 주어진다. 다음 F에 대하여 $\nabla \cdot \mathbf{F}$를 계산하라:

$$\mathbf{F}(\rho, \phi, z) = \rho\hat{\boldsymbol{\rho}} + z\sin\phi\hat{\boldsymbol{\phi}} + \sqrt{\rho z}\hat{\mathbf{k}}.$$

**답**: $2 + z\cos\phi/\rho + \frac{1}{2}\sqrt{(\rho/z)}$.

**[문제 2.28]** 직각좌표에서 초기에 $(0, 0, 1)$ 미터의 위치에 있던 물체가 일정한 속력 $v$로 $y$ 방향으로 움직인다. (a) 구면좌표계에서 물체의 위치의 식을 시간의 함수로 표현하여라. (b) $\dot{r}$와 $\dot{\theta}$를 시간의 함수로 구하여라. (c) 구면좌표계로 표현된 속력이 일정함을 보여라.

**[문제 2.29]** 인공위성이 적도에 대해 90° 기울어진 반경 $a$인 원형 궤도를 지구에 대해 일정한 속력으로 움직인다. 따라서 그 인공위성은 남극과 북극을 지나며 지구를 돈다. 지구의 중심에 원점을 둔 데카르트 좌표계가 지구에 고정되어 있고 $z$-축이 북극을 지나며 $x$-축은 적도면위에 놓이고 그리니치 자오선을 통과한다. 데카르트 좌표계에서 인공위성의 위치에 대한 식을 시간의 함수로 구하라. 인공위성의 각 속력은 $\omega$(rad/s)이고 지구의 회전속력은 $\Omega$(rad/s)이다.

**[문제 2.30]** 구면좌표에서 호의 무한소 길이는 구면좌표에서

$$ds = \left(dr^2 + r^2 d\theta^2 + r^2 \sin^2\theta d\phi^2\right)^{1/2}$$

임을 보여라.

**[문제 2.31]** 원통좌표와 구면좌표 사이에 변환식을 유도하라.

**[문제 2.32]** 구면좌표계의 단위벡터가 다음 식과 같이 데카르트 좌표계로 표현될 수 있음을 보여라:

$$\hat{\mathbf{r}} = \frac{x\hat{\mathbf{i}} + y\hat{\mathbf{j}} + z\hat{\mathbf{k}}}{(x^2 + y^2 + z^2)^{1/2}}$$
$$\hat{\boldsymbol{\theta}} = \frac{z(x\hat{\mathbf{i}} + y\hat{\mathbf{j}}) - (x^2 + y^2)\hat{\mathbf{k}}}{(x^2 + y^2)^{1/2}(x^2 + y^2 + z^2)^{1/2}}$$
$$\hat{\boldsymbol{\phi}} = \frac{-y\hat{\mathbf{i}} + x\hat{\mathbf{j}}}{(x^2 + y^2)^{1/2}}.$$

**[문제 2.33]** 한 물체의 위치가 원통좌표에서 $\rho = a - bt$, $\phi = (1/2)kt^2$, $z = 0$이 되도록 하면서 움직이고 있다. (a) 그 경로를 묘사하라. (b) 시간의 함수로 속력을 나타내라.

**[문제 2.34]** 속도 $\mathbf{v} = a\hat{\rho} + b\hat{\mathbf{k}}$로 가는 양성자가 $+z$방향으로 향한 균일한 자기장 속으로 진입한다. 자기장은 $\mathbf{B} = B_0\hat{\mathbf{k}}$이다. (a) 양성자가 진입한 후의 운동을 묘사하라. (b) 원통좌표에서 양성자의 위치를 시간의 함수로 표현하라.

**[문제 2.35]** 한 물체가 일정한 속력으로 움직인다. 이 물체의 가속도가 영이 아니라면 그 가속도는 속도에 직각임을 증명하라.

**[문제 2.36]** (a) 속도 방향으로의 가속도 성분은 항상

$$a_{\parallel} = \frac{\mathbf{v} \cdot \mathbf{a}}{v}$$

으로 표현됨을 보여라. (b) 속도의 직각 방향으로의 가속도 성분을 구하라.

## 컴퓨터 과제

**[컴퓨터 과제 2.1]** 한 행성이

$$r = \frac{2}{1 + 0.01\cos\theta}$$

으로 주어진 경로에서 움직인다. 여기에서 $r$은 천문단위(AU)로, $\theta$는 라디안으로 주어진다. 또 $\theta = \omega t$인데 $\omega = (\alpha/r^2)t$ rad/sec이고 $\alpha = 8 \times 10^{-7}$ AU rad/s$^2$이다. (a) 1년 주기의 시간동안 시간의 함수로 그 행성의 위치를 그려라. (b) 행성의 속력을 시간의 함수로 그려라. 이것은 $\sqrt{\mathbf{v} \cdot \mathbf{v}}$를 계산하는 프로그램을 써서 하는데 $\mathbf{v} = \dot{r}\hat{\mathbf{r}} + r\dot{\theta}\hat{\theta}$이다. (c) 시간이 지남에 따라 벡터 $\mathbf{r}$은 어떤 면적을 휩쓴다. 이렇게 휩쓴 면적을 시간의 함수로 얻기 위해 컴퓨터 프로그램을 써라. 이것을 "면적속도"라고 부른다.

**[컴퓨터 과제 2.2]** 두 대포가 (크게 보면) 같은 점에 놓여 있다. 첫 대포가 발사각 $\theta_1 = 64.1°$와 $v_1 = 250$ m/s의 초기 속력으로 포물체를 발사한다. 시간간격 $\Delta t$ 후에 둘째 대포는 $v_2 = 300$ m/s 및 $\theta_2 = 47.3°$로 포물체를 발사한다. 이 두 발사체가 공중에서 충돌하도록 하는 시간간격 $\Delta t$를 구하여라. 그 답을 해석적인 결과

$$\Delta t = \frac{2v_1 v_2}{g} \frac{\sin(\theta_1 - \theta_2)}{v_1 \cos\theta_1 + v_2 \cos\theta_2}$$

에 비교하라.

**[컴퓨터 과제 2.3]** 화산폭발이 하나의 돌을 공중의 수직으로 초기속력 50 m/s로 분출한다. (a) 돌의 위치와 속도를 시간의 함수로 그리는 컴퓨터 프로그램을 써라. (b) 다시 돌이 수직선과 10°의 각으로 분출된다고 가정하자. 시간의 함수로 위치와 속도의 두 성분들을 그리고($x-y$ 평면의 그림으로) 돌의 궤적도 그려라. 공기 저항의 효과는 무시하라.

**[컴퓨터 과제 2.4]** 하나의 포물체가 지구표면에 직각방향으로 초기 속력 600 m/s로 발사되었다. 일정한 중력이 그 포물체에 작용하여 가속도는 아래로 9.8 m/s$^2$이다. 입자의 위치를 시간의 함수로 구하는 프로그램을 써라. 다음으로 같은 문제를 이번에는 공기저항 효과를 포함해서 풀어라. 힘이 $f_{air} = 2.5 \times 10^{-4} v^2$로 표현되는 억제력이라고 생각하라. 여기서 $v$는 포물체의 속도이다.

CHAPTER

# 3

# 뉴턴의 법칙: 운동의 결정

이 장(과 이 책의 많은 부분)은 동역학 즉 물체에 가하는 힘과 그 물체의 운동 사이의 관계를 다룬다. 힘은 물체(또는 입자)와 그 환경 사이의 상호작용인데 보통 특정한 방향으로 밀고 끄는 것으로 묘사된다. 이 책에서 중력과 용수철이 주는 힘과 같은 많은 잘 알려진 힘이 나온다. (아주 기본적인 수준에서 모든 힘은 중력, 핵력(강력)과 전기약력과 같은 근본적인 힘으로부터 나온 것이다. 전기약력은 때때로 두 다른 힘, 전자기력과 약력(weak nuclear force)으로 여겨진다. 이번에는 전자기력은 때때로 전기력과 자기력으로 여겨진다.[1] 예를 들면 근육의 힘은 알고 보면 전기력이다.)

동역학은 뉴턴의 3가지 법칙을 솜씨 있게 요약한 것이다. 뉴턴의 법칙은 입문 역학 과정에서 공부하였고 1.2절에서 나왔다. 지금까지는 그 법칙을 잘 알고 어떻게 그 법칙을 이용해서 어느 정도 복잡한 물리 문제들을 푸는지 알 것이다. 그러나 물리학자로서 물리적 우주의 자연현상에 대해서 이 근본적인 주장을 철저히 이해하는 것이 중요하다. 이 장에서는 과거에 생각하지 않았을지 모르는 뉴턴 법칙의 어떤 관점들을 논의할 것이다. 이 논의가 법칙의 범위와 중요성에 대한 더 큰 인식을 줄 수 있기를 바란다. 고급 동역학의 대학원 수준의 과정을 공부한다면 이러한 개념들을 더욱 파고들 것이다.

1) 근본적 힘에 대해 더 배우기 위해서 Charles Seife의 재미있는 논문 "Can the Laws of Physics be Unified?" Science, *309*, 92, 2005를 읽기를 권한다.

## 3.1 아이작 뉴턴(역사 노트 옵션)

어떤 사람들은 아이작 뉴턴은 지금까지 생존했던 가장 위대한 물리학자로 생각한다. 다른 사람들은 알버트 아이슈타인에게 그 명칭을 줄 것이지만 아무도 아이작 뉴턴의 대단한 통찰력과 천재성을 부정하지 않을 것이다. 그는 갈릴레이가 죽은 해인 1642년에 태어났다.[2] 뉴턴의 아버지는 아이작이 태어나기 전에 죽었고 그의 어머니는 자신의 남동생의 농장으로 이사해서 소년인 뉴턴이 그곳에서 자랐다. 나이가 들어 그의 외삼촌은 그를 캠브리지에 보냈다. 캠브리지에서 공부할 때 영국에 역병이 휩쓸었고 학교당국은 학생들을 1년간 귀가시켰다. 아이작은 농장으로 돌아가서 물리적 우주의 성질을 생각하기도 하고 간단하지만 슬기로운 실험을 하며 지냈다. 한 해가 지나 역병이 끝났고 뉴턴은 캠브리지로 돌아갔다. 그와 그의 전공교수가 만난 장면을 상상할 수 있다:

교수 : 아이작 잘 지냈나? 돌아와서 반갑네. 대학이 쉴 동안 유익한 시간 보냈나?
뉴턴 : 네, 그렇게 생각합니다.
교수 : 아이작, 아주 잘했네. 정확하게 무엇을 하였나?
뉴턴 : 교수님, 저는 이항정리를 증명했고, 미적분을 만들었고 반사 망원경을 발명하였고 만유인력의 법칙을  유도하였고 광학이론을 발전시켰으며 모든 물리적 물체의 운동을 지배하는 자연의 근본법칙을 구했습니다.

전설에 따르면 그 교수는 그의 직장을 그만두고 그 직책을 뉴턴에게 남겨주었다.

뉴턴은 그의 법칙을 뜻밖에 만들어낸 것이 아니다. 그는 특히 갈릴레오나 케플러와 같은 그의 전임자들의 연구에 매우 익숙했다. (그가 '내가 다른 사람보다 더 보았다면 그것은 내가 거인의 어깨위에 서 있었기 때문이다'라고 말한 것처럼) 사실, 뉴턴의 제1법칙인 관성의 법칙은 갈릴레오가 만들었고 증명하였다. 갈릴레오는 르네 데카르트로부터 그 생각을 얻었을 수 있다. 그러나 제2법칙과 제3법칙은 아이작 뉴턴이 처음 형성한 것이다.[3]

---

2) 당시 영국에서 사용하고 있던 줄리안 달력에 따르면 뉴턴은 1642년 12월 25일에 태어났다. 1753년에 영국은 그레고리안 달력을 채택하여 뉴턴의 생일은 1643년 1월 4일이 되었다.

3) 뉴턴은 1687년에 출판된 그의 유명한 책, *Philosophia Naturalis Principia Mathematica* 에 운동의 법칙을 발표했다. 최근의 영어 버전은 1999년에 Berkeley의 University of California 출판사에서 I. Bernard Cohen and Anne Whitman이 번역한 *The Principia: Mathematical Principles of Natural Philosophy* 이다.

뉴턴이 아주 젊을 때 만유인력의 법칙을 발견했지만 그의 초기 계산으로 달의 주기 값이 정확하지 못해서 수년 뒤까지 출판하지 못했다. 그의 친구인 건축가 크리스토퍼 렌의 촉구로 뉴턴은 더 주의 깊게 계산하였고 그의 법칙이 정확하다는 것을 확신하였다.

뉴턴은 반사 망원경을 발명하였고 특히 광학에서 많은 실험연구를 수행하였다. 그는 연금술과 신학에도 관심이 있었다. 그러나 그의 가장 큰 기여는 물리학을 정확한 수학적 과학으로서 세우는데 있었다. 그의 천재성은 바로 알려졌고 그는 곧 유럽에서 가장 유명한 사람 중 한 명이 되었다. 뉴턴이후에 사람들은 자연적인 과정은 해석되고 예견될 수 있는 방식으로 일어난다는 것을 알았다. 사람들은 이 우주는, 시계태엽의 장치처럼, 어떤 계의 시간에 따른 발전이 (원리상) 그 계의 현재 상태의 조건으로부터 결정되는 것과 같다고 생각하기 시작했다. 시인 알렉산더 포우프는 다음(couplet)과 같이 뉴턴을 찬양했다:

자연과 자연의 법칙은 밤에 숨어 있었다,
신이 *뉴턴 있어라!* 하고 말하니 모든 것이 밝아졌다.

개인적으로는 뉴턴은 상대하기가 쉽지 않았다. "그는 사람들을 잘 견디지 못했고 바보들은 정말 견딜 수 없었다"고 알려졌다. 그가 캠브리지의 반성직자 지위에 있었으므로 그는 결혼이 허용되지 않았다. 독신자 생활이 그에게 잘 맞는 것으로 보였다. 그는 1727년 84세의 많은 나이에 죽었다.[4)]

## 3.2 관성의 법칙

관성의 법칙 또는 뉴턴의 제1법칙은[5)] 다음과 같이 쓸 수 있다:

**움직이는 물체는 알짜 외력이 가해지지 않는다면 일정한 운동을 유지하며 정지한 물체는 정지 상태를 유지한다.**

4) 최근 아주 읽기 쉬운 전기는 2003년 뉴욕의 Pantheon Books에서 James Gleick가 쓴 *Isaac Newton*이다.

5) 이 법칙은 갈릴레오가 처음 해설했다. 뉴턴은 그 법칙을 갈릴레오의 완전한 공적으로 돌렸지만 시간이 지남에 따라 사람들은 그것을 "뉴턴의 제1법칙"으로 익숙해졌다.
순수주의자라면 뉴턴의 정확한 말을 알고 싶을 것이다. 뉴턴은 "모든 물체는, 상태를 변하게 강제 하는 힘을 받지 않는다면, 그들의 정지 상태를 유지하거나 직선상에서 일정한 운동 상태를 유지한다"고 말했다. (1848년 D. Adee 출판사의 Andrew Motte가 라틴어로부터 번역한 아이작 뉴턴의 The Principia.)
뉴턴의 법칙을 각자의 말로 표현하기를 바란다. 사실 나는 때때로 그들 법칙을 좀 달리 말한다. 결정적인 것은 우리가 사용하는 말이 아니라 말로 표현하는 개념이다.

독자는 확실히 이 법칙에 대해 생각했을 것이고 외력이 없을 때 정지한 물체는 계속해서 정지해 있다는 것을 그 법칙이 말해준다고 안다. 이것은 매우 심오한 개념이다. 많은 심오한 개념과 같이 그것을 받아들인 후에 그것은 완전히 자명하게 보인다. *내부 힘*이 계의 운동을 변화시킬 수 없음을 주의해야 한다. 의자에 앉아 자리를 스스로 들어 올리면 아무리 힘주어 들어 올려도 정지해 있다. 자신을 공중으로 들어 올릴 수 없다. 그 이유는 물론 자신에게 가한 힘은 내부 힘이기 때문이다.

폭발하는 폭탄은 계를 가속하게 하는 내부 힘의 예라고 반대할 수도 있을 것이다. 그 폭발 후에 폭탄의 파편들은 모든 방향으로 날라 간다. 그러나 폭탄의 질량중심은 정지해 있다. 부피가 있는 물체의 위치는 질량중심의 위치로 묘사되며 모든 파편의 궤적을 추적하면 질량중심은 가속되지 않는다는 것을 알게 된다.

아마도 관성의 법칙에 관한 가장 놀라운 일은 움직이는 물체는 외부 힘이 없어도 계속해서 움직인다는 착상이다. 이것은 뉴턴의 시대 사람들이 이해하기는 어려웠다. 그것은 지금도 어떤 사람에게는 힘들다. 그들은 "마루에서 트렁크를 밀 때 미는 것을 멈추면 곧 움직이지 않는다"고 말한다. 물론 우리는 트렁크가 움직이지 않는 것을 안다. 그것은 마찰력이라는 힘이 작용하고 있기 때문이다. 더욱이 우리는 에어 하키와 같은 경기에서 퍽은 마찰력이 (거의) 없어서 (거의) 일정한 속도로 테이블 위에서 미끄러진다는 것을 잘 안다. 우리는 역시 대기권 밖에서 떠있는 우주비행사의 장면들을 TV에서 셀 수 없이 보았기 때문에 힘을 받지 않는 물체가 직선상에 일정한 속도로 영원히 움직인다는 것을 옛날 사람들이 받아들이는데 겪었던 개념적 어려움은 없을 것이다.

외력을 작용 받지 않고 움직이는 물체를 생각하자. 제1법칙에 의하면 이 물체는 직선상에서 일정한 속력으로 움직일 것이다. 잠간 그것에 대해 생각한다면 이것이 어떤 특정한 기준틀에서만 사실이라는 것을 알 것이다. 예를 들면 일정한 속도로 움직이는 버스를 타고 정구공을 버스의 통로에 놓는다면 그 공은 통로에 그대로 정지해 있을 것이다. 그러나 버스가 가속된다면 공은 구를 것이다. 버스가 감속하면 공은 앞으로 구른다. 버스가 좌측으로 돌면 공은 우측으로 구른다. 물리학을 잘 모르는 사람이라면 공은 뉴턴의 제1법칙을 따르지 않는다고 결론지을 것이다. 물론 내가 버스에 대한 공의 운동을 묘사하고 있고 버스는 가속되고 있다는 것을 독자는 안다. 그래서 독자는 *지면에 대하여* 공이 제1법칙을 따른다고 지적하며 내 말을 반박할 것이다. 공은 지구의 기준틀에서 일정한 운동 상태를 유지*했다*. 나는 그 때 지구가 회전하기 때문에 지구 역시 가속하는 기준틀이라는 것을 지적할 것이다. 독자는 어떻게 답을 할 것인가?

논리적 결론에 이를 때까지 그러한 주장을 따른다면 제1법칙은 비가속 기준틀에서만 유효하다고 판단할 수 있다. (이것은 뉴턴의 다른 두 법칙도 사실이다.) 비가속 틀을 *관성기준틀*이라고 부른다. 그러한 기준틀이 실제로 있는가? 뉴턴은 그의 법칙이 "고정된 별들에 대해 정지해 있는" 기준틀에서 유효하다고 말했다. 그러나 우리는 별들이 모두 움직이고 있다는 것을 안다! 아마도 관성기준틀의 개념을 유용한 이상화로 취급하는 것이 가장 좋을 것이다. 많은 문제에서 지구를 정지한 것처럼 취급할 수 있다. 이 근사는 지구의 회전을 생각해야할 때는 사용할 수 없다. 그 때는 관성기준틀을 보통 지구의 중심을 원점으로 하며 회전하지 않는 기준틀로 가정한다. 그 근사는 태양에 대하여 지구의 궤도 운동을 생각할 필요가 있을 때 사용할 수 없다. 그 때는 좌표계의 원점을 태양의 중심으로 잡을 수 있거나 또는 필요하다면 은하수의 중심까지 잡을 수 있을 것이다.

"관성"이라고 부르는 물리적 성질은 움직이는 물체가 그것의 운동 상태를 보존하려고 하는 사실과 관련된다. "물체의 운동 상태를 보존한다"는 표현은 물체가 일정한 속도를 갖는다는 것을 뜻한다. 기관차는 탁구공보다 관성이 크다. 따라서 관성이라는 용어는 *질량*과 유사어이다. 큰 질량을 가진 물체의 운동을 변화시키기 위해서는 큰 힘이 필요하므로 "질량은 물체의 관성의 척도이다"라는 말을 듣는다. 그러나 물체가 운동 상태를 유지하려고하는 경향은 역시 속도에 의존된다. 고속의 5 그램의 총알보다 천천히 날아가는 5 그램의 탁구공을 편향하게 하기가 쉽다. 이 경우에는 관성은 *운동량*의 유사어로 나타난다.

질량, 거리, 시간, 전하 등과 같은 기본적인 양을 정의하기는 매우 어렵다. 마찬가지로 관성은 보통 조금 모호한 표현으로 물체의 운동 상태를 유지하려는 물체의 경향이라고 묘사한다. 한편, 관성의 법칙(뉴턴의 제1법칙)은 완전히 잘 정의된 것이다.

## 3.3 뉴턴의 제2법칙과 운동 방정식

뉴턴의 제2법칙은 다음과 같이 기술된다.

**고립된 물체의 운동량의 변화율은 그것에 작용한 알짜 외력과 같다.**

방정식으로는 이것은 다음과 같이 쓸 수 있다:

$$\frac{d\mathbf{p}}{dt} = \mathbf{F}. \tag{3.1}$$

여기에서 F는 물체에 작용하는 알짜 또는 총 힘이다. (그것을 $\mathbf{F}_{net}$ 또는 $\sum\mathbf{F}$로 쓸 수 있다.) 앞에서 언급한 바와 같이 $\mathbf{p}=m\mathbf{v}$이므로 질량이 일정하면 식 (3.1)은 익숙한 형태

$$\mathbf{F} = m\mathbf{a}$$

이 된다. 뉴턴의 제2법칙은 관성기준틀에서만 적용할 수 있음을 기억하라.

$\mathbf{a}=\mathbf{F}/m$로 표현되는 뉴턴의 제2법칙은 때때로 "운동 방정식"이라고 일컬어진다. 그 이유는 힘이 알려지면 물체의 가속도를 구할 수 있고, 일단 가속도가 결정되면 그것을 적분해서 "운동" 즉 속도와 위치를 시간의 함수로 얻을 수 있다. 고전역학에 의하면 한 계의 모든 입자의 위치와 속도에 대한 정보는 힘을 구하게 하고 따라서 시간에 따른 그 계의 발전을 예견하게 한다.[6] 그러므로 *속도, 위치와 시간으로 표현한 가속도의 식을 운동방정식이라고 부른다.* 뉴턴의 제2법칙은 운동방정식을 얻는 하나의 방법이다. 이 과정에서 독자는 운동방정식을 얻는 다른 방법도 배울 것이다.

이 과정의 많은 내용에서 여러 가지 다른 물리계에 대해 운동방정식을 세우고 풀 것이다. $F$에 대한 해석적인 표현으로부터 운동방정식 $a=a(x,v,t)=F/m$을 직접 얻는다. 제4장에서 배우는 것처럼 운동방정식은 뉴턴의 2법칙을 명백히 사용하지 않고 얻을 수도 있다. 그러나 지금은 2법칙에 국한한다.

우리는 특별히 철학적인 질문에 관여하지는 않을 것이지만 뉴턴의 위대한 업적 "Principia"의 출판 이후 수년간 제2법칙의 의미에 대해 많은 논쟁과 고찰이 있었다. 분명히 그것은 물체가 힘을 받을 때 어떻게 반응하는지 알려준다. 질량이 일정하면 제2법칙은 물체의 가속도는 받는 힘과 비례하고 질량에 반비례한다는 것을 알려준다. 이러한 관점에서 질량은 $a \propto F$ 관계에서 비례상수가 된다. 어떤 생각하는

6) 이것은 자연의 경탄할 만한 사실이다. Landau와 Lifshitz가 그들의 뛰어난 고급역학 책의 바로 첫 페이지에서 말했듯이 "모는 좌표와 속도가 동시에 지정된다면 그 계의 상태가 완전히 결정되고 그것의 다음 운동을 원리상 계산할 수 있다는 것은 *경험으로부터 안다.*" (강조됨.) 그들은 계의 운동이 위치, 속도와 시간에만 의존하는지의 근본적인 이유가 없다고 제안한다; 우리는 그것을 실험적인 사실로 받아들여야 한다. (참고: *Mechanics: Course in Theoretical Physics*, Volume 1, L. D. Landau and E. M. Lifshitz, Pergamon Press, New York, 1976, Page 1.) 재미있게도 전기 동력학에는 보통 가속도의 함수로서 표현되는 "Abrahm-Lorentz force"라고 불리는 양이 있다. 이 힘은 David Griffiths가 "철학적으로 모순된다"고 말한 어떤 이상한 운동을 하게 한다(Introduction to Electrodynamics, 3rd Ed. Prentice Hall, 1999, page 467).

사람은 제2법칙이 단지 질량의 정의라고 까지 말했다. 그러나 질량이 관성의 척도 이상이 아니라면, 두 물체사이의 중력은 그들 질량의 곱에 비례한다고 하는 만유인력의 법칙($\mathrm{F} = -G(m_1 m_2 / r^2)\hat{\mathrm{r}}$)을 설명할 수 없다. 중력의 법칙은 질량이 중력의 원천임을 말한다. 아마도 중력에서 “질량”은 뉴턴의 제2법칙에서 “질량”과 같지 않을 것이다. 달리 말하면 아마도 두 다른 것에 같은 단어를 사용하고 있는 것이다. 그렇다면 그 질문은 두 다른 것에 다른 부호와 다른 이름을 사용해 해결될 수 있을 것이다. 그래서 예를 들면 $m_G$와 $m_I$라는 양을 다음과 같이 정의할 수 있을 것이다:

$m_G$ = 중력질량 = 한 물체가 다른 물체에 중력을 가하는 성질

그리고

$m_I$ = 관성질량 = 한 물체가 자신의 운동 상태의 변화를 저항하는 성질

그러나 매우 주의 깊은 많은 실험(가장 유명한 실험 중에는 100여 년 전에 헝가리의 Baron Eötvos가 행한 것이 있다)은 $m_G$와 $m_I$가 믿을 수 없을 만큼의 작은 오차 안에서 같다는 것을 보였다. 이것은 중력질량과 관성질량이 진짜 같은 것이라고 결론짓게 한다. 관성질량과 중력질량이 같다는 사실을 “등가의 원리”라고 부른다. 알버트 아인스타인은 이 등가성을 그의 일반상대론(1915)의 기본 가정으로 이용했다.[7)]

물체에 가하는 힘이 주어지면 물체의 가속도를 계산하는데 이용될 수 있는 제2법칙은 고전물리학의 주춧돌이다. 일단 물체의 가속도를 알면 운동학의 법칙은 나중 시간의 속도와 위치를 결정한다. 이것은 물체에 작용하는 알짜 힘을 알면 어떠한 미래의 시간에 물체의 위치를 구할 수 있다는 의미이다. 운동을 *예견하는* 능력이 제2법칙의 위력이다.

앞에서 언급한 바와 같이 동력학은 힘이 어떻게 물체의 운동에 영향을 주는지에 대한 연구이다. 짐작되는 바와 같이 동력학은 보통 가속하는 물체들을 수반한다. 그러나 어떤 상황에서는 물체에 작용하는 힘이 있음에도 불구하고 가속도가 없을 수 있다. 예를 들어 크기는 같지만 방향이 반대인 힘을 받는 물체를 생각하라. 이 힘들의 효과는 상쇄되고 물체는 가속되지 않는다. $a = 0$의 경우는 동력학에서 중요한 특별한 경우이고 *정역학*이라고 부른다. 정역학은 다리나 초고층 빌딩과 같은

---

7) 질량, 힘, 관성 및 뉴턴의 법칙의 어떤 철학적인 의미에 흥미가 있다면 “Whence the Force of $F = ma$?”를 제목으로 하는 Frank Wilczek의 3 글들을 참고할 수 있다. 이 글들은 2004년 12월, 2005년 7월 및 2005년 10월 발행의 *Physics Today*에 출판되었다.

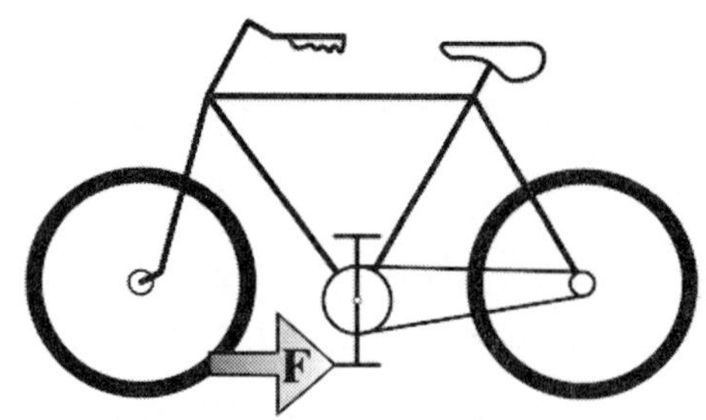


그림 3.1 ▍ 아래쪽 페달을 그림처럼 누르면 자전거는 어느 쪽으로 가는가?

설계 구조의 가속도가 없는지를 확인하고 싶어 하는 토목기사에게는 특히 관심사이다. 정역학은 1.2.4절에서 간단히 취급했고 14장에서 더 상세히 다룰 것이다.

*중첩의 원리*는 두 가지 또는 더 많은 힘이 한 입자에 작용하면 알짜 효과는 모든 힘들의 *벡터 합*과 동일한 하나의 힘이 작용하는 효과와 같다는 것이다. 독자는 다른 물리영역에서 중첩의 원리를 접할 것이다. 예를 들면 한 점에서 알짜 전기장은 그 점에 작용하는 모든 전기장의 벡터 합이다.

뉴턴의 법칙을 논의하며 우리는 입자들 사이의 상호작용을 생각했다. 크기를 가진 물체에 뉴턴의 제2법칙을 적용할 때 가속도 **a**는 물체의 질량중심의 가속도를 말한다. 뉴턴의 제2법칙은 크기가 있는 물체의 임의의 점에 작용하는 알짜 외력 **F**는 그 물체의 질량중심이 $\mathbf{a} = \mathbf{F}/m$에 따라서 가속되게 한다는 것이다. 이것은 때때로 전혀 직관적이 아니다. 예를 들면 그림 3.1과 같이 수직의 위치에서 정지해 있는 두 페달의 자전거가 있다. 위쪽에 있는 페달을 앞쪽으로 밀면 자전거는 당연히 앞으로 간다. 그러나 아래쪽 페달을 뒤쪽으로 밀면 어떤 일이 일어날까? 체인과 사슬톱니의 배치를 보면 이것은 바퀴를 앞쪽으로 추진하게 할 것같이 보이지만 뉴턴의 제2법칙은 페달을 뒤쪽으로 밀면 자전거도 뒤쪽으로 간다고 말한다.[8] (이 말을 믿을 수 없으면 해보라! 페달의 운동에 놀랄 것이다. 이것은 자전거를 탈 때 일어나는 것과 완전히 다르다. 그 경우에는 페달에 가하는 발의 힘은 *내부* 힘이다.)

❐ **연습 3.1**

질량 5 kg의 상자가 각 35°의 경사면 위에 놓여있다. 그 면에 평행한 10 N의 힘을 위쪽으로 상자에 가했다. 미끄럼 마찰계수는 0.07이다. 그 상자의 가속도를 구하라. **답:** $-3.05\ \mathrm{m/s^2}$ (평면 아래쪽 방향으로).

---

8) 이 문제의 더욱 주의 깊은 분석은 타이어의 마찰력과 모든 외력이 가하는 토크를 포함한다.

❒ 연습 3.2

질량 50 kg의 나무 상자가 트럭 위의 바닥에 놓여있다. 트럭이 0.2 m/s$^2$로 가속된다. 정지 마찰계수가 0.15이다. 나무 상자는 미끄러지는가? **답:** 아니오.

❒ 연습 3.3

실패가 테이블 위에 옆으로 놓여서 자유로이 구를 수 있다. 손으로 실패로부터 나오는 실의 끝을 잡고 잡아당긴다. 실패가 잡아당기는 쪽으로 움직이는가? 실이 실패의 위쪽으로부터 나오는지 아래쪽으로부터 나오는지에 따라 다르게 되는가? (해보라!)

## 3.4 뉴턴의 제3법칙: 작용은 반작용과 같다

아이작 뉴턴의 용어 "작용"과 "반작용"을 사용하여 그의 제3법칙을 다음과 같이 공식화할 수 있다:

**모든 작용에 대하여 항상 방향이 반대이고 크기가 같은 반작용이 있다.**

달리 말하면 한 물체가 다른 물체에 힘을 가하면 그 다른 물체는 같지만 반대쪽으로 향하는 힘을 첫 물체에 준다. 제3법칙을 응용하는데 있어서 관련된 두 힘은 *다른* 물체에 작용한다는 것을 알아야 한다.

제3법칙은 한 물체가 다른 물체에 작용하는 힘("작용")은 다른 물체가 첫 물체에 작용하는 힘("반작용")과 같고 반대 방향이다. 그러나 이 법칙은 이 힘들이 같은 선상에 놓인다고 말하지는 않는다. 그래서 그림 3.2에서 (a)의 경우와 (b)의 경우 모두 힘은 같고 방향이 반대이지만 (b)의 경우 두 힘이 일직선상에 있지 않다. 작용-반작용 힘이 같은 선상에 놓이면 제3법칙이 그것의 *강한* 형태를 갖는다고 말하고 그렇지 않으면 *약한* 형태를 갖는다고 한다.

뉴턴의 제3법칙은 바로 운동량보존의 법칙과 관련된다. 예로 서로 같고 반대의 힘을 주는 두 입자로 이루어진 고립계를 생각하자:

$$\mathbf{F}_1 = -\mathbf{F}_2$$

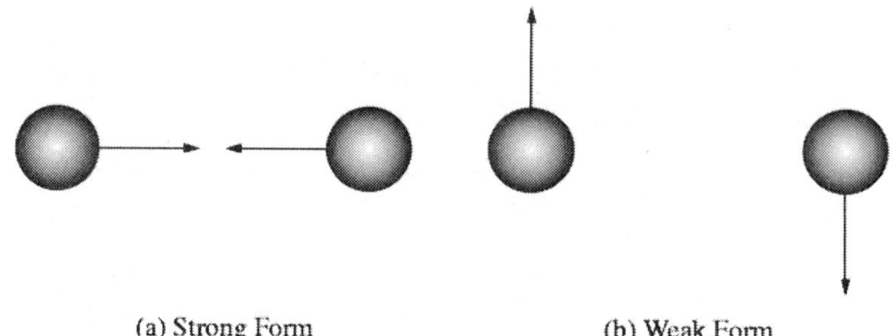


그림 3.2 ▌ 뉴턴의 제3법칙의 강한 형태 및 약한 형태의 묘사. 화살표는 입자에 작용하는 힘을 표시한다. 두 가지 경우 모두 힘은 같고 반대방향이지만 강한 형태에서 힘은 두 입자를 잇는 선을 따라 작용한다.

제2법칙에 의하여 힘은 입자의 운동량 변화로 표현될 수 있다:

$$\frac{d\mathbf{p}_1}{dt} = -\frac{d\mathbf{p}_2}{dt}.$$

그러므로

$$\frac{d}{dt}(\mathbf{p}_1 + \mathbf{p}_2) = 0.$$

즉, 고립계의 총운동량은 일정하다.

제3법칙은 항상 성립하는가? 이것이 물리학자들이 오래 동안 논쟁했던 질문이다. 우리는 제3법칙이 순수한 역학계에서는 항상 성립된다는 것을 명확히 말할 수 있지만 하전 입자들 사이의 전자기적 상호작용을 생각할 때는 그 상태가 아주 분명한 것이 아니다.

**예제 3.1**

자기력으로 상호작용하는 두 하전입자에 대해 작용–반작용의 힘의 쌍을 생각하자. 제3법칙이 성립하는가?

**풀이**: 그림 3.3은 움직이는 두 하전입자를 보인다. 이 문제는 서로에게 가하는 힘이 같고 반대인지를 알아내는 것이다.

독자는 일반물리학 과정에서 자기장에서 하전입자가 받는 힘은 $\mathrm{F} = q_1\mathrm{v}_1 \times \mathrm{B}$라는 것을 안다. 여기에서 $\mathrm{v}_1$은 입자의 속도이고 그것의 전하는 $q_1$이다. 자기장 B는 전하가 $q_2$이고 속도가 $\mathrm{v}_2$인 다른 입자에 의해 생성된다. 이 움직이는 전하로 인한 그 자기장은 $\mathrm{B} = (q_2\mathrm{v}_2 \times \mathbf{r})(\mu_0/4\pi\mathrm{r}^3)$이고 여기에서 $\mathbf{r}$은 전하로부터

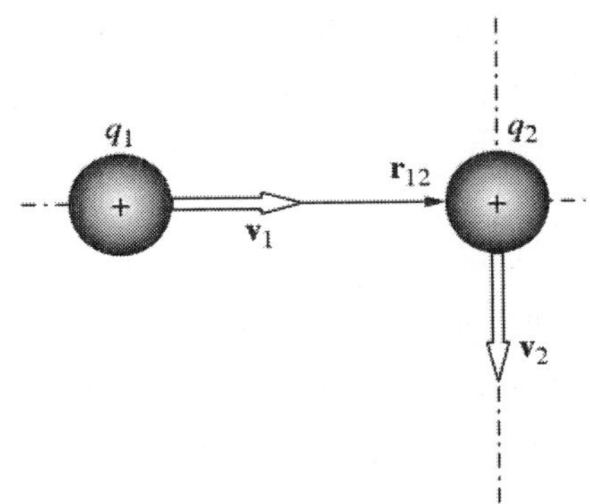


그림 3.3 ▌ 움직이는 전하를 가진 두 물체는 뉴턴의 제3법칙을 분명히 반증하는 예이다. 이 배치에 대해 $\mathbf{v}_2 \times (\mathbf{v}_1 \times \mathbf{r}_{12}) = 0$ 이지만 $\mathbf{v}_1 \times (\mathbf{v}_2 \times \mathbf{r}_{21}) \neq 0$.

자기장이 측정되는 그 점까지의 벡터이다;[9] 이 경우 r는 $q_2$로부터 $q_1$까지 벡터이므로 $\mathbf{r}_{21}$으로 쓰기로 한다. 힘의 식에 B의 식을 대입하면 $q_2$가 만드는 자기장으로 인해 $q_1$이 받는 힘에 대한 다음의 식이 된다:

$$\mathbf{F}_{12} = q_1 q_2 (\mathbf{v}_1 \times (\mathbf{v}_2 \times \mathbf{r}_{21}))(\mu_o/4\pi r_{21}^3)$$

마찬가지로 $q_1$이 만드는 자기장으로 인해 $q_2$가 받는 힘은

$$\mathbf{F}_{21} = q_1 q_2 (\mathbf{v}_2 \times (\mathbf{v}_1 \times \mathbf{r}_{12}))(\mu_o/4\pi r_{21}^3)$$

이다. $\mathbf{r}_{21} = -\mathbf{r}_{12}$이지만 일반적으로 $\mathrm{F}_{12} \neq \mathrm{F}_{21}$임을 쉽게 알 수 있다. 그림 3.3에서 묘사된 상황은 한 전하가 다른 전하에 가한 자기력은 다른 전하가 첫 번째 전하에게 가한 자기력과 같지 않다는 예를 보여준다. 이것을 알기 위해서 외적에 대한 오른손 법칙을 써서

$$\mathbf{v}_2 \times (\mathbf{v}_1 \times \mathbf{r}_{12}) = 0$$

이지만

$$\mathbf{v}_1 \times (\mathbf{v}_2 \times \mathbf{r}_{21}) \neq 0$$

임을 확인하라.

그러나 더 많은(그리고 더 깊은) 분석으로 움직이는 두 하전입자가 운동량과 에너지를 가진 전자기장을 형성한다는 것을 발견할 수 있다. 전자기장의 운

9) 이 관계는 엄격히 말하면 점전하에 대해서는 유효하지 않은 Biot-Savart 법칙에 근거한다. 그러나 입자의 속도가 빛의 속도보다 아주 작다면 언제나 이 식은 정확한 식으로부터 얻을 수 있다. (D. J. Griffiths, Introduction to Electrodynamics, 3rd Ed., Prentice Hall, 1999, p. 439.)

동량의 변화율로 인한 입자에 작용하는 힘을 고려한다면 제3법칙이 성립한다는 것을 알 수 있다. 아마도 제3법칙이 다른 두 법칙들과 같이 일반적으로 유효하다고 결론짓는 것이 안전하다.[10)]

앞의 예제의 관점은 물리학을 공부하는 독자는 제3법칙을 응용하는데 매우 주의해야한다는 것이다. 하나의 묘사로 퍼즐을 내겠다. 아마 전에 들었을지도 모른다. 수레에 매인 당나귀의 이야기이다. 당나귀는 수레를 끌어당긴다. 수레는 당나귀를 뒤로 끌어당긴다. 뉴턴의 제3법칙에 따라 작용은 반작용과 같아서 이 두 힘은 같고 반대방향이다. 그렇다면 두 힘은 서로 상쇄될 것이다. 그러면 어떻게 수레가 움직일 수 있겠는가?

포기한다고? 답은 힘들이 다른 물체에 작용하기 때문에 상쇄되지 않는다는 것이다. 같은 크기이며 반대 방향의 두 힘이 하나의 물체에 작용한다면 이 힘은 상쇄될 것이다. 그러나 어떤 특정한 물체에 작용하는 힘을 합할 때 *다른* 물체에 작용하는 힘을 포함시킬 수 없다! 태양이 지구에 가하는 힘이 지구가 태양에 가하는 힘을 상쇄한다는 말은 결코 하지 않는다. 이 힘들은 정말 같고 반대이지만 두 힘은 서로 다른 물체에 작용한다. 마찬가지로 수레와 당나귀 문제에 대해 당나귀는 *수레에* 힘을 가하고 수레는 *당나귀에* 같고 반대방향의 힘을 가한다. 수레만 생각할 때 수레에 가해지는 힘은 당나귀가 주는 힘과 마찰력(길과 바퀴 사이 등)이다. 당나귀가 가하는 힘이 마찰력보다 크다면 수레는 앞으로 가속된다. 역시 당나귀에 가하는 힘들에 대해 생각하고 왜 당나귀는 뒤로가 아니고 앞으로 가속되는지 설명해야한다. 물체를 가속하게 할 수 있는 힘은 *외력*뿐이다. 자신의 신발 끈을 잡아당겨 스스로를 올라가게 할 수는 없다!

작용–반작용 쌍을 정하는데 그들이 항상 같은 *종류*의 힘이라는 것을 기억하는 것이 유용하다. 예로 테이블위에 책이 지구의 중력에 의해 아래로 끌린다고 하자. 그 반작용을 테이블이 위쪽으로 받치는 힘이라고 잘못 생각하기 쉽다. 그러나 이것은 같은 *종류*의 힘이 아니다. 반작용은 책이 지구를 위쪽으로 끄는 힘이다. 테이블이 받치는 힘에 대한 반작용은 무엇인가?

---

10) Roald K. Wangsness, *Electromagnetic Fields*, 2nd Ed., Wiley and Sons, New York, 1986, 페이지 219와 379. 다른 관점으로 Jerry Marion과 Stephen Thornton저 *Classical Dynamics*, 3rd Ed., Harcourt, Brace, Jovanovich, 1988, 페이지 45를 보라.

## 3.5 회전이 절대적인가 상대적인가?

선형 운동은 상대적이다. 일정한 속도로 움직이는 물체가 두 다른 관성계에서 관측된다고 상상하자. 이들 관성계중 하나가 정지해있고 다른 하나는 속도 v로 움직인다고 생각하자. 물체가 첫 관성계에서 v의 속도를 가지면 둘째 관성계에서는 정지해있다. 물체가 일정한 속도로 움직이거나 멈추어 있는가는 그것이 관측되는 기준계에 의존된다.

뉴턴(나중에는 아인슈타인)에 의하면 한 관성계를 다른 관성계와 구분할 수 없다. 닫힌 상자 속에서는 그 상자가 정지해 있는지 일정한 속도로 움직이고 있는지를 알려주는 실험을 하거나 물리적 현상을 관측할 수 없다.

회전운동 역시 상대적인가? 뉴턴은 이 질문을 심사숙고했고 회전이 절대적이라고 결론을 내렸다. 그는 긴 밧줄로 물이 가득 든 물통을 매다는 실험을 묘사했다. 그는 물통을 돌려 받줄을 꼬이도록 하였다. 물통을 놓아줄 때 밧줄이 풀어지고 물통이 회전하는 동안 그는 수면의 높이를 관찰했다. 초기 물통과 물이 정지해 있을 때 물의 표면은 평평하였다. 다음 물통이 회전하기 시작했지만 물은(잠깐 동안) 여전히 정지해 있었고 물의 표면은 여전히 평평했다. 마지막으로 물은 물통의 회전을 전달받고 물의 표면은 오목하게 되었다. (여기까지는 놀랄 일이 없다.)

이제 초기와 최종 국면에서 물은 물통에 대하여 움직이지 않고 있었으나 초기에는 표면이 평평했고 최종에는 오목해져있었다. 그러므로 표면의 움직임은 물통에 대한 물의 운동으로 인한 것이 아니었다. 역시 물통이 돌고 있으나 물은 돌고 있지 않을 때 표면은 평평하게 유지되었다. 뉴턴은 표면이 오목한 것은 물의 *절대적인* 회전으로 인한 것이지 물통에 대한 상대적인 물의 운동으로 인한 것이 아니라고 결론지었다.

닫힌 상자에 물이 든 물통을 놓고 그 상자를 돌린다면 그 상자 안에 있는 TV 카메라는 물의 표면이 오목하다는 것을 보여준다. 그래서 기준계가 회전하는지 아닌지를 알아내는데 이용될 수 있는 물리적 현상이 있다. (뉴턴은 결론은) 물의 표면이 평평한 다른 기준틀은 없으므로 회전은 절대적이라는 것이다.[11]

어네스트 마하는 이 간단한 실험에 매료되었다. 그러나 그는 회전운동을 포함한 모든 운동은 상대적이라고 믿었다. 마하는 회전은 우주의 모든 질량에 대하여 상대

---

11) 뉴턴은 원심력은 상대운동으로부터 절대운동을 구별하는 특징이라고 말했다.

적이라고 주장했다. 그는 뉴턴이 관찰한 것과 같이 정지해 있는 물통이 평평한 표면을 가질 것이라고 논했다. 그러나 그는 전체적으로 비어있는 우주에서 물통이 회전한다 하더라도 그 표면이 곡면이 될 것인가를 물었다. 달리 말해 물통이 무엇에 대하여 회전하는가? 마하의 관점으로는 표면을 곡면으로 만드는 것은 물통이외의 우주이고, 정지해 있는 물통 주위를 전 우주가 회전하여도 같은 효과를 얻는다. 물이 회전하고 우주가 정지해 있는지 또는 물이 정지해 있고 우주가 그 주위를 돌고 있는지 말할 수 없다는 것이다! 아인슈타인의 일반상대론은 마하의 이 "전체적 상대성"을 포함하지는 않지만 아인슈타인은 그의 생애에서 나중에 그것을 자신의 이론에 적용한 결과를 해석해 보려고 했다.

회전이 상대적인지 절대적인지의 질문이 아직도 논쟁되고 있지만[12] 우리는 뉴턴을 따라 회전이 절대적이라고 하고자 한다. 이 관점은 회전하는 우주와 정지한 물통으로 설명할 수 없는 효과가 많다는 것을 보여주는 최근의 면밀한 연구[13]가 뒷받침한다. 예를 들면 마하의 원리는 어떻게 반대 방향으로 회전하는 두 물통이 모두 오목한 표면을 가질 수 있는지 설명할 수 없다.

## 3.6 운동의 결정

"운동의 결정"은 *시간*의 함수로서 물체의 *위치*에 대한 방정식을 구하는 것을 뜻한다. 이것은 운동방정식(뉴턴의 2법칙)을 풀어서 한다. 운동방정식은 위치에 대한 2차 미분방정식이므로 이것을 푸는 것은 두 번의 적분에 해당한다. 다음절에서 몇 가지 다른 종류의 힘을 받는 입자의 속도와 위치의 식을 구하는 방법을 배운다. 특히 다음의 경우를 공부한다:

힘이 일정하다; $F =$ 일정
힘이 시간의 함수이다; $F = F(t)$,
힘이 속도의 함수이다; $F = F(v)$,
힘이 위치의 함수이다; $F = F(x)$.

12) 이 주제의 재미있는 논문은 Frank Wilczek의 Physics Today, April 2004, 페이지 10에 있는 "Total Relativity: Mach 2004"이다. 역시 뉴턴의 물통은, 아주 읽기 쉬운 책 Brian Greene저 *The Fabric of the Cosmos: Space, Time, and the Texture of Reality*, Knopf, New York, 2004의 시작점이다.

13) H. Hartman and C. Nissim-Sabat, "On Mach's critique of Newton and Copernicus," *Am. J. Phys.* *71*, 1163, 2003.

달리 말하지 않는 한(그리고 간단히 하기 위해서) 운동은 1차원적이며 움직이는 물체는 일정한 질량의 *입자*일 것이다. 2차원 또는 3차원으로의 일반화는 아주 수월하다.

**일정한 힘**

1장에서 일정한 가속도를 가진 물체의 운동 즉 일정한 힘의 작용을 받는 운동을 복습했고

$$v(t) = v_0 + at \tag{3.2}$$

와

$$x(t) = x_0 + v_0 t + \frac{1}{2}at^2 \tag{3.3}$$

임을 보였다. 운동방정식은 $\ddot{x} = F/m =$ 일정 이고 $x = x(t)$로 주어지는 식 (3.3)은 운동방정식의 해이다. 그러므로 "운동의 결정"은 식 (3.3)의 값을 구하는 것과 같다.

독자는 일반물리학 과정에서 식 (3.2)와 식 (3.3)을 배웠다. 아마도 그 때에는 이 식들이 *일정한 힘에 대해서만* 유효하다는 것을 완전히 알지 못했을지는 모른다. 이 장의 나머지 부분에서는 일정하지 *않은* 힘을 다룰 것이다.

이제 무엇이든 물리학 문제를 풀 때 중요한 제안을 하고자 한다. 문제의 해를 얻은 후에는 항상 그 해가 $t = 0$과 $t = \infty$와 같은 어떤 극한의 경우에 대해 예견하는 것을 보기 위해 해를 확인하라. 만일 물리적이지 못한 성질을 발견하면 그것은 그 해가 틀리다는 것을 뜻한다. 그러한 경우 *수학*을 먼저 검토하고 적절한 *과정*을 밟았는지 검토하고 마지막으로 *가정*을 검토하라.

❐ **연습 3.4**

질량 3 kg의 물체의 위치가 $x(t) = 3t + 6t^2$ 미터로 주어진다. 그 물체에 가해지는 힘을 구하라. **답:** 36 N.

❐ **연습 3.5**

한 들통이 깊이 10 cm까지 기름으로 채워져 있다. 질량 0.2 kg의 쇠구슬이 기름 표면 위 50 cm의 거리에서 정지 상태로부터 떨어뜨렸다. 기름이 구슬에

2.4 N의 일정한 저항력을 준다고 가정하고 들통의 바닥에 도달할 때 구슬의 속력을 구하라. **답**: 3.06 m/s

---

### 시간의 함수로서의 힘

힘 $F$가 시간의 함수로서 표현될 수 있을 때 즉 $F = F(t)$일 때 조금 더 복잡한 상황이 일어난다. 그 때 운동방정식은

$$a = \frac{F(t)}{m}$$

또는

$$\frac{dv}{dt} = \frac{1}{m}F(t)$$

이 된다. 변수를 분리하고 적분한다:

$$\int_{v_0}^{v} dv = \frac{1}{m}\int_0^t F(t)dt.$$

이 마지막 식은 불완전하게 적분 변수와 적분 한계에 같은 부호($v$)를 사용했다. (이것은 수학자들을 미치게 하는 일이다!) 보통 이 엉성한 표기법을 피할 수 있지만 그러면 때때로 곤란한 점이 있다. 그래서 나는 앞의 식을 다시 쓰고 적분의 *변수*에 이중 프라임부호를 사용하고 단일 프라임부호는 적분의 *한계*에 사용하겠다.

$$\int_{v_0}^{v'} dv'' = \frac{1}{m}\int_0^{t'} F(t'')dt''.$$

적분하고 조금 재배치하면

$$v(t') = v_0 + \frac{1}{m}\int_0^{t'} F(t'')dt'' \tag{3.4}$$

가 된다.

식 (3.4)을 적분하기 위해서 시간의 함수로서의 힘의 명시적인 식이 필요하다. 그러한 속도의 식을 구한다면 다시 한 번 더 적분해서 시간의 함수로서의 위치를 얻는다. $v(t')$이 식 (3.4)로 주어지므로 속도를 시간으로 적분하여 위치

$$\int_{x_0}^{x} dx' = \int_0^t \left[ v_0 + \frac{1}{m} \int_0^{t'} F(t'')dt'' \right] dt'$$

을 얻을 수 있다. 그래서

$$x(t) = x_0 + v_0 t + \frac{1}{m} \int_0^t \left[ \int_0^{t'} F(t'')dt'' \right] dt'.$$

이 식이 가까이하기 조금 어려워 보이지만 $x = x(t)$를 발견하는 절차는 결코 어렵지 않다: 시간의 함수로서 속도를 얻기 위해 그냥 $\int \frac{1}{m} F(t)dt$를 적분한 다음 시간의 함수로서의 위치를 얻기 위해서 $\int v(t)dt$를 적분한다.

**예제 3.2**

질량 $m$의 입자가 힘 $F(t) = Ae^{-bt}$를 받는다. 이 입자가 초기에 $x = 0$의 위치에서 정지해 있다. 시간 $t \to \infty$에 입자의 속도와 위치를 구하라.

**풀이**: $F = ma$로부터

$$a = F/m = (A/m)e^{-bt} = \frac{dv}{dt}$$

그래서

$$v - v_0 = \int_0^t (A/m)e^{-bt}dt = -\frac{A}{mb}e^{-bt}\Big|_0^t = -\frac{A}{mb}\left[e^{-bt} - 1\right].$$

여기서 $v_0 = 0$이다. $t \to \infty$에 대하여 속도는 $v \to \frac{A}{mb}$로 접근한다.

위치를 구하기 위해

$$x - x_0 = \int_0^t vdt = \int_0^t -\frac{A}{mb}\left[e^{-bt} - 1\right] dt = \frac{A}{mb^2}e^{-bt} + \frac{A}{mb}t\Big|_0^t$$
$$= \frac{A}{mb^2}e^{-bt} + \frac{A}{mb}t - \frac{A}{mb^2}$$

를 사용한다. 여기에서 $x_0 = 0$이다. $t \to \infty$일 때 $x \to \infty$가 된다.

□ **연습 3.6**

힘 $F=3t^2$ N이 3초 동안 한 입자에 작용하고 그 후에 그 입자는 자유로이 움직인다. 그 입자가 초기에 원점에 정지해 있다. 시간 $t=5$초에 입자의 위치를 구하라. 입자의 질량은 0.1 kg이다. **답**: 742.5 m.

□ **연습 3.7**

어떤 전자파의 전기장이 $z-$축 방향이다. 그 전기장의 크기는 시간에 따라 $E=E_0\cos\omega t$로 변한다. 초기에 전자는 원점에 정지해 있다. 그 전자의 위치를 시간의 함수로 구하라. (전기장에서 전하가 받는 힘은 $\mathrm{F}=q\mathrm{E}$ 이다.)
**답**: $x=-(qE_0/\omega^2 m)(\cos\omega t-1)$.

### 속도의 함수로서의 힘

자연에서 여러 힘은 물체의 속도에 의존된다. 예를 들면 물에 떨어지는 구슬이나 공기 속으로 던져진 야구공과 같이 유체를 통해 움직이는 입자는 *저항력*을 받는다. 이 힘은 보통 작은 속도에 대해서는 속도에 비례하고 큰 속도에 대해서는 속도의 제곱에 비례한다고 가정할 수 있다. (물론 이것은 근사일 뿐이다; 저항력의 실제 속도 의존도는 더 복잡하다. 예로 Batchelor[14] 또는 Landau와 Lifshitz[15]의 유체역학 책을 참고하라.) 속도에 의존하는 다른 힘은 로렌츠 힘이다. 이것은 전기장 E와 자기장 B가 있는 공간에서 속도 v로 움직이는 하전입자가 받는 힘이다. 일반물리학의 전자기에서 로렌츠 힘은 $\mathrm{F}=q(\mathrm{E}+\mathrm{v}\times\mathrm{B})$으로 주어진다는 것을 기억할 것이다. (자기력은 뉴턴의 제3법칙과 관련된 예제 3.1에서 다루었다. 그 예제에서 힘이 속도의 크기와 마찬가지로 방향에도 의존하기 때문에 조금 복잡한 상황을 보여준다. 이 절에서는 일정한 방향으로 작용하는 힘만을 생각하겠다.)

힘 $F$가 속도의 크기의 함수라면 입자의 운동을 구하는 1차원 문제를 생각하자. 즉

$$F=F(v)$$

14) G. K. Batchelor, *An Introduction to Fluid Dynamics*, Cambridge University Press, 1970.

15) L. D. Landau and E. M Lifshitz, *Fluid Mechanics*, Vol 6 of *Course of Theoretical Physics*, Pergamon Press, Oxford, 1959.

운동방정식은

$$\frac{dv}{dt} = \frac{F(v)}{m}$$

이다. 변수를 분리하고 적분하면

$$\int_{v_0}^{v(t)} \frac{dv}{F(v)} = \frac{1}{m}\int_0^t dt$$

이 되며 따라서

$$\frac{t}{m} = \int_{v_0}^{v(t)} \frac{dv}{F(v)}.$$

$F(v)$에 대한 명백한 식이 주어지면 위의 적분을 수행하고(질량 그리고 무엇이든지 힘의 식에 나타나는 다른 상수와 같은, 어떤 다른 매개변수와 마찬가지로) $v$와 $v_0$을 포함하는 $t$의 식을 얻을 수 있다. $t = t(v)$ 형태의 식을 얻게 된 것이다. 보통 이식을 *뒤집어* 원하는 형태 $v = v(t)$를 얻는다. 상술하면 식을 뒤집어서

$$v = v(t, v_0, \alpha)$$

을 얻는데 여기서 $\alpha$는 앞에서 이야기한 매개변수들의 집합이다. 그 다음 정의

$$v = \frac{dx}{dt}$$

을 써서 다시 적분하여 시간의 함수로서 위치를 얻는다. 즉

$$\int_{x_0}^{x(t)} dx = \int_0^t v(t, v_0, \alpha)dt$$

또는

$$x(t) = x_0 + \int_0^t v(t, v_0, \alpha)dt.$$

이 절차는 조금 복잡해서 예를 하나 생각하자. 과정을 주의 깊게 공부하자.

**예제 3.3**

당신이 카누를 타고 노를 저어간다. 부두에 접근할 때는 노를 저어가는 것을 멈추고 물의 저항으로 카누가 정지하게 한다. 이 힘이 속력에 비례한다고 가정한다. 운동을 구하라.

**풀이**: 노턴의 2법칙에 의하면 $F=m\dfrac{dv}{dt}$ 이다. 가정에 의하면 $F=-bv$ 인데 여기서 $b$는 비례상수이고 음의 부호는 저항이 속력을 늦추는 힘임을 말해준다. 그 때 $-bv=m\dfrac{dv}{dt}$ 또는 $\dfrac{dv}{v}=-\dfrac{b}{m}dt$. 그래서

$$\int_{v_0}^{v(t)}\frac{dv}{v}=-\frac{b}{m}\int_0^t dt$$

이고,

$$\ln v|_{v_0}^{v(t)}=\ln\frac{v(t)}{v_0}=-\frac{bt}{m}$$

또는

$$v(t)=v_0e^{-bt/m}.$$

그래서 우리는 임의의 시간에 속도에 대한 식을 얻었다; 반절이 이루어졌다. 다시 적분해 위치를 시간의 함수로 얻게 된다. 속도의 정의 $v=\dfrac{dx}{dt}$ 로부터

$$\frac{dx}{dt}=v(t)=v_0e^{-bt/m}$$

가 된다. 따라서

$$\int_{x_0}^{x(t)}dx=\int_0^t v_0e^{-bt/m}dt$$

적분하면

$$x(t)-x_0=\left[-\frac{v_0m}{b}e^{-bt/m}\right]_0^t=-\frac{v_0m}{b}(e^{-bt/m}-e^0)$$

또는

$$x(t)=x_0+\frac{v_0m}{b}(1-e^{-bt/m})$$

이 된다.

나는 항상 $t=0$과 $t=\infty$와 같은 극한의 경우에 대하여 문제의 해를 생각하라고 제안한 바 있다. 앞의 카누 운동의 예는 아주 재미있다. 그것은 카누의 속도 $[v_0 e^{-bt/m}]$가 $t\to\infty$일 때까지 영이 되지 않기 때문이다. 카누는 무한한 시간동안 움직인다! 카누가 이 무한한 시간동안 얼마나 멀리 움직일가? 이 질문에 답하기 위해 위치의 식 $[x_0+\dfrac{v_0 m}{b}(1-e^{-bt/m})]$에 $t\to\infty$를 대입하면 $x(t=\infty)=x_0+v_0 b/m$이 된다. 이것은 *유한한* 거리이다. 그래서 카누가 정지할 때까지 무한한 시간이 걸리지만 유한한 거리를 갈 뿐이다. 이 결과가 이치에 맞는가? 그렇다. 속도를 늦추는 힘은 속도가 감소함에 따라 점점 작아진다. 아마도 독자는 문제가 서툴게 제기 되었으며 속도가 어떤 특정한 값 이하로 떨어지는데 걸리는 시간을 이야기해야 한다고 이의를 제기할 것이다. 그러나 카누가 시간당 1인치의 속도와 같이 어떤 매우 작은 속도로 움직인다면 사실상 그것은 정지한 것인 셈이다.

물체가 공기 중에서 약 20 m/s($\approx$ 45 mph)보다 작은 속도로 움직인다면 속력을 늦추는 힘이 속력의 1승에 비례한다고 가정할 수 있다. (소리의 속력보다는 낮지만) 더 빠른 속력으로 움직이는 물체에 대해서는 저항력이 속력의 제곱에 비례한다고 가정하는 것이 더 실재적이다. 즉 $F=-Dv^2$. 그러면 운동방정식은 다음의 형태로 쓸 수 있다:

$$m\frac{dv}{dt}=-Dv^2.$$

비례상수 $D$는 물체의 크기와 모양 그리고 물체가 움직이며 통과하는 유체의 밀도에 의존된다. $D$를 계산하는 이치에 맞는 식은

$$D=\frac{1}{2}C_D A\rho$$

이다. 여기서 "끌림 계수(drag coefficient)" $C_D$는 물체의 모양에 의존하는 단위가 없는 매개변수이다. 실제적 응용에 있어서 $C_D=0.2$ 값이 때때로 이용된다. $\rho$는 공기의 밀도이고 $A$는 물체의 단면적이다.

중력 작용의 영향아래서 공기 중에서 떨어지는 물체에 이 법칙을 적용하면 저항력은 위쪽 방향이고 중력은 아래쪽이므로 운동방정식은

$$m\frac{dv}{dt}=+Dv^2-mg$$

이 된다. 이 마지막 식의 응용에서 부호에 아주 주의해야 한다. 물체가 *올라간다*면 중력과 공기 저항력은 모두 아래쪽으로 작용한다.

❐ 연습 3.8

한 물체가 고공 기구로부터 정지 상태로부터 떨어진다. 비실제적인 가정을 하여 저항력이 속도에 비례한다고, 즉 $f_R = -bv$라고 하자. (a) 물체의 종단 속도 $v_T$는 얼마인가? (b) 물체가 속도 $0.9v_T$에 이르는데 시간이 얼마나 걸리는가? **답**: (b) 2.3 m/b.

❐ 연습 3.9

한 물체가 중력의 영향과 속력의 제곱에 비례하며 속력을 줄이는 힘을 받으며 떨어진다. 그 물체의 종단속도를 구하여라. **답**: $v_T = \sqrt{gm/b}$.

### 위치의 함수로서 힘

이 과정에서 보는 가장 중요한 힘은 위치에 의존되는 힘이다. 이들 힘은 에너지 보존을 이용해 가장 쉽게 취급되는데 이러한 것을 나중에 하게 될 것이다. 그러나 완전하게 하기 위해 나는 어떻게 운동방정식을 손쉽게 직접 적분하여 운동을 구할 수 있는지 보여 주겠다.

$F = F(x)$이면 제2법칙은

$$m\frac{d^2x}{dt^2} = F(x)$$

이다. 이 미분방정식은 먼저 변수를 분리하면 풀기 어렵지 않다. 연쇄 법칙을 이용해 다음 식을 쓸 수 있다:

$$\frac{d^2x}{dt^2} = \frac{dv}{dt} = \frac{dv}{dx}\frac{dx}{dt} = \frac{dv}{dx}v. \qquad (3.5)$$

그러므로

$$v\frac{dv}{dx} = \frac{1}{m}F(x)$$

또는

$$v dv = \frac{1}{m} F(x) dx.$$

변수를 분리하고 적분해서

$$\tfrac{1}{2} v^2 \Big|_{v_0}^{v} = \frac{1}{m} \int_{x_0}^{x} F(x) dx \tag{3.6}$$

을 얻을 수 있다. 우변의 적분을 수행하기 위해서 $F(x)$의 명시적인 식이 필요하다. 계산을 조금하면 위치의 함수로서 속도의 식이 된다.

$$v = v(x). \tag{3.7}$$

그러나 우리가 실제로 바라는 것은 시간의 함수로서 위치의 식, 즉 $x = x(t)$이다. 식 (3.7)에 $v$의 자리에 $\dfrac{dx}{dt}$를 쓰고 정돈하면 $x$와 $t$를 포함한 미분방정식이 된다. 즉,

$$\frac{dx}{v(x)} = dt.$$

그러므로

$$\int_{x_0}^{x} \frac{dx}{v(x)} = \int_0^t dt$$

즉

$$t = \int_{x_0}^{x} \frac{dx}{v(x)}.$$

이 적분을 할 수 있다면 $t = t(x)$ 형태의 식을 얻는다. 마지막으로 이것은 $x = x(t)$를 얻기 위해 역함수화해야 한다. 이것은 상당한 양의 계산이 포함될 수 있는 수학적인 절차이다.

**단 조화 운동** 주기적으로 앞뒤로 진동하는 입자는 **단 조화 운동**(SHM)을 한다. 특별히 중요한 형태인 이 운동은 위치의 함수인 힘에 의해 발생된다. 보다 엄밀히 말하면 SHM을 주는 힘은 항상 하나의 고정점을 향하고 그 물체로부터 그 고정점까지의 거리에 비례한다.

**예제 3.4**

단조화 운동의 기본적인 예는 그림 3.4처럼 힘의 상수 $k$를 갖는 용수철에 매달려 마찰이 없는 수평면위에서 미끄러지는 질량이 $m$인 블록의 운동이다. 운동방정식을 구하고 풀어라. 시간의 함수로서 위치의 식을 해석하라.

**풀이**: 용수철이 가한 힘은 $F = -kx$이다. 여기에서 $x$는 용수철이 늘어난 길이이다. 이것은 블록이 평형 점으로부터의 변위와 같다. 운동방정식은

$$m\ddot{x} = -kx \tag{3.8}$$

이다. 식 (3.5)로부터 (3.6)까지 단계를 거쳐 다음 식을 얻는다:

$$v^2 = v_0^2 + \frac{2}{m}\int_{x_0}^{x}(-kx)dx$$

$$\therefore \quad v^2 = v_0^2 - \frac{k}{m}(x^2 - x_0^2)$$

즉

$$v = \sqrt{v_0^2 - \frac{k}{m}(x^2 - x_0^2)}\,.$$

$v_0^2 + \dfrac{k}{m}x_0^2$는 초기 조건에 의존하는 상수임을 유의하라. 이 상수를 $C$로 표기하면

$$v = \frac{dx}{dt} = \sqrt{C - \frac{k}{m}x^2}$$

으로 쓸 수 있다. 다시 변수를 분리하고 적분해서 운동을 구한다.

$$\int_{x_0}^{x}\frac{dx}{\sqrt{C - \frac{k}{m}x^2}} = \int_0^t dt$$

즉

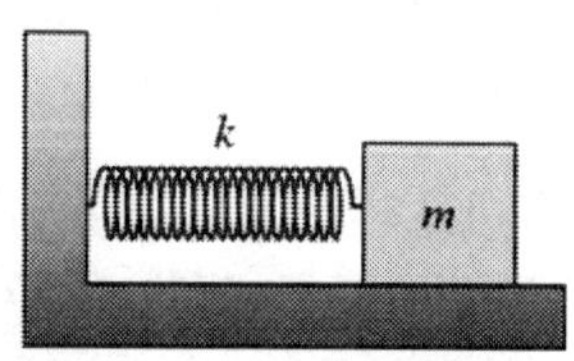


그림 3.4 ▌ 마찰이 없는 표면위에 상수 $k$의 질량이 없는 용수철에 연결된 질량 $m$.

$$\int_{x_0}^{x} \frac{dx}{\sqrt{mC/k - x^2}} = \sqrt{\frac{k}{m}} \int_0^t dt.$$

좌변의 적분은 어떠한 적분 표에서도 발견할 수 있다. 그것은

$$\sin^{-1} \frac{x}{\sqrt{mC/k}} \Bigg|_{x_0}^{x} = \sqrt{\frac{k}{m}} t \Bigg|_0^t$$

이 되므로

$$\sin^{-1} \frac{x}{\sqrt{mC/k}} - \sin^{-1} \frac{x_0}{\sqrt{mc/k}} = \sqrt{\frac{k}{m}} t.$$

좌변의 둘째 항은 상수일 뿐이고 그것을 $\beta$라고 부르자. 그러면

$$\sin^{-1} \frac{x}{\sqrt{mC/k}} = \sqrt{\frac{k}{m}} t + \beta$$

즉

$$x = \sqrt{\frac{mC}{k}} \sin\left(\sqrt{\frac{k}{m}} t + \beta\right).$$

이것은 보통 쉽게 기억되는 형태로 쓴다:

$$x = A \sin(\omega t + \beta).$$

상수

$$A = \sqrt{\frac{mC}{k}} = \sqrt{\frac{mv_0^2 + kx_0^2}{k}}$$

은 진폭이다.

$$\omega = \sqrt{k/m}$$

은 진동의 (각)주파수이다. 상수 $\beta$는 "위상 상수"라고 부르고 시간 $t = 0$에 진동자의 위치에 관계된다. $\beta$에 $\pi/2$를 더해주어서 $x(t)$를 sine 함수보다 cosine 함수로 표현할 수 있다.

❒ 연습 3.10

운동방정식에 직접 대입하여 식 (3.9)를 입증하라.

## 3.7 수치 방법적 운동 해법(옵션)

### 3.7.1 닫힌 형태의 해

보통 물체에 가하는 힘을 결정하고 운동방정식을 쓰기는 꽤 쉽다. 그러나 운동방정식을 *닫힌 형태*로 *풀기*가 항상 가능하지는 않다. 즉 간단한 함수들로 이루어진 시간의 함수로 표현되는 위치의 *해석적 해*를 얻기가 항상 가능하지는 않다. 예를 들면 $x = 3t^2$과 $x = 4\cos(5t)$는 해석적 해이다. 그러나 해석적인 식을 포함하지 않는 운동묘사의 방법이 있다. 예를 들면 실험실에서 입자의 위치를 측정하고 시간마다 그 위치를 주는 *표*를 그린다. 이것은 수들의 집합으로 각 시간마다 물체의 위치를 정할 수 있게 하지만 닫힌 형태의 해를 주지는 못한다. 마찬가지로 $t$에 대한 $x$의 그래프는 시간의 함수로서 위치의 가시적 표시이지만 그것은 다시 *닫힌 형태*에 있지 않다. 닫힌 형태(또는 해석적 해)는 기본적인 수학적인 함수들에 의해 주어지는 $x$와 $t$ 사이의 관계이다. 이 기본적인 함수들에는 멱(powers), 루트(roots), 로그(logarithms), 지수(exponentials)와 삼각함수가 있다.

한 계의 운동방정식과 초기 조건이 주어지면 어떠한 시간에 대해서도 물체의 위치와 속도의 "수치 해(numerical solution)"를 주는 컴퓨터 프로그램을 항상 짤 수 있다. 크고 빠른 컴퓨터가 출현하여 물리학에서 수치 해는 매우 흔하게 되었다. 사실은 수치 방법[16]을 응용하여 물리문제를 풀기 위해 컴퓨터를 이용하는 것을 배우는 "전산 물리학(computational physics)"이라고 불리는 물리학의 하나의 분과가 있다. 많은 중요한 문제는 해석적으로 풀 수 없다; 최근에는 더욱 더 많은 연구는 컴퓨터를 이용해서 수치 해를 얻는데 정교하고 매우 복잡한 기술을 발전시키고자 한다.

독자는 왜 문제를 풀기 위해 단지 컴퓨터 프로그램을 쓰는 대신에 해석적인 해를 얻는 기술을 공부하도록 애쓰는지 의문을 가질 수 있다. 많은 이유가 있다. 한 가지는 물리문제를 푸는 수치적 기술은 때때로 유사한(보통 보다 단순한) 문제의 해석적인 해에 기초를 두고 있다는 것이다. 더욱이 수치적 기술은 알려진 해석적인 해를 재생할 수 있는지를 확인해서 거의 항상 입증된다. 운동방정식을 푸는데 해석적 기술을 아는 것은 수치 해를 얻고 해석하는데 지극히 유용하다. 수치 해는 많은 장점을 가지고 있다고 말할 수 있을 것이다. 수치 해는 그 이름이 말해주 듯이 수일

16) 우수한 전산물리학 교과서중 하나는 Alejandro L. Garcia의 *Numerical Methods for Physics*, Prentice Hall, Englewood Cliffs, 1994.

뿐이고 식이 아니다. 수치 해는 문제에 손쉽게 특정한 답을 주고 매우 드물게 일반적인 식을 준다. 복잡한 문제의 수치 해를 얻는데 1 주일 또는 그 이상의 컴퓨터 시간이 요구되는 것은 드문 일이 아니다.

이 책에서 나는 닫힌 형태의 해를 갖는 문제에 대해 해석적 해 구하기를 강조한다. 독자는 여기에서 전개한 기법이 다른 물리학 과정과 자신의 전문적 직업에서 자주 이용된다는 것을 알게될 것이다. 독자가 전산 물리학자로서 일하게 된다면 이 과정에서 배우고 있는 내용을 자주 응용할 것이다.

많은 다른 유형의 힘에 대해, 특히 시간, 속도 또는 위치의 함수가 되는 힘에 대해 원리상 운동방정식을 해석적으로 풀 수 있다는 것을 보았다. 앞에서 묘사된 모든 절차는 기본적으로 운동방정식을 두 번 적분하는 것으로 요약되어 다음 형태의 식이 된다:

$$\begin{aligned} v &= v(t, v_0, x_0) \\ x &= x(t, v_0, x_0). \end{aligned}$$

이 식들은 위치와 속도를 시간과 초기 조건들 $v_0$와 $x_0$의 함수로 준다. 운이 좋으면 이 식들은 닫힌 형태, 즉 로그, 지수함수, 삼각함수 등등으로 표현된다. (독자는 이러한 "기본적인 함수들"에 익숙할 것이지만 감마함수나 타원함수를 포함하는 식에 직면하면 불편하다고 느낄 수 있을 것이다.)

$v(t)$와 $x(t)$가 닫힌 형태로 주어지면 운동에 대해 많은 정보를 갖고 있는 것이다. 먼저 그 식에 간단히 시간을 대입하여 임의의 시간에 속도와 위치를 구할 수 있다. 더욱이 단순히 그 식을 *보고* 운동의 성격을 잘 파악할 수 있다. 예를 들면 해가 $x = A\cos\omega t$라고 한다면 바로 운동이 진폭은 $A$이고 각주파수는 $\omega$인 진동이라는 것을 안다. 일반적으로 그 계에 대해 더 많은 정보를 얻기 위해 해를 잘 처리하는 것은 쉽다. 예를 들면 $v^2$을 얻으려고 속도의 식을 제곱하면 운동에너지에 대한 식을 시간의 함수로 얻는다. 운동이 2차원적이고 해 $x(t)$와 $v(t)$를 얻는다면 그들을 쉽게 결합하여 물체의 경로(혹은 궤도)에 대한 식을 얻을 수 있다.

운동방정식의 닫힌 형태의 해석적인 해는 계에 대해 모든 근본적인 물리적 정보를 포함한다. (이러한 점에서 그것은 계의 모든 정보를 줄 수 있는 양자역학적 파동함수와 유사하다.) 그러나 때때로 그러한 해를 구할 수 없을 수 있다. 아마도 수학적 지식이 부족해서 운동방정식을 풀 수 없거나 또는 아마도 운동 방정식이 실제로 풀리지 않을 수 있다. 그러한 경우 우리는 다른 기법을 이용해야 한다. 즉 *수치 해*

를 얻어야 한다.

수치 해는 해석적 해만큼 유용하기가 드물기 때문에 컴퓨터 프로그램을 쓰기 시작하기 전에 해석적 해를 구할 수 없는지 확인해야 한다. 해석적 해를 찾는 것이 컴퓨터 프로그램을 쓰고 오류를 찾고 실행하는 것보다 보통 시간이 많이 덜 걸린다. 이러한 전반적인 관점에서의 주의와 더불어 운동방정식의 수치 해를 얻는데 기본적인 기법을 묘사하겠다.[17)]

미분방정식의 수치 해는 기본적으로 *미분방정식*을 *계차방정식*으로 대치하는 것이다. 예를 들어 다음 식을 풀고자 한다:

$$\frac{dx}{dy} = f(x, y).$$

무한소인 $dx$와 $dy$가 포함된 이 식을

$$\frac{\Delta x}{\Delta y} = f(x, y)$$

으로 대치한다. 여기에서 $\Delta x$와 $\Delta y$는 작은 양이지만 무한소는 아니다. 해를 얻기 위해 미분을 정의를 쓴다:

$$\frac{dx}{dy} = \lim_{\Delta y \to 0} \frac{x(y + \Delta y) - x(y)}{\Delta y}.$$

식 $\dfrac{dx}{dy} = f(x, y)$를 근사식

$$\frac{x(y + \Delta y) - x(y)}{\Delta y} \simeq f(x, y)$$

으로 대치하고 정리하여

$$x(y + \Delta y) \simeq x(y) + f(x, y)\Delta y$$

17) 물리학자들은 어렵거나 해석적으로 풀 수 없는 미분방정식을 풀기 위해 수치적 기법을 자주 이용한다. 유체의 흐름을 분석할 때 특히 그렇다. 유체 동력학은 물론 뉴턴 역학의 한 분야이고 유체의 흐름은 뉴턴의 법칙으로 다룬다. 그러나 그것과 관련된 힘은 매우 복잡하다. 어떤 것은 속도에 의존되는 양으로 유체의 다른 부분으로부터 받는 압력에 의존된다. 다른 힘은 점성 끌림과 중력이 있다. 유체에 대해 뉴턴의 2법칙을 사용할 때 그 법칙은 여러 항을 가질 수 있다. 때때로 이 방정식을 풀고 따라서 유체의 운동을 결정하는 유일한 실재의 방법은 수치적 기법과 빠른 속도의 컴퓨터를 사용하는 것이다. (제2법칙은 유체 흐름에 응용할 때 Navier-Stokes 방정식이라고 부른다.)

을 얻는다. $x$와 $y$를 알고 $f(x,y)$를 계산할 수 있다면 위 관계식을 이용해서 $y$의 조금 큰 값 즉 $y+\Delta y$에 대한 $x$를 구할 수 있다. 그러나 이 근사식은 $\Delta y$가 작으면 작을수록 더 좋아진다.

이 기법을 운동방정식에 적용하자. 초기값 $x_0$ 및 $v_0$과 가속도에 대한 분명한 식 $a=a(x, v, t)$ 주어질 때 $x(t)$를 수치적으로 풀고자 한다. 절차는 연산의 다음 순서로 실행하는 것이다:

1. $\Delta t$을 작은 시간 계단으로 선택하라.
2. $v=v_0$, $x=x_0$와 $t=t_0$로 놓아라.
3. $a=a(x, v, t)$를 구한다.
4. 식 $t=t+\Delta t$로 다음 시간을 얻는다.
5. 식 $v=v+a\cdot\Delta t$로 새로운 속도를 얻는다.
6. 식 $x=x+v\cdot\Delta t$로 새로운 위치를 얻는다.
7. 3 단계로 간다.

이 절차를 반복한다. 각 단계에서 $x$, $v$ 및 $t$의 새로운 값을 얻는다.

오일러 방법이라고 부르는 간단하지만 중요한 수치적 기법을 생각하자. 이것은

$$\frac{d^2x}{dt^2}=f(x,v,t)$$

형태의 방정식의 수치 해를 얻기 위한 기법이다. 우변의 함수가 힘 나누기 질량이라면 이것은 뉴턴의 제2법칙이다.

위의 2차 미분방정식을 두 1차 미분방정식으로 쓰자.

$$\frac{dx}{dt}=v(x,t),$$
$$\frac{dv}{dt}=f(x,v,t).$$

다음과 같이 푼다: $x_1$과 $v_1$을 $x$와 $v$의 초기값이라고 하자. 초기 시간을 $t_1$이라고 하고 $\tau$을 작은 시간 간격이라고 하자. 그러면

$$x_2=x_1+v_1\tau,$$
$$v_2=v_1+f(x_1,v_1,t_1)\tau.$$

다음 단계는 $x_1$을 $x_2$로, $v_1$를 $v_2$로 그리고 $t_1$을 $t_2=t_1+\tau$으로 대치한다. 그 다음

$$x_3 = x_2 + v_2\tau,$$
$$v_3 = v_2 + f(x_2, v_2, t_2)\tau$$

의 값을 구한다. 일반적으로 그 기법에서는 $x_n$은 $x_{n+1}$로 그리고 $v_n$은 $v_{n+1}$으로 바꾸면서 원하는 만큼 여러 번 반복하는 것이다. 이것이 오일러 방법의 본질이다.

몇 해 전 Alan Cromer[18]은 위에서 표현된 오일러의 방법이 불안정하다는 것을 알았다. 즉 해답은 정확한 해로부터 점점 더 발산한다. 그러나 Cromer는 간단하지만 결정적인 변화 즉 먼저 $v$를 계산하고 $v$의 새로운 값을 이용하여 $x$를 결정함으로써 방정식들이 안정화될 수 있다는 것을 발견했다. 소위 "Euler–Cromer"알고리듬은

$$v_2 = v_1 + f(x_1, v_1, t_1) \cdot \tau$$
$$x_2 = x_1 + v_2\tau$$

이다. 이 간단한 구성은 앞선 시간에 가속도 $f(x,v,t)$를 알면 임의의 미래의 시간에 한 입자의 위치와 속도를 수치적으로 구할 수 있도록 한다.

수치 적분을 실행할 때 해가 안정적인지 판단하기 위해 자주 검사해야 한다. 예로 에너지나 각운동량이 보존되는지 확인하려고 각 시간 단계마다 검사한다.

## 3.8 요약

많은 중요한 개념을 이 장에서 보였다. 기본적으로 뉴턴의 세 가지 법칙과 (힘을 알 때) 역학계의 운동을 어떻게 구하는지를 배웠다.

뉴턴의 세 가지 법칙은

1. 관성의 법칙. (물체는 자신의 운동 상태를 보존하려고 한다.)
2. 제2법칙 $F = \frac{dp}{dt}$는 흔히 $F = ma$로 쓸 수 있다. 그것은 물체에 작용하는 *알짜* 힘과 물체의 가속도의 관계를 준다.
3. 작용은 반작용과 같다. (항상 두 물체는 같고 방향이 반대인 힘을 서로 작용한다.)

18) Alan Cromer, "Stable solutions using the Euler approximation," *Am. J. of Phys.*, 49, 455, 1981. 이 논문에서 Cromer는 왜 한 알고리듬이 안정적이고 다른 것은 불안정한지를 설명한다.

뉴턴의 제2법칙은

$$a = \frac{F}{m}$$

로 표현될 수 있다. 이 식을 적분하여 속도 $v$와 위치 $x$를 시간의 함수로서 정할 수 있으므로 그러한 관계를 "운동방정식"이라고 부른다. $x = x(t)$의 식을 얻는 것을 "운동의 결정"이라고 부른다.

운동을 구하기 위해서는 운동방정식을 두 번 적분할 필요가 있다. 따라서

$$v(t) = \int_0^t a dt,$$
$$x(t) = \int_0^t v(t) dt.$$

4가지 다른 힘에 대해 운동을 구하기 위한 기법을 보였다. 이 힘들은 (1) 일정한 힘, (2) 시간의 함수, (3) 속도의 함수와 (4) 위치의 함수이다. 각각의 경우 적절한 절차를 이해하고 있는지 확인하라.

마지막으로 컴퓨터에 수치적 기법을 이용하여 운동을 구하는 방법을 알았다. "Euler-Cromer" 알고리듬은 $x = x(t)$를 얻는 간단하고 유용한 방법이다.

## 3.9 문제

**[문제 3.1]** 암모니아 분자에 있는 질소 원자는 단 조화운동으로 진동한다고 가정할 수 있다. 따라서 임의의 시간 $t$에 질소의 위치는 $z = \cos\omega t$이다. 여기에서 $A$와 $\omega$는 상수이다. 질소의 속도와 가속도의 식을 시간의 함수로 구하라.

**[문제 3.2]** 자동차가 정지 상태로부터 시작해서 일정한 가속도로 1 km의 거리를 20초 동안에 통과한다. 공기저항은 없다. 타이어와 도로 사이의 정지마찰 계수를 구하라.

**[문제 3.3]** 0.2 m/s로 움직이는 질량이 $2 \times 10^6$ kg인 배에 탄 항해자가 선창에 서서 밧줄올가미를 기둥에 거는 사람에게 무거운 밧줄을 던진다. 그 밧줄이 팽팽해진 후에 배는 밧줄을 0.5 m를 잡아당겨 늘리면서 정지상태가 된다. 밧줄에 걸리는 평균 잡아당기는 힘을 구하라.

**[문제 3.4]** 질량 $m$인 입자가 $v = A\cos\alpha x$의 속도를 갖는 것으로 관측된다. 여기서 $A$와 $\alpha$는 상수이다. 힘 $F = F(x)$의 식을 구하라. **답:** $F(x) = -(m\alpha A^2/2)\sin 2\alpha x$.

**[문제 3.5]** (a) 질량 $M_1$과 $M_2$인 두 별이 중력 $F = -GM_1M_2/r^2$로 잡아당긴다. 그들의 가속도의 비율을 구하라. (b) 두 별이 그들이 이루는 계의 질량중심에 대해 원운동하고 있다고 가정하라. $M_1$, $M_2$ 및 $r$로 원들의 반지름을 각각 구하여라. (실재로 별들은 타원운동을 하는데 두 별의 질량중심에 두 타원의 공통의 초점이 놓인다.)

**[문제 3.6]** 관성 기준틀을 찾고 있다. 다음 기준틀의 가속도를 구하라. (a) 위도 37도에 있는 지구의 표면에 고정되어 있는 기준틀, (b) 한 좌표축이 항상 태양을 향해 있고 지구의 중심에 원점을 둔 기준틀, (c) 한 좌표축이 항상 은하의 중심을 향해 있고 태양의 중심에 원점을 둔 기준틀. (태양은 우리은하의 중심으로부터 가장자리까지 거리의 약 3/5에 있다. 태양은 은하를 궤도 운동하는데 2억년 정도 걸린다. 은하수의 직경은 약 $10^5$광년이다.)

**[문제 3.7]** 애트우드 도르래는 매끄러운 도르래를 지나가는 가벼운 줄로 묶인 두 질량 $m_1$과 $m_2$로 이루어져있다. 그 도르래의 질량이 없다고 가정한다. (따라서 관성모멘트도 없다.) (a) 질량의 가속도에 대한 식과 장력을 구하라. (b) 도르래가 매끄럽지 않고 관성모멘트 $I$와 반경 $R$를 갖는다면 가속도의 식을 구하라.
**답:** (b) $g(m_1 - m_2)/(m_1 + m_2 - I/R^2)$.

**[문제 3.8]** 보통 뉴턴의 3가지 법칙을 물리적 우주의 성질에 관한 주장으로 이해한다. 그러나 어떤 사람은 단지 제3법칙이 자연의 법칙이고 첫 두 법칙은 정의라고 간주하기를 좋아한다. 독자가 이러한 관점에 동의한다고 가정하자. 왜 뉴턴의 법칙들을 이러한 방식으로 해석하는지 설명하는 짧은 글(하나 또는 두 절)을 쓰라.

**[문제 3.9]** 두 질량 사이의 중력이 $F = -GM_1M_2/r^2$이고 두 반대 부호의 두 전하 사이의 정전기력은 $F = -kQ_1Q_2/r^2$이다. (a) 질량을 가진 물체는 모두 지구에 끌려 질량에 무관하게 같은 가속도를 갖는다는 것을 보여라. (b) 두 전하를 띤 물체가 전하 대 질량의 비율이 다르면 점전하 $Q$에 끌려 같은 가속도를 갖지 않는다는 것을 보여라.

**[문제 3.10]** 당신의 친구가 우주가 증가하는 비율로 팽창하고 있다는 것을 듣고 보통의 중력과 마찬가지로 임의의 두 질량 사이에 만유 척력이 있다는 학설을 세웠다. 그 친구에 의하면 이 가정의 척력은 $R$의 제곱에 반비례하기보다 $R$에 반비례하며 감소하며

$$F = G' \frac{M_1 M_2}{R}$$

으로 주어진다. 여기에서 $G' = 6.67 \times 10^{-31}\ \mathrm{Nm/kg^2}$이다. 두 물체 사이에 척력이 우세하게 될 때 두 물체의 거리를 구하라. 이것이 우주의 팽창을 설명할 수 있는가? 은하수의 크기인 은하가 그러한 힘의 영향아래서 안정적인가? (은하수의 직경은 약 100,000광년이다.) **답:** $R = 10^{20}$ 미터

**[문제 3.11]** 지구 주위의 원 궤도에 있는 어떤 위성의 주기는 $T$이다. 중력이 정확히 거리의 제곱에 반비례하지 않지만 $1/r^{\alpha}$에 따라 거리에 의존한다. 여기서 $\alpha = 2 + \epsilon$인데 $\epsilon$은 매우 작은 수이다. $\epsilon$ 값이 $10^{-4}$이라면 이것이 위성의 주기에 어떤 영향을 주는가? 이것은 잴 수 있는 양인가? (SI 단위로 만유인력 상수는 이것과 단위는 다르지만 같은 수치 값을 갖는다. 완전한 구인 지구의 중심으로부터 위성까지의 거리를 7000 km라고 하자.)

**[문제 3.12]** 중력 질량과 관성 질량이 다르지만 서로 비례한다고 가정하자. 그렇다면 무거운 물체와 가벼운 물체가 같은 비율로 떨어지는가? 분명한 예로 관성 질량이 중력 질량의 두 배라고 가정하자. 지구의 표면 근처에서 자유 낙하하는 물체의 가속도를 구하라.

**[문제 3.13]** 다음의 3 계를 생각하자: (1) 책이 지구 표면에 정지해 있는 탁자에 놓여있다. (2) 로켓이 지구의 표면 근처에서 이륙하고 있다. (3) 짐수레에 묶인 당나귀가 길을 따라 빠른 걸음으로 달리고 있다. (a) 이 세 가지 경우에 작용-반작용 쌍을 확인하라. (b) 로켓이 가속하게 하는 힘은 무엇인가? (c) 당나귀에 작용해서 움직이게 하는 힘은 무엇인가?

**[문제 3.14]** 아리스토텔레스파의 학자들은 방을 가로질러 상자를 민다면 상자는 일정한 속력으로 움직이고 상자를 더 세게 밀면 속력은 더 크지만 미는 것을 중단하

자마자 상자는 정지한다는 것을 주목했다. 이것은 운동방정식은 $F = mv$이어야 한다고 제안한다. 더욱이 아리스토텔레스파의 학자들은 무거운 물체들은 가벼운 물체들보다 땅에 더 빨리 떨어진다고 주장했다. (그래서, 가벼운 물체보다 4배 더 무거운 물체는 지면에 떨어지는 시간은 1/4이다.) (a) 이러한 가정들이 지구는 질량에 관계없이 모든 물체에 같은 중력을 작용한다는 어리석은 결론을 준다는 것을 보여라. (b) 지구는 모든 물체에 그들의 질량에 관계없이 같은 중력의 인력을 작용하지 않는다는 것을 보이기 위해서 간단한 실험을 묘사하라.

**[문제 3.15]** (a) 질량 $M$과 $2M$의 두 수레가 그림 3.5와 같이 양 끝에 용수철을 달고 있다. 수레 1의 질량은 $M$이고 수레 2의 질량은 $2M$이다. 수레들은 양 끝에 벽이 있는 마찰이 없는 길이 $L$의 단절된 궤도상에 있다. 두 수레는 궤도의 중심에서 접촉하며 용수철이 서로 눌리도록 한 다음 두 수레를 그 눌린 정지 상태로부터 풀어준다. 수레 1은 좌측으로 움직이고 $x = 0$에 있는 벽과 충돌하고 튕겨나 되돌아간다. 수레 2는 우측으로 움직이고 $x = L$의 벽과 충돌하여 튕겨서 돌아간다. 모든 충돌은 완전탄성이다. 어디에서 두 수레가 만나는가? 수레들의 크기는 궤도의 길이보다 아주 작아서 수레들을 입자들로 간주할 수 있다. (b) 만약 수레 2의 질량이 수레 1의 질량의 4배라면 수레들은 어디에서 만나는가? **답**: $x = (5/6)L$

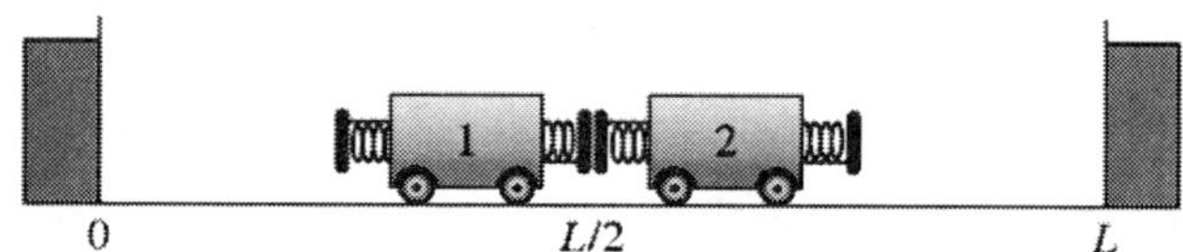


그림 3.5 ▌ 마찰이 없는 궤도에 용수철이 부착된 두 수레. 중심점에서 두 수레가 서로 눌려있다면 어디에서 다시 만나겠는가? 수레 2의 질량은 수레 1의 질량의 2배이다. (문제 3.15를 보라.)

**[문제 3.16]** 초기에 원점에 정지해 있는 질량 $m$의 입자의 속도가 거리에 따라 $v(x) = bx^{\beta}$로 변한다. 여기에서 $\beta \neq 1$이다. (a) 그 입자에 가해지는 힘 $F(x)$를 구하라. (b) $x(t)$를 구하라. (c) 시간의 함수로서 힘의 식을 구하라.

**답**: (a) $F = mb^2\beta x^{2\beta - 1}$

**[문제 3.17]** 어떤 물체가 $\kappa$ (kg/sec)의 비율로 질량이 줄어들고 있다. 그 물체는 일정한 힘 $F$를 받는다. (a) 물체의 가속도와 위치를 시간의 함수로서 구하라. 물체가 초기시간 $t = 0$에 질량은 $m_0$이고 속도는 영이며 위치는 $x = 0$이라고 가정한다.

(b) $\kappa \to 0$일 때 $x(t)$의 식은 $x=\frac{1}{2}\left(\frac{F}{m_0}\right)t^2$ , 즉, $x=\frac{1}{2}at^2$가 된다는 것을 보여라.

**답**: (a) $x(t)=\frac{Fm_0}{\kappa^2}\left[\frac{\kappa}{m_0}t+\left(1-\frac{\kappa}{m_0}t\right)\ln\left(1-\frac{\kappa}{m_0}t\right)\right]$.

**[문제 3.18]** 질량 2 kg의 물체가 4 m/s의 초기 속도로 위쪽으로 던져졌다. 그 물체는 지구의 일정한 중력이 작용하고 물체의 운동에 반대 방향으로 2 N의 신비로운 힘이 항상 작용한다. (이 힘은 힘이 일정하다는 것을 제외하면 공기 저항과 같은 힘이다.) 시간 $t=5$s에 물체의 위치를 구하라. (주의; 이 시간까지는 물체는 아래쪽으로 떨어지고 있으며 이 신비로운 힘은 위쪽으로 작용한다!)

**[문제 3.19]** 건축업자가 대들보에 220 kg의 질량을 매달기 위해 길이 1.5 m이고 선밀도가 7 kg/m인 쇠사슬을 이용할 계획이다. 쇠사슬의 양 끝과 중간에 걸리는 힘을 각각 구하라. 그 쇠사슬의 임의의 위치에 있는 고리에 작용하는 힘에 대한 식을 구하라. 하나의 고리에 의해 지탱할 수 있는 최대의 장력이 2200 N이라면 어디에서 쇠사슬이 잘라질 것인가?

**[문제 3.20]** 승강기에 목욕탕 저울이 있다. 180 lbs의 무게를 가진 사람이 그 저울에 올라가서 승강기가 상승할 때 가속되고 있는 동안에는 눈금이 200 lbs이고 천천히 감속하며 정지될 때는 140 lbs로 관측된다. 승강기의 가속도와 감속도(deceleration)는 얼마인가? (g = 32.2 ft/$s^2$)

**[문제 3.21]** 초기에 400 m/s로 날아가는 총알이 2 cm 두께의 나무판을 관통한 후 속력 $v_f$로 나아갔다. 같은 나무의 두꺼운 판에 발사할 때는 총알이 10 cm를 뚫고 들어갔다. $v_f$를 구하라.

**[문제 3.22]** 물리학 학생이 그녀의 실험물리 수업의 장비를 고안했다. 그 장비는 그림 3.6과 같이 질량 $M=2$ kg인 수레위에 장치된 상수 $k$의 압축 용수철이 부착된 질량 $m=0.25$ kg의 블록으로 이루어져 있다. 그 수레는 도르래 위로 지나가는 줄에 묶여 10 kg의 매달린 추에 의해 당겨진다. 그 학생은 photogate 타이머를 사용해서 질량 $m$의 블록이 용수철의 균형점으로부터 15 cm에 있을 때 블록의 가속도를 측정했다. 그녀는 이 가속도가 실험실계에 대해 $-2$ m/$s^2$임을 알았다. 용수철 상수 $k$는 얼마인가? (이 계에서 마찰이 없고 용수철의 질량은 없다고 가정한다.)

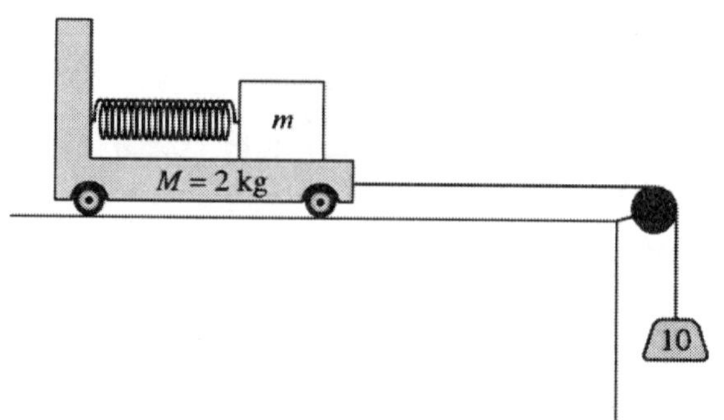


그림 3.6 ▎ 가속되는 수레위의 블록

**[문제 3.23]** 요하네스 케플러는 행성의 주기의 제곱은 궤도의 장반경의 세제곱에 비례한다고 단정했다. 행성이 모두 장반경이 반경이 되는 원 궤도를 따라 운동한다고 가정하자. 이 사실을 이용해서 중력은 제곱에 반비례하는 법칙임을 추론하라. (주의: 뉴턴의 만유인력의 법칙을 **사용**할 수 없다!) 또한 행성의 속도가 태양으로부터 거리의 제곱근에 역비례하며 줄어든다는 것을 보여라. ($v \propto 1/\sqrt{r}$)

**[문제 3.24]** 단일 가 전하의(singly charged) Li 이온($Li^+$)이 10 cm 떨어진 두 전기판 사이에 가한 전기장 $E = 10\hat{i}$ V/m에 의해 가속된다. 이온이 음 전기판의 작은 구멍을 통과한 후 $B = 5\hat{j}$ mT의 자기장이 있는 영역으로 들어간다. 그 다음 이온은 원의 경로로 운동한다. 이 원의 반경은 얼마인가? **답**: 7.6 cm.

**[문제 3.25]** 질량 0.1 kg인 입자가

$$F = A + B\left(\frac{t-C}{2}\right)^2$$

의 힘을 받는다. 여기서 $A = 1\,\text{N}$, $B = -1\,\text{N/s}^2$, $C = 2\,\text{s}$이다. 입자가 초기에 원점에서 +6 m/s의 속도로 움직인다면 시간 $t = 4\,\text{s}$에 입자의 속력과 위치를 구하여라.

**[문제 3.26]** 초기에 정지하여 있던 질량 $m$의 입자가 힘 $F(t) = Ae^{-\alpha t}\cos(\beta t)$를 받는다. $v(t)$와 $x(t)$를 구하여라.

**[문제 3.27]** 초기속도가 $v_0$인 물체가 $F = -Ae^{bv}$의 힘에 의해 감속된다. 여기서 $A$와 $b$는 상수이다. 속도의 식을 시간의 함수로서 표현하라.

**[문제 3.28]** 비행기가 활주로를 따라 가속된다. 제트엔진은 비행기에 일정한 힘을 가하고 공기저항은 속도의 제곱에 비례한다고 가정하자. 시간의 함수로서 속도를 표현하라. 종단 속도는 얼마인가?

**[문제 3.29]** 질량 $m$의 입자가 중력 $(-mg)$와 속력을 늦추는 힘 $bv^2$을 받는다. 초기 높이 $x_0$로부터 떨어진다. 속도와 위치를 시간의 함수로서 표현하라.

**[문제 3.30]** 낙하하는 물체가 (아래로 향하는) 중력과 속력을 늦추는 (위로 향하는) 공기 저항력을 받는다. 속력을 늦추는 힘이 $Dv^2$라고 가정하자. 여기서 $D$는 상수이다. 작은 시간의 한계($t << \sqrt{m/Dg}$)에서 속도와 위치는

$$v \simeq -gt \qquad\qquad x \simeq -\frac{1}{2}gt^2$$

이고 큰 시간의 한계($t >> \sqrt{m/Dg}$)에서

$$v \simeq -\sqrt{mg/D} \qquad\qquad x \simeq \frac{m}{D}\ln 2 - \sqrt{mg/D}t$$

임을 보여라.

힌트: 쌍곡선 함수를 전개하라.

**[문제 3.31]** 공을 초기 속도 $v_0$로 수직 위쪽으로 던진다. 공기저항이 운동의 반대방향으로 $Dv^2$의 힘을 발생시킨다. (a) 종단속도를 구하라. (이것은 공의 *떨어지는* 운동을 포함한다는 것을 유의하라.) (b) 공이 올라갈 수 있는 높이를 구하라. (c) 다시 공이 지면에 돌아올 때 공의 속력을 구하여라. (일반적으로 이것은 종단속도가 아니다).

**답**: (b) $h = (m/2D)\ln\dfrac{v_0^2 + v_T^2}{v_T^2}$.

**[문제 3.32]** 질량 800 kg의 경주용차가 200 km/h의 속도에 도달했을 때 갑자기 엔진이 꺼지고 제동 장치가 작동하지 않았다. 차를 늦출 수 있는 것은 공기저항뿐이었다(구름마찰은 무시할 수 있다고 가정하자). 끌림 힘은 속도의 제곱에 비례한다고 가정하자($F = -Dv^2$). 차가 500 m를 구동력 없이 타성으로 달린 후 속도가 5 km/h로 움직인다. 끌림 계수 $D$는 얼마인가?

**[문제 3.33]** 스카이다이버의 질량은 낙하산을 포함해서 100 kg이다. 낙하산이 열릴 때 속력을 늦추는 힘은 속도의 1승에 비례한다. 더욱이 속력이 3 m/s일 때 낙하산은 단위면적당 속력을 지연시키는 힘 90 N/s$^2$을 받는다고 실험적으로 알려져 있다. (a) 스카이다이버는 지면에 도달할 때 1.5 m/s의 안전속력을 초과하지 말아야 한다. 그러하기 위해서는 낙하산의 최소면적은 얼마인가? (b) 초기 속력이 영이라고 가정하면 스카이다이버가 종단속도의 90 %의 속력에 이르는데 시간은 얼마나 걸리는가?

**[문제 3.34]** 질량 $m$의 총알이 초기속도 $v_0$로 수직위로 발사된다. 공기의 저항력이 $mkv$라고 가정한다. 여기서 $m$은 질량, $v$는 속도이고 $k$는 상수이다. 총알이 그것의 경로의 정상에 도달하는데 걸리는 시간은 얼마인가?

**[문제 3.35]** 높은 건물의 지붕에 있는 물리학 학생이 반경이 10 cm이고 질량이 0.3 kg인 공을 떨어뜨렸다. 공기 밀도는 1.2 kg/m$^3$이다. (a) 종단속력은 얼마인가? (b) 공의 속력을 떨어진 거리의 함수로서 표현하라. (c) 지붕이 지면으로부터 100 미터 위에 있다면 지면에 도달할 때 공의 속력을 구하라.

**[문제 3.36]** 속력 1000 km/h로 6000 m의 고도에서 비행하는 비행기로부터 한 물체가 떨어진다. 물체가 지면에 도달할 때까지 물체가 여행한 수평거리를 구하라. 계산을 조금 간단히 하기 위하여 공기의 저항력이 속도의 1승에 비례하고 물체의 종단속도가 98 m/s라고 가정하라. (작은 항들을 무시할 근거를 보여라.)

**[문제 3.37]** 질량 $m$의 물체가 균일한 중력장내에서 어떤 초기 높이로부터 떨어진다. 공기 저항력이 속도의 1승에 비례한다($\propto bv$)고 가정하라. 물체가 시간 $t$동안 떨어진 거리 $y$는

$$y = \frac{mg}{b}\left(t + \frac{m}{b}\left(e^{-bt/m} - 1\right)\right)$$

임을 보여라.

**[문제 3.38]** 공기 저항력이 $F_{\text{air}} = Dv^2$이라고 가정하라. 여기에서 $v$는 속도이고 $D$는 상수 0.01 kg/m이다. 초기에 정지해 있던 질량 2 kg의 물체가 1000 m의 높이로부터 떨어진다. 그 물체가 20 s에 떨어지는 거리를 구하라.

**[문제 3.39]** 질량 10 kg의 물체가 높은 장소로부터 떨어진다. 공기저항이 속도의 제곱에 비례한다($= Dv^2$)고 가정하라. 여기에서 $D = 0.01\ \mathrm{Ns^2/m^2}$이다. (a) 종단속도($v_T$)를 셈하여라. (b) 물체가 $0.9v_T$에 이르는데 걸리는 시간을 구하라.

**[문제 3.40]** 긴 일직선 철사에 구속되어 있는 구슬이 원점 $x = 0$으로부터 그 점과 구슬사이의 거리에 비례하는 척력을 받는다. 그 구슬이 초기에 위치 $x_0$에 정지해 있다. 구슬의 운동을 구하라.

**[문제 3.41]** 질량 $m = 2$ kg의 입자가 $x_0$의 위치에 정지해 있다. 입자는 크기 $F = k/x$의 힘을 받는다. 여기에서 $k = 4$ Nm이다. 힘은 양의 $x-$축 방향이다. 점 $x = 2x_0$를 통과할 때 입자의 속력을 구하여라.

**[문제 3.42]** 마찰이 없는 수평면상의 질량 $m$의 블록이 직렬로 연결된 두 용수철에 연결되어 있다. 두 용수철의 힘의 상수는 $k_1$과 $k_2$이다. 블록의 진동 각주파수(angular frequency)를 구하여라. **답**: $\omega = \sqrt{1/m}\sqrt{(k_1k_2/(k_1+k_2)}$.

**[문제 3.43]** 초기에 정지해 있는 운석이 먼 거리($x_0$)로부터 하나의 별로 향해 떨어진다. 운석이 그 별에 닿는데 걸리는 시간을 묻고자 한다. 그 별은 어느 때나 원점에 정지해 있다고 가정한다. 별이 점이라고 가정하고 운석이 별의 위치 $x = 0$에 이르는 시간을 셈하여라. **답**: $\sqrt{x_0^3\pi^2/8GM}$.

**[문제 3.44]** 질량 $m$이 상수 $k$의 용수철에 묶여있다. 질량이 초기에 늘어나지 않은 위치에 있고 충격량 J를 받는다면 시간에 따른 운동을 구하여라. (충격량은 $\mathrm{J} = \int \mathrm{F}\,dt$로 정의된다.)

**[문제 3.45]** (a) *척력* $F = +kx$를 받고 질량이 $m$인 입자의 운동에 대한 일반식을 구하여라. 초기에 입자가 $x = x_0$에 있다고 가정하라. 해의 형태가 $x = Ae^{\beta t} + Be^{-\beta t}$임을 유의하라. (b) 이러한 힘에 대해 입자가 원점으로 움직여서 그곳에 머무는 해가 있을 수 있다는 것을 알고 놀랄 것이다. 이러한 경우는 초기속도는 얼마인가? **답**: (b) $v_0 = -\sqrt{\dfrac{k}{m}}\,x_0$.

**[문제 3.46]** 질량 $m$의 소행성이 초기에 지구로부터 아주 멀리에 있고 지구에 대해 영의 속도를 갖는다. 소행성은 중력 $F=-GmM/z^2$의 작용을 받아 낙하한다. 여기에서 $M$은 지구의 질량이다. 그 소행성의 속력을 지구중심으로부터 거리 $z$의 함수로서 표현하라.

**[문제 3.47]** 모험적인 과학자가 북극으로부터 남극까지 곧바로 지구를 통과해서 구멍을 뚫고 질량 $m$의 물체를 떨어뜨린다. 그 물체가 구멍으로부터 남극에서 나오는데 얼마나 오래 걸리는가? 그 구멍에는 공기가 없다고 가정하자. 힌트: 균일한 구의 내부에서 중력은 $F=-GM'm/r^2$인데 여기에서 $M'$은 반경 $r$인 구가 포함하는 질량이고 $r$는 구의 중심으로부터 물체 $m$까지의 거리이다. **답:** $\simeq 42$ min.

## 컴퓨터 과제

**[컴퓨터 과제 3.1]** 예제 3.3의 카누의 속도와 위치를 그리는 프로그램을 작성하라. 카누와 사람의 질량이 200 kg이라고 가정하자. 첫 번째 어림으로 $b=150$ kg/s를 이용하고 $b$의 여러 가지 값에 대해 그림을 작성하라. 초기 속도로 적당한 값을 이용하라.

**[컴퓨터 과제 3.2]** Euler-Cromer 방법은 안정하지만 Euler법은 불안정하다는 것을 입증하라. 한 입자가 힘 $F=-kx$ 영향아래 1차원 $(x)$에서 움직인다고 가정한다. 이것은 단조화 운동이다. Euler 방법과 Euler-Cromer 방법을 이용해 얻어지는 시간의 함수로서 총에너지를 비교하라. 또한 같은 그림위에 정확한(해석적인) 식으로부터 얻어지는 시간의 함수로서 총에너지를 나타내라. Euler 방법은 에너지를 보존시키지 않고 Euler-Cromer 방법으로 얻어진 총에너지는 일정한 값 근처를 진동하며 해석적인 식은 어떠한 시간에도 일정한 에너지 값을 준다는 것을 알 수 있다.

CHAPTER 4

# 라그랑지안 방법

역학계는 라그랑지안이라고 부르는 함수에 의해 완전히 묘사할 수 있다. 계에 대한 라그랑지안을 알면 운동방정식과 운동량 그리고 모든 관련된 다른 역학적 물리량을 알 수 있다는 것이다. 이 장에서는 독자는 라그랑지안을 어떻게 구하고 그것을 이용해 운동방정식을 어떻게 얻을 수 있는지를 배운다.

지금까지 뉴턴의 제2법칙을 이용해 운동방정식을 구했다. 라그랑지안 방법은 그 운동방정식을 구하기 위한 아주 유용한 또 다른 기법이다. 그러나 라그랑지안을 논의하기 전에 뉴턴의 제2법칙이 어떻게 운동방정식 표현을 이끌어내는지를 볼 필요가 있다.

## 4.1 운동방정식 검사

운동방정식은 가속도가 위치, 속도 및 시간의 함수로서의 방정식이다. 즉

$$a = a(x, v, t)$$

다른 표현으로

$$\ddot{x} = \ddot{x}(x, \dot{x}, t).$$

앞의 장에서 여러 가지 다른 힘의 법칙에 대해 운동방정식을 푸는 방법을 배웠다. 그러나 어떻게 운동방정식을 구할 수 있을까?

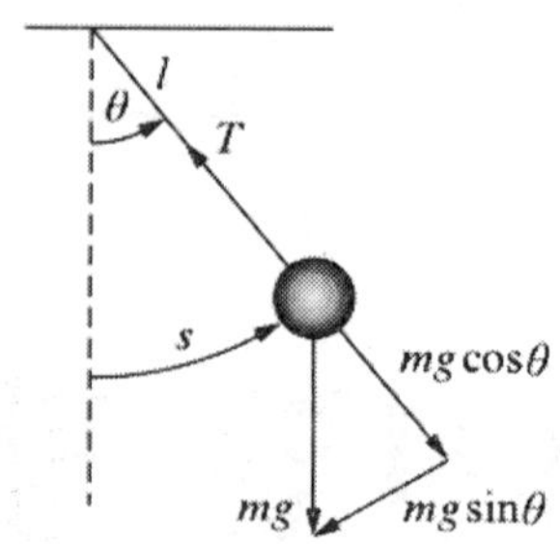


그림 4.1 ▌ 단진자에 작용하는 힘. 줄의 길이는 $l$이다.

하나의 계에 대한 운동방정식은 때때로 $F=ma$형의 뉴턴 제2법칙으로부터 구한다. 예를 들면 단진자의 운동방정식은 그림 4.1에서 묘사된 것처럼 추에 작용하는 힘을 그리고 그 힘들을 적절한 성분으로 분해하여 쉽게 얻을 수 있다. 그림에서 중력은 줄 방향의 성분($mg\cos\theta$)과 추의 원 궤도의 접선방향 성분($mg\sin\theta$)으로 분해된다는 것을 곧 볼 수 있다. 추의 위치는 운동의 가장 낮은 점을 기준점으로 하는 호(arc)의 길이로 표기할 수 있다. 따라서 $F=ma$는

$$-mg\sin\theta = m\ddot{s}$$

이 된다. 이 식은 두 변수 $s$와 $\theta$를 포함한다. 그러나 $s=l\theta$인데 여기에서 $l$은 줄의 길이이다. 따라서 운동방정식은 하나의 매개변수 $\theta$로 표현할 수 있다:

$$\ddot{\theta} = -\frac{g}{l}\sin\theta \tag{4.1}$$

진자와 같은 간단한 계에 대해 운동방정식을 세우는 것이 쉽다는 것을 상기시키기 위해 사소한 예를 들었다.

그러나 이제 그림 4.2와 같은 이중 진자에 대해 운동 방정식을 세우는 문제를 생각하자. 단순하게 하기 위하여 그 이중 진자가 종이면 위에서만 진동하도록 구속되어 있어서 두 추의 위치가 두 각 $\theta_1$과 $\theta_2$로 묘사될 수 있다고 가정하자. $m_2$의 운동이 $m_1$의 운동에 의존되어서 아래의 줄에 걸리는 장력은 $m_2 g\cos\theta_2$가아님을 알아야 한다. (낮은 진자의 지지 점은 가속되어 $m_2$는 관성계의 진자와 같이 움직이지 않기 때문이다.) 뉴턴의 2법칙을 적용하여 두 질량의 가속도를 구하는 것은 매우 어려울 것이다. 다른 접근이 필요하다.

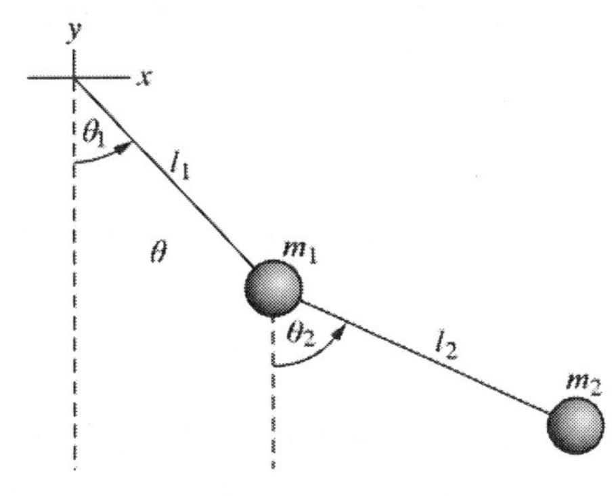


그림 4.2 ▌ 이중 평면 진자

라그랑지안 접근이라고 불리는 매우 강력하지만 상당히 단순한 기술을 묘사하고자 한다. 이 접근은 이중 진자와 같이 복잡한 문제들의 운동방정식을 얻을 수 있게 할 것이다. 그러나 먼저 라그랑지안에 관해 좀 더 이야기하자.

❏ 연습 4.1

이중 평면 진자의 각 질량에 대한 힘 도형(force diagram)을 그려라. 질량 $m_2$의 운동을 생각하자. $m_2 \ddot{s}_2 = -m_2 g \sin\theta_2$로 쓰는 것은 무엇이 잘못되었나?

## 4.2 라그랑지안

라그랑지안 동력학을 공부하여 독자는 역학의 틀과 물리적 우주가 움직이는 방식을 더 잘 이해할 수 있을 것이다. 라그랑지안 동력학은 역학을 다루는 과학의 핵심이 된다. 사실 4.6절에서 볼 수 있듯이 라그랑지안 접근을 이용해 뉴턴의 법칙을 유도할 수 있다.

대학원의 역학 과정에서는 라그랑지안 방법에 깊이 들어가게 될 것이다. 여기에서는 라그랑지안을 복잡한 계의 운동방정식을 쉽게 얻는 기법으로 사용할 뿐이다. 그럼에도 불구하고 이 장에서는 어떻게 라그랑지 방정식이 변분법을 사용해 얻어질 수 있는지를 보이며 라그랑지안 기법의 기본적인 유도가 설명된다. 라그랑지안 동력학은 해밀턴의 원리라고 부르는 물리적 세계의 자연에 관한 심오한 학설을 기초로 한다. 나중에 (8장에서) 어떻게 라그랑지안이 물리계의 대칭성과 물리의 보존법칙에 관련되는지를 볼 것이다.

라그랑지안 접근은 여기에서 묘사되듯이 힘이 모두 보존되는 계에 적용된다. 만일 마찰이 나타나면 뉴턴의 제2법칙으로 돌아가야 한다.[1)]

라그랑지안 동역학의 공부는 *라그랑지안*이라고 불리는 물리량의 정의부터 시작한다. 그것은 $L$로 표시되며 운동에너지($T$)와 위치에너지($V$)의 차이로 정의된다:

$$L = T - V. \tag{4.2}$$

응용의 예로 그림 4.1의 단진자에 대한 라그랑지안을 계산하자. 지지점이 좌표의 원점이라고 생각한다. 직각좌표계에서 위치에너지는 $V = mgy$이다. 운동에너지는 $T = \frac{1}{2}m(\dot{x}^2 + \dot{y}^2)$이다. 그러므로 단진자의 라그랑지안은

$$L = T - V = \frac{1}{2}m(\dot{x}^2 + \dot{y}^2) - mgy \tag{4.3}$$

이다. $L$에 대한 이 식에는 *두* 좌표 $x$와 $y$가 있다. 바로 알 수 있듯이 이것은 *두* 운동방정식을 준다. 보통 가능하면 적은 수의 운동방정식이 있는 것이 바람직하다. 그러므로 ($r, \theta$와 같은) 좌표계를 써서 운동방정식의 수를 최소화하는 것이 바람직하다. 물리학자들은 자주 한 좌표계에서 다른 좌표계로의 변환을 필요로 한다. 이것을 위해 *변환방정식*(*transfromation equations*)을 사용한다. 직각좌표 $x, y, z$로부터 다른 좌표 $q_1, q_2, q_3$로의 변환을 생각하자. 변환방정식은 일반적인 형태

$$\begin{aligned} x &= x(q_1, q_2, q_3, t) \\ y &= y(q_1, q_2, q_3, t) \\ z &= z(q_1, q_2, q_3, t) \end{aligned}$$

이다. 여기에서 $q$들을 "일반좌표계"라고 부른다. 실제로 그들은 주로 직각 좌표계, 원통 좌표계 또는 구면 좌표계이지만 꼭 이 익숙한 좌표계가 아닐 수 있다.[2)]

진자의 예에서 $x$와 $y$로부터 $\theta$로의 변환방정식은

$$\begin{aligned} x &= l \sin\theta \\ y &= -l \cos\theta \end{aligned}$$

1) 이 말은 전적으로 맞지는 않는데 그것은 라그랑지안 수식화에 소모력(dissipative forces)을 결합하는 방법이 있기 때문이다. 그러나 이 책에서는 그러한 방법을 다루지 않을 것이다.

2) 보통은 일반화 좌표계는 좌표들의 "최소 집합(minimal set)"이다. 예를 들면 데카르트 좌표계에서 단진자는 두 좌표 ($x$와 $y$)를 필요로 하지만 극 좌표계에서는 하나의 좌표 ($\theta$)만 필요하다. 따라서 $\theta$가 진자문제의 적절한 일반화 좌표이다.

이다. 여기에서 좌표의 원점은 지지점에 있으며 $\theta$는 음의 $y-$축으로부터 잰 각이다(이것은 보통 $\theta$를 정의하는 방법은 아니다!).

이 식들을 시간에 대해 미분하면

$$\dot{x} = l\dot{\theta}\cos\theta$$
$$\dot{y} = l\dot{\theta}\sin\theta$$

이 된다. 이 식들을 단진자에 대한 라그랑지안 식 (4.3)에 대입하면

$$\begin{aligned} L &= \frac{1}{2}m(l\dot{\theta}\cos\theta)^2 + \frac{1}{2}m(l\dot{\theta}\sin\theta)^2 + mgl\cos\theta \\ &= \frac{1}{2}ml^2\dot{\theta}^2(\cos^2\theta + \sin^2\theta) + mgl\cos\theta \\ &= \frac{1}{2}ml^2\dot{\theta}^2 + mgl\cos\theta \end{aligned} \tag{4.4}$$

이 된다. 라그랑지안 $L$이 $\theta$에만 의존하는 식 (4.4)는 $L$이 $x$와 $y$로 주어지는 식 (4.3)과 같은 정보를 준다.

지금까지 우리는 데카르트 좌표로 라그랑지안을 쓰고 나서 극좌표로 변환하였다. 그렇게 함에 따라 라그랑지안은 두 변수의 함수로부터 하나의 변수의 함수로 되었다. 이 절차는 매우 중요한 점을 알린다: 라그랑지안은 가능하면 최소한의 좌표들로 표현해야 좋다.

여기에 항상 만족시켜야하는 규칙이 있다:

**복잡계의 라그랑지안을 얻기 위해서는 먼저 그것을 데카르트 좌표로 표현하고 좌표수가 최소가 되는 좌표계로 변환한다.**

일반좌표 $q_1, q_2, q_3$의 함수로 라그랑지안을 얻는 간단한 과정을 요약하고자 한다.

1. 가능 하다면 라그랑지안 $L = T - V$를 데카르트 좌표로 쓴다. 이 직각좌표에서 병진 운동에너지는

   $$T = \frac{1}{2}m\left(\dot{x}^2 + \dot{y}^2 + \dot{z}^2\right)$$

   이다.

2. 변환방정식을 다음과 같이 쓴다:

$$x = x(q_1, q_2, q_3, t),$$
$$y = y(q_1, q_2, q_3, t),$$
$$z = z(q_1, q_2, q_3, t).$$

3. 시간으로 미분하여 $\dot{x}$, $\dot{y}$, $\dot{z}$에 대한 식을 $q$들, $\dot{q}$들 및 $t$를 변수로 표현한다.
4. $L = T - V$를 $q$들, $\dot{q}$들 및 $t$를 변수로 표현한다.

왜 라그랑지안을 먼저 데카르트 좌표로 표현해야 한다고 강조하는지 의문이 생길 것이다. 답은 간단하다. 데카르트 좌표에서 병진 운동에너지는 항상 기본적인 형식 $T = \frac{1}{2}m(\dot{x}^2 + \dot{y}^2 + \dot{z}^2)$가 되지만 다른 좌표계에서는 매우 복잡할 수 있다. 더욱이 위치에너지는(항상은 아니지만) 때때로 데카르트 좌표에서 표현하기 더 쉽다.

---

**예제 4.1**

이중 평면 진자의 라그랑지안을 구하라.

**풀이**: 그림 4.2를 생각하자. 데카르트 좌표에서 운동에너지와 위치에너지는

$$T = \frac{1}{2}m_1(\dot{x}_1^2 + \dot{y}_1^2) + \frac{1}{2}m_2(\dot{x}_2^2 + \dot{y}_2^2)$$
$$V = m_1 g y_1 + m_2 g y_2$$

이다. 여기에서 $(x_1, y_1)$은 질량이 $m_1$인 추의 좌표이고 $(x_2, y_2)$는 다른 추의 좌표이다. 좌표의 원점은 매달리는 점에 있다. 직각좌표에서 각 $\theta_1$과 $\theta_2$로의 변환방정식은

$$x_1 = l_1 \sin\theta_1,$$
$$x_2 = l_1 \sin\theta_1 + l_2 \sin\theta_2,$$
$$y_1 = -l_1 \cos\theta_1,$$
$$y_2 = -l_1 \cos\theta_1 - l_2 \cos\theta_2$$

이다. 속도 성분은 위치를 시간으로 미분해서 얻는다:

$$\dot{x}_1 = l_1\dot{\theta}_1 \cos\theta_1,$$
$$\dot{x}_2 = l_1\dot{\theta}_1 \cos\theta_1 + l_2\dot{\theta}_2 \cos\theta_2$$
$$\dot{y}_1 = l_1\dot{\theta}_1 \sin\theta_1,$$
$$\dot{y}_2 = l_1\dot{\theta}_1 \sin\theta_1 + l_2\dot{\theta}_2 \sin\theta_2 .$$

그러므로

$$\dot{x}_1^2 + \dot{y}_1^2 = l_1^2\dot{\theta}_1^2(\cos^2\theta_1 + \sin^2\theta_1) = l_1^2\dot{\theta}_1^2$$

이고

$$\dot{x}_2^2 + \dot{y}_2^2 = (l_1\dot{\theta}_1\cos\theta_1 + l_2\dot{\theta}_2\cos\theta_2)^2 + \left(l_1\dot{\theta}_1\sin\theta_1 + l_2\dot{\theta}_2\sin\theta_2\right)^2$$

이 된다. 따라서

$$L = T - V = \frac{1}{2}(m_1 + m_2)l_1^2\dot{\theta}_1^2 + \frac{1}{2}m_2(l_2^2\dot{\theta}_2^2 + 2l_1l_2\dot{\theta}_1^2\dot{\theta}_2^2\cos\{\theta_1 - \theta_2\}) \\ +m_1gl_1\cos\theta_1 + m_2g(l_1\cos\theta_1 + l_2\cos\theta_2) \quad (4.5)$$

을 얻게 된다. 라그랑지안은 조금은 지루할지는 몰라도 간단한 과정이다. 이 예제도 역시 출발점으로 데카르트 좌표의 사용이 중요하다는 것을 말한다.

**예제 4.2**

각 $\alpha$의 경사면을 따라 구르는 반경 $R$의 원판에 대한 라그랑지안을 구하라. 그림 4.3을 보라. 경사면은 완전히 거칠어서 원판은 미끄럼이 없이 구른다.

**풀이**: 원판이 구르고 있으므로 그것의 총 운동에너지는 회전 운동에너지와 병진 운동에너지의 합이다. 즉, $T = T_{\rm rot} + T_{\rm trans}$. 회전운동에너지는 물론 데카르트 좌표로 표현되지 않는다; 그것은 $T_{\rm rot} = \frac{1}{2}I\dot{\theta}^2$이다. (관성모멘트는 $I$이고 원판이 회전한 각도는 $\theta$이다.) 원판의 관성모멘트는 $\frac{1}{2}mR^2$이다. 그러므로

$$T_{\rm rot} = \frac{1}{2}(\frac{1}{2}mR^2)\dot{\theta}^2 = \frac{1}{4}mR^2\dot{\theta}^2.$$

항상 $T_{\rm trans} = \frac{1}{2}m(\dot{x}^2 + \dot{y}^2)$이다. $s$는 경사면을 따라 내려온 거리이다. $s$를 일반좌표로 사용하는 것이 편리하다. 변환방정식은

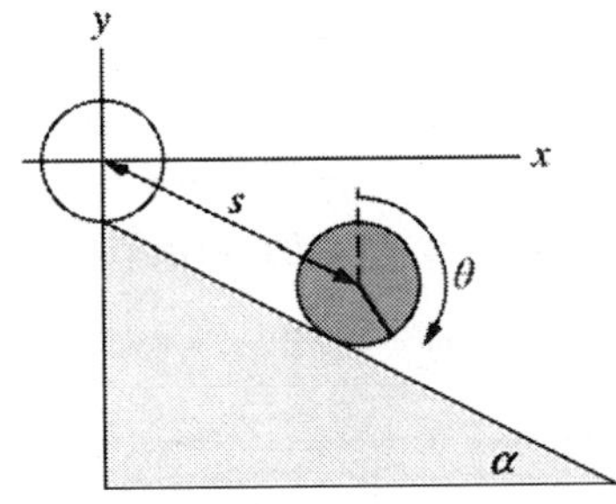


그림 4.3 ▌ 질량 $m$이고 반경이 $R$인 원판이 완전히 거칠거칠한 경사면을 굴러 내려온다.

$$x = s\cos\alpha$$
$$y = -s\sin\alpha$$

이다. 병진속도 성분은

$$\dot{x} = \dot{s}\cos\alpha$$
$$\dot{y} = -\dot{s}\sin\alpha$$

이므로 병진 운동에너지는

$$T_{\text{trans}} = \frac{1}{2}m(\dot{x}^2 + \dot{y}^2) = \frac{1}{2}m\dot{s}^2$$

이다. 병진 운동에너지는 $\dot{s}$으로 회전 운동에너지는 $\dot{\theta}$으로 표현했다. 그러나 이 두 물리량은 관련되어 있다. 원판이 경사면을 굴러올 때 굴러온 각 $\theta$와 경사면을 따라 내려온 거리의 관계는

$$s = R\theta$$

이다. 그러므로 $\dot{s} = R\dot{\theta}$이다. 따라서 $T_{\text{rot}} = (1/4)m\dot{s}^2$이며 총 운동에너지는 하나의 매개변수 $\dot{s}$로 쓸 수 있다:

$$T = T_{\text{trans}} + T_{\text{rot}} = \frac{1}{2}m\dot{s}^2 + \frac{1}{4}m\dot{s}^2 = \frac{3}{4}m\dot{s}^2.$$

위치에너지는

$$V = mgy = -mgs\sin\alpha$$

이다. 라그랑지안은 $L = T - V$로 정의되므로

$$L = \frac{3}{4}m\dot{s}^2 + mgs\sin\alpha\,. \tag{4.6}$$

---

**❒ 연습 4.2**

질량 $m$의 돌이 높이 $z_0$로부터 낙하한다. 라그랑지안을 쓰라.

**답**: $L = \frac{1}{2}m\dot{y}^2 - mgy$.

❐ 연습 4.3

그림 4.4처럼 힘의 상수가 $k$인 용수철에 달린 질량 $m$에 대한 라그랑지안을 구하라. 아래 면은 마찰이 없다. **답:** $L=\frac{1}{2}m\dot{x}^2-\frac{1}{2}kx^2$.

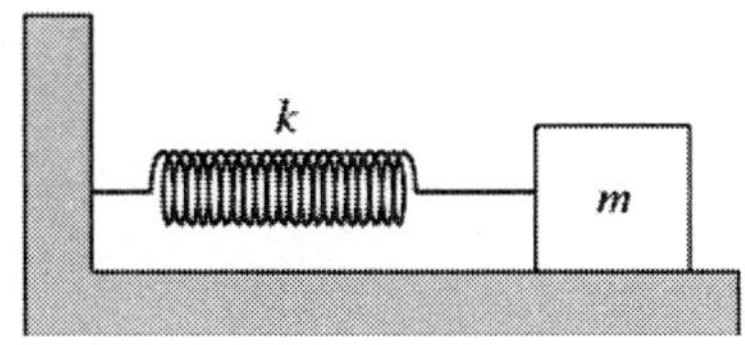


그림 4.4 ▌ 상수가 $k$인 용수철의 힘을 받는 마찰력이 없는 표면위의 질량 $m$.

❐ 연습 4.4

한 진자가 질량 $m$의 추를 갖는데, 이 진자의 줄은 상수 $k$인 용수철로 대치되어 있다. 용수철의 길이($l$)와 용수철이 연직선과 이루는 각($\theta$)으로 라그랑지안을 쓰라. 늘어나지 않은 용수철의 길이는 $l_0$이다.

**답:** $L=\frac{1}{2}m\dot{l}^2+\frac{1}{2}ml^2\dot{\theta}^2+mgl\cos\theta-\frac{1}{2}k(l-l_0)^2$.

## 4.3 라그랑지 방정식

앞에서 처럼 계의 라그랑지안은 정의 $L=T-V$를 이용해서 상당히 쉽게 얻을 수 있다. 때때로 계산은 다소 복잡할 수 있지만 기본적으로 필요한 것은 병진 운동에너지와 위치에너지를 (가능하다면) 데카르트 좌표로 쓰고 그것을 적당한 "일반" 좌표계로 변환하는 일이다.

지금에 이르러 독자는 아마도 라그랑지안이 무엇에 쓰이느냐고 할 것이다. 무슨 소용이 있는가? 가장 간단한 답은 라그랑지안은 한 역학계의 운동방정식을 준다는 것이다. 사실, 라그랑지안 기술은 보통 복잡계에 대한 운동방정식을 얻는 가장 쉬운 방법이다. (앞서 언급한 바와 같이, 라그랑지안 방법은 그냥 유용한 기술 이상의 것이지만 지금으로서는 순수하게 실리적인 접근을 택하고 라그랑지안을 운동방정식을 만들어내는 도구로 생각하자.)

라그랑지안이 하나의 단일 일반좌표 $q$와 해당되는 일반속도 $\dot{q}$, 그리고 시간 $t$의 함수로 표현된다고 생각하자. 즉 $L = L(q, \dot{q}, t)$. 그러면 운동방정식은

$$\frac{d}{dt}\left(\frac{\partial L}{\partial \dot{q}}\right) - \frac{\partial L}{\partial q} = 0 \tag{4.7}$$

으로 주어진다. 이것을 *라그랑지 방정식*이라고 부른다. 이 식을 기억해야 한다. 첫 부분미분은 일반속도($\dot{q}$)으로 미분한 것이며 두 번째 부분미분은 일반위치($q$)로 미분한 것이다.

만일 라그랑지안이 $n$개의 좌표, $q_1, q_2, \cdots, q_n$의 함수라면 $n$개의 운동방정식이 있어서 각 식은 식 (4.7)의 형태를 갖는다. 즉 운동방정식은

$$\frac{d}{dt}\left(\frac{\partial L}{\partial \dot{q}_i}\right) - \frac{\partial L}{\partial q_i} = 0\ ; \quad i = 1, 2, ..., n \tag{4.8}$$

이다.

예를 들어 그림 4.4의 용수철에 매인 질량을 생각하자. 연습 4.3에서 보았듯이 라그랑지안은 $L = \frac{1}{2}m\dot{x}^2 - \frac{1}{2}kx^2$이다. 이 계에 대한 일반좌표 $q$는 단지 데카르트 좌표 $x$이다. 다른 좌표가 없다. 그러므로 라그랑지 방정식은

$$\frac{d}{dt}\left(\frac{\partial L}{\partial \dot{x}}\right) - \frac{\partial L}{\partial x} = 0$$

이다. 그러나

$$\frac{\partial L}{\partial \dot{x}} = m\dot{x}$$

이고

$$\frac{\partial L}{\partial x} = -kx.$$

따라서 라그랑지 방정식은

$$\frac{d}{dt}(m\dot{x}) + kx = 0$$

즉

$$m\ddot{x} + kx = 0$$

이다. 물론 뉴턴의 제2법칙을 적용하면 곧 같은 결과를 얻을 수 있다.

좀 더 복잡한 계에 대한 운동을 묘사하기 위하여 아래의 예제에서는 단진자 운동방정식을 요구하고 그 다음 예제에서는 이중 진자에 대한 운동방정식을 요구한다.

**예제 4.3**

단진자에 대한 운동방정식을 구하여라.

**풀이**: 진자의 라그랑지안은 $L = \frac{1}{2}ml^2\dot{\theta}^2 + mgl\cos\theta$ 이다. (식 4.4를 보라.) 이 식에서 단일좌표는 $\theta$ 이고 라그랑지 방정식 식 (4.7)은

$$\frac{d}{dt}\left(\frac{\partial L}{\partial \dot{\theta}}\right) - \frac{\partial L}{\partial \theta} = 0$$

이 된다. 그러나

$$\frac{\partial L}{\partial \dot{\theta}} = \frac{\partial}{\partial \dot{\theta}}\left(\frac{1}{2}ml^2\dot{\theta}^2 + mgl\cos\theta\right) = ml^2\dot{\theta}$$

이고

$$\frac{\partial L}{\partial \theta} = \frac{\partial}{\partial \theta}\left(\frac{1}{2}ml^2\dot{\theta}^2 + mgl\cos\theta\right) = -mgl\sin\theta.$$

그러므로 라그랑지 방정식은

$$\frac{d}{dt}\left(ml^2\dot{\theta}\right) + mgl\sin\theta = 0$$

이거나

$$\ddot{\theta} = -\frac{g}{l}\sin\theta.$$

물론 이것은 기본적인 방법으로 얻어지는 정확히 동일한 운동방정식(식 4.1)과 같다.

**예제 4.4**

그림 4.2에서 보여주는 평면 이중진자에 대해 운동방정식들을 구하라.

**풀이**: 이중진자는 너무 복잡해서 뉴턴의 제2법칙을 이용해 분석하지 못한다는 것을 기억하자. 이중진자에 대한 라그랑지안은 식 (4.5)에 주어진다. 즉

$$L = \frac{1}{2}(m_1 + m_2)l_1^2\dot{\theta}_1^2 + \frac{1}{2}m_2(l_2^2\dot{\theta}_2^2 + 2l_1 l_2\dot{\theta}_1\dot{\theta}_2\cos\{\theta_1 - \theta_2\})$$
$$+ m_1 g l_1\cos\theta_1 + m_2 g(l_1\cos\theta_1 + l_2\cos\theta_2).$$

이 문제는 두 개의 좌표 $\theta_1$과 $\theta_2$를 포함하며 따라서 두 라그랑지 방정식이 있다:

$$\frac{d}{dt}\left(\frac{\partial L}{\partial\dot{\theta}_1}\right) - \frac{\partial L}{\partial\theta_1} = 0, \qquad (4.9)$$
$$\frac{d}{dt}\left(\frac{\partial L}{\partial\dot{\theta}_2}\right) - \frac{\partial L}{\partial\theta_2} = 0.$$

이들 식을 쉽게 쓰기 위해 먼저 미분들을 계산한다:

$$\frac{\partial L}{\partial\dot{\theta}_1} = (m_1 + m_2)l_1^2\dot{\theta}_1 + m_2 l_1 l_2\dot{\theta}_2\cos(\theta_1 - \theta_2),$$
$$\frac{\partial L}{\partial\dot{\theta}_2} = m_2 l_2^2\dot{\theta}_2 + m_2 l_1 l_2\dot{\theta}_1\cos(\theta_1 - \theta_2),$$
$$\frac{\partial L}{\partial\theta_1} = -m_2 l_1 l_2\dot{\theta}_1\dot{\theta}_2\sin(\theta_1 - \theta_2) - m_1 g l_1\sin\theta_1 - m_2 g l_1\sin\theta_1,$$
$$\frac{\partial L}{\partial\theta_2} = m_2 l_1 l_2\dot{\theta}_1\dot{\theta}_2\sin(\theta_1 - \theta_2) - m_2 g l_2\sin\theta_2.$$

식 (4.9)에 대입해서 두 개의 결합된 운동방정식을 만든다:

$$\frac{d}{dt}\left[m_1 l_2^2\dot{\theta}_1 + m_2 l_1^2\dot{\theta}_1 + m_2 l_1 l_2\dot{\theta}_2\cos(\theta_1 - \theta_2)\right]$$
$$+ m_2 l_1 l_2\dot{\theta}_1\dot{\theta}_2\sin(\theta_1 - \theta_2) + (m_1 + m_2)g l_1\sin\theta_1 = 0$$

그리고

$$\frac{d}{dt}\left(m_2 l_2^2\dot{\theta}_2 + m_2 l_1 l_2\dot{\theta}_1\cos(\theta_1 - \theta_2)\right)$$
$$- m_2 l_1 l_2\dot{\theta}_1\dot{\theta}_2\sin(\theta_1 - \theta_2) + m_2 g l_2\sin\theta_2 = 0.$$

이들 식은 더 간단히 하여 다음 식을 쓸 수 있다.

$$(m_1 + m_2)l_1^2\ddot{\theta}_1 + m_2 l_1 l_2\left[\ddot{\theta}_2\cos(\theta_1 - \theta_2) + \dot{\theta}_2^2\sin(\theta_1 - \theta_2)\right]$$
$$+ (m_1 + m_2)g l_1\sin\theta_1 = 0$$

그리고

$$m_2 l_2^2 \ddot{\theta}_2 + m_2 l_1 l_2 \left[\ddot{\theta}_1 \cos(\theta_1 - \theta_2) - \dot{\theta}_1^2 \sin(\theta_1 - \theta_2)\right] + m_2 g l_2 \sin\theta_2 = 0.$$

(지금은 왜 $F = ma$를 이용해서 이중진자 문제를 풀려고 하지 않았는지 알았을 것이다!)

---

**예제 4.5**

1차원 계로서 단일 입자에 대해 일반적인 힘 $Q$는 보통 방식으로 위치에너지 $V$로부터 얻을 수 있다. 즉

$$Q = -\frac{\partial V}{\partial q}.$$

속도에 무관한 위치에너지에 대해 라그랑지 방정식은

$$\frac{d}{dt}\frac{\partial T}{\partial \dot{q}} - \frac{\partial T}{\partial q} = Q \tag{4.10}$$

임을 보여라.

**풀이**: 문제에 의하면 위치에너지는 속도에 무관하므로

$$\frac{\partial L}{\partial \dot{q}} = \frac{\partial}{\partial \dot{q}}(T - V) = \frac{\partial T}{\partial \dot{q}}.$$

마찬가지로

$$\frac{\partial L}{\partial q} = \frac{\partial}{\partial q}(T - V) = \frac{\partial T}{\partial q} - \frac{\partial V}{\partial q} = \frac{\partial T}{\partial q} + Q.$$

그러므로 라그랑지 방정식은 다음과 같이 표현된다:

$$\begin{aligned} \frac{d}{dt}\frac{\partial L}{\partial \dot{q}} - \frac{\partial L}{\partial q} &= 0, \\ \frac{d}{dt}\frac{\partial T}{\partial \dot{q}} - \left(\frac{\partial T}{\partial q} + Q\right) &= 0, \\ \frac{d}{dt}\frac{\partial T}{\partial \dot{q}} - \frac{\partial T}{\partial q} &= Q. \end{aligned}$$

---

**❐ 연습 4.5**

경사각이 $\alpha$인 거칠거칠한 경사면을 따라 구르는 원판의 운동방정식을 구하라. (라그랑지안은 예제 4.2에서 구했다.) **답:** $\ddot{s}=\frac{2}{3}g\sin\alpha$.

**❐ 연습 4.6**

경사각이 $\alpha$인 거칠거칠한 경사면을 따라 구르는 구의 운동방정식을 구하라. (라그랑지안 기법을 사용하라.) 그 구의 관성모멘트는 $\frac{2}{5}mR^2$이다.
**답:** $\ddot{s}=\frac{5}{7}g\sin\alpha$.

**❐ 연습 4.7**

라그랑지 기법을 이용하여 일정한 중력장에서 낙하하는 질량 $m$의 물체의 운동방정식을 구하라.

**❐ 연습 4.8**

뉴턴의 만유인력 법칙에 따라 서로 잡아당기면서 충돌하는 코스에 있는 두 천체에 대한 라그랑지안과 운동방정식을 구하여라. (좌표의 원점을 두 물체가 충돌하는 점에 위치시켜라.) **답:** $m_1\ddot{r}_1 - G\frac{m_1m_2}{(1+m_1/m_2)}\frac{1}{r_1^2}=0$. (여기에서 $r_1$은 질량중심으로부터 물체 $m_1$까지의 거리이다.)

## 4.4 자유도

라그랑지안 기법은 자주 하나의 좌표계(보통 $x$, $y$, $z$)에서 다른 좌표계(예로 $r$, $\theta$, $\phi$)로 바꾼다. (좌표변환은 라그랑지 방법의 중심이 된다. 좌표변환은 대학원 역학과정에서 괴롭히는 세부과제로 여겨진다. 만일 이 과제를 알고 싶다면 훌륭하지만 고급과정인 Goldstein[3] 및 Fetter와 Walecka의 책을 추천한다.[4]

3) Herber Golstein, *Classical Mechanics*. Addison-Wesley Publishing Co. Reading, 1950. [3회의 간행이 있었다. 초판은 가장 짧고 아마도 가장 좋다. 둘째 판은 상당한 분량의 새로운 내용을 넣었지만 인쇄상의 잘못이 많아서 오히려 읽기가 어렵다. (H. Goldstein, C. Poole, J. Safko의) 셋째 판은 둘째 판의 잘못을 교정했고 재미있는 새로운 내용을 넣었다]

4) Alexander Fetter and John Walecka. 1980. *Theoretical Mechanics of Particles and Continua*. McGraw-Hill. New York, 1980.

좌표를 논의할 때는 모든 물리계는 특정한 수의 *자유도*를 갖고 있다는 것을 알아야한다. 계의 자유도의 수는 그 계의 모든 부분의 위치를 완전히 기술하기위한 독립 좌표들의 수이다. 자유입자의 위치를 묘사하려면 3개의 좌표계(예로 $x$, $y$, $z$)의 값을 주어야 한다. 그러므로 자유입자는 3개의 자유도를 갖는다. 두 개의 자유입자 계에 대해서는 두 입자의 위치를 기술해야 하고 각 입자는 3개의 자유도를 가지므로 그 계는 모두 6개의 자유도를 갖는다. 일반적으로 $N$개의 입자로 이루어진 역학계는 $3N$개의 자유도를 갖는다.

그러나 많은 계들에 대해서는 *독립* 좌표들의 수가 $3N$보다 훨씬 적다. 예를 들면 탁자의 표면과 같은 평면위에 있는 입자의 위치는 $x$와 $y$ 같은 두 좌표로 묘사될 수 있다. 하나의 좌표 값을 정해 주거나 좌표들 사이의 관계를 주는 조건을 *구속*이라고 한다. 탁자위에 있는 입자에 대해 구속은

$$z = \text{constant}$$

이다. 마찬가지로 진자의 지지점으로부터 일정한 거리를 유지하는 추는 줄에 의해 구속된다. 즉 추는 반지름이 줄의 길이와 같은 구의 표면에 구속된다. 마찬가지로 싱크대에 있는 한 장의 비누가 싱크대의 표면에 구속되어 있다고 하자. 만일 그 싱크대가 반지름 $a$의 반구의 움푹한 표면이면 구속방정식은

$$x^2 + y^2 + z^2 = a^2$$

이다. 이 관계에 의해 세 번째 좌표(즉 $z$)는 다음의 식과 같이 $x$와 $y$로 표현할 수 있으므로 두 개만의 독립좌표가 있다는 것을 보여준다.

$$z = \sqrt{a^2 - x^2 - y^2}.$$

구속들은 중요한데, 그것은 **각 구속이 자유도의 수를 하나씩 줄이기** 때문이다.

라그랑지안 방법으로 돌아가서 각 좌표에 대해 하나의 라그랑지 방정식이 있음을 상기하자. (식 4.8을 보라.) 방정식의 수를 줄이는 것은 분명히 이로운 일이다. 구속들을 이용해서 가능한 한 많은 비독립 좌표들을 없앨 수 있다. 계를 독립 좌표(예로 $q_1$, $q_2$, $\cdots$, $q_n$)로 묘사한다면 이것은 라그랑지 방정식의 수를 최소화한 것이다. 이들 *독립변수*를 일반화 좌표라고 하며 보통 $q_i$로 표시한다. $n$개의 자유도를 가진 계는 $n$개의 일반화좌표 $q_1$, $\cdots$, $q_n$로 묘사될 수 있다. 이러한 계에 대해 라그랑지안은 일반화좌표, 일반화속도 및 때때로 시간의 함수이다. 즉

$$L = L(q_1, q_2, \ldots q_n;\ \dot{q}_1, \dot{q}_2, \ldots \dot{q}_n;\ t).$$

이 경우 $n$개의 라그랑지 운동 방정식이 있게 된다.[5)]

## 4.5 일반화 운동량

다시 그림 4.4에서 묘사한 것처럼 상수 $k$의 용수철에 연결된 질량 $m$의 문제를 생각한다. 질량이 $x$ 방향으로 속도 $\dot{x}$로 움직인다면 그것의 운동량은 $p_x = m\dot{x}$이다. 예제 4.2에서 이 계의 라그랑지안은

$$L = \tfrac{1}{2}m\dot{x}^2 - \tfrac{1}{2}kx^2$$

임을 보였다. $\dot{x}$로 이 라그랑지안을 편미분하면

$$\frac{\partial L}{\partial \dot{x}} = \frac{\partial}{\partial \dot{x}}\left(\tfrac{1}{2}m\dot{x}^2 - \tfrac{1}{2}kx^2\right) = m\dot{x}$$

이 된다. 그러나 $m\dot{x}$은 선운동량일 뿐이다! 그러므로 이 계에 대해서 선운동량과 라그랑지안의 관계는

$$p_x = \frac{\partial L}{\partial \dot{x}}$$

이다.

다음에 길이 $l$의 줄과 그것에 매달려 있는 질량으로 이루어진 단진자 문제를 생각하자. 식 (4.4)에 의하면 이 계에 대한 라그랑지안은

$$L = \tfrac{1}{2}ml^2\dot{\theta}^2 + mgl\cos\theta$$

이다. 라그랑지안을 $\dot{\theta}$으로 편미분하면

$$\frac{\partial L}{\partial \dot{\theta}} = ml^2\dot{\theta}$$

---

5) 물리학자들이 "일반화 좌표"의 용어 사용에 있어서 좀 부주의하다는 것을 경고 하고자 한다. $q_i$가 모두 독립이 아닌 상황에서 그 용어를 적용할 때가 종종 있다.

이 된다. 그러나 $ml^2\dot{\theta}$은 진자의 각운동량이다! 이 경우에서 각속도 $\dot{\theta}$로 라그랑지안을 편미분한 것은 각운동량이다.

첫째 예의 경우 라그랑지안은 $x$와 $\dot{x}$로 표현된다. 즉 $L = L(x, \dot{x})$. 일반화좌표는 $x$이고 일반화속도는 $\dot{x}$이다. 두 번째 예의 경우 라그랑지안은 $\theta$와 $\dot{\theta}$의 함수이다, 즉 $L = L(\theta, \dot{\theta})$. 여기에서 일반화좌표는 $\theta$이고 일반화속도는 $\dot{\theta}$이다. 이 두 경우는 단일 변수 계에 대한 라그랑지안의 일반 함수 형태, $L = L(q, \dot{q}, t)$를 묘사하고 있다. 즉 라그랑지안은 일반화 위치($q$), 일반화 속도($\dot{q}$) 및 (경우에 따라서는) 시간($t$)에 의존된다.

용수철에 달려있는 질량의 선운동량은 $\partial L/\partial\dot{x}$, 단진자의 각운동량은 $\partial L/\partial\dot{\theta}$가 된다. *일반화운동량*이라고 부르는 물리량을

$$p_i = \frac{\partial L}{\partial \dot{q}_i} \tag{4.11}$$

으로 정의하면 합리적일 것이다. 일반화운동량 $p_i$는 일반화좌표 $q_i$와 관련된다. 이러한 두 물리량은 *켤레(conjugates)*라고 부른다. 따라서 용수철에 매달린 질량에 대해 $x$에 켤레인 일반화운동량은 $m\dot{x}$이고 진자에 대해 $\theta$에 켤레인 일반화운동량은 $ml^2\dot{\theta}$이다. 전자의 경우 일반화운동량은 선운동량이고 후자의 경우 일반화운동량은 각운동량이다.

물리량 $\partial L/\partial\dot{q}$이 일반화운동량이라고 불리고 기호 $p_i$로 표기되지만 그것이 때때로 보통 운동량이라고 생각할 수 있는 것이 아닐 경우도 있다.

### 4.5.1 무시되는 좌표(Ignorable Coordinates)

흥미로운 곳에 이르렀다. 하나의 역학계에 대해 라그랑지안은 *분명히* 특정한 좌표, $q_i$에 의존하지 않을 수 있다. 만일 $q_i$가 라그랑지안에 분명히 나타나지 않으면 $q_i$를 *무시되는 좌표*라고 부른다.[6] 그러한 경우에 $\partial L/\partial q_i = 0$임이 명백하다. 라그랑지 방정식은

$$\frac{d}{dt}\left(\frac{\partial L}{\partial \dot{q}}\right) - \frac{\partial L}{\partial q} = 0$$

6) $q_i$가 라그랑지안에 분명하게 나타나지 않는다고 말한다면 그것은 라그랑지안이 최소 집합의 일반화좌표로 표현할 때 라그랑지안에 좌표 $q_i$는 없다는 뜻이다. (그럼에도 불구하고 일반화 속도 $\dot{q}_i$는 라그랑지안에 나타날 수 있다.)

이다. 그러나 만일 $\partial L/\partial q = 0$이면

$$\frac{d}{dt}\left(\frac{\partial L}{\partial \dot{q}}\right) = 0$$

이 된다. 괄호안의 항은 일반화운동량 $p_i$이므로 이 식은 $dp_i/dt = 0$이 된다. 한 물리량의 시간 미분이 영이면 그 물리량은 *일정하다*. 그러므로 좌표 $q_i$가 라그랑지안에서 분명히 나타나지 않으면 켤레 일반화운동량 $p_i$는 일정하다.

이 모든 것을 기억하기 쉬우나 아마도 이해하기는 쉽지 않은 하나의 글로 요약하자:

**만일 좌표 $q_i$가 무시될 수 있으면 그것의 켤레 운동량 $p_i$는 일정하다.**

물리계를 공부하는데 있어서 운동하는 동안 일정하게 유지되는 물리량이 있으면 항상 문제를 푸는데 유용한 도구가 된다. 그러한 일정한 물리량들을 "운동의 항량(constants of motion)" 또는 "1차 적분(first integrals)"이라 부른다. 그 이유는 다음에 논한다.

**예제 4.6**

특정한 계에 대한 라그랑지안이 $L = (1/2)m\dot{r}^2 + (1/2)mr^2\dot{\phi}^2$로 주어진다. 여기에서 $r$과 $\phi$는 일반화좌표이고 $m$은 상수이다. 일반화 운동량 $p_r$와 $p_\phi$를 구하라. 이들 중 어느 것이 운동의 항량인가?

**풀이**: 일반화 좌표는 $r$과 $\phi$이므로 켤레 일반화 운동량은

$$p_r = \frac{\partial L}{\partial \dot{r}} \text{ 그리고 } p_\phi = \frac{\partial L}{\partial \dot{\phi}}$$

이다. 그러므로

$$p_r = \frac{\partial L}{\partial \dot{r}} = \frac{\partial}{\partial \dot{r}}\left(\frac{1}{2}m\dot{r}^2 + \frac{1}{2}mr^2\dot{\phi}^2\right) = m\dot{r}$$

이고

$$p_\phi = \frac{\partial L}{\partial \dot{\phi}} = \frac{\partial}{\partial \dot{\phi}}\left(\frac{1}{2}m\dot{r}^2 + \frac{1}{2}mr^2\dot{\phi}^2\right) = mr^2\dot{\phi}$$

이다. 라그랑지안은 $\phi$에 의존되지 않으므로(그것은 무시될 수 있다) $p_\phi$는 일정하다.

❒ 연습 4.9

평면 이중 진자에 대한 일반화 운동량 $p_{\theta_1}$과 $p_{\theta_2}$를 구하라. 어느 것이 상수인가? **답**: $p_{\theta_2} = m_2 l_2^2 \dot{\theta}_2 + m_2 l_1 l_2 \dot{\theta}_1 \cos(\theta_1 - \theta_2)$. 상수 없음.

❒ 연습 4.10

하나의 평면을 굴러 내려오는 원판에 대하여 일반화 운동량을 구하여라. 이 일반화 운동량은 상수인가? 그것은 질량 곱하기 속도로 정의되는 물리적 운동량과 같은가? **답**: $p_s = (3/2)m\dot{s}$.

## 4.6 변분법(옵션)

여기에서는 변분법으로 알려진 수학 분야를 다루지는 않는다. 여기에서 변분법은 기본적으로 어떻게 라그랑지 방정식이 유도되는지를 보이기 위한 것이다. 그러나 변분법은 그 자체가 재미있는 과목이다.

변분법은 극대와 극소를 갖는 문제를 생각한다. 예를 들면 변분법으로 다음 질문에 대한 답을 구한다: (1) 가장 넓은 면적을 에워싸는 곡선의 모양은 무엇인가? (하나의 원.) (2) 평면에서 두 점 사이의 가장 짧은 거리를 갖는 곡선은 무엇인가? (하나의 직선.) (3) 구면위에서 두 점사이의 가장 짧은 거리를 갖는 곡선은 무엇인가? (하나의 측지선. A geodesic.) (4) 한 점이 다른 점보다 높은 위치에 있는 경우 그 두 점을 지나는 곡선을 따라 높은 점으로부터 구슬이 미끄러져 낮은 점에 도달하는 시간이 최소가 되는 곡선의 모양은 무엇인가? (사이클로이드.)

이러한 문제에서 어떤 양이 극대 또는 극소가 되도록 요구된다. 이러한 양은 적분으로 표현될 것이다. 보통 명백하지 않으므로 이러한 적분을 알기 위해서는 상당히 머리를 써야한다.

특정한 예를 생각하자. 평면에 있는 두 점 사이의 곡선의 길이가 최소가 되도록 곡선의 식을 구한다고 하자. (이미 답은 알고 있으며 그 식은 $y = mx + b$이다.) 두 점 사이의 거리 $s$는 $\int_1^2 ds$이다. 그러나 $ds^2 = dx^2 + dy^2$ 이므로

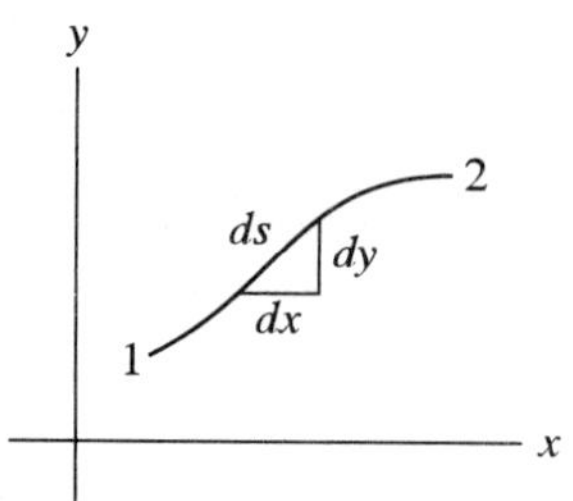


그림 4.5 ▌ 양 $ds$는 1로부터 2까지 경로의 부분이다. $ds^2 = dx^2 + dy^2$.

$$\begin{aligned} I &= \int_1^2 ds = \int_1^2 \sqrt{dx^2 + dy^2} \\ &= \int_{x_1}^{x_2} \sqrt{1 + \left(\frac{dy}{dx}\right)^2}\, dx = \int_{x_1}^{x_2} \sqrt{1 + (y')^2}\, dx. \end{aligned} \tag{4.12}$$

여기에서 $y' \equiv dy/dx$. (이 장의 나머지 부분에서 프라임은 $x$에 대해 미분하는 것을 말한다.) 적분 $I$는 점 1과 2사이의 거리이다. 문제는 $I$를 최소화하는 곡선 $y = y(x)$를 찾는 것이다.

잠시 후 이 문제로 돌아오기로 하자. 먼저 일반적인 방식으로 변분법을 생각하자. 변분법 문제는 항상 다음과 같은 형태의 적분을 쓴다:

$$I = \int_{x_1}^{x_2} \Phi(x, y, \frac{dy}{dx})dx = \int_{x_1}^{x_2} \Phi(x, y, y')dx.$$

문제의 해는 적분을 극값이 되게 하는 함수 $y = y(x)$이다.[7] 여기에서 $\Phi$는 $y$의 함수이고 $y$ 자신이 $x$의 함수이므로 $\Phi$는 함수의 함수이다. $\Phi$는 보통의 함수와 구분하기 위해서 "범함수(functional)"라고 부른다.

적분 $I$는 두 한계 $x_1$과 $x_2$ 사이의 선적분이다. 그것은 점 1로부터 점 2까지 특별한 경로 $y = y(x)$를 따른 적분이다. 분명히 다른 함수 $y_1 = y_1(x)$를 사용한다면 다른 경로를 따라 적분하게 되고 다른 적분 값을 얻게 될 것이다.

7) "극값(extremum)"은 보통 극소 또는 극대를 뜻한다. 실제로 극값의 위치는 함수의 미분이 영이 되는 점을 모두 말한다. 즉 극소, 극대 또는 변곡점을 말하는 것이다. 변분법에서는 범함수의 적분의 극대 또는 극소가 관심사이다.

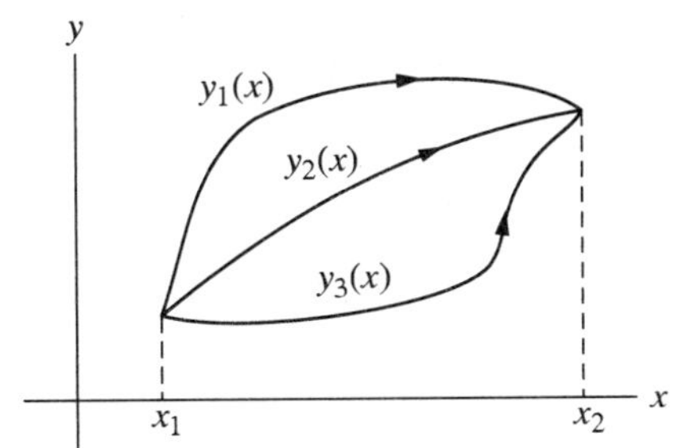


그림 4.6 ▌ 고정된 두 끝점 사이의 세 가지 가능한 경로

그림 4.6은 평면에서 두 점 사이에 최단 거리의 문제를 묘사한다. 세 가지 경로 $y_1(x)$, $y_2(x)$와 $y_3(x)$는 다른 경로 길이를 갖는다. 그 문제에서는 고정된 두 끝점 사이에 있는 모든 가능한 경로 중 가장 짧은 경로를 찾는 것이다. $y_0(x)$가 가장 짧은 경로이고 $y_1(x)$는 함수 $y_0(x)$와 단지 무한소의 차이가 있을 뿐인 경로라고 가정하자. 즉 (두 끝점을 제외하고) 경로상의 각 점에서 $y_1(x)$는 $y_0(x)$로부터 조금 차이가 있다는 것이다. $y_1(x)$와 $y_0(x)$ 사이의 관계는

$$y_1(x) = y_0(x) + \epsilon_1 \eta(x)$$

의 형태로 쓸 수 있다. 여기에서 $\epsilon_1$은 작은 양이며, $\eta(x)$는 $x$의 함수이다. $\eta(x)$는 두 끝점에서 영의 값을 갖고 있다는 것을 제외하면(다른 위치에서는) 완전히 임의의 함수이다. 즉

$$\eta(x_1) = \eta(x_2) = 0.$$

이것은 $x_1$과 $x_2$ 사이의 모든 경로들은 그 두 끝점에서 만나야 하기 때문이다.

이 문제는 최소의 경로 $y_0(x)$를 찾는 것이다. 이 최소의 경로를 지금부터는 단순히 $y(x)$라고 표기한다. 일반적으로 이웃되는 경로는

$$Y = Y(x, \epsilon) = y(x) + \epsilon \eta(x) \tag{4.13}$$

의 관계를 가진 경로들로 이루어진 집합의 일원이다. 여기에서 $y(x)$는 최소의 경로이다. 또 $\epsilon$은 연속된 변수로 잡을 수 있다. 다른 경로는 다른 $\epsilon$ 값에 해당된다. 최소 경로는 $\epsilon = 0$일 때 얻어진다.

곡선들 집합의 일원인 특정한 경로의 길이는 어느 것이든지

$$I = I(\epsilon) = \int_{x_1}^{x_2} \Phi\left(x, Y, \frac{dY}{dx}\right) dx = \int_{x_1}^{x_2} \Phi\left(x, Y, Y'\right) dx$$

이다. 여기에서 적분 $I$는 $\epsilon$만의 함수로 분명히 표현된다. 결과적으로 얻어지는 곡선은 $\epsilon = 0$에 해당된다; 그것은 $I$를 최소화하는 곡선이다. 그러므로 $I$에 부과된 조건은

$$\left[\frac{dI}{d\epsilon}\right]_{\epsilon=0} = 0$$

이다. 그리고

$$\frac{dI}{d\epsilon} = \frac{d}{d\epsilon}\int_{x_1}^{x_2} \Phi(x, Y, Y')dx = \int_{x_1}^{x_2} \left(\frac{\partial \Phi}{\partial Y}\frac{\partial Y}{\partial \epsilon} + \frac{\partial \Phi}{\partial Y'}\frac{\partial Y'}{\partial \epsilon}\right) dx.$$

식 (4.13)으로부터

$$\frac{\partial Y}{\partial \epsilon} = \eta(x).$$

또한

$$\frac{\partial Y'}{\partial \epsilon} = \frac{\partial}{\partial \epsilon}\left(\frac{dY}{dx}\right) = \frac{\partial}{\partial \epsilon}(y' + \epsilon\eta') = \eta'.$$

만일 $\epsilon = 0$이면 $Y = y$이고 $Y' = y'$이다. 따라서

$$\left[\frac{dI}{d\epsilon}\right]_{\epsilon=0} = \int_{x_1}^{x_2} \left(\frac{\partial \Phi}{\partial y}\eta + \frac{\partial \Phi}{\partial y'}\eta'\right) dx = 0. \qquad (4.14)$$

부분 적분을 위한 공식은

$$\int_a^b u dv = uv|_a^b - \int_a^b v du$$

이다. 이식을 식 (4.14)의 둘째 항에 적용하면

$$\int_{x_1}^{x_2} \frac{\partial \Phi}{\partial y'}\frac{d\eta}{dx}dx = \left[\frac{\partial \Phi}{\partial y'}\eta\right]_{x_1}^{x_2} - \int_{x_1}^{x_2} \eta\frac{d}{dx}\frac{\partial \Phi}{\partial y'}dx$$

이 된다. 그러나 한계 $x_1$과 $x_2$에서 $\eta=0$이므로 첫 항은 없어지고 식 (4.14)는

$$0=\int_{x_1}^{x_2}\left(\frac{\partial\Phi}{\partial y}-\frac{d}{dx}\frac{\partial\Phi}{\partial y'}\right)\eta dx$$

이 된다. 두 끝점을 제외하면 $\eta(x)\neq 0$이다. 따라서 이 적분이 영이면 괄호 안에 있는 항이 영이고 물론 그 역도 성립한다.[8] 즉

$$\frac{\partial\Phi}{\partial y}-\frac{d}{dx}\frac{\partial\Phi}{\partial y'}=0 \qquad (4.15)$$

이 식을 오일러-라그랑지 방정식이라고 한다. 이 식은 $\Phi$에 적분 $I$를 최소화하는 조건을 준다.

오일러-라그랑지 방정식을 어떻게 이용하는지 알기위해 두 점사이의 최단거리의 문제로 돌아가자. 이 문제에 대한 범함수 $\Phi$는 (식 4.2)

$$\Phi=\sqrt{1+\left(\frac{dy}{dx}\right)^2}=(1+y'^2)^{\frac{1}{2}}$$

이다. 오일러-라그랑지 방정식 (4.15)에 이 범함수를 대입하여 다음 식을 얻는다.

$$\begin{aligned}\frac{\partial}{\partial y}(1+y'^2)^{\frac{1}{2}}-\frac{d}{dx}\frac{\partial}{\partial y'}(1+y'^2)^{\frac{1}{2}}&=0\\ 0-\frac{d}{dx}\left[\frac{1}{2}(1+y'^2)^{-\frac{1}{2}}(2y')\right]&=0\\ \frac{d}{dx}\left[\frac{y'}{\sqrt{1+y'^2}}\right]&=0.\end{aligned}$$

함수의 미분이 영이면 그 함수는 일정하므로

$$\frac{y'}{\sqrt{1+y'^2}}=\text{const}=C_1.$$

양변을 제곱하고 정리하면

---

8) 어떤 함수 $\eta(x)$에 대해서는 $g(x)$가 영이 아니더라도

$$\int_a^b g(x)\eta(x)dx=0$$

이 만족된다고 주장할 수 있을 것이다. 그러나 그러한 주장은 임의의 함수 $\eta(x)$에 대해서는 맞지 않다.

$$y'^2 = (C_1)^2(1 + y'^2) \tag{4.16}$$

$y'^2$를 풀면

$$y'^2(1 - C_1^2) = C_1^2$$

$$y' = \sqrt{\frac{C_1^2}{1 - C_1^2}} = \text{constant} = m.$$

그러나 $y' = dy/dx$이므로

$$\frac{dy}{dx} = m.$$

최종 적분으로 직선방정식

$$y = mx + b$$

을 얻는다! 따라서 직선이 두 점 사이의 최단거리임을 증명했다. (휴!)

### 4.6.1 해밀턴의 원리

지금까지 도대체 이것의 무엇이 물리학과 관련이 있는지 의심하고 있었을 것이다. 답은 해*밀턴의 원리*이다. 해밀턴의 원리는 **임의의 물리계의 움직임은 라그랑지안의 시간적분을 최소화한다**는 것이다. 달리 표현하면 시간 $t_1$으로부터 $t_2$까지 진화하는 물리계는 적분

$$I = \int_{t_1}^{t_2} L(q, \dot{q}, t)dt$$

이 최소화되게 하는 경로 $q = q(t)$를 따른다. 이 적분이 최소화되는 조건은 변분법의 오일러-라그랑지 방정식으로 주어진다. $y$를 $q$로 그리고 $x$를 $t$로 대치하고 항의 순서를 바꾸면 오일러-라그랑지 방정식 (식 4.15)은

$$\frac{d}{dt}\frac{\partial L}{\partial \dot{q}} - \frac{\partial L}{\partial q} = 0$$

이 되는데 이것이 라그랑지 방정식으로 확인된다!

적분 $\int L dt$는 "작용량(action)"이라고 불린다. 이 용어를 이용하여 해밀턴의 원리를 표현하자:

*동력학계의 시간적 진전은 작용량을 최소화한다.*

해밀턴의 원리는 때때로 "역학의 근본적인 원리"[9]라고 일컬어진다.

이것을 좀 더 분명히 하기 위해 낙하하는 돌의 운동과 같이 단순한 물리적 과정을 생각하자. 이 물리계가 시간 $t_1$에 어떤 초기의 "배치(configuration)"에서 시간 $t_2$에 다른 최종 배치로 진전된다고 생각할 수 있다. 초기에 돌은 높이 $h$에 있고 속도는 영이다. 그러므로 초기 배치는 $(q,\dot{q})=(h,0)$이다. 최종 배치는(돌이 땅에 닿기 직전에) $q=0$와 $\dot{q}=\sqrt{2gh}$로 주어진다. 해밀턴의 원리는 돌의 움직임은 (임의의 순간에 돌의 위치와 속도는) 작용량 $\int_{t_1}^{t_2} L(q,\dot{q},t)dt$를 최소화하도록 한다고 말해준다. 이것이 라그랑지 방정식이라고 불리는 오일러-라그랑지 방정식의 변형이다. 마지막으로 라그랑지 방정식은 운동방정식을 만들어 주는데, 낙하하는 돌의 경우 단순히 $d^2q/dt^2=-g$이다.

앞에서 언급한 바와 같이 뉴턴의 2법칙은 라그랑지 방정식으로부터 유도될 수 있다. 이것을 묘사하기 위해 질량 $m$의 입자의 1차원 운동을 생각하자. 그 입자에 보존력 $F$가 작용한다고 가정하자. 1차원에서는 $F$가 보존력이면 힘은 위치에너지 $V=V(x)$로부터 $F=-dV/dx$에 의해 얻을 수 있다. 라그랑지안은

$$L = T - V = \frac{1}{2}m\dot{x}^2 - V(x)$$

이고 라그랑지 방정식은

$$\begin{aligned} 0 &= \frac{d}{dt}\frac{\partial L}{\partial \dot{x}} - \frac{\partial L}{\partial x} = \frac{d}{dt}\left[\frac{\partial}{\partial \dot{x}}\left(\frac{1}{2}m\dot{x}^2 - V(x)\right)\right] - \frac{\partial}{\partial x}\left(\frac{1}{2}m\dot{x}^2 - V(x)\right) \\ &= \frac{d}{dt}(m\dot{x}) + \frac{\partial V(x)}{\partial x} = m\ddot{x} - F \end{aligned}$$

이다. 그래서 예상한대로

$$F = m\ddot{x}$$

9) 광학의 원리에서 한 점에서 다른 점까지 광선의 경로는 통과하는 시간을 최소화하도록 선택된다. 이것은 해밀턴의 원리의 특수한 경우이다.

이 된다.

따라서 뉴턴의 2법칙은 라그랑지 방정식의 결과이며 라그랑지 방정식은 해밀턴의 원리의 결과이다. 해밀턴의 원리가 뉴턴의 법칙보다 더 근본적이라고 결론지을지 모르지만 많은 물리학자들은 그렇게 생각하지는 않을 것 같다. 뉴턴의 법칙은 모든 물리학이 그것으로부터 유도된 기본 관계식이다. 해밀턴의 원리는 자연이 움직이는 방식을 묘사하는 아름답고 정교하며 우아한 방법이지만 물리 과정들을 이해하는데 요구되는 것은 아니다. 한편 뉴턴의 법칙은 자연을 이해하는데 필요하고 충분한 것이다. 뉴턴의 법칙이 없었으면 물리학(또는 물리학자들)은 없었을 것이다.[10)]

## 4.7 해밀턴의 방정식(옵션)

이 절에서 역학적 법칙의 다른 공식화가 논의된다. 그러나 먼저 *해밀토니안*이라고 부르는 양을 정의하자. 해밀토니안은 운동량과 위치의 함수이다. 하나의 입자에 대해 1차원 해밀토니안은 다음과 같이 정의 된다:

$$H(p,q,t) = p\dot{q} - L(q,\dot{q},t). \tag{4.17}$$

여기에서 $p$는 일반화 운동량, $q$는 일반화 좌표를 나타낸다. 라그랑지안은 위치, 속도와 시간의 함수 $L = L(q,\dot{q},t)$이다. 해밀토니안은 운동량, 위치와 시간의 함수 $H = H(p,q,t)$이다. 해밀토니안을 구하기 위해서는 최종적인 해밀토니안 표현이 어떠한 속도도 분명히 포함하지 말아야 한다!

1차원보다 높은 차원 및 하나보다 많은 입자에 대해 해밀토니안은

$$H = \sum_i p_i\dot{q}_i - L \tag{4.18}$$

이다. 3차원에서 $N$ 입자의 계에 대하여 더 분명하게 해밀토니안 함수를 쓰면

$$H(p_1,p_2,\ldots,p_{3N};q_1,q_2,\ldots q_{3N};t) = \sum_{i=1}^{3N} p_i\dot{q}_i - L(q_1,\ldots q_{3N};\dot{q}_1,\ldots \dot{q}_{3N};t)$$

10) "왜 자연은 항상 라그랑지안의 시간 적분을 최소화할가?"하고 의문이 생긴다. 저자는 이 질문에 답을 알지 못한다. 그러나 해밀턴의 원리는 물리적 우주가 구성된 방식의 표현이다. 그것은 어떻게 자연이 움직이는 방식이지만 왜 그렇게 움직이는지는 알지 못한다. (물리학은 어떻게는 말하지만 왜는 말하지 않는다.)

이 된다.

해밀토니안을 얻는다면 그것을 이용해 계의 운동방정식을 얻을 수 있다. 뉴턴의 제2법칙으로 표현되는 운동방정식은 위치에 대한 2차 미분방정식이다. 한편 해밀토니안 공식은 운동량과 위치에 대한 1차 미분방정식 2개가 된다. 그들은 각각

$$\dot{p}_i = -\frac{\partial H}{\partial q_i} \text{ and } \dot{q}_i = +\frac{\partial H}{\partial p_i} \tag{4.19}$$

이다. 이들이 해밀턴의 운동방정식이고 뉴턴의 제2법칙과 라그랑지 운동방정식과 완전히 동일하다.

해밀턴 방정식을 유도하는데 몇 가지 다른 방법이 있다. 한 가지 방법은 식 (4.18)로부터 시작해서 $H$의 미분을 다음과 같이 쓴다:

$$dH = \sum_i \left( p_i d\dot{q}_i + \dot{q}_i dp_i - \frac{\partial L}{\partial q_i} dq_i - \frac{\partial L}{\partial \dot{q}_i} d\dot{q}_i \right) - \frac{\partial L}{\partial t} dt\,.$$

괄호의 첫 항과 마지막 항을 소거하기 위해 일반화 운동량의 정의를 이용하고, 라그랑지 방정식을 이용하여

$$\frac{d}{dt}\frac{\partial L}{\partial \dot{q}_i} = \frac{d}{dt} p_i = \dot{p}_i = \frac{\partial L}{\partial q_i}$$

을 쓰면

$$dH = \sum_i (\dot{q}_i dp_i - \dot{p}_i dq_i) - \frac{\partial L}{\partial t} dt$$

을 얻을 수 있다. 한편 $H$의 미분을

$$H = H(p_i, q_i, t)$$

으로부터 구할 수도 있는데 그것은

$$dH = \sum_i \left( \frac{\partial H}{\partial p_i} dp_i + \frac{\partial H}{\partial q_i} dq_i \right) + \frac{\partial H}{\partial t} dt$$

이다. 이 두 가지 $dH$ 표현을 항별로 비교해서 식 (4.19) 및

$$\frac{\partial H}{\partial t} = -\frac{\partial L}{\partial t}$$

을 얻을 수 있다.

특정한 예를 보이기 위해 일정한 중력장 $g$의 영향 하에서 수직으로 움직이는 질량 $m$을 가진 입자의 해밀토니안을 생각하자. (예로 수직 위로 던진 질량 $m$의 공에 대한 해밀토니안과 해밀턴 방정식을 구한다.) 라그랑지안으부터 시작하자.

$$L = T - V = \frac{1}{2}m\dot{z}^2 - mgz.$$

일반화 운동량의 정의에 의하면

$$p = \frac{\partial L}{\partial \dot{z}} = m\dot{z}$$

그러므로

$$\dot{z} = \frac{p}{m}.$$

그러면 식 (4.17)은

$$\begin{aligned} H &= p\dot{z} - L = p\dot{z} - \frac{p^2}{2m} + mgz \\ &= p\left(\frac{p}{m}\right) - \frac{p^2}{2m} + mgz \\ &= +\frac{p^2}{2m} + mgz. \end{aligned}$$

이 된다. 여기에서 $\dot{z}$를 $p/m$으로 조심스럽게 대치하였다. 이 해밀토니안을 해밀톤 방정식에 대입하여 다음 운동방정식이 된다:

$$\begin{aligned} \dot{p} &= -\frac{\partial H}{\partial z} = -\frac{\partial}{\partial z}\left[\frac{p^2}{2m} + mgz\right] = -mg \\ \dot{q} &= \dot{z} = +\frac{\partial H}{\partial p} = \frac{\partial}{\partial p}\left[\frac{p^2}{2m} + mgz\right] = \frac{p}{m}. \end{aligned}$$

두 번째 식은 $\dot{z} = p/m$ 또는 $p = m\dot{z}$이며 이것은 바로 운동량의 정의이다. 첫 식은 $\dot{p} = -mg$ 또는

$$\frac{d}{dt}p = \frac{d}{dt}m\dot{z} = m\ddot{z} = -mg$$

이다. 즉 예상한대로 $\ddot{z} = -g$이다.

이제

$$\frac{p^2}{2m} = \frac{m^2v^2}{2m} = \frac{1}{2}mv^2 = T$$

와

$$V = mgz$$

이므로

$$H = T + V = E = \text{total energy}$$

이다. 그러므로 이 경우 $H = E$이다. 사실은 해밀토니안은 거의 항상 일반화 운동량과 위치로 표현되는 총에너지이다. 학생들은 $H$는 $E$와 항상 같다고 때때로 가정한다. 다음 조건은 언제 $H$가 일정하고 언제 $H$가 $E$와 같은지 말해준다.

1. 만일 라그랑지안이 시간의 분명한 함수가 아니라면 해밀토니안은 일정하지만 꼭 에너지와 같을 필요는 없다.
2. 변환식이 시간에 의존되지 않고 힘이 보존력이라면(즉 일이 경로에 무관하다면) 해밀토니안은 총에너지와 같으나 일정하지 않을 수 있다.
3. 구속과 변환식이 시간에 무관하고 힘이 보존력이고 위치에너지가 시간과 속도에 무관하면 해밀토니안은 총에너지와 같고 일정하다.

많은 계는 세 번째 조건을 만족시키며 해밀토니안을 쓸 때는 자주 (특히 양자역학 문제에서) 물리 전공학생은 간단히 $H = p^2/2m + V$라고 쓴다. 그러나 해밀토니안이 총에너지와 같지 않은 문제가 있으므로 이것은 위험할 수 있다. 다행히도 학부 물리학 과정에서는 아마도 이러한 상황은 없을 것이다.

학생들은 때때로 특정한 계에 대해 해밀토니안을 구해야 한다. 일반화 속도를 해밀토니안의 식에 포함시켜 쓰는 것은 보통 일어나는 잘못이다. 이렇게 해밀토니안을 쓰지 *말아야* 한다. $H = H(p, q, t)$이므로 $H$의 최종 식은 단지 운동량과 위치(그리고 가능한 경우 시간)만을 포함해야 한다.

마지막으로 새로운 좌표계로 변환한다면 새로운 일반화 운동량과 일반화 좌표의 집합을 얻게 된다. 이 새로운 좌표들이 해밀턴 방정식의 형태를 변하지 않게 유지시킨다면 그들을 "정준공액(canonical conjugates)"이라고 부른다. 우리는 더 이상 이 과제를 생각하지 않겠지만 독자들은 고급 과정에서 정준공액에 대해 많이 들을 것이다.

**예제 4.7**

양성자의 전기장의 영향 하에서 극좌표에서의 전자에 대한 해밀토니안을 쓰라. 전자는 평면에 놓인 궤도에서 움직일 것이다. 양성자는 정지해 있는 것으로 가정한다. (고전물리를 이용하라.)

**풀이**: 극좌표 $(r, \theta)$에서 이 계의 라그랑지안은 속도가

$$\mathbf{v} = \dot{r}\hat{\mathbf{r}} + r\dot{\theta}\hat{\boldsymbol{\theta}}$$

이라는 사실로부터 얻을 수 있으므로

$$T = \frac{1}{2}mv^2 = \frac{1}{2}m\left(\dot{r}^2 + r^2\dot{\theta}^2\right)$$

위치에너지는 쿨롱의 식

$$V = -\frac{e^2}{4\pi\epsilon_0 r}$$

으로부터 주어진다. 그러므로

$$L = T - V = \frac{1}{2}m\dot{r}^2 + \frac{1}{2}mr^2\dot{\theta}^2 + \frac{e^2}{4\pi\epsilon_0 r}.$$

일반화 운동량은

$$p_r = \frac{\partial L}{\partial \dot{r}} = m\dot{r}$$
$$p_\theta = \frac{\partial L}{\partial \dot{\theta}} = mr^2\dot{\theta}$$

이다. 그러므로 해밀토니안은

$$\begin{aligned} H &= \Sigma p_i\dot{q}_i - L \\ &= p_r\dot{r} + p_\theta\dot{\theta} - L \\ &= p_r\dot{r} + p_\theta\dot{\theta} - \left(\frac{1}{2}m\dot{r}^2 + \frac{1}{2}mr^2\dot{\theta}^2 + \frac{e^2}{4\pi\epsilon_0 r}\right) \end{aligned}$$

이다. $\dot{r}$을 $p_r/m$으로 $\dot{\theta}$를 $p_\theta/mr^2$으로 대치하면

$$
\begin{aligned}
H &= p_r \frac{p_r}{m} + p_\theta \frac{p_\theta}{mr^2} - \frac{1}{2} m \left(\frac{p_r}{m}\right)^2 - \frac{1}{2} mr^2 \left(\frac{p_\theta}{mr^2}\right)^2 - \frac{e^2}{4\pi\epsilon_0 r} \\
&= \frac{p_r^2}{m} + \frac{p_\theta^2}{mr^2} - \frac{1}{2}\frac{p_r^2}{m} - \frac{1}{2}\frac{p_\theta^2}{mr^2} - \frac{e^2}{4\pi\epsilon_0 r} \\
&= \frac{1}{2}\frac{p_r^2}{m} + \frac{1}{2}\frac{p_\theta^2}{mr^2} - \frac{e^2}{4\pi\epsilon_0 r}
\end{aligned}
$$

이 된다.

❒ 연습 4.11

자유입자의 해밀토니안을 쓰라. **답**: $p^2/2m$.

❒ 연습 4.12

한 학생이 일정한 중력장 영향 하에서 낙하하는 입자의 해밀토니안을 $H = \frac{1}{2} m\dot{z}^2 + mgz$로 썼다. 무엇이 잘못인가?

## 4.8 요약

운동방정식(들)을 구하기 위해서는 다음 중에 하나를 한다:

1. 자유체 도형을 그리고 $F = ma$를 적용하라. (즉 검토하여 운동방정식을 구하라.)
2. 라그랑지안을 쓰고 라그랑지 방정식을 적용하라.
3. 해밀토니안을 쓰고 해밀턴 방정식을 적용하라.

라그랑지안은

$$L = L(q_i, \dot{q}_i, t) = T - V$$

이며 라그랑지 방정식은

$$\frac{d}{dt}\left(\frac{\partial L}{\partial \dot{q}_i}\right) - \frac{\partial L}{\partial q_i} = 0\,; \quad i = 1, 2, ..., n$$

이다. $q_i$와 $\dot{q}_i$는 일반화 좌표와 일반화 속도이다. 일반화 운동량은

$$p_i = \frac{\partial L}{\partial \dot{q}_i}$$

으로 정의된다. 일반화 좌표 $q_i$가 라그랑지안에 나타나지 않는다면 그 좌표를 무시되는 좌표라고 부른다. 무시되는 좌표에 공액이 되는 일반화 운동량은 상수이다.

일반화 좌표의 수는 자유도의 수와 같다. 각 구속은 자유도의 수를 하나 줄인다. (따라서 각 구속은 일반화 좌표 수를 하나 줄인다.)

라그랑지 방정식은 변분법으로부터 얻는다. 그 변분법은 (시간, 거리, 면적 등과 같은) 어떤 주어진 매개변수에 대해 극값을 갖는 조건을 구하도록 한다. (물리)량

$$\int \Phi(x, y, y')dx$$

을 극소화 또는 극대화 하는 함수 $y = y(x)$를 구하기 위해서는 오일러-라그랑지 방정식

$$\frac{\partial \Phi}{\partial y} - \frac{d}{dx}\frac{\partial \Phi}{\partial y'} = 0$$

을 응용한다. 그러한 문제의 가장 어려운 관점은 범함수 $\Phi(x,y,y')$를 구하는 것이다.

마찬가지로 라그랑지 방정식은 해밀토니안의 원리로부터 얻는다. 이 원리는 역학계의 시간적 진전은

$$\text{Action} \equiv \int L dt$$

으로 정의 되는 작용량(action)을 최소화한다는 것이다. 작용량을 최소화하기 위해 변분법의 기술을 적용하면 라그랑지 방정식이 된다.

해밀토니안은

$$H \equiv \sum p_i \dot{q}_i - L$$

으로 정의 된다. 이 운동방정식(해밀턴 방정식)은

$$\dot{p}_i = -\frac{\partial H}{\partial q_i}, \quad \text{그리고} \quad \dot{q}_i = +\frac{\partial H}{\partial p_i}$$

이다.

## 4.9 문제

주: 문제 4.15로부터 4.20까지는 선택적인 4.6절에 있는 내용이다.

**[문제 4.1]** 반경이 $a$인 반구의 안쪽 표면을 미끄러지는 입자의 라그랑지안을 구하라. (싱크대 안의 비누덩어리 문제) 그림 4.7을 보라.

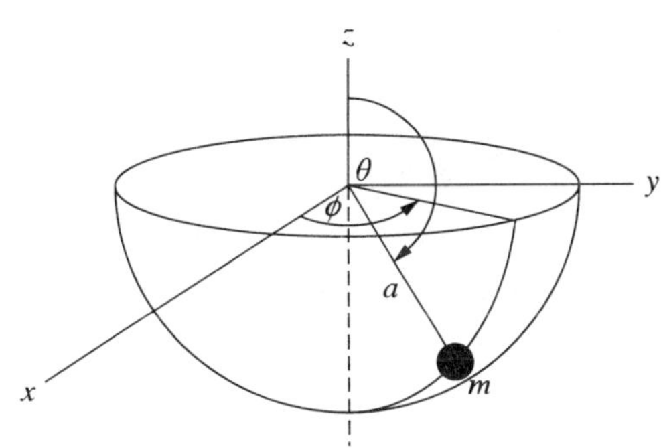


그림 4.7 ▌ 질량 $m$의 입자가 아주 매끄러운 반구의 표면 내면에서 미끄러진다.

**[문제 4.2]** 반경이 $R$인 원형 고리를 따라 마찰력이 없이 자유롭게 미끄러질 수 있는 질량 $m$의 구슬이 일정한 중력의 영향을 받고 있다. 그 원형 고리는 수직으로 서있고 수직축에 대해 일정한 각속도 $\omega$로 회전하고 있다. 그 고리의 질량이 없다고 가정하자. 구슬의 라그랑지안을 구하라.

**[문제 4.3]** 어떤 분자가 4개의 원자로 이루어져 있다. 그들 중 3개는 질량이 $M$이고 각각 한 변이 $a$인 정삼각형의 꼭지에 있다. 네 번째 원자는 질량이 $m$이고 정삼각형의 중심을 지나는 수직축에 따라 자유롭게 움직일 수 있다. 이 원자는 다른 원자들과 인력을 작용하며 그 인력은 거리에 비례한다고 가정하자. (질량 $m$의 원자가 질량 $M$의 원자들에게 힘의 상수 $k$의 용수철로 묶여 있다고 상상할 수 있다.) 이 계의 라그랑지안을 구하라.

**[문제 4.4]** 질량 $m$의 무거운 고리가 마찰이 없는 봉을 따라 미끄러진다. 그 봉은 한 쪽 끝이 벽의 받침대에 부착되어 있고 다른 쪽은 아래방향으로 걸려있어서 봉과 벽이 이루는 각은 $\alpha$이다. 상수 $k$인 용수철의 한 쪽 끝은 받침대에 부착되어 있고 다른 끝은 그 고리에 연결되어 있다. 이 계의 라그랑지안과 운동방정식을 구하여라. 그림 4.8을 보라.

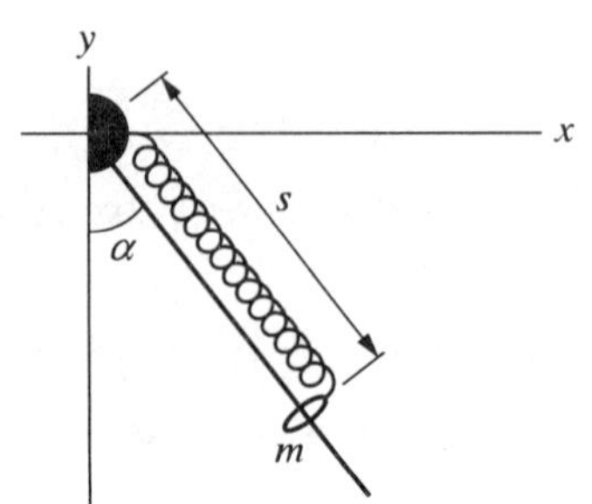


그림 4.8 ▌ 용수철에 연결된 고리가 기울어진 봉을 따라 자유롭게 미끄러진다.

**[문제 4.5]** 높은 수평 트랙 상에서 질량 $M$의 짐수레가 (마찰 없이) 자유로이 미끄러진다. 그 짐수레에 진자가 걸려 있는데 그 진자의 줄의 길이는 $l$이고 추의 질량은 $m$이다. 이 계의 라그랑지안을 구하라. 운동방정식을 구하여라. 어떤 좌표를 무시할 수 있는지를 생각하고 해당되는 운동 상수를 구하라. 그림 4.9를 보라.

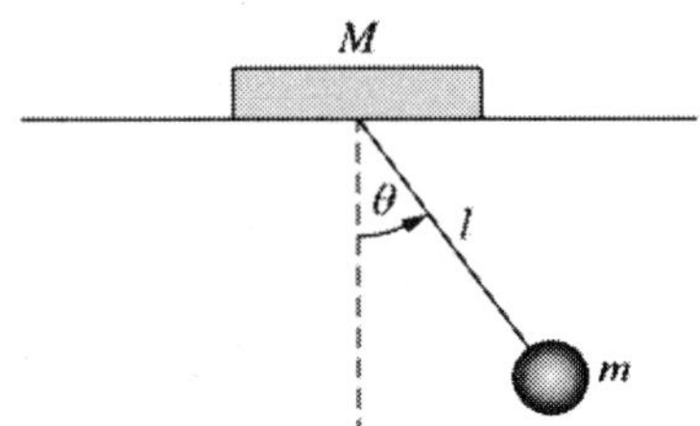


그림 4.9 ▌ 올린 궤도상에서 자유로이 미끄러지는 짐수레에 진자가 매달려 있다.

**[문제 4.6]** 구면 진자의 운동방정식을 구하라. 구면 진자는 평면상에서만 진동하도록 구속되지는 않는다.

**[문제 4.7]** 질량이 $M$이고 각이 $\alpha$인 쐐기가 마찰이 없는 수평면위에 있다. 직육면체이고 질량이 $m$인 상자가 그 쐐기위에 있다. 모든 표면에 마찰이 없어서 상자는 쐐기를 따라 미끄러지고 쐐기는 수평면위에서 반대 방향으로 미끄러진다. 이 두 물체의 가속도를 구하라.

**[문제 4.8]** 그림 4.10과 같이 두 질량과 세 용수철로 이루어진 계가 있다. 라그랑지안을 쓰라. 이 계에 대해 일반화 운동량들을 구하라. (힌트: 질량의 위치를 그들의 평형점으로부터 재어라.)

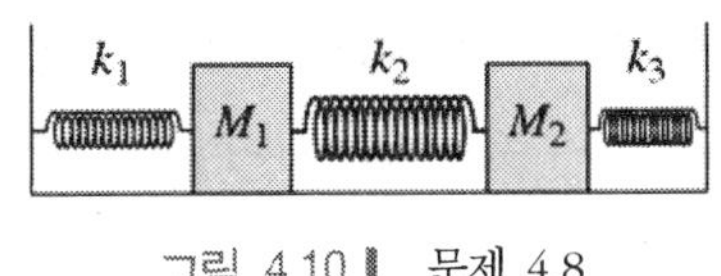


그림 4.10 ▌ 문제 4.8

**[문제 4.9]** 장난감 수레가 질량 $M$의 블록과 반경이 $R$이고 질량이 $m$인 원통형 바퀴 네 개로 이루어져 있다. 그것은 경사각 $\alpha$인 고정된 면을 따라 굴러 내려간다. 수레의 길이는 $d$이고 바퀴들의 위치는 수레의 질량중심으로부터 $\pm d/2$이다. 질량중심은 바퀴의 중심을 연결한 선위에 있다고 가정하라. 그림 4.11을 참조하라. 이 계의 라그랑지안을 구하라.

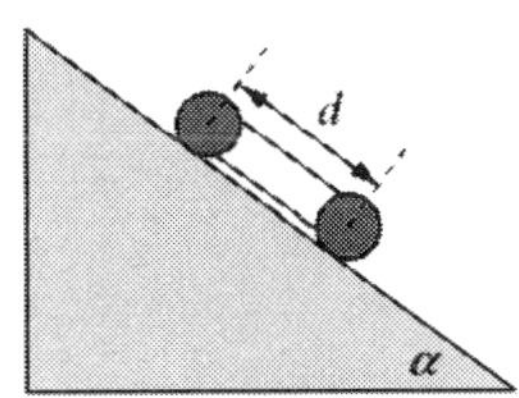


그림 4.11 ▌ 네 바퀴의 블록이 면을 따라 내려간다. 문제 4.9

**[문제 4.10]** 밧줄이 마찰 없는 도르래를 통과한다. 질량 $M$의 원숭이가 밧줄의 한쪽 끝에 매달려 있고 질량 $m$의 바나나 한 묶음이 다른 끝에 달려있다. $M > m$이므로 원숭이는 내려가며 바나나는 올라가서 원숭이로부터 점점 멀어진다. 자연히 원숭이는 밧줄을 타고 올라가기 시작한다. 그림 4.12를 보라. 다음의 두 가지 다른 가정에서 원숭이의 운동($x = x(t)$)을 구하라. (a) 원숭이가 밧줄에 대하여 일정한 속도로 올라간다고 가정하라. (b) 원숭이가 밧줄에 일정한 힘을 가한다고 가정하라.

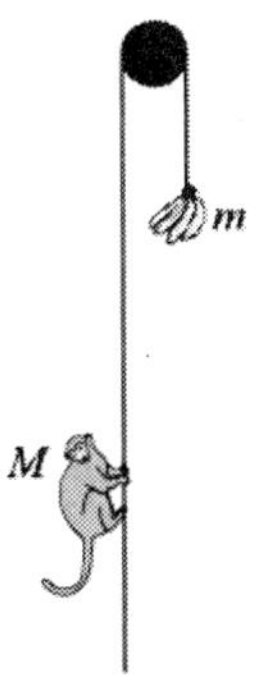


그림 4.12 ▌ 원숭이와 바나나. 문제 4.10

**[문제 4.11]** 질량이 $M$이고 각이 $\alpha$인 쐐기가 마찰이 없는 수평면위에서 자유로이 미끄러진다. 쐐기 위에 하나의 질량($m$)과 용수철이 연결되어 있어서 쐐기 위에서 질량 $m$이 상하로 미끄러지게 한다. 모든 표면은 마찰력이 없고 용수철은 질량이 없다. (a) 이 계의 라그랑지안을 쓰라. (b) 일반화 운동량들의 식을 쓰라. (c) 운동 방정식들을 구하라. 그림 4.13을 보라.

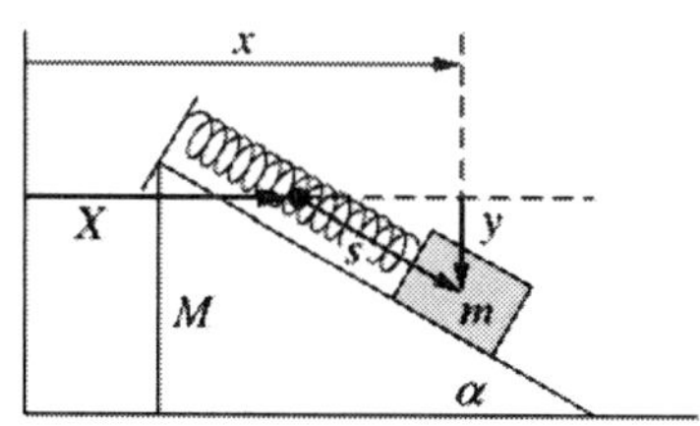


그림 4.13 ▌ 미끄러지는 쐐기위에 있는 블록과 용수철. 용수철의 중간에 있는 점은 블록의 평형 위치를 나타내며 어떤 고정된 점으로부터 거리 $X$에 있다. 용수철의 늘어난 길이는 평형점으로부터 잰다. 블록의 위치는 $x$와 $y$로 주어지며 $x = X + s\cos\alpha$의 관계가 있다.

**[문제 4.12]** 어떤 진자의 추의 질량이 $M$이고, 줄 대신에 상수 $k$의 질량이 없는 용수철에 추가 매달려 있다. 이 계가 좌우 그리고 상하로도 움직일 수 있지만 운동이 (수직인) 한 평면에 구속되어 있다. 운동방정식을 구하라.

**[문제 4.13]** 그림 4.14에 두 같은 질량 $m$이 보인다. 하나는 매달려있고 다른 하나는 마찰 없는 표면위에 있다. 그들은 질량이 없는 도르래를 지나는 이상적인 줄로 연결되어 있다. 표면위에 있는 질량은 상수 $k$의 질량이 없는 용수철로 고정된 점과 연결되어 있다. 도르래를 원점으로 잡는다. (a) 단일 변수로 그 계의 라그랑지안을 쓰라. (b) 운동방정식을 쓰라. (c) 계의 진동 주파수를 구하라.

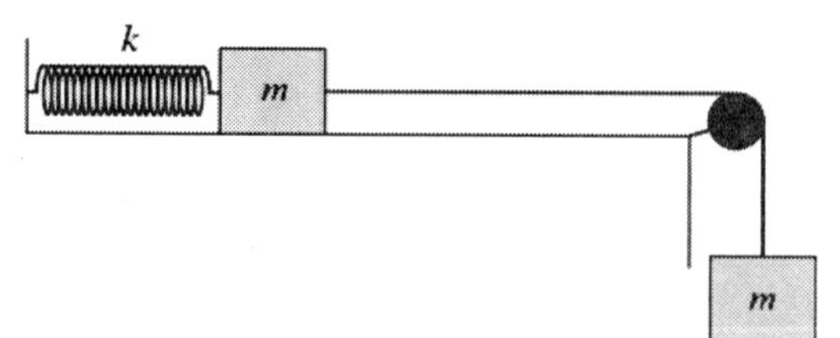


그림 4.14 ▌ 두 질량, 마찰 없는 표면, 용수철 및 이상적인 도르래.

**[문제 4.14]** 질량 $M$과 반경 $R$를 갖는 원판이 반경 $a$인 수직으로 놓인 원형 트랙위에서 앞뒤로 구른다. (a) 그 계의 라그랑지안을 쓰라. (b) 운동방정식을 구하라. (c) 원판이 앞뒤로 구르는 주기를 구하라. 진동의 진폭이 작다고 가정하라.

**[문제 4.15]** 구면 위에서 두 점 사이에 최단거리를 갖는 식을 찾고자 한다. 이 문제의 범함수(functional)를 구하라. (구면 좌표계를 이용하라.)

**[문제 4.16]** 굴절률이 $n$인 물질에서 빛의 속력은 $v = c/n = ds/dt$이다. 빛이 점 $A$로부터 점 $B$까지 가는데 걸린 시간은

$$\int_A^B \frac{ds}{v}$$

이다. Fermat의 최소시간의 원리를 이용하여 반사의 법칙과 굴절 법칙(Snell의 법칙)을 구하여라.

**[문제 4.17]** 다음의 적분이 극소 또는 극대가 되도록 $y = y(x)$ 관계식을 구하여라. 그 곡선의 모양은 무엇인가?

$$\int_{x_1}^{x_2} \left[(x)(1+y'^2)\right]^{1/2} dx.$$

**[문제 4.18]** 구슬이 철사를 따라 미끄러져 내려간다. 구슬이 철사의 위의 끝 위치에서 아래 끝 위치까지 최단 시간으로 미끄러져 내려가게 하기 위한 철사의 모양을 구하라. 이것을 "최속강하선(brachistochrone)"이라고 부른다.) 여기서 최소화하는 양은 시간이며 $dt = ds/v$인데 여기서 속력 $v$는 에너지의 보존으로 주어진다. 사실 독자에게 이 문제를 풀 것으로 기대할 수는 없다; 이 계를 묘사하는 범함수를 쓴다면 충분하다.[11)]

**[문제 4.19]** 지면 위 같은 높이에 두 걸이 못이 고정되어 있다. 밧줄이 두 걸이 못에 걸쳐 있고 양끝은 지면에 닿아 있다. 두 걸이 못 사이의 밧줄의 모양을 알고 싶다. 이 경우 최소화하는 양은 위치에너지이다. 적절한 범함수를 구하라.

---

11) 이 문제는 Bernoulli 형제들 중 한 명이 처음 고안한 문제였는데 당시의 과학자들에게 "도전 문제"로 낸 것이다. 뉴턴이 그 문제를 몇 시간 안에 풀었다고 한다. (당시 변분법은 아직 알지 못했었다!)

**[문제 4.20]** 곡선을 그린 다음에 $z-$축에 대해 그것을 회전시키며 "회전의 표면"을 형성하여 항아리를 디자인한다. 그 항아리가 최소의 표면 면적을 갖기를 바라는 것이다. 이 문제를 위한 범함수를 구하라. 기하학적인 이해를 위해 그림 4.15를 보라.

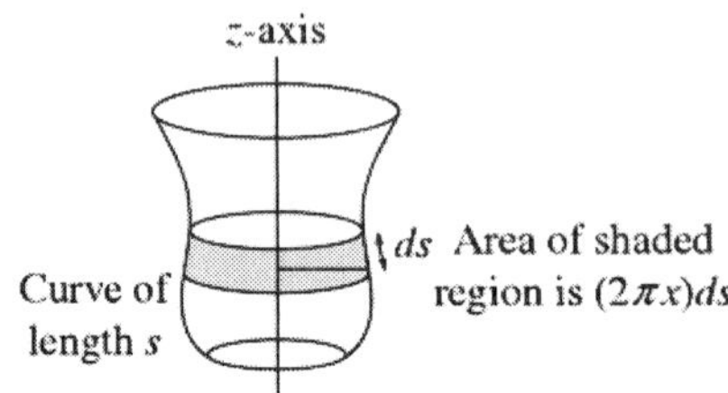


그림 4.15 ▌ 길이 $s$의 곡선이 한 축에 대해 회진하여 회전의 표면을 만든다.

**[문제 4.21]** 양자역학에서 운동량 $p$는 "운동량 연산자(momentum operator)" $-i\dfrac{h}{2\pi}\dfrac{\partial}{\partial x}$로 대체된다. 이러한 대체를 이용해서 자유입자의 양자역학적 해밀토니안 연산자를 쓰라. (양자역학에서는 $h/2\pi$은 보통 $\hbar$로 쓴다.)

**[문제 4.22]** Schrődinger 방정식을 다음과 같이 구하라: 위치에너지가 $V(x)$인 입자에 대하여 해밀토니안의 양자역학적 번역(version)을 쓰라. $H=E$로 놓고 연산자들이 함수 $\Psi(x)$에 작용하도록 하여라.

**[문제 4.23]** 평면 진자의 해밀토니안을 쓰고 그 계의 해밀턴의 운동방정식을 구하라.

**[문제 4.24]** 용수철에 달린 질량 $m$의 해밀토니안을 쓰고(그림 4.4에서처럼) 그 계에 대한 해밀턴의 운동방정식들을 얻어라.

## 컴퓨터 과제

*컴퓨터 기법* : 아래의 첫 컴퓨터 문제를 풀기위해 Mathematica 또는 Maple과 같은 컴퓨터 대수 체계(CAS)를 사용해야 한다. 여기에는 이 훌륭한 프로그램들의 세부사항을 다룰 공간과 시간이 없지만 독자는 그러한 체계중 하나의 기초를 배워야 한다. 그들은 쉽게 구할 수 있다. 예를 들면 Matlab은 Maple 커널을 사용하는 기호적인

계산(symbolic computation)을 통합한다. (Maple은 캐나다의 Waterloo 대학교에서 처음 개발한 CAS이며 최근에는 Zurich-Einstein의 Alma Mater에 있는 ETH에서 개발했다.) Matlab에서 예로 $y = \cos^2 x + \sin^2 x$의 식을 얻고 싶다면 명령

```
syms x y z
```

을 이용해서 $x$, $y$와 $z$를 단순히 기호 변수로 선언한 다음

```
y = cos(x)^2+sin(x)^2
```

로 쓴다. 그 다음

```
simplify(y)
```

이라고 쓴다. 그러면 (물론) $y = 1$을 얻을 것이다.

다른 예는

```
z = sin(x)/cos(x)
```

을 쓴 다음

```
simple(z)
```

을 쓰면

```
z = tan(x)
```

을 얻는다. 물론 독자는 더 많은 정보를 얻기 위해 "help" 파일에 상담해야 할 것이다. 그러나 Maple을 사용하기는 어렵지 않다는 것을 보장한다.

**[컴퓨터 과제 4.1]** Maple과 같은 기호의 manipulator를 사용하여 이중 평면 진자의 해밀토니안을 구하라.

**[컴퓨터 과제 4.2]** 이중 진자의 운동을 풀어라. 두 진자는 같은 질량을 갖고 두 줄의 길이는 0.1 m라고 가정하자. 몇 가지 초기 조건에 대해 운동의 예를 계산하라.

**[컴퓨터 과제 4.3]** 5 m 높이의 절벽에서 수평방향으로 20 m/s의 초기속도로 2 kg의 물체를 발사했다. 그 물체는 포물선 경로를 따른다. 물체는 발사점으로부터 수평으로 20.2 m의 거리의 지면에 떨어지고 공중에서 1.01초 동안 있을 것이다. 이 과제의 목적은 이 과정의 작용량을 계산하는 것이다. 작용량은 적분 $\int Ldt$로 정의되는데 여기서 $L = T - V$이다. 포물체의 실제 경로에 대한 작용량 값을 구하는 컴퓨터 프로그램을 만든 후에 같은 두 끝 점 사이의 그리고 같은 시간이 걸리는 다음의 가상적인 경로의 작용량의 값을 구하라. 가상적인 경로는 (0, 5)로부터 (20.2, 0)까지 일정한 20.6 m/s의 속력으로 직선을 따라 가는 것이다. 임의의 동력학계에 대해 실제 경로는 항상 작용량을 최소화 하므로 그 가상적인 경로에 대한 작용량은 실제 경로에 대한 작용량보다 크다는 것을 컴퓨터 계산으로 알 수 있을 것이다. 또 두 끝 점 사이의 다른 경로들을 구성해서 그들의 작용량이 실제 경로의 작용량보다 크다는 것을 보여라. (제안: 작은 시간간격[약 1/1000초]을 이용하고, 각 시간간격에 $L$의 값을 얻고 $L(t)\Delta t$ 양들을 합하여 시간 적분을 산정하라.)

CHAPTER

# 5

# 에너지 보존

이 장에서는 1.3절의 복습보다 더 엄격한 방식으로 에너지보존을 분석한다. 여기에서 에너지 도표, 계량(metrics)의 개념과 델 연산자(del operator)와 같은 여러 다른 유용한 개념을 접하게 된다. 여기에서 설명되는 기법은 매우 자주 이 과정뿐만 아니라 다른 고급물리학 과정에서도 이용된다.

## 5.1 일-에너지 정리

물체를 한 장소에서 다른 장소로 밀 때 그 물체에 일을 한다. 정확히 말하면 점 1로부터 점 2로 위치가 변하는 동안 힘 F가 입자에 한 일은

$$W = \int_{\mathbf{r}_1}^{\mathbf{r}_2} \mathbf{F} \cdot d\mathbf{s} \tag{5.1}$$

으로 정의된다. 여기에서 F는 $d\mathbf{s}$만큼 변위하는 동안 입자에 가한 힘이다. 변위가 없으면 한 일이 없다. 정의상 변위 $d\mathbf{s}$은 힘의 작용점의 변위이다. 입자에 대해서는 이것이 그 입자의 변위이다. 부피를 가진 강체에 대해서는 $d\mathbf{s}$는 질량중심의 변위를 말한다.[1)]

1) 일의 정의는 때때로

$$W = \int \mathbf{F} \cdot d\mathbf{r}$$

으로 쓴다. 이 정의는 $d\mathbf{r}$이 물체의 변위를 나타내지만 꼭 $\hat{\mathbf{r}}$방향이 아니기 때문에 어떤 혼동을 일으킬 수 있다. 변위가 $\hat{\mathbf{r}}$방향으로 일어나지 않다면 $d\hat{r} = dr\hat{\mathbf{r}}$로 쓰는 것은 *잘못*이다. 예를 들면 구면좌표계에서는

$$d\mathbf{r} = dr\hat{\mathbf{r}} + rd\theta\hat{\boldsymbol{\theta}} + r\sin\theta d\phi\hat{\boldsymbol{\phi}}$$

이다. 혼동을 피하기 위해서 이 장에서는 무한소 벡터 변위로 $d\mathbf{s}$를 쓰기로 한다.

물체에 일을 하는 것은 그것의 운동에너지를 증가시키는 것이라고 가정하는 것은 그럴 듯하다. 크기가 있는 물체에 대해 이것은 병진운동의 운동에너지와 마찬가지로 회전의 운동에너지를 포함한다. 입자는 회전할 수 없으므로 당분간 입자에 가한 일을 생각하는 것이 가장 쉽다. 일과 운동에너지 사이의 관계는 **일-에너지 정리**로 표현된다:

**일-에너지 정리. 변위하는 입자에 작용하는 알짜 외력이 그 입자에 한 일은 그 입자의 운동에너지의 증가와 같다.**

이 정리는 입자에 작용하는 모든 힘에 의해 행한 총 또는 알짜 일을 말한다.

이 정리의 증명은 아주 간단하다. $\mathbf{F}$를 질량 $m$인 입자에 작용하는 알짜 힘이라고 하자. 그러면 정의 $\mathbf{v}=\frac{d\mathbf{s}}{dt}$와 뉴턴의 2법칙 $\mathbf{F}=m\frac{d\mathbf{v}}{dt}$을 이용하여

$$W=\int_{\mathbf{r}_1}^{\mathbf{r}_2}\mathbf{F}\cdot d\mathbf{s}=\int_{t_1}^{t_2}\mathbf{F}\cdot\mathbf{v}\,dt=\int_{t_1}^{t_2}m\frac{d\mathbf{v}}{dt}\cdot\mathbf{v}\,dt$$

을 쓸 수 있다. 여기에서

$$\frac{d}{dt}(v^2)=\frac{d}{dt}(\mathbf{v}\cdot\mathbf{v})=\frac{d\mathbf{v}}{dt}\cdot\mathbf{v}+\mathbf{v}\cdot\frac{d\mathbf{v}}{dt}=2\frac{d\mathbf{v}}{dt}\cdot\mathbf{v}$$

그러므로

$$m\frac{d\mathbf{v}}{dt}\cdot\mathbf{v}=\frac{1}{2}m\frac{d}{dt}(v^2)=\frac{d}{dt}(\frac{1}{2}mv^2)$$

그래서

$$W=\int_{\mathbf{r}_1}^{\mathbf{r}_2}\mathbf{F}\cdot d\mathbf{s}=\int_{t_1}^{t_2}\frac{d}{dt}(\frac{1}{2}mv^2)dt=\int_{T_1}^{T_2}d(T)=T_2-T_1=\Delta T$$

이며 정리가 증명된다.

이 증명에서 두 가지 주의할 점이 있다. 하나는

$$\frac{d}{dt}v^2=2\frac{d\mathbf{v}}{dt}\cdot\mathbf{v}$$

이라는 사실이다. 이 관계를 기억하면 많은 문제를 푸는데 도움이 된다. 여러분이 알아야할 다른 하나는 적분의 변수를 변경할 때 적분의 한계가 해당변수에 맞게 변경되는 방식이다. 변수를 변경할 때마다 그 한계들도 바꾸는 것을 확인하라!

## 5.2 경로를 따른 일: 선 적분

식 (5.1)은 입자가 한 점으로부터 다른 점으로 변위하면서 힘으로부터 받은 일은 두 입자사이의 경로에 의존된다. 어떤 경우에는 일이 경로에 무관하다; 그러한 경우 힘은 "보존력"이라고 불리며 곧 공부하게 될 어떤 특수한 성질을 갖는다. 그러나 일반적으로 한 경로를 따라 한 일은 다른 경로를 따라 한 일과 다르다. 그러므로 일을 셈하기 위해서는 자주 *경로* 또는 *선 적분*을 셈해야 한다.

선 적분의 예는 입자가 곡선 $C$로 묘사되는 경로를 따라 움직일 때 힘 $\mathbf{F}$가 한 일이다:

$$W = \int_C \mathbf{F} \cdot d\mathbf{s}.$$

선 적분의 값을 구하는 두 가지 방법을 묘사한다. 첫 번째는 힘과 변위를 데카르트 좌표계에서 표현한다. 따라서

$$\mathbf{F} = F_x\hat{\mathbf{i}} + F_y\hat{\mathbf{j}} + F_z\hat{\mathbf{k}}$$

이고

$$d\mathbf{s} = dx\hat{\mathbf{i}} + dy\hat{\mathbf{j}} + dz\hat{\mathbf{k}}$$

이다. 그래서

$$W = \int_C \mathbf{F} \cdot d\mathbf{s} = \int_C F_x dx + \int_C F_y dy + \int_C F_z dz.$$

여기에서 곡선 $C$를 따라 그 3 적분의 값을 구한다.

**예제 5.1**

하나의 입자에 힘

$$\mathbf{F} = (ax^3 + bxy^2)\hat{\mathbf{i}} + (ay^3 + bx^2y)\hat{\mathbf{j}}$$

이 작용한다. 입자가 원점으로부터 점 (2,1)까지 직선을 따라 움직이면서 이 힘이 입자에 행한 일을 구하라.

**풀이**: 일의 정의를 이용해서

$$\begin{aligned} W &= \int_C \mathbf{F} \cdot d\mathbf{s} = \int_C F_x dx + \int_C F_y dy \\ &= \int_C (ax^3 + bxy^2) dx + \int_C (ay^3 + bx^2y) dy\,. \end{aligned}$$

그 직선을 따라 $x$와 $y$ 사이의 관계는 $y = mx$이다. 여기서 $m = 1/2$이다. 첫 적분에서 $y$를 $x/2$로 바꾸고(그래서 $y$를 $x$의 함수로서 표현하기) 두 번째 적분에서 $x = 2y$(그래서 $x$를 $y$의 함수로서 표현하기)를 쓴다. 그러면

$$\begin{aligned} W &= \int_{x=0}^{2} \left[ax^3 + bx(x/2)^2\right] dx + \int_{y=0}^{1} \left[ay^3 + b(2y)^2 y\right] dy \\ &= \int_{x=0}^{2} (a + b/4)\, x^3 dx + \int_{y=0}^{1} (a + 4b)\, y^3 dy \\ &= (a + b/4)\frac{2^4}{4} + (a + 4b)\frac{1}{4} = \frac{17}{4}a + 2b. \end{aligned}$$

이 예에서 이용한 기법은 데카르트 좌표계에서 곡선의 식이 되도록 요구한다. 분명히 이 절차는 즉시 다른 좌표계로 일반화될 수 있다.

이 두 번째 접근은 원리상 첫 접근과 같지만 어떤 상황에는 적용하기가 더 쉬울 수 있다. 이 접근은 곡선을 따른 운동에 대해 위치가 단일 변수, 예를 들어 $\lambda$로 묘사될 수 있다는 사실에 근거한다. 이 단일 독립변수는 어떤 시작점으로부터 곡선을 따른 거리, 시간, 또는 (아래의 예제에서 각 $\theta$와 같은) 어떤 다른 매개변수일 수 있다. 그러면 F와 $d$s 모두 $\lambda$로 쓰면 적분 $\int \mathrm{F} \cdot d\mathrm{s}$는 *하나의* 변수에 대한 *단일* 적분으로 환원할 수 있다. 따라서 $\mathrm{F} = \mathrm{F}(\lambda)$이고 $\mathrm{s} = \mathrm{s}(\lambda)$이면

$$W = \int_C \mathbf{F}(\lambda) \cdot d\mathbf{s} = \int_C \mathbf{F}(\lambda) \cdot \frac{d\mathbf{s}}{d\lambda} d\lambda.$$

마지막 적분은 여러 가지 방식으로 표현될 수 있다. 예를 들면 F가 데카르트 좌표로 주어지면 적분은

$$W = \int_{s_1}^{s_2} \left( F_x \frac{dx}{d\lambda} + F_y \frac{dy}{d\lambda} + F_z \frac{dz}{d\lambda} \right) d\lambda$$

로 쓴다.

**예제 5.2**

다음 힘 F를 생각하자.

$$\mathbf{F} = \frac{-y}{x^2 + y^2}\hat{\mathbf{i}} + \frac{x}{x^2 + y^2}\hat{\mathbf{j}}.$$

그림 5.1과 같이 (−1,0)로부터 (+1,0)까지 반원의 경로를 따라 $\int_C \mathbf{F} \cdot d\mathbf{s}$ 값을 구하라.

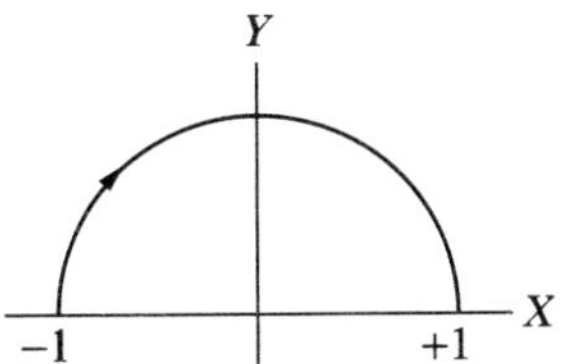


그림 5.1 (−1,0)으로부터 (1,0)까지 반원 경로

**풀이**: 경로의 모양을 보면 극좌표를 쓰고 매개변수로서 각 $\theta$를 이용하는 것이 편리함을 알 수 있다. 반원의 반경이 단위이므로 $x = \cos\theta$이고 $y = \sin\theta$이며 $x^2 + y^2 = 1$이다. 매개변수를 $\theta$로 하여 $F_x = -\sin\theta/(\sin^2\theta + \cos^2\theta)$이며 $F_y$도 유사하다는 것을 유의하라.

$$W = \int_{\theta=\pi}^{\theta=0} \left( F_x \frac{dx}{d\theta} + F_y \frac{dy}{d\theta} \right) d\theta = \int_{\pi}^{0} (\sin^2\theta + \cos^2\theta)\, d\theta = \int_{\pi}^{0} d\theta = -\pi\,.$$

❐ 연습 5.1

전기장 E의 영향을 받는 하전 입자가 힘 $q\mathbf{E}$를 받는다. 전기장이 일정하다고 가정하고 그림 5.2(a)에서 묘사된 닫힌 경로에 대해 이 힘이 한 일을 구하여라. 결과가 경로를 시계방향 및 반시계방향으로 지나가는지에 따라 다른가?
**답**: 영, 아니오.

❐ 연습 5.2

입자가 (0,0)으로부터 (3,18)미터까지 움직일 때 그림 5.2(b)에서 묘사된 포물선 경로를 따라 힘 $\mathbf{F} = y\hat{\mathbf{i}} + x\hat{\mathbf{j}}$ N이 한 일을 구하여라. **답**: 54 J.

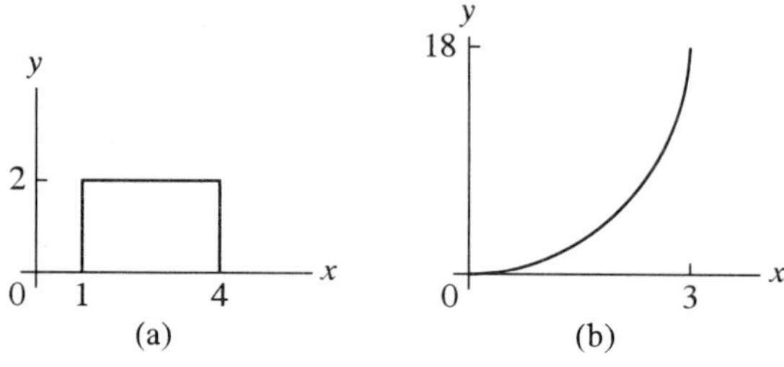


그림 5.2 ▌ (a) 닫힌 경로. 꼭지점이 (1,0), (1,2), (4,2)와 (4,0). (b) 원점과 점 (3,18)을 통과하는 포물선 경로.

## 5.3 위치에너지

힘은 벡터이다. 벡터는 단지 약 100년 전에 발명했을 뿐이지만 그것이 없이는 물리학을 하는 것을 상상하기가 힘들다. 그럼에도 불구하고 때때로 스칼라 양을 취급하기가 더 쉽다. 아마도 독자가 알듯이 위치에너지라고 부르는 *스칼라* 양으로 표현될 수 있는 어떤 힘들이 있다. 위치에너지로 표현될 수 있는 힘의 예는 정전기력, 중력과 용수철의 힘 등이 있다. 스칼라는 보통 우리 생활을 더 단순하게 하기 때문에 가능한 한 스칼라를 이용하는 것이 좋다.

두 물체 사이의 중력인

$$\mathbf{F} = -\frac{GM_1M_2}{r^2}\hat{\mathbf{r}}$$

의 형태로 쓰인다. 유사하게 정전기력은

$$\mathbf{F} = \frac{Q_1Q_2}{4\pi\epsilon_0}\frac{\hat{\mathbf{r}}}{r^2}$$

이다. 두 경우에 힘은

$$\mathbf{F} = \frac{k}{r^2}\hat{\mathbf{r}}$$

형태이다. 함수 $V = V(r)$를

$$V = \frac{k}{r}$$

로 정의하면 그 함수의 미분은

$$\frac{dV}{dr} = -\frac{k}{r^2}$$

이고

$$F = -\frac{dV}{dr}$$

이다. 독자는 $V$의 미분이 힘의 크기의 음이라는 것을 안다. (독자가 아마도 알아차리겠지만 $V$ 양은 위치에너지이다. 그러나 $V$의 물리적 의미에 관해서 아직 염려할 필요가 없다. 곧 그것을 다룬다. 단지 $V$의 미분이 힘과 관련되는 것이라고 생각하라.)

둘째 예로 그림 4.4에서 묘사된 것처럼 질량 $m$의 물체에 힘을 작용하는 늘어난 용수철을 생각하라. 용수철이 가하는 힘은 $\mathbf{F} = -kx\,\hat{\mathbf{i}}$ 이다. $V = \frac{1}{2}kx^2$ 이면

$$\frac{dV}{dx} = kx = -F$$

이고

$$F = -\frac{dV}{dx}$$

이다.

앞의 두 예제에서 $F$를 $-dV/dr$ 또는 $-dV/dx$로 바꾸면 단지 힘의 *크기*만 알 수 있고 방향은 모른다. 위치에너지로부터 힘의 크기와 방향을 모두 아는 방법이 있는가? 그렇다. 그러나 논의를 진행하기 전에 "델(del)"이라고 부르는 수학적인 부호의 성질을 생각하기로 하자.

### 5.3.1 델 연산자

델 연산자는

$$\nabla \equiv \hat{\mathbf{i}}\frac{\partial}{\partial x} + \hat{\mathbf{j}}\frac{\partial}{\partial y} + \hat{\mathbf{k}}\frac{\partial}{\partial z} \tag{5.2}$$

로 정의된다. 델은 *연산자*이다. 즉 그것은 한 함수에 작용해서 다른 함수를 만드는 수학적인 객체이다.

델과 관련된 3가지 종류의 연산에 흥미를 갖는다. 이들은

| | |
|---|---|
| $\nabla f$ | 스칼라 함수 $f$의 **기울기**(gradient) |
| $\nabla \cdot \mathbf{F}$ | 벡터 함수 F의 **발산**(divergence) |
| $\nabla \times \mathbf{F}$ | 벡터함수 F의 **회오리**(curl). |

*기울기*는 *벡터*를 발생시키고 *발산*은 (내적으로서) *스칼라*를 발생시키고 *회오리*는 (외적으로서) *벡터*를 발생시킨다.

### 기울기

먼저 기울기 $\nabla f$를 생각하자. 여기서 $f = f(x,y,z)$이다. 델의 정의를 이용하면

$$\text{gradient of } f = \mathbf{grad}\ f = \nabla f = \hat{\mathbf{i}}\frac{\partial f}{\partial x} + \hat{\mathbf{j}}\frac{\partial f}{\partial y} + \hat{\mathbf{k}}\frac{\partial f}{\partial z} \tag{5.3}$$

이 된다. 예를 들면 $f = f(x,y,z) = 3x + 2y^2$이면

$$\mathbf{grad}\ f = \left(\hat{\mathbf{i}}\frac{\partial}{\partial x} + \hat{\mathbf{j}}\frac{\partial}{\partial y} + \hat{\mathbf{k}}\frac{\partial}{\partial z}\right)(3x + 2y^2) = 3\hat{\mathbf{i}} + 4y\hat{\mathbf{j}}$$

이다. 스칼라 함수 $f = 3x + 2y^2$의 기울기가 $3\hat{\mathbf{i}} + 4y\hat{\mathbf{j}}$를 만들었다. 스칼라 함수의 기울기는 벡터를 발생시킨다는 사실은 기울기의 가장 중요한 성질 중 하나이다.

기울기의 기하학적인 해석은 아주 재미있다. 가장 잘 이해하기 위해 특정한 예를 생각하자. 그림 5.3은 보통의 지형도에서처럼 등고선 지도이고 그것은 두 산을 포함한 한 지역의 모양을 묘사한다. 그림의 곡선은 등고선 또는 고도의 "등치선"[2], 즉 높이 또는 고도가 같은 값을 갖는 점들을 잇는 선이다. 그림에서 지도는 두 정상을 보이는데 하나가 다른 하나보다 높다. (적어도 원리상) 지도에서 임의의 점 $(x,y)$에서 해면으로부터의 높이를 주는 $h = h(x,y)$ 형의 식을 구할 수 있다.

---

2) 일반적으로 하나의 등치선은 지도상에서 같은 수치 값을 갖는 모든 점을 지나는 선이다. 일기도에서 그려지는 온도 등치선은 "등온선(isotherms)"이고 기압 등치선은 "등압선(isobars)"이다.

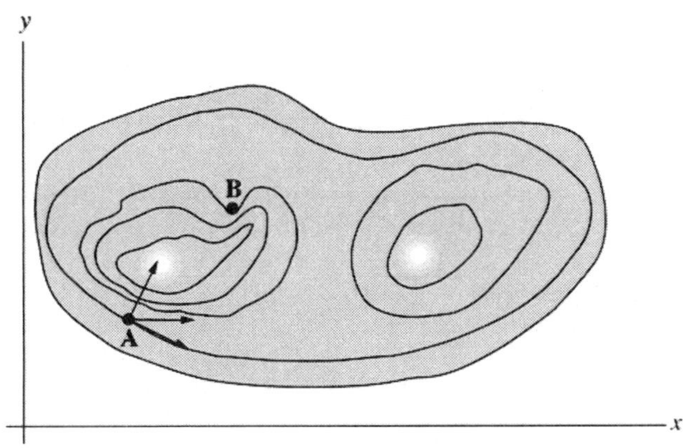


그림 5.3 ▌ 두 산의 등고선 도면(고도 등치선).

산의 어떤 위치, 예를 들어 표시된 점 A에 있다면 그 점으로부터 바로 정상을 향해 등산하거나(매우 가파른 등산) 점 A를 지나는 등고선을 따라 걸을 수 있다. 후자는 수평 도보(level walk)이다. 등고선을 따라 걸으면 해면으로부터 고도는 변하지 않는다($dh = 0$). 그림을 보면 3개의 화살표 중 어느 것이 가장 가파른 길의 방향 표시인지 알 수 있다. 그것은 물론 등고선이 가장 밀집되어 있어서 그 쪽으로 움직이면 가장 많은 수의 등고선을 자르게 되는 방향의 화살표이다. 이것이 기울기 $\nabla h$의 방향이다. 기울기는 꼭 산의 정상을 향할 필요는 없다. (점 B에서 $\nabla h$의 방향은 무엇인가?)

기울기 $\nabla h$방향은 가장 가파르게 올라가는 방향이고 $\nabla h$의 크기는 그 방향으로 올라갈 때의 "경사도(steepness)"임을 증명하기는 어렵지 않다.[3)]

임의의 스칼라 함수의 미분을 먼저 생각하자. 미적 수업에서 배웠듯이 $u = u(x,y,z)$와 같은 몇 개의 변수를 갖는 함수의 미분은

$$du = \frac{\partial u}{\partial x}dx + \frac{\partial u}{\partial y}dy + \frac{\partial u}{\partial z}dz$$

이다. 잠시 $du$에 대한 이 식을 기억하자. $\nabla u$와 무한소 변위 벡터 $d\mathbf{s}$의 내적을 생각하자.

$$d\mathbf{s} = dx\hat{\mathbf{i}} + dy\hat{\mathbf{j}} + dz\hat{\mathbf{k}}$$

3) "가파르기"는 주어진 변위에 대해 $h$의 변화를 뜻한다.

이므로 그 내적은

$$\begin{aligned}\nabla u \cdot d\mathbf{s} &= \left(\hat{\mathbf{i}}\frac{\partial u}{\partial x} + \hat{\mathbf{j}}\frac{\partial u}{\partial y} + \hat{\mathbf{k}}\frac{\partial u}{\partial z}\right) \cdot \left(dx\hat{\mathbf{i}} + dy\hat{\mathbf{j}} + dz\hat{\mathbf{k}}\right) \\ &= \frac{\partial u}{\partial x}dx + \frac{\partial u}{\partial y}dy + \frac{\partial u}{\partial z}dz\end{aligned}$$

이다. 그러나 이것은 정확히 $du$이다. 그러므로

$$du = \nabla u \cdot d\mathbf{s}. \tag{5.4}$$

식 (5.4)로 주어진 관계는 중요하므로 어떤 사람은 그것을 $du$의 정의로 간주한다. (그것은 $du$ 또는 $\nabla u$ 중 어떤 것을 더 근본적인 양인가로 여기는 것에 달려있다.) 나는 식 (5.4)를 "미분의 벡터적 정의"라고 부르겠다.

식 (5.4)에 의하면

$$\int_1^2 \nabla u \cdot d\mathbf{s} = \int_1^2 du = u_2 - u_1$$

인데 이것은 점 1로부터 점 2까지의 변위로 인한 $u$의 변화이다.

$\nabla u$와 $d\mathrm{s}$는 모두 벡터이다. 그들의 내적인 $du$는 벡터 $\nabla u$와 $d\mathrm{s}$ 사이의 각의 함수이다. 내적의 정의로부터 $d\mathrm{s}$가 $\nabla u$와 직각이면 $\nabla u \cdot d\mathrm{s} = 0$이고 따라서 $du = 0$이다. $d\mathrm{s}$가 변위이므로 이것은 $\nabla u$에 직각인 변위에 대해 $u$가 변화하지 않는다는 것을 보여준다. 그러므로 일정한 $u$ 값의 선(등고선)상에서의 변위는 함수값의 변화를 초래하지 않기 때문에 등고선이 $\nabla u$에 직각이어야 한다. (사실은 우리가 $u = u(x, y, z)$를 3차원 함수로서 정의했기 때문에 일정한 $u$의 곡면이 $\nabla u$에 직각이라고 말했어야 했다.)

마찬가지로 변위 $d\mathrm{s}$가 $\nabla u$에 평행할 때 즉 $\nabla u$의 방향을 가질 때 $du = \nabla u \cdot d\mathrm{s}$가 최대의 변화를 갖는다. 변위에 대해 $du$의 가장 큰 변화는 가장 가파른 상승의 경로를 따라서 일어나므로 $\nabla u$는 가장 가파른 증가의 방향을 향한다. 더욱이 $du = |\nabla u||d\mathrm{s}|\cos\theta$이고 $du$의 최대값은 $\cos\theta = 1$일 때 나타나므로

$$\left|\frac{du}{ds}\right|_{\max} = |\nabla u|$$

이 된다. 즉 $\nabla u$의 크기는 단위 변위 당 $u$의 최대 증가 값이다.

앞의 논의를 요약하면 기울기(gradient)의 *방향*과 *크기*는 각각 스칼라 함수가 가장 큰 변화를 갖는 방향과 단위 변위 당 그 함수의 최대 변화이다.

❐ 연습 5.3

한 구의 표면이 $x^2+y^2+z^2=\text{constant}$으로 묘사된다. 이 함수의 기울기(gradient)가 반지름방향으로 향한다는 것을 보여라.

❐ 연습 5.4

점 (1,2,3)에서 함수 $f=5x^3+6y^2+2z$의 경사도를 구하여라.

**답**: $15\hat{\mathbf{i}}+24\hat{\mathbf{j}}+2\hat{\mathbf{k}}$.

❐ 연습 5.5

등축 원통들의 집합이

$$f(x,y,z)=x^2+y^2=constant$$

으로 묘사된다. $\nabla f$가 축으로부터 밖으로 나아가는 방향으로 향한다는 것을 보여라.

❐ 연습 5.6

잔잔한 물속에서 압력은 $P=\rho gz+P_0$로 주어진다. 여기에서 $P_0$는 대기압이고 $z$는 수면 아래의 깊이이다. 기압의 최대 증가 방향이 곧바로 아래쪽임을 보여라. (다른 부호를 얻었다면 $z$가 아래쪽으로 증가한다고 생각하지 않았기 때문이다!)

### 5.3.2 힘과 위치에너지 사이의 관계

위치에너지는 위치에 대한 미분이 힘의 크기가 되는 함수이다. 그러나 식 $F=-dV/dr$과 $F=-dV/dx$는 힘의 크기를 줄 뿐이고 방향은 주지 않는다. 아직 설명이 완전하지 못하다. (독자가 아마도 지금까지 짐작한 바와 같이) 위치에너지의 기울기가 힘과 관계가 있는 것으로 된다. 특히 *힘은 위치에너지의 음의 기울기(negative gradient)와 같다*. 부호로는

$$\mathbf{F} = -\nabla V \tag{5.5}$$

이다. 이 등가는 벡터함수 F 대신에 스칼라함수 $V$를 이용할 수 있다는 의미이다. 이것은 계산을 현저히 단순화하기 때문에 문제를 푸는데 큰 이점이 된다. (기초 전기 강의에서 Coulomb의 법칙을 직접 적용해서 전기장 E를 구하는데 전기장 E를 성분으로 나누고 다음에 전하분포를 포함해서 적분했다. 곧 여러분은 먼저 스칼라 함수 $V$인 전위를 구하고 다음에 그것을 미분하여 E를 구하는 것이 더 쉽다는 것을 알았을 것이다.)

모든 힘이 위치에너지 함수로 표현될 수는 없다. 위치에너지와 관련되지 않는 힘을 *비보존력*이라고 부른다. 다행히 중력이나 전기력과 같은 대부분의 중요한 힘들은 보존력이다. 분자와 원자 수준에 작용하는 모든 힘은 보존력이라고 믿어진다. 한편 마찰력과 공기저항은 비보존력이며 위치에너지가 주는 단순화의 이점을 갖지 못한다.

어떻게 힘이 보존력인지 아닌지 알 수 있을까? 답은 아주 간단하다. 힘은 그것의 회오리(curl)가 영*이면* 보존력이며 *그 역도 성립한다.*

$$\mathbf{F} \text{ is conservative iff } \nabla \times \mathbf{F} = \mathbf{0}.$$

이것은 증명하기 쉽다. F가 보존력이면 그것은 위치에너지의 음의 기울기로 표현할 수 있다. 즉 $\mathbf{F} = -\nabla V$. 따라서

$$\nabla \times \mathbf{F} = \nabla \times (-\nabla V) = -\nabla \times (\nabla V) = -\mathbf{curl}\ (\mathbf{grad}\ V).$$

그러나 *임의의* 함수의 기울기의 회오리(curl)는 영이다. 그러므로 F가 $V$의 기울기로 쓸 수 있으면 $\nabla \times \mathbf{F} = 0$이다.

완전하게 하기 위해 그리고 증명의 단계를 이해하는 것이 중요하므로 임의의 함수 $V$에 대해 $\mathrm{curl\,grad}\, V = 0$임을 증명하고자 한다. 데카르트 좌표계를 쓰면

$$\begin{aligned}
\nabla \times \nabla V &= \left(\hat{\mathbf{i}}\frac{\partial}{\partial x} + \hat{\mathbf{j}}\frac{\partial}{\partial y} + \hat{\mathbf{k}}\frac{\partial}{\partial z}\right) \times \left(\hat{\mathbf{i}}\frac{\partial V}{\partial x} + \hat{\mathbf{j}}\frac{\partial V}{\partial y} + \hat{\mathbf{k}}\frac{\partial V}{\partial z}\right) \\
&= \begin{vmatrix} \hat{\mathbf{i}} & \hat{\mathbf{j}} & \hat{\mathbf{k}} \\ \partial/\partial x & \partial/\partial y & \partial/\partial z \\ \partial V/\partial x & \partial V/\partial y & \partial V/\partial z \end{vmatrix} \\
&= \hat{\mathbf{i}}\left(\frac{\partial^2 V}{\partial y \partial z} - \frac{\partial^2 V}{\partial z \partial y}\right) - \hat{\mathbf{j}}\left(\frac{\partial^2 V}{\partial x \partial z} - \frac{\partial^2 V}{\partial z \partial x}\right) + \hat{\mathbf{k}}\left(\frac{\partial^2 V}{\partial x \partial y} - \frac{\partial^2 V}{\partial y \partial x}\right)
\end{aligned}$$

이 된다. 그러나 부분미분을 하는 순서는 결과에 영향이 없기 때문에

$$\frac{\partial^2 V}{\partial y \partial z} = \frac{\partial^2 V}{\partial z \partial y}$$

이다. 그러므로 괄호의 각 항은 영이고 따라서

$$\nabla \times \nabla V = 0.$$

즉

$$\text{curl grad(any scalar function)} = 0.$$

### 5.3.3 델의 다른 표현

지금까지 데카르트 좌표계를 사용했지만 때때로 원통좌표계나 구면좌표계와 같은 다른 좌표계에서 공부하는 것이 유용하다. 이러한 좌표계에서 $\nabla$의 표현을 구하는 법을 보이고자 한다. 그러나 그렇게 하기 전에 좌표 변환을 논의해야 한다.[4)]

**좌표변환**

데카르트 좌표계 $x$, $y$, $z$ 로부터 좌표가 $q_1$, $q_2$, $q_3$인 다른 좌표계로 변환하고자 한다. 데카르트 좌표계에서 한 점의 위치는 그림 5.4(a)와 같이 $x$=일정, $y$=일정 그리고 $z$=일정인 3개의 평면의 교차점으로 지정한다. 예를 들면 점 (1,2,0)은 $x=1, y=2, z=0$인 평면들의 교차점이다.

그림 5.4(b)에서 상황이 일반화되어 있으며 그 점의 위치는 3곡면($q_1$=일정, $q_2$=일정, $q_3$=일정)의 교차점으로 지정된다. 필수적인 것은 아니지만 서로 직교하는 좌표계만을 생각하는 것이 보통 편리하다. 직교좌표계에서 곡면들은 항상 교차선(lines of intersections)에 직각이다. (이 책에서 이용하는 모든 좌표계들은 직교한다.)

물론 데카르트 좌표를 "새로운" 좌표에 관련짓는 변환식의 집합이 있다. 변환식은 다음과 같이 쓸 수 있다:

4) 이러한 과제에 더 많은 정보를 얻기 싶으면 *Mathematical Methods for Physicists*, 5th ed. by George Arfken and Hans Weber, Academic Press, New York, 2001의 2장은 훌륭한 참고가 될 것이다.

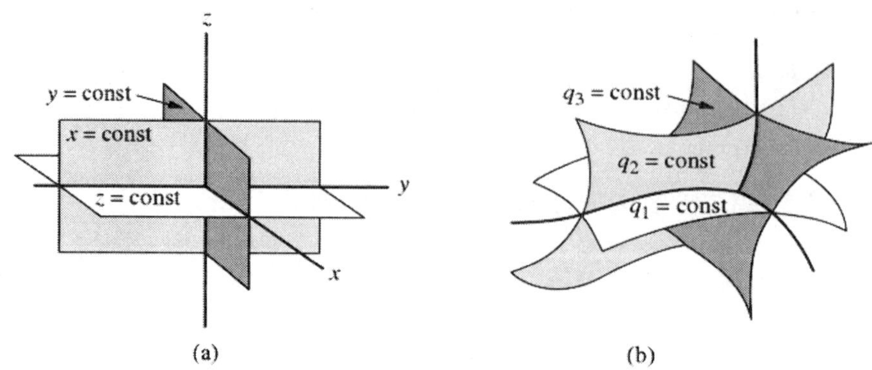


그림 5.4 (a) 데카르트 좌표계 (b) 일반좌표계

$$x = x(q_1, q_2, q_3),$$
$$y = y(q_1, q_2, q_3),$$
$$z = z(q_1, q_2, q_3).$$

역 변환은 다음과 같다:

$$q_1 = q_1(x, y, z),$$
$$q_2 = q_2(x, y, z),$$
$$q_3 = q_3(x, y, z).$$

$\hat{\mathrm{i}}, \hat{\mathrm{j}}, \hat{\mathrm{k}}$가 데카르트 계의 단위 벡터로 정의 되는 것과 꼭 같이 $\hat{\mathrm{e}}_1, \hat{\mathrm{e}}_2, \hat{\mathrm{e}}_3$를 새로운 좌표계의 단위벡터로 정의할 수 있다. 이 단위벡터들은 $\hat{\mathrm{e}}_1$은 $q_1$을 증가시키는 방향이고 '$q_1$ = 일정'인 면에 직각 방향이다. 마찬가지로 $\hat{\mathrm{e}}_2$와 $\hat{\mathrm{e}}_3$도 정의된다.

두 가까운 점사이의 *거리*는 $ds$이다. 데카르트 계에서 $ds$는 $dx, dy, dz$와 일반화 되는 피타고라스 관계에 의해 관련 된다:

$$ds^2 = dx^2 + dy^2 + dz^2.$$

새로운 좌표계에 의해 이 거리를 표현한다면 다음의 형태의 꽤 복잡한 식이 된다:

$$ds^2 = \sum_{ij} h_{ij}^2 dq_i dq_j \quad i, j = 1, 2, 3. \tag{5.6}$$

이 식이 어떻게 되는지를 알기위해 $x$는 $q_1, q_2$와 $q_3$의 함수이기 때문에

$$dx = \frac{\partial x}{\partial q_1}dq_1 + \frac{\partial x}{\partial q_2}dq_2 + \frac{\partial x}{\partial q_3}dq_3$$

이 됨을 유념해야 한다. 이 식을 제곱해서

$$dx^2 = \left(\frac{\partial x}{\partial q_1}\right)^2 dq_1^2 + \left(\frac{\partial x}{\partial q_1}\right)\left(\frac{\partial x}{\partial q_2}\right) dq_1 dq_2 + \left(\frac{\partial x}{\partial q_1}\right)\left(\frac{\partial x}{\partial q_3}\right) dq_1 dq_3 + \cdots$$

이 된다. 문제 5.4에 이 과정을 묻게 되므로 여기에서는 9 항을 포함하는 전체의 식을 쓰지는 말자(어떤 항은 같으므로 단지 6개의 *다른* 항이 있을 뿐이다). $dy^2$와 $dz^2$에 대해서도 유사한 식을 얻는다. 각 항은 $dq_i dq_j$ 곱의 형태를 포함한다. $ds^2$를 얻기 위해 세 개의 항 $dx^2+dy^2+dz^2$을 더하고 결합하면 $dq_i dq_j$을 포함하는 9개의 다른 항의 합을 얻게 되며 그것은 위의 식 (5.6)의 형태를 갖는다. $dq_i dq_j$의 계수 (식 5.6에서 $h_{ij}^2$)는 *스케일 인수(scale factor)*라 부른다. 9개의 $h_{ij}(i, j=1,2,3)$의 집합을 그 좌표계에 대한 계량 또는 계량 텐서라고 부른다. 다음 식을 이해하기는 쉽다:

$$h_{ij}^2 = \frac{\partial x}{\partial q_i}\frac{\partial x}{\partial q_j} + \frac{\partial y}{\partial q_i}\frac{\partial y}{\partial q_j} + \frac{\partial z}{\partial q_i}\frac{\partial z}{\partial q_j}.$$

직교좌표계에 대해서 스케일 인수는

$$h_{ij} = 0 \text{ for } i \neq j$$

의 성질을 갖고 $ds^2$의 식(식 5.6)은

$$ds^2 = h_1^2 dq_1^2 + h_2^2 dq_2^2 + h_3^2 dq_3^2 \tag{5.7}$$

이 된다. 여기에서 기호를 조금 바꾸었고 $h_{ii}$를 $h_i$로 대치했다.

$ds^2$의 표현으로 직교좌표계에서 한 좌표에 따른 변위소(element of displacement)는

$$ds_i = h_i dq_i$$

이다. 벡터의 형태로 무한소의 변위는

$$d\mathbf{s} = h_1 dq_1 \hat{\mathbf{e}}_1 + h_2 dq_2 \hat{\mathbf{e}}_2 + h_3 dq_3 \hat{\mathbf{e}}_3$$

이다. 새로운 좌표계에서 면적소(element of area)는

$$d\sigma_{ij} = ds_i ds_j = h_i h_j dq_i dq_j$$

이며 부피소(element of volume)는

$$d\tau = ds_1 ds_2 ds_3 = h_1 h_2 h_3 dq_1 dq_2 dq_3 \tag{5.8}$$

이다.

데카르트 좌표에서 $\partial u/\partial x$는 $x$의 변화에 대해 함수 $u = u(x)$가 어떻게 변하는지를 묘사한다. $x$-축을 따라 작은 변위가

$$du = \left(\frac{\partial u}{\partial x}\right) dx$$

의 작은 $u$의 변화를 준다. 마찬가지로 $q_1$-축을 따라 작은 변위($s_1$으로 표시됨)가

$$du = \left(\frac{\partial u}{\partial s_1}\right) ds_1$$

의 작은 $u$의 변화를 준다. 그러나

$$\frac{\partial u}{\partial s_1} = \frac{\partial u}{h_1 \partial q_1}.$$

따라서 데카르트 계에서 델의 정의

$$\nabla \equiv \hat{\mathbf{i}}\frac{\partial}{\partial x} + \hat{\mathbf{j}}\frac{\partial}{\partial y} + \hat{\mathbf{k}}\frac{\partial}{\partial z}$$

은 *임의의* 좌표계에 대해 다음과 같은 델의 일반적인 정의를 준다:

$$\nabla = \hat{\mathbf{e}}_1 \frac{1}{h_1}\frac{\partial}{\partial q_1} + \hat{\mathbf{e}}_2 \frac{1}{h_2}\frac{\partial}{\partial q_2} + \hat{\mathbf{e}}_3 \frac{1}{h_3}\frac{\partial}{\partial q_3}. \tag{5.9}$$

**❐ 연습 5.7**

원통좌표와 구면좌표에 대해 점 (1,2,0)의 위치를 정의하는 세 평면을 스케치하여라. 축들과 평면들을 분명히 표시하여 구분하라.

### 5.3.4 원통형 좌표

이러한 일반적인 개념을 적용해 원통 좌표에서 델에 대한 식을 구하자. 원통 좌표에 대한 변환식으로부터 시작하자:

$$\begin{aligned} x &= \rho \cos\phi \\ y &= \rho \sin\phi \\ z &= z. \end{aligned}$$

그러면

$$\begin{aligned} dx &= d\rho\cos\phi - \rho\sin\phi d\phi \\ dy &= d\rho\sin\phi + \rho\cos\phi d\phi \\ dz &= dz \end{aligned}$$

이고

$$\begin{aligned} ds^2 &= dx^2 + dy^2 + dz^2, \\ &= d\rho^2 + \rho^2 d\phi^2 + dz^2. \end{aligned} \tag{5.10}$$

마지막 식을 검토하고 그것을 식 (5.7)과 비교해서 얻은 원통좌표에 대한 스케일 인수는

$$h_1^2 = 1,\ \ h_2^2 = \rho^2,\ \ h_3^2 = 1$$

이다. 단위 벡터는 $\hat{\boldsymbol{\rho}}, \hat{\boldsymbol{\phi}}, \hat{\mathbf{k}}$이므로 식 (5.9)를 사용해 다음 $\nabla$에 대한 식을 얻는다:

$$\nabla = \hat{\boldsymbol{\rho}}\frac{\partial}{\partial\rho} + \hat{\boldsymbol{\phi}}\frac{1}{\rho}\frac{\partial}{\partial\phi} + \hat{\mathbf{k}}\frac{\partial}{\partial z}.$$

원통 좌표에서 부피소는 식 (5.8)로부터 바로

$$d\tau = \rho d\rho d\phi dz$$

임을 알 수 있다. 기하학적으로 이것은 $\hat{\boldsymbol{\rho}}$방향으로 $d\rho$의 변위, $\hat{\boldsymbol{\phi}}$방향으로 $\rho d\phi$의 변위 그리고 $\hat{\mathbf{k}}$방향으로 $dz$의 변위를 갖는 무한소의 직각 평행육면체이다. 이 식을 기억할 목적으로 아마 그림 5.5에 묘사된 부피소를 가시화하는 것이 가장 좋을 것이다.

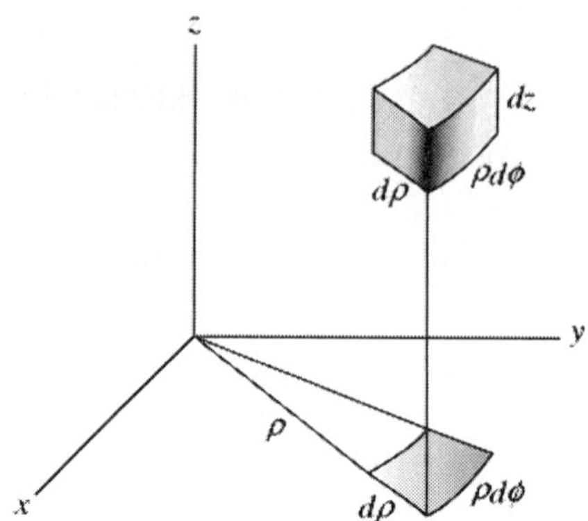


그림 5.5 ▍ 원통 좌표에서 부피소. $xy$-평면에 투영된 그림자의 면적은 부피소의 밑면이다. $\rho d\phi$로 표시된 가장자리는 반경 $\rho$의 원의 호이다. 부피소의 각 변은 영으로 줄어들면서 반듯해진다.

❒ 연습 5.8

식 (5.10)의 유도에서 생략된 단계를 채워라.

### 5.3.5 구면좌표

데카르트 좌표와 구면 좌표 사이의 관계는

$$\begin{aligned} x &= r\sin\theta\cos\phi \\ y &= r\sin\theta\sin\phi \\ z &= r\cos\theta \end{aligned}$$

이다. 따라서

$$\begin{aligned} dx &= dr\sin\theta\cos\phi + d\theta r\cos\theta\cos\phi - d\phi r\sin\theta\sin\phi \\ dy &= dr\sin\theta\sin\phi + d\theta r\cos\theta\sin\phi + d\phi r\sin\theta\cos\phi \\ dz &= dr\cos\theta - d\theta r\sin\theta \end{aligned}$$

이다. 연습 5.9에서 이 관계로부터

$$\begin{aligned} ds^2 &= dx^2 + dy^2 + dz^2 \\ &= dr^2 + r^2 d\theta^2 + r^2\sin^2\theta d\phi^2 \end{aligned} \tag{5.11}$$

이 됨을 보이게 된다.

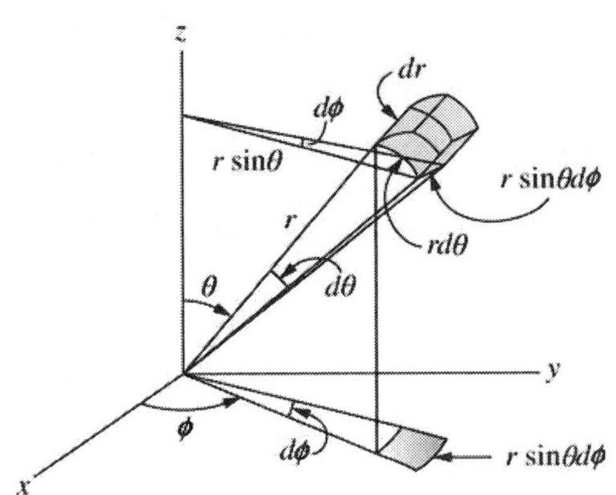


그림 5.6 ‖ 구면좌표에서 부피소. 부피소는 곡선적인 가장자리를 갖지만 무한소의 한계에서는 부피는 (가로×세로×높이)로 주어진다.

검토에 의하면 구면좌표에 대한 계량의 요소(스케일 인수)는

$$h_1^2 = 1,\ \ h_2^2 = r^2,\ \ h_3^2 = r^2 \sin^2 \theta$$

이다. 단위 벡터는 $\hat{\mathrm{r}}, \hat{\theta}, \hat{\phi}$이므로 식 (5.9)를 이용하면 기울기는

$$\nabla = \hat{\mathbf{r}}\frac{\partial}{\partial r} + \hat{\boldsymbol{\theta}}\frac{1}{r}\frac{\partial}{\partial \theta} + \hat{\boldsymbol{\phi}}\frac{1}{r \sin \theta}\frac{\partial}{\partial \phi}$$

로 표현된다. 식 (5.8)로부터 (그림 5.6에 묘사된) 부피소는

$$d\tau = h_1 h_2 h_3 dq_1 dq_2 dq_3 = r^2 \sin \theta dr d\theta d\phi$$

이다.

**❐ 연습 5.9**

식 (5.11)의 두 식 사이의 생략된 단계를 채워라.

## 5.4 힘, 일과 위치에너지

힘, 일과 위치에너지 사이의 관계를 생각하기 위해 보존력과 비보존력의 차이를 논의하자. (마찰력과 같은) 비보존력이 한 일은 보통 (열과 같이) 쉽게 회복되기

쉽지 않고 잃어버린 것으로 여겨지는 에너지의 형태로 바뀐다. 비보존력에 대해 위치에너지 함수를 정의할 수 없다.

돌을 들어 올린다고 생각하자. 매우 천천히 올린다고 상상한다. 그러면 운동에너지($T=\frac{1}{2}mv^2$)는 어제든지 근본적으로 영이다. 들어올리며 가한 힘을 $F_{\text{you}}$ 라고 하자. 이 힘이 한 일은

$$\int_{x_1}^{x_2} F_{\text{you}}dx$$

이다. 그러나 $F_{\text{you}}$ 는 근육의 장력, 관절의 마찰 등을 포함한다. 그러면 어떻게 그 적분을 계산할 수 있을까? (지금이 머리 쓰는 부분이다.) 이 적분을 구하기 위해서는 돌을 들어올리기 위해 중력과 크기는 같고 방향은 반대인 힘을 가해야 한다는 사실을 이용한다.[5)]

$$F_{\text{you}} = -F_g.$$

그러므로

$$\int_{x_1}^{x_2} F_{\text{you}}dx = -\int_{x_1}^{x_2} F_g dx.$$

여기에서 중력은 아래쪽으로 향하는 $mg$이다.

돌을 올렸다면 위치에너지의 변화는

$$\begin{aligned} V_2 - V_1 &= -\int_{x_1}^{x_2} F_g dx \\ &= \text{중력이 한 일의 음} \\ &= \text{들어 올린 사람이 한 일(+값)} \end{aligned}$$

이다.

따라서 위치에너지의 증가는 예상대로 *들어 올린 사람*이 한 일과 같다.

(들어 올린 사람의) 비보존력이 한 일과 보존력(중력)이 한일의 합은 영이고, 알

5) 정확하게 말하면 돌을 움직이게 하는 순간에 중력보다 조금 더 큰 힘을 가할 필요가 있고 정상에 도달할 때는 중력보다 조금 작은 힘을 가해 돌이 느려져 정지하게 한다. 전체적으로 돌에 가한 평균적인 힘은 중력과 같다.

짜 일이 없으므로 일-에너지 정리는 운동에너지의 증가가 없다는 것을 알려준다.

이제 돌을 떨어뜨린다. 이 경우 작용하는 비보존력이 없다. 보존되는 중력이 한 일은 위치에너지의 감소, 즉

$$W_g = \int F_g dx = \int mgdx = mgh = -\Delta V$$

와 같다. 일-에너지 정리에 의하면 중력이 한 일은 운동에너지의 증가와 같다. 그러므로 위치에너지의 감소는 운동에너지의 증가와 같다.

임의의 보존력($\mathrm{F} = -\nabla V$)으로 일반화한다면 $\mathrm{r}_1$으로부터 $\mathrm{r}_2$까지 변위할 때 힘이 한 일은

$$W = \int_{\mathbf{r}_1}^{\mathbf{r}_2} \mathbf{F} \cdot d\mathbf{s} = \int_{\mathbf{r}_1}^{\mathbf{r}_2} -\nabla V \cdot d\mathbf{s} = -\int_{\mathbf{r}_1}^{\mathbf{r}_2} dV = V(\mathbf{r}_1) - V(\mathbf{r}_2)$$

이다. 스칼라 미분의 벡터적 정의(식 5.4를 보라)를 유의하라. 더욱이 $\Delta V \equiv V(\mathrm{r}_2) - V(\mathrm{r}_1)$이므로

$$W = -\Delta V.$$

즉 보존력에 의한 일은 위치에너지를 같은 양 만큼 줄어들게 한다. 이것은 예상의 반대일지 모른다. 물체에 일을 하면 위치에너지가 *증가할* 것이라고 오랫동안 믿어왔들 것이다. 그러나 *보존력*에 의한 일은 같은 양의 위치에너지 감소를 초래한다는 것을 유의하라. 물체를 지면에서 높이 $h$까지 올릴 때 보존력(중력)은 음의 일을 하고 위치에너지는 증가한다. 물체가 지면으로 다시 떨어지면 보존력은 양의 일을 하고 위치에너지는 감소한다.

위치에너지의 영점이 어디에 위치하는지 궁금할 것이다. 위치에너지의 *변화*는 보존력에 의한 일의 음과 같음을 상기해야 한다. 따라서 $V$의 변화만 다루면 되고 이 변화는 운동 과정의 양 끝 점에서 실재의 수치 값과 다르지 않다. $V$의 기준 고도(zero level)의 선택은 완전히 임의적이다. (그러나 한 번 선택을 하면 그 선택을 유지해야 한다).

예를 들면 그림 5.7은 3개의 다른 위치(깊이 $d$의 우물의 바닥, 평지의 지면, 그리고 높이가 $h$인 언덕의 정상)에 있는 질량 $m$을 보여준다.

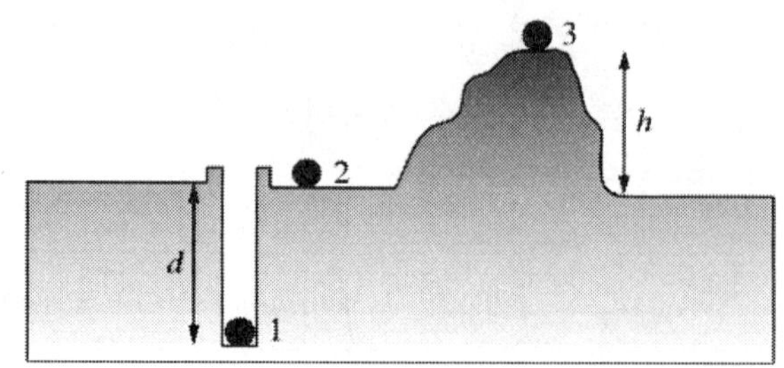


그림 5.7 ▌ 위치에너지가 항상 임의의 값에 상대적임을 보이는 묘사

위치에너지의 기준 고도를 평지의 지면으로 선택했다면 $V_2 = 0$이다; 우물속의 입자는 음의 위치에너지 $V_1 = -mgd$이고, 언덕위의 입자는 양의 위치에너지 $V_3 = +mgh$이다. 입자를 우물의 바닥으로부터 언덕의 정상까지 옮기는데 필요한 일은

$$W = V_3 - V_1 = mg(h + d)$$

이다. 만일 위치에너지의 기준을 우물의 바닥으로 선택한다면 $V_1$, $V_2$, $V_3$가 모두 변하지만 입자를 언덕까지 옮기는데 필요한 일은 마찬가지로 $W = mg(h+d)$이다.

$W = mg(h+d)$는 입자를 우물의 바닥으로부터 언덕의 정상까지 옮기는데 필요한 일이다. 이것은 보존력인 중력이 한 일이 아니다. *중력*은 이 변위의 반대 방향을 향하였다. 입자가 $z = -d$로부터 $z_3 = +h$까지 움직일 때 중력에 *의한* 일은 $W = -mg(h+d)$이다.

위치에너지를 다룰 때 때때로 *영* 위치에너지(*zero* potential energy)의 위치로서 어떤 임의의 기준 위치 $\mathbf{r}_0$을 정의하는 것이 편리하다. 일반적으로

$$V(\mathbf{r}) - V(\mathbf{r}_0) = -\int_{\mathbf{r}_0}^{\mathbf{r}} \mathbf{F} \cdot d\mathbf{s}.$$

위치에너지가 $V(\mathbf{r}_0) = 0$이면

$$V(\mathbf{r}) = -\int_{r_0}^{r} \mathbf{F} \cdot d\mathbf{s}$$

(그 기준 위치는 자주 무한대로 잡는다.)

**예제 5.3**

한 입자가 $V = V(x) = 3x^2e^x$ (J)로 주어지는 위치에너지를 갖는다. $x = 0$에 있는 입자가 받는 힘은 얼마인가? $x = 2$ m에 있는 입자가 받는 힘은 얼마인가? 위치 $x = 0$으로부터 $x = 2$ m까지 변위하는 동안 그 보존력이 한 일은 얼마인가?

**풀이:** 이것이 1 차원 문제이므로 $\mathrm{F} = -\nabla V$관계는 $F = -\dfrac{dV}{dx}$로 환산된다. 그러므로

$$F = -\frac{dV}{dx} = -\frac{d}{dx}(3x^2e^x) = -\left[6xe^x + 3x^2e^x\right] = -e^x(6x + 3x^2).$$

그러므로 $x = 0$에 대해서는 $F = 0$이고, $x = 2$에 대해서는

$$F = -e^2(12 + 12) = -24e^2 = -177 \text{ newtons}.$$

일은

$$W = -\Delta V = -[V(x = 2) - V(x = 0)] = -\left[3(2^2)e^2 - 0\right] = 88.7 \text{ J}.$$

**예제 5.4**

질량 2 kg이고 길이 3 m인 밧줄이 그림 5.8과 같이 부분적으로 교단의 가장자리에 늘어져 매달려 있다. 초기에 밧줄의 1 m가 교단위에 있고 2 m가 매달려 있다. 밧줄을 교단위로 천천히 끌어 올리는데 필요한 일을 구하여라. (교단은 마찰이 없다고 가정하라.)

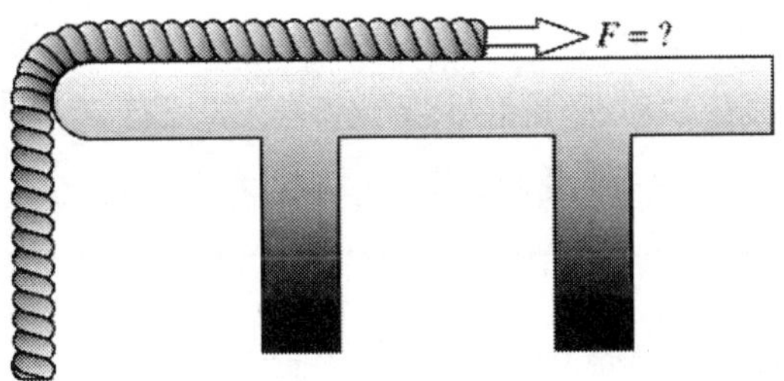


그림 5.8 ▌ 마찰이 없는 교단에서 늘어져 매달린 밧줄.

**풀이:** 교단위로 밧줄을 당기는데 필요한 힘은 가장자리에 밧줄의 매달린 부분의 무게와 같다. 초기에 이것은 2미터이고 최종으로는 0미터이다. 단위 길이당 밧줄의 질량은 $\lambda = (2/3)$ kg/m이고 매달린 부분의 무게는 $\lambda gx$인데 여기서

$x$는 가장자리에서 매달린 길이이다. 즉

$$F = \lambda g x$$

끌어 올리는데 한 일은

$$W = \int F dx = \int_0^2 \lambda g x dx = \lambda g \left[\frac{x^2}{2}\right]_0^2 = \frac{2}{3}(9.8)\frac{4}{2} = 13.1 \text{ N}$$

이다.

---

❐ **연습 5.10**

질량이 $m$인 입자가 가속도가 $g$인 균일한 중력장에 있다. 이 힘은 보존력인가?

❐ **연습 5.11**

중력 $\mathbf{F} = -(GM_1M_2/r^2)\hat{\mathbf{r}}$가 보존력임을 보여라.

❐ **연습 5.12**

특정한 힘이 $\mathbf{F} = 3x^2\hat{\mathbf{i}} + 2y^2\hat{\mathbf{j}}$로 표현될 수 있다. 이 힘은 보존력인가? (예)

❐ **연습 5.13**

두 양의 전하($Q_1$과 $Q_2$)가 거리 $r_1$ 만큼 떨어져 있다. 외력에 의해 밀려서 그들은 서로 상대방을 향해서 거리 $r_2$가 될 때까지 접근한다. 위치에너지의 변화는 얼마인가? 그렇게 외력이 두 전하를 밀어서 가깝게 하는데 한 일은 얼마인가? 정전기력은 $\mathbf{F} = (Q_1Q_2)/(4\pi\epsilon_0 r^2)\hat{\mathbf{r}}$이다. **답**: $Q_1Q_2(r_1 - r_2)/4\pi\epsilon_0 r_1 r_2$.

❐ **연습 5.14**

용수철이 작용하는 힘은 $F = -kx$이다. 여기서 $k$는 비례상수이고 $x$는 평형의 위치로부터 변위이다. 용수철의 위치에너지에 대한 식을 구하라. **답**: $x_0 = 0$이면 $V = (1/2)kx^2$.

❐ 연습 5.15

지구 중심으로부터 거리 $r$에 있는 질량 $m$의 물체의 중력 위치에너지는 $V=-GmM_E/r$이다. 여기에서 $M_E$는 지구의 질량이다. 이것으로부터 뉴턴의 만유인력의 법칙을 구하라.

❐ 연습 5.16

질량 1 kg을 지구표면으로부터 무한대까지 보낼 때 위치에너지의 변화는 얼마인가? **답**: $6.24\times10^7$ J

## 5.5 위치에너지와 일-에너지 정리

일-에너지 정리는 입자에 행한 알짜일은 그 계의 운동에너지의 증가와 같다는 것이다:

$$\Delta T = T_2 - T_1 = W = \text{입자에 작용하는 모든 힘에 의해 한 알짜 일.}$$

이 원리는 위배되지 않는다. (그러나, 그 원리가 옳지 않은 것으로 *나타나는* 상황을 생각하기 쉽다.)

입자에 작용하는 유일한 힘이 보존력이라고 생각하자. 그 경우 일은 $W=V_1-V_2$로 쓸 수 있다. 이것을 일-에너지 정리와 결합하면

$$V_1 - V_2 = T_2 - T_1$$

또는

$$T_1 + V_1 = T_2 + V_2$$

이 된다. 이 식은 *에너지보존*의 법칙의 가장 단순한 표현이다. 계에 행한 일이 보존력에 의한 것이라면 (일을 하기 전) 초기 운동에너지와 초기 위치에너지의 합은 (일을 한 후) 최종의 운동에너지와 최종의 위치에너지의 합과 같다.

운동에너지와 위치에너지의 합을 총 에너지라고 부른다. 그것은 $E$로 표시한다:

$$E = T + V.$$

보존의 법칙은 단순히 총 에너지는 일정하다는 것이다. 이 말은 **그 계에 작용하는 힘만은 보존력이라면** 성립한다.

고등학교 물리과정에서 때때로 에너지보존 원리는 "에너지가 만들어질 수도 없으며 없앨 수도 없지만 그것은 하나의 형태에서 다른 형태로 바뀔 수 있다"는 것으로 들었다. 이 말의 보다 정교한 버전은 "역학계에서 보존력의 효과는 위치에너지로부터 운동에너지로 또는 운동에너지로 부터 위치에너지로의 변환이다"는 것이다.

비보존력이 관련될 때 상황이 좀 더 복잡해진다. 독자가 마루에서 책을 집어 마루로부터 높이 $h$에 있는 탁자에 그것을 놓는다고 하자. 초기에 책의 에너지는 영이다. 그것은 시작할 때 운동에너지가 없고 마루가 위치에너지의 기준점이기 때문이다. 책이 탁자에 놓여 있을 때 다시 책은 영의 운동에너지를 갖고 총 에너지는 $E=V=mgh$이다. 이 에너지는 어디에서 왔는가? 분명히 *독자*가 그 책의 에너지의 최종적 근원이다. (독자와 중력이) 책에 가한 *알짜* 일은 영이므로 책의 운동에너지는 증가하지 않는다. 위치에너지의 증가는 중력이 한 일의 음과 같지만(예를 들면 책이 테이블에서 떨어진다면) 이 에너지는 되찾아 진다. 독자가 한 힘이 비보존력이기 때문에 그 일은 되찾아지지 않는다. 독자의 근육에 제공한 화학에너지 값을 구할 수 있다면 그 에너지 값은 $mgh$와 같게 될까? (실제로 에너지는 일하는 사람의 몸에서 역시 열로도 바뀌기 때문에 그렇지는 않다.)

역학은 본래 보존력을 포함한 문제들을 다루므로 에너지 보존의 원리는 거의 항상 간단한 형태 $E=T+V=$ 일정 또는 마찬가지로 $T_i+V_i=T_f+V_f$로 쓴다. 여기에서 아래첨자 $i$는 계의 어떤 초기 상태를, 아래첨자 $f$는 어떤 최종 상태를 나타낸다. *비보존력*이 작용할 때 에너지 원리를 쓰고 싶다면 비보존력을 일의 항으로서 포함할 수 있다. 즉 계가 초기 상태 $i$로부터 최종 상태 $f$까지 진화할 때 $W_{nc}$를 비보존력이 계에 가한 일이라고 한다면

$$\begin{aligned} T_f+V_f &= T_i+V_i+W_{nc} \\ &= T_i+V_i+\int_i^f \mathbf{F}_{nc}\cdot d\mathbf{s}\,. \end{aligned}$$

문제들을 푸는데 비보존력의 일이 계의 총 에너지를 *증가*시키는지 *감소*시키는지에 따라 $W_{nc}$의 부호가 올바른지 확인해야한다. 이것은 문제를 서술하거나 계의 움직임을 생각하면 보통 분명해진다.

❐ 연습 5.17

40 kg의 어린이가 5 미터의 깃대를 올라가서 바닥으로 미끄러진다. 그 어린이는 바닥에 도달할 때 3 m/s로 움직였다. 마찰에 의한 일은 얼마인가?
**답**: 1780 J.

❐ 연습 5.18

지구로부터 물체의 탈출 속도를 구하여라. (이것은 물체가 초기에 지구의 표면에 있고 최후에는 무한한 거리에 도달하는 것을 의미한다.) 물체가 겨우 탈출할 뿐이라면 물체는 무한대에 이를 때 속도가 영이 된다. 우주에 다른 어떤 물체도 없다고 생각하라. **답**: 11.2 km/sec.

❐ 연습 5.19

태양으로부터 1 AU 만큼 떨어져 있는 물체가 태양계로부터 탈출하기 위해 필요한 속도를 구하여라. 태양계는 태양으로만 이루어져 있다고 가정하라(좋은 근사).

### 5.5.1 에너지 보존에 대한 재고

보존의 법칙은 물리 문제를 푸는데 특별히 아주 중요하다. 떨어지는 물체의 속력을 구하는데 에너지 보존의 법칙을 이용하는 것은 뉴턴의 2법칙으로부터 시작해서 운동방정식을 두 번 적분하는 것보다 훨씬 쉽다. 그러나 보존의 법칙은 단순히 계산을 위한 보조라기보다 더 많은 의미를 갖는다; 어떻게 물리적 우주가 동작하는지를 알려주는 자연의 근본적 법칙이다.[6] 예를 들어 모든 물질의 전체 집합으로 정의된 우주를 생각하라. (우주의 밖에 아무것도 없으므로!) 우주에 일을 해주는 외력이 없다. 그러므로 우주의 총 에너지는 일정한 양이어야 한다. 마찬가지로 우주의 총 선운동량과 총 각운동량도 일정한 양이다.

보존법칙이 자연의 법칙이 아니고 물리적 세계를 이해하고 다루는데 도움이 되도록 고안된 정신적 구성체일 뿐이라고 제안되어왔다. 에너지 보존의 법칙은 때때로 이러한 관점의 예로서 인용된다. 물리학 입문의 과정에서 에너지 보존의 법칙을

6) 보존의 법칙이 위배된다는 사실을 발견한 물리학자는 그 사실이 잘못이든지 매우 중요한 발견인지를 안다. 예를 들면 반전성(parity)은 항상 보존된다고 수년 동안 믿었다. 반전성이 일정하게 유지되지 않는 반응을 발견하고 물리학자들 사이에 소동과 열광이 있었고 결국 물리 세계의 자연에 더 깊은 통찰력을 갖게 되었다. (8장에서 반전성의 보존을 간단히 논한다.)

다음과 같은 형태로 배웠다:

$$\text{운동에너지} + \text{위치에너지} = \text{일정}.$$

독자가 열역학을 배울 때 역학적 에너지는 열로 전환될 수 있다고 배웠고 보존의 법칙을 다음과 같이 변경했다:

$$\text{운동에너지} + \text{위치에너지} + \text{열에너지} = \text{일정}.$$

그 다음에 전자기학을 공부했고 전자기장과 관련된 다른 형태의 에너지를 배웠다. 이들 역시 보존의 법칙에 포함되어야 한다. 그리고 다른 에너지도......

이 절차는 우리가 새로운 에너지 형태를 발견할 때마다 위 식의 좌변에 그 에너지를 단순히 합하고 *에너지*를 전체 값이 일정한 양이라고 *정의하는* 것이다. 그러나 그러한 접근은 보존의 법칙을 사소하게 만들게 되므로 우리는 그 절차를 채택하지 않을 것이다. 우리는 보존의 법칙을 물리적 우주의 구조에 근본이 된다고 생각할 것이다. 8장에서 보이는 것처럼 보존의 법칙들은 매우 심오한 수준에서 자연에서 발견된 *대칭성(symmetries)*에 관련된다. 따라서 에너지 보존은 시간의 대칭성에 관련되고 운동량 보존은 공간의 대칭성에 관련된다. (나는 독자가 여기에서 내가 말하는 것을 이해할 것이라고 정말 기대하지는 않지만 공부해 가면서 모든 것이 명백해지므로 걱정할 필요는 없다.)

## 5.6 에너지 도표

점 A의 봉우리에 놓인 입자가 그림 5.9에서 묘사된 것처럼 초기에 완전히 매끄러운 언덕의 정상에 있는 입자를 상상하자. A, C와 E에 봉우리가 있고 B와 D에 계곡이 있다. 입자에 작용하는 유일한 힘은 중력이다.

입자는 오른 쪽으로 무한소의 변위를 받는다고 하자. 그것은 언덕을 따라 미끄러져 B로 향해 내려가면서 빨라진다. 입자는 조금 느려지면서 C의 언덕을 올라간 다음 D의 계곡으로 내려가면서 빨라진다. 마지막으로 입자는 다른 큰 언덕을 올라가며 점 E에 있는 언덕의 정상에서 멈춘다.

다른 말로 이 운동은 완전히 마찰력을 무시한다면 일반 놀이공원의 롤러코스터 타기에서 상상할 수 있는 것이다.

중력 위치에너지($mgh$)가 높이 $h$에 비례하므로 그림 5.9의 스케치를 위치에 따른 위치에너지의 도표라고 생각할 수 있다. 그림 5.10은 같은 상황을 보이지만 여기에서는 수직축을 $V(x)$으로 하고 그 수직축과 $E$로 표시한 값에서 교차하는 선을 그렸다. 이 선은 총 에너지를 보인다. 이러한 그림을 *에너지 도표*라고 한다.

이 도면은 매우 간단한 에너지 도표이지만 많은 중요한 점들을 묘사한다. 무엇보다 총 에너지가 일정하다는 것을 유의하라(수평선은 입자의 위치 $x$값이 무엇이든지 입자는 같은 총 에너지를 갖는다는 것을 나타낸다). 둘째 점 A에서 입자의 운동에너지가 없고($T_A = 0$) 그 위치에서 총 에너지가 위치에너지와 같다. 따라서 그 점을 지나는 수평선이 총 에너지 선이다.

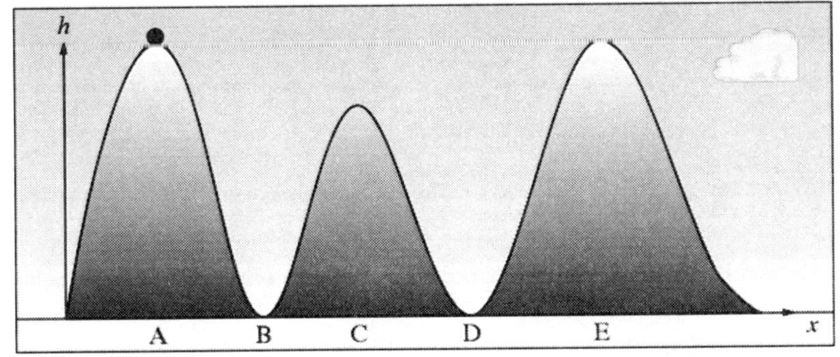


그림 5.9 ▌ 마찰이 없는 언덕의 정상에 있는 입자. 무한소의 변위를 주면 입자는 B, C, D를 지나 E의 정점에서 멈출 것이다.

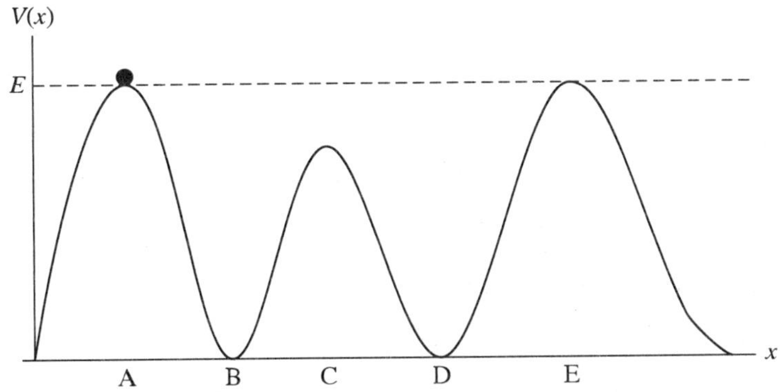


그림 5.10 ▌ 에너지 도표. 수직축은(전통적으로 위치에너지로 표시되는) 에너지이고 수평축은 위치이다. 에너지 $E$의 수평선은 총 에너지가 일정하고 모든 $x$에 대해 한 값과 동일하다는 것을 보여준다.

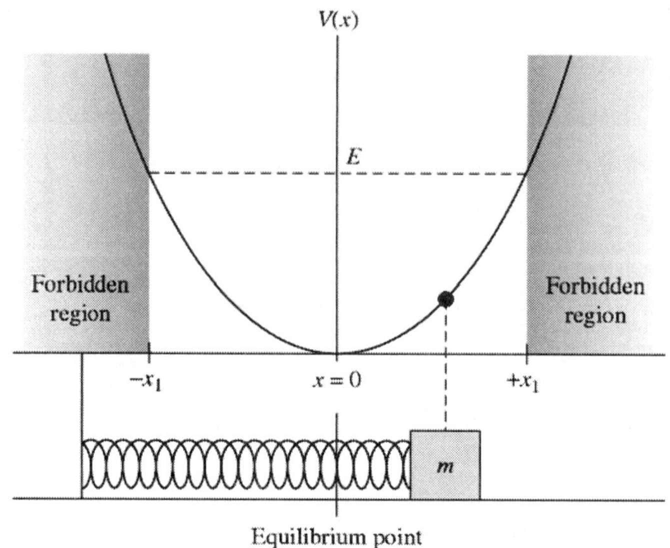


그림 5.11 ‖ 용수철에 달린 질량에 대한 에너지 도표

임의의 점에서 $E = T + V$이므로 운동에너지는 그 점에서 총 에너지와 위치에너지의 차이가 된다. 에너지 도표로부터 임의의 점 $x$에서의 운동에너지는 단순히 총 에너지 선과 위치에너지 곡선 사이의 "거리"로 구할 수 있다. 속도는 $T$의 제곱근과 비례하므로 이것 역시 입자가 얼마나 빨리 움직이고 있는지를 알 수 있게 한다.

에너지 도표를 해석하는 방법을 아는 것은 아주 중요하다. 예를 들면 상수 $k$인 용수철에 연결된 질량 $m$의 위치에너지를 그린 그림 5.11의 에너지 도표를 생각하자. (이 계에 대해 위치에너지가 $V = \frac{1}{2}kx^2$라는 것을 기억하라.) 총 에너지는 $E$이다. 그러므로 질량은 $\pm x_1$으로 표시된 점들 사이를 진동한다. 이 두 점을 "회귀점(turning points)"이라고 부른다. 실재의 물리계가 수평적으로 앞뒤로 미끄러지는 질량 $m$의 블록이지만 그림의 윗부분에 보인 것처럼 물리계를 위치에너지 계곡에서 위아래로 미끄러지는 둥근 점으로 표시할 수 있다. 그 점이 한 회귀점(이를테면 $-x_1$)에서 정지 상태로부터 출발한다면 그것은 속력이 커지며 $x = 0$쪽으로 미끄러질 것이고 바닥에서 최대 속도에 이른 다음 느려지면서 퍼텐셜 언덕을 올라가며 다른 회귀점 $(+x_1)$에서 정지하게 된다. 그 블록의 물리적 운동은 수평 $(x)$축에 투영한 그 점의 그림자로 주어진다. 회귀점에서 그 질량의 속도는 영이다. 회귀점들 너머에 있는 영역들은 "금지영역(forbidden region)"으로 표시된다. 금지영역에 있는 입자가 있다면(회귀점은 $V(x) = E$인 위치이기 때문에) $V(x) > E$일 것이다. 허용되는 영역에서는 $V(x) < E$이다. 분명히 $T = E - V$이고 $V > E$이면 $T$는 음이 될 것이기 때문에 $V(x) > E$일 수는 없다. $T = \frac{1}{2}mv^2$이므로 운동에너지 값이 음이라면 질량이 음이거나 속도가 허수이어야 한다. 음의 질량과 같은 것은 없고 속도는 가관측량(observable quantity)이고 모든 가관측 물리량은 실수이므로 속도의 허수 값은 허용되지 않는다.7)

## 5.7 운동의 풀이: 에너지 적분

그림 5.10과 5.11에서 묘사되는 바와 같이 퍼텐셜 $V = V(x)$에서 움직이는 질량이 $m$이고 총 에너지가 $E$인 입자의 운동을 생각하자. 시간의 함수로서 위치를 얻기 위해서 총 에너지가 일정하다는 사실로부터 시작할 수 있다:

$$T + V = \text{constant} = E.$$

운동에너지의 정의를 사용하면

$$\frac{1}{2}mv^2 + V(x) = E.$$

그러면

$$v^2 = \frac{2}{m}(E - V(x))$$

이거나

$$\frac{dx}{dt} = \sqrt{\frac{2}{m}}\sqrt{E - V(x)}.$$

이 꽤 단순한 미분방정식은 변수분리에 의해 풀 수 있다. $E$는 일정하고 $V$는 $x$만의 함수이므로

7) 물리학자들은 자주 어떤 문제의 수학을 쉽게 하기위해 복소수 양을 사용하지만 실수부분만이 물리적 의미를 갖는다. 이 간단한 사실은 혼동을 피하는데 도움이 된다. 특히 전기장과 자기장이 복소수 함수로 표현되는 전자기파의 공부에서 그렇다. 여기에서 실수부분이 실재의 측정치에 해당된다. 이 개념은 역시 양자역학에서 중요한데 양자역학에서는 파동함수가 복소수이지만 가관측 물리량은 실수로 표현된다.

$$\frac{dx}{\sqrt{E-V(x)}} = \sqrt{\frac{2}{m}}dt.$$

이 식은 최소한 원리상 적분가능하며 적분 식

$$\int_{x_0}^{x} \frac{dx}{\sqrt{E-V(x)}} = \sqrt{\frac{2}{m}}t \tag{5.12}$$

이 된다. $V(x)$의 분명한 식이 주어지지 않으면 더 이상 진행할 수 없다. 그러한 식이 주어지면 $x$에 대한 적분을 수행하고 $x$와 $x_0$과 $E$를 포함하는 수식을 얻는다. 즉

$$t = t(x, x_0, E)$$

을 얻는다. 마지막으로 이 식을 역으로 바꾸어서 $x$에 대하여 $x_0$, $E$와 $t$로 풀고

$$x = x(t) = x(x_0, E, t)$$

형태의 식을 얻는다. 운동에 대해 푼다는 것은 시간과 여러 상수들의 함수로서 $x$에 대한 식을 얻는다는 뜻이다. 상수들은 보통 초기 위치와 초기 속도이다. 여기에서 $x(t)$는 초기 위치와 (아주 꼭 같지는 않은) 총 에너지로 주어지지만 자명하게도 등가이다.

에너지를 이용해서 운동을 푼다는 것은 *한 번의* 적분만 필요한 반면에 운동방정식으로부터 시작한다면 *두 번의* 적분이 필요하다. 그 이유는 $E = T + V =$일정 조건이 운동방정식을 한번 적분해서 얻어지기 때문이다. 그래서 어떤 의미로는 첫 번 적분은 이미 했다. 이러한 이유로 에너지 보존에 대한 식은 때때로 "첫 적분"이라고 불린다.

**예제 5.5**

질량 $m = 0.5$ kg인 입자가 $V = -2x + 3x^2$ J로 주어지는 1차원 위치에너지 내에서 움직인다. 총 에너지가 1 J이면 운동을 구하여라.

**풀이:** 식 (5.12)로부터 시작하자:

$$\sqrt{\frac{2}{m}}t = \int_{x_0}^{x} \frac{dx}{\sqrt{E-V(x)}} = \int_{0}^{x(t)} \frac{dx}{\sqrt{1+2x-3x^2}} = \frac{1}{\sqrt{3}} \sin^{-1} \frac{3x+2}{\sqrt{4+3}}\Bigg|_0^{x(t)}.$$

마지막 식은 표준 형태의 적분을 구하는 것으로부터 온다:

$$\int \frac{dx}{\sqrt{a+2bx-cx^2}} = \frac{1}{\sqrt{c}}\sin^{-1}\frac{cx-b}{\sqrt{b^2+ac}}.$$

그러므로

$$\sin\left[\sqrt{3}\sqrt{\frac{2}{m}}t\right] = \frac{3x(t)+2}{\sqrt{7}} - \frac{2}{\sqrt{7}} = \frac{3x(t)}{\sqrt{7}}$$

$$x(t) = \frac{\sqrt{7}}{3}\sin\sqrt{\frac{6}{0.1}}t = \frac{\sqrt{7}}{3}\sin\sqrt{60}t \text{ m}.$$

❒ 연습 5.20

입자가 일정한 위치에너지 $V = V_0 =$ 일정 속에서 움직인다. $E$가 알려져 있다고 하자. 위치, 속도와 가속도를 시간의 함수 즉 $x = x(t)$, $v = v(t)$와 $a = a(t)$로 구하라. **답**: $x(t) = \sqrt{2(E-V_0)/m}\,t + x_0$.

❒ 연습 5.21

위치에너지가 일정한 공간의 영역에서 움직이는 입자는 가속도가 0임을 보여라.

## 5.8 입자계의 에너지

이 장에서 이야기한 거의 모든 것이 단일 입자였다. 이제 입자계로 일반화하자. 그러나 더 진행하기 전에 질량중심의 정의(1.2.2절을 보라)를 기억해야 한다. 특히 $N$개의 입자로 이루어진 모임에 대해 $\mathbf{r}_c$로 표시되는 질량중심의 위치는

$$\mathbf{r}_c = \frac{\sum_{i=1}^{N} m_i \mathbf{r}_i}{\sum_{i=1}^{N} m_i} \tag{5.13}$$

임을 상기하라. 따라서

$$M\mathbf{r}_c = \sum_{i=1}^{N} m_i \mathbf{r}_i. \tag{5.14}$$

여기에서 $M$은 총 질량이다.

입자계의 총 운동에너지는 두 항의 합으로 쓸 수 있는데, 하나는 질량중심과 같이 움직이는 질량 $M$의 입자의 병진 운동에너지이고 다른 하나는 질량중심에 대한 모든 입자의 상대적인 운동으로 인한 운동에너지이다. 이것을 증명하기 위해 입자 $i$의 운동에너지가

$$T_i = \tfrac{1}{2} m_i v_i^2 = \tfrac{1}{2} m_i (\dot{\mathbf{r}}_i \cdot \dot{\mathbf{r}}_i)$$

이라는 사실로부터 시작하자. 여기에서 벡터 $\mathbf{r}_i$는 원점으로부터 측정된다. 그림 5.12에서 보인 바와 같이 입자 $i$의 위치벡터는 질량중심을 이용해

$$\mathbf{r}_i = \mathbf{r}_c + \mathbf{r}_i'$$

로 묘사될 수 있다. 여기서 $\mathbf{r}_i'$는 질량중심에 대한 입자 $i$의 위치이다. 그러므로 입자 $i$의 운동에너지는

$$T_i = \tfrac{1}{2} m_i (\dot{\mathbf{r}}_c + \dot{\mathbf{r}}_i') \cdot (\dot{\mathbf{r}}_c + \dot{\mathbf{r}}_i') = \tfrac{1}{2} m_i \left(\dot{r}_c^2 + 2\dot{\mathbf{r}}_c \cdot \dot{\mathbf{r}}_i' + \dot{r}_i'^2\right)$$

로 표현할 수 있다. 총 운동에너지는 입자계의 모든 입자의 운동에너지를 합하여 얻는다.

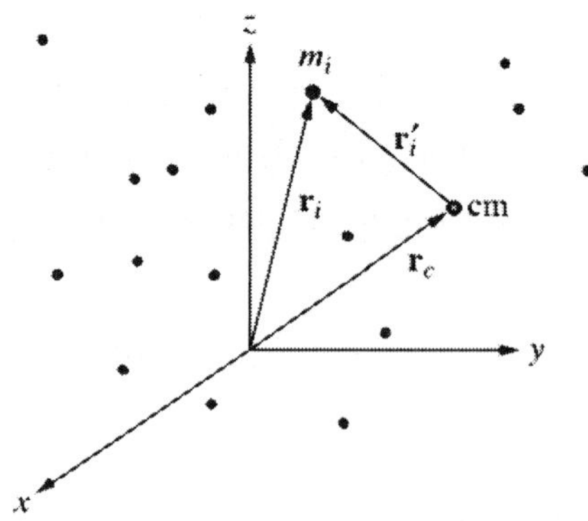


그림 5.12 ▌ 입자계. 질량이 $m_i$인 입자 $i$는 위치 $\mathbf{r}_i$에 있다. 질량중심(cm)의 위치는 $\mathbf{r}_c$이다. $\mathbf{r}_i'$로 표시한 화살은 질량중심에 대한 입자 $i$의 위치이다.

$$T = \sum_i^N T_i = \tfrac{1}{2}\dot{r}_c^2 \sum m_i + \dot{\mathbf{r}}_c \cdot \sum m_i \dot{\mathbf{r}}_i' + \tfrac{1}{2} \sum m_i \dot{r}_i'^2.$$

중간 항은 영인데 그것은

$$\sum m_i \dot{\mathbf{r}}_i' = \frac{d}{dt} \sum m_i \mathbf{r}_i' = \frac{d}{dt} \sum m_i (\mathbf{r}_i - \mathbf{r}_c)$$

이고

$$\sum m_i (\mathbf{r}_i - \mathbf{r}_c) = \sum m_i \mathbf{r}_i - \sum m_i \mathbf{r}_c = M\mathbf{r}_c - \mathbf{r}_c M = 0$$

이기 때문이다. 따라서 입자계의 총 운동에너지는

$$T = \tfrac{1}{2}\dot{r}_c^2 \sum m_i + \sum \tfrac{1}{2} m_i \dot{r}_i'^2$$

즉

$$T = \tfrac{1}{2} M v_c^2 + \sum \tfrac{1}{2} m_i v_i'^2 \tag{5.15}$$

이다. 질량중심에 있는 질량 $M$의 입자를 상상한다면 입자계의 총 운동에너지는 질량 $M$을 가진 입자의 병진 운동에너지와 질량중심에 *대한* 모든 입자의 운동에너지를 합한 것이며, 그 명제는 증명되었다.

**❐ 연습 5.22**

두 입자가 $x-$축을 따라 충돌하려고 한다. 실험실 좌표계에서 질량 2 kg의 입자가 속력 2 m/s로 우측으로 향해 움직이고, 질량 1 kg의 입자는 속력 1 m/s로 좌측으로 움직인다. (a) 그 계의 총 운동에너지를 구하라. (b) 질량중심의 속도를 구하라. (c) 질량중심에 대한 각 입자의 운동에너지를 구하라. (d) 식 (5.15)를 입증하라. **답**: (a) 4.5 J (b) 1 m/s.

## 5.9 부피를 가진 물체에 주는 일

하나의 *입자*에 하는 일은 식 (5.1)

$$W = \int_{\mathbf{r}_1}^{\mathbf{r}_2} \mathbf{F} \cdot d\mathbf{s}$$

로 정의되었다. 여기에서 F는 입자가 $\mathbf{r}_1$에서 $\mathbf{r}_2$까지 움직이면서 받는 힘이다. 변위 $d\mathbf{s}$는 그 입자의 변위 또는 힘의 작용점의 변위로 해석할 수 있다. 그 이유는 두 점이 같기 때문이다. 더욱이 입자의 운동에너지 증가의 원천이 힘을 내는 동인(또는 행위자)이라는 것은 명백하다. 그러나 힘이 *부피를 가진 물체*에 작용할 때 한 일을 생각한다면 상황이 더욱 복잡해진다.

부피를 가진 물체에 작용하는 외력의 간단한 예는 벽에 자신의 손을 눌러 벽으로부터 자신을 밀쳐내는 아이스 스케이터이다. 외력은 그 여성 스케이터의 손에 주는 벽의 반작용력이다. (그녀는 벽을 밀고 벽은 반대 방향의 같은 힘으로 그녀를 밀어낸다.) 스케이터에 작용하는 힘은 그녀의 손이 벽에서 떨어지자마자 사라진다. 힘의 작용점은 전혀 움직이지 않았다. 벽은 스케이터에 일을 해주었는가? 답은 에너지 관점으로부터 분명하다: 벽의 에너지는 변하지 않았다! 스케이터에 주는 운동에너지의 원천은 그녀 자신의 몸으로부터의 화학적 에너지였다. 이 화학적 에너지는 그녀의 근육의 작용을 통해 운동에너지로 바뀌었다. 그럼에도 불구하고 스케이터에게 작용하는 유일한 외력은 벽이 그녀의 손에 가하는 반작용력이었다.

크기를 가진 물체의 경우 일에 대한 알맞은 형태의 식을 구하기 위해

$$F_e = ma_c$$

의 형태인 뉴턴의 2법칙으로부터 시작하자. 여기에서 $a_c$는 크기를 가진 물체의 질량중심의 가속도이고 $F_e$는 외력이다. 이 식의 양변에 질량중심의 무한소 변위, $ds_c$를 곱하면

$$F_e ds_c = ma_c ds_c = m\frac{dv_c}{dt}ds_c = mdv_c\frac{ds_c}{dt} = mv_c dv_c$$

이 된다. 초기 점 $i$으로부터 최종 점 $f$까지 적분하면

$$\int_i^f F_e ds_c = \int_i^f mv_c dv_c = \left(\frac{1}{2}mv_c^2\right)_f - \left(\frac{1}{2}mv_c^2\right)_i = \Delta T$$

가 된다. 그러므로 크기를 가진 물체의 운동에너지의 변화는 적분 $\int_i^f F_e ds_c$와 같다. 이것은 의심스럽게도 일과 같이 보인다. 그러나 힘의 작용점이 움직이지 않으므로 그것은 *정확히* 일과 같은 것이 아니다. 더욱이 힘을 가하는 물체가 에너지 증가의 원천은 아니었다. 이러한 이유로 어떤 저자들은 이러한 식을 "유사일(pseudowork)"이라고 부르고 그 식

$$\int_i^f \mathbf{F}_e \cdot d\mathbf{s}_c = \Delta T$$

을 외력이 에너지의 원천이 되는 일 에너지 정리와 구분하기 위해 "에너지 식(energy equation)"이라고 부른다.[8)]

## 5.10 요약

이 장에서 독자는 많은 *수학적 개념*과 많은 *물리적 개념*을 접했다. 이 요약에서 두 가지 개념적 집합이 각각 먼저 수학 다음에 물리로 열거된다.

### 5.10.1 수학적 개념

#### 선 적분

정의상 일은 $W = \int \mathbf{F} \cdot ds$ 이다. 적분은 *선적분*이고 입자가 간 경로를 따라 값을 구해야 한다. 선적분을 구하기 위해 두 길을 보았다: (1) 힘과 성분 별로 변위의 미분을 표현한다. 그래서

$$W = \int_C \mathbf{F} \cdot d\mathbf{s} = \int_C F_x dx + \int_C F_y dy + \int_C F_z dz$$

또는 (2) 힘과 변위를 어떤 매개변수 $\lambda$에 의해 표현하고

8) 이 주제에 매우 흥미로운 발표는 Bruce Sherwood가 쓴 논문, "Pseudowork and Real Work," *Am. J. Phys.*, *51*, 597-602, 1983이다.

$$W = \int_C \mathbf{F}(\lambda) \cdot d\mathbf{s} = \int_C \mathbf{F}(\lambda) \cdot \frac{d\mathbf{s}}{d\lambda} d\lambda$$

의 값을 구한다.

**델 연산자(Del Operator)**

데카르트 좌표에서 델 연산자는

$$\nabla \equiv \hat{\mathbf{i}}\frac{\partial}{\partial x} + \hat{\mathbf{j}}\frac{\partial}{\partial y} + \hat{\mathbf{k}}\frac{\partial}{\partial z}$$

으로 정의 된다. 델을 포함한 연산은

$\nabla f$ 스칼라 함수 $f$의 **기울기**(gradient)
$\nabla \cdot \mathrm{F}$ 벡터함수 F의 **발산**(divergence)
$\nabla \times \mathrm{F}$ 벡터함수 F의 **회전**(curl).

이 장에서는 스칼라 함수를 연산하는 델에 집중하였다. 델은 $\nabla f$로 표시되는 기울기라고 불리는 벡터를 생성한다. 기하학적으로 $f$의 기울기 $\nabla f$는 $f$가 가장 큰 증가율을 갖는 방향이고 그 증가율이 크기인 벡터이다.

**계량(metric)**

미분 변위벡터 $d\mathrm{s}$는 다른 좌표계에서는 다른 형태를 갖는다. 일반화 좌표 $q_1, q_2, q_3$로

$$ds^2 = \sum_{ij} h_{ij}^2 dq_i dq_j, \quad i, j = 1, 2, 3$$

라고 쓸 수 있다. 스케일 계수 $h_{ij}$는 좌표 공간의 기하학적 성질에 의존되며 총괄하여 *계량*이라고 부른다.

**다른 표현의 델과 부피소**

좌표의 변환 성질을 이용하여 부피소와 델의 식을 일반화 좌표에 의하여

$$d\tau = ds_1 ds_2 ds_3 = h_1 h_2 h_3 dq_1 dq_2 dq_3$$

와

$$\nabla = \hat{\mathbf{e}}_1 \frac{1}{h_1}\frac{\partial}{\partial q_1} + \hat{\mathbf{e}}_2 \frac{1}{h_2}\frac{\partial}{\partial q_2} + \hat{\mathbf{e}}_3 \frac{1}{h_3}\frac{\partial}{\partial q_3}$$

과 같이 유도 하였다. 원통 좌표에서 이 식들은

$$d\tau = \rho d\rho d\phi dz$$

와

$$\nabla = \hat{\boldsymbol{\rho}}\frac{\partial}{\partial \rho} + \hat{\boldsymbol{\phi}}\frac{1}{\rho}\frac{\partial}{\partial \phi} + \hat{\mathbf{k}}\frac{\partial}{\partial z}$$

이 되며 구면좌표에서는 그들은

$$d\tau = r^2 \sin\theta dr d\theta d\phi$$

와

$$\nabla = \hat{\mathbf{r}}\frac{\partial}{\partial r} + \hat{\boldsymbol{\theta}}\frac{1}{r}\frac{\partial}{\partial \theta} + \hat{\boldsymbol{\phi}}\frac{1}{r\sin\theta}\frac{\partial}{\partial \phi}$$

이 된다.

### 5.10.2 물리적 개념

이제 이 장에서 소개한 많은 중요한 물리적 개념을 요약하자.

**일**

위치 $\mathrm{r}_1$으로부터 $\mathrm{r}_2$까지 변위하는 동안 힘 F가 입자에 가하는 일은

$$W = \int_{\mathbf{r}_1}^{\mathbf{r}_2} \mathbf{F} \cdot d\mathbf{s}$$

이다. 앞에서 언급한 바와 같이 이 식은 선적분이고 입자가 지나간 경로를 따라 적분해야한다. 그러나 힘이 보존력이면 적분 값은 양 끝점에만 의존한다.

**일-에너지 정리**

*모든* 외력이 한 총 일은 입자의 운동 에너지의 증가와 같다.

$$W = \Delta T = T_f - T_i.$$

### 위치에너지

힘이 보존력($\nabla \times \mathrm{F} = 0$)이면 힘을 위치에너지 $V$와 관계시킬 수 있다. 힘과 위치에너지 사이의 관계는

$$\mathbf{F} = -\nabla V$$

이다. 보존력에 의한 일은 위치에너지의 변화로 표현될 수 있다. 따라서

$$W = -\Delta V = -V_f + V_i .$$

### 에너지 보존

보존력에 대해 일에 대한 두 식을 같다고 놓으면 보존의 법칙

$$T_f + V_f = T_i + V_i$$

이 된다.

### 에너지 도표

에너지 도표는 위치($x$)의 함수로서 위치에너지($V$)의 그림이다. 총 에너지는 그러한 도표위에 일정한 수평적인 선으로 나타낸다. 총 에너지 선과 위치에너지 곡선 사이의 거리($E - V$)는 운동에너지와 같고 입자의 속력의 제곱과 비례한다.

### 에너지를 이용한 운동의 풀이

힘이 위치의 함수 일 때 에너지 방법은 운동을 구하기 위한 가장 쉬운 방법이다. 기본적으로 이것은 적분의 형태

$$\int_{x_0}^{x} \frac{dx}{\sqrt{E - V(x)}} = \sqrt{\frac{2}{m}}\, t$$

을 계산하여 구한다.

### 입자계의 에너지

입자계의 운동에너지는 질량중심의 운동에너지와 질량중심에 대한 운동에너지를 합한 것으로 표현할 수 있다:

$$T = \tfrac{1}{2} M v_c^2 + \sum \tfrac{1}{2} m_i v_i'^2 = T_c + T_{\substack{\mathrm{wrt} \\ \mathrm{cm}}} .$$

**크기를 가진 물체에 한 일**

크기를 가진 물체에 한 일에 대한 식은 입자에 한 일에 대한 식과 같지만 그 두 개념은 같지 않다. 특히 에너지의 원천은 그 두 경우에 다를 수 있다. 그럼에도 불구하고 정확한 답은 입자의 변위를 부피를 가진 물체의 질량중심의 변위로 단순히 대치하여 얻어진다.

## 5.11 문제

**[문제 5.1]** 한 입자에 작용하는 힘이 $\mathrm{F} = 3x\hat{\mathrm{i}} + 2y\hat{\mathrm{j}}$ N이다. 원점으로부터 시작해서 점 (3,6) m에서 끝나는 직선 경로에 대해 선적분 $\int \mathrm{F} \cdot d\mathrm{s}$의 값을 구하라. **답**: 49.5 J.

**[문제 5.2]** 이 문제에서 어떻게 해서 전자가 직선 경로에서 양성자를 비껴 지나며 끌려 진행한다. 전자는 정전기력을 받고 그 어떤 외력을 받아 일정한 속력으로 일직선상에서 움직이도록 유지된다. (a) 그림 5.13의 궤도를 따라 전자를 $x_1$으로부터 $x_2$까지 가져갈 때 정전기력으로부터 받은 일의 값을 구하라. (b) 전자를 직선을 따라 일정한 속력으로 움직이도록 한 외력이 한 일은 얼마인가? (c) 전자가 양성자를 중심으로 하는 반원의 호의 경로를 따라 가져간다면 정전기력에 의해 받은 일의 값을 구하여라.

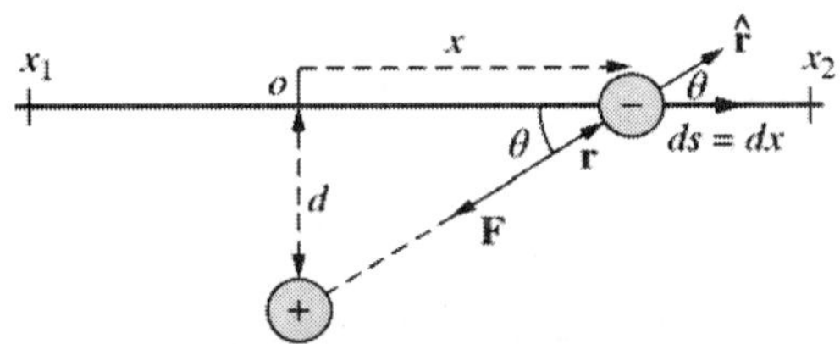


그림 5.13 ▌ 전자가 $x_1$으로부터 $x_2$까지 일직선 경로를 따라 양성자를 지나 끌려간다.

**[문제 5.3]** 한 입자에 작용하는 힘의 크기는 $F = -kr$이다. 여기에서 $r$는 원점에서 입자까지의 거리이다. 힘은 항상 원점으로 향한다. (이것은 중심력의 예이다.) 입자가 원점으로부터 점 $(2R, 0)$까지 반경이 $R$인 반원 경로를 따라 움직일 때 힘이 입자에 한 일을 구하라. 입자가 원점으로부터 점 $(2R, 0)$까지 직선 경로를 따라 움직일 때 받은 일을 구하라. (주의: 원점이 반원의 중심에 있지 않다.)

**[문제 5.4]** 변환식과 데카르트 좌표에서 $ds^2$의 표현으로부터 관계식 (5.6)과 (5.8)을 유도하라.

**[문제 5.5]** (a) 평면 극좌표에 대한 계량을 구하라. (b) 극좌표에서 면적소 및 $d\mathrm{s}$에 대한 표현을 얻어라.

**[문제 5.6]** 포물면 좌표 $u, v, \phi$에 대하여 $ds^2$, 스케일 인수, 벡터 $d\mathrm{s}$, 부피소 및 $\hat{\mathrm{e}}$ 벡터를 구하라:

$$\begin{aligned} x &= uv\cos\phi, \\ y &= uv\sin\phi, \\ z &= \frac{1}{2}\left(u^2 - v^2\right). \end{aligned}$$

**[문제 5.7]** "타원 원통" 좌표, $u, v, z$는

$$\begin{aligned} x &= a\cosh u\cos v \\ y &= a\sinh u\sin v \\ z &= z \end{aligned}$$

로 정의된다. 그 계량을 구하라. $d\mathrm{s}$에 대한 표현식을 쓰라.

**[문제 5.8]** $u, v, z$ 좌표는

$$\begin{aligned} x &= \frac{1}{2}\left(u^2 - v^2\right) \\ y &= uv \\ z &= z \end{aligned}$$

로 정의된다. (a) 이 좌표에 대한 계량을 구하라. (b) 이 좌표로 $\nabla$을 구하라.

**[문제 5.9]** 장형의 편구 좌표 $\eta, \theta, \phi$는 데카르트 좌표와 다음의 변환식으로 관계된다:

$$\begin{aligned} x &= a\sinh\eta\sin\theta\cos\phi \\ y &= a\sinh\eta\sin\theta\sin\phi \\ z &= a\cosh\eta\cos\theta \end{aligned}$$

이 좌표를 이용해서 $\nabla$에 대한 표현을 구하라.

**[문제 5.10]** 식 (5.9)로 주어진 $\nabla$에 대한 표현을 사용해서 원통좌표에서 $\nabla \cdot \mathrm{V}$를 얻어라. 식 (2.9)로부터 식 (2.10)으로 가는 것처럼 미분이 또한 단위 벡터에 작용한다는 것을 유의하라. **답**: $\nabla \cdot \mathrm{V} = \dfrac{1}{\rho}\dfrac{\partial}{\partial \rho}(r V_\rho) + \dfrac{1}{\rho}\dfrac{\partial V_\phi}{\partial \phi} + \dfrac{\partial V_z}{\partial z}$.

**[문제 5.11]** 구면좌표를 이용해서 구의 부피를 구하라. $\theta$와 $\phi$의 적분의 한계에 특별히 주의하라.

**[문제 5.12]** 지구의 표면 근처에서 위치에너지는 $mgh$이다. 이 사실을 이용해서 시간의 함수로서 낙하하는 입자의 위치에 대한 식을 구하여라. 입자의 가속도가 $g$임을 보여라.

**[문제 5.13]** 어떤 산의 정상이 완전한 원뿔이라는 것을 발견하고 측량자는 산을 수학적으로 원통형 좌표에서 공식 $z = h_0 - \rho$로 묘사한다. (a) 등고선을 그려라. (b) 어디에서든지 가장 가파르게 올라가는 방향은 정상을 향하는 것을 보여라.

**[문제 5.14]** 하나의 산이 평평한 평지 위로 솟았다. 평지로부터 산의 높이는 관계식

$$z(x, y) = 2000 \exp\left[-\left(x^2 + 2y^2\right)/8000\right] \text{ meters}$$

으로 묘사된다. (a) 산은 얼마나 높은가? (b) $x = 20$ m, $y = 10$ m에 서있는 사람은 평지로부터 얼마나 높은 곳에 있는가? (c) 그 위치에서 가장 빨리 내려가는 방향은 무엇인가? (d) 이 점에서 최대의 내리막 기울기는 얼마인가? (즉, 단위 미터의 수평 변위에 대해 얼마나 내려가게 되는가?) **답**: (d) −13.12 m/m.

**[문제 5.15]** 어떤 위치에서 온도는 $T = T_0 - A(2x^2 + y^2 + z^2)$ (kelvin)으로 주어진다. 거리는 미터의 단위로 하고 상수 $A$는 0.5 K/m$^2$이다. $T_0$값은 300 K이다. (a) 점 (1,2,2)에서 최대 온도 증가의 방향과 비율(단위 K/m)은 각각 얼마인가? (b) 그 방향으로 1 미터 움직일 때 새로운 위치에서 온도는 얼마인가? (c) 공식으로 계산한 새로운 위치에서의 온도는 온도의 감소율에 변위를 곱하여 얻은 값과 같지 않다. 이 차이를 설명하라.

**[문제 5.16]** (a) 점 (0,1), (1,0), (1,1)에 각각 위치한 질량이 1, 2, 3 kg인 3개의 입자로 이루어진 계의 질량중심을 구하라. (b) 1 kg의 입자는 $1\hat{\jmath}$ m/s의 속도를 갖고

2 kg의 입자는 $2\hat{\mathrm{i}}$ m/s의 속도를 갖으며 3 kg의 입자는 $3(\hat{\mathrm{i}}+\hat{\mathrm{j}})$ m/s의 속도를 갖는다. 계의 총 운동에너지를 구하라. (c) 질량중심의 속도는 얼마인가? (d) 질량중심에 대한 입자들의 운동에너지를 구하라. **답:** (a) $(5/6)\hat{\mathrm{i}}+(4/6)\hat{\mathrm{j}}$ (b) 31.5 J (c) $\frac{13}{6}\hat{\mathrm{i}}+\frac{10}{6}\hat{\mathrm{j}}$ m/s (d) 9.08 J.

**[문제 5.17]** 두 양(+)의 전하($Q_1$과 $Q_2$)가 $x$-축의 위치 $x=\pm a$에 위치하고 있다. 질량 $m$의 음의 전하($-q$)가 $y$-축을 따라 움직이도록 구속되어 있다. 계의 정전기적 퍼텐셜이

$$V=-\frac{qQ_1}{4\pi\epsilon_0 r_1}-\frac{qQ_2}{4\pi\epsilon_0 r_2}$$

이다. 여기에서 $r_1$과 $r_2$는 음의 전하로부터 두 양의 전하까지의 거리이다. 음의 전하는 $y=b$에서 정지 상태로부터 놓아 주었다. 음의 전하의 최대 속력에 대한 식을 구하라. 어디에서 최대속력이 일어나는가?

**[문제 5.18]** 질량 $M$인 축구선수가 번지점프를 할 생각이다. 그는 늘어나지 않은 길이가 $b$인 긴 탄성 코드를 연결한 홀터를 착용한다. 높은 다리에 밧줄의 끝을 묶고 그는 공중으로 뛰어 내렸다. 잠시 후 그는 지상으로부터 높이 매달려있는 자신을 발견했다. 그는 번지 코드를 잡고 다리로 올라왔다. 길이가 $b$인 비탄성 밧줄을 잡고 올라오는데 한 일에 대하여 탄성 밧줄을 잡고 올라오는 때 한 일의 비율을 구하라. 탄성 밧줄은 후크의 법칙을 따르며 힘의 상수는 $k$이다.

**[문제 5.19]** 그네에 탄 소녀를 그녀의 오빠는 더욱 더 밀고 있다. 결국 그녀는 원호를 그리며 최고점이 가장 낮은 점으로부터 높이 1.5 m 위에 있도록 흔들리고 있다. 그네는 질량이 없는 밧줄들로 이루어져 길이 2.8 m이며 소녀의 질량은 그네의 자리를 포함해 30 kg이다. 소녀가 최저점을 통과할 때 밧줄에 걸리는 장력은 얼마인가?

**[문제 5.20]** 질량 5 kg의 블록이 수평면에 놓여 있다. 미끄럼 마찰계수가 0.5이다. 그 블록이 10 m/s의 속력을 갖고 3미터 거리에 있는 정지상태의 용수철을 향해 움직이고 있다. 용수철 상수는 4000 N/m이다. 블록은 용수철과 충돌하고 용수철을 압축한 후 튀어 돌아온다. 그 블록은 용수철로부터 얼마나 멀리 가서 정지하게 되는가?

**[문제 5.21]** 방사성 핵이 에너지 6.0 MeV의 알파 입자를 방출하며 자연 붕괴한다. 그 붕괴에서 방출하는 총 에너지가 6.2 MeV이다. 반동하는 핵의 질량을 구하라(상대론적 효과는 무시하라).

**[문제 5.22]** 질량 $m$과 총 에너지 $E$를 갖는 입자가 $V(x) = -bx$의 1차원 퍼텐셜의 영향 하에서 움직인다. 운동을 [입자의 위치를 시간의 함수로] 구하라.

**[문제 5.23]** 레일건(rail gun)은 자기력을 이용해서 아주 높은 속력까지 발사체를 가속시키는 장치이다. 질량 $m$의 입자를 지표면으로부터 수직으로 발사한다고 하자. 공기 저항을 무시하면 입자가 도달하는 최고 높이가

$$\frac{GMm}{|E|} - R$$

임을 보여라. 여기에서 $R$는 지구의 반경이고 $M$은 지구의 질량이다. (입자의 총 에너지 $E$는 음이라고 가정한다.)

**[문제 5.24]** 한 입자의 운동에너지 변화율 $\dfrac{dT}{dt}$은 그 입자에 작용하는 힘과 그 입자의 순간 속도의 내적, 즉 $\mathbf{F} \cdot \mathbf{v}$와 같다는 것을 보여라.

**[문제 5.25]** $h = r - R$가 지구의 표면 위에 한 입자의 위치(높이)라고 하자. 여기서 $R$은 지구의 반경이다.

$$h \ll R$$

의 한계에서 중력 퍼텐셜이 $mgh$로 환산된다는 것을 보여라.

**[문제 5.26]** 질량 $m$의 입자가

$$V(x) = -Ae^{-\alpha x^2}$$

로 주어지는 1차원 위치에너지의 영향을 받는다. 여기에서 $A$와 $\alpha$는 상수이다. (a) 에너지 도표를 그려라. (b) 그 입자의 총 에너지가 $E = -0.5\,A$ 이라면 회귀점들을 구하라. (c) 그 입자의 총 에너지가 $E = -Ae^{-1}$이라면 회귀점들을 구하라. (d) 그 입자의 에너지가 영이고 위치 $x = -\infty$에 있다고 가정하라. 원점의 방향으로 살짝 밀었다고 하자. 그 입자가 원점을 통과할 때 입자의 속도는 얼마인가?

**[문제 5.27]** 어떤 공간의 영역에서 위치에너지는

$$V = -\frac{A}{\sqrt{x^2 + y^2 + z^2}}$$

로 표현할 수 있다. 여기에서 $A$는 상수이고 원점은 제외된다. (a) 힘의 식을 쓰라. (b) 입자를 $(x_1, y_1, z_1)$으로부터 $\infty$까지 가져가는데 필요한 일을 구하라. (c) 힘을 구면좌표에서 표현하라.

**[문제 5.28]** 진동하는 2원자 분자의 위치에너지는 두 원자 사이의 거리($s$)의 함수인데, 대략 "Morse 함수"

$$V(s) = V_0(1 - e^{-(s-s_0)/\delta})^2 - V_0$$

로 주어진다. 여기에서 $s_0, \delta, V_0$는 일정한 매개변수이다. (a) 원자에 작용하는 힘의 식을 얻어라. (b) 위치에너지가 최소가 될 때 두 원자 사이의 간격을 구하라. (c) 위치에너지의 최소 값은 얼마인가? **답**: (a) $-(2V_0/\delta)(1-e^{-(s-s_0)/\delta})e^{-(s-s_0)/\delta}$.

**[문제 5.29]** 쿨롬의 법칙에 의하면 두 하전 입자 사이의 정전기력은

$$\mathbf{F} = \frac{Q_1 Q_2}{4\pi\varepsilon_0 r^2}\hat{\mathbf{r}}$$

이다. 여기에서 $Q_1$과 $Q_2$는 입자의 전하이고 $r$은 그들 사이의 간격이다. $4\pi\epsilon_0$은 상수이다. 정전기력이 보존력임을 보여라. 위치에너지의 식을 구하라.

**[문제 5.30]** 입자가

$$\mathbf{F} = K[(2x + y)\hat{\mathbf{i}} + (x + 2y)\hat{\mathbf{j}}]$$

로 주어진 힘의 영향 아래 있다. (a) 이 힘이 보존력임을 보여라. (b) 위치에너지의 식을 구하라.

**[문제 5.31]** 뉴턴의 만유인력의 법칙에 의하면 질량이 $m_1$과 $m_2$인 두 입자 사이의 힘은

$$\mathbf{F} = -\frac{Gm_1m_2}{r^2}\hat{\mathbf{r}}$$

이다. 여기서 $G$는 상수이고 $r$은 두 입자 사이의 거리이다. 이 힘의 식을 이용해서 그 계의 중력 위치에너지를 구하여라. 위치에너지가 영이 되는 적당한 점을 선택하라.

**[문제 5.32]** 세 개의 질량 $m_1$, $m_2$와 $m_3$를 각각 무한대로부터 최종 위치 $\mathrm{r}_1$, $\mathrm{r}_2$와 $\mathrm{r}_3$까지 가져오는데 필요한 일을 계산하여 그 계의 위치 에너지를 구하라. (입자들에 작용하는 힘은 상호 중력의 인력뿐이다.)

**[문제 5.33]** 질량이 $2\,\mathrm{kg}$인 입자가 $x$-축을 따라 움직인다. 위치의 함수로서 그것의 위치 에너지는 $V(x) = -3x + x^2$ J이다. (여기에서 $x$의 단위는 미터이다.) 입자가 원점을 속력 $4\,\mathrm{m/s}$로 통과한다. (a) 위치 에너지를 $x$의 함수로서 그려라. (c) 회귀점들은 어디에 있는가?

**[문제 5.34]** 위치 에너지

$$V = -\frac{a}{r} + \frac{b}{r^2}$$

를 생각하자. (a) 그 위치 에너지를 $r$의 함수로서 그려라. (b) 힘의 식을 구하라. (c) 회귀점에 대한 식을 $a$, $b$와 총 에너지 $E$의 함수로서 구하라.

**[문제 5.35]** 위치에너지 $V(x,y) = ax^2 + by^2$의 영향 속에서 움직이는 입자는 두 방향에 대해 다른 힘의 상수를 가진 2차원 진동자이다. (이것을 비등방성 진동자라고 부른다.) 시간 $t=0$에 입자가 속도 $\mathrm{v} = v_{0x}\hat{\mathrm{i}} + v_{0y}\hat{\mathrm{y}}$로 원점을 통과한다고 가정하고 그 입자의 운동을 구하라.

## 컴퓨터 과제

**[컴퓨터 과제 5.1]** 위치 에너지가 $V(x) = -\frac{1}{x^6} + \frac{1}{x^{12}}$로 주어진다. 식 (5.12)를 수치적으로 적분하여 질량이 단위이고 총 에너지가 $10^{-4}$ 에너지 단위인 입자의 위치를 구하라. 무한대로부터 들어오는 입자에 대해 $x = x(t)$와 $v = v(t)$를 그려라. (무한대는 대략 $x = 5$이다.)

CHAPTER

6

# 선운동량 보존

이제 선운동량 보존의 법칙을 이용하여 풀 수 있는 문제에 주의를 돌리고자 한다. 그러한 문제들의 예는 로켓의 운동, 1차원 및 2차원에서 충돌, 그리고 충격력이 가해질 때 계의 움직임 등이 있다.

## 6.1 운동량 보존의 법칙

선운동량 보존의 법칙은 뉴턴의 2법칙을 근거로 한다. 계의 운동량의 변화율은 계에 작용하는 알짜 외력과 같다:

$$\frac{d\mathbf{P}}{dt} = \mathbf{F}.$$

여기에서 F는 알짜 힘이고 P는 총 선운동량이다. 그러므로 $F = 0$이면 $P = m$v= 일정하다. 다른 말로 선운동량 보존의 법칙은 다음과 같다:

**한 계에 외력이 작용하지 않으면 그 계의 총 운동량은 일정하다.**

예를 들면 두 물체의 충돌에서 외력이 무시할 수 있다면 운동량보존의 원리는

$$\mathbf{P}_{\text{final}} = \mathbf{P}_{\text{initial}}$$

으로 표현할 수 있다. 여기서 $P_{\text{initial}}$은 충돌 전의 운동량이고 $P_{\text{final}}$은 충돌 후의 운동량이다. 많은 문제가 이 간단한 관계를 이용해 풀릴 수 있다.

알짜 외력이 한 입자에 작용한다면 그리고 한 물체의 질량이 시간에 따라 변한다면 뉴턴의 2법칙은

$$\mathbf{F} = \frac{d\mathbf{P}}{dt} = m\frac{d\mathbf{v}}{dt} + \mathbf{v}\frac{dm}{dt} \tag{6.1}$$

으로 표현해야 한다. $d\mathrm{v}/dt$는 물체의 가속도임을 유의하라; 이 경우에서 뉴턴의 2 법칙을 $\mathrm{F} = m\mathrm{a}$의 형태로 쓸 수 없다.

**❒ 연습 6.1**

질량이 $m$이고 속도가 $v$인 총알을 마찰이 없는 표면위에 정지해 있는 질량 $M$의 나무토막에 발사하였다. 총알은 나무토막에 박혔다. (a) 충돌 후 총알과 나무토막의 결합계의 속력을 구하라. (b) 운동에너지가 보존되는가? 설명하라. (c) 운동에너지의 손실 값을 구하라. **답:** (a) $mv/(M+m)$ (c) $\Delta T = -\frac{1}{2}\frac{mM}{m+M}v^2$

## 6.2 로켓의 운동

질량이 변하는 계에 선형 운동량 보존의 법칙의 적용으로 로켓의 운동을 생각하자. 로켓이 알짜 힘을 받지 않도록 별이나 물질로 이루어진 다른 물체로부터 멀리에 있는 빈 공간에 있다고 상상하라. 우주 조종사가 로켓엔진을 짧은 시간 $dt$ 동안 가동하고자 한다. 로켓엔진은 연료량 $dM$을 태운다. 연소된 연료는 로켓 연소출구를 통해 로켓에 대한 속도 u로 배출된다. 이 연료가 연소된 후 얼마나 빨리 로켓이 움직이는가?

로켓의 초기 질량을 $M$, 어떤 관성 틀에 대한 초기 속도를 V라고 하자. 그러므로 초기 운동량은

$$\mathbf{P}_i = M\mathbf{V}$$

이다. 연소 후 로켓의 질량은 $M - dM$이고 로켓의 속도는 $\mathrm{V} + d\mathrm{V}$이다. 연소된 연료의 질량은 $dM$이고 관성 틀에서 *그것의* 속도는 벡터의 합 $\mathrm{V} + \mathrm{u}$이다. 로켓과 연소된 연료의 합의 총 최종 운동량은

$$\mathbf{P}_f = (M - dM)(\mathbf{V} + d\mathbf{V}) + dM(\mathbf{V} + \mathbf{u})$$

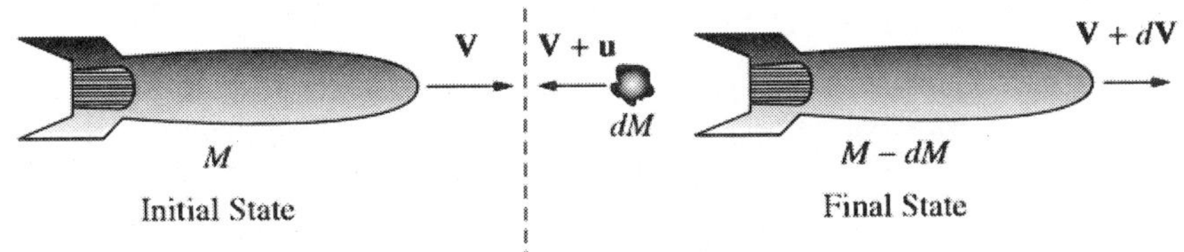


그림 6.1 ‖ 연소량 $dM$을 발사하기 전과 후의 로켓

이다. 그림 6.1을 보라.

로켓/연료 계에 작용하는 알짜 외력이 없으므로 총운동량은 일정해야 한다. 즉 연소 후의 운동량은 연소 전의 운동량과 같아야 한다. 그러므로

$$(M - dM)(\mathbf{V}+d\mathbf{V}) + dM(\mathbf{V}+\mathbf{u}) = M\mathbf{V}.$$

다음에 위식의 표시된 곱셈들을 수행하고 모든 2차 미분 항들을 버린다. ($dM \cdot d\mathrm{V}$ 항은 2차 미분 항이다. 하나의 무한소 양을 다른 무한소 양과 곱한 것은 정말 매우 작은 양이 된다!) 이 절차는 (그리고 독자 자신이 입증해야 한다)

$$M d\mathbf{V} = -\mathbf{u} dM$$

가 되게 한다. 양변을 $dt$로 나누면

$$M\frac{d\mathbf{V}}{dt} = -\mathbf{u}\frac{dM}{dt} \tag{6.2}$$

이 된다. 식 (6.2)의 좌변을 생각하자. $d\mathrm{V}/dt$는 로켓의 가속도이고 $M$은 그것의 질량이므로 좌변은 질량 곱하기 가속도이다. 그러므로 우변은 로켓에 가하는 힘과 같이 보이는데 보통 *추력*(*thrust*)이라고 불린다. 추력은 연료의 연소율($dM/dt$)과 연소되는 연료가 방사되는 속도 $\mathbf{u}$에 의존된다. 식 (6.2)를 스칼라 식

$$M\frac{dV}{dt} = -u\frac{dM}{dt}$$

으로 표현하면 편리하다. 우변은 잘못된 부호를 갖는 것으로 보이지만 $dM/dt$가 음이라는 사실을 기억하라. $M$이 변하므로 이 식은 $F = ma$ 형태가 *아니다*. 사실은 문제를 풀 때

$$dV = -u\frac{dM}{M}$$

를 쓰는 것이 보통 더 안전하다. (로켓이 역추진 로켓을 발사하여 느려지고 있다면 여러분은 어떻게 쓰겠는가?)

큰 추력을 발생하기 위해 로켓 모터는 연료를 매우 빨리 연소시키고(큰 $dM/dt$) 가능한 높은 속력으로 연료를 방사시키도록(큰 u) 설계된다. 연료를 태우는 모든 목적은 그것을 기체로 전환하는 것이다. 따라서 연료의 부피를 크게 증가시켜서 로켓 튜브를 통해 최고의 가능한 속도로 방사시킨다.

**예제 6.1**

행성간의 공간에서 총질량이 $m_0$인 로켓이 $v_0$의 속력으로 달리고 있다. 그것은 재미있는 소행성에 접근하여 속력이 $v_0/2$인 그 소행성에 맞추어 감속해야 한다. 이러한 감속을 얻기 위해 태워야 할 연료의 양을 구하여라.

**풀이**: 로켓이 감속하고 있으므로

$$dV = u\frac{dM}{M}$$

로 쓸 수 있다. 적분하면,

$$\begin{aligned} \frac{1}{u}\int_{v_0}^{v_0/2} dV &= \int_{m_0}^{m_f} \frac{dM}{M} \\ \frac{1}{u}(v_0/2 - v_0) &= \ln\frac{m_f}{m_0} \\ -\frac{v_0}{2u} &= \ln\frac{m_f}{m_0} \\ m_f &= m_0 e^{-v_0/2u}. \end{aligned}$$

태워야하는 연료의 양은

$$m_0 - m_f = m_0(1 - e^{-v_0/2u})$$

이다.

**예제 6.2**

로켓 방정식은 작은 양의 연료를 연소한다고 가정하고 초기와 최종 상태 사이에 운동량의 차이를 고려하여 얻어졌다. 이 관계식은 직접 운동량을 미분하여 얻을 수 있다는 것을 보여라. 연료가 타는 비율($dm/dt$)는 일정하다고 가정한다.

**풀이**: 임의의 주어진 순간에 그 계의 총 운동량은 로켓의 운동량과 연소된 연료의 운동량의 합이다. 연소된 연료의 양이 $m$이라고 상상하자. 그것의 운동량은 그것의 속도 (V+u)에 의존한다. 그러나 여러분이 쉽게 구할 수 있듯이 $P_{tot} = MV + m(V+u)$을 미분하면 바른 답을 주지 않는다. 그 이유는 조금 미묘하다. 연소되는 연료의 운동량은 연료가 연소될 때 얼마나 빨리 로켓이 움직이고 있는가에 의존된다. 로켓이 천천히 움직일 때 연소되는 연료는 로켓이 빨리 움직일 때 연소되는 연료와 다른 운동량을 갖는다. 연료가 타기 시작할 때 속도 로켓의 속도가 $V_0$이었고 문제의 순간에 $V_f$이라면 연료의 운동량은

$$\begin{aligned}\mathbf{P}_{\text{fuel}}(t) &= \int_{V_0}^{V_f} dm(\mathbf{V}(t)+\mathbf{u}) = \int_{V_0}^{V_f}\left(\frac{dm}{dt}\right)(\mathbf{V}(t)+\mathbf{u})dt \\ &= \frac{dm}{dt}\int_{t_0}^{t_f}(\mathbf{V}(t)+\mathbf{u})dt = \mathbf{u}\frac{dm}{dt}\int_{t_0}^{t_f}dt + \frac{dm}{dt}\int_{t_0}^{t_f}\mathbf{V}(t)dt\end{aligned}$$

이다. $(dm/dt)$와 u가 상수라는 것을 생각하면 그 미분은

$$\frac{d\mathbf{P}_{\text{fuel}}(t)}{dt} = \mathbf{u}\frac{dm}{dt} + \frac{dm}{dt}\mathbf{V}(t)$$

이다. 로켓의 운동량은 $P_{rocket}(t) = M(t)V(t)$이고 총운동량의 변화율은

$$\begin{aligned}\frac{d}{dt}(\mathbf{P}_{\text{fuel}}+\mathbf{P}_{\text{rocket}}) &= \frac{d}{dt}(\mathbf{P}_{\text{fuel}} + M(t)\mathbf{V}(t)) \\ &= \mathbf{u}\frac{dm}{dt} + \frac{dm}{dt}\mathbf{V}(t) + \mathbf{V}(t)\frac{dM}{dt} + M(t)\frac{d\mathbf{V}}{dt}\end{aligned}$$

이다. 그러나

$$\frac{dm}{dt} = -\frac{dM}{dt}$$

이므로

$$\frac{d\mathbf{P}_{\text{tot}}}{dt} = \mathbf{u}\frac{dm}{dt} + M\frac{d\mathbf{V}}{dt}$$

알짜 외력이 영이면 $dP_{tot}/dt = 0$이고

$$M\frac{d\mathbf{V}}{dt} = -\mathbf{u}\frac{dm}{dt}$$

이 되어 식 (6.2)와 일치한다.

❐ **연습 6.2**

초기 질량이 500 kg인 로켓이 5 kg/s의 율로 연소한다. 기체의 소모 배기 속력은 300 m/s이다. 로켓의 초기 가속도은 얼마인가? (중력을 무시하라.) 1분 후의 로켓의 가속도는 얼마인가? **답**: $3\ \mathrm{m/s^2}$, $7.5\ \mathrm{m/s^2}$.

❐ **연습 6.3**

영수와 상준이는 평행한 선로를 굴러가는 무개차들을 서로 나란히 타고 가는 철도원이다. 선로가 직선이고 완전히 수평적이다. 마찰력이나 공기 저항이 없다. 눈이 오기 시작한다. 영수는 눈이 차에 내리자마자 눈을 쓸고 있는데 차가 달리는 방향과 직각으로 측면으로 쓸었다. 상준이는 게을러서 그냥 그의 무개차에 눈이 쌓이도록 내버려 둔다. 같은 시간 간격에 누가 더 멀리 가겠는가? 개념적으로 그리고 또 수학적으로 이 질문에 답하라. (눈은 완전히 수직으로 떨어진다.)

❐ **연습 6.4**

$\mathrm{F} = d\mathrm{P}/dt$ 형태의 뉴턴의 2법칙과 미분의 정의로부터 시작하여 외력의 효과를 포함하는 식 (6.2)을 일반화하라. **답**: $M\dfrac{d\mathrm{V}}{dt} + \mathrm{u}\dfrac{dM}{dt} = \mathrm{F}$.

❐ **연습 6.5**

공중으로 올라가는 로켓을 생각하자. 타는 소모 기체가 노즐을 통해 분출하고 아래에 있는 공기를 누른다. 그렇다면 무엇이 로켓을 위쪽으로 미는가? (동등한 질문: 풍선을 부풀게 하고 놓아주면 풍선은 방 주위를 거칠게 날아다닌다. 무엇이 풍선을 미는가?)

## 6.3 충돌

충돌의 분석에도 선형 운동량 보존의 원리를 응용할 수 있다. 기본입자들을 충돌시키고 그것을 연구하는 것은 물리학자들이 자연의 근본적 성질을 탐구하는 주요한 방법이다. 두 물체 사이의 충돌은 때때로 그들 사이의 강하고 단거리의 상호적

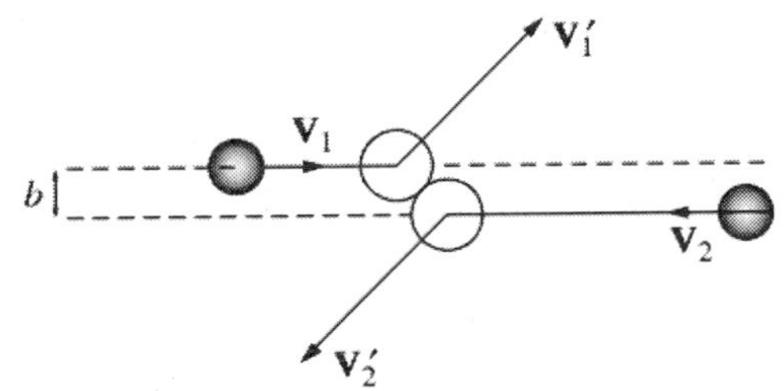


그림 6.2 ▌ 빗나가는 충돌

인 힘을 포함한다. (자동차 또는 당구공과 같은) 두 부피를 가진 물체가 접촉할 때 우리는 충돌을 인식하고 접촉하는 순간을 제외하고는 힘이 작용하지 않는다고 가정한다. 그 두 물체를 전체의 계로 생각하면 이 힘들은 *내부의* 힘이다. 이상적인 충돌을 하는 동안 *외력은* 작용하지 *않는다*. 따라서 그 계의 총 운동량은 일정하다.

접촉 충돌에서 두 물체의 표면이 닿는 동안 작용하는 아주 짧은 단거리 척력이 있다.[1] 그림 6.2에서 묘사되는 바와 같이 *빗나가는* 충돌은 두 물체의 속도 벡터가 *중심선을* 따라 일직선으로 맞추어지지 않았을 때 일어난다. 두 초기 속도 벡터 사이의 거리 $b$를 *충돌 파라미터*라고 부른다.

충돌은 두 물체의 실재의 물리적 접촉을 갖지 않을 수 있다. 한 물체가 가하는 힘이, 러더퍼드 실험에서처럼 알파입자와 핵사이의 전기적 척력과 같은 장거리 힘,

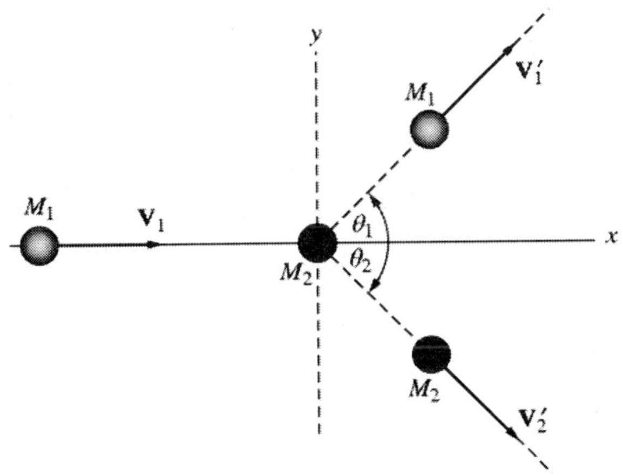


그림 6.3 ▌ 두 물체가 빗나가는 충돌을 할 때 생기는 파라미터들의 묘사

1) 이 힘의 근원은 한 물체의 전자들과 다른 물체의 전자들 사이의 척력이다. 두 "전자구름"이 중첩되기 시작할 때 그들 사이에 쿨롱의 힘이 있다. 다행히도, 내부 힘의 역할이 없는 운동량 보존의 법칙을 이용해서 문제를 풀 수 있기 때문에 우리는 물체 사이의 힘에 관해 자세한 정보가 필요하지 않다.

또는 상곡선 궤도에 있는 혜성이 태양 주위를 빙 돌며 움직여 무한대로 되돌아나갈 때 중력일 수 있다. 같은 물리가 힘이 작용하는 거리에 무관하게 적용된다.[2)]

기본적인 충돌문제에서 속도 $V_1$인 물체 $M_1$이 초기에 정지해 있는 물체 $M_2$와 빗나가는 충돌을 하는 그림 6.3에 묘사된 상황을 생각하자. (우리는 항상 한 물체가 초기에 정지해 있는 좌표계를 찾을 수 있다.) 그림에서 보인 것처럼 두 물체가 $V_1$에 대하여 각도 $\theta_1$ 및 $\theta_2$를 갖는 속도 $V_1'$ 및 $V_2'$를 가지고 각각 떠난다. 단순하게 하기 위해 물체가 회전하지 않는다고 가정하라.

그 계에 작용하는 외력이 없어서 운동량 보존에 의하면

$$\mathbf{P}_i = \mathbf{P}_f \tag{6.3}$$

가 된다. 즉 초기 운동량과 최종 운동량은 같다. 이것은 벡터 식이므로 그것은 3개의 스칼라 식

$$P_{xi} = P_{xf} \qquad P_{yi} = P_{yf} \qquad P_{zi} = P_{zf}$$

과 등가이다(두 벡터가 같으면 그들의 성분들은 같아야 한다). 좌표의 원점을 물체 $M_2$의 원래의 위치에 놓고 $x$-축을 $V_1$의 방향으로 정의하는 것이 편리하다. $z$-축을 운동의 평면에 직각으로, 즉 $V_1'$과 $V_2'$를 포함한 평면에 직각으로 잡자. 그러면 $P_{zf}=0$. 운동량 보존에 의해 $P_{zi}=0$. 그러므로 이 문제는 *2차원적*이다; 운동은 완전히 $xy$-평면에서 일어난다.

$xy$-평면에서 운동량 보존 식은

$$P_{xi} = P_{xf}, \text{ 또는 } M_1V_{1x} = M_1V'_{1x} + M_2V'_{2x}$$
$$P_{yi} = P_{yf}, \text{ 또는 } 0 = M_1V'_{1y} - M_2V'_{2y}$$

으로 쓸 수 있다. 각도 $\theta_1$과 $\theta_2$에 의해 이 두 식을

$$M_1V_1 = M_1V_1'\cos\theta_1 + M_2V_2'\cos\theta_2 \tag{6.4}$$

$$0 = M_1V_1'\sin\theta_1 - M_2V_2'\sin\theta_2 \tag{6.5}$$

2) 충돌하는 물체가 천체라 하더라도 우리는 때때로 그들을 입자라고 말한다. 장거리 힘을 취급할 때 입자라는 용어를 사용하는 것이 적절하다. 빗나가는 충돌에서는 부피를 가진 두 물체의 표면이 접촉하고 그들은 입자라고 불리지 말아야 한다. 그럼에도 불구하고 물리학자들은 이 용어를 사용하는데 조금 부주의하고, 충돌을 다루는데 입자라는 단어를 엄밀히 말하면 사용하지 말아야 할 때 자주 사용한다.

로 쓸 수 있다. 마지막 항에서 음의 부호를 유념하라.

운동량보존은 두 식을 준다. 이 식들에 7개의 파라미터 $M_1$, $M_2$, $V_1$, $V_1'$, $V_2'$, $\theta_1$, $\theta_2$가 포함된다. 분명히 이들 파라미터 중 2개의 미지수를 풀 수 있도록 5개의 파라미터는 "알려진" 양들이어야 한다. 대부분의 충돌 문제에서 들어오는 입자의 속력 $V_1$은 주어진다. 아마도 입자들의 질량 역시 알거나 적어도 두 질량의 비례(그것이면 충분하다)를 알 것이다. 이런 정보는 4개의 미지수, 즉 최종 속력 $V_1'$과 $V_2'$, 최종 각도 $\theta_1$, $\theta_2$를 남긴다. 이들 중 2개를 (아마도 실험적으로) 정해서 문제를 풀어 다른 두 개를 구할 수 있다.

그러나 *탄성충돌*이면 사용할 수 있는 추가적인 식, 즉 운동에너지 보존의 식이 있다. 정의상 *탄성충돌*은 운동에너지가 보존되는 충돌이다. 즉 $T_i = T_f$, 또는 문제에서

$$\frac{1}{2}M_1V_1^2 = \frac{1}{2}M_1V_1'^2 + \frac{1}{2}M_2V_2'^2 \tag{6.6}$$

이 조건은 세 번째로 주어지는 식인데 *세* 미지수를 남긴다. 자주 미지의 양들은 두 최종 속도와 입자 하나의 방향, 예로 $V_1'$, $V_2'$과 $\theta_2$이다. 알 필요가 있는 양들은 (보통) 질량과 마찬가지로 입사하는 입자의 속도와 편향각이다.

전형적인 문제를 가시화하기 위해 그림 6.4는 방사성 물질에서 나오는 알파 입자로 금 원자의 핵에 충격을 가하는 러더퍼드의 유명한 실험을 묘사한다. 금의 핵은 기본적으로 정지해 있고 알파 입자는 아는 속도로 접근한다. 금의 핵과 상호작용한

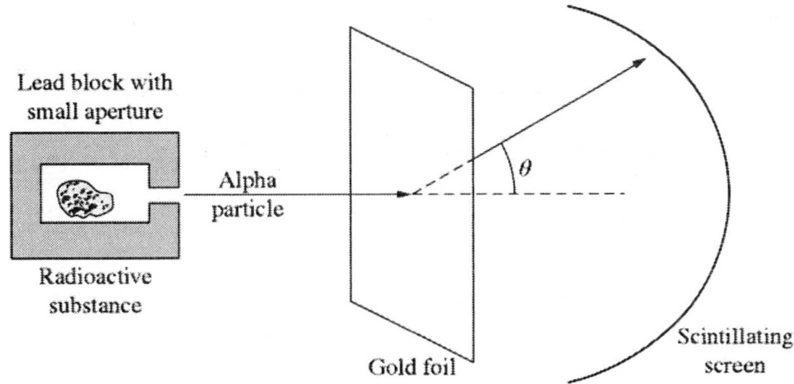


그림 6.4 ▌ 러더퍼드의 실험. 알파 입자가 금의 핵에 각 $\theta$로 산란된다. 이 충돌 실험은 원자의 구조를 정하는데 결정적이다.

후 알파 입자들은 형광물질로 칠해진 스크린을 때린다. 이것은 알파 입자가 스크린을 때린 점에 작은 섬광이 나타나도록 한다. 모든 알파 입자들의 최종 위치를 조사하던 러더퍼드의 대학원생들의 눈으로 빛의 작은 표적이 관측되었다. 이 문제에서 알고 있는 양은 $M_1$, $M_2$, $V_1$과 $\theta_1$이었다. 미지의 양은 $V_1'$, $V_2'$과 $\theta_2$이었다. (독자는 중심력 문제들을 공부한 후 이 문제를 풀 것이다; **문제** 10.20을 보라.)

일반적인 경우로 돌아가서 이제 독자에게 어떻게 운동량 보존과 운동에너지 보존 식 (6.4), (6.5)와 (6,6)을 조종하여 알고 있는 양으로 미지의 양을 풀 수 있는지를 보일 것이다. 이 대수는 조금 지루해서 독자는 시작하기 전에 일어나서 한 잔의 커피를 마시고 싶을 지도 모른다고 조심시키고자 한다. 또한 나는 독자에게 모든 중간 단계를 보여주지 않을 것이다. 모든 단계를 공부하지 않으면 최종 결과를 이해하지 못하므로 정신을 차리고 연필을 들어야 한다.

시작으로 식 (6.4)와 (6.5)를 다시 쓰고 첨자 1을 가진 모든 항을 같은 쪽으로 이항한다. 그래서

$$M_1V_1 - M_1V_1'\cos\theta_1 = M_2V_2'\cos\theta_2, \tag{6.7}$$

$$M_1V_1'\sin\theta_1 = M_2V_2'\sin\theta_2. \tag{6.8}$$

다음에 두 식을 제곱하고 그들을 합하여 $\theta_2$를 소거한다.

$$M_1^2V_1^2 - 2M_1^2V_1V_1'\cos\theta_1 + M_1^2V_1'^2 = M_2^2V_2'^2. \tag{6.9}$$

이 식은 운동에너지 식 (6.6)과 함께 $V_1'$과 $V_2'$를 두 미지수로 하는 두 식을 이룬다. (초기 속도 $V_1$과 각 $\theta_1$는 주어진 것으로 생각한다.)

이제 식 (6.6)과 (6.9)로부터 $V_2'$를 제거하라. 식 (6.9)로 주어지는 $M_2^2V_2'^2$을 식 (6.6)에 대입하면 $V_1'$에 대한 다음의 식을 얻는다:

$$[M_1(M_1+M_2)]\,V_1'^2 - \left[2M_1^2V_1\cos\theta_1\right]V_1' + \left[M_1(M_1-M_2)V_1^2\right] = 0. \tag{6.10}$$

대괄호 안에 있는 모든 항은 알려졌고 따라서 이것은 $V_1'$에 대한 2차 방정식이 되는데 그 해는

$$V_1' = \frac{2M_1^2 V_1 \cos\theta_1 \pm \sqrt{(2M_1^2 V_1 \cos\theta_1)^2 - 4M_1^2 (M_1 + M_2)(M_1 - M_2) V_1^2}}{2M_1 (M_1 + M_2)}$$

즉

$$V_1' = \frac{M_1}{(M_1 + M_2)} V_1 \cos\theta_1 \pm \sqrt{\left(\frac{M_1 V_1}{M_1 + M_2}\right)^2 \cos^2\theta_1 + \frac{M_1 - M_2}{M_1 + M_2} V_1^2}$$

이다. 전체 식을 $V_1$으로 나누어 보다 멋진 식을 얻는다:

$$\frac{V_1'}{V_1} = \frac{M_1}{(M_1 + M_2)} \left[\cos\theta_1 \pm \sqrt{\cos^2\theta_1 - 1 + \left(\frac{M_2}{M_1}\right)^2}\right]. \tag{6.11}$$

몇 가지 특수한 경우를 논의하여 이 결과를 해석하자. 충돌하는 물체의 경험을 이용해서 각 상황을 가시화 하라.[3)]

**경우 1: 정면충돌**

두 물체가 "정면"으로 충돌하면 운동은 1차원적이며 $\theta_1 = \theta_2 = 0$이다. 입사 입자의 속도 벡터 $V_1$은 물체 $M_2$의 중심을 직접 가리킨다. $M_1$이 왼쪽으로부터 오른쪽으로 움직이고 있다고 가정하자. 경험으로부터 질량이 같으면 $M_1$은 정지하고 $M_2$는 오른쪽으로 나간다. 만일 $M_1 > M_2$이면 두 물체 모두 오른쪽으로 나가는데 $M_2$가 $M_1$보다 빠르다. 만일 $M_1 < M_2$이면 $M_1$은 (왼쪽으로) 되튀어 나가고 $M_2$는 오른쪽으로 나간다. 모든 정보는 식 (6.11)속에 있다. 이제 식 (6.11)을 보고 이 정보를 끌어내자.

정면충돌을 상상하므로 각 $\theta_1$은 영이다. 식 (6.11)에서 $\cos\theta_1 = 1$로 놓고 계산을 조금 하면

$$V_1' = V_1 \frac{M_1 \pm M_2}{M_1 + M_2} \tag{6.12}$$

이 된다.

3) 같거나 다른 질량의 동전으로 실험하여 얻은 결과를 대략 검토할 수 있다. 매끄러운 표면을 이용해 같은 질량의 동전으로 몇 가지 정면충돌과 몇 가지 빗나가는 충돌을 연습하라. 그런 다음 다른 질량의 동전으로 충돌을 연습하라.

**하위 경우 1.1 : $M_1 = M_2$** 먼저 $M_1 = M_2$의 상황을 생각하자. 식 (6.12)는

$$\frac{V_1'}{V_1} = \frac{1}{2}[1 \pm 1] = \begin{Bmatrix} 1 \\ 0 \end{Bmatrix}$$

로 환원된다.

즉 $V_1'$이 $V_1$과 같든지 영과 같다. 경험으로부터 $V_1'$은 영으로 예상된다(입사하는 입자는 정지한다). $V_1' = V_1$은 무엇에 해당하는가? 그것은 *못 맞힘*에 해당된다. 즉 충돌이 전혀 없는 것에 해당된다. 그것은 $M_1$의 최종 속도가 초기 속도와 같다는 것이다. 더욱이 식 (6.9)에서 그 못 맞힘의 경우 $V_2' = 0$이다. $\theta_1 = \theta_2 = 0$은 정면충돌이나 못 맞힘의 경우 만족된다. (얼마나 많은 물리적 정보가 그 식들에 지정되어 있는지 주목하라!)

한 입자가 다른 입자와 충돌하지 못하는 상황은 흥미롭지 못하므로 $V_1' = 0$으로 놓자. 초기에 정지해 있던 입자의 최종 속도 $V_2'$는 무엇인가? 다시 경험으로부터 그것은 입사하는 입자의 초기 속도 $V_1$이라고 예상된다. 그리고 정말 $M_1 = M_2$이고 $\theta_1 = 0$일 때 식 (6.7)은

$$V_1 - V_1' = V_2'$$

이 된다. 그러나 $V_1' = 0$이므로

$$V_2' = V_1$$

이 등식은 충돌된 물체가 충돌 전에 입사하는 입자가 갖고 있던 속도로 날아간다는 경험과 일치한다.

**하위 경우 1.2 : $M_1 \neq M_2$** 이제 두 충돌하는 물체가 다른 질량을 갖도록 허용하지만 아직 정면충돌로 생각하여 $\theta_1 = \theta_2 = 0$이라고 하자. 다시 식 (6.11)은 식 (6.12)로 환원된다. 식 (6.12)에서 양의 부호는 $V_1' = V_1$가 되게 하며 그것은 전혀 충돌이 없음을 뜻한다. 이 경우는 흥밋거리가 아니므로 음의 부호를 선택한다. 즉

$$V_1' = V_1 \frac{M_1 - M_2}{M_1 + M_2} \tag{6.13}$$

그러므로 $M_1 > M_2$이면 속도 $V_1'$는 양이다. 식 (6.13)을 (6.7)에 대입하고 $\theta_1 = \theta_2 = 0$를 이용하면 $M_2$가 얻는 속도는

$$V_2' = 2V_1 \frac{M_1}{M_1 + M_2} \tag{6.14}$$

가 된다. 식 (6.13)과 (6.14)는 경험과 직관에 일치한다. 무거운(질량이 큰) 물체가 가벼운(질량이 작은) 물체와 충돌하면 무거운 물체는 자신의 원래 방향으로 계속해 움직인다. 당구공이 탁구공에 부딪치면 $M_1 >> M_2$이고

$$V_1' \doteq V_1 \frac{M_1}{M_1} = V_1$$

즉 당구공은 기본적으로 원래의 속도로 계속해서 움직인다. 탁구공에는 무엇이 일어나는가? 식 (6.14)에 의하면 $M_1 >> M_2$이면 $V_2' = 2V_1$이다. 즉 가벼운 물체가 입사하는 무거운 물체의 초기 속력의 2배로 나간다.

$M_1 < M_2$이면 상황은 간단히 뒤집힌다는 것을 쉽게 알 수 있다. 가벼운 물체가 무거운 물체에 충돌한다면 $M_1 < M_2$이고 $V_1'$은 음이다. 즉 가벼운 물체는 뒤돌아 간다. 예를 들어 공을 벽에 던지면 $M_1$은 공의 질량이고 $M_2$는 (벽이 지구에 붙어 있다고 생각하여) 지구의 질량이다. 그래서 $M_1 << M_2$이고, 식 (6.13)에 의하면 공의 최종 속도 $V_1'$은 $V_1' = -V_1$이 된다. 공은 초기 속력으로 튀겨 돌아간다. 마찬가지로 $V_2' = 0$이다. 지구는 정지해 있다.

**예제 6.3**

행성인 화성의 우주선 접근 통과를 이용해서 "새총 효과"로 알려진 과정에 의해 우주선에 "부스트(boost)"를 주고 속도를 증가 시킬 수 있다. 우주선의 속도 벡터와 행성의 속도 벡터가 서로 반대인 1차원적 상황이라고 가정되기 때문에 이 문제는 조금 인공적이다. 우주선은 화성에 접근하고 화성 주위를 빙 돌아서 반대 방향으로 나간다. 우주선의 질량은 2000 kg이고 화성의 질량은 $6.4 \times 10^{23}$ kg이라고 가정하라. 우주선의 초기 속력은 −12 km/s이고 화성의 초기 속력은 +23.36 km/s이다. (이 속력들은 태양에 대해 정지해 있는 좌표계에 대한 것이다.) (a) 우주선의 최종 속력을 구하여라. (b) 우주선의 초기 운동에너지에 대한 최종 운동에너지의 비율을 계산하라.

**풀이**: 이것은 기본적으로 2체 정면충돌이다. 그것을 해석하기 위해 우리는 한 입자(이 경우 화성)가 정지해 있는 기준틀로 좌표 변환한다. 그러면 초기 속도는

$$\begin{aligned} V_2 &= 0, \\ V_1 &= 23.36 + 12 = 35.36 \text{ km/s} \end{aligned}$$

식 (6.13)과 (6.14)로부터 최종 속도를 얻는다.

$$V_1' = V_1\frac{M_1 - M_2}{M_1 + M_2} = 35.36\left(\frac{2000 - 6.4\times 10^{23}}{2000 + 6.4\times 10^{23}}\right) \doteq 35.36(-1) = -35.36 \text{ km/s}$$

$$V_2' = 2V_1\frac{M_1}{M_1 + M_2} = (2)(35.36)\left(\frac{2000}{2000 + 6.4\times 10^{23}}\right) \doteq 0.$$

이 식들은 화성이 정지해 있는 기준틀에서의 속력이다. "관성" 기준틀로 다시 변환하여 우주선의 속력을 알 수 있다:

$$v_s' = V_1' - v_{\text{mars}} = -35.36 - 23.36 = -58.72 \text{ km/s}.$$

운동에너지의 비율은

$$\frac{T_f}{T_i} = \frac{\frac{1}{2}m_s v_s^2}{\frac{1}{2}m_s v_s'^2} = \frac{(58.72)^2}{(12)^2} = 23.9.$$

---

❐ **연습 6.6**

식 (6.11)로부터 식(6.12)을 얻는 생략된 단계를 채워라.

---

❐ **연습 6.7**

속력 $v$로 진행하는 질량이 $m$인 공이 정지해 있는 질량이 $3m$인 공에 충돌한다. 두 공의 종속도를 구하여라. (b) 속력이 $v$이고 질량이 $3m$인 공이 정지해 있는 질량 $m$의 공에 충돌한다. 두 공의 종속도를 구하여라. 정면 탄성 충돌로 가정하라. **답**: (a) $-v/2$와 $v/2$ (b) $v/2$와 $3v/2$.

---

### 경우 2: 빗나가는 충돌

이제 *빗나가는* 충돌을 분석하자. 두 물체의 종속도의 방향은 그림 6.3에서 보이는 영이 아닌 각 $\theta_1$과 $\theta_2$로 주어진다. 전에서처럼 $M_1 = M_2$, $M_1 > M_2$ 및 $M_1 < M_2$의 세 가지 가능성이 있다. 다시 논의는 식 (6.11)을 기초로 한다. $\cos^2\theta$는 1로부터 0까지 변하므로 근수 안에 있는 항은 최소 $(M_2/M_1)^2 - 1$로부터 최대 $(M_2/M_1)^2$까지 변한다.

**하위 경우 2.1 : $M_1 = M_2$** $M_1 = M_2$라고 가정하고 시작하자. 그러면 식 (6.11)은

$$\frac{V_1'}{V_1} = \frac{1}{2}\left[\cos\theta_1 \pm \sqrt{\cos^2\theta_1}\right] = \begin{cases} 0 \\ \cos\theta_1 \end{cases} \tag{6.15}$$

로 환원된다. 그래서 $M_1$의 종속도는 영 또는 $V_1\cos\theta_1$이다. 정면충돌을 피해서 앞에서 생각했던 해 $V_1' = 0$는 버린다. $V_1' = V_1\cos\theta_1$를 택하여 그것을 식 (6.6)에 대입하면

$$V_1^2 = (V_1\cos\theta_1)^2 + V_2'^2$$

즉

$$(V_2')^2 = V_1^2(1-\cos^2\theta_1) = V_1^2\sin^2\theta_1 \tag{6.16}$$

이 되므로

$$V_2' = V_1\sin\theta_1$$

를 얻게 된다.

**예제 6.4**

같은 질량을 가진 물체 사이의 어떤 빗나가는 탄성충돌에서도 편향각의 합이 $\theta_1 + \theta_2 = \pi/2$임을 증명하라.

**풀이**: 식 (6.15)와 (6.16)에서 $V_1' = V_1\cos\theta_1$이고 $V_2' = V_1\sin\theta_1$이다. 운동량 보존식 $V_1'\sin\theta_1 = V_2'\sin\theta_2$에 대입해서

$$\begin{aligned} V_1\cos\theta_1\sin\theta_1 &= V_1\sin\theta_1\sin\theta_2 \\ \cos\theta_1 &= \sin\theta_2 \end{aligned}$$

를 얻는다. 그러나 $\cos\theta_1 = \sin(\pi/2 - \theta_1)$이므로 $\theta_2 = \frac{\pi}{2} - \theta_1$ 즉

$$\theta_1 + \theta_2 = \frac{\pi}{2}.$$

□ **연습 6.8**

식 (6.15)에 대한 영의 해(null solution)는 정면충돌의 것임을 보여라.

□ **연습 6.9**

식 (6.16)은 두 해 $V_2' = \pm V_1 \cos\theta_1$가 된다. $\theta_1 + \theta_2 = \pi/2$와 $V_1' = V_1 \cos\theta_1$을 이용하여 양의 해만이 충돌의 것임을 보여라. (음의 해는 $\theta_1 = 0$이고 $V_1' = V_1$에 해당된다. 즉 못 맞힘이다.)

**하위 경우 2.2 : $M_1 > M_2$** 물체 1의 질량이 물체 2의 질량보다 크다면 무거운 물체 ($M_1$)가 앞의 방향으로 계속 움직인다고 예상될 것이다. 즉 $\theta_1$가 $\pi/2$보다 작을 것으로 예상된다. 이것이 사실임을 알기 위해 식 (6.11)의 근수 안에 있는 값은 양(+)이어야 한다. (그렇지 않으면 $V_1'$은 복소수이며 이것은 물리적으로 잴 수 있는 양은 실수이어야 하므로 불가능하다.) 근수 안에 있는 양은 $M_1 > M_2$에 대해 음이 아니므로

$$\cos^2\theta_1 \geq 1 - \frac{M_2^2}{M_1^2}.$$

이것은 각 $\theta_1$이 영으로부터 다음의 최대값 $\theta_{max}$까지 변한다는 것을 의미한다:

$$\theta_{\max} = \cos^{-1}\left(1 - \frac{M_2^2}{M_1^2}\right)^{\frac{1}{2}}.$$

$M_2/M_1 \to 1$의 한계에서 $\theta_{max} = \cos^{-1}(0) = \pi/2$ 이다. $M_2/M_1 \to 0$의 한계에서 $\theta_{max} = \cos^{-1}(1) = 0$이다. 그러므로

$$0 < \theta_{\max} < \frac{\pi}{2}.$$

이것은 입사하는 물체가 더 무거우면 그것은 $\pi/2$보다 작은 각 $\theta_1$으로 산란될 것이다.

**하위 경우 2.3 : $M_1 < M_2$** 식 (6.11)로 $M_1 < M_2$을 분석할 수 있는 빗나가는 충돌의 경우. 과녁 $M_2$가 $M_1$보다 대단히 질량이 크다면 입사하는 물체는 원래의 속력으로(그러나 방향은 변하여) 튀어 나갈 것임을 보이는 것을 연습으로 남긴다. 두 물체를 서로 바꾸면 이 경우는 하위 경우 2.2로 환원된다.

결론으로 두 물체 사이의 탄성충돌은 선운동량 보존과 운동에너지 보존을 이용하여 분석될 수 있음을 보았다. 그렇게 단순한 문제에 대해 얻어진 식들은 놀랍게

복잡하다. 충돌의 분석으로부터 얻어야 할 중요한 이득은 수학적 관계식들로부터 어떻게 물리적인 의미를 끌어내는지 이해하는 것이다. 충돌에서 운동량의 보존은 항상 성립하지만 운동에너지 보존은 그렇지 않다는 것을 알아야 한다.

❒ 연습 6.10

$M_1 << M_2$이면 충돌 후 $M_1$의 속력은 충돌 전 그것의 속력과 (본질적으로) 같음을 보여라.

❒ 연습 6.11

속도 $v$를 가진 당구공이 정지해 있는 두 번째 당구공과 빗나가는 충돌을 했다. 첫 당구공은 충돌 후 20°의 편향각으로 나가는 것으로 관측되었다. 두 번째 당구공의 속력과 방향을 구하라.

## 6.4 비탄성 충돌, 반발 계수

앞 절에서 두 물체 사이의 충돌은 *탄성적*이었다. 운동에너지의 손실이 없었다. 물론 이것은 항상 사실인 것은 아니다. 관습상 운동에너지를 "$Q$ 값"이라고 부르는 양에 의해 운동에너지의 이득과 손실을 표현하며 $Q$ 값은

$$Q = T_f - T_i$$

으로 정의되는데 여기에서 $T_f$는 총 최종 운동에너지이고 $T_i$는 총 초기 운동에너지이다.

탄성충돌에 대해 $Q = 0$이다. 이 조건은 일반적으로 충족되지 못한다; 대부분의 충돌은 운동에너지가 손실되는 *흡열적*(*endoergic*) 충돌이거나 운동에너지를 얻는 *발열적*(*exoergic*) 충돌이다. 예를 들면 크기는 같고 반대 방향의 운동량을 가진 끈적거리는 두 공의 충돌에서 모든 운동에너지를 잃는다. 이 충돌은 완전 비탄성이고 $Q$는 음이다. 한편 두 분자 사이의 충돌은 화학에너지가 운동에너지로 전환되는 발열 화학 반응을 수반할 수 있다. 그러한 충돌에 대해서 $Q$는 양이다.

밀접하게 관련되는 개념은 원래 아이삭 뉴턴이 묘사한 *반발 계수*이다. 초기 속

도가 $V_1$과 $V_2$이고 종속도가 $V_1'$과 $V_2'$인 회전하지 않는 두 물체 사이의 정면충돌을 생각하자. 반발 계수는 뉴턴의 규칙에 의해 주어진다:

$$e = \frac{|V_2' - V_1'|}{|V_2 - V_1|}.$$

탄성충돌에 대해서 $e = 1$. 이것은 식 (6.13)과 (6.14)로부터 쉽게 증명된다. 모든 에너지를 잃는 완전 비탄성 충돌에 대해서 $e = 0$.

충돌이 빗나가는 충돌이라면 뉴턴의 위식에서 이용되는 속도들은 두 물체를 잇는 선을 따른 속도 성분들이다.[4)]

**❐ 연습 6.12**

완전 비탄성 충돌에 대해 $e = 0$이고 탄성충돌에 대해 $e = 1$임을 증명하라. 정면충돌이라 가정하자.

**❐ 연습 6.13**

식 (6.13)과 (6.14)를 이용해서 정면 탄성 충돌에 대해 $Q = 0$임을 보여라. (이것은 탄성충돌의 정의로부터 명백히 옳다; 이 연습의 목적은 독자에게 관계식들을 조정하는 경험을 주기 위한 것이다.)

## 6.5 충격

야구 방망이로 야구공을 칠 때 큰 힘이 짧은 시간 동안 작용한다. 그러한 타격은 *충격*을 일으킨다. 정의상 충격은 힘의 시간 적분이다. 충격을 J로 표시하면

$$\mathbf{J} = \int_0^{\tau} \mathbf{F} dt$$

로 쓸 수 있는데 여기서 $\tau$는 힘이 작용하는 시간이다.

4) 반발 계수는 실제로 충돌이 그 속에서 일어나는 매질과 같은 여러 가지 다른 요인들에 의존된다. 그러나 뉴턴의 공식은 좋은 근사이다.

뉴턴의 2법칙으로부터 $\mathbf{F} = \frac{d\mathbf{p}}{dt}$ 이므로

$$\mathbf{J} = \int_0^{\tau} \mathbf{F} dt = \int_0^{\tau} \frac{d\mathbf{p}}{dt} dt = \int_{p_i}^{p_f} d\mathbf{p} = \mathbf{p}_f - \mathbf{p}_i = \Delta \mathbf{p}.$$

즉 충격은 운동량의 변화와 같다.

❒ **연습 6.14**

$F = 3\sin(5t)$ N의 힘이 초기에 정지해 있던 질량 2 kg의 입자에 작용한다. 힘은 $t = 0$으로부터 $t = \pi/10$ s까지의 시간 동안 작용한다. 그 입자의 종속도는 얼마인가? **답**: 0.3 m/s.

❒ **연습 6.15**

마찰이 없는 표면위에 놓인 정지한 블록이 N(뉴턴) 단위로

$$F = 2t \quad \text{for } 0 \le t \le 2$$
$$F = 4 \quad \text{for } 2 \le t \le 5$$
$$F = -t \quad \text{for } 5 \le t \le 7$$

의 힘을 받는다. 시간($t$)은 초의 단위이다. 블록의 최종 운동량을 구하라.
**답**: 4 kg m/s.

## 6.6 입자계의 운동량

이 책에서 우리는 내부 힘은 역학계의 총 선운동량에 영향을 주지 않는다고 한 번 이상 주장했다. 이 절에서 $N$개의 입자로 이루어진 계를 생각하고 운동량에 내부의 힘 및 외력의 영향을 구하여 그 주장을 증명한다. 입자들은 $m_1, m_2, \cdots, m_N$의 질량을 갖고 $\mathbf{r}_1, \mathbf{r}_2, \cdots, \mathbf{r}_N$에 위치하고 있다.

모든 입자들은 서로 다른 입자들에게 힘을 가한다. 이 힘들이 *내부* 힘이다. 입자 $j$가 입자 $i$에 가하는 힘을 $\mathbf{F}_{ij}$로 표시한다.

$$\mathbf{F}_{ij} = \text{입자 } j\text{가 입자 } i\text{에 작용하는 힘.}$$

입자 $i$에 적용되는 뉴턴의 2법칙은

$$\frac{d\mathbf{p}_i}{dt} = \mathbf{F}_i^{(e)} + \sum_{\substack{j=1 \\ j\neq i}}^{N} \mathbf{F}_{ij}$$

이다. 여기서 $\mathrm{F}_i^{(e)}$는 $i$에 작용하는 *외력*이다. 한 입자가 자기 자신에게 힘을 가할 수 없기 때문에 내부 힘들의 합은 $j \neq i$의 조건이 필요하다.

각 입자에 대해 그러한 식 하나가 있다. 모든 $N$개의 식을 합하면

$$\sum_{i}^{N} \frac{d\mathbf{p}_i}{dt} = \frac{d\mathbf{P}}{dt} = \sum_{i}^{N} \mathbf{F}_i^{(e)} + \sum_{i}^{N} \sum_{j\neq i}^{N} \mathbf{F}_{ij}$$

이 된다. 여기서 $\mathrm{P} = \sum \mathrm{p}_i$는 그 계의 총 운동량이다. 마지막 항(이중 합)은 뉴턴의 3법칙 $\mathrm{F}_{ij} = -\mathrm{F}_{ji}$로 인하여 영이다. 몇 항들을 써봄으로써 독자는 이중 합이 서로를 상쇄하는 짝을 이루는 항들로 이루어져 있다는 것을 알 것이다. 그러므로

$$\frac{d\mathbf{P}}{dt} = \sum_{i} \mathbf{F}_i^{(e)} = \mathbf{F}_{tot}^{(e)} \tag{6.17}$$

이 되며 여기에서 $\mathrm{F}_{tot}^{(e)}$는 계에 작용하는 총(또는 알짜, 또는 결과적인) 외력이다. 그래서 우리는 내부의 힘이 총 운동량에 영향을 주지 않는다는 것을 보였다.

입자들의 질량이 일정하다면

$$\frac{d\mathbf{P}}{dt} = \sum_{i} m_i \ddot{\mathbf{r}}_i$$

로 쓸 수 있고 식 (6.17)은

$$\sum_{i} m_i \ddot{\mathbf{r}}_i = \mathbf{F}_{tot}^{(e)}$$

가 된다. 총 질량이 $M$인 입자계에 대한 질량중심($\mathrm{r}_c$)의 정의는(식 5.14를 보라)

$$M\mathbf{r}_c = \sum_{i} m_i \mathbf{r}_i$$

이다. 시간으로 두 번 미분하면

$$M\ddot{\mathbf{r}}_c = \sum_i m_i \ddot{\mathbf{r}}_i \tag{6.18}$$

이 된다. 그러나 $\sum m_i \ddot{\mathbf{r}}_i = \mathbf{F}_{tot}^{(e)}$ 이므로

$$M\ddot{\mathbf{r}}_c = \mathbf{F}_{tot}^{(e)}. \tag{6.19}$$

중요한 것은, 힘의 작용점에 무관하게, 입자계의 질량중심은 모든 외력의 합으로 된 알짜 힘을 받는 질량이 $M$인 하나의 입자처럼 움직인다는 것이다. 결론은 한 계에 알짜 외력이 없으면 질량 중심은 일정한 속도로 움직인다는 것이다.

## 6.7 상대운동과 환산질량

별과 행성 또는 전자와 핵과 같은 상호작용하는 두 물체의 운동을 연구할 때 우리는 자주 *상대운동*에는 흥미를 갖고 관성 기준틀에 대한 그들의 운동은 생각하지 않는다. 그러한 문제에 대해서 *상대좌표*와 *환산질량*의 개념을 도입하는 것이 편리하다. 이 양들을 도입하면(두 운동방정식을 가진) 2체 문제를 단일의 1체 문제(와 하나의 운동방정식)로 대치할 수 있다.

서로에게 같고 반대 방향의 힘을 가하는 두 입자($m_1$과 $m_2$)로 이루어진 계를 생각하자. 외력이 작용하지 않는다고 가정하자. F는 $m_1$이 $m_2$에 주는 힘이라고 하자. 그러면 $m_1$이 받는 힘은 $-$F이다. 따라서 두 입자의 운동방정식은

$$m_1\ddot{\mathbf{r}}_1 = -\mathbf{F}$$

과

$$m_2\ddot{\mathbf{r}}_2 = +\mathbf{F}$$

이다.

그림 6.5에서 질량이 $m_1$과 $m_2$인 두 입자가 관성계 원점 $O$에 대한 위치 $\mathbf{r}_1$과 $\mathbf{r}_2$에 있다. "상대" 벡터 r은 $m_1$에 대한 $m_2$의 위치이고(머리-꼬리 덧셈에 의하면)

$$\mathbf{r} = \mathbf{r}_2 - \mathbf{r}_1$$

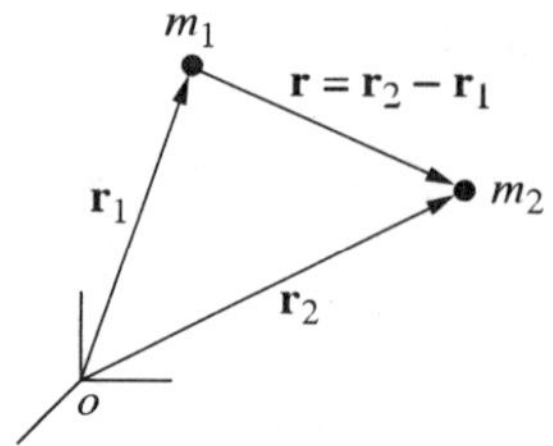


그림 6.5 ▌ 두 입자의 상대위치. 입자 $m_1$과 $m_2$가 원점에 대해 $\mathbf{r}_1$과 $\mathbf{r}_2$에 위치한다. 상대좌표 $\mathbf{r}$는 $m_1$에 대한 $m_2$의 위치이다.

이다. 상대 좌표를 시간으로 두 번 미분하면

$$\ddot{\mathbf{r}} = \ddot{\mathbf{r}}_2 - \ddot{\mathbf{r}}_1$$

이 된다. 이 식에 운동방정식으로부터 얻을 수 있는 $\ddot{\mathbf{r}}_1$과 $\ddot{\mathbf{r}}_2$를 대입하면

$$\ddot{\mathbf{r}} = \frac{\mathbf{F}}{m_2} + \frac{\mathbf{F}}{m_1} = \left(\frac{m_1 + m_2}{m_1 m_2}\right)\mathbf{F}$$

즉

$$\left(\frac{m_1 m_2}{m_1 + m_2}\right)\ddot{\mathbf{r}} = \mathbf{F}$$

이 된다. 양 $\dfrac{m_1 m_2}{m_1 + m_2}$를 "환산질량"이라 부른다. 그것은 $\mu$로 표시한다. 그래서 상대좌표에 대한 운동 방정식은

$$\mu\ddot{\mathbf{r}} = \mathbf{F} \tag{6.20}$$

이다.

예를 들면 별과 행성으로 이루어진 계를 생각하자. 별은 행성보다 질량이 많이 크고 사실상 별은 정지하여 있고 행성은 그 주위를 돈다. 별의 질량이 $m_1$이고 행성의 질량이 $m_2$이며 $m_1 >> m_2$이면 $\mu \cong m_2$이다. 한편 연성 계(binary star system)에 대해 두 질량은 거의 같고 두 별은 공통의 질량중심의 주위를 궤도 운동한다. 두 별이 같은, $m$을 갖는다면 환산질량은 $\mu = \frac{1}{2}m$이다.

태양-지구 계를 생각하자. 상대좌표는 태양으로부터 지구까지의 거리이다. $\mathbf{F}$는 태양이 지구에 가하는 힘이다. 이 계의 분석에서는 $m_2\ddot{\mathbf{r}} = \mathbf{F}$가 아니라 $\mu\ddot{\mathbf{r}} = \mathbf{F}$로

써야 한다. 그 이유는 태양이 가속하여 태양을 원점으로 하는 좌표계는 관성 좌표계가 아니고 뉴턴의 2법칙이 성립하지 않기 때문이다. (실제로 태양과 지구에 대해서 $m_2$와 $\mu$는 거의 같으므로 $m_2\ddot{\mathbf{r}} = \mathbf{F}$을 사용하는데 오차는 무시된다.)

❒ 연습 6.16

태양-지구 계의 질량중심은 어디에 있는가? (필요한 값을 찾아라.) **답:** 태양의 중심으로부터 $4.5\times10^5$ 미터.

❒ 연습 6.17

태양-목성 계의 환산질량과 지구-달 계의 환산질량을 구하라. **답:** 지구-달 계, $\mu = 7.26\times10^{22}$ kg.

## 6.8 질량중심좌표에서 충돌(옵션)

2체 충돌을 연구할 때 물리학자들은 때때로 질량중심과 같이 움직이는 좌표계를 이용한다. 그 좌표가 때때로 문제를 풀기에 더 쉽고 더 빠르기 때문이다. 이 접근은 기본 입자 사이의 충돌을 연구할 때 특히 유용하다. 고에너지 물리를 전공한다면 질량중심에 매우 익숙해 질 것이다.

계에 작용하는 외력이 없다면 질량중심은 일정한 속도로 움직인다는 것을 기억하자(식 6.19). 그 경우 질량중심과 같이 움직이는 좌표계는 관성(즉 비 가속) 좌표계이다.

질량중심의 관점으로는 2체 충돌에서 두 물체는 모두 움직이고, 서로를 향해 그리고 질량중심을 향해 접근한다. 그들은 질량중심에서 충돌한다. 충돌 후 그들은 질량중심으로부터 멀어진다.

질량중심 틀에서 충돌 전 두 입자의 속도는 $\mathbf{v}_{1(cm)}$과 $\mathbf{v}_{2(cm)}$로 표시된다. 충돌 후 두 입자는 $\mathbf{v}'_{1(cm)}$과 $\mathbf{v}'_{2(cm)}$의 속도를 가지고 반대 방향으로 멀어진다. 입사하는 방향과 나가는 방향 사이의 각은 그림 6.6에서 보인 것처럼 $\phi$로 표시한다. 이제 하나의 각이 있으므로 우리는 이미 문제를 어느 정도 단순화하였다.

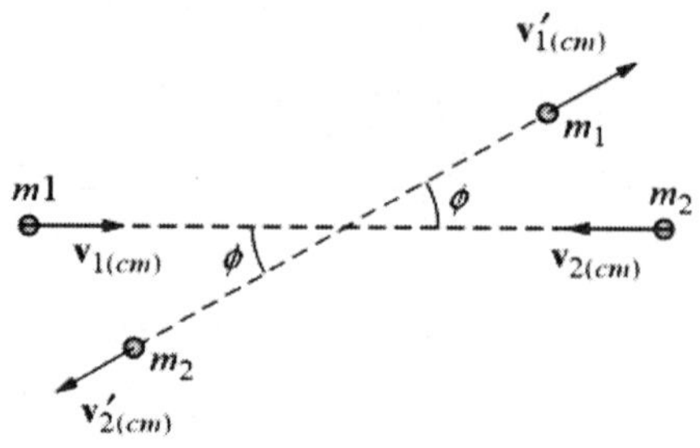


그림 6.6 ▌ 질량중심 좌표계에서 본 충돌.

그림 6.7은 두 입자의 위치와 임의의 관성 틀의 원점 $O$에 대한 질량중심의 위치를 보여준다. (작은 열린 동그라미로 표시된) 질량중심은 두 입자를 잇는 선위에 있고 $O$에 대하여 $\mathbf{r}_c$에 있다. 좌표 $\mathbf{r}_{1cm}$과 $\mathbf{r}_{2cm}$는 질량중심에 대한 두 입자의 위치이다.

$$\mathbf{r}_{1cm} = \mathbf{r}_1 - \mathbf{r}_c$$
$$\mathbf{r}_{2cm} = \mathbf{r}_2 - \mathbf{r}_c$$

임을 유의하라.

질량중심 계에서 초기의 총 운동량은 영이다. 이것을 증명하기 위해 질량중심의 정의, $\mathbf{r}_c = (m_1\mathbf{r}_1 + m_2\mathbf{r}_2)/M$를 시간으로 미분한다(여기에서 $M = m_1 + m_2$이다):

$$M\dot{\mathbf{r}}_c = (m_1\dot{\mathbf{r}}_1 + m_2\dot{\mathbf{r}}_2) = (m_1\dot{\mathbf{r}}_{1(cm)} + m_1\dot{\mathbf{r}}_c + m_2\dot{\mathbf{r}}_{2(cm)} + m_2\dot{\mathbf{r}}_c),$$

$$M\dot{\mathbf{r}}_c - (m_1 + m_2)\dot{\mathbf{r}}_c = m_1\dot{\mathbf{r}}_{1(cm)} + m_2\dot{\mathbf{r}}_{2(cm)},$$
$$0 = m_1\mathbf{v}_{1(cm)} + m_2\mathbf{v}_{2(cm)}.$$

그러므로 질량중심 좌표에서 초기의 총 운동량은

$$\mathbf{p}_{1(cm)} + \mathbf{p}_{2(cm)} = 0 \tag{6.21}$$

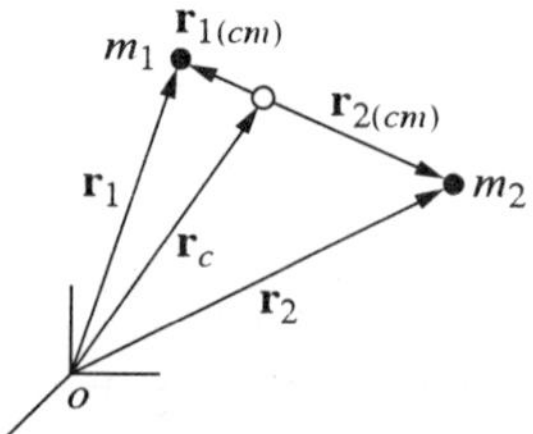


그림 6.7 ▌ 질량중심 좌표. $\mathbf{r}_{1(cm)}$과 $\mathbf{r}_{2(cm)}$는 질량중심에 대한 $m_1$과 $m_2$의 위치이다. 열린 동그라미는 질량중심의 위치이다.

이다. 최종의 총 운동량은 역시 영이어야 한다.

$$\mathbf{p}'_{1(cm)} + \mathbf{p}'_{2(cm)} = 0. \tag{6.22}$$

*질량중심*(*cm*) 계에서 에너지 방정식은

$$\frac{p^2_{1(cm)}}{2m_1} + \frac{p^2_{2(cm)}}{2m_2} = \frac{p'^2_{1(cm)}}{2m_1} + \frac{p'^2_{2(cm)}}{2m_2} + Q \tag{6.23}$$

인데 여기에서 $Q$ 인자는 충돌하는 동안 얻거나 잃은 에너지를 나타낸다. 이 절의 나머지 부분에서는 탄성충돌인 $Q=0$으로 가정한다.

질량이 $m_1$이고 속력이 $V_1$인 입자가 정지해 있는 질량 $m_2$의 입자에 충돌하는 6.3 절의 기초적인 충돌로 돌아가서 질량중심 계에서 그 문제를 분석하자. 실험실 기준틀에서의 속력은($V_{1lab}$과 같이) 대문자로 쓰고 질량중심 기준틀에서의 속력은 ($v_{1cm}$과 같이) 소문자로 쓰겠다.

실험실 기준틀에서 질량중심의 속력은 $V_c$로 표시되고 질량중심의 정의를 시간 미분해서 얻는다:

$$\mathbf{r}_c = \frac{m_1\mathbf{r}_1 + m_2\mathbf{r}_2}{M},$$
$$\therefore \mathbf{V}_c = \frac{m_1\dot{\mathbf{r}}_1 + m_2\dot{\mathbf{r}}_2}{M}.$$

$\dot{\mathrm{r}}_1 = \mathrm{V}_{1lab}$이고 $\dot{\mathrm{r}}_2 = \mathrm{V}_{2lab} = 0$이므로 질량중심의 속도는

$$\mathbf{V}_c = \frac{m_1}{M}\mathbf{V}_{1lab} \tag{6.24}$$

이다.

실험 계에서 좌표의 원점은 정지해 있던 입자의 초기 위치에 있다. 충돌 후 두 입자는 각 $\theta_1$과 $\theta_2$의 방향으로 나간다. 다른 말로 실험 기준틀은 그림 6.3으로 묘사된다.

실험실 기준틀 속도와 질량중심 속도 사이의 변환이 묘사되어 있는 그림 6.8에서는 실험실 기준틀에서 보인 것처럼 $\mathrm{v}'_{1cm}$과 $\mathrm{V}'_{1lab}$ 사이의 관계를 보여준다. 그림에서 벡터 관계식

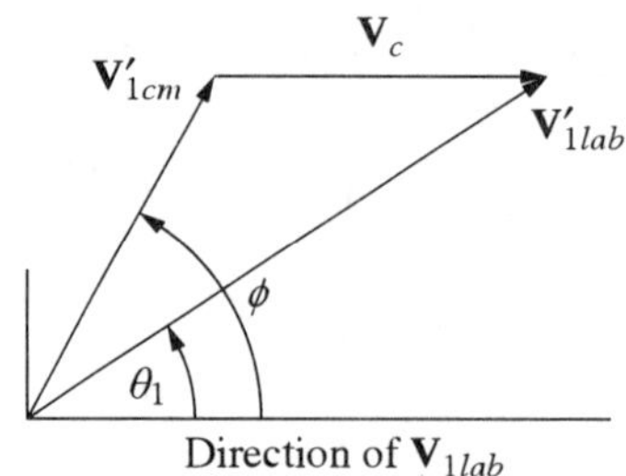


그림 6.8 ▌ 입자 번호 1의 종속도에 대한 질량중심 계와 실험실 계에서 속도 사이의 관계

$$\mathbf{V}_{lab} = \mathbf{v}_{cm} + \mathbf{V}_c \tag{6.25}$$

을 이용했다. 이 식은 $cm$ 기준틀로부터 실험 기준틀로 속도를 바꾸기 위해 질량중심의 속도를 더해준다는 것을 알려준다.

이제 우리는 두 좌표계에서 속도들 사이의 유용한 관계식을 얻는다. 실험실 계에서 질량중심의 속도는 식 (6.24)로 주어진다. 그 다음 그림 6.8과 식 (6.25)에 의하여

$$\begin{aligned} \mathbf{v}_{1cm} &= \mathbf{V}_{1lab} - \mathbf{V}_c, \\ &= \mathbf{V}_{1lab}\left(1 - \frac{m_1}{M}\right) \\ &= \mathbf{V}_{1lab}(m_2/M) \end{aligned} \tag{6.26}$$

이고 다른 속도에 대해서도 마찬가지이다.

그림 6.8을 보면, 속도의 성분들이

$$V'_{1lab}\sin\theta_1 = v'_{1cm}\sin\phi$$

과

$$V'_{1lab}\cos\theta_1 = v'_{1cm}\cos\phi + V_c$$

임을 알 수 있다. 이 두 식은 $\theta_1$과 $\phi$의 관계식을 구할 수 있게 한다. 하나의 식을 다른 식으로 나누면

$$\tan\theta_1 = \frac{v'_{1cm}\sin\phi}{v'_{1cm}\cos\phi + V_c} = \frac{\sin\phi}{\cos\phi + (V_c/v'_{1cm})} \tag{6.27}$$

이 된다. 이것은 $\phi$로 $\theta_1$에 대한 식을 주지만 그다지 편리한 형태는 아니다. 잠시 후 보는 바와 같이 $\phi$와 입자들의 질량으로 $\theta_1$을 표현할 수 있다. 그렇게 하기 위해서 상대속도 $\mathbf{v}_{rel}$로 $V_c$와 $v'_{1(cm)}$를 표현하는 것부터 시작하자:

$$\mathbf{v}_{rel} = \mathbf{V}_{2lab} - \mathbf{V}_{1lab} = \mathbf{V}'_{2lab} - \mathbf{V}'_{1lab}.$$

(이 식은 상대 속도가 일정하다는 것을 뜻한다. 그러나 그것은 탄성충돌에 대해서만 사실이다.)

$V_{2lab} = 0$이므로

$$\mathbf{v}_{rel} = -\mathbf{V}_{1lab}.$$

식 (6.24)를 이용하여

$$\frac{\mathbf{V}_c}{\mathbf{v}_{rel}} = \frac{\frac{m_1}{M}\mathbf{V}_{1lab}}{-\mathbf{V}_{1lab}} = -\frac{m_1}{M}$$

이 성립하므로

$$V_c = |\mathbf{V}_c| = \left|-\frac{m_1}{M}\mathbf{v}_{rel}\right| = \frac{m_1}{M}v_{rel}.$$

마찬가지로 다음과 같이 $v'_{1(cm)}$에 대한 식을 얻을 수 있다:

$$\begin{aligned}\mathbf{v}'_{1(cm)} &= \mathbf{V}'_{1lab} - \mathbf{V}_c = \mathbf{V}'_{1lab} - \left(\frac{m_1}{M}\mathbf{V}'_{1lab} + \frac{m_2}{M}\mathbf{V}'_{2lab}\right) \\ &= \mathbf{V}'_{1lab}\left(1 - \frac{m_1}{M}\right) - \frac{m_2}{M}\mathbf{V}'_{2lab} = \frac{m_2}{M}(\mathbf{V}'_{1lab} - \mathbf{V}'_{2lab}) \\ &= \frac{m_2}{M}(-\mathbf{v}_{rel})\end{aligned}$$

이고 따라서

$$v'_{1(cm)} = \frac{m_2}{M}v_{rel}.$$

$V^{cm}$과 $v'_{1(cm)}$에 대한 식을 얻었으므로 식 (6.27)을 다음과 같이 쓸 수 있다.

$$\tan\theta_1 = \frac{\sin\phi}{\cos\phi + \left(\frac{(m_1/M)v_{rel}}{(m_2/M)v_{rel}}\right)} = \frac{\sin\phi}{\cos\phi + (m_1/m_2)}. \tag{6.28}$$

다음 식을 증명하는 것을 문제로 남긴다:

$$\tan\theta_2 = \frac{\sin\phi}{1-\cos\phi}. \tag{6.29}$$

$V_{2lab} = 0$이고 $V_{1lab}$과 $\theta_1$이 실험실 기준틀의 변수로 알려졌다면 식 (6.28)로부터 질량중심 좌표 $\phi$를 구할 수 있다. 그 다음 식 (6.29)로부터 $\theta_2$를 얻는다. $v_{1cm}$의 값은 식 (6.26)으로부터 얻는다. $\mathbf{r}_{rel} \equiv -\mathbf{V}_{1lab}$이므로 $v'_{1(cm)} = (m_2/M)v_{rel}$로부터 $v'_{1(cm)}$을 구할 수 있다. 마지막으로 $v'_{2(cm)} = -(m_1/m_2)v'_{1(cm)}$. 필요하면 역으로 실험실 좌표로 변환할 수 있다.

**예제 6.5**

질량중심 좌표계를 사용해서 같은 질량을 가진 두 입자사이의 탄성충돌에서 실험실 계에서의 두 산란각을 합하면 $\pi/2$임을 보여라. (즉 $\theta_2 + \theta_1 = \pi/2$임을 보여라.)

**풀이**: $m_1 = m_2$이면 식 (6.28)은

$$\tan\theta_1 = \frac{\sin\phi}{\cos\phi + 1} = \tan\frac{\phi}{2}$$

로 쓸 수 있다. (마지막 단계는 "반 각" 삼각함수 항등식을 필요로 한다.) 이 결과는 $\phi/2 = \theta_1$임을 보인다. 마찬가지로 식 (6.29)는

$$\tan\theta_2 = \frac{\sin\phi}{1-\cos\phi} = \cot\frac{\phi}{2}$$

가 된다. 이 관계식들을 결합하면

$$\tan\theta_2 = \cot\theta_1$$

이 된다. 다른 삼각함수 등식

$$\tan(\theta_1+\theta_2) = \frac{\tan\theta_1 + \tan\theta_2}{1-\tan\theta_1\tan\theta_2}$$

으로부터

$$\tan(\theta_1+\theta_2) = \frac{\tan\theta_1 + \tan\theta_2}{1-\tan\theta_1\cot\theta_1} = \frac{\tan\theta_1+\tan\theta_2}{0} \to \infty$$

을 얻는다. 그러므로

$$\theta_2 + \theta_1 = \pi/2.$$

이 결과는 두 질량이 같다면 실험실 계에서 밖으로 나가는 두 입자가 진행하는 사이 각이 직각이라는 것을 보여준다.

❐ 연습 6.18

질량중심 계를 이용하여, $m_1 << m_2$이면 질량중심 계에서 산란각이 실험실 계에서 산란각과 (거의) 같다는 것을 보여라. 즉, $\theta_1 \approx \phi$임을 보여라.

## 6.9 요약

선운동량 보존의 법칙은 수많은 문제에 적용할 수 있다. 이 장에서 우리는 두 가지 문제에 특히 흥미를 가졌다: 로켓의 운동과 두 질량의 충돌.

운동량 보존은 뉴턴의 2법칙을 기초로 한다. $\mathrm{F} = d\mathrm{p}/dt$이므로 알짜 외력이 영이면 운동량은 일정하다.

질량이 시간에 따라 변하지만 외력을 받지 않는 로켓(또는 컨베이어 벨트)과 같은 계를 분석할 때 초기 및 최종 운동량이 같도록 한다. 로켓에 대해 이러한 분석은

$$M\frac{dV}{dt} = u\frac{dM}{dt}$$

즉

$$dV = u\frac{dM}{M}$$

의 결과를 준다. 여기에서 $u$는 로켓에 대한 분출하는 기체의 속력이다.

두 물체의 빗나가는 충돌의 분석은 역시 선운동량 보존에 기초를 둔다. 질량이 주어지면 문제는 매개변수 $V_1$, $V_1'$, $V_2'$, $\theta_1$, $\theta_2$에 의하여 표현될 수 있다. 운동량 보존은 두 방정식을 준다. 그래서 이 매개변수 중 3개를 알 필요가 있다. 탄성충돌의 경우에는 운동에너지 보존이 추가 식이 되며 2개의 매개변수 만 알 필요가 있다.

탄성충돌을 가정하고 $V_1$과 $\theta_1$이 주어진다고 하면 보존의 법칙으로부터 $M_1$의 종속도인 $V_1'$에 대한 식을 얻는다.

$$\frac{V_1'}{V_1} = \frac{M_1}{(M_1+M_2)}\left[\cos\theta_1 \pm \sqrt{\cos^2\theta_1 - 1 + \left(\frac{M_2}{M_1}\right)^2}\,\right].$$

$M_2$의 종속도는

$$V_2'^2 = [M_1^2V_1^2 - 2M_1^2V_1V_1'\cos\theta_1 + M_1^2V_1'^2]/M_2^2$$

로 얻어진다. 마지막으로 $\theta_2$는 식 (6.8)로부터 구할 수 있다,

$$\sin\theta_1 = \frac{M_2V_2'}{M_1V_1'}\sin\theta_2.$$

날카로운 타격은 짧은 시간 간격 $\tau$ 동안 작용하는 힘 F를 수반한다. 그러한 힘의 *충격* J는 힘의 시간 적분이고 운동량의 변화와 같다. 그래서

$$\mathbf{J} = \int_0^\tau \mathbf{F}dt = \Delta\mathbf{p} = \mathbf{p}_f - \mathbf{p}_i.$$

입자 계는 내부 힘과 외력에 의해 작용 받는다. 질량중심은 다음과 같은 총 *외력*의 작용을 받고 질량이 $M = \sum m_i$인 입자처럼 움직인다:

$$M\ddot{\mathbf{r}}_c = \mathbf{F}_{tot}^{(e)}.$$

두 입자의 *상대적 운동*을 연구할 때

$$\mu = \frac{m_1m_2}{m_1+m_2}$$

로 주어지는 *환산질량* $\mu$를 도입하는 것이 편리하다. 그러면 *상대 좌표* r에 대한 운동방정식은 $\mathrm{F} = \mu\ddot{\mathrm{r}}$이다.

충돌은 초기의 총운동량과 최종의 총운동량이 영인 질량중심 계에서 자주 연구된다. 탄성충돌에 대해 실험실 계와 질량중심 계에서 산란각은

$$\tan\theta_1 = \frac{\sin\phi}{\cos\phi + (V_c/v'_{1cm})}$$
$$\tan\theta_2 = \frac{\sin\phi}{1 - \cos\phi}$$

로 관련된다. 여기에서 $\theta_1$과 $\theta_2$는 실험실 좌표계에서 산란각이며 $\phi$는 질량중심 계에서 (하나의) 산란각이다.

## 6.10 문제

**[문제 6.1]** 90 kg의 철로원이 질량이 200 kg인 수동차 위에 있다. 수동차가 나무 아래를 지날 때 5 m/s로 움직인다. (a) 철로원이 위로 뛰어 나뭇가지를 잡고 매달린다. 수동차의 속력이 변하는가? 변한다면 그것의 종속도를 구하여라. (b) 이제 역 문제를 생각하자. 5 m/s로 움직이는 빈 수동차가 나무아래를 지날 때 90 kg의 철도원이 나무로부터 수동차로 떨어진다. 이 경우 수동차의 속력이 변하는가? 변한다면 그것의 종속도를 구하여라.

**[문제 6.2]** 두 물체 사이의 1차원 탄성충돌에서 두 물체의 상대속도는 충돌 전과 후에 같은 크기를 갖지만 방향이 반대임을 증명하라.

**[문제 6.3]** (탄동진자) 탄동진자는 소총으로부터 발사된 총알이 그것과 충돌해서 박힐 때 총알의 효과를 알아내어 총알의 속력을 구하는데 사용될 수 있다. 매달려있는 질량 $M$의 나무 블록으로 이루어진 탄동진자를 생각하자. 질량이 $m$이고 초기 속도 $v$인 총알이 발사되어 그 블록에 꽂힌다. 그 블록이 높이 $h$까지 흔들린다. (그림 6.9를 보라) 주어진 양들로 $v$에 대한 식을 유도하라.

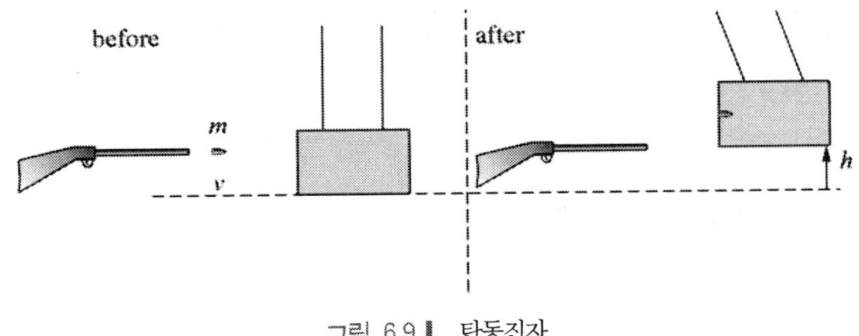


그림 6.9 ▎ 탄동진자

**[문제 6.4]** 빗방울이 안개를 통해서 떨어지고 떨어지면서 작은 물방울을 흡착한다. (a) 물방울의 질량의 변화율이 $r^2v$에 비례함을 정당화해라. 여기에서 $r$은 빗방울의 반경이고 $v$는 그것의 아래쪽으로의 속도이다. (b) 빗방울의 가속도가 $g/7$임을 증명하라. (공기 저항은 무시하라.)

**[문제 6.5]** 모래로 채워진 상자가 썰매위에 놓여(마찰이 없는) 눈으로 덮인 언덕을 미끄러져 내려간다. 모래가 상자의 구멍으로부터 일정한 율로 새어나온다. 언덕의 기울기는 $\alpha$이다. (a) 그 상자(와 썰매)의 운동 방정식이

$$m\frac{dv}{dt} = mg\sin\alpha$$

임을 보여라. (b) 이제 모래가 어떻게 해서 속도 $-v$로 상자로부터 튀어 나온다고 가정하자. 그 모래 속도는 상자의 운동과 반대 방향이지만 상자와 같은 속력을 갖는다. 이 경우 운동 방정식이

$$m\frac{dv}{dt} = v\frac{dm}{dt} + mg\sin\alpha$$

임을 보여라.

**[문제 6.6]** 제트 보트(또는 제트 스키)가 다음의 원리로 작동된다: 물이 터빈으로 입구를 통해 들어가고 작은 구멍을 통해 높은 속력으로 분출된다. 제트 보트의 제작자는 터빈은 1초에 50갈론(gallons)의 물을 끌어들이고 80 psi의 압력으로 물을 방출한다고 말한다. 제작자는 발생되는 추진력은 2000 lbs가 넘는다고 한다. 이것이 실재적인 값인지 아닌지 말하라. (힌트: 베르누이의 식을 보라.)

**[문제 6.7]** 질량이 $m_0$인 둥근 소행성이 속도 $v_0$로 성간의 공간에서 자유로이 움직인다. 그것은 균일한 밀도 $\rho_d$를 가진 먼지 구름으로 달려 들어간다. 그 소행성과 충돌하는 먼지의 모든 입자들은 그 소행성에 흡착된다. (a) 시간의 함수로서 그 행성의 속도에 대한 식을 구하라. (b) 시간의 함수로서 먼지가 소행성에 가하는 힘에 대한 식을 구하라. **답**: (a) $v = v_0 m_0\left[m_0^{4/3} + \frac{4kv_0m_0}{3K^{2/3}}t\right]^{-3/4}$. 여기에서 $k = \rho_d\pi$이고 $K = m/r^3$이다.

**[문제 6.8]** 남극 대륙에서 전쟁이 수행되는 동안 지붕에 기관총을 탑재한 2000 kg 질량의 장갑차가 30 km/h의 속력으로 얼음 호수로 달린다. 얼음은 물론 완전히 마찰이 없다. 트럭은 90°를 돌아 안전하게 미끄러질 수 없다면 곧바로 적의 진지로 직선으로 일정한 속도로 계속 미끄러진다. (대학에서 물리학을 공부했던) 지아이 조는 트럭의 지붕으로 뛰어올라가 기관총에 회전 고리를 달고 운동에 직각인 방향으로 발사를 시작한다. 총알은 질량이 각각 500 g이고 총으로부터 800 m/s의 속도로 나간다. 총은 1분에 총알 200개를 발사한다. 지아이 조가 장갑차의 운동을 90° 만큼 틀기 위해 얼마동안 기관총을 발사해야 하는가? 총알을 매우 빨리 발사하기 때문에 질량의 감소가 연속적이라고 가정할 수 있다. **답**: 17.55초.

**[문제 6.9]** 나르는 공중그네에 탄 남자가 크로스바에 그의 무릎으로 걸고 매달려있다. 여자(공중그네) 곡예사가 서커스 바닥에 서있다. 공중그네는 수직으로부터 60°의 각으로부터 시작한다. 그네가 가장 낮은 위치에 와서 남자가 여자를 잡아 올려 모두 그네를 타고 올라간다. 두 곡예사를 태운 공중그네는 각이 몇 도까지 올라가는가? 단순하게 하기 위해 남자는 질량이 $m_M$인 입자이고 여자는 $m_W$인 입자라고 가정하라. 밧줄은 길이가 $l$이고 그 질량은 무시된다.

**[문제 6.10]** 로켓 모터가 "생산자 테스트(bench test)"를 받는다. 상수가 $10^6$ N/m인 4개의 큰 용수철에 부착된 지지대에 연결되어 있다. 모터는 50 kg/s의 율로 연료를 연소한다. 모터가 가동될 때 용수철들은 1.5 cm 늘어난 것으로 관측되었다. 연소되는 연료의 배기 속도를 구하라.

**[문제 6.11]** 대부분의 비행장에는 비행기로 짐을 운반하기 위해서 탑승 수속 카운터 뒤에 컨베이어 벨트가 있다. 질량이 $m$인 짐들을 1초에 $k$의 비율로 벨트에 떨어뜨려 놓는다. (질량의 증가가 일정하다고 가정하자.) 짐들을 벨트에 놓는 동안 증가되는 일률은 얼마인가? 필요한 여분의 일률이 운동에너지 증가율의 두 배임을 보여라. "잃어버리는" 일률에 무엇이 일어나는가?

**[문제 6.12]** 샌프란시스코 공항의 "여객 수송 수단(people mover)"은 기본적으로 속력 $v$로 달리는 매우 긴 수평 컨베이어 벨트이다. 초기에 그 벨트에 사람이 없다고 생각하자. 그 벨트를 구동하는 모터는 $W$ 와트의 전기적 일률을 쓴다. 한 항공편이 도착하고 여행객이(모두 같은 질량임) 1초 간격으로 한 명씩 벨트에 올라가서 운반되고 있는 질량은 일정한 비율 $k$ kg/s로 증가한다. 벨트에 올라가는 사람들의

초기 속력이 $v/2$라고 가정하자. 벨트가 같은 속력으로 계속 달린다면 모터에 여분의 전기적 일률이 얼마나 공급되어야 하는가?

**[문제 6.13]** 물리학 학생이 수직으로 늘어진 체인의 위쪽 끝을 잡고 있다. 아래쪽 끝은 저울 위의 표면에 거의 닿았다. 그 학생은 체인을 놓고 저울의 눈금을 보고 눈금에 체인의 전체 길이의 무게의 3배가 됨을 알았다. 저울의 눈금은 체인의 하향 운동을 멈추게 하는데 저울이 가하는 힘이다. 학생의 관측이 정확하다는 것을 보여라.

**[문제 6.14]** 여러해 전에 시카고의 추운 겨울 아침에 보니와 클라이드는 돈이 가득 든 장갑차를 훔쳤다. (그 장갑차의 질량은 2000 kg이었고 그것의 최대 속력은 150 km/h 또는 66.6 m/s였다.) 딕 트레이시 경관과 그의 운전병은 그들을 탐지하고 추적했다. (경찰차는 질량이 1500 kg이었고 최고 속력이 역시 150 km/h였다.) 공교롭게 그 두 차는 급히 은행을 떠나 미시간 호수로 달렸다. 그 호수는 완전히 마찰이 없는 얼음으로 덮여서 그 두 차는 일정한 속력으로 계속 움직였고 일정한 간격을 유지했다. 딕 트레이시는 참을성을 잃어서 차의 지붕을 열고 서서 그의 기관총으로 장갑차를 향해 쏘기 시작했다. 기관총은 총구 속력이 1000 m/s인 총알을 1분에 120발 발사했다. 총알의 질량은 각각 0.05 kg이다. 모든 총알은 장갑차를 맞혀서 꽂혔다. 경찰차의 속력과 장갑차의 속력은 각각 얼마인가? **답**: 61.8 m/s, 70 m/s.

**[문제 6.15]** 아트우드 도르래는 이상적인 마찰이 없는 도르래의 양쪽에 물로 가득 찬 두 컨테이너를 사용한다. 초기에 두 양동이는 같은 양의 물이 들어있었고 같은 무게였다. 그러나 하나의 컨테이너에 작은 구멍이 있었고 물이 $k$(kg/s)의 비율로 새어나오고 있다. 그러므로 새는 컨테이너는 위로 올라간다. 이 컨테이너의 속도에 대한 식을 구하라. **답**: $v = -gt + (2mg/k)\ln[(2m)/(2m-kt)]$, 여기에서 $m$은 양동이와 물의 초기 총질량이다.

**[문제 6.16]** 질량 40,000 kg의 로켓이 빈 공간에 있다. 연료의 질량이 로켓의 질량의 90%라면 모든 연료를 태운 후 로켓의 속도 증가를 구하라. 연료가 타는 비율은 일정하다. 배출 기체의 속력은 로켓에 대하여 3000 m/s이다.

**[문제 6.17]** 질량이 1500 kg인 로켓이 소모 기체가 1000 m/s로 배출되도록 설계되었다. 로켓이 지구의 표면으로부터 올라가는데 필요한 최저 연소율을 구하여라. 로켓의 초기 가속도가 1 m/s$^2$이기 위해서 필요한 연소율은 얼마인가?

**[문제 6.18]** 작은 로켓이 지구 표면으로부터 발사된다. 로켓이 매우 높이 올라가지 않으므로 g=일정하다고 가정한다. 모든 연료가 다 탈 때 이르는 높이에 대한 식을 구하라. 초기 연료만의 질량은 $m$이었고, 초기에 로켓과 연료의 총질량은 $M_0$이었다. 기체의 배출 속력은 $u$이다. 배출 속력과 연소율은 일정하다. 공기의 저항은 무시하라.

**[문제 6.19]** 발명가 자니 휘즈가 지구의 표면에서 공중을 맴돌기만 하는 자동차를 설계한다. 그것은 각 바퀴에 꼭 하나씩 4개의 로켓 모터를 가졌다. 로켓 모터는 연소한 연료를 배기속도 1000 m/s로 배출한다. 연료의 질량은 차의 총 질량의 80%이다. 차가 지면 위를 맴돌 수 있는 최대 시간을 계산해 구하라.

**[문제 6.20]** 로켓은 항상 수직 위로 발사되지 않는다. 로켓 발사대가 수평에 대해 30° 각의 경사로(ramp)로 되어있다고 하자. 로켓의 질량은 4000 kg인데 그중 3000 kg은 연료이다. 배기 속력은 1000 m/s이고 연료는 200 kg/s의 일정한 비율로 연소된다. 지구가 평평하고 공기가 없고 회전하지 않는다고 가정하자. (a) 모든 연료가 연소될 때 로켓의 속도와 방향을 구하라. (b) 그 시간에 로켓의 위치를 구하라.

**[문제 6.21]** 당구공이 볼링공의 위 표면과 접하게 놓은 상태에서 두 공을 높이 $h$로부터 시멘트 마루에 떨어뜨렸다. (두 공이 같은 속도로 떨어지므로 기본적으로 그들은 접촉해 있지만 당구공이 볼링공보다 무한소만큼 뒤져있다고 생각해도 좋다.) 볼링공이 지면에 충돌하고 튕겨 오르며 곧 당구공과 충돌한다. 당구공은 얼마나 높이 올라가겠는가? 볼링공의 질량이 당구공의 질량의 20배라고 가정하자. 모든 충돌은 탄성적이다.

**[문제 6.22]** 질량이 5 kg이고 초기 속력이 5 m/s인 입자가 질량이 3 kg이고 초기 속력이 −3 m/s인 입자와 정면탄성충돌을 한다. 여기에서 음의 부호는 그것이 첫 입자에 접근한다는 것을 뜻한다. 두 입자의 최종 속력을 구하라.

**[문제 6.23]** 질량 $2M$의 하키 퍽이 질량 $M$의 퍽과 빗나가는 충돌을 한다. 무거운 퍽은 초기 속도가 3 m/s이고 충돌 후 각 30°로 떠난다. 가벼운 퍽의 속도와 방향을 구하라. 탄성충돌을 생각한다.

**[문제 6.24]** 거의 같은 질량의 두 물체 사이의 빗나가는 충돌을 생각하자($M_2 = M_1 + \delta$의 관계를 갖는데 여기에서 $\delta$는 매우 작은 양이다). $V_1'/V_1$에 대한 식을 구

하고 하위 경우 2.1에서처럼 그것이 $\delta \to 0$일 때 1 또는 $\cos\theta$가 됨을 보여라. $\delta$가 큰 값의 극한에서(즉 $M_2 >> M_1$에서) $V_1'/V_1$은 얼마인가?

**[문제 6.25]** 우주선이 행성 가까이에서 접근통과를 수행할 때 우주선의 속력이 극적으로 증가할 수 있다. 카시니 우주선은 (태양을 기준하여 측정할 때) 9.36 km/s의 속력으로 목성에 접근하였다. 목성의 궤도 속력은 13.02 km/s이다. 우주선이 행성을 접근함에 따라 우주선 속도는 목성의 속도 벡터에 대해 약 37°의 각을 형성한다. 카시니는 52.8°의 각만큼 편향했다. 이 새총 책략으로 인해 우주선의 증가된 속력을 구하여라.

**[문제 6.26]** 시간 $t=0$에 질량이 $m_1 = 1$ g, $m_2 = 2$ g이고 $m_3 = 3$ g인 3개의 입자가 정지해서 $x$−축에 위치 $x_1 = -1$ cm, $x_2 = 0$ cm이고 $x_3 = +2$ cm에 나란히 서 있다. 입자들에 작용하는 힘은 $\mathbf{F}_1 = -3\hat{\mathbf{j}}$ 다인, $\mathbf{F}_2 = 0$이고 $\mathbf{F}_3 = +12\hat{\mathbf{j}}$ 다인이다. (a) $t=0$에 질량중심의 위치를 구하여라. (b) 시간 $t = 10$ s에 3 입자의 위치를 구하여라. (c) 식 (5.14)로부터 시간 $t = 10$ s에 질량중심의 위치를 구하라. (d) 식 (6.19)를 사용해서 $t = 10$ s에 질량중심의 위치를 구하여라.

**[문제 6.27]** 두 질량 $m_1$과 $m_2$가 완전히 비탄성적으로 충돌한다. 운동에너지 손실이 $\frac{1}{2}\mu v^2$임을 보여라. 여기에서 $\mu$는 환산질량이고 $v$는 두 질량의 상대속도이다.

**[문제 6.28]** 질량 $M_S$(별) 및 $M_P$(행성)로 이루어진 별−행성 계를 생각하자. 행성은 별로부터 거리 $r$만큼 떨어진 곳에 위치한다. 관성 좌표계에서 보면 별은 $\mathbf{R}_S$에 위치해 있다. (a) 서로 끌리는 중력으로 인하여 생기는 별과 행성의 (관성계에서) 가속도를 구하라. (b) 별에 대한 행성의 가속도를 구하여라. (그것은 $-(GM_S/r^2)\hat{\mathbf{r}}$와 같지 않음을 유의하라. 그러나 $M_S >> M_P$이면 그 값이 된다.)

**[문제 6.29]** 공이 높이 $h$에서 떨어진다. 반발계수는 $e$이다. 공이 정지하게 되는데 걸리는 시간이

$$t = \sqrt{\frac{2h}{g}}\left(\frac{1+e}{1-e}\right)$$

이고 공이 움직인 총거리는

$$d = h\left(\frac{1+e^2}{1-e^2}\right)$$

임을 보여라.

*힌트*: 시간을 무한급수로서 표현하라. $a, ar, ar^2, ar^3, \cdots$ 형태의 기하급수의 합이 $S = a/(1-r)$임을 유의하라.

문제 6.30으로부터 6.32까지는 6.8절(옵션)에 기초를 둔다.

**[문제 6.30]** 질량중심 계에서 $Q=0$이면 운동에너지 보존(식 6.23)은

$$\frac{P_{1(cm)}^2}{2\mu} = \frac{P_{1(cm)}'^2}{2\mu}$$

이 됨을 보여라.

**[문제 6.31]** 두 입자 사이의 탄성충돌에서 상대속도가 변하지 않음을 보여라.

**[문제 6.32]** 질량중심 좌표에서 산란각 $\phi$와 실험실 좌표에서 각 $\theta_2$의 관계가

$$\tan\theta_2 = \frac{\sin\phi}{1-\cos\phi}$$

임을 보여라. (다른 말로 식 6.29를 유도하라.)

## 컴퓨터 과제

**[컴퓨터 과제 6.1]** 한 사람이 모두 같은 질량 10 kg의 큰 돌들을 싣고 정지해 있는 철로 무개차위에 서있다. 그는 자신에 대해 2 m/s의 속력으로 돌을 던질 수 있다. 그 무개차위에는 50개의 돌이 있다. 그 사람이 무개차 뒤로 돌을 모두 곧 바르게 던진 후 무개차의 속력을 구하라. 그 사람과 빈 무개차의 질량은 1000 kg이다. 자연히 이 발전된 추진 시스템은 마찰이 완전히 없는 철로 차를 개발할 수 있느냐에 달려있다. 이 문제를 수치적으로 풀고 또한 식 (6.2)를 이용하여 풀어라. 두 답을 비교하라. 왜 그들은 일치하지 않는가? 어느 답이 정확하다고 생각하는가?

**[컴퓨터 과제 6.2]** 지구의 표면으로부터 발사한 로켓이 도달하는 고도를 구하는 프로그램을 작성하라. 연료가 연소하는 연소율은 남아 있는 연료의 양에 비례하고 분출되는 기체의 배기 속력은 일정하다고 가정한다. 초기의 연료의 질량이 50,000 kg이고 $u = 2500$ m/s이면 $dM/dt = -0.01M$에 대하여 로켓의 위치를 시간의 함수로서 그려라. 빈 로켓의 질량은 10,000 kg이다. 공기의 저항을 무시하라. 그러나 중력은 지구 중심으로부터의 거리에 따라 감소한다는 것을 기억하라.

**[컴퓨터 과제 6.3]** 로켓이 지구 표면으로부터 발사된다. 로켓의 초기 질량은 1000 kg이고 그것의 90%가 연료이다. (로켓에 대하여) 소모 기체의 속력은 250 m/s이고 연소율은 50 kg/s이다. 공기의 저항은 $F = -0.5C_d\rho Av^2$로 주어지는 억제력으로 표현된다. 여기에서 끌림 계수 $C_d$는 0.35이고 공기의 밀도 $\rho$는 상수로 가정할 수 있고 1.20 kg/m$^3$이다. 로켓의 단면의 면적, $A$는 0.8 m$^2$이다. 중력가속도 g가 일정하다고 가정하지 말라. 그러나 지표면에서는 그것이 9.8 m/sec$^2$와 같다고 할 수 있다. 로켓의 연료가 모두 연소되었을 때 로켓이 도달할 수 있는 고도를 구하라. 고도를 시간의 함수로서 구하라. 곡선의 모양을 설명하라.

**[컴퓨터 과제 6.4]** 공기의 밀도에 대해 실재적인 프로파일을 이용하여 컴퓨터 과제 6.3을 풀어라. (United States Standard Atmosphere 또는 Smithonian Meteorological Tables를 이용하여 고도의 함수로서 공기 밀도의 표를 얻을 수 있다. 이 표들은 도서관이나 인터넷에서 발견할 수 있다.)

**[컴퓨터 과제 6.5]** 5 MeV의 알파 입자가 금의 핵에 접근한다. 충돌 파라미터는 1Å이다. 금의 핵이 초기에 정지해 있다고 가정한다. 두 입자의 궤적을 그리고 두 입자가 산란되는 각들을 구하라.

**[컴퓨터 과제 6.6]** 여러분은 5000 kg의 하중에서 지구의 탈출 속도까지 가속하는 2-단계 로켓을 설계해야 한다. 로켓의 질량의 95%가 연료라고 가정하라. 로켓 모터의 배기 속도는 2000 m/s라고 가정하라. 두 단계에 대해 가능한 범위의 질량들을 조사하고 이륙 무게를 최소화하는 질량의 배치를 정하라. 왜 같은 양의 연료를 연소하는 단일-단계 로켓이 같은 목표를 이룰 수 없는지 설명하라.

CHAPTER 7

# 각운동량 보존

7장에서는 각운동량 보존에 대해 다룬다. 이미 몇 가지 개념은 1장에서 다루었으나, 이 장에서 각운동량에 대해 자세하게 다루게 된다.

한 *입자(particle)*에 대한 각운동량 보존을 적용해 보고, 이를 일반화하여 고정축에 대해 회전하고 있는 강체에 적용해 볼 것이다. 강체의 회전 운동을 단순화하기 위해, *고정된* 회전축에 대한 *대칭된* 물체(*symmetrical* bodies)의 회전으로 제한할 것이며, 강체의 일반적인 회전 운동에 관해서는 15장과 16장에서 다루게 될 것이다.

## 7.1 각운동량의 정의

위치 r에서 속도 v로 움직이는 질량 $m$인 입자가 있다고 하자. 이 입자의 선운동량 (linear momentum)은 $\mathbf{p}=m\mathbf{v}$이다. 정의에 의하면, 이 입자의 각운동량은

$$\mathbf{l} \equiv \mathbf{r} \times \mathbf{p} \tag{7.1}$$

이다.

그림 7.1에서 보는 바와 같이, 벡터 외적(cross product)의 정의에 의하면, 각운동량은 위치벡터 r과 운동량 벡터 p로 이루진 평면에 수직이다. 따라서 그림 7.1에서 입자의 각운동량의 방향은 지면으로 들어가는 방향이다.

각운동량의 *크기*는 아래와 같이 주어진다.

$$l = mvr\sin\theta$$

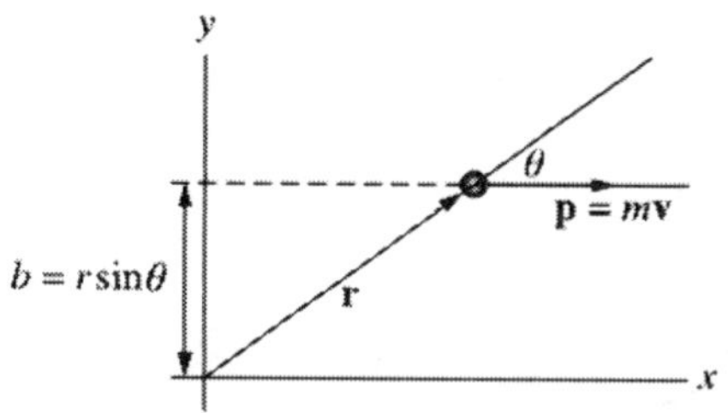


그림 7.1 ▌ 한 입자의 각운동량을 나타내는 그림. 속도 v로 움직이는 질량 $m$인 한 입자가 위치 벡터 r에 위치하고 있다. 이 입자의 선운동량은 $\mathrm{p} = m\mathrm{v}$이며, 각운동량은 $\boldsymbol{l} = \boldsymbol{r} \times \boldsymbol{p}$이고, 각운동량 벡터의 방향은 지면 안쪽으로 향한다.

그림으로부터 $r\sin\theta$는 상수임을 쉽게 알 수 있다. 즉, 이 상수를 $b$라고 하면, $l = mvb$로 쓸 수 있다.

각운동량은 좌표계의 원점을 어디에 정하는가에 따라 달라짐을 기억하자. (이것은 벡터 r이 각운동량의 정의에 포함되어 있기 때문이다.) 각운동량을 다룰 때, 일단 원점을 정하면 이 원점을 바꾸어서는 안 된다.

❐ **연습 7.1**

다리를 가로질러 100 km/hr의 속도로 경찰차를 운전하고 있던 경찰관이 다른 차도에서 접근하고 있는 자동차를 향하여 레이더를 돌려 그 자동차의 속도도 100 km/hr임을 확인하였다. 차도간의 간격은 15 m이었다. 자동차의 질량은 각각 1500 kg, 1200 kg이었다. (a) 다음에서 지정하는 원점에 대한 이 두 차로 이루어진 계의 총 각운동량을 구하라. (1) 두 차도의 중앙을 원점으로 (2) 한쪽 차도를 원점으로 (3) 다른 쪽 차도를 원점으로 하는 경우. (b) 두 자동차의 질량이 1200 kg으로 같다고 할 경우, 위의 계산을 반복하라 (각운동량의 단위는 kg $\mathrm{m^2/s}$). (c) (b)에서 총 선운동량은 0이다. 이것은 각운동량은 원점의 선택에 의존한다는 일반적인 규칙을 제안하는가? (힌트: 문제 7.3을 참조)

**답:** (a) (1) $5.63\times10^5$ kg $\mathrm{m^2/s}$ (2) $5.0\times10^5$ kg $\mathrm{m^2/s}$ (3) $6.25\times10^5$ kg $\mathrm{m^2/s}$

## 7.2 각운동량 보존

### 7.2.1 돌림힘(Torque)

돌림힘은 아래와 같이 정의했음을 상기하자.

$$\mathbf{N} = \mathbf{r} \times \mathbf{F}$$

여기서 $r$은 원점 (대개는 회전축)으로부터 힘이 작용하는 점까지의 변위 벡터이다. 일반적으로, 정의에서 보는 바와 같이 돌림힘은 원점의 선택에 의존한다. 이 규칙에 예외인 경우는 다음과 같다.

**예제 7.1**

평형상태에서 힘 벡터를 포함한 평면의 어떤 점에 대해서 돌림힘의 대수적인 총합은 0임을 증명하라.

**풀이**: 임의의 점 (그 점을 $O$라 하자)에 대한 돌림힘과 이 점 $O$로부터 거리 d 만큼 떨어진 다른 점 (그 점을 $O'$이라 하자)에 대한 돌림힘과의 관계를 고려하자. $O$점에 대한 총돌림 힘은 아래와 같다.

$$\sum \mathbf{N}_{iO} = \sum \mathbf{r}_{iO} \times \mathbf{F}_i$$

여기에서 $\mathrm{r}_{iO}$는 $O$점에서 힘 $\mathrm{F}_i$이 작용하는 작용점까지의 변위 벡터이다. 그림 7.2를 보아라.
유사하게 $O'$점에 대한 돌림힘은

$$\sum \mathbf{N}_{iO'} = \sum \mathbf{r}_{iO'} \times \mathbf{F}_i$$

이며, 식에서 $\mathrm{r}_{iO'}$는 $O'$점에서 힘 $\mathrm{F}_i$가 작용하는 작용점까지의 변위 벡터이다.
그러나 그림 7.2에서 보는 바와 같이

$$\mathbf{r}_{iO} = \mathbf{d} + \mathbf{r}_{iO'}$$

이므로,

$$\sum \mathbf{N}_{iO'} = \sum \mathbf{r}_{iO'} \times \mathbf{F}_i = \sum (\mathbf{r}_{iO} - \mathbf{d}) \times \mathbf{F}_i \qquad (7.2)$$

이거나,

$$\sum \mathbf{N}_{iO'} = \sum \mathbf{N}_{iO} - \mathbf{d} \times \sum \mathbf{F}_i$$

이다.

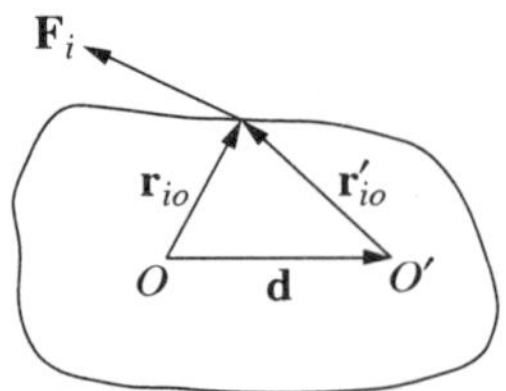


그림 7.2 ▌ 여러 힘이 작용하는 평판 형태의 물체. 작용하는 모든 힘들의 합이 0이고, $O$ 점에 대한 돌림힘의 합이 0이면, $O'$ 점에 대한 돌림힘도 0이다.

평형상태에 있는 한 물체에 대해서, 작용하는 알짜 힘(net force)은 영이다 ($\sum \mathrm{F}_i = 0$). 그러므로, 특정한 점에 대한 돌림힘이 0이면, 다른 어떤 임의의 점에 대한 돌림힘도 또한 0이다. 이 사실은 매우 유용한 사실이다. 평형상태에 있는 한 물체에 대해, *임의의 점에 대한* 그 물체에 작용하는 돌림힘은 0이다.

### 7.2.2 돌림힘과 각운동량

1.3.2절에서 어떤 계에서 각운동량의 시간에 대한 변화율은 그 계에 작용하는 돌림힘과 같다는 것을 기술하였다. 이 절에서 이것을 먼저 한 입자에 대해 증명하고 나서, 입자군에 대해 증명해 보자.

한 입자에 대해 각운동량은 $\mathrm{l} = \mathrm{r} \times \mathrm{p}$이므로,

$$\frac{d\mathbf{l}}{dt} = \frac{d}{dt}(\mathbf{r} \times \mathbf{p}) = \frac{d\mathbf{r}}{dt} \times \mathbf{p} + \mathbf{r} \times \frac{d\mathbf{p}}{dt}$$

이다. 첫 번째 항은 0이다. 왜냐하면,

$$\frac{d\mathbf{r}}{dt} \times \mathbf{p} = \mathbf{v} \times \mathbf{p} = m(\mathbf{v} \times \mathbf{v}) = 0$$

이기 때문이다. $d\mathrm{p}/dt = \mathrm{F}$이며, 돌림힘은 $\mathrm{N} = \mathrm{r} \times \mathrm{F}$로 정의되기 때문에, $d\mathrm{l}/dt$은 다음과 같이 다시 쓸 수 있다.

$$\frac{d\mathbf{l}}{dt} = \mathbf{r} \times \frac{d\mathbf{p}}{dt} = \mathbf{r} \times \mathbf{F} = \mathbf{N} \tag{7.3}$$

즉, 한 입자의 각운동량의 시간에 대한 변화율은 외력(external force)에 의해 작용된 알짜 돌림힘(net torque)과 같다. 입자에 작용하는 외부 돌림힘이 없다면, 이 입자의 각운동량의 시간에 대한 변화율은 0이다. 즉,

$$N = 0 \text{이면 } \frac{dl}{dt} = 0 \text{ 이고, } l = \text{일정}$$

한 입자에 작용하는 돌림힘이 0이면, 각운동량은 보존된다.

□ 연습 7.2

질량 $m$인 입자가 초기 속도 $v = v_0\hat{i}$로 운동한다. 이 입자에 힘 $\mathrm{F} = f_0\hat{\mathrm{j}}$가 작용한다고 하자. 여기서 $f_0$는 상수이다. 시간의 함수로 각운동량의 변화율을 구하라. 단, 이 입자는 시간 $t=0$에서 원점에 위치하고 있다고 가정하자.

**답:** $f_0 v_0 t\hat{\mathbf{k}}$

## 7.3 입자계의 각운동량

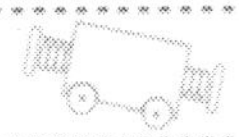

단일 입자에 대한 각운동량을 정의했으므로, 이제 여러 입자로 이루어진 입자군에 대한 각운동량을 고려해 보자. 여러분은 각각의 입자들에 상호 작용하는 내력(internal force)은 입자계의 총 각운동량에 영향을 미치지 않는다는 것에 놀라지 않을 것이다.

질량이 각각 $m_1$, $m_2$, $\cdots$, $m_n$인 $n$개의 입자를 고려하자. 어떤 순간에 이 입자들이 각각 위치 $\mathrm{r}_1$, $\mathrm{r}_2$, $\cdots$, $\mathrm{r}_n$에 놓여 있다고 하자. 모든 입자들에는 상호간의 힘(내력)이 작용한다. 입자 $j$가 입자 $i$에 작용하는 힘을 $\mathrm{F}_{ij}$로 나타내자. 또한 입자 $i$에 외력이 작용할 때, 이를 $\mathrm{F}_i^{(e)}$로 나타낸다. 결국, 입자 $i$의 운동방정식은,

$$m_i\ddot{\mathbf{r}}_i = \mathbf{F}_i^{(e)} + \sum_{\substack{j=1 \\ j\neq i}}^{n} \mathbf{F}_{ij}$$

이다. 운동방정식의 양변에 $\mathrm{r}_i$에 대한 벡터 외적을 취하면,

$$\mathbf{r}_i \times (m_i\ddot{\mathbf{r}}_i) = \mathbf{r}_i \times \mathbf{F}_i^{(e)} + \sum_{j\neq i} \mathbf{r}_i \times \mathbf{F}_{ij} \qquad (7.4)$$

이다. 이제 입자 $i$의 각운동량벡터의 시간에 대한 변화율은

$$\begin{aligned}\frac{d\mathbf{l}_i}{dt} &= \frac{d}{dt}(m_i\mathbf{r}_i \times \dot{\mathbf{r}}_i)\\ &= m_i(\dot{\mathbf{r}}_i \times \dot{\mathbf{r}}_i) + m_i(\mathbf{r}_i \times \ddot{\mathbf{r}}_i)\\ &= \mathbf{r}_i \times m_i\ddot{\mathbf{r}}_i.\end{aligned}$$

이므로, 식 (7.4)의 좌변은 각운동량의 시간에 대한 변화율이다. 따라서 식 (7.4)는 다음과 같이 다시 쓸 수 있다:

$$\frac{d\mathbf{l}_i}{dt} = \mathbf{r}_i \times \mathbf{F}_i^{(e)} + \sum_{j\neq i}\mathbf{r}_i \times \mathbf{F}_{ij}$$

각각의 입자에 대해, 이와 같은 식이 존재하므로, 모든 입자에 대한 이 식들을 합하면, 다음과 같이 쓸 수 있다.

$$\sum_i^n \frac{d\mathbf{l}_i}{dt} = \sum_{i=1}^n\left(\mathbf{r}_i \times \mathbf{F}_i^{(e)}\right) + \sum_i\left(\sum_{j\neq i}\mathbf{r}_i \times \mathbf{F}_{ij}\right) \tag{7.5}$$

그런데,

$$\sum_i \frac{d\mathbf{l}_i}{dt} = \frac{d}{dt}\sum_i \mathbf{l}_i = \frac{d}{dt}\mathbf{L}$$

이다. 이 식에서 L은 계의 전체 각운동량이다. 즉, 모든 입자들의 각운동량들의 벡터합으로 정의할 수 있다. 더구나, $\sum_i(\mathbf{r}_i \times \mathbf{F}_i^{(e)})$는 외력에 의해 작용하는 총 돌림힘 ($\mathbf{N}_{tot}^{(e)}$)이므로, 결과적으로 식 (7.5)은 다음과 같이 쓸 수 있다.

$$\frac{d\mathbf{L}}{dt} = \mathbf{N}_{tot}^{(e)} + \sum_i\sum_{j\neq i}\mathbf{r}_i \times \mathbf{F}_{ij}$$

이중합(double summation)을 포함한 마지막 항은 0이다. 이를 증명하기는 쉽다. 두 개의 입자 $i$와 입자 $j$를 고려하자. 이중합에 해당하는 항은

$$\mathbf{r}_i \times \mathbf{F}_{ij} + \mathbf{r}_j \times \mathbf{F}_{ji}$$

이다. 뉴턴의 제3법칙에 의해, $\mathbf{F}_{ij} = -\mathbf{F}_{ji}$이므로, 윗 식은 아래와 같이 다시 쓸 수 있다.

$$\mathbf{r}_i \times \mathbf{F}_{ij} - \mathbf{r}_j \times \mathbf{F}_{ij} = (\mathbf{r}_i - \mathbf{r}_j) \times \mathbf{F}_{ij} = \mathbf{r}_{ij} \times \mathbf{F}_{ij}$$

여기에서 $\mathbf{r}_{ij}$는 상대 좌표로서 $j$입자로부터 $i$입자 위치로의 변위벡터이다. 강한 형식의 뉴턴 법칙을 따르면, 입자간에 작용하는 힘은 $\mathbf{r}_{ij}$의 방향으로 작용하므로, $\mathbf{F}_{ij}$와 $\mathbf{r}_{ij}$는 평행하다. 따라서, 벡터 외적 $\mathbf{r}_{ij} \times \mathbf{F}_{ij}$는 0이다. 그러므로, 이중합에 있는 모든 항의 합은 서로 상쇄되어, 아래의 식만 남는다.

$$\frac{d\mathbf{L}}{dt} = \mathbf{N}_{tot}^{(e)} \tag{7.6}$$

즉, 총 각운동량의 시간에 대한 변화율은 계에 작용한 알짜 *외부* 돌림힘과 같다. 특히, 각운동량 보존 법칙은 다음과 같이 표현할 수 있다.

**한 입자계(또는 연속체(extended body))에 작용하는 외부 알짜 돌림힘이 0이면, 이 계의 총 각운동량은 일정하게 유지될 것이다.**

이것이 *각운동량 보존법칙* 이다. 이 법칙은 물리의 기본 원리로써 항상 모든 물체에 적용된다. 여러분이 양자역학을 배우면서, 전자들의 궤도(orbital)와 스핀 각운동량의 개념이 도입될 때, 이 보존법칙의 중요성을 알게 될 것이다.

더구나, 각운동량 보존법칙은 물리문제를 해결하는데 매우 유용하게 활용된다. 입자나 입자계에 외부 돌림힘이 작용하지 않는 여러 다양한 물리 문제들이 있다. 이 경우에, 각운동량은 일정하며, 이 계에 어떤 사건이 일어나기 전후의 각운동량은 같다.

예를 들어, 혜성(comet)이 어떤 별에 끌려 접근하다 방향을 바꾸는 쌍곡선 궤도를 돌다가, 다시 "무한대"로 멀어진다고 하자. 이 별이 혜성에 작용하는 힘은 둘을 잇는 선 방향으로 작용하므로, 돌림힘은 0이다. 그러므로 초기 각운동량은 최종 각운동량과 같다. "초기"와 "나중"은 궤적상에 있는 어떤 두 점이라 말할 수 있다.

기초물리학 교과서에서 다루는 공통적인 물리문제 중의 하나는 한 아이가 뛰어서 돌고 있는 놀이 기구(Merry-go-round)에 탈 때에 관한 문제이다. 이 문제는 총 초기 각운동량(아이가 뛰어서 타기 전의 아이와 기구의 각운동량 값)은 나중의 각운동량 (아이가 뛰어서 기구에 탄 후)과 같다는 것으로 풀 수 있다.

또 다른 전형적인 문제는 알짜 외부 돌림힘이 물체에 작용하고 *있는* 경우이다. 예를 들어, 실이 감겨 있는 실패에 관한 문제이다. 실의 장력(tension)이 실린더 모양의 실패에 돌림힘을 작용하여 각운동량을 증가시킨다.

돌림힘이 각운동량의 변화를 일으키는 흥미있는 예로서 지구 둘레를 돌고 있는 달이 지구의 회전(자전)율에 영향을 주는 것이다. 여러분이 아는 바와 같이 달은 지구 바닷물 조수의 볼록함(tidal bulge)을 일으킨다. 이 볼록한 바닷물은 지구의 회전과 함께 끌어 당겨지므로, 달 "아래"에 직접적으로 있지는 않고, 어느 정도 달의 위치의 앞쪽에 있다. 항해하는 선원들은 높은 조류는 약 6시간정도 달보다 앞선다는 사실을 잘 알고 있다. 그림 7.3과 같이 달은 조류의 불록한 부분을 끌어당긴다. 좀 더 가까운 불록한 부분에 작용하는 인력은 먼 곳의 불룩한 부분에 작용하는 인력보다 크다. 따라서 지구에 작용하는 알짜 돌림힘이 존재한다. 이 돌림힘이 지구의 회전율을 느리게 한다. 지구의 회전이 점차 느려짐에 따라, 하루의 길이는 점점 길어지게 된다. 수십억 년 안에 하루의 길이가 매우 길어져서, 달의 공전주기와 비슷해 질 것이다. 즉, 현재의 1일이 1달의 길이로 될 것이다.

지구–달을 외부로부터 분리된 하나의 계로 생각한다면, 외부 돌림힘이 작용하지 않고, 총 각운동량은 일정함에 틀림이 없다. 우리는 지구의 각운동량은 감소하고 있음을 보았다. 그러면, 어떻게 각운동량이 보존될까? 그 답은 달의 각운동량이 증가하고 있다는 것이다. 이것은 지구와 달 사이의 거리가 증가함으로서 가능하다. 즉, 지구가 점차 느리게 회전함에 따라, 각운동량은 감소하고, 달은 지구로부터 멀어지면서 궤도 각운동량을 얻게 되는 것이다. 이렇게 하여 지구–달 계의 총 각운동량은 보존되는 것이다.[1)]

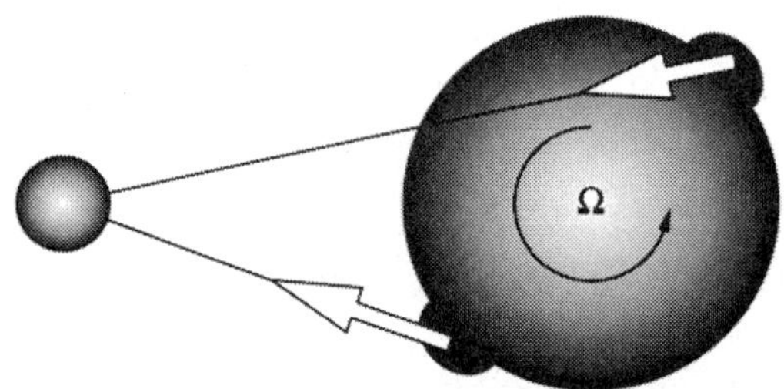


그림 7.3 ▌ 북극 위쪽에서 내려다 본 지구–달 계. 지구는 시계 반대방향으로 돌고 있다. 달은 지구의 조수의 볼록한 부분 (bulge)에 인력을 작용한다. 먼 곳의 볼록한 부분에 작용하는 힘은 가까운 곳의 볼록한 부분에 작용하는 힘보다 작다. 따라서 그림에서 시계 방향으로 알짜 돌림힘이 작용한다. 이는 지구의 회전을 느리게 한다. 그림에서 각각의 크기 및 거리는 실제와 다르며, 지구–달 간의 거리는 대략 지구 반경의 60배이다.

---

1) 지구와 달 사이의 조류의 상호작용은 많은 흥미로운 양상을 나타낸다. 달의 공전 이심률을 설명하는데 이용되어 왔다. 그러나, 최근의 연구에서 목성의 중력이 더 중요하다는 것을 나타내는 것처럼 보인다. 여러분이 관심이 있다면, Marija Cuk의 논문을 읽어 보아라. "Excitation of Lunar Eccentricity by Planetary Resonances," Science, 318, 294, 2007

**예제 7.2**

우주 밖에서 사용할 수 있는 어떤 기기를 발명했다고 하자(그러므로 중력은 무시될 수 있다). 이 기기는 질량을 무시할 수 있는 길이 $d$인 줄에 매우 작은 질량 $m$인 물체가 연결되어 있다. 그리고 고정 중심점을 갖는 원 둘레를 회전하고 있다. 초기 각속도는 $\omega_0$라고 하자. 줄의 길이가 초기 길이의 반이 될 때까지 줄을 안쪽으로 잡아 당기고 있다. (a) 각운동량의 변화를 계산하라. (b) 초기 각속도와 나중 각속도를 비교하라. (c) 운동에너지의 변화를 계산하라. (d) 질량을 중심에 가까이 끌어 오는데 따라 얼마의 일이 행해졌는가?

**풀이:** (a) 초기 각운동량은 $l = md^2\omega_0$이다. 힘이 줄을 따라 작용하므로, 돌림힘은 $\mathrm{N} = \mathrm{r} \times \mathrm{F} = 0$이고, 각운동량은 보존된다. 그러므로 $\Delta l = 0$
(b) 각운동량 보존에 의해

$$l_f = l_i \Longrightarrow md_f\omega_f = md^2\omega_0$$

그러나 $d_f = 0.5d$이므로,

$$\omega_f = \frac{d^2}{(d/2)^2}\omega_0 = 4\omega_0$$

(c) 운동에너지의 변화는

$$\Delta T = T_f - T_0$$

$v = wr$이고, $T = (1/2)mv^2$이므로, 운동에너지는 $T = (1/2)m(wr)^2$로 표현할 수 있다. 따라서, $T_0 = \frac{1}{2}md^2w_0^2$, $T_f = \frac{1}{2}m(d/2)^2w_f^2$
결과적으로

$$\begin{aligned}\Delta T &= \frac{1}{2}m(d/2)^2(4\omega_0)^2 - \frac{1}{2}md^2\omega_0^2 \\ &= \frac{1}{2}md^2\omega_0^2\left[\frac{1}{4}(16) - 1\right] = \frac{3}{2}md^2\omega_0^2 = 3T_0\end{aligned}$$

(d) 일-에너지 정리에 의해, 행해진 일은 $3T_0 = \frac{3}{2}md^2w_0^2$이다.

❐ **연습 7.3**

도르래 바퀴(pulley)의 반지름이 2 cm인 도르래 줄의 한쪽 끝에는 500 g, 다른 쪽 끝에는 700 g의 추가 매달려 있다. 줄은 미끄러지지 않는다고 가정하자.

이 도르래 바퀴의 각운동량 변화율을 구하라. 도르래 바퀴의 관성모멘트는 100 gr · cm$^2$ 이다. **답:** 8000 dyne cm

---

❒ **연습 7.4**

질량이 $M$인 팽이가 각속력 $\omega$로 돌고 있다. 이 팽이가 도는 속력이 줄어, 팽이의 축이 수직에 대해서 $\theta$의 각도로 기울어서 돌고 있다. 바닥과 팽이의 축이 닿아 있는 점에 대해서 중력에 의한 돌림힘을 구하라. 이 돌림힘의 방향은 어디인가? 각운동량의 변화율의 방향을 그림으로 도시해 보아라. (이것이 팽이의 세차운동 이유이다.)

---

❒ **연습 7.5**

질량이 $M$인 두 질점이 질량을 무시할 수 있는 길이 $d$인 막대에 연결되어 있는 아령(dumbbell)이 있다. 이것이 질량 중심을 통과하는 축을 중심으로 각속력 $\omega_0$로 회전하고 있다. 하나의 질점이 빠져 날아가 버렸다. 이 때 남아 있는 질점의 각속도를 구하라.

---

## 7.4 질량 중심에 대한 각운동량

입자계의 운동에너지는 질량중심의 운동에너지와 질량중심에 대한 모든 입자들의 운동에너지의 합과 같이 표현됨을 배웠다(5.8절을 보아라). 입자계의 선운동량에 대해서도 유사한 관계가 적용된다(6.6절을 보아라). 또한, 각운동량에 대해서도 각운동량은 질량중심의 각운동량과 질량중심에 *대한* 각운동량의 합으로 표현될 수 있다.

입자계의 각운동량은

$$\mathbf{L} = \sum_i \mathbf{r}_i \times m_i \dot{\mathbf{r}}_i$$

입자 $i$의 위치벡터는 아래와 같이 쓸 수 있다.

$$\mathbf{r}_i = \mathbf{r}_c + \mathbf{r}_i'$$

여기서 $\mathrm{r}_c$는 질량중심의 위치벡터이고, $\mathrm{r}_i{}'$는 질량중심에 대한 $i$입자의 위치벡터이다(그림 5.12 참조). 이 관계를 이용하면, 각운동량은

$$\begin{aligned}\mathbf{L} &= \sum_i m_i\,(\mathbf{r}_c + \mathbf{r}_i') \times (\dot{\mathbf{r}}_c + \dot{\mathbf{r}}_i') \\ &= \sum_i m_i \mathbf{r}_c \times (\dot{\mathbf{r}}_c + \dot{\mathbf{r}}_i') + \sum_i m_i \mathbf{r}_i' \times (\dot{\mathbf{r}}_c + \dot{\mathbf{r}}_i') \\ &= \sum_i m_i \mathbf{r}_c \times \dot{\mathbf{r}}_c + \sum_i m_i \mathbf{r}_c \times \dot{\mathbf{r}}_i' + \sum_i m_i \mathbf{r}_i' \times \dot{\mathbf{r}}_c + \sum_i m_i \mathbf{r}_i' \times \dot{\mathbf{r}}_i'\end{aligned}$$

이다. $\mathrm{r}_c$와 $\dot{\mathrm{r}}_c$는 첨자 $i$와 관련이 없으므로, 합(summation)에서 앞으로 빼낼 수 있고, $\sum_i m_i = M$ (총 질량)이므로, 결과적으로

$$\mathbf{L} = M\,(\mathbf{r}_c \times \dot{\mathbf{r}}_c) + \mathbf{r}_c \times \left(\sum_i m_i \dot{\mathbf{r}}_i'\right) - \dot{\mathbf{r}}_c \times \left(\sum_i m_i \mathbf{r}_i'\right) + \sum_i m_i\,(\mathbf{r}_i' \times \dot{\mathbf{r}}_i')$$

로 쓸 수 있다. 질량중심의 정의에 의해서 $\sum_i m_i r_i' = 0$이고, $\sum_i m_i \dot{r}_i' = 0$이므로, 두 번째와 세 번째 항은 0이다. (이들 중 첫 번째 것은 자체에 대해 질량중심의 위치에 비례하고, 둘째 것은 자체에 대해 질량중심의 속도에 비례한다.)

결과적으로 입자계의 각운동량 L 은,

$$\mathbf{L} = M\,(\mathbf{r}_c \times \dot{\mathbf{r}}_c) + \sum_i m_i\,(\mathbf{r}_i' \times \dot{\mathbf{r}}_i')$$

로 표현될 수 있으며, 이는 다시

$$\mathbf{L} = \mathbf{L}_c + \mathbf{L}'$$

쓸 수 있다. 여기서 $L_c = M(r_c \times \dot{r}_c)$는 질량중심에 위치하고 있는 질량 $M$인 입자가 갖는 각운동량이고, $L' = \sum_i m_i r_i' \times \dot{r}_i{}'$는 질량중심에 대한 모든 입자들의 각운동량들의 합이다. 이것이 우리가 증명하고자 한 것이다.

❐ 연습 7.6

$\sum_i m_i r_i' = 0$을 증명하라.

## 7.5 고정축에 대한 강체의 회전

강체는 하나의 입자계로서, 강체내의 모든 입자들은 서로 간의 거리가 일정하게 고정되어 있다. 강체가 한 고정 회전축에 대해 회전하고 있다면, 입자들은 그 축을 중심으로 하는 원 궤도로 운동한다. 이 원 궤도는 회전축에 수직인 평면상에 놓여 있다. 모든 입자들은 모두 동일한 각속도를 갖는다. 각속도 $\omega$는 회전축과 나란한 방향을 갖고, 크기는 회전율과 같은 벡터이다. $\omega$의 방향은 그림 7.4와 같이 오른손의 법칙을 따른다. $\omega$의 크기는

$$|\boldsymbol{\omega}| = \omega = \frac{2\pi}{T} = 2\pi f$$

이다. 여기서 $T$는 회전 주기이며, $f$는 진동수다.

입자 $i$의 선속도 $v_i$는 각속도 $\omega$와 아래와 같은 관계가 있다.

$$\mathbf{v}_i = \boldsymbol{\omega} \times \mathbf{r}_i$$

입자 $i$의 각운동량은 다음과 같이 각속도로 표현된다:

$$\mathbf{l}_i = \mathbf{r}_i \times \mathbf{p}_i = m_i(\mathbf{r}_i \times \mathbf{v}_i) = m_i\mathbf{r}_i \times (\boldsymbol{\omega} \times \mathbf{r}_i) \tag{7.7}$$

벡터 곱에 관한 "BAC−CAB" 규칙[2]을 이용하면

$$\mathbf{l}_i = m_i\left[r_i^2\,\boldsymbol{\omega} - (\mathbf{r}_i \cdot \boldsymbol{\omega})\,\mathbf{r}_i\right]$$

으로 된다.

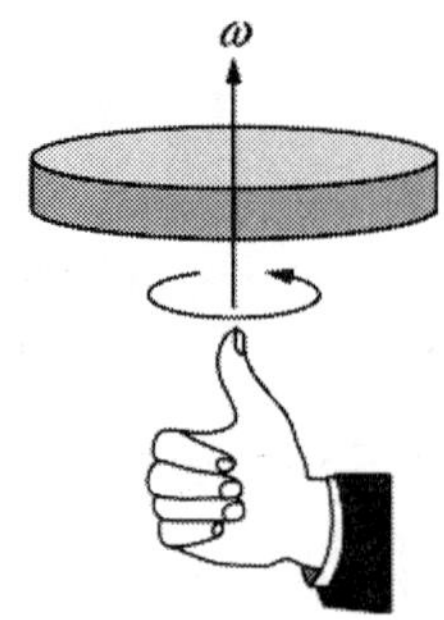


그림 7.4 ▌ 각속도 벡터 $\omega$의 방향은 오른손 법칙에 따른다. 오른손의 네 손가락을 회전방향으로 고리모양으로 할 때, 엄지손가락이 가리키는 방향이 벡터 $\omega$의 방향이다.

2) "BAC−CAB" 규칙

$$\mathbf{A} \times (\mathbf{B} \times \mathbf{C}) = \mathbf{B}(\mathbf{A} \cdot \mathbf{C}) - \mathbf{C}(\mathbf{A} \cdot \mathbf{B})$$

$z$-축을 회전축으로, $\theta_i$는 $\mathbf{r}_i$와 $\omega$ 사이의 각으로 두자. 그러면 $\mathbf{r}_i$는 다음과 같이 쓸 수 있다.

$$\mathbf{r}_i = r_i \cos\theta_i \hat{\mathbf{k}} + r_i \sin\theta_i \hat{\mathbf{e}}_i$$

여기서 $\hat{\mathbf{e}}_i$는 회전축에 수직인 방향의 단위벡터이며, $\mathbf{r}_i$와 축으로 정의되는 평면상에 있다. 그림 7.5를 참조하라. $\mathbf{r}_i$에 대한 위의 표현을 이용하고 약간의 대수적인 계산을 하면, 쉽게 $\mathbf{l}_i$에 대한 아래의 식을 보일 수 있다.

$$\mathbf{l}_i = m_i r_i^2 \omega \sin^2\theta_i \hat{\mathbf{k}} - m_i r_i^2 \omega \sin\theta_i \cos\theta_i \hat{\mathbf{e}}_i \tag{7.8}$$

이제 해석 상에서 하나의 중요한 제한을 두고자 한다. 회전축에 대해 대칭적인 물체만을 고려할 것이다. (제16장에서 이 제한을 없앨 때, 회전 운동을 기술하기 위해서는 텐서를 사용해야 한다. 아직 텐서에 관해서는 언급하지 않을 것이므로, 오직 회전축에 대해 대칭적인 회전체에 대해서만 다루자.) 대칭적인 강체의 경우, 모든 입자 $i$에 대해, 대칭축으로부터 같은 거리의 반대편에 $j$ 입자가 존재한다. 그림 7.5에서 보는 바와 같이 질량 $m_i$이고 각운동량이 $\mathbf{l}_i$을 갖는 $i$번째 입자를 고려하자. $j$번째 입자는 각운동량 $\mathbf{l}_j$의 방향만을 제외하고, $i$번째 입자와 동일하다. 벡터 $l_i$와 $l_j$의 회전축 방향 성분은 함께 더해지지만, 회전축에 수직인 방향의 성분은 서로 소거된다. 따라서 대칭인 물체의 총 각운동량을 구하기 위해서 (7.8)식 형태의 식을 합하면, 다음을 얻을 수 있다.

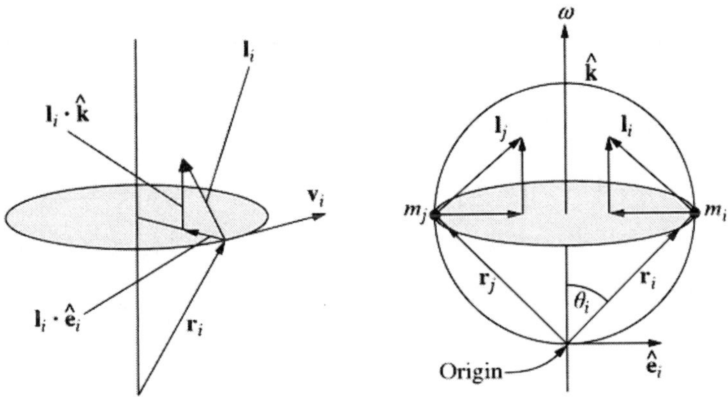


그림 7.5 ▌ 입자의 각운동량(주어진 원점에 대해)은 그림의 왼쪽에 나타낸 것과 같이 회전축 방향과 수직인 방향의 성분을 갖는다. 대칭인 입자의 각운동량은 크기가 같지만 반대인 회전축에 대한 수직 성분을 갖는다.

$$\mathbf{L} = \sum_i m_i r_i^2 \omega \sin^2 \theta_i \hat{\mathbf{k}}$$

$r_i \sin\theta_i$ 양은 회전축으로부터 입자까지의 수직거리에 해당한다. 즉, 이를 $r_{i\perp}$로 나타낸다면, 아래와 같이 다시 쓸 수 있다.

$$\mathbf{L} = \left(\sum_i m_i r_{i\perp}^2\right)\boldsymbol{\omega} \tag{7.9}$$

❒ **연습 7.7**

(7.7)식과 (7.8)식 사이의 빠진 과정을 채워라.

❒ **연습 7.8**

반지름 10 cm이고 질량이 15 g인 디스크가 50 rad/s으로 회전하고 있다. 질량 3 g의 껌 조각이 이 디스크의 가장자리에 떨어져 붙었다. 이때 이 계의 최종 각속도는 얼마인가? **답:** 35.7 rad/sec

❒ **연습 7.9**

질량 30 kg인 아이가 3 m/s의 속력으로 뛰어서, 반지름이 1.5 m이고 질량이 150 kg인 회전놀이 기구에 올라 탔다. 이 회전놀이 기구가 하나의 디스크라고 가정하고, 초기에는 멈춰있었다면, 이 기구의 나중 각속도는 얼마인가? (단, 마찰은 무시하자). **답:** 0.57 rad/s

### 7.5.1 관성모멘트(회전관성)

식 (7.9)에서 물리량 $\sum_i m_i r_{i\perp}^2$ 은 오직 물체의 질량과 회전축에 대해 질량이 어떻게 분포되어 있느냐에 관련되어 있다. 어떤 주어진 물체에 대해서 이 물리량은 특성상수다. 이것을 물체의 *관성모멘트*[3]라고 부르고, 문자 $I$로 나타낸다.

$$I = \sum_i m_i r_{i\perp}^2 \tag{7.10}$$

3) 기초역학에서 관성모멘트를 공부했더라도 생각했던 것보다 매우 복잡하다는 것을 알았을 것이다; 사실 강체의 일반적인 운동을 다룰 때, 관성 텐서라는 물리량을 도입함이 필요하다. 그러나, 잠시 고정축에 대해 회전하고 있는 대칭적인 강체에 관한 단순한 상황으로 제한하자. 그리고 스칼라양 $I$가 우리가 필요한 모든 것이다.

따라서, 식 (7.9)는 다음과 같이 쓸 수 있다.

$$\mathbf{L} = I\boldsymbol{\omega}$$

이 관계식은 회전축에 대해 대칭인 물체에 기반을 둔 것임을 기억하자. 그러면 각운동량은 각속도에 평형할 것이다. 만약 물체가 회전축에 대해 대칭이 아니라면, 각운동량 벡터는 각속도 벡터와 평행하지 않을 것이다. (그와 같은 물체는 축에 대해 "워블링(wobble)"할 것이다.)

이제 돌림힘과 각운동량 변화의 관계에 대해 알아보자. 한 물체에 돌림힘 $\boldsymbol{N}$이 작용하면, 아래와 같이 주어진 각운동량의 변화가 있을 것이다.

$$\mathbf{N} = \frac{d\mathbf{L}}{dt}$$

L을 $I\omega$로 바꾸면,

$$\mathbf{N} = \frac{d}{dt}(I\boldsymbol{\omega})$$

이다. 관성모멘트가 일정한 물체에 대해서

$$\mathbf{N} = I\frac{d\boldsymbol{\omega}}{dt}$$

혹은

$$\mathbf{N} = I\boldsymbol{\alpha} \tag{7.11}$$

이 된다. 이 식은 $I$는 $m$, $\alpha$는 a, N은 F로 바꾸면 F $= m$a와 같은 형태를 갖는다.

외부 돌림힘이 작용하지 않을 때, 강체에 대한 각운동량은 보존되므로, $L_i = L_f$ 이다. 대칭인 물체에 대해 이것은

$$I_i\boldsymbol{\omega}_i = I_f\boldsymbol{\omega}_f$$

으로 쓸 수 있다.

밀도 $\rho$를 갖는 연속체의 경우에 식 (7.10)을 일반화하여 다음과 같이 쓸 수 있다.

$$I = \iiint_{\text{body}} r_{\perp}^2\, dm = \iiint_{\text{body}} \rho r_{\perp}^2\, d\tau \tag{7.12}$$

여기서 $dm = \rho d\tau$는 물체의 질량요소(mass element)이며, $r\perp$는 질량요소 $dm$으로부터 회전축까지의 수직 거리를 나타낸다.

선운동량 $\mathrm{p} = m\mathrm{v}$에 대한 표현과 각운동량 $\mathrm{L} = I\omega$에 대한 표현의 유사함을 살펴보라.

관성모멘트를 계산할 때 편리하게 이용되는 두 가지의 정리가 있다. *평행축 정리*와 *수직축 정리*이다.

*평행축 정리*는 어떤 축에 대한 물체의 관성모멘트는 질량중심을 지나는 평행한 축에 대한 관성모멘트와 $Md^2$의 합이다. 여기서 $M$은 물체의 질량이고, $d$는 두 축 사이의 거리이다. 평행축 정리는 계산에 드는 많은 수고를 줄여 주는 유용한 것이다. 만약 평행축에 대한 관성모멘트를 $I_{\|}$라 쓰고, 질량중심을 통과하는 한 축의 관성모멘트를 $I_c$로 쓰면, 아래 관계식을 얻을 수 있다.

$$I_{\|} = I_c + Md^2$$

*수직축 정리*는 납작한 평면 물체에 대해 적용될 수 있다. 평판의 평면에서 수직인 두 축을 고려하자. 두 축에 대한 관성모멘트를 $I_1$과 $I_2$라고 하자. 평판에 수직이고 두 축의 교차점을 통과하는 축에 대한 관성모멘트 $I_3$는

$$I_3 = I_1 + I_2$$

이다.

**예제 7.3**

(a) 그림 7.6에 있는 것처럼, 질량이 $M$이고, 길이가 $l$인 실린더 모양 막대의 질량중심을 지나는 축에 대한 관성모멘트를 구하라 (선 $AA'$). (b) 막대의 끝단에 있는 선 $BB'$ 축에 대한 관성모멘트를 구하라.

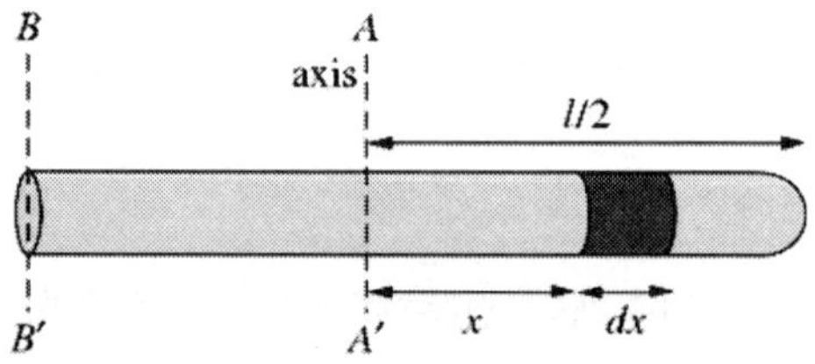


그림 7.6 ▌ 질량중심을 지나는 축을 가진 길이 $l$인 막대. 질량요소 $dm = \lambda dx$는 축으로부터 거리 $x$에 있다.

**풀이:** (a) 단위 길이당 질량 (선질량 밀도)은 $\lambda = M/l$ 이다. 축 $(AA')$에 대한 관성모멘트는 아래와 같다.

$$I = \iiint r_{\perp}^2 dm = \int r_{\perp}^2 \lambda dx = \lambda \int_{-l/2}^{l/2} x^2 dx = \lambda \left[ \frac{x^3}{3} \right]_{-l/2}^{l/2}$$
$$= \frac{\lambda}{3} [2l^3/8] = \frac{1}{12} Ml^2.$$

(b) $BB'$ 축에 대한 관성모멘트는 평행축 정리를 이용해서 구할 수 있다.

$$I_{\parallel} = I_c + Md^2$$
$$= \frac{1}{12} Ml^2 + M\left(\frac{l}{2}\right)^2 = \frac{1}{2} Ml^2$$

---

**예제 7.4**

반지름이 $a$인 균일한 구모양의 행성이 태양 주위를 반지름 $r_0$의 원궤도로 공전하며, 공전궤도면에 수직인 축에 대해 각속도 $w_0$로 자전하고 있다. 태양에 의한 행성의 높아진 조수로 인해 행성의 회전 각속도는 줄어들고 있다. 조석 시간 전 혹은 후에 공전 반지름 $r$을 회전각가속도 $w$에 대한 함수로 표현하는 식을 구하라. 달에 의한 효과를 무시하고 지구에 이 식을 적용해 보아라. 그리고 하루가 현재의 일 년과 같게 될 때, 지구가 태양으로부터 얼마나 떨어져 있겠는가? 주기(Y)와 평균 공전 반경과의 관계가 $Y^2 \propto r^3$인 케플러의 제3법칙을 필요로 할 것이다. 달의 효과를 고려한다면, 그 거리는 더 커지겠는가 작아지겠는가? $Y_0$를 1년 길이의 초기값이라고 하자.

**풀이:** 케플러의 제3법칙은 행성 주기의 제곱은 태양으로부터의 거리의 세제곱에 비례, $T^2 \propto r^3$ 한다는 것을 표현한다. 행성의 주기를 $Y$("연" 단위)라 하면, 케플러의 법칙은

$$Y = kr^{3/2}$$

이다. 여기서 $k$는 비례상수이다. $Y_0$ = 현재의 1년의 길이로 두면 $Y_0 = kr_o^{3/2}$ 이다.

총 각운동량(궤도(공전)와 회전(자전) 각운동량의 합)은 상수이다. 그러므로,

$$mr^2\Omega + I\omega = \text{constant}$$

여기서 $\Omega = 2\pi/Y$ = 궤도 각속도이고, $w$ = 행성의 회전속도 $= 2\pi/d$이며, $d$ = 하루이다. 지름에 대한 구의 관성모멘트는 $I = (2/5)ma^2$이다. 따라서

$$mr^2 2\pi/Y + (2/5)ma^2\omega = mr_0^2 2\pi/Y_0 + (2/5)ma^2\omega_0$$

이므로,

$$\frac{r^2}{Y} = \frac{r_0^2}{Y_0} + \frac{2}{5}\frac{1}{2\pi}a^2(\omega_0 - \omega)$$

이다. 그러나 $1/Y = (1/k)r^{-3/2}$이고, $k = Y_0 r_0^{3/2}$이므로,

$$r^2 r^{-3/2}/k = r_0^2 r_0^{-3/2}/k + \frac{k}{5\pi}a^2(\omega_0 - \omega)$$
$$r^{1/2} = r_0^{1/2}\left(1 + \frac{Y_0}{5\pi}\frac{a^2}{r_0^2}(\omega_0 - \omega)\right)$$

이다. 양변을 제곱하면

$$r = r_0\left(1 + \frac{Y_0}{5\pi}\frac{a^2}{r_0^2}(\omega_0 - \omega)\right)^2$$

를 얻을 수 있다.

지구에 이 식을 적용한, 각각의 수치값은 $a = 6.37 \times 10^6\,\mathrm{m}$, $r_0 = 1.50 \times 10^{11}\,\mathrm{m}$이다. 아래의 관계를 이용하자.

$$(\omega_0 - \omega) = \frac{2\pi}{d_0} - \frac{2\pi}{d}$$

여기서 $d_0 = 1$일 $= Y_0/365.25$년이고, $d = 1$년이다. $Y_0$를 이용해 쓰면,

$$(\omega_0 - \omega) = \frac{2\pi(365.25)}{Y_0} - \frac{2\pi}{Y_0} = 2\pi\frac{364.25}{Y_0}$$

이다. 그러므로,

$$r = r_0\left(1 + \frac{Y_0}{5\pi}\frac{a^2}{r_0^2}\frac{2\pi}{Y_0}(364.25)\right)^2 = r_0(1 + 2.63 \times 10^{-7})^2$$

이다. 이항 전개 $(1+x)^n \approx 1 + nx$ (작은 $x$값에 대해)를 이용하면,

$$r = r_0(1 + 2(2.63 \times 10^{-7})) = r_0 + (1.5 \times 10^{11})(2)(2.63 \times 10^{-7})$$
$$= r_0 + 78951\ \text{(meters)}$$

이다. 그러므로 지구와 태양사이의 증가된 거리는 약 79 km이다.

하루의 길이를 길게 하는 달에 의한 효과를 포함한다면, 일이 연과 같아지는 시간은 대략 줄어들고, 지구가 태양으로부터 멀어지는 거리 또한 작아질 것이다.

❒ 연습 7.10

길이 $l$, 질량 $M$인 막대에 대해, 막대 축에 수직이며, 막대 끝에서 거리 $a$만큼 떨어져 있는 축에 대한 관성모멘트를 구하라.

**답:** $Ma^2 + Mal + \frac{1}{3}Ml^2$

❒ 연습 7.11

질량 15 kg, 반지름 20 cm인 디스크의 가장자리(rim)에 접선방향으로 2N의 힘이 작용한다. 디스크는 디스크 면에 수직이며 디스크 중심을 지나는 마찰이 없는 고정 축 위에 올려 있다. 디스크의 각가속도를 구하라.

❒ 연습 7.12

한 변의 길이가 $a$인 균일한 정사각형 평면의 중심을 통과하는 수직축에 대한 관성모멘트는 $(1/6)Ma^2$이다. 평면상에 있는 한 축에 대한 관성모멘트를 구하라. 단, 이 축은 평면의 중심을 지난다. **답:** $(1/12)Ma^2$

❒ 연습 7.13

$I=\iiint r_{\perp}^2\, dm$의 정의로부터 질량 M이고, 반지름 R인 고리의, 면에 수직이며 중심을 지나는 축에 대한 관성모멘트를 구하라. **답:** $MR^2$

❒ 연습 7.14

질량 0.25 kg인 1 m 막대자가 막대자의 20 cm 표시된 곳에 있는 수직인 축 위에 올려 있다. 3 N의 힘이 80 cm 표시된 곳에 작용한다. 이 힘은 막대자와 축에 수직으로 작용한다. 이 자의 각가속도를 구하라. **답:** 45 rad/s$^2$

□ 연습 7.15

길이 $l$이고, 질량 $m$인 막대의 양 끝에 질량 $M$이고, 반지름 $R$인 구가 연결된 아령이 있다. (a) 막대 축에 수직이며 중심을 지나는 축에 대한 관성모멘트를 구하라. (b) 아령의 질량 중심을 줄로 매달고, 한쪽 구의 중심에 1.5 N의 힘을 가하자. 이 힘은 수평면상에서, 막대에 수직하게 가한다. 이 계의 각가속도를 구하라. 단, $M = 1\ \text{kg}$, $R = 10\ \text{kg}$, $l = 20\ \text{cm}$, $m = 0.1\ \text{kg}$이라 가정하다.

**답:** $0.1\ \text{rad/s}^2$

## 7.6 자이로스코프

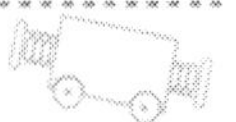

그림 7.7은 간단한 자이로스코프이다. 편리성을 위해 좌표계의 원점을 바닥에 두자(그림에서 점 $Q$). 자이로스코프는 대칭이므로, 각운동량 벡터와 각속도 벡터는 평행이며 회전축의 방향이다. 중력은 회전축 상에 있는 $Q$점에서 거리 $R$ 떨어진 질량중심에 작용한다. 중력으로 인한 $Q$점에 대한 돌림힘은

$$\mathbf{N}_Q = \mathbf{R} \times M\mathbf{g}$$

이다. $\dfrac{dL}{dt} = N$이므로,

$$\frac{d\mathbf{L}}{dt} = \mathbf{R} \times M\mathbf{g} = RMg\sin\theta\hat{\phi}$$

을 얻을 수 있다. 돌림힘은 R과 $M$g(또한, L)에 대해 수직인 방향을 가리킨다. 구면좌표에서 이 돌림힘은 단위벡터 $\hat{\phi}$의 방향이다. 그러므로 N = $N\hat{\phi}$이다. 더구나 L = $I\omega$이고 $I$는 상수이므로,

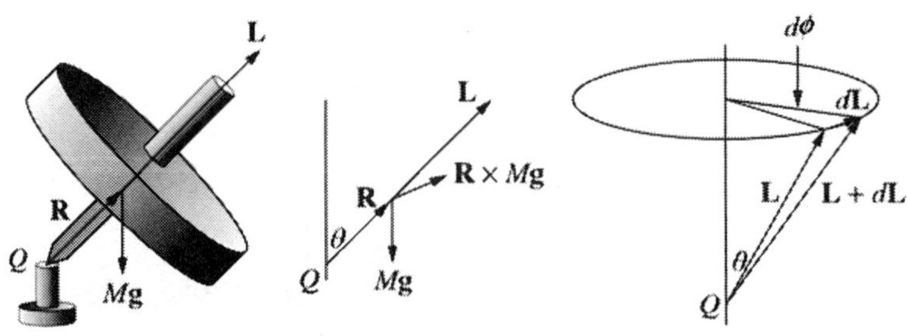


그림 7.7 ▌ 자이로스코프. 가운데 있는 그림은 관련된 벡터를 나타낸다. 돌림힘 (R × $M$g)는 R과 $M$g 모두에 수직이다. 오른쪽 그림은 각운동량 벡터 끝의 궤적은 원임을 나타낸다.

$$\mathbf{N} = \frac{d\mathbf{L}}{dt} = I\frac{d\boldsymbol{\omega}}{dt} = I\frac{d\omega}{dt}\hat{\boldsymbol{\phi}}$$

이다. 윗 식은 각운동량 벡터(또한 각속도 벡터)는 변하고 있다는 것을 말한다. N의 방향은 각운동량의 방향에 수직이기 때문에 크기는 변하고 있지 않다. 결과적으로, 각운동량 벡터는 그림의 가장 오른쪽에 그려 놓은 것처럼 방향이 변하고 있는 것이다.

자이로스코프는 *세차운동을* 한다, 즉, 그림에 나타낸 바와 같이 회전축의 방향은 각운동량 벡터의 끝이 원의 궤적을 그리는 것에 따라 변한다. 세차율, $\Omega_p$는 각운동량 벡터의 끝이 원을 그리며 도는 속력이다. 즉,

$$\Omega_p = \frac{d\phi}{dt}$$

이다.

각운동량 벡터와 각속도 벡터 ($\omega$)는 같은 선상에 있기 때문에 함께 변한다. 각속도 벡터는 각운동량 벡터와 같은 세차율로 운동하고 있다. 그림 7.8은 각속도 벡터 $\omega$의 수평면 성분은 $\omega\sin\theta$의 크기를 갖는다는 것을 나타낸다. 시간이 지남에 따라, 벡터성분 $\omega\sin\theta$는 수평면에서 원을 그린다. 이 성분의 변화는 $\Delta\omega$로 나타내며, 그림 7.8의 가장 오른쪽 그림에서 위로부터 보는 것처럼 나타낸다. 짧은 시간 간격에 대해서, $\Delta\phi$ 각은 작고 $\Delta\phi$ 각은 sine 값으로 대체할 수 있다. 즉,

$$\Delta\phi \doteq \sin\Delta\phi \doteq \frac{\Delta\omega}{\omega\sin\theta}$$

이다. $\Omega_p$가 세차율이면,

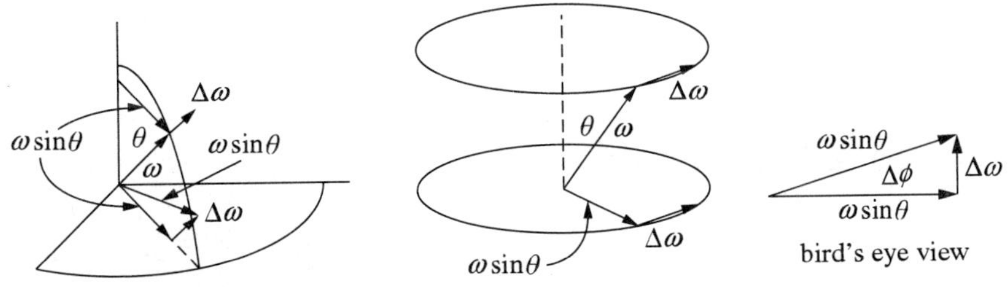


그림 7.8 ▌ 각속도 벡터 $\omega$의 수평면의 성분은 $\omega\sin\theta$이다. 이 성분은 일정한 각속력 $\Omega_p = \lim_{\Delta t \to 0}\frac{\Delta\phi}{\Delta t}$으로 회전한다. $\Delta\omega/(\omega\sin\theta) = \sin\Delta\phi$임에 유의하자.

$$\Omega_p = \lim_{\Delta t \to 0} \frac{\Delta \phi}{\Delta t} = \frac{d\phi}{dt} = \frac{d\omega}{\omega \sin\theta dt} = \frac{1}{\omega \sin\theta} \frac{d\omega}{dt}$$

이다. 이제 $L = I\omega$ 이므로,

$$\frac{d\omega}{dt} = \frac{dL}{Idt}$$

이다. 그러나 $\frac{dL}{dt} = N$이므로,

$$\frac{d\omega}{dt} = \frac{N}{I} = \frac{RMg\sin\theta}{I}$$

이다. 따라서

$$\Omega_p = \frac{1}{\omega \sin\theta} \frac{d\omega}{dt} = \frac{RMg\sin\theta}{I\omega\sin\theta} = \frac{RMg}{I\omega}$$

이다. 세차율은 꼭대기부분의 속력이 느려짐에 따라 증가하는 것은 흥미로운 것이다.

자이로스코프는 또한 세차운동하면서 "끄덕거린다(nod)". 이것을 *끄덕거리기 (nutation)* 이라 한다. 이것은 16장에서 다룰 것이다.

❐ **연습 7.16**

자이로스코프는 매우 가벼운 회전축과 무거운 고리(ring)로 만들어져 있다. 고리(질량 $M$이고 반지름 $a$)는 거의 질량이 없는 바퀴살에 의해 축에 연결되어 있다. 고리는 바닥에 접촉해 있는 축의 점으로부터 거리 d 만큼 거리에 있다. 자이로스코프의 세차율을 구하라. **답:** $\Omega_p = gd/a^2\omega$

## 7.7 각운동량은 축 벡터

각운동량은 벡터이다. 그러나 속도벡터나 위치벡터와 같은 "일반" 벡터와 다른 형태의 벡터이다. 각운동량 벡터와 일반벡터와 차이점은 좌표변환에서 변환 행태(behavior)와 관련이 있다. 그러나 이 차이점을 기술하기 전에 먼저 두 가지의 좌표변환에 대해 알아보자. 좌표축이 순환적 순서(cyclic order)를 유지하느냐에 따라

"적절한(proper)" 변환과 "부적절한(improper)" 변환이라 부른다. 대개 우리는 $\hat{\mathrm{i}} \times \hat{\mathrm{j}} = \hat{\mathrm{k}}$와 같은 직각좌표계(Cartesian coordinate system)를 그린다. 이와 같은 좌표계를 "오른손 좌표계"라 부른다. 오른손을 사용하여 여러분의 손가락을 $x$-축을 향하게 하고, $y$-축 방향으로 구부리면, 엄지손가락이 $z$-축을 가리킬 것이다. 오른손 좌표계를 회전시키면, 각 축은 각 각 다른 방향을 가리키더라도, 여전히 오른손 좌표계일 것이다. 그러나 오른손 좌표계를 거울에 *반사시키면*, 왼손 좌표계를 얻는다. 이것을 그림 7.9에 그려 놓았는데, $xz$-평면에 대해 반사된 오른손 좌표계는 왼손 좌표계로 변환된다. 물론, 이것은 부적절한 좌표 변환의 한 예이다.

좌표계의 변환 상에 있는 한 벡터의 행태를 고려하자. 위치 벡터 $\mathbf{r}$의 행태를 살펴보는 것으로부터 시작해 보자. $\mathbf{r}$의 성분들은 좌표변환에서 부호를 바꾸거나 혹은 바꾸지 않는다. 이것은 그렇게 중요하지 않고, 중요한 것은 동일한 변환에서 $\mathbf{r}$성분의 부호 변화와 같이 *다른* 벡터들의 성분 부호가 변하느냐 하는 것이다.

$\mathbf{r}$을 "극(polar)" 벡터라 부른다. 파인만은[4] 그것을 "정직한" 벡터라 불렀다. 속도, 운동량, 힘과 같은 많은 다른 벡터들이 극 벡터이다. 그것들은 회전이나 반사와 같은 좌표변환에서 $\mathbf{r}$과 같은 행태로 변환된다.

예를 들어, 벡터 $\mathbf{r}$을 반사시키면 그 방향이 바뀐다. (더 정확히 말하면, 반사면에 수직인 $\mathbf{r}$의 성분은 부호를 변하게 한다.) 그림 7.10을 보아라. 유사한 반사에 대해, 속도와 힘은 같은 행태를 보인다.

$\mathbf{r}$과 같이 변환하지 않는 다른 벡터, 특히 회전과 관련된 다른 벡터들이 있다. 이것들은 "축의(axial)" 혹은 "가상의(pseudo)" 벡터라 부른다. 각속도 $\omega$는 회전축을 따라 놓인 벡터로 정의했던 것을 상기하자. $\omega$의 분별(sense), 혹은 방향은 오른손

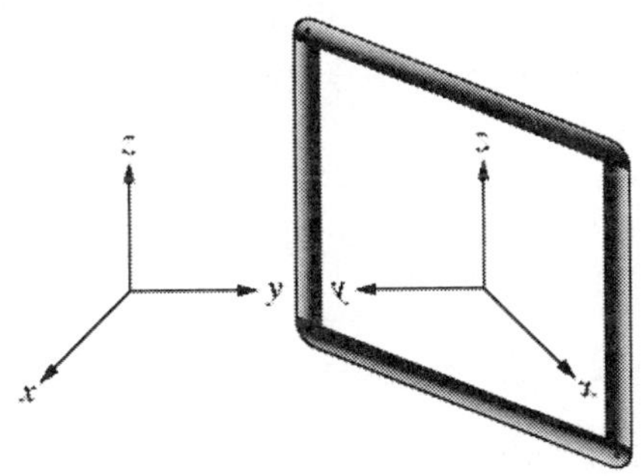


그림 7.9 ▌ 직각좌표계의 반사. 반사면은 $xz$-평면에 있다. 반사면에 수직인 축은 방향이 바뀐다.

4) Richard P. Feynman, The Feynman Lecutrues on Physics, Addison-Wesley, Reading, 1963.

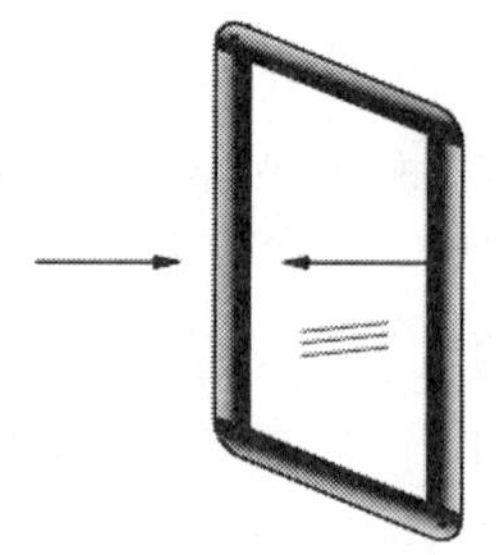

그림 7.10 ▌ 거울 안에서 변위 벡터 $\mathbf{r}$ 의 반사

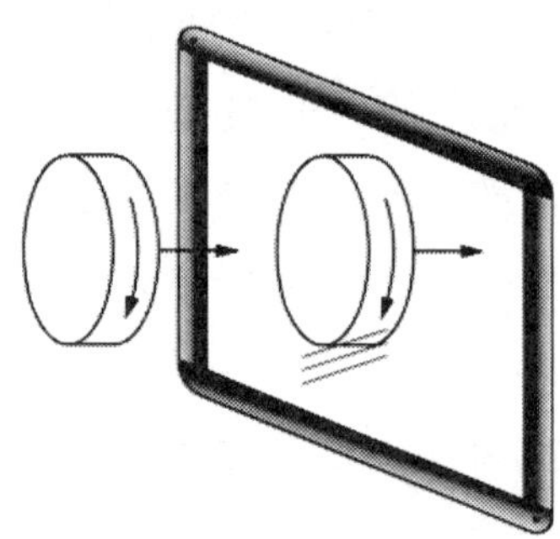

그림 7.11 ▌ 반사에 대해 각속도 벡터는 방향이 바뀌지 않는다.

법칙에 의해 주어진다(그림 7.4를 보아라). 거울 안에서 회전하는 바퀴를 관찰한다면, 각속도 벡터는 방향을 바꾸지 않는다는 것을 본다. 그림 7.11을 보아라. 각운동량은 또 다른 축 벡터이다. 반사면에 수직인 성분은 방향을 바꾸지 않는다. 그러므로 각속도와 각운동량은 "정직한" 벡터 $\mathbf{r}$처럼 변환하지 않는다. 이것은 $\omega$와 $\mathbf{L}$이 축 벡터임을 의미한다.

여러분은 수학적 방법의 과목에서 더 자세하게 벡터의 변환성질을 공부할 것이다. 현 단계에서는 다른 종류의 벡터들이 있고, 이 벡터들은 변환 성질에 의해서 구별된다는 것을 깨닫는 것으로 충분하다.

## 7.8 요약

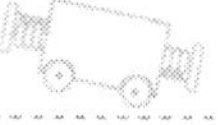

한 입자의 각운동량은

$$\mathbf{l} = \mathbf{r} \times \mathbf{p}$$

로 정의된다. 결과적으로, 각운동량은 원점의 선택에 의존한다.

$$\frac{d\mathbf{l}}{dt} = \frac{d}{dt}(\mathbf{r} \times \mathbf{p}) = \mathbf{r} \times \mathbf{F} = \mathbf{N}$$

이기 때문에, $\mathrm{N} = 0$이면 $\mathrm{l} =$상수임을 알 수 있다. 이 관계는 각운동량 보존법칙을 요약한 것이다.

입자계(혹은 연속체)의 각운동량은

$$\mathbf{L} = \Sigma \mathbf{l}_i$$

이다. 그리고 각운동량 보존은

$$\frac{d\mathbf{L}}{dt} = \mathbf{N}_{tot}^{(e)}$$

와 같이 쓸 수 있다. 여기서 $N_{tot}^{(e)}$는 모든 외력에 의한 알짜 돌림힘이다. 내력 (그것들이 강한 형태에서 제3법칙을 따른다고 가정하면)은 각운동량의 변화율에 기여하지 않는다.

입자계의 각운동량은 질량중심의 각운동량과 질량중심에 대한 각운동량의 합으로 쓸 수 있다. 즉,

$$\mathbf{L} = \mathbf{L}_c + \mathbf{L}'$$

여기서

$$\mathbf{L}_c = \Sigma M(\mathbf{r}_c \times \dot{\mathbf{r}}_c)$$

이고,

$$\mathbf{L}' = \Sigma m_i(\mathbf{r}_i' \times \dot{\mathbf{r}}_i')$$

이다. 대칭축에 대해 회전하고 있는 대칭적인 물체의 각운동량은

$$\mathbf{L} = \left(\sum_i m_i r_{i\perp}^2\right)\boldsymbol{\omega}$$

이다. 괄호 안에 있는 물리량은 물체의 관성모멘트이고, $I$라 나타낸다. 그러므로

$$\mathbf{L} = I\boldsymbol{\omega}$$

이고, 다음과 같이 쓸 수 있다.

$$\mathbf{N}_{tot}^{(e)} = \frac{d\mathbf{L}}{dt} = \frac{d}{dt}I\boldsymbol{\omega} = I\frac{d}{dt}\boldsymbol{\omega} = I\boldsymbol{\alpha}$$

$\mathrm{N}_{tot}^{(e)} = 0$이면, 각운동량은 일정하고, 결과적으로

$$\mathbf{L}_f = \mathbf{L}_i \Longrightarrow I_f\boldsymbol{\omega}_f = I_i\boldsymbol{\omega}_i$$

이다.

자이로스코프의 운동은 이 장에 표현된 개념들을 설명한다. 중력에 의한 돌림힘은 각운동량 벡터가

$$\Omega_p = \frac{RMg}{I\omega}$$

의 세차율로 세차운동 하게 한다.

## 7.9 문제

**[문제 7.1]** 같은 전하와 질량을 가진 두 입자가 같은 속력 $v$로 반대방향으로 움직이고 있다. 입자들의 초기 운동 궤적은 거리 $b$로 떨어진 직선이다. 상호 반발로 인해, 가장 가까이 접근하는 점에 이른 후에 서로 멀어질 것이다. 전하들 간의 전기력은 $\mathrm{F} = (q^2/4\pi\epsilon_0 r^2)\hat{\mathbf{r}}$ 이다. 벡터 $r\hat{\mathbf{r}}$는 한 입자로부터 다른 입자까지로 그려진다. 실제적으로는 아니지만, 움직이는 입자 사이에 작용하는 자기력은 무시하자. (a) 입자들에 작용하는 전기력을 나타내면서 두 입자가 움직이는 궤도를 그려라. (b) 이 계의 각운동량은 일정한가를 설명하라. (c) 여러분의 답은 좌표 원점의 선택에 의존적이냐?

**[문제 7.2]** 길이 $d$이고, 질량 $M$인 균일한 막대가 일정한 속도 $v$로 길이 방향으로 움직이고 있다. (a) 임의의 원점에 대한 각운동량을 구하고, 이것이 막대의 궤적에 따라 움직이고 있는 질량 M인 입자의 각운동량과 같다는 것을 보여라. (b) 막대가 속도 벡터에 대해 $\alpha$ 각도만큼 기울어져 있다면, 등가(equivalent) 입자의 위치는?

**[문제 7.3]** 두 입자로 이루어진 계의 총 각운동량은, 단지 총 선운동량이 0이거나 원점의 이동이 총 선운동량에 평행하면, 원점의 이동과 무관함을 증명하다.

**[문제 7.4]** 연속체(또는 입자계)에 대한 각운동량 보존의 법칙을 증명하는데 있어, 뉴턴의 제3법칙이 강한 형태로 따라야 한다고 가정했다. 이번 문제에서 여러분은 자기력 (움직이고 있는 대전 입자들 간의 자기력은 두 입자를 잇는 선을 따르는 방향이 아니다.)을 통해 상호작용하고 있는 입자들에 대해 이 가정을 살펴볼 것이다. 원자핵 둘레를 돌면서 궤도운동하고 있는 한 전자는 작은 전류 고리와 동일하다. 대개 이것을 "자기모멘트(magnetic moment)"라고 부른다. 자기모멘트는 자기장을 발생시킨다. 다른 원자핵을 돌고 있는 또 다른 전자는 이 자기장에 의한 힘을 느낄 것이다. 이 문제를 전류가 각 각 $I_1$, $I_2$ 흐르는 임의의 모양의 두 전류고리의 문제로 일반화하자. 전류고리들의 작은 요소, $I_1 dl_1$과 $I_2 dl_2$라고 한다면, $I_2 dl_2$에 의한 $I_1 dl_1$에 작용한 힘은

$$d\mathbf{F}_{12} = I_1 d\mathbf{l}_1 \times \mathbf{B}$$

이다. 여기서

$$\mathbf{B} = \frac{\mu_0}{4\pi} \oint_2 \frac{I_2 d\mathbf{l}_2 \times \mathbf{r}_{12}}{|\mathbf{r}_{12}|^3}$$

이다. 두 전류고리 사이의 힘은 강한 형태로 뉴턴의 제3법칙을 따른다는 것을 보여라. (힌트: $dl_1 \cdot r_{12}/|r_{12}|^3$이 완전미분임을 보이는 것이 포함된다.)

**[문제 7.5]** 대전된 두 평행 판 사이에 속력이 $v_{ox}$인 전자를 수평하게 쏜다. 두 평행 판은 수평면과 평행하며, 위판은 음 전하로 아래 판은 양의 전하로 대전되었다고 가정하자. 따라서 전자는 아래쪽으로 균일한 힘을 느낀다. 이 힘을 $F_e$로 나타내자. 직각좌표계를 사용하여 각운동량을 시간의 함수로 계산하고, 각운동량의 시간 변화율이 전기장에 의해 전자에 작용한 돌림힘과 같다는 것을 보여라. 전자가 처음 전기장 안으로 들어갈 때, 전자의 위치를 원점으로 할 때, 이 점에 대한 각운동량 (그리고 돌림힘)을 계산하라. 그림 7.12를 보아라. **답:** $l = -(1/2)v_{0x}F_e t^2 \hat{i}$

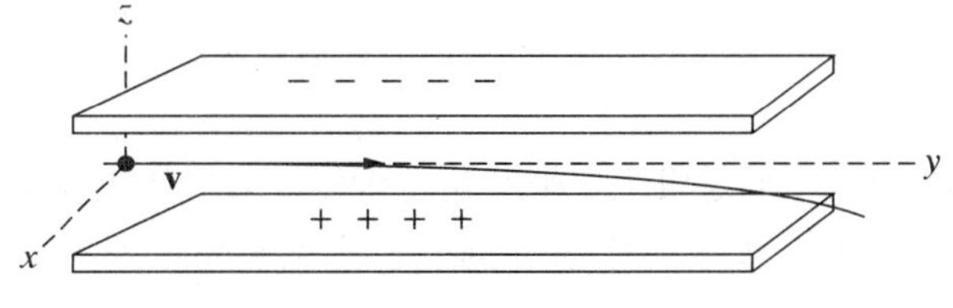


그림 7.12 ▌ 대전된 판들 사이의 한 전자

**[문제 7.6]** 두 입자의 충돌을 해석할 때, 선운동량 보존($p$ = 일정)을 통해 운동을 기술하는 3개의 방정식을 얻는다고 말했다. 이 계에 외부 돌림힘은 작용하지 않기 때문에 각운동량 보존($l$ = 일정)으로부터 3개의 부가적인 방정식을 얻을 것처럼 보인다. 이것이 사실이 아님을 보여라. 즉, 각운동량보존은 어떤 새로운 관계식을 유도하지 않음을 보여라.

**[문제 7.7]** 그림 7.13과 같이 약간 두꺼운 선물 포장지 두루마리가 마찰이 없는 롤러에 감겨서 길이 $b$인 지지대에 매달려 있다. 두루마리가 벽과 접해 있고, 벽과 포장지 사이의 정지마찰계수는 $\mu$이다. 포장지의 일부가 $d$ 길이만큼 아래로 늘어져 있다. 두루마리 포장지의 총 길이는 $D$이고, 선질량밀도는 $\lambda$라고 가정하자. 포장지가 자체에 의해 풀리는 길이 $d$를 구하라. 이와 같이 풀리기 시작하는 순간에 반지름 R을 갖는다.

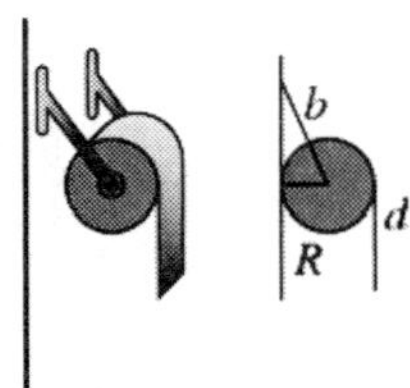


그림 7.13 ▌ 자신의 무게로 인해 풀리는 포장지 두루마리

**[문제 7.8]** 천문학과의 Ptolemy 교수는 지구와 같은 질량을 가지며, 같은 반경의 궤도 안에 있는 행성이 태양의 다른 쪽에 있다고 주장한다. 그가 말하기를 이 행성은 지구와 같은 질량을 가졌으나, 원통 모양을 하고 있다는 것이다. 원통 축은 궤도 평면에 있고 원통의 길이는 지구의 지름이다. 태양이 이 행성에 작용하는 돌림힘을 원통 축과 행성으로부터 태양을 잇는 선과 이루는 각도의 함수로 구하라. 이 각은 작다고 가정할 수 있다. (힌트 1: 행성에 작용하는 중력을 구하고, 중력의 중심을 찾아라. 그리고 나서, 돌림힘을 계산하라. 그런데, 우리로부터 태양의 반대편에 한 행성이 있다면, 지구궤도의 이심율로 인해 우리는 이 행성을 볼 수 있을 지도 모른다. 그러나 이 문제에서 원 궤도를 가정할 수 있다. 힌트 2: 중력 중심은 중력이 작용하는 물체의 한 점이다. 이 문제에서 중력중심은 질량중심과 다른 점이다.)

**[문제 7.9]** 질량이 태양의 1.5배인 중성자별이 반지름 10 km의 구로 붕괴(collapse)되었다. 붕괴 전의 각속도가 한 달에 한 번 회전하는 것이었다면, 붕괴 후 각속도는 얼마인가? 단, 이 별의 초기 밀도는 태양의 평균밀도와 같다고 가정하자.

**[문제 7.10]** 평행축 정리를 증명하라.

**[문제 7.11]** 수직축 정리를 증명하라.

**[문제 7.12]** (a) 질량 $M$, 반지름 $R$인 원판이 있다. 원판의 질량중심을 지나며 원판에 수직인 축에 대한 이 원판의 관성모멘트에 대한 표현을 구하라. (b) 원판 한쪽 끝의 접선에 평행한 축에 대한 관성모멘트를 구하라.

**[문제 7.13]** 속이 빈 원통 (혹은 링)의 관성모멘트를 링의 면에 수직이며 중심을 지나는 축에 대해 구하라. 단, 링은 균일한 밀도를 가지며, 질량은 $M$, 안쪽 반지름은 $R_1$, 바깥쪽 반지름은 $R_2$이다.

**[문제 7.14]** 균일한 구의 지름에 대한 관성모멘트 표현을 유도하라.

**[문제 7.15]** 질량 $M$, 반지름 $R$인 평평한 원판의 관성모멘트를, 원판 면에 있고 원판에 접선인 축에 대해서 구하라.

**[문제 7.16]** 지구를 질량 $M$, 반지름 $R$인 구라고 가정하자. 남반구를 제거한 반구가 있다고 하자. 직접 적분을 하여, 북극을 지나며 적도면에 수직인 축에 대한 이 반구모양 지구의 관성모멘트를 구하라.

**[문제 7.17]** 질량 $M$, 관성모멘트 $I$인 원판의 중심에 구멍이 있다. 지름이 구멍의 지름보다 약간 작은 회전축이 이 구멍을 통과하고 있다. 수평면에 이 축은 평행하고 원판의 면은 수직하게 놓여 있다. 원판은 매끄럽게 축에 대해 회전한다. 원판과 축 사이에 마찰이 있으며, 마찰계수는 $\mu$이다. 원판은 초기 각속도 $\omega_0$를 갖는다고 가정하자. 원판이 회전을 멈추기까지 몇 번 돌겠으며, 시간은 얼마나 걸리겠는가? (힌트: 접촉점은 질량중심 위에 없다.)

**[문제 7.18]** 그림 7.7의 자이로스코프는 질량 $M$, 반지름 $a$의 원판과 밑쪽 끝부분에 대해 자유롭게 움직일 수 있는 질량을 무시할 수 있는 축으로 구성되어 있다. 자이로스코프가 $\theta = 90°$로 기울어져 있어, 축이 수평면에 평행하고 자이로스코프가 세차운동하고 있다. 원판은 축에 대해 각속력 $\omega$로 돌고 있다. 직각좌표계에서 총 각속도를 $M$, $a$, $R$, $\omega$, 시간 및 다른 적당한 변수를 이용하여 표현해 보아라.

**[문제 7.19]** 지지 점에 대해 자유롭게 움직이는 자이로스코프가 똑바로 서서 각속도 $\omega\hat{\mathbf{k}}$로 돌고 있다(그림 7.7을 보아라). 축의 길이는 $d$이고, 질량은 무시할 만하다고 가정하자. 질량 $M$, 반지름 $a$인 원판이 축의 $d/2$ 위치에 올려지여 있다. 마찰이 없는 ball bearing 기기는 축의 꼭대기를 잡아 수평 방향으로 잡아 당길 수 있게 되어 있다. 자이로스코프를 아래로 잡아 당긴 후, 축이 수평하게 안정을 유지하도록 한다. (a) 여러분은 자이로스코프의 축을 회전하도록 하기 위해 얼마의 일을 했는가? (b) 자이로스코프의 최종 각속도는 얼마인가? (c) 그것이 안정하게 유지하도록 하기 위해 얼마의 힘을 축의 끝에 작용해야 하나? $\omega$가 크므로 $\Omega_p$는 세차와 관련된 에너지를 무시할 수 있을 정도로 충분히 작다고 가정한다.

**[문제 7.20]** 그림 7.14처럼 반지름 $a$인 원통 모양 막대의 일부에 줄이 감겨져 있다. 질량 m인 입자가 이 줄의 끝에 매달려 있다. 입자의 초기 속도가 $v_0$이고, 줄은 막대에 감기고 있다. 중력이 작용하지 않는다고 가정하자. 입자의 선속도는 일정함을 보여라. 다음의 두 가지 방법으로 보여라: (a) 에너지 보존을 이용하라, (b) 각운동량의 시간에 대한 변화율은 돌림힘과 같다는 사실을 이용하라. (힌트: 입자에는 돌림힘이 작용하고 있다. 왜냐하면 막대는 반지름이 있고, 입자의 순간 속도는 항상 줄에 수직이기 때문이다.)

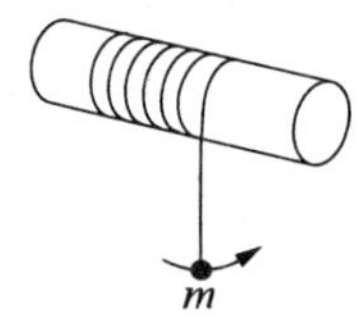


그림 7.14 ▌ 줄이 실린더 막대에 감길 때, 입자 $m$의 속력은 증가하지 않는다.

**[문제 7.21]** 질량이 $M$인 진자추와 길이가 $l$이며 질량이 없는 줄로 만들어진 진자가 있다. 진자가 초기에는 멈춰 있다. 질량 $m$, 속도 $v$인 총알이 날라 와서 진자와 부딪혔다. $m = 0.1M$이라고 하자. 평면에 진자는 수직하게 매달려 있고 총알은 수평하게 날라 왔다고 가정하자. (a) 총알이 진자 추에 박힌다면 이때 진자의 초기 각속도를 구하라. (b) 총알이 탄성적으로 충돌하여 뒤로 되튕길 경우, 이때 충돌 순간 진자의 초기 각속도를 구하라.

**[문제 7.22]** 움직이는 원점의 경우로 $\dfrac{d\mathrm{L}}{dt}=\mathrm{N}$의 유도를 일반화하여라. 원점 $(Q)$가 $\mathrm{r}_Q$에 있고, $\mathrm{L}_Q$와 $\mathrm{N}_Q$는 $Q$점에 대한 총 각운동량과 돌림힘이라 한다면, $Q$점의 가속도가 0이거나 혹은, $Q$점에서 질량중심을 잇는 선을 따라 가속하고 있는 경우에 다음 관계가 성립함을 보여라. 단, 내력은 강한 형태로 제3법칙을 따르므로, 총 내부 돌림힘은 상쇄된다고 가정한다.

$$\frac{d\mathbf{L}_Q}{dt}=\mathbf{N}_Q$$

**[문제 7.23]** 질량이 $m_i\,(i=1, N)$인 $N$개의 입자로 이루어진 대칭적인 강체를 고려하자. 고정축에 대해 강체가 각속도 $\omega$로 회전하고 있다. 이 강체의 관성모멘트가 $I$라 할 때, 이 강체의 운동에너지는 $\dfrac{1}{2}I\omega^2$임을 증명하라.

**[문제 7.24]** 퍼텐셜이 $V=-k/r$인 끄는 중심력장에서 한 입자가 운동하고 있다. 이 입자의 각운동량은 변하지 않음을 보여라.

**[문제 7.25]** 그림 7.15는 마찰이 없는 표면에 질량 $M$, 반지름 $R$인 동일한 두 원판이 놓여 있는 것을 위에서 본 그림이다. 한 원판은 멈춰 있고, 다른 원판은 시계 반대방향으로 각속도 $\omega$로 회전하면서 선속도 $v=\dfrac{1}{2}\omega R$로 움직이고 있다. 움직이는 원판이 멈춰 있는 원판의 $P$점에서 살짝 충돌하게 하자. 충돌 후, 두 원판은 맞붙어 버린다. $P$점에 대해 이 계의 최종 각운동량을 구하라.

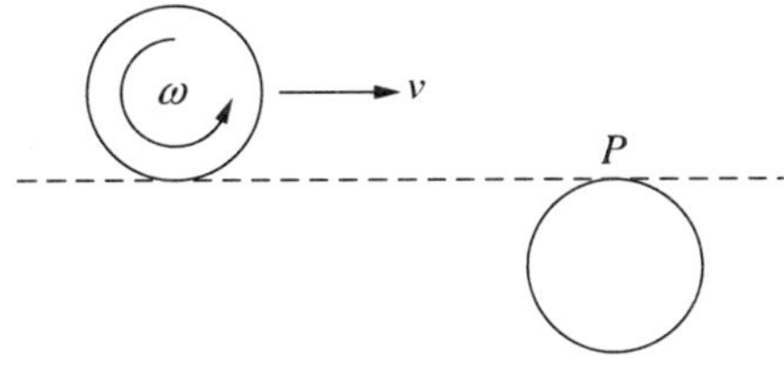


그림 7.15 ▌ 두 원판은 충돌하여 맞붙는다. 문제 7.25를 보아라.

## 컴퓨터 과제

**[컴퓨터 과제 7.1]** 마찰이 없이 회전할 수 있는 원판 회전놀이 기구가 있다. 공기 저항을 무시할 수 있다면, 이 놀이기구는 무한히 회전할 것이다. 눈이 막 오기 시작할 때, 이 놀이기구가 3 rad/sec의 속력으로 돌고 있다고 가정하자. 눈이 원판에 쌓이는 율은 1 gram/second이다. 원판의 반지름은 1.5 m, 질량은 40 kg이다. 눈이 일정하게 온 30분 후에 이 놀이기구의 각속력을 구하라. 그리고 $\omega$대 $t$의 그림을 그려라.

CHAPTER

# 8

# 보존법칙과 대칭

## 8.1 대칭

우주에는 눈송이에서부터 원자의 구조에 이르기까지 많은 대칭이 있다. 물리학자로서, 우리는 물리적인 현실의 자연을 이해하기 위해 대칭의 개념을 조사한다. 좀 더 일상적인 수준에서 우리는 물리 문제를 푸는데 있어 대칭의 개념이 많은 도움이 된다는 것을 발견한다.

우리 모두는 대칭이 어떤 의미인지에 대해 직관적인 개념을 가지고 있다. 우리는 꽃, 눈송이 그리고 대부분 생물체의 몸에서 공간적 대칭성을 볼 수 있다. 다른 위치에서 볼 때, 이런 것들이 "똑같아 보인다"라고 우리는 말한다. 예를 들어, 눈송이는 60도 회전할 때 똑같아 보인다. 인체도 거울로 볼 때, 똑같아 보인다. 대칭적인 꽃병은 임의의 각도로 회전시킬 때, 똑같아 보인다. 꽃병은 거울에 비친 상과 구별이 가지 않지만, 그것을 뒤집어 놓으면 아마도 다르게 보일 것이다. 물리학자는 이 꽃병이 회전대칭과 반사 대칭을 가졌다고 할 것이다. 그러나 "오른쪽 위-뒤집기(right side up-upside down)" 대칭은 가지고 있지 않다고 한다.

위의 예에서 살펴보듯이, 대칭은 어떤 특정 작용(operation)에 대해 불변(invariance)과 관련이 있다는 것을 인지할 수 있다. 더 간단히 말해서, 대칭은 하나의 계에 무언가 행해졌을 때, 이 계가 변하지 않는 것이다. 꽃병이 어떤 각도로 회전했는지 말할 수 있는 방법이 없다면, 그것은 회전 대칭을 가졌다고 한다. 진자가 정확히 한 쪽에서 다른 쪽으로 같은 방법으로 진동하고 있다면, 이 진자는 병진 대칭을 가진다. 시간에 대해서 한 기계적 계가 변하지 않을 때, 시간 대칭을 가졌다고 한다.

간단한 대칭 작용은 공간적으로 병진, 회전, 반사와 시간에 대한 병진이 있다. 또 다른 대칭작용은 여러분에게 익숙하지 않은 것이다. 예를 들어, "전하 공액(conjugation)" 대칭은 양전하와 음전하의 상호교환이라 부른다. 음의 원자핵과 양전자를 가진 "반-수소 원자"는 일반 수소원자와 같은 양상을 보이는가? 그렇다면 그것은 전하 공액 대칭을 가진다고 한다.

병진 작용을 고려하자. 한 입자가 매우 크고, 평평한 테이블 위에 있다고 하자. 우리가 입자를 테이블 위의 다른 점으로 미끄러지게 하면, 아무것도 변하지 않는다. 이 계는 수평 병진에 대해 대칭을 갖는다. 한편, 입자를 수직방향으로 움직이면, 이 입자의 퍼텐셜 에너지는 변한다. 계의 상태는 달라진다. 계는 두 수평축에 따라 병진에 대해서는 대칭을 보이나 수직축에 대한 병진에 대해서는 대칭이 아니다.

시간적으로 앞으로 움직이는 입자가 그 이전과 같은 행태를 보이면, 우리는 시간의 병진에 대해서 대칭이라 부른다. (시간에 대한 불변은 시계의 중요한 성질 중에 하나다.) "사건반전(time reversal)"이라 불리는 시간이 포함된 좀 더 복잡한 대칭 작용이 있다. 사건반전은 공간적 반사와 유사하다. 멕시코산 등대풀이(풀의 종류)로 가득 찬 상자를 상상하자. 이 풀이 상자 안의 모든 곳으로 움직이는 동안 비디오 촬영을 한다고 하자. 이 비디오테이프를 가족 앞에서 보여 준다고 하면, 그들은 비디오 테잎이 앞으로 또는 뒤로 돌고 있는지 말할 수 없을 것이다. 이 등대풀이 가득 찬 상자는 사건반전에 대해서 대칭이다. 그러나 여러분이 친구가 다이빙대에서 풀장으로 다이빙하는 장면을 비디오 촬영하면, 여러분은 그 테이프는 반대로 돌려질 것을 확실히 알 것이다.

## 8.2 대칭과 물리의 법칙

*물리의 법칙*은 우주가 어떻게 행동하는가를 기술하는 관계들(대개는 수학적 형태의 표현)의 집합이다. 예를 들어, $F=\frac{dp}{dt}$와 에너지 보존은 물리 법칙이다.

물리법칙들은 대칭성을 보이는가? 즉, 물리법칙은 대칭 작용에 대해 변하지 않는가? 나의 실험실에서 몇 가지 장비를 사용하여, 질량이 일정한 계에 대해서 $\mathrm{F}=m\mathrm{a}$의 관계가 사실임을 증명한다고 가정하자. 내 장비를 여러분의 실험실로 가지고 가는 공간적 병진을 수행한다고 하면, $\mathrm{F}=m\mathrm{a}$는 여전히 사실일까? 뉴턴의 제2법칙은 공간 병진에 대해 불변이라는 것에 동의할 것을 확신한다. 그러나 $\mathrm{F}=m\mathrm{a}$

는 반사(reflection)에 대해서 불변인가? 거울로 물리계를 본다면, 뉴턴의 법칙은 $\mathrm{F} = m\mathrm{a}$인가 $\mathrm{F} = -m\mathrm{a}$인가? F와 a가 모두 극("정직한 (honest)")벡터임을 상기한다면, 여러분은 반사계에서 여전히 이 법칙은 $\mathrm{F} = m\mathrm{a}$임을 쉽게 확신할 것이다. $\mathrm{F} = m\mathrm{a}$는 사건반전 계에서 유지될까? (답은 예이다.) 물리법칙의 대칭성에 관한 이런 의문은 매우 복잡해지고 있음을 여러분은 보게 된다.

대칭성과 물리법칙에 관한 가장 놀라운 것은 아마도 대칭성과 보존법칙간의 연관성이다. 이 연관성은 노뎀(Noether's) 정리[1)]로 표현된다. 이 정리는 아래와 같다:

**여러 대칭성에 대해서 이에 해당하는 운동 상수가 있다.**

다음 절에서 Lagrange 방정식을 이용하여 이 연관성을 살펴볼 것이다.

## 8.3 대칭계

한 물리계를 고려하자. 이 계가 회전에 관해서 대칭적이라면, 회전에 의해서 이 계는 변하지 않을 것이다. 이 계는 회전 후에도 회전 전과 같다.

한 물리계는 여러 가지 방법으로 기술될 수 있다; 예를 들어, 여러분이 시간의 함수로 계의 모든 물리적 성질(속도, 위치 등)을 나타내는 표를 만들 수 있다. 그러나 물리계를 기술하는 더 좋고 간단한 방법은 계의 Lagrangian을 얻는 것이다. 여러분이 Lagrangian(그리고 초기 조건들의 세트)을 쓸 수 있다면, 여러분은 한 물리계의 중요한 역학적 성질 모두를 알 수 있다. 여러분은 운동방정식을 구하기 위해 Lagrange 방정식을 이용할 수 있고, 시간이 지남에 따라 계가 어떻게 진행되는지 알기 위해 Lagrange 방정식을 풀 수 있다.

어떤 계의 Lagrangian이 어떤 특정 좌표를 포함하고 있지 않다고 가정하자. 특히, 각도 $\phi$가 Lagrangian에 나타나지 않는다고 하자. 이런 좌표를 "무시할 수 있는(ignorable)"이라 부르고, 4장에서 보인 것처럼, 무시할 수 있는 좌표에 대한 일반화된 운동량의 공액은 상수임을 기억하자. 각도 $\phi$에 대해 일반화된 운동량 공액은 각운동량이므로, 우리 계에 대해서 각운동량은 일정하다.

즉, 한 계가 회전에 대해 대칭적이라고 하면, 계의 Lagrangian은 어떤 방법으로 $\phi$에 의존적이지 않다. 그러므로 $\phi$는 Lagrangian에 나타나지 않을 것이다. 결과적

1) Emmy Noether(1882–1932)는 20세기의 가장 중요한 수리물리학자 중의 한 사람이다. 그녀는 1918년에 그녀의 이름이 들어 있는 정리를 증명하였다.

으로 $\phi$의 회전과 관련된 각운동량은 보존될 것이다. 유사하게 한 계가 병진에 대해 대칭적이라면, *선형* 운동량은 보존될 것이다.

이 개념에 대해 좀 더 자세히 다루어 보자.

### 8.3.1 선운동량 보존

균일한 공간 영역에 있는 한 입자를 생각하자. 공간적 균일성은 공간의 모든 점은 같다는 것을 의미한다. 명확하게 이 공간에 있는 입자는 병진대칭을 나타낼 것이다. 운동량은 일정하다는 것을 해석적으로 보이는 것은 쉽다.

그 입자의 Lagrangian은 입자의 위치에 의존하지 않을 수 있다. 그러므로 $L = L(q, \dot{q}, t)$ 대신에 Lagrangian은 $L = L(\dot{q}, t)$이다. (간단하게 단지 한 개의 일반화 좌표를 고려하고 있다.) Lagrange 방정식은

$$\frac{d}{dt}\frac{\partial L}{\partial \dot{q}} - \frac{\partial L}{\partial q} = 0$$

이다. $L$은 $q$에 의존하지 않으므로, 이 관계식은 다음과 같이 줄일 수 있다.

$$\frac{d}{dt}\frac{\partial L}{\partial \dot{q}} = 0$$

그러므로

$$\frac{\partial L}{\partial \dot{q}} = \text{상수}$$

이다. 그러나

$$\frac{\partial L}{\partial \dot{q}} = p = \text{일반화된 운동량}$$

을 상기하자. 따라서, $p =$ 상수임이 증명되었다.

### 8.3.2 에너지 보존

아마도 대칭/보존 관계에서 가장 놀라운 것은 시간 대칭에 관한 것이다. *시간* 병진에 대해 대칭인 계는 *에너지* 보존을 보인다. 계가 어떤 방법으로도 시간에 의존하지 않으면, Lagrangian은 시간의 함수가 아니다. 그러므로 Lagrangian은 $L(q, \dot{q}, t)$대신 $L = L(q, \dot{q})$일 것이다. 결과적으로 $\partial L/\partial t = 0$이다. 구속조건과 병진

방정식 및 위치에너지가 모두 시간에 독립적이면, Hamiltonian은 총 에너지와 같게 된다는 것을 상기하자. 계가 명백히 시간에 비의존적이면, 우리는 이 조건이 만족됨을 기대한다. 그러므로 Lagrangian이 시간의 함수가 아니라는 조건은 Hamiltonian이 일정하다는 것을 증명하기에 충분하다.

이 경우에 Lagrangian의 총시간에 대한 미분은

$$\frac{dL}{dt} = \frac{\partial L}{\partial \dot{q}}\frac{d\dot{q}}{dt} + \frac{\partial L}{\partial q}\frac{dq}{dt}$$

일 것이다. 왜냐하면 $\partial L/\partial t = 0$이기 때문이다. 그러나 Lagrangian 방정식에 의해

$$\frac{\partial L}{\partial q} = \frac{d}{dt}\frac{\partial L}{\partial \dot{q}}$$

이므로,

$$\frac{dL}{dt} = \frac{\partial L}{\partial \dot{q}}\frac{d\dot{q}}{dt} + \frac{dq}{dt}\frac{d}{dt}\frac{\partial L}{\partial \dot{q}}$$

이다. 이제

$$\frac{d}{dt}\left(\dot{q}\frac{\partial L}{\partial \dot{q}}\right) = \frac{\partial L}{\partial \dot{q}}\frac{d\dot{q}}{dt} + \frac{dq}{dt}\frac{d}{dt}\frac{\partial L}{\partial \dot{q}}$$

이므로,

$$\frac{dL}{dt} = \frac{d}{dt}\left(\dot{q}\frac{\partial L}{\partial \dot{q}}\right)$$

혹은

$$\frac{d}{dt}\left[L - \dot{q}\frac{\partial L}{\partial \dot{q}}\right] = 0$$

이다. Hamilotinan 정의는

$$H = p\dot{q} - L$$

이다. 여기서 $p = \dfrac{\partial L}{\partial \dot{q}}$이다. 따라서 bracket[ ]안에 있는 양은 $-H$이고,

$$\frac{d}{dt}[-H]=0$$

이다. 결론적으로

$$H=\text{상수}$$

이다. 즉, $L$이 시간에 독립적인 계에서 Hamilotinan(에너지에 해당)은 상수이다.

## 8.4 반전성 비보존(Nonconservation of Parity)

지금까지의 논의를 통해 물리법칙이 어떤 종류의 변환에 대해 불변임을 믿을 수 있었을 것이다. 그러나 이것은 사실이 아니다. 예를 들어, 갈릴레오는 물리법칙은 크기의 변화에서 불변이 아니라는 것을 보였다. 그의 간단한 예를 이용하면, 개의 크기가 집채만 할 경우, 개의 뼈는 형태가 다를 것이다. 이쑤시개로 만들어진 성당의 모델은 전체 크기의 천주교 대성당과 매우 다른 성질을 갖는다고 파인만은 지적했다. 변형 아래서 물리적 관계식이 불변으로 남아 있지 않는 변형(크기의 변화와 같은 것)이 있다. 그러나 반사나 회전에 대해 물리법칙이 불변이기를 아마도 기대할 것이다. 사실 중력, 전자기력, 그리고 강한 핵력은 모두 반사와 회전에 대해 대칭을 나타낸다. 반사 축에 대해 반사하고 180도 회전하는 것을 *반전성 작용*이라 한다. 이 작용의 효과는 각 좌표축을 역전하는 것이다; 반전성 작용에 있어 세 좌표 모두 부호가 바뀐다.

$$(x, y, z) \rightarrow (-x, -y, -z)$$

반전성 작용에 의해 어떤 행태를 보이느냐에 따라, 물리계의 반전성 값은 홀수나 짝수로 주어질 수 있다.[2)]

이것은 특정 예에서 더 쉽게 이해될 수 있다. 위치벡터 $\mathbf{r}$과 각운동량 $\mathbf{L}$로 기술되는 고전계를 고려하자. 위치벡터는 홀수 반전성을 갖는다. 왜냐하면 반전성 작용(연산)을 하면 $\mathbf{r} \rightarrow -\mathbf{r}$이기 때문이다. 유사하게 선형 운동량 벡터 $\mathbf{p}=m\mathbf{v}$는 홀수 반전성을 갖는다. 그러나 각운동량 벡터는 짝수 반전성을 갖는다. 왜냐하면 $\mathbf{L}=\mathbf{r}\times\mathbf{p}$로 주어지기 때문이다. (스핀벡터 $\mathbf{S}$ 또한 짝수 반전성을 갖는다.)

2) 양자역학에서 한 계를 기술하는 파동함수는 반전성에 의해 특징지어진다; 예를 들어, 궤도 각운동량 양자수 $l$을 갖는 계의 반전성은 $(-1)^l$이다.

물리계의 반전성은 상수로 남는 것이 타당한 것처럼 보인다. 물리계 반전성의 불변은 "반전성 보존"으로 불린다. 예를 들어, 아래의 반응식에서

$$\pi^{+} + d \rightarrow n + n$$

생성물(두 중성자)의 총 반전성은 파이온과 중양자의 총 반전성과 같다. (입자의 반전성을 얘기할 때, 입자를 기술하는 양자역학적 파동함수의 반전성을 의미한다.)

1950년대에 기본입자가 포함된 반응에 많은 관심이 있었다. 물리학자들은 베타 붕괴이라 불리는 특정 붕괴과정에 있는 입자들에 대해서 반전성이 보존되지 않는다는 것을 발견하고 놀랐다. 이 발견은 고에너지 물리학자들이 타우-쎄타(tau-theta) 수수께끼라고 부르는 문제와 관련되었다. $\tau$ 메존으로 알려진 입자는 3개의 파이온으로 붕괴된다는 것이 관찰되었고, 최종 상태는 홀수 반전성을 갖았다. $\theta$ 메존으로 알려진 입자는 2개의 파이온으로 붕괴되었고 최종상태는 짝수 반전성을 갖는다. 그러나 타우와 세타 메존은 붕괴 생산물만 다를 뿐 모든 면에서 일치했다. 그것들은 동일한 입자이어야 했다! 타우-세타 수수께끼는 1956년에 T.D. Lee와 C.N. Yang에 의해 풀렸다. 그들은 타우와 세타 메존은 진정 같은 입자이지만 반전성은 붕괴 과정에서 보존되지 않는다는 것을 제안했다. 그들의 생각은 C.S. Wu에 의해 수행된 일련의 현명한 실험에 의해 증명되었다.

고에너지 물리학자들은 몇 가지 다른 보존법칙에 대해 의문을 갖기 시작하였다. 그들은 반전성 연산을 $P$로 나타내었다. 입자가 반입자로 변형되는 전하 공액이라 부르는 연산은 $C$로 나타내었다. 자연에서 $CP$는 규칙에 어긋난다는 것이 발견된 기본 입자들이 포함된 어떤 반응이 있다는 것이 발견되었다. ($CP$ 연산은 모든 입자들을 반입자로 변화시켜서 모든 축에 반사시키는 것을 포함한다.)[3)]

## 8.5 기묘도(Strangeness)

보존법칙은 고에너지 물리학자들에 의해 이례적이지만 흥미로운 방법으로 사용된다. 기본 입자에 대한 연구에서 몇 가지 반응은 결코 일어나지 않는다는 것이 발

3) 그러나 상대론적 양자역학에 의해 CPT는 어떤 물리적 과정에서 불변임을 보일 수 있다. 여기서 T문자는 사건반전과정을 의미한다. CP 위배은 2001년 Stanford Linear Accelerator Center (SLAC)에서 1,200톤의 검출기에 의해 32백만 번의 붕괴 사건을 관찰을 통해 실험적으로 확신되었다. CP의 위배는 왜 우주는 50%의 반-물질(anti-matter)보다는 주로 일상의 물질(ordinary matter)로 만들어져 있는지를 설명한다. (C. Macilwain, "Phycicists show what really matters.", Nature, 415, 105, 2001을 보아라).

견되었다. 왜 아래와 같은 반응이 관찰되지 않는지는 명확한 이유가 없다.

$$\pi^- + p \rightarrow \pi^\circ + \Lambda$$

위 반응은 일상의 보존법칙에 벗어나지 않는다. 그러나 이 반응은 일어나지 않는다. "금지되지 않은 것이 필요하다"는 원리를 이용하여 고에너지 물리학자들은 보존의 원리가 작용함에 틀림없다는 것을 결정했다. 그들은 이것을 "기묘도 보존"이라 불렀다. 이것이 작용하는 방법은 다음과 같다: 각 입자는 "기묘도 양자수"가 주어진다. 예를 들어, $\pi$입자의 기묘도는 0이고, 원자핵의 기묘도 또한 0이고, $\Lambda$입자의 기묘도는 −1이다. 반응에서 오른쪽의 총 기묘도는 왼쪽의 총 기묘도와 같지 않다. 그러므로 이 반응에서 기묘도는 보존되지 않고 반응은 일어나지 않는다. 이것은 선형운동량은 충돌하는 동안 보존되는 것이 필요한 것 보다 이상한 것은 아니다. 그러나 운동량 보존은 편안하게 느낀다. 왜냐하면 우리는 운동량에 대한 해석적인 표현을 가지고 있고 운동량 보존은 계에 작용하는 알짜 외력은 없다는 것을 의미함을 알기 때문이다. 우리는 기묘도에 대한 해석적인 표현이 없고, 기묘도 보존이 의미하는 것이 대칭임을 알지 못한다. 그러나 자연에는 기묘도의 보존이 필요한 어떤 대칭이 있다는 것을 확신할 수 있다.[4)]

기묘도 중요성의 한 예로써, 그림 8.1은 바리온(baryon) 이라 불리는 스핀 1/2인 8개 입자들에 대한 기묘도와 전하에 관한 그림이다. 그림의 위쪽 상에 있는 기묘도 0을 가지고, 전하가 0인 중성자와 전하가 +1인 양성자에 주목하자. (일정한 전하의 직선은 비스듬하다.) 메존이라 불리는 스핀 0인 8개 입자들에 대해 유사한

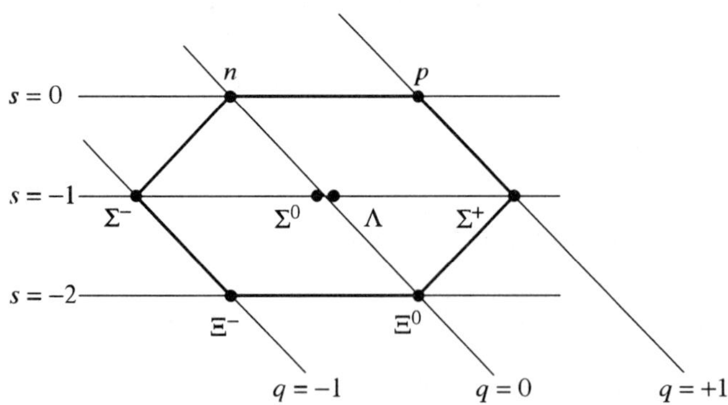


그림 8.1 ▌ 팔도설 : 8개의 바리온의 기묘도와 전하 그림. 전하 축은 비스듬히 기울어져 있다.

---

4) 이 의문을 좀 더 깊게 알고 싶으면, 다음의 좋은 참고 문헌을 읽어 보아라. John J. Brehm and William J. Mullin. Introduction to the Structure of Matter. John Wiley and Sons; New York, 1989: Chapter 16.

그림을 그릴 수 있다. 이 그림은 ("팔도설(The Eightfold Way"이라 알려진) 입자 물리의 표준 모델의 기초이다.[5)]

## 8.6 대칭 붕괴

"대칭의 붕괴"라는 표현을 들어 봤을 것이다. 이것은 대칭이 더 이상 존재하지 않는 상황을 기술하곤 한다. 예를 들어 액체의 동결을 고려하자. 액체에 있는 원자는 한 방향으로 움직이고, 또 다른 방향으로 움직이는 것처럼 보인다. 좌표축에 대해 어떤 우선적인 방향은 없다. 공간상의 균일성과 병진에 대한 대칭성이 있다. 액체가 얼면, 상황은 급격히 변한다. 왜냐하면 이제 결정은 우선적인 방향을 갖는다. 공간은 더 이상 등방적이지 않다. 다른 방향들 간의 대칭성은 "깨진다". 초기 우주에 관심있는 이론학자들은 빅뱅 이후 매우 짧은 시간 안에 고온에서 전자기적 상호작용과 약한 상호작용은 구별할 수 없었다. 그러나 우주가 점차 식어 감에 따라 이 두 힘이 엄청나게 다른 크기를 갖고 다른 공간 크기에서 작용하도록 하는 어떤 종류의 "상전환(phase transition)"이 있었다. 이 대칭의 붕괴가 때때로 다른 종류 힘의 "냉각(freezing out)"으로 불리기도 한다.[6)]

## 8.7 요약

이 장의 요점은 보존법칙은 물리세계에서 대칭성의 결과라는 개념을 도입하고자 하였다. 운동량보존은 공간의 균등성(병진에서 대칭성)과, 에너지 보존은 시간적인 대칭성의 결과와 관련 있음을 보였다. 우리가 이것을 보이기에 사용한 기법은 어떤 좌표가 무시할 수 있을 때, Lagrangian을 고려한 것이었다. Lagrangian에서 무시할 수 있는 좌표는 그 변수에 대해 대칭을 의미한다.

마지막으로 우리는 기본입자물리의 예를 고려했다. 여기서 보존법칙의 결과는 보존법칙에 대한 수학적 표현을 가지고 있지 않더라도, 혹은 보존량의 형태를 모르더라도 명백하다.

---

5) 표준 모델의 역사상에서 흥미로운 논문은 창시자 중의 하나인 Gerald 'tHooft에 의해 쓰여진 "The Making of the Standard Model." nature, 448:271-273, 2007이다.

6) 좋은 논의를 위해 Edvard Whitten의 논문 "When Symmetry Breaks Down.", Nature, 429, 507-508, 2004를 보아라.

## 8.8 문제

**[문제 8.1]** 쌍 진자를 고려하자(4장에 있는). 어떤 물리량이 보존되는가?

**[문제 8.2]** (a) 어떤 좌표 $q_i$가 Lagrangian에 나타나지 않으면, 그것은 또한 Hamiltonian에서 무시된다는 것을 증명해 보아라. (b) 다음 식을 보여라.

$$\frac{\partial H}{\partial q_i} = -\frac{\partial L}{\partial q_i}$$

**[문제 8.3]** 아래 법칙은

$$\mathbf{N} = \frac{d\mathbf{L}}{dt}$$

반사의 작용 아래서 대칭을 나타내는가? 설명해 보아라.

# 제3부

# 중력장

CHAPTER 9

# 중력장

고전 장이론은 주로 전자기장 및 중력장에 관한 공부이다. 이번 장에서는 장이론에 대한 기초적인 소개와 중력장의 여러 양상(aspect)에 관해서만 다룰 것이다.

아마도 가장 상세히 연구된 장에 관한 것은 전자기장일 것이다. 여러분은 전자기학(E&M) 과목에서 그것에 대해 배울 것이다. 그러나 많은 다른 물리현상들은 장이론을 사용하면 가장 잘 연구될 수 있다. 예를 들어, 유체동역학에서 연구자는 유체의 속도와 압력 장에 특별히 관심이 있다.

여러분이 장이론을 깊게 공부한다면, 양자역학, 특수상대성이론, 및 일반상대성이론에의 응용성을 발견할 것이다. 양자 장이론은 원자가 낮은 에너지 상태로 떨어질 때, 원자에서 방출되는 빛의 출력에 대한 연구로부터 발생되었다. 양자 장이론에 있어서 흥미로운 면은 입자가 장과 관련이 있다는 것이다. 상대론적인 양자 장이론은 고에너지 물리에 있어 중요한 하나의 도구가 되었다. 여러분이 상상하는 것처럼, 장이론은 개념적으로 수학적으로 매우 복잡하다. 여러분은 이 장에서 단지 몇 가지 간단한 아이디어로 제한된 내용만을 다룬다면 약간은 안심이 될 것이다.[1)]

장이론에서 흥미롭고 중요한 점은 파동의 형성과 전달이다. 여러분이 전자기장을 공부할 때, 전자기파들에 대해 배우는데 매우 많은 시간과 정신적 에너지를 소비했을 것이다. 이 파들은 실제적으로 매우 중요하다. 특히, X-선, 가시광선, 라디오파, 적외선들은 중요한 전자기파들이다. 중력장 또한 파들을 일으킨다는 것이 믿어질 것이다. 아인슈타인의 일반상대론으로부터 무거운 물체가 가속될 때 중력파가

---

1) 장이론과 퍼텐셜 이론이라 불리는 관련된 주제에 대해 더 많은 학습을 하고자 한다면, 다음의 참고문헌을 보아라.
L. D. Landau and E. M. Lifshitz. *The Classical Theory of Fields*: Course of Theoretical Physics. Vol 2. Pergammon Press; 1975. 오래되었지만 매우 좋은 책은 O.D. Kellogg. *Foundations of Potential Theory*. J Springer. 1929. (Dover Pulbications으로부터 출판된 것이 가능함)

발생한다는 것이 예상된다. 따라서 중력파는 supernova의 폭발과 궤도를 돌고 있는 pulsar에 의해 생성될 것이 기대된다. 사실, 쌍 펄사(binary pulsar)의 감소하고 있는 주기는 간접적으로 중력파의 증거로 여겨지고 있다. 그러나 중력파에 대한 직접적인 검출은 아직까지 되고 있지 않다. 이 장에서 이것을 다루지는 않을 것이다.

## 9.1 뉴턴의 만유인력의 법칙

중력의 개념은 Isaac Newton이 만유인력의 법칙을 공식화했을 때, 수학적 기초에서 세워졌다. 우주에 있는 모든 입자는 서로 다른 입자를 그들의 질량에 비례하며 상호간의 거리의 제곱에 반비례하는 힘으로 당긴다고 가정하였다. 아래 식의 형태에서 뉴턴의 만유인력의 법칙은 질량 $m_1$인 입자가 질량 $m_2$인 입자에 작용하는 힘은

$$\mathbf{F}_{21} = -G\frac{m_1 m_2}{|\mathbf{r}_1 - \mathbf{r}_2|^2}\hat{\mathbf{r}} \tag{9.1}$$

이라는 것을 보인다. 여기서 비례상수 $G$는 만유인력 상수이고, 실험적으로[2] 대략 $6.67 \times 10^{-11}\,\mathrm{N\,m^2/kg^2}$와 같음이 발견되었다.

그림 9.1에서 보는 바와 같이 벡터 $\mathbf{r}_1$과 $\mathbf{r}_2$는 두 입자들의 위치벡터이고, $\hat{\mathbf{r}}$은 $m_1$에서 $m_2$ 방향의 단위벡터이다. 이 단위벡터는

$$\hat{\mathbf{r}} = \frac{\mathbf{r}_2 - \mathbf{r}_1}{|\mathbf{r}_2 - \mathbf{r}_1|}$$

로 주어진다.

만유인력의 법칙을 다른 형태로 쓰면

$$\mathbf{F}_{21} = -Gm_1 m_2 \frac{\mathbf{r}_2 - \mathbf{r}_1}{|\mathbf{r}_2 - \mathbf{r}_1|^3} \tag{9.2}$$

이다. 윗 식은 좀 더 복잡하지만, 힘의 방향에 대한 혼돈을 피할 수 있다. $\mathbf{F}_{21}$은 $m_1$에 의해 $m_2$에 작용하는 힘이고, 식에서 음의 부호는 작용하는 힘이 인력임을 상기하자. 뉴턴의 제3법칙에 의해 $m_2$에 의해 $m_1$에 작용하는 힘은

2) 최근에 원자 간섭계로 측정한 G값은 $(6.693 \pm 0.027) \times 10^{-11}\,\mathrm{Nm^2/kg^2}$이다. J.B. Fixler et al., "atom interferometer Measurement of the Newtonian Constant of Gravity," Science, 315, 74-77, 2007

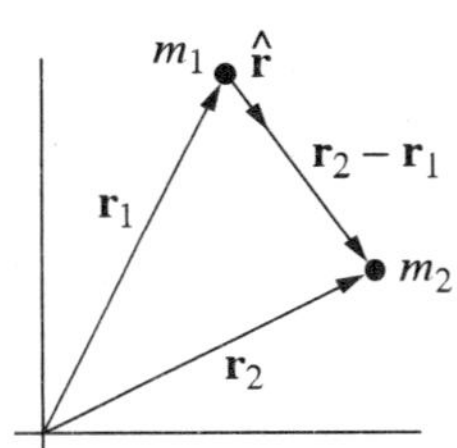


그림 9.1 ▌ 질량 $m_1$인 물체가 위치 $\mathbf{r}_1$에 있고, 질량 $m_2$인 물체가 위치 $\mathbf{r}_2$에 있다. $m_1$에 대한 $m_2$의 상대적 위치는 $\mathbf{r}_2 - \mathbf{r}_1$이다.

$$\mathbf{F}_{12} = -Gm_2m_1 \frac{\mathbf{r}_1 - \mathbf{r}_2}{|\mathbf{r}_1 - \mathbf{r}_2|^3}$$

이다.

연속체(extended body)를 위한 힘의 법칙은 무엇인가? 물체 사이의 거리가 물체의 크기보다 매우 크다면(천체상의 물체 같은 것), 그 물체를 입자로, $|r_1 - r_2|$를 두 물체 중심사이의 거리로 가정해도 된다. 물체를 입자로 취급하지 않으면, 9.3절에서 논의되는 것처럼 그 연속체의 중력장을 결정할 필요가 있을 것이다(예를 들어, 인공위성이 지구 궤도 가까이에 있다면, 지구는 점 질량으로 여길 수 없다).

뉴턴의 만유인력의 법칙은 "어떤 거리에서 작용(action at a distance)" 개념의 대표적인 예이다. 이 개념은 물체들이 얼마나 멀리 떨어져 있는지 상관없이[3] 물체 $m_1$이 물체 $m_2$에 작용하는 힘을 의미한다. 그러나 $1/r^2$ 요소는 두 물체 사이의 거리가 증가함에 따라, 상호 작용하는 힘은 감소한다는 것을 나타낸다. 이 법칙은 이 힘이 어떻게 먼 거리를 가로 질러 전달되는지 나타내지는 않는다. 어떤 거리에서 작용 개념의 이런 면은 서로에 작용하는 힘은 순간적으로 전달된다는 것을 의미하는 것이다. 즉, 물체 $m_2$가 우주의 중간지점에 있더라도, 물체 $m_1$이 또 다른 위치로 움직이면 작용하는 힘의 변화를 물체 $m_2$가 순간적으로 인지할 것이다. 우리는 중력이 빛의 속도로 전달된다는 것을 믿고 있다(아직 증명되지는 않았으나). 우리는 중력 대신에 중력장을 고려할 때, 어떤 거리에서 작용이라는 말로써 표현되는 뉴턴의 만유인력 법칙 고유의 개념적 난해함을 효과적으로 다룰 수 있을 것이다.

3) 영국의 물리학자 P.A.M. Dirac은 "여러분이 한 포기의 꽃을 뽑을 때, 여러분은 멀리 있는 별을 움직인다."라는 시적인 감정으로 중력 법칙의 이런 면을 표현한 것으로 유명하다.

❒ **연습 9.1**

화성이 태양에 작용하는 힘을 구하라. 화성의 가속도는 얼마인가? 태양의 가속도는 얼마인가?

❒ **연습 9.2**

지구 중력장에서 한 물체가 떨어지고 있다. 이 물체의 가속도는 물체의 질량에 무관함을 보여라.

❒ **연습 9.3**

질량 m인 입자가 (1, 2) 좌표에 위치하고 있고, 질량 2 m인 입자는 (3, 4) 좌표 위치에 있고, 질량 3 m인 입자는 (−2, −2) 좌표에 놓여 있다. 질량 2 m인 입자에 작용하는 중력을 구하라. **답:** $F=-Gm^2(0.24\hat{i}+0.26\hat{j})$

❒ **연습 9.4**

점 질량 $M$이 원점에 놓여 있다. 다른 점 질량 $m$이 원점에서 무한대 거리에 있다고 하자. $m$을 무한대에서 $M$으로부터 거리 $R$ 만큼 떨어진 위치까지 가져 오기 위해서 중력이 한 일을 구하라.

❒ **연습 9.5**

중력은 보존력임을 보여라.

## 9.2 중력장

정의에 의해 *장은 공간의 어떤 영역에 있는 모든 점에서 정의되는 물리량이다.* 예를 들어, 온도는 방 안의 어떤 위치에서도 결정될 수 있는 물리량이다. 이 스칼라장은 식 $T=T(x,y,z)$, 표의 값, 혹은 방 안의 등온선 그림으로 기술될 수 있다. 유사하게, 강의 강물은 모든 위치에서 속도를 갖는다. 공간 영역은 강이고, 물리량은 속도에 해당한다. 이 벡터장은 그림으로 표현되거나, 속도의 위치 함수로 표현될 것이다. 아마도 여러분은 행성 근처의 모든 위치에서 소행성에 작용하는 중력을 결정할 수 있을 것이다. 이것으로 그 행성의 중력장을 정의할 것이다. 위의 모든 예에서처럼 장의 값은 위치에 의존한다는 것에 주목하라.

중력장을 더 명백히 정의하기 위해 두 입자를 제외한 빈 공간 영역을 고려하자. 질량 $M$인 한 입자가 공간의 고정점에 위치하고 있다. 다른 점에 이 보다 매우 가벼운 질량 $m$을 둔다고 하자. 여러분이 어떤 곳에서라도 작은 질량 $m$에 작용하는 힘을 결정하는 방법을 알고 있다고 가정하자. 그 작은 질량은 "시험 물체(test body)"일 것이다. (시험 물체는 매우 작은 질량을 가지고 있어, 중력장에 기여를 무시할 수 있다.)

이제 이 시험 물체를 한 점에서 다른 점으로 움직이고, 모든 위치에서 이 물체에 작용하는 중력의 크기와 방향을 측정한다고 상상하자. 그 힘을 벡터로 표현한다면, 모든 힘 벡터들이 질량 M으로 향하는 많은 벡터들의 표현으로 끝날 것이다. 불행히도 식 (9.1)에서 나타낸 것처럼 이 힘 벡터들은 시험 물체의 질량에 의존하므로, M의 중력장을 측정하기에는 좋지 않다. 시험 물체의 의존성을 제외하기 위해, M의 중력장을 M 주변 공간의 모든 점에서 *단위 시험 질량당* 작용하는 힘으로 정의할 수 있다. 더구나, 여러분은 장에 영향을 주는 m을 원하지 않기 때문에, 여러분은 $m \to 0$으로 극한을 취할 수 있다.

이 개념은 수학을 사용하면 좀 더 간단히 표현될 수 있다. F를 $M$에 의해 $m$에 작용하는 힘이라고 하고, g를 $M$의 중력장이라고 하자. 그러면 정의에 의해, m이 r의 위치에, M이 r′의 위치에 있다면,

$$\mathbf{g}(\mathbf{r}) = \lim_{m \to 0}\left(\frac{\mathbf{F}}{m}\right) = -GM\frac{\mathbf{r}-\mathbf{r}'}{|\mathbf{r}-\mathbf{r}'|^3} \tag{9.3}$$

이다. $\mathbf{g} = \mathbf{g}(\mathbf{r})$부터 g는 위치에 관한 함수임을 알 수 있다.

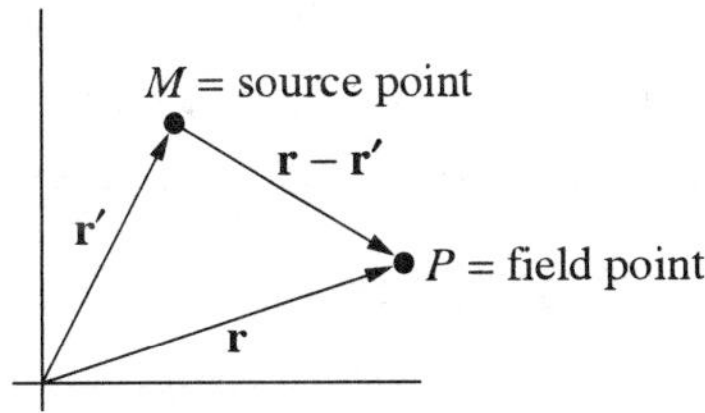


그림 9.2 ▌ 근원점 r′에 위치한 입자 M은 모든 곳에 중력장을 일으킨다. 점 $P(\mathbf{r})$ ("장 점(field point)")에서 중력장은 식 9.4로 주어진다.

물체 $M$의 위치를 "근원점(source point)"이라 부르며, 위치를 $\mathbf{r}'$으로 표기한다. $\mathbf{r}$로 규정되는 점을 "장 점(field point)"이라 부른다. 이 점은 장의 값을 구하고자 하는 위치이다. 그림 9.2를 보아라. 시험 질량은 $\mathbf{g}(\mathbf{r})$에 관한 표현식 (9.3)에 들어 있지 않다는 것에 주목하라.

힘과 장사이의 차이점을 매우 명확히 해 보자. 힘 $\boldsymbol{F}$는 두 입자 질량 모두와 어떤 순간에 입자들의 위치에 관련이 있다. 중력장 $\boldsymbol{g}$는 오직 입자 M의 질량과 중력장 점의 상대적인 위치에만 관계가 있다. 힘 $\boldsymbol{F}$는 두 물체사이의 상호작용을 기술하지만, 장 $\boldsymbol{g}$는 공간상에서 한 점의 성질이다.[4)]

질점 M은 중력장의 *근원*이다. 중력장은 모든 공간에 존재한다. 장의 개념을 이해하기는 쉽지 않다; 특히, 모든 공간을 무엇이 채우고 있다는 것을 정확히 표현하기는 어렵다. 장 안의 한 점에 시험 질량을 두면, 이 질량은 힘을 느낄 것이라는 것을 안다. 그러므로 이 공간에서 다른 어떤 질량에 힘을 작용하는 *무엇인가*를 생성하는 것으로 질량 M을 여길 것이다. 그 장은 어디에나 있지만, 물체가 장 안에 존재할 때만 장은 힘을 작용한다.

기초물리학 교과서에서 대개 좌표의 원점을 질량 M에 둔다. 이것은 좀 더 간단하지만, 장을 표현하기 적합하지 않다.

$$\mathbf{g}(\mathbf{r}) = -GM\frac{\mathbf{r}}{|\mathbf{r}|^3} = -GM\frac{\hat{\mathbf{r}}}{r^2} \tag{9.4}$$

지구 표면에서 중력장은 약 $\mathbf{g} = -9.8\,\mathrm{m/s^2}\hat{\mathbf{k}}$로 주어진다. 여기서 $\hat{\mathbf{k}}$는 지표면에서 윗방향의 단위벡터다. 표면 위의 점에서 장은 대략 $\mathbf{g}(\mathbf{r}) = -(GM_E/r^2)\hat{\mathbf{r}}$이고, 여기서 원점은 지구의 중심이고, $M_E$는 지구의 질량이다. (장 벡터 $\mathbf{g}(\mathbf{r})$과 약어로 간략이 쓰이는 g, 즉, 상수값 $9.8\,\mathrm{m/s^2}$를 혼동하지 말라.)

중력에 대한 장 개념의 접근은 "어떤 거리에서의 작용"의 접근과 아주 다르다. 어떤 거리에서 작용의 접근에서 우리는 힘을 한 물체가 직접적으로 다른 물체에 작용한다고 여겼다. 장의 개념을 사용하면, 두 물체($M$과 $m$)의 상호작용을 두 단계 과정으로 생각한다. 즉, 질량 M이 장을 일으키고, 질량 m은 직접적으로 M과 상호작용하는 대신에 이 장과 상호작용한다. 그러므로 장에 의한 접근은 장을 결정하는데 이용되는 시험 물체와 근원 물체는 *분리된다*. 두 개의 다른 근원 배열들이 어떤 점에서 같은 장을 생성한다면, 그 점에서 시험 물체가 받는 힘은 같을 것이다.

4) 때로는 이 정의를 약간 수정하여, "장은 모든 점에서 정의되는 어떤 물리량이 있는 공간의 영역이다."라고 말한다. 이것은 물리량 보다는 공간에 초점을 맞춘 것이다. 그러나 이것은 장에 대한 표준적인 정의는 아니다.

장을 단지 힘을 표현하는 편리한 방법의 하나로 여기고자 하나, 장은 힘과 관계없이 자체적으로 존재한다는 것이 증명된다. 힘은 단지 힘일 뿐이지만, 장은 에너지, 운동량, 각운동량뿐만 아니라 힘을 작용할 능력을 지니고 있다. 장은 파와 같이 공간을 통해 전파되며, 근원 물체가 더 이상 존재하지 않더라도 근원과 상관없이 존재할 수 있다.

장에 의한 접근방법이 새로운 개념("장")의 도입으로 인해 좀 더 복잡한 것처럼 보이지만, 어떤 거리에서 작용 개념의 많은 어려운 문제들을 해결한다. 예를 들어, 어떤 거리에서 작용 시나리오에서 힘은 순간적으로 전달된다. 장의 개념에서 근원의 변화에 대한 장의 반응은 한정된 속도로 전파된다. 근원 (M)이 장을 생성하기 때문에, 확실히 장은 근원의 변화에 영향을 받다. 근원이 움직이면, 장은 변한다. 그러나 이 변화는 순간적으로 일어날 필요는 없다. 앞에서 언급한 바와 같이, 우리는 중력장에서의 변화는 빛의 속력으로 전파된고 믿는다.

더구나, 장 개념으로 접근은 힘이 어떻게 전달되는가를 이해하기 위한 개념적인 틀을 제공한다. 예를 들어, 전자기력은 광자에 의해 수송되는 것으로 믿어지고 있다. 이것은 가끔 "파인만 그림(Feynman diagrams)" 도식으로 표현된다. 예를 들어, 두 전자들의 전자기적 상호작용 (전자-전자 산란)은 그림 9.3의 파인만 그림으로 표현된다. 이 그림에서 두 전자는 직선으로 표현되고, 파형 선은 "가상 광자(virtual photon)"를 나타낸다. 여기서 "가상"이라는 단어는 광자가 관찰되지 않기(될 수 없기) 때문에 사용된다. 광자는 전자기력을 전달한다. 광자는 전자들 중에 하나에서 발광하고, 다른 것에 의해 흡수된다. 두 입자는 본래의 길에서 벗어난다. 유사하게 중력은 "중력자"라고 불리는 검출되지 않는 입자에 의해 전달된다. 우리는 뉴턴의 중력이론에 익숙하기 때문에, 이 책에서 이와 같은 고급 개념을 다루지 않을 것이다. 그러나 양자장 이론에 대해 깊게 알고 싶다면, Richard Feynman의 QED라 불리는 책을 읽어보기를 추천한다.[5)]

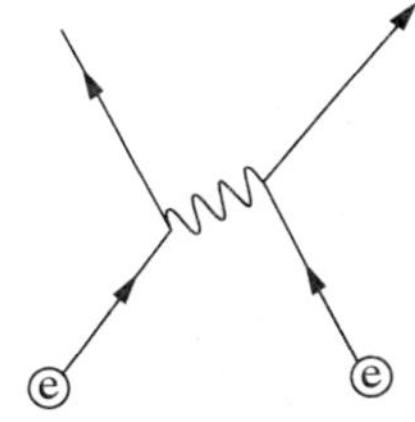


그림 9.3 ▌ 전자-전자 산란에 대한 파인만 도식. 파형선은 가상 광자를 나타낸다.

5) Richard Feynman. QED: The Strange Theory of light and matter (빛과 물질에 대한 기이한 이론). Princeton University Press; Princeton, 1985

❐ 연습 9.6

질량 M이 같은 두 물체가 거리 $a$ 만큼 떨어져 있다. 두 물체를 잇는 직선을 이등분하는 수직선을 따라 $z$ 만큼 떨어진 지점에서 중력장을 결정하라.

**답:** $\boldsymbol{g} = -2GMz\hat{z}/[(a/2)^2 + z^2]^{3/2}$

❐ 연습 9.7

질점 M이 원점에 있고, 다른 질점 $M$이 (0, 4)에 위치하고 있다. 점 (0, 3)과 점 (3, 0)에서 중력장을 구하라.

**답:** (3, 0)에서 총 장은 $\boldsymbol{g} = GM[-0.14\hat{i} + 0.03\hat{j}]$

❐ 연습 9.8

다음의 달 위치에서 지구와 태양으로 생기는 중력장을 구하라. (a) 월식 때, (b) 일식 때, (c) 이 두 경우에 달에 작용하는 힘을 구하라.

## 9.3 연속체(extended body)의 중력장

연속체에 의해 생성된 중력장은 이 물체를 질점의 집합체로 다루어, 각 입자(질점)에 의한 장들의 합으로 결정할 수 있다. (이것은 질점들에 의한 장은 중첩의 원리를 따르며, 벡터적으로 합한다는 것을 가정한다.) 이와 같은 방법은 아주 *합리적*일지는 모르나, *실제적인* 것은 아니다. 그러므로 우리는 또 다른 가정을 세워야 한다. 연속체의 물질은 *연속적*이라고 가정한다. 이 가정은 작고 무거운 원자핵과 원자의 대부분 부피를 차지하고 있는 빈 공간 사이의 질량 밀도에 있어 큰 차이가 있는 원자수준에서는 깨진다. 그러나 수십억 개의 원자들을 포함하고 있는 부피소(volume element)는 거시적인 관점으로 볼 때, 여전히 매우 작다. 그리고 우리는 부피소를 잘 정의된 밀도를 지닌 물질의 연속적인 분포를 포함하는 것으로 생각함으로 정당화 할 것이다. 그림 9.4는 연속체에서 무한히 작은 부피소($d\tau'$)을 나타낸다. 이 부피소의 질량은 $dm = \rho d\tau'$이다. 여기서 $\rho = \rho(\boldsymbol{r}')$은 밀도이다. (면에 대한 질량소는 $\sigma dA$이고, 선에 대한 질량소는 $\lambda ds$, 연속체에 대해서는 $\rho d\tau$이다. 여기서 $\sigma$, $\lambda$, $\rho$는 단위 면적당 질량, 단위 길이당 질량, 단위 부피당 질량이다.) 밀도는 물체의 부분부분에 따라 변할지 모른다. 그러므로 밀도는 $\rho = \rho(r')$로 쓰이는데, 이는 $\rho$는 위치의 함수임을 상기시킨다.

그림 9.4에서 P점은 장을 관찰하는 관찰점이다. 근원점은 $\mathbf{r}'$에 있고, 장의 점은 $\mathbf{r}$에 있다. $\mathbf{r}'$에 있는 극소의(infinitesimal) 질량소 $dm$에 의한 $\mathbf{r}$에서의 중력장 극소의 부분은

$$d\mathbf{g}(\mathbf{r}) = -Gdm\frac{\mathbf{r}-\mathbf{r}'}{|\mathbf{r}-\mathbf{r}'|^3}$$

혹은

$$d\mathbf{g}(\mathbf{r}) = -G\rho(\mathbf{r}')d\tau'\frac{\mathbf{r}-\mathbf{r}'}{|\mathbf{r}-\mathbf{r}'|^3}$$

이다. 여기서 $d\tau'$은 매우 작으므로, $\rho(\mathbf{r}')d\tau'$을 하나의 입자로 생각할 수 있다. 그러나 아직 질량 물체를 연속적으로 취급하기에는 충분하게 크지 않다. P점에서 물체 전체에 의한 장을 구하기 위해서는 물체 전체에 대해 적분을 해야 한다. 즉,

$$\mathbf{g}(\mathbf{r}) = -G\int_{body}\rho(\mathbf{r}')\frac{\mathbf{r}-\mathbf{r}'}{|\mathbf{r}-\mathbf{r}'|^3}d\tau' \qquad (9.5)$$

충분한 대칭성이 있는 문제에 대해서는 이 적분을 계산하기는 어렵지 않다. 임의 형태의 물체에 의한 장을 구하기 위해서, 9.4절에서 설명한 방법을 이용하여, 대개 먼저 *퍼텐셜*을 결정하고 장을 구하는 것이 가장 좋다. 그러므로 식 (9.5)의 직접 적분하는 것을 강조하지 않을 것이다. 그럼에도 불구하고, 여러분은 이 기법에 약간은 경험을 갖아야 한다. 그러므로 두 가지 예를 해 볼 것이다. 여러분은 그 다음에 나오는 문제를 해결함으로써 부가적인 경험을 얻을 수 있을 것이다. 기초물리학 교과서에 있는 연속 전하분포의 전기장 부분을 복습하는 것이 도움이 될 것이다. 왜냐하면 방법이 정확히 똑같기 때문이다.

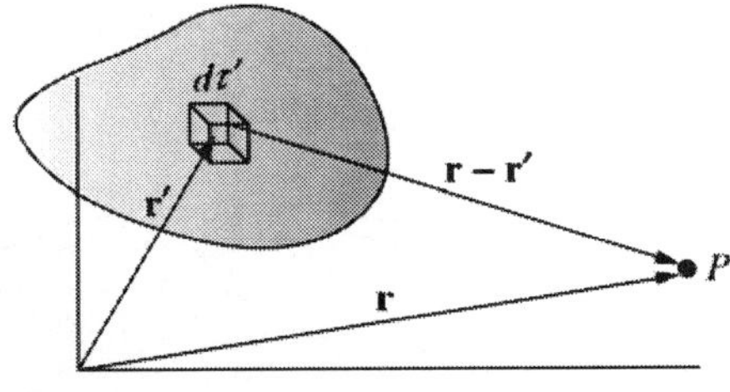


그림 9.4 ▌ 연속체. 질량소 $\rho d\tau'$는 $\boldsymbol{r}'$(근원점)에 위치하고 있고, 이것은 $\boldsymbol{r}$에 위치하고 있는 P점에서 무한소 중력장을 생성한다.

**예제 9.1**

길이 $L$이고 선 질량 밀도가 $\lambda$인 줄이 $x$-축을 따라 놓여 있다. 줄의 양쪽 끝 부분이 각 각 $x=0$과 $x=L$에 있다. 그 줄은 선 질량 분포이고, 두께가 없다고 가정하자. $x=4L$점에서 중력장을 구하라.

**풀이:** 이 문제에서 질량 요소는 $dm=\lambda dx$이다. 여기서 변수 $x$는 원점에서 질량요소까지의 거리를 나타낸다. 줄의 질량요소에 의한 P점에서의 중력장 극한소는

$$d\mathbf{g} = -Gdm\frac{\mathbf{r}-\mathbf{r}'}{|\mathbf{r}-\mathbf{r}'|^3}$$

이다. $\boldsymbol{R}=\boldsymbol{r}-\boldsymbol{r}'$로 두면,

$$|d\mathbf{g}| = dg = -\frac{Gdm}{R^2} = -G\frac{\lambda dx}{(4L-x)^2}$$

이다. 이를 적분하면 아래 중력장의 식을 얻는다.

$$g = -G\int_{x=0}^{x=L}\frac{\lambda dx}{(4L-x)^2} = -G\lambda\left[\frac{1}{4L-x}\right]_0^L = -\frac{1}{12}\lambda G$$

**예제 9.2**

밀도가 일정한 질량 $M$, 반지름 $R$인 얇은 원판의 축을 따라, +z의 위치에 있는 점 P에서의 중력장을 결정하라(그림 9.5).

**풀이:** 원판의 두께는 0인 것처럼 다루면, 적합한 질량 요소는 $\sigma dA$이다. 여기서 $\sigma = M/\pi R^2$이다. 그림 9.5에 나타낸 것처럼, 질량 요소 $dm$에 의한 P점

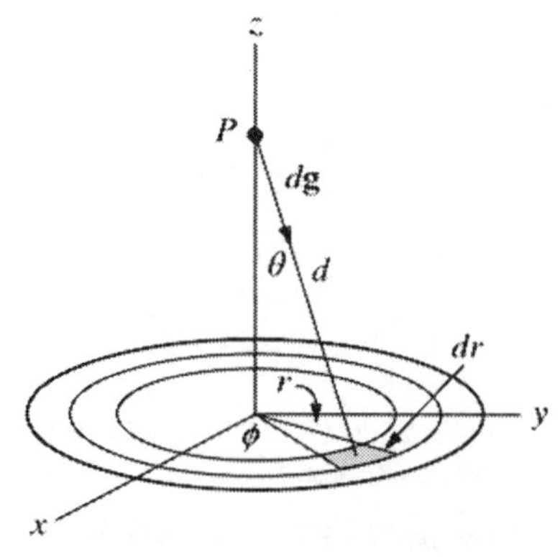


그림 9.5 ▌ 얇은 원판의 중력장은 요소 장 벡터 $d\mathbf{g}$들의 적분으로 구할 수 있다.

에서 중력장은 $dm$으로 향하는 방향의 벡터 $dg$이다. 축으로부터 거리 $r$ 떨어진 링 위에 있는 모든 질량 요소를 고려하자. P점에서 이 질량요소들로 향하는 벡터들은 $P$점을 꼭짓점으로 하는 벡터 원뿔을 이룬다. 이 벡터들의 수평 성분들은 서로 상쇄되고, 축방향의 성분들은 합을 이룰 것이다. 결과적으로 중력장은 아래와 같이 주어진다.

$$\mathbf{g} = \int (dg)\cos\theta(-\hat{\mathbf{k}}) = -\int \frac{Gdm}{d^2}\cos\theta\hat{\mathbf{k}} = -G\int \frac{\sigma dA}{d^2}\cos\theta\hat{\mathbf{k}}$$

그러나 $\cos\theta = z/d = z/(r^2+z^2)^{1/2}$이고, $dA = rd\phi dr$이므로, 아래와 같이 쓸 수 있다.

$$\begin{aligned}
\mathbf{g} &= -\sigma G\hat{\mathbf{k}}\int_{r=0}^{R}\int_{\phi=0}^{2\pi} z\frac{(dr)(rd\phi)}{(r^2+z^2)^{3/2}} = -\sigma G\hat{\mathbf{k}}(2\pi)z\int_0^R \frac{rdr}{(r^2+z^2)^{3/2}} \\
&= -\sigma G\hat{\mathbf{k}}(2\pi)z\int_0^R \frac{rdr}{(r^2+z^2)^{3/2}} = -\sigma G\hat{\mathbf{k}}(2\pi)z\int_{u=z^2}^{u=r^2+z^2}\frac{du}{u^{3/2}} \\
&= -\sigma G\hat{\mathbf{k}}(2\pi)z\left[\frac{1}{z} - \frac{1}{\sqrt{z^2+R^2}}\right] = -\frac{2GM}{R^2}\left(1 - \frac{z}{(z^2+R^2)^{1/2}}\right)\hat{\mathbf{k}}
\end{aligned}$$

❐ 연습 9.9

반지름 $R$이고 질량 $M$인 링의 축 상에 있는 점 $z$에서의 중력장을 구하라.

**답:** $-GMz/(z^2+R^2)^{3/2}$

❐ 연습 9.10

원판을 동심원 고리들의 집합으로 다룰 수 있음을 보여라. 앞 연습의 결과를 이용하여 $g$을 위한 적분 표현을 쓰고, 그것이 예제 9.2에서 얻은 표현을 유도함을 보여라.

## 9.4 중력 퍼텐셜

중력 퍼텐셜은 벡터 양인 중력*장*과 관련된 스칼라 양이다. 일반적으로 장 보다는 퍼텐셜을 다루는 것이 쉽고, 퍼텐셜을 알면 항상 장을 결정할 수 있다.

중력장은 보존적이다. (중력의 curl은 0이다. 5.3.2절에서 F가 보존력이면, $\nabla \times \mathrm{F} = 0$ 증명했다.)

보존력에 대해서 *퍼텐셜 에너지*는 항상 정의될 수 있다. 두 점사이의 퍼텐셜 에너지의 차는 아래와 같이 정의된다.

$$V_2 - V_1 = -\int_{\mathbf{r}_1}^{\mathbf{r}_2} \mathbf{F} \cdot d\mathbf{r}$$

중력 퍼텐셜 에너지를 다룰 때, 무한대 지점의 퍼텐셜 에너지를 0으로 정의하는 것이 편리하다. 즉, $\mathrm{r}_1 = \infty$에서 $V_1 = 0$라고 하면,

$$V = -\int_{\infty}^{\mathbf{r}} \mathbf{F} \cdot d\mathbf{r}$$

이다. F가 질점 $M$에서 거리 $r$ 만큼 떨어진 곳에 있는 시험 물체 $m$에 작용하는 중력이라면, 아래와 같이 쓸 수 있다.

$$V = -\int_{\infty}^{\mathbf{r}} \frac{GMm}{r^2} \hat{\mathbf{r}} \cdot d\mathbf{r} = -G\frac{Mm}{r} \tag{9.6}$$

윗 식은 두 질점으로 이루어진 계의 중력 퍼텐셜 에너지이다.

장에 의한 접근을 사용할 때, "*중력 퍼텐셜*"이라고 부르는 물리량을 정의하는 것이 편리하다. 이 양은 $\Phi$ 기호로 표한다. 중력 퍼텐셜은 중력 퍼텐셜 에너지를 시험 물체의 질량 $m$으로 나누어서 구할 수 있다. 상호작용하는 두 질량의 퍼텐셜 에너지($V$)는 어떤 거리에서의 작용 접근의 한 예이고, 두 물체의 존재에 의존한다. 퍼텐셜($\Phi$)은 공간의 모든 점에서 정의되고, 단지 한 물체의 존재에 의존한다. 그러므로 $\Phi = \Phi(\mathrm{r})$은 장이다. 퍼텐셜은 퍼텐셜 에너지와 아래와 같은 연관이 있다.

$$\Phi(\mathbf{r}) = \lim_{m \to 0} \frac{V}{m}$$

여기서 $m$은 r에 위치한 가상의 시험 질량이라 부른다.

식 (9.6)을 $m$으로 나누는 것은 원점에 있는 질점 $M$의 중력 퍼텐셜을 나타낸다. 그 식은 아래와 같다.

$$\Phi(r) = -\frac{GM}{r} \tag{9.7}$$

연속체의 퍼텐셜은

$$\Phi(\mathbf{r}) = -G\int_{body} \frac{\rho(\mathbf{r}')d\tau'}{|\mathbf{r}-\mathbf{r}'|} \tag{9.8}$$

로부터 얻어진다. 여기서 $\mathbf{r}$은 장 측정 점이고, $\mathbf{r}'$은 근원 점 $dm = \rho(\mathbf{r}')d\tau'$의 위치이다.

**예제 9.3**

그림 9.6과 같이 반지름이 $a$이고, 질량이 $M$인 구 껍질의 바깥쪽 임의의 한 점 P에서 중력 퍼텐셜을 구하라.

**풀이:** 구 껍질의 단위 면적당 질량($\sigma$)는 전체 질량을 총 표면적으로 나눈 것이다.

$$\sigma = \frac{M}{4\pi a^2}$$

질량 요소를 선택하는 것은 약간은 "기술"적이지만, 많은 문제들을 풀어 본 후에는 적합한 선택을 할 수 있을 것이다. 껍질 질량에 대해서, 질량이 아래와 같은 질량을 가진 표면의 작은 면적요소를 선택하라.

$$dm = \sigma dA = \sigma a^2 \sin\theta d\theta d\phi$$

그림에 나타낸 것과 같이 $\phi$에 대한 적분은 껍질 표면 위에 하나의 링을 만든다. ($\phi$에 대한 적분은 선 $a\sin\theta$를 $\mathbf{r}$둘레로 회전시키는 것과 동일하다. 이 링 위의 모든 점은 장 점에서 같은 거리에 있다.) 전체 껍질로 인한 P점에서 퍼텐셜은 두 번 적분에 의해 주어진다.

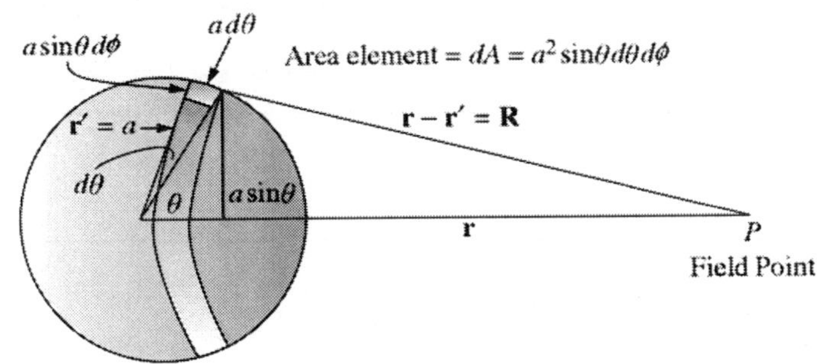


그림 9.6 반지름 $a$의 구 껍질에 의한 P점에서 퍼텐셜. 질량요소 $dm$은 면적 요소 $dA = a^2\sin\theta\, d\theta\, d\phi$의 질량이다. $\sigma$가 면질량 밀도라면, $dm = \sigma dA$이다. $r' = a$이므로, $|\mathrm{R}| = r - a$임에 유의하자.

$$\Phi = -G\int_{body}\frac{\sigma dA}{|\mathbf{r}-\mathbf{r}'|} = -G\int_{\phi=0}^{2\pi}\int_{\theta=0}^{\pi}\frac{\sigma a^2 \sin\theta d\theta d\phi}{|\mathbf{r}-\mathbf{r}'|}$$

$$\Phi = -2\pi G\int\frac{\sigma a^2\sin\theta d\theta}{|\mathbf{r}-\mathbf{r}'|}$$

여기서 $2\pi$ 요소는 $\phi$에 대한 적분으로부터 얻는다. 코사인법칙을 이용하고, 그림에서 $|r'|=a$이기 때문에

$$|\mathbf{r}-\mathbf{r}'| = R = \sqrt{a^2+r^2-2ar\cos\theta}$$

이고, $R^2 = a^2+r^2-2\mathrm{ar}\cos\theta$이다. 그러므로 $2RdR = 2ar\sin\theta d\theta$이고, 적분은 아래 형태를 나타낸다.

$$\begin{aligned}\Phi &= -2\pi G\int_0^{\pi}\frac{\sigma a^2\sin\theta d\theta}{R} = -2\pi G\sigma a^2\int_{R=\sqrt{(r-a)^2}}^{R=\sqrt{(r+a)^2}}\frac{(R/ar)dR}{R} \\ &= -G\sigma a^2(2\pi/ar)\int_{|r-a|}^{|r+a|}dR = \frac{-2\pi G\sigma a}{r}[(r+a)-(r-a)] = -G\frac{4\pi a^2\sigma}{r} \\ &= -\frac{GM}{r}\end{aligned}$$

이것은 껍질 *바깥쪽*에 있는 점들에 대해, 질량 $M$인 껍질의 퍼텐셜은 원점에 있는 질점 $M$의 퍼텐셜과 같음을 나타낸다. 연습문제로써 여러분은 껍질의 안쪽의 *장*은 0임을 보일 수 있다.

---

❐ **연습 9.11**

두께 $t$인 원판의 축 위에서 퍼텐셜을 구하라. 단, 얇은 원판 근사가 유효하도록 $t \ll z$로 가정하자. **답:** $\Phi = -2\pi\rho t G\left[(z^2+R^2)^{1/2}-z\right]$

❐ **연습 9.12**

중력 퍼텐셜 에너지는 $V = -\int_{\infty}^{r}F\cdot dr$로부터 $V=-GMm/r$임을 증명하라.

## 9.5 장 선과 등퍼텐셜 표면

다시 질점 M에 의한 중력장 ($g$)를 고려하자. $g$는 무한히 작은 시험물체에 단위 질량당 작용하는 힘임을 상기하자(그림 9.3). 원리적으로 이 시험물체를 M 주위 공간으로 가져와서 각 지점에서 작용하는 힘을 측정할 수 있다. 그 후에 여러 다른 방법으로 장 $g$를 표현할 수 있다. 예를 들어, 모든 점에서 $g$의 크기와 방향을 나타내는 큰 표를 만들 수 있다. 혹은 방정식에 의해 $g$를 나타내거나(식 9.4일 것이다), 그림으로 그려서 나타낼 수 있다. 그림에 의한 표현은 M으로 향하는 많은 화살표로 나타낼 것이다. 어떤 주어진 점에서 장은 그 점에서 적당한 길이의 벡터를 그려 나타낼 수도 있다(그림 9.7의 왼쪽에 스케치한 것처럼). 벡터는 질점에 가까울수록 길어지고, 멀수록 짧아진다. 그러나 이것은 장을 표현하는 좋은 방법은 아니다. 그림 9.7의 오른쪽의 그림은 더 편리한 방법을 나타낸다. 이 표현에서 선은 힘의 방향을 나타내며, 한 점에서 선의 면적 밀도는 그 점에서 힘의 크기를 나타낸다. 장에 수직인 단위 면적을 통과하는 선의 숫자는 그 위치에서 장과 같다는 방법으로 그려진 선들을 상상해 보아라. 어떤 점에서 장의 크기가 15 N/kg이며, 그 점에서 15개의 직선으로 표현될 수 있을 것이다. 같은 숫자의 선이 중심에 M이 있는 구 표면을 통과한다. 구 표면적은 $r^2$으로 증가하기 때문에 단위면적당 선밀도는 $1/r^2$으로 줄어든다. 이는 중력장과 유사하다. 대부분의 최근 책들에서 이것을 "장 선"이라는 용어로 부르지만, 장을 나타내는 선을 전통적으로 "힘 선"이라 부른다.

그림에 의한 장의 또 다른 표현은 퍼텐셜이 일정한 표면을 스케치하는 것이다. 한 질점에 대해 등퍼텐셜 표면들은 질점이 중심에 있는 동심구들이다. 식 (9.9)에서 보는 바와 같이, 장과 퍼텐셜은 $g = -\nabla\Phi$관계가 있고, 제5장으로부터 $\Phi$의 경사는 $\Phi$가 일정한 표면에 수직이라는 것을 알고 있다. 그러므로 두 표현은 동일한 것이다.

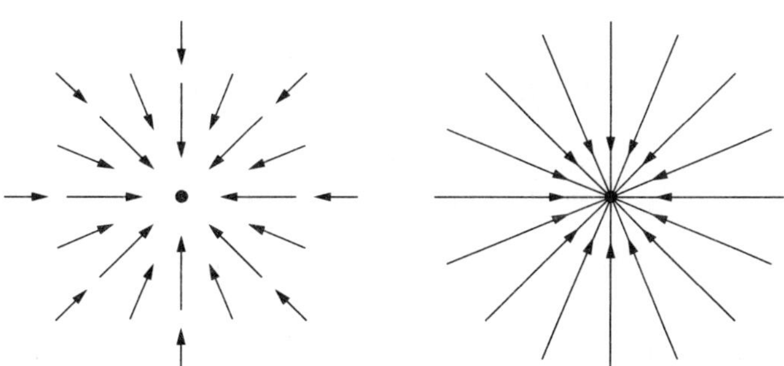

그림 9.7 ▌ 힘 벡터는 왼쪽에 나타냈다. 힘의 세기는 화살표의 길이로 나타낸다. 오른쪽 그림에서 장선은 힘의 방향을 주며, 장선의 밀도는 장의 세기에 비례한다.

## 9.6 중력장 방정식

퍼텐셜 에너지와 힘과의 관계는 $\boldsymbol{F} = -\nabla V$이다 (식 5.5). 이 식의 양 변을 $m$으로 나누면 중력장 $\boldsymbol{g}(\boldsymbol{r})$과 중력 퍼텐셜 $\Phi(\boldsymbol{r})$과의 관계식을 얻을 수 있다.

$$\mathbf{g} = -\nabla\Phi \tag{9.9}$$

(많은 책에서-특히 옛날 책-중력 퍼텐셜을 $\Phi$의 음수로 정의하고, 식 (9.9)와 동등한 관계식은 음의 부호를 갖지 않는다.)

gradient의 curl은 0이므로,

$$\nabla \times \mathbf{g} = -\nabla \times (\nabla\Phi) = 0$$

혹은

$$\nabla \times \mathbf{g} = 0 \tag{9.10}$$

이다. (여러분은 $g$가 보존장임을 알고 있기 때문에, 이 결과를 기대할 수 있다.)

$g$의 curl을 찾았으므로, $g$의 발산(divergence)을 구해보는 것은 타당하다. 몇몇 과정이 포함되므로, 주의 깊게 따라 해보기 바란다. 그림 9.8에 나타낸 바와 같이 질점 M을 고려하고, 질점 둘레에 표면 S를 그려라. $dS$를 표면의 매우 작은 면적소라고 하자. $\hat{n}$은 $dS$에 수직인 단위벡터로, $\boldsymbol{r}$은 $M$에서 $dS$로의 벡터로 잡자.

면적소 $dS$의 위치에서 $M$의 중력장은

$$\mathbf{g} = -\frac{GM}{r^2}\hat{\mathbf{r}}$$

이므로,

$$\mathbf{g}\cdot\hat{\mathbf{n}} = -\frac{GM}{r^2}\hat{\mathbf{r}}\cdot\hat{\mathbf{n}} = -\frac{GM}{r^2}\cos\theta$$

이다. 여기서 $\theta$는 $\hat{r}$과 $\hat{n}$ 사이의 각이다(그림 9.8을 보아라).

$M$에서 $dS$에 의해 마주보는 solid angle[6] $d\Omega$는

6) solid angle은 원뿔의 꼭짓점에 형성된 각이다. 점 $O$를 원점에 두고, 면적 $dA$의 면을 중심에서 거리 $r$에 두자. $dA$가 $r$에 수직이면, 점 $O$에서 $dA$의 마주보는 solid angle은 $d\Omega = dA/r^2$이다. solid angle의 단위는 steradians이다. 식 (9.11)의 적분에서 보듯이 구 껍질의 중심에서 어떤 점의 구 껍질에 마주보는 solid angle은 $4\pi$이다.

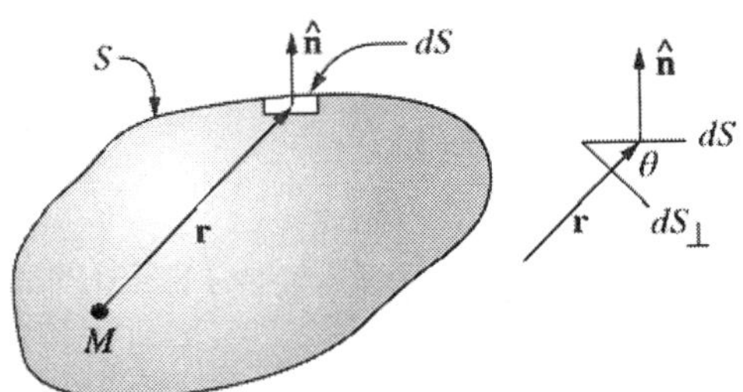


그림 9.8 ‖ 질점 M을 포함하는 폐곡면 S. 단위벡터 $\hat{n}$은 표면의 극한소 부분, dS 위치의 면적에 수직이다. $dS_\perp$는 $dS$를 $r$상에 수직으로 투영한 것으로 잡자. $d\mathbf{S}\cdot\hat{r} = dS\hat{n}\cdot\hat{r} = dS\cos\theta = dS_\perp$이다. 오른쪽 그림은 $dS$와 $dS_\perp$을 나타낸다. 각도 $\theta$는 r 방향의 벡터와 $\hat{n}$ 사이의 각, 혹은 $dS$와 $dS_\perp$ 사이의 각과 같다.

$$d\Omega = \frac{dS_\perp}{r^2} = \frac{dS\cos\theta}{r^2} \tag{9.11}$$

임에 주목하자. 여기서 $dS_\perp$는 $dS$를 $r$상에 수직으로 투영한 것이다. 다음으로 표면적분을 고려하자.

$$\begin{aligned} I &= \oint_S \mathbf{g}\cdot\hat{\mathbf{n}}dS = -\oint_S \frac{GM}{r^2}\cos\theta dS \\ &= -GM\oint_S \frac{dS\cos\theta}{r^2} = -GM\oint_S d\Omega \\ &= -4\pi GM \end{aligned}$$

이 결과는 매우 흥미로운 것이다. 표면적분 $I$는 표면 안쪽의 질량 M에 비례한다는 것을 말한다. 이 사실 자체가 그렇게 놀라운 것은 아니다. 그러나 결과는 또한 질량이 폐곡면 안쪽에 있다면, 그것이 어디 있느냐는 상관이 없다는 것을 말하고 있다. $S$안쪽에 몇 개의 질량 ($m_1$, $m_2$, ...)이 있다면, 중첩의 원리에 의해서,

$$\oint_S \mathbf{g}\cdot\hat{\mathbf{n}}\,dS = -\sum 4\pi G m_i = -4\pi G\sum m_i = -4\pi G M_{\text{enc}} \tag{9.12}$$

이다. 여기서 $M_{enc}$는 $S$로 둘러싸여 있는 총 질량이다. 다음 식

$$\oint_S \mathbf{g}\cdot\hat{\mathbf{n}}\,dS = -4\pi G M_{\text{enc}}$$

은 Gauss의 법칙이라 부른다. 이 식은 특히 정전기학 공부에서 유용하다.

질량이 폐곡면 $S$를 경계로 하는 부피 $V$ 안에서 연속적으로 분포한다고 가정하자. 질량요소는 $\rho d\tau$이므로, 둘러싸인 질량은 $M_{enc} = \int_V \rho d\tau$이다. 따라서,

$$\oint_S \mathbf{g} \cdot \hat{\mathbf{n}}\, dS = -\int_V 4\pi G\rho d\tau \tag{9.13}$$

이다. 벡터해석학 시간에 어떤 벡터 $\boldsymbol{A}$에 대해 다음과 같은 가우스의 발산 정리를 배웠던 것을 기억할 지도 모른다.

$$\oint_S \mathbf{A} \cdot \hat{\mathbf{n}}\, dS = \int_V \nabla \cdot \mathbf{A}\, d\tau \tag{9.14}$$

식 (9.13)의 좌변을 $\int_V \nabla \cdot \boldsymbol{g} d\tau$로 바꾼다면 다음과 같이 쓸 수 있다.

$$\int_V \nabla \cdot \mathbf{g}\, d\tau = -\int_V 4\pi G\rho d\tau$$

혹은

$$\nabla \cdot \mathbf{g} = -4\pi G\rho \tag{9.15}$$

그러므로, $\boldsymbol{g}$의 발산은 질량 밀도 $\rho$에 비례한다. Helmholtz 정리라 불리는 중요한 정리는 어떤 벡터 장에서 $\nabla \cdot \boldsymbol{g}$와 $\nabla \times \boldsymbol{g}$를 알면 $\boldsymbol{g}$를 결정할 수 있다는 것을 말한다. 이런 이유로, $\nabla \cdot \boldsymbol{g}$와 $\nabla \times \boldsymbol{g}$를 $\boldsymbol{g}$의 "근원(sources)"이라 한다. 식 (9.10)과 (9.15)는 중력장의 근원은 질량밀도 $\rho$임을 나타낸다. 다시 말해서, 질량은 중력장을 생성한다.

**예제 9.4**

가우스법칙을 사용하여 반지름 $a$이고, 일정한 선질량밀도 $\lambda$를 갖는, 무한히 긴 원통의 바깥쪽에서 중력장을 구하라.

**풀이:** 이 문제를 풀기 위해서 먼저 *가우스면*을 잡아야 한다. 이 면은 질량분포가 대칭적이고, 표면에서 $\boldsymbol{g} \cdot \hat{\boldsymbol{n}}$ 값이 일정하거나 0인 성질을 갖아야 한다. 적합한 가우스면은 길이 $L$이고, 반지름 $r$ $(r > a)$인 원통이다(그림 9.9).
이와 같은 "얇은 깡통" 옆면에서 장은 질량소의 축을 향하고, $\boldsymbol{g}$는 일정하다. 양끝 면에서 $\boldsymbol{g}$와 $\hat{\boldsymbol{n}}$은 서로 수직이다. 따라서 가우스의 법칙에 의해

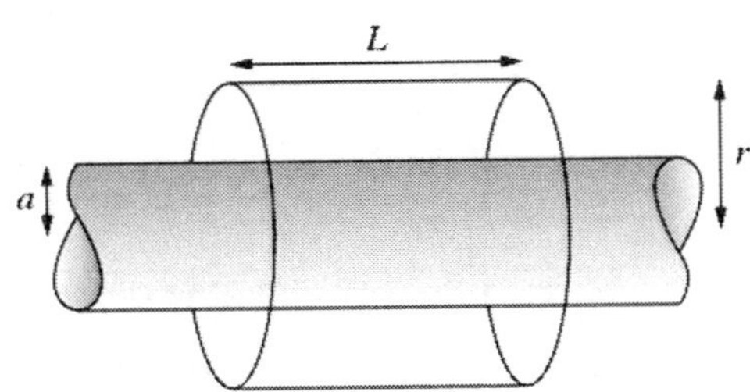


그림 9.9 ▌ 가우스면. 바깥쪽 원통은 원통 모양 물체의 중력장을 구하기에 적합한 가우스면이다.

$$\oint_S \mathbf{g}\cdot\hat{\mathbf{n}}\,dS = \int_{\text{side}} \mathbf{g}\cdot\hat{\mathbf{n}}\,dS + \int_{\text{ends}} \mathbf{g}\cdot\hat{\mathbf{n}}\,dS = -4\pi G M_{\text{enc}}$$

이다. 이제

$$\int_{\text{side}} \mathbf{g}\cdot\hat{\mathbf{n}}\,dS = -g\int dS = -g(2\pi r)L$$

이고,

$$\int_{\text{ends}} \mathbf{g}\cdot\hat{\mathbf{n}}\,dS = 0$$

이다.
가우스면에 둘러싸인 질량은

$$M_{\text{enc}} = \lambda L$$

이므로,

$$g = \frac{\lambda L}{2\pi r L} = \frac{\lambda}{2\pi r}$$

이고, 대칭의 성질에 의해 이것은 원통 축을 향하고 있으므로,

$$\mathbf{g} = -\frac{\lambda}{2\pi r}\hat{\rho}$$

이다. 여기서 $\hat{\rho}$는 원통좌표계에서 단위벡터이다.

❐ 연습 9.13

가우스법칙을 이용하여 한 질점의 중력장을 구하라.

❐ 연습 9.14

전기장(E)과 자기장(B)에 대한 맥스웰 방정식은

$$\nabla \cdot \mathbf{E} = \rho/\epsilon_0 \quad \nabla \times \mathbf{E} = -\frac{\partial \mathbf{B}}{\partial t}$$
$$\nabla \cdot \mathbf{B} = 0 \quad \nabla \times \mathbf{B} = \mu_0 \mathbf{J} + \epsilon_0 \mu_0 \frac{\partial \mathbf{E}}{\partial t}$$

와 같이 쓸 수 있다. 여기서 $\rho$는 전하 밀도이고, J는 전류 밀도이다. $\varepsilon_0$와 $\mu_0$는 상수이다. 전기장의 근원은 무엇인가? 자기장의 근원은 무엇인가?

## 9.7 포아송(Poisson)과 라플라스(Laplace) 방정식

$g = -\nabla \Phi$를 상기하자. 양 변에 발산을 취하면,

$$\nabla \cdot \mathbf{g} = -\nabla \cdot \nabla \Phi = -\nabla^2 \Phi$$

이다. $\nabla \cdot g = -4\pi G\rho$ 관계를 이용하면

$$\nabla^2 \Phi = 4\pi G\rho \tag{9.16}$$

을 얻을 수 있다. 이것을 "포아송 방정식"이라 부른다.

포아송 방정식은 해가 경계조건에 의해 결정되는 이차미분방정식이다. 질량이 없는 공간 영역에서 밀도 $\rho$는 0이므로, 포아송 방정식은

$$\nabla^2 \Phi = 0$$

로 쓸 수 있다. 이와 같은 중요하며 특별한 경우의 방정식을 "라플라스 방정식"이라 부른다.

대부분의 경우에 여러분은 $\rho = 0$인 공간, 예를 들어, 하나의 별 바깥쪽의 빈 공간에서 장을 구하고자 할 것이다. 그러나 별의 안쪽에서 $\Phi$를 구하고 싶다면 여러분은 포아송 방정식을 풀어야 한다.

포아송 방정식은 비동차(inhomogeneous) 미분방정식이므로, 해는 두 부분의 합으로 표현될 수 있다:

◆ 동차 미분방정식의 일반해 (라플라스 방정식)
◆ 비동차 미분방정식의 특정해 (포아송 방정식)

학부과정 전자기학 이론에서 여러분은 여러 다른 조건하에서 라플라스 방정식을 푸는 방법을 배울 것이다. 대학원 과정 전자기학 이론에서는 포아송 방정식을 푸는 여러 방법을 배울 것이다.

## 9.8 요약

*장*은 공간상의 어떤 주어진 영역내의 모든 점에서 결정될 수 있는 물리량으로 정의된다. $r'$점에 놓여 있는 질량 M인 입자에 의한 중력장 $g(r)$는 $r$점에 위치한 무한소 질점 m에 작용하는 힘

$$\mathbf{g}(\mathbf{r}) = \lim_{m \to 0} \left( \frac{\mathbf{F}}{m} \right) = -GM \frac{\mathbf{r} - \mathbf{r}'}{|\mathbf{r} - \mathbf{r}'|^3}$$

에 의해 정의된다.

연속체에 의한 장은 아래의 표현으로부터 계산하여 구할 수 있다.

$$\mathbf{g}(\mathbf{r}) = -G \int_{body} \rho(\mathbf{r}') \frac{\mathbf{r} - \mathbf{r}'}{|\mathbf{r} - \mathbf{r}'|^3} d\tau'$$

적분 계산을 하기 위해서, 대개는 주어진 문제에서 대칭성을 이용하여 벡터를 각 성분별로 나눌 필요가 있다.

중력 퍼텐셜 $\Phi(r)$은

$$\Phi(\mathbf{r}) = -G \int_{body} \frac{\rho(\mathbf{r}') d\tau'}{|\mathbf{r} - \mathbf{r}'|}$$

으로 주어진다.

장은 장선(그림 9.7에 나타낸 것처럼)을 그리거나, 등퍼텐셜 면을 그려 도식적으로 나타낼 수 있다.

헬름홀츠 정리(Helmholtz theorem)로부터 장의 기울기(gradient)나 컬(curl)로 정의되는 장의 "근원"을 안다면, 벡터장을 구할 수 있다. 중력장에 대해서:

$$\begin{aligned} \nabla \times \mathbf{g} &= 0 \\ \nabla \cdot \mathbf{g} &= -4\pi G\rho \end{aligned}$$

이다. 이 관계식의 첫 번째는 중력장은 보존이므로, 퍼텐셜을 정의할 수 있다는 것을 나타낸다. 두 번째식은 가우스법칙이며, 적분형으로 아래와 같이 표현된다:

$$\oint_S \mathbf{g} \cdot \hat{\mathbf{n}}\, dS = -4\pi G M_{enc}$$

여기서 $M_{enc}$는 면 $S$로 둘러싸인 질량이다. 이 식은 퍼텐셜에 의한 표현

$$\nabla^2 \Phi = 4\pi G\rho$$

으로 쓸 수 있다. 이것을 *포아송 방정식*이라 부른다. $\rho = 0$인 공간 영역에서 이 식은 아래의 라플라스 방정식이 된다.

$$\nabla^2 \Phi = 0$$

## 9.9 문제

**[문제 9.1]** 한 중성자별의 질량이 $10^{30}$ kg이고 반지름이 5 km이다. 별의 표면으로부터 20 cm 위의 높이에서 물체를 떨어뜨린다. 이 물체가 표면에 떨어지는 순간에 물체의 속력을 구하라.

**[문제 9.2]** 지구가 갑자기 멈추게 된다고 할 때, 지구가 태양과 충돌하는데 걸리는 시간을 계산해 보아라. 태양은 고정되어 있고, 이 계의 질량중심은 태양의 중심에 있다고 가정하자. 이 근사는 얼마나 적절한가?

**[문제 9.3]** 균일하고 완전한 구 모양의 반지름 $R$이고 밀도 $\rho$인 행성에 대해 원 궤도를 돌고 있는 표면이 매끄러운 (surface-skimming) 위성의 주기를 구하라. 또한 지름이 $2R$이고 밀도가 같은 다른 행성에 대한 이 위성의 주기를 구하라. 구한 결과에 대해 설명해 보아라.

**[문제 9.4]** 선질량밀도가 $\lambda$(단위 길이당 질량)인 무한히 길고 직선인 줄이 있다고 하자. 직접 적분을 하여 줄로부터 거리 $r$의 위치에서 중력장을 구하라.

**[문제 9.5]** 적분하여 길이 $L$, 반지름 $R$, 균일한 밀도 $\rho$인 대칭적인 원통의 축 상의 한 점에서 장을 찾아라. (힌트: 질량소를 무한히 얇은 원판으로 잡고, 예제 9.2의 결과를 이용하라)

**[문제 9.6]** 적분하여서 단위 면적당 질량이 $\sigma$인 평평한 무한 평면의 위쪽으로 거리 $r$만큼 떨어진 곳에서 중력장을 구하라. 예제 9.2의 결과를 이용하여 결과를 검토해 보아라.

**[문제 9.7]** 선질량밀도 $\lambda$인 무한히 긴 줄이 있다고 하자. 질량 $m$인 입자가 이 줄로부터 거리 $d$ 만큼 떨어져 있다. 이 입자에 작용하는 힘을 구하라.

**[문제 9.8]** 예제 9.3의 방법을 이용하여 질량 $M$이고, 반지름 $a$인 구 껍질 내부의 한 점에서 퍼텐셜과 중력장을 구하라. **답:** $g=0$이고, $\Phi = -GM/a =$상수

**[문제 9.9]** 예제 9.4의 질량을 갖은 원통이 일정한 질량밀도 $\rho$를 가질 때, 원통 안쪽의 한 점에서 중력장을 구하라.

**[문제 9.10]** 반지름 $R$이고, 질량밀도 $\rho$가 일정한 구가 안쪽에 반지름 $r(r=R/2)$인 구 구멍을 가지고 있다고 하자. 구멍의 중심은 구의 중심으로부터 $R/4$ 만큼 떨어진 곳에 있다. 질량 $m$인 한 입자가 구의 바깥쪽에 있으며, 큰 구의 중심으로부터 구의 중심과 구멍 중심을 잇는 선을 따라 $z$ 만큼 떨어져 있다. 입자에 작용하는 힘을 구하라. (Note: $z > R$)

**[문제 9.11]** 질량 $M$, 반지름 $R$인 한 행성이 있다. 이 행성은 구모양이고 밀도가 일정하다고 가정하자. 적분을 직접 하여 행성의 안쪽과 바깥쪽 모든 점에서 중력장과 중력포텐셜을 구하라(단, 퍼텐셜은 무한 점에서 0이고, 우주에는 다른 물체가 없다고 가정하자).

**[문제 9.12]** 은하의 가스구름이 아래와 같은 밀도를 가짐이 발견되었다고 가정하자.

$$\rho = \frac{Mb^2}{2\pi r(r^2+b^2)^2}$$

여기서 $M$과 $b$는 구름의 크기와 질량과 연관된 상수이다. 밀도는 무한대점까지 확장되어 있으나, 매우 먼 거리 $r$에 대해 밀도는 무한히 작다. $r$의 함수로 중력장과 중력 퍼텐셜을 구하라.

**[문제 9.13]** (a) 반지름 $a$, 질량 $m$인 링 축 상의 한 점에서 중력 퍼텐셜을 구하라. (b) 축에 대해 $\theta$의 각도를 이루며 링의 중심에서 $r$ 거리에 있는 축을 벗어난 점에서 이 링에 의한 퍼텐셜을 구하라. $r \gg a$를 가정하고, $(a/r)^3$이나 이보다 작은 항은 버릴 수 있다. 힌트: 방향이 $\theta_1$, $\phi_1$과 $\theta_2$, $\phi_2$로 표현되는 두 직선사이의 각도 $\gamma$는 $\cos\gamma = \cos\theta_1 \cos\theta_2 + \sin\theta_1 \sin\theta_2 \cos(\phi_1 - \phi_2)$로 주어진다.

**[문제 9.14]** 반지름 $R$, 질량 $M$인 밀도가 일정한 구의 안쪽과 바깥쪽에서의 중력 퍼텐셜을 구하라. 또한, $\Phi$와 $r$에 대한 그래프를 그려라. (정답: 구의 내부에서 퍼텐셜은 $\Phi = -GNr^2/R^3$이다.)

**[문제 9.15]** 지구의 지름을 따라 터널을 판다고 가정하자. 한 물체를 이 터널 안으로 떨어뜨릴 때, 이 물체는 단조화 운동을 한다는 것을 보이고, 이 운동의 주기를 구하라. (공기저항은 무시하자.) **답**: 주기는 84분이다.

**[문제 9.16]** 한 입자가 구 껍질 안쪽 임의의 점 P에 있다. 그림 9.10처럼 공통 꼭지점 P를 갖는 "이중 원뿔"을 만들었다. (a) 한 직선이 P점을 통과하며 중심들을 통과하도록 그려라(즉, 직선이 지름이다). 두 면적요소 $A_1$과 $A_2$에 의해 입자에 작용하는 중력은 0임을 보여라. (b) 점 P를 통과하는 어떤 직선에 대해 일반화하고 내부의 어느 점에서도 입자에 작용하는 알짜 힘은 없다는 것을 보여라. (이것은 뉴턴이 껍질의 안쪽에 있는 입자에 작용하는 힘은 없다는 것을 보였던 방법이다.)

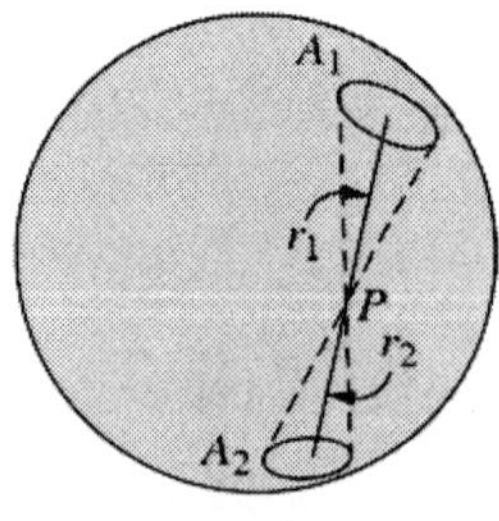


그림 9.10 ▌ 구 껍질

**[문제 9.17]** 가우스법칙을 이용하여 다음 경우에 안쪽과 바깥쪽에서의 장을 구하라. (a) 균일한 질량밀도의 구 (b) 동질의 구 껍질. 단, 두 경우 모두에 대해, 질량은 $M$, 반지름은 $R$R이라 하자.

**[문제 9.18]** 가우스법칙을 이용하여 반지름 $R$, 질량 밀도 $\rho$가 균일한 무한히 긴 원통의 안쪽과 바깥쪽에서 장을 구하라. 축으로부터 거리 $r$로 답을 표현해 보아라.

**[문제 9.19]** 가우스법칙을 이용하여 표면질량밀도 $\sigma$인 무한 평면의 위와 아래에서 장을 구하라.

**[문제 9.20]** 무한 평면은 일정한 중력장을 일으킨다. 그리고 질량 $M$인 구는 뉴턴의 만유인력의 법칙에 의해 주어지는 중력장을 일으킨다. 토성과 유사한 물체가 있다고 하자. 그러나 토성의 고리 대신에 구의 적도면이 질량이 균일하며 무한히 넓고, 질량밀도가 $\sigma$인 평면이라고 하자. 구의 반지름은 $R$이다. 질량 $m$인 입자를 구의 "북극"에서 높이 $h$ 위치로 움직이는 데 행해진 일을 구하라. ($h > R$). (중첩의 원리로부터 두 질량 분포의 장은 각각에 의한 장의 벡터 합이다.)

**[문제 9.21]** 공간상 어떤 영역에서 중력장은 $\boldsymbol{g} = -kr^3\hat{\boldsymbol{r}}$로 주어진다. 여기서 $k$는 상수이다. 질량밀도 $\rho$는 무엇인가? 장이 $\boldsymbol{g} = -(k/r^2)\hat{\boldsymbol{r}}$로 주어지면 $\rho$는 무엇인가?

**[문제 9.22]** 지구와 지름 200 m인 소행성이 충돌을 하면 광범위한 피해와 생명체의 죽음을 일으킬 것이다. 우주과학자는 접근하고 있는 소행성의 궤도를 빗겨나 가게 하는 방법을 고안하는데 관심이 있다. 최근에 두 NASA 공학자들은[7] 이런 소행성 근처에 우주선을 띄워 우수선과 소행성간의 중력을 이용하여 소행성을 끌고 가는 방법을 제안했다. 이런 "중력 견인차"는 소행성으로부터 거리 d 만큼 떨어져 상공을 날고 있을 것이다. 견인차의 엔진은 소행성의 표면을 날리지 않도록 그림 9.11과 같은 방향으로 연료를 분사할 것이다. 각도 $\phi$는 로켓 분사 각도의 절반이다; 이 각도가 20°라고 가정할 지도 모른다. (a) 소행성의 중력에 의한 인력이 균형을 이루기 위해 필요한 최소의 밀어내기(Thrust)는

$$T = \frac{GMm/d^2}{\cos[\sin^{-1}(r/d) + \phi]}$$

7) E.T. LU and S.G. Love, "Gravitational tractor for towing asteroids," Nature, 438, 177–178, 2005

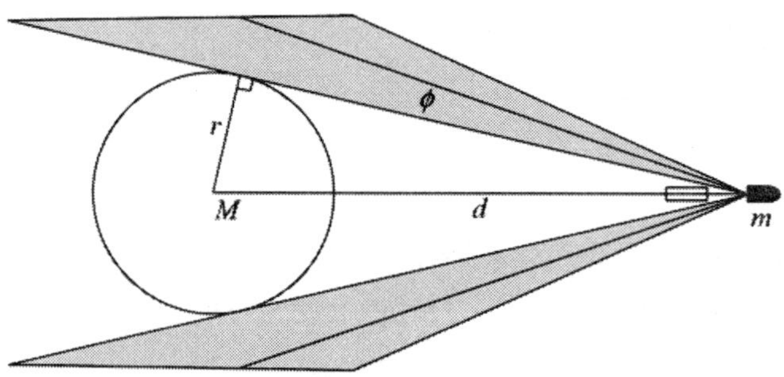


그림 9.11 ▌ 중력 견인차. 어두운 영역은 로켓 모터에서 나오는 배기가스이다. 이것은 소행성을 밀지 않도록 소행성으로부터 기울어져 있다. 각도 $\phi$는 배기가스의 절반의 각도이다.

임을 보여라. 여기서 $r$은 소행성의 반지름이다. (b) 20톤의 우주선이 $d = 2r$ 거리에서 날고 있다면, 반지름이 200 m($r$=100m)이고, 밀도가 $2\times10^3\,\mathrm{kg/m^3}$인 소행성에 대해 $T$값을 계산하여라. (c) 소행성에 주어지는 초당 속도의 변화는

$$\Delta v = Gm/d^2$$

임을 보여라.

## 컴퓨터 과제

**컴퓨터 기법. 수치 적분** 두 가지 간단한 수치 적분법을 "Trapezoidal Rule"과 "Simpson's Rule"이라 부른다. 이것들은 "Newton-Cotes 기법"이라 불리는 좀 더 일반적인 방법의 두 응용이다. 두 가지 방법 모두 여러분이 두 끝 점과 사이의 많은 점들에서 적분값을 안다는 가정을 한다.

trapezoidal rule은 피적분함수 $f(x)$은 "데이터" 점들 간에 선형적으로 변하므로, $x_{i+1}$에서 $f(x)$를 안다면,

$$\int_{x_i}^{x_{i+1}} f(x)dx = \frac{1}{2}(x_{i+1} - x_i)(f_{i+1} + f_i)$$

이다. $x$의 초기와 최종 값으로부터 총 적분은 이 항들의 합일 것이다. ($f(x)$ 곡선 아래의 면적은 사다리꼴(trapezoid)로 나눌 수 있음에 주목하자. $x$값들이 매우 가까이 있지 않으면 결과는 부정확하다.)

Simpson's rule은 일련의 3개의 동일한 간격 d로 분리되어 있는 점들에 대해 이차 피팅(fit)을 사용하는 것이다. 따라서

$$\int_{x_i}^{x_{i+1}} f(x)dx = \frac{d}{3}(f_i + 4f_{i+1} + f_{i+2})$$

이다. $x$ 값들의 숫자는 홀수일 것이다.

**[컴퓨터 과제 9.1]** 밀도가 $0 \leq r \leq 1$에 대해 $\rho(r) = 5r^3$으로 변하는 반지름 1 m인 구가 있다. 구의 질량을 9개의 동일 간격의 $r$값에 대해 해석적으로 그리고, trapezoidal rule과 Simpson's rule을 이용해 수치적으로 구하라. 또한, 세 가지 방법에 의해 계산한 결과를 비교하라.

**[컴퓨터 과제 9.2]** 초기 속력 3000 m/s으로 지구 표면으로부터 수직으로 쏘아올린 발사물의 위치와 속도를 구하는 컴퓨터 프로그램을 써 보아라. 시간에 대한 함수로 위치와 속도의 그래프를 그려보아라. 지구는 구로 가정하자. 공기의 저항, 지구의 회전, 다른 우주 물체들의 영향은 무시하고, 중력에 의한 가속도는 지구의 중심으로부터의 거리에 따라 변한다.

**[컴퓨터 과제 9.3]** 두 개의 동일한 질점에 대한 퍼텐셜을 그려라. (문제를 쉽게 하기 위해, 질량이 1인 단위계를 이용하고, 그들은 단위 거리로 분리되어 있고, 중력상수는 1이라고 가정하자.) 두 입자가 x-축 상에 놓여 있도록 할 수 있다.

**[컴퓨터 과제 9.4]** 한 변이 $10^5$ m인 정육면체 모양의 행성을 상상하자. 원점이 정육면체의 중심에 있고, 축들이 이 중심을 지나는 직각좌표계를 그려라. 원점으로부터 한 축을 따라 $10^6$ m 점에서 퍼텐셜에 대한 적분표현을 구하라. 적분을 하기 위한 컴퓨터 프로그램을 쓰고, 수치적 답을 구하라.

# 제 4 부

# 입자들의 역학

CHAPTER 10

# 중심력에 의한 운동

태양 둘레 행성의 궤도 운동은 뉴턴의 3가지 법칙으로 해석되는 첫 번째 중요한 문제들 중에 하나였다. 행성들을 태양 쪽으로 잡아당기는 중력은 *중심력*이다. 행성의 운동은 더 일반적인 문제인 중심력을 받아 움직이는 입자운동 행태의 중요한 한 예이다.

행성이나 위성의 운동에 대해 다루겠으나, 이 장에서 배울 방법(기법)들은 모든 종류의 중심력에 적용 가능하다. 이 장에서 여러분은 천체에 있는 물체의 운동을 지배하는 법칙을 배우고, *유효 퍼텐셜*(effective potential)의 개념을 접하게 되며, 물리학 문제를 해결하는데 있어 *운동 상수들*(constants of the motion)이 어떻게 활용되는 지를 배울 것이다.

역사적으로 행성의 운동은 세 가지 경험(실험)적인 법칙에 의해 기술될 수 있다는 케플러의 이해로부터 궤도 운동의 정량적인 해석이 시작되었다. 이 장에서 지적하고자 하는 중요한 점은 케플러의 행성 운동 법칙은 뉴턴의 운동법칙으로부터 유도될 수 있다는 것이다. 실제로 뉴턴의 법칙으로부터 케플러의 법칙을 매우 깊이 이해할 수 있다. 이와 같은 뉴턴의 아이디어 적용은 뉴턴 시대의 “자연철학자들”에게 놀라움과 흥분을 주었고, 과학사에서 가장 중요한 사건 중에 하나였다.[1)]

1) 이 장의 많은 내용은 천체역학의 기초들이다. A. E. Roy, Orbital Motion, Adam Hilger Press, Bristol, 1988, and J. M. A. Danby, Fundamentals of Celestial mechanics, Willmann-Bell Press, Richmond, 1992.을 포함한 많은 좋은 천체역학 책들이 있다. 특히 최근에 저술된 C. D. Murray and S. F. Dermott, Solar System Dynamics, Cambridge University Press, 1999은 좋은 책이다.

## 10.1 Johannes Kepler(선택적 역사적 기고)

요하네스 케플러(Johannes Kepler)는 1571년부터 1630년까지 살았다. 그는 독일의 작은 마을의 가난한 가정에서 태어났다. 아버지는 직업군인으로서 대부분을 집을 떠나서 지냈고, 어머니는 화를 잘 내는 성격으로, 노년에는 마녀로 비난받았던 여자였다. 케플러는 불행한 어린 시절을 보냈다고 말할 수 있다. 그럼에도 불구하고, 그는 지적이고 뛰어난 학생이었다. 그 지역을 통치했던 왕자는 그를 루터의 신학교에 공부를 할 수 있도록 보내 주었다. 결국 케플러는 Tübingen 대학을 졸업했다. 원래 그는 신학을 공부할 계획이었으나, 신학교의 직분 자들은 그가 성직자로 적합하지 않다고 설득하였다. 조언자들의 도움으로 그는 오스트리아 그라츠(Graz, Austria)에서 수학을 가르치는 직분을 얻었다. 그는 조용하고 내성적인 성격의 소유자였고, 가르치는 것에는 별로 흥미가 없었다; 사실 그는 아마 형편없는 교수였을 것이다. 왜냐하면 그는 순간 떠오른 아이디어를 조용히 생각하느라, 자신의 수업을 망친다는 평을 받고 있었기 때문이다.

그라츠에서 케플러는 그의 인생 경로를 바꾸는 하나의 아이디어를 얻었다. 그에게 강박관념이 되었던 이 아이어는 신의 마음을 엿보는 것 (그의 생각)이었다: 우주의 기본 구조를 보는 것. 말하자면, 왜 단지 5개의 행성만이 있고, 그것들은 태양 둘레를 그것들의 특정한 궤도상에 있는가가 그에게는 의문이었다. 케플러의 마음에 갑자기 떠오는 영감이 있었다: 단지 5개의 "완벽한" 입체가 존재하기 때문에 오직 5 개의 행성만이 있다 (지구를 제외하고). 그리고 그 행성들의 궤도는 그 완벽한 고체들이 서로에 대해 갇혀 있을 때, 그 입체들을 외접하는 구에 해당한다.

그 "완벽한" 입체들(혹은 "단순 다면체")은 정다각형으로 이루어진 기하적인 그림이다. 정다각형은 변의 길이가 같다. 예를 들어, 사면체(혹은 등변 피라미드)는 4개의 정삼각형으로 이루어져 있다. 정육면체는 6개의 정사각형으로 되어 있다. 유사하게 팔면체는 정삼각형으로 이루어진 8 개의 면을 가지고 있다. 20면체는 20개의 정삼각형으로 되어 있고, 12면체는 12개의 오각형으로 구성되어 있다. 많은 다른 입체들은 다면으로 만들 수 있다; 예를 들어, "축구공" 형태는 오각형과 육각형으로 만들 수 있다. 이것이 탄소-60 구조이다. 이 구조는 "Bucky balls"이라 불리는데, 이구조의 성질을 연구한 Buckminster Fuller를 기념하는 이름이다. 그러나 면들이 정다각형의 한 종류로 이루어진 "완벽한" 입체는 오직 *5*개만이 존재한다. 그런 입체는 *단지* 5개만이 존재한다는 매우 깔끔한 증명이 있다; 이 증명에 대한

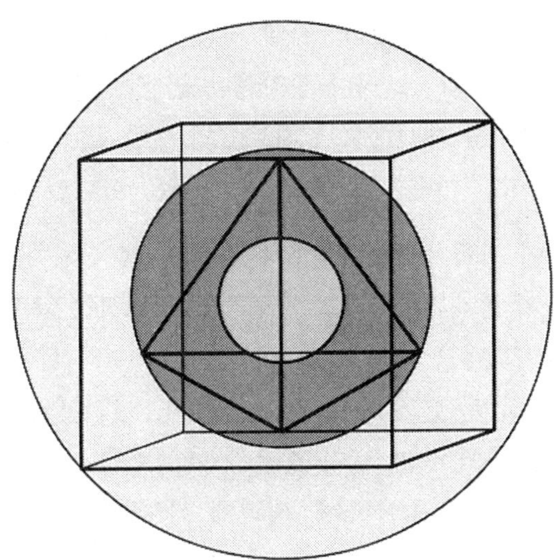

그림 10.1 ▌ 구와 내섭 및 외섭하여 갇혀 있는 정사면체와 정육면체. 케플러의 모델에 의하면 갇힌 완벽한 입체들 (가장 안쪽에서 바깥쪽으로)은 팔면체, 이십면체, 십이면체, 정사면체, 정육면체이다.

것은 고대 그리스로 거슬러 올라갈 수 있다. 흥미가 있다면, Carl Sagan[2]이 쓴 Cosmos(코스모스)에 이것이 재현되어 있다.

완벽한 입체들은 다른 것 안쪽에 하나가 있고, 서로는 구에 의해 외접되어 있을 때, 태양이 시스템의 중심에 있고, 각 각 5개의 행성들은 외접하는 구의 반지름에 해당하는 반지름과 같은 반지름의 원 궤도로 태양 주위를 돈다는 것이 케플러의 아이디어였다. 케플러는 이런 갇힌 입체와 외접하는 구에 관한 모델을 정립하였으나, 그는 다섯 개의 (알려진) 행성들에서 태양으로부터의 거리에 대한 충분한 정보가 없었기 때문에 그의 이론을 증명하지는 못했다. 그림 10.1은 케플러의 모델에 있는 아이디어를 그려 놓은 것이다.

그 당시에 유럽에서 가장 좋은 천체에 관한 자료는 Tycho Brahe[3]라는 이름의 괴짜 덴마크 천문학자의 천문대에 있었다. 케플러는 그의 자료를 얻기 위해 Brahe를 방문하러 갔다. 그는 Brahe가 그의 놀라운 새로운 이론에 놀랄 것으로 확신했다.

2) Carl Sagan, Cosmos, Random House, New York, 1980, Appendix 2.

3) 티코 브라헤 (Tycho Brahe: 1546-1601)은 Hven의 덴마크 섬의 Uraniborg에 관측소를 세웠다. 유럽 전역으로부터 젊은 보조자들이 Uraniborg로 몰려 왔고, 여기에서 그들은 낮에는 화학 실험을 수행했으며, 밤에는 하늘을 관찰하였다. Uraniborg는 "큰 과학"에 포함된 최초의 연구기관으로 기술되어지고 있다. 전체 이야기를 위해서 John Robert Christianson에 의해 써지고, Cambrige University Press, 2000에 출판된 "On Tycho's Island: Tycho Brahe and his assistants, 1570-1601"를 읽어 보아라. 그 당시 케플러가 그를 방문하였을 때, 브라헤는 Prague로 이사했었다.

그러나 Brahe는 놀라지 않았다. 사실 처음에 Brahe는 케플러가 자료 보는 것조차 허락하지 않았을 것이다! 그러나 브라헤는 곧 케플러가 우수한 수학자라는 것을 간파했고 화성의 궤도를 계산하도록 자료들의 작은 일부분에 대해 작업하도록 제안했다. 이것은 케플러가 마음으로 하고자 한 것은 아니었으나, 마지못해 찬성하였다.

아마도 이것이 과학에 있어 최초의 "대학원생-교수" 관계였을 것이다. 그 때에도 똑같은 형식이 존재했다. 젊고 열정적인 과학자는 교수의 지식과 자료의 공유를 허락받고자 하는 희망을 가지고 정평이 있는 교수의 실험실로 성지 여행을 떠난다. 여러분도 지금부터 몇 년 안에 할지도 모른다. 여러분의 지도교수와 여러분의 관계가 케플러와 티코와의 관계 보다 좋은 관계이기를 바란다. 그들은 결코 잘 지내지 못했다. 티코는 파티를 좋아하여, 저녁에 식사하고, 술마시고, 흥청대기를 좋아한 반면 케플러는 엄숙하고, 다소 엄격하였으며, 결코 Tycho의 생활방식에 찬성하지 않았다.

공동연구가 시작되고 몇 년 후에, 티코는 죽었다. (흥청대는 술자리에서 방광 파열로 죽었다는 소문이 있다.) 케플러는 티코의 왕실 천문학자로써의 지위 뿐 만 아니라 데이터 모두를 물려받았다. 오랜 분석 후에, 매우 놀랍게도 케플러는 티코의 데이터가 그의 장대한 이론을 뒷받침하지 못한다는 것을 알게 되었다. 사실, 이 데이터는 행성의 궤도는 원 궤도가 아닌 타원궤도였다! 케플러는 내접한 완벽한 입체들 간의 타원 궤도를 넣어서 이론을 수정하고자 하였다. 그러나 잘 되지 않았다. 케플러가 죽은 후 몇 년 뒤에 천왕성과 해왕성이 발견되었기 때문에 그는 결코 행성이 5 개 이상이 있다는 것을 알지 못했다. 새로운 행성들이 발견되었을 때, 케플러의 이론은 단지 역사적인 하나의 괴벽(oddity)이 되었을 뿐이었다. 케플러의 일생은 물리학자들에게 교훈적인 사건들로 가득 차 있다. 과학에 대한 그의 매우 가치 있는 기여는 티코 브라헤의 관찰을 분석하고 종합했던 것이다. 그가 실험적으로 일치하지 않는 아름다운 이론으로 괴로웠다는 것을 살펴보는 것은 흥미롭다. 어떤 이론이 얼마나 아름답던, 그것이 실험적인 측정과 일치하지 않으면, 그 이론은 버려져야 한다! 물리학자로서 여러분은 결코 여러분의 이론이 승리하도록 두면 안 된다. 물리학은 물리적인 우주를 연구하는 것이다. 그리고 물리학은 물체들이 행동하는 방법을 결정하는 자연이다. 데이터가 그의 이론에 맞지 않았으나, 케플러가 데이터를 존중하고 믿었던 것은 케플러의 가장 큰 명예이다.

## 10.2 케플러의 법칙

케플러에 의해 종합된 티코의 행성 운동에 대한 데이터는 세 가지 사실로 표현될 수 있다. 이는 현재 케플러의 행성 운동에 관한 법칙으로 알려져 있다.

1. 행성의 궤도는 태양을 한 초점으로 하는 타원이다.
2. 행성의 반지름 벡터 (태양-행성을 잇는 선)는 같은 시간에 같은 면적을 쓸고 지나간다.
3. 행성 주기의 제곱은 타원 궤도의 장축 반지름의 세제곱에 비례한다.

이 법칙들은 행성운동에 관한 세 가지 사실을 표현한다. 그것들은 "실험적 법칙"이다. 즉, 위 사실들은 데이터를 통해 얻었으나, 이론적 근거는 없다. 케플러의 법칙은 행성의 운동을 기술하지만, 케플러 뿐 만 아니라 그 당시의 어느 누구도 왜 행성들이 이와 같은 운동을 하였는지 논리적인 설명을 할 수 없었다. 뉴턴은 만유인력의 법칙과 그의 운동 법칙을 그 문제에 적용하였고, 케플러의 법칙이 몇 가지 매우 기초적인 물리적 관계임을 보이는 데 멋지게 성공하였다. 뉴턴 시대의 다른 과학자들이 그를 경외했음은 놀라운 것이 아니다. 이 장에서 뉴턴이 무엇을 했는지 보일 것이지만 현대적인 방법을 사용할 것이다. 이 장의 마지막 부분에서 케플러의 법칙으로 다시 돌아 갈 것이다: 그 때에 여러분은 그것들에 대한 좀 더 깊은 가치를 알게 될 것이다.

## 10.3 중심력

케플러의 법칙을 이해하려는 시도로써, 두 번째 물체 (이것 역시 입자로 취급할 것이다)에 의한 중력을 받고 있는 한 입자의 운동에 대한 공부로부터 시작할 것이다. 문제를 단순화하기 위해, 두 번째 물체가 정지해 있다고 하자. 엄밀히 말하면, 이것은 사실이 아닐 수 있다; 두 입자들은 그들의 질량 중심에 대해 움직여야 한다. 그러나 한 입자의 질량이 다른 것에 비해 매우 크면, 그 무거운 입자의 가속도는 매우 작고, 극한에서 두 질량의 비가 무한대로 가면, 더 무거운 입자는 정지해 있는 것으로 생각할 수 있다.

예를 들어, 같은 질량을 갖는 두 별로 된 쌍성을 생각해 보자. 두 별은 그들의 질량중심 주위를 돈다. 그 질량중심은 두 별을 잇는 직선의 반에 있다. 이제 두 별

중 하나가 다른 것에 비해 질량이 매우 크다고 가정하자. 질량 중심은 무거운 별 가까운 쪽에 있을 것이다. 한 별이 다른 별에 비해 엄청나게 무겁다고 하면, 질량중심은 더 무거운 별의 중심에 있을 것이다. 또 다른 예로써, 우주왕복선과 지구를 생각하자. 이 두 물체는 그들의 질량중심 주위를 돌고 있다. 그러나 사실상 이 계의 질량중심은 지구의 중심에 있고, 지구는 정지해 있는 것처럼 여기는 것이 정당할 것이다.[4)]

좌표계의 원점을 질량중심에 두면 (거의 태양의 중심), 행성에 작용하는 힘은 원점으로 향하는 인력이다. 이 힘의 크기는 원점과 행성간의 거리의 제곱에 반비례한다. 원점을 향하거나 멀어지는 방향과 크기가 원점으로부터의 거리만의 함수인 힘을 *중심력*이라 한다. 일반적으로 중심력은 아래의 형태를 갖는다.

$$\mathbf{F} = f(r)\hat{\mathbf{r}}$$

여기서 $f(r)$은 힘의 크기($r$만의 함수)이고, $\hat{r}$는 반지름 방향의 단위벡터이다. 힘의 방향은 입자와 원점을 잇는 선을 따르는 방향이다. 두 가지 중요한 중심력은 질량 사이에 작용하는 중력과 전하 사이에 작용하는 정전기력이다.

중력은

$$\mathbf{F} = -\frac{Gm_1m_2}{r^2}\hat{\mathbf{r}}$$

으로 쓸 수 있고, 정전기력은

$$\mathbf{F} = \frac{Q_1Q_2}{4\pi\epsilon_o r^2}\hat{\mathbf{r}}$$

으로 쓸 수 있다. 다른 중심력들을 상상할 수 있다. 예를 들어,

$$\mathbf{F} = \frac{k}{r^5}\hat{\mathbf{r}}$$

이다. 이와 같은 힘들은 자연에 존재하거나, 존재하지 않을 지도 모른다. 그러나 이 힘을 수학적으로 해석할 수 있다. 이와 같은 해석이 불필요한 이론적인 연습에 불과한 것으로 보일지 모르나, 이런 학습은 실질적인 결과를 가져올 수도 있다. 예를

4) $\mu = m_1m_2/(m_1+m_2)$로 정의되는 유효질량(reduced mass)에 대한 논의를 상기하자. 6.7절을 보아라. 중심력 문제가 유효질량에 의해 다루어지면, 근사는 필요 없다. 얻어진 관계는 여기서 유도된 것과 일치한다. 단지 다른 것은 $m$이 $\mu$로 대체하고, $r$은 질량중심으로부터 거리가 아니라, 다른 물체로부터의 상대적인 위치라는 것이다.

들어, 첫째 근사(first approximation)로써, 분자들 간의 힘은 두 중심력의 합으로 표현될 수 있다. 이 "Lennard-Jones" 힘은 아래와 같은 퍼텐셜 에너지에 의해 표현될 수 있다.

$$V = -\frac{a}{r^6} + \frac{b}{r^{12}}$$

여기서 $a, b$는 상호작용에서 포함되는 특정 분자의 성질과 관련 있는 상수들이다. 그 힘 자체는 $\boldsymbol{F} = -\nabla V$로부터 얻어 진다.

*중심력이 작용하는 입자는 한 평면에서 움직일 것이다.* 다음의 논의를 고려한다면 이것은 명확한 것이다. 어떤 시간에 있어 입자는 위치 벡터와 속도 벡터로 정의되는 평면상에 있다. 입자가 이 평면을 벗어날 수 있는 유일한 방법은 그 평면에 수직인 방향의 가속도 성분을 갖는 것이다. 그러나 중심력에 대해서 힘은 $r$을 따라 놓여 있으므로, 평면에 수직인 방향의 가속도 성분은 없다.

중심력의 중요한 성질은 *중심력 작용 아래에서 운동하고 있는 입자는 일정한 각운동량을 갖는다*는 것이다. 정의에 의해, 입자의 각운동량은 $\boldsymbol{l} = \boldsymbol{r} \times \boldsymbol{p}$이다. 여기서 $\boldsymbol{r}$은 입자의 위치이고, $\boldsymbol{p}$는 선운동량이다. 7.2.2절로부터 각운동량의 시간에 대한 미분은

$$\frac{d\mathbf{l}}{dt} = \frac{d}{dt}(\mathbf{r} \times \mathbf{p}) = \mathbf{r} \times \mathbf{F}$$

이다. 중심력의 경우에, $\boldsymbol{F} = f(r)\hat{r}$ 이므로,

$$\begin{aligned} \frac{d\mathbf{l}}{dt} &= \mathbf{r} \times f(r)\hat{\mathbf{r}} = r\hat{\mathbf{r}} \times f(r)\hat{\mathbf{r}} \\ &= rf(r)(\hat{\mathbf{r}} \times \hat{\mathbf{r}}) = 0. \end{aligned}$$

이다. 결과적으로, 중심력에 있어 각운동량의 시간에 대한 미분은 0이다. 이것은 각운동량은 일정하다는 것을 의미한다. 이것을 살펴보는 또 다른 방법은 각 운동량의 시간에 대한 변화는 돌림힘과 같다는 것을 이용하는 것이다. 중심력은 입자에 돌림힘을 가할 수 없다. 이것이 사실이라는 것을 여러분은 확신해야 한다.

이 간단한 물리적인 논의로부터 *어떤* 중심력의 작용 아래에서 *어떤* 입자의 운동에 관한 중요한 보존법칙을 얻게 된다.

**각운동량은 일정하다.**

이것은 각운동량의 *크기*와 *방향* 모두 일정하다는 것을 의미한다.

각운동량이 일정하다는 것에 대해 좀 더 세련된 증명을 위해서, 중심력장, $f(r)\hat{\boldsymbol{r}}$이 작용하는 한 입자의 Lagrangian을 써 보자. 극좌표계에서 운동에너지는 $T=\frac{1}{2}m(\dot{r}^2+r^2\dot{\theta}^2)$이고, 퍼텐셜 에너지는 $V=-\int_{r_0}^{r}f(r)dr$이다. Lagrangian은

$$L=T-V=\frac{1}{2}m\dot{r}^2+\frac{1}{2}mr^2\dot{\theta}^2+\int_{r_0}^{r}f(r)dr$$

이다. $\theta$는 무시할 수 있는(ignorable) 좌표이기 때문에 $\partial L/\partial\dot{\theta}=$ 일정이다. 즉,

$$\frac{\partial L}{\partial\dot{\theta}}=mr^2\dot{\theta}=l=\text{constant}$$

중심력장 안에서 입자는 한 평면에서 움직인다는 또 다른 증명을 위해 각운동량은 일정하다는 사실을 사용할 수 있다. 입자가 위치 $\boldsymbol{r}$에 있고, 속도 $\boldsymbol{v}$를 갖는다고 가정하자. 이 두 벡터는 한 평면을 정의한다. 물론 이 입자는 이 평면 위에 놓여 있다. 벡터 외적의 정의에 의해 벡터 $\boldsymbol{r}\times\boldsymbol{v}$는 벡터 $\boldsymbol{r}$과 $\boldsymbol{v}$를 포함한 평면에 수직이다. 그러나 $\boldsymbol{l}=m\boldsymbol{r}\times\boldsymbol{v}$ 이므로, 벡터 $\boldsymbol{l}$은 $\boldsymbol{r}$과 $\boldsymbol{v}$를 포함하는 평면에 수직이다. $\boldsymbol{l}$=상수이므로, $\boldsymbol{r}$과 $\boldsymbol{v}$를 포함하는 평면에 수직은 상수이다. 따라서 입자는 일정한 평면에서 운동한다. 그림 10.2를 보아라.

입자의 운동은 한 평면에 놓여 있기 때문에, 입자의 위치를 정하기 위해서는 두 개의 좌표로 충분하다. 그 좌표는 $x$와 $y$, 혹은 $r$과 $\theta$일 수 있다. 좌표계의 원점은 대개 제일 먼저 정한다(정지해 있다고 가정하자).[5] 좌표들의 방향을 위해, 고정된 방향의 설정이 필요하다. 천문학자는 지구의 중심으로부터 "춘분점(The First Point in Aries)"이라 불리는 위치까지의 가상의 선을 선택한다.

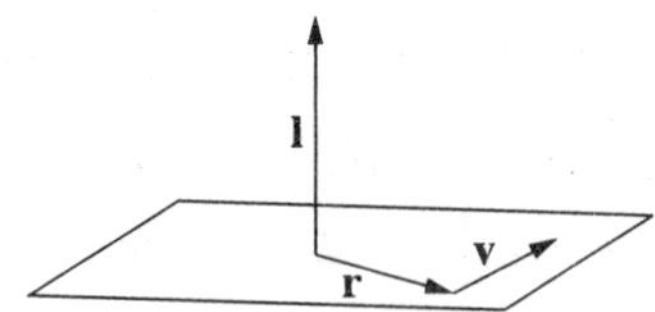


그림 10.2 ▌ 각운동량 벡터는 $\boldsymbol{r}$과 $\boldsymbol{v}$를 포함하는 평면에 수직이다. 각운동량은 상수이기 때문에 그 평면은 불변이다.

5) 천문학 용어에서 한 물체의 질량이 다른 것보다 매우 클 때, 질량이 큰 물체를 "primary(제1의 사물)" 이라 부른다. 대개 제1의 사물은 정지해 있다고 가정한다.

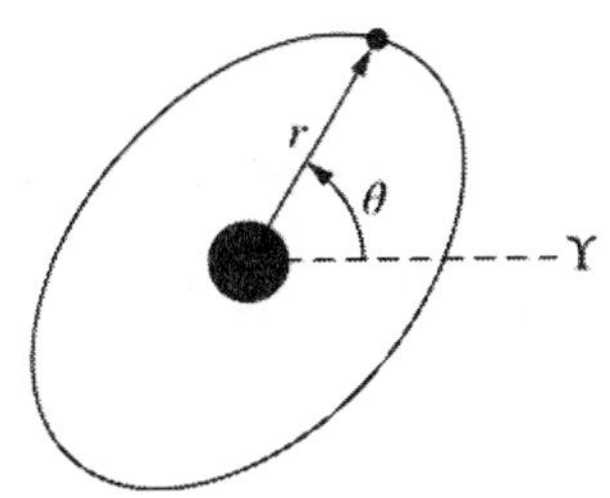


그림 10.3 ▌ 춘분점을 기준으로 한 지구 위성의 위치

그림 10.3에서 기호 ϒ은 공간에서 고정 선을 나타낸다. 극좌표에서 각 $\theta$는 ϒ로부터 측정한다. 직각좌표에서 대개 이 고정선을 따라 $x-$축을 정의한다. $y-$축은 궤도 평면에서 선택되며, $x-$축에 수직이다. $z-$축은 궤도에 수직이며 각운동량 벡터를 따라 존재한다. 많은 문제들에 대해, 좌표계를 관성계로 가정하는 것이 아주 안전하다.

5천 년 전에 춘분의 정오에 태양의 위치는 양의 별자리에 있었다. 지구의 회전축은 약 25,000년 주기로 세차운동을 하기 때문에 춘분의 정오에 태양의 위치는 변하였고, 현재에는 물고기자리에 있다; 수 백 년 안에 태양은 물병자리로 들어갈 것이다. 그러나 "First Point in Aries(춘분점)"라는 이름과 양의 뿔 모양인 기호 ϒ는 아직까지 공간에서 임의의 고정된 선을 나타내는 데 사용되고 있다. 지구 축의 세차운동으로 인해 12궁의 별자리의 위치가 이동하지만, 점성술사는 5000년 전의 값들을 이용한다는 것을 보면 매우 흥미롭다. 그러므로 태양이 물고기자리에 있을 때, 태어난 사람들은 자신들이 양이라 생각하고, 태양이 양의 자리에 있을 때 태어난 사람들은 그들이 황소라 생각하는 등....이다. 점성술이 어떤 유효성을 갖는다고 할 때, 이와 같이 점성술의 기호들의 혼동은 정말로 심각할 것이다!

**예제 10.1**

$r^3$에 반비례하는 중심력이 인력으로 작용하고 있는 원 궤도 상에 한 입자가 있다. 이 입자가 갖는 각운동량에 대한 식을 구하고, 각운동량이 일정함을 보여라.

**풀이:** 뉴턴의 제2법칙에 의해, $m\ddot{\mathbf{r}} = -f(r)\hat{\mathbf{r}}$이고, 원 궤도 안에 있는 한 입자에 대해,

$$\ddot{\mathbf{r}} = -r\dot{\theta}^2\hat{\mathbf{r}}$$

이다. (식 2.8을 보아라) 따라서,

$$-mr\dot{\theta}^2 = -f(r) = -\frac{k}{r^3}$$
$$mr^4\dot{\theta}^2 = k.$$

이다. $l = mr^2\dot{\theta}$ 이므로, 마지막 식으로부터

$$l = \sqrt{km}$$

을 얻는다. 여기서 $k$, $m$은 상수이다. 따라서 $l$도 상수이다.

**예제 10.2**

퍼텐셜 에너지가 $V(r) = kr^{n+1}$인 인력 장에 있는 한 입자를 생각하자. 주기적인 궤도에서 평균 운동에너지는 평균 퍼텐셜 에너지와 아래 같은 관계로 주어짐을 보여라.

$$\langle T \rangle = \frac{n+1}{2}\langle V \rangle$$

중력장에 적용해 보아라. (이것은 virial 정리의 특별한 경우이다.)

**풀이:** 이 문제는 운동에너지와 퍼텐셜 에너지의 평균값 사이의 관계를 구하라는 것이다. 어떤 물리량 (운동에너지 같은 양)의 시간에 대한 평균은

$$\langle T \rangle = \frac{1}{\tau}\int_0^{\tau} T(t)dt$$

이다. 주어진 문제를 위해서 $\tau$를 궤도 주기로 두는 것이 적절하다.
입자가 궤도상에 있다면, 한 주기 후에는 원래의 위치로 돌아오며, 처음과 똑같은 속도를 갖는다. 따라서 물리량 $\boldsymbol{p}\cdot\boldsymbol{r}$은 주기적으로 반복된다. 그 주기 함수를 $G(r) = \boldsymbol{p}\cdot\boldsymbol{r}$로 정의하자. $G$의 시간에 대한 미분의 평균을 고려하자:

$$\left\langle \frac{dG}{dt} \right\rangle = \frac{1}{\tau}\int_0^{\tau}\frac{dG}{dt}dt = \frac{1}{\tau}\int_0^{\tau}dG = \frac{1}{\tau}[G(\tau) - G(0)] = 0$$

그러나

$$\begin{aligned}\frac{dG}{dt} &= \frac{d}{dt}(\mathbf{p}\cdot\mathbf{r}) = \mathbf{p}\cdot\dot{\mathbf{r}} + \dot{\mathbf{p}}\cdot\mathbf{r} \\ &= m\mathbf{v}\cdot\mathbf{v} + \mathbf{F}\cdot\mathbf{r} = 2T - \nabla V\cdot\mathbf{r} \\ &= 2T - \frac{dV}{dr}r\end{aligned}$$

이다. $V = V(r)$이므로,

$$\left\langle \frac{dG}{dt} \right\rangle = \frac{1}{\tau}\int_0^{\tau}\left(2T - \frac{dV}{dr}r\right)dt = 0$$

이고,

$$2<T> - \left\langle \frac{dV}{dr} \right\rangle r = 0,$$

$$<T> = \frac{1}{2}\left\langle \frac{dV}{dr} \right\rangle r$$

이다. $V = kr^{n-1}$이기 때문에,

$$\frac{dV}{dr}r = (n-1)kr^{n-2}r = (n-1)kr^{n-1} = (n-1)V$$

과

$$\left\langle \frac{dV}{dr} \right\rangle r = (n-1)<V>$$

을 얻는다. 따라서,

$$<T> = \frac{n-1}{2}<V>$$

이다. 중력은 $\boldsymbol{F} = -(k/r^2)\hat{\boldsymbol{r}}$ 형태를 가지므로, $n = -2$이고,

$$<T> = -\frac{1}{2}<V>$$

이다. 운동에너지와 퍼텐셜 에너지사이의 이 관계식은 궤도역학 문제를 다루는데 있어 매우 유용하다. virial 정리는 열역학과 통계역학에 응용에 있어 중요하다.

---

**❐ 연습 10.1**

$\boldsymbol{F} = -\nabla V$을 이용하여 Lennard-Jones 힘에 대한 표현을 얻어 보아라. 이 힘이 인력에서 척력으로 바뀌는 $r$의 값을 구하라.

**답:** $\boldsymbol{F} = -\hat{\boldsymbol{r}}\left(\frac{6a}{r^7} - \frac{12b}{r^{13}}\right)$

---

**❐ 연습 10.2**

$V = -\int_{r_0}^{r} f(r)dr$를 이용하여 중력, 정전기력, 스프링에 의해 작용된 힘에 대한 퍼텐셜 에너지를 구하라. 그리고 적절한 $r_0$를 선택하라.

## 10.4 운동방정식

다음으로 해야 할 일은 행성의 운동방정식을 구하는 것이다. 두 가지 방법으로 구할 수 있다: 첫 번째로 뉴턴의 제2법칙을 이용하는 것이고, 두 번째로는 Lagrangian 기법을 적용하는 것이다.

질량 $m$인 입자 (행성)에 작용하는 힘은 뉴턴의 만유인력 법칙으로 주어진다.

$$\mathbf{F} = -\frac{GMm}{r^2}\hat{\mathbf{r}}$$

여기서 $M$은 인력이 더 큰 물체의 질량이며, 좌표계의 원점에 고정되어 있다고 가정하자. 위성(질량 $m$)의 운동방정식은

$$m\ddot{\mathbf{r}} = -G\frac{Mm}{r^2}\hat{\mathbf{r}}$$

혹은

$$\ddot{\mathbf{r}} = -\frac{GM}{r^2}\hat{\mathbf{r}} \tag{10.1}$$

이다. 제2장의 극좌표에서 가속도 $\ddot{r}$을 계산하였다(식 2.8을 보아라). 즉,

$$\ddot{\mathbf{r}} = (\ddot{r} - r\dot{\theta}^2)\hat{\mathbf{r}} + (r\ddot{\theta} + 2\dot{r}\dot{\theta})\hat{\boldsymbol{\theta}}$$

윗 식을 식 (10.1)에 넣으면,

$$(\ddot{r} - r\dot{\theta}^2)\hat{\mathbf{r}} + (r\ddot{\theta} + 2\dot{r}\dot{\theta})\hat{\boldsymbol{\theta}} = -\frac{GM}{r^2}\hat{\mathbf{r}}$$

을 얻는다. 이 식은 다음의 두 스칼라 식으로 분리된다.

$$\begin{aligned} \ddot{r} - r\dot{\theta}^2 &= -\frac{GM}{r^2} \\ r\ddot{\theta} + 2\dot{r}\dot{\theta} &= 0 \end{aligned} \tag{10.2}$$

이 식들은 결합된(coupled) 이차 상미분 방정식이다. 두 번째 식, "$\theta$-방정식"은 각운동량의 정의로 돌아가서 아래식을 상기하면 쉽게 해석된다.

$$\mathbf{l} = \mathbf{r} \times \mathbf{p} = \mathbf{r} \times m\mathbf{v}$$

평면 극좌표 계에서 속도는 $v = \dot{r}\hat{r} + r\dot{\theta}\hat{\theta}$(식 2.7을 보아라) 이므로,

$$\mathbf{l} = m\left[r\hat{\mathbf{r}} \times (\dot{r}\hat{\mathbf{r}} + r\dot{\theta}\hat{\boldsymbol{\theta}})\right]$$

이다. 이제 $\hat{r} \times \hat{r} = 0$과 $\hat{r} \times \hat{\theta} = \hat{k}$ 사실을 이용하여, 벡터 외적을 계산하자. 여기서 $\hat{k}$는 운동 평면에 수직이다. 따라서

$$\mathbf{l} = mr(r\dot{\theta})\hat{\mathbf{k}} = mr^2\dot{\theta}\hat{\mathbf{k}} \tag{10.3}$$

을 얻을 수 있다. 위 식 자체가 유용한 식이다. 그러나 위 식을 시간에 대해 미분하면 더욱 유용한 식을 얻을 수 있다.

$$\frac{d\mathbf{l}}{dt} = \frac{d}{dt}\left(mr^2\dot{\theta}\right)\hat{\mathbf{k}}$$

중심력에 있어 각운동량은 상수이므로, $dl/dt = 0$이고, 위 식의 좌변은 0이다. 따라서

$$\begin{aligned} 0 &= \frac{d}{dt}\left(mr^2\dot{\theta}\right) = m\left(2r\dot{r}\dot{\theta} + r^2\ddot{\theta}\right) \\ &= mr\left(2\dot{r}\dot{\theta} + r\ddot{\theta}\right). \end{aligned}$$

이다. $m, r$은 둘 다 0이 아니므로,

$$r\ddot{\theta} + 2\dot{r}\dot{\theta} = 0$$

을 의미한다. 이것이 $\theta$에 관한 방정식이다! 그러므로 운동방정식의 $\theta$성분은 (식 10.2의 두 번째 식) 각운동량은 일정하다는 것을 말한다. 결과적으로 위의 식은 아래와 같은 등가 식으로 대체될 수 있다.

$$l = mr^2\dot{\theta} = \text{constant}$$

이 식은 또한 아래와 같이 $\dot{\theta}$에 대한 좋은 표현으로 쓸 수 있다.

$$\dot{\theta} = \frac{l}{mr^2} \tag{10.4}$$

$r$ 식에 있는 (식 10.2의 첫 번째 식) $\dot{\theta}$를 식 (10.4)의 표현으로 대치하면, 질량 $m$의 운동에 대한 아래의 식을 얻을 수 있다:

$$\ddot{r} - \frac{l^2}{m^2 r^3} = -\frac{GM}{r^2} \tag{10.5}$$

이 식은 단지 $r$만을 포함한다. 그러므로 각운동량의 보존은 운동방정식들을 *분리시킨다*. 위 식은 단지 하나의 변수 ($r$)만을 갖는다. 그래서 이것을 종종 " 1차원의 운동방정식"이라고 부른다. 그러나 운동은 이차원에서 일어나고 있다는 것을 기억해야 한다. 일단 $r = r(t)$에 대해 식 (10.5)가 풀리면, 식 (10.4)에서 이것을 이용하여 $\theta = \theta(t)$를 구할 수 있다.

이제 운동방정식을 구하기 위해 Lagrangian 기법을 이용해 보자. (같은 결과를 얻을 것이다.)

여러분이 알 듯이, Lagrangian은 $L = T - V$이다. 주어진 문제에서 $V$는 질량 $M$인 물체의 중력에 의해 끌리는 질량 $m$ 인 입자의 퍼텐셜 에너지이다. 식 (9.6)에 의해, $V$는

$$V(r) = -\frac{GMm}{r}$$

이다.

주어진 이차원 문제에 있어 운동에너지는 $T = \frac{1}{2}m(\dot{x}^2 + \dot{y}^2)$, 혹은 극좌표에서

$$T = \frac{1}{2}m\dot{r}^2 + \frac{1}{2}mr^2\dot{\theta}^2$$

이다. 그러므로 Lagrangian은

$$L = \frac{1}{2}m\dot{r}^2 + \frac{1}{2}mr^2\dot{\theta}^2 + \frac{GMm}{r}$$

이다. Lagrange 운동방정식은

$$\frac{d}{dt}\frac{\partial L}{\partial \dot{q}_i} - \frac{\partial L}{\partial q_i} = 0$$

형태임을 상기하자. 여기서 $q_i$는 $r, \theta$이다. 그러므로 우리는 아래의 두 개의 식을 얻는다.

$$\frac{d}{dt}\frac{\partial L}{\partial \dot{r}} - \frac{\partial L}{\partial r} = 0$$

과

$$\frac{d}{dt}\frac{\partial L}{\partial \dot{\theta}} - \frac{\partial L}{\partial \theta} = 0\,.$$

편미분은 쉽게 계산된다. 여러분 스스로 아래의 두 운동방정식을 증명해 보아라.

$$\frac{d}{dt}(m\dot{r}) - mr\dot{\theta}^2 + \frac{GMm}{r^2} = 0 \tag{10.6}$$

과

$$\frac{d}{dt}\left(mr^2\dot{\theta}\right) = 0, \quad \text{or} \quad \frac{dl}{dt} = 0\,. \tag{10.7}$$

두 번째 식은

$$\dot{\theta} = \frac{l}{mr^2}$$

로 주어진다. 이 표현을 이용면, 식 (10.6)은

$$\ddot{r} - \frac{l^2}{m^2 r^3} = -\frac{GM}{r^2} \tag{10.8}$$

이다. 물론, 이것들은 뉴턴의 제2법칙을 이용하여 얻은 운동방정식에 관한 식 (10.4)와 식 (10.5)과 같다. 그러나 뉴턴의 제2법칙을 이용하는 것보다 Lagrangian을 이용하는 것이 얼마나 쉬운지에 주목하라.

**❐ 연습 10.3**

$T = \frac{1}{2}m\dot{r}^2 + \frac{1}{2}mr^2\dot{\theta}^2$을 유도하는 과정을 보여라.

**❐ 연습 10.4**

식 (10.6)과 식 (10.7)을 얻어라.

❐ 연습 10.5

질량 $m$과 고정된 점 사이에 작용하는 힘이 $\boldsymbol{F} = -kr\hat{\boldsymbol{r}}$로 주어진다고 가정하자. 여기서 $k$는 상수이다. Lagrangian과 운동방정식을 구하라. 이 계에서 각운동량은 보존인가?

**답:** $m\ddot{r} - mr\dot{\theta}^2 + kr = 0;\ \frac{d}{dt}(mr^2\dot{\theta}) = 0$

## 10.5 에너지와 유효 퍼텐셜

반지름($r$) 방향 좌표에 대한 운동방정식을 (두 번!) 얻었다(식 10.5). 시간의 함수로 $r$의 값과 초기조건을 얻기 위해 적분하는 과정이 예상될 것이다. 결국 이 과정을 수행하겠으나, 먼저 이 문제에서 에너지 보존의 원리가 우리에게 무엇을 알려주는지를 살펴보자. 중력은 보존력이기 때문에 총 역학적 에너지는 일정하다. 따라서,

$$\begin{aligned} E &= \text{constant} = T + V \\ &= \frac{1}{2}m(\dot{r}^2 + r^2\dot{\theta}^2) - G\frac{Mm}{r} \end{aligned}$$

이다. 그러나 $l = mr^2\dot{\theta}$이므로 $\dot{\theta}$를 $l/mr^2$로 대체하여 다음과 같이 쓸 수 있다.

$$E = \frac{1}{2}m\dot{r}^2 + \frac{m}{2}r^2\left(\frac{l^2}{m^2r^4}\right) - \frac{GMm}{r}$$

혹은

$$E = \frac{1}{2}m\dot{r}^2 + \frac{l^2}{2mr^2} - \frac{GMm}{r}. \tag{10.9}$$

"반지름 방향의 운동에너지"를 $\frac{1}{2}m\dot{r}^2$로, "유효 퍼텐셜 에너지" $V_{eff}$를 나머지 두 항으로 관련지으면, 윗 식은 $E = T + V$ 관계와 같은 것처럼 보인다. 여기서 유효 퍼텐셜 $V_{eff}$는[6)]

6) "유효 퍼텐셜 에너지"와 "유효 퍼텐셜" 용어는 상호 교환적으로 사용된다. (옛날 용어로는 "원심 퍼텐셜." 일반적으로 유효 퍼텐셜은 $l^2/2mr^2$과 퍼텐셜 에너지의 합으로 정의된다. 그러므로 원자핵 주위를 궤도운동하고 있는 전자는 유효 퍼텐셜

$$V_{eff} = \frac{l^2}{2mr^2} - \frac{e^2}{4\pi\epsilon_0 r}$$

를 가질 것이다.

$$V_{eff} = \frac{l^2}{2mr^2} - \frac{GMm}{r} \tag{10.10}$$

으로 주어진다. $V_{eff}$는 퍼텐셜 에너지처럼 보이고 작용하며, 오직 위치의 함수이다. 그러나 명백히 퍼텐셜 에너지는 아니다. 왜냐하면 이것은 실제로 운동에너지 항인 $l^2/(2mr^2) = \frac{1}{2}mr^2\dot{\theta}^2$를 포함하고 있기 때문이다.

유효 퍼텐셜을 이용하여 에너지 다이어그램을 그려보는 것이 도움이 될 것이다.[7] $V_{eff}$는 양의 항과 음의 항인 두 항의 합임에 주목하자. $r \to \infty$에 대해서 $V_{eff}$의 음의 항이 우세하다. 왜냐하면,

$$\left.\frac{1}{r}\right|_{r\to\infty} > \left.\frac{1}{r^2}\right|_{r\to\infty}$$

이기 때문이다. 한편, $r \to 0$에 대해서는 양의 항이 우세하다. 왜냐하면

$$\left.\frac{1}{r}\right|_{r\to\infty} > \left.\frac{1}{r^2}\right|_{r\to\infty}$$

이기 때문이다. 따라서 그림 10.4에 보인 것처럼 $r$에 대한 $V_{eff}$의 그림은 일반적인 모양을 갖아야 한다. 이 그림에 대해 공부해 보고 정성적으로 옳다는 것을 확신하자. 특히, $r \to 0$임에 따라 $V_{eff}$는 양의 값이며, $r \to \infty$에 따라 음의 값을 갖는다. 특히, $l^2/2mr^2$ 항은 $-GMm/r$보다 매우 가파르게 휘는 것에 주목하라. 또한 $r$은 오직 양의 값만을 가짐을 기억하라.

그림 10.5도 $r$에 대한 $V_{eff}$의 그림이다. 이 그림에서 유효 퍼텐셜은 아주 올바른 형태는 아니다. 왜냐하면 그림 10.4와 같은 그림에서는 이해하기 어려운 유효 퍼텐셜의 여러 가지 행태를 쉽게 이해할 수 있도록 그려 놓은 것이기 때문이다. 그림 10.5에서 $E_0$, $E_1$, $E_2$, $E_3$로 표기된 4가지 가능한 총 에너지를 볼 수 있다. 먼저 입자가 에너지 $E_1$을 갖는 경우를 생각해 보자. 식 (10.9)와 식 (10.10)으로부터

$$\frac{1}{2}m\dot{r}^2 = E - V_{eff} \tag{10.11}$$

을 얻을 수 있다.

---

7) 이번에 5.6절에 있는 에너지 다이어그램에 관한 내용을 복습하고자 할지 모른다.

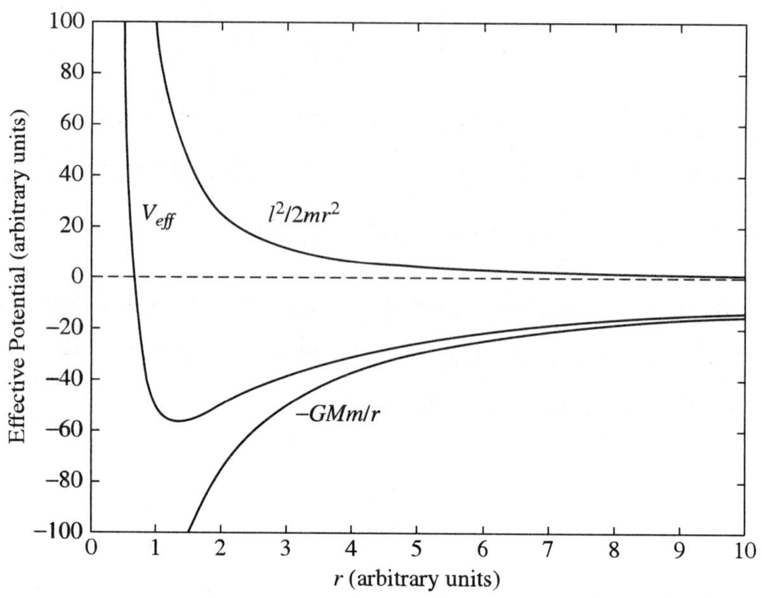


그림 10.4 유효 퍼텐셜 $V_{eff}(r)$은 양의 항과 음의 항의 합이다.

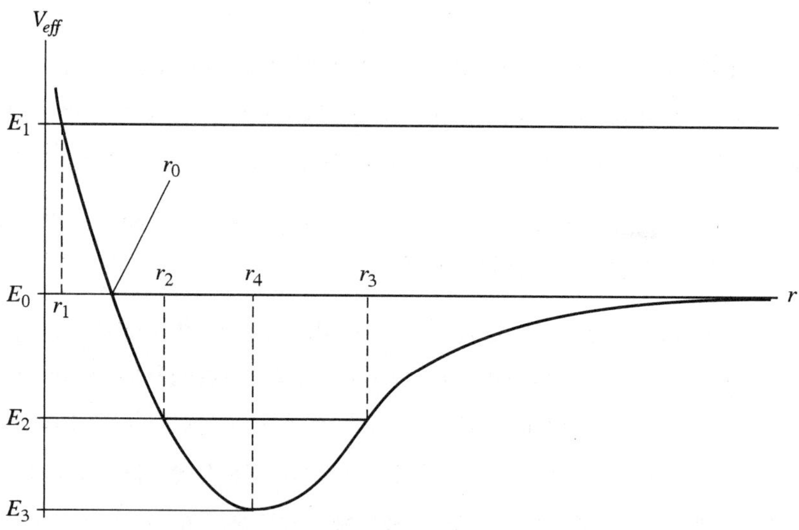


그림 10.5 유효 퍼텐셜의 에너지 다이어그램. 여러 총 에너지 값에 대한 변곡점(turning points)이 표시되어 있다.

$\frac{1}{2}m\dot{r}^2$은 결코 음의 값을 갖지 않기 때문에, 입자는 $E \leq V_{eff}$에 대해서 $r$의 위치를 가질 수 없다. 그림 10.5로부터 에너지가 $E_1$이면, $r \geq r_1$이다. 여기서, $r_1$은

가정 근접할 수 있는 점이다. 입자가 $r=\infty$ 에서 출발하여 $r_1$(변곡점)에 이를 때까지 점차 중심점 (primary)에 가까이 접근한 후에, 입자는 다시 무한 점으로 돌아가는 것을 상상할 수 있다.

이것은 그 운동을 완벽히 기술한 것은 아니라는 것에 유념해야 한다; 그것은 단지 반지름 방향의 운동을 기술한 것이다. 한편 입자는 또한 $\dot{\theta}=l/mr^2$ 의 속도를 가지고 $\theta$ 방향으로 운동한다. $r$ 방향의 거리가 감소함에 따라 각속도는 증가한다. 이는 케플러의 제2법칙과 일치한다. 그림 10.6에 도시해 놓은 바와 같이 양의 에너지 값에 대해서 입자의 운동궤도는 쌍곡선 모양이다. 무한대 위치에서 접근할 때, 태양에 접근함에 따라 속도가 빨라지고, 태양 주위에서 갑자기 맴돌아서, 무한대 위치로 되돌아가는 혜성의 궤도일 수 있다. (여기서 "무한대"는 태양으로부터 멀리 떨어진 곳, 예를 들어 많은 혜성들의 발생지로 믿어지고 있는 Oort 구름).

다시 에너지 다이어그램으로 돌아가서(그림 5), 식 (10.11)에 따라 속도 $(\dot{r})$의 반지름 방향의 성분은 아래와 같이 주어짐에 주목하자.

$$\dot{r}=\sqrt{\frac{2}{m}\left(E-V_{eff}(r)\right)} \tag{10.12}$$

그러므로, 반지름 방향 속도의 제곱은 $E-V_{eff}$에 비례한다. ($E-V_{eff}$은 운동에너지가 아님에 유의하자. "반지름 방향의 운동에너지"로 여길지도 모른다.) 에너지 다이어그램 (그림 10.5) 상에서 $E_1$에 있는 수평 선과 $V_{eff}$를 나타내는 굵은 선 사이의 거리는 $\dot{r}^2$에 비례한다. $r_1$점에서 $V_{eff}$ 값은 $E_1$ 이므로, $\dot{r}=0$이다. 즉, 변곡점에서 입자의 반지름 방향의 속도는 0이다. 이것은 완전히 논리적으로 맞다. 변곡점에서 속도의 각 방향 성분은 최대값을 갖는다. 왜냐하면 $r$값이 가장 작을 때, $r\dot{\theta}=(r)(l/mr^2)=l/mr$은 가장 큰 값을 갖기 때문이다.

그림 10.6 ▌ 쌍곡선 궤도에 있는 혜성이나 천체의 물체

다음으로 총 에너지가 0($E = E_0 = 0$; 그림 10.5를 봐라)인 경우를 고려해 보자. 이것은 양의 값의 "반지름 방향 운동에너지" $\frac{1}{2}m\dot{r}^2$가 음의 값 유효 퍼텐셜 에너지 $V_{eff}$와 크기가 같음을 의미한다. 그 입자의 운동은 $r = \infty$ 에서부터 $r_0$에 있는 변곡점까지 접근한 후에 $r = \infty$로 다시 돌아가므로, 에너지 $E_1$을 갖은 입자의 운동과 유사하다. 아래에서 보는 바와 같이, 주된 차이점은 에너지 $E > 0$에 대한 입자의 운동궤도는 쌍곡선인 반면, 에너지 $E = 0$에 대해서는 포물선이다. 포물선 궤도에서 입자의 반지름 방향 속도 ($\dot{r}$)는 변곡점과 무한대에서 0이다. 무한대에서 다가옴에 따라 $\dot{r}$은 증가하다가 $\sqrt{E - V_{eff}}$가 최대값을 갖는 $r_4$점에서 최대가 된다. 그 후에 점차 속도가 줄어 $r_0$점에서 0이 된다. 각속도는 $\dot{\theta} = l/mr^2$로 주어진다. (여러분은 입자가 무한대로부터 가장 가까운 점으로 접근했다가 다시 무한대로 돌아가는 것으로 각속도를 기술할 수 있어야 한다.)

입자가 그림 10.5에서 $E_2$로 나타낸 것과 같이 음의 총 에너지를 갖는다면, 운동은 아주 다르다; 이제 두 개의 변곡점이 존재하여, 입자는 $r = 0$이나 $r = \infty$로 갈 수 없다. 즉, 운동은 구속된다. 입자는 퍼텐셜 우물에 갇힌다. 입자가 $r_2, r_3$로 표시된 두 점 사이에서 앞뒤로 움직이면서, 변하는 각속도 $\dot{\theta}$를 가지고, 방위각방향($\theta$)으로 움직인다. 이것을 간단히 보이겠으나, 이와 같은 방사방향과 방위각 방향의 운동의 조합은 타원 형태의 운동궤도를 나타낸다.

마지막으로 입자가 가능한 최소의 총 에너지, $E_3$를 갖는다면, $\dot{r}$의 값은 항상 0이고, 입자는 반지름 방향의 위치 $r = r_4$에 있다. 이 운동은 원 궤도이다. 각속도는 $\dot{\theta} = l/mr_4^2 =$ 일정이다. 그러므로 입자는 일정한 각속도를 가지고 원운동을 한다.

입자가 갖는 에너지 값에 따라 입자의 운동궤도는 쌍곡선, 포물선, 타원, 원이다. 이것들은 원뿔의 단면이라고 부른다. 왜냐하면 그림 10.7에 나타낸 바와 같이, 이런 도형들은 원뿔을 여러 방법으로 잘라서 만들 수 있기 때문이다.

지금까지 중력이 작용하고 있는 두 물체의 운동을 살펴보았으나, 여기서 사용한 아이디어와 방법은 매우 일반적인 것이다. 따라서 어떤 종류의 중심력 문제, 예를 들어, 보어의 수소원자 모형에서 양성자 둘레를 돌고 있는 전자의 운동과 같은 문제에도 쉽게 적용할 수 있다.

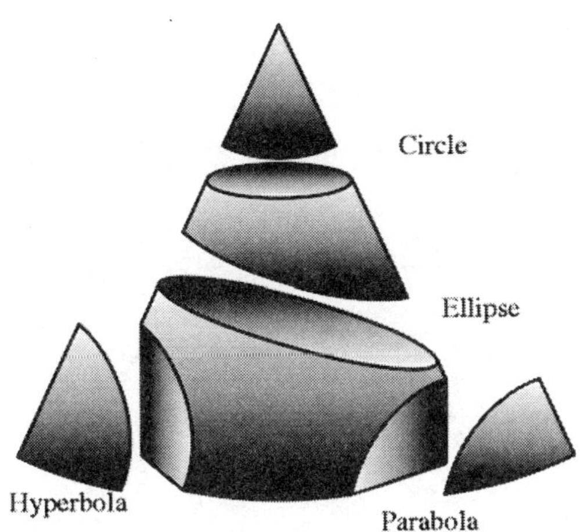


그림 10.7 ▌ 원뿔의 단면. 그림에서와 같이 원뿔을 자르면, 그 단면은 원, 타원, 포물선 및 쌍곡선의 한 쪽이 될 것이다.

❐ 연습 10.6

포물선궤도로 운동하고 있는 입자가 있다. 변곡점은 어디에 있는가?

**답:** $r_0 = l^2/GMm^2$

❐ 연습 10.7

보어의 수소 원자 모델에서 가장 낮은 궤도에 있는 전자는 각운동량 $l=\hbar$을 갖는다. 여기서 $\hbar$는 플랑크 상수를 $2\pi$로 나눈 것이다. 전자와 양성자의 정전기 퍼텐셜 에너지는 $V=-e^2/4\pi\epsilon_0 r$이다. 가장 낮은 궤도의 총 에너지 (역학적, 정전기적 에너지 합)는 $-(1/2)me^4/(4\pi\epsilon_0\hbar)^2$ 임을 보여라. 단, 원 궤도 운동이라 가정하자.

## 10.6 운동방정식의 풀이

방사($r$) 방향의 운동방정식 (10.5)은 아래와 같은 이차 상미분방정식 형태이다.

$$\frac{d^2r}{dt^2} = \frac{l^2}{m^2r^3} - \frac{GM}{r^2}$$

이 식을 풀기 위해서 3.6절에서 사용한 방법을 이용하여,

$$v = \frac{dr}{dt}$$

으로 쓰자. 여기서 $v$는 속도의 방사 방향 성분의 크기이다. 그러면,

$$\frac{d^2r}{dt^2} = \frac{dv}{dt} = \frac{dv}{dr}\frac{dr}{dt} = \frac{dv}{dr}(v) = v\frac{dv}{dr}$$

이고,

$$v\frac{dv}{dr} = \frac{l^2}{m^2r^3} - \frac{GM}{r^2}$$

이다. 결과적으로

$$\int vdv = \int \frac{l^2}{m^2r^3}dr - \int \frac{GM}{r^2}dr$$

이다. 양변을 적분하여,

$$\frac{1}{2}v^2 = -\frac{l^2}{2m^2r^2} + \frac{GM}{r} + C_1$$

을 얻을 수 있다. 여기서 $C_1$은 적분상수이다.

$v = \frac{dr}{dt}$ 이므로, 마지막 식은 아래와 같이 쓸 수 있다.

$$\frac{dr}{dt} = \sqrt{\frac{2GM}{r} - \frac{l^2}{m^2r^2} + 2C_1}$$

변수분리법을 사용하면,

$$\frac{dr}{\sqrt{\frac{2GM}{r} - \frac{l^2}{m^2r^2} + 2C_1}} = dt \tag{10.13}$$

이다.

다시 적분에 의해 두 번째 적분상수($C_2$)를 도입하면 아래 형태의 표현이 된다.

$$t = t(r, l, C_1, C_2) \tag{10.14}$$

이것은 $t$를 $r$의 함수(그리고 3 개의 상수)로 표현한 것이다. 잘못된 것은 없으나, 실제로 우리가 풀고자 하는 것은 $r$을 $t$의 함수로 구하는 것이다. 그러므로 마지막 단계로 식 (10.14)를 뒤바꾸어

$$r = r(t, l, C_1, C_2)$$

을 얻는다. 이 마지막 단계는 대수적으로 복잡하지만 개념적으로 어떤 난해함을 나타내지는 않는다.

다음의 해석은 두 번 적분과 두 상수 $C_1$과 $C_2$를 도입하여 직접적으로 운동방정식의 해를 구하는 것이다. 유사하지만 다른 접근방법인 에너지 방정식을 이용하는 것이다. 이 접근 방법은 아래 형태로 쓰인 식 (10.12)로 시작하자.

$$\frac{dr}{dt} = \left[\frac{2}{m}\left(E - \frac{l^2}{2mr^2} + \frac{GMm}{r}\right)\right]^{\frac{1}{2}} \tag{10.15}$$

이것은 "임의의" 상수 $C_1$이 총 에너지에 비례한다는 것을 제외하고는 식 (10.13)과 같다는 것을 알 수 있다. 식 (10.15)는 다음의 정적분을 유도한다.

$$\int_{r_0}^{r} \frac{dr}{\sqrt{\frac{2}{m}\left(E - \frac{l^2}{2mr^2} + \frac{GMm}{r}\right)}} = \int_0^t dt = t$$

다시 말해서,

$$t = t(r, r_0, E, l)$$

이다. 원리적으로 이식은

$$r = r(t, r_0, E, l)$$

로 바꿀 수 있다. 위의 해에서, 총 에너지 $E$와 각운동량 $l$은 임의의 상수들이다. 임의의 상수항을 사용한 것에 유의하자. 이와 같은 상수들은 미분방정식에서 어떤 값을 갖더라도 해를 만족시킨다는 의미에서 임의이다. 그러나 특별한 문제에서 이 상수들은 임의라고는 할 수 없다! 간단한 운동학 문제에서 상수들은 대개 초기 위치와 속도 값들이다. 앞에서 다루었던 좀 더 복잡한 문제에 있어서는 에너지와 각운동량과 같은 상수들이다.

□ 연습 10.8

포물선궤도에서 ($E=0$에 대해) $t=t(r, r_0, E, l)$을 구하라. (여러분은 적분을 살펴보아야 할 것이다.) $r=r(t)$을 얻기 위해서 구한 식을 $r=r(t)$로 바꾸려면 지루한 계산을 해야 한다는 것에 유의하자.

**답:** $t=\frac{\sqrt{2m}}{3(GMm)^2}\left[\left(GMmr+\frac{l^2}{m}\right)\sqrt{GMmr-\frac{l^2}{2m}}-\left(GMmr_0+\frac{l^2}{m}\right)\sqrt{GMmr_0-\frac{l^2}{2m}}\right]$

## 10.7 궤도방정식

많은 물리학자들이 우주 연구 프로그램에서 일하고 있다. 몇 년 안에 여러분은 토성 고리 사진 촬영을 위한 우주선 발사나 탐사 계획에 참여할 지도 모른다. 이런 일이 일어난다면, 우주선의 위치를 시간의 함수로 알아야 할 필요가 있다. 여러분은 $\mathbf{r}=\mathbf{r}(t)$를 계산해야 할 것이며 앞 절에서 기술한 방법들을 이용할 것이다.

한편, 위성, 행성, 혹은 혜성의 궤도를 기술하고자 한다면, 특정 시간에 이들의 위치에는 흥미가 없을 것이다. 오히려 그 천체의 물체들이 *지나가는 길*(path)을 기술하고 싶을 것이다. 수학적으로 이것은 *궤도방정식* $r=r(\theta)$에 의해 주어진다. 일단 이 식을 구하면, 모든 $\theta$값에 대한 $r$을 결정할 수 있고, 궤적을 알 수 있다.

이제 궤도를 얻기 위해 "brute force 기법"과 "sophisticated 기법"을 살펴볼 것이다.

### 억지 기법(Brute Force technique)

궤도방정식 $r=r(\theta)$를 얻기 위해 에너지 식 (10.15)을 이용하여 얻은 $\frac{dr}{dt}$의 표현으로부터 시작하자. 연쇄법칙을 이용하면,

$$\frac{dr}{dt}=\frac{dr}{d\theta}\frac{d\theta}{dt}=\frac{dr}{d\theta}\dot{\theta}$$

이다. 그러나 각운동량 $l=mr^2\dot{\theta}$를 상기하면

$$\frac{dr}{dt}=\frac{l}{mr^2}\frac{dr}{d\theta} \tag{10.16}$$

이다. 이 식을 식 (10.15)에 대입하면,

$$\begin{aligned}\frac{dr}{d\theta} &= \frac{mr^2}{l}\left[\frac{2}{m}\left(E - \frac{l^2}{2mr^2} + \frac{GMm}{r}\right)\right]^{\frac{1}{2}} \\ &= \left[\frac{2mE}{l^2}r^4 - r^2 + \frac{2GMm^2}{l^2}r^3\right]^{\frac{1}{2}} \\ &= \left[\alpha r^2 + \beta r^3 + \gamma r^4\right]^{\frac{1}{2}},\end{aligned}$$

을 얻을 수 있다. 여기서 이 식의 형태를 보여주기 위해 그리스문자 $\alpha$, $\beta$, $\gamma$를 이용하였다. 마지막 식을 다시 써서 적분하면,

$$\int_{r_0}^{r} \frac{dr}{r(\alpha + \beta r + \gamma r^2)^{1/2}} = \int_{\theta_0}^{\theta} d\theta \tag{10.17}$$

이 된다. 이 적분값은 적분표에서 찾을 수 있다.

그러므로 이론적으로 궤도방정식을 결정하는 문제는 풀린다. 단지 남은 일은 (1) 식 (10.17)을 적분하는 것과 (2) 결과를 역으로 하여 $r = r(\theta)$를 구하는 것이다.

**세련된 기법(Sophisticated Technique)**

(10.17)에 있는 복잡한 적분 계산을 현명하게 피해서 궤도방정식을 구하는 다른 방법이 있다. 수학이 약간 포함되어 있으므로 (어렵지는 않지만) 잠깐 참아 보자.

식 (10.2)로부터 시작할 것이다. 방사 방향의 운동방정식:

$$\ddot{r} - r\dot{\theta}^2 = -\frac{GM}{r^2}$$

$\dot{\theta}$를 소거하기 위해 $l = mr^2\dot{\theta}$를 사용하면 식 (10.8)이 된다:

$$\ddot{r} - \frac{l^2}{m^2r^3} = -\frac{GM}{r^2}$$

이제 새로운 변수 $r$의 역수인 $u$를 도입하자.

$$u \equiv \frac{1}{r}$$

그러면 $r = u^{-1}$이고, $dr = -(1/u^2)du$이다. 따라서

$$\frac{dr}{dt} = -\frac{1}{u^2}\frac{du}{dt} = -\frac{1}{u^2}\frac{du}{d\theta}\frac{d\theta}{dt}$$

이다. 여기서 마지막 과정은 연쇄법칙을 이용한 것이다. 그리고 $u = u(\theta)$이므로,

$$\frac{dr}{dt} = -\frac{1}{u^2}\frac{du}{d\theta}\dot{\theta} = -r^2\dot{\theta}\frac{du}{d\theta}$$

이다. 그러나 $r^2\dot{\theta} = l/m$이므로, 이를 대입하면,

$$\frac{dr}{dt} = -\frac{l}{m}\frac{du}{d\theta}$$

이 된다. 다시 시간에 대해 미분을 취하면,

$$\begin{aligned}\frac{d}{dt}\left(\frac{dr}{dt}\right) &= \frac{d}{dt}\left(-\frac{l}{m}\frac{du}{d\theta}\right), \\ \ddot{r} &= -\frac{l}{m}\frac{d}{dt}\left(\frac{du}{d\theta}\right) = -\frac{l}{m}\frac{d}{d\theta}\left(\frac{du}{d\theta}\right)\frac{d\theta}{dt} \\ &= -\frac{l}{m}\frac{d^2u}{d\theta^2}\left(\frac{l}{mr^2}\right) = -\frac{l^2}{mr^2}\frac{d^2u}{d\theta^2}.\end{aligned}$$

이 된다. 그러나 $1/r^2 = u^2$이므로

$$\ddot{r} = -\frac{l^2u^2}{m^2}\frac{d^2u}{d\theta^2}$$

이다. 이것을 식 (11.8)에 대입하고, $1/r^3 = u^3$을 이용하면

$$-\frac{l^2u^2}{m}\frac{d^2u}{d\theta^2} - \frac{l^2}{m^2}u^2 = -GMu^2$$

혹은

$$\frac{d^2u}{d\theta^2} = -\frac{m^2}{l^2u^2}\left(\frac{l^2u^3}{m^2} - GMu^2\right)$$

을 얻는다. 그러므로,

$$\frac{d^2u}{d\theta^2} + u = \frac{GMm^2}{l^2} \tag{10.18}$$

이다. 이것은 매우 흥미로운 식이다. 마지막에 있는 상수항을 제외하면 단조화 운동방정식과 비슷하다. 아래의 새로운 변수를 정의하면 정확히 단순조화 운동식과 같은 것처럼 보인다.

$$w = u - \frac{GMm^2}{l^2}$$

따라서 마지막항은 하나의 상수이며,

$$\frac{dw}{d\theta} = \frac{du}{d\theta}$$

이고,

$$\frac{d^2u}{d^2\theta} = \frac{d^2w}{d\theta^2}$$

이다. 그러면, 식 (10.18)은 SHM 방정식의 형태로 다시 쓸 수 있다:

$$\frac{d^2w}{d\theta^2} + w = 0$$

해는

$$w = A\cos(\theta - \theta_0)$$

이다. 결과적으로,

$$u - \frac{GMm^2}{l^2} = A\cos(\theta - \theta_0)$$

이다. 이제 $u$는 단지 $r$의 역이므로, 결국 미분은 $\theta$에 의해 표현되는 $r$에 관한 식이 된다:

$$r = \frac{1}{u} = \frac{1}{\frac{GMm^2}{l^2} + A\cos(\theta - \theta_0)}$$

분자와 분모를 $GMm^2/l^2$로 나누면 아래와 같은 좋은 형태를 얻는다:

$$r = \frac{l^2/GMm^2}{1 + \frac{Al^2}{GMm^2}\cos(\theta - \theta_0)} \tag{10.19}$$

수학적으로 이 문제는 이제 풀린다. 왜냐하면 $r$은 $\theta$와 다른 알려진 양 (각운동량 같은) 및 두 개의 적분상수 $A$와 $\theta_0$에 의해 표현되기 때문이다.

식 (10.19)는 두 물체의 문제에서 모든 가능한 궤도, 즉, 즉, 원, 타원, 포물선, 및 쌍곡선. 타원 운동을 기술한다. 특히, 타원 운동에 관심이 있으므로, 총 에너지 $E$를 음의 값이라 가정하자. 그림 10.5에 나타낸 것처럼, 에너지값 $E_2$에 대해 이 입자(행성)는 구속되어 변곡점 $r_2$와 $r_3$ 사이에서 방사 방향으로 진동하는 운동을 한다.

변곡점에서 유효 퍼텐셜은 총 에너지와 같다, $V_{eff}^{TP}=E$. 이 사실로부터 일반적으로 $r_{tp}$로 쓰이는 $r_2$와 $r_3$를 구할 수 있다.

$$V_{eff}^{TP}=\frac{l^2}{2mr_{tp}^2}-\frac{GMm}{r_{tp}}=E$$

그러므로 $u$가 포함된 표현으로 바꾸면,

$$\frac{l^2}{2m}u_{tp}^2-GMmu_{tp}-E=0$$

이다. $u_{tp}$에 대한 이차방정식의 두 해는:

$$u_{\pm}=\frac{m}{l^2}\left(GMm\pm\sqrt{(GMm)^2+\frac{4l^2E}{2m}}\right) \tag{10.20}$$

이다. ($1/u_{\pm}$는 식 10.5의 $r_2, r_3$이다.)

그러나 $u=w+GMm^2/l^2$이므로,

$$u=A\cos(\theta-\theta_0)+\frac{GMm^2}{l^2}$$

이다. $u$의 최대값 및 최소값은 $\cos(\theta-\theta_0)=\pm1$에서 갖는다.

즉,

$$u_+=A+\frac{GMm^2}{l^2}$$

와

$$u_- = -A + \frac{GMm^2}{l^2}$$

이다. $u_+$을 이용하고 식 (10.20)에 의해 주어진 관계의 표현을 같게 두면,

$$A + \frac{GMm^2}{l^2} = \frac{GMm^2}{l^2} + \frac{m}{l^2}\sqrt{(GMm)^2 + \frac{2l^2E}{m}}$$

혹은

$$A = \left[\frac{(GMm)^2m^2}{l^4} + \frac{2Em}{l^2}\right]^{\frac{1}{2}} \qquad (10.21)$$

을 얻는다. 따라서 조금 복잡하게 보이지만 $A$는 총 에너지 및 각운동량과 관련이 있다.

이제 다른 적분상수인 $\theta_0$에 관심을 가져 보자. $\cos(\theta-\theta_0)=\pm 1$에서 $r$의 최소값과 최대값을 가지므로, 공통으로 $\theta_0=0$으로 잡고, 각도를 $x$-축으로부터 측정하자. 그러면 초기 시간 $t=0$은 행성이 근일점(perihelion)-태양에 가장 접근한 점을 통과한다(그림 10.8). 더 일반적으로 각도 $\theta$는 공간의 고정 직선으로부터 측정한다. 이것은 타원이 세차운동하며, $x$-축이 관성계에 대해 회전하고 있다면 적합할 것이다. 이런 경우에 각도 $\theta_0$는 초기의 고정선과 타원궤도의 장축과 이루는 각이다.

그런 후에, $E$, $l$에 의해 $A$를 결정하고, $\theta_0$을 관성축에 대한 타원의 기울기로 물리적인 해석을 할 수 있다. 이제 문제는 완전히 풀린다. 불행히도 보는 바와 같이 표현이 다소 좋지 않게 보인다. 잠시 뒤에 좀 더 산뜻한 형태로 표현될 것이다. 그 전에 원뿔 단면, 특히 타원에 대한 몇 가지 성질을 논의할 것이다.

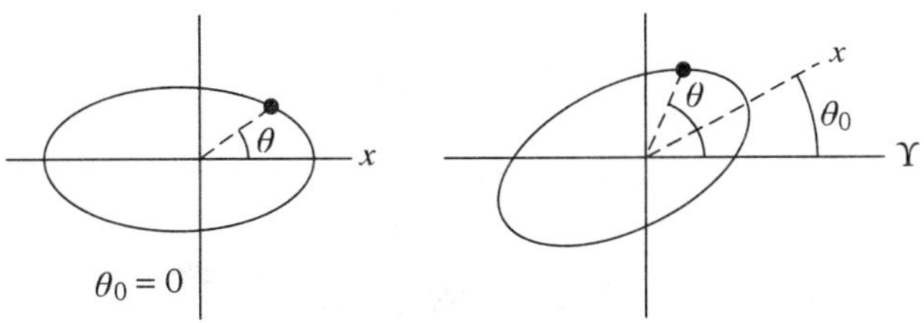


그림 10.8 ▌ 각 $\theta$로 주어지는 주축에 상대적인 위성의 위치. 주축은 $x$-축으로 정의될 수 있다. 각도 $\theta_0$는 공간의 고정선에 상대적인 타원궤도의 기운 방향을 나타낸다.

## 10.8 타원 방정식

여러분은 타원을 그리기 위해 초등학교 때의 방법을 기억할 것이다. 코르크 보드 위에 종이를 놓고, 두 개의 압정을 꽂는다. 그 후에, 줄의 양쪽 끝을 묶어, 압정 주위에 루프를 만든다. 마지막으로 그 줄의 루프 안에 연필을 두고, 그 줄을 팽팽하게 하면서 압정 주위를 연필로 움직여 준다. 여러분이 조심스럽게 그리면, 그림 10.9에 보는 바와 같이 종이 위에 타원이 그려질 것이다.

연필이 타원을 그릴 때, 연필에서 각 압정까지의 거리는 변한다. 그러나 두 압정까지의 거리의 합은 같다. 왜냐하면 그 줄은 길이가 일정하고 두 압정사이의 거리는 변하지 않기 때문이다. 그러므로 연필로부터 첫 번째 압정까지의 거리와 두 번째 압정까지의 거리의 합은 일정하다. 이 사실이 타원을 수학적으로 정의하는데 사용된다.

**타원은 두 고정점으로부터 거리의 합이 일정한 점의 자취(집합)이다.**

이것을 말로 표현하기에 복잡해 보이나, 방정식으로는 매우 간단히 표현할 수 있다. 첫째 초점이라 불리는 두 고정점 $F$와 $F'$을 선택하자. 타원상의 한 점으로부터 초점 $F$까지의 거리를 $r$이라 하고, 그 점으로부터 초점 $F'$까지의 거리를 $r'$이라 하자. 그림 10.10에서 보는 바와 같이, 타원은 $r+r'=$ 일정한 점들의 자취로 정의된다. 타원방정식은 극좌표계에서 타원의 장축과 $r$사이의 각 $\theta$를 도입하면 쉽게 구할 수 있다. 장축 길이의 절반 $\left(\frac{1}{2}\overline{PP'}\right)$을 $a$로 나타내고, 단축 길이의 절반을 $b$로 나타낼 것이다. 타원의 중심에서 한 초점까지의 거리는 $f=\epsilon a$일 것이다. 여기서 $\epsilon$은 1 보다 작은 수이며, 이심률이라 한다. 이심률 $\epsilon$와 반 장축 $a$는 타원의 크기와 모양을 결정한다.

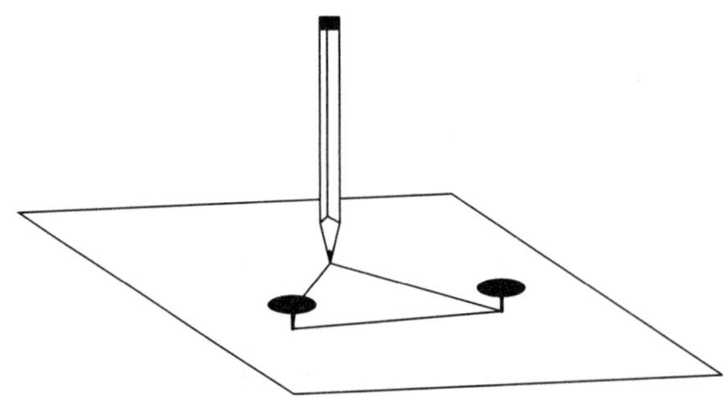

그림 10.9 ▌ 타원을 그리는 방법

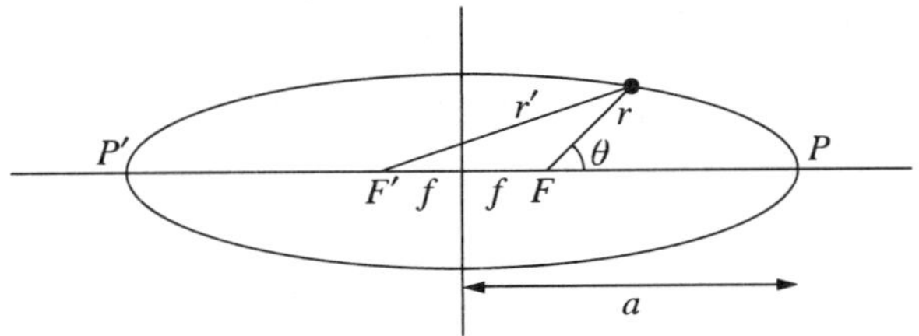


그림 10.10 ▌ 타원. 총 거리 $r+r'+\overline{F'F}$는 일정하다. 따라서 $r+r'$은 상수일 것이다. 점 $P'$과 점 $P$를 장축단 (apsides)이라 한다.

아래 관계식은 알려져 있다.

$$r + r' = 2a$$

이 관계식은 여러분을 놀라게 할지 모르나, 쉽게 증명된다. $P$점을 고려하자. $r = \overline{FP}$이고, $r' = \overline{F'P}$이다. 대칭성에 의해 $\overline{F'P} = \overline{FP'}$이다. 따라서 $r+r' = \overline{FP} + \overline{FP'} = 2a$이다. $r+r'$는 일정하기 때문에, 한 점에서 $2a$와 같으면, 어떤 점에서 $2a$와 같다.

이제 그림 10.10에서와 같이 한 꼭지점에 행성이 있고 다른 두 점이 초점인 삼각형을 고려해 보자. cosine 규칙에 따라, $\theta$가 "외각"이면

$$r'^2 = r^2 + (2a\epsilon)^2 + 2r(2a\epsilon)\cos\theta \tag{10.22}$$

이다. $r' = 2a - r$을 식 (10.22)에 넣으면

$$(2a - r)^2 = r^2 + 4a^2\epsilon^2 + 4a\epsilon r\cos\theta$$

이 되고, 약간의 대수적 계산을 하면

$$r = \frac{a(1 - \epsilon^2)}{1 + \epsilon\cos\theta} \tag{10.23}$$

이 된다. 이것은 평면 극좌표에서 타원식이다. 쌍곡선이나 포물선에 대해서 같은 과정을 수행하면, 유사한 방정식을 얻을 것이다. 실제 어떤 원뿔 단면에 대한 식도 아래 형태로 표현될 수 있다.

$$r = \frac{p}{1 + \epsilon\cos\theta} \tag{10.24}$$

윗 식에서 타원에 대해 $p = a(1-\epsilon^2)$이고, 쌍곡선에서 $p = a(\epsilon^2 - 1)$이며, 포물선에서 $p = a$이다($a$는 각 곡선 형태에서 특성 상수이다). $p = l^2/GMm^2$은 유용한 관계식이다. 여러 곡선들은 다른 이심률 $\epsilon$의 선택에 따른 것이다. 특히,

$\epsilon > 1$ 쌍곡선[8)]
$\epsilon = 1$ 포물선
$\epsilon < 1$ 타원
$\epsilon = 0$ 원

반장축 $a$는 타원의 크기를 결정하고, 이심률은 타원의 형태를 결정한다. 이심률이 0일 때, 타원은 원으로 축퇴된다. 이심률이 1에 가까울수록 타원은 점점 평평해진다. 즉, $\epsilon$이 1일 때, 반장축에 대한 반단축의 비는 점차 작아진다. 사실 여러분이 문제 10.8에서 보일 것이지만, 이것을 증명하기는 어렵지 않다.

$$\frac{b}{a} = \left(1 - \epsilon^2\right)^{1/2} \tag{10.25}$$

여러분이 기하학에서 배운 것처럼 타원의 면적은 $s = \pi ab$이다. 때때로 이것을 $a$만으로 표현하는 것이 편리하다. 따라서:

$$S = \pi a^2 \left(1 - \epsilon^2\right)^{1/2} \tag{10.26}$$

이다.

원뿔의 성질을 고려하여 행성의 운동을 다시 살펴보자. 원뿔의 단면에 관한 식 (10.23)과 궤도 방정식 (10.19)를 비교해 보면, 궤도는 원뿔 단면의 하나임을 알 수 있다. 두 식의 각 항들을 비교하면

$$\frac{l^2}{GMm^2} = a(1 - \epsilon^2) \tag{10.17}$$

이고,

$$\frac{Al^2}{GMm^2} = \epsilon$$

---

8) 쌍곡선은 두 개의 분기(branch) 곡선이 있다.

$$r = \frac{a(\epsilon^2 - 1)}{\pm 1 + \epsilon \cos\theta}$$

여기서 "+ 분기 곡선"은 인력에 해당하고, "−분기 곡선"은 척력에 해당한다.

을 보일 수 있다. 그러나 식 (10.21)에서

$$A = \left[\frac{(GMm)^2m^2}{l^4} + \frac{2Em}{l^2}\right]^{\frac{1}{2}}$$

이므로

$$\epsilon^2 = \frac{(GMm)^2\,m^2}{l^4}\frac{l^4}{(GMm)^2m^2} + \frac{2Em}{l^2}\frac{l^4}{(GMm^2)^2}$$

이다. 따라서

$$\epsilon^2 = 1 + \frac{2El^2}{m(GMm)^2} \tag{10.28}$$

이다. 이식은 운동 상수들로 이심률을 표현한 것이다. $E>0$에 대해서는 $\epsilon>1$인 쌍곡선을, $E=0$에 대해서는 $\epsilon=1$인 포물선을, $E<0$에 대해서는 $\epsilon<1$인 타원을 얻을 수 있다.

식 (10.28)을 식 (10.27)에 넣으면 반장축에 대한 다음의 표현을 얻는다:

$$a = -\frac{GMm}{2E} \tag{10.29}$$

총 에너지는 타원에 대해 음의 값이기 때문에 음의 부호가 필요하다. 식 10.29는 반장축의 길이는 에너지와 관련이 있음을 나타낸다.

---

**예제 10.3**

한 입자가 반지름 $a$인 원 궤도에서 운동한다. 원의 중심이 아닌 원 안의 한 점으로 향하는 중심력에 의한 인력이 이 입자에 작용한다. 입자의 속도는 최소값 $v_1$에서 최대값 $v_2$으로 변한다. 주기를 구하라.

**풀이:** 입자의 각운동은 상수이다:

$$l = mvr = \text{constant}$$

따라서 $r$이 힘의 중심으로부터 최소 (최대) 거리일 때, 최대 (최소) 속력이 생긴다. 이 거리를 각 각 $r_1$, $r_2$라고 하자. 아래 관계가 된다,

$$mv_1r_1 = mv_2r_2$$

더구나, $r_1$, $r_2$ 및 힘의 중심은 모두 원의 지름 상에 놓여 있음을 쉽게 알 수 있다. 결과적으로

$$r_1 + r_2 = 2a$$

이다. 따라서

$$l = mv_1(2a - r_2) = mv_2 r_2$$
$$\therefore r_2 = \frac{2av_1}{v_1 + v_2}$$

이므로, 각운동량은

$$l = m\frac{2av_1v_2}{v_1 + v_2}$$

와 같이 쓸 수 있다.
각운동량은 면적속도와 다음 관계가 있다.

$$\frac{l}{2m} = \frac{dS}{dt} = \text{면적속도}$$

주기는 면적을 면적속도로 나눈 것과 같다.

$$\tau = \frac{\text{면적}}{\text{면적속도}} = \frac{\pi a^2}{(l/2m)} = \frac{\pi a^2(2m)}{m\dfrac{2av_1v_2}{v_1+v_2}} = \frac{\pi a(v_1+v_2)}{v_1v_2}$$

**예제 10.4**

질량 $m$인 혜성이 무한히 떨어진 거리에서부터 속도 $v_0$, 충돌변수 $b$를 가지고 출발한다. 굴절하지 않는다면, 혜성의 궤도는 태양에서 $b$만큼 떨어진 지점을 통과하는 직선일 것이다.
(a) 태양에 가장 가까이 접근하는 거리는 대략 $b^2v_0^2/GM$임을 보여라. (b) 극좌표에서 궤도방정식을 $m$, $v_0$, $b$를 써서 표현해 보아라.

**풀이:** (a) 근일점에서 태양–혜성 거리를 $d$라 하자. 그 점에서 혜성의 속력은 $v_d$이고, 속도는 태양–혜성을 잇는 선에 수직이다. 각운동량 보존 $l_\infty = l_d$에 의해

$$mv_0b = mv_dd$$

이고, 에너지 보존에 의해

$$\frac{1}{2}mv_0^2 = \frac{1}{2}mv_d^2 - \frac{GMm}{d}$$

이므로,

$$1 = \left(\frac{b}{d}\right)^2 - \frac{2GM}{dv_0^2}$$

이다. 양 변에 $d^2$를 곱하여 이차방정식과 해

$$d^2 + \frac{2GM}{v_0^2}d - b^2 = 0$$

$$d = -\frac{2GM}{v_0^2} \pm \sqrt{\left(\frac{2GM}{v_0^2}\right)^2 + 4b^2}$$

를 얻는다.
$d > 0$이므로

$$d = \frac{2GM}{v_0^2}\left(-1 + \left[1 + \frac{b^2v_0^4}{G^2M^2}\right]^{1/2}\right)$$

이다. 이항전개를 적용하여 $d$를 구한다.

$$d = \frac{2GM}{v_0^2}\left(-1 + (1 + \frac{1}{2}\frac{b^2v_0^4}{G^2M^2} + \cdots\right)$$
$$d \simeq \doteq \frac{2GM}{v_0^2}\frac{1}{2}\frac{b^2v_0^4}{G^2M^2} = \frac{b^2v_0^2}{GM}.$$

(b) 극좌표계에서 쌍곡선의 궤도는

$$r = \frac{a(\epsilon^2 - 1)}{1 + e\cos\theta}$$

이다. 문제는 주어진 매개변수로 $a$와 $e$를 표현하라는 것이다. 혜성의 속도는

$$v^2 = \dot{r}^2 + r^2\dot{\theta}^2$$

이다. $r$을 미분하면

$$\dot{r} = \frac{[a(\epsilon^2 - 1)]}{(1 + \epsilon\cos\theta)^2}\epsilon\sin\theta\dot{\theta}$$
$$\dot{r}^2 = \frac{\epsilon^2 l^2/m^2}{[a(\epsilon^2 - 1)]^2}\sin^2\theta$$

이고,

$$r\dot{\theta} = \frac{1}{r}\frac{l}{m} = \frac{l}{m}\frac{1+\epsilon\cos\theta}{a(\epsilon^2-1)},$$
$$r^2\dot{\theta}^2 = \frac{l^2}{m^2}\frac{1+2\epsilon\cos\theta+\epsilon^2\cos^2\theta}{[a(\epsilon^2-1)]^2}$$

이므로,

$$\begin{aligned} v^2 &= \frac{l^2(1+2\epsilon\cos\theta+\epsilon^2(\sin^2\theta+\cos^2\theta))}{m^2[a(\epsilon^2-1)]^2} \\ &= \frac{l^2}{m^2}2\frac{1+\epsilon\cos\theta}{[a(\epsilon^2-1)]^2} + \frac{l^2}{m^2a^2}\frac{\epsilon^2-1}{(\epsilon^2-1)^2} \\ &= \frac{l^2}{m^2}\frac{1}{a(\epsilon^2-1)}\left[\frac{2}{r}+\frac{1}{a}\right] = GM\left[\frac{2}{r}+\frac{1}{a}\right] \end{aligned}$$

이다. $r=\infty$ 에서 속도는 $v_0$ 이고,

$$v_0^2 = \frac{GM}{a}$$

임을 알고 있으므로,

$$a = \frac{GM}{v_0^2}$$

이다. 또한

$$a(\epsilon^2-1) = \frac{l^2}{GMm^2}$$

이다. $\epsilon$에 대해서 풀면

$$\epsilon = \left(1+\frac{v_0^4b^2}{(GM)^2}\right)^{1/2}$$

를 얻을 수 있고, 결과적으로

$$r = \frac{v_0^2b^2/GM}{1+\sqrt{1+\frac{b^2v_0^4}{(GM)^2}}\cos\theta}$$

을 얻는다.

❐ 연습 10.9

식 (10.22)로 시작하여 식 (10.23)을 얻어 보아라.

❐ 연습 10.10

타원에 대해 $b/a = (1-\epsilon^2)^{1/2}$임을 보여라. (힌트: 그림 10.11에서 삼각형 FOP에 대해 피라고라스의 정리를 적용해 보아라)

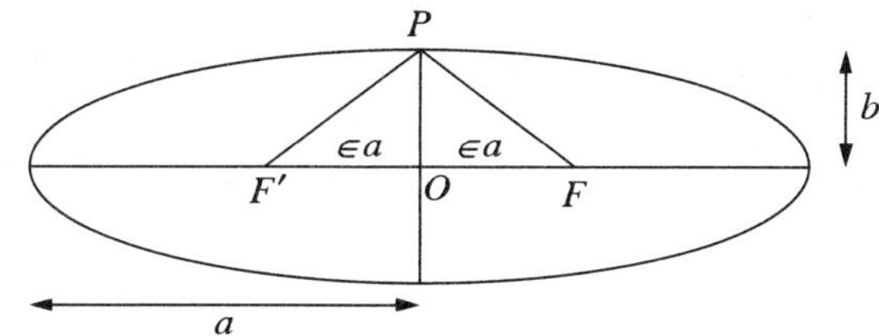


그림 10.11 ▌ 타원. 중심에서 초점까지의 거리는 $\epsilon a$이고, 거리 $FP$와 $F'P$의 합은 $2a$이다.

❐ 연습 10.11

한 행성이 반장축의 길이가 $a$인 타원 궤도에 있다. $r$의 최대와 최소값의 평균을 취하여, 퍼텐셜 에너지의 "평균" 값은 $-GMm/a$임을 보여라.

❐ 연습 10.12

$\epsilon = 2$, $\epsilon = 1.0$, $\epsilon = 0.5$, $\epsilon = 0$의 각각에 대해, 식 (10.24)를 그림으로 그려보아라.

## 10.9 케플러 법칙의 제고

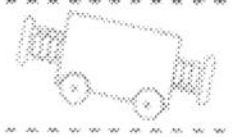

행성의 운동 문제에 대해 뉴턴의 제2법칙과 만유인력의 법칙을 적용하였다, 이제 10.2절에서 다루었던 케플러의 법칙으로 돌아가 보자. 케플러의 법칙은 우리가 지금까지 발전시켜 온 이론적 측면에서 간단한 기술임을 발견할 것이다. 첫 번째 법칙을 다시 보자.

**한 행성의 궤도는 태양을 한 초점으로 하는 타원이다.**

제곱에 반비례하는 중심력이 작용하는 입자의 궤적은 원뿔 단면임을 알았다. 따라서 케플러의 제1법칙은 증명된다. 실제로 이 증명은 케플러의 제1법칙보다 더 일반적이다. 제곱에 반비례하는 중력이 작용하는 태양계의 물체들은 타원 궤도, 혹은 다른 원뿔 단면 중에 하나의 궤도로 움직일 것이다.

케플러는 화성 궤도에 대한 연구를 평생 하였다. 그리고 그 운동에 대한 다른 중요한 사실들을 추론하였다. 한 가지는 시간의 함수로써 화성의 운동이 균일하지 않다는 것을 발견하였다. 화성은 태양에 접근함에 따라 속력이 커지고, 근일점에 접근할 때, 가장 빠르다. 그 후에 태양에서 멀어지면서 속력이 느려진다. 그는 이 사실을 "면적 속도의 법칙" 혹은 케플러의 제2법칙이라 불리는 양적인 방법으로 표현하였다:

**같은 시간에 행성의 반지름 벡터가 쓸고 지나간 면적은 같다.**

이것을 그림 10.12에 그려 놓았다. 행성이 $c$ 에서 $d$ 로 가는 데 걸리는 동일한 시간 동안에 $a$에서 $b$로 움직이면, 케플러의 제2법칙에 따라 "그 행성의 면적 속도는 일정하다"라는 것이다.

이 사실에 입각해서 이미 우리는 케플러의 제2법칙을 증명하였다. 그러나 여러분은 이것을 다른 방법으로 언급되었기 때문에 알지 못했을 지도 모른다. 두 진술이 같은 것인가? 각운동량은 일정하다는 사실은 *면적속도*가 일정하다는 것을 의미하는가? 답은 예이다. 이것이 사실임을 증명하기 위해 한 행성이 위치벡터 $\boldsymbol{r}$에 있다고 하자. 시간 간격 $dt$안에서 행성은 $\boldsymbol{r}+d\boldsymbol{r}=\boldsymbol{r}+\boldsymbol{v}dt$ 위치에 있을 것이다. 그림 10.13을 보아라. 어두운 영역은 행성이 쓸고 지나간 면적이다. $|\boldsymbol{a}\times\boldsymbol{b}|$는 벡터 $\boldsymbol{a}$와 벡터 $\boldsymbol{b}$를 변으로 하는 평행사변형의 면적과 같다는 사실을 상기하자. 그림 10.13에서 어두운 영역은 $\boldsymbol{r}$과 $d\boldsymbol{r}$로 만들어지는 평행사변형의 반에 해당한다. 그러므로 시간 $dt$안에 행성의 반지름 벡터가 쓸고 지나간 면적은

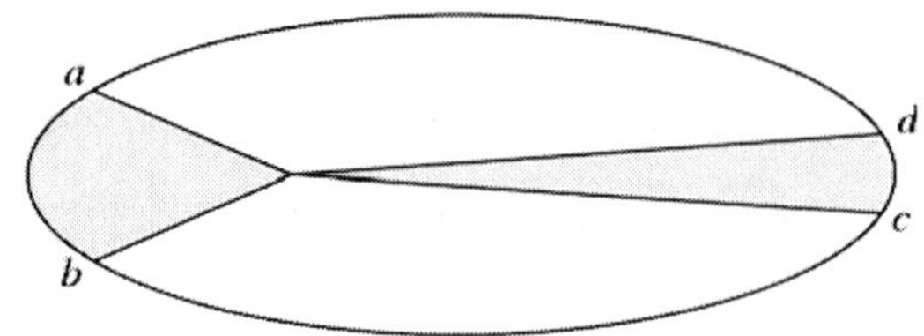


그림 10.12 ▌ 케플러의 제2법칙은 같은 시간에 같은 면적을 쓸고 지나간다는 것을 말한다.

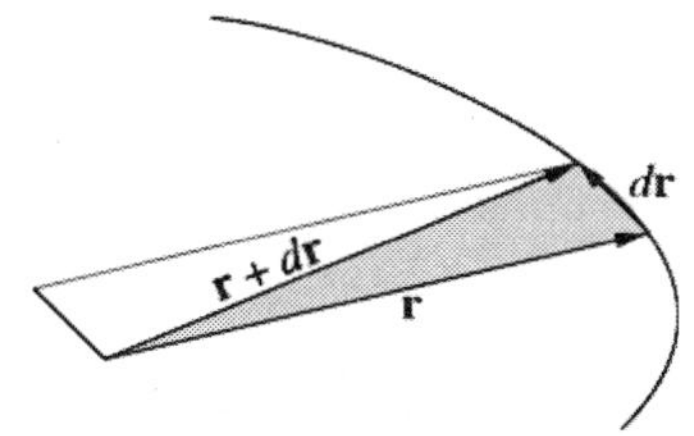


그림 10.13 ‖ 삼각형의 면적은 (1/2)(밑변 X 높이). 따라서 $\Delta S = (1/2)(r)(r\Delta\theta)$ 이다.

$$dS = \frac{1}{2}|\mathbf{r} \times \mathbf{v}dt| = \frac{dt}{2}|\mathbf{r} \times \mathbf{v}|$$

이다. 그러나 각운동량의 정의에 의해 $|r \times v| = l/m$ 이므로,

$$dS = \frac{1}{2}\frac{l}{m}dt$$

혹은

$$\frac{dS}{dt} = \text{면적속도} = \frac{l}{2m}$$

이다. 행성의 질량은 일정하므로, 면적속도는 각운동량에 비례하고, $\frac{dS}{dt} =$ 상수는 완전히 $l =$ 상수와 동등하다. 케플러의 제2법칙은 단지 중심력 운동에서 각운동량은 보존된다는 사실의 결과일 뿐이다.

케플러의 제3법칙:

**행성의 주기의 제곱은 반장축 길이의 세제곱에 비례한다.**

수학적 표현에서 $\tau$가 행성이 태양 주위를 도는 공전 주기이고, $a$가 공전 반장축의 길이이면, 제3법칙은 다음과 같이 쓸 수 있다.

$$\tau^2 = Ka^3$$

여기서 $K$는 어떤 상수이다. 케플러는 행성에 관한 데이터를 수년간 연구하여 이 법칙을 발견했다. 한편 타원운동에 대한 해석적인 접근을 이용하면 이것을 아주 쉽게 유도할 수 있다. 우리는 다음의 관계를 안다.

$$\frac{dS}{dt} = \frac{l}{2m} \Longrightarrow \oint_{orbit} dS = \frac{l}{2m}\oint_{orbit} dt$$

그러므로

$$S = \frac{l}{2m}\tau$$

이다. 그러나 $S = \pi a^2(1-\epsilon^2)^{1/2}$ 임을 알고 있으므로,

$$\frac{l}{2m}\tau = \pi a^2(1-\epsilon^2)^{1/2} = \pi a^2\left(1-\left[1-\frac{2El^2}{m(GMm)^2}\right]\right)^{1/2}$$

이다. (식 10.28을 보아라). 이것은

$$\tau^2 = \frac{8\pi^2 a^4}{G^2M^2m}(-E)$$

를 유도한다. $a = -GMm/2E$ (식 10.29)를 상기하면,

$$\tau^2 = \frac{4\pi^2}{GM}a^3$$

을 얻는다. 이 관계식은 주기의 제곱은 반장축의 세제곱에 비례한다는 것을 말하고 있다. 그러므로 케플러의 제3법칙은 증명된다. 비례상수는 단지 태양의 질량에 의존하므로, 비 $\tau^2/a^3$은 모든 행성에 대해 같아야 한다. 그러므로 행성이나 소행성의 주기를 결정하여, 반장축의 길이를 계산해 낼 수 있다. 실제로 이 결과는 완전히 정확하지는 않다. 조금의 수정이 필요한데, 이는 태양이 실제로 원점에 정지해 있지 않기 때문이다. 태양과 행성은 그들의 공통 질량중심에 대해서 운동한다. 이 점은 거의 태양의 중심에 해당한다. 케플러의 제3법칙에 작은 수정을 해야 하는데, 분모에 있는 $M$ 대신에 $M+m$으로 대체해야 한다. 다시 한 번 우리는 물리학에 있어서, 먼저 좀 더 쉬운 이상적인 문제를 푼 후에 복잡한 문제로 접근하는 방법에 고마움을 느낄 것이다. (문제 10.7에서 적당한 계산을 요구할 것이다.)

❒ **연습 10.13**

태양계에 있는 어떤 소행성은 공전 주기가 4년이다. AU 단위로 반장축은 얼마인가? (단, 중력상수 $G$나 태양의 질량을 모른다고 가정하자.)

**답:** 2.52 AU

❐ 연습 10.14

(a) $\tau^2 = (4\pi^2/GM)a^3$를 이용하고, 태양의 질량을 모른다고 가정하고, 주기가 29.5 지구년이라면 토성의 반장축을 AU로 구하라. (b) 수정량 $(M+m)$을 이용하고, 적당한 값을 조사하여, 수정 값을 얻어라.

**답:** (a) 9.55 AU (b) 9.52 AU

❐ 연습 10.15

원 궤도에 있는 행성에 대해, $F=ma$는 $GMm/r^2 = mv^2/r$로 쓸 수 있다. 이 관계식을 이용하여 원 궤도에 대한 케플러의 제3법칙을 유도하라.

❐ 연습 10.16

헬리 혜성의 이심률은 0.967이다. 근일점의 거리는 $8.81 \times 10^{10}$m 이다. 주기는 얼마인가? **답:** 75.4년

## 10.10 섭동이 있는 원 궤도

이 절에서는 원 궤도의 *안정성*에 대해 공부할 것이다. 평형상태에 있는 한 물리계가 작은 힘에 의해 동요(섭동)가 일어난다면, 그 계는 평형점에 대해 종종 진동할 것이다. 이것을 *안정* 평형으로 여긴다. 한편 섭동이 이 계의 큰 변화를 일으킬 경우는 평형은 불안정이다. (안정 평형의 일반적인 예는 움푹 팬 곳의 바닥에 있는 구슬이고, 불안정 평형의 예는 언덕의 꼭대기에 균형을 잡고 있는 구슬이다.) 이 절은 앞 절에서 공부한 개념 적용과 작은 섭동을 다루는 방법을 소개할 것이다.

중심력이 작용하여 원 궤도로 운동하는 한 입자를 고려하자. 결국에는 명확해질 여러 이유에서 이 힘은 역제곱의 법칙을 따를 필요는 없다. 즉, $\mathbf{F} = f(r)\hat{\mathbf{r}}$라고 하더라도, 함수 $f(r)$의 형태는 지금은 결정되지 않은 것으로 남길 것이다.

운동방정식들은 식 (10.2)의 일반식으로 주어진다:

$$\begin{aligned} m(\ddot{r} - r\dot{\theta}^2) &= f(r) \\ m(r\ddot{\theta} + 2\dot{r}\dot{\theta}) &= 0. \end{aligned} \qquad (10.30)$$

전에 보인 바와 같이

$$\dot{\theta} = \frac{l}{mr^2} \tag{10.31}$$

이며, $l=$상수이다. $\dot{\theta}$에 대한 위 표현을 방사 방향의 운동방정식 (식 10.30)에 넣으면,

$$m\ddot{r} = f(r) + \frac{l^2}{mr^3} \tag{10.32}$$

를 얻는다. 입자가 반지름 $a$인 원 궤도에서 운동하고 있다면,

$$r = a = \text{상수}$$

이다. 결국,

$$\ddot{r} = 0$$

이다. 그러면, 방사 방향의 운동방정식 (식 10.32)은

$$f(a) = -\frac{l^2}{ma^3} \tag{10.33}$$

으로 줄여 쓸 수 있다. 잠시 뒤에 이 식으로 돌아 올 것이다.

이제 섭동 원 궤도의 *안정성*에 대한 물음을 살펴보자. 예를 들어, 완전한 원 궤도 운동을 하고 있는 행성이 혜성에 의해 충돌되는 경우를 고려할 것이다 (몇 년 전에 Shoemaker-Levy 혜성이 목성에 충돌했던 것처럼). 약간의 섭동 후에 행성이 계속 안정된 궤도로 운동할 것인지, 혹은 궤도를 벗어나는 운동을 할지 알기를 원한다. 다시 말해서 상대적으로 작은 물체와 충돌한 목성이 태양계를 벗어나 날아가 버리도록 할지를 알기 원한다.

충돌 혹은 다른 종류의 섭동이 생긴 후에 방사 방향의 위치는 더 이상 *정확히* $a$와 같지 않다. 그러나 여전히 거의 $a$에 가깝다. 따라서

$$r = a + \eta \tag{10.34}$$

로 쓸 수 있다. 여기서 $\eta \ll a$, 즉, $\eta$는 매우 작은 양이다.

$r$에 대한 표현 (10.34)을 방사 방향의 운동방정식 (10.32)에 넣으면,

$$m\frac{d^2}{dt^2}(a+\eta) = f(a+\eta) + \frac{l^2}{m(a+\eta)^3}$$

혹은

$$m\ddot{\eta} = f(a+\eta) + \frac{l^2}{ma^3(1+\frac{\eta}{a})^3} \tag{10.35}$$

을 얻는다. $r=a+\eta$ 위치에서의 힘은 $r=a$에서의 힘과 거의 같으므로, Taylor 급수 전개에서 $f(a+\eta)$의 전개와 오직 주요항만을 고려하므로:

$$f(a+\eta) = f(a) + \eta\frac{df}{dr}\bigg|_{r=a} + \frac{1}{2}\eta^2\frac{d^2f}{dr^2}\bigg|_{r=a} + \cdots$$

이 된다. 또한 식 (10.35)의 마지막항의 분모에서 $(1+\eta/a)^3$항이 전개될 수 있다. 이항전개[9]를 사용하면:

$$\frac{1}{(1+\eta/a)^3} = \left(1+\frac{\eta}{a}\right)^{-3} = 1 - 3\frac{\eta}{a} + 6\left(\frac{\eta}{a}\right)^2 + \cdots$$

이다. 결국 식 (10.35)은

$$m\ddot{\eta} = f(a) + \eta\frac{df}{dr}\bigg|_a + \cdots + \frac{l^2}{ma^3}(1 - 3\frac{\eta}{a} + \cdots)$$

혹은

$$m\ddot{\eta} \doteq f(a) + \eta\frac{df}{dr}\bigg|_a + \frac{l^2}{ma^3} - 3\frac{\eta}{a}\frac{l^2}{ma^3}$$

와 같이 ($\eta$에 대한 일차식) 쓸 수 있다. 이제 식 (10.33)의 $f(a) = -l^2/ma^3$을 상기하자. 그러면, 위 식에서 우변에 있는 첫 번째 항과 세 번째 항은 소거된다. 이것은

---

9) 여러분이 이미 이와 같이 하지 않았다면, 여러분은 즉시 다음의 매우 중요한 급수 전개를 기억해야 한다.
Taylor 급수:

$$F(a+\delta x) = F(a) + \delta x\frac{dF}{dx}\bigg|_a + \frac{1}{2!}\delta x^2\frac{d^2F}{dx^2}\bigg|_a + \frac{1}{3!}\delta x^3\frac{d^3F}{dx^3}\bigg|_a + \cdots$$

이항전개:

$$(1+x)^n = 1 + nx + \frac{n(n-1)}{2!}x^2 + \frac{n(n-1)(n-2)}{3!}x^3 + \cdots$$

$$m\ddot{\eta} \doteq \eta \left.\frac{df}{dr}\right|_a - 3\frac{\eta}{a}\frac{l^2}{ma^3}$$
$$= \eta\left(\left.\frac{df}{dr}\right|_a - \frac{3l^2}{ma^4}\right)$$

혹은

$$\ddot{\eta} + \eta\left(\frac{3l^2}{m^2a^4} - \frac{1}{m}\left.\frac{df}{dr}\right|_a\right) = 0 \tag{10.36}$$

식으로 된다.

이 식은

$$\ddot{\eta} + K\eta = 0$$

형태를 갖는다. 뒤에 자세히 이 형태의 방정식을 다룰 것이다. 그러나 현재는 해의 일반 형태는 $K$가 양수인가 음수인가에 달려있다. 양수 $K$에 대해서 해는

$$\frac{3l^2}{m^2a^4} - \frac{1}{m}\left.\frac{df}{dr}\right|_{r=a} > 0 \tag{10.37}$$

의 형태를 갖는다. 그리고 음수 $K$에 대해서는 해의 일반 형태가

$$\eta = Ce^{+\sqrt{|K|}t} + De^{-\sqrt{|K|}t} \tag{10.38}$$

이다. 그러므로 $K > 0$이면, 해는 단조화 운동이다 (3.6절을 보아라). 한편, $K$가 음수이면, 해는 지수적 감소와 증가의 합이다. 지수적으로 감소하는 항은 급격히 소멸되고 $\eta(t)$는 시간에 대해 지수적으로 증가한다. 물리적으로 이 결과가 원 궤도 반지름 $a$로부터의 "거리" $\eta$가 구속 없이 커지기 때문에 $K < 0$에 대해 궤도가 불안정하다고 해석할 수 있다. 한편 $K > 0$이면 $\eta$는 0 주변에서 앞뒤로 진동한다. 이는 입자가 단조화 운동에서 $r = a$에 대해 진동함을 의미한다. 그러므로 안정 궤도를 위한 조건은 $K > 0$이다. 즉,

$$\frac{3l^2}{m^2a^4} - \frac{1}{m}\left.\frac{df}{dr}\right|_{r=a} > 0$$

이다. 다시 한 번 $l^2/ma^3 = -f(a)$라는 사실을 사용하면, 이 식은

$$-\frac{3}{a}f(a)-\left.\frac{df}{dr}\right|_{r=a}>0 \tag{10.39}$$

로 쓸 수 있다. 중심력에 있어서, 힘 F($r$)은 종종 지수함수 형태이다,

$$f=-cr^n$$

여기서 $n$은 0보다 크거나 작은 정수이다. (중력에 대해 $n=-2$이다; 오직 인력 법칙만이 궤도운동을 유도하므로 음의 부호를 우변에 둔 것에 유의하자.)

$f=-cr^n$ 이면,

$$\left.\frac{df}{dr}\right|_a=-cna^{n-1}$$

이다. 결국 안정성 조건 (10.39)은

$$\begin{aligned}-\frac{3}{a}\left.(-cr^n)\right|_a-\left.(-cna^{n-1})\right|_a&>0\\ \frac{3}{a}(ca^n)+cna^{n-1}&>0\\ 3+n&>0\end{aligned}$$

혹은

$$n>-3$$

이다. 다시 말해서 안정 궤도는 힘의 법칙에서 지수가 −3보다 크다는 조건이 필요하다. 확실히, −2는 −3보다 크다. 그러므로 작은 섭동 아래서 역 제곱 힘의 법칙은 안정된 궤도를 유도한다. 중력이 $F\propto 1/r^4$의 형태를 갖았다면, 매우 작은 섭동에 의해 행성들이 그들의 궤도로부터 나선운동을 하며 멀어졌을 것이므로, 행성계의 형성은 불가능했을 것이다.

또한, 원 궤도의 안정성을 결정하는데 있어서, 섭동이 있는 궤도에서 작은 진동의 진동수를 결정하는 문제를 풀었다. 왜냐하면 $\eta$에 대한 운동방정식, (10.36)이

$$\ddot{\eta}+K\eta=0$$

의 형태를 갖기 때문이다. 그리고 앞에서 언급한 바와 같이 위 식은 단조화 운동의 식이다. 조화 운동의 진동수는 $w_0=\sqrt{K}$ 이다. 이 경우에,

$$\omega_0^2 = \frac{3l^2}{m^2a^4} - \frac{1}{m}\left.\frac{df}{dr}\right|_{r=a}$$
$$= -\frac{3}{ma}f(a) - \frac{1}{m}\left.\frac{df}{dr}\right|_{r=a}$$

이다. 중력과 같은 역 제곱의 힘 법칙에 구속되어 있는 입자에 대해서,

$$f = -cr^{-2},$$
$$\left.\frac{df}{dr}\right|_{r=a} = +2cr^{-3}\Big|_{r=a} = \frac{2c}{a^3}$$

이다. 또한,

$$f(a) = -\frac{c}{a^2}$$

이다. 결과적으로

$$\omega_0^2 = -\frac{3}{ma}\left(-\frac{c}{a^2}\right) - \frac{1}{m}\left(\frac{2c}{a^3}\right) = \frac{c}{ma^3} \tag{10.40}$$

이다. 위 식으로부터 *방사 방향* 진동의 진동수를 얻는다. $2\pi/w_0$는 행성이 근일점으로부터 원일점을 지나 근일점으로 돌아오는 데 걸린 시간이다. 이 방사 방향 운동을 하는 동안, 행성은 아래와 같이 주어지는 각속도를 갖는다.

$$\dot{\theta} = \left.\frac{l}{mr^2}\right|_{r=a} = \frac{l}{ma^2}$$

그러므로,

$$\dot{\theta}^2 = \frac{l^2}{m^2a^4} = \frac{-f(a)ma^3}{m^2a^4} = -\frac{-(c/a^2)ma^3}{m^2a^4} = \frac{c}{ma^3} \tag{10.41}$$

이다. 식 (10.40)과 식 (10.41)을 비교하면 $w_0 = \dot{\theta}$임을 알 수 있으므로, $1/r^2$ 힘의 법칙에 대해, 방사 방향의 진동은 궤도 운동의 진동수와 정확히 같은 진동수를 갖는다. 그러므로 입자가 완전히 궤도를 한 바퀴 도는 데 필요한 시간 내에 방사 방향의 진동을 한 번 마칠 것이다. 이 두 운동을 결합하면 원 궤도가 타원 궤도로 바뀐다. 행성의 편심(중심이 다른) 궤도들은 충돌 (소행성, 혜성 등에 의해)에 의해 생

성된다는 결론을 내릴지도 모른다. 그러나 이것이 행성 궤도의 형태를 결정하는 메커니즘이라고 일반적으로 믿어지지는 않고 있다.

궤도를 돌고 있는 입자가 궤도주기와 방사 방향의 진동 주기가 같지 않으면, 섭동이 일어날 수 있다. 예를 들어, 지구는 완전한 구형태가 아니다; 편 구면으로, 적도부분이 약간 볼록하다. 이 볼록함이 궤도를 돌고 있는 인공위성에 힘을 작용하여 $\dot{\theta}$와 같지 않은 진동수 $w_r$을 갖는 방사 방향의 진동을 일으킨다. 이 위성은 타원궤도로 움직이지만, 방사 방향 운동이 각운동과 정확히 시간적으로 일치하지 않기 때문에 타원은 천천히 세차운동을 한다. 다시 말해, 타원의 장축은 두 진동차만큼의 비율로 천천히 진동한다. 타원 세차운동의 각진동수, $w_p$는 아래와 같이 주어진다.

$$\omega_p = \omega_0 - \dot{\theta}$$

❐ 연습 10.17

방사 방향의 진동 주기가 각 방향 운동 주기의 반이라 가정할 때, 행성의 궤도를 그려라.

❐ 연습 10.18

간단히 대입하여, 식 (10.37)과 식 (10.38)은 미분방정식의 해임을 보여라.

## 10.11 공명현상

행성이 태양 주위를 돌고 있는 경우와 같이, 궤도는 대개 계속적인 반복 운동의 흔적인 입자의 진로로 생각되어 진다. 입자들이 항상 같은 점들을 지날 때, 그 궤도는 *닫혀 있다*고 말한다. 갇힌 궤도가 되기 위해서는 입자가 한 변곡점(turning point)에서 다른 변곡점을 지나 되돌아오는 데 걸리는 시간과 $2\pi$ 각 변위를 가는 데 걸리는 시간의 비율이 정수이어야 한다. 따라서, 방사 방향의 진동수가 각진동수와 같으면 궤도는 닫힌다. 또한, 방사방향의 진동수가 각진동수의 2배일 경우도 닫힌다. 두 주기 혹은 두 진동수가 작은 정수 비로 될 때, 그것들을 약분할 수 있는(commensurable) 혹은 공진(resonance)에 있다고 한다. 방사 진동수와 각 진동수의

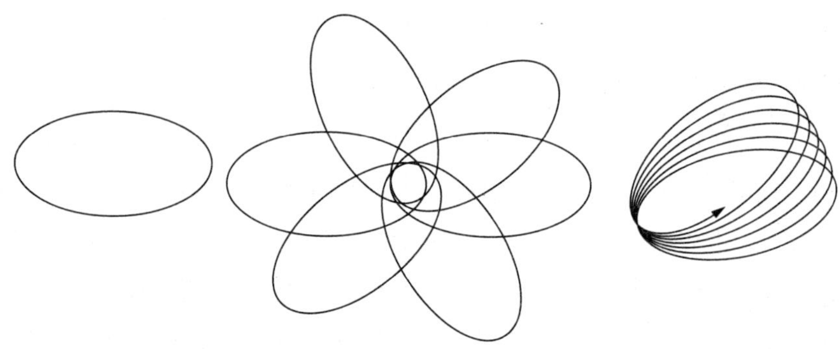

그림 10.14 약분가능 그리고 약분불가능 궤도들. 왼쪽의 두 궤도는 약분 가능한 것으로 조만간 행성은 똑같은 길을 지나갈 것이다. 오른쪽의 궤도는 약분 불가능한 것으로 행성은 결코 같은 길을 반복하여 지나가지 않는다.

비가 $\pi$나 $\sqrt{2}$와 같은 무리수이면, 궤도는 닫히지 않는다; 궤도는 결코 다시 반복되지 않는다. 그림 10.14는 두 약분가능 궤도와 한 개의 약분불가능 궤도를 나타낸 것이다.

공진은 천체 역학에서 매우 중요하다. 가끔 하나의 시스템이 어떤 특정 공진에 "잠긴(locked)" 상태에 있다는 것을 듣는다. 예를 들어, 달의 회전(자전)이 달의 궤도 운동과 1:1 공진에 잠긴(구속) 상태에 있다. 그러므로 달의 같은 쪽이 항상 지구를 향한다. 유사하게 24-시간 돌고 있는 위성의 궤도가 지구의 회전과 1:1 공진에 있다. 흥미로운 경우는 목성과 토성의 주기 사이에 2:5 공진이 있다. 옛날 말로, 이 공진을 "위대한 불균형(The Great Inequality)"이라 부른다.

## 10.12 요약

*중심력*은 원점에 대해 원점 방향으로 혹은 멀어지는 방향으로 작용하고, 크기는 원점으로부터 거리에만 의존한다, 즉, $\mathbf{F} = f(r)\hat{\mathbf{r}}$이다. 행성들이 태양 주위를 돌 때, 행성에 작용하는 중력이 한 예이다.

케플러는 행성의 운동을 연구하여, 행성들은 *케플러의 법칙*이라 부르는 3가지 관계식에 따라 운동한다고 결론지었다.

중력장에서 일정한 각운동량을 갖고 움직이는 한 입자가 있다. 질량 $M$인 물체에 의한 중력장 안에 있는 질량 $m$인 입자의 운동방정식은

$$\ddot{r} - \frac{l^2}{m^2r^3} = -\frac{GM}{r^2}$$
$$\frac{d}{dt}(mr^2\dot{\theta}) = \frac{dl}{dt} = 0$$

이다.

중력장에 있는 입자의 유효 퍼텐셜은

$$V_{eff} = \frac{l^2}{2mr^2} - \frac{GMm}{r}$$

이다. 이 입자의 방사 방향의 운동은 그림 10.5처럼 $r$에 대한 $V_{eff}$의 그림에서 볼 수 있다. 이와 같은 그림은 입자(행성)의 궤도가 원뿔 단면 이라는 것을 나타낸다.

운동방정식은 시간의 함수로 행성의 위치를 얻는데 사용될 수 있고, 혹은 행성의 궤도 $r = r(\theta)$를 구하는데 사용된다. 총 에너지가 음수이면, 궤도 방정식은

$$r = \frac{l^2/GMm^2}{1 + \frac{Al^2}{GMm^2}\cos(\theta - \theta_0)}$$

이며, 타원 궤도를 나타내는 방정식의 형태는

$$r = \frac{a(1-\epsilon^2)}{1 + \epsilon\cos\theta}$$

이다. 이 관계식들을 이용하면, 케플러의 법칙을 다음의 물리적인 개념과 관련시킬 수 있다.

제1법칙: 행성은 타원궤도를 돈다. 이것은 중력의 역 제곱의 특성의 결과이다.

제2법칙: 행성은 같은 시간에 같은 면적을 쓸고 지나간다. 이것은 중심력 장에서 각운동량 보존의 결과이다.

제3법칙: 주기의 제곱은 반장축의 세제곱에 비례한다. 이것은 에너지 보존의 법칙과 총 에너지의 크기는 반장축에 역비례 한다는 사실의 결과이다.

원 궤도에 있는 한 행성이 섭동을 받을 때, 행성의 궤도는 타원으로 바뀌며, 원 궤도 주위에서 방사 방향으로 진동할 것이다. 이 궤도는 $n$이 −3보다 큰, $f = -cr^n$ 형태의 어떤 힘에 대해서도 안정적이다.

## 10.13 문제

**[문제 10.1]** (보어의 원자 모델) 한 전자가 원자핵 둘레를 원 궤도로 돌고 있다고 하자. 각운동량은 $n\hbar$ 값만을 가질 수 있다고 가정하자. 여기서 $n$은 정수 ($n=1$, 2, 3, …)이고, $\hbar$는 상수이다. 원 궤도를 위해 가능한 반지름 값과 총 에너지를 위해 가능한 값을 구하라. 첫 번째부터 4개의 에너지 상태를 위한 에너지 표를 만들어라 (즉, 4개의 가장 작은 궤도에 있는 전자에 대해)

**[문제 10.2]** 식 (10.17)을 직접 적분하여 이 식이 타원방정식을 유도함을 보여라.

**[문제 10.3]** "표면이 매끄러운(surface skimming)" 위성이 구모양의 행성에 대해 원 궤도상에 있다. 이 가상 궤도의 반지름은 행성의 반지름과 같다. 이와 같은 위성의 주기는 같은 밀도를 갖고 있는 모든 위성에 대해 같음을 증명하여라. (화성의 밀도와 지구의 밀도는 거의 같기 때문에 그와 같은 위성은 두 행성 상에서 같은 주기를 갖는다.)

**[문제 10.4]** 한 위성이 지구둘레를 타원궤도로 돌고 있다. 어떤 방법으로 이 위성의 최고속도와 최저 속도가 $v_1$, $v_2$임을 구했다고 하자. $a$, $\epsilon$, 단위질량당 각운동량, 및 주기의 값을 $v_1$, $v_2$, $G$, $M_E$(지구의 질량)으로 구하라.

**[문제 10.5]** 행성간을 운행하는 우주선이 태양에 대한 타원궤도상에 정지해 있다. 주기는 $\tau$이다. 로켓 모터들의 짧은 발화로 속력이 $V$에서 $V+\Delta V$로 증가 했다. 주기의 변화는 얼마인가? (**정답**: $\Delta\tau = 3(2\pi GM)^{-2/3}\tau^{5/3}V\Delta V$, 여기서 $M$은 태양의 질량이다.)

**[문제 10.6]** (a) 어떤 마술적인 과정에 의해 갑자기 태양의 질량이 반으로 줄었다. 이때에 지구의 궤도는 포물선일 것이라는 것을 보여라 (따라서 지구는 무한히 멀리 벗어날 것이다). (b) 또 다른 어떤 마술적인 과정에 의해 태양의 질량이 갑자기 2배가 되었다. 이 경우에 지구의 궤도 주기는 얼마인가?

**[문제 10.7]** 어떤 쌍성 계가 유사한 질량 $m_1$, $m_2$을 갖는 두 별로 이루어져 있다. (이 계에 대해, 한 질량이 다른 것에 비해 무한대로 크다는 가정을 세울 수는 없다)

$\mathbf{r}_1$, $\mathbf{r}_2$를 질량 $m_1$과 $m_2$의 관성계의 원점에 대한 상대적인 위치로 두고, $\mathbf{r}'_1, \mathbf{r}'_2$를 질량 중심에 대한 상대적인 위치로 두자. (a) 프라임 좌표는 상대좌표 $\mathbf{r}$과 다음의 관계가 있음을 보여라.

$$\mathbf{r}'_1 = -\frac{m_2}{m_1+m_2}\mathbf{r}$$
$$\mathbf{r}'_2 = +\frac{m_1}{m_1+m_2}\mathbf{r}$$

여기서 상대좌표 $\mathbf{r}$은 $m_1$으로부터 $m_2$ 까지 거리이다. (b) Lagrangian을 상대좌표 $\mathbf{r}$과 질량중심의 위치 $\mathbf{R}$로 표현하라. (c) 운동방정식을 상대좌표로 구하라. (질량 중심은 정지해 있다고 가정할 수 있다) (d) 방사 방향의 방정식 ($\mathbf{r}$의 크기에 대해)을 각운동량과 reduced (줄임) 질량으로 표현하라. (e) 방사 방향의 방정식을 식 (10.8)과 비교하여, 이 상황에 대한 케플러의 제3법칙에 대한 표현을 얻어라.

**[문제 10.8]** 태양에 의해 타원 궤도를 돌고 있는 한 행성의 어떤 시간에서 방사 방향의 속도는 다음과 같이 주어짐을 보여라.

$$r^2\dot{r}^2 = \left[\frac{GM}{a}\left(a[1+\epsilon]-r\right)\left(r-a[1-\epsilon]\right)\right]$$

여기서 $M$은 태양의 질량이다. (힌트: 식 (10.29)와 식 (10.27)을 이용하라)

**[문제 10.9]** 질량 $m$인 입자에 $K/r^4$의 중심력이 인력으로 작용한다. 이 입자가 힘의 중심으로부터 $a$만큼 떨어진 거리에 있고, 초기 속도가 반지름 벡터에 대해 수직으로 $\sqrt{2K/3ma^3}$ 의 크기로 주어진다고 하자. (a) 궤도 방정식을 유도하여 입자는 힘의 중심 쪽으로 나선운동 함을 보여라. (b) 입자가 힘의 중심에 충돌하는데 걸리는 시간을 구하라. **답:** (a) $r=(a/2)(1+\cos\theta)$ (b) $3\pi/8\sqrt{3ma^5/2K}$

**[문제 10.10]** $F(r)=-K/r^3$, $K>0$인 중심력이 있다고 하자. 유효 퍼텐셜을 그려보고, 가능한 운동의 종류를 논하라.

**[문제 10.11]** 입자가 중심력

$$F(r) = -\frac{K}{r^2}+\frac{K'}{r^3}$$

에 구속되어 있다. $K>0$이라 가정하고, $K'$에 대한 부호를 고려하자. (a) 유효 퍼텐셜을 그려 보고, 가능한 운동의 종류를 논하라. (b) 궤도 방정식을 풀고, 구속된 궤도는 $l^2>-mK'$인 조건하에서

$$r=\frac{a(1-\epsilon^2)}{1+\epsilon\cos\alpha\theta}$$

형태임을 보여라.

**[문제 10.12]** 지구의 첫 번째 인공위성은 러시아의 스푸트닉 1호(Sputnik I) 이었다. 근지점(perigee)은 지표면에서 227 km 위에 있었다. 이 지점에서 위성의 속력은 28,710 km/hr 이었다. 위성의 회전주기를 구하라. 위성에서 지구표면까지의 최대거리는 얼마인가? (지구의 반지름은 $6.37\times10^3$ km 로 주어진다.)

**[문제 10.13]** 어떤 위성은 지표면 위로 360 km의 근지점을 갖고, 2549 km의 원지점(apogee)을 갖는다. 지구중심으로부터 거리를 측정할 때, 근지점으로부터 90°에 있을 때, 위성은 지표면 위로부터 얼마의 거리에 있겠는가?

**[문제 10.14]** 이체(two-body) 문제에 있어, Laplace 벡터라는 보존량이 있다. (그것을 또한 Runge-Lenz vector라고 부른다.) Laplace 벡터는 근점(periapsis)쪽으로 향하는 벡터이다. 크기는 이심률에 비례하며, 다음과 같이 표현될 수 있다.

$$\mathbf{A}=\mathbf{p}\times\mathbf{l}-GMm^2\hat{\mathbf{r}}$$

여기서 $M$은 제1물체(primary)의 질량이고, $\mathbf{p}$는 선운동량, $\mathbf{l}$은 각운동량이다.

(a) A는 궤도 평면에 놓여 있다는 것을 보여라.

(b) A는 운동 상수임을 보여라.

(c) A의 크기는 $GMm^2e$ 임을 보여라. (힌트: $\mathbf{r}\cdot\mathbf{A}$를 평가하라)

**[문제 10.15]** 원점을 통과하는 원 궤도를 상상하자. 그리고, $r=Acos\theta$이다. 이와 같은 궤도를 만드는 중심력은 $1/r^5$에 의존함을 보여라.

**[문제 10.16]** 한 입자가 어떤 중심력의 작용에 의해 $r=Ae^{b\theta}$에 의해 기술되는 나선운동을 하고 있다. 이 입자에 작용하는 힘은 $r$의 세제곱에 반비례함을 보여라.

**[문제 10.17]** 위성이 지구 중심에서부터 거리 $r$의 원 궤도상에 있다. 위성의 속도는 $v$이다. 위성의 탈출속도 ($r$에서 $\infty$로)는 $\sqrt{2}\,v$임을 보여라.

**[문제 10.18]** 같은 질량을 갖는 두 별이 주기 $\tau$로 공통 질량 중심 주위에서 궤도운동을 하고 있다. 이 별들이 갑자기 멈추고, 죽어가며, 서로의 방향으로 떨어진다면, 그 별들은 $\tau/\sqrt{32}$ 안에 충돌할 것임을 보여라.

**[문제 10.19]** 힌 쌍성계가 있다. (a) 케플러의 제3법칙은 다음과 같이 쓸 수 있음을 보여라.

$$a^3 = \tau^2(M_1 + M_2)$$

여기서 $a$의 단위는 AU(우주 단위)이고, $\tau$는 지구의 년, $M_1 + M_2$는 태양계에서 두 별들의 질량 합이다. (노트: 이 장에서 유도했던 방정식들은 모두 $M \gg m$을 가정했다. 힌트: 식 (10.1)을 유도하고 두 질량이 유사하다면 어디서나 $GM$은 $G(M_1 + M_2)$로 대체되어야 한다는 것을 보여라.) (b) 별 A와 별 B는 쌍성계의 일원이다. 우주인이 이 계의 주기가 32년이고 별들은 16 AU 만큼 분리되어 있다고 결정했다. 더구나 별 A는 이 계의 질량중심으로부터 12 AU에서 발견되었다. 이 별들의 질량을 구하라. (노트: 이것은 우주인들이 별의 질량을 어림잡는 방법 중에 하나이다.)

**답**: A의 질량 = 1 태양 질량, B의 질량 = 3 태양질량.

**[문제 10.20]** 러더퍼드의 문제는 금 원자핵과 상호작용하는 알파 입자의 운동을 고려한 것이다. 힘은 크기 $F = K/r^2$인 반발력이 작용한다. (a) 이심률은

$$\epsilon^2 = 1 + \frac{2El^2}{mK^2}$$

으로 표현될 수 있음을 보여라. (b) 가장 가까이 접근하는 거리는

$$r_1 = a(\epsilon + 1)$$

임을 보여라. (힌트: 반발력에 대해서 궤도는 쌍곡선의 음의 영역이라는 것을 상기하자.)

**[문제 10.21]** 한 물체가 타원 궤도에서 운동하고 있다. 최대 속도는 $v_{\max}$이고, 최소 속도는 $v_{\min}$이다. 궤도의 이심률을 $v_{\max}$와 $v_{\min}$로 표현해 보아라.

**[문제 10.22]** 우주 왕복선의 앞쪽이 지구를 향하며 지구 주위를 원 궤도로 돌고 있다고 가정하자. 로켓의 모터가 잠시 동안 점화되었다. 왕복선의 속도가 커질 것으로 기대할 것이다. 그러나 실제로 왕복선은 더 높은 궤도로 올라가고 속도는 느려진다는 것을 보여라 (이런 형태를 "왕복선의 역설"이라 부른다.)

**[문제 10.23]** 두 입자에 있어, 두 입자간의 거리에 비례하는 중심력이 인력으로 작용하고 있다고 가정하자. 즉, $\mathbf{F}=-kr\hat{\mathbf{r}}$. 한 입자가 다른 입자에 비해 매우 무겁다고 가정하자. 가벼운 입자의 운동은 무거운 입자가 타원의 중심 (초점에 있기 보다는)에 있는 타원 운동을 한다는 것을 보여라.

**[문제 10.24]** 일반상대론에서 가장 강력한 논의 중의 하나는 수성 궤도의 세차에 대해 수정 값을 예측한 것이다. 아인슈타인이 이 이론을 공식화하기 전에는, 세차운동이 태양계가 낮은 밀도 $\rho$의 먼지로 채워져 있다면 설명될 수 있다고 제안되었다. 구면 분포의 먼지는 $F'=-mKr$ 로 주어지는 또 다른 중심력으로 작용할 것이다. 여기서 $m$은 행성의 질량이고, $K$는 $(4\pi/3)\rho G$ 와 같은 상수이다. $F' \ll F$ (태양의 중력)에 대해서 한 행성은 다음의 각속도를 가지고 장축이 세차운동 하는 타원궤도를 돌 것임을 보여라.

$$\omega_p = 2\pi\rho r_0^{3/2}\sqrt{G/M}$$

여기서 $M$은 태양의 질량이고, $r_0$는 궤도의 평균반지름이다.

**[문제 10.25]** 다음의 중심력이 작용하는 입자가 있다:

$$F = \frac{A}{r^2} + \frac{B}{r^4}$$

여기서 $A$와 $B$는 상수이다. 궤도는 반지름 $a$인 원이다. 궤도가 안정일 조건을 구하라. (**답**: $a^2A > B$)

**[문제 10.26]** 다음의 중심력이 인력으로 작용하는 입자가 원 궤도를 돌고 있다.

$$F = \frac{1}{r^2}e^{-r/a}$$

원의 반지름이 $a$보다 크면, 운동은 안정이고, 원의 반지름이 $a$보다 작으면 운동은 불안정임을 보여라.

**[문제 10.27]** 가상의 질량이 없는 줄이 매우 매끄러운 테이블의 작은 구멍을 통과해 있고, 질량이 같은 물체가 줄의 양쪽 끝에 매달려 있다. 한 물체는 구멍으로부터 거리 $a$의 테이블 위에 있고, 다른 물체는 자유롭게 매달려 있다 (그림 10.15). 테이블 위에 있는 물체는 줄의 방향에 수직이며 $\sqrt{ga}$의 속도로 움직이도록 하였다. 테이블 위에 있는 물체는 원 궤도로 움직임을 보여라. 이제 매달려 있는 물체가 약간 섭동을 받는 경우에, 이 물체의 주기 $2\pi\sqrt{2a/3g}$를 가지고 위아래로 진동할 것임을 보여라.

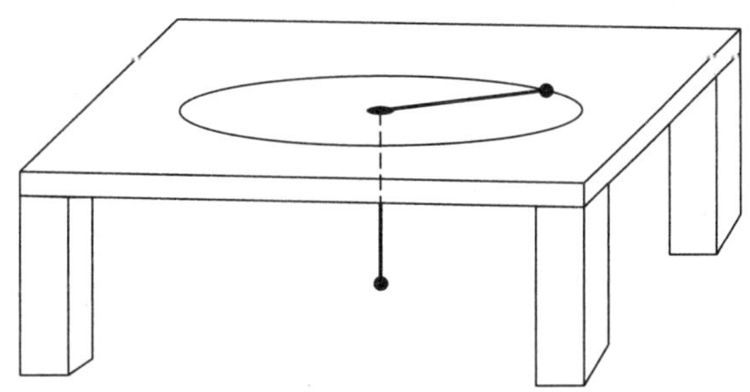

그림 10.15 ▌ 마찰이 없는 테이블 위의 물체 (문제 10.27을 보아라.)

## 컴퓨터 과제

**계산 기법: Runge–Kutta 방법** 3.7절에서 상미분방정식(ODE)을 풀기 위해 Euler–Cromer 알고리즘에 대해 기술하였다. 여기서 Runge–Kutta 방법을 기술할 것이다. 이 방법은 더 정확하고, 아마도 세련될 것이지만 덜 투명하다. 함수 $g(t)$에 대해, 잘린(truncated) 테일러 급수 전개에 기본을 두고 있다:

$$g(t+\tau) = g(t) + \tau \left.\frac{dg}{dt}\right|_{\xi}$$

두 번째 항은 대개 $t$에서 계산되지만, 더 해를 정확히 하기 위해서 Runge–Kutte 기법은 시간 스텝을 반으로 계산한다. 즉, $\xi = t + \tau/2$이다.

ODE를 표현하는 가장 효율적인 방법은 두 벡터 $X$와 $f$를 아래와 같이 정의하는 것이다. 위치가 $x$와 $y$로 주어지고, 속도가 $v_x$와 $v_y$로 주어지는 2차원 계를 가정하자. 그러면,

$$\mathbf{x}(t) = [x(t)\ y(t)\ v_x(t)\ v_y(t)]$$
$$\mathbf{f}(\mathbf{x}, t) = [v_x(t)\ v_y(t)\ a_x(t)\ a_y(t)]$$

이고, ODE는 아래와 같이 쓸 수 있다.

$$\frac{d\mathbf{x}}{dt} = \mathbf{f}(\mathbf{x}(t), t)$$

2차 Runge-Kutta 알고리즘은 새로운 벡터 $X^*$의 첫 번째 정의로부터 얻는다:

$$\mathbf{x}^* = \mathbf{x}^*(t + \tau/2) = \mathbf{x}(t) + \frac{1}{2}\tau\mathbf{f}(\mathbf{x}(t), t)$$

그러면

$$\mathbf{x}(t + \tau) = \tau\mathbf{f}(\mathbf{x}^*, t + \tau/2)$$

이다. 위 식이 잘린 테일러 급수와 동등하다는 것을 알기는 어렵지 않다. 그러나, 가장 공통적인 ODE 해법은 이차 Runge-Kutta이 아니고, 4차 Runge-Kutta이다. 이것은 테일러 급수에 기초를 하고 있으나, 덜 투명한 방법이다. 벡터의 형태에 있어, $t + \tau$에서 $X$의 값은 아래와 같이 주어진다.

$$\mathbf{x}(t + \tau) = \mathbf{x}(t) + \frac{1}{6}\tau(\mathbf{F}_1 + 2\mathbf{F}_2 + 2\mathbf{F}_3 + \mathbf{F}_4)$$

여기서

$$\mathbf{F}_1 = \mathbf{f}(\mathbf{x}, t)$$
$$\mathbf{F}_2 = \mathbf{f}\left(\mathbf{x} + \frac{1}{2}\tau\mathbf{F}_1, t + \frac{1}{2}\tau\right)$$
$$\mathbf{F}_3 = \mathbf{f}\left(\mathbf{x} + \frac{1}{2}\tau\mathbf{F}_2, t + \frac{1}{2}\tau\right)$$
$$\mathbf{F}_4 = \mathbf{f}\left(\mathbf{x} + \frac{1}{2}\tau\mathbf{F}_3, t + \tau\right)$$

이다.

**[컴퓨터 과제 10.1]** 한 혜성이 Oort 구름은 자유롭게 밀어 제치고 태양쪽으로 나아가고 있다. 혜성이 명왕성의 궤도를 지날 대, 속도의 각 성분이 $v_x = -0.01$, $v_y = 0.05$ AU/년이었다. 3개의 알고리즘을 사용하여 혜성의 궤적을 그려라: Euler-Cromer, 이차 Runge-Kutta 및 4차 Runge-Kutta. 각운동량은 일정함을 보여라. (관련된 물체는 오직 혜성과 태양이다. 힌트: $GM = 4\pi^2$를 이용하라.)

**[컴퓨터 과제 10.2]** 이 문제는 앞 문제와 같다. 그러나 이제 목성을 포함하자 (원 궤도로 가정하자). 혜성의 궤적은 목성 궤도면에 있다. RK4를 사용하라.

**[컴퓨터 과제 10.3]** 아래의 표를 이용하여 시간의 함수로 행성의 궤적을 구하는 프로그램을 써 보아라. 행성들의 기울기가 0이라 가정하자 (즉, 행성들은 모두 같은 평면상에서 움직이고 있다). 태양으로부터 직선상에 모든 행성들이 배열되어 있는 것으로부터 시작하자. (이것을 "공액(conjugation)"이라 한다.) (a) 목성과 토성의 공액 사이는 몇 년인가? (b) 명왕성이 해왕성보다 태양에 가까이 있는 것은 어느 시간 부분인가? (P.S. 명왕성은 더 이상 태양계의 행성이 아님을 안다.)

| Planet | $a$ (AU) | $\epsilon$ | Mass($10^{24}$ kg) |
|---|---|---|---|
| Mercury | 0.387 | 0.206 | 0.33 |
| Venus | 0.723 | 0.007 | 4.87 |
| Earth | 1.000 | 0.017 | 5.97 |
| Mars | 1.524 | 0.093 | 0.64 |
| Jupiter | 5.203 | 0.048 | 1898.6 |
| Saturn | 9.537 | 0.054 | 568.46 |
| Uranus | 19.191 | 0.047 | 86.83 |
| Neptune | 30.069 | 0.009 | 102.43 |
| Pluto | 39.482 | 0.249 | 0.013 |

**[컴퓨터 과제 10.4]** 다음의 중심력이 작용할 때, 입자의 운동을 컴퓨터로 계산하고 그려라.

$$F = -\frac{K}{r^3}\left(1 - \frac{\alpha}{r}\right)r$$

여기서 $K$와 $\alpha$는 상수들이다. 이 궤도는 세차운동함을 보여라. $K$와 $\alpha$의 선택에 따라 어떻게 운동이 달라지는지 보여라.

**[컴퓨터 과제 10.5]** 대기의 끌림(drag)이 지구 인공위성에 미치는 영향을 고려하자. 끄는 힘은 궤도의 접선방향으로 작용한다. 이 힘은

$$F = -\frac{1}{2m}C_D A\rho v^2$$

로 표현될 수 있다. 여기서 $m$은 인공위성의 질량, $C_D$는 끌림 상수, $A$는 인공위성의 단면적, $\rho$는 공기의 밀도, $v$는 인공위성의 속도이다. 위도 $\eta$에서 공기의 밀도는 대략 아래와 같이 주어진다.

$$\rho = \rho_0 \exp[-(\eta - \eta_0)/H]$$

여기서 $\rho_0 = 6.5 \times 10^{-12}\,\mathrm{kg/m^3}$, $\eta_0 = 384\,\mathrm{km}$이고, $H$는 100 km 위에서 위도 40 km를 이용할 수 있는 "스케일 높이"이다.

반장축이나 축상에서 끌림 효과를 보이기는 쉽지 않다. 궤도의 이심률은 아래의 표현으로 주어진다.

$$\Delta a = -\frac{A}{m}C_D a^2 \int_0^{2\pi} \rho(\eta)\frac{(1+e\cos E)^{3/2}}{(1-e\cos E)^{1/2}}dE$$
$$\Delta e = -\frac{A}{m}C_D a(1-e^2) \int_0^{2\pi} \rho(\eta)\frac{(1+e\cos E)^{1/2}}{(1-e\cos E)^{1/2}}\cos E\,dE$$

여기서 $E$는 이심 이상(eccentric anomaly)이라 불리는 매개변수이다 (컴퓨터 과제 10.6을 보아라). 주어진 표현을 수치적으로 적분하여 $\Delta a$와 $\Delta e$를 구하라. $C_D = 1.05$, $A = 6\,\mathrm{m^2}$, 그리고 $m = 1000\,\mathrm{kg}$으로 가정하자. 노트: 지구 중심으로부터 인공위성까지의 거리는 이심 이상 $r = a(1-e\cos E)$로 표현될 수 있다.

**[컴퓨터 과제 10.6]** 문제 10.11에서 $r$의 평균 최대값과 최소값에 의해 궤도에 있는 행성의 평균 퍼텐셜 에너지는 $-GMm/a$임을 계산하였다. 이제 퍼텐셜 에너지의 시간 평균값은 그 표현에 의해 주어짐을 물어 볼 것이다. 행성이 궤도상에서 돌고 있을 때, 같은 시간 스텝에서 퍼텐셜 에너지를 구해야 한다. 간단히 하기 위해, 그 행성이 1 AU에 있고, 1년의 주기를 가지며, 이심률이 $\epsilon = 0.2$라고 하자. 행성이 일정한 각속도로 궤도를 돌고 있지 않다는 사실이 문제를 복잡하게 한다. 그러나,

아래식의 케플러의 방정식[10]에 의해 평균 각속도 $n$과 관련 있는, 이심 이상 $E$를 구하여 같은 시간 간격에서 행성의 위치를 얻을 수 있다.

$$E - \epsilon sin E = nt$$

이 식은 모호한 식이므로 $E$를 수치적으로 구해야 할 것이다. 반복적으로 $E$를 구하는 프로그램을 써 보아라. 즉, 케플러 방정식을

$$E = nt + \epsilon sin E$$

와 같이 써 보아라.

$\epsilon$는 작은 값이므로, $E$의 첫째 근사는 $E = nt$이다. $E$의 우변을 위해 이것을 이용하고, 둘째 근사를 얻어라. 계속 반복하여라. 그러므로,

$$\begin{aligned} E_0 &= nt \\ E_1 &= nt + \epsilon \sin E_0 \\ E_2 &= nt + \epsilon \sin E_1 \\ &\text{등등} \end{aligned}$$

이다. 평균 퍼텐셜 에너지를 구하기 위해, 행성 궤도를 태양의 10배로 두고, 평균 퍼텐셜 에너지를 구하고 결과를 $-GMm/a$과 비교하여라.

10) 이심 이상은 천체역학자와 우주학자들에게 잘 알려진 매개변수이다. 케플러 방정식은 해석학적인 해가 찾아질 수 없는 유명한 식이다. 이것에 대해 *Solar System Dynamics* by C.D. Murray and S. F. Dermott, Cambridge University Press, 1999의 2장에서 이것에 대해 읽어 볼 수 있다.

CHAPTER 11

# 조화 운동(Harmonic motion)

이번 장은 조화 운동에 대한 내용을 자세히 다룬다. 여러분은 단조화 진동자의 두 가지 예를 잘 알고 있다. 즉, 진자(pendulum)와 스프링에 매달린 물체의 운동이다. 3.6절에서 여러분은 단조화 운동의 기본적인 분석 방법을 배웠다. 이 장에서는 몇 가지 다른 종류의 조화 운동을 다룰 것이다. 과소 감쇠(underdamped), 과대 감쇠(overdamped), 및 임계 감쇠(critically damped) 진동 운동 뿐만 아니라, 강제 조화 운동 및 결합(coupled) 조화 진동을 다룬다. 이 장에서 배우게 될 기법은 여러 물리 분야에서 사용된다.

## 11.1 스프링과 진자

질량 $m$인 물체가 스프링 상수 $k$인 스프링에 연결되어 있다고 하자. 중력이 포함되는 복잡성을 피하기 위해, 그림 11.1과 같이 이 물체가 마찰이 없는 표면에서 수평으로 앞뒤로 미끄러질 수 있다고 가정하자.

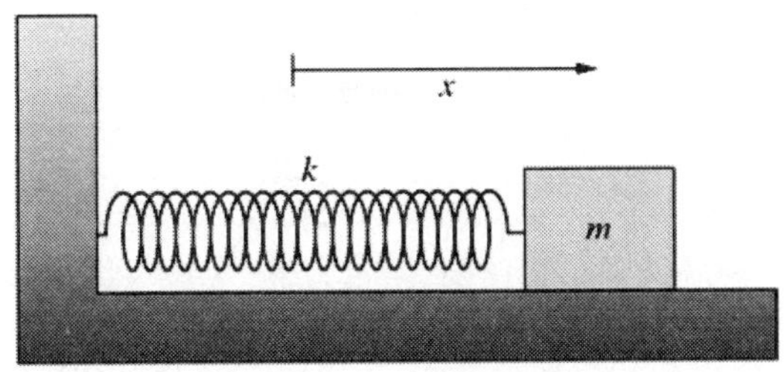


그림 11.1 ▌ 마찰이 없는 표면 위에 한 물체가 스프링에 연결되어 있다. 거리 $x$는 평형점으로부터 물체까지의 거리다.

먼저, 스프링에 연결된 물체의 운동방정식을 써보자. 이 물체의 운동에너지는 $T=\frac{1}{2}m\dot{x}^2$이고, 스프링의 위치에너지는 $V=\frac{1}{2}kx^2$이다. 따라서 문제 4.3에서 구한 것처럼, 이 계의 Lagrangian은

$$L = T - V = \frac{1}{2}m\dot{x}^2 - \frac{1}{2}kx^2$$

이다. Lagrange 방정식

$$\frac{d}{dt}\frac{\partial L}{\partial \dot{x}} - \frac{\partial L}{\partial x} = 0$$

로부터 운동방정식

$$m\ddot{x} + kx = 0 \tag{11.1}$$

을 얻을 수 있다.

다음으로, 그림 11.2에서 보는 바와 같이 질량 $m$인 입자 (진자추)와 늘어나지 않으며, 질량이 없는 길이 $l$인 줄로 구성된 진자가 있다고 하자. 운동에너지는 $T=\frac{1}{2}m(\dot{x}^2+\dot{y}^2)$이다. 여기서 $x=l\sin\theta$이고, $y=-l\cos\theta$이므로 (원점은 줄이 천장에 매달린 위치로 가정하자), 운동에너지는

$$T = \frac{1}{2}m(l^2\dot{\theta}^2\cos^2\theta + l^2\dot{\theta}^2\sin^2\theta) = \frac{1}{2}ml^2\dot{\theta}^2$$

이다. 위치에너지는

$$V = -mgl\cos\theta$$

이다. 그러므로 (식 4.4를 보아라) Lagrangian은

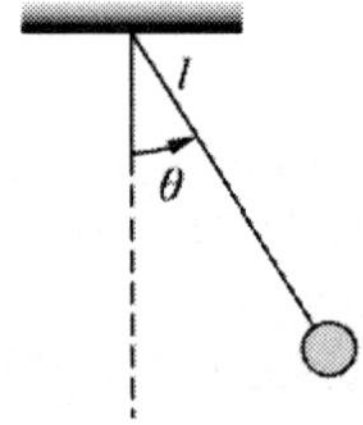


그림 11.2 ▌ 단진자

$$L = T - V = \frac{1}{2}ml^2\dot{\theta}^2 + mgl\cos\theta$$

이다.

따라서 Lagrange 운동방정식:

$$\frac{d}{dt}\frac{\partial L}{\partial\dot{\theta}} - \frac{\partial L}{\partial\theta} = 0$$

이다. 즉,

$$\frac{d}{dt}(ml^2\dot{\theta}) + mgl\sin\theta = 0$$

또는,

$$ml^2\ddot{\theta} + mgl\sin\theta = 0 \tag{11.2}$$

이다. 이 진자의 운동을 작은 각도 ($\theta \le 20^o$)로 제한하면, sin$\theta$를 $\theta$ (radian)로 근사할 수 있다. 다음으로 위 식을 $ml^2$로 나누면, 다음 식을 얻을 수 있다.

$$\ddot{\theta} + \frac{g}{l}\theta = 0 \tag{11.3}$$

식 (11.1)과 식 (11.3)은 완전히 똑같은 *형태*의 식이라는 것에 주목하자; 두 식은 모두 위치 변수의 이차 미분은 평형점으로부터 변위에 음수로 비례함을 나타낸다. 이것은 항상 평형점 방향으로 복원력이 작용함을 의미한다. 이와 같은 형태의 운동방정식은 진동하는 계의 특징이다. 이런 형태의 방정식을 보면, 단조화 운동의 경우라고 확신할 수 있다. 위의 두 단조화 운동방정식에 아래의 가능한 해를 대입함으로써 여러분은 쉽게 해를 보일 수 있을 것이다:

$$x = A\cos\left(\sqrt{\frac{k}{m}}t + \beta\right) \tag{11.4}$$

그리고

$$\theta = A\cos\left(\sqrt{\frac{g}{l}}t + \beta\right) \tag{11.5}$$

이 해들은 진폭 A와 스프링에 대해 각진동수 $\sqrt{k/m}$ 와 진자에 대해 진동수 $\sqrt{g/l}$ (진자)를 갖는 사인파 형태의 진동을 나타낸다. $\beta$는 초기 변위와 관련이 있다.

이제 약간 복잡하게 진동하는 경우, 즉, 공기 저항이나 마찰과 같은 저항력(retarding force)이 있는 경우를 고려하자. 특정한 예를 다루기 위해, 스프링에 매달려 있는 물체에 물체의 속도에 비례하는 저항력이 작용하는 경우를 다루어 보자. 즉, 물체에 작용하는 총 힘은 $-kx$가 아니라,

$$F = -kx - b\dot{x}$$

이다. 여기서 $b$는 비례상수이다. 음의 부호는 저항력이 운동에 대해 반대 방향으로 작용한다는 것을 의미한다. $-b\dot{x}$항을 감쇠력(damping force) 이라 부른다. 이제 운동방정식은

$$m\ddot{x} + b\dot{x} + kx = 0 \tag{11.6}$$

으로 쓸 수 있다. 위 식은 *감쇠 조화 진동자(damping harmonic oscillator)*의 운동방정식이다(감쇠력은 속도에 선형적으로 비례한다고 가정하는 경우).

마지막으로, 조화 진동자에 외력 $F_e$이 작용하는 경우이다. 이 경우는 외력을 다른 힘들에 더하기만 하면 된다 (그러나 방정식의 오른쪽에 넣어라).

$$m\ddot{x} + b\dot{x} + kx = F_e \tag{11.7}$$

이 식이 *강제 감쇠 조화 진동자(forced, damped, harmonic oscillator)*에 대한 운동방정식이다.

이와 같은 운동방정식은 모두 상수 계수를 갖는 선형(linear), 상(ordinary), 이차 미분방정식이다. 미분방정식 수업에서 이 형태를 푸는 방법을 배웠을 것이다. 간단히 푸는 방법을 복습해 보겠으나, 여러분이 익숙하지 않거나 자세한 과정을 알기 원한다면 미분방정식 교과서를 다시 복습해 보기 바란다.

**❐ 연습 11.1**

(a) 식 (11.4)과 식 (11.5)을 각 각의 운동방정식에 대입하여 이 식들이 해임을 보여라. (b) 대입에 의해

$$x = A\cos\sqrt{k/m}t + B\sin\sqrt{k/m}t$$

이 식 (11.1)의 해임을 보여라. 이 식이 (11.1) 방정식의 가장 일반적인 해의 표현임을 보이기 위한 한 방법임을 보일 것이다.

---

❒ **연습 11.2**

어떤 스프링에 6 N의 힘이 작용할 때, 6 cm가 늘어난다고 한다. 5 kg의 물체가 이 스프링에 연결되어 있다고 하자. 스프링을 3 cm 늘어나게 잡아당긴 후, 초기 속력이 −6 cm/s이 되도록 물체를 밀은 후 놓았다. 단, 물체가 놓여 있는 표면은 마찰이 없다고 가정하자. 물체의 위치를 시간의 함수로 구하는 식을 구하라. (힌트: 연습 11.1에서 구한 일반식을 이용하라)

**답:** $x = 0.030\cos(4.47t) - 0.013\sin(4.47t)$

---

❒ **연습 11.3**

시간 $t = 0$에서 각진동수가 $\omega$인 단조화 진동자가 $x = 3\,\text{cm}$에 위치해 있고, 1 cm/sec의 속력을 갖고 있다고 하자. 이 진동자의 시간에 대한 위치의 함수 $x = x(t)$를 구하라. **답:** $x = 3\cos\omega t + (1/\omega)\sin\omega t$.

---

## 11.2 미분방정식 풀기(선택)

상수 계수의 선형 미분방정식 형태는

$$a_n\frac{d^n x}{dt^n} + a_{n-1}\frac{d^{n-1}x}{dt^{n-1}} + \cdots + a_2\frac{d^2 x}{dt^2} + a_1\frac{dx}{dt} + a_o x = f(t)$$

이다. 우변에 있는 $f(t)$가 0일 때, 이 방정식을 동차(*homogeneous*)라 하며, 0이 아니면 *비동차(inhomogeneous)*라 부른다. "선형"의 의미는 종속변수 $x$와 이 변수의 미분이 1차임을 말한다. 그러나 독립변수, $t$는 어떤 차수도 가질 수 있다. 따라서 $\frac{dx}{dt} = 3t^2$는 선형이지만, $\frac{dx}{dt} = 3x^2$와 $\left(\frac{dx}{dt}\right)^2 = 3t$는 비선형이다.[1)]

1) 미분방정식의 "degree(차수)"는 고차 미분의 급수이다. 그러므로 선형 미분방정식은 일차이다.

### 11.2.1 동차 선형 미분방정식

동차미분방정식의 해는 *항상* 아래와 같은 형태의 해를 갖는다.

$$x = e^{pt}$$

이런 형태의 미분방정식의 일반해를 구하기 위한 방법은 $x = e^{pt}$ 를 방정식에 넣어서 수학적 연산을 수행하는 것이다. 이 과정에서 상수들을 포함하는 $p$에 관한 방정식이 유도된다. 잠시 이 과정을 설명하겠으나, 먼저 1차 미분방정식은 $p$의 값이 한 개 나오며, 2차 미분방정식에서는 두 개의 $p$값이 나온다는 것을 알기 바란다. 따라서 미분방정식의 차수에 따라 다른 갯수의 해를 얻는다. 구한 여러 해 중에 어떤 것을 이용해야 하나? 답은 모두이다!

**규칙 1: $x_1(t)$와 $x_2(t)$가 모두 선형 동차미분방정식의 해라면 $x_1(t)+x_2(t)$도 이 방정식의 해이다.**

단조화 운동의 경우, 우리는 *이차*미분방정식을 얻는다. 그러므로 *두 가지* $p$의 값을 얻을 것이다. 이 두 값을 $p_1$와 $p_2$라 하자. 그러면, 두 해는:

$$x_1(t) = e^{p_1 t} \text{ 그리고 } x_2(t) = e^{p_2 t}$$

이다. 규칙 1에 의해, 이 두 해의 합도 또한 방정식의 해이다. 즉,

$$x(t) = e^{p_1 t} + e^{p_2 t}$$

은 해이다.

우리는 또 다른 간단한 사실로부터 더 일반화된 해를 구할 수 있다.

**규칙 2: $x(t)$가 선형 동차미분방정식의 해이면, $Cx(t)$도 해이다. 단, $C$는 임의의 상수이다.**

결과적으로

$$x = C_1 e^{p_1 t} + C_2 e^{p_2 t}$$

은 이차 미분방정식의 해이다. 사실, 위 식이 상수 계수를 갖는 가장 일반적인 선형 이차미분방정식 해의 형태이다. 어떤 다른 해도 $e^{p_1 t}$와 $e^{p_2 t}$의 선형 결합으로 표현할 수 있다.

유사하게 삼차미분방정식의 일반해는

$$x = C_1 e^{p_1 t} + C_2 e^{p_2 t} x + C_3 e^{p_3 t}$$

이다.

$p(p_1,\ p_2,\ \cdots)$의 값은 주어진 문제의 매개변수(질량, 스프링 상수와 같은)로부터 얻는 반면, 상수($C_1,\ C_2,\ \cdots$)의 값은 초기조건으로부터 구할 수 있다. 아래의 예들을 통해 이것이 더욱 명확해 질 것이다.

이 개념을 단진자 운동의 미분방정식

$$m\ddot{x} + kx = 0$$

에 적용해 보자. $x = e^{pt}$이면, $\ddot{x} = p^2 e^{pt}$이다. 이것을 위 식에 대입하면,

$$mp^2 e^{pt} + ke^{pt} = 0$$

을 얻을 수 있다. 양변을 $e^{pt}$로 나누면, p에 대한 방정식

$$mp^2 + k = 0$$

을 얻을 수 있다. 이 식을 *보조방정식(auxiliary equation)*이라 부른다. $p$에 대한 해를 구하면,

$$p = \pm\sqrt{-\frac{k}{m}} = \pm i\sqrt{\frac{k}{m}} = \pm i\omega$$

이다. 여기서 $i \equiv \sqrt{-1}$이고, $\omega = \sqrt{k/m}$이다.

따라서 우리는 두 해 (선형적으로 독립인)를 구했다. 즉,

$$x = e^{+i\omega t} \text{ 그리고 } x = e^{-i\omega t}$$

이 해들의 합 또한 해이고, 각 각의 해에 임의의 상수를 곱한 것도 해이므로, 주어진 이차미분방정식의 일반해는

$$x = C_1 e^{+i\omega t} + C_2 e^{-i\omega t} \tag{11.8}$$

이다. 이 식은 완전한 해의 형태이나, 또한 이 해는 어떤 경우에 더 유용한 sine과 cosine으로 표현할 수 있다.

다음의 Euler 식

$$e^{\pm i\theta} = \cos\theta \pm i\sin\theta$$

을 상기하면, 식 (11.8)을 아래와 같이 다시 쓸 수 있다.

$$x = C_1(\cos\omega t + i\sin\omega t) + C_2(\cos\omega t - i\sin\omega t)$$

또는,

$$x = (C_1 + C_2)\cos\omega t + i(C_1 - C_2)\sin\omega t$$

$x$는 실수 값이기 때문에 허수 값인 마지막 항을 버릴 수 있다고 생각할 것이다; 그러나, $C_1$과 $C_2$는 아직 정해진 값이 아니고, 복소수일 수 있으므로, 이것을 버리는 것은 타당하지 않을 것이다.

여러분은 이제 단조화 운동 문제를 풀기 위해 한 가지 다른 경우를 제외하고 기초적인 모든 것을 알게 되었다: 그것은 이차미분방정식의 보조방정식이 같은 두 해를 갖는 경우, 즉 $p_1 = p_2 = p$이면, 일반해는

$$x = C_1e^{pt} + C_2te^{pt} \tag{11.9}$$

라는 것이다. 방정식에 대입하여, 이 식이 해라는 것은 쉽게 보일 수 있다. (두 번째 항에 $t$가 포함되어 있음에 주의하자.)

---

**예제 11.1**

초기 조건이 $x|_{t=0} = 0, \frac{dx}{dt}|_{t=0} = 3$로 주어질 때, 미분방정식

$$\frac{d^2x}{dt^2} - 4x = 0$$

을 풀어라.

**풀이**: 이것은 SHM (단조화 운동) 방정식은 아니다. 왜냐하면 $x$의 계수가 음수이기 때문이다. 문제를 풀기 위해서 $e^{pt}$를 방정식에 대입면,

$$p^2 - 4 = 0$$

이다. 그러므로, $p = \pm 2$이고, 해는

$$x = C_1e^{2t} + C_2e^{-2t}$$

이다. 초기 조건 $x(t=0)=0$으로부터 $C_2=-C_1$을 얻을 수 있다. 따라서,

$$x = C_1(e^{2t} - e^{-2t}) = 2C_1\sinh(2t)$$

이다. 다른 초기 조건 $\dot{x}=3$으로부터

$$\dot{x} = 2C_1(2)\cosh(2t) = 4C_1\cosh(0) = 3$$
$$\therefore C_1 = 3/4 \text{ 그리고}$$
$$x = \frac{3}{2}\sinh(2t)$$

를 얻는다.

---

❐ 연습 11.4

선형 동차 이차미분방정식에 대해 (a) 규칙 1 (b) 규칙 2를 증명하라.

---

❐ 연습 11.5

$y=Ae^{ax}\cos bx + Be^{ax}\sin bx$는 방정식 $[(D-a)^2+b^2]y=0$을 만족시킴을 보여라(단, $D\equiv\frac{d}{dx}$이다).

---

❐ 연습 11.6

다음 미분방정식을 풀어라.

$$\frac{d^3x}{dt^3} - 4\frac{d^2x}{dt^2} + \frac{dx}{dt} + 6x = 0$$

**답:** $x = C_1e^{-t} + C_2e^{2t} + C_3e^{3t}$

---

❐ 연습 11.7

다음 미분방정식을 풀어라.

$$(D^2+2D-3)y=0,\ \text{여기서}\ \ D\equiv\frac{d}{dx}$$

**답:** $y = C_1e^{x} + C_2e^{-3x}$

---

❐ 연습 11.8

다음 미분방정식을 풀어라.

$$(D^2 - 6D + 9)y = 0, \text{ 여기서 } D \equiv \frac{d}{dx}$$

❐ 연습 11.9

$\sin 2\theta$와 $\cos 2\theta$에 대한 관계식을 $\sin\theta$와 $\cos\theta$로 구하라. [힌트: $e^{2i\theta} = (e^{i\theta})^2$]

### 11.2.2 예제: 스프링에 연결된 물체

스프링 상수 k인 스프링에 질량 $m$인 블록이 연결되어 있는 문제를 다시 살펴보자. 이 물체를 스프링이 $x_o$만큼 늘어날 때까지 잡아당긴 후, 멈춰진 상태에서 스프링을 놓자. 이 물체의 운동 $x = x(t)$을 구하고, 진동의 진폭과 주기를 구하라는 질문을 받았다고 하자.

식 (11.8)에 의해, 이 운동의 해는

$$x(t) = C_1 e^{i\omega t} + C_2 e^{-i\omega t}$$

형태를 갖는다. 여기서 $w = \sqrt{k/m}$ 이다. 단지 구해야 하는 것은 상수 $C_1$과 $C_2$이다. 초기조건은

$$x(t=0) = x_0$$

와

$$\dot{x}(t=0) = 0$$

이다. 이 두 식을 일반해에 대입하면,

$$x(t=0) = x_0 = C_1 + C_2$$

와

$$\dot{x}(t=0) = 0 = i\omega C_1 - i\omega C_2$$

을 쉽게 얻을 수 있다. 두 번째 식으로부터 $C_2 = C_1$을 얻을 수 있다. 첫 번째 식으

로부터 $C_1 = C_2 = \frac{1}{2}x_0$를 얻는다. 그러므로 해는

$$x = \frac{1}{2}x_0(e^{+i\omega t} + e^{-i\omega t}) = \frac{1}{2}x_0(2\cos\omega t) = x_0 \cos\omega t$$

이다. 마지막 식은 물체가 $+x_0$와 $-x_0$ 값 사이에서 앞뒤로 진동함을 나타낸다. 물리량 $x_0$를 *진폭(amplitude)*이라 한다. 이 운동은 진동수

$$f = \frac{\omega}{2\pi} = \frac{1}{2\pi}\sqrt{\frac{k}{m}}$$

을 갖는 진동이다.

위치를 시간의 함수로 그리면 그림 11.3과 같다. 이 물체는 아래와 같이 주어진 시간 $t$ 후에 원래의 위치로 돌아온다.

$$t = \frac{2\pi}{\omega} = \frac{1}{f} = P = \text{period}$$

주기 ($P$)는 한번 완전히 진동하는 데 걸리는 시간이다. 진동수 ($f$)는 단위시간 당 진동이 일어나는 횟수이며, 이는 주기의 역수와 같다. 물리량 $w = 2\pi f$는 "각진동수(angular frequency)"라 부른다. 그러나 이것은 가끔 부주의하게 진동수처럼 불리기도 함을 알아야 한다.

초기조건이 달라지면 해의 형태도 약간 다르다. 예를 들어, $t=0$에서 블록이 $x=0$에 있고, 속도가 $v_0$라면, 즉, $x(t=0)=0$이고, $\dot{x}(t=0)=v_0$이면, 식 (11.8)을 이용해서

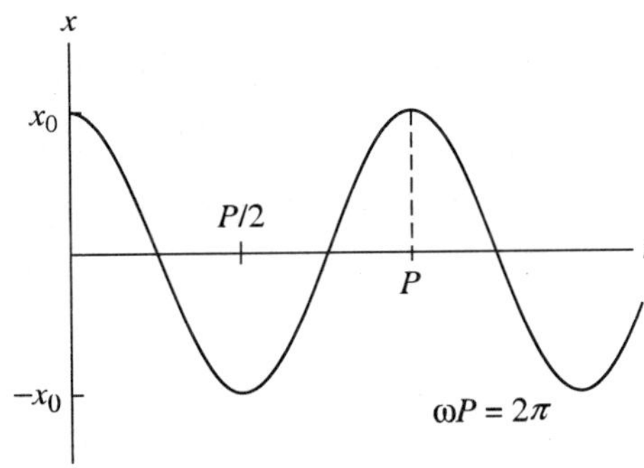


그림 11.3 ▌ 단조화 운동을 하는 물체에 대한 위치 함수의 그래프

$$0 = C_1 + C_2$$

과

$$v_0 = i\omega(C_1 - C_2)$$

을 얻는다. 그러므로

$$C_1 = -C_2 \text{ 그리고 } C_1 = v_0/2i\omega$$

이다. 결과적으로, 해는

$$x = \frac{v_0}{2i\omega}\left(e^{i\omega t} - e^{-i\omega t}\right) = \frac{v_0}{2i\omega}(2i\sin\omega t) = \frac{v_0}{\omega}\sin\omega t \tag{11.10}$$

이다. 해 $x = x(t)$는 또한 계의 에너지에 대한 정보를 준다. $x = 0$, $\dot{x} = v_0$일 때, 위치에너지는 0이고 운동에너지는 최고값을 갖는다. 또한, $x = x_0$일 때, 위치에너지는 최고값을 갖지만 운동에너지는 0이다. 총 에너지는 상수이기 때문에,

$$\frac{1}{2}mv_0^2 = \frac{1}{2}kx_0^2$$

이다. 위 식을 이용하여 $x_0$와 $v_0$에 관한 관계식을 얻을 수 있다. 따라서

$$x_0 = \pm\sqrt{\frac{m}{k}}\,v_0 = \pm\frac{v_0}{\omega}$$

이다. 식 (11.10)을 좀 더 익숙한 형태의 식으로 바꿔 쓰면 아래와 같다.

$$x = x_0 \sin\omega t$$

위에서 매우 간단한 두 개의 초기조건들의 조합인 두 가지 예를 다루었다. 두 경우 모두, $C_1$과 $C_2$는 하나의 상수로 대체할 수 있었다. 그러나 일반적으로 해는 두 개의 서로 다른 상수를 가질 것이다. 또한, 일반해를 아래의 식으로 표현할 수도 있다.

$$x = x_o \sin(\omega t + \beta)$$

**예제 11.2**

질량 0.25 kg의 물체가 스프링 상수 1.0 N/m인 스프링에 달려 있다. 그 물체를 평형점으로부터 0.15 m 떨어진 위치에서 초기속도 0으로 놓았을 경우, 이 진동자의 총 에너지(운동에너지와 위치에너지의 합)를 구하라. 최고 속도는 얼마인가? 진동 주기는 얼마인가?

**풀이:**

$$\omega = \sqrt{k/m} = \sqrt{1/.25} = 2$$
$$x = 0.15\cos 2t,$$
$$\dot{x} = v = -0.30\sin 2t.$$

$$\begin{aligned} E &= \frac{1}{2}mv^2 + \frac{1}{2}kx^2 = \frac{1}{2}(0.25)(-0.30\sin 2t)^2 + \frac{1}{2}(1)(0.15\cos 2t)^2 \\ &= 0.0113\sin^2 2t + 0.0113\cos^2 2t = 0.0113 \text{ (joules)}. \end{aligned}$$

최고 속도는 $\dot{x}_{\max} = 0.30$ m/s이고, 진동 주기는 $P = 2\pi/\omega = \pi$(sec)이다.

❐ **연습 11.10**

$x = x_0 \sin(wt + \beta)$는 $x = C_1 \cos wt + C_2 \sin wt$와 등가임을 보여라.

❐ **연습 11.11**

스프링 상수가 10 N/m인 스프링에 질량 2 kg인 물체가 매달려 있다. 이 물체는 초기에 스프링이 늘어나지 않은 평형위치에 멈춰 있다. 물체의 초기 속력이 3 m/s으로 주어진다면, 이 진동의 진폭은 얼마인가? **답:** 1.34 m

## 11.3 감쇠 조화 진동자(damped harmonic oscillator)

이 절에서는 속도에 비례하는 저항력이 작용하는 진동자를 다룬다. 이것을 *감쇠 조화 진동자*라 한다.

그림 11.4에서 보는 바와 같이 상식적으로 이 진동자는 에너지를 잃으면서 결국 멈출 것이다.

감쇠 조화 진동자의 운동방정식은 식 (11.6)에 의해 주어진다.

$$m\ddot{x} + b\dot{x} + kx = 0$$

이 식은 상수계수를 갖는 이차 선형 동차 상미분방정식이다. 이미 앞에서 설명한 바와 같이 이 방정식을 풀기 위해 $x = e^{pt}$를 대입하면,

$$mp^2 e^{pt} + bpe^{pt} + ke^{pt} = 0$$

을 얻을 수 있고, 양변을 $e^{pt}$로 나누면, 아래의 보조방정식

$$p^2 + \frac{b}{m}p + \frac{k}{m} = 0$$

을 얻을 수 있다. 이것은 두 해

$$p = -\frac{b}{2m} \pm \sqrt{\left(\frac{b}{2m}\right)^2 - \frac{k}{m}} \tag{11.11}$$

을 갖는 이차방정식이다. 두 해를 각 각 $p_1$, $p_2$라 하자. $e^{p_1 t}$, $e^{p_2 t}$는 모두 이 미분방정식의 해이므로, 일반해는 두 해의 합이다.

$$x = C_1 e^{p_1 t} + C_2 e^{p_2 t} \tag{11.12}$$

여기서 $C_1$, $C_2$는 상수이며, 초기 조건에 의해 결정된다.

$p_1$, $p_2$가 복소수이면, $i\omega$와 같은 허수 성분을 갖기 때문에 해는 다음 형태의 항을 갖는다.

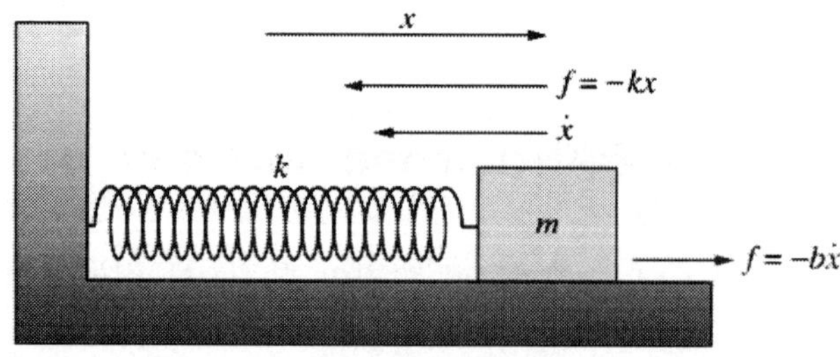


그림 11.4 ▌ 감쇠 조화 진동자. 그림은 블록이 평형점을 향하여 왼쪽으로 움직이는 순간을 그려 놓은 것이다. 스프링 힘은 왼쪽으로 마찰력은 오른쪽으로 각각 작용하고 있다.

$$e^{i\omega t} = \cos\omega t + i\sin\omega t$$

sine과 cosine 함수의 행태를 알고 있는 것처럼, 이와 같은 해는 진동운동을 나타낸다. 한편, $p_1$, $p_2$가 실수이면, 해는 아래 형태의 항을 갖는다.

$$e^{-at} \text{ and } e^{+at}$$

여기서 $a$는 실수이다. 이와 같은 해는 급수적으로 감소하거나 증가함을 나타낸다 ($a$ 앞의 부호가 음수이거나 양수임에 따라). 물리적으로 볼 때, 스프링에 연결된 물체의 문제에 있어 지수적인 증가는 있을 수 없으므로 무시할 수 있다.

$p$에 대한 식 (11.11)으로부터 근호 안에 있는 값이 음수이면 $p$는 복소수이다. 즉,

$$\left(\frac{b}{2m}\right)^2 < \frac{k}{m}$$

이다. 이 경우에 계는 진동한다. 한편,

$$\left(\frac{b}{2m}\right)^2 \geq \frac{k}{m}$$

이면, $p$는 실수값을 가지므로, 운동은 급수적으로 감소하다 멈춘다.

$k/m$과 $(b/2m)^2$와의 관계는 감쇠 진동자의 3가지 종류의 운동을 특징짓는다. 이는 "과소 감쇠(underdamping)", "과대 감쇠(overdamping)", "임계 감쇠(critical damping)"이다. 각 각의 경우에 대한 운동을 아래 표에 정리하였다.

| 상황 | 조건 | 운동 |
|---|---|---|
| 과소 감쇠 | $(b/2m)^2 < k/m$ | 진동운동 |
| 임계 감쇠 | $(b/2m)^2 = k/m$ | 지수적으로 감소 |
| 과대 감쇠 | $(b/2m)^2 > k/m$ | 지수적으로 감소 |

감쇠 진동자의 운동은 변수 $b$, $k$, $m$의 상대적인 값에 따라 다르다. $b/m$ 값이 클 경우, 시스템은 상당히 큰 저항력을 받아 진동운동은 곧바로 멈출 것이다. 한편, $b/m$의 값이 작을 경우, 작은 감쇠가 있으며, 진동자는 오랫동안 진동을 유지할 것이다. 더구나, $k/m$이 크면, 진동의 진동수는 클 것이며, $k/m$이 작으면, 계는 천천히 진동할 것이다.

### 과소 감쇠 진동자

과소 감쇠 진동자를 먼저 다루자. 이 경우, $(b/2m)^2 < k/m$이고, 식 (11.1)에서 p는 복소수일 것이다. 이제 표기들을 바꾸는 것이 편리하다. $\sqrt{k/m}$은 감쇠하지 않는 진동자의 "자연" 진동수이므로 $k/m$을 $\omega_0^2$으로 두자. 또한, $b/2m$을 "감쇠 계수" $\gamma$로 두자.

새로운 표기에 의해

$$\frac{k}{m} = \omega_0^2 = \text{감쇠하지 않은 진동자의 진동수}$$
$$\frac{b}{2m} = \gamma = \text{감쇠 계수}$$

위의 표기를 사용하면 식 (11.1)은

$$p = -\gamma \pm \sqrt{\gamma^2 - \omega_0^2} \tag{11.13}$$

이 된다. 과소 감쇠 진동자는 $\gamma^2 < \omega_0^2$을 가지므로, 마지막항은 음의 근호값을 가지며, $p$는 복소수이다. 이 경우에 $p$를 아래 형태로 쓰는 것이 편리하다.

$$p = -\gamma \pm i\omega_1$$

여기서 $\omega_1 = \sqrt{\omega_0^2 - \gamma^2}$ 이다. $\omega_1^2 = w_0^2 - \gamma^2$은 양수이므로, $\omega_1$은 실수이다.

$p$의 두 값을 해 (11.12)에 대입하면,

$$\begin{aligned} x(t) &= C_1 e^{(-\gamma + i\omega_1)t} + C_2 e^{(-\gamma - i\omega_1)t} \\ &= e^{-\gamma t}(C_1 e^{i\omega_1 t} + C_2 e^{-i\omega_1 t}) \end{aligned}$$

을 얻는다. $C_1$, $C_2$는 초기조건과 관련 있는 복소 상수이다. 이 상수들은 여러 가지 다른 방법으로 쓸 수 있다. 여러분이 아래와 같은 형태로 쓰면, 매우 보기 좋은 형태의 표현을 얻을 수 있다.

$$C_1 = \frac{1}{2}Ae^{i\theta} \text{ and } C_2 = \frac{1}{2}Ae^{-i\theta} \tag{11.14}$$

이것은 기본적으로 두 복수 상수 $C_1$, $C_2$를 실수 상수 $A, \theta$로 대체한다. 그러면,

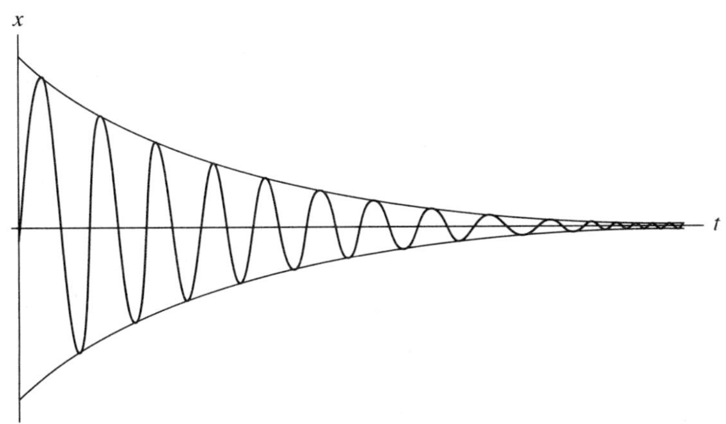


그림 11.5 ▌ 과소 감쇠 진동자의 운동은 진폭이 급수적으로(exponentially) 감소하면서($Ae^{-\gamma t}$에 의해 기술되는) 빠른 진동 ($\cos(\omega t+\theta)$로 기술되는)을 하는 것으로 구성되어 있다.

$$x(t) = e^{-\gamma t}\frac{1}{2}A\left(e^{i(\omega_1 t+\theta)} + e^{-i(\omega_1 t+\theta)}\right)$$

또는,

$$x(t) = Ae^{-\gamma t}\cos(\omega_1 t + \theta) \qquad (11.15)$$

을 얻는다.

$x$와 $t$에 대한 그림으로부터 진동하는 해를 얻는다(cosine 항에 의해). 그러나 진동의 진폭은 $Ae^{-\gamma t}$이므로, 진폭은 시간이 지남에 따라 지수 함수적으로 감소한다. 이 형태는 그림 11.5에 나타내었다.

이 진동은 자연 각진동수 $\omega_0$보다 작은 각진동수 $\omega_1$를 갖는다. 즉, 감쇠 진동 계는 비감쇠 진동 계보다 느리게 진동한다. 여러분은 아마도 이런 형태의 운동을 기대했을 것이다.

**예제 11.3**

$k = 2\,\text{N/m}$, $m = 1\,\text{kg}$, $b = 0.1\,\text{kg/s}$ 인 과소 감쇠 조화 진동자가 있다. 진폭이 초기 값의 $1/e$로 감소하기 전까지 이 계는 몇 번 진동할 것인가?

**풀이:** 먼저 진폭이 초기값의 $1/e$가 될 때의 시간을 정하자.

$$Ae^{-\gamma t} = \frac{1}{e}A \Rightarrow t = 1/\gamma = \frac{2m}{b} = 20\text{초}$$

따라서

$$\omega_1 t = (\sqrt{\omega_0^2 - \gamma^2})t = (\sqrt{k/m - \gamma^2})t = (\sqrt{2 - 0.05^2})(20) = 28.26 \text{ rad.}$$

진동 횟수는 $28.26/2\pi = 4.5$이다.

□ 연습 11.12

복수 상수 $C_1$, $C_2$는 $C_1 = a_1 + ib_1$, $C_2 = a_2 + ib_2$ 형태로 쓸 수 있다. 그러나 단지 두 개의 독립 상수를 갖는다. 따라서 $a_1$, $b_1$과 $a_2$, $b_2$는 모두 독립이 아니다. 식 (11.14)을 이용하여 $a_2 = a_1$, $b_2 = -b_1$임을 보여라.

□ 연습 11.13

다음 미분방정식의 일반해를 구해 보아라. (a) $m\ddot{x} + b\dot{x} - kx = 0$ (b) $m\ddot{x} - b\dot{x} + kx = 0$. 단, $m$, $b$, $k$는 모두 양의 실수이다.

### 과도 감쇠 진동자

이제 아래와 같이 정의되는 과도 감쇠 진동자를 살펴보자.

$$\left(\frac{b}{2m}\right)^2 > \frac{k}{m}$$

식 (11.11) 또는 식 (11.13)에 의하면, $p$는 $\gamma_1$, $\gamma_2$로 표현되는 두 개의 실수값을 갖는다. 식 (11.13)의 표기를 이용하면 보조방정식의 해는

$$p_1 = -\gamma_1 = -\gamma - \sqrt{\gamma^2 - \omega_0^2}$$

와

$$p_2 = -\gamma_2 = -\gamma + \sqrt{\gamma^2 - \omega_0^2}$$

이다. $\gamma_1$, $\gamma_2$은 모두 양수이고, $\gamma_1$은 $\gamma_2$보다 크다는 것에 유의하자.

이 관계식을 미분방정식의 일반해인 식 (11.12)에 대입하면,

$$x(t) = C_1 e^{-\gamma_1 t} + C_2 e^{-\gamma_2 t} \tag{11.16}$$

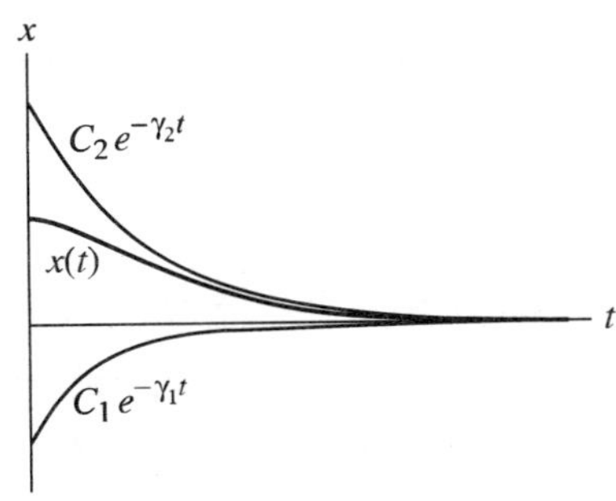


그림 11.6 ▌ 과도 감쇠 진동자 운동은 두 곡선의 합이다. 상수 $C_1$과 $C_2$는 초기조건으로 결정된다.

를 얻을 수 있다. 여기서 $\gamma_1$, $\gamma_2$은 실수이다. 그림 11.6에 나타낸 바와 같이 두 항은 모두 시간에 대해 지수 함수적으로 감소한다.

이 진동자의 운동 (즉, 시간의 함수로써 $x$의 값)은 물론 그림 11.6에서 나타낸 것과 같이 두 곡선의 합이다. 상수 $C_1$, $C_2$는 초기 조건과 관련이 있다. 예를 들어, 시간 $t=0$에서 물체를 $x_0$위치까지 잡아당겼다 놓으면 $(v_0=0)$, 식 (11.6)은

$$x_0 = C_1 + C_2 \quad \Rightarrow \quad C_1 = x_0 - C_2$$

이 된다. $\dot{x} = -\gamma_1 C_1 e^{-\gamma_1 t} - \gamma_2 C_2 e^{-\gamma_2 t}$ 이므로,

$$v_0 = -\gamma_1 C_1 - \gamma_2 C_2$$

이다. 이제 $v_0 = 0$이므로, $C_2 = -(\gamma_1 C_1/\gamma_2)$이다. 따라서,

$$C_1 = x_0 - C_2 = x_0 + (\gamma_1/\gamma_2)C_1$$

이다. 그러므로

$$C_1 = \frac{\gamma_2 x_0}{\gamma_2 - \gamma_1}$$

이고,

$$C_2 = -\frac{\gamma_1 x_o}{\gamma_2 - \gamma_1}$$

이다. 결과적으로,

$$x(t) = \frac{\gamma_2 x_0}{\gamma_2 - \gamma_1} e^{-\gamma_1 t} - \frac{\gamma_1 x_0}{\gamma_2 - \gamma_1} e^{-\gamma_2 t}$$

를 얻는다.

매개변수의 값과 초기조건에 따라 진동자는 세 가지 중에 한 가지 형태의 운동을 보일 것이다. 변위 $x(t)$는 급격히 0의 위치로 감소할 것이다 (그림 11.6 참조). 또는 $x(t)$는 잠시 증가했다가 0로 감소할 것이다. 마지막으로, $x(t)$는 국지적으로 최고점과 최소점에 이르기 위해 부호를 바꾸고, 그 후에 0으로 접근할 수 있었을 것이다.

❒ **연습 11.14**

과대 감쇠 진동자의 운동을 고려하자. 초기조건이 $x(t=0)=1$, $\dot{x}(t=0)=0$으로 주어지고, $\gamma_1 = 3.414$, $\gamma_2 = 0.586$으로 주어진 경우, $x(t)$의 그래프를 그려보아라.

❒ **연습 11.15**

초기조건 $x(t=0)=0$, $\dot{x}(t=0)=v_0$로 주어진 경우, 과대 감쇠 진동자에 대해 $x(t)$에 대한 식을 구하라.

**임계 감쇠 진동자(The Critically Damped Oscillator)**

마지막으로 아래의 조건하에서 운동하고 있는 임계 감쇠 진동자에 대해 살펴보자.

$$\left(\frac{b}{2m}\right)^2 = \frac{k}{m}$$

이제, 식 (11.11)의 근호 안의 항이 0인 경우이다.

편리하게 하기 위해, 물리량 $\gamma_c$를 다음과 같이 정의하자:

$$\gamma_c = \frac{b}{2m} = \sqrt{\frac{k}{m}} = \omega_0$$

그러면, 식 (11.13)으로부터 한 개의 $p$ 값을 얻는다. 즉, $p=-\gamma$이다. $p$가 하나의 값을 갖는 경우에 미분방정식의 해는 식 (11.9)의 형태임을 상기하면, 해는

$$x(t) = C_1 e^{-\gamma_c t} + C_2 t e^{-\gamma_c t}$$

또는

$$x(t) = (C_1 + C_2 t)\, e^{-\gamma_c t}$$

이다. 임계 감쇠 운동에서, $x$값은 급격히 0으로 감쇠한다.

❐ 연습 11.16

임계 감쇠 조화 진동자가 $v_0$의 속도를 가지고 초기에 평형점에 있다. $C_1$, $C_2$에 대한 표현을 구하라. **답:** $C_1 = 0$, $C_2 = v_0$

❐ 연습 11.17

임계 감쇠 조화 진동자가 $b = 0.3\,\text{kg}$, $k = 0.4\,\text{N/m}$를 갖는다. (질량은 주어지지 않음). $x = 0.04\,\text{m}$ 위치에서 이 진동자를 잡고 있다가 놓는 경우, 상수 $C_1$, $C_2$를 구하라. **답:** $C_1 = 0.04$, $C_2 = 0.107$

## 11.4 강제 조화 진동자

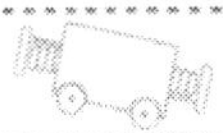

### 11.4.1 문제 기술

*강제* 조화 진동자는 몇 가지 종류의 추진력 아래에서 운동하는 진동자이다. 외부 추진력은 가끔 진동자의 주기와 같은 주기로 작용한다. 여러분이 그네에 타고 있는 아이를 밀 때, 그네의 꼭대기가 여러분에게 오는 순간마다 그네를 다시 민다. 이 경우에 여러분이 미는 주기는 그네의 자연 주기와 같다. 괘종시계에서 추는 매 흔들림마다 약간의 미는 힘을 받는다. 오래된 주머니 시계는 스프링과 톱니바퀴 시스템으로부터 주기적으로 작은 추진을 받아 진동하는 스프링 바퀴를 가지고 있다.

일반적으로 이와 같은 진동자는 다음 운동방정식에 의해 감쇠 진동을 할 것이다.

$$m\ddot{x} + b\dot{x} + kx = F(t) \tag{11.17}$$

여기서 $F(t)$는 추진력이다. 추진력의 역할은 감쇠를 극복하는 것이다. $F(t)$가 너무 작으면, 진동은 점차 멈출 것이다. 한편, $F(t)$가 너무 크면, 진동의 진폭은 한계를 넘어 엄청 커질 것이다. (여러분이 그네를 너무 세게 밀면, 그네는 정점을 넘을 것이며, 재미없는 결과를 초래할 것이다.) 여러분이 간단히 알고 있듯이, 진동의 진폭은 또한 추진력의 진동수와 밀접한 관계가 있다. 이것은 공진현상과 관련이 있다.

추진된 조화 진동자의 운동방정식(식 11.17)은 *비동차* 이차 선형 미분방정식이다. 이제 이 미분방정식을 푸는 방법에 대해 간단히 다루겠다.

### 11.4.2 비동차 선형 상미분방정식

이 절의 제목은 우리가 풀고자 하는 방정식의 종류를 기술하고 있다. 긴 제목의 많은 단어들 각각의 의미를 이해해야 한다. 물론, 방정식은 *미분*방정식이다. 왜냐하면 이는 미분을 포함하고 있기 때문이다. 1차 이상의 미분이 포함되어 있지 않기 때문에 *선형*이다. 식 (11.17)은 편미분이 없기 때문에 *상미분방정식*이다.

여러분은 아마도 종종 미분방정식을 $D \equiv \dfrac{d}{dt}$, $D^2 = \dfrac{d^2}{dt^2}$ 같은 미분연산자를 이용하여 표현한다는 것을 기억할 것이다. 선형 동차 미분방정식은 아래와 같은 형태로 쓸 수 있는 방정식이다.

$$a_n D^n x + a_{n-1} D^{n-1} x + \cdots + a_1 Dx + a_0 x = 0$$

$a_i$들은 대개 상수이지만, $t$의 함수일 수 있다. 단, 우변은 0임에 유의하자.

물론 위 방정식에서 우변이 0일 필요는 없다. 우변이 $x$와 $t$의 함수일 수 있다. 그러므로,

$$a_n D^n x + a_{n-1} D^{n-1} x + \cdots + a_1 Dx + a_0 x = f(x, t)$$

이다. 이와 같은 방정식을 *비동차*라고 한다. 비동차 미분방정식의 해는 아래의 규칙에 의해 구할 수 있다.

**규칙 3: 비동차 미분방정식의 해는 이 미분방정식의 동차방정식의 일반해와 비동차방정식의 특수해(particular solution)의 합이다.**

따라서 비동차 미분방정식을 푸는 첫 단계는 우변을 0으로 두는 것이다. 이렇게 하여 동차 미분방정식에 해당하는 해를 구할 수 있다. 물론 이 일반해는 방정식 차수만큼의 임의의 상수를 포함한다. 이차방정식은 두 개의 임의 상수를 포함하는

일반해를 갖는다. 동차방정식의 일반해를 $x_g$로 표기하자. 이를 대개 여함수(complementary function)라고 한다. 다음 단계로, 비동차 방정식을 푼다. 종종 직관적으로 방정식의 한 해를 알 수 있다. 어떤 해도 상관없다. 이 특수해를 $x_p$로 나타내자. 따라서 비동차 방정식의 일반해는 $x_p + x_g$이다. 이것을 증명하는 것은 쉽기 때문에 연습문제로 남기겠다. 이제 강제조화 진동자의 문제로 다시 돌아오자.

**❒ 연습 11.18**

비동차 미분방정식의 일반해는 특수해와 동차미분방정식의 일반해의 합임을 보여라.

### 11.4.3 특수해 구하기

강제 감쇠 조화 진동자의 운동방정식은

$$m\ddot{x} + b\dot{x} + kx = F(t)$$

이다. 힘과 관련된 항, $F(t)$는 대개 주기적인 힘이다. 왜냐하면, 이 힘은 진동자의 운동을 유지해주고, 감쇠 효과를 극복해야 하기 때문이다. 또 다른 공통된 상황은 진동자는 어떤 추진력 하에서 작동한다는 것이다. 일반적으로 그 힘에 해당하는 항은 시간의 함수일 것이다. 혹은 상수일 수 있다. 사실, 해석을 간단히 하기 위해, 일정한 힘이 작용하는 경우로부터 시작할 것이다. 예를 들어, 한 물체가 중력장 하에서 스프링에 매달려 있는 경우 (그림 11.7)의 운동방정식은

$$m\ddot{x} + b\dot{x} + kx = mg \tag{11.18}$$

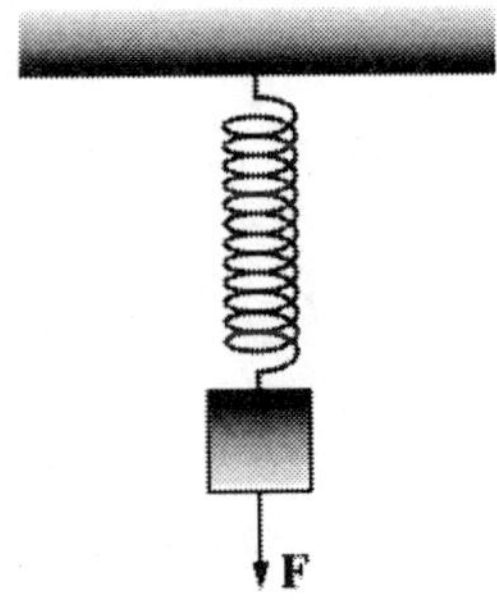


그림 11.7 ▌ 일정한 중력장 하에서 한 물체가 스프링에 달려 있다.

이다. 여기서 감쇠는 공기저항에 의해 일어날 것이다. 이 물체는 오직 수직으로 진동할 수만 있다; 진자와 같이 동시에 스윙(앞뒤로 움직임)할 수 없다.

이 문제에 해당하는 동차미분방정식을 앞 절에서 풀었다. 예를 들어, 진동이 과소 감쇠하면, 일반해는 식 (11.15)식에 의해,

$$x_g = x(t) = Ae^{-\gamma t}\cos(\omega_1 t + \theta)$$

로 주어진다. 이제 식 (11.18)의 특수해를 찾을 필요가 있다. 즉, (11.18)을 만족하는 *어떤* $x$의 함수를 찾을 필요가 있다. 방정식을 자세히 살펴봄으로써, $x$가 상수이면, 앞의 두 항은 0이고, $kx = mg$만 남는다는 것을 알 수 있을 것이다. 따라서 $x = mg/k$는 이 방정식의 가능한 한 가지 해이다. 이것이 특수해 $x_p$이다. 따라서 비동차 방정식의 일반해는

$$x(t) = x_g + x_p = Ae^{-\gamma t}\cos(\omega_1 t + \theta) + \frac{mg}{k}$$

이다. 이 식을 통해 중력의 효과는 단지 스프링을 늘어나게 하여, 다른 값의 평형점(약간 낮은 위치)을 갖게 한다는 것을 알 수 있다.

이제 좀 더 흥미로운 *추진(driven)* 비감쇠 진동자의 문제를 다루어 보자. 추진력이 진동수 $w_d$를 갖고 사인파로 변한다면, 이것은 $F = F_0 \sin\omega_d t$로 쓸 수 있다. 그러면 운동방정식은

$$m\ddot{x} + kx = F_0 \sin\omega_d t$$

또는

$$\ddot{x} + \omega_0^2 x = \frac{F_0}{m}\sin\omega_d t \tag{11.19}$$

이다. 여러분은 동차미분방정식 $m\ddot{x} + kx = 0$의 일반해는

$$x(t) = A\cos(\omega_0 t + \theta_0)$$

임을 안다. 여기서 $A$, $\theta_0$는 초기 조건에 의해 결정된다. 예를 들어, $\theta_0 = 0$은 진동자가 시간 $t = 0$에서 $x = A$의 위치에 있는 것에 해당한다. (진자에 있어 이것은 시간 0에서 진자추가 스윙 궤도의 꼭대기에 있는 것이며, 스프링에 달린 추의 경우는 시간 0에서 스프링이 최대한 늘어난 상태를 의미한다.)

동차방정식의 일반해를 구했으나, 아직 비동차방정식의 특수해를 구해야 한다. 앞에서 우리는 비동차방정식의 특수해를 방정식을 살펴봄으로써 구했다. 종종 이 방법이 충분할 것이지만, 특수해를 구하기 위한 방법이 있다. 이차 미분방정식을 푸는데 있어 항상 가능한 한 가지 방법은 방정식을 두 번 적분하는 것이다. 이 방법을 적용하기 위해, 먼저 방정식을

$$(a_2D^2 + a_1D + a_0)x = f(t) \tag{11.20}$$

형태로 써 보아라. 이 방정식은 아래와 같이 곱의 형태로 표현될 수 있다.

$$(D - b_1)(D - b_2)x = f(t) \tag{11.21}$$

$u = (D - b_2)x$ 로 두면, 미분방정식은

$$(D - b_1)u = f(t)$$

이 된다. 이제 여러분은 풀 수 있는 $u(t)$에 대한 일차 선형미분방정식을 얻게 되었다. 다음으로, $x(t)$에 대해 식 $(D - b_2)x(t) = u(t)$을 풀어라. 이 방법으로 비동차방정식의 일반해를 구할 수 있는데, 즉, 특수해 뿐 만 아니라 보조함수가 도출된다. 그러나, 이것은 상당히 많은 수학적 계산을 요구한다. 그러므로 특수해를 구하기 위해 “기교(tricks)”로 분류할 수 있는 다른 두 가지 방법을 소개하려고 한다. (수학적인 기교가 매우 익숙해질 때, 우리는 그것을 기교라 부르지 않고, 하나의 기법(technique)이라 부르기 시작한다!)

**Trick #1**

첫 번째 trick (혹은 테크닉)은 우변의 함수가 $f(t) \propto e^{at}$ 형태일 때 사용된다. 이차미분방정식을 아래 형태로 쓰면,

$$(D - b_1)(D - b_2)x = Ke^{at} \tag{11.22}$$

특수해는

$$\begin{aligned} x_p &= Ce^{at} \quad \text{if} \quad a \neq b_1 \quad \text{and} \quad a \neq b_2 \\ x_p &= Cte^{at} \quad \text{if} \quad a = b_1 \quad \text{or} \quad a = b_2 \quad \text{but} \quad b_1 \neq b_2 \\ x_p &= Ct^2e^{at} \quad \text{if} \quad a = b_1 = b_2 \end{aligned} \tag{11.23}$$

이다. 여기서 $C$는 $x_p$를 미분방정식에 다시 대입함으로 결정할 수 있다.

**Trick #2**

두 번째 trick은 첫 번째 trick을 바탕으로 우변의 $f(t)$가 sine이나 cosine일 경우에 사용한다. 이 경우에 아래의 두 형태 중에 하나로 방정식을 써라:

$$(D-b_1)(D-b_2)x = \begin{Bmatrix} K\sin at \\ K\cos at \end{Bmatrix} \tag{11.24}$$

식 (11.23)을 이용하여 $(D-b_1)(D-b_2)x = Ke^{iat}$을 풀고, 답의 실수나 허수 부분을 취한다. 이 방법은

$$e^{i\theta} = \cos\theta + i\sin\theta$$

Euler 관계식에 바탕을 둔 것이다.

마지막으로, 우변이 급수함수 $e^{at}$와 n차의 멱급수 $P_n(t)$의 곱 형태라면, 첫 번째 trick을 일반화 할 수 있다. 미분방정식

$$(D-b_1)(D-b_2)x = e^{at}P_n(t)$$

의 특수해는

$$x_p = \begin{Bmatrix} e^{at}Q_n(t) & \text{if } a \neq b_1 \quad \text{and } a \neq b_2 \\ te^{at}Q_n(t) & \text{if } a = b_1 \quad \text{or } a = b_2 \quad \text{and } b_1 \neq b_2 \\ t^2e^{at}Q_n(t) & \text{if } a = b_1 = b_2 \end{Bmatrix}$$

이다. 여기서 $Q_n$은 n의 멱급수이다:

$$Q_n = A + Bt + Ct^2 + \cdots$$

$A, B, C, \ldots.$를 결정하기 위해서, $x_p$를 미분방정식에 대입하고, $t$의 다른 급수의 계수들을 등식화하라.

**예제 11.4**

$t=0,\ x=0,\ \dot{x}=5$일 때, $(D^2-4)x = 2-8t$의 특수해를 구하라.

**풀이**: 미분방정식은

$$(D-2)(D+2)x = 2-8t$$

과 같이 쓸 수 있다. $u=(D+2)x$로 두면, 식은

$$(D-2)u=2-8t$$

이다. 양변에 $e^{-2t}$를 곱하여

$$e^{-2t}\frac{du}{dt}-2ue^{-2t}=2e^{-2t}-8te^{-2t},$$
$$\frac{d}{dt}(ue^{-2t})=2e^{-2t}-8te^{-2t},$$
$$\int d(ue^{-2t})=\int 2e^{-2t}dt-\int 8te^{-2t}dt$$

를 얻는다. 따라서

$$u=Ce^{2t}-4t+1$$

이다. 그러나 $u=(D+2)x$이므로, 우리는

$$\frac{dx}{dt}+2x=Ce^{2t}-4t+1$$

을 얻는다. 이제 적분요소는 $e^{2t}$이므로 이 요소를 곱하면,

$$\frac{d}{dt}(xe^{2t})=Ce^{4t}+4te^{2t}+e^{2t}$$

이고, 결국

$$x(t)=\frac{1}{4}C_1e^{2t}+C_2e^{-2t}+2t-\frac{1}{2}$$

이다. 초기조건을 대입하여 $C_1=4,\ C_2=-1/2$를 얻을 수 있고, 결과적으로 해는

$$x(t)=e^{2t}-\frac{1}{2}e^{-2t}+2t-\frac{1}{2}$$

이다.

**❐ 연습 11.19**

$(D^2-D-6)x=8$의 일반해를 구하라. (단, $D\equiv\dfrac{d}{dt}$)

**답:** $x(t)=C_1e^{3t}+C_2e^{-2t}-\dfrac{4}{3}$

❐ 연습 11.20

$x(t=0)=0$, $\dot{x}(t=0)=1$이라고 할 때, $(D^2-9)x=5e^{-2t}$의 일반해를 구하라(단위는 생략하였음). **답:** $x(t)=\frac{1}{3}e^{3t}+\frac{2}{3}e^{-3t}-e^{-2t}$

❐ 연습 11.21

$(D^2-4)x=\sin t$의 일반해를 구하라. **답:** $x(t)=C_1e^{2t}+C_2e^{-2t}-\frac{1}{5}\sin t$

### 11.4.4. 강제 비감쇠 진동자

이제까지 여러분은 비동차 이차 미분방정식을 푸는 몇 가지 방법을 다루었다. 다시 비감쇠 조화 진동자문제로 돌아오자.

우리가 풀고자 하는 미분방정식은 식 (11.19):

$$\ddot{x}+\omega_0^2x=\frac{F_0}{m}\sin\omega_d t$$

이다. 이 방정식의 우변은 $\sin\omega_d t$를 포함하고 있다. 따라서 Trick #2를 사용하여 쓰면,

$$(D-i\omega_0)(D+i\omega_0)=\frac{F_0}{m}e^{i\omega_d t} \tag{11.25}$$

이다. Trick #2에 따라, 특수해는 식 (11.25)의 해에서 허수 부분이다. 즉:

$$\xi_p(t)=Ce^{i\omega_d t}$$

이다. (이것은 아직 ~~특수~~해가 아니기 때문에 $x_p$ 대신에 $\xi_p$로 썼다.) C를 얻기 위해, $\xi_p$를 미분방정식에 대입하라. 그러면:

$$\left(\frac{d^2}{dt^2}+\omega_0^2\right)Ce^{i\omega_d t}=\frac{F_0}{m}e^{i\omega_d t}$$

이다. 그러므로

$$-\omega_d^2 C + \omega_0 C = \frac{F_0}{m}$$

이고,

$$C = \frac{F_0/m}{\omega_0^2 - \omega_d^2}$$

이다. 마지막으로, 특수해는

$$x_p(t) = \mathcal{I}m\left(\xi_p(t)\right) = \mathcal{I}m\left(\frac{F_0/m}{\omega_0^2 - \omega_d^2}e^{i\omega_d t}\right) = \frac{F_0/m}{\omega_0^2 - \omega_d^2}\sin\omega_d t$$

이고, 식 (11.19)의 일반해는

$$x(t) = A\cos(\omega_0 t + \theta_0) + \frac{F_0/m}{\omega_0^2 - \omega_d^2}\sin\omega_d t$$

이다.

이제 문제는 초기조건에 의해 결정되는 $\theta_0$를 제외하고 풀렸다. 그러나 이 문제를 마무리 짓기 전에 이 특수해에 대한 매우 흥미로운 사실을 살펴보자.

$$x_p = \frac{F_0/m}{\omega_0^2 - \omega_d^2}\sin\omega_d t$$

이 표현으로부터 우리는 강제 진동수 $\omega_d$가 자연진동수 $\omega_0$에 점차 가까워짐에 따라 진동의 진폭은 점차 커짐을 알 수 있다. $\omega_d = \omega_0$이면, 진폭은 무한대로 간다. 이 현상은 *공진(resonance)*이라 알려져 있다. 다음 절에서 이 분석을 더 상세히 다루고, 실제 물리계에서 진폭은 무한대가 아님을 보이면서 공진에 대해 더 알아보겠다.

❐ **연습 11.22**

질량 3 kg인 물체가 스프링 상수 0.15 N/m의 스프링에 달려 있는 단조화 진동자가 있다. 진동의 진폭이 매우 크게 되는 추진력의 진동수를 구하라.

**답:** 0.022 Hz

### 11.4.5 강제 감쇠 진동자

이제 강제 감쇠 진동자의 문제를 다루자. 추진력은 $F_0 \sin\omega_d t$ 라고 가정하자. 운동방정식은

$$\ddot{x} + \frac{b}{m}\dot{x} + \frac{k}{m}x = \frac{F_0}{m}\sin\omega_d t$$

이다. $\sqrt{k/m} = \omega_0$는 비감쇠 진동자의 "자연(natural)" 진동수다. (특정 예를 위해, 진동자는 과소 진동하고 있다고 가정하자.)

특수해를 구하기 위한 기법은 전과 동일하다. 따라서,

$$x_p = Ce^{i\omega_d t}$$

으로 두고, 이를 미분방정식에 대입하라. 그러면,

$$C(-\omega_d^2)e^{i\omega_d t} + \frac{b}{m}C(i\omega_d)e^{i\omega_d t} + \omega_0^2 Ce^{i\omega_d t} = \frac{F_0}{m}e^{i\omega_d t}$$

를 얻을 수 있다. 식에서 $\sin\omega_d t$는 $e^{i\omega_d t}$로 대체되었다. (이것은 풀이 과정 마지막 단계에서 해의 허수부분만을 채택해야 함을 의미한다.)

$C$에 대해서 풀면,

$$C = \frac{F_0/m}{(\omega_0^2 - \omega_d^2) + i\omega_d b/m}$$

이며, 이것은 복소수다. 이 양을 다루기 쉽게 하기 위해, 대개 허수 항을 분자에 둔다. 이렇게 하기 위해 분모의 공액복소수를 분자와 분모에 곱하면,

$$C = \frac{(F_0/m)\left[(\omega_0^2 - \omega_d^2) - i\omega_d b/m\right]}{\left[(\omega_0^2 - \omega_d^2)^2 + (\omega_d b/m)^2\right]}$$

를 얻는다.

여러분은 이미 과소 감쇠 조화 진동자에 대한 동차방정식의 일반해가 식 (11.15) $x = Ae^{\gamma t}\cos(\omega_1 t + \theta)$로 주어진다는 것을 알고 있다. 따라서 강제 과소 감쇠 조화 진동자의 일반해는

$$x(t) = Ae^{-\gamma t}\cos(\omega_1 t + \theta) + \mathcal{I}m\left(\frac{F_0/m\left[(\omega_0^2 - \omega_d^2) - i\omega_d b/m\right]}{\left[(\omega_0^2 - \omega_d^2)^2 + (\omega_d b/m)^2\right]}e^{i\omega_d t}\right)$$

이다. 결국, 첫 번째 항은 없어질 것이다. (물론, 이것은 과대 감쇠나 임계 감쇠 진동자에 대해서도 사실이다.) 첫 번째 항을 버리므로,

$$x(t) = \mathcal{I}m\left(\frac{F_0/m\left[(\omega_0^2 - \omega_d^2) - i\omega_d b/m\right]}{\left[(\omega_0^2 - \omega_d^2)^2 + (\omega_d b/m)^2\right]}(\cos\omega_d t + i\sin\omega_d t)\right)$$

만이 남는다. 약간의 대수적 계산 후에, 이 표현은

$$x(t) = \frac{F_0}{m}\frac{(\omega_0^2 - \omega_d^2)\sin\omega_d t - (\omega_d b/m)\cos\omega_d t}{(\omega_0^2 - \omega_d^2)^2 + (\omega_d b/m)^2} \tag{11.26}$$

으로 쓸 수 있다. 공진에서, $\omega_0 = \omega_d$ 일 때, 분모는 최소이지만, 감쇠 항은 0으로 가는 것을 방해한다. 그러므로, 공진조건에서 여러분은 큰 진폭을 얻지만, 진폭이 무한대는 아니다. 실제 물리계에서 공진 조건에서 감쇠항은 계의 진폭이 무한대로 가는 것을 막는다.

식 (11.26)은 아래의 관계

$$A\sin\omega t + B\cos\omega t = \sqrt{A^2 + B^2}\cos(\omega t - \phi)$$

를 이용하여 편리한 형태로 표현될 수 있다. 위 식에서 $\phi = \tan^{-1}(B/A)$이다. 따라서,

$$\begin{aligned} x(t) &= \left[\frac{(F_0/m)^2\left[(\omega_0^2 - \omega_d^2)^2 + \omega_d^2 b^2/m^2\right]}{\left[(\omega_0^2 - \omega_d^2)^2 + \omega_d^2 b^2/m^2\right]^2}\right]^{1/2}\cos(\omega_d t - \phi) \\ &= \frac{F_0}{\left[m^2(\omega_0^2 - \omega_d^2)^2 + \omega_d^2 b^2\right]^{1/2}}\cos(\omega_d t - \phi) \end{aligned} \tag{11.27}$$

이다. 여기서

$$\phi = \tan^{-1}\left[-\frac{\omega_d b/m}{\omega_0^2 - \omega_d^2}\right]$$

$x(t)$의 진폭은 $\omega_d = \omega_0$에서 최고값을 갖지 않고, 공진 진동수라 불리는 진동수 근처에서 갖는다는 것은 흥미롭다. 이 공진 진동수는 분모를 미분하여 0으로 두어 구할 수 있다. 즉,

$$\frac{d}{d\omega_d}\left[m^2(\omega_0^2-\omega_d^2)^2+\omega_d^2 b^2\right]=0$$

이 식은 최소값을 갖기 위한 다음 조건을 유도한다.

$$\omega_d^2=\omega_0^2-\frac{b^2}{2m^2} \tag{11.28}$$

강제 진동수가 공진 진동수와 같을 때, 진폭이 가장 크다. 이 공진진동수를 아래와 같이 $\omega'$으로 나타내면,

$$\omega'=\sqrt{\omega_0^2-\frac{b^2}{2m^2}}$$

이다. 이것은 비감쇠 진동자의 진동수($\omega_0$)나, 감쇠 진동자의 진동수($\omega_1$)가 아니다.

$\omega_d = \omega'$일 때, 진동의 진폭은

$$A=\frac{F_0}{\left[m^2(\omega_0^2-\omega'^2)^2+\omega'^2 b^2\right]^{1/2}}$$

로 주어진다. 공진현상은 에너지 전달과 종종 관련이 있다. 조화 진동자의 평균에너지는 진폭의 제곱에 비례한다. 그러므로, 공진에서 중요하고 유용한 매개변수는 아래에서 주어지는 $A^2$이다.

$$A^2=\frac{F_0^2}{m^2(\omega_0^2-\omega'^2)^2+\omega'^2 b^2}$$

**예제 11.5**

식 (11.27)에서 위상각 $\phi$는 $\phi=\tan^{-1}\left[\dfrac{\omega_d b/m}{\omega_0^2-\omega_d^2}\right]$로 주어짐을 보여라.

**풀이:** 식 (11.26)

$$x=x(t)=\frac{F_0}{m}\frac{(\omega_0^2-\omega_d^2)\sin\omega_d t-(\omega_d b/m)\cos\omega_d t}{(\omega_0^2-\omega_d^2)^2+(\omega_d b/m)^2}$$

을 보였다. 이 식을 $Asin\omega t+Bcos\omega t$ 형태로 바꾸어 쓰면,

$$A=\frac{F_0}{m}\frac{(\omega_0^2-\omega_d^2)}{(\omega_0^2-\omega_d^2)^2+(\omega_d b/m)^2}$$

과

$$B=\frac{F_0}{m}\frac{-(\omega_d b/m)}{(\omega_0^2-\omega_d^2)^2+(\omega_d b/m)^2}$$

을 얻는다. 결과적으로, $\phi=\tan^{-1}(B/A)$로부터 아래식을 얻는다.

$$\phi=\tan^{-1}\frac{\frac{-(\omega_d b/m)}{(\omega_0^2-\omega_d^2)^2+(\omega_d b/m)^2}}{\frac{(\omega_0^2-\omega_d^2)}{(\omega_0^2-\omega_d^2)^2+(\omega_d b/m)^2}}=\tan^{-1}\frac{-(\omega_d b/m)}{(\omega_0^2-\omega_d^2)}$$

$$=\tan^{-1}\frac{\omega_d b/m}{(\omega_d^2-\omega_0^2)}$$

---

❐ **연습 11.23**

식 (11.28)을 유도하는 과정에서 생략된 부분을 채워라.

❐ **연습 11.24**

$A\sin wt+B\cos wt=\sqrt{A^2+B^2}\cos(wt-\phi)$임을 보여라. 단, $\tan\phi=B/A$

❐ **연습 11.25**

감쇠 조화 진동자가 힘 $F_0e^{-at}$에 의해 진동하고 있다. 일반해를 구하라. (Note: 특수해는 추진력과 같은 시간 의존성을 갖을 수 있다고 예상된다.)

### 전기회로에서 공진(선택)

공진은 전기회로의 디자인이나 천체의 운동처럼 다양한 분야에서 흥미롭고 중요한 물리 현상이다. 예를 들어, 기초 전자학 시간에 공부했던 RLC 회로를 살펴보자 (그림 11.8).

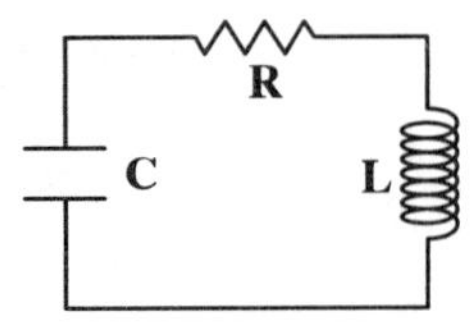


그림 11.8 ▌ RLC 회로

축전기상의 전하량은 $q$이다. 초기에 축전기상에 전하가 충전되어 있다면, 역 기전력(back emf), 혹은 $L\frac{di}{dt}$으로 주어지는 전압차가 생기며, 인덕터를 통과하는 전하의 흐름(전류)이 있을 것이다. 이것은 $L\frac{d^2q}{dt^2}$로 다시 쓸 수 있다. 저항을 지나는 전압 강하는 $iR$이고, 이는 $R\frac{di}{dt}$로 쓸 수 있다. 마지막으로, 축전기를 지나는 전압 강하는 $\frac{q}{C}$로 주어진다. 회로 둘레의 전압강하의 합은 0이므로,

$$L\frac{d^2q}{dt^2} + R\frac{dq}{dt} + \frac{1}{C}q = 0$$

이다. 그러나, 위 식은 감쇠 조화 진동자와 정확히 같은 미분방정식이다! 여러분이 "추진력"에 해당하는 emf 전원 (진동자, 전원장치, 혹은 일반적인 AC 발전기)을 회로에 연결하면, 여러분은 강제 진동자를 만들 수 있다. 이 회로의 자연 진동수는 $\omega_0 = \sqrt{1/LC}$이다. 이는 감쇠항을 소거한 미분방정식의 형태로부터 유추할 수 있다. 강제진동수가 자연 진동수와 같거나 근접하면, 전류의 진폭은 매우 증가한다. 이것은 라디오나 텔레비전 수신기를 동조(조정)하는 원리이다. "추진" 전압은 전자기파를 수신하는 안테나에 의해 공급된다.

여러분이 동조하고자 하는 방송국이 진동수(주파수) $\omega_d$로 방송을 하고 있다고 하자. 수신기는 스위치를 돌려 축전용량을 바꿀 수 있는 가변 축전기가 들어 있다.

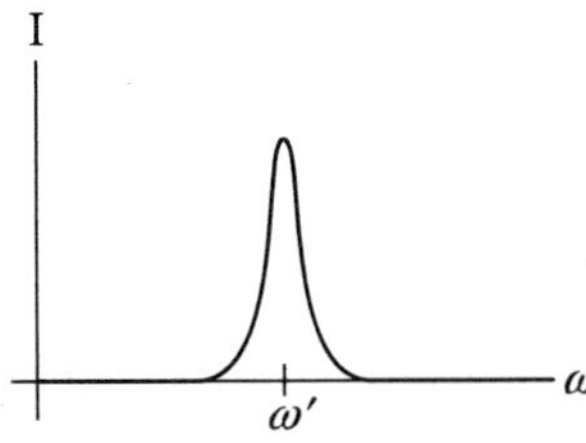


그림 11.9 ▌ 공진. $\omega$의 함수로 $I$를 나타낸 그래프. 그림은 RLC회로에서 공진현상을 나타낸다. 진동수 $\omega$가 공진진동수 $\omega'$에 근접하거나 같을 때, 회로의 전류는 가장 크게 증가한다. 회로에 저항이 없다면, 전류는 $\omega = \omega_0$에서 무한대일 것이다.

물론, C 값을 바꾸면 $\omega_0$값도 변한다. 따라서 공진주파수 $\omega'$도 바뀔 것이다. $\omega'$이 $\omega_d$와 같을 때, 저항기를 통해 흐르는 전류는 다른 어떤 주파수에 비해 매우 큰 값을 가질 것이다. 이것을 그림 11.9에 그려 놓았다.

제10장에서 언급한 바와 같이 천체는 공진에 영향을 받는다. 예를 들어, 달의 공전주기와 자전주기는 1:1 공진에 "고정"되어 있다. 천체 역학에서 공진은 "강제"력(추진력)의 (대개는 섭동 물체의 효과)진동수와 계의 "자연"진동수가 작은 숫자의 비로 되어 있는 계로 정의된다. 공진은 토성 고리에서 간격이 존재하는 이유, 화성과 목성사이에 소행성대의 존재 이유, 어떤 행성(달을 포함한)의 자전과 공전율이 같은 이유 등 여러 천체의 효과를 설명한다. (천체 역학에서 공진 현상은 종종 "commensurability(약분가능성)"라 불린다.)

❐ 연습 11.26

10 ohm의 저항기, 6 microfarad의 축전기, 0.2 henry의 인덕터가 직렬로 연결되어 있는 RLC 회로가 있다. 이 회로의 공진주파수를 구하라. **답:** 913 rad/s

## 11.5 결합 진동자(Coupled Oscillators)

실제 물리세계에서 진동자는 거의 주변과 고립되어 있지 않고, 진동하는 물체는 근처의 물체들과 함께 진동을 하게 된다. 진동하는 기타줄은 공명판(반향판)을 진동시킨다. *결합 진동자*의 가장 좋은 예는 단순 고체에서 원자들의 운동이다. 흔들리고 있는 원자는 이웃하는 원자들의 진동을 유발시킨다. 결합 진동자의 해석은 아주 복잡할 수도 있다. 이 절에서 가장 간단한 계, 즉, 두 개의 비감쇠 진동자가 스프링에 의해 연결되어 있는 결합 진동자에 대해 공부해 보자.

그림 11.10은 스프링 상수 $k_1$, $k_2$, $k_3$를 갖는 3개의 스프링에 의해 두 물체가 양쪽 벽에 연결되어 있는 그림이다. $x_1$, $x_2$는 질량 $m_1$, $m_2$인 두 물체의 각 각의 평형 위치로부터 측정한 변위들이다. 문제 11.27에서 이 계의 운동방정식을 구할 것이며, 다음의 결합 미분방정식을 구할 것이다:

$$\begin{aligned} m_1\ddot{x}_1 &= -k_1x_1 - k_3(x_1 + x_2) \\ m_2\ddot{x}_2 &= -k_2x_2 - k_3(x_1 + x_2) \end{aligned} \qquad (11.29)$$

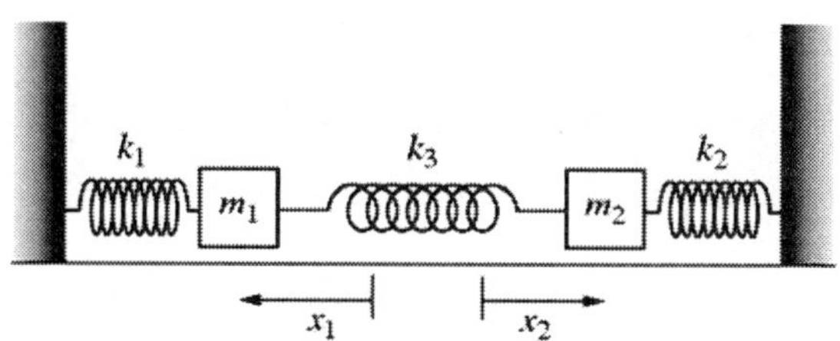


그림 11.10 ▌ 결합 진동자. 두 질량의 위치는 각각의 평형점으로부터 측정한 것이다.

문제를 간단히 하기 위해, $m_1 = m_2 = m$, $k_1 = k_2 = k$라 하고, $k_3$는 다르다고 가정하자. 그러면, 위의 방정식은

$$\begin{aligned} m\ddot{x}_1 + (k+k_3)x_1 + k_3x_2 &= 0 \\ m\ddot{x}_2 + (k+k_3)x_2 + k_3x_1 &= 0 \end{aligned}$$

가 된다. $k+k_3$를 $k'$로 표시하자. 각 식을 $m$으로 나누면,

$$\begin{aligned} \ddot{x}_1 + (k'/m)x_1 + (k_3/m)x_2 &= 0 \\ \ddot{x}_2 + (k'/m)x_2 + (k_3/m)x_1 &= 0 \end{aligned}$$

을 얻는다. 이제 $k'/m$을 $\omega_0^2$로 대체하자. 이와 같은 표기를 쓰는 이유는 $\omega_0$가 다른 하나의 물체가 정지해 있다면, 두 물체 중 하나의 진동 주파수이기 때문이다. 또한, $k_3/m$을 $\Delta\omega^2$로 표기하자.

이 새로운 표기를 이용하면 방정식들은

$$\begin{aligned} \ddot{x}_1 + \omega_0^2x_1 + \Delta\omega^2x_2 &= 0 \\ \ddot{x}_2 + \omega_0^2x_2 + \Delta\omega^2x_1 &= 0 \end{aligned} \tag{11.30}$$

가 된다. 이와 같이 결합된 선형 미분방정식 계는 아래와 같은 해를 가정하여 풀 수 있다.

$$\begin{aligned} x_1 &= Ae^{i\omega t} \\ x_2 &= Be^{i\omega t} \end{aligned}$$

변수 $x_1$, $x_2$는 모두 같은 각진동수 $\omega$를 갖고 진동하는 해(이것이 지수가 허수인 이유이다)라고 가정하자. (표기에서 약간 바꾼 것을 제외하고, 앞에서 $e^{pt}$ 형태의 해를 가정하면서 사용한 방법과 같다.) $x_1$, $x_2$에 대한 표현을 결합 운동방정식에 대입하면

$$A(i\omega)^2 e^{i\omega t} + \omega_0^2 A e^{i\omega t} + \Delta\omega^2 B e^{i\omega t} = 0$$
$$B(i\omega)^2 e^{i\omega t} + \omega_0^2 B e^{i\omega t} + \Delta\omega^2 A e^{i\omega t} = 0$$

또는

$$\begin{aligned}(-\omega^2 + \omega_0^2)A + \Delta\omega^2 B &= 0 \\ \Delta\omega^2 A + (-\omega^2 + \omega_0^2)B &= 0\end{aligned} \tag{11.31}$$

을 얻는다. 이 두 식은 미지수 A와 B를 갖는 동차 선형*대수*식 계 형태를 이룬다. 연립방정식을 푸는 방법은 Cramer's rule을 적용하는 것이다. 여러분은 이 규칙에 익숙하다고 믿는다. 그러나, 간단히 이 방법을 복습해 보자.

아래의 한 쌍의 방정식이 있다.

$$ax + by = e$$
$$cx + dy = f$$

해를 구하기 위해, 먼저 계수들의 행렬식을 계산하자. 그러면,

$$\Delta = \begin{vmatrix} a & b \\ c & d \end{vmatrix}$$

이다. 이 행렬식의 첫 번째 열은 $x$의 계수로 이루어지고, 두 번째 열은 $y$의 계수로 이루어진다. Cramer's rule에 따라, 해는

$$x = \frac{\begin{vmatrix} e & b \\ f & d \end{vmatrix}}{\Delta} \quad \text{그리고} \quad y = \frac{\begin{vmatrix} a & e \\ c & f \end{vmatrix}}{\Delta}$$

이다. $x$에 관한 식의 분자에 있는 행렬식은 $x$의 계수들의 열을 방정식의 우변에 있는 상수들로 대체하여, $\Delta$로부터 얻을 수 있다. 유사하게 $y$도 같은 식에 의해 주어지지만, $y$의 계수들의 열은 우변의 상수들로 대체된다. 여러분은 Kirchhoff의 법칙을 적용하여, 전자회로에서 전류를 구하기 위해 Cramer 규칙을 사용했던 것을 상기할지 모른다.

불행히도, Cramer 규칙은 식 (11.31)과 같은 동차 선형방정식에는 직접 적용할 수 없다. 왜냐하면 우변에 있는 0들은 분자에 있는 행렬식이 0들의 열을 갖는 것을 의미하기 때문이다. 이것은 당연한 해(trivial solutions) $x=0$, $y=0$을 유도한다.

그러나 분모 또한 0이라면 ($\Delta = 0$이면), $x = \frac{0}{0}$, $y = \frac{0}{0}$이다. 둘 모두 정의되지 않는다. 이것이 많은 장점이 없다고 생각될 수 있으나, 실제로 이것이 해를 구하게 한다! 사실 동차 연립방정식의 대수계산에 있어, 계수들의 행렬식이 0이라는 것이 nontrivial 해가 존재하기 위한 필요충분조건(if and only if)이라는 것이 일반적인 규칙이다.

다시 식 (11.31)로 돌아가서, nontrivial 해를 위한 조건은 계수들의 행렬식이 0이다:

$$\begin{vmatrix} -\omega^2 + \omega_0^2 & \Delta\omega^2 \\ \Delta\omega^2 & -\omega^2 + \omega_0^2 \end{vmatrix} = 0$$

또는,

$$(-\omega^2 + \omega_0^2)^2 = (\Delta\omega^2)^2$$
$$\omega^2 = +\omega_0^2 \pm \Delta\omega^2$$

즉,

$$\omega = \pm(\omega_o^2 \pm \Delta\omega^2)^{\frac{1}{2}}$$

위 식으로부터 $\omega$는 4개의 가능한 값을 갖는다. 이것은

$$\begin{aligned} \omega_1 &= \pm(\omega_0^2 + \Delta\omega^2)^{\frac{1}{2}} \\ \omega_2 &= \pm(\omega_0^2 - \Delta\omega^2)^{\frac{1}{2}} \end{aligned} \tag{11.32}$$

로 쓸 수 있다.

$x_1$, $x_2$의 일반해는 모든 가능한 해들의 합이다:

$$\begin{aligned} x_1 &= A_1 e^{i\omega_1 t} + A_{-1} e^{-i\omega_1 t} + A_2 e^{i\omega_2 t} + A_{-2} e^{-i\omega_2 t} \\ x_2 &= B_1 e^{i\omega_1 t} + B_{-1} e^{-i\omega_1 t} + B_2 e^{i\omega_2 t} + B_{-2} e^{-i\omega_2 t} \end{aligned} \tag{11.33}$$

위의 두 식은 8개의 상수를 포함하고 있다. 그러나 두 개의 이차미분방정식을 풀면 단지 4개의 상수를 갖아야 한다. 따라서 8개 상수 모두는 독립적이지 않다. $x_1$, $x_2$가 오직 4개의 독립적인 상수를 갖는 식으로 표현하는 것은 약간 복잡하다. 먼저 식 (11.33)을 미분방정식 (11.30)에 대입하라. 그러면 $e^{\pm i\omega_1 t}$, $e^{\pm i\omega_2 t}$를 포함하

는 좀 더 긴 식으로 표현되겠지만, 이 양들은 서로 독립적이고, 미분방정식은 서로에 대해 독립적으로 만족된다. (문제 11.29를 풀면서, 알 수 있을 것이다.)

풀이 과정을 설명하기 위해, $x_1 = A_1 e^{i\omega_1 t}$ 와 $x_2 = B_1 e^{i\omega_1 t}$ 를 식 (11.30)의 첫 번째 방정식에 넣고,

$$\left(-\omega_0^2 - \Delta\omega^2 + \omega_0^2\right) A_1 + \Delta\omega^2 B_1 = 0$$

또는

$$-\Delta\omega^2 A_1 + \Delta\omega^2 B_1 = 0$$

를 얻어라. 그러므로,

$$B_1 = A_1$$

이다. 동일한 방법으로, $B_{-1} = A_{-1}$, $B_2 = -A_2$, $B_{-2} = -A_{-2}$을 보일 수 있다. 결과적으로, $x_1$과 $x_2$의 일반해는

$$\begin{aligned} x_1 &= A_1 e^{i\omega_1 t} + A_{-1} e^{-i\omega_1 t} + A_2 e^{i\omega_2 t} + A_{-2} e^{-i\omega_2 t} \\ x_2 &= A_1 e^{i\omega_1 t} + A_{-1} e^{-i\omega_1 t} - A_2 e^{i\omega_2 t} - A_{-2} e^{-i\omega_2 t} \end{aligned}$$

이다. $x_1$과 $x_2$는 실수이기 때문에, 이 해는 편리한 형태는 아니다. 그러나 $e^{\pm i\omega_1 t}$, $e^{\pm i\omega_2 t}$는 복소수이므로 계수 $A_i$는 복소수임에 틀림없다. 이 복소수 계수는 아래와 같이, 실수 양에 의해 표현될 수 있다. 즉,

$$\begin{aligned} A_1 &= \frac{1}{2} C_1 e^{i\theta_1} \\ A_{-1} &= \frac{1}{2} C_1 e^{-i\theta_1} \\ A_2 &= \frac{1}{2} C_2 e^{i\theta_2} \\ A_{-2} &= \frac{1}{2} C_2 e^{-i\theta_2} \end{aligned}$$

여기서 $C_1$, $C_2$, $\theta_1$, $\theta_2$는 모두 실수이다. 그러면,

$$x_1 = \frac{1}{2} C_1 \left(e^{i\theta_1} e^{+i\omega_1 t} + e^{-i\theta_1} e^{-i\omega_1 t}\right) + \frac{1}{2} C_2 \left(e^{i\theta_2} e^{+i\omega_2 t} + e^{-i\theta_2} e^{-i\omega_2 t}\right)$$

또는,

$$x_1 = C_1 \cos(\omega_1 t + \theta_1) + C_2 \cos(\omega_2 t + \theta_2) \tag{11.34}$$

이고, 유사하게,

$$x_2 = C_1 \cos(\omega_1 t + \theta_1) - C_2 \cos(\omega_2 t + \theta_2) \tag{11.35}$$

이다.

$k_1 \neq k_2$, $m_1 \neq m_2$인 좀 더 일반적인 경우에, 위 식은 더 복잡하며, 아래와 같이 더 복잡하게 쓰여 진다.

$$\begin{aligned} x_1 &= C_1 \cos(\omega_1 t + \theta_1) + C_2 \left( \frac{\Delta\omega^2}{\kappa^2} \sqrt{\frac{m_2}{m_1}} \right) \cos(\omega_2 t + \theta_2) \\ x_2 &= C_1 \left( \frac{\Delta\omega^2}{\kappa^2} \sqrt{\frac{m_1}{m_2}} \right) \cos(\omega_1 t + \theta_1) - C_2 \cos(\omega_2 t + \theta_2) \end{aligned}$$

여기서 $\kappa^2 = k_3 \sqrt{m_1 m_2}$이다.

❐ **연습 11.27**

(a) Lagrangian 방법을 이용하여 운동방정식 (11.29)를 유도하다. (b) 뉴턴의 제2법칙을 이용하여 이 식을 유도해 보아라.

❐ **연습 11.28**

Cramer의 규칙을 이용하여 다음의 연립방정식의 해 $x$, $y$, $z$를 구하라.

$$\begin{aligned} 2x + 3y + z &= 1 \\ -5x - 2y + z &= 5 \\ x + 2y + 2z &= 13 \end{aligned}$$

**답:** $x = 3,\ y = -5,\ z = 10$

❐ **연습 11.29**

$B_{-1} = A_{-1}$, $B_2 = -A_2$, $B_{-2} = -A_{-2}$임을 보여라. [힌트: 식 (11.33)을 식 (11.30)의 둘 중에 하나에 대입하라. 그리고 $e^{\pm i\omega_1 t}$, $e^{\pm i\omega_2 t}$의 계수들을 각각 0으로 두어라.]

### 11.5.1 기준 방식(Normal Modes)

한 결합 진동자 계의 모든 물체가 같은 진동수로 진동하고 있다고 하자. 이와 같은 종류의 운동을 "기준 방식(normal mode)"이라고 한다. 기준 방식은 자주 일어나지 않는 아주 특별한 상황이라고 예상할 것이다. 여러분의 예상이 맞을지 모르나, 기준 방식은 매우 중요하다. 왜냐하면 *하나의 진동자들 계의 운동은 항상 기준 방식의 선형 결합으로 표현될 수 있다*는 것이 증명되기 때문이다.

간단한 예로써, 식 (11.34)과 식 (11.35)에 의해 표현되는 계가 $C_2 = 0$인 경우에 있다고 가정하자. 그러면, 두 물체의 위치는 아래 식에 의해 표현될 수 있다.

$$\begin{aligned} x_1 &= C_1 \cos(\omega_1 t + \theta_1) \\ x_2 &= C_1 \cos(\omega_1 t + \theta_1) \end{aligned} \tag{11.36}$$

이 상황에서 두 물체는 같은 진동수 $\omega_1$를 가지고 진동한다. 더구나, 항상 $x_1 = x_2$이다. 이 운동은 기준 방식의 하나이다. 이 운동은 어떤 모습일까? $x_1$, $x_2$는 반대 방향에서 측정된다는 점을 상기하자. 따라서 두 물체는 서로 위상 비일치 (out of phase)로 움직인다. 달리 표현하면, 통상적인 방식으로 서로 접근했다가 멀어지는 운동이다. 두 물체는 180° 위상 비일치이다. 운동의 진동수는

$$\omega_1 = \left(\omega_0^2 + \Delta\omega^2\right)^{\frac{1}{2}}$$

이다. 이 진동수는 각 각의 물체의 자연 진동수보다 어느 정도 더 높은 진동수를 갖는다는 점에 주목하자.

이와 같은 기준 방식을 어떻게 작동하게 할 수 있을까? 물리적인 직관으로 본다면, 여러분은 두 물체를 정지 상태에서 반대 방향으로 잡아당긴 후에 놓거나, 두 물체를 서로 마주보는 방향으로 밀었다가 놓으므로, 기준 방식의 운동을 하게 할 수 있을 것이다. 각 각의 경우에 두 물체는 평형점에서 같은 거리만큼 움직인 후에 놓아야 한다.

두 물체를 평형점에서 $b$ 거리만큼 잡아당긴 후, 놓는다고 가정하자. 그러면

$$\begin{aligned} x_1(t = 0) &= b \\ x_2(t = 0) &= b \end{aligned}$$

이다. 그러나, 일반적으로

$$x_1(t) = C_1 \cos(\omega_1 t + \theta_1) + C_2 \cos(\omega_2 t + \theta_2)$$
$$x_2(t) = C_1 \cos(\omega_1 t + \theta_1) - C_2 \cos(\omega_2 t + \theta_2)$$

이므로

$$b = C_1 \cos\theta_1 + C_2 \cos\theta_2$$
$$b = C_1 \cos\theta_1 - C_2 \cos\theta_2 \qquad (11.37)$$

가 된다. 두 물체의 속도는

$$\dot{x}_1(t) = -C_1\omega_1 \sin(\omega_1 t + \theta_1) - C_2\omega_2 \sin(\omega_2 t + \theta_2)$$
$$\dot{x}_2(t) = -C_1\omega_1 \sin(\omega_1 t + \theta_1) + C_2\omega_2 \sin(\omega_2 t + \theta_2)$$

이다. 두 물체를 $t=0$에서 멈춰진 상태에서 움직이도록 놓기 때문에,

$$0 = -C_1\omega_1 \sin\theta_1 - C_2\omega_2 \sin\theta_2$$
$$0 = -C_1\omega_1 \sin\theta_1 + C_2\omega_2 \sin\theta_2$$

이다. 위의 두 식을 합하여 $\theta_1 = 0$를, 두 식을 빼서 $\theta_2 = 0$을 얻는다. 따라서 식 (11.37)은

$$b = C_1 + C_2$$
$$b = C_1 - C_2$$

이 되어,

$$C_1 = b$$
$$C_2 = 0$$

을 얻는다.

그러므로 바라던 바와 같이 이 운동은 식 (11.36)에 의해 기술된다. 더구나, $C_1 = b,\ \theta_1 = 0$이므로,

$$x_1(t) = b\cos\omega_1 t$$
$$x_2(t) = b\cos\omega_1 t \qquad (11.38)$$

이 된다. 여기서 $\omega_1 = \sqrt{\omega_0^2 + \Delta\omega^2}$ 이다. 이것은 큰 진동수의 기준 방식이다.

유사하게, 두 물체 모두를 오른쪽이나 왼쪽으로 같은 양만큼 이동시키면 낮은

진동수의 기준 방식으로 작동하게 만들 수 있다. $b'$를 두 물체의 초기 변위라 하자. 따라서 $C_1 = 0$, $C_2 = b'$은 쉽게 보일 수 있다.

그러면, 이 운동은 아래와 같이 기술된다.

$$\begin{aligned} x_1 &= b' \cos \omega_2 t, \\ x_2 &= -b' \cos \omega_2 t \end{aligned} \tag{11.39}$$

여기서

$$\omega_2 = (\omega_0^2 - \Delta\omega^2)^{\frac{1}{2}}$$

이다. 이 식은 계는 "자연" 진동수 $\omega_0$보다 낮은 진동수로 진동한다는 것을 의미한다.

일반해 (식 11.34와 식 11.35)는 기준 방식의 해, 즉, $C_1 = b$와 $C_2 = b'$을 갖는 식 (11.38)과 (11.39)의 단순한 선형 결합임에 주목하자. 앞에서 언급한바와 같이, 결합 진동자 계의 운동은 항상 기준 방식들의 선형 결합이다. 진동자의 숫자가 많아질수록 문제는 더욱 복잡해진다. 이 문제는 18장에서 진동자들의 연속계라는 주제로 다룰 것이다.

❒ 연습 11.30

주어진 조건을 가지고, 식 (11.39)에서 $C_2 = b$와 $\theta_2 = 0$임을 보여라.

## 11.6 요약

이 장에서는 스프링에 연결된 한 물체의 예를 통해, 조화 운동에 대해 자세히 다루었다. 운동방정식을 풀기 위해 필요했던 여러 수학적인 기법을 설명하면서 주제에서 약간은 벗어나기도 했다. 이런 기법은 여러 물리분야에서 자주 사용되는 것들이다. 따라서 여러분은 이 기법들을 이해하고 기억하도록 해야 한다.

다음의 비감쇠 단조화 운동의 운동방정식으로부터 해석을 시작하였다.

$$m\ddot{x} + kx = 0$$

다음으로 아래 식을 이용하여 진동자의 운동을 느리게 하는 마찰력이 작용하는 계의 운동인 감쇠 조화 진동자의 운동을 일반화하였다.

$$m\ddot{x} + b\dot{x} + kx = 0$$

세 가지 경우가 있었다: $(b/2m)^2 < k/m$ 인 과소 감쇠 진동자, $(b/2m)^2 = k/m$ 인 임계 감쇠 진동자, $(b/2m)^2 > k/m$ 인 과대 감쇠 진동자. 오직 과소 감쇠 진동자만이 반복적으로 앞뒤로 움직이는 정상적인 진동운동을 하였다. 그러나 이 세 가지 경우 모두 운동의 진폭은 시간이 지남에 따라 감소한다. 이것은 수학적으로 진폭이 $Ae^{-\gamma t}$ 으로 주어진다고 표현할 수 있다. 그러므로 과소 감쇠 진동자의 운동은

$$x(t) = Ae^{-\gamma t}\cos(\omega_1 t + \theta)$$

이다. 임계 감쇠 진동자의 운동은

$$x(t) = (C_1 + C_2 t)\, e^{-\gamma_c t}$$

이다. 과대 감쇠 진동자의 운동은

$$x(t) = C_1 e^{-\gamma_1 t} + C_2 e^{-\gamma_2 t}$$

으로 표현될 수 있다.

운동의 진동수는 영향을 받는다는 점에 유의하자; 과소 감쇠 진동자의 진동수는 비감쇠 진동자의 진동수보다 작다. 과대 감쇠 진동자는 비감쇠 진동자의 진동수보다 큰 "진동수"를 가지나, 그것은 실제로 진동하지 않는다. 한 번의 완전한 진동이 일어나기 전에 운동은 끝나고 만다.

다음으로 여러분은 강제 조화 진동자를 다루었다. 이 경우에 운동은 비동차 미분방정식

$$m\ddot{x} + b\dot{x} + kx = F(t)$$

에 의해 기술된다. 이 운동방정식의 해를 구하기 위해서 동차미분방정식의 일반해와 비동차 미분방정식의 특수해의 합을 구해야 했다. 여기서 여러분은 비동차 미분방정식의 특수해를 구하는 여러 기법을 배웠다.

마지막으로 여러분은 아래의 운동방정식으로 표현되는 결합 비감쇠 조화 진동자에 대해 배웠다.

$$m_1\ddot{x}_1 = -k_1x_1 - k_3(x_1 + x_2)$$
$$m_2\ddot{x}_2 = -k_2x_2 - k_3(x_1 + x_2)$$

이것은 물리에서 중요한 문제 중에 하나이다. 왜냐하면 많은 물리계가 이와 같은 결합 조화 진동자로 표현될 수 있기 때문이다. 기준 방식이 정의되었으며, 결합 진동자의 일반화된 운동은 기준 방식 해들의 선형 결합으로 표현될 수 있음을 알았다.

## 11.7 문제

**[문제 11.1]** $x = Ct\,e^{pt}$가 미분방정식 $m\ddot{x}+ b\dot{x}+ kx = 0$의 해가 되기 위한 조건을 구하라.

**[문제 11.2]** 단조화 진동자의 운동에너지와 퍼텐셜 에너지의 시간에 대한 평균을 구하고, 두 값이 같다는 것을 보여라.

**[문제 11.3]** 욕실의 체중계는 진동하지 않아야 한다. 이상적으로는 체중계는 임계 감쇠할 것이다. 체중이 $W$인 사람에 대해 이 체중계가 임계 감쇠한다면, 체중이 $W$보다 적은 사람에 대해서는 과도 감쇠할 것이라는 것을 보여라. 임계 감쇠의 경우, 체중이 $70\,\text{kg}$인 사람에 대해 체중계 판이 $2\,\text{cm}$ 편향되는 것이 바람직하다면, 이때에 스프링 상수 $k$와 감쇠 상수 $b$를 구하라.

**[문제 11.4]** $0.25\,\text{kg}$ 질량의 물체가 힘 상수 $0.02\,\text{N/m}$인 스프링에 달려 있다. 저항 물질이 있는 매개체 안에서 평형점으로부터 $0.1\,\text{m}$ 떨어진 위치의 정지 상태에서 물체를 놓았다. 5초 후에 진동의 진폭은 $0.05\,\text{m}$임이 관찰되었다. 감쇠 상수 b는 얼마인가? 진동수는 얼마인가?

**[문제 11.5]** 과소 감쇠 조화 진동자의 해를 고려하자. $\omega_1 = \sqrt{\omega_0^2 - \gamma^2}$가 매우 작으면, 해는 짧은 시간 간격에 대해 임계 감쇠 해와 거의 같다. 두 해가 더 이상 동일한 것으로 여겨지지 않을 때의 시간(적절한 상수들을 이용해)을 어림잡아 보아라.

**[문제 11.6]** 기차 차량을 교체하는 곳의 각 기찻길의 끝부분에는 무거운 스프링으로 연결된 큰 통나무 가 설치되어 있다. 이 범퍼의 목적은 화물기차가 구르는 것을 막기 위한 것이다. 화물차가 범퍼에 부딪힌 후, 기찻길로 다시 되 굴러가는 것은 바람직하지 않다. (화물차는 범퍼에 붙지 않는다.) (a) 시간의 함수로 위치를 나타내는 적절한 대략 도를 이용하여, 임계 감쇠나 과도 감쇠이면 이 화물차는 범퍼와 접촉하여 멈추게 되는 것을 설명해 보아라. (b) 임계 감쇠를 가정하고, 화물차가 범퍼와 부딪칠 때, 스프링의 최대 압축 거리를 $m$, $k$, $b_c$로 표현해 보고, 또한 화물차의 속력을 구하라.

**[문제 11.7]** 임계 감쇠 진동자는 일반적으로 과도 감쇠 진동자보다 더 빨리 0으로 접근한다는 것을 보여라. 과도 감쇠 진동자가 임계 진동자보다 빨리 0으로 접근하는 특정 조건을 구하라.

**[문제 11.8]** 임계 감쇠 조화 진동자에 대해서, 임의의 초기 조건 $x_0$와 $v_0$에 대해 $C_1$과 $C_2$의 표현을 구하라.

**[문제 11.9]** 무거운 진자추와 작은 진폭으로 진동하는 긴 진자는 멈추기 전까지 오랜 시간동안 앞뒤로 움직일 것이다. 이것은 감쇠가 작음을 의미한다. 즉, $\gamma \ll \omega_0$. 그럼에도 불구하고 진자는 에너지를 잃고 있다. 에너지의 변화율은

$$\frac{d}{dt}(\ln E) = -2\gamma$$

과 같이 표현될 수 있음을 보여라. (수학은 같기 때문에, 스프링에 달려 있는 물체에 대해, 우리가 얻었던 식들을 이용할 수 있다.)

**[문제 11.10]** 어떤 제품 생산 공정에서 패키지가 컨베이어 벨트의 끝에서 거리 $h$만큼 아래에 있는 저울에 떨어진다고 하자. 패키지의 질량이 $M$이면, 저울은 평형점에서 $\delta$만큼 아래로 움직인다. 가능하면 저울이 overshooting 없이 평형점으로 빨리 돌아오는 것이 바람직하다. 이 저울의 최적 감쇠 상수 값을 구하라.

**[문제 11.11]** 외력 $F_0 \cos\omega_d t$이 작용하는 임계 감쇠 진동자에 대한 운동 변위 $x(t)$를 구하라. 초기에 질량 $m$이 평형점으로부터 거리 $x_0$만큼 떨어져 멈춰 있다고 가정하자.

**[문제 11.12]** 과소 감쇠 조화 진동자의 운동이 $x(t) = Ae^{-\gamma t}\cos(\omega_1 t + \theta)$라고 하자. 초기 조건이 $x_0 = 1$, $v_0 = 0$이라고 할 때, $A$와 $\theta$를 구하라.

**[문제 11.13]** 지수 함수적으로 증가하는 힘 $F_0(1 - e^{-at})$이 작용하는 강제 감쇠 조화 진동자의 운동 $x(t)$을 구하라. 이 진동자는 수평면 위에 있는 질량 $m$인 블록과 스프링 상수 $k = 4ma^2$인 스프링이 연결되어 있다. 감쇠 상수는 $b = ma$이다. 이 진동자는 $t = 0$에서 멈춰 있다. 시간의 함수로 진동자의 변위를 그려라.

**[문제 11.14]** 강제 과소 감쇠 조화 진동자를 고려하자. 강제 진동수 $\omega_d$가 공진 진동수$\omega'$에 근접하다고 하자. (a) 최대 진폭의 제곱과 공진 근접 진동수에서 진폭 ($\omega_d = \omega'$일 때, $A^2$의 값)의 제곱의 비가 아래와 같음을 보여라.

$$\frac{A_{\max}^2}{A^2} = \frac{4m^2(\omega_d - \omega')^2 + b^2}{b^2}$$

(b) 공진의 반폭은 $\Delta = b/2m$임을 보여라. 공진의 반폭은 진폭의 제곱이 최대값의 반이 되는 점에서 공진 피크 $(\omega' - \omega_d)$의 반폭이다.

**[문제 11.15]** 질량이 $m_1$과 $m_2$인 두 블록이 힘 상수 $k$인 스프링에 연결되어 있다. 두 블록은 마찰이 없는 수평면 위에 있다. 그러므로 두 블록은 표면에서 자유롭게 미끄러지며 서로에 대해 앞뒤로 움직이고 있다. 이 계의 질량중심 속도는 일정하다는 것을 증명하다. 블록들의 진동수를 $m_1$, $m_2$, $k$로 구하라.

**[문제 11.16]** 그림 11.10은 두 질량과 세 개의 스프링으로 된 계를 그려 놓은 것이다. 이 교과서에서 분석은 $m_1 = m_2$와 $k_1 = k_2$를 가정하였다. 이제 질량은 같되, 스프링 상수가 다른 상황을 고려해 보자. $k_1 = 0.8k$, $k_2 = 1.2k$이고, $k_3$는 더 약하여, $k_3 = 0.1k$라고 가정하자. 초기 조건은 한 질량은 평형점에 멈춰 있고, 다른 질량은 평형점에 대해 거리 $d$만큼 위치에 있다. $x_1(t)$와 $x_2(t)$에 대한 표현을 구하라. 이 표현을 그려보고, 정성적으로 그림 11.11의 스케치와 일치함을 보여라.

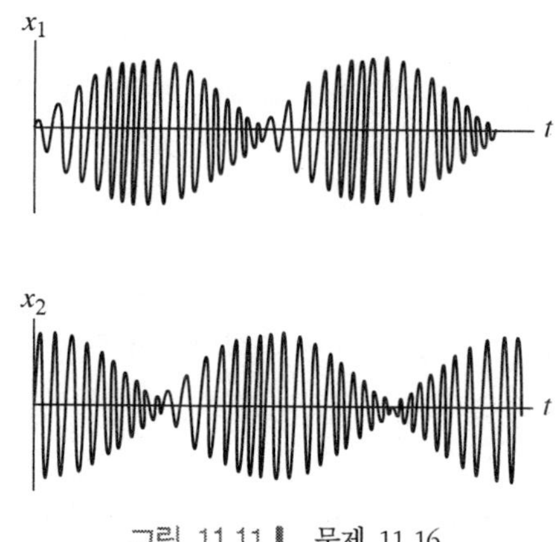


그림 11.11 ▌ 문제 11.16

**[문제 11.17]** 그림 11.10에 있는 것처럼 하나의 스프링이 두 개의 질량에 연결되어 있는 경우를 고려하자. 두 질량이 오른쪽 혹은 왼쪽으로 같은 양만큼 움직이면, 낮은 진동수 기준 방식이 생긴다는 주장을 증명해 보아라.

**[문제 11.18]** 그림 11.10에 그려 놓은 계에 대해, 두 질량은 같으나, 세 개의 스프링은 다른 힘 상수를 갖는다고 가정하자. 특정(characteristic) 진동수들을 찾아라.

**[문제 11.19]** 그림 11.12와 같이 세 개의 질량이 두 개의 스프링에 연결된 계가 있다 (이것을 "한 개의 질량을 통한 연결"이라 부른다). 이 계에 대한 운동방정식을 세워라. 이완된 두 스프링의 길이는 $l_1$과 $l_2$이다. 문제를 하나는 질량중심의 운동을 포함하고, 다른 것은 질량중심에 대한 두 끝 질량의 상대적인 운동, $x_1$과 $x_2$의 두 좌표로 주어지는 두 개로 분리하라. 이 계에 대해 기준 방식을 구하라.

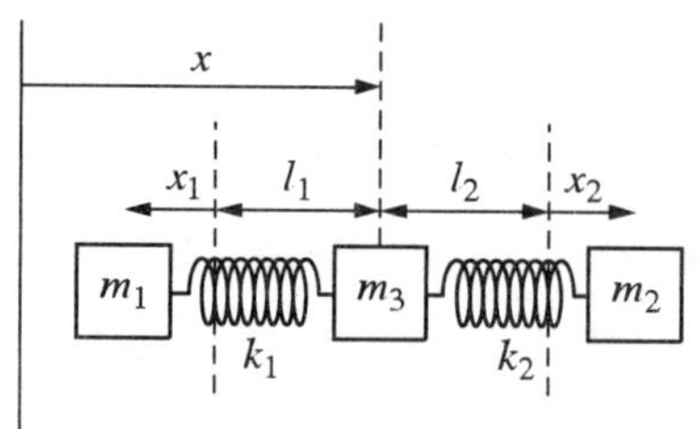


그림 11.12 ▌ 한 질량을 통한 연결

**[문제 11.20]** 강제력 $F_0 \sin(\omega t + \theta_0)$가 작용하는 과소 감쇠 조화 진동자를 고려하자. 강제력에 의해 진동자에 행해진 일률을 구하고, 한 사이클(cycle)당 힘에 의해 전달된 평균 일률(power)을 구하라. **답**: $\overline{P} = \frac{1}{2} F_0 \dot{x}_{\max} \cos\beta$

### 몇 가지 미분방정식 문제

**[문제 11.21]** $(D^2 + 1)x = 12\cos^2 t$에 대한 일반해를 구하라. **답**: $x = A\cos t + B\sin t + 6 - 2\cos 2t$ (힌트: 미결정 계수(undetermined coefficients)의 방법을 이용하라. 필요하면 미분방정식 교과서를 살펴 보아라.)

**[문제 11.22]** $(D^2 + 4)x = 4\sin^2 t$의 일반해를 구하라. (힌트: 미결정 계수법을 이용하라)

## 컴퓨터 과제

**[컴퓨터 과제 11.1]** 물리 진자가 그림 11.13에 그려져 있다. 이 진자가 감쇠운동하고 진동수 $f$의 강제력에 의해 진동한다고 가정하자. 운동방정식은

$$\frac{d^2\theta}{dt^2} + b\frac{d\theta}{dt} + \sin\theta = T\sin(2\pi f t)$$

와 같은 형태로 쓰일 수 있다. 다음과 같이 정의되는 새로운 3개의 변수를 도입한다면, 이 방정식은 수치적으로 가장 쉽게 풀릴 것이다:

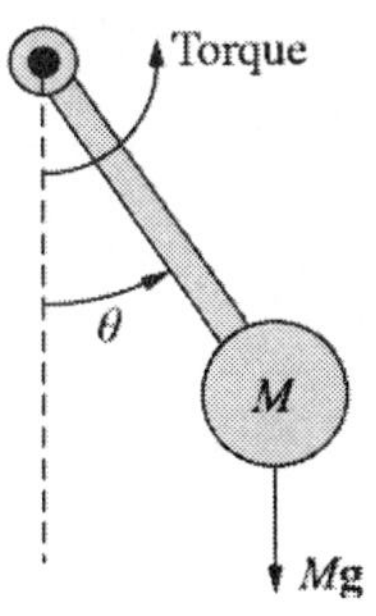


그림 11.13 ▌ 강제 물리 진자

$$x_1 = \frac{d\theta}{dt}$$
$$x_2 = \theta$$
$$x_3 = 2\pi f t$$

그러면 운동방정식은

$$\frac{dx_1}{dt} = T\sin(x_3) - \sin(x_2) - bx_1$$
$$\frac{dx_2}{dt} = x_1$$
$$\frac{dx_3}{dt} = 2\pi f$$

이다. 컴퓨터 프로그램을 쓰고, $t \le 250$에 대해 시간의 함수로 $\theta$(또는 $x_2$)를 그려라. 먼저, 여러분의 해가 진자의 진동운동을 나타내도록 $b=0$과 $T=0$을 가정하라. 그 후에, $b=0.1$로 두고, 감쇠 진자의 운동을 얻어라. 마지막으로 $T=1$, $b=0.1$로 두고, $f$를 0.001부터 0.1까지의 영역으로 두어라. $f=0.1$에 대해, 운동이 예상되지 않는다. 이것은 동력학적 계에서 무질서(chaos)의 한 예이다.

CHAPTER 12

# 진자(Pendulum)

여러분이 곧 잘 알게 되겠지만, 진자에 관한 물리는 상상 이상으로 매우 복잡하다.[1)]

진자는 조화 운동의 가장 대표적인 예 중에 하나이다. 그러나 지금까지 우리는 진자를 수직면에 대한 운동으로 제한해 왔다. 더구나, 진폭이 매우 작다는 가정하에 $\sin\theta \approx \theta$로 다룰 수 있었다. 그리고 진자는 질량이 없고 늘어나지 않는 줄에 질점이 달려 있는 '이상적'인 것으로 다루었다. 이 장에서는 여러 가지 다른 방법으로 진자문제를 일반화할 것이다. 첫 번째 일반화는 진자 스윙의 진폭을 임의로 하는 것이며, 그 다음은 진자를 줄에 매달려 있는 점 질량이 아닌 한 물체로 가정하는 것이다. (이 경우에 이 진자를 물리(physical) 진자 혹은 복합(compound) 진자라 부른다.) 마지막으로, 우리는 진자의 추가 한 평면 안에서 움직이는 것이 아니라 진자의 길이와 같은 반지름을 갖는 구의 표면에서 자유롭게 운동하는 경우를 고려할 것이다 (이것을 '구 진자(spherical)'라 부른다.) 구 진자의 추가 수평 원안에서 운동하는 것으로 제한한다면, 이를 원추(conical) 진자라고 부른다 (왜냐하면 진자의 줄은 원뿔 형태를 이루기 때문이다). 여러분은 여러 형태의 진자에 대해 공부하면서, 수학적으로 물리적으로 유용한 접근방법을 배우게 될 것이다. 예를 들어, 타원 적분(elliptic integral)법의 사용을 알게 될 것이며, 또한 섭동(perturbation) 방법에 의한 물리 문제를 푸는 기본적인 방법을 배울 것이다. 그러나 푸코(Foucault) 진자에 관해서는 가속 좌표계에서 운동을 다루게 되는 다음 장까지 설명을 미루겠다.

---

1) 전체 내용이 진자에 관해 쓰여진 책들이 있다. 예를 들어, 진자의 여러면에 관한 내용이 300 페이지 분량이 되는 책은 *The Pendulum, A Case Study in Physics* by Gregory L. Baken and James A. Blackburn, Oxford University Press, 2005이다.

## 12.1 임의 진폭의 단진자

먼저, 단진자(이상적인 진자)의 운동으로부터 가장 기본적이고 필요한 진자 운동에 관한 관계식을 얻자. 그러고 나서, 작은 각도로 진동한다는 제약 조건을 없앨 것이다. (다음 단계의 분석에 있어 두 가지 수학적 방법, 즉, 타원 적분과 급수 전개(expansions in series)를 이용할 것이다.)

그림 12.1은 질점 $m$과 질량이 없고 늘어나지 않는 길이 $l$ 인 줄로 이루어진 단진자를 나타낸 것이다. 뉴턴의 제2법칙을 이용하여 이 계의 운동방정식을 얻을 수 있었다(식 4.1). 또한 Lagrange 방법을 이용하여 얻을 수도 있었다(식 11.3). 다른 방법으로, 이제 뉴턴 제2법칙의 회전 운동 형태를 이용하여 운동방정식을 구할 것이다(식 7.11).

$$\mathbf{N} = I\boldsymbol{\alpha}$$

여기서 N은 회전력, I는 관성모멘트 (식 7.10), $\alpha = \ddot{\theta}$은 각가속도를 나타낸다. 회전력은

$$\mathbf{N} = \mathbf{r} \times \mathbf{F} = \mathbf{r} \times (\mathbf{T} + m\mathbf{g})$$

이다. r은 고정점으로부터 측정되고, $\mathrm{r} \times \mathrm{T} = 0$이므로,

$$\mathbf{N} = \mathbf{r} \times m\mathbf{g}$$

만이 남는다. 따라서

$$N = |\mathbf{N}| = -lmg \sin\theta$$

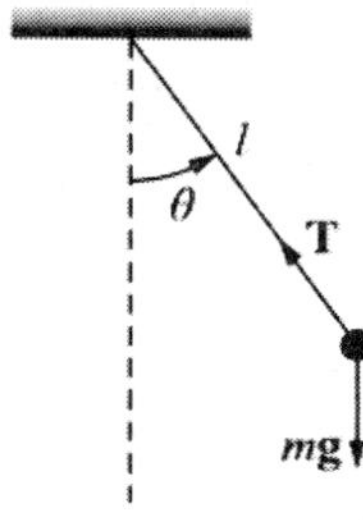


그림 12.1 ▌ 단진자. 진자에 작용하는 힘은 중력과 줄의 장력이다.

이다. 여기서 (−) 부호는 시계방향의 돌림힘을 (−)로 정의하기 때문이다. 또한, 이 돌림힘은 "복원 회전력(restoring torque)"으로, 회전 각도가 감소하는 방향으로 작용한다.

이 단진자의 관성모멘트는

$$I = \sum m_i r_i^2 = ml^2$$

이므로, 돌림힘 $N = I\ddot{\theta}$로부터,

$$-mgl\sin\theta = ml^2\ddot{\theta}$$

또는,

$$\ddot{\theta} + \frac{g}{l}\sin\theta = 0 \qquad (12.1)$$

를 얻는다. 이 방정식은 매우 간단해 보이지만, 작은 각도 근사법(small angle approximation)을 사용하지 않으면 놀랍게도 풀기가 어렵다는 것이 알려져 있다. $\theta \le 0.1\pi$이면, $\sin\theta$는 2% 이하의 오차 안에서 $\theta$로 대체할 수 있다. 따라서 작은 진폭 진동의 경우, 식 (12.1)은 근사적으로

$$\ddot{\theta} + \frac{g}{l}\theta = 0$$

과 같이 쓸 수 있다. 위 식은 단조화 운동에 관한 식이라는 것을 알 수 있다. 이 식의 해는

$$\theta = A\cos(\omega t + \beta) \qquad (12.2)$$

이다. 여기서 $\omega = \sqrt{g/l}$는 각진동수이다. A와 $\beta$는 초기 조건에 의해 결정되는 상수들이다. 작은 진폭으로 진동하는 단진자의 주기는 $P = 2\pi/\omega = 2\pi\sqrt{l/g}$ 이다.

이제 작은 각도에 관한 제한이 없는 임의 진폭에 관한 단진자의 운동을 다루자. 진자의 총 에너지는 일정하다 (감쇠가 없는 한). 진동하고 있는 단진자의 운동에너지는

$$T = \frac{1}{2}ml^2\dot{\theta}^2$$

이고, 퍼텐셜 에너지는

$$V = -mgl\cos\theta$$

이다. 결과적으로 총 에너지는

$$E = T + V = \frac{1}{2}ml^2\dot{\theta}^2 - mgl\cos\theta$$

이다. $\dot{\theta}$에 대해서 풀면,

$$\dot{\theta} = \frac{d\theta}{dt} = \sqrt{\frac{2g}{l}\left(\frac{E}{mgl} + \cos\theta\right)}$$

을 얻는다. 이 식이 풀어야 할 미분방정식이다. 첫 단계는 변수 분리를 한다. $\sqrt{g/l} = \omega$를 이용하고, 정리하면,

$$\frac{d\theta}{\sqrt{\left(\frac{E}{mgl} + \cos\theta\right)}} = \sqrt{2}\omega dt$$

이고, 양 변을 적분하면,

$$\int_{\theta_0=0}^{\theta(t)} \frac{d\theta'}{\sqrt{\left(\frac{E}{mgl} + \cos\theta'\right)}} = \sqrt{2}\,\omega \int_0^t dt'$$

또는,

$$t = \frac{1}{\sqrt{2}\omega}\int_0^{\theta} \frac{d\theta'}{\sqrt{\left(\frac{E}{mgl} + \cos\theta'\right)}} \tag{12.3}$$

이다. 여기서 적분의 아래 한계, $\theta_0 = 0$는 진동이 시작될 때, 진자의 추가 가장 아래에 있음을 의미한다.

### 12.1.1 타원 적분법에 의한 해

식 (12.3)의 적분은 적분표(integral table)를 이용하지 않고 적분할 수 있다는 것을 알게 되면 놀랄 것이다. 그러나 *타원 적분(eliptic integral)*이라고 불리는 함수 형태로 바꿀 수 있다. 타원 적분은 수학표(mathematical table)에 표로 만들어져 있고, 여러 컴퓨터 언어의 library에 포함되어 있다. 첫 번째 완전 타원 적분은

$$\int_0^{\pi/2} \frac{d\phi}{\sqrt{1-k^2\sin^2\phi}} \tag{12.4}$$

형태를 가지며, $k$의 함수다. 식 (12.3)식에서 적분을 식 (12.4)의 형태로 쓴다면, 타원 적분으로 임의의 진폭 단진자의 주기에 대한 표현을 얻을 수 있다. 이는 매우 쉬운 것처럼 보이나, 계산이 약간 복잡해 보인다.

계산의 편의를 위해서, 진자는 "최고점을 지나지" 않는다는 가정을 세우면, 최대각 변위는 $\theta_m$으로 쓸 수 있다. 즉, 진자 스윙의 최고점은 $\theta = \theta_m$이다. 그러나 이 최고점에서 운동에너지는 0이므로, 총 에너지는

$$E = -mgl\cos\theta_m$$

이다. 진자가 갖는 총 에너지는 상수이므로, 식 (12.3)에서 $E/mgl$은 $-\cos\theta_m$로 바꿀 수 있으므로,

$$t = \frac{1}{\sqrt{2}\omega}\int_0^{\theta} \frac{d\theta'}{\sqrt{(\cos\theta' - \cos\theta_m)}}$$

가 된다. 이 진자의 주기(P)는 진자의 추가 $\theta = 0$에서 $\theta = \theta_m$까지 흔들리는 시간의 4배이다. 위 식에서 $t$는 진자의 추가 $\theta = 0$으로부터 임의 각도 $\theta$로 움직이는데 걸리는 시간이다. 그러므로

$$P = 4\left[\frac{1}{\sqrt{2}\,\omega}\int_0^{\theta_m} \frac{d\theta}{\sqrt{\cos\theta - \cos\theta_m}}\right] \tag{12.5}$$

이다. 이 식은 여전히 식 (12.4)의 타원 적분 형태가 아니다. 식 (12.5)를 삼각함수 공식 (trigonometric identity)

$$\cos\theta = 1 - 2\sin^2\tfrac{\theta}{2}$$

을 이용하면, 결과적으로,

$$\begin{aligned}\sqrt{\cos\theta - \cos\theta_m} &= \left[\left(1 - 2\sin^2\tfrac{\theta}{2}\right) - \left(1 - 2\sin^2\tfrac{\theta_m}{2}\right)\right]^{1/2} \\ &= \left[2\sin^2\tfrac{\theta_m}{2} - 2\sin^2\tfrac{\theta}{2}\right]^{1/2} \\ &= \left[2\sin^2\tfrac{\theta_m}{2}\right]^{1/2}\left[1 - \frac{\sin^2\frac{\theta}{2}}{\sin^2\frac{\theta_m}{2}}\right]^{1/2}\end{aligned}$$

이다. 편의를 위해 $k = \sin g \dfrac{\theta_m}{2}$ 로 두면,

$$\sqrt{\cos\theta - \cos\theta_m} = k\sqrt{2}\sqrt{1 - \frac{1}{k^2}\sin^2\frac{\theta}{2}}$$

이다.

그러므로 식 (12.5)은

$$P = \frac{4}{\sqrt{2}\,\omega}\int_0^{\theta_m} \frac{d\theta}{\sqrt{2}k\sqrt{1 - \frac{1}{k^2}\sin^2\frac{\theta}{2}}} \tag{12.6}$$

이다. 이 식이 정확히 원하는 형태는 아니지만, 근접한 형태이다. 새로운 각도 $\phi$를

$$\sin\phi = \frac{1}{k}\sin\frac{\theta}{2}$$

의 관계에 의해 정의하자. $\theta = \theta_m$ 일 때, $\phi$값은 $\pi/2$이다. 이제,

$$d(\sin\phi) = d(\frac{1}{k}\sin\frac{\theta}{2}) = \frac{1}{k}\cos\frac{\theta}{2}d\left(\frac{\theta}{2}\right) = \frac{1}{2k}\cos\frac{\theta}{2}d\theta$$

이므로,

$$d\theta = \frac{2k\cos\phi d\phi}{\cos\frac{\theta}{2}} = \frac{2k\cos\phi d\phi}{\sqrt{1 - \sin^2\frac{\theta}{2}}} = \frac{2k\cos\phi d\phi}{\sqrt{1 - k^2\sin^2\phi}}$$

이다. 위 식을 식 (12.6)에 대입하면,

$$\begin{aligned} P &= \frac{4}{\sqrt{2}\,\omega}\int_{\phi=0}^{\phi=\pi/2} \frac{2k\cos\phi d\phi}{\sqrt{1 - k^2\sin^2\phi}} \frac{1}{\sqrt{2}k\sqrt{1 - \sin^2\phi}} \\ &= \frac{8}{2\,\omega}\int_0^{\pi/2} \frac{\cos\phi d\phi}{\sqrt{1 - k^2\sin^2\phi}} \frac{1}{\cos\phi}. \end{aligned}$$

을 얻는다. 따라서,

$$P = \frac{4}{\omega}\int_0^{\pi/2} \frac{d\phi}{\sqrt{1 - k^2\sin^2\phi}} \tag{12.7}$$

이며, 이는 우리가 원하는 타원 적분 형태이다.

위에서 임의 진폭에 대한 진자주기의 표현을 얻는 과정은 약간은 지루하였다. 그러나 주기는 여러분에게 익숙하지 않은 수학적 함수 형태인 타원 적분으로 표현된다. 타원 적분은 수학 테이블에서 찾을 수 있는 sine이나 cosine 같은 하나의 함수라는 것을 기억하자. (어떤 휴대용 계산기에서 타원 적분이 가능한지는 모르겠다.)

타원 적분은 여러 다른 형태가 있으나, 대표적인 형태는 아래와 같다.

1. 첫 번째 종류(First Kind)의 타원 적분:

$$F(k,\theta)=\int_0^{\theta}\frac{d\phi}{\sqrt{1-k^2\sin^2\phi}} \tag{12.8}$$

2. 두 번째 종류(Second Kind)의 타원 적분:

$$E(k,\theta)=\int_0^{\theta}\sqrt{1-k^2\sin^2\phi}\,d\phi \tag{12.9}$$

3. 세 번째 종류(Third Kind)의 타원 적분:

$$\Pi(n,k,\theta)=\int_0^{\theta}\frac{d\phi}{(1-n\sin^2\phi)\sqrt{1-k^2\sin^2\phi}} \tag{12.10}$$

4. $\phi=\pi/2$일 때, 완전 타원 적분은 F와 E의 값이다. 예를 들어, 첫 번째 종류의 완전 타원 적분은

$$F(k,\frac{\pi}{2})=F(k)=\int_0^{\pi/2}\frac{d\phi}{\sqrt{1-k^2\sin^2\phi}}$$

이다.

진자의 주기는 첫 번째 종류의 완전 타원 적분처럼 표현될 수 있음에 주목하자.

**예제 12.1**

진자가 2초의 주기를 갖고, 작은 진폭으로 운동하고 있다. 최고 각도 80°로 흔들릴 때 이 진자의 주기를 구하라.

**풀이**: 작은 진폭 진동에 대한 각진동수 $\omega=2\pi/P=2\pi/2=\pi=3.14\,\mathrm{rad/s}$이다. $k$값은

$$k=\sin\frac{\theta_m}{2}=\sin 40°=0.64$$

이다. 첫 번째 종류의 완전 타원 적분 값을 적분표에서 찾아 보면,

| $\sin^{-1} k$ | $F(k, \pi/2)$ |
|---|---|
| 0° | 1.5708 |
| ⋮ | ⋮ |
| 39° | 1.7748 |
| 40° | 1.7868 |
| 41° | 1.7992 |

이다. 따라서 진폭이 80°일 때, 주기는

$$P = \frac{4}{\pi}(1.7868) = 2.28 \text{ sec}$$

이다.

❐ 연습 12.1

타원 적분 표를 이용하여 다음의 값을 구하라. (a) $k = 0.5, \phi = 30^o$ 에 대해, 첫 번째 종류의 타원 적분 값 (b) $k = 0.5, \phi = 30°$에 대해, 두 번째 종류의 타원 적분 값 (c) $k = 0.5$에 대해, 두 번째 종류의 완전 타원 적분 값 (이 연습문제는 타원 적분 표를 어떻게 보는가를 연습하고자 하는 것이다.)

### 12.1.2 급수 전개(series expansion)에 의한 해

여러분이 타원 적분 표나 컴퓨터를 활용할 수 없다면, 여러분은 식 (12.7)의 적분을 전개하여, 고전적인 방법에 의해 풀 수 있다. 이 방법은 특별히 유용한 수학적 과정의 하나이다. $k$와 $\sin\phi$는 모두 1 보다 작기 때문에 이 방법을 이용할 수 있다.

$$k^2 \sin^2 \phi = x$$

로 두면,

$$P = \frac{4}{\omega}\int_0^{\pi/2} \frac{d\phi}{\sqrt{1-x}} = \frac{4}{\omega}\int_0^{\pi/2} d\phi[1-x]^{-1/2}$$

이다. $x < 1$이므로, 위 식에서 괄호 [ ] 안에 있는 항을 이항전개(binomial expansion)에 의해 전개할 수 있다. 이항전개의 앞의 몇 개항을 취하면,

$$P = \frac{4}{\omega}\int_0^{\pi/2} d\phi[1 + \frac{1}{2}x + \frac{3}{8}x^2 + \cdots] \tag{12.11}$$

혹은,

$$\begin{aligned} P &\cong \frac{4}{\omega}\int_0^{\pi/2} d\phi[1 + \frac{1}{2}k^2\sin^2\phi + \frac{3}{8}k^4\sin^4\phi] \\ &= \frac{4}{\omega}\left\{\int_0^{\pi/2} d\phi + \frac{1}{2}k^2\int_0^{\pi/2}\sin^2\phi d\phi + \frac{3}{8}k^4\int_0^{\pi/2}\sin^4\phi d\phi\right\} \end{aligned}$$

이다. $\phi$에 대해서 적분은 쉽게 계산되어,

$$P = \frac{4}{\omega}\left[\frac{\pi}{2} + \frac{\pi}{4}\frac{k^2}{2} + \cdots\right] = 4\pi\sqrt{\frac{l}{g}}\left(\frac{1}{2} + \frac{k^2}{8} + \cdots\right)$$

를 얻을 수 있다. 따라서,

$$P \cong 2\pi\sqrt{l/g}(1 + k^2/4) = 2\pi\sqrt{l/g}\left(1 + \frac{1}{4}\sin^2\frac{\theta_m}{2}\right)$$

이다. 위 식에서 첫 번째 항은 작은 진폭의 이상적 진자의 주기에 대한 표현에 해당한다.

❐ 연습 12.2

이항 전개를 이용하여 식 (12.11)에서 1개항을 더 고려하여 풀어 보자.

❐ 연습 12.3

길이가 1.5 m인 단진자가 있다. 이 단진자가 최고 각도 40°까지 호를 그리며, 흔들린다. 이 단진자의 주기를 구하라. **답:** 2.66초

❐ 연습 12.4

단진자의 최고로 흔들리는 각도가 45°이다($\theta_m = 45°$). 이 단진자의 주기는 작은 각도 진동의 주기보다 약 4% 크다는 것을 보여라.

## 12.2 물리 진자(Physical Pendulum)

앞 절에서 질점의 진자추가 질량이 없고 늘어나지 않는 줄에 매달려 있는 이상적인 진자의 운동을 다루었다. 이것은 몇몇 진자의 운동에는 좋은 근사 방법으로 적용되지만, 여러분은 이와 같은 이상적인 진자와 달리 진동하는 물체에 익숙하다. 예를 들어, 커다란 샹들리에 또는 줄에 매달려 있는 신호등은 규칙적으로 진동할 수 있다. 그와 같은 물체들을 "물리 진자" 혹은 "복합(compound) 진자"라 부른다.

물리 진자는 그림 12.2에 나타낸 것과 같이 물체의 어떤 점을 통과하는 고정 축을 중심으로 회전하는 구속조건을 갖는 물체를 말한다. 지지 점(축을 통과하는)을 점 $O$, 질량중심(혹은 중력 중심)의 위치를 점 G라 하자. 선 $\overline{OG}$와 수직선 사이의 각은 $\theta$이다.

강체는 입자들의 집합체이다. 그러므로, 물체에 작용하는 총 돌림힘은

$$\mathbf{N}=\sum(\mathbf{r}_i\times\mathbf{F}_i)$$

이다. 여기서 $\boldsymbol{N}$은 $O$점에 대한 돌림힘, $\boldsymbol{r_i}$는 $O$점에서 $i$번째 입자(질량 $m_i$)까지의 위치벡터, $\boldsymbol{F_i}=m_i\boldsymbol{g}$는 $i$번째 입자에 작용하는 중력이다. 결국,

$$\mathbf{N}=\sum\mathbf{r}_i\times(m_i\mathbf{g})=\left(\sum m_i\mathbf{r}_i\right)\times\mathbf{g}$$

이다.

정의에 의해, 질량중심(G)은 $\boldsymbol{R}_c=\sum m_i\boldsymbol{r}_c/M$에 위치한다. 여기서 $M$은 총질량이다. 따라서 돌림힘은

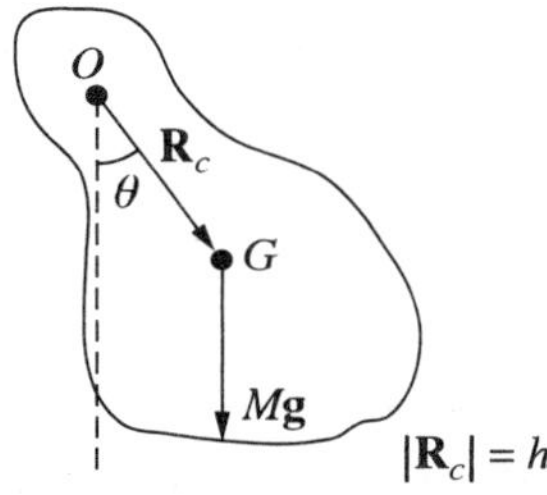


그림 12.2 ▌ 물리 진자. 회전축은 지면에 수직이며, 점 $O$를 지난다. 점 $G$는 질량중심을 나타낸다. 회전축으로부터 질량중심까지의 거리는 $h$이다. 즉, $h=|R_c|$이다.

$$\mathbf{N} = \mathbf{R}_c \times M\mathbf{g}$$

이다. 이 식은 물체에 작용하는 돌림힘은 물체의 질량 중심에 힘 $Mg$가 작용하는 것과 같다는 것을 나타낸다. 즉, 돌림힘을 고려할 때에는 모든 질량이 질량중심에 모여 있다고 가정해도 된다.

돌림힘은 지면으로 들어가는 방향의 벡터이며, 물체를 *시계방향*으로 회전시킨다. 관습적으로, 이것은 음의 돌림힘이며, N의 크기는

$$N = -Mg\,|\mathbf{R}_c|\sin\theta = -Mgh\sin\theta$$

이다. 여기서 회전축으로부터 질량 중심까지의 거리는 $h$다.

강체의 운동을 다룰 때, "회전 반경(radius of gyration)"이라 부르는 양 $k$를 정의하는 것이 편리하다. 회전반경은 관성모멘트에 의해 정의된다. 관성모멘트의 단위는 질량과 길이의 제곱임을 상기하자. $I$는 어떤 주어진 축에 대한 물체의 관성모멘트이고, $M$은 물체의 질량이라고 하면, 회전반경은

$$I = Mk^2$$

식에서 거리 $k$에 해당한다.

다시 말해서, 회전반경은 회전축으로부터 실제 물체의 관성모멘트와 같은 값을 갖도록 하며, 물체의 모든 질량이 모여 있는 점까지의 거리이다.

예를 들어, 구의 중심을 통과하는 축에 대한 구의 관성모멘트는 $\frac{2}{5}MR^2$이다. 그 축에 대한 회전반경은 $k = \sqrt{2/5}\,R$이다. 이 경우에 질량중심은 회전축 상에 있으므로, $h = 0$이다. 이는 주어진 축에 대해 회전 반경 ($k$)와 질량 중심까지 거리 ($h$)는 일반적으로 서로 같지 않다는 것을 명확히 나타낸다.

그림 12.2의 물리 진자의 관선모멘트는 $O$를 통과하는 축에 대해,

$$I_0 = Mk_0^2$$

로 쓰일 수 있다. $N = I\ddot{\theta}$를 사용하면, 이 물리 진자의 운동방정식은

$$Mk_0^2\ddot{\theta} = -Mgh\sin\theta$$

이다. 결과적으로

$$\ddot{\theta} = -\frac{gh}{k_0^2}\sin\theta$$

이다. 단진자의 운동방정식이

$$\ddot{\theta} = -\frac{g}{l}\sin\theta$$

임을 상기하자. 두 식을 비교해 보면, 여러분은 물리 진자가

$$l = \frac{k_0^2}{h} \tag{12.12}$$

길이의 단진자와 같은 주기로 진동한다는 것을 알 수 있다. 즉, 길이 $k_0^2/h$의 단진자가 물리 진자와 "동시에 (in time)" 진동할 것이다. 그림 12.3은 그와 같은 진자를 나타낸다. 매달려 있는 점은 $O$이다. 진자추는 $O'$점에 있다 ($O$로부터 거리는 $l = k_0^2/h$). 점 $O'$는 물리 진자의 "진동의 중심"이라 부른다. (물리 진자의 모든 질량이 $O'$에 집중되어 있다면, 이 진자는 실제 물리 진자의 주기와 같은 주기로 진동하는 단진자일 것이다.)

진자가 $O'$에 매달려 있다면, 진동의 중심은 $O$에 있다. $O'$에 매달려 있는 진자는 $O$점에 매달려 있는 진자와 주기가 같다는 것을 보이기는 쉽다. 그림으로부터

$$l = h + h'$$

이며, $h'$은 $O'$으로부터 질량 중심까지의 거리이다. 식 (12.12)를 이용하여,

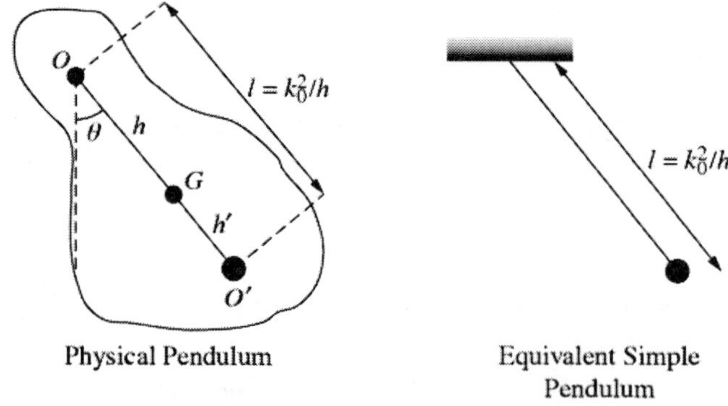


그림 12.3 ▌ 단진자와 등가의 진자추의 위치는 $O'$에 있을 것이다. 이 점을 "진동의 중심"이라 부른다. 질량 중심($G$)로부터 진동 중심까지의 거리는 $h'$으로 나타낸다.

$$h + h' = \frac{k_0^2}{h}$$

혹은,

$$k_0^2 = h^2 + hh' \tag{12.13}$$

이다.

이제 평행축정리에 의해, $O$ 점에 대한 관성모멘트 ($I_0$)와 질량 중심에 대한 관성모멘트 ($I_G$)와 관계는

$$I_0 = I_G + Mh^2$$

이므로,

$$Mk_0^2 = Mk_G^2 + Mh^2$$

이며, $k_G$는 질량 중심에 매달려 있는 진자의 회전 반경이다. 양 변을 $M$으로 나누면,

$$k_0^2 = k_G^2 + h^2 \tag{12.14}$$

이다. 식 (12.14)와 식 (12.13)을 비교하여,

$$h'h = k_G^2 \tag{12.15}$$

를 알 수 있다. “새로운” 진동 중심은 $O'$으로부터 거리 $l'$이며, $l' = k_0^2/h'$이다.

$$k_0'^2 = h'^2 + hh'$$

로 두면,

$$l' = \frac{1}{h'}\left(h'^2 + hh'\right) = h' + h = l$$

을 얻는다. 그러므로 점 $O'$에 매달려 있는 진자는 $O$점에 진동중심을 갖는다. 회전축의 위치와 진동중심의 위치사이의 대칭성에 주목하자.

**예제 12.2**

반지름 $a$, 질량 $m$인 균일한 고리(후프)가 자유롭게 고리면에 수직이고 고리 가장자리(rim)를 지나는 축에 대해 진동하고 있다. (a) 작은 진폭 진동이라고 가정하고, 이 고리의 주기를 구하라. (b) 이 물리 진자의 진동 중심의 위치를 찾아라. (단, 고리면에 수직이며 중심을 지나는 축에 대한 관성모멘트는 $ma^2$ 이다.)

**풀이:** 고리에 대해, 고리의 가장자리에서 질량중심까지의 거리는 반지름이므로, $h = a$, $l = k^2/h$이고,

$$P = 2\pi\sqrt{k^2/hg}$$

이다. 이제 $k = \sqrt{I/m}$이고, 평행축 정리에 의해 가장자리 한 점에 대한 관성모멘트는

$$I = I_{cm} + MR^2 = ma^2 + ma^2 = 2ma^2$$

$$k^2 = 2a^2$$

이므로,

$$P = 2\pi\sqrt{2a^2/ag} = 2\pi\sqrt{2a/g}$$

이다.

(b) 진동중심은 매달린 점으로부터 거리 $k^2/h$이다. 즉, $2a^2/a = 2a$에 있다.

---

**☐ 연습 12.5**

질량 $M$, 반지름 $R$인 원판의 다음 축에 대한 회전 반경을 구하라. (a) 중심을 지나는 수직 축 (b) 원판 가장자리에 접선에 평행한 축

**답:** (a) $R/\sqrt{2}$, (b) $R\sqrt{3/2}$

---

**☐ 연습 12.6**

질량 $M$, 길이 $L$인 막대의 한 쪽 끝이 매달려 있다. 축에서 질량중심까지의 거리($h$)를 구하고, 동일 축에 대해 회전 반경($k$)를 구하라.

**답:** $h = L/2$, $k = L/\sqrt{3}$

❐ 연습 12.7

길이 $L$, 질량 $M$인 얇은 막대가 한 쪽 끝을 통과하는 축에 대해 진동하고 있다. 작은 진동의 주기를 구하라. **답:** $(8\pi^2 L/3g)^{1/2}$

## 12.3 충격 중심(Center of percussion)

진동의 중심은 물체의 또 다른 작용점인 "충격 중심"과 관련이 있다. 일상용어로 써 이것은 테니스 라켓이나 야구 방망이에서 "공이 잘 맞는 부분(sweet spot)"에 해당한다. 라켓이나 방망이의 다른 부분에 공이 맞으면 반발력으로 인해 여러분은 손에 찌르르한 충격을 느끼게 된다. 명확히 말하면, 충격 중심은 그 점에 충격이 가해질 때, 회전축에 충격 반발을 일으키지 않는 성질을 갖는 강체의 한 점이다. (즉, 피벗(pivot) 점이다).

이에 대한 분석을 시작하기 위해, 아래 그림 12.4와 같이 한 점 A에 충격이 가해지는 질량 $M$의 막대가 있다고 하자.

첫 번째 가정은 그 막대는 회전축에 구속되어 있지 않다고 하자. 예를 들어, 그것이 매우 평편한 테이블 위에 놓여 있다고 하자. 점 $A$에 충격이 가해진 후에 막대는 어떠한 운동을 하겠는가? 뉴턴의 법칙을 적용하여 직접적으로 운동을 해석할 수 있을 것이다.

막대에 작용하는 힘이 순간적인 충격이라면, 충격량 벡터 J는

$$\mathbf{J} = \int \mathbf{F}dt$$

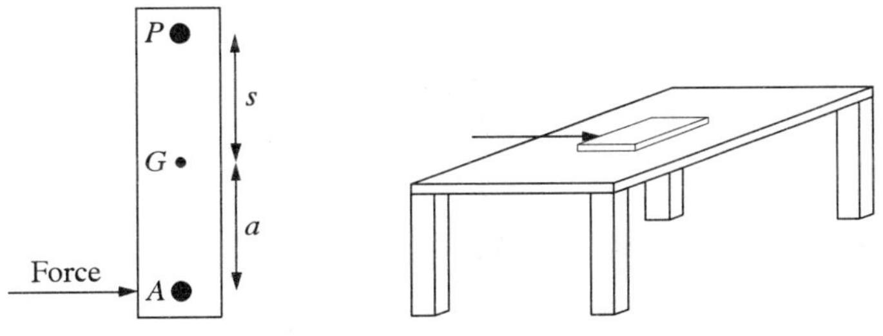


그림 12.4 ▌ 한 점 A에 충격힘이 가해지고 있는 평편한 테이블 위에 놓여 있는 막대. 질량 중심 (G)와 점 A사이의 거리는 a이다. P점은 G점에서 거리 s 만큼 떨어진 지점이다.

과 같이 주어진다. 그러나, $F=\dfrac{dp}{dt}$ 이므로

$$\mathbf{J}=\int \frac{d\mathbf{p}}{dt}dt=\int d\mathbf{p}=\mathbf{p}_f-\mathbf{p}_i$$

이다. 초기 운동량이 0이고, 최종 운동량이 $Mv$ 라고 가정하면, 충격이 가해진 직후에, 막대의 속도는

$$v=\frac{J}{M}$$

이다. 좀 더 명확히 말하면, 위의 속도는 충격 후 순간적인 막대의 *질량중심* 속도이다.

그러나, 물리적 상황에서 보면, 그 막대는 또한 회전하기 시작할 것이다. 각운동량 (질량중심에 대해)은

$$\frac{d\mathbf{L}}{dt}=\mathbf{N}$$

과 같이 변할 것이다. 질량중심에 대한 관성 모멘트는 $I=Mk_G^2$이다. 충격힘 F로 인해 막대에 작용한 돌림힘의 크기 (질량 중심에 대해)는

$$N=|\mathbf{r}\times\mathbf{F}|=aF$$

이며, 이 식에서 a는 질량중심에서 힘이 작용하는 작용선까지의 거리이다. $L=I\omega$ 를 미분하면,

$$aF=\frac{d}{dt}(I\omega)$$

이다. 그러므로,

$$\begin{aligned}\int aF\,dt&=\int d(I\omega)\\ aJ&=I\omega\end{aligned}$$

이고, 충격이 가해진 직후에 질량중심에 대한 각속도는

$$\omega=\frac{aJ}{I}$$

일 것이다. 막대의 운동은 좀 더 복잡하다. 막대상의 한 점의 속도는 질량 중심의 선속도와 질량중심에 대한 회전 속도 $w \times r$의 합이다 (여기서 $r$은 질량중심으로부터의 거리이다). 물론, 이 두 속도는 벡터적으로 합해야 한다. 예를 들어, 그림 12.4에서 보는 바와 같이, 질량중심에서 거리 $s$만큼 떨어져 있는 점 $P$의 운동을 살펴보자. 충격이 가해진 순간, 이 점의 속도는

$$\mathbf{v}_P = \frac{\mathbf{J}}{M} + \boldsymbol{\omega} \times \mathbf{s} \tag{12.16}$$

이다. 포함된 여러 벡터들의 방향을 고려하면, 점 $P$의 속도 크기는

$$\begin{aligned} v_P &= \frac{J}{M} - \frac{aJ}{Mk_G^2}s \\ &= \frac{J}{M}\left(1 - \frac{as}{k_G^2}\right) \end{aligned}$$

이다. 위 식으로부터 흥미로운 결론을 얻을 수 있다. 충격이 가해진 순간, 속도가 0인 점이 막대 위에 있다는 것이다. 즉,

$$1 - \frac{as}{k_G^2} = 0$$

이면, $v_P$는 0일 것이다. 결국, 충격이 가해진 순간,

$$s = \frac{k_G^2}{a} \tag{12.17}$$

에 위치한 점은 속도 0을 갖게 될 것이다. 이 점을 *충격의 중심*이라 부른다.

앞 절의 표기에서 거리 $a$와 $s$는 $h'$과 $h$에 해당하므로, 이를 식 (12.17)에 넣으면,

$$hh' = k_G^2$$

이다. 이것은 식 (12.15)와 일치한다. 따라서 충격 중심은 진동의 중심과 같은 점에 위치한다(축이 충격이 가해지는 점인 $A$점에 있다고 가정하면).

시간이 지남에 따라, 막대는 회전을 하고 있으므로, 식 (12.16)에 있는 두 벡터는 반대 방향으로 배열되지 않고, $P$점은 0 속도를 갖지 않을 것이다. 충격힘은 더 이상 작용하지 않기 때문에 선속도와 각속도는 일정할 것이다. 시간의 함수로 막대상의 여러 점들의 위치를 그려 본다면, 막대는 질량중심에 대해 일정한 각속도로

회전할 것이라는 것을 확신할 수 있을 것이다. 반면에 질량중심 자체는 선속도가 일정한 운동을 한다.

이제 그림 12.4에 있는 막대가 $p$점을 중심으로 회전하는 경우를 고려해 보자. 이 경우에 막대 상의 점 $A$에 충격이 가해지면, 회전축에 충격 반발은 없을 것이다. 이로 인해서, 막대는 질량 중심으로부터 거리 $s$을 중심축으로 회전할 것이다. ($s$가 충격중심까지의 거리일지라고, 우리는 이제 더 이상 이와 같은 조건이 필요하지 않다.)

일반적으로 충격이 가해진 막대는 병진운동을 할 것이다. 그러나 $P$점에 있는 회전축은 이것을 방해할 것이다. $P$점은 항상 정지해 있다. 그러나 점 $P$가 정지하려고 하면, 그 점에 작용하는 알짜 힘 (net force)은 0이어야 한다. $P$점에 작용하는 힘들은 $A$에 가해진 충격에 의한 힘과 회전축에 의한 힘이다. 그림 12.5에 나타낸 것과 같이, 피벗에 의해 작용하는 힘을 $\mathbf{F}_1$이라 하자.

막대에 가해진 충격은 $J$와 $J_1$이다. 충격 후 질량중심의 속도는

$$v = \frac{J - J_1}{M}$$

일 것이다. 막대는 질량중심으로부터 $s$ 거리만큼 떨어진 곳에 위치한 피벗에 대해 회전한다는 제한 조건 때문에 막대의 각속도는

$$\omega = \frac{1}{s}\frac{J - J_1}{M}$$

이다.

충격이 가해진 후, 각운동량은 $L = I_P\omega$이다. 여기서 $I_P$는 $P$점에 대한 관성모멘트이다. 그러나 $L$은 또한

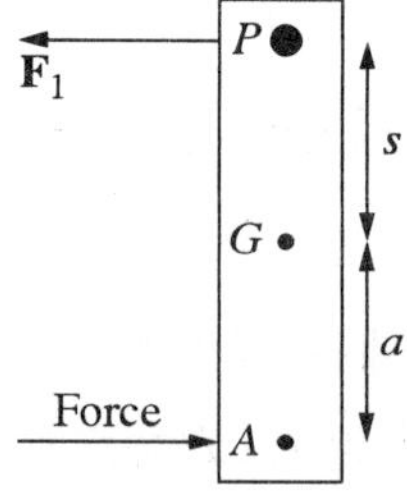


그림 12.5 ▌ $P$점에 피벗이 있는 막대. 가해진 충격력은 $\mathbf{F}$ 이다. 막대 위의 피벗에 작용하는 반발력은 $\mathbf{F}_1$이다.

$$L = \int N dt = \int (s+a) F dt = (s+a) J$$

로 주어진다. $L$에 대한 두 가지 표현은 같기 때문에 각속도는

$$\omega = \frac{J(a+s)}{I_p}$$

이다. 이제 $\omega$에 대한 두 가지 표현을 같게 두자:

$$\frac{1}{s}\frac{J-J_1}{M} = \frac{J(a+s)}{I_p}$$

그러므로 반발 충격은

$$J_1 = J\left[1 - \frac{Ms(a+s)}{I_p}\right]$$

이다. 결국, 평행축 정리에 따라

$$I_p = Mk_G^2 + Ms^2$$

이므로,

$$J_1 = J\frac{k_G^2 - as}{k_G^2 + s^2}$$

이다. 이전처럼 $s = k_G^2/a$이면 $J_1$은 0이다. 연속체에 점 $A$에서의 충격력이 가해지면, $s = k_G^2/a$에 위치한 점 P에서 반발력은 0일 것이다. 여러분이 야구 배트를 들고 있고, 야구공이 점 $A$에서 야구 배트를 맞히면, 여러분은 $P$점에서 배트를 잡고 있기를 기대해야 한다. 그렇지 않으면 여러분은 배트에 작용하는 반발력을 느낄 것이며, 여러분의 손바닥은 붉게 상처를 입을 것이다.

**예제 12.3**

당구공이 당구대의 한쪽 끝부분에 부딪힌 후, 되돌아 온다. 입사각과 반사각이 같은 것이 바람직하다. 이와 같은 결과를 얻기 위해서 당구공은 당구대 위에서 미끄러지지 않고 출발해야 한다. 다음 물음에 답하라: 그림 12.6에서 당구대 귀퉁이에 있는 범퍼의 정확한 높이 (d)는 얼마인가?

**답**: 당구공은 미끄러지지 않으므로, 점 $A$에서 충격에 대해, 점 $C$는 충격 중심이어야 한다. 그러므로

$$ar = k_G^2$$

이다. 구에 대해서 $I=(2/5)Mr^2$, $k_G^2=(2/5)r^2$ 이므로,

$$ar = (2/5)r^2$$

이고,

$$d = a + r = (7/5)r$$

이다.

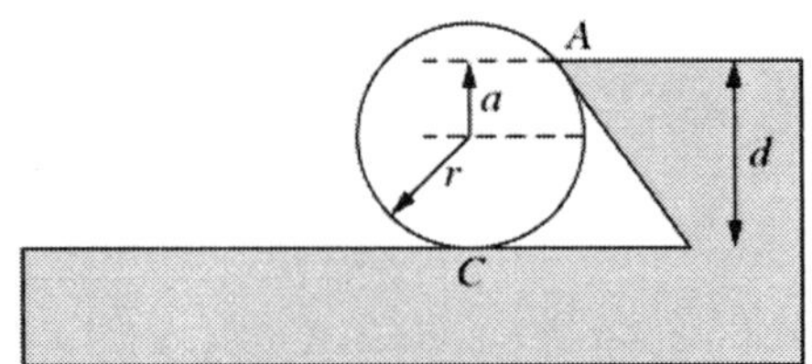


그림 12.6 ▌ 반지름 $r$인 당구공이 당구대의 귀퉁이의 $A$점에 부딪히고 있다.

## 12.4 구 진자(Spherical Pendulum)

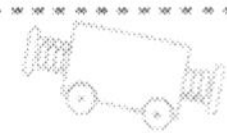

구 진자는 길이 $l$인 줄에 질점 $m$이 매달려 있고, 줄의 한 쪽은 고정 점에 매달려 있다. 진자는 고정점(지지점)에서 거리가 고정되어 있는 제한조건이 있다. 그러나 반지름 $l$인 구 표면의 어느 곳에서도 움직일 수 있다.

구 진자를 분석하기 위해서, 이 계의 Lagrangian을 구해, Lagrange 방정식을 얻고, 진자추의 운동을 구하기 위해 이것을 적분해 보자.

구 진자를 위한 직각좌표계와 구좌표를 그림 12.7에 나타냈다. 그림에서 $\theta$는 +z 축으로부터 진자까지 측정한 각도이다. 따라서 진자가 수직으로 줄에 매달려 있는 경우, $\theta$는 $\pi$값을 갖는다. 직각좌표계와 구좌표계의 관계는

$$\begin{aligned} x &= l\sin\theta\cos\phi \\ y &= l\sin\theta\sin\phi \\ z &= l\cos\theta \end{aligned}$$

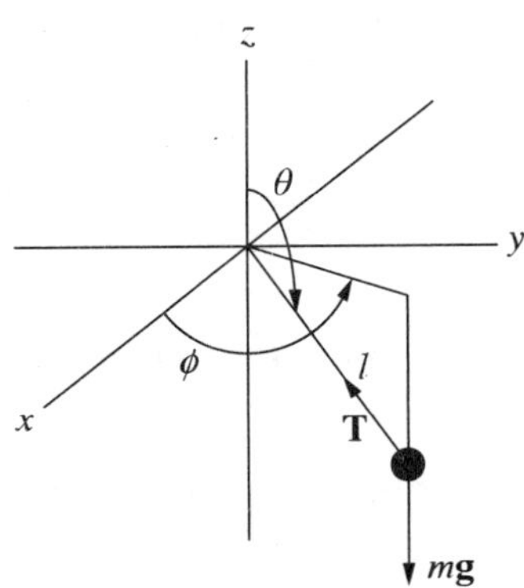


그림 12.7 ‖ 구 진자. $T$는 줄의 장력, $l$은 줄의 길이, 진자 추의 위치는 $\theta$와 $\phi$로 나타낸다.

이다. 진자추의 운동에너지는

$$\begin{aligned} T &= \frac{1}{2}m(\dot{x}^2 + \dot{y}^2 + \dot{z}^2) \\ &= \frac{1}{2}ml^2(\dot{\theta}^2 + \sin^2\theta\dot{\phi}^2) \end{aligned} \tag{12.18}$$

이고, 위치에너지는

$$V = mgl\cos\theta$$

이므로, Lagrangian은

$$L = T - V = \frac{1}{2}ml^2(\dot{\theta}^2 + \sin^2\theta\dot{\phi}^2) - mgl\cos\theta \tag{12.19}$$

이다.

Lagrange 운동방정식은

$$\frac{d}{dt}\left(ml^2\dot{\theta}\right) - ml^2\dot{\phi}^2\sin\theta\cos\theta - mgl\sin\theta = 0 \tag{12.20}$$

$$\frac{d}{dt}\left(ml^2\sin^2\theta\dot{\phi}\right) = 0 \tag{12.21}$$

이다. 식 (12.21)을 적분하면

$$ml^2\sin^2\theta\dot{\phi} = \text{constant} = p_\phi \tag{12.22}$$

이다. 여기서 상수는 $p_\phi$로 이름 붙였다. 이는 $\phi$좌표(무시할 수 있는)의 일반화된 (각)운동량이기 때문이다.

구 진자의 에너지를 도입하는 것이 편리하다. 운동에너지와 위치에너지를 더하여

$$E = \frac{1}{2}ml^2(\dot{\theta}^2 + \sin^2\theta\dot{\phi}^2) + mgl\cos\theta$$

을 얻는다. $\dot{\phi}$를 소거하기 위해 $p_\phi$에 관한 식을 이용하면,

$$E = \frac{1}{2}ml^2\dot{\theta}^2 + \frac{p_\phi^2}{2ml^2\sin^2\theta} + mgl\cos\theta \tag{12.23}$$

를 얻을 수 있다. 이 식으로부터 "유효 퍼텐셜" $V_{eff}$를 도입하자. (10장에서 중심력장 문제를 다룰 때, 유효 퍼텐셜을 사용했던 것을 상기해 보자). 구 진자의 경우, 첫 번째 항 $(1/2)ml^2\dot{\theta}^2$은 속도와 관련된 운동에너지이다. 그러나 나머지 두 항은 좌표계에 따른 항이며, 속도와 관련이 없다. 그러므로 위치에너지와 "유사하게 보이는" 항이다. 따라서, 유효 퍼텐셜은

$$V_{eff} = \frac{p_\phi^2}{2ml^2\sin^2\theta} + mgl\cos\theta \tag{12.24}$$

로 정의된다. 그리고 식 (12.23)은 다음과 같이 쓸 수 있다:

$$\frac{1}{2}ml^2\dot{\theta}^2 = E - V_{eff} \tag{12.25}$$

유효 퍼텐셜은 $p_\phi$에 의존한다. 이 변수는 방위각(azimuthal angle) $\phi$에 대한 진자의 운동의 특성을 나타낸다.

$p_\phi = 0$이면, 구 진자는 단진자의 평면 운동과 같고, 유효 퍼텐셜은 퍼텐셜 에너지와 같아진다(즉, $V_{eff} = mgl\cos\theta$). 이런 특별한 경우에 대한 유효 퍼텐셜(퍼텐셜 에너지)을 그림 12.8에 나타냈다.

총 에너지는 $E = T + V$이고, T는 항상 양의 값이다. 따라서 가능한 가장 작은 에너지는 운동에너지가 0일 경우이다. 그림 12.8에서 보는 바와 같이 이런 경우에 $E = E_0 = -mgl$이며, 이것은 진자가 움직이지 않고, 줄에 수직으로 매달려 있는 경우다($\theta = \pi$). 좀 더 큰 에너지를 갖는 경우에, $E = E_1 < 0$, 진자는 퍼텐셜 우물

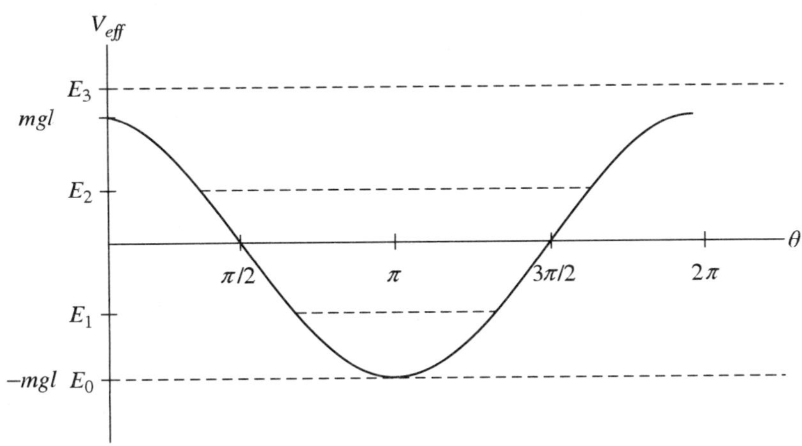


그림 12.8 ▌ 평면 단진자 유효 퍼텐셜(퍼텐셜 에너지). $p_\phi = 0$인 경우이다.

에 갇혀서 $\theta = \pi$를 중심으로 앞뒤로 흔들리는 운동을 하는 경우다. 이 진동의 각 진폭은 $\pi/2$ 보다 작다; 진자는 $z = 0$ 보다 높이 올라갈 수 없다. 총 에너지가 더 큰 에너지 $E_2$를 갖는 경우, 진자는 $\theta = \pi$에 대해 흔들린다. 그러나 각 진폭은 90° 이상을 갖는다. 진자 추는 $z = 0$ 이상 올라갈 수 있다. 마지막으로 $E_3 > +mgl$인 경우, 진자는 꼭대기를 넘어 계속 각도가 증가(혹은 감소)한다.

$p_\phi \neq 0$일 때, 좀 더 흥미로운 상황이 일어난다. 진자는 이제 방위각 방향으로 움직인다. $\theta$방향으로 움직이거나 움직이지 않을지도 모른다. $\theta$가 일정할 경우, 진자 추는 일정한 반지름을 가지고, 수평 원운동 궤도로 움직인다. 이 경우를 "원추 진자(conical pendulum)"라 부른다.

$p_\phi \neq 0$인 경우, 유효 퍼텐셜은 식 (12.24)로 주어진다. 여러 상수와 여러 $p_\phi$ 값에 대해 $V_{eff}$의 그래프를 그림 12.9에 나타냈다. $\theta = 0$, $\phi = \pi$에서 유효 퍼텐셜은 무한대로 간다. 이것은 진자의 운동이 한정된 값 사이의 각도에서 일어남을 나타낸다. 유효 퍼텐셜은 $p_\phi$의 값에 따라 정해지는 위치 점에서 최소값을 갖는다. 이 최소점은 $p_\phi$값이 증가함에 따라 $\pi/2$에 점차 가까워진다. 주어진 $p_\phi$값에 대해서, 진자는 $\theta$ 각도로 진동하면서, 수직축에 대해 원둘레에서 흔들린다. 이런 간단한 운동은 $\theta$가 일정하고, $V_{eff}$가 최소일 때의 값과 같을 때 일어난다. 이것이 원추 진자이다. 구 진자의 일반적인 경우를 다루기 위해서는 원추 진자의 운동을 분석하는 것으로부터 출발하는 것이 편리하다.

□ **연습 12.8**

식 (12.18), (12.20), (12.21)을 얻기 위해 생략된 과정을 채워라.

□ **연습 12.9**

구 진자에 있어, $ml^2\sin^2\theta\dot{\phi}$는 $\phi$에 관한 일반화된 운동량임을 보여라.

### 12.4.1 원추 진자

원추 진자는 구 진자에 있어 $p_\phi \neq 0$이고, $\theta =$ 일정한 특별한 경우이다. 진자추는 수평한 원 궤도 안에서 움직인다.

주어진 $p_\phi$ 값과 일정한 $\theta$에 대해서, 원추 진자의 에너지는 $V_{eff}$가 최소값을 갖는 경우에 해당한다(식 12.24와 그림 12.9를 보라). 더 큰 에너지에 대해서, $\theta$는 두 값 사이에서 진동하지만, 이것은 더 이상 원추 진자의 운동이 아니다. 그림 12.9에서 $p_\phi$가 증가함에 따라 $V_{eff}$의 최소점은 $\pi/2$으로 움직이므로, 진자가 점차 빨리 흔들림에 따라 $\theta$의 가장 낮은 값은 점차 $\pi/2$에 근접한다. 즉, $p_\phi$값이 증가함에 따라, 진자는 수평면에 점점 가까이에서 흔들린다.

원추 진자의 극 각(polar angle)을 $\theta_o$로 나타내면, $\theta_o$에서 유효 퍼텐셜은 최소값을 갖는다는 것을 이용하여 $p_\phi$와 $\theta_o$사이의 관계를 구할 수 있다. 그러므로,

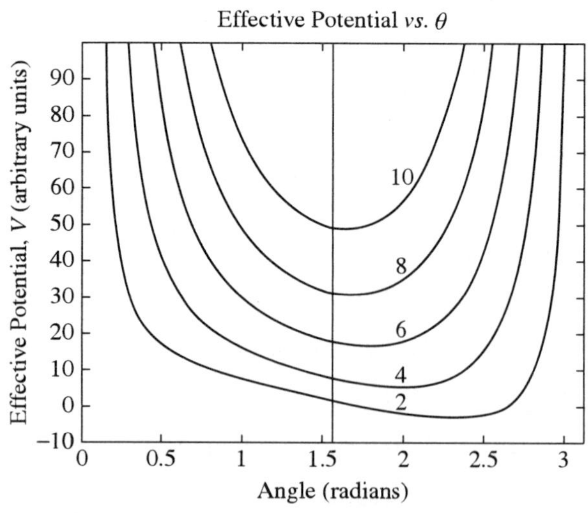


그림 12.9 ▌ 여러 $p_\phi$값에 대한 유효 퍼텐셜과 $\theta$의 관계 그림

$$\left[\frac{dV_{eff}}{d\theta}\right]_{\theta_0} = \left[\frac{d}{d\theta}\left(\frac{p_\phi^2}{2ml^2\sin^2\theta} + mgl\cos\theta\right)\right]_{\theta_0} = 0$$
$$0 = \left[\frac{p_\phi^2}{2ml^2}\frac{d}{d\theta}\sin^{-2}\theta - mgl\sin\theta\right]_{\theta_0} \tag{12.26}$$

$$0 = -\frac{p_\phi^2\cos\theta_0}{ml^2\sin^3\theta_0} - mgl\sin\theta_0 \tag{12.27}$$

이다. 따라서

$$p_\phi^2 = -m^2l^3g\sin^3\theta_0\tan\theta_0 \tag{12.28}$$

이다. $p_\phi$가 $\infty$로 접근함에 따라, $\sin^3\theta_o\tan\theta_o \to -\infty$이며, 결국 $\theta_o$는 $\pi/2$보다 큰 각도에서부터 $\pi/2$에 근접하게 된다. 즉, 진자 추는 항상 수평면 $(z=0)$ 아래에 매달려 있게 된다. 더구나 $p_\phi$의 정의 식 (12.22)와 식 (12.28)을 이용하면

$$\dot{\phi} = \sqrt{-g/(l\cos\theta_0)}$$

를 얻는다. 여기서 근호 안의 음의 부호는 허수를 나타내지 않는다. 왜냐하면 $\theta_o$는 2사분면의 각 $(90° < \theta_o < 180°)$이기 때문이다. 방위각의 속도 $\dot{\phi}$는 증가함에 따라, $\theta_o$의 값은 $\pi/2$에 점차 가까워진다.

원추 진자의 에너지는 식 (12.23)에서 $\dot{\theta}=0$을 가지고 주어진다. 즉,

$$E_{cp} = \frac{p_\phi^2}{2ml^2\sin^2\theta} + mgl\cos\theta,$$
$$= \frac{\left(ml^2\sin^2\theta\dot{\phi}\right)^2}{2ml^2\sin^2\theta} + mgl\cos\theta \tag{12.29}$$

이다. $\theta=\theta_0$로 두고, 위에 있는 $\dot{\phi}$에 대한 표현을 이용하면,

$$E_{cp} = \frac{1}{2}\frac{mgl}{\cos\theta_0}(2 - 3\sin^2\theta_0)$$

을 얻는다.

❒ **연습 12.10**

길이 85 cm의 원추 진자의 줄이 음의 $z$-축과 20°를 이루고 있다(즉, 원추의 정점 각도가 20°이다). 이 진자추의 원운동의 주기를 구하라. **답:** 1.83초

### 12.4.2 구 진자

이제 구 진자에 대해 다루어 보자. $\theta$의 진동 진폭이 작은 진자에 대해서만 다루어 볼 것이다 (이것은 방위각 방향으로 돌면서 $\theta = \theta_o$의 수평면을 오르락내리락 하는 원추 진자와 유사하다.[2])

식 (12.23)에 따라, 구 진자의 에너지는

$$E = \frac{1}{2}ml^2\dot{\theta}^2 + \frac{p_\phi^2}{2ml^2\sin^2\theta} + mgl\cos\theta = \frac{1}{2}ml^2\dot{\theta}^2 + V_{eff}(\theta)$$

이다. 그림 12.10은 임의의 $p_\phi$ 값에 대해 구 진자의 유효 퍼텐셜을 그린 것이다. $\theta_1$과 $\theta_2$가 변곡점(turnning point)임에 주목하자. 진자의 $\theta$방향 운동은 상수 $p_\phi$ 값을 가지고, 방위각 방향으로 회전하면서 이 두 변곡점 값 사이에서 진동한다. 그림 12.11에 이 운동이 그려져 있다. 진자의 추는 $\theta_1$과 $\theta_2$로 나타내진 두 수평 원 사이를 움직인다.

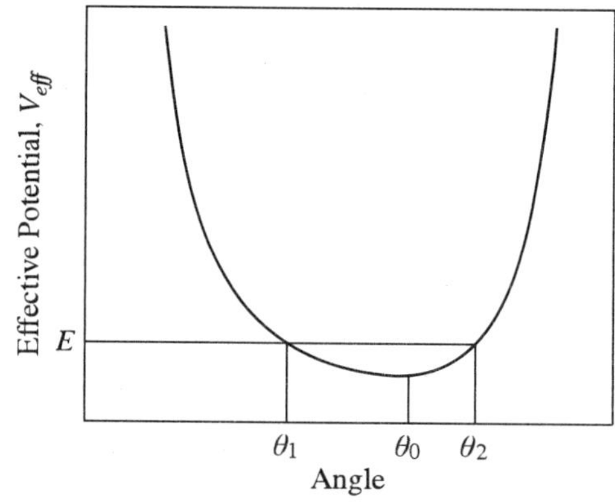


그림 12.10 ▌ 주어진 $p_\phi$값을 가진 구 진자의 유효 퍼텐셜. 총 에너지는 $E$이고, 변곡점은 $\theta_1$과 $\theta_2$이다.

---

2) 구 진자에 대한 일치하는 논의는 다음의 책에서 찾을 수 있다. *Classical Mechanics* by H. C. Corben and Philip Stehle, Wiley and Sons, Hoboken, NJ, 1950(1994년에 Dover Press에서 재 출판됨), and in *Analytical Mechanics* by Grant Fowles and George L. Cassiday, Harcourt Brace & Co., Orlando, FL, 1993.

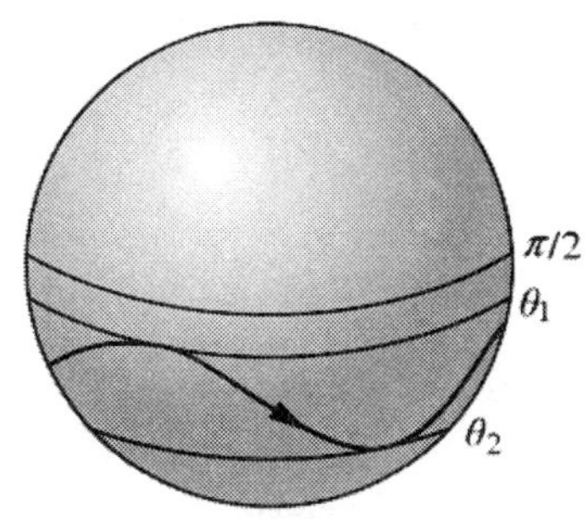


그림 12.11 ▌ 다른 값의 $\theta$를 가진 두 평행한 원 사이에서 운동을 보여 주고 있는 구 진자의 궤적. 진자의 지지점은 구의 중심이다.

$\theta$에 대한 운동방정식은 식 (12.20)에서 주어졌는데, 이 식은,

$$\ddot{\theta} - \dot{\phi}^2 \sin\theta \cos\theta - (g/l)\sin\theta = 0 \tag{12.30}$$

으로 쓰일 수 있다. 이 미분방정식은 타원 적분법으로 풀 수가 있다(문제 12.20을 보아라). 그러나 변수 $\theta$가 작으면 문제는 연차 근사(successive approximation)로 풀 수 있다. 이 방법을 다루어 보자.

$\theta$의 변화가 작은 경우에, 진자의 운동은 원추 진자의 운동과 거의 같다. 이를 구 진자의 0차(zeroth-order)근사로 여길 것이다. 구 진자와 원추 진자의 차이점은 몇 가지 작은 양에 의해 표현될 것이다. 구 진자의 운동은 이 작은 양의 멱급수로 표현될 수 있을 것이다. 그 양이 충분히 작은 경우, 멱급수 전개에서 첫 번째 항만이 고려될 수 있다.

일반적으로 연차 근사법은 실제 계에 근사하는 더 간단한 계의 완전한 해를 구하고자 하는 것에 기초를 두고 있다. 실제 계와 단순화한 계의 차이점은 작은 매개변수 $\epsilon$ 으로 표현할 수 있다. 완전한 해를 구할 수 있는 단순 계를 0차 근사라고 부른다. ($\theta$의 작은 변화만 있는 구 진자의 경우에, 운동은 원추 진자와 거의 유사하다. 원추 진자는 0차 근사이다.) 작은 양의 일차인 해(선형 해)를 1차 근사라고 부른다; 작은 양의 제곱 항을 포함하는 해를 이차 근사라고 한다. 구 진자에 대해 일차 해까지만 고려하자.

극각 $\theta_o$를 갖는 원추 진자가 약간의 섭동이 있다고 하자. 그러면 구 진자의 각도 $\theta$는 $\theta_o$에 근접할 것이며, 1차 근사는

$$\theta = \theta_0 + \epsilon\theta_1 \tag{12.31}$$

이다. 여기서 $\epsilon$은 "작은 변수"이다.

$$p_\phi = ml^2 \sin^2\theta\dot{\phi}$$

이므로, $\dot{\phi}$는 운동방정식 (12.30)으로부터 소거될 수 있다. 그리고 $\beta^2 = p_\phi^2/m^2l^4$으로 정의하면, 식 (12.30)은

$$\ddot{\theta} - \beta^2\frac{\cos\theta}{\sin^3\theta} - (g/l)\sin\theta = 0 \tag{12.32}$$

로 쓸 수 있다. 식 (12.31)을 식 (12.32)에 넣으면,

$$\epsilon\ddot{\theta}_1 - \beta^2\frac{\cos(\theta_0+\epsilon\theta_1)}{\sin^3(\theta_0+\epsilon\theta_1)} - (g/l)\sin(\theta_0+\epsilon\theta_1) = 0$$

를 얻을 수 있다.[3] $\epsilon$에 대한 전개3와 2차 급수 이상의 항을 버리면,

$$\epsilon\ddot{\theta}_1 - \beta^2\left[\frac{\cos\theta_0}{\sin^3\theta_0} - \left(\frac{1}{\sin^2\theta_0} + \frac{3\cos^2\theta_0}{\sin^4\theta_0}\right)\epsilon\theta_1\right] + (\sin\theta_0 + \epsilon\theta_1\cos\theta_0)(-g/l) = 0$$

이다. 다음단계로 $\epsilon$에 대한 여러 급수 항을 모아 정리하여

$$\epsilon^0\left[-\beta^2\frac{\cos\theta_0}{\sin^3\theta_0} - \frac{g}{l}\sin\theta_0\right] + \epsilon^1\left[\ddot{\theta}_1 + \theta_1\beta^2\left(\frac{1}{\sin^2\theta_0} + \frac{3\cos^2\theta_0}{\sin^4\theta_0}\right) - \frac{g}{l}\theta_1\cos\theta_0\right] = 0$$

을 얻는다. $\epsilon$은 임의의 값이기 때문에, 여러 $\epsilon$에 대한 급수를 포함하는 항들은 분리되어 소거되어야 한다. $\epsilon^o$와 $\epsilon^1$의 계수를 0으로 두면, 아래의 두 관계식을 얻을 수 있다:

3) Note

$$\begin{aligned}\cos(\theta_0+\epsilon\theta_1) &= \cos\theta_0\cos\epsilon\theta_1 - \sin\theta_0\sin\epsilon\theta_1 \\ &\doteq \cos\theta_0 - \epsilon\theta_1\sin\theta_0,\end{aligned}$$

과

$$\begin{aligned}\sin(\theta_0+\epsilon\theta_1) &= \sin\theta_0\cos\epsilon\theta_1 + \cos\theta_0\sin\epsilon\theta_1 \\ &\doteq \sin\theta_0 + \epsilon\theta_1\cos\theta_0,\end{aligned}$$

여기서 우리는 $\sin\epsilon\theta_1 \doteq \epsilon\theta$와 $\cos\epsilon\theta_1 \doteq 1$을 사용했다.

$$\beta^2 \frac{\cos\theta_0}{\sin^3\theta_0} + \frac{g}{l}\sin\theta_0 = 0 \tag{12.33}$$

과

$$\ddot{\theta}_1 + \left[\left(\frac{1}{\sin^2\theta_0} + \frac{3\cos^2\theta_0}{\sin^4\theta_0}\right)\beta^2 - \frac{g}{l}\cos\theta_0\right]\theta_1 = 0 \tag{12.34}$$

식 (12.33)은

$$\beta^2 = -\frac{g}{l}\frac{\sin^4\theta_0}{\cos\theta_0}$$

이고, 이 표현을 식 (12.34)에 대입하면,

$$\ddot{\theta}_1 - \left(\frac{1+3\cos^2\theta_0}{\cos\theta_0}\right)\frac{g}{l}\theta_1 = 0 \tag{12.35}$$

을 얻을 수 있다. 그러나 $\omega$가

$$\omega = \sqrt{-\frac{g}{l\cos\theta_0}(1+3\cos^2\theta_0)} \tag{12.36}$$

이면, 이 식은 $\ddot{\theta}_1 + \omega^2\theta_1 = 0$ 형태이다 (단순 조화 운동). ($\cos\theta_o$가 음수이기 때문에 $\omega$는 허수가 아니다.) $\omega$에 대한 이 정의로부터 (12.35)의 해는[4)]

$$\theta_1 = \cos\omega t \tag{12.37}$$

이다. 이제 $\phi$에 대한 운동을 구할 수 있다. $\beta$에 대한 정의를 이용하면,

$$\beta^2 = \frac{p_\phi^2}{m^2 l^4} = \frac{\left(ml^2\sin^2\theta\dot{\phi}\right)^2}{m^2 l^4} = \dot{\phi}^2\sin^4\theta$$

이므로,

---

4) 일반적으로 $\theta_1 = A\cos(\omega t + \gamma)$이므로, $\theta_1 = \cos\omega t$는 가장 일반적인 해는 아니다. 그럼에도 불구하고 그것은 하나의 해이고, 그 미분방정식을 만족시킨다. 여러분은 곧 진동의 진폭이 $\epsilon$이지만, 이 단계에서 $\theta_1 = \cos\omega t$로 쓰는 것이 유도과정에서 덜 복잡하게 만든다는 것을 발견하게 될 것이다.

$$\begin{aligned}\dot{\phi} &= \frac{\beta}{\sin^2\theta} = \frac{\beta}{\sin^2(\theta_0+\epsilon\theta_1)} \\ &= \frac{\beta}{\sin^2\theta_0}(1-2\epsilon\theta_1\cot\theta_0) \\ &= \frac{\beta}{\sin^2\theta_0}(1-2\epsilon\cos\omega t\cot\theta_0)\end{aligned}$$

이다. 이를 적분하면,

$$\phi = \frac{\beta}{\sin^2\theta_0}\left(t - \frac{2\epsilon}{\omega}\sin\omega t\cot\theta_0\right) \tag{12.38}$$

이다. 이 식은 평균적으로 $\phi$는 비섭동 값과 같으나, 진동수 $\omega$로 이 값 둘레에서 진동함을 나타낸다.

매개변수 $\epsilon$에 대한 물리적인 설명은 하지 않았다. 이 변수는 전개식을 만들기 위한 단지 수학적인 도구로 다루어졌다. 이제 식 (12.37)에 따라서 $\theta(t) = \theta_o + \epsilon\theta_1 = \theta_o + \epsilon\cos\omega t$ 임에 주목하자. 그러므로, $\theta$방향에 있어 진자추의 초기 변위는

$$\theta(t=0) = \theta_0 + \epsilon$$

이다. 즉, $\epsilon$은 비섭동 원추 진자의 원뿔각 $\theta_o$로부터 진자추의 초기 변위이다.

$\theta$방향에 있어 운동 주기는 $P = 2\pi/\omega$이고, 시간 P 안에서 진자는 $\theta$에 있어 전체적인 진동을 하게 될 것이다. 방위 좌표 $\phi$가 이 시간 안에 얼마나 멀리 진행될 것인지를 쉽게 구할 수 있다. 시간 $t=0$에서 $\phi=0$라고 가정하자. 시간 $t=2\pi/\omega$에서 $\phi$를 구하고자 하면, $t=2\pi/\omega$를 식 (12.38)에 대입하라. 그러나 식 (12.33)에 의해

$$\beta = \sqrt{-(g/l)(\sin^4\theta_0/\cos\theta_0)}$$

이고, 식 (12.36)으로부터

$$\omega = (\beta/\sin^2\theta_0)\sqrt{1+3\cos^2\theta_0} \tag{12.39}$$

임에 주목하자. 식 (12.38)에서 $\epsilon=0$으로 두면, $\phi(t=P)$에 관한 근사식을 얻을 수 있다. 즉:

$$\begin{aligned}\phi &\simeq \frac{\beta}{\sin^2\theta_0}\frac{2\pi}{\omega} = \frac{\sqrt{-(g/l)(\sin^4\theta_0/\cos\theta_0)}}{\sin^2\theta_0}\frac{2\pi}{\sqrt{-(g/l)/\cos\theta_0}\sqrt{1+3\cos^2\theta_0}} \\ &= \frac{2\pi}{\sqrt{1+3\cos^2\theta_0}}.\end{aligned}$$

이다.

이제 $\cos^2\theta_o$는 0과 1사이에 있어야 한다. $\cos^2\theta_o = 0$이면 $\phi = 2\pi$이고, $\cos^2\theta_o = 1$이면 $\phi = \pi$이다. 그러므로,

$$\pi \le \phi \le 2\pi$$

즉, 진자가 $\theta$ 방향에 대해 완전한 진동을 하면서, $\pi$와 $2\pi$사이의 각에서 방위각 방향으로 진행한다.

이것으로 구 진자에 대한 분석을 결론지을 수 있으나, $\theta_o$에서 유효 퍼텐셜이 최소라는 사실을 바탕으로 약간은 다른 관점에서 이 문제를 고려해 보고자 한다. $\theta_o$에 대해 유효 퍼텐셜을 Taylor 급수로 전개하면,

$$V_{eff}(\theta) = V_{eff}(\theta_0) + \eta\left.\frac{dV_{eff}}{d\theta}\right|_{\theta_0} + \frac{1}{2}\eta^2\left[\frac{d^2V_{eff}}{d\theta^2}\right]_{\theta_0} + \cdots$$

이며, 여기서 $\eta = \theta - \theta_o$이다. $\theta_o$는 상수이므로, 식 (12.25)은 $V_{eff}(\theta_o) = E_o$를 나타낸다. 식 (12.26)에서 $\frac{dV_{eff}}{d\theta}|_{\theta_o} = 0$이다.

$$\left.\frac{d^2V_{eff}}{d\theta^2}\right|_{\theta_0} = \frac{-mgl}{\cos\theta_0}\left(1+3\cos^2\theta_0\right) = \kappa$$

를 보이기는 쉽다. 이 식에서 $\kappa$는 상수이다. 그러므로 $\theta_o$근처의 $\theta$ 값에 대해,

$$V_{eff}(\theta) = E_0 + \frac{1}{2}\kappa\eta^2$$

이고, 에너지 방정식 (12.25)는

$$\tfrac{1}{2}ml^2\dot{\theta}^2 = E - E_0 - \tfrac{1}{2}\kappa\eta^2$$

가 된다. $\dot{\theta}=\dot{\eta}$이고, $E-E_o$는 상수이므로, 이 식은

$$\frac{1}{2}ml^2\dot{\eta}^2+\frac{1}{2}\kappa\eta^2=E'$$

이다. 여기서 $E'=E-E_o$이다. 이 식은 질량 $ml^2$가 스프링 상수 $\kappa$인 줄에 매달려 있고 에너지 $E'$을 가지고 진동하는 단순조화 진동자에 관한 에너지방정식과 같은 형태이다. $\theta$에 있어 진동수는 $\omega=\sqrt{\kappa/ml^2}$이다. $\kappa$에 대한 표현을 대입하면 식 (12.36)을 얻는다. 그러므로 $E_o$보다 약간 큰 에너지를 갖는 구 진자의 운동은 진동수 $\omega$로 $\theta$ 방향에 대해 작은 진동을 하면서 수직축에 대해 원운동을 하는 것이다.

❐ **연습 12.11**

구 진자에 대해, 방위각 $(\phi)$과 극각 $(\theta)$ 방향의 각 진동수의 비는 $\sqrt{1+3\cos^2\theta_0}$ 임을 보여라.

## 12.5 요약

여러분은 이 장을 공부하고 나서, "단진자"는 결코 간단하지 않다는 것을 알게 되었을 것이다. 진자의 운동에 관한 공부를 하면서 얻는 잇점 중에 하나는 여러 가지 수학적인 기법을 다루었다는 것이다.

임의의 진폭에 대한 단진자의 주기는

$$P=\frac{4}{\omega}\int_0^{\pi/2}\frac{d\phi}{\sqrt{1-k^2\sin^2\phi}}$$

이고, 이것은 첫 번째 종류의 완전 타원 적분 형태이다. 이 적분은 적분 표에서 찾아 구할 수 있으나, 또한 급수 전개를 통해 구할 수도 있다.

물리 진자에 대한 분석을 통해, 관성모멘트에 의해 아래와 같이 정의되는 회전반경을 포함한 여러 연속체의 많은 성질을 도입할 수 있다.

$$I=Mk^2$$

물리 진자와 같은 진동수로 진동하고 있는 단진자는

$$l = k_0^2/h$$

에 의해 주어지는 길이를 갖는다. 여기서 $h$는 회전축으로부터 질량중심까지의 거리이고, $k_o$는 축에 대한 회전 반경이다. 거리 $l$은 또한 회전축으로부터 진동의 중심까지의 거리이다. 물리 진자가 충격 중심에 충격을 받으면, 축에서 반응이 없을 것이다. 충격 중심은 진동의 중심과 같은 점에 놓인다 (그러나 개념적으로 이 두 점은 아주 다르다).

구 진자의 운동은 아래의 유효 퍼텐셜을 도입함으로써 쉽게 이해될 수 있다.

$$V_{eff} = \frac{p_\phi^2}{2ml^2 \sin^2\theta} + mgl\cos\theta$$

원추 진자의 특별한 경우로서, 각 $\theta = \theta_o$가 일정하고, $p_\phi$의 값이 일정한 경우, 방위각 방향의 각속도는

$$\dot{\phi} = \sqrt{-g/(l\cos\theta_0)}$$

이고, 총 에너지는

$$E_{cp} = \frac{1}{2}\frac{mgl}{\cos\theta_0}(2 - 3\sin^2\theta_0)$$

이다.

구 진자 문제는 해석하기에 많은 어려운 점이 있으나, 이 문제는 잘 알려진 원추 진자의 해에 관한 작은 섭동으로써 다룰 수 있기 때문에 공부할 가치가 있다 (이 기법은 약간의 섭동이 있는 행성의 운동을 공부하기 위해 10장에서 다루어졌다. 이 기법은 다음 장에서도 다시 다룰 것이다.) 여러분은 양자역학을 공부할 때, 섭동 기법에 매우 익숙해 질 것이다. $\theta$에 있어 진동의 진폭이 $\epsilon$인 섭동이 있는 원추 진자는 아래와 같이 주어지는 방위각의 각 위치를 갖는다.

$$\phi = \frac{\beta}{\sin^2\theta_0}\left(t - \frac{2\epsilon}{\omega}\sin\omega t\cot\theta_0\right)$$

그리고 $\theta$의 진동은 각진동수

$$\omega = (\beta/\sin^2\theta_0)\sqrt{1 + 3\cos^2\theta_0}$$

을 갖는다. 여기서 변수 $\beta$는

$$\beta^2 = -\frac{g}{l}\frac{\sin^4\theta_0}{\cos\theta_0}$$

로 정의된다.

## 12.6 문제

**[문제 12.1]** $F=\dfrac{dp}{dt}$에 해당하는 회전 운동에 관한 식은 $N=\dfrac{dL}{dt}$이다. 이 식으로부터 회전 운동에 관한 일-에너지 정리를 구하라.

**[문제 12.2]** 돌림힘이 오직 각의 함수, $N=N(\theta)$일 때, 총 역학적 에너지는 보존됨을 보여라.

**[문제 12.3]** 큰 진폭을 갖는 단진자가 있다고 하자. 진폭이 60°인 진자에 대해, 식 (12.11)의 전개식에서 첫 번째 항 이상을 무시함에 따라, 진자의 주기에서 부분적 오차의 대략적인 값을 구하라.

**[문제 12.4]** 타원 적분은 곡선의 호의 길이를 계산하는데 사용될 수 있다. 장축의 길이가 $a$이고, 단축의 길이가 $b$인 타원의 둘레 길이에 대한 식을 구하고자 한다.

$$e = \sqrt{\frac{a^2-b^2}{a^2}}$$

을 정의하고, 타원 둘레의 길이는

$$C = 4aE(e)$$

로 주어짐을 보여라. (힌트: 타원에 대한 매개변수 방정식은 $x=a\cos\theta$와 $y=b\sin\theta$이다. 곡선을 따라 길이 요소는 $ds=[dx^2+dy^2]^{1/2}$이다.)

**[문제 12.5]** 단진자가 지지점이 위아래로 $y' = A\cos(ft)$에 따라 진동할 수 있는 기기에 연결되어 있다고 하자. 따라서 진자추의 $y$ 좌표는 $y=y'-l\cos\theta$이다. 여기서

$\theta$는 진자가 흔들릴 때, 최저점에서부터 시계 반대방향으로 커진다.
(a) Lagrangian을 얻어라 (b) 운동방정식을 얻어라 (c) 각 진동수를 구하라.

**[문제 12.6]** 길이 $l_o$인 진자가 반지름 R인 수직 원판의 꼭대기에 매달려 있다 (그림 12.12). 진자의 길이는 충분히 길며, 진폭은 원판에 닿지 않을 정도로 작다. (a) Lagrangian이 아래와 같음을 보이고, A와 B에 대한 외향적인(explicit) 표현을 구하라.

$$L = \frac{1}{2}m(A + B\theta)^2\dot{\theta}^2 + mg\left[(A + B\theta)\sin\theta + B\cos\theta\right]$$

(b) 운동방정식을 얻어라. (c) 평형점은 $\theta_o = \pi/2$이다 (줄은 수직으로 늘어져 있다). $\theta_o$에 대한 작은 진폭 진동에 있어, 진동수를 구하다.

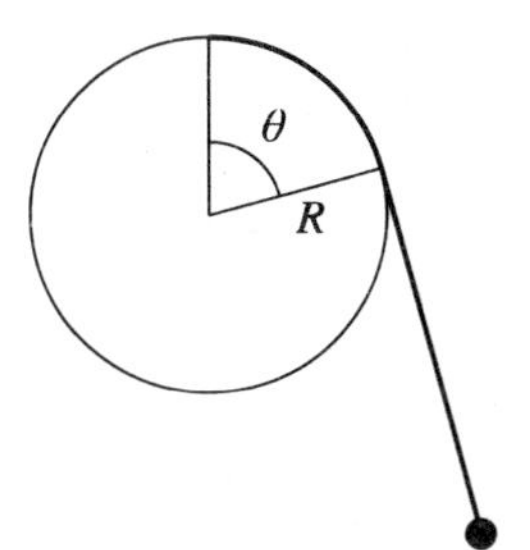


그림 12.12 ▌ 문제 12.6의 그림

**[문제 12.7]** 한 아이가 운동장 그네의 의자 위에 서 있다. 아이의 몸을 반지름 10 cm, 길이 1 m, 질량 30 kg인 원통으로 근사시킬 수 있다고 하자. 그네는 길이 2.5 m인 로프에 매달려 있다. 각 로프의 질량은 2 kg이다. (a) 진동 주기를 구하라. (b) 이 계의 진동 중심은 어디 있는가?

**[문제 12.8]** 물리 진자가 질량중심으로부터 10 cm 거리에 있는 축에 대해 진동하고 있다. 그 축에 대한 회전 반경은 15 cm이다. (a) 주기는 얼마인가? (b) 진동의 중심은 어디에 있는가?

**[문제 12.9]** 강체 구를 반으로 잘라 반지름 $r$, 질량 $M$인 균일한 반구를 만들어 책상 위에 놓았다 (밑면의 평편한 부분이 위쪽으로 해서). 책상의 표면은 완전히 거칠

다. 반구가 평형점에 대해 작은 진폭으로 앞뒤로 흔들리고 있다. 단진자와 등가의 길이는 무엇인가? 근사치를 정당화하라. 반구의 질량중심은 구의 중심 아래 $3r/8$에 있음을 이용하라.

**[문제 12.10]** 크레인이 일정한 비율 $r$로 무거운 질량의 물체를 내려놓고 있다. 그 물체가 앞뒤로 흔들리고 있어, 길이가 증가하는 진자와 유사하다. 운동방정식이

$$l\frac{d^2\theta}{dl^2}+2\frac{d\theta}{dl}+\frac{g}{r^2}\theta=0$$

임을 보여라. 여기서 $l$은 케이블의 길이이다. 이 문제를 작은 진동의 문제로 가정하자.

**[문제 12.11]** 바퀴가 바퀴축에 장착되어 있다. 질량이 없는 강체 막대의 한 쪽 끝이 바퀴의 가장자리(rim)에 끼워져 있고, 다른 한쪽은 스프링에 연결되어 있다. 막대가 바퀴의 림에 돌림힘을 가할 수 있도록 되어 있다. 바퀴가 질량 $M$이고, 반지름 $R$인 원판이며, 스프링 상수가 $k$라고 가정하자. 작은 진폭의 진동에서 진동의 주기를 구하라.

**[문제 12.12]** Kater의 진자는 질량중심의 반대쪽에 놓여 있는 두 점 중에 하나로부터 지지되어 있는 경우에, 같은 주기를 갖는 물리 진자이다. $\omega$가 Kater 진자의 각진동수라고 가정할 때, $\omega^2=g/d$ 임을 보여라. 여기서 $d$는 지지대의 두 점사이의 거리이다. (이런 종류의 진자는 매우 정확한 중력 가속도를 측정하는데 사용된다. 왜냐하면 물체의 관성모멘트의 정확한 결정이 필요하지 않기 때문이다.)

**[문제 12.13]** 작은 진폭의 진동이라는 제한조건이 없는 경우에, 물리 진자의 진동 주기에 대한 표현을 구하라.

**[문제 12.14]** 질량 $m$이고, 길이 $2b$인 막대가 매우 매끄러운 수평 테이블에 놓여 있다(그림 12.13). 한 쪽 끝 부분에 매끄로운 못 $A$가 테이블에 고정되어 있다. 막대의 옆면이 못에 대어져 정지해 있다. 충격 $J$가 막대의 다른 쪽 끝 $B$에 가해진다. 못에 가해지는 충격의 크기와 방향을 찾아라.

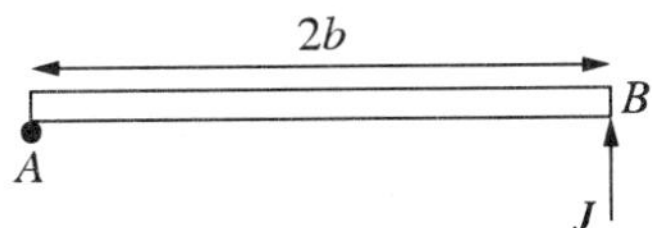


그림 12.13 ▌ 질량 $m$이고, 길이 $2b$인 막대가 매끄러운 수평 테이블에 놓여 있다.

**[문제 12.15]** 원추 진자가 질량 200 g인 추와 길이 75 cm의 줄로 되어 있다. 장력이 2.5 N을 넘으면 줄은 끊어진다. 가능한 최고 각속도 ($\dot{\phi}$)를 구하라.

**[문제 12.16]** 원추 진자가 초기 $\theta$방향의 진폭에 대해 0.01 rad의 섭동을 받고 있다. $\theta$에 대해 한 번 진동하는 동안 방위각은 얼마가 멀리 가게 되는지 구하라. 단, $\theta_o = 160°$라고 가정한다.(주의: $\epsilon$을 0을 두지 말 것)

**[문제 12.17]** 구 진자가 있다. 줄의 장력을 $E$와 $\theta$의 함수로 표현하라. $E$와 $p_\phi$의 값이 주어진 경우, 줄이 충돌하는 각도를 구하라.

**[문제 12.18]** 질량 $m$인 구슬이 반지름 $a$인 둥근 고리 위에서 자유롭게 미끄러질 수 있다고 하자(그림 12.14). 고리는 수직으로 서 있고, 수직 지름을 축으로 하여 일정한 각속도 $\omega$로 회전하고 있다. 고리 위의 구슬 위치는 각도 $\theta$로 나타낸다. 여기서 각도 $\theta$는 수직 지름의 바닥으로부터 그림과 같이 측정된다. (a) 이 계의 Lagrangian을 구하라. (b) 운동방정식을 구하고, $\omega = 0$이면, 단진자 운동의 운동방정식과 같아짐을 보여라. (c) 구슬이 평형상태에 있기 위한 $\theta$값을 구하라.

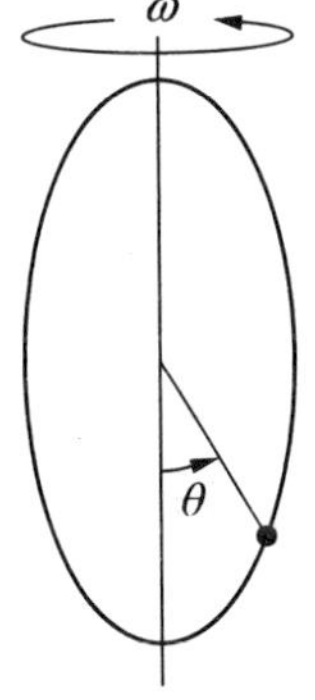


그림 12.14 ▌ 회전하는 고리 위의 구슬

**[문제 12.19]** 구 진자의 Hamiltonian과 Hamiltonian 운동방정식을 구하라.

**[문제 12.20]** 구 진자의 운동에 있어 두 가지 상수는 총 운동에너지 $E$와 일반화 운동량 $p_\phi$이다. 이 첫째 적분이 다음 관계식들을 유도함을 보여라:

$$\phi = \frac{p_\phi}{\sqrt{2ml^2}} \int \frac{d\theta}{\sin^2\theta[E - V_{eff}(\theta)]^{1/2}}$$

과

$$t = \sqrt{\frac{ml^2}{2}} \int \frac{d\theta}{\left[E - \frac{p_\phi^2}{2ml^2 \sin^2\theta} - mgl\cos\theta\right]^{1/2}}$$

(이 적분의 첫 번째는 세 번째 종류의 타원 적분 형태에 적용할 수 있으며, 두 번째는 첫 번째 종류의 타원 적분형태로 표현될 수 있다.)

## 컴퓨터 과제

**[컴퓨터 과제 12.1]** 첫 번째 종류 타원 적분의 근사치를 구할 수 있는 프로그램을 써 보아라.

**[컴퓨터 과제 12.2]** 과제 12.1의 결과를 사용하여 임의의 진폭을 갖는 단진자에 대한 주기의 근사값을 구할 수 있는 프로그램을 써 보아라. 진폭을 변하게 하여, 주기를 진폭에 대한 함수로 나타내는 그래프로 그려보아라.

**[컴퓨터 과제 12.3]** 그림 12.4에서 보인 것처럼, 충격이 주어지고 있는 막대 위의 여러 점에 대해서 위치와 시간과의 관계 그림을 그려보아라. 여기서 충격량은 $J = 10$ Ns 이고, 막대의 질량은 $M = 2$ kg이고, 길이는 $L = 0.5$ m이다.

CHAPTER 13

# 가속 기준틀

지금까지 뉴턴의 운동의 법칙은 오직 관성 계(비 가속계)에 만 적용될 수 있음을 여러 차례 들어왔다. 그렇다면, 비 관성계의 운동은 어떻게 취급되어야 할까? 실제 대부분의 기준틀은 가속을 하고 있고, 이들 중 많은 계에서 가속도를 무시할 수 없다. 실제 우리는 커다란 회전 구위에 살고 있기 때문에 비 관성계의 물리문제를 풀 수 있다는 것은 중요하다.

이번 단원에서는 비 관성계에서 뉴턴의 제2법칙을 표현하는 법을 배우게 된다. 물론, 우리는 가장 중요한 가속 기준틀의 하나인 회전 좌표계에 특히 관심이 있다. 이 계에 대한 연구로 원심력과 코리올리 힘과 같은 겉보기 힘의 개념을 도입한다. 알다시피, 코리올리의 힘은 태풍, 해류와 같은 여러 중요한 지구물리학적 과정의 원인이다. 마지막으로 매우 긴 단진자의 운동을 고려하고, 지구 자전에 의한 푸코 진자 평면이 세차 운동함을 보이고자 한다.

## 13.1 선형 가속 기준틀

가장 흥미로운(중요한) 비관성계는 지구와 같은 회전계지만, 관성계에 대하여 선형 가속되는 계로 학습을 시작하기로 한다. 그림 13.1은 고정된 별에 대하여 정지한 기준틀 $O$를 나타낸다. 그리고 두 번째 기준틀 $O'$은 $O$에 대하여 등가속도 a로 가속하고 있다.

그림에서 관성계에 대하여 질량이 $m$인 입자의 위치는 $r_o$이고, $O$에 대한 $O'$의 원점의 위치는 $r$이다. 벡터 덧셈법에 의하여

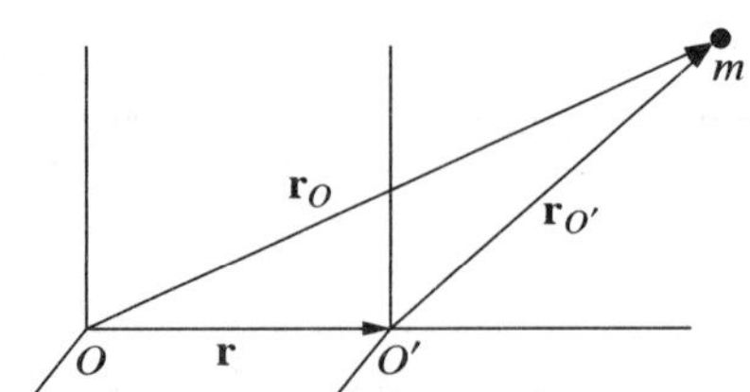


그림 13.1 ‖ 좌표계 $O$에 대하여 일정한 가속도 $a$로 가속되는 좌표계 $O'$

$$\mathbf{r}_O = \mathbf{r} + \mathbf{r}_{O'} \tag{13.1}$$

$$m\ddot{\mathbf{r}}_O = \mathbf{F} \tag{13.2}$$

여기에서 F는 입자에 작용하는 힘이다. 가속계에서 본 입자의 가속도는 $\ddot{r}_{o'}$이다. 입자에 작용하는 힘과 질량은 가속계에 무관하다고 가정한다(특히 상대론적 효과는 배제하기로 한다).

식 (13.1)을 시간에 대하여 2차 미분하면,

$$\ddot{\mathbf{r}}_O = \ddot{\mathbf{r}}_{O'} + \ddot{\mathbf{r}}$$

를 얻는다. 여기서 $\ddot{r}$는 관성계 $O$에 대한 기준틀 $O'$의 가속도이다. 그러면, 뉴턴의 법칙 (13.2)는

$$\mathbf{F} = m\ddot{\mathbf{r}}_O = m(\ddot{\mathbf{r}}_{O'} + \ddot{\mathbf{r}}) = m\ddot{\mathbf{r}}_{O'} + m\ddot{\mathbf{r}}$$

이다. 그러므로 가속 기준틀에서의 관찰자의 관점으로 뉴턴의 법칙은 다음의 형태가 된다.

$$m\ddot{\mathbf{r}}_{O'} = \mathbf{F} - m\ddot{\mathbf{r}}$$

여기에는 입자에 작용하는 추가적인 힘 $f = -m\ddot{r}$이 나타난다. 입자에 작용하는 힘을 구하라고 한다면, 가속기준틀의 관찰자는 $F+f$라고 할 것이다.

그러므로 가속계의 관찰자는 입자에 작용하는 추가 힘이 작용하고 있음을 믿게 될 것이다. 이러한 힘은 겉보기 힘이라 불리는데, 운동방정식의 좌변이 아닌 우변으로 옮겨진 질량과 가속도의 곱 형태의 항이다. 잘 알려진 겉보기 힘은 원심력과 코리올리 힘이다.

## 13.2 회전 좌표계

한 물체가 어떤 기준틀 $R'$에 가만히 놓여 있다, 하지만 이 물체가 관성 기준틀에 대해서 가속하고 있다면, $R'$은 가속 기준틀이다. 농구공 표면에 가만히 있는 개미를 생각하자. 만약 농구공이 회전을 하면, 비록 개미는 정지를 하고 있다고 생각하지만, 개미는 회전축에 대하여 회전을 한다. (당신이 방에 가만히 앉아 있다고 생각하지만, 실제로는 시간당 약 600마일로 거대한 원 주위를 돌고 있다.) 한 원에서 연속적으로 변하는 속도로 물체가 운동하고 있다. 따라서 물체는 가속하고 있다. 이 가속도는 원 중심을 향한다. 회전 구에 붙어 있는 좌표계는 가속 좌표계이다. 이 좌표계에 대하여 정지한 모든 점들도 가속하고 있다. 이러한 좌표계에는 가속도에 관계된 겉보기 힘이 있다.

매우 중요한 특별한 예로, 회전하는 지구에 단단히 연결된 좌표계 $(x', y', z')$를 고려하자. 이 좌표계의 원점은 그림 13.2에 나타낸 것처럼 지구 중심에 있다고 가정 한다. 지구와 좌표계는 $z'$축에 대하여 각속도 $\Omega$로 함께 회전하고 있다. 또한 그림 13.2는 관성계 $(x, y, z)$는 고정된 별에 대하여 정지하여 있음을 나타낸다.(태양 중심의 지구운동과 은하 중심의 태양 운동은 무시한다.)

이 두 좌표계의 공통원점은 지구중심이다. $z$-와 $z'$-축은 일치하고 지구의 자전축과 나란하다. 이 축들의 방향은 지구 중심으로부터 북극을 뚫고 나온 방향으로 상상할 수 있다. $x$, $y$와 $x'$, $y'$축들 모두 적도면에 놓여 있다. 또한 좌표축 $(x, y, z)$들은 공간에 고정되어있고, 좌표축 $(x', y', z')$들은 지구에 단단히 붙어 있고, 지구와 함께 회전한다.

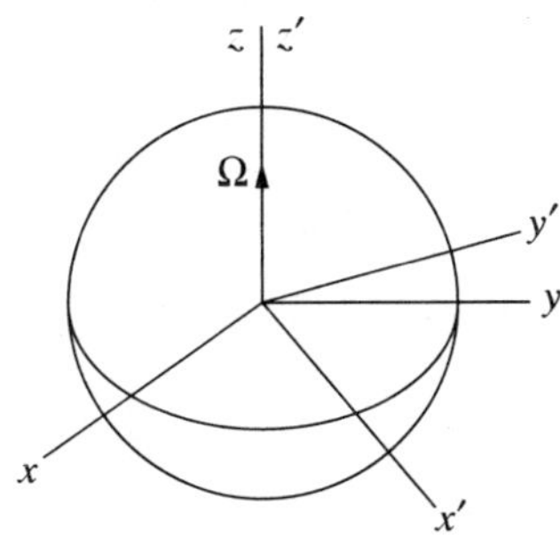


그림 13.2 ▌ 지구에 대하여 고정된 회전 좌표계$(x', y', z')$와 고정된 별에 대하여 정지한 관성계 $(x, y, z)$

지구 표면에 가만히 서있는 어떤 사람은 회전 좌표축에 대하여 정지하여 있다. 이 사람의 위치는 원점으로부터 $P$점까지의 벡터 $r$의하여 주어진다. 명백히 $r$의 성분들은 고정되었거나 회전하는 좌표계에서 정할 수 있다. $P$는 회전계(지구 또는 프라임 표시)계에서 정지하였으므로,

$$\left[\frac{d\mathbf{r}}{dt}\right]_{rot} = 0$$

한편, 관성계의 관찰자에 의하면, 점 $P$는 각속도 $\Omega$로 움직인다. 관성계내의 한점의 선형 속도는 다음과 같다.

$$\left[\frac{d\mathbf{r}}{dt}\right]_{inertial} = \mathbf{\Omega} \times \mathbf{r}$$

다음, 지구에 대하여 사람의 속도가 $v_r$이라면,

$$\left[\frac{d\mathbf{r}}{dt}\right]_{rot} = \mathbf{v}_r$$

그러면, 관성계의 관점에서 사람의 속도는

$$\left[\frac{d\mathbf{r}}{dt}\right]_{inertial} = \mathbf{v}_r + \mathbf{\Omega} \times \mathbf{r}$$

이다.

이 마지막 식은 다음과 같이 쓸 수 있다.

$$\left[\frac{d\mathbf{r}}{dt}\right]_{inertial} = \left[\frac{d\mathbf{r}}{dt}\right]_{rot} + \mathbf{\Omega} \times \mathbf{r}$$

임의의 벡터 U의 시간 미분의 관계식을 일반화하는 것은 쉽다. 관성계에서 U의 변화율과 회전계에서의 변화율간의 관계는

$$\left[\frac{d\mathbf{U}}{dt}\right]_{inertial} = \left[\frac{d\mathbf{U}}{dt}\right]_{rot} + \mathbf{\Omega} \times \mathbf{U} \qquad (13.3)$$

이다. 이 식은 연산자 방정식으로 표현할 수도 있다.

$$\left[\frac{d}{dt}\right]_{inertial} = \left[\frac{d}{dt}\right]_{rot} + \mathbf{\Omega} \times \qquad (13.4)$$

여기서 같은 벡터에 작용하는 여러 항들을 이해할 수 있다.

**예제 13.1**

구식 음반 재생 장치가 각속도 $\Omega_0 = \Omega_0 \hat{k}$로 회전하고 있다. 벌레 한마리가 회전축으로부터 거리 $R$을 음반의 홈을 따라 음반에 대하여 일정 속력 $v_b$로 기어가고 있다. 이 벌레는 원 궤도를 따라 움직이기 때문에 지름방향 속도 성분은 없다고 가정한다. (a) 방(즉 관성계)에 대한 벌레의 상대속도를 정하라. (b) 구심가속도의 정의와 같은 기초적인 방법으로 벌레의 가속도를 정하라 (c) 식 (13.3)을 이용하여 벌레의 가속도를 정하라. (b)의 결과와 비교하라. (이 예는 식 (13.3)의 역학을 배우게 하는 예제이다. 특히 식의 양변에서 같은 벡터를 사용해야한다는 것을 알게 된다. 만약 $\left[\frac{dv_i}{dt}\right]_{inertial}$ 를 계산할 때, $\left[\frac{dv_{rot}}{dt}\right]_{rot}$ 를 다른 변에 놓으면 틀린 답을 얻게 된다는 것이다. 이것은 명백하긴 하지만, 실수하기 쉽다.

**풀이:** (a) 회전 좌표계에서 벌레의 속도는

$$\left[\frac{d\mathbf{r}}{dt}\right]_{rot} = v_0\hat{\boldsymbol{\phi}}$$

여기서 $\hat{\phi}$는 기본 벡터이다.

$$\begin{aligned}
\left[\frac{d\mathbf{r}}{dt}\right]_{inertial} &= \left[\frac{d\mathbf{r}}{dt}\right]_{rot} + \mathbf{\Omega}_0 \times \mathbf{r}, \\
\mathbf{v}_i &= \mathbf{v}_{rot} + \mathbf{\Omega}_0 \times \mathbf{r}, \\
\mathbf{v}_i &= v_b\hat{\boldsymbol{\phi}} + \Omega_0 R\hat{\boldsymbol{\phi}} = (v_b + \Omega_0 R)\hat{\boldsymbol{\phi}}, \\
&= (\Omega_b R + \Omega_0 R)\hat{\boldsymbol{\phi}} = (\Omega_b + \Omega_0)R\hat{\boldsymbol{\phi}}
\end{aligned}$$

(b) 구심가속도의 정의에 의하여

$$\begin{aligned}
\mathbf{a}_i &= \frac{v^2}{r}(-\hat{\mathbf{r}}) = \frac{-\hat{\mathbf{r}}}{R}\Big((\Omega_b + \Omega_0)R\hat{\boldsymbol{\phi}} \cdot (\Omega_b + \Omega_0)R\hat{\boldsymbol{\phi}}\Big) \\
&= -\hat{\mathbf{r}}R(\Omega_b + \Omega_0)^2.
\end{aligned}$$

(c) $\boldsymbol{a}_i = \left[\frac{dv_i}{dt}\right]_{inertial}$ 을 임을 기억하면,

$$\begin{aligned}
\mathbf{a}_i &= \left[\frac{d\mathbf{v}_i}{dt}\right]_{inertial} = \left[\frac{d\mathbf{v}_i}{dt}\right]_{rot} + \mathbf{\Omega}_0 \times \mathbf{v}_i \\
&= \left[\frac{d}{dt}\left((\Omega_b + \Omega_0)R\hat{\boldsymbol{\phi}}\right)\right]_{rot} + \Omega_0\hat{\mathbf{k}} \times (\Omega_b + \Omega_0)R\hat{\boldsymbol{\phi}} \\
&= \left[\frac{d}{dt}\left((\Omega_b + \Omega_0)R\hat{\boldsymbol{\phi}}\right)\right]_{rot} + \Omega_0(\Omega_b + \Omega_0)R(\hat{\mathbf{k}} \times \hat{\boldsymbol{\phi}}) \\
&= (\Omega_b + \Omega_0)R\left[\frac{d\hat{\boldsymbol{\phi}}}{dt}\right]_{rot} + \Omega_0(\Omega_b + \Omega_0)R\,(-\hat{\mathbf{r}})
\end{aligned}$$

회전 계에서 $\hat{\phi}$의 변화율은 벌레의 운동에만 의존하므로,

$$\frac{d\hat{\boldsymbol{\phi}}}{dt} = -\Omega_b\hat{\mathbf{r}}$$

그리고

$$\begin{aligned}
\mathbf{a}_i &= -(\Omega_b + \Omega_0)R\,(\Omega_b)\,\hat{\mathbf{r}} + \Omega_0(\Omega_b + \Omega_0)R\,(-\hat{\mathbf{r}}) \\
&= -\hat{\mathbf{r}}R\left[(\Omega_b + \Omega_0)\,(\Omega_b) + \Omega_0\,(\Omega_b + \Omega_0)\right] \\
&= -\hat{\mathbf{r}}R\left[\Omega_b^2 + \Omega_b\Omega_0 + \Omega_0^2 + \Omega_b\Omega_0\right] \\
&= -\hat{\mathbf{r}}R(\Omega_b + \Omega_0)^2
\end{aligned}$$

앞에서 얻은 것과 같은 식

---

**❒ 연습 13.1**

공간 어딘가에 관성계가 하나있고, 이상하지만, 그 안에 각속도 $\Omega$ 로 회전하는 회전목마가 있다. 한 아이가 회전목마의 중심축으로부터 거리가 R 떨어진 곳의 목마에 앉아있다. (a) 회전계에서 아이의 속도는 얼마인가? (b) 관성계에서 아이의 속도는 얼마인가? (c) 회전계에서 아이의 가속도는 얼마인가? (d) 기초적 방법으로 관성계에서 아이의 가속도를 계산하라 (e) 식 (13.3)을 이용하여 관성계에서 아이의 가속도를 계산하라. **답:** (a) 영 (b) $\Omega R\hat{\phi}$ (c) 영 (d) $-\Omega^2 R\hat{r}$

---

**❒ 연습 13.2**

회전계의 각속도의 변화율은 관성계, 회전계 모두에서 같음을 증명하라.

---

## 13.3 겉보기 힘

태양 주위의 지구의 운동을 계속 무시하고, 지구가 공간에 고립된 회전구라고 상상하자. 지구는 거의 $2\pi$ radians/일의 일정한 각속도로 회전한다. 관성계에서의 입자의 위치 벡터 $(\vec{r})$와 회전계에서 시간 변화율간의 관계는 식 (13.3)에 의하여,

$$\left[\frac{d\mathbf{r}}{dt}\right]_{inertial} = \left[\frac{d\mathbf{r}}{dt}\right]_{rot} + \mathbf{\Omega} \times \mathbf{r}$$

관성 공간에 대한 입자의 속도는 $\left[\frac{dr}{dt}\right]_{inertial}$이다. 이 벡터를 $v_i$로 부르자. 또한 회전계에 대한 입자의 속도를 $\left[\frac{dr}{dt}\right]_{rot}$라 하고, $v_r$로 부르자. 결과적으로

$$\mathbf{v}_i = \mathbf{v}_r + \mathbf{\Omega} \times \mathbf{r}$$

이 방정식은 지구상에 있는 사람이 입자가 정지한 상태로 인식하고 있다면, 관성공간의 관찰자는 입자의 속도를 $v_i = \Omega \times \mathrm{r}$로 인식한다는 것을 나타낸다.

가속도는 속도의 시간 변화율로 정의된다. 그러므로

$$\mathbf{a}_i = \left[\frac{d\mathbf{v}_i}{dt}\right]_i$$

식 13.4를 적용하면, 다음을 얻는다.

$$\begin{aligned}
\mathbf{a}_i &= \left[\frac{d}{dt}(\mathbf{v}_r + \mathbf{\Omega} \times \mathbf{r})\right]_i = \left[\frac{d}{dt}(\mathbf{v}_r + \mathbf{\Omega} \times \mathbf{r})\right]_{rot} + \mathbf{\Omega} \times (\mathbf{v}_r + \mathbf{\Omega} \times \mathbf{r}) \\
&= \left[\frac{d}{dt}\mathbf{v}_r\right]_r + \left[\frac{d}{dt}(\mathbf{\Omega} \times \mathbf{r})\right]_{rot} + \mathbf{\Omega} \times \mathbf{v}_r + \mathbf{\Omega} \times (\mathbf{\Omega} \times \mathbf{r}) \\
&= \mathbf{a}_r + \frac{d\mathbf{\Omega}}{dt} \times \mathbf{r} + \left[(\mathbf{\Omega} \times \frac{d\mathbf{r}}{dt})\right]_{rot} + \mathbf{\Omega} \times \mathbf{v}_r + \mathbf{\Omega} \times (\mathbf{\Omega} \times \mathbf{r})
\end{aligned}$$

지구의 회전율이 일정하다면, $\frac{d\Omega}{dt} = 0$이다. $\left[\frac{dr}{dt}\right]_{rot} = v_r$임을 기억하면, 관성 가속도는 다음과 같이 주어진다.

$$\mathbf{a}_i = \mathbf{a}_r + 2\mathbf{\Omega} \times \mathbf{v}_r + \mathbf{\Omega} \times (\mathbf{\Omega} \times \mathbf{r})$$

뉴턴의 제2법칙은 관성계에서도 성립하므로, $a_i = F/m$ 이고, 여기서 $\boldsymbol{F}$는 입자에 작용하는 알짜 외력(물리적인)이다. $a_i$를 치환하고 다시 정리하면,

$$\mathbf{a}_r = \mathbf{F}/m - 2\boldsymbol{\Omega} \times \mathbf{v}_r - \boldsymbol{\Omega} \times (\boldsymbol{\Omega} \times \mathbf{r}) \tag{13.5}$$

을 얻는다.

이 방정식은 회전 기준틀에서 측정된 가속도는 입자에 작용하는 힘에 의존할 뿐 아니라 두 개의 다른 항에도 의존함을 보여준다. 이들 첨가 항들은 비 관성 기준틀에서 운동을 고려한 결과이다.

식 (13.5)은 종종 다음의 형태로 나타낸다.

$$\mathbf{F} - 2m\boldsymbol{\Omega} \times \mathbf{v}_r - m[\boldsymbol{\Omega} \times (\boldsymbol{\Omega} \times \mathbf{r})] = m\mathbf{a}_r \tag{13.6}$$

이 방정식은 $F = ma$와 닮았다. 방정식의 좌변의 첨가 항들은 힘의 단위를 가지며, '겉보기 힘'이라 한다. 하지만, 이 항들은 방정식의 다른 변에서 가지고 온 단지 질량 곱하기 가속도 항들임을 인식하여야 한다. 실제 힘은 물체 사이의 상호작용이며, 겉보기 힘은 좌표계의 가속의 귀결일 뿐이다.

이 항은

$$-2m\boldsymbol{\Omega} \times \mathbf{v}_r$$

은 코리올리의 힘으로 불리고, 다음의 항은

$$-m\boldsymbol{\Omega} \times (\boldsymbol{\Omega} \times \mathbf{r})$$

원심력이라 불린다. 이러한 이름은 그림 13.3에 나타낸 것처럼 이 힘이 회전축으로부터 멀어지는 방향이기 때문이다.

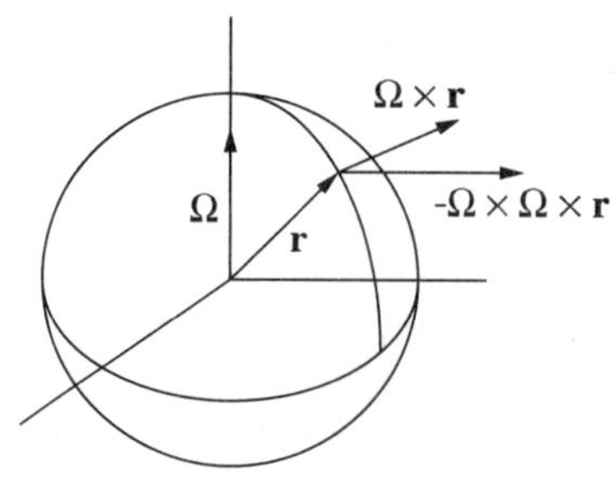


그림 13.3 ▌ 원심 가속도는 $-\Omega \times (\Omega \times \mathbf{r})$이다. 회전축으로부터 멀어지는 쪽을 향한다.

## 13.4 원심력과 연추

대부분의 사람들은 매달려 있는 연추는 당연히 지구 중심을 향한다고 생각한다. 하지만, 이러한 생각은 지구가 회전하지 않을 때만 맞다. 회전하는 지구상에서는 원심력이 연추를 중심을 향하는 선으로부터 살짝 비껴나게 한다. 이것의 증명은 매우 쉽다. 유도과정을 읽지 않고, 독자 자신들이 증명을 시도해 볼 수 있다.

그림 13.4에 보인 것 같이, 추에 작용하는 실제의 힘은 끈의 장력과 지구의 중력이다. 이 힘은

$$\mathbf{F} = \mathbf{T} - G\frac{M_E m}{r^2}\hat{\mathbf{r}}$$

이다.

힘에 대한 앞의 표현을 식 13.6의 대입하여 다음을 얻는다.

$$\mathbf{T} - G\frac{M_E m}{r^2}\hat{\mathbf{r}} - m\left[\boldsymbol{\Omega} \times (\boldsymbol{\Omega} \times \mathbf{r})\right] = m\mathbf{a}_r = 0$$

여기서 회전 계의 연추의 가속도와 속도는 영이라는 사실을 사용하였다.

지표면에서 중력 가속도가 다음과 같음을 기억하자.

$$\mathbf{g} = -G\frac{M_E}{R_E^2}\hat{\mathbf{r}}$$

연추가 지표면에 있으므로, $r$과 $R_E$를 같게 두면, 결과로 연추의 방정식은

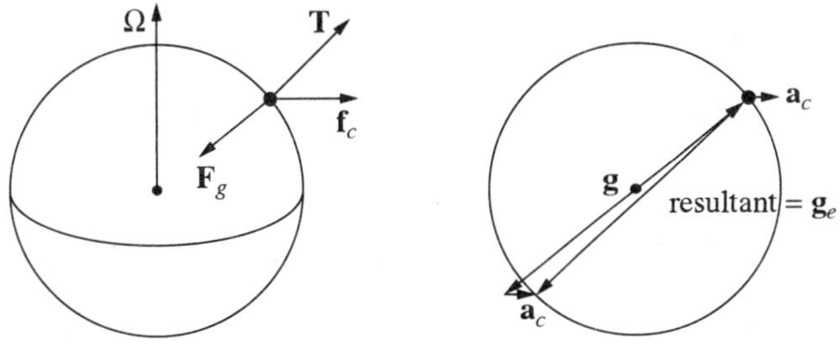


그림 13.4 ▌ 북반구에서 연추는 구형의 지구 중심 아래를 향한다. 오른쪽의 스케치에서 연추에 작용하는 힘들을 나타냈다. 힘 $\mathbf{f}_c$는 원심력이다. 오른쪽의 스케치에서는 $\mathbf{g}$와 $\mathbf{a}_c = -\Omega \times (\Omega \times \mathbf{r})$의 벡터 합을 나타내었다.

$$\mathbf{T} + m\mathbf{g} - m[\mathbf{\Omega} \times (\mathbf{\Omega} \times \mathbf{r})] = 0$$

이다.

이 관계는 장력은 $m\mathbf{g}$와 평행하지 않고, 따라서, 지구 중심을 향하는 선을 향하고 있지 않음을 나타낸다.

보통 원심 가속도는 중력 가속도에 포함시키는 것이 편리하다. 이 유효 중력 가속도는 다음과 같이 정의된다.

$$\mathbf{g}_e = \mathbf{g} - \mathbf{\Omega} \times (\mathbf{\Omega} \times \mathbf{r})$$

그러면, 방정식은 다음과 같다.

$$\mathbf{T} + m\mathbf{g}_e = 0$$

그러므로 장력은 $\mathbf{g}$와 반대 방향이 아니라, $\mathbf{g}_e$에 반대 방향을 향한다. (그림 13.4를 보라.) 북반구에서는 $\mathbf{g}_e = \mathbf{g} - \Omega \times (\Omega \times \mathbf{r})$는 지구 중심의 약간 아래를 향한다. 반면 남반구에서는 지구 중심의 약간 위를 향한다.

원심력은 지구가 완벽한 공이 아니라는 사실의 원인이 된다; 지구는 적도가 불룩하다. 어떻게 이렇게 되는지 알기위해, 완벽한 원형 지구 표면에 한 입자를 생각하자. 이 입자는 중력, 수직력, 원심력에 영향을 받을 것이다. 이 상황에 대한 힘의 그림을 그리면, 원심력은 평형을 이룰 수 없는 힘이다. 원심력을 지구표면에 평행 및 수직 성분으로 분해하면, 수직 성분은 단순히 수직 력에 더해지지만, 평형을 이루지 못한 평행 성분은 적도를 향한다. 따라서 원심력이 지구가 공이 아니라 납작한 회전 타원체의 원인이 된다. 이러한 사실은 지표면에서 입자에 작용하는 평형을 이루지 않는 힘이 없다는 것을 지구의 적도의 돌출을 고려하여, 쉽게 확인할 수 있다. 이러한 논의는 비록 연추 선이 지구 중심을 향하지 않더라도, 지표면에는 수직이며, 따라서 국부적 수직을 정의할 수 있다는 사실을 알 수 있다.

**예제 13.2**

$\mathbf{g}$와 $\mathbf{g}_e$의 차이의 최대값과 지역을 구하라. 두 벡터간의 최대 각의 크기와 지역을 구하라.

**풀이:** 벡터간의 차이의 크기는

$$|\mathbf{g} - \mathbf{g}_e| = |\mathbf{\Omega} \times (\mathbf{\Omega} \times \mathbf{r})|$$

$|(\Omega\times r)|=\Omega r\sin\lambda$임을 주목하라, $\lambda$는 위도이다. 이 항은 $\sin\lambda=1$ 즉 $\lambda=90°$인 적도에서 최대이다. 이 $\Omega$와 $\Omega\times r$ 사이 각은 항상 90°이므로, $a_c=\Omega^2 r\sin\lambda$이고, $\mathbf{g}-\mathbf{g}_e$의 최대값의 크기는

$$|\mathbf{g}-\mathbf{g}_e|_{\max}=\Omega^2 r=(2\pi/86400)^2(6.37\times10^6)=3.37\times10^{-2}\ \mathrm{m/s}$$

이다. 백분율로 표현된 이 값은 0.34%에 불과하다는 사실을 기억하라.
벡터 사이 각은 코사인 법칙으로부터 계산할 수 있다.

$$a_c^2=g^2+g_e^2-2gg_e\cos\theta$$

$\mathbf{g}$와 $\mathbf{g}_e$와 크기는 거의 같으므로, 다음과 같이 쓸 수 있다.

$$\begin{aligned}a_c^2&=g^2+g^2-2gg\cos\theta=2g^2(1-\cos\theta)\\(\Omega^2 r\sin\lambda)^2/2g^2&=1-\cos\theta,\\\cos\theta&=1-\frac{(\Omega^2 r\sin\lambda)^2}{2g^2}.\end{aligned}$$

마지막 항은 $\lambda=0$ 즉 극에서 최소이다. 코사인 값의 최대값은

$$\cos\theta_{\max}=1-\frac{(\Omega^2 r)^2}{2g^2}$$

$\cos\theta$의 최대값은

$$\cos\theta=1-\frac{\theta^2}{2!}+\cdots$$

그러므로 근사적으로 다음과 같다.

$$\begin{aligned}\frac{\theta^2}{2}&\doteq\frac{(\Omega^2 r)^2}{2g^2}\\\theta^2&=\frac{\left[(2\pi/86400)^2(6.37\times10^6)\right]^2}{(9.8)^2}=1.18\times10^{-5}\\\theta&=3.44\times10^{-3}\ \mathrm{rad}\ =0.20°\end{aligned}$$

---

❐ 연습 13.3

완전히 매끈하고 회전하는 구형 행성 표면에서 입자에 작용하는 힘 그림을 그리고, 입자가 적도를 향하여 가속됨을 보여라. 이것을 북반구와 반구에서 수행하라. 유사한 계산을 적도에 돌출이 있는 행성에 대하여서 수행하고 이 경우에 입자에 작용하는 알짜 힘은 없음을 보여라.

## 13.5 코리올리의 힘

(최소한 물리학자들에게) 북반구의 지표면 근방에서 발사된 탄환은 오른쪽으로 진로가 바뀌고, 남반구에서는 왼쪽으로 바꾸게 됨이 잘 알려져 있다. 이것은 코리올리의 힘 때문이며, 해양 순환, 저기압, 태풍, 다른 지구 물리적 현상들의 원인이기도 하다. 코리올리의 힘의 항은 식 (13.6)의 $-2m\,\boldsymbol{\Omega}\times\boldsymbol{v}_r$이다. 이 겉보기 힘의 방향은 속도 벡터의 방향과 개념에 의존함을 기억하라.

코리올리의 힘이 지표면 근방에서 운동하는 물체에 작용하는 효과를 연구할 때 지표면으로부터 $z$축을 위를 향하고 (즉 유효 중력 가속도 $\mathbf{g}_e$의 반대 방향), $x$축은 남쪽, $y$축은 동쪽을 향하는 직교 좌표계를 도입하는 것이 편리하다. 그림 13.5를 보아라. 지구의 각속도($\Omega$)는 $-x$축 (북쪽)과 $+z$축 (위쪽) 방향으로 성분을 가지고 있다. 그러므로

$$\boldsymbol{\Omega} = \Omega\cos\lambda\hat{\mathbf{k}} - \Omega\sin\lambda\hat{\mathbf{i}}$$

여기서 $\lambda$는 위도이다.

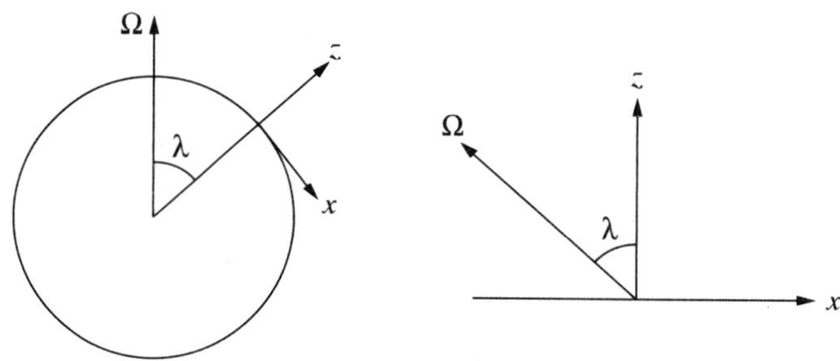


그림 13.5 ▌ 회전 지구에 고정된 기준틀. $z-$축은 그 지역의 연직방향이고, $x-$축은 남쪽을 향한다. 각 $\lambda$는 위도이다.

❒ 연습 13.4

다음 물체에 작용하는 코리올리의 힘의 방향을 정하기 위한 힘 그림을 그려라. (a) 떨어지는 돌 (b) 북반구에서 북쪽을 향해 발사된 탄환 (c) 북반구에서 동쪽을 향해 발사된 탄환 (d) 남반구에서 동쪽으로 발사된 탄환.

### 13.5.1 낙하하는 물체

높이 $h$에서 질량 $m$의 물체가 떨어진다. 어디에 떨어지는가? 땅으로 떨어질 때, 회전계에 대한 속도를 얻기 때문에, $-2m\Omega\times v_r$로 주어지는 코리올리 힘이 작용한다. (회전계인 지구에서는, 중력, 코리올리의 힘, 원심력등의 힘이 작용한다.) 간단히, 원심가속도를 $\mathbf{g}$에 더하고, 두항의 합을 $\mathbf{g}_e$라 하면,

$$m\mathbf{a}_r = m\mathbf{g}_e - 2m\boldsymbol{\Omega}\times\mathbf{v}_r$$

이식에 대하여 생각을 해보면, $v_r$을 모르기 때문에 방정식을 풀 수 없고, 이 방정식을 풀기 전에는 $v_r$을 결정할 수 없다. 그러므로, 우리는 풀 수 없는 방정식에 직면한 것 같다. 이러한 곤란함을 벗어나기 위한 방법은 코리올리 가속도는 중력가속도보다 작으며, $v_r$은 거의 코리올리 힘이 없을 때와, 완전히는 아니지만, 거의 같다는 사실을 이용하는 것이다. 이것은 코리올리 효과를 섭동으로 취급할 수 있다는 것이다. 이 기법은 다음과 같다: 첫째, 섭동이 없는 문제를 풀고, 낙하할 물체의 섭동이 없을 때의 속도와 시간을 구한다. 이것은 영차 섭동이란 부른다. 그리고 코리올리 가속도에 대한 이 섭동되지 않은 속도를 이용하여 1차 섭동 해를 얻는다. 이 과정은 원하는 좀 더 나은 수준의 정확한 답에 가까운 근사를 얻을 때 까지 많은 횟수 반복할 수 있다. 하지만, 1차 및 2차 섭동 해는 꽤 정확하다.

섭동없는 입자의 시간의 함수로 속도와 위치에 대한 문제를 풀어보자.(0차 해). 물체에 작용하는 유일한 힘은 (유효) 중력이다.

이것은

$$\mathbf{a}_r = -g_e\hat{\mathbf{k}}$$

이다. 한번 적분하면

$$\mathbf{v}_r = -g_e t\hat{\mathbf{k}}$$

다시 적분하면,

$$\mathbf{z} = h\hat{\mathbf{k}} - \frac{1}{2}g_e t^2\hat{\mathbf{k}}$$

입자가 지상에 도달하는데 걸리는 시간은 $t_f$는 $z=0$일 때 시간 값이다. 이 값은

$$t_f = \sqrt{2h/g_e}$$

이다. 위의 식의 어떤 것도 코리올리 효과를 포함하지 않음을 주의하라.

이제 코리올리 가속도를 포함시키자, 다음과 같다.

$$\mathbf{a}_c = -2\mathbf{\Omega} \times \mathbf{v}_r$$

$a_c$를 정확하게는 구할 수 없다. 왜냐하면, 코리올리 가속도에 의존하는 $v_r$의 값을 모르기 때문이다. 하지만, 속도에 대한 영차 근사를 알고 있고, $v_r = -g_e \hat{k}$이다. 1차 보정은 영차 속도를 이용하고, 가속도에 코리올리 항을 포함하여 얻는다. $a = g_e\hat{\mathbf{k}} + a_c$이다. 여기서

$$\begin{aligned}\mathbf{a}_c &= -2\mathbf{\Omega} \times \mathbf{v_r} \\ &= -2\left[\Omega \cos\lambda\hat{\mathbf{k}} - \Omega \sin\lambda\hat{\mathbf{i}}\right] \times \left[-g_e t\hat{\mathbf{k}}\right] \\ &= 2g_e t\Omega \sin\lambda\hat{\mathbf{j}}.\end{aligned}$$

이다. 낙하하는 물체에서 코리올리 가속도는 $y$방향 즉 동쪽을 향함을 주의하라. 속도의 동쪽 성분($v_y$)은 처음에는 영이고, 나중의 임의의 시간일 때는 위의 표현을 적분하여 얻는다. 그러므로

$$v_y = g_e t^2 \Omega \sin\lambda$$

동편 편향은 다시 적분하여 얻는다.

$$y = \frac{1}{3} g_e t^3 \Omega \sin\lambda$$

물체가 높이 $h$로부터 떨어질 때 총 동편 편향을 계산하려면, 비행시간 ($t = \sqrt{2h/g_e}$)을 위의 마지막 표현에 대입하면 된다.

얻어진 결과가 1차 해이다. 앞에서 언급한 것처럼, 이 결과는 2차 해를 구하기 위하여 다시 운동방정식에 대입할 수 있고, 그 다음 차 또한 유사하다.

이 결과에 학생들은 종종 당혹해 한다. 동편 편향은 명백히 낙하 물체에 작용하는 지구의 회전 때문이 아니다, 지구의 회전이라면, 서편 편향일 것이다. 낙하 물체의 수평 (동편) 편향에 대한 물리적 설명은 각운동량 보존에 기인한다. $l$이 관성계에서 각운동량이라 하자. 물체에는 토크가 작용하지 않기 때문에, $l$는 상수이다. 물체의 처음 위치는 r(r은 지구 중심으로부터 측정된 벡터이다)이다. 관성계에서는 물체는 동편 선 속도 $v$를 가진다. (지표면에 대하여 물체는 정지하여 있으므로,

처음 속도는 $\mathbf{v} = \Omega \times \mathbf{r} = \Omega\, R_e \sin\lambda\, \hat{\mathbf{j}}$ 이다.) 입자의 각운동량은

$$\mathbf{l} = m\mathbf{r} \times \mathbf{v}$$

이다.

$\mathbf{l}$는 $\mathbf{r}$이 줄어들어도(즉 입자가 낙하 하면서) 상수이기 때문에, 속도 $\mathbf{v}$는 증가하여야 한다. 그러므로 지구 기준 틀에서 물체는 동쪽을 향하는 속도를 얻는다.

또 다른 이상하고 흥미로운 코리올리 힘의 효과는 물체를 똑바로 던져 올리면, 물체는 출발 했던 점으로 돌아오지 않는다는 것이다(문제 13.6에서 증명할 것이다).

---

**예제 13.3** 일차항까지는 낙하하는 물체는 남쪽($x$ 방향) 방향으로 편향되지 않는다. 2차 보정을 이용하여 편향정도를 계산하고, 동편 편향의 일차 보정 항과 비교하라.

**풀이:** 일차항까지 속도는

$$\mathbf{v} = v_z\hat{\mathbf{k}} + v_y\hat{\mathbf{j}} \ = -g_e t\hat{\mathbf{k}} + g_e t^2\Omega \sin\lambda\hat{\mathbf{j}}$$

코리올리 가속도는

$$\begin{aligned} \mathbf{a}_c &= -2\boldsymbol{\Omega} \times \mathbf{v}, \\ &= -2\left[\Omega\cos\lambda\hat{\mathbf{k}} - \Omega\sin\lambda\hat{\mathbf{i}}\right] \times \left[-g_e t\hat{\mathbf{k}} + g_e t^2\Omega\sin\lambda\hat{\mathbf{j}}\right] \end{aligned}$$

이것은

$$\begin{aligned} a_x &= 2\left(\Omega^2\cos\lambda\sin\lambda g_e t^2\right) \\ a_y &= 2\Omega\sin\lambda g_e t, \\ a_z &= 2\Omega^2\sin^2\lambda g_e t^2 - g_e. \end{aligned}$$

가 된다. 결과적으로,

$$v_x = \int a_x dt = \frac{2}{3}\Omega^2\cos\lambda\sin\lambda g_e t^3$$

그리고,

$$x = \frac{1}{6}\Omega^2\cos\lambda\sin\lambda g_e t^4$$

비행시간의 일차항을 이용하면, 다음을 얻는다.

$$x = \frac{2}{3}\Omega^2\cos\lambda\sin\lambda\frac{h^2}{g_e}$$

코리올리 가속도가 중력가속도를 방해하기 때문에 비행시간은 실제로 약간 더 길다는 점을 유의하라.

남쪽 및 동쪽 편향을 비교하면, 다음을 얻는다.

$$\left|\frac{x}{-y}\right| = \frac{(2/3)\Omega^2 \cos\lambda \sin\lambda(h^2/g_e)}{(1/3)\Omega \sin\lambda(2hg_e)^{1/2}} = \frac{\Omega\cos\lambda}{\sqrt{2g_e/h}}$$

$\Omega$는 약 $10^{-5}$이고, $\cos\lambda$는 거의 1에 가깝고 분모는 1에서 10 범위의 값이 되므로, 남편 편향은 동편 편향보다 훨씬 작다.

이 결과는 두 질량이 같다면 실험실 계에서 밖으로 나가는 두 입자가 진행하는 사이 각이 직각이라는 것을 보여준다.

❒ 연습 13.5

돌 하나가 50 m 높이에서 떨어진다. 동편으로 얼마나 편향되는가? 위도는 북위 60°라 가정하자. **답:** 0.39 cm

### 13.5.2 탄환

지표면 근방에서 초기 속력과 방향을 가지고 발사된 탄환의 운동을 결정하기위해, 회전 좌표계의 가속도의 방정식으로 돌아가자. 방정식 (13.5)을 약간 변형하면, 다음과 같이

$$\mathbf{a}_r = \mathbf{g} - 2(\mathbf{\Omega} \times \mathbf{v})$$

주어진다. $g$에서 "$e$"를 떼어내었지만, 원심력이 $\mathbf{g}$에 포함된 것을 염두에 두어라. 어떤 시간에서 속도 $\mathbf{v}$는 다음과 같이 표현된다.

$$\mathbf{v} = v_x\hat{\mathbf{i}} + v_y\hat{\mathbf{j}} + v_z\hat{\mathbf{k}}$$

그리고

$$\mathbf{\Omega} = -\Omega\sin\lambda\hat{\mathbf{i}} + \Omega\cos\lambda\hat{\mathbf{k}}$$

그러므로,

$$\mathbf{a}_r = \mathbf{g} + 2v_y\Omega\cos\lambda\hat{\mathbf{i}} - 2(v_x\Omega\cos\lambda + v_z\Omega\sin\lambda)\hat{\mathbf{j}} + 2v_y\Omega\sin\lambda\hat{\mathbf{k}} \qquad (13.7)$$

즉

$$
\begin{aligned}
a_x &= 2v_y\Omega\cos\lambda \\
a_y &= -2v_x\Omega\cos\lambda - 2v_z\Omega\sin\lambda \\
a_z &= -g + 2v_y\Omega\sin\lambda
\end{aligned}
$$

주어진 가속도의 세 성분으로, 속도 성분을 알면, 적분을 두 번 수행하여 탄환의 운동을 결정할 수 있다. 이번에도, 속도 성분의 영차 근사를 이용하여 1차 근사를 얻고, 비슷하게 고차 근사를 계산할 수 있다. 하지만, 아무 계산도 하지 않고, 가속도 성분의 함수적 의존성으로, 정성적인 운동양상을 알 수 있다. 예를 들어, 북반구에서, 탄환이 북쪽으로 발사되었다면, $v_y$(속도의 동쪽 성분)는 영이고, $x$ 또는 $z$ 방향의 코리올리 가속도는 없다. 하지만, 가속도의 동쪽 성분은 존재하고, 탄환은 동편으로 편향된다.(운동방향으로 오른쪽) 이 편향을 실제로 계산하려면, $v_x$와 $v_z$의 영차 근사를 $a_y$의 표현에 대입한 후 적분하여야만 한다.

비슷하게, 가속도 성분의 이러한 표현들은 동쪽으로 발사된 탄환이 남쪽 편향된다는 것을 나타낸다. 속도성분 $v_y$가 $a_z$에 영향을 미치고, 따라서 탄환의 비행시간을 변화시켜, 결과적으로 사정거리의 증감으로 나타난다는 것이다. 또한 $a_y$가 영이 아니면, 탄환의 사정거리에 영향을 미친다. 궤적의 앞부분 동안 연직속도 $v_z$는 양이고, 뒷부분동안 음이라는 사실을 주목하면 흥미롭다. 하지만 $a_y$의 두 번째 항은 평균하여 영이 된다고 가정할 수 없다.

탄환의 운동을 풀 때, 섭동 방법을 이용해야만 한다. 하지만, 다행히 보편 타당하게 바른 풀이는 낮은 차수의 근사로 얻어진다.

북반구에서는 탄환은 오른쪽으로 편향되고, 남반구에서는 왼쪽으로 편향되는 사실을 납득하여야 한다.

**예제 13.4**

큰 대포가 북반구의 여위도(어느 위도와 90°와의 차) $\lambda$에 위치하여 있다. 대포는 탄환을 속도 $v_0$로 발사한다. 이 대포는 북동쪽으로 각도 $\phi$, 올려본 각(고각) $\theta$의 값을 가지고 있다. (a) 섭동 되지 않은 속도 성분을 시간의 함수로 표현하라 (b) $a_x$, $a_y$, $a_z$를 섭동 되지 않은 속도 성분으로 표현하라 (c) 시간과 섭동 되지 않은 속도 값들의 함수로 $v_x$, $v_y$, $v_z$의 1차 표현을 구하라. 공기 저항은 무시하라.(이 예제의 결과는 이 장 끝의 문제를 풀 때 유익하다.)

**풀이:** (a) 기본적 고려로부터 코리올리 힘이 없을 때의 속도 성분들은

$$\begin{aligned} v_{0x} &= v_0 \cos\theta \cos\phi \\ v_{0y} &= v_0 \cos\theta \sin\phi \\ v_{0x} &= v_0 \sin\theta - gt \end{aligned}$$

(b) 코리올리 가속도는

$$\begin{aligned} \mathbf{a}_c &= -2\boldsymbol{\Omega} \times \mathbf{v} = \mathbf{-2}\left[-\Omega \sin\lambda \hat{\mathbf{i}} + \Omega \cos\lambda \hat{\mathbf{k}}\right] \times \left[v_x \hat{\mathbf{i}} + v_y \hat{\mathbf{j}} + v_z \hat{\mathbf{k}}\right] \\ &= -2\left[-v_y \Omega \sin\lambda \hat{\mathbf{k}} + v_z \Omega \sin\lambda \hat{\mathbf{j}} + v_x \Omega \cos\lambda \hat{\mathbf{j}} - v_y \Omega \cos\lambda \hat{\mathbf{i}}\right], \end{aligned}$$

또는

$$\begin{aligned} a_x &= 2v_0 \Omega \cos\lambda \cos\theta \sin\phi, \\ a_y &= -2v_0 \Omega \cos\lambda \cos\theta \cos\phi - 2\Omega \sin\lambda (v_0 \sin\theta - gt) \\ a_z &= 2v_0 \Omega \sin\lambda \cos\theta \sin\phi - g. \end{aligned}$$

(c) 속도는 가속도 성분을 적분하여 얻는다.

$$\begin{aligned} v_x &= v_{0x} + \int a_x dt = v_0 \cos\theta \cos\phi + (2v_0 \Omega \cos\lambda \cos\theta \sin\phi)\, t, \\ v_y &= v_{0y} + \int a_y dt \\ &= v_0 \cos\theta \sin\phi - (2v_0 \Omega \cos\lambda \cos\theta \cos\phi)\, t - (2v_0 \Omega \sin\lambda \sin\theta)\, t \; - \\ &\quad gt^2 \Omega \sin\lambda, \\ v_z &= v_{0z} + \int a_z dt = v_0 \sin\theta - gt + (2v_0 \Omega \sin\lambda \cos\theta \sin\phi)\, t. \end{aligned}$$

---

❒ **연습 13.6**

$\Omega \times \mathrm{v}$를 계산하여, 방정식 13.7을 증명하라.

---

❒ **연습 13.7**

탄환이 남위 55°(55°$S$)에서 초기 속도 300m/s로 수평면으로부터 25° 위로 동쪽으로 발사된다. 코리올리 가속도의 초기 성분을 계산하라.

**답:** $a_x = -3.24 \times 10^{-2}\mathrm{m/s^2}$

---

## 13.6 푸우코오 진자

물리계의 역학에 회전 좌표계가 미치는 효과의 마지막 예로 푸우코오 진자를 고려해 보자. 이 진자는 무거운 추가 매우 긴 끈 또는 가는 선에 매달려 있다. 푸우코오 진자의 길이는 10에서 60미터의 범위이다. 추가 앞뒤로 진동을 시작하면, 진자의 운동 평면은 천천히 세차(precess) 운동한다. 이 세차 운동률은 $\Omega\cos\lambda$이고, 여기서 $\Omega$는 지구의 각속도이다.($2\pi$ rad/day), $\lambda$는 여위도이다. 긴 진자가 마찰로 운동이 멈추기 까지 많은 진동을 하는데 그동안 세차 운동은 매우 현저하다. 푸우코오가 진자를 파리의 판태온 성당 내부에 매달았을 때 많은 관중이 지구의 회전을 관찰하기 위하여 모였다. 푸우코오 진자의 거동은 진자가 북극 위에 놓였다고 상상하면, 쉽게 이해할 수 있다. 진자 밑의 지구는 회전하고, 지표면에 서있는 관찰자는 하루에 한번 회전하는 비율로 운동평면이 세차 운동하는 것을 본다. 한편, 적도에서는 진자는 전혀 세차 운동하지 않는다. 임의의 위도에서 운동은 직관적으로는 명확하지 않아, 이해하려면 해석이 좀 필요하다.

임의의 위도에서 긴 진자를 고려하자. $z$축은 그 지역의 연직방향과 나란하다. 그림 13.6은 진자의 경로를 $xy$-평면으로 사영시킨 것을 보여준다. 사영된 경로는 $x$축과 각도 $\psi$를 이룬다. 진자의 세차 운동은 $\psi$를 시간의 함수로 변화시킨다. $\psi$ 변화율을 표현하는 기초 방정식은

$$\frac{d\psi}{dt} = \Omega\cos\lambda$$

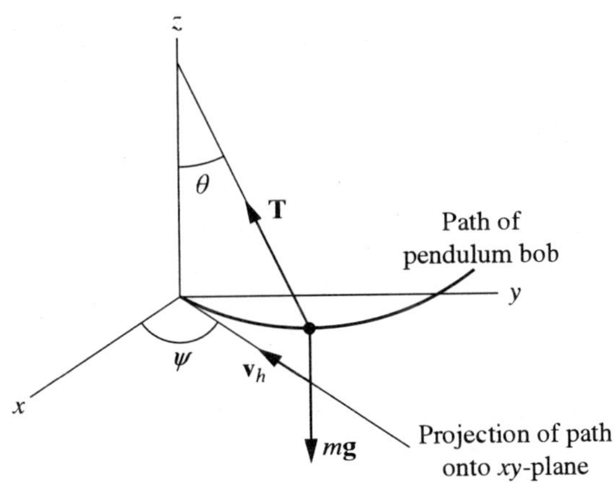


그림 13.6 ▌ 푸우코오 진자

진자의 추에 두개의 힘이 작용하는데 장력($T$)과 중력($mg$)이다. 또한 두개의 겉보기 힘이 작용하는데, 코리올리의 힘($-2m\Omega\times v$)과 원심력이다. 간편히 원심력은 $m\mathbf{g}$에 포함되었다고 가정하면,

$$\mathbf{T} + m\mathbf{g} - 2m(\mathbf{\Omega}\times\mathbf{v}) = m\mathbf{a}$$

이 관계식의 성분별 형태는 다음과 같이 되고,

$$\begin{aligned}&-T\sin\theta\cos\psi\hat{\mathbf{i}} - T\sin\theta\sin\psi\hat{\mathbf{j}} + T\cos\theta\hat{\mathbf{k}} - mg\hat{\mathbf{k}}\\ &-2m\left[\Omega\cos\lambda\hat{\mathbf{k}} - \Omega\sin\lambda\hat{\mathbf{i}}\right]\times\left[v_x\hat{\mathbf{i}} + v_y\hat{\mathbf{j}} + v_z\hat{\mathbf{k}}\right]\\ = &\ ma_x\hat{\mathbf{i}} + ma_y\hat{\mathbf{j}} + ma_z\hat{\mathbf{k}}.\end{aligned}$$

이다.

$$-T\sin\theta\cos\psi + 2m\Omega\cos\lambda v_y = ma_x \tag{13.8}$$

$$-T\sin\theta\sin\psi - 2m\Omega\cos\lambda v_x - 2m\Omega\sin\lambda v_z = ma_y \tag{13.9}$$

$$T\cos\theta - mg + 2m\Omega\sin\lambda v_y = ma_z \tag{13.10}$$

(13.8)과 (13.9)의 방정식들을 고려하자. 연직 성분은 작으므로, 연직 속도 $v_z$는 수평성분보다 매우 작다. 따라서, 식 (13.9)의 $v_z$를 포함하는 항을 무시할 수 있고, 결합된 미분방정식의 짝으로 나타난다.

$$\begin{aligned}-T\sin\theta\cos\psi + 2m\Omega\cos\lambda v_y &= ma_x\\ -T\sin\theta\sin\psi - 2m\Omega\cos\lambda v_x &= ma_y\end{aligned}$$

진자는 매우 길어서 각 $\theta$는 아주 작고 끈은 실제로 거의 연직이다(그림 13.6은 실제 스케일과 상당히 다르다). 높은 정확도로 끈의 장력은 $mg$과 같다. 또한 $x = l\sin\theta\cos\psi$와 $y = l\sin\theta\sin\psi$이다. 그러므로 위의 결합된 방정식은 다음과 같이 나타낼 수 있다.

$$\begin{aligned}-\left(\frac{g}{l}\right)x + 2v_y\Omega\cos\lambda &= a_x\\ -\left(\frac{g}{l}\right)y - 2v_x\Omega\cos\lambda &= a_y\end{aligned}$$

$g/l = \omega^2$임을 기억하고, $K = \Omega\cos\lambda$라고 두면, 이 방정식들은 다음과 같이 변한다. 여기서 $\omega$는 진자의 진동수이다.

$$\begin{aligned}\ddot{x} - 2K\dot{y} + \omega^2 x &= 0 \\ \ddot{y} + 2K\dot{x} + \omega^2 y &= 0\end{aligned} \tag{13.11}$$

이제 문제는 이 결합된 미분방정식을 푸는 것이다. 문제를 세가지 방법으로 풀려고 한다. 첫 번째는 트릭을 쓰려고 하며, 그 다음은 훨씬 지루하지만, 직접적인 방법을 쓰려고 한다. 다음으로 예제 13.6에서 세 번째 풀이를 보이려고 한다. 이렇게 하는 이유는 결합된 미분방정식을 푸는 여러 방법을 보여주고 싶기 때문이다.

**깔끔한 트릭**

결합된 식 (13.11)은 복소수를 도입하여 아주 쉽게 풀 수 있다.

$$\zeta = x + iy$$

두 번째 식에 $i = (\sqrt{-1})$를 곱하고 두 방정식을 더하면,

$$\ddot{\zeta} + 2iK\dot{\zeta} + \omega^2\zeta = 0$$

이 된다. 이 방정식은 감쇠 조화 진동자의 운동방정식과 닮았다. 이 선형 미분방정식은 $\zeta = Ae^{pt}$를 가정하여 풀리며, 영년 또는 특성 방정식

$$p^2 + 2iKp + \omega^2 = 0$$

의 근은

$$p = -iK \pm i\sqrt{K^2 + \omega^2}$$

이다. $K = \Omega\cos\lambda$의 $\Omega$는 지구의 회전율이고, $\omega = \sqrt{g/l}$는 진자의 각 진동수이다. $K \ll \omega$ 이기 때문에, 근호안의 $K^2$은 무시할 수 있다. $p$의 두개의 가능한 값들에 대하여 근은

$$\zeta = Ae^{-i(K+\omega)t} + Be^{-i(K-w)t}$$

여기서 $A, B$는 복소수이다. 복소수를 $(a+ib)$와 $(c+id)$의 형태로 쓰면, 근은

$$\zeta(t) = (a+ib)e^{-i(K+\omega)t} + (c+id)e^{-i(K-w)t} \tag{13.12}$$

이 복소수 근은 실수로 표현되었지만, 실제 운동이 무엇을 의미하는지 명백하지 않다. 다음의 예제는 식 (13.12)의하여 기술되는 운동을 상상하는데 도움을 줄 것이다.

**예제 13.5**

$t=0$일 때 푸우코오 진자가 $x=A$, $y=0$의 정지한 상태에서 놓여졌다. $x(t)$와 $y(t)$의 표현을 구하라.

**풀이:** $t=0$에서 식 (13.12)로부터,

$$\zeta(t=0)=(a+ib)+(c+id)=(a+c)+i(b+d)$$

초기 조건으로부터

$$\begin{aligned} a+c &= \mathcal{A} \\ b+d &= 0 \end{aligned}$$

(13.12)의 시간 미분을 취하고, $t=0$로 놓고,

$$\begin{aligned} \dot{\zeta}(t=0)=0 &= -i(K+\omega)(a+ib)-i(K-\omega)(c+id), \\ 0 &= i\left[-(K+\omega)a-(K-\omega)c\right]+\left[(K+\omega)b+(K-\omega)d\right] \end{aligned}$$

은 다음을 얻는다.

$$\begin{aligned} a &= -\frac{K-\omega}{2\omega}\mathcal{A} \\ b &= 0, \\ c &= \frac{K+\omega}{2\omega}\mathcal{A}, \\ d &= 0. \end{aligned}$$

그러므로,

$$\begin{aligned} \zeta(t) &= -\frac{K-\omega}{2\omega}\mathcal{A}e^{-iKt}e^{-i\omega t}+\frac{K+\omega}{2\omega}\mathcal{A}e^{-iKt}e^{i\omega t} \\ &= \frac{\mathcal{A}}{\omega}e^{-iKt}\left[\omega\cos\omega t+iK\sin\omega t\right] \end{aligned}$$

그래서

$$\begin{aligned} x &= \mathrm{Re}(\zeta)=\mathcal{A}\left(\cos Kt\cos\omega t+\frac{K}{\omega}\sin Kt\sin\omega t\right) \\ y &= \mathrm{Im}(\zeta)=\mathcal{A}\left(\frac{K}{\omega}\cos Kt\sin\omega t-\sin Kt\cos\omega t\right) \end{aligned}$$

$K\ll\omega$인 사실을 이용하면,

$$\begin{aligned} x &\doteq \mathcal{A}\left(\cos Kt\cos\omega t\right)=\mathcal{A}\left(\cos(\Omega\cos\lambda)t\right)\cos\omega t, \\ y &\doteq -\mathcal{A}\left(\sin Kt\cos\omega t\right)=-\mathcal{A}\left(\sin(\Omega\cos\lambda)t\right)\cos\omega t \end{aligned}$$

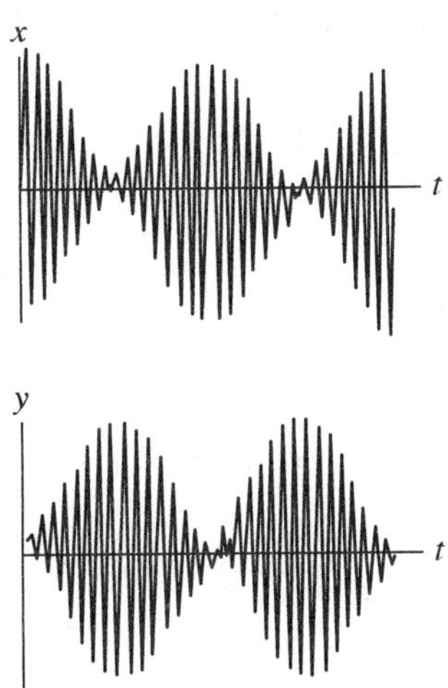


그림 13.7 ▌ 푸우코오 진자의 $x$와 $y$ 방향의 진폭의 진동

따라서, 운동은 진폭의 낮은 진동(진동수 $\Omega\cos\lambda$)으로 조율된 빠른 진동(진동수 $\omega$)으로 구성되어 있다. 조율된 $x$와 $y$ 진동은 180° 위상이 어긋난 시간에 의존하는 진폭을 가진다. 이 결과로 생긴 운동은 $\Omega\cos\lambda$의 진동수로 운동 면이 회전하는 것이다. 이 결과는 그림 13.7에 표시되어 있다.

□ 연습 13.8

원점을 지나는 순간에 푸우코오 진자의 속도 $v_0$가 $+x$방향이다. $x$와 $y$를 $t$의 함수로 표현하라. 진자가 원점을 지나는 순간을 $t=0$로 잡아라.

**답:** $x = Re(\zeta) = -\dfrac{v_0}{K}\sin\omega t$, $y = Im(\zeta) = \dfrac{v_0}{K}\sin\omega t \sin Kt$

## 문제를 풀기위한 더 일반적인 방법

식 (13.11)으로 다시 돌아오자. 이 식들은 결합된, 2계, 선형 미분방정식이다. 이제 $Ae^{pt}$ 형태의 근을 가정하여 푸는 기법에 익숙해졌다. 이번 경우는 두개의 미지항이 있고, 두개의 근이 있다고 있고, 같은 시간 의존성이 있다고 하자[1]. 다시 말하여, 근들은 다음과 같이 가정한다.

$$x = Ae^{pt}$$
$$y = Be^{pt}$$

1) 아마도 이 과정을 결합된 진동문제를 푸는데 사용되었음을 기억할 것이다(11.5절을 보라).

이 근들을 (13.11)에 대입하면, 다음의 영년 방정식을 얻는다.

$$p^2A - 2KpB + \omega^2 A = 0$$
$$p^2B + 2KpA + \omega^2 B = 0$$

즉

$$A(p^2 + \omega^2) - B(2Kp) = 0$$
$$A(2Kp) + B(p^2 + \omega^2) = 0$$

이식은 변수 $A$와 $B$의 동차 선형 대수방정식이다. 사소하지 않은 풀이를 가질 조건을 기억하면,

$$\begin{vmatrix} p^2 + \omega^2 & -2Kp \\ 2Kp & p^2 + \omega^2 \end{vmatrix} = 0$$

결과는

$$p = \pm iK \pm i\sqrt{K^2 + \omega^2} \tag{13.13}$$

근의 나머지 부분은 곧바로 얻을 수 있다.[2)]

---

**예제 13.6**

진자가 세차 운동하지 않는 회전 기준틀을 고려하여, 푸우코오 진자의 세차 운동률에 대한 문제를 풀어라.

**풀이:** 문제를 회전 기준틀을 이용하여 푸는 것이 더 쉽다. 세차 운동율과 같은 각속도, $K = \Omega\cos\lambda$로 회전하는 좌표계로부터 진자를 내려 본다고 상상하자. 이 좌표계에서는 추는 직선을 왔다 갔다 한다. 이 좌표계의 축을 $x^*$, $y^*$로 하고, $x^*$축이 추의 경로와 나란하도록 정의하자. 그러면, $y^*$축은 항상 영이 된다. $x^*$축을 따라 원점으로부터 추까지의 거리를 $s$라 하면, 그림 13.8은 지구에 붙어 있는 좌표 $x$와 $y$는

$$x = s\cos Kt$$

---

2) 푸우코오 진자가 완전히 관련이 없어 보이는 문제, 말하자면, 중성 케이온이라고 불리는 소립자의 붕괴의 CP 대칭성의 파탄과 많은 유사점을 가지고 있다. 이것은 물리학의 기본적 통일성을 보여주는 것이다. 더 알고 싶다면, Jonathan L. Roser와 Scott A. Slezak의 논문 "Classical Illustration of CP violation in Kaon Decays", Am. J. Phys. 69, 44-49, 2001을 참고하라.

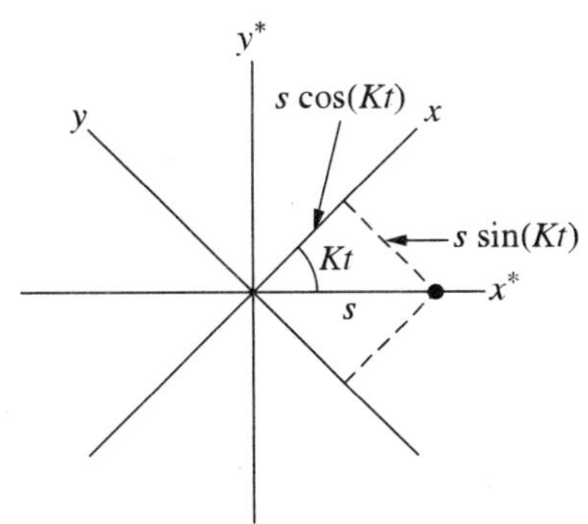


그림 13.8 ▌ * 표시되지 않은 계에 대하여 각 속도 $K$로 회전하는 * 좌표계. 진자 축의 운동은 $x^*$-축과 평행하다.

그리고

$$y = -s\sin Kt$$

이다. 방정식의 합(식 13.11)은

$$\ddot{x} + \ddot{y} + 2K(\dot{x} - \dot{y}) + \omega^2(x + y) = 0 \qquad (13.14)$$

이다. $x$와 $y$에 대한 표현을 $s$로 나타내면,

$$\ddot{s} + (K^2 + \omega^2)s = 0 \qquad (13.15)$$

이다. 또한 $K \ll \omega$이므로, 훌륭한 근사로

$$\ddot{s} + \omega^2 s = 0$$

이다. 이 식은 SHM 방정식이다. 따라서 회전 좌표계에서 푸우코오 진자는 단순히 왔다 갔다 하며 진동 한다. 또는 지표면 상의 관찰자의 관점에서는 진자의 회전면이 $K = \Omega\cos\lambda$으로 진동한다.

❒ 연습 13.9

식 (13.14)와 (13.15) 사이의 생략된 과정을 보충하여라.

❒ 연습 13.10

식 (13.13)에서 이끌어지는 결과가 예제 13.5에서 얻은 결과와 같음을 보여라.

❐ 연습 13.11

캘리포니아, 산호세(위도 37.33°)에 20m 푸우코오 진자가 세워졌다. 운동 평면의 세차 운동율을 결정하라. **답**: 11.93°/시간

## 13.7 요약

회전 기준틀은 가속 기준틀이다. 회전틀에서 벡터의 시간 미분은 관성계의 시간 미분과 다음의 연산자 방정식과 연결된다.

$$\left[\frac{d}{dt}\right]_{inertial} = \left[\frac{d}{dt}\right]_{rot} + \mathbf{\Omega}\times$$

회전틀에 대한 가속도 $a_r$는 위치 벡터에 대하여 연산자 방정식을 두 번 적용하여 얻는다.

$$\mathbf{a}_r = \mathbf{F}/m - 2\mathbf{\Omega}\times\mathbf{v}_r - \mathbf{\Omega}\times(\mathbf{\Omega}\times\mathbf{r})$$

이 식은 종종 다음과 같이 쓰인다.

$$\mathbf{F} - 2m\mathbf{\Omega}\times\mathbf{v}_r - m\left[\mathbf{\Omega}\times(\mathbf{\Omega}\times\mathbf{r})\right] = m\mathbf{a}_r$$

항 $-2m\Omega\times v_r$은 코리올리의 힘으로 부르고, $-m[\Omega\times(\Omega\times r)]$은 원심력이라 부른다.

원심력은 연추를 지구 중심 방향에서 벗어나도록 한다.

코리올리의 힘은 낙하 물체가 동쪽으로 향하게 하며, 초기 속도 방향의 오른쪽으로 휘게 한다. 코리올리 힘에 작용을 받는 운동은 대개 연속 근사를 적용하여 푼다.

푸우코오 진자는 길고 단순한 진자로 충분히 긴 시간동안 흔들거리기 때문에 $\Omega\cos\lambda$로 진동하는 평면의 세차 운동을 알 수 있게 한다.

## 13.8 문제

**[문제 13.1]** 한 아이가 회전목마위에서 회전목마에 대하여 속도 $V$로 달린다. 다음을 보여라.

$$\left(\frac{d\mathbf{r}}{dt}\right)_I = \mathbf{V} + (\boldsymbol{\omega}_e + \boldsymbol{\omega}_{mgr}) \times \mathbf{r}$$

여기서 $\omega_e$는 지구의 각속도이고, $\omega_{mgr}$은 회전목마의 각속도이다.

**[문제 13.2]** 질량이 $M$, 각도가 $\alpha$인 쐐기가 마찰이 없는 평면상에 정지하여 있다. 쐐기 상에는 직사각형 박스가 놓여있다. 관련 된 면들에 마찰이 없기 때문에 박스는 쐐기를 미끄러져 내려오고, 쐐기는 평면상을 반대방향으로 미끄러진다. 여기까지는 앞에서 풀어보았던 문제 4.7과 같다. 이때 라그랑지안 기법을 사용하여 문제를 풀었고 쐐기의 수평방향의 가속도는

$$\ddot{X} = -\frac{m}{m+M}\left(\frac{g\sin\alpha}{1-\frac{m}{m+M}\cos^2\alpha}\right)\cos\alpha$$

이다. 이제 쐐기에 대한 박스의 가속도의 수평성분을 구하라. 뉴턴의 제2법칙을 직접 적용하여 문제를 풀어라 하지만 쐐기는 가속되기 때문에 쐐기에 대한 박스의 운동은 가속 기준틀의 운동이라는 사실을 이용하여라.

**[문제 13.3]** 식 (13.5)와 유사한 방정식을 얻어라. 하지만 태양 주위의 지구의 궤도 운동을 포함하여야 한다. 두개의 회전 벡터는 일정하고 평행하며, 지구의 궤도는 원형으로 가정하라. 식 (13.5)의 코리올리의 힘의 추가 항과 크기를 비교하라.

**[문제 13.4]** 지구가 관성계라고 가정하고, 한 아이가 회전하는 무대 위에서 (a) 지름 방향으로 뛰고 있다. (b) 방위각 방향으로 뛰고 있다. 두 경우 모두 아이에게 작용하는 겉보기 힘을 결정하라.

**[문제 13.5]** 반지름 $a$인 바퀴가 반지름이 $R$인 원형경로를 따라 일정 속도 $V$로 굴러가고 있다. 지표면은 관성 기준틀이며, 바퀴는 운동경로의 평면과 수직이라고 가정하고, 바퀴의 최고점을 고려하자. 이 점에서 코리올리 가속도와 원심 가속도를 결정하여라.

**[문제 13.6]** 한 입자를 초기 속도 $v_0$로 연직 상방으로 발사하였다. 발사점으로부터 얼마나 떨어진 곳에 떨어지는 지를 1차까지 계산하라.

**[문제 13.7]** 오하이오 주 클리블랜드에 있는 미 항공우주국(NASA)의 연구소에는 물체를 132미터 떨어뜨릴 수 있는 진공 낙하 탱크가 있다. 클리블랜드의 위도는 41.5°N이다. 코리올리 편향을 2차까지 구하라.

**[문제 13.8]** 위도가 40°인 지표면 위 100 m 높이에서 돌을 떨어뜨렸다. 지구의 반지름은 6378 km로 가정하고, (a) 떨어지기 직전의 돌의 선형 속도는 얼마인가? (b) 그 순간의 각운동량은 얼마인가? (c) 돌의 각운동량은 일정하다는 사실을 주목하고 바닥을 치기 전에 속도 동쪽 성분의 차이를 구하라.

**[문제 13.9]** 북 대서양 상공에는 저기압이 형성된다. 벡터 그림표를 그려 공기 덩어리가 저기압 영역을 중심으로 회전하는 경향이 있음을 보여라. 공기는 시계방향 또는 반시계방향인가? 공기 덩어리에 대한 같은 계산을 남대서양 에서도 수행하라.

**[문제 13.11]** 북 대서양 저기압이 30°N에 있다. 기상 관측선(weather ship)은 저기압으로부터 80 km의 거리에 위치하여 있다. 배 위치에서 대기압은 1 atm이지만, $10^{-2}\,Pa/m$의 기압 경도를 가지고 저 기압 쪽으로 낮아진다. 배 위치에서 바람의 속도를 구하라.(공기의 밀도는 1.3kg/m$^3$.) **답:** 22 m/s

**[문제 13.12]** 위도 45°의 지표면 상공 2 km에서 물체가 떨어진다. 지표면에 물체가 떨어지는 순간에 순전히 원심력 효과만으로 물체가 지구 중심을 향한 직선에서 수평으로 얼마나 벗어나 있는가를 결정하라. 비록 큰 차이가 있지만, 코리올리 힘과 공기 저항을 무시하라.

**[문제 13.13]** 45°N에 살고 있는 존과 매리가 스카이다이빙을 한다. 이 들은 비행기로부터 함께 점프를 하는데, 존의 낙하 속도는 8 m/s, 매리의 속도는 10 m/s이다. 5 km 상공에서 점프를 하였다면, 땅에 도달할 때 이들은 얼마나 떨어져 있을까? (최종 위치 차이를 결정하는데 필요한 인자는 코리올리 힘 뿐이다.)

**[문제 13.14]** 비행기가 800 km/h의 속도로 위도 30°N를 따라 동쪽으로 원형 비행을 하고 있다. (a) 비행기에 작용하는 코리올리의 힘을 정하라. (b) 코리올리 힘의 효과를 보정하지 않는다면, 한 시간 후 이 비행기는 항로에서 얼마나 벗어나는가?

**[문제 13.15]** 정지한 진자가 일정 속도 800 km/h로 경도 비행하고 있는 비행기 천정으로부터 매달려 있다. 비행기가 북극 상공을 비행하고 있는 순간에 지구중심과 연결하는 직선에 대하여 진자의 끈이 얼마나 벗어났는지를 구하라.

**[문제 13.16]** 지구가 완전한 구라고 가정하자. 시애틀의 괴팍한 백만장자가 지표면에 접하는 완전하게 평탄한 아이스 링크를 짓는다. 또 이곳의 얼음은 마찰이 전혀 없다. 하지만 이 백만장자는 아이스 퍽이 푸우코오 진자의 추처럼 접점에서 왔다 갔다 하는 운동을 하는 것을 보고 놀랐다. 이 아이스 퍽의 경로의 진동수와 세차 진동수를 구하라.

**[문제 13.17]** 거대한 회전 도넛(토러스)의 내부는 원심력에 의한 인공중력이 있는 환경으로 사람이 살 수 있는 우주 거주지로 제안된 적이 있다. (이것은 회전하는 거대한 자전거 바퀴튜브 안에 있는 것과 유사할 것이다.) 만일 토러스가 충분히 크고, (말하자면, 3 km 반지름) 충분히 빠르게 회전(약 30회전/시간)하면, 외벽에 작용하는 원심력은 대략 $g$와 같을 것이다. 이런 우주 거주지의 사는 사람이 농구를 한다고 하자. 안이 빈 토러스 안에서 경기장은 지름방향에 직교할 것이다.("아래"가 지름 방향으로 바깥쪽이고, "위"가 지름 방향으로 안쪽이다.) $z$축을 토러스의 회전속도 $\Omega$아 나란하게 정의하고, $\phi$는 $\hat{r}\times\hat{\phi}=\hat{k}$가 되도록 $r$과 $z$에 직교한다. 다음의 방향으로 속도 $v$로 던져진 공에 작용하는 코리올리의 힘을 정하라 (a) "위" (b) 방위각 방향 (c) $\Omega$에 평행 방향 (d) 만약 공이 위로 속도 $v_0$로 던져졌다면, 땅에 떨어지는 지점을 나타내는 표현을 유도하라.(주: 이것은 초기 속도는 $-v_0\hat{k}$를 의미한다.)

**[문제 13.18]** 북 대서양을 횡단하는 비행선이 위도 50°에서 동쪽으로 200 mph로 비행하고 있다. 항법사가 잠이 들어 코리올리의 힘이 비행선을 원 궤도를 따라 움직이게 하였다. 원의 반지름을 구하라.

**[문제 13.19]** 포오클랜드 전쟁 중에 아르헨티나 공군은 엑조세 미사일을 영국 함정에 발사하였다. 비행기가 동쪽을 향해 1000 km/hr로 수평 비행하면서 6 km의 높이에서 미사일을 떨어트렸다. 미사일의 로켓 모터는 미사일을 10 m/sec$^2$ 수평으로 가속한다. 미사일이 바다에 도달하는 순간까지 코리올리의 힘에 의하여 미사일이 직진 경로에서 얼마나 벗어났는지를 계산하라. 이 사건은 남위 55°에서 일어났으며, 공기저항은 무시하여라.

**[문제 13.20]** 질량 $m$인 입자가 마찰 없는 회절 턴테이블에 놓여있다. 회전축을 향한 힘을 받고 있고, $F=-kr$로 주어진다. 회전 기준틀에서 시간의 함수로 입자의 위치에 대한 표현을 얻고자 한다. 이를 위해 첫째로 입자가 정지한 상태에 있는 턴테이블의 회전율 $\Omega$을 구하라. 다음 이 물체를 지름방향으로 살짝 건드려 보아라. ($r=a+\eta$, 여기서 $a$는 섭동이 없을 때 $r$의 값이다.) 회전 기준틀에서 $r(t)$와 $\theta(t)$에 대한 표현을 얻어라. 운동을 기술하라.
(힌트: $\theta$ 방정식은 쉽게 적분된다.)

**[문제 13.21]** 질량 $m$인 물체가 원점을 향하고, $F=-kr$인 힘을 받는다. 회전 좌표계에서 이 운동을 분석하라. (a) 섭동 없이 물체가 정지한 좌표계의 회전율을 구하라. (b) 물체가 지름방향 진동을 하도록 섭동(perturbation)이 있을 때, $r=r(t)$에 대한 표현을 구하라.

## 컴퓨터 과제

**[컴퓨터 과제 13.1]** 장거리 대포로부터 발사된 대포의 탄착 지점을 결정하는 프로그램을 작성하라. 코리올리의 힘을 3차까지 고려하여라. (공기 저항은 무시한다.)

**[컴퓨터 과제 13.2]** 위도 40°N에서 길이가 40 m인 진자를 가정하고 그림 13.7을 그려라. 빈 로켓의 질량은 10,000 kg이다. 공기의 저항을 무시하라.

**[컴퓨터 과제 13.3]** 돌을 위도 40°N에의 높이 100미터로부터 떨어뜨린다. 공기 저항 없이 코리올리의 힘에 의하여 수평 편향 거리를 계산하라. 다음 공기 저항을 포함하여 결과들을 비교하여라. $D/m=0.1$을 가정하라.

# 제 5 부

# 큰 물체의 역학

CHAPTER 14

# 정역학

14장에서 18장 부분에서 큰 물체의 다양한 특성을 공부한다. 이번 장은 정역학의 여러 고급 개념을 포함한다. 강체에 작용하는 여러 힘에 관한 몇 개의 정의와 두 개의 간단한 정리로 시작한다. 그 다음, 정지한 지지대에 매달은 끈이나 철사와 같은 자유롭게 변형 가능한 물체의 정역학을 분석하고자 한다. 다음으로는 후크의 법칙의 일반화 및 응력과 변형의 정의를 다룬다. 중요한 응용은 평형상태에 있는 유체의 성질분석이다. 마지막 주제로는 달랑베르의 원리와 가상 일의 개념이다. 앞으로 이러한 개념과 평형 상태에 있는 큰 물체가 어떻게 연관되는지, 이 원리가 라그랑지의 방정식을 유도하는데 사용되는지 보게 될 것이다.

## 14.1 기본 개념들

정역학은 가속되지 않는 물체에 대한 연구이다. 이들은 정지하고 있거나, 일정속도로 움직이는 물체들이다. 물체가 정지하고 있는 관성 좌표계를 찾을 수 있고, 따라서 선 속도는 보통 영으로 가정한다.

만약 물체가 가속되지 않고, 물체에 작용하는 알짜 힘과 알짜 토크 영이어야 한다. 결과적으로 정적 평형의 기본 조건은

$$\sum \mathbf{F}_i = 0$$
$$\sum \mathbf{N}_i = 0$$

이다. 다음의 강체의 평형에 관한 두 개의 유용한 정리가 있다.

**정리 14.1** 물체가 세 개의 힘의 작용 하에서 평형이라면, 세 힘의 작용선은 모두 한 평면에 있고, 한 점에서 교차한다.

**증명** 두개의 힘 벡터는 평면을 정의한다. 세 번째 힘이 이평면에 있지 않다면, 벡터의 머리-꼬리 합은 닫힌 삼각형을 형성하지 못한다. 따라서 평형에 있으려면, 세 번째 힘 또한 이평면에 있어야 한다. 또한 두 힘이 어떤 점에서 교차한다면, 이들은 그 점에서 토크에 기여할 수 없다. 물체가 평형 상태로 있으려면, 세 번째 힘 또한 토크에 기여할 수 없고, 결과로 작용선 또한 그 점을 지나야만 한다.

**정리 14.2** 만약 힘 $F_c$이 다른 두 힘의 합, $F_c = F_a + F_b$이라면, 힘 $F_c$에 의한 어떤 점에서의 토크는 $F_a$와 $F_b$에 의한 토크의 합과 같다.

**증명** $F_c$에 의한 토크는 $N_c = r \times F_c$이다. 하지만,

$$\mathbf{N}_c = \mathbf{r} \times \mathbf{F}_c = \mathbf{r} \times (\mathbf{F}_a + \mathbf{F}_b) = \mathbf{N}_a + \mathbf{N}_b$$

이며, 정리는 증명이 된다. 이 정리는 때로는 Varignon의 정리라고도 한다.

다음의 예제들과 간단한 연습문제들은 정역학 문제 해결 방법에 관한 독자의 지식을 새롭게 할 것이다.

**예제 14.1**

길이 $L$, 질량 $M$인 막대가 질량 없는 길이 $L/2$, $L$인 연직의 끈으로 그림 14.1에 나타낸 것처럼 천정에 지지되어 있다. 질량 $2M$인 물체는 막대의 아래 부분에 매달려 있다. 끈들의 장력을 구하라.

**풀이:** 알짜 힘과 알짜 토크는 영이 되어야 한다. 연직 방향으로 작용하는 모든 힘은

$$\sum \mathbf{F} = 0 \Longrightarrow T_1 + T_2 = 3Mg$$

막대의 아래 끝에 관한 토크를 취하면,

$$\sum \mathbf{N} = 0 \Longrightarrow T_1 L \cos\theta = Mg\frac{L}{2}\cos\theta$$

따라서

$$T_1 = \frac{1}{2}Mg$$

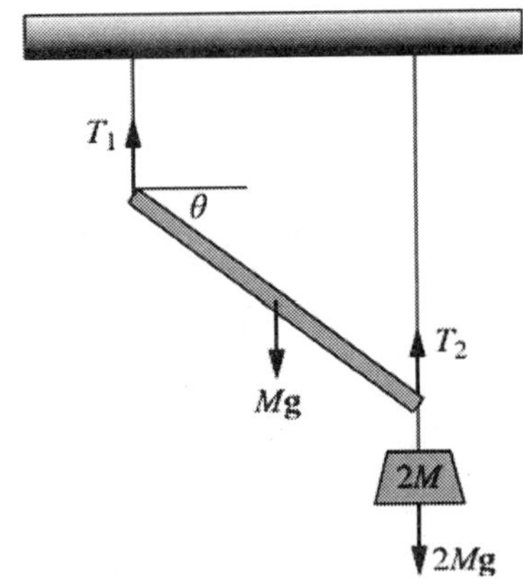


그림 14.1 ▌ 평형상태 있는 계

결과는

$$T_2 = 3Mg - T_1 = 2.5Mg$$

이다.

**예제 14.2**

실패가 빗면 상에 정지하여 있다. 그림 14.2를 보라. 실패의 위쪽에 끈이 감겨 있고, 실이 쉽게 풀리지 않기 때문에 실패는 면을 따라 내려오지 못한다. 사실 실패가 미끄러지면, 끈을 감기 위해 시계 방향으로 회전하여야 한다. 빗면의 최고점을 실패가 미끄러질 때 까지 천천히 올려준다고 하자. 실패와 면사이의 정적 마찰계수 $\mu = 0.2$라고 하고 실패가 미끄러질 각도를 구하라.

**풀이:** $n$을 수직항력이라고 하면, 면 아래를 향하는 힘과 위를 향하는 힘은 같다.

$$mg\sin\theta = T + \mu n$$

면에 수직인 힘들 또한 합력은 영이다.

$$n = mg\cos\theta$$

시계 방향의 토크와 반시계 방향 토크가 같다. 실패와 바닥 면과의 접촉점에 대한 토크를 취하면:

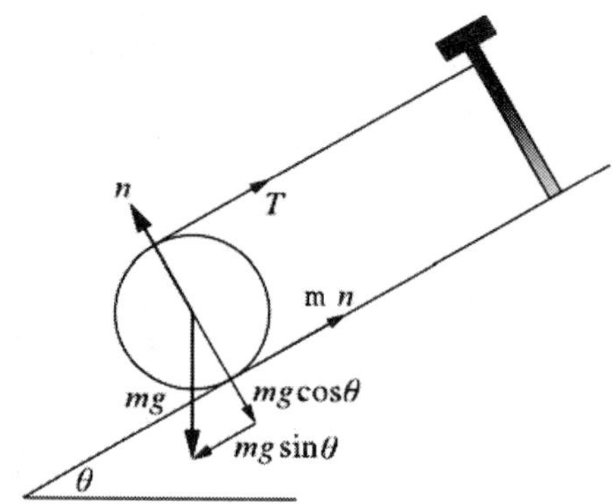


그림 14.2 ▌ 실패가 빗면 위에 놓여 있다. 그림에서 실은 실패를 시계방향으로 감고 있어서, 미끄러지지 않고는 구를 수 없다.

$$T(2R) = mgR\sin\theta$$
$$T = \frac{1}{2}mg\sin\theta$$

여기서 $R$은 실패의 반지름이다. $T = mg\sin\theta - \mu n = \mu mg\cos\theta$이므로, 다음을 얻는다.

$$\frac{1}{2}mg\sin\theta = mg\sin\theta - \mu mg\cos\theta$$
$$\tan\theta = 2\mu = 0.4$$
$$\theta = 21.8°$$

---

**❐ 연습 14.1**

피사의 사탑과 같은 건물이 질량 중심으로부터 바닥을 지나는 연직선에 대하여 넘어가지 않음을 증명하라.

---

**❐ 연습 14.2**

질량 $m$과 반지름 $r$인 요요가 못에 걸려 구부러진 부분은 벽과 접촉하며 매달려 있다. 못은 접촉점으로부터 거리 $L$ 위에 있다. 벽이 요요에 작용하는 힘을 구하라. 끈은 그림 14.3에서 나타낸 것처럼 요요의 질량 중심에 연결되었다고 가정한다. **답**: $N = Mgr/L$

---

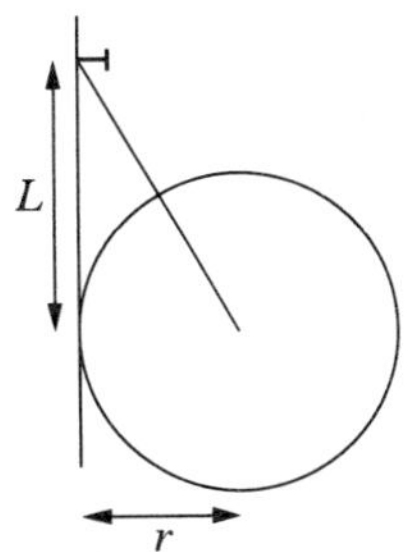


그림 14.3 ▌ 벽의 못에 걸려있는 요요. 내부 축의 지름은 영이므로 끈은 질량 중심에 연결되어 있다(연습 14.2).

❐ 연습 14.3

길이 2 m, 질량이 10 kg인 사다리가 부드러운 벽에 기대어 서있다. 사다리와 벽면 사이의 정지 마찰계수는 0.2이다. 사다리가 미끄러지기 시작할 때 사다리의 아래 부분은 벽으로부터 얼마나 떨어져 있을까? **답**: 0.74 m

## 14.2 짝힘, 합성력, 평형력

정역학 문제를 다룰 때 유용한 몇 개의 정의와 개념을 소개한다.

**짝힘**: 합이 영인 힘의 계를 짝힘이라고 한다. (즉, $\sum \boldsymbol{F}_i = 0$) 명백히 짝힘은 선형 가속도를 줄 수는 없지만, 그림 14.4의 분석으로부터 확실히 물체에 토크를 가할 수는 있다. 비록 짝힘은 많은 힘의 계이지만, 두 개의 힘만으로도 충분히 설명할 수 있다.

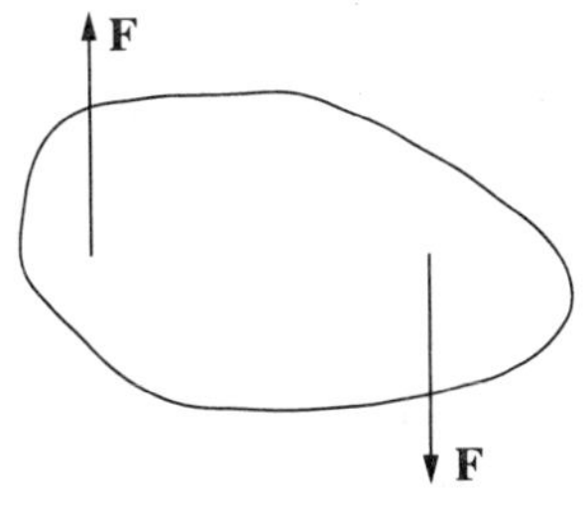


그림 14.4 ▌ 짝힘

**힘의 계의 동등성:** 두 힘의 계가 같은 힘의 총합과 모든 점에 대한 같은 토크의 합을 가하면, 두 힘의 계는 동등하다.

**합성력:** 점 $P$에 작용하는 힘 $R$이 점들 $P_i$에 작용하는 힘 $F_i$의 계와 동등하다면, $R$은 힘의 계의 합성력이라 한다.

**평형력:** 점 $P$에 작용하는 힘 $R$이 점들 $P_i$에 작용하는 힘 $F_i$의 계의 합성력이라면, 점 $P$에 힘 $R$을 작용하는 것은 점들 $P_i$에 모든 힘들 $F_i$를 작용시켜 얻은 선형 및 각 가속도와 같은 선형 및 각 가속도를 얻는다. 결과적으로 점 $P$에 힘 $-R$를 작용하면, 힘의 계는 평형을 이룬다. 이런 이유 때문에 점 $P$에 힘 $-R$를 작용하는 것은 평형력이라고 부른다. 정적 평형에 있지 않는 계는 평형력을 적용하여 평형 상태로 갈 수 있다. 당연히 구조물을 설계할 때 평형력이 실제로 쓰인다.

짝힘에 대한 유용한 사실은 다음의 정리에 의하여 주어진다.

**정리** 14.3 짝힘은 모든 점에 대하여 같은 토크를 작용한다.

**증명** 점 $Q$에 대하여 짝힘에 의한 토크는

$$\mathbf{N}_Q = \sum (\mathbf{r}_{Qi} \times \mathbf{F}_i)$$

여기서 $r_{Q_i}$는 점 $Q$로부터 힘 $F_i$의 작용점으로 향하는 벡터이다. 이 짝힘이 다른 점 $Q'$에 작용한 토크는 다음과 같다.

$$\mathbf{N}_{Q'} = \sum (\mathbf{r}_{Q'i} \times \mathbf{F}_i)$$

하지만 $r_{Q'i} = r_{Qi} + d$이고, $d$는 $Q$로부터 $Q'$까지의 벡터이다. 따라서

$$\mathbf{N}_{Q'} = \sum ((\mathbf{r}_{Qi} + \mathbf{d}) \times \mathbf{F}_i) = \mathbf{N}_Q + \mathbf{d} \times \sum_i \mathbf{F}_i$$

짝힘의 정의에 의하여, $\sum_i F_i = 0$ 그러므로, $N_{Q'} = N_Q$가 되고 정리가 증명된다.

□ 연습 14.4

수퍼맨이 붕괴되고 있는 다리 밑으로 날아가서 한 점에 힘을 가해서 다리를 받쳐 올린다. 이것은 수퍼맨이 계의 평형력을 결정하는 능력이 뛰어나기 때문에 가능하다. 다리의 질량이 100,000 kg, 길이가 20 m라고 하자. 다리에 작용하

는 다른 힘(수퍼맨이 나타나기 직전에)은 왼쪽에 끝에 300,000 N, 오른쪽 끝에는 150,000 N이 작용하고 둘다 연직 상방으로 작용한다. 다리의 무게는 기하하적 중심에 작용한다. 평형력을 구하라. **답**: 왼쪽 끝에서 12.8 m 지점에서 $R = 5.3 \times 10^5$ N

---

❐ 연습 14.5

길이 1 m인 막대의 양쪽 끝, 중간 부분이 끈에 연결되어 있다. 왼쪽 끝에 연결된 끈은 막대에 대하여 30°를 이루고, 10 N의 힘을 막대에 가한다. 중간의 끈은 막대와 270°를 이루고 15 N의 힘을 준다. 오른쪽 끝의 끈은 90°를 이루고 10 N의 힘을 가한다. 모든 힘이 같은 평면에 있다. 합성력과 평형력을 구하라. **답**: 왼쪽 끝으로부터 0.79 m 떨어진 곳에서 막대에 대하여 90°로 $R = 8.66$ N

---

## 14.3 단순한 힘의 집합으로 간소화

복잡한 힙의 집합을 원래 계와 동등한 가장 단순한 힘의 집합으로 간소화 하는 것이 편리하다. 이는, 가장 작은 수의 힘만으로 똑 같은 총력과 총 토크를 줄 때 이다. 회전하는 지구상에서는 원심력이 연추를 중심을 향하는 선으로부터 살짝 비껴나게 한다. 이것의 증명은 매우 쉽다. 유도과정을 읽지 않고, 독자 자신들이 증명을 시도 해 볼 수 있다.

◖ **정리 14.4** 임의의 한 점에 작용한 단일 힘과 동등한 힘의 계는 짝힘을 추가한다.

**증명** 점들 $P_1$, $P_2$, $P_3$, $\cdots$, $P_n$에 작용한 힘의 계, $F_i$, $i = 1,2,3,\cdots,n$을 고려하자. $F = \sum F_i$라 하면, $F$는 힘의 계가 작용한 총력이다. $\boldsymbol{N_Q}$는 힘의 계에 의한 주어진 점 $Q$에 대한 토크이다. 임의의 점 $P$에 작용하는 알짜 힘 $F$을 가정하자. 이 힘은 $Q$에 대한 토크를 주지만, 일반적으로는 $N_Q$와 같지 않다. 이 계에 짝힘을 가하는 것은 알짜 힘을 변화시키는 것이 아니라 필요한 알짜 토크 $N_Q$를 얻을 수 있게 한다. 짝힘은 두 개의 서로 같고 반대 방향의 힘 $F_c$와 $-F_c$로 구성된다고 하자. $+F_c$가 점 $P$에 작용한다고 한다.($F$가 작용하는 곳과 같은 곳) 그러면, 원래 힘의 계는 $P$에 작용하는 힘 $F + F_c$와 동등하다.

**❐ 연습 14.6**

1 m의 막대가 $x$-축을 따라 놓여있고, 다음의 힘들이 작용 한다: 왼쪽 끝에는 $F_1 = 10\hat{j}N$, 중간 부분에서는 $F_2 = -20\hat{j}N$, 오른쪽 끝에는 $F_2 = 5\hat{i}N$가 작용한다. 두 힘과 동등한 계를 결정하라.

## 14.4 매달려 있는 케이블

끈(그리고 좁게는 케이블과 체인)은 자유롭게 변형 가능한 물체이다. 이번 절에서는 두 고정점에 매달린 이상적인 로프나 케이블의 물리를 분석한다. 우리는 두개의 문제를 학습한다. (1) 현수교 (2) 자체 무게가 걸린 로프

### 14.4.1 현수교

이제 그림 14.5에 나타낸 현수교를 고려해 보고자 한다. 현수교 케이블은 질량이 없고, 수평방향으로 균일하게 배치된 차도의 무게만이 하중으로 가정한다. 지지 점 (A, B)들의 높이는 같다. 케이블이 만드는 곡선의 형태를 발견하는 것 필요하다.

이런 형태의 문제에서는, 그림 14.6에 나타낸 가장 낮은 점(C)로부터 시작한 부분을 생각하는 것이 편리하다. C는 밑으로 처진 케이블의 최저점이므로 C점에서 장력, ($T_c$)은 수평이다. 근방의 점 D($T_d$)는 수평에 대한 각도 $\theta$이다. 차도부분은 길이 $x$, $w$를 차도의 길이 당 무게라 할 때 무게가 $wx$인 케이블에 의하여 지지되고 있다.

세 힘($T_c$, $T_d$, $wx$)의 작용선은 한 점을 지난다.(정리 14.1에 의하여). 대칭성에 의하여, 이점은 $x/2$에 있다. 힘들의 합은 영이다.

$$T_d \sin\theta = wx$$
$$T_d \cos\theta = T_c$$

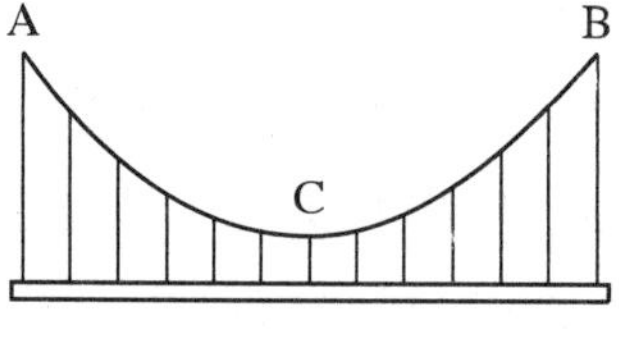


그림 14.5 ▌ 이상적인 현수교

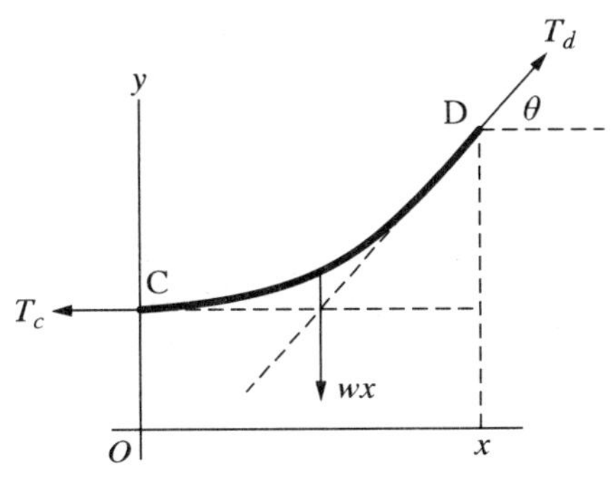


그림 14.6 ▌ 현수교의 한 부분

한 방정식을 다른 방정식을 나누면,

$$\tan\theta = \frac{wx}{T_c}$$

D가 C에 매우 가까운 극한에서는 이 식은 다음과 같이 된다.

$$\frac{dy}{dx} = \frac{wx}{T_c}$$

미분방정식을 적분하여, $x$의 함수로 $y$의 표현을 얻는다. 하지만, $y = y(x)$는 처진 케이블로 형성된 곡선 방정식이다. 적분을 하면,

$$y = \frac{wx^2}{2T_c} + c$$

❐ 연습 14.7

케이블의 임의의 점에서 장력은 $T = \sqrt{T_c^2 + w^2x^2}$ 과 같음을 보여라.

### 14.4.2 매달린 로프

이번에는 약간 더 어려운 문제, 자신의 무게에 영향 받는 매달린 로프를 다루어 본다. 높이가 같을 수도 있고, 같지 않을 수도 있는 양단이 매달린 로프(또는 케이블 또는 채인)를 생각하자. 이번에도 로프의 형태를 결정해보고자 한다.

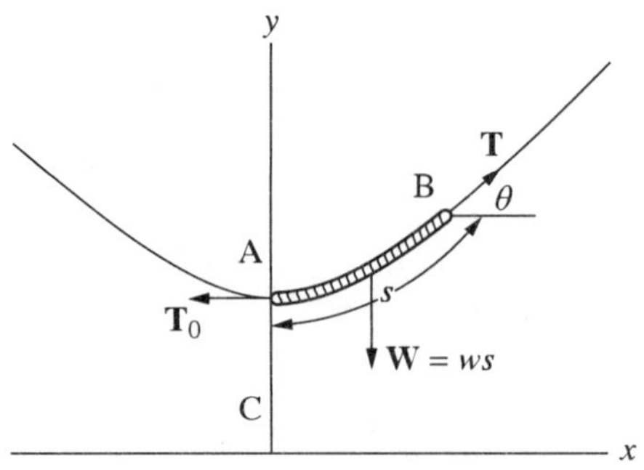


그림 14.7 ▌ 자신의 무게에 의하여 아래로 처진 로프의 일부분

그림 14.7에 나타낸 길이 s인 일부분 $\overline{AB}$를 고려하자. $s$는 가장 아래로 처진 부분으로부터 측정되었다고 하면, 간편하다. 세 개의 힘이 로프 조각에 작용한다. 즉 A에서는 수평장력 $T_0$, B에서는 각도 $\theta$에 작용하는 장력 T, 로프 조각의 중심에서는 아래 방향의 무게 $W=-ws$이다. 만일 로프에 작용하는 중력이 단위길이 w당 힘으로 표현된다면, 로프 길이 s에 작용하는 총 몸체 힘(body force)[1]은 $\int_0^s wds$이다. 평형에서는, 로프 조각에 작용하는 세 힘의 벡터합은 영이다. 연직 및 수평 성분들을 같다고 하면,

$$T\cos\theta = T_0$$
$$T\sin\theta = ws$$

따라서,

$$\tan\theta = \frac{w}{T_0}s$$

또는

$$s = c\tan\theta \tag{14.1}$$

여기서 $c = w/T_0$이며 길이의 단위를 가지고 있다.(간단히 원점으로부터 로프의 가장 낮은 점까지의 연직 길이로서 $c$의 기하학적 해석을 주고자 한다.)

만약 당신이 해석기하학을 잘 다룬다면, 식 (14.1)이 현수선의 특성 방정식을 알

1) 몸체 힘은 고려하고 있는 물질의 양에 비례하는 힘이다. 예컨대, 로프의 장력은 몸체 힘이 아니다. 하지만 로프의 무게는 로프의 양에 의존하며 몸체 힘이다.

아차릴 것이다. 이렇게 문제가 풀리지만, 대부분의 사람들은 직교좌표 $x$, $y$의 곡선 공식의 형태를 선호한다.

그림 14.7에 나타낸 직교좌표는 곡선의 최하점을 지나는 $y$-축을 주목하라. 하지만 원점은 최하점으로부터 연직방향으로 이동하였다.

식 (14.1)은 다음과 같이 쓸 수 있다.

$$\tan\theta = \frac{dy}{dx} = \frac{s}{c}$$

결과는

$$\begin{aligned}\frac{d^2y}{dx^2} = \frac{1}{c}\frac{ds}{dx} &= \frac{1}{c}\frac{\sqrt{dx^2+dy^2}}{dx} \\ &= \frac{1}{c}\sqrt{1+\left(\frac{dy}{dx}\right)^2}\end{aligned}$$

$p = \dfrac{dy}{dx}$라 하고 이 관계식을 다음과 같이 쓰면

$$\begin{aligned}\frac{dp}{dx} &= \frac{1}{c}\sqrt{1+p^2} \\ \frac{dp}{\sqrt{1+p^2}} &= \frac{1}{c}dx\end{aligned}$$

적분하면,

$$\frac{x}{c} = \sinh^{-1} p + \text{constant}$$

기울기($p$)는 $x = 0$에서 영이므로, 적분상수도 영이다.

따라서,

$$p = \sinh(\frac{x}{c})$$

하지만 $p = \dfrac{dy}{dx}$이다. 그래서

$$\frac{dy}{dx} = \sinh\left(\frac{x}{c}\right)$$

다시 적분하면 다음을 얻는다.

$$y = c\cosh\left(\frac{x}{c}\right) + \text{ constant}$$

만일 원점이 최저점아래 거리 c에 위치하여 있다면, $x=0$에서 $y=c$이며 적분 상수는 영이다. 그러므로 매달린 로프가 형성하는 곡선의 방정식은 다음과 같다.

$$y = c\cosh\left(\frac{x}{c}\right) \tag{14.2}$$

이 식은 직교좌표의 현수선의 방정식이다.

로프의 임의의 점에서 장력은 다음으로부터 얻는다.

$$T = \frac{T_0}{\cos\theta} = \frac{T_0}{\frac{dy}{ds}} = T_0\frac{ds}{dy}$$

하지만 $s = c\sinh(x/c)$이기 때문에

$$T = T_0\cosh\left(\frac{x}{c}\right)$$

또한 $y = c\cosh(\frac{x}{c})$, 따라서

$$T = \frac{T_0}{c}y$$

마침내

$$T = wy$$

을 얻는다.

이 식은 로프의 임의의 점에서 장력은 그 점에서 높이에 비례한다는 것이다. 최대 장력은 가장 높은 점에서 생기는데, 이 점은 양단점이다. 동일 높이에 있는 끝점의 로프가 수평거리 $a$만큼 떨어져 있고(전장이라고 부른다.) $x=\pm a/2$에 끝점이 있고, $y=h+c$이다. 여기서 $h$(처짐)는 로프의 최저점부터 지지점가지의 연직 거리이다. 이때 최대 장력은

$$T_m = w(h+c) = wc\cosh\left(\frac{a}{2c}\right)$$

**예제 14.3**

매개 변수 $c$로 매달린 로프의 길이에 대한 표현을 구하라.

**풀이:** 로프가 점 1과 2사이에 매달려 있다고 가정하면,

$$L = \int_1^2 ds = s_2 - s_1$$

이다. 하지만,

$$s = c\tan\theta = c\left(\frac{dy}{dx}\right) = c\frac{d}{dx}\left(c\cosh\left(\frac{x}{c}\right)\right) = c\sinh\left(\frac{x}{c}\right)$$

따라서

$$L = c\left[\sinh\left(\frac{x_2}{c}\right) - \sinh\left(\frac{x_1}{c}\right)\right]$$

만일 점 1과 2가 같은 높이가 아니라면, 이들의 차이는

$$H = y_2 - y_1 = c\left[\cosh\left(\frac{x_2}{c}\right) - \cosh\left(\frac{x_1}{c}\right)\right]$$

결과는

$$L^2 = H^2 + 2c^2\left(\cosh\left(\frac{a}{c}\right) - 1\right) = H + 4c^2\sinh^2\left(\frac{a}{2c}\right)$$

이 관계식은 역 변환하여 길이 $L$, 전장 $a$, 끝점의 연직거리 $H$로 현수선의 변수 $c$를 표현할 수 있다.

**❒ 연습 14.8**

처진 로프의 길이는 다음과 같음을 보여라.

$$L = c[\sinh(\frac{x_2}{c}) - \sinh(\frac{x_1}{c})]$$

**❒ 연습 14.9**

길이 3 m, 단위 길이 당 질량이 0.2 kg/m인 로프가 자신의 무게에 영향을 받으며, 매달려 있다. 끝점은 (−1,1,6)과 (1,1,6)에 있다. 변수 c를 수치로 결정하라. 장력의 최대 값을 구하라. **답:** $c = 0.62$

## 14.5 응력과 긴장

이제 실제 물체의 다른 측면에 주의를 기울이자: 실제 물체들은 강체가 아니다. 힘의 작용을 받을 때 실제 물체는 변형을 한다. 이러한 변형은 면을 통과하는 힘에 의한다. 예를 들어, 테니스공을 꽉 쥘 때 어떻게 되는지를 기술하기 위하여, 힘의 방향과 크기를 상술해야 할 뿐 만아니라 힘이 전달되는 면의 면적 또한 상술하여야 한다.

면을 통과하는 힘을 응력이라 한다. 응력은 항상 힘을 면적으로 나눈 것으로 표현된다($F/A$). 응력은 응력의 효과로 특징 지어 진다. 만약 무언가를 꽉 쥔다면, 압축을 하여야 한다. 이때의 응력을 압력이라 한다. 만약 물체를 고무줄 끝을 잡아당길 때처럼 잡아 작용방향으로 잡아 늘인다면, 이 응력은 장력이라 한다. 예를 들어 물체 면에 평행 하게 힘이 작용하여 물체의 형태를 변하게 한다면, 전단응력이라 한다. 이러한 형태의 응력을 그림 14.8에 나타내었다.

물체의 변형은 긴장이라 한다. 응력 때처럼 긴장도 상황에 의존한다. 그러므로 길이 $l$의 막대가 끝을 통하여 힘을 받는다면(장력) 길이의 변화를 경험할 것이다. ($\Delta l$) 변형은 $\Delta l/l$로 특성이 기술된다. 정육면체가 압축을 받아 부피가 변한다. 이 변형은 $\Delta V/V$로 기술된다.

평행육면체가 바닥 면에 상대적으로 윗면에 영향을 주는 전단응력을 받는다. 그림 14.8에 나타낸 각도 $\theta$ 의 접선으로 기술된다. 응력과 긴장의 관계는 후크의 법칙으로 알려진 경험적 관계식으로 주어진다.

**긴장은 응력에 비례한다.**

이 법칙은 긴장의 크기가 작다면, 대부분의 물체에 대하여 참이다. 비례상수는 물질의 특성이며, CRC표[2]와 같은 곳에 정리되어 있다. 길이 $l$의 길고 얇은 막대에 대한 후크의 법칙은

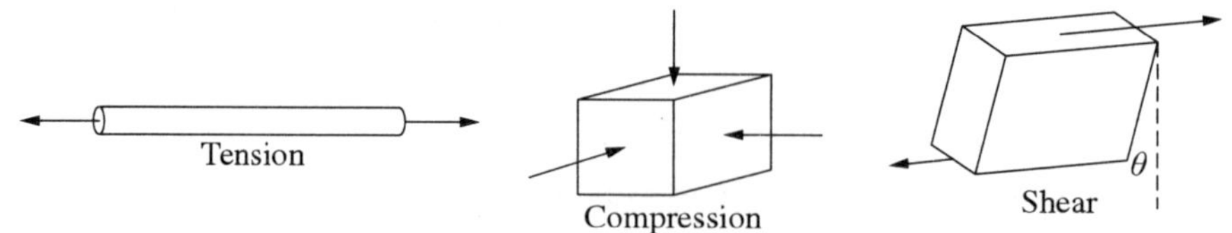


그림 14.8 ▌ 세 종류의 응력의 예. 장력은 막대 끝을 통과하여 작용하여, 늘이는 경향의 힘으로 표현된다. 압축은 정육면체의 면들에 직교하는 힘들로 표현되며, 죄는 경향이다. 전단력은 변형하려는 경향으로 정육면체의 면의 바닥과 면의 위에 평행하는 힘으로 표현된다.

2) *CRC Tables of Chemistry and Physics*, 87th Ed., CRC Press, Boca Raton, Fl. 2006.

$$\frac{F}{A} = Y\frac{\Delta l}{l} \tag{14.3}$$

여기서 $F$는 장력이다. $A$는 막대의 단면적이고 $Y$는 영률이다.

압축에 대한 후크의 법칙은

$$\frac{F}{A} = -B\frac{\Delta V}{V} \tag{14.4}$$

여기서 B는 체적 탄성 율이라 한다. 이 경우 양 $F/A$를 면을 통과하여 압축으로 작용하는 힘이 압력의 개념에 해당하므로, 보통 압력이라 부른다.

이 법칙에서 음의 부호는 응력이 압축임을 강조하는 것이다.

$$\frac{F}{A} = n\tan\theta \tag{14.5}$$

여기서 $n$은 전단 계수라 한다.

**응력 텐서**

비록 다른 상황, 특히 힘의 방향과 힘에 대한 면의 방향에 대하여 다른 상황을 나타내지만, 후크의 법칙의 좌변은 모두 같은 형태의 방정식을 쓰고 있음을 확실히 인식하였을 것이다. 응력텐서라 부르는 양을 정의하여 하나의 표현 속에다 모든 것들을 집어넣을 수 있음이 판명되었다.

면을 통과하여 작용하는 힘을 고려하자. 일반적으로 한 면의 물질은 다른 면의 물질에 힘을 작용한다. 예를 들어 물체의 가상적면을 상상하자. 한쪽 면의 분자들은 다른 면의 분자에 힘을 작용할 것이다. 이 힘들은 면을 통과하여 작용하기 때문에 응력이다. 이들은 장력, 압축 또는 전단응력이다. 면의 방향은 보통 면에 수직한 벡터로 결정한다. 면을 통과하여 작용하는 힘은 임의의 방향을 가지고 일반적으로 다음과 같다.

$$\mathbf{F} = F_x\hat{\mathbf{i}} + F_x\hat{\mathbf{j}} + F_z\hat{\mathbf{k}}$$

어떻게 $y$방향에 수직한 방향의 면에 작용하는 $x$ 방향의 힘을 나타낼 수 있을까? 이것은 짐작 컨데, $(F_x)_y$와 같은 여러 가지 방법으로 쓸 수 있고, 다른 관례로 표현할 수도 있다. 응력은 힘을 면적으로 나눈 값이기 때문에 문자 P를 이용하여 응력을 나타내고, $P_{xy}$로 표시한다. 이것은 $y$ 방향에 수직인 면을 통과하여 작용하는

$x$ 방향으로 작용하는 단위면적당 힘이 될 것이다. 명백히 9개의 항이 있고, 행렬로 깔끔하게 표현할 수 있다. 따라서:

$$\begin{pmatrix} P_{xx} & P_{xy} & P_{xz} \\ P_{yx} & P_{yy} & P_{yz} \\ P_{zx} & P_{zy} & P_{zz} \end{pmatrix}$$

이것을 응력텐서라 한다. 행렬은 숫자의 정렬이다. 이것이 어떤 물리적 의의를 가질 필요는 없다. 텐서는 행렬로 나타내고, 곧 보게 되겠지만, 텐서는 행렬의 대수법칙을 따른다. 하지만 텐서는 행렬은 아니다. 텐서는 행렬로 표현된 물리량이며, 다른 방법으로도 나타낼 수 있다. 텐서는 벡터와 공통점이 많다. 사실 벡터는 텐서의 특별한 한 종류이다. 벡터는 세 개의 항을 가진 물리량임을 주목하라. 텐서는 아홉 개 항을 가진 물리량이다. 16장에서 텐서에 대한 질문으로 다시 돌아갈 것이다. 하지만 지금은 개념만을 언급하고자 하며, 일반적으로 응력이 텐서임을 인식시키고자 한다.

❒ **연습 14.10**

평형상태에 있는 유체의 응력 텐서를 써라.

## 14.6 무게 중심(선택)

질량 중심에 깊게 관련된 양은 기하학적 형태의 무게 중심이다. 만약 밀도가 일정하다면, 질량 중심의 위치는 다음 방정식을 고려하면 알 수 있듯이 물체의 기하학적 형태에만 의존한다.

$$\mathbf{r}_c = \frac{1}{M}\int \mathbf{r}\rho d\tau = \frac{\rho}{M}\int \mathbf{r}d\tau = \frac{1}{V}\int \mathbf{r}d\tau$$

이 경우 질량 중심의 위치는 부피 V의 무게 중심의 위치와 같다. 정의에 의하여, 무게 중심의 위치는 다음과 같다.

$$\mathbf{R} = \frac{1}{V}\int \mathbf{r}d\tau$$

무게 중심은 순전히 기하학적 개념이며, 밀도와 물체의 밀도 분포에는 의존하지 않는다. 어떤 기하학적 물체에 대하여 무게 중심을 정의할 수 있다. 면적 $A$인 면의 무게 중심은 다음과 같다.

$$\mathbf{R} = \frac{1}{A}\int \mathbf{r}dA$$

그리고 길이 $S$의 곡선의 무게 중심은 다음과 같다.

$$\mathbf{R} = \frac{1}{S}\int \mathbf{r}ds$$

무게 중심에 대한 어떤 수학적 정리는 고대 유물에서 내려와 파프스(Pappus)의 정리로 알려져 있다.

**정리 14.5** 직선에 대하여 곡선 면을 회전시키면, 회전면이 생긴다. 자신의 평면의 한 축에 대하여 회전시킨 면곡선(plane curve)이 그 축과 교차하지 않는다면, 회전면의 면적은 곡선의 길이와 곡선의 무게 중심이 지나간 거리의 곱과 같다.

**증명** 축으로부터 거리 y인, 곡선의 작은 일부분 $ds$를 생각하자. 그림 14.9를 보라. 축에 대하여 곡선이 회전하면, 면적 $dA = 2\pi yds$ 쓸어 낸다. 총 쓸어낸 면적은 $A = \int 2\pi yds = 2\pi\int yds$이다. 하지만 무게 중심은 $Y = (1/s)\int yds$, 그러므로 $A = 2\pi Ys$되어 정리가 증명되었다.

**정리 14.6** 자신의 평면안의 축에 대한 평면을 회전 시켜 직선에 대하여 곡선 면을 회전시키면, 회전체(solid of revolution)가 생긴다. 면이 축과 교차하지 않으면 얻어진 고체의 부피는 무게 중심이 쓸어간 거리와 면적의 곱과 같다.

이 정리의 증명은 연습문제로 남겨둔다.

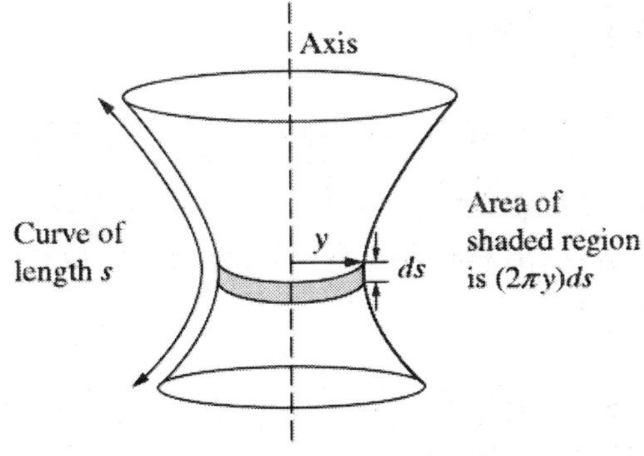


그림 14.9 길이 $s$인 곡선은 축에 대하여 회전하여 회전 면을 생성한다.

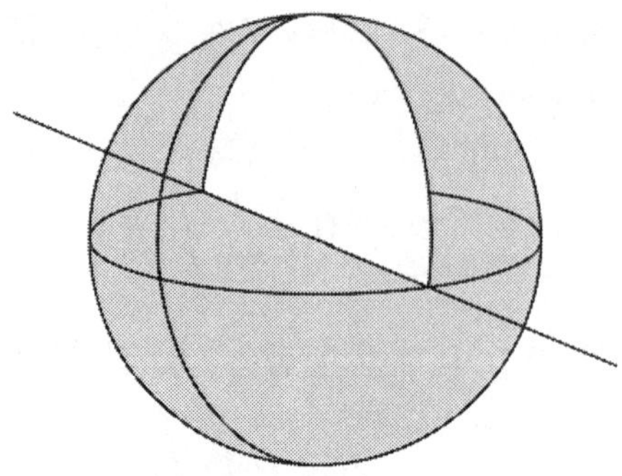

그림 14.10 ▌ 반원 디스크는 축에 대하여 회전하여 구를 생성한다.

파프스 정리를 유용성의 예로서 반원 디스크의 무게 중심을 찾는 문제를 고려해 보자. 그림 14.10에 보인 것처럼 디스크의 반듯한 부분에 있는 축에 대하여 회전시키자. 회전체의 부피는 $V=(4/3)\pi a^3$이다. 그러나 파프스의 제2정리에 의하면, 이 부피는 디스크 면적에 $2\pi Y$를 곱한 것과 같다. 여기서 $Y$는 축으로부터 어둡게 칠해진 디스크의 무게 중심까지의 거리이다.

$$(4/3)\pi a^3 = (\text{Area of disk})\, 2\pi Y = \left(\frac{1}{2}\pi a^2\right) 2\pi Y$$

$$\therefore Y = \frac{4a}{3\pi}.$$

❐ **연습 14.11**

파프스의 두 번째 정리를 증명하라. (정리 14.6)

## 14.7 무게 중심(선택)

무게 중심은 종종 질량 중심과 혼동된다. 균일한 중력장에서 무게 중심과 질량 중심은 같은 점이다. 공학의 도면에는 “CG”를 표시한 점이 자주 있지만, 거의 항상 이점은 무게 중심이 아니라 질량 중심이다. 이 두 개념의 차이는 이들의 정의를 고려하면 명확해진다.

여러분은 질량 중심의 정의를 알고 있다.(식 1.17) 이는 큰 물체에 질량이 어떻게 분포되어 있는가에 관련되어 있다. 한편, 무게 중심은 물체의 모든 질량이 집중된 점으로 정의되어 큰 물체에 작용하는 것과 같은 중력을 얻는다.

예로서 매우 긴 막대를 생각하자. 막대의 질량 중심은 방향에 의존하지 않는다. 하지만 막대의 무게 중심은 막대가 수평인지, 지표면에 평행한지 또는 지표면에 연직인지 수직인지에 의존한다. 막대가 수평이라면 질량 중심과 무게 중심은 일치한다; 막대가 연직이라면, 무게 중심은 질량 중심의 약간 아래에 있게 된다. 이것은 중력은 지구 중심으로부터 거리에 따라 감소하고 막대에서 지구에 가장 가까운 부분이 멀리 떨어져 있는 점들 보다 약간 더 강하게 끌리기 때문이다. 물론 막대는 두 점(CG와 CM)의 차이가 충분히 인식될 만큼 매우 긴 거리를 가져야 한다.

질량 M인 큰 물체의 무게 중심은 한 입자(질량 $m$)와의 상호작용으로 정의할 수 있다. 큰 물체와 입자는 그림 14.11에 나타내었다. 큰 물체를 한 점으로 줄인다고 하자. 큰 물체일 때와 같은 중력(그리고 토크)을 얻으려면 이 질점이 어디에 위치하여야 할까? 이 가상적인 질점을 질량 m에 대한 M의 무게 중심이라 한다. 그림 14.11에서 기호 CG로 표시되어 있다.

$M$의 무게 중심의 위치를 결정하기 위하여 $M$의 모든 질량 소는 $m$쪽으로 끌린다는 점을 주목하라. 이 문제는 $M$의 모든 질량이 집중되어 있고, 여전히 $m$에 같은 힘과 토크를 주는 장소를 찾아내는 것이다.

먼저 $M$속의 모든 질량 소에 의한 힘 벡터($F_i$라 부르자)들은 $m$을 지나가는 직선들을 따라 향해 있다. 이것은 그림 14.11의 오른쪽에 나타내어있다. 그러므로 $m$에 대한 토크는 영이며, 더 이상 토크에 대하여 염려 할 필요가 없다. $m$에 대한 알짜 힘은

$$\mathbf{F} = -\sum \mathbf{F}_i$$

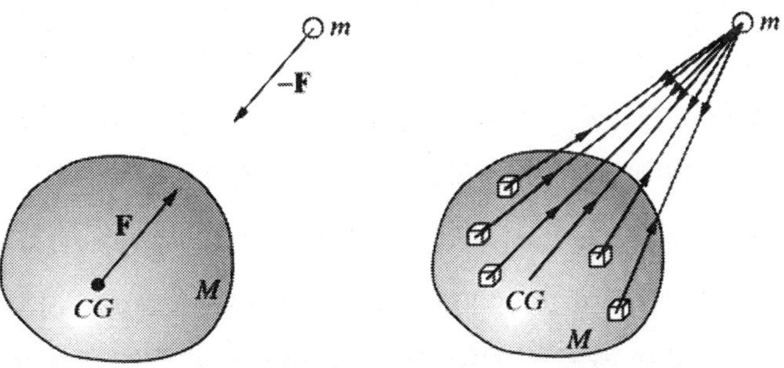


그림 14.11 ▌ 큰 물체의 무게 중심은 CG에 있다. 왼쪽 패널은 작용–반작용력을 나타내는데 큰 물체를 CG에 점 질량 M으로 대체할 수 있다고 가정하였다. 오른쪽 패널은 M의 모든 질량 소가 $m$을 끌어당기는 것을 보여준다. 알짜 힘은 모든 힘 벡터의 합이다.

M에 작용하는 힘은 $+F$이며 같은 작용선 상에 있어야 한다. 이 선은 물체 안의 점 CG를 통과 한다. $m$으로부터 CG까지의 거리를 $r_{cg}$라 표시한다. 이제

$$\left|\sum \mathbf{F}_{i.}\right| = -Gm\sum \frac{\Delta M_i}{r_i^2} = -Gm\int \frac{\rho dV}{r^2}$$

이다.

하지만 $|\sum F_i| = -G(Mm/r_{cg}^2)$, 그러므로

$$r_{cg} = \left[\frac{1}{M}\int \frac{\rho dV}{r^2}\right]^{-1/2}$$

오직 물체가 구 대칭을 가지고 있는 경우에만 점 CG는 질량 중심 M과 일치할 것이다. 우리는 한 입자에 대하여 큰 물체의 무게 중심을 정의하였다. 일반적으로 임의의 형태의 두 물체에 대하여 유일한 무게 중심을 정의할 수 없다.

## 14.8 유체의 평형

정의에 의하여, 유체(기체 또는 액체 같은)는 전단력을 지탱할 수 없는 물질이다. 타르와 같은 매우 끈적끈적 한 유체조차 전단력이 영인 평형에 도달 할 때 전단력에 의하여 천천히 변형할 것이다. 따라서 평형상태에 있는 한 유체에 작용하는 유일한 응력은 면에 수직하고 단순히 압력이다.

평형상태에 있는 유체에서 면에 수직인 힘을 설명할 때, 유체의 드러난 면만을 의미하는 것은 아니다. 도리어 어떤 면, 유체 속의 모든 면을 포함된다. 예컨대, 유체의 분자 층간의 면을 상상해 보자. 이 (가상적) 면의 한쪽위의 물질이 다른 쪽의 물질에 힘을 작용하고, 이 힘은 면에 수직이다. 만약 수직이 아니라면, 전단력이 있을 것이고 정의에 의하여 유체는 평형에 있지 않을 것이다.

어떤 유체 말하자면, 물이 찬 큰 탱크를 생각해보자. 압력 게이지 센서를 탱크에 집어넣어 탱크의 임의의 점에서 압력을 측정할 수 있다. 유체는 압력 센서의 표면에 힘을 작용하고 단위 면적당 힘은 유체의 주어진 점에서 압력이다. 유체의 압력이 모든 방향에서 같다는 것은 흥미로운 사실이다. 압력 센서를 회전시켜, 다른 방향을 향하게 한다면, 여전히 같은 값을 읽을 것이다. 압력은 면에 관계없이 같다.

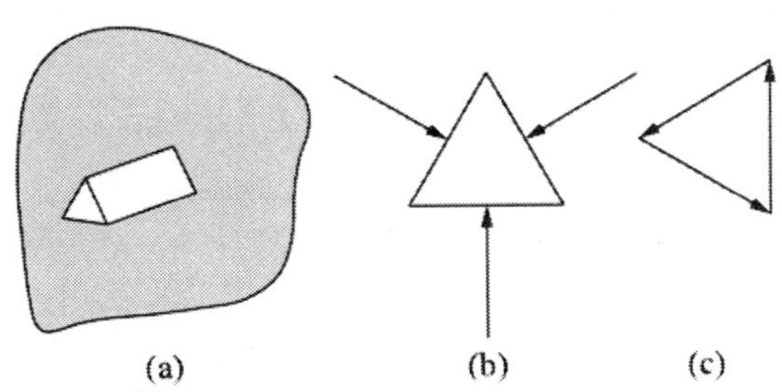


그림 14.12 (a) 등변 프리즘의 형태의 미소 유체 체적소 (b) 프리즘의 직사각형 면에 작용하는 힘은 면에 수직이다. (c) 합력은 영이므로 힘들의 크기는 모두 같다.

이 사실은 단순히 등변 프리즘의 형태를 가진 유체의 영역을 고려함으로 쉽게 증명할 수 있다. (그림 14.12를 보라.) 이 부피소를 무한소라고 하자. 유체는 정지한 상태이기 때문에 이것에 작용하는 알짜 힘은 영이며, 세 힘은 모두 같은 크기이다. 만약 힘들이 같고 표면적도 같다면 압력은 프리즘의 각 면에 대하여 같으므로 압력은 프리즘 면의 방향에 무관하다.

앞의 논증에서 프리즘은 프리즘 안의 유체 무게를 포함하지 않도록 무한소라고 가정하였다.[3] 하지만 중력(또는 어떤 몸체 힘)이 평형상태의 유체에 작용한다면 압력에 추가되는 힘이 있으며 유한한 부피소 $\Delta V$에 작용한다.

$$\mathbf{F} = m\mathbf{g} = (\rho\Delta V)\mathbf{g}$$

여기서 $\rho$는 유체의 밀도이다. 여기서 몸체 힘, $f$는 단위 질량 당 힘으로 정의한다.

$$\mathbf{f} = \rho\mathbf{g} = -\rho g\hat{\mathbf{k}}$$

이다. 위치의 함수로 압력의 표현을 얻으려면 유체의 임의의 점에서 미세 직립 원통을 구성하여야 한다. 상단과 바닥면의 면적은 $dA$이고 두 면간의 길이는 $dz$이다. 원통에 작용하는 힘은 세 개가 있다, 말하자면: (1) 상 단면에 작용하는 압력에 의한 아래 방향 힘, (2) 아래면에 작용하는 압력에 의한 윗 방향 힘 (3) 유체에 작용하는 아래 방향의 중력이다.

원통 바닥을 $z$, 원통 상단 $z+dz$라 하면, 평형조건은

$$\text{위 힘} = \text{아래 힘}$$

3) 몸체 힘(무게)은 부피에 비례하지만, 표면력은 면에 비례한다. 유체소를 영으로 줄이면, 부피는 면적보다 빨리 줄어든다. (부피 $\propto r^3$, 그리고 면적 $\propto r^2$.) 따라서 몸체 힘은 무한히 작은 부피소의 경우 무시할 수 있다.

은 다음과 같이 표현된다.

$$p(z)A = p(z+dz)A + \rho g dz dA$$

미분의 정의를 이용하면, 이 표현은 다음과 같이 쓸 수 있다.

$$\frac{dp}{dz} = -\rho g \tag{14.6}$$

이것은

$$\frac{dp}{dz}\hat{\mathbf{k}} = \mathbf{f}$$

이 표현을 임의의 방향에 따른 변위에 대한 압력 변화에 대한 표현으로 확장하는 쉽고, 다음을 얻는다.

$$\nabla p = \mathbf{f} \tag{14.7}$$

이것은 몸체 힘과 같은 압력경사이다. 이는 일정 압력 면은 몸체 힘에 직교함을 암시한다.

벡터의 미분의 정의를 이용하여, 다음을 얻는다.

$$\int \nabla \mathbf{p} \cdot d\mathbf{r} = \int dp = \int \mathbf{f} \cdot d\mathbf{r}$$

또한

$$p(r) = p(r_0) + \int_{\mathbf{r}_0}^{\mathbf{r}} \mathbf{f} \cdot d\mathbf{r} \tag{14.8}$$

여기서 적분은 유체내의 $\mathbf{r}_0$에서 $\mathbf{r}$까지의 임의의 경로를 따른 것이다. 평형에 있는 유체에 대하여 유체의 모든 점에서 압력이 정의된다는 사실을 주목하라. 또한 이 방정식은 압력 변화가 몸체 힘 $\mathbf{f}$에 의하여 평형이 된다는 것을 말해준다.

방정식 (14.8)은 또한 만약 몸체 힘이 일정하다면, 유체의 한 점에서 압력 증가는 유체의 모든 다른 점에서 같은 크기의 압력을 증가시키는 것을 말해준다. 이것을 파스칼의 법칙이라고 한다.

예를 들어, $p(r_0)$가 유체의 면에서의 압력이라면, 표면 압력의 증가는 유체의 모든 점에 전달된다.

평형에 있는 유체내의 임의의 점에서 압력을 결정하기 위해 식 (14.8)을 적용할 수 있다. 예를 들어, 한 유체가 중력의해서만 작용을 받는다면, 부피소 V에 작용하는 총력은

$$\mathbf{F}_W = \iiint_V \mathbf{f} dV = \iiint_V \mathbf{g}\rho dV = m\mathbf{g} = \text{weight}$$

이다. 여기서 "무게"는 주어진 부피의 유체 무게이다. 압력에 의한 힘은 $V$를 포함하는 면에 대하여 적분하여 얻어질 수 있고,

$$\mathbf{F}_P = -\oint_A \hat{\mathbf{n}} p dA$$

여기서 $\hat{n}$은 바깥을 향하는 수직이다.(마이너스 부호의 이유이다.)

평형인 경우

$$\mathbf{F}_P = -\mathbf{F}_W$$

이것은 예상치 못했던 것을 말하는 것은 아니다. 유체의 무게는 유체에 작용하는 압력에 의하여 지탱된다. 하지만, 유체의 부피를 같은 형태와 크기의 고체로 바꾸었다고 하자. 물체의 외부는 유체이기 때문에 고체에 작용하는 압력은 이전과 같다. 유체가 가하는 힘은 부피내의 물질의 본성에 의존하지 않는다. 하지만 지금 $F_W$는 유체의 무게가 아니라 고체의 무게이다. 따라서 물체에 작용하는 윗 방향 힘(부력)은 밀려나간 유체의 무게와 같다. 이것이 아르키메데스의 원리이다.

---

**예제 14.4** 움직이는 유체의 압력 변화율을 구하라.

**풀이:** 유체에서 압력은 위치와 시간의 함수이다. 따라서,

$$p = p(x, y, z, t)$$

이다. 결과적으로 두개의 시간 변화율을 고려하여야 한다: 고정된 위치에서 시간에 따른 p의 변화와 유체가 새로운 위치로 이동할 때 위치에 따른 p의 변화. 그러므로 다변수 함수의 미분의 정의에 의하여

$$\begin{aligned}\frac{dp}{dt} &= \frac{\partial p}{\partial t} + \frac{\partial p}{\partial x}\frac{dx}{dt} + \frac{\partial p}{\partial y}\frac{dy}{dt} + \frac{\partial p}{\partial z}\frac{dz}{dt} \\ &= \frac{\partial p}{\partial t} + v_x\frac{\partial p}{\partial x} + v_y\frac{\partial p}{\partial y} + v_z\frac{\partial p}{\partial z}.\end{aligned}$$

이것은

$$\frac{dp}{dt} = \frac{\partial p}{\partial t} + \mathbf{v}\cdot\nabla p$$

이것은 "대류 미분"이라 부른다.

**❐ 연습 14.12**

그림 14.12의 직사각형 프리즘면에 작용하는 힘들의 직교좌표 성분들을 덧셈하면 압력은 방향에 무관함을 증명하라.

**❐ 연습 14.13**

식 (14.6)에 이르는 논증을 일반화시켜 만약 압력이 위치의 함수라면 $\nabla f = p$에 의하여 몸체 힘과 관련됨을 보여라. (이것은 식 14.7을 유도하는 것이다.)

**❐ 연습 14.14**

식 (14.7)은 몸체 힘이 보존력임을 암시 하고 있음을 보여라.

**❐ 연습 14.15**

밀도가 일정한 유체의 압력은 $h$를 깊이라 할 때 $p = p_0 + \rho g h$처럼 깊이에 따라 증가함을 보여라. 호수면 아래 3 m 깊이의 압력을 구하라. **답**: $1.3\times 10^5$ 파스칼

**❐ 연습 14.16**

상단에 노즐이 있는 반지름 50 cm의 원통에 1.5 m 높이까지 물이 차있다. 반지름 1 cm의 마개가 바닥에 있다. (a) 공기압이 1기압일 때 마개에 작용하는 힘을 구하라(1 atm$=1.01\times 10^5$ 파스칼, 1 파스칼$=1\ \mathrm{N/m^2}$) (b) 노즐을 펌프에 연결하여 압력이 3 atm이 될 때까지 펌핑하였다. 마개에 작용하는 힘은 무엇인가?

❒ 연습 14.17

유압식 자동차 리프트(자동차를 위로 올리는 장치: 역자주)는 유체가 채워져 서로 연결된 두개의 원통형 기름통으로 구성된다. 한쪽 원통은 반지름이 5 cm이고 공기펌프에 연결되어 있어서 표면 압력을 14.7 lbs/in$^2$에서 44.1 lbs/in$^2$까지 증가시킬 수 있다. 다른 원통은 반지름이 25 cm이다. 다른 원통은 얼마나 무거운 자동차를 유압으로 지지할 수 있을까? **답**: 39,660 N

### 이상 기체

기체의 부피는 압력에 의존한다. 후크의 법칙(응력 ∝ 긴장)에 기초한 기본 방정식은 식 (14.4)로 주어진다. 압력이 무한히 작은 양 $dp$만큼 증가하면 부피는 $dV$ 만큼 감소한고, 식 (14.4)은 다음과 같이 표현될 수 있다.

$$-\frac{dV}{V} = \frac{dp}{B}$$

이 표현을 부피 보다는 밀도로 수식화 하고자 한다. $\rho = m/V$이므로 일정한 질량에 대하여

$$d\rho = -mV^{-2}dV$$

따라서

$$\frac{d\rho}{\rho} = -\frac{mdV}{V^2}\frac{V}{m} = -\frac{dV}{V}$$

결과는

$$\frac{d\rho}{\rho} = \frac{dp}{B}$$

적분을 하여 다음을 얻는다.

$$\rho = \rho_0 \exp\left[\int_{p_0}^{p} \frac{dp}{B}\right]$$

표준 온도와 압력 조건하의 대부분의 기체들은 이상 기체 법칙에 상당히 잘 일치 한다.

$$pV = nRT$$

여기서 $T$는 압력, $n$은 몰수, $R$은 기체 상수이다. $\rho$는 부피를 질량으로 나눈 것으로 정의되고, 질량은 $nM_W$(여기서 $M_W$는 분자 무게이다.) $n/V$를 $\rho/M_W$로 바꿀 수 있고 이상 기체 법칙을 다음과 쓴다.

$$\rho = \frac{M_W}{RT}p$$

식 (14.6)을 이용하면 기압 방정식을 얻는다.

$$\frac{dp}{dz} = -\frac{gM_W}{RT}p$$

예를 들어 등온 대기를 고려하자. 등온 대기란 온도가 일정한 대기이다. 물론 이것은 지구의 실제 대기와 같지는 않고, 꽤 복잡한 온도 구조를 가지고 있다. 그럼에도 불구하고, 영의 근사는 유용한 정보를 준다. $dp/dz$를 적분하면

$$p = p_0 \exp\left[-\frac{gM_W}{RT}(z - z_0)\right]$$

를 얻는다. 여기서 $z_0$는 보통 해수면으로 잡고 영으로 놓는다. 그리고 $p_0$는 해수면에서 압력이다. (보통 1 atm으로 가정한다.)

**예제 14.5**

대기의 온도가 고도에 따라 선형으로 감소한다고 가정하자: $T = T_0 - \alpha z$.(이것은 등온 대기로 가정하는 것 보다 약간 더 현실적이다.) 압력에 대한 표현을 구하라.

**풀이:** 주어진 기압 방정식:

$$\frac{dp}{dz} = -\frac{gM_W}{RT}p = \frac{gM_W p}{R}\frac{1}{T_0 - \alpha z}$$

그러므로

$$\frac{dp}{p} = -\frac{gM_W}{R}\frac{dz}{T_0 - \alpha z},$$
$$\int_{p_0}^{p}\frac{dp}{p} = -\frac{gM_W}{R}\int_0^z \frac{dz}{T_0 - \alpha z},$$
$$\ln(p/p_0) = \frac{M_W g}{\alpha R}\ln\left(\frac{T_0 - \alpha z}{T_0}\right) = \frac{M_W g}{\alpha R}\ln\left(1 - \frac{\alpha}{T_0}z\right)$$

따라서

$$p = p_0 \left(1 - \frac{\alpha}{T_0} z\right)^{M_W g/\alpha R}$$

□ 연습 14.18

압력 변화 $dp/dz = -(gM_W/RT)p$을 적분하여 등온 대기에서 고도의 함수로 압력에 대한 위의 표현을 얻어 보아라.

## 14.9 달랑베르의 원리와 가상 일

기계공학도들이 평형조건을 찾고 구속력을 찾는데 사용하는 기법은 프랑스의 수학작이자 철학자인 쟝 달랑베르(1717-1783)가 명시한 원리에 바탕을 두고 있다.

구속력은 일반화 좌표와 관련되는 방정식이다(4.4절을 보라). 일반화 좌표를 포함하는 한 구속력(그리고 일반화된 속도와 그 외의 양이 아닌)은 홀로노믹 구속력이다 부른다. 구속력은 한 좌표를 다른 좌표로 표현하는데 쓰일 수 있고 운동을 기술하는데 필요한 좌표수를 줄인다. (그리고 결과적으로는 풀어야 할 라그랑지 방정식의 수를 하나 줄인다.)[4)]

달랑베르의 원리는 어떤 점에서 뉴턴의 제2법칙을 다시 기술한 것이다. 그러나 이것은 고급역학에 매우 유용하게 표현된 것이다. $N$ 입자 계에 대하여 달랑베르 원리는

$$\sum_{i=1}^{N} \left(\mathbf{F}_i^{ext} - \dot{\mathbf{p}}_i\right) \cdot \delta \mathbf{r}_i = 0 \tag{14.9}$$

여기서 $F_i^{ext}$는 입자 I에 작용하는 외력이고, $\dot{p}_i$는 운동량의 변화율이다. 뉴턴의 제2법칙에 의하여 괄호 안의 항은 영임이 명확하다. 그러므로 이항에 $\delta r_i$를 곱하는 것은 영향이 없다. 또한 모든 입자에 대하여 더하는 것은 모두 영인 항들의 합이다. 따라서 이 표현이 영이라는 것은 명백하게 사실이라는 것이다. 아직 명확하지 않은 것은 어찌하여 이 특별한 형식이 어떤 가치를 가진다는 것이다.

4) 한 계에 작용하는 구속력이 홀로노믹이면, 라그랑지 승수법이라 불리는 기법으로 계산할 수 있다. 이 주제는 보통 대학원 역학 과정으로 미루어지기 때문에 여기서는 더 이상 고려하지 않겠다.

달랑베르의 원리를 직교좌표로 표현하면 편리하다. 달랑베르 원리의 스칼라 형태는

$$\sum_{i=1}^{n=3N}\left(F_i^{ext}-\dot{p}_i\right)\delta x_i=0 \tag{14.10}$$

여기서 (14.9)의 $\delta r_i$ 또는 (14.10)의 $\delta x_i$를 가상 변위라고 한다. 가상 변위는 다음의 성질을 가지고 있다: 즉각적(즉 $dt=0$이다.), 무한히 작고 어떠한 구속력이 작용하는 계에도 성립한다. 이것은 시간은 일정하게 유지되고 계에 작용하는 힘과 구속력은 가상 변위가 일어나는 동안 변화 없다. 가상 변위 동안 해준 일은 가상 일이라고 부른다. 가상 일의 원리는 평형 계에 대하여 어떠한 가상 변위 중에 해준 일은 영이라는 것이다. 즉

$$\delta W=\sum_i Q_i\delta q_i=0 \tag{14.11}$$

여기서 $Q_i$는 보통과 다음과 같이 정의되는 일반화 힘이다.

$$Q_j=\sum_i F_i\frac{\partial x_i}{\partial q_j}$$

이것은 다음과 같이 나타낼 수 있다. $\sum F_i\delta x_i=\sum Q_j\delta q_j$. 이식은 복잡 계의 평형조건을 찾는데 유용한 방법이다.

**예제 14.6**

두개의 매끈한 경사면이 최고점에서 연결되어 있다. 평면은 그림 14.13에 나타낸 것처럼 수평면과 각도 $\theta_1$과 $\theta_2$를 이룬다. 두 질량 $m_1$, $m_2$는 이상적인 도르래를 지나 끈으로 연결되어 있다. 가상 일의 원리를 이용하여 평형조건을 구하라.

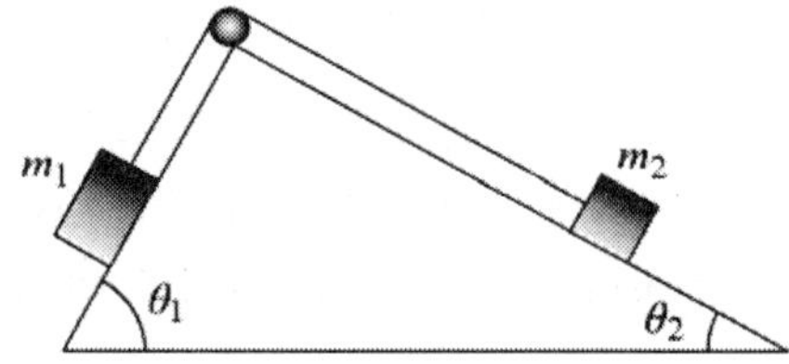


그림 14.13 ▌ 두 질량이 경사면 상에서 끈으로 연결되어 있다. 평형조건을 구하라.

**풀이:** 질량 $m_1$은 경사면을 올라가고, 질량 $m_2$는 다른 경사면을 따라 내려올 때의 가상 변위를 $\delta x$라 가정하자. $m_1$에 작용하는 중력은 $-m_1 g\sin\theta_1$이고, $m_2$에 작용하는 힘은 $m_2 g\sin\theta_2$이다. 가상 일의 원리에 따르면,

$$-m_1 g\sin\theta_1\delta x + m_2 g\sin\theta_2\delta x = 0$$

따라서 평형은 다음이 필요하다.

$$\frac{m_1}{m_2} = \frac{\sin\theta_2}{\sin\theta_1}$$

❒ 연습 14.19

두 질량이 같은 애트우드의 기계를 고려하자. 식 (14.11)이 이 계에서도 성립함을 보여라.

### 14.9.1 라그랑지 방정식의 유도

달랑베르 원리의 흥미로운 면은 다른 방식으로 라그랑지 방정식을 얻을 수 있다는 것이다. 달랑베르 원리의 두 번째 항, 즉 $\dot{p}_i\delta x_i$을 고려하여 시작해 보기로 하자. 모든 입자에 대한 $\dot{p}_i\delta x_i$의 합은

$$\sum_{i=1}^{n}\dot{p}_i\delta x_i = \sum_{i=1}^{n}\dot{p}_i\sum_{j}^{k}\frac{\partial x_i}{\partial q_j}\delta q_j = \sum_{i=1}^{n}m_i\ddot{x}_i\sum_{j=1}^{k}\frac{\partial x_i}{\partial q_j}\delta q_j \tag{14.12}$$

여기서 만약 $x_i = x_i(q_{1,\ldots,}, q_k)$라면

$$\delta x_i = \frac{\partial x_i}{\partial q_1}\delta q_1 + \frac{\partial x_i}{\partial q_2}\delta q_2 + \cdots + \frac{\partial x_i}{\partial q_k}\delta q_k = \sum_{j=1}^{k}\frac{\partial x_i}{\partial q_j}\delta q_j$$

의 사실을 이용하였다.

또한

$$\frac{d}{dt}\left(m_i\dot{x}_i\frac{\partial x_i}{\partial q_j}\right) = m_i\ddot{x}_i\frac{\partial x_i}{\partial q_j} + m_i\dot{x}_i\frac{d}{dt}\frac{\partial x_i}{\partial q_j} \tag{14.13}$$

이 식의 첫 번째 항은 $\partial x_i/\partial q_j$를 포함하고 있다. 일반화 좌표에 관련한 유용한 관계식은

$$\frac{\partial x_i}{\partial q_j} = \frac{\partial \dot{x}_i}{\partial \dot{q}_j} \tag{14.14}$$

식 (14.13)의 마지막 항은 다음의 표현을 포함하고 있다.

$$\frac{d}{dt}\frac{\partial x_i}{\partial q_j} = \frac{\partial \dot{x}_i}{\partial q_j} \tag{14.15}$$

식 (14.13), (14.14), (14.15)를 이용하면, 식 (14.12)은 다음과 같이 변한다.

$$\begin{aligned} \sum_i \dot{p}_i \delta x_i &= \sum_{i,j}\left[\frac{d}{dt}\left(m_i \dot{x}_i \frac{\partial x_i}{\partial q_j}\right) - m_i \dot{x}_i \frac{\partial \dot{x}_i}{\partial q_j}\right]\delta q_j \\ &= \sum_{i,j}\left[\frac{d}{dt}\left(m_i \dot{x}_i \frac{\partial \dot{x}_i}{\partial \dot{q}_j}\right) - m_i \dot{x}_i \frac{\partial \dot{x}_i}{\partial q_j}\right]\delta q_j \end{aligned} \tag{14.16}$$

이제 운동에너지 $T = \sum(1/2)m\dot{x}_i^2$이므로,

$$\frac{\partial T}{\partial q_j} = \frac{\partial}{\partial q_j}\sum_i\left(\frac{1}{2}m_i \dot{x}_i^2\right) = \sum_i m_i\left(\dot{x}_i \frac{\partial \dot{x}_i}{\partial q_j}\right)$$

$$\frac{\partial T}{\partial \dot{q}_j} = \frac{\partial}{\partial \dot{q}_j}\sum_i\left(\frac{1}{2}m_i \dot{x}_i^2\right) = \sum_i m_i\left(\dot{x}_i \frac{\partial \dot{x}_i}{\partial \dot{q}_j}\right)$$

식 (14.16)의 우변을 비교하면 다음을 알게 된다.

$$\sum_i \dot{p}_i \delta x_i = \sum_j\left[\frac{d}{dt}\frac{\partial T}{\partial \dot{q}_j} - \frac{\partial T}{\partial q_j}\right]\delta q_j$$

마침내 달랑베르 원리는 다음과 같이 된다.

$$\begin{aligned} \sum_{i=1}^{N}\left(F_i^{ext} - \dot{p}_i\right)\delta x_i &= \sum_j Q_j \delta q_j - \sum_j\left[\frac{d}{dt}\frac{\partial T}{\partial \dot{q}_j} - \frac{\partial T}{\partial q_j}\right]\delta q_j = 0 \\ 0 &= \sum_j\left(Q_j - \frac{d}{dt}\frac{\partial T}{\partial \dot{q}_j} + \frac{\partial T}{\partial q_j}\right)\delta q_j. \end{aligned}$$

$\delta q_j$가 독립적이라는 사실을 이용하면, 합의 각항들은 각각 영과 같음이 확실하다. 그러므로

$$\frac{d}{dt}\frac{\partial T}{\partial \dot{q}_j} - \frac{\partial T}{\partial q_j} = Q_j \tag{14.17}$$

이 유도는 라그랑지 방정식을 일반화 힘과 운동에너지의 형태로 나타낸다. 이전에 라그랑지 방정식의 다른 형태를 본 바 있을 것이다. (식 4.10을 보라.)

❐ 연습 14.20

식 (14.17)에서 출발하되, 일반화 힘은 일반화 속도와 무관한 퍼텐셜로 부터 유도 가능함을 보여라. 보통 형태 (식 4.8)의 라그랑지 방정식을 유도하라.

## 14.10 요약

이번 단원은 큰 물체의 정역학에 관한 것으로 정적 평형 조건의 해석, 즉

$$\sum \mathbf{F}_i = 0$$
$$\sum \mathbf{N}_i = 0$$

으로 출발하였다. 이 조건은 힘의 합이 영이고, 토크의 합이 영인 것이다. 정역학 공부에 사용되는 개념과 용어에 익숙해지기 위하여 몇 개의 정리 및 정의를 배웠다. 예를 들어 짝힘, 합성력 그리고 평형력 등이었다. 임의의 힘의 계는 하나의 힘과 짝힘으로 줄일 수 있음을 알았다.

다음 주제는 훨씬 고급이었는데, 매달린 케이블의 연구였다. 두개의 응용이 있었고, 현수교와 자신의 무게에 의하여 쳐진 로프에 관한 것이었다. 다리를 지지하는 케이블의 형태는 포물선이다.

$$y = \frac{w}{2T_c}x^2 + c$$

그리고 자신의 무게에 의하여 쳐진 로프의 형태는 현수선이다.

$$y = c\cosh\left(\frac{x}{c}\right)$$

후크의 법칙은 응력과 긴장은 비례함을 알려준다. 응력을 단위 면적당 힘이라고 정의하면, 다음의 세 개의 표현에 도달한다.

| 법칙 | 응력 | 비례상수 |
|---|---|---|
| $\frac{F}{A} = Y\frac{\Delta l}{l}$ | 장력 | $Y=$ 영률 |
| $\frac{F}{A} = -B\frac{\Delta V}{V}$ | 압력 | $B=$ 부피탄성율 |
| $\frac{F}{A} = n\tan\theta$ | 전단력 | $n=$ 전단 탄성계수 |

힘이 통과하는 면의 방향을 고려하면 기술은 되었지만, 사용한 하지 않았던 응력텐서 개념에 도달한다.

무게 중심은 질량 중심의 물리적 개념과 유사한 기하학적 개념이다. 부피, 면, 선의 무게 중심 다음과 같이 정의된다.

$$\mathbf{R} = \frac{1}{V}\int \mathbf{r}d\tau$$

$$\mathbf{R} = \frac{1}{A}\int \mathbf{r}dA$$

$$\mathbf{R} = \frac{1}{S}\int \mathbf{r}ds$$

무게 중심의 어떤 성질은 파프스의 두 정리에 정리되어 있다.

질량 $M$인 큰 물체의 무게 중심 위치는 큰 물체가 작은 점 질량에 작용하는 것과 같은 중력이 점 질량 $M$이 점 질량 $m$에 작용하는 중력이 작용하는 위치에 있다.

다음 주제는 유체의 평형에 관한 간단한 연구였으며, 압력 장은 몸체 힘 $f=\rho g$은 다음에 의해 관계됨을 보았다.

$$\mathbf{f} = \nabla p$$

두 개의 중요한 응용은 아르키메데스의 원리와 파스칼의 법칙이었다. 이들을 평형의 유체와 지구의 대기에 대하여 적용하였다.

마지막은 정역학 연구의 고급 주제로 달랑베르의 원리와 가상 일을 배웠다. 가상 일을 정의하였고 평형에 있는 계에 가상 변위에서 가상 일은 영임에 주목하였다. 또한 달랑베르의 원리로부터 라그랑지 방정식을 유도할 수 있음을 보았다.

## 14.11 문제

**[문제 14.1]** 예술 작품이 길이 $L$, 질량 $M$인 막대로 구성되어 있다. 막대의 양쪽 끝은 줄로 지지되어 있다. 줄은 벽에 붙어 있어 막대는 벽 사이에 떠 있다. 수평과 줄이 이루는 각은 $\theta$와 $\phi$이다. 수평과 막대가 이루는 각도를 구하라. 줄의 장력을 구하라.

**[문제 14.2]** 질량 $M$, 길이 $L$인 강체 막대가 막대 끝에 붙어 있는 두 끈에 의하여 한 점에 걸려 있다. 각 줄의 길이는 $L$이다. 질량이 $M$인 물체가 막대의 한쪽 끝에 매달려 있다. 수평과 이루는 각과 끈의 장력을 구하라. 그림 14.14를 보라.

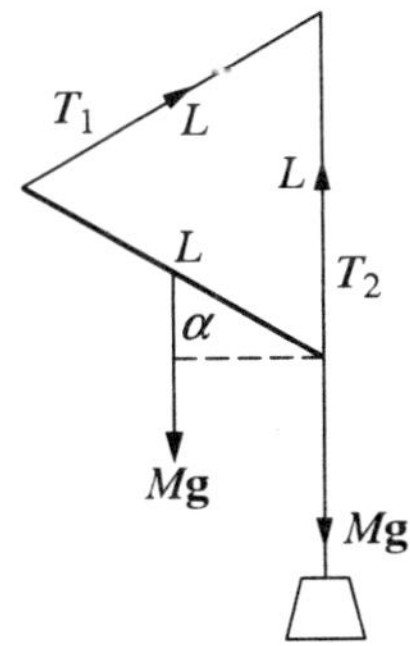


그림 14.14 ▌ 매달린 막대 문제 14.14를 보라.

**[문제 14.3]** 바닥과 벽에 못 박혀 있는 부드러운 막대가 그림에서 보인 것처럼 수평과 30°를 이룬다. 질량 $m$인 고리가 이 마찰 없는 막대위에서 미끄러진다. 끈이 고리를 통과한다; 끈의 한쪽 끝은 바닥의 한점에 붙어 있고 끈의 다른 끝은 질량 3 m의 무게를 지지한다. 끈의 두 부분의 사이 각 $\phi$를 구하라. 막대는 움직이지 않고, 고리는 막대를 따라 미끄러진다.

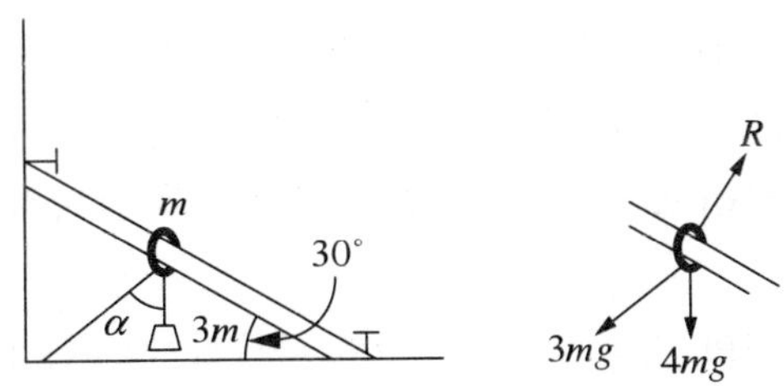


그림 14.15 ▌ 왼쪽 묘사된 것은 구성이고 오른쪽에 묘사 한 것은 문제 14.3의 고리에 작용하는 힘이다.

**[문제 14.4]** 한 면이 2 m인 납작한 강체 판에 다음 힘에 의하여 모서리에 힘이 가해진다: $F_1 = 10\hat{j}$이 (-1,1)에 작용, $F_2 = 5\hat{i} - 5\hat{j}$이 (1,-1)에 , $F_3 = 10\hat{j}$이 (-1,-1)에 그리고 $F_4 = 10\hat{j}$이 (1,1)에 작용한다. 힘의 단위는 뉴턴이다. (0,0)에 판의 중심이 있다. 합성력과 평형력을 구하라.

**[문제 14.5]** 모질량 $M$, 반지름 $a$인 원통 파이가 탁자위에 세워져 있다. 질량 $m$ 반지름 $r$의 두 개의 당구공을 파이프로 떨어뜨렸다. $r > a/2$로 가정하라. 파이프는 $M \geq 2m(1 - \frac{r}{a})$이면 쓰러지지 않음을 보여라.

**[문제 14.6]** 발판 사다리는 길이 $l$, 질량 $m$인 마찰 없는 선회 축(피봇)을 가진 최고점에서 두 개의 사다리를 붙여 만든 것이다. 사다리를 세우는 세 번째 방법인 길이가 $s$인 수평 끈이 점 $S$, $S'$에 연결되어 있다. 이 계는 매끈한 바닥에 가만히 있는 상태이다. 끈의 장력은 얼마인가? (그림 14.16)

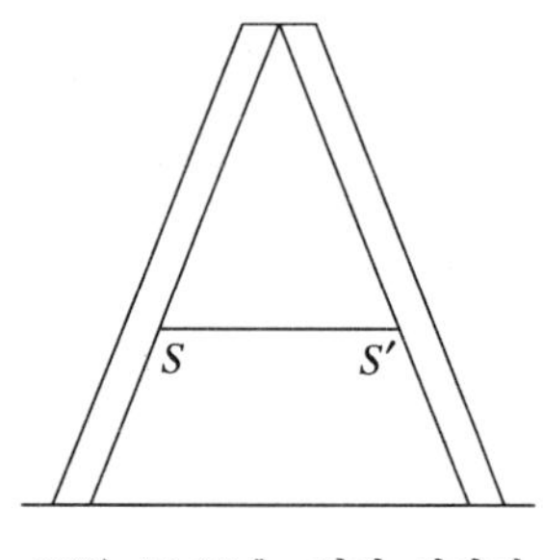

그림 14.16 ▌ 발판 사다리

**[문제 14.7]** 그림 14.7의 막대를 고려하자. 장력 T2를 가진 끈이 끊어지면 막대는 회전하고 똑바로 매달릴 때까지 움직인다. 끈이 끊어지는 순간 막대에 작용하는 힘의 평형력을 구하라.

**[문제 14.8]** 무게 $W$, 길이 $l$의 사다리가 매끈한 바닥위에 서있다. 바닥과 사다리 사이 각은 $\alpha$이다. 예상했겠지만 마찰이 없기 때문에 사다리는 미끄러진다. 평형력을 얼마인가? (얻어야 할 답의 표현은 수직력을 포함할 것이다.)

**[문제 14.9]** 한 변의 길이가 1m인 등변 삼각형이 그림 14.17에 나타낸 것처럼 10 N의 힘을 받고 있다. (a) 물체의 운동을 기술하라. (b) 평형력을 구하라.

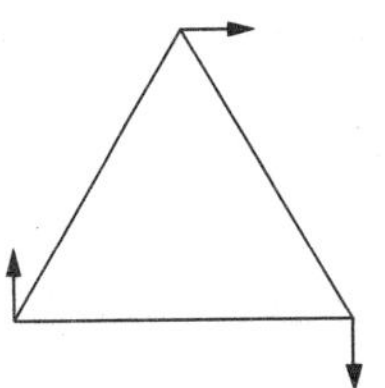

그림 14.17 ▌ 같은 크기의 힘을 받는 등변 삼각형

**[문제 14.10]** 한 변의 길이가 $a$인 정육면체의 한 모서리는 원점에 있고 대각선 방향으로 반대인 모서리가 $(a,a,a)$에 있다. 변들은 축과 나란하다. 정육면체가 작용하는 힘의 크기는 모두 같고 F이다. $(0,0,0)$의 모서리에 작용하는 힘은 $F\hat{i}$이다. $(0,a,a)$의 모서리에 작용하는 힘은 $F\hat{j}$ 그리고 $(a,a,a)$의 모서리에서 작용하는 힘은 $F\hat{k}$이다. 동등한 단일 힘과 짝힘을 구하라. (그림 14.18을 보라.)

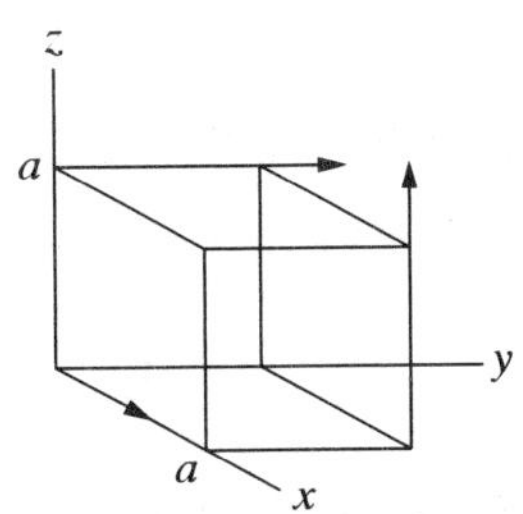


그림 14.18 ▌ 모서리에 크기는 같지만 다른 방향인 힘을 받는 정육면체

**[문제 14.11]** 현수선의 방정식(식 14.2)을 전개하여 장력이 크다면 $y \simeq c + x^2/2c$가 됨을 보여라.

**[문제 14.12]** 단면적이 변하는 매달린 케이블의 즉 가운데 부분이 가장 작고 지지점에서 가장 큰(높이는 같다고 가정한다.)을 고려하자. 케이블의 두께는 단면의 면적 당 장력은 케이블에 나란히 일정하다. 이렇게 케이블이 끊어질 확률은 모든 점에서 같아진다. 이런 케이블의 장력은 면적에 비례하고 단위 길이 당 무게 $w$에도 비례한다. 즉 $T = kw$, 여기서 $k$는 비례상수이고 $w$는 케이블의 길이에 따라 변한다. (a) 이러한 케이블은 다음과 같이 주어짐을 보여라.

$$y = k \log \sec \frac{x}{k} + c$$

여기서 $c$는 적분 상수이다. (b) 이런 케이블의 최대로 가능한 길이는 $\pi k$이다.

**[문제 14.13]** 퍼텐셜의 테일러급수를 이용하여 평형으로부터 작은 변위로부터 후크의 법칙을 유도할 수 있음을 보여라(간단히 하기 위해 1차원 변형을 가정하여도 된다.).

**[문제 14.14]** 토러스의 부피에 대한 공식을 얻어라. (파프스의 정리를 이용하라.)

**[문제 14.15]** 질량 $M$인 두 개의 균일한 공이 $x=\pm a$에 있다. $y$-축 상에 점 $P$에 대한 무게 중심을 찾아라. 그리고 $P$까지의 거리가 증가하면 무게 중심과 질량 중심은 서로 접근함을 보여라.

**[문제 14.16]** 두개의 공으로 구성된 인공위성(입자로 근사한다)이 각각 질량 $m$을 가지고 있다. 이들은 질량 없는 길이 $l$의 막대로 연결되어 있다. 지구에 대하여 반지름 $r$인 원 궤도에 있는 인공위성의 두 질량은 지구중심으로부터 지름방향 선을 따라 놓여 있다. 인공위성의 질량 중심과 무게 중심사이의 거리 $h$를 구하라.

**[문제 14.17]** 길이 20 km인 원통막대가 지표면에 수직하게 유지되어있다. 질량 중심과 무게 중심 사이의 거리를 구하라. (지구는 중심점에서의 점 질량으로 가정하라.) (힌트: 이항 전개를 이용하라.)

**[문제 14.18]** 지구는 편평한 타원체(oblate spheroid)라서 적도의 반지름이 극의 반지름 보다 약간 길다. 다음의 "사고 실험"을 통하여 이 두 반지름의 길이를 측정할 수 있다. 북극으로 지구 중심까지 터널을 뚫고 90° 회전하여 적도에서 나오도록 한다. 터널은 가장자리까지 물로 채워 넣는다. 지구의 밀도가 일정하다고 하면 적도 지방의 터널이 극지방 터널보다 얼마나 더 길까? 다음은 지구의 밀도가 깊이에 선형으로 변하고 중심에서는 $\rho_0$이다.

**[문제 14.19]** 어떤 환경에서 대기권의 낮은 곳은 단열적이라고 볼 수 있다. 단열 대기를 가정하면 온도와 압력 사이의 관계는

$$\frac{dT}{dP}=\frac{2}{7}\frac{T}{P}$$

이다. (대충 말하면 공기는 분자량 29인 이원자 이상 기체이다.) 고도에 따른 온도 감소율의 표현을 구하라.

**[문제 14.20]** 식 (14.14)에 주어진 관계식을 증명하라. 이것은 일반화 좌표의 어떤 집합에 대하여 다음을 보이는 것이다.

$$\frac{\partial x_i}{\partial q_j} = \frac{\partial \dot{x}_i}{\partial \dot{q}_j}$$

**[문제 14.21]** 다음을 보여라.

$$\sum_i F_i \delta x_i = \sum_j Q_j \delta q_j$$

**[문제 14.22]** 그림 14.13의 두 평면은 매끈하지 않고 마찰계수가 $\mu$이다. 이 계는 평형상태에 있다. 가상 일의 원리를 이용하여 마찰계수의 표현을 구하라.

## 컴퓨터 과제

**계산기법: 선형 방정식의 풀이**

정역학 문제는 선형방정식을 푸는 것이 개입된다. 매트랩(MatLab)과 같은 컴퓨터 대수시스템은 보통 이런 방정식을 쉽게 풀 수 있는 내부 함수를 가지고 있다. 예를 들어 세 개의 변수의 세 개의 방정식을 고려하자.

$$\begin{aligned} a_{11}x_1 + a_{12}x_2 + a_{13}x_3 &= b_1 \\ a_{21}x_1 + a_{22}x_2 + a_{23}x_3 &= b_2 \\ a_{31}x_1 + a_{32}x_2 + a_{33}x_3 &= b_3 \end{aligned}$$

여기서 $a, b$는 알려진 양이고 $x$를 구하고자 한다. 행렬 표시를 하면 이 식들은 다음과 쓸 수 있다.

$$\begin{pmatrix} a_{11} & a_{12} & a_{13} \\ a_{21} & a_{22} & a_{23} \\ a_{31} & a_{32} & a_{33} \end{pmatrix} \begin{pmatrix} x_1 \\ x_2 \\ x_3 \end{pmatrix} = \begin{pmatrix} b_1 \\ b_2 \\ b_3 \end{pmatrix}$$

즉

$$\mathcal{A}\mathrm{x} = \mathrm{B}$$

매트랩의 문법으로는

$$\mathbf{x} = \mathcal{A}/\mathrm{B}$$

(역 슬래시를 주의하라. 자세히 들어가지 않지만 벡터 $x$의 풀이 과정은 기본적으로 $x_1$에 대한 방정식을 나머지 방정식에 대입하는 가우스 소거라고 불리는 기법을 이용한다. 그 다음 $x_2$에 대하여 풀고 나머지 방정식에 대입하고 해서 마지막 $x$를 계수들로 얻어낸다. 최종 역 대입은 모든 $x$의 값들을 준다.

**[컴퓨터 과제 14.1]** 그림 14.14에서 막대와 끈의 길이를 80 cm라고 가정하자. 각도 $\alpha$는 15°이며 매달린 막대의 질량은 12 kg이다. $T_1$, $T_2$를 구하고 물체의 질량을 구하라.

**[컴퓨터 과제 14.2]** 기상학자들은 기상학적 양들의 변화를 고도에 따라 감소하는 압력의 그 함수로 나타낸다. 온도가 단열적으로 감소(압력과 온도는 $p^{1-\gamma}T^{\gamma}$로 관계된다) 한다고 가정하고 대기압의 함수로 온도의 그림을 그려라. $\gamma = 1.4$로 놓고 지표면에서 압력과 온도는 1기압 및 298 K이다.

**[컴퓨터 과제 14.3]** 자신의 무게로 쳐진 로프의 방정식은 $y = \cosh(\frac{x}{c})$가 됨을 알았다. 다음을 기억하라.

$$\cosh u = \frac{1}{2}(e^{u} + e^{-u})$$

$e^{u}$와 $e^{-u}$와 $\frac{1}{2}(e^{u} + e^{-u})$를 그려 현수선을 만들어라. 현수선의 가장 낮은 점은 원점으로부터 거리가 $c$이다.

CHAPTER 15

# 회전 운동학

이번 단원과 다음 단원에서는 강체의 일반적 운동을 공부한다. 이것은 매우 복잡한 주제이다. 이 주제는 이전에 접해 보지 않았던 수학적 개념들이 포함되어 있다. 우리는 벌써 고정된 축에 대하여 대칭 물체의 회전을 연구하였다. 이제 고정 점에 대한 회전으로 일반화 하고자 한다. 예를 들어, 회전하는 팽이를 고려하자. 팽이는 대칭 축 주위로 회전하는 대칭의 물체이다. 팽이가 매우 빠른 속도로 회전하면, 팽이는 직립한 상태를 유지한다. 그리고 미끄러지지 않는 한 팽이의 질량 중심의 정지한 상태이다. 하지만, 팽이의 속도가 느려지면, 기울어지고 회전축은 연직방향에 대하여 세차 운동한다. 하지만 보통 팽이는 고정된 점, 말하자면, 지면과의 접촉점을 가지고 있다. (다음 단원에서는 이 운동을 분석한다.)

한 고정점에 대한 회전의 또 다른 예를 그림 15.1에 나타내었는데, 축이 관통한 디스크이다. 이 경우 축은 디스크와 직교하지 않는다. 만약 이 계가 어떤 형태로든 지지되지 않는다면(엉성하게 디자인된 인공위성을 상상하라), 이 비대칭적 물체는 회전 하면서 흔들거릴 것이다. 회전축이 일정한 방향을 가지지 않는다. 질량 중심이 정적이라면, 이 회전은 고정점에 대한 것이다.

고정점에 대한 물체의 회전을 해석하는 것은 계의 회전 동역학을 발전시키는 것이다. 2단원에서 학습한 점 입자의 운동학을 기억하라. 이 학습에서는 입자의 위치(뿐만 아니라 속도와 가속도까지)를 기술하는 법을 수반하였다. 이제 비슷한 방법으로 강체의 방향을 어떻게 기술하는가와 물체가 회전함에 따라 이것은 어떻게 변하는 가를 배우게 될 것이다.

수학적 관점에서는 강체의 회전은 직교 변환으로 볼 수 있다. 곧 보게 되겠지만 직교변환 해석은 오일러 각과 오일러의 정리의 학습으로 나간다. 오일러 각은 임의의 주어진 초기 방향으로부터 임의의 최종 방향으로 변환하는 3개의 각을 나타낸다.

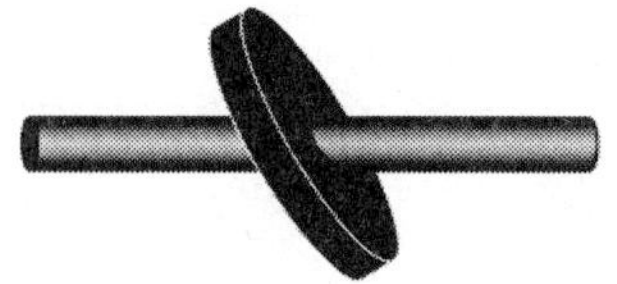

그림 15.1 ▌ 축에 대하여 대칭이 아닌 물체는 회전하면 뒤뚱거릴 것이다.

오일러 정리는 순조롭게 진행하면 물체의 임의의 초기 방위에서 단순한 한 번의 회전만으로 임의의 최종 방위로 옮겨 준다. (여기서 이번 단원의 어떤 부분은 꽤 어렵다는 것을 경고하지 않을 수 없다.)

## 15.1 강체의 방위

강체의 모든 점은 서로에 대하여 일정한 거리를 유지한다. 이것은 두 점 $i$와 $j$ 간의 거리가 구속 방정식에 의하여 주어짐을 의미한다.

$$|\mathbf{r}_j - \mathbf{r}_i| = r_{ij} = \text{constant}$$

강체가 한 고정점에 대하여 회전한다고 하자. 이것은 공간에 고정된 물체 속의 한 점이 있으며, 물체의 다른 점들은 위의 구속 조건을 잘 따르면서 움직인다는 것이다.[1)] 우리의 임무는 가장 작은 집합의 독립(일반화된) 좌표로 물체의 운동을 기술하는 것이다.

6개의 좌표만으로 강체의 위치와 방위를 기술하는 데 충분하다. (이 말이 진실임을 증명할 것이다; 이 설명은 약간의 추상적 논증이 필요함을 환기 시킨다.) 물체의 방위를 정하기 위하여 같은 선상에 있지 않는 세 점의 상대적 위치를 알아야 한다. 세 좌표는 물체 속의 특별한 점 P를 정하는데 필요하다-이점은 종종 질량 중심이 된다. $P$에 대하여 두개의 점의 위치가 더 필요하다. 두 번째 점은 물체가 $P$에 대하여 어떻게 회전하더라도 $P$로부터 주어진 거리 $d$ 떨어진 곳에 있어서, $P$에 중심을 두고 거리 $d$인 구의 표면상의 어딘가에 있어야만 한다. 두개의 좌표는 구의 표면상의 한 점의 위치를 기술하는데 충분하기 때문에 이 두 번째 점의 상대적 위치를 결정하는데 두개의 좌표가 필요하다. 아직 앞의 두 점에 대하여 세 번째 점의

1) 고정 축에 대하여 물체가 회전하는 경우, 축 상의 모든 점은 공간에 고정되어 있으며 축에 대하여 원 운동하는 축 밖의 모든 점들에 대한 구속조건이 존재한다. 하지만 여기서는 오직 한 개의 고정점(아마도 질량 중심)을 가진 물체만을 고려한다.

위치를 정해야만 한다. 앞의 두 점 사이에 선을 긋는다. 이제 물체는 이 들 두 점의 위치를 변화시키지 않고 점들을 통과하는 축에 대하여 회전할 수 있다. 따라서 세 번째 점은 이 선을 중심으로 하는 원 상에 있다; 위치를 정하는데 필요한 좌표는 한개 이다. 결과로 총 여섯 개의 독립 변수만 가지고 충분히 물체의 위치와 방위를 정할 수 있다.

질량 중심과 같은 한 점이 알려진 위치에 고정되었다면, 오직 세 개의 좌표만으로 물체의 방위를 기술할 수 있다. 질량 중심이 $x$, $y$, $z$로 표시되는 관성 직교좌표의 원점에 있다고 하자. $x'$, $y'$, $z'$은 물체 안에 고정되어 있고 물체와 함께 회전하는 또 다른 직교 좌표라고 하자. 이 두 좌표계는 그림 15.2에 표시되어 있다. 물체의 방위는 관성 좌표계에 대하여 회전(표시한) 좌표의 방위에 의하여 주어진다. $x'$, $y'$, $z'$의 $x$, $y$, $z$에 대한 방위는 세 개의 독립적인 양에 의하여 기술될 수 있다. 이것에 대한 다른 표현은 $x$, $y$, $z$가 세 개의 회전으로 $x'$, $y'$, $z'$로 변환될 수 있다는 사실을 지적하는 것이다.

두 좌표계의 기본 벡터를 $\hat{\mathbf{i}}$, $\hat{\mathbf{j}}$, $\hat{\mathbf{k}}$와 $\hat{\mathbf{i}}'$, $\hat{\mathbf{j}}'$, $\hat{\mathbf{k}}'$로 표시하자. 표시하지 않은 축에 대하여 $x'$축의 방향은 방향 코사인 $\alpha_1$, $\alpha_2$, $\alpha_3$에 의하여 정의된다.

$$\begin{aligned} \alpha_1 &= \cos(x', x) = \hat{\mathbf{i}}' \cdot \hat{\mathbf{i}} \\ \alpha_2 &= \cos(x', y) = \hat{\mathbf{i}}' \cdot \hat{\mathbf{j}} \\ \alpha_3 &= \cos(x', z) = \hat{\mathbf{i}}' \cdot \hat{\mathbf{k}} \end{aligned} \tag{15.1}$$

비슷하게 $y'$과 $z'$축의 방향들도 방향 코사인으로 정해진다. 9개의 방향 코사인 (각 축에 세 개씩) 고정된 (또는 관성) 축에 대하여 (또는 물체) 축의 방위를 준다. 하지만 9개의 양이 두 축의 상대적 방위를 기술하는데 필요하다는 것은 아니다. 이것은 모든 방향 코사인이 독립적이지 않다는 것을 의미한다.

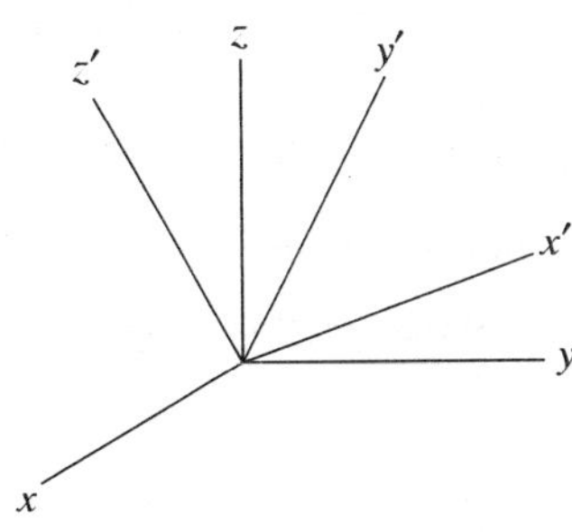


그림 15.2 ▌ 관성 기준 좌표계($x$, $y$, $z$)와 물체에 고정되어 같이 회전하는 기준 좌표계($x'$, $y'$, $z'$)

$\alpha_i(i=1,2,3)$가 $x'$축의 방향 코사인이라고 표시한 것처럼 $y'$, $z'$축의 방향 코사인은 식 (15.1)과 유사한 정의로 $\beta_i$, $\gamma_i$라 표시한다. 기본벡터의 직교 성을 이용하면 다음을 쉽게 보일 수 있다.

$$\alpha_l\alpha_m + \beta_l\beta_m + \gamma_l\gamma_m = \delta_{lm} \quad (l, m = 1, 2, 3) \tag{15.2}$$

여기서 $\delta_{lm}$은 크로네커 델타이고 $l=m$이면 1 그렇지 않으면 영이다. 식 (15.2)은 직교 조건으로 알려져 있다.[2)]

❒ 연습 15.1

$\beta_i$와 $\gamma_i$에 대한 식 (15.1)과 유사한 표현을 써라.

❒ 연습 15.2

관계식 (15.2)를 증명하라.

## 15.2 직교 변환

그림 15.2에 나타낸 축들을 고려하자. 관성좌표계에서 공간의 한 점의 위치를 $(x,\ y,\ z)$로 표시하고 회전 좌표계에서는 $(x',\ y',\ z')$표시하자. 좌표들 간의 관계식은

$$\begin{aligned} x' &= \alpha_1 x + \alpha_2 y + a_3 z \\ y' &= \beta_1 x + \beta_2 y + \beta_3 z \\ z' &= \gamma_1 x + \gamma_2 y + \gamma_3 z \end{aligned} \tag{15.3}$$

이다. 주어진 표기를 쉽게 다루기 위하여 전통적으로 $x$, $y$, $z$를 $x_1$, $x_2$, $x_3$로 $x'$, $y'$, $z'$ 대신에 $x_1{}'$, $x_2{}'$, $x_3{}'$로 표시한다. 또한 $\alpha_1$대신에 $a_{11}$, $\alpha_2$ 대신에 $a_{12}$, $\beta_3$ 대신에 $a_{23}$ 등등으로 쓴다. 그래서 변환 식 (15.3)은 다음과 같이 표현된다.

2) 직교란 말은 하나가 또 다른 것과 수직이란 의미이다. 이 경우 기본벡터들이 서로 수직이다. 직교 행렬의 경우 직교하는 양의 기하학적 개념은 상상하기 어렵다.

$$\begin{aligned} x_1' &= a_{11}x_1 + a_{12}x_2 + a_{13}x_3 \\ x_2' &= a_{21}x_1 + a_{22}x_2 + a_{23}x_3 \\ x_3' &= a_{31}x_1 + a_{32}x_2 + a_{33}x_3 \end{aligned} \tag{15.4}$$

아인슈타인의 총합 규약을 써서 식 (15.4)를 쓰면 매우 단순한 형태로 쓸 수 있어 편리하다.

$$x_i' = a_{ij}x_j \tag{15.5}$$

아인슈타인 총합 규약은 만일 수식표현이 같은 첨자를 두 번 포함하면 이 첨자에 대한 총합을 의미한다. 그러므로 $a_{ij}x_j = \sum a_{ij}x_j$이다.

그러면 직교 관계식(식 15.2)은 단순히

$$a_{ij}a_{ik} = \delta_{jk} \tag{15.6}$$

이다. 처음 좌표에서 변환 좌표 사이의 변환은 계수 $a_{ij}$를 이용하여 전개된다. $a_{ij}$는 식 (15.6)로 주어진 직교 조건에 의하여 서로 관련된다. 그러므로 변환 (15.4)는 직교 변환이라 부른다.

문제 15.1에서 직교 관계식 (15.6)에서 다음을 얻을 수 있음을 보게 될 것이다.

$$x_i'x_i' = x_ix_i \tag{15.7}$$

하지만 $x_ix_i = x^2 + y^2 + z^2$은 벡터 $x\hat{\mathbf{i}} + y\hat{\mathbf{j}} + z\hat{\mathbf{k}}$의 길이이다. 따라서 식 (15.7)은 직교 변환은 벡터의 길이를 보존한다는 것을 말해준다.

계수 $a_{ij}$는 자연스럽게 행렬로 표현될 수 있음을 보여준다. 그러므로

$$\mathcal{A} = \begin{pmatrix} a_{11} & a_{12} & a_{13} \\ a_{21} & a_{22} & a_{23} \\ a_{31} & a_{32} & a_{33} \end{pmatrix} \tag{15.8}$$

이제 벡터를 열벡터로 표현하는 것이 편리하다. 예를 들어 관성계에서 위치 벡터를 $x$로 표시하고 열벡터로 표시하면 다음과 같다.

$$\mathbf{x} = \begin{pmatrix} x \\ y \\ z \end{pmatrix} = \begin{pmatrix} x_1 \\ x_2 \\ x_3 \end{pmatrix}$$

회전계에서는 위치 벡터는 $x'$로 표시한다. 여기서

$$\mathbf{x}' = \begin{pmatrix} x' \\ y' \\ z' \end{pmatrix} = \begin{pmatrix} x_1' \\ x_2' \\ x_3' \end{pmatrix}$$

이 경우 $x$와 $x'$은 같은 벡터이지만, 두개의 다른 좌표계로 표현된 것이다. $x$의 성분은 $(x,\ y,\ z)$인 반면에 $x'$의 성분은 $(x',\ y',\ z')$이다.

$x$와 $x'$를 연결하는 변환 식 (15.4)은 이제 다음의 단순한 행렬 형식으로 쓸 수 있다.

$$\mathbf{x}' = \mathcal{A}\mathbf{x} \tag{15.9}$$

**예제 15.1**

2차원 회전에 대하여 변환 행렬 $\mathcal{A}$를 구하라.

**풀이:** 그림 15.3의 점 P를 고려하자. P의 좌표는 기존 좌표계에서는 $(x,\ y)$ 그리고 프라임 좌표계에서는 $(x',\ y')$이다. 변환 방정식은

$$\begin{aligned} x' &= x\cos\theta + y\sin\theta, \\ y' &= -x\sin\theta + y\cos\theta \end{aligned} \tag{15.10}$$

이다. 만약 $\mathbf{x}' = \mathcal{A}\mathbf{x}$로 쓰면,

$$\mathcal{A} = \begin{pmatrix} \cos\theta & \sin\theta \\ -\sin\theta & \cos\theta \end{pmatrix} \tag{15.11}$$

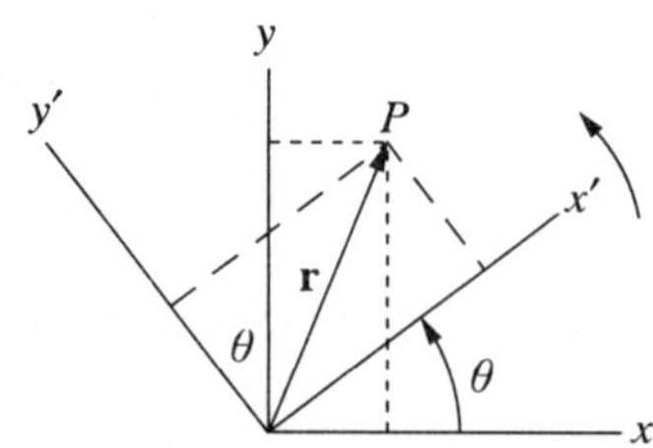


그림 15.3 ▌ 두 좌표계에서의 점 $P$의 좌표

❒ 연습 15.3

그림 (15.3)에 표시된 것처럼 주의 깊게 축을 그리고 식 (15.10)의 역 관계식을 구하라. 이것은 $x = x(x',\ y')$과 $y = y(x',\ y')$을 구하는 것이다.

❒ 연습 15.4

벡터를 행과 열로 표시한다면, A와 B의 내적은 다음과 같이 쓸 수 있음을 보여라.

$$\begin{pmatrix} A_x & A_y & A_z \end{pmatrix} \begin{pmatrix} B_x \\ B_y \\ B_z \end{pmatrix}$$

**해석**

행렬 $\mathcal{A}$은 처음 좌표와 변환 좌표사이의 변환을 기술한다. 다시 위치 벡터의 표기를 r로 바꾸자. $(x,\ y)$와 $(x',\ y')$가 두 좌표계에서 벡터 r의 성분을 나타낸다면 $\mathcal{A}$는 성분들의 두 집합이 어떻게 서로 관련되는가를 말해준다. $\mathcal{A}$는 각도 $\theta$로 좌표계가 반시계 방향으로 회전한 결과를 기술하다. 이것을 $\mathcal{A}$의 수동적 해석이라고 하고, 그림 15.3에 나타내었다.

하지만 $\mathcal{A}$를 벡터 r을 새 벡터 r′으로 시계방향으로 회전하는 연산자로 볼 수 도 있다. 이런 해석에는 좌표계는 고정되어 있고 $(x',\ y')$는 그림 15.4에 보인 바와 같이 새 벡터의 성분이다. 물론 이 경우는 능동적 해석이라 부른다.

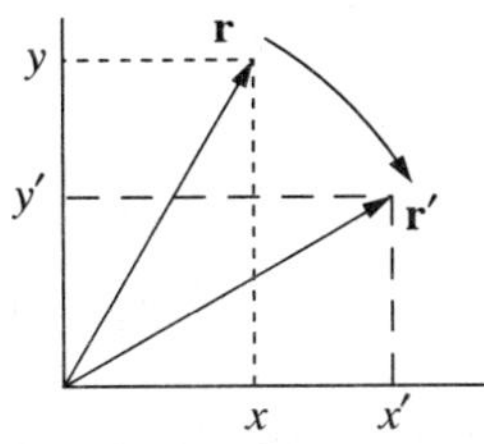


그림 15.4 ▌ 능동적 해석은 좌표계가 반시계 방향으로 회전한다고 하기 보다는 벡터가 시계 방향으로 회전한다고 생각한다.

### 15.2.1 직교 행렬(선택)

변환 행렬 $\mathcal{A}$에 대하여 자세히 알아보자.

$$\mathbf{r}' = \mathcal{A}\,\mathbf{r} \tag{15.12}$$

로 시작하면 다음과 같이 쓸 수 있고,

$$x_i' = \sum_j a_{ij} x_j \tag{15.13}$$

또는 총합 규약을 쓰면,

$$x_i' = a_{ij} x_j \tag{15.14}$$

(이 다음 계속 총합 규약을 사용할 것이다: 반복되는 첨자를 주의 깊게 보길 바란다.)

r′에서 r로 역변환은 식 (15.12)의 양변에 $\mathcal{A}^{-1}$로 표시되는 $\mathcal{A}$의 역행렬을 곱하여 얻을 수 있다. 정의에 의하면,

$$\mathcal{A}\mathcal{A}^{-1} = \mathcal{A}^{-1}\mathcal{A} = \mathbf{1}$$

여기서

$$\mathbf{1} = \begin{pmatrix} 1 & 0 & 0 \\ 0 & 1 & 0 \\ 0 & 0 & 1 \end{pmatrix}$$

은 단위 행렬이다. 그러므로

$$\mathcal{A}^{-1}\mathbf{r}' = \mathcal{A}^{-1}(\mathcal{A}\mathbf{r}) = \mathcal{A}^{-1}\mathcal{A}\mathbf{r} = \mathbf{r}$$

또는

$$\mathbf{r} = \mathcal{A}^{-1}\mathbf{r}'$$

이제 행렬의 곱셈 규칙에 의하여 만약 C=AB이면,

$$c_{jk} = a_{ji} b_{ik} \tag{15.15}$$

결과는 만약

$$\mathcal{A}^{-1}\mathcal{A} = \mathbf{1}$$

그러면

$$a_{ji}^{-1} a_{ik} = \delta_{jk} \tag{15.16}$$

하지만 직교조건(식 15.6)은 다음과 같이 쓸 수 있는 것을 기억하면,

$$a_{ij} a_{ik} = \delta_{jk} \tag{15.17}$$

(15.17)과 (15.16)을 비교하면, 다음을 알게 된다.

$$a_{ji}^{-1} = a_{ij}$$

역행렬의 원소는 원래 행렬의 행과 열을 바꿈(전치)으로 얻어진다는 사실이다. 전치 행렬은 $\mathcal{A}^T$로 표시한다. 그러므로 직교 행렬에 대하여

$$\mathcal{A}^T = \mathcal{A}^{-1} \tag{15.18}$$

그러므로

$$\mathcal{A}^T \mathcal{A} = \mathbf{1} \tag{15.19}$$

물리학에서는 자주 원래 행렬의 전치를 취하고, 각 원소들의 켤레 복소수로 바꾸어 얻는 행렬에 관심이 있다. 결과의 행렬은 수반행렬이라 부르고 보통 $A^\dagger$로 표시한다.

$$\mathcal{A}^\dagger = (\mathcal{A}^T)^* \tag{15.20}$$

만일 $A^\dagger$가 $\mathcal{A}$의 역행렬이라면,

$$\mathcal{A}^\dagger \mathcal{A} = \mathbf{1} \tag{15.21}$$

이때 $\mathcal{A}$는 유니타리 라고 한다.

$A^\dagger$가 $\mathcal{A}$와 같다면,

$$\mathcal{A}^\dagger = \mathcal{A} \tag{15.22}$$

이때 $\mathcal{A}$는 허미션 또는 자기 수반이라고 한다.

회전을 표시하는데 사용하려는 직교행렬의 성질중 하나는 행렬식의 값이 +1인

것이다. 이 중요한 성질은 쉽게 증명할 수 있다. 식 (15.19)의 행렬식을 취하면[3]

$$|\mathcal{A}^T|\,|\mathcal{A}| = |\mathbf{1}|$$

하지만 행렬식은 행과 열을 바꾸는 것에 영향받지 않기 때문에 전치의 행렬식이 원래 행렬의 행렬식과 같다. 따라서

$$|\mathcal{A}|^2 = 1$$

그러므로 $|A| = \pm 1$이다.

아래의 표는 여러 종류의 직교 행렬의 성질과 이름을 정리하여 놓은 것이다.

| 이름 | 기호 | 원소 | 성질 |
|---|---|---|---|
| 직교 | $\mathcal{A}$ | $a_{ij}$ | $\lvert\mathcal{A}\rvert^2 = 1$ |
| 역 | $\mathcal{A}^{-1}$ | $a_{ij}^{-1} = a_{ji}$ | $\mathcal{A}^{-1}\mathcal{A} = \mathbf{1}$ |
| 전치 | $\mathcal{A}^T$ | $a_{ij}^T = a_{ji}$ | $\mathcal{A}^T\mathcal{A} = \mathbf{1}$ |
| 수반 | $\mathcal{A}^\dagger$ | $a_{ij} = a_{ji}^*$ | |
| 유니타리 | | | $\mathcal{A}^\dagger = \mathcal{A}^{-1}$ |
| 허미션 | | | $\mathcal{A}^\dagger = \mathcal{A}$ |

$\mathcal{A}$의 행렬식은 플러스 1이거나 마이너스 1이다. +1의 값은 회전에 해당하고 −1은 좌표축의 역전이다.(역전은 모든 축의 반사이다.) 이것은 행렬식이 −1인 행렬 S를 고려하면 쉽게 알 수 있다:

$$\mathcal{S} = \begin{pmatrix} -1 & 0 & 0 \\ 0 & -1 & 0 \\ 0 & 0 & -1 \end{pmatrix}$$

그리고 만약 $\mathbf{r}' = \mathcal{S}\mathbf{r}$이면,

$$\begin{pmatrix} x' \\ y' \\ z' \end{pmatrix} = \begin{pmatrix} -1 & 0 & 0 \\ 0 & -1 & 0 \\ 0 & 0 & -1 \end{pmatrix} \begin{pmatrix} x \\ y \\ z \end{pmatrix} = \begin{pmatrix} -x \\ -y \\ -z \end{pmatrix}$$

여기서

$$x' = -x; \quad y' = -y; \quad z' = -z$$

3) 행렬의 곱의 행렬식은 행렬식이 곱과 같다. (말하자면 세배 빠르게) 다른 말로는 $|\mathcal{AB}| = |A|\,|B|$이다.

따라서 연산자 $S$는 오른손 좌표계에서 왼손좌표계로 변화시키며, 축을 역전시킨다. 행렬식이 −1인 어떤 행렬은 역전 시킨다. 왜냐하면 $S$와 행렬식 +1인 행렬의 곱으로 쓰일 수 있기 때문이다. 그러므로 직교행렬은 행렬식이 +1인 회전을 표시하여야 한다.

행렬 $\mathcal{B}$가 좌표계의 회전을 만들어 내는 연산자라고 한다면, 회전 좌표계에서 벡터 $\mathbf{V}$의 표현은

$$\mathbf{V}' = \mathcal{B}\mathbf{V}$$

이다. 수동적 해석에 의하면, 위의 식은 회전 좌표계에서 벡터의 성분과 원래 좌표계에서 같은 벡터의 성분 간에 관계식을 주는 변환 법칙이다.

행렬($\mathcal{A}$라 부르는)은 원소의 집합 $a_{ij}$로 기술되고, 이 원소들은 원래 좌표계와 회전 좌표계에서 일반적으로 다르다. 좌표계의 회전에 따른 행렬의 변환법칙을 구해보자.

한 좌표계에서 벡터 $\mathbf{V}$에 작용하여 $\mathbf{W}$를 만드는 행렬 A를 가정하자.

$$\mathbf{W} = \mathcal{A}\mathbf{V} \tag{15.23}$$

$\mathcal{B}$가 좌표계의 회전을 나타낸다고 하자. 회전된 축들로 표현한 벡터 $\mathbf{W}$는 다음과 같이 주어진다.

$$\mathbf{W}' = \mathcal{B}\mathbf{W} = \mathcal{B}\mathcal{A}\mathbf{V} \tag{15.24}$$

하지만 회전 좌표계에서 $\mathbf{V}$는 $\mathbf{V}' = \mathcal{B}\mathbf{V}$로 주어지기 때문에 $\mathcal{B}$에 $\mathbf{V}$를 곱할 필요가 있다. 이것은 단위 행렬 $B^{-1}B$를 (15.24)에 도입하면 된다. 따라서:

$$\mathbf{W}' = \mathcal{B}\mathbf{W} = \mathcal{B}\mathcal{A}(\mathcal{B}^{-1}\mathcal{B})\mathbf{V} = (\mathcal{B}\mathcal{A}\mathcal{B}^{-1})\mathcal{B}\mathbf{V} = (\mathcal{B}\mathcal{A}\mathcal{B}^{-1})\mathbf{V}' \tag{15.25}$$

이 식은 행렬 $B^{-1}AB$가 벡터 $\mathbf{V}'$를 $\mathbf{W}'$로 변환하는 보여준다. 식 (15.25)는 식 (15.23)처럼 같은 연산을 하지만 회전 좌표계에서이다. 그러므로 회전 좌표계에서 연산자 $\mathcal{A}$는 다음과 같이 표현된다.

$$\mathcal{A}' = \mathcal{B}\mathcal{A}\mathcal{B}^{-1} \tag{15.26}$$

이것은 행렬의 변환 법칙이다. 유사 변환이라고 부른다. 일반적으로 특정한 성질을 가진 새 행렬을 만들어 내는 방법으로 유사 변환을 생각할 수 있다; 회전의 결

과로 기하학적 용어로 이것을 해석할 필요는 없다. 예를 들어, 유사 변환을 이용하여 대각선 형태로 행렬을 변환시킬 수 있다. 유사 변환이 행렬식과 트레이스를 보존한다는 것을 보이는 것은 연습문제로 남겨둔다.

**예제 15.2**

$z$-축에 대한 각도 $\phi$의 회전을 나타내는 행렬 B를 생각하자. B를 써서 (15.11)의 행렬 A의 유사 변환을 계산하고 결과를 해석하라.

**풀이:** 다음을 쓰자.

$$\mathcal{B} = \begin{pmatrix} \cos\phi & \sin\theta \\ -\sin\phi & \cos\phi \end{pmatrix}$$

그리고

$$\mathcal{A} = \begin{pmatrix} \cos\theta & \sin\theta \\ -\sin\theta & \cos\theta \end{pmatrix}$$

그러면,

$$\begin{aligned} \mathcal{A}' &= \mathcal{B}\mathcal{A}\mathcal{B}^{-1} \\ &= \begin{pmatrix} \cos\phi & \sin\theta \\ -\sin\phi & \cos\phi \end{pmatrix} \begin{pmatrix} \cos\theta & \sin\theta \\ -\sin\theta & \cos\theta \end{pmatrix} \begin{pmatrix} \cos\phi & -\sin\theta \\ \sin\phi & \cos\phi \end{pmatrix} \end{aligned}$$

여기서 B가 직교라는 사실을 이용하였다. 그러므로 $B^{-1} = B^T$. 행렬을 곱하고 단순화 하면 다음을 얻는다.

$$\mathcal{A}' = \begin{pmatrix} \cos\theta & \sin\theta \\ -\sin\theta & \cos\theta \end{pmatrix}$$

이 결과는 회전 행렬은 회전축의 회전에 의하여 변하지 않는다.

❒ **연습 15.5**

변환 행렬 식 (15.11)을 고려하자. (a) 이 행렬은 직교하는가? (b) 유니타리인가? (c) 허미션인가?

## 15.3 오일러 각

이제 강체의 방위를 기술하는 문제로 돌아오자. 보통 $x'$, $y'$, $z'$은 물체안의 좌표계를 나타내고, 물체와 함께 회전한다. 그리고 $x$, $y$, $z$는 관성 좌표계를 나타낸다. 간편히 두 좌표계는 같은 고정된 원점을 갖는다고 하자.

$x$, $y$, $z$에 대한 $x'$, $y'$, $z'$의 방위는 $a_{ij}$로 표현되는 아홉 개의 방향 코사인으로 기술될 수 있다. 이들은 직교조건에 의하여 관련된다. 15.1절에서 논의 된 바와 같이 두 좌표계의 원점이 일치하면, 오직 세 개의 좌표만 있다. 오일러 각은 $x$, $y$, $z$에 대한 $x'$, $y'$, $z'$의 방위를 기술하는 독립 좌표 집합이다. 특히 이 각들은 축 $x$, $y$, $z$를 $x'$, $y'$, $z'$로 보내는 회전을 기술한다.

첫 번째 오일러 각은 $\phi$ 만큼 $z$-축에 대하여 회전하는 것이다. 이 각은 $x$와 $y$를 $\xi$와 $\eta$의 새로운 짝의 축으로 변환한다. 이 회전을 그림 15.5에 나타내었다. 이 과정은 새로운 좌표계 $\xi$, $\eta$, $\zeta$를 정의한다. $\zeta$는 원래 $z$-축과 평행하고, $\xi$와 $\eta$는 $x$, $y$와 같은 평면에 있다.

다음은 $\xi$-축에 대하여 $\theta$만큼 회전시키자. $\zeta$-축과 $\eta$-축이 그림 15.6에서 보인 것처럼 방향을 바꾸어 준다.

이 회전에 의한 축들을 $\xi'$, $\eta'$, $\zeta'$로 표시하자. 원래 $x$, $y$-평면은 이제 $\xi'$, $\eta'$-평면이 되고 각도 원래 평면에 대하여 $\theta$ 만큼 기울어 있다.(원점으로부터 $\xi$-축(또는 $\xi'$-축)을 따라가는 이선은 마디 선이라 부른다.)

마지막으로 $\zeta'$-축에 대한 $\psi$회전을 시키자. 이 연산은 그림 15.7에서 나타낸 것처럼 $\zeta'$은 그대로 둔 채 $\xi'$-축을 x로, $\eta'$-축을 $y$로 옮긴다. 새로운 좌표계는 $x'$, $y'$, $z'$이다.

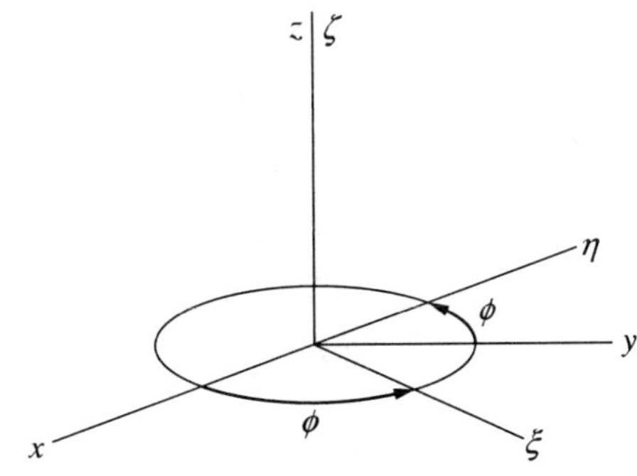


그림 15.5 ▌ 첫 번째 오일러 각: $z$-축에 대한 각 $\phi$ 회전

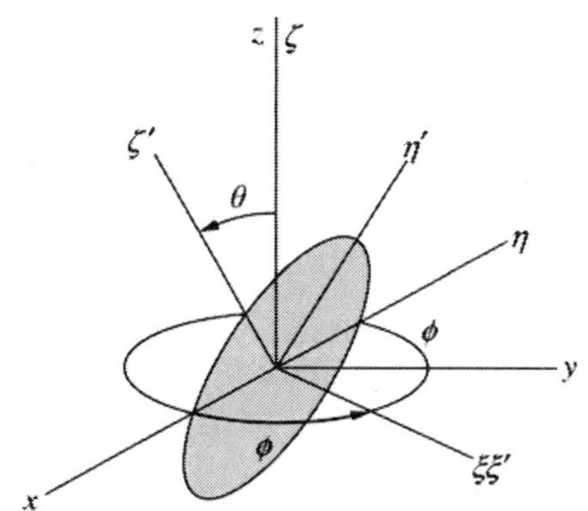


그림 15.6 ▌ 두 번째 오일러 각: $\xi$-축에 대한 각 $\theta$ 회전

세 오일러 각 $\phi$, $\theta$, $\psi$가 원래의 좌표축 $x$, $y$, $z$을 요구되는 임의의 방위 $x'$, $y'$, $z'$로 옮기는 것을 깨닫는 것은 쉽다.

오일러 각을 말로 기술해보고자 한다. 그림 15.5, 15.6 그리고 15.7은 회전을 그림으로 나타낸 것이다. 이제 이 회전들을 수학적으로 표현하는 법을 보이고자 한다. 고정 축에 대한 회전은 식 (15.8)에 의하여 주어진 행렬로 기술될 수 있다. 따라서 첫 번째 회전($z$에 대하여 $\phi$회전)은 수학적으로 다음과 같이 표현된다.

$$\mathcal{D} = \begin{pmatrix} \cos\phi & \sin\phi & 0 \\ -\sin\phi & \cos\phi & 0 \\ 0 & 0 & 1 \end{pmatrix} \tag{15.27}$$

(식 15.11의 회전 행렬과 유사함에 주목하라.) 다음은 쉽게 증명할 수 있다.

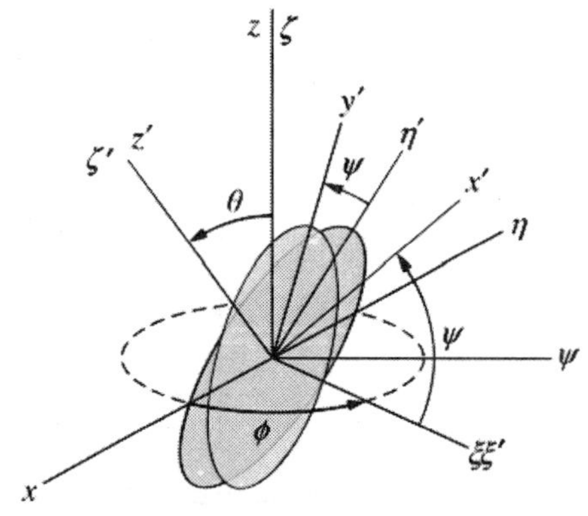


그림 15.7 ▌ 세 번째 오일러 각: $\zeta'$-축에 대한 각 $\psi$ 회전

$$\begin{pmatrix} \xi \\ \eta \\ \zeta \end{pmatrix} = \mathcal{D} \begin{pmatrix} x \\ y \\ z \end{pmatrix} \tag{15.28}$$

단순하게 하기 위해 이식을 다음과 같이 쓰면

$$\boldsymbol{\xi} = \mathcal{D}\mathbf{x}$$

다음 회전은 $\xi$에 대하여 $\theta$회전이다. 이 회전은 $\xi$축은 그대로 두고, 행렬로 표현되는데

$$\mathcal{C} = \begin{pmatrix} 1 & 0 & 0 \\ 0 & \cos\theta & \sin\theta \\ 0 & -\sin\theta & \cos\theta \end{pmatrix} \tag{15.29}$$

다음과 같이 두면,

$$\boldsymbol{\xi}' = \begin{pmatrix} \xi' \\ \eta' \\ \zeta' \end{pmatrix}$$

다음과 같이 쓸 수 있다.

$$\boldsymbol{\xi}' = \mathcal{C}\boldsymbol{\xi}$$

마지막 회전은 $\zeta'$에 대한 $\psi$회전이다. 이 회전은 D와 같은 구조를 가지고 있다. 써보면,

$$\mathcal{B} = \begin{pmatrix} \cos\psi & \sin\psi & 0 \\ -\sin\psi & \cos\psi & 0 \\ 0 & 0 & 1 \end{pmatrix} \tag{15.30}$$

다시 다음과 같이 두면,

$$\mathbf{x}' = \begin{pmatrix} x' \\ y' \\ z' \end{pmatrix}$$

다음을 얻는다.

$$\mathbf{x}' = \mathcal{B}\boldsymbol{\xi}'$$

$x$, $y$, $z$에서 $x'$, $y'$, $z'$로 변환은 세 개의 행렬 D,C,B로 기술되는 세 회전의 결과이다. 행렬 A를 다음과 같이 정의하면

$$\mathcal{A} = \mathcal{BCD}$$

총 변환은 다음과 같이 주어진다.

$$\mathbf{x}' = \mathcal{A}\mathbf{x} \tag{15.31}$$

변환 행렬 A는 세 행렬의 행렬 곱이며 약간 복잡하다. 좀 지루한 행렬 곱셈을 한 후에 증명할 수 있고 다음과 같다.

$$\mathcal{A} = \begin{pmatrix} \cos\phi\cos\psi - \sin\phi\cos\theta\sin\psi & \sin\phi\cos\psi + \cos\phi\cos\theta\sin\psi & \sin\theta\sin\psi \\ -\cos\phi\sin\psi - \sin\phi\cos\theta\cos\psi & -\sin\phi\sin\psi + \cos\phi\cos\theta\cos\psi & \sin\theta\cos\psi \\ \sin\phi\sin\theta & -\cos\phi\sin\theta & \cos\theta \end{pmatrix} \tag{15.32}$$

A는 오직 독립변수 $\phi$, $\theta$, $\psi$만 관련된다.

세 독립 축에 대한 회전을 기술하는 다른 조합의 각은 항공 역학에서 자주 쓰인다. 거기서는 오일러 각들을 roll, pitch, yaw라고 부른다.

---

**예제 15.3**

한 학생이 오일러 각이 30°, 45°, 60° 일 때 좌표축의 방위를 구하라고 요청을 받았다. 이 학생은 순서를 반대로 하여 회전시켰다. 어떤 일이 일어날까?

**풀이:** 적당한 각도는 $\phi = 30°$, $\theta = 45°$, $\psi = 60°$이다. 그러므로

$$\mathcal{A} = \begin{pmatrix} 0.13 & 0.78 & 0.61 \\ -0.61 & -0.13 & 0.35 \\ 0.35 & 0.61 & 0.71 \end{pmatrix}$$

하지만 회전들이 역순이라면, $\phi = 60°$, $\theta = 45°$, $\psi = 30°$이며,

$$\mathcal{A}' = \begin{pmatrix} 0.13 & 0.93 & 0.35 \\ -0.78 & -0.13 & 0.61 \\ 0.61 & -0.35 & 0.71 \end{pmatrix}$$

따라서 새 좌표축의 옳은 방향은 다음과 같다.

$$\begin{aligned} x' &= 0.13x + 0.78y + 0.61z \\ y' &= -0.61x - 0.13y + 0.35z \\ z' &= 0.35x + 0.61y + 0.71z \end{aligned}$$

그리고 틀린 방향은 다음과 같다.

$$\begin{aligned} x' &= 0.13x + 0.93y + 0.35z \\ y' &= -0.78x - 0.13y + 0.61z \\ z' &= 0.61x - 0.35y + 0.71z \end{aligned}$$

❐ **연습 15.6**

식 (15.28)을 증명하라.

❐ **연습 15.7**

식 (15.32)를 증명하라.

❐ **연습 15.8**

roll, pitch, yaw라고 표시된 세 각을 말로 기술하여라.

❐ **연습 15.9**

$z$-축에 대한 30° 회전 후 $x$-축에 대한 45° 회전을 한 경우의 3차원 회전 행렬을 써라. **답**: $\begin{pmatrix} 0.866 & 0.500 & 0 \\ -0.354 & 0.612 & 0.707 \\ 0.354 & -0.612 & 0.707 \end{pmatrix}$

## 15.4 오일러의 정리

지금까지 고정점을 가진 강체의 회전에 대하여 공부하였고 이런 회전이 행렬 A에 의하여 기술됨을 보았다.

$$\mathbf{x}' = \mathcal{A}\mathbf{x}$$

다시 말하여, 물체안의 점 $P$의 위치가 회전하기 전에 $x$로 주어지면, 회전 후에는 $x'$으로 주어진다.[4)]

이미 알고 있겠지만, 강체의 임의의 방위는 세 개의 회전(오일러 각)에 의하여 얻어질 수 있다. 하지만 경험은 어떤 적당히 선택된 축에 대한 한 번의 일정 각 회전에 의하여 임의의 주어진 방위를 얻을 가능성을 있음을 암시한다. 이 개념은 강체 운동의 오일러 정리에 의하여 좀 더 정밀하게 수식화 된다.

**정리 15.1(오일러의 정리)** 한 고정점을 가지고 있는 강체의 일반적 변위는 어떤 축에 대한 회전이다.

이 정리는 물체의 한 점이 고정되어 있는 한 단순 회전을 하여 물체를 원하는 방위로 보낼 수 있는 어떤 축을 발견할 수 있다는 것이다.(회전을 위하여 여전히 세 개의 좌표가 필요함을 기억하라. 이들 중 두개의 좌표는 회전축의 방향, 세 번째 좌표는 물체가 회전할 각도를 준다.)

회전은 두개의 중요한 성질을 갖는다: (1) 회전에 의하여 벡터의 길이가 변하지 않는다. 그리고 (2) 회전 축상의 벡터는 방향과 크기가 바꾸지 않는다. 행렬 A가 회전을 기술한다면, 성질 (1)은 A가 직교행렬이 되도록 하면 만족한다.(식 15.7을 보라.) 성질 (2)가 만족할 조건을 구하기 위해 회전 축 상의 벡터 R을 고려하자. 그러면 R=R', 여기서 R'은 회전계의 벡터이다. 하지만 R'=AR이다. 결과로

$$\mathcal{A}\mathbf{R} = \mathbf{R} \tag{15.33}$$

행렬 A는 처음 방위에서 나중 방위에로 회전을 표시한다. A는 예컨대, 오일러 각을 통하여 세 개의 회전에 의하여 만들 수 있다. 오일러 각이 말하는 것은 어떤 축에 대한 단순 회전에 의하여 종국의 같은 방향을 얻을 수 있다는 것이다. 만약 그렇다면, 회전에 의하여 변하지 않는 벡터는 회전 축 상에 있어야만 한다. 이것은 식 (15.33)을 만족하는 벡터 R이 존재한다는 것이다.

(15.33)은 좀 더 일반적인 방정식의 특별한 경우이다.

$$\mathcal{A}\mathbf{R} = \lambda\mathbf{R} \tag{15.34}$$

여기서 λ는 실수 또는 복소수이다. 식 (15.34)는 고유 방정식이라 부른다; λ는 고유 값이라 부르고 R은 고유 벡터라고 부른다. 고유 값 문제는 주어진 행렬(또는

---

4) $A$는 시간의 함수일 수 있다. 즉 $A = A(t)$와 $A(t=0) = 1$임을 주의하라. 그러므로 $A(t)$는 임의의 시간에 물체의 방위를 기술할 수 있다.

연산자) A에 대하여 고유 값과 고유 벡터를 구하는 것이다.

오일러 정리는 AR=R을 요구한다. 따라서 정리는 회전을 표시하는 어떤 직교 행렬이 최소한 한 개의 +1인 고유 값을 갖는다면 증명된다.

식 (15.34)을 다음과 같이 쓰자.

$$(\mathcal{A} - \lambda \mathbf{1})\,\mathbf{R} = 0 \tag{15.35}$$

R을 열 벡터로 표현하면,

$$\mathbf{R} = \begin{pmatrix} X \\ Y \\ Z \end{pmatrix}$$

식 (15.35)을 전개하면,

$$\begin{aligned} (a_{11} - \lambda)X + a_{12}Y + a_{13}Z &= 0 \\ a_{21}X + (a_{22} - \lambda)Y + a_{23}Z &= 0 \\ a_{31}X + a_{32}Y + (a_{33} - \lambda)Z &= 0 \end{aligned} \tag{15.36}$$

여기서 X,Y,Z는 벡터 R의 성분들이다. 회전에 의하여 변하지 않는 벡터를 찾는 문제는 고유 값이 +1인 벡터 R을 찾는 것으로 풀린다. 실제로 벡터 자체를 찾는 것은 필요 없고 방향이 필요하다. 이것은 R의 성분의 상대적 값을 구하는 것만으로 충분하다는 것을 의미한다. 식 (15.34)으로부터 한 고유 벡터의 임의의 배수 또한 고유 벡터임을 주목하라. 따라서 고유 벡터의 크기는 특별히 중요한 성질이 아니다. 하지만 고유 벡터의 방향은 중요하다.

### 동차 대수 방정식

R의 성분에 대한 식 (15.36)은 세 개의 결합된 선형 동차 방정식의 집합이다. 두 개의 이러한 방정식 집합을 결합 진동자를 공부할 때 접한 적이 있다. 근을 구하는 중요한 점은 다시 복습하고자 하지만 개념이 명확하지 않다면 11.5절을 다시 읽어야만 할 것이다.

식 (15.36)의 계수의 행렬식이 영이 아니면 크라머의 규칙을 이용하여 결합된 동차 방정식을 풀면 $X=0$, $Y=0$, $Z=0$인 사소한 풀이가 얻어진다. 이것은 사소하지 않은 풀이는 다음과 같은 때만 가능하다.

$$\Delta = \begin{vmatrix} a_{11}-\lambda & a_{12} & a_{13} \\ a_{21} & a_{22}-\lambda & a_{23} \\ a_{31} & a_{32} & a_{33}-\lambda \end{vmatrix} = 0$$

행렬의 행렬식이 영이라면, 하나(또는 그이상의) 행 또는 열이 서로 독립적이지 않다는 것을 의미한다. $\Delta = 0$은 세 개의 동차 방정식의 하나가 다른 방정식들로부터 얻어 질 수 있다는 것을 나타낸다. 예를 들어 한 방정식이 단순히 다른 방정식의 배수거나 다른 두 방정식의 합일 때 이다. 방정식 중 하나가 다른 두 방정식에 포함되지 않은 정보를 줄 수 없다는 것이다. 이 방정식은 버려야 할 것이다. 논증을 위해 마지막 방정식이 일차 독립이 아닌 경우라면 버려야 할 것이다. 우리는 세 개의 변수의 세 개의 동차 방정식으로 시작하였다. 하지만 세 개의 변수에 두개의 방정식만 가지고 있다. 이 좋은 환경이 아니다. 하지만 Z를 나누면 다음의 두개의 방정식에 도달한다.

$$\begin{aligned} (a_{11}-\lambda)\frac{X}{Z} + a_{12}\frac{Y}{Z} &= -a_{13}, \text{ 그리고} \\ a_{21}\frac{X}{Z} + (a_{22}-\lambda)\frac{Y}{Z} &= -a_{23}, \end{aligned} \tag{15.37}$$

이제는 크라머의 규칙으로 풀 수 있는 두 변수에 대한 비동차 방정식의 집합이 되었다.(크라머의 규칙은 결합된 선형 방정식의 더 큰 계에서도 성립한다. 만약 새로운 방정식의 집합이 동차라면 과정을 반복하면 된다.)

이 모든 것의 중요 점은 무엇인가? 중요 점은 계수의 행렬식이 영이 아니라면 방정식들은 사소한 근 $X = Y = Z = 0$을 갖는다는 것이다. 또는 영이 아닌 근을 가지려면

$$\begin{vmatrix} a_{11}-\lambda & a_{12} & a_{13} \\ a_{21} & a_{22}-\lambda & a_{23} \\ a_{31} & a_{32} & a_{33}-\lambda \end{vmatrix} = 0 \tag{15.38}$$

이 조건은 $X/Z$, $Y/Z$에 대한 사소하지 않은 근을 얻을 수 있도록 보장한다. 또한 식 (15.38)은 $\lambda$에 대하여 풀 수 있다. $\lambda$에 대한 3차 방정식을 영년 방정식이라고 부른다. 물론 근은 세 개이다; 이들을 $\lambda_1$, $\lambda_2$, $\lambda_3$라고 표시하자. 이 들을 식 (15.37)에 대입하여 $X/Z$, $Y/Z$에 대하여 풀 수 있다. 일반적으로 세 개의 근을 구할 수 있고, 각각은 $\lambda$의 세 개의 값 중에 하나임을 주목하라.(이들 중 하나의 고유값이 +1임을 보여야 됨을 기억하자.)

비율 $X/Z$와 $Y/Z$(또는 동등하게 $X:Y:Z$) 아는 것은 실제로 ($X$, $Y$, $Z$)의 성분을 가진 벡터를 결정하는 것이 아니라 이 벡터의 방향을 주는 것이며 이것이 알고자 하는 것 전부이다. 구체적으로 ($X/Z$, $Y/Z$, 1)의 성분을 가진 벡터를 결정한 것이다. 이 벡터는 우리가 알고자 했던 벡터와 크기가 같지는 않고 어쩌면 반대 방향일지도 모르지만 최소한 정확한 방향을 가지고 있고 우리가 구하고자 했던 물체를 회전 시키는 회전축을 결정할 수 있다.

세 개의 근 각각 $\lambda_1$, $\lambda_2$, $\lambda_3$에 대하여(세 개의 고유 값) 서로 다른 집합의 성분을 얻을 수 있다. 따라서 일반적으로 세 개의 서로 다른 고유 값에 해당하는 다른 벡터를 얻는다. 예를 들어 $\lambda_1$을 이용하여 얻은 벡터는 $\lambda_1$에 해당하는 벡터라고 부른다.

성분들의 비율은 고유 벡터의 방향을 주니까 이 정보를 이용하여 그 방향으로의 기본 벡터를 만들 수 있다. 비슷하게 다른 두 방향에 대하여서도 기본 벡터를 얻을 수 있다. 이 기본 벡터들은 다음과 같이 표시한다.

$$\hat{\mathbf{e}}_1, \hat{\mathbf{e}}_2, \hat{\mathbf{e}}_3$$

그리고 이들은 고유 벡터의 방향을 표시한다. 이 방향에 놓여 있는 세 개의 선을 행렬 A의 주축이라고 부른다.

A의 고유 벡터는 열벡터들이 A의 고유 벡터로 정의되는 유용한 행렬 S을 만드는데 사용할 수 있다.

예를 들어 $\lambda_1$에 해당하는 고유 벡터를 가정하자. A의 첫 번째 고유 값은

$$\mathbf{R}^{(1)} = \begin{pmatrix} X^{(1)} \\ Y^{(1)} \\ Z^{(1)} \end{pmatrix} = \begin{pmatrix} R_1^{(1)} \\ R_2^{(1)} \\ R_3^{(1)} \end{pmatrix}$$

이다. 비슷하게 $R^{(2)}$, $R^{(3)}$가 $\lambda_2$, $\lambda_3$에 해당하는 고유 벡터라고 하면

$$\mathcal{S} = \begin{pmatrix} R_1^{(1)} & R_1^{(2)} & R_1^{(3)} \\ R_2^{(1)} & R_2^{(2)} & R_2^{(3)} \\ R_3^{(1)} & R_3^{(2)} & R_3^{(3)} \end{pmatrix} = \begin{pmatrix} \uparrow & \uparrow & \uparrow \\ \mathbf{R}^{(1)} & \mathbf{R}^{(2)} & \mathbf{R}^{(3)} \\ \downarrow & \downarrow & \downarrow \end{pmatrix} \tag{15.39}$$

행렬 S(모드 행렬이라 부른다.) 자체는 회전 또는 일반적으로 직교 변환을 기술한다. S를 써서 유사 변환을 통하여 A를 변환된 행렬 A'로 변형한다. 이 변환 행렬은

대각선이며 대각선 성분들이 고유 값이다.

$$\mathcal{A}' = \mathcal{S}^{-1}\mathcal{A}\mathcal{S} = \begin{pmatrix} \lambda_1 & 0 & 0 \\ 0 & \lambda_2 & 0 \\ 0 & 0 & \lambda_3 \end{pmatrix} \tag{15.40}$$

이다.

그러므로 모드 행렬 S는 행렬 A를 대각화시킨다. (이것은 나중에 증명될 것이다.)

**예제**

앞의 논의는 약간 추상적이어서 $z$-축에 대하여 45° 회전을 표현하는 행렬을 이용한 구체적 예를 들도록 한다.

이 행렬은

$$\mathcal{A} = \begin{pmatrix} \cos 45° & \sin 45° & 0 \\ -\sin 45° & \cos 45° & 0 \\ 0 & 0 & 1 \end{pmatrix} = \frac{\sqrt{2}}{2}\begin{pmatrix} 1 & 1 & 0 \\ -1 & 1 & 0 \\ 0 & 0 & 2/\sqrt{2} \end{pmatrix}$$

첫 번째 해야 할 일은 이 행렬의 고유 값과 고유 벡터를 구하는 것이다. 고유 값 방정식은

$$\mathcal{A}\mathbf{C} = \lambda\mathbf{C}$$

여기서 C는 열벡터의 형태로 씌여진 고유 벡터이다. 따라서

$$\mathbf{C} = \begin{pmatrix} c_1 \\ c_2 \\ c_3 \end{pmatrix}$$

고유 방정식은

$$\begin{pmatrix} 1 & 1 & 0 \\ -1 & 1 & 0 \\ 0 & 0 & 2/\sqrt{2} \end{pmatrix}\begin{pmatrix} c_1 \\ c_2 \\ c_3 \end{pmatrix} = \frac{2}{\sqrt{2}}\lambda\begin{pmatrix} c_1 \\ c_2 \\ c_3 \end{pmatrix}$$

행렬 곱셈을 수행하면 세 개의 방정식을 얻는다.

$$
\begin{aligned}
(1-\sqrt{2}\lambda)c_1 + c_2 &= 0 \\
-c_1 + (1-\sqrt{2}\lambda)c_2 &= 0 \\
(1-\lambda)c_3 &= 0
\end{aligned}
\tag{15.41}
$$

세 번 째 방정식은 $\lambda = 1$을 준다. 처음 두개의 결합된 동차 대수 방정식이고 이들 계수의 행렬식이 영일 때만 사소한 근을 갖는다.

$$
\begin{vmatrix} (1-\sqrt{2}\lambda) & 1 \\ -1 & (1-\sqrt{2}\lambda) \end{vmatrix} = 0
$$

이것은 $\lambda$에 영년 방정식을 준다, 즉

$$
2\lambda^2 - 2\sqrt{2}\lambda + 2 = 0
$$

$\lambda$에 대하여 풀면 다음을 얻는다.

$$
\lambda = \frac{1}{\sqrt{2}}(1 \pm i)
$$

세 개의 고유 값들은

$$
\begin{aligned}
\lambda^{(1)} &= 1, \\
\lambda^{(2)} &= \frac{1}{\sqrt{2}}(1+i) \\
\lambda^{(3)} &= \frac{1}{\sqrt{2}}(1-i)
\end{aligned}
$$

이다.

각 고유 벡터는 각각의 고유 값에 속하여 있다. $\lambda^{(1)} = 1$을 식 (15.41)의 첫 번째 식에 대입하면($C^{(1)}$의 성분에 대하여)

$$
(1-\sqrt{2})c_1^{(1)} + c_2^{(1)} = 0
$$

여기서부터

$$
c_2^{(1)} = -0.41c_1^{(1)}
$$

여기서 위 첨자는 사용된 고유 값을 표시하기 위함이다. 식 (15.41)의 두 번째 방정식에서 다음을 얻는다.

$$-c_1^{(1)} + (1-\sqrt{2})c_2^{(1)} = 0$$

$$c_2^{(1)} = \frac{1}{0.41}c_1^{(1)}$$

$c_1^{(1)}$과 $c_2^{(1)}$사이의 두 관계식은 모순적이다. 이것은 $c_1^{(1)} = 0$ 그리고 $c_2^{(1)} = 0$일 때만 만족한다. 이제 고유 값 $\lambda = 1$을 세 번째 식에 대입하여 다음을 얻는다.

$$c_3^{(1)}(1-\lambda) = 0$$

이식은 $c_3^{(1)}$의 어떤 값에도 성립한다. 보통 편의상 $c_3^{(1)} = 1$로 놓는다. 이렇게 하여 다음을 얻으며 첫 번째 고유 벡터의 결정이 마무리 되었다.

$$\mathbf{C}^{(1)} = \begin{pmatrix} 0 \\ 0 \\ 1 \end{pmatrix}$$

다음은 $\lambda^{(2)} = \dfrac{1}{\sqrt{2}}(1+i)$을 세 방정식에 이용한다. (15.41)의 첫 번째 방정식은 다음과 같다.

$$\left(1-\sqrt{2}\left[\frac{1}{\sqrt{2}}(1+i)\right]\right)c_1 + c_2 = 0$$

여기로부터

$$c_2^{(2)} = ic_1^{(2)}$$

$\lambda^{(2)}$를 (15.41)의 두 번째 방정식에 대입하면 같은 관계식을 얻는다. 그래서 방정식들은 성분의 상대적 값만 줄 수 있다. 이런 점에서 단순히 $c_1^{(1)} = 1$로 둔다. 마지막으로 $\lambda^{(2)}$를 세 번째 방정식에 대입하면 $c_3^{(2)} = 0$을 얻는다. 그러므로 두 번째 고유 벡터는

$$\mathbf{C}^{(2)} = \begin{pmatrix} 1 \\ i \\ 0 \end{pmatrix}$$

비슷하게 $\lambda^{(3)}$를 이용하면 세 번째 고유 벡터에 대한 다음의 표현을 얻을 수 있다.

$$\mathbf{C}^{(3)} = \begin{pmatrix} 1 \\ -i \\ 0 \end{pmatrix}$$

고유 값과 관련된 고유 벡터를 구하면 열벡터가 행렬 S의 고유 벡터임을 기억하여 모드 행렬 S를 쓸 수 있다. $\mathcal{S}$의 열은 $\mathrm{C}^{(1)}$, $\mathrm{C}^{(2)}$, $\mathrm{C}^{(3)}$이다. 따라서:

$$\mathcal{S} = \begin{pmatrix} 0 & 1 & 1 \\ 0 & i & -i \\ 1 & 0 & 0 \end{pmatrix}$$

이제 유사 변환 $\mathcal{S}^{-1}A\mathcal{S}$이 대각선 성분에 고유 벡터를 가진 대각선 행렬을 만들어 낸다는 사실을 보이고 한다.

하지만 이렇게 하려면 먼저 $\mathcal{S}^{-1}$, $\mathcal{S}$의 역을 정해야 한다. 행렬의 역을 구하는 기법을 기억하지 못할 것이다. 한 방법은 $\mathcal{S}$의 원소들의 여인자(cofactor)를 원소로 하는 행렬을 만드는 것이다.(행렬 원소의 여인자는 주어진 원소의 행과 열을 뺀 나머지 원소로 형성된 행렬식이다. 그러므로 $S_{11}$의 여인자는 0이다. $S_{12}$의 여인자는 −i이다.(부호가 바뀐 이유는 행렬식의 행과 열의 행렬식에 관련되어 있기 때문이다.) S의 여인자의 행렬은

$$\mathcal{D} = \begin{pmatrix} 0 & -i & -i \\ 0 & -1 & 1 \\ -2i & 0 & 0 \end{pmatrix}$$

이제 D의 전치를 구하자. 행과 열을 교환하면

$$\mathcal{D}^T = \begin{pmatrix} 0 & 0 & -2i \\ -i & -1 & 0 \\ -i & 1 & 0 \end{pmatrix}$$

이다. 마침내 S의 역행렬은 다음과 같다.

$$\mathcal{S}^{-1} = \frac{1}{\det \mathcal{S}} \mathcal{D}^T$$

여기서

$$\det \mathcal{S} = |\mathcal{S}| = \begin{vmatrix} 0 & 1 & 1 \\ 0 & i & -i \\ 1 & 0 & 0 \end{vmatrix} = -2i$$

결과로

$$\mathcal{S}^{-1} = \frac{1}{-2i}\begin{pmatrix} 0 & 0 & -2i \\ -i & -1 & 0 \\ -i & 1 & 0 \end{pmatrix}$$

결국 $S^{-1}AS$를 구할 수 있다.

$$\mathcal{S}^{-1}\mathcal{A}\mathcal{S} = \begin{pmatrix} 1 & 0 & 0 \\ 0 & \frac{1}{\sqrt{2}}(1+i) & 0 \\ 0 & 0 & \frac{1}{\sqrt{2}}(1-i) \end{pmatrix}$$

A의 고유 값들이 행렬의 대각선 성분이 되었다.

❒ **연습 15.10**

$C^{(3)}$을 얻어라.

❒ **연습 15.11**

$S^{-1}S=1$를 증명하라. 여기서 1은 단위 행렬이다.

❒ **연습 15.12**

$S^{-1}AS$에 대하여 얻은 표현을 증명하라.

### 오일러 정리의 증명

동차 대수방정식에 대한 다소 긴 논의 후에 오일러 정리로 돌아왔다. 앞에서 언급했지만 한 점이 고정된 강체의 회전을 표시하는 실 직교 행렬이 +1인 고유 값이 최소한 하나를 가진다면 증명할 수 있다.

비록 행렬 S는 A를 대각화시키고 대각선 행렬은 고유 값들을 가짐을 보였지만 일반적으로 증명하고자 한다. 다음을 기억하자.

$$\mathcal{A}\mathbf{R} = \lambda\mathbf{R}$$

이 식은 세 개의 방정식을 나타낸다(각각 고유 값/고유 벡터 짝).

$$\mathcal{A}\mathbf{R}^{(1)} = \lambda^{(1)}\mathbf{R}^{(1)}, \quad \mathcal{A}\mathbf{R}^{(2)} = \lambda^{(2)}\mathbf{R}^{(2)}, \quad \mathcal{A}\mathbf{R}^{(3)} = \lambda^{(3)}\mathbf{R}^{(3)} \tag{15.42}$$

이 식들은 행렬 λ를 정의하여 깔끔하게 표현할 수 있다.

$$\boldsymbol{\lambda} = \begin{pmatrix} \lambda^{(1)} & 0 & 0 \\ 0 & \lambda^{(2)} & 0 \\ 0 & 0 & \lambda^{(3)} \end{pmatrix} \tag{15.43}$$

행렬 S는

$$\mathcal{S} = \begin{pmatrix} \uparrow & \uparrow & \uparrow \\ \mathbf{R}^{(1)} & \mathbf{R}^{(2)} & \mathbf{R}^{(3)} \\ \downarrow & \downarrow & \downarrow \end{pmatrix}$$

이므로 세 방정식 (15.42)는 하나의 행렬 방정식으로 표현할 수 있다.

$$\mathcal{A}\mathcal{S} = \mathcal{S}\boldsymbol{\lambda} \tag{15.44}$$

식 (15.44)의 왼쪽에 $\mathcal{S}^{-1}$를 곱하면 다음을 얻는다.

$$\mathcal{S}^{-1}\mathcal{A}\mathcal{S} = \mathcal{S}^{-1}\mathcal{S}\boldsymbol{\lambda} = \boldsymbol{\lambda}$$

따라서 유사 변환 $\mathcal{S}^{-1}\mathcal{A}\mathcal{S}$은 성분이 고유 값인 대각선 행렬을 만든다. 또한 A는 직교 행렬이며 유사 변환에 의하여 행렬의 행렬식이 보존되기 때문에 λ의 행렬식은 +1이다. 결과로

$$|\boldsymbol{\lambda}| = +1 \tag{15.45}$$

식 (15.43)으로부터 이것이 의미를 알 수 있다.

$$\lambda^{(1)}\lambda^{(2)}\lambda^{(3)} = +1 \tag{15.46}$$

오일러의 정리의 증명이 끝났다. 하지만 여기서 직교 회전 행렬의 고유 값의 본

질에 대한 단순한 사실을 고려해 보자. 사실들은 다음과 같다:

**사실 1:** 직교 회전 행렬의 모든 고유 값은 단위 길이를 가지고 있다. 이것은 회전이 벡터의 길이를 보존하는 사실의 결과이다. 즉 $|\boldsymbol{R}|=|\boldsymbol{R}'|$ 또는

$$x'^2 + y'^2 + z'^2 = x^2 + y^2 + z^2$$

하지만 영년 방정식이 허수나 복소수 근을 가질 수 있기 때문에 보기처럼 단순하지만은 않다. 이 경우 고유 벡터는 복소수이다. 복소수 벡터의 크기는 다음과 같이 주어진다.

$$|\mathbf{R}|^2 = \mathbf{R}^* \cdot \mathbf{R}$$

그러므로 회전 벡터 R'은 다음의 성질을 가진다.

$$\mathbf{R}'^* \cdot \mathbf{R}' = \mathbf{R}^* \cdot \mathbf{R}$$

하지만 $R' = \lambda R$이므로,

$$\mathbf{R}'^* \cdot \mathbf{R}' = \lambda^* \lambda \mathbf{R}^* \cdot \mathbf{R}$$

결과로 복소수 고유 값은 다음 조건을 만족한다.

$$\lambda^* \lambda = +1$$

**사실 2:** 실수 직교 3×3행렬은 최소한 하나의 실 고유 값을 가지고 있다. 이것은 영년 방정식이 3차라서 다음의 형태를 가지는 사실에서 증명할 수 있다.

$$f(\lambda) = \lambda^3 + a\lambda^2 + b\lambda + c = 0$$

이 함수는 그림 15.8에 나타내었다.

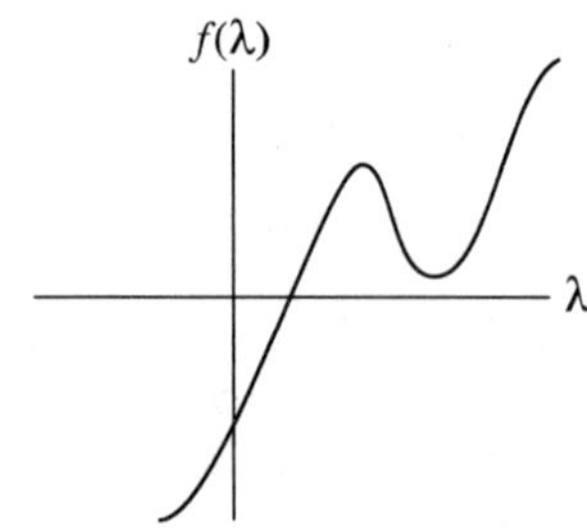


그림 15.8 ▌ 3차 영년 방정식의 그림

만약 $\lambda = -\infty$이면, $f(\lambda)$는 음이고, $\lambda = +\infty$이면, $f(\lambda)$는 양이다. 따라서 함수가 축을 최소한 한번 지나고, 최소한 하나의 근이 존재해야 한다. 회전이 $|\boldsymbol{A}| = +1$임을 요구하고 실수 근은 $\lambda = +1$이어야 함을 이미 보았다.

**사실 3:** 고유 값의 켤레 복소수 또한 고유 값이다. 이것은 사실 1의 결과이다. 또한 이 경우 영년 방정식의 계수가 실수이기 때문에 A의 원소가 실수라는 사실의 결과이다. 그러므로 만약 $\lambda$가 $\lambda^3 + a\lambda^2 + b\lambda + c = 0$의 근이라면 방정식의 켤레 복소수를 취하여 $\lambda^*$ 또한 근이란 것을 알게 된다. 따라서 $\lambda_1$이 복소수이면, $\lambda_2 = \lambda_1^*$이다.

오일러 정리의 증명이 이제 손안에 있다. $|\boldsymbol{\lambda}| = \lambda_1\lambda_2\lambda_3 = +1$임을 알고 있다. 말하자면 두 가지 가능성이 있는데, 모든 근이 실근이거나 한 개의 근은 실근이고 두 개의 복소수 근이 켤레인 경우다.

첫 번째 가능성을 고려하자. 모든 근이 실수이다. 모든 실근은 +1과 같아야 한다. 그러면 A=1이다. 이것은 영 회전(null rotation)을 표시한다.

이런 사실은 두 번째 가능성을 남겨둔다. 하나의 근은 실수이고 +1과 같다. 다른 두 개의 근은 켤레 복소수이다. 예를 들어,

$$\lambda^{(1)} = e^{i\phi} \qquad \lambda^{(2)} = e^{-i\phi} \qquad \lambda^{(3)} = +1$$

이것은 $z$-축에 대한 $\phi$ 회전에 해당한다.

**결론:** 어떤 사소하지 않은 상황에 대하여 유일한 고유 값은 +1이다. 오일러 정리가 증명되었다.

오일러 정리를 이용하여 회전축의 방향과 강체의 어떤 주어진 초기 방위로부터 어떤 최종 방위로 바꾸는 단일 회전각을 결정할 수 있다. 예컨대, (15.32)에서처럼 오일러 각을 이용하여 행렬 A로 시작하라. $\lambda = +1$을 가정하고 X, Y, Z에 대하여 고유 방정식을 풀어라.(식 15.36) 이것은 필요한 회전축의 방향을 준다. 이 축에 대한 단일 회전의 크기는 행렬 A의 트레이스를 구하여 얻는다. 이것을 알기 위해 우리는 A를 $z$-축에 대하여 단일 회전축의 집합으로 변환할 수 있는 유사 변환을 항상 이용할 수 있음을 기억하라. 회전각을 $\phi$라 부르자. 변환된 행렬은 다음 형태를 가질 것이다.

$$\mathcal{A}' = \begin{pmatrix} \cos\phi & \sin\phi & 0 \\ -\sin\phi & \cos\phi & 0 \\ 0 & 0 & 1 \end{pmatrix}$$

$A'$의 트레이스는

$$\mathrm{Tr}\,\mathcal{A}' = 1 + 2\cos\phi$$

이다.

(트레이스는 대각선 원소의 합인 것을 기억하라.) 직교 행렬의 트레이스는 유사 변환에 대하여 불변이다. 그래서 원래의 행렬 A는 또한 $1+2\cos\phi$이다. 그러므로 단순히 A의 트레이스를 계산하여 회전 각을 구할 수 있다.

**❐ 연습 15.13**

A의 두 고유 값은 관계식 $\lambda^*\lambda = +1$을 따름을 보여라.

**❐ 연습 15.14**

$a, b, c$는 실수라 하자. 만약 $\lambda$가 $\lambda^3 + a\lambda^2 + b\lambda + c = 0$의 근이라면 $\lambda^*$ 또한 근임을 보여라.

## 15.5 무한소 회전

오일러 정리에 의하면 어떤 회전 또는 연속 회전은 적당히 선택된 축에 대하여 단일 회전으로 기술할 수 있다. 뿐만 아니라, 회전은 세 개의 독립적 양으로 기술할 수 있다. 벡터는 세 개의 독립 성분을 가진다. 그러므로 회전을 벡터에 의하여 기술될 수 있을 것 같다. 과연 이러한 것을 전단원의 벡터 $\Omega$의 고정 축에 대한 회전을 기술할 때 수행했다.

하지만 $\Omega$와 같은 벡터를 고정점(고정 축이 아니라)에 대한 유한 회전을 기술하는데 이용하는 것에는 문제가 있다. 문제는 다른 축에 대한 유한 회전이 가환되지 않기 때문이다. 이러한 이유는 회전은 행렬에 의하여 기술되고 일반적으로 $AB \neq BA$이다. 예를 들어 비행기가 90° roll하고 90° yaw하는 것 다음 90° yaw하고 90° roll하는 것은 서로 다른 방위로 나타난다. 만일 두 회전이 두 벡터 $\Omega_1$와 $\Omega_2$로 표현된다면, 벡터의 덧셈은 가환이므로 $\Omega_1 + \Omega_2 = \Omega_2 + \Omega_1$가 예상되지만, 앞에서 기술한 상황에는 명백히 사실이 아니다. 일반적으로 유한 회전은 벡터로 나타낼 수 없다.

그럼에도 불구하고 무한소 회전은 가환이다. 무한소 회전은 벡터의 성분만 약간 바뀌어 예를 들어

$$x_1' = x_1 + \epsilon_{11}x_1 + \epsilon_{12}x_2 + \epsilon_{13}x_3$$

과 같다.

이 방정식에서 $\epsilon_{ij}$는 무한소이고 $\epsilon$의 일차항만 고려하면 가능하다. 총합 규약을 이용하여 무한소는 회전을 표현하면,

$$x_i' = (\delta_{ij} + \epsilon_{ij})x_j$$

또는 행렬 표기로는

$$\mathbf{x}' = (\mathbf{1} + \boldsymbol{\epsilon})\mathbf{x} \tag{15.47}$$

행렬 $1+\epsilon$는 무한소 회전을 표시하는 행렬이다. 이것은 거의 같음 변환과 거의 같다.

이제 무한소 회전이 가환임을 증명하는 것은 쉽다. 만약 $1+\epsilon_1$와 $1+\epsilon_2$가 두 개의 서로 다른 무한소 회전을 나타낸다면,

$$(\mathbf{1} + \boldsymbol{\epsilon}_1)(\mathbf{1} + \boldsymbol{\epsilon}_2) = \mathbf{1} + \boldsymbol{\epsilon}_1 + \boldsymbol{\epsilon}_2 + \boldsymbol{\epsilon}_1\boldsymbol{\epsilon}_2 \doteq \mathbf{1} + \boldsymbol{\epsilon}_1 + \boldsymbol{\epsilon}_2$$

여기서 $\epsilon_1\epsilon_2$은 2차 무한소이므로 무시하였다. 행렬의 곱을 역순으로 잡아도 같은 결과를 얻는다.

만약 $A = 1+\epsilon$이면, $A^{-1} = 1-\epsilon$이다. 왜냐하면

$$\mathcal{A}\mathcal{A}^{-1} = (\mathbf{1} + \boldsymbol{\epsilon})(\mathbf{1} - \boldsymbol{\epsilon}) = \mathbf{1} + \boldsymbol{\epsilon} - \boldsymbol{\epsilon} = \mathbf{1}$$

뿐만 아니라 회전을 표시하는 행렬은 직교하므로 $A^T = A^{-1}$ 그리고

$$\mathcal{A}^T = \mathbf{1} + \boldsymbol{\epsilon}^T = \mathbf{1} - \boldsymbol{\epsilon}$$

이므로

$$\boldsymbol{\epsilon}^T = -\boldsymbol{\epsilon}$$

이다.

이것은 $\epsilon$가 반대칭 행렬임을 의미한다. 이 행렬은 대각선 부분은 영이고 $\epsilon_{ij}=-\epsilon_{ji}$인 반 대각선 원소들이다. 그러므로 행렬 $\epsilon$는 다음 형태를 가진다.

$$\epsilon = \begin{pmatrix} 0 & d\Omega_3 & -d\Omega_2 \\ -d\Omega_3 & 0 & d\Omega_1 \\ d\Omega_2 & -d\Omega_1 & 0 \end{pmatrix} \tag{15.48}$$

식 (15.47)로 돌아가서 회전에 의하여 벡터 $x$가 변하는 것을 주목하라.

$$\mathbf{dx} = \mathbf{x}' - \mathbf{x} = \epsilon\mathbf{x}$$

따라서 (15.48)을 쓰면 $dx$의 성분들은

$$\begin{aligned} dx_1 &= x_2 d\Omega_3 - x_3 d\Omega_2 \\ dx_2 &= x_3 d\Omega_1 - x_1 d\Omega_3 \\ dx_3 &= x_1 d\Omega_2 - x_2 d\Omega_1 \end{aligned}$$

이다. 이 식들은 벡터 r과 dΩ의 외적의 성분의 표현으로 익숙한 방정식이다.

$$\mathbf{d\Omega} = \begin{pmatrix} d\Omega_1 \\ d\Omega_2 \\ d\Omega_3 \end{pmatrix}$$

즉

$$d\mathbf{r} = \mathbf{r} \times \mathbf{d\Omega}$$

벡터 dΩ는 회전축 상의 벡터이다. 이것의 길이는 회전각과 같다. 이 벡터는 유사 벡터(축성 벡터)임을 주의하라.

❐ **연습 15.15**

비행기 그림의 그려라. 90° pitch하고 90° yaw한 후의 비행기를 그려라. 이제 같은 비행기를 90° yaw하고, 90° pitch한 후에 그려라.

## 15.6 요약

강체의 방위는 관성 축 $(x,\ y,\ z)$에 대하여 물체에 고정된 축 $(x',\ y',\ z')$의 방위로 기술할 수 있다. 수학적으로 방위는 9개의 방향 코사인 $a_{ij}$로 표현되어 원래 좌표와 프라임 좌표축 간의 각을 준다. 세 개의 변수로 강체의 방위를 기술하는데 충분하므로 방향 코사인은 모두 독립이지 않다; 이들은 6개의 직교 조건에 으로 연결되어 있다.

$$a_{ij}a_{ik} = \delta_{jk}$$

회전(또는 변환) 행렬 A는 원소 $a_{ij}$를 가진 3×3 행렬이다.(식 15.8) 회전계의 위치 벡터를 $x'$과 식 (15.9)에 의하여 관성계의 위치 벡터가 연결된다.

$$\mathbf{x}' = \mathcal{A}\mathbf{x}$$

변환 행렬 A는 벡터 **x**의 회전으로서 능동적 의미로 해석된다. 또는 좌표계의 역회전으로서는 수동적 의미로 해석된다. 변환 행렬은 직교한다.

$$\mathcal{A}^T = \mathcal{A}^{-1}$$

A가 회전을 나타내면, 행렬식은 +1이다. 만일 B가 좌표계이 회전을 나타낸다면 A의 원소들은 변한다. 회전에 의한 A의 변화는 유사 변환에 의하여 주어진다.

$$\mathcal{A}' = \mathcal{B}\mathcal{A}\mathcal{B}^{-1}$$

물체가 어떤 초기 방위에서 어떤 최종 방위로 변환하려면 오일러 각을 연속 적용한다: (1) $z$에 대하여 $\phi$회전 (2) 새 $x$-축에 대하여 $\theta$회전 (3) 새 $z$-축에 대하여 $\psi$회전. 이 회전은 D,C,B의 3×3행렬로 표현된다.(식 15.27, 15.29, 15.30에서 주어진) 총 변환 행렬 A=BCD는 식 (15.32)에 주어졌다.

오일러 정리는 주어진 어떤 초기 방위에서 주어진 최종 방위로 변환은 적당히 선택된 축에 대한 회전에 의하여 얻을 수 있음을 말한다. 축 상의 점들은 회전에 영향을 받지 않는다. 그러므로 만약 R이 축 상에 있다면,

$$\mathcal{A}\mathbf{R} = \mathbf{R}$$

또는 고유 값 방정식으로 표현하면,

$$\mathcal{A}\mathbf{R} = \lambda\mathbf{R}$$

오일러 정리를 증명하는 것은 A의 고유 값이 +1임을 보일 필요가 있다. 이것은 들 고유 값 $\lambda_1$, $\lambda_2$, $\lambda_3$에 해당하는 고유 벡터 $R^{(1)}$, $R^{(2)}$, $R^{(3)}$를 정의하는 것에 관련된다. 열벡터가 고유 벡터인 모드 행렬 S는 행렬 A를 유사 변환에 의하여 변환한다. (식 15.40):

$$\mathcal{A}' = \mathcal{S}^{-1}\mathcal{A}\mathcal{S} = \begin{pmatrix} \lambda_1 & 0 & 0 \\ 0 & \lambda_2 & 0 \\ 0 & 0 & \lambda_3 \end{pmatrix} = \boldsymbol{\lambda}$$

이것은 $|\lambda| = \lambda_1\lambda_2\lambda_3 = +1$를 의미한다. 고유 값의 두 개가 복소수임(그리고 켤레 복소수임을) 보여 한 고유 값이 +1이 되고 오일러 정리를 증명한다.

고정점에 대한 회전은 행렬로 표현된다. 일반적으로 유한 회전은 가환이 아닌 반면 회전은 가환인 벡터로 표현할 수 없다. 하지만 무한소 회전은 가환이며 무한소 벡터 $d\Omega$로 표현된다.

## 15.7 문제

**[문제 15.1]** 직교 변환에 의하여 벡터의 길이가 변하지 않음을 보여라; 이것은 다음을 증명하는 것이다.

$$x_i' x_i' = x_i x_i$$

**[문제 15.2]** 오일러 변환 행렬식은, 식 (15.32) +1임을 보여라.

**[문제 15.3]** 행렬의 행렬식과 트레이스는 유사 변환에 의하여 변하지 않음을 증명하라.

**[문제 15.4]** 지구의 자연 좌표계는 지구 중심에 원점을 가지는 것이다. $z$-축은 북극을 통과하고 $x$-축은 적도면에 있고 그린위치 자오선을 통과한다.($y$-축은 어디 있을까?) 이제 $z$-축을 런던을 통과하는 $z$-축으로 바꾸고 싶다고 하자. 그리고 $x$-축은 또한 그린위치 자오선을 통과하게 하고 싶다. 이 변환을 얻을 수 있는 오일러 각을 구하라.

**[문제 15.5]** 프레스노 사람들은 무시당한 느낌을 받아서 한번 회전을 통하여 프레스노를 지구 맨 위쪽 즉 북극에 올리는 회전축을 정해 달라고 요청을 하였다. 회전축의 방향 뿐 아니라 프레스노가 있어야 할 각도를 구하라. 현재 프레스노는 $119°\ 47'\ W$와 $36°\ 44'\ N$에 위치에 있다.

**[문제 15.6]** 지구가 마술처럼 다음의 오일러 각으로 회전한다: $\phi=30°$, $\theta=45°$, $\psi=30°$에서 $x$, $y$, $z$축의 위도와 경도를 구하라. 현재 $z$-축은 북극을 지나고, $x$-축은 $(0°E,\ 0°N)$ 지난다. $y$-축은 $(90°E,\ 0°N)$를 지난다.

**[문제 15.7]** 다음 행렬의 고유 값과 고유 벡터를 구하라.

$$\begin{pmatrix} 1 & 3 & 0 \\ 3 & -2 & -1 \\ 0 & -1 & 1 \end{pmatrix}$$

**[문제 15.8]** 두 직교 행렬의 곱은 직교 행렬임을 증명하라.

**[문제 15.9]** 벡터 R에 작용하는 다음 행렬을 생각하자. 결과를 기술하라.

$$\text{(a)}\begin{pmatrix} 1 & 0 \\ 0 & -1 \end{pmatrix},\ \text{(b)}\begin{pmatrix} -1 & 0 & 0 \\ 0 & -1 & 0 \\ 0 & 0 & 1 \end{pmatrix}$$

**[문제 15.10]** 벡터 r이 $xy$-평면에 반사된다. (a) 반사후의 벡터인 $r'$에 대한 벡터 방정식을 써라 (b) 반사를 단위 벡터 n에 직교하는 평면으로 일반화하라. (c) 행렬 방정식으로 변환 행렬을 써라. (d) 변환 행렬이 improper 직교 행렬임을 보여라.
**답:** (a) $\boldsymbol{r}'=\boldsymbol{r}-2(\boldsymbol{r}\cdot\hat{k})\hat{k}$ (d) $|\boldsymbol{A}|=-1$

**[문제 15.11]** 행렬 $\tau=\begin{pmatrix} 1 & 4 \\ 1 & 1 \end{pmatrix}$를 고려하자. 고유 값과 고유 벡터를 구하라. 모드 행렬 S를 구하라. $S^{-1}\tau S$는 $\tau$를 대각화하고 대각선 원소를 고유 값으로 가짐을 보여라.

**[문제 15.12]** 다음 행렬의 고유 벡터를 구하라.

$$\begin{pmatrix} \cos 60° & \sin 60° & 0 \\ -\sin 60° & \cos 60° & 0 \\ 0 & 0 & 1 \end{pmatrix}$$

**[문제 15.13]** A가 직교 행렬이라 가정하자. A의 각 열들이 벡터를 표시한다고 하자. 이 벡터들은 직교함을 보여라.

**[문제 15.14]** 각속도 벡터 $\omega$를 생각하자. $x$, $y$, $z$축에 대한 성분은 $\omega_x$, $\omega_y$, $\omega_z$이다. 이 성분들은 오일러 각으로 다음과 같이 표현될 수 있음을 보여라.

$$\begin{aligned}\omega_x &= \dot{\theta}\cos\phi + \dot{\psi}\sin\theta\sin\phi \\ \omega_y &= \dot{\theta}\sin\phi - \dot{\psi}\sin\theta\cos\phi \\ \omega_z &= \dot{\psi}\cos\theta + \dot{\phi}.\end{aligned}$$

## 컴퓨터 과제

**[컴퓨터 과제 15.1]** 2×2 행렬의 고유 값을 구할 수 있는 프로그램을 작성하라.

**[컴퓨터 과제 15.2]** 2×2 행렬의 역행렬을 구하는 컴퓨터 프로그램을 작성하라.

CHAPTER 16

# 회전 동역학

직전의 단원에서는 강체의 운동학을 다루었다. 이번 단원에서는 고정점에 대하여 임의의 방식으로 회전하는 강체의 동역학을 다룬다. 해석을 좀 더 쉽게 하기 위하여 텐서와 다이애드를 도입하고자 한다. 독자들에게는 새로운 물리량이 될 것이다. (독자들은 아마도 앞으로 텐서를 사용하게 될 것이다. 이번이 텐서를 배울 좋은 기회다.) 필요한 수학적 도구가 개발되면 이 도구들은 회전 물체의 에너지와 각운동량의 표현을 얻는데 사용될 것이다. 다음 주제는 회전 물체에 대한 운동방정식을 발전시키는 것이다; 이것은 오일러 방정식이다. 최종으로 이 개념은 자유롭게 회전하는 물체와 토크의 작용을 받는 회전물체의 두 가지 문제를 공부하는데 이용될 것이다. 예로 지구와 팽이를 고려할 것이다. 지구는 근사적으로 토크 없이 회전하는 물체이다(또는 자이로스코프) 그리고 팽이[1]는 외부 토크의 작용을 받는 회전물체의 예이다.

동역학 문제를 두 부분으로 나누는 것이 편리하다. 하는 물체의 병진에 관한 것이고 다른 하나는 어떤 점에 대하여 물체의 회전에 관한 것이다. 증명을 하지는 않겠지만 항상 이렇게할 수 있다는 것이 판명되었다.[2] 따라서 이 단원 나머지 부분에서는 고정점에 대한 회전 물체를 가정 하겠다.

앞 단원에서 본 것처럼 고정 축에 대한 회전으로부터 고정점에 대한 회전으로 일반화하는 것은 문제를 좀 더 복잡한 형식을 갖게 한다.(이것이 텐서가 필요한 이유

1) 회전 운동은 특히 공부할 것이 풍부한 분야이다. 클라인과 좀머펠트는 팽이 운동에 관한 4권의 연구서를 썼다. F.Klein과 A. Sommerfeld. Uber die Theorie des Kriesels, B.G.Tauber, 라이프치히, 1897–1910, vols 1–4. 예상했겠지만 책은 광범위하고, 논의는 일반적 회전물체와 지구물리학, 천문학, 공학에로의 응용을 포함한다.

2) 샤슬레의 정리에서 강체의 가장 일반적 변위는 병진과 회전의 합이다. 실제로 이 정리는 앞 단원의 오일러 정리의 추론이다.

다.) 회전 동역학의 연구는 많은 수학적 기법이 안정 평형 점에 대한 미세 진동의 분석과 양자론까지 진행되기 때문에 특히 물리학과 학생들에 중요한 가치를 가진다.

## 16.1 각운동량

회전 물체의 각운동량에 대한 이전의 논의에서는 회전축에 대하여 대칭인 물체들이었다. 이제 논의를 일반화 시키고 고정 점에 대하여 회전하는 임의의 형태의 물체의 각운동량의 표현을 얻고자 한다.

질량 $m_i$의 각운동량 $l_i$와 선형 운동량 $p_i$는

$$\mathbf{l}_i = \mathbf{r}_i \times \mathbf{p}_i = m_i (\mathbf{r}_i \times \mathbf{v}_i)$$

이다. 여기서 $\mathbf{r}_i$는 원점에 대한 입자 $i$의 위치이다. (원점은 보통 질량 중심이거나 공간에 고정된 물체안의 점이다.) 원점에 대한 강체의 각운동량은

$$\mathbf{L} = \sum_i \mathbf{l}_i = \sum_i m_i (\mathbf{r}_i \times \mathbf{v}_i)$$

이다. 물체의 모든 입자들에 대한 총합과 $\mathbf{v}_i$는 물체 회전에 의한 입자 $i$의 속도이다. 각속도 $\omega$로 회전하는 물체의 입자 $i$의 속도는

$$\mathbf{v}_i = \boldsymbol{\omega} \times \mathbf{r}_i$$

이다. 그러므로

$$\mathbf{L} = \sum_i m_i \left[\mathbf{r}_i \times (\boldsymbol{\omega} \times \mathbf{r}_i)\right]$$

BAC−CAB 규칙을 쓰면

$$\mathbf{L} = \sum_i m_i \left[\boldsymbol{\omega}(\mathbf{r}_i \cdot \mathbf{r}_i) - \mathbf{r}_i(\mathbf{r}_i \cdot \boldsymbol{\omega})\right] \tag{16.1}$$

이 표현을 전개하여 다음의 물체의 각운동량의 $x$−성분을 보이는 것은 쉽다.

$$\begin{aligned} L_x &= \sum m_i \left[r_i^2 \omega_x - x_i(x_i\omega_x + y_i\omega_y + z_i\omega_z)\right], \\ &= \sum m_i \left[\omega_x \left(r_i^2 - x_i^2\right) - \omega_y x_i y_i + \omega_z x_i z_i\right], \\ &= \left(\sum m_i(r_i^2 - x_i^2)\right)\omega_x + \left(-\sum m_i x_i y_i\right)\omega_y + \left(-\sum m_i x_i z_i\right)\omega_z \end{aligned}$$

그리고 $L_y$와 $L_z$에도 유사하다. 따라서 $L$의 성분은 다음과 같은 형태를 갖는다.

$$\begin{aligned} L_x &= I_{xx}\omega_x + I_{xy}\omega_y + I_{xz}\omega_z \\ L_y &= I_{yx}\omega_x + I_{yy}\omega_y + I_{yz}\omega_z \\ L_z &= I_{zx}\omega_x + I_{zy}\omega_y + I_{zz}\omega_z \end{aligned} \tag{16.2}$$

여기서 관성 모멘트는 다음의 형태로 정의된다.

$$I_{xx} = \sum m_i(r_i^2 - x_i^2) \text{ 또는 } I_{xx} = \int_V \rho(\mathbf{r})(r^2 - x^2)dV \tag{16.3}$$

그리고 관성의 곱은 다음의 형태로 정의된다.

$$I_{xy} = -\sum m_i x_i y_i \text{ 또는 } I_{xy} = -\int_V \rho(\mathbf{r})xydV \tag{16.4}$$

이 표현은 간단히 다음과 같이 쓸 수 있다.

$$I_{jk} = \int_V \rho(\mathbf{r})(r^2\delta_{jk} - r_j r_k)dV$$

여기서 아래 첨자 $j$, $k$는 1, 2, 3의 값을 가지고 $\delta_{jk}$는 크로넥커 델타이다. $I_{jk} = I_{kj}$를 주의하라. 그래서 관성 모멘트와 관성 곱에 대한 표현에는 6개의 독립 성분이 있다.(이런 맥락에서 지난 단원에서 썼던 $x_1$, $x_2$, $x_3$라고 쓰는 것 보다는 $r_1$, $r_2$, $r_3$이라고 쓰는 것이 좀 더 자연스럽다. 표현 $r_i^2 - x_i^2$는 자주 동등한 형태 $y_i^2 + z_i^2$ 쓰인다. 다른 두 개의 관성 모멘트에 대해서도 유사하다.)

위에서 정의한 9개의 양 $I_{jk}$는 3×3 배열이다. 이 배열은 관성 텐서라고 부른다. $I$라고 표시한다.

❐ 연습 16.1

식 (16.1)을 전개하여 $L_y$에 대한 표현을 구하라.

□ 연습 16.2

질량 $M$, 반지름 $R$인 고리를 고려하자. 관성 모멘트와 곱을 구하라. $z$-축은 중심을 통과하고 $x$-축과 $y$-축은 고리의 평면상에 있다. **답:** $I_{xx} = \frac{1}{2}MR^2$

## 텐서

스칼라(질량, 전하량 등)는 한 성분만 가지는 양이다. 좌표계를 회전시키면, 스칼라의 값은 변하지 않는다. 스칼라는 계수가 영인 텐서이다.

벡터(위치, 속도 등)는 세 성분을 갖는 양이다. 좌표계를 회전시키면 벡터의 성분은 $V_i' = a_{ij}V_j$의 규칙에 따라 변한다. 여기서 $a$는 $a_{ij}a_{ik} = \delta_{jk}$ 조건을 따른다.(식 15.6을 보라.) 벡터는 계수가 1인 텐서이다.

계수가 2인 텐서는 9개의 성분을 가지며[3], 다음 규칙에 따라 변환한다.

$$T'_{ij} = a_{ik}a_{jl}T_{kl}$$

계수 $a_{ik}$는 $T$에서 $T'$로 유사 변환되는 행렬 A의 원소로 볼 수 있다.

$$T' = \mathcal{A}T\mathcal{A}^T$$

계수 2의 텐서는 항상 2차 행렬로 표현될 수 있다. 하지만 텐서와 행렬은 같지 않음에 유의하여라. 행렬은 단순히 수의 배열이다. 행렬의 변환에는 선험적 조건이 없다. 행렬은 보통 물리적 중요성을 가지고 있지 않는 반면 텐서는 직교 행렬로 표현될 수 있는 물리량이다. 이계 텐서는 종종 $3\times3$ 행렬로 표현된다. 계산상으로는 텐서와 행렬은 차이가 없다; 행렬로 텐서를 나타내면 텐서는 행렬 대수의 모든 규칙을 따른다.(하지만 행렬이 관련되지 않고 텐서를 표현하는 방법도 있다.)

계수 N의 텐서는 직교 변환에 의하여 특별한 변환을 하는 $3^N$개의 성분을 가지고 있다. 직교 변환에 의한 텐서의 일반적 변환 법칙은

$$T'_{ijk\cdots}(\mathbf{r}') = a_{il}a_{jm}a_{kn}\cdots T_{lmn\cdots}(\mathbf{r})$$

이다. 여기서 총합 규약이 쓰였다. T'(r')는 프라임 좌표계로 표현되었고 T(r)은 원래 좌표계로 표현되었다. 수학적 용어로 텐서는 자주 이러한 관계식을 따르는 변환양으로 정의된다.

3) 3차원 공간을 가정하였다. 4차원 공간에서는 2계 텐서는 16개의 성분을 가지고 있다.

이것이 복잡하다고 생각할 수 있을 것이다. 하지만 실제로는 우리가 사용하는 텐서는 계수 영, 계수 1, 계수 2인 텐서이다.(그리고 텐서 영과 텐서 1은 아주 익숙하다.)

정리하면,

계수 영의 텐서($N=0$)는 한 성분을 가지고 좌표 변환에 불변이다. 이런 양을 스칼라고 부른다.

계수 1의 텐서($N=1$)는 세 개의 성분을 가지고 $T_i' = a_{il}T_l$에 따라 변환한다. 이런 양을 벡터라고 부른다.

계수 2의 텐서($N=2$)는 아홉 개의 성분을 가지고 $T_{ij}' = a_{il}a_{jm}T_{lm}$에 따란 변환한다.

계수 2 이상의 텐서는 고려하지 않을 것이다.

**다이애드와 다이애딕**

또 다른 유용한 양은 두 벡터로 정의되는 다이애드(dyad)이다. 이것은 가장 소박한 방법으로 두 벡터를 곱하면 얻을 수 있는 양이다.

예를 들어 다이애드는 벡터 A와 B로부터 형성되고 AB라고 표시하고 정의된다.

$$\begin{aligned}\mathbf{AB} &= \left(A_x\hat{\mathbf{i}} + A_y\hat{\mathbf{j}} + A_z\hat{\mathbf{k}}\right)\left(B_x\hat{\mathbf{i}} + B_y\hat{\mathbf{j}} + B_z\hat{\mathbf{k}}\right) \\ &= A_xB_x\hat{\mathbf{i}}\hat{\mathbf{i}} + A_xB_y\hat{\mathbf{i}}\hat{\mathbf{j}} + A_xB_z\hat{\mathbf{i}}\hat{\mathbf{k}} \\ &\quad + A_yB_x\hat{\mathbf{j}}\hat{\mathbf{i}} + A_yB_y\hat{\mathbf{j}}\hat{\mathbf{j}} + A_yB_z\hat{\mathbf{j}}\hat{\mathbf{k}} \\ &\quad + A_zB_x\hat{\mathbf{k}}\hat{\mathbf{i}} + A_zB_y\hat{\mathbf{k}}\hat{\mathbf{j}} + A_zB_z\hat{\mathbf{k}}\hat{\mathbf{k}}.\end{aligned}$$

다이애딕(dyadic)은 다이애드(dyad)의 선형 다항식이다 예로서

$$\mathbf{AB} + \mathbf{CD} + \cdots$$

단위 다이애딕은

$$\mathbf{1} = \hat{\mathbf{i}}\hat{\mathbf{i}} + \hat{\mathbf{j}}\hat{\mathbf{j}} + \hat{\mathbf{k}}\hat{\mathbf{k}}$$

다이애드는 벡터에 내적의하여 연산한다. 그러므로

$$\mathbf{AB} \cdot \mathbf{C} = \mathbf{A}(\mathbf{B} \cdot \mathbf{C})$$

그리고

$$\mathbf{C}\cdot\mathbf{AB} = (\mathbf{C}\cdot\mathbf{A})\mathbf{B}$$

이다. 다이애딕 표기에서는 관성 텐서는 다음과 같이 쓸 수 있다.

$$\mathcal{I} = m_i(r_i^2\mathbf{1} - \mathbf{r}_i\mathbf{r}_i)$$

여기서 총합을 의미한다. 또는

$$\mathcal{I} = \int \rho(\mathbf{r})\left[r^2\mathbf{1} - \mathbf{rr}\right]dV$$

식 (16.2)을 참고하면, 각운동량의 텐서 표현은 다음과 같다.

$$\mathbf{L} = \mathcal{I}\cdot\boldsymbol{\omega} \tag{16.5}$$

**예제 16.1**

$I$가 (a) 행렬이라고 가정하고 (b) 다이애딕이라고 가정하여 $\mathrm{L} = I\cdot\omega$로부터 L의 표현을 구하라.

**풀이:** 행렬로서

$$\mathbf{L} = \begin{pmatrix} L_x \\ L_y \\ L_z \end{pmatrix} = \begin{pmatrix} I_{xx} & I_{xy} & I_{xz} \\ I_{yx} & I_{yy} & I_{yz} \\ I_{zx} & I_{zy} & I_{zz} \end{pmatrix}\begin{pmatrix} \omega_x \\ \omega_y \\ \omega_z \end{pmatrix}
= \begin{pmatrix} I_{xx}\omega_x + I_{xy}\omega_y + I_{xz}\omega_z \\ I_{yx}\omega_x + I_{yy}\omega_y + I_{yz}\omega_z \\ I_{zx}\omega_x + I_{zy}\omega_y + I_{zz}\omega_z \end{pmatrix}.$$

다이애딕으로서

$$\begin{aligned}
\mathbf{L} &= \mathcal{I}\cdot\boldsymbol{\omega} = (I_{xx}\hat{\mathbf{i}}\hat{\mathbf{i}} + I_{xy}\hat{\mathbf{i}}\hat{\mathbf{j}} + I_{xz}\hat{\mathbf{i}}\hat{\mathbf{k}} + I_{yx}\hat{\mathbf{j}}\hat{\mathbf{i}} + I_{yy}\hat{\mathbf{j}}\hat{\mathbf{j}} + I_{yz}\hat{\mathbf{j}}\hat{\mathbf{k}} \\
&\quad + I_{zx}\hat{\mathbf{k}}\hat{\mathbf{i}} + I_{zy}\hat{\mathbf{k}}\hat{\mathbf{j}} + I_{zz}\hat{\mathbf{k}}\hat{\mathbf{k}})\cdot(\omega_x\hat{\mathbf{i}} + \omega_y\hat{\mathbf{j}} + \omega_z\hat{\mathbf{k}}) \\
&= I_{xx}\omega_x\hat{\mathbf{i}} + I_{xy}\omega_y\hat{\mathbf{i}} + I_{xz}\omega_z\hat{\mathbf{i}} + I_{yx}\omega_x\hat{\mathbf{j}} + I_{yy}\omega_y\hat{\mathbf{j}} + I_{yz}\omega_z\hat{\mathbf{j}} \\
&\quad + I_{zx}\omega_x\hat{\mathbf{k}} + I_{zy}\omega_y\hat{\mathbf{k}} + I_{zz}\omega_z\hat{\mathbf{k}} \\
&= (I_{xx}\omega_x + I_{xy}\omega_y + I_{xz}\omega_z)\,\hat{\mathbf{i}} + (I_{yx}\omega_x + I_{yy}\omega_y + I_{yz}\omega_z)\,\hat{\mathbf{j}} \\
&\quad + (I_{zx}\omega_x + I_{zy}\omega_y + I_{zz}\omega_z)\,\hat{\mathbf{k}}.
\end{aligned}$$

❐ 연습 16.3

(a) $\mathcal{I}\cdot\hat{i}$ 계산하라 (b) $\mathcal{I}\cdot(5\hat{i}+6\hat{j}+7\hat{k})$을 계산하라. **답:** (a) $\hat{i}$

❐ 연습 16.4

만일 $A=3\hat{i}$, $B=2\hat{i}+5\hat{j}$, $C=1\hat{i}+2\hat{j}+3\hat{k}$이면, $AB\cdot C$를 계산하라.

## 16.2 운동에너지

회전 물체의 각운동량을 구했기 때문에 고정점에 대하여 회전하는 강체의 운동에너지에 대한 표현을 얻어 보자. 입자의 운동에너지는

$$T_i = \frac{1}{2}m_i v_i^2$$

이다. 따라서 강체의 운동에너지는

$$T = \sum_i \frac{1}{2}m_i v_i^2$$

이다.

하지만 $v_i^2 = \mathbf{v}_i\cdot\mathbf{v}_i$와 $\mathbf{v}_i=\boldsymbol{\omega}\times\mathbf{r}_i$이다. 그러므로

$$\begin{aligned} T &= \sum_i \frac{1}{2}m_i\mathbf{v}_i\cdot(\boldsymbol{\omega}\times\mathbf{r}_i) \\ &= \sum_i \frac{1}{2}m_i\boldsymbol{\omega}\cdot(\mathbf{r}_i\times\mathbf{v}_i) \\ &= \frac{1}{2}\boldsymbol{\omega}\cdot\sum_i \mathbf{r}_i\times m_i\mathbf{v}_i \\ &= \frac{1}{2}\boldsymbol{\omega}\cdot\mathbf{L}. \end{aligned}$$

각운동량에 대한 식 (16.5)을 이용하면 다음을 얻는다.

$$T = \frac{1}{2}\boldsymbol{\omega}\cdot\mathcal{I}\cdot\boldsymbol{\omega} \tag{16.6}$$

회전 물체에 대한 에너지 정리는

$$\frac{dT}{dt} = \boldsymbol{\omega} \cdot \mathbf{N} \tag{16.7}$$

이다.

**예제 16.2**

회전 물체에 대한 에너지 정리 식 (16.7)을 증명하라.

**풀이:** 에너지 정리는 물체에 해준 일은 물체의 운동에너지 증가와 같다는 것이다. 선형 운동에 대하여

$$dT = dW = F dx$$

따라서

$$\frac{dT}{dt} = F\frac{dx}{dt} = vF$$

좀 더 일반적으로

$$\begin{aligned} \frac{dT}{dt} &= \mathbf{v} \cdot \mathbf{F} \\ \frac{d}{dt}\left(\frac{1}{2}m\mathbf{v} \cdot \mathbf{v}\right) &= \mathbf{v} \cdot \mathbf{F} \\ m\mathbf{v} \cdot \dot{\mathbf{v}} &= \mathbf{v} \cdot \mathbf{F} \end{aligned}$$

동등한 방정식을 r을 여러 항들에 외적시켜 회전 운동으로 얻을 수 있다.

$$\begin{aligned} m(\mathbf{r} \times \mathbf{v}) \cdot (\mathbf{r} \times \dot{\mathbf{v}}) &= (\mathbf{r} \times \mathbf{v}) \cdot (\mathbf{r} \times \mathbf{F}) \\ \frac{dT}{dt} &= \boldsymbol{\omega} \cdot \mathbf{N}. \end{aligned}$$

## 16.3 관성 텐서의 성질

### 16.3.1 고유값과 주축

관성 텐서는 대칭 행렬로 표현될 수 있다. 즉 $I_{xy} = I_{yx}$. 따라서 6개의 독립 항을 가지고 있다. 뿐만 아니라 모든 원소가 실수이다. 이 두 성질로부터 다음을 얻는다.

$$\mathcal{I}^{\dagger} = \left(\mathcal{I}^{T}\right)^{*} = \mathcal{I}$$

것은 관성 텐서가 허미션임을 보여준다.

관성 모멘트와 곱(식 16.3과 16.4)의 정의는 I의 성분이 원점과 축의 방향에 의존함을 나타낸다. 곧 증명하겠지만 적당히 선택한 축으로 반 대각 성분들이 모두 영인 I의 표현을 구할 수 있다. 이 대각화된 텐서를 I'라고 표기하겠다. 행렬 형태로 다음과 같이 된다.

$$\mathcal{I}' = \begin{pmatrix} I_1 & 0 & 0 \\ 0 & I_2 & 0 \\ 0 & 0 & I_3 \end{pmatrix} \tag{16.8}$$

$I_1$, $I_2$, $I_3$은 대각화된 텐서의 원소이다. 일반적으로 말하면 이들은 $I_{xx}$, $I_{yy}$, $I_{zz}$와 같지 않을 것이다.

대각화된 관성 텐서는 다이애딕 형태로 쓸 수도 있다. 따라서:

$$\mathcal{I}' = I_1\hat{\mathbf{i}}\hat{\mathbf{i}} + I_2\hat{\mathbf{j}}\hat{\mathbf{j}} + I_3\hat{\mathbf{k}}\hat{\mathbf{k}} \tag{16.9}$$

관성 텐서를 대각화된 텐서로 쓰면 항상 유용하다. 텐서를 표현하는 깔금하고 단순한 방법이고 각운동량과 운동에너지에 대한 매우 좋은 표현을 얻을 수 있다. 즉:

$$L_1 = I_1\omega_1 \qquad L_2 = I_2\omega_2 \qquad L_3 = I_3\omega_3$$
$$T = \frac{1}{2}I_1\omega_1^2 + \frac{1}{2}I_2\omega_2^2 + \frac{1}{2}I_3\omega_3^2$$

□ 연습 16.5

식 (16.8)과 (16.9)가 동등함을 보여라.

이제 관성 텐서를 대각화하는 법을 고려해보자. 행렬이 대각화 될 때 대각선 원소들은 행렬의 고유 값이다. 그러므로 양 $I_1$, $I_2$, $I_3$은 관성 텐서의 고유 값이다. 뿐만 아니라 고유 값을 알게 되면 고유 벡터도 알게 된다.

고유 벡터의 방향은 $I$가 대각화된 좌표계의 세 축이다. (이들은 주축이다.) 이것은 텐서를 대각화 하는 것은 고유 값과 고유 벡터를 구해야 한다는 것을 의미한다.

회전이 없는 경우인 사소한 경우를 빼고 앞 단원에서 고려한 직교행렬은 오직 하나의 실 고유 값을 갖는다. (직전 단원에서 배웠다.) 관성 텐서에 대하여 세 고유 값 모두 실수이고 상응하는 고유 벡터는 직교한다. 이것이 사실이라는 증명을 할 때 주축을 발견하는 과정을 유도할 수 있다.

$I$의 세 고유 벡터를 $R_j(j=1,2,3)$라 하고 $I_j$를 상응하는 고유 값이라고 하자. 고유 방정식은

$$\mathcal{I}\cdot\mathbf{R}_j = I_j\mathbf{R}_j \qquad j=1,2,3 \tag{16.10}$$

왼쪽에 $R_l^*$은 곱하면(행렬 표기에서 $R_l^*$는 행벡터가 되어야 한다.; 그렇지 않으면 행렬 곱셈을 수행할 수 없다.)

$$\mathbf{R}_l^*\cdot\mathcal{I}\cdot\mathbf{R}_j = I_j\mathbf{R}_l^*\cdot\mathbf{R}_j \tag{16.11}$$

식 (16.10)의 켤레 복소 짝은

$$\mathcal{I}^*\cdot\mathbf{R}_l^* = I_l^*\mathbf{R}_l^* \tag{16.12}$$

(dummy 지수 변화에 유의하라.) 행렬 곱셈의 규칙에 따라 $I\cdot \boldsymbol{R}=\boldsymbol{R}\cdot I^T$ 그러므로 식(16,12)은 다음과 같이 쓸 수 있다.

$$\mathbf{R}_l^*\cdot\mathcal{I}^\dagger = I_l^*\mathbf{R}_l^*$$

왼쪽에 $R_j$를 곱하면 다음을 얻는다.

$$\mathbf{R}_l^*\cdot\mathcal{I}^\dagger\cdot\mathbf{R}_j = I_l^*\mathbf{R}_l^*\cdot\mathbf{R}_j \tag{16.13}$$

$I$는 허미션이기 때문에 $I=I^T$이다. 따라서 식 (16.11)과 (16.13)의 좌변들은 같다. 그리고

$$(I_j - I_l^*)\mathbf{R}_l^*\cdot\mathbf{R}_j = 0 \tag{16.14}$$

$l=j$ 또는 $l\neq j$이다. 만일 $l=j$라면

$$(I_j - I_j^*)\mathbf{R}_j^*\cdot\mathbf{R}_j = 0$$

하지만 $\boldsymbol{R}_j^*\cdot R_j=|R_j|^2>0$이며 따라서 $I_j=I_j^*$이다. 그러므로 고유 값이 실수임

을 증명하였다. 이 결과는 I의 허미션 성질로부터 나온 것이다. 일반적으로 허미션 행렬의 고유 값은 실수임을 의미한다. (이 사실은 연산자가 행렬로 표시되어 있고 관측 량은 이 연산자의 고유 값으로 표현되는 양자역학에서 매우 중요하다. 관측 량은 실수 량이므로 양자역학의 연산자는 허미션 행렬로 표시되어야 한다.)

이제 $l \neq j$의 가능성을 고려하자. 이 경우 고유 값이 같지 않다면, $\boldsymbol{R}_j^* \cdot \boldsymbol{T}\boldsymbol{R}_j = 0$은 서로 다른 고유 값에 해당하는 고유 벡터가 직교함을 증명한다.

하지만 $I_l = I_j$이면 이 증명은 유효하지 않다. 이럴 경우, 고유 값이 같고 축퇴되었다고 말한다. 예를 들어 고유 값 2와 3이 축퇴되었다고 하자. 즉 $I_2 = I_3$, 하지만 $I_1$은 다르다. 그러면

$I_1$에 해당하는 고유 벡터 $R_1$이 있고 이중 고유 값에 해당하는 최소한 하나의 고유 벡터($R_2$로 부르자.) 이 고유 벡터는 식 (16.14)에 의하여 $R_1$과 직교한다. 좌표축이 $x$-축이 $R_1$과 나란하다고 $y$-축은 $R_2$와 나란하다면

$$\mathcal{I} \cdot \hat{\mathbf{i}} = I_1 \hat{\mathbf{i}}$$

그리고

$$\mathcal{I} \cdot \hat{\mathbf{j}} = I_2 \hat{\mathbf{j}}$$

이 식들을 모두 쓰면 곧 $I_{12} = I_{13} = I_{23} = 0$이 됨을 보여준다. 하지만 I는 대칭 텐서이므로 $I_{31}$과 $I_{32}$ 또한 영이다. 따라서 $\hat{k}$ 또한 고유 값 $I_2$인 고유 벡터이다.

또한 축퇴 고유 값의 문제는 두 고유 값이 같다는 것이 값이 다른 고유 값(말하자면 $I_1$)을 가진 축에 대한 강체의 대칭성을 암시한다는 사실에 유의해도 알 수 있다. $R_1$에 직교하는 평면은 다른 두 고유 벡터를 포함해야 한다. 식 (16.10)은 선형이므로 이평면의 고유 벡터의 어떠한 선형 결합 또한 근이다. 따라서 R1에 직교하는 평면의 어떤 두 직교 방향은 다른 두 주축으로 사용할 수 있다.[4)]

축퇴 고유 값 문제의 세 번째 방법은 양자역학을 배운 사람들에게는 익숙한 것이다. 양자역학에서는 비 직교 고유 벡터의 집합에서 직교 고유 벡터를 얻어내는 그람-슈미트 과정을 이용한다.[5)]

---

4) 예를 들어 Floran Scheck의 *Mechanics: From Newton's Laws to Deterministic Chaos*, Springer Verlag, Berlin, 1990, pp 172-173.

5) 예를 들어 David Griffiths의 *Introduction to Quantum Mechanics*, Prentice Hall, Englewood Cliffs, 1995, pp 79-80을 보라.

만약 관성 텐서의 세 개의 고유 값 전부가 같다면, 공간의 모든 방향이 고유 벡터이며 세 직교축의 어떤 집합도 주축으로 간주할 수 있다. 이 경우 관성 텐서는 처음부터 대각화 되어 있다.

고유 값을 결정하기 위해(즉 "관성의 주모멘트") 고유 방정식 (16.10)은 다음과 같이 쓸 수 있다.

$$(\mathcal{I} - I\mathbf{1}) \cdot \mathbf{R} = 0$$

사소하지 않은 근은 계수의 행렬식이 영일 때문만 얻을 수 있고, 이것은

$$\begin{vmatrix} I_{11} - I & I_{12} & I_{13} \\ I_{21} & I_{22} - I & I_{23} \\ I_{31} & I_{32} & I_{33} - I \end{vmatrix} = 0$$

이 영년 방정식은 $I$에 대한 3차이며 관성의 주모멘트인 세 근을 준다. 각 근들은 식 (16.10)에 대입하여 주축의 방향을 얻을 수 있다.

❐ 연습 16.6

방정식을 행렬로 써서 만약 $I \cdot \hat{i} = I_1 \hat{i}$ 이면 $I_{21}$과 $I_{31}$은 영임을 보여라.

### 16.3.2 텐서 계산

관성 텐서를 계산하는 방법을 보이고 고유 값과 주축을 결정하기 위하여 몇 예제를 자세히 다루고자 한다. 하지만 이 부분을 배우려면 자신이 많은 문제를 풀어야 봐야할 것이다. 각 문제는 자신의 어려움과 복잡성이 있다.

기법을 보이기 위하여 약간 쉬운 계를 선택하였다. 독자들은 문제를 풀 때 더 복잡한 계를 고려할 기회가 있을 것이다. 하지만 이용할 수 있다면 사용해야 할 노고를 줄이는 좋은 장치들이 있다. 네 개의 노고를 덜어 주는 장치들은 다음과 같다.

**노고를 덜어주는 장치 1(LSD 1):** 평행 축 정리. 질량 중심에 대한 관성 텐서를 안다면, 다음 관계를 이용하여 다른 원점 O를 통과하는 평행 축에 대한 관성 텐서를 구할 수 있다.

$$\mathcal{I}_O = \mathcal{I}_{CM} + M\left(R^2\mathbf{1} - \mathbf{RR}\right) \tag{16.15}$$

여기서 R은 O에 대한 질량 중심의 좌표이다.

**노고 덜어주는 장치 2(LSD 2):** 수식 텐서 회전. 만일 한 집합의 축(말하자면 $xyz$)에 대한 텐서를 계산하기가 쉽다면 같은 원점을 가진 다른 축의 집합 $(x'y'z')$에 대한 텐서의 표현을 유사 변환으로 얻을 수 있다. 그러므로:

$$\mathcal{I}' = \mathcal{A}\mathcal{I}\mathcal{A}^T \tag{16.16}$$

A의 원소들은 방향 코사인이다.$(a_{ij} = \widehat{e_i'} \cdot \widehat{e_j})$.

**노고 덜어주는 장치 3(LSD 3):** 물체가 몇 개의 부분으로 이루어져 있다면 물체 전체의 관성 텐서는 여러 부분 텐서의 합이다.(단 같은 원점과 같은 축의 집합일 때)

**노고 덜어주는 장치 4(LSD 4):** 물체의 어떤 대칭축은 주축과 직교한다.

관성 텐서 계산의 간단한 예로서 그림 16.1에 나타낸 것처럼 한 모서리에 원점이 있는 변의 길이가 a, 질량이 M인 정육면체의 관성 텐서를 계산하자.

관성 텐서 I의 원소들을 결정하기 위하여 다음 공식의 항들을 계산할 필요가 있다.

$$\mathcal{I} = \begin{pmatrix} I_{xx} & I_{xy} & I_{xz} \\ I_{yx} & I_{yy} & I_{yz} \\ I_{zx} & I_{zy} & I_{zz} \end{pmatrix} = \iiint_{\text{Vol}} \rho \begin{pmatrix} y^2+z^2 & -xy & -xz \\ -yx & x^2+z^2 & -yz \\ -zx & -zy & x^2+y^2 \end{pmatrix} dV \tag{16.17}$$

정육면체인 경우 이 적분들은 꽤 쉽다. 과정을 보이기 위해 $I_{xx}$를 계산하겠다. 밀도가 $\rho = M/a^3$가 됨을 기억하라.

$$\begin{aligned} I_{xx} &= \iiint_{\text{Vol}} \rho dV(y^2+z^2) \\ &= \frac{M}{a^3}\left[\int_{x=0}^{a}\int_{y=0}^{a}\int_{z=0}^{a} y^2 dxdydz + \int_{x=0}^{a}\int_{y=0}^{a}\int_{z=0}^{a} z^2 dxdydz\right] \\ &= \frac{2}{3}Ma^2. \end{aligned}$$

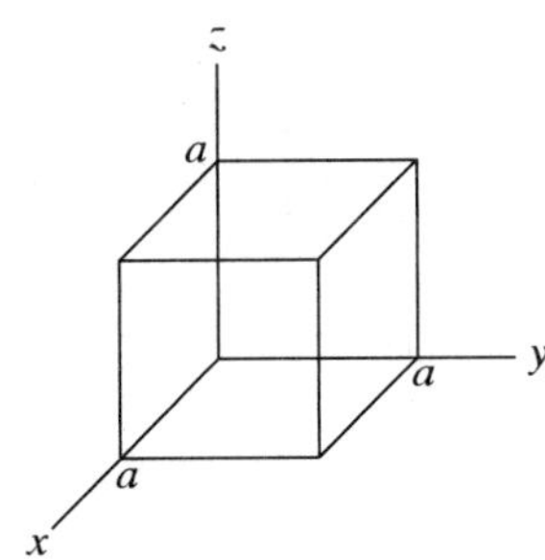


그림 16.1 ▌ 질량 $M$, 변의 길이 $a$인 정육면체

$I_{yy}$, $I_{zz}$가 $(2/3)Ma^2$가 되는 것을 아는 것은 상상력이 필요치 않다. 관성 곱이 $-(1/4)Ma^2$와 같음을 보이는 것은 연습문제로 남겨 둔다.

$$\mathcal{I} = \begin{pmatrix} \frac{2}{3} & -\frac{1}{4} & -\frac{1}{4} \\ -\frac{1}{4} & \frac{2}{3} & -\frac{1}{4} \\ -\frac{1}{4} & -\frac{1}{4} & \frac{2}{3} \end{pmatrix} Ma^2$$

여기서 모든 항이 $Ma^2$의 배수임을 알 수 있다.

❐ **연습 16.7**

그림 16.7의 정육면체의 관성 곱을 구하라.

이 특별한 관성 텐서의 계산이 꽤 쉽다는 것을 알았을 것이다. 만약 정육면체의 중심점에서 관성 텐서를 구하라는 요청을 받았다면, 평행 축 정리를 이용할 수 있다. 이것을 쓰면

$$\mathcal{I}_{CM} = \mathcal{I}_O - M(R^2\mathbf{1} - \mathbf{RR})$$

O에서 CM까지의 벡터 R은

$$\mathbf{R} = \frac{a}{2}\hat{\mathbf{i}} + \frac{a}{2}\hat{\mathbf{j}} + \frac{a}{2}\hat{\mathbf{k}}$$

그러므로

$$|\mathbf{R}| = \frac{\sqrt{3}a}{2}$$

결과로

$$R^2\mathbf{1} = \begin{pmatrix} \frac{3a^2}{4} & 0 & 0 \\ 0 & \frac{3a^2}{4} & 0 \\ 0 & 0 & \frac{3a^2}{4} \end{pmatrix}$$

이다.

마지막 항은

$$\begin{aligned}\mathbf{RR} &= \left(\frac{a}{2}\hat{\imath} + \frac{a}{2}\hat{\jmath} + \frac{a}{2}\hat{\mathbf{k}}\right)\left(\frac{a}{2}\hat{\imath} + \frac{a}{2}\hat{\jmath} + \frac{a}{2}\hat{\mathbf{k}}\right) \\ &= \frac{a^2}{4}\left(\hat{\imath}\hat{\imath} + \hat{\imath}\hat{\jmath} + \hat{\imath}\hat{\mathbf{k}} + \hat{\jmath}\hat{\imath} + \hat{\jmath}\hat{\jmath} + \hat{\jmath}\hat{\mathbf{k}} + \hat{\mathbf{k}}\hat{\imath} + \hat{\mathbf{k}}\hat{\jmath} + \hat{\mathbf{k}}\hat{\mathbf{k}}\right) \\ &= \frac{a^2}{4}\begin{pmatrix} 1 & 1 & 1 \\ 1 & 1 & 1 \\ 1 & 1 & 1 \end{pmatrix}.\end{aligned}$$

그러므로

$$R^2\mathbf{1} - \mathbf{RR} = a^2\begin{pmatrix} \frac{1}{2} & -\frac{1}{4} & -\frac{1}{4} \\ -\frac{1}{4} & \frac{1}{2} & -\frac{1}{4} \\ -\frac{1}{4} & -\frac{1}{4} & \frac{1}{2} \end{pmatrix}$$

최종으로 질량 중심을 통하는 평행 구에 대한 관성 텐서는

$$\begin{aligned}\mathcal{I}_{CM} &= Ma^2\begin{pmatrix} \frac{2}{3} & -\frac{1}{4} & -\frac{1}{4} \\ -\frac{1}{4} & \frac{2}{3} & -\frac{1}{4} \\ -\frac{1}{4} & -\frac{1}{4} & \frac{2}{3} \end{pmatrix} - Ma^2\begin{pmatrix} \frac{1}{2} & -\frac{1}{4} & -\frac{1}{4} \\ -\frac{1}{4} & \frac{1}{2} & -\frac{1}{4} \\ -\frac{1}{4} & -\frac{1}{4} & \frac{1}{2} \end{pmatrix} \\ &= Ma^2\begin{pmatrix} \frac{1}{6} & 0 & 0 \\ 0 & \frac{1}{6} & 0 \\ 0 & 0 & \frac{1}{6} \end{pmatrix} = \frac{Ma^2}{6}\begin{pmatrix} 1 & 0 & 0 \\ 0 & 1 & 0 \\ 0 & 0 & 1 \end{pmatrix}.\end{aligned}$$

이다. 행렬이 대각선이라는 것에 아마 놀라지 않았을 것이다. 그림의 단순함(그리고 LSD4에 의하여) 때문에 정육면체 변에 평행한 축과 질량 중심이 원점인 축이 관성 텐서의 주축이 된다는 것을 인식하였을 것이다. 뿐만 아니라 정육면체는 삼중 축퇴의 고유 값, $Ma^2/6$을 가진 다는 것을 주목하라.

정육면체의 주축은 거의 우연히 발견된다. 하지만 항상 쉽지는 않다. 이것을 보이기 위해 대각선 방향으로 정육면체를 썰어서 형성되는 물체에 대한 주축을 구해 보자. 그림 16.2에 보인 것처럼 이 고체는 직각 삼각형인 세 면과 이등변 삼각형인 한 면으로 구성된 사면체이다. 첫째 그림에 표시된 $(xyz)$ 축에 대한 관성 모멘트를 계산할 수 있고, 그러면 주축을 구할 수 있다.

관성 텐서는 식 (16.17)로 주어진다. 관성 모멘트를 계산해서 어떻게 주어지는 보이겠다. 사면체의 질량이 $M$, 부피는 $(1/6)a^3$, 밀도는 $\rho = 6M/a^3$이다. 그러므로

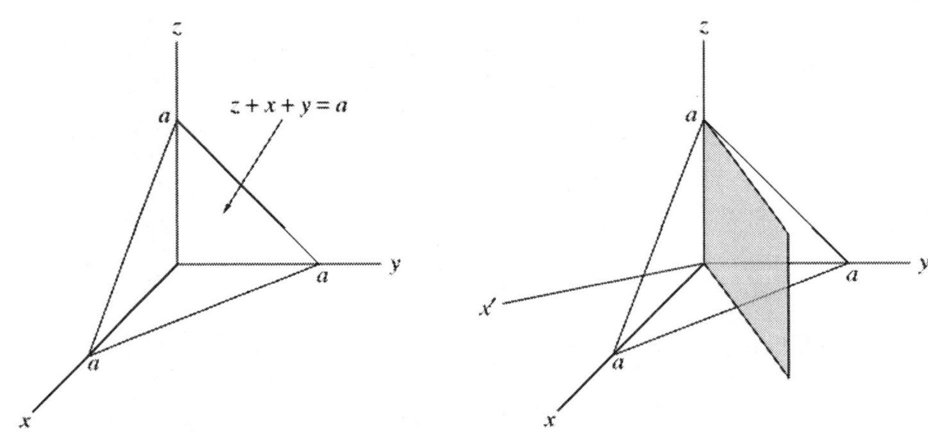


그림 16.2 ▌ 사면체는 정육면체를 대각선 방향으로 잘라내어 형성된다. 오른쪽의 스케치에서 대칭면이 표시되었다. $x'$-축은 대칭평면에 직교한다.

$$
\begin{aligned}
I_{xx} &= \iiint_{\text{Vol}} \rho \left(y^2 + z^2\right) dV = \frac{6M}{a^3} \int_{x=0}^{a} dx \int_{y=0}^{a-x} dy \int_{z=0}^{a-x-y} (y^2 + z^2) dz \\
&= \frac{6M}{a^3} \int_{x=0}^{a} dx \int_{y=0}^{a-x} dy \left[ y^2(a-x-y) + \frac{1}{3}(a-x-y)^3 \right] \\
&= \frac{6M}{a^3} \int_{x=0}^{a} \frac{1}{6}(a-x)^4 dx = \frac{M}{a^3}\frac{a^5}{5}.
\end{aligned}
$$

(마지막 두 적분은 좀 지저분하지만 Maple 또는 다른 컴퓨터 대수 프로그램을 써서 매우 쉽게 계산할 수 있다.)

대칭성에 의하여 $I_{xx} = I_{yy} = I_{zz} = \frac{1}{5} Ma^2$이다. 관성 곱이 모두 $-Ma^2/20$가 되는 것을 보이는 것은 문제로 남겨 둔다. 따라서 $xyz$ 축에 대한 관성 텐서는 다음과 같다.

$$
I = Ma^2 \begin{pmatrix} \frac{1}{5} & -\frac{1}{20} & -\frac{1}{20} \\ -\frac{1}{20} & \frac{1}{5} & -\frac{1}{20} \\ -\frac{1}{20} & -\frac{1}{20} & \frac{1}{5} \end{pmatrix} = \frac{Ma^2}{20} \begin{pmatrix} 4 & -1 & -1 \\ -1 & 4 & -1 \\ -1 & -1 & 4 \end{pmatrix}
$$

❑ **연습 16.8**

그림 16.2의 사면체 부피가 $a^3/6$임을 보여라.

그림 16.2의 $xyz$ 축에 대한 관성 텐서를 구했기 때문에 이제 주축을 정할 수 있다. LSD4를 이용하면 그림 16.2의 오른쪽 부분에 표시된 대칭 평면이 주축과 평행하다는 사실에 유의한다. $z$-축에 대하여 시계방향으로 45° 좌표계를 회전시켜 $x'$-축이 주축인 새로운 축 집합 만든다. LSD2를 이용여하여 회전을 진행하면. LSD2는

$$\mathcal{I}' = \mathcal{A}\mathcal{I}\mathcal{A}^T$$

이다. 회전 행렬 A의 성분은 원래 좌표와 새 좌표계로 나란한 단위 벡터의 내적으로 주어진다. 이것을 보이는 것은 쉽다.

$$\mathcal{A} = \begin{pmatrix} 1/\sqrt{2} & -1/\sqrt{2} & 0 \\ 1/\sqrt{2} & 1/\sqrt{2} & 0 \\ 0 & 0 & 1 \end{pmatrix}$$

따라서

$$\mathcal{I}' = \begin{pmatrix} 1/\sqrt{2} & -1/\sqrt{2} & 0 \\ 1/\sqrt{2} & 1/\sqrt{2} & 0 \\ 0 & 0 & 1 \end{pmatrix} \begin{pmatrix} 4\gamma & -1\gamma & -1\gamma \\ -1\gamma & 4\gamma & -1\gamma \\ -1\gamma & -1\gamma & 4\gamma \end{pmatrix} \begin{pmatrix} 1/\sqrt{2} & 1/\sqrt{2} & 0 \\ -1/\sqrt{2} & 1/\sqrt{2} & 0 \\ 0 & 0 & 1 \end{pmatrix}$$

여기서 $\gamma = Ma^2/20$다. 행렬 곱셈을 수행하면 다음을 얻는다.

$$\mathcal{I}' = \frac{Ma^2}{20} \begin{pmatrix} 5 & 0 & 0 \\ 0 & 3 & -\sqrt{2} \\ 0 & -\sqrt{2} & 4 \end{pmatrix}$$

이것은 $x'$이 정말 주축임을 보여준다.(실제로 회전을 수행한 이유가 $x'$이 주축임을 보이는 것은 아니었다.)

비록 단순 회전에 의하여 주축을 얻었지만, 다른 두 주축이 어디에 있는지는 명백하지 않다. 그래서 기본으로 돌아가 I'에 대한 고유 값과 고유 벡터를 구하고자 한다. 고유 방정식은

$$\mathcal{I}'\mathbf{R} = \lambda\mathbf{R}$$

또는

$$(\mathcal{I}' - \lambda\mathbf{1})\mathbf{R} = 0$$

행렬로 쓰면

$$\begin{pmatrix} 5\gamma-\lambda & 0 & 0 \\ 0 & 3\gamma-\lambda & -\gamma\sqrt{2} \\ 0 & -\gamma\sqrt{2} & 4\gamma-\lambda \end{pmatrix}\begin{pmatrix} R_1 \\ R_2 \\ R_3 \end{pmatrix}=0 \qquad (16.18)$$

이다. (각 고유 값에 대하여 이러한 방정식이 있다.)

이제 식 (16.18)은 세 개의 결합된 동차 대수 방정식이고 계수의 행렬식이 영일 때 만 사소하지 않은 근을 갖는다. 다음과 같다.

$$\begin{vmatrix} 5\gamma-\lambda & 0 & 0 \\ 0 & 3\gamma-\lambda & -\gamma\sqrt{2} \\ 0 & -\gamma\sqrt{2} & 4\gamma-\lambda \end{vmatrix}=0$$

즉

$$\begin{aligned} (5\gamma-\lambda)(3\gamma-\lambda)(4\gamma-\lambda)-(5\gamma-\lambda)(-\gamma\sqrt{2})(-\gamma\sqrt{2}) &= 0 \\ (5\gamma-\lambda)\left[(3\gamma-\lambda)(4\gamma-\lambda)-4\gamma^2/2\right] &= 0 \end{aligned}$$

따라서

$$5\gamma-\lambda=0$$

그리고

$$\lambda^2-7\gamma\lambda+10\gamma^2=0$$

그러므로 고유 값은

$$\lambda^{(1)}=5\gamma=5\left(\frac{Ma^2}{20}\right)$$

이며 다른 두 고유 값은

$$\begin{aligned} \lambda^{(2)} &= 5\gamma=5\frac{Ma^2}{20} \\ \lambda^{(3)} &= 2\gamma=2\frac{Ma^2}{20} \end{aligned}$$

이다.

고유 값 $5\gamma$은 두 번 나타나며 축퇴를 나타낸다. 첫 번째 고유 벡터는 $\lambda^{(1)}$은 식 (16.18)에 대입하여 얻어진다.

$$\begin{aligned} 0R_1^{(1)} + 0R_2^{(1)} + 0R_3^{(1)} &= 0 \\ 0R_1^{(1)} - 2\gamma R_2^{(1)} - \sqrt{2}\gamma R_3^{(1)} &= 0 \\ 0R_1^{(1)} - \sqrt{2}\gamma R_2^{(1)} + \gamma R_3^{(1)} &= 0 \end{aligned}$$

과 같다.

이 식들 중 첫 번째 것은 $R^{(1)}, R^{(2)}, R^{(3)}$의 어떤 값들도 만족하며 고유 벡터의 성분은 $\lambda^{(1)}$이다. 하지만 두 번째와 세 번째 방정식은 $R^{(2)}$과 $R^{(3)}$의 임의의 영이 아닌 값을 동시에 만족할 수 없다. 고유 벡터가 단위 크기를 갖는 것이 편리하므로 $R^{(1)}$의 성분을 (1,0,0)으로 선택한다. 이들은 회전 좌표 $x'$, $y'$, $z'$의 첫 번째 고유 벡터의 성분임을 유의하라. 다시 한 번 $x'$가 주축임을 보았다.

이제 고유 값 $\lambda^{(3)} = 2\gamma$은 고려하자. 이 값을 식 (16.18)에 대입하여 다음을 얻는다.

$$\begin{aligned} 3\gamma R_1^{(2)} &= 0 \\ \gamma R_2^{(2)} - \sqrt{2}\gamma R_3^{(2)} &= 0 \\ \sqrt{2}\gamma R_2^{(2)} + 2\gamma R_3^{(2)} &= 0 \end{aligned}$$

첫 번째 방정식은 $R^{(2)} = 0$을 요구한다. 그래서 고유 벡터 $x'$의 성분은 여이다. 두 번째 방정식은 $R_3^{(2)} = R_2^{(2)}/\sqrt{2}$ 와 $R^{(2)} = (0,-1,-1/\sqrt{2})$로 쓸 수 있음을 말해준다. 하지만 이것은 크기가 1이 되도록 하는 것은 아니므로 $R^{(2)} = (0,-0.8165,-0.5774)$로 크기를 조정한다.[이는 $(0,-1,-1/\sqrt{2})$와 같은 방향의 벡터를 주고 크기는 1인 것을 기억하라.]

최종으로 축퇴된 고유 값에 대하여 보통 기법에 의하여 하나의 고유 벡터를 얻고 다른 고유 벡터는 앞의 것에 직교하도록 할 수 있다. 고유 벡터 $R^{(1)}$은 (1,0,0)이 되는 것을 알고 이것에 직교하는 다른 고유 벡터가 있다는 것을 안다. 그러므로 $R^{(1)}$은 그림 16.2의 색이 칠해진 면에 놓이게 된다. 또한 $R^{(1)}$은 $R^{(2)}$와 직교한다. 세 번째 고유 벡터를 $R^{(3)} = (0,-0.5774,0.8165)$로 쓸 수 있음을 증명하는 것은 숙제로 남겨둔다.

그리고 마지막으로 그림 16.2에 스케치한 물체의 주축이 결정되었다. 꽤 큰 양의 노력이 요구되었지만 과정을 잘 알았기를 바란다.

❐ 연습 16.9

$R_2^{(1)}$와 $R_3^{(1)}$는 영과 같음을 보여라.

❐ 연습 16.10

$R^{(3)}=(0,-0.5774,0.8165)$는 단위 벡터임을 $R^{(1)}$은 $R^{(2)}$와 모두 직교함을 보여라.

마지막 예로서, 그림 16.3에 나타낸 이상적인 자이로스코프의 관성 텐서를 구해 보자. 축은 질량이 없어서 계는 반지름 $a$, 질량 $M$인 디스크이다. 문제를 간단히 하기 위해 디스크 두께를 무시하고 질량은 $M=\iint \sigma dA$로 주어진다. 여기서 $\sigma$는 단위 면적당 질량이다. 문제는 관성 축 $x$, $y$, $z$에 대한 관성 텐서를 표현하는 것이다. 자이로스코프가 돌면 점 P는 O에 고정된 자이로스코프의 바닥끝 부분에 따라 움직인다. 하지만 잠시 동안은 P가 고정되었고 디스크는 돌고 있지 않다고 가정한다.

관성 텐서를 구하려면 명백히 그림 16.3의 오른쪽의 $x'y'z'$와 같은 디스크에 고정된 물체 축을 이용하는 것이 가장 쉽다. 자이로스코프 축에 나란한 $z'$를 선택하는 것이 자연스럽다. $x'$가 관성 축 $x$와 평행하도록 하는 것이 편리하다.

관성 모멘트와 관성 곱은 식 (16.17)을 이용하여 계산할 수 있다. 예를 들어 $I'_{x'x'}$의 값은

$$I'_{x'x'}=\int\int \sigma(y'^2+z'^2)dA$$

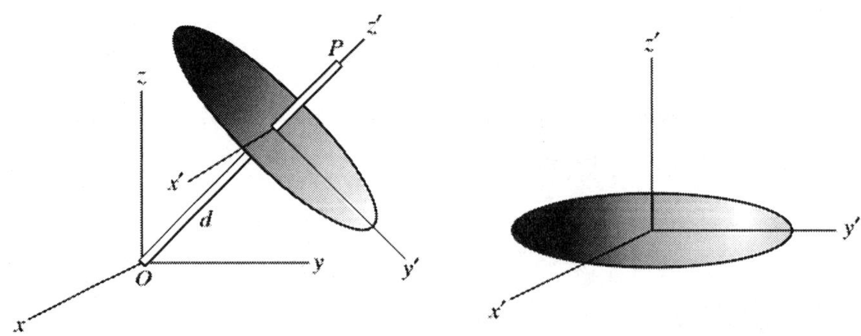


그림 16.3 ▌ 질량 없는 축과 얇은 디스크로 구성된 이상적 자이로스코프 자이로스코프의 바닥끝은 O에 고정되어 있다.

이다. 여기서 $z'$은 $z'$방향의 질량소(mass element)까지의 거리이지만 두께가 영인 디스크를 가정하였으므로 영이라고 놓는 것이 합리적이다. 그러면

$$I'_{x'x'} = \frac{M}{\pi a^2}\int\int y'^2 dA$$

이다. 극좌표로 바꾸고 $y' = r\sin\phi$은 기억하면,

$$I'_{x'x'} = \frac{M}{\pi a^2}\int_{r=0}^{a}\int_{0}^{2\pi}(r\sin\phi)^2 rdrd\phi = \frac{Ma^2}{4}$$

비슷하게 $I'_{z'z'} = \frac{Ma^2}{2}$인 반면에 $I'_{y'y'} = I'_{x'x'} = \frac{Ma^2}{4}$이다. (이 결과를 직교축 정리를 이용하여 기초적인 방법으로 얻을 수 있다.) 모든 관성 곱은 영이다. (연습문제에서 보일 것이다.) 디스크의 질량 중심 원점의 물체 축에 대한 관성 텐서는 다음과 같다.

$$\mathcal{I}' = Ma^2\begin{pmatrix} \frac{1}{4} & 0 & 0 \\ 0 & \frac{1}{4} & 0 \\ 0 & 0 & \frac{1}{2} \end{pmatrix}$$

이제 $z'$-축에 나란한 물체 축의 원점을 공간 축 $(x,\ y,\ z)$으로 옮기자. 이 평행 이동한 축은 LSD1: $I_{CM} + M(R^2\boldsymbol{I} - \boldsymbol{RR})$을 이용하여 구한다. 여기서 $R$은 원점으로부터 질량 중심까지의 벡터이다. 이동한 축은 여전히 물체 좌표 $x'$, $y'$, $z'$이다. 그러므로

$$\mathbf{R} = (d)\,\hat{\mathbf{z}}'$$

여기서 $d$는 $O$에서 회전축을 따라 디스크의 중심까지의 거리이며, $\hat{z'}$은 자이로스코프의 축과 나란한 방향인 $z'$ 방향의 단위 벡터이다. 그러므로 $R^2 = d^2$이며 $\boldsymbol{RR} = d^2\hat{k}\hat{k}$. 따라서

$$\mathcal{I}'_O = \begin{pmatrix} \frac{Ma^2}{4} & 0 & 0 \\ 0 & \frac{Ma^2}{4} & 0 \\ 0 & 0 & \frac{Ma^2}{2} \end{pmatrix} + \begin{pmatrix} Md^2 & 0 & 0 \\ 0 & Md^2 & 0 \\ 0 & 0 & Md^2 \end{pmatrix} - \begin{pmatrix} 0 & 0 & 0 \\ 0 & 0 & 0 \\ 0 & 0 & Md^2 \end{pmatrix}$$
$$= \begin{pmatrix} M(\frac{a^2}{4} - d^2) & 0 & 0 \\ 0 & M(\frac{a^2}{4} - d^2) & 0 \\ 0 & 0 & \frac{Ma^2}{2} \end{pmatrix}.$$

최종적으로 공간 축 $xyz$로 나타낸 표현을 얻고자 관성 텐서를 회전시켜야 한다. 물체 축은 $x$-축(또는 $x'$ 이들은 같기 때문에)에 대하여 회전될 수 있으며 $z'$와 $z$와 $y'$와 $y$를 정렬시킨다. 그러므로 공간 축에 대한 변환은 단순히 $x'$에 대한 $\theta$회전이다. 여기서 $\theta$은 $z$-와 $z''$-축 사이각이다.

$$\mathcal{A} = \begin{pmatrix} 1 & 0 & 0 \\ 0 & \cos\theta & -\sin\theta \\ 0 & \sin\theta & \cos\theta \end{pmatrix}$$

이다. 결과로 공간 축으로 나타낸 관성 텐서는

$$\begin{aligned}\mathcal{I} &= \mathcal{A}\mathcal{I}'\mathcal{A}^T \\ &= \begin{pmatrix} 1 & 0 & 0 \\ 0 & \cos\theta & -\sin\theta \\ 0 & \sin\theta & \cos\theta \end{pmatrix} \begin{pmatrix} M(\frac{a^2}{4}+d^2) & 0 & 0 \\ 0 & M(\frac{a^2}{4}+d^2) & 0 \\ 0 & 0 & \frac{Ma^2}{2} \end{pmatrix} \begin{pmatrix} 1 & 0 & 0 \\ 0 & \cos\theta & \sin\theta \\ 0 & -\sin\theta & \cos\theta \end{pmatrix} \\ &= \begin{pmatrix} M(\frac{a^2}{4}+d^2) & 0 & 0 \\ 0 & \cos^2\theta M(\frac{a^2}{4}+d^2) + \sin^2\theta\frac{Ma^2}{2} & \sin\theta\cos\theta M(d^2-\frac{a^2}{4}) \\ 0 & \sin\theta\cos\theta M(d^2-\frac{a^2}{4}) & \sin^2\theta M(\frac{a^2}{4}+d^2) + \cos^2\theta\frac{Ma^2}{2} \end{pmatrix}\end{aligned}$$

이다.

**❐ 연습 16.11**

물체 축에서 이상적 자이로스코프의 예는 모든 관성 곱이 영임을 보여라.

## 16.4 오일러 운동방정식

자유로운 회전 물체에 관련된 문제는 질량 중심의 병진운동과 질량 중심에 대한 회전 운동으로 분해된다. 이번 절은 질량 중심에 대한 회전 운동을 분석한다. 이것의 결과는 한 고정 점을 가진 물체, 고정 점에 대한 회전의 경우, 일반적 운동에 적용할 수 있다.

문제에 대한 가장 직접적인 접근은 회전 물체에 적용된 뉴턴의 제2법칙으로 시작하는 것이다. 즉

$$\left(\frac{d\mathbf{L}}{dt}\right)_{\text{inertial}} = \mathbf{N}$$

관성계에 대한 시간 미분은 기존의 규칙에 의하여 회전 물체에 고정된 축의 집합에 대한 것으로 대체될 수 있다.

$$\left(\frac{d\mathbf{L}}{dt}\right)_{\text{inertial}} = \left(\frac{d\mathbf{L}}{dt}\right)_{\text{body}} + \boldsymbol{\omega} \times \mathbf{L}$$

$\left(\frac{d\mathrm{L}}{dt}\right)_{inetial}$ 을 N으로 바꾸고 아래 첨자를 제거하면 이 방정식을 다음과 같이 된다.

$$\left(\frac{d\mathbf{L}}{dt}\right) + \boldsymbol{\omega} \times \mathbf{L} = \mathbf{N}$$

이 방정식이 (회전) 기준틀에서 성립하는 것을 유념하라. 이제 $\mathrm{L} = I \cdot \omega$와 회전틀에서 관성 텐서 I가 상수이므로,

$$\mathcal{I} \cdot \frac{d\boldsymbol{\omega}}{dt} + \boldsymbol{\omega} \times (\mathcal{I} \cdot \boldsymbol{\omega}) = \mathbf{N} \tag{16.19}$$

식 (16.19)은 회전 물체의 운동방정식이다. 이 방정식의 흥미로운 결과는 물체가 토크 없이 일정 각속도로 자유롭게 회전한다면 $\omega \times (I \cdot \omega) = 0$이며 이것은 $I \cdot \omega$가 $\omega$와 평행하다는 의미이다. 다소 신빙성이 떨어지는 것 같지만 독자의 자동차 차륜의 회전-균형 잡을 때를 생각해 보라. 동적 균형의 목적은 관성 텐서의 주축을 각속도 벡터와 정렬 하려는 데 있다. 차륜 회전이 확실하게 토크를 차축에 가하지 않게 하기 위함이다.

물체가 주축을 가지고 있다고 가정하고, 식 (16.19)은 성분 형태로 쓸 수 있다.

$$\begin{aligned} I_1\dot{\omega}_1 - \omega_2\omega_3(I_2 - I_3) &= N_1 \\ I_2\dot{\omega}_2 - \omega_3\omega_1(I_3 - I_1) &= N_2 \\ I_3\dot{\omega}_3 - \omega_1\omega_2(I_1 - I_2) &= N_3 \end{aligned} \tag{16.20}$$

이 방정식들은 오일러의 운동방정식이다. 이들은 회전 운동의 뉴턴의 운동의 제 2법칙에 해당한다.

□ 연습 16.12

대칭 물체에 대하여 오일러 방정식 (16.20)은 기본 관계식 $N = I\alpha$(식 7.11)로 간단히 될 수 있음을 보여라.

## 16.5 토크 없는 운동

달, 태양 그리고 행성들이 지구에 토크를 작용하지만 작고 때때로 무시된다. 그러므로 1차 근사까지는 지구는 자유롭게 회전하는 편평한 타원체이다. 물체에 작용하는 토크가 없다면 오일러의 운동방정식(식 16.20)은 다음과 같이 간단해 진다.

$$\begin{aligned} I_1\dot{\omega}_1 &= \omega_2\omega_3(I_2 - I_3) \\ I_2\dot{\omega}_2 &= \omega_3\omega_1(I_3 - I_1) \\ I_3\dot{\omega}_3 &= \omega_1\omega_2(I_1 - I_2) \end{aligned}$$

물체가 타원체라면 두개의 관성 모멘트가 같다. $I_1 = I_2$라 하자. 오일러의 운동방정식 좀 더 간단해 진다.

$$\begin{aligned} I_1\dot{\omega}_1 &= \omega_2\omega_3(I_1 - I_3) \\ I_1\dot{\omega}_2 &= \omega_3\omega_1(I_3 - I_1) \\ I_3\dot{\omega}_3 &= 0. \end{aligned}$$

세 번째 방정식은 $\omega_3$가 상수임을 확인시켜 준다. 처음 두 방정식은 다음과 같이 쓸 수 있다.

$$\dot{\omega}_1 = \omega_3\frac{I_1 - I_3}{I_1}\omega_2$$

$$\dot{\omega}_2 = -\omega_3\frac{I_1 - I_3}{I_1}\omega_1$$

상수 $\omega_3(I_1 - I_3)/I_1$은 $\Omega$라고 표시하면 다음과 같이 된다.

$$\dot{\omega}_1 = -\Omega\omega_2 \tag{16.21}$$

$$\dot{\omega}_2 = +\Omega\omega_1 \tag{16.22}$$

두 방정식의 첫 번째 것에 미분을 취하고 두 번째 방정식에 대입하여 다음을 얻는다.

$$\ddot{\omega}_1 = -\Omega^2 \omega_1$$

하지만 이식은 단순 조화 진동자의 방정식이다! 근은

$$\omega_1 = A\cos\Omega t$$

비슷하게

$$\omega_2 = A\sin\Omega t$$

결론적으로 $\omega_3$는 상수지만 $\omega_1$와 $\omega_2$는 서로 위상이 벗어나 사인함수처럼 변한다. 이것은 총 각속도 벡터, $\omega = \omega_1\hat{\mathbf{i}} + \omega_2\hat{\mathbf{j}} + \omega_3\hat{\mathbf{k}}$가 세차율 $\Omega$로 $\omega_3\hat{k}$에 대하여 세차 운동하고 있는 것을 의미한다. (그림 16.4를 보라.)

이 지구에 대한 자유 세차 운동은 $\omega_3(I_1 - I_3)/I_1 = 306$일 또는 약 10달의 주기를 가지고 있다. 관측이 가능하다. 지구 자전축의 작은 일탈이 이 주기를 가지고 있다. 이는 약 10 m의 진폭의 극점 일탈이다. 하지만 420일의 주기를 가진 이보다 훨씬 큰(하지만 여전히 작은 값인) 자유 세차 운동이라 할 수 있는 챈들러 요동이 있다 지구물리학자간의 주기 불일치는 지구가 실제로는 강체가 아니기 때문일 것으로 믿어지고 있다.

자유 세차 운동은 춘/추분점의 세차 운동으로 불리는 다른 세차 운동과 혼돈해서는 안 된다. 이 운동은 태양과 달에 의하여 지구의 적도의 융기에 가해진 토크 때문이며 26,000년의 주기를 가지고 있다.

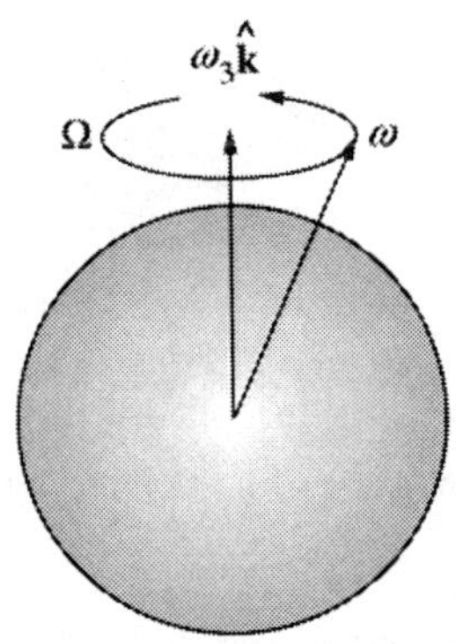


그림 16.4 ▌ 토크 없는 구형 물체의 운동의 예시. 각속도는 $\Omega$율로 세차 운동한다.

## 16.6 회전하는 팽이

7.6절에서 보인 자이로스코프에 대한 기초분석을 기억하자. 이제 이번 단원에서 개발한 기법을 이용하여 대칭인[6] 회전하는 팽이(또는 자이로스코프)를 고려하자.

그림 16.5는 팽이의 방위를 오일러 각 $\theta$, $\phi$, $\psi$ 표현할 수 있음을 보여준다. 팽이의 회전 운동은 $z'$-축에 대한 회전으로 주어지고 회전 각속도는 $\dot{\psi}=\dot{\psi}\widehat{z'}$ 이다. 팽이가 세차 운동하면 축은 연직 $z$-축에 대하여 원뿔을 그린다. 축이 이 궤적을 그리면 각 $\phi$가 변하며 세차 운동과 관련된 각속도는 $\dot{\phi}=\dot{\phi}\hat{z}$ 이다. 최종으로 팽이는 세차 운동하며 축이 들렸다 내렸다하는 장동을 한다. 그림에서, 이런 형태의 운동은 각 $\theta$의 변화를 보이는 형태의 운동임이 명백하다. 장동에 관련된 각속도는 정점의 선($\xi$)에 나란한 벡터이며 $\dot{\psi}=\dot{\psi}\widehat{z'}$ 로 표현된다. 오일러 각이 세 개의 독립 좌표 집합을 형성함을 기억하자. 그래서 이 계의 운동을 기술하는데 적합한 일반화 좌표 집합이 된다.

그림 16.5의 오일러 각을 이용하여 각속도 $\omega$는 성분으로 표현할 수 있고, 따라서

$$\boldsymbol{\omega} = \dot{\theta}\hat{\boldsymbol{\xi}} + \dot{\phi}\hat{\mathbf{z}} + \dot{\psi}\hat{\mathbf{z}}'$$

여기서 단위 벡터는 선 $\xi$, $z$, $z'$에 나란한 방향이다. $\widehat{e_1}$, $\widehat{e_2}$, $\widehat{e_3}$은 물체 축 $x'$, $y'$, $z'$와 나란한 단위 벡터라 하자.(대칭성에 의하여 이들은 주축이 된다.) $\xi$, $z$, $z'$와 나란한 단위 벡터는 $\widehat{e_1}$, $\widehat{e_2}$, $\widehat{e_3}$로 표현하면 다음과 같이 주어진다.

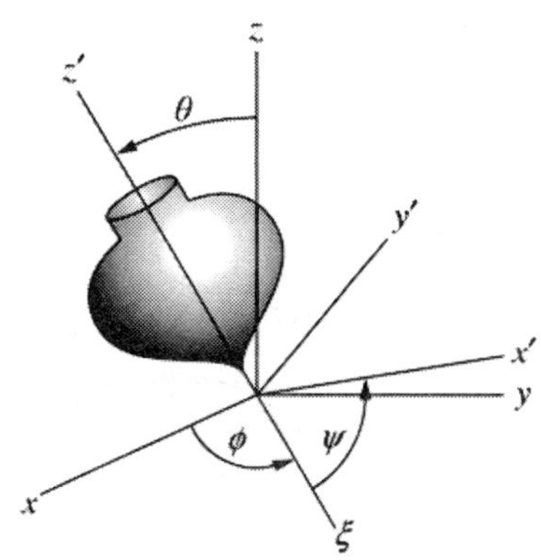


그림 16.5 ▌ 팽이. 관성 축 $x$, $y$, $z$에 대한 방위는 오일러 각 $\theta$, $\varphi$, $\psi$로 기술된다.

6) 비대칭 팽이는 좀 더 복잡한 문제이고 보통은 대학원 역학과정으로 미룬다. 이근을 알고 싶으면 L.D.Landau와 E.M.Lifshitz, Pergamon 출판사, Oxford, 1976.의 역학 37절을 보라.

$$\hat{\boldsymbol{\xi}} = \hat{\mathbf{e}}_1 \cos\psi - \hat{\mathbf{e}}_2 \sin\psi$$
$$\hat{\mathbf{z}} = \hat{\mathbf{e}}_1 \sin\theta\sin\psi + \hat{\mathbf{e}}_2 \sin\theta\cos\psi + \hat{\mathbf{e}}_3\cos\theta$$
$$\hat{\mathbf{z}}' = \hat{\mathbf{e}}_3$$

결과로 물체 축에 나란한 속도의 성분은 다음과 같다.

$$\begin{aligned} \omega_1 &= \boldsymbol{\omega}\cdot\hat{\mathbf{e}}_1 = \dot{\theta}\cos\psi + \dot{\phi}\sin\theta\sin\psi, \\ \omega_2 &= \boldsymbol{\omega}\cdot\hat{\mathbf{e}}_2 = -\dot{\theta}\sin\psi + \dot{\phi}\sin\theta\cos\psi \\ \omega_3 &= \boldsymbol{\omega}\cdot\hat{\mathbf{e}}_3 = \dot{\phi}\cos\theta + \dot{\psi}. \end{aligned} \tag{16.23}$$

$\omega_3$는 단순히 $\dot{\psi}$가 아니다; 또한 회전축의 세차 운동은 $\widehat{e_3}$방향의 성분을 가지고 있다. 팽이가 질량 $m$이고 바닥과 접촉점으로부터 축을 따라 거리 $d$인 곳에 질량 중심이 있다고 가정하자. 팽이는 대칭적이므로 질량 중심은 $z'$-축에 놓여 있다. 팽이에 작용하는 토크는 $N=\widehat{z'}d\times m\boldsymbol{g}$, 이 벡터는 마디 선($\xi$)과 나란한 방향의 벡터이며 크기는 $mg\sin\theta$이다.

팽이는 축을 중심으로 회전하지만 세차 운동과 장동한다. 세차 운동과 장동의 수학적 기술을 발전시키기 위해 계의 라그랑지안을 쓰면서 시작해 보자.

운동에너지는 $T=\frac{1}{2}\omega\cdot I\cdot\omega$로 주어진다. 그러므로

$$T = \frac{1}{2}\left(I_1\omega_1^2 + I_2\omega_2^2 + I_3\omega_3^2\right) \tag{16.24}$$

이것은 꽤 길고 복잡한 표현에 도달하게 한다. 하지만 $I_2 = I_1$인 대칭적 물체에 대하여 이 식은 단순해진다.

$$T = \frac{1}{2}\left[I_1\left(\dot{\theta}^2 + \dot{\phi}^2\sin^2\theta\right) + I_3\left(\dot{\psi} + \dot{\phi}\cos\theta\right)^2\right] \tag{16.25}$$

회전하는 팽이의 퍼텐셜 에너지는 단순히 중력 퍼텐셜 에너지, $V=mgd\cos\theta$. 결과는

$$L = T - V = \frac{1}{2}\left[I_1\left(\dot{\theta}^2 + \dot{\phi}^2\sin^2\theta\right) + I_3\left(\dot{\psi} + \dot{\phi}\cos\theta\right)^2\right] - mgd\cos\theta \tag{16.26}$$

이 라그랑지안에는 보통의 라그랑지안에는 들어 있지 않은 것 뿐 아니라 많은 정보도 들어 있다. 특히 좌표 $\phi$와 $\psi$는 보통의 라그랑지안에는 전혀 없음을 주목하

게 될 것이다. 이 변수들은 무시할 수 있다. 결과로 이 변수들에 켤레인 운동량은 상수이다. 구체적으로 $\phi$는 무시할 수 있으므로,

$$p_\phi = \frac{\partial L}{\partial \dot{\phi}} = I_1 \dot{\phi} \sin^2\theta + I_3 \cos\theta \left(\dot{\psi} + \dot{\phi}\cos\theta\right) = \text{ constant} \tag{16.27}$$

비슷하게 $\psi$도 무시할 수 있으므로,

$$p_\psi = \frac{\partial L}{\partial \dot{\psi}} = I_3(\dot{\psi} + \dot{\phi}\cos\theta) = \text{ constant} \tag{16.28}$$

뿐만 아니라 시간은 라그랑지안 또는 변환 방정식에 에 명백히 나타나지 않기 때문에 총 에너지는 상수이다. 즉

$$E = T + V = \frac{1}{2}\left[I_1\left(\dot{\theta}^2 + \dot{\phi}^2\sin^2\theta\right) + I_3\left(\dot{\psi} + \dot{\phi}\cos\theta\right)^2\right] + \ mgd\cos\theta = \text{ constant} \tag{16.29}$$

이다. 상수 물리량 $p_\phi$, $p_\psi$로 표현하면, 에너지는

$$E = \frac{1}{2}I_1\dot{\theta}^2 + \frac{(p_\phi - p_\psi\cos\theta)^2}{2I_1\sin^2\theta} + \frac{p_\psi^2}{2I_3} + mgd\cos\theta \tag{16.30}$$

이다. 이 표현은 좌표 $\theta$만으로 표현된 에너지를 준다.

총 에너지의 형태(식 16.30)는 $\theta$를 가진 모든 항에 관련된 유효 퍼텐셜을 정의하는 것을 의미한다. 간편히 하기 위해 상수항 $p_\phi^2/2I_3$ 또한 유효 퍼텐셜 항에 포함시키면,

$$E = \frac{1}{2}I_1\dot{\theta}^2 + V'(\theta)$$

$V'(\theta)$은

$$V'(\theta) = \frac{(p_\phi - p_\psi\cos\theta)^2}{2I_1\sin^2\theta} + mgd\cos\theta + \frac{p_\psi^2}{2I_3} \tag{16.31}$$

이다.

$\dot{\theta}$에 대하여 풀면

$$\dot{\theta} = \frac{d\theta}{dt} = \sqrt{\frac{2}{I_1}(E - V')} \tag{16.32}$$

이다. 주어진 상수 $E$, $p_\phi$, $p_\psi$에 대하여 이식은 (원리상) $\theta = \theta(t)$은 얻기 위하여 적분할 수 있다. 그리고 $\theta(t)$은 식 (16.27)과 (16.28)를 대입하면 $\phi = \phi(t)$와 $\psi = \psi(t)$를 얻는다. 따라서 문제가 풀렸다.(이렇게 하는 것이 쉽지는 않지만 개념적으로는 어려움은 없다.)

하지만 실제로 식 (16.32)를 풀지 않고 계의 거동에 대한 많은 정보를 얻었다. 예를 들어 회전 축 주위의 팽이의 회전이 $\omega_3$임을 기억하자. 식 (16.23)의 세 번째 식과 식 (16.38)에 주어진 $p_\psi$의 표현은 다음과 같이 된다.

$$p_\psi = I_3\omega_3 = \text{ constant}$$

따라서 대칭축에 대한 팽이의 회전 속도는 상수이다. (물론 팽이가 바닥 또는 공기와의 접촉점에서 마찰로 미끄러지지 않는다고 가정한다.)

그림 16.6은 유효 퍼텐셜 $V'(\theta)$의 $\theta$ 함수로 그린 것이다. 식 (16.31)에서 명백히 0과 $\pi$에서 무한히 커진다. $V'(\theta)$의 최솟값은 $V'$의 $\theta$의 미분을 영으로 놓아 얻을 수 있다. 다음을 얻는다.

$$0 = -mgd\sin\theta + \frac{2(p_\phi - p_\psi\cos\theta)p_\psi\sin\theta}{2I_1\sin^2\theta} + \frac{-2(p_\phi - p_\psi\cos\theta)^2\cos\theta}{2I_1\sin^3\theta}$$

즉 $V'$가 최소가 되는 각을 $\theta_0$로 표시하면

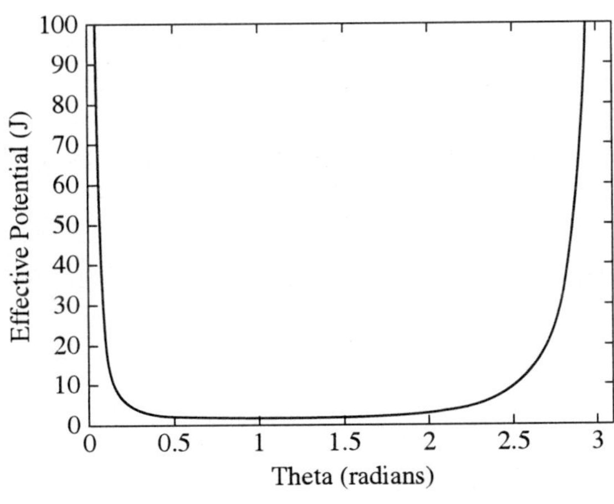


그림 16.6 ‖ 팽이에 대한 $\theta$에 대한 유효 퍼텐셜

$$mgdI_1 \sin^4 \theta_0 - (p_\phi - p_\psi \cos\theta_0)(p_\psi - p_\phi \cos\theta_0) = 0 \qquad (16.33)$$

이 방정식을 풀면 상수 변수 $\theta_0$의 특별한 값을 얻는다.

❒ 연습 16.13

식 (16.23)을 얻어라.

❒ 연습 16.14

식 (16.24)를 계산하여 회전 물체의 운동에너지의 일반 표현을 구하라. 대칭인 물체인 경우 (16.25)로 간단하게 됨을 보여라.

❒ 연습 16.15

일반화 운동량 $p_\phi$와 $p_\psi$에 대한 표현을 구하라. (식 16.27과 16.28)

❒ 연습 16.16

필요한 치환을 써서 식 (16.29)를 식 (16.30)으로 변환하라.

### 16.6.1 세차 운동

만일 총 에너지 $E$가 $V'(\theta_0)$와 같다면, 팽이는 $\theta$는 $\theta_0$과 같은 상수 값을 갖는다. 물론 $E$의 최소 값 및 유효 퍼텐셜 곡선이 최소일 때이다. 하지만 만일 팽이가 약간 더 큰 에너지를 가지면 $\theta$의 값은 두 경계 값( $\theta_1$과 $\theta_2$로 부르자.) 사이에서 변할 수 있고, 팽이는 장동한다.

첫째 $E = V'(\theta_0)$일 때 최소 에너지 팽이의 경우를 고려해 보자. 장동은 일어나지 않는다. 팽이의 세차 운동률은 $\dot\phi(\theta_0)$이다. 이 세차 운동 값을 정하기 위하여 쉽게 $\theta_0$을 식 (16.27)과 (16.28)에 대입한다. 따라서 (16.28)로부터

$$\dot\psi = \frac{p_\psi}{I_3} - \dot\phi \cos\theta_0$$

이며 (16.27)은

$$p_\phi = I_1\dot{\phi}\sin^2\theta_0 + I_3\cos\theta_0\left(\frac{p_\psi}{I_3} - \dot{\phi}\cos\theta_0 + \dot{\phi}\cos\theta_0\right)$$

이다.

결과는

$$\dot{\phi} = \frac{p_\phi - p_\psi\cos\theta_0}{I_1\sin^2\theta_0} \tag{16.34}$$

이다.

이것은 문제의 변수로 세차 율을 표현한 것이다. 하지만 문제를 좀 더 깊이 탐구하는 것이 재미있다.

식 (16.33)을 다음과 쓸 수 있다.

$$p_\phi - p_\psi\cos\theta_0 = \frac{mgdI_1\sin^4\theta_0}{p_\psi - p_\phi\cos\theta_0}$$

이 표현을 식 (16.34)의 분자에 대입하면 다음을 얻는다.

$$\dot{\phi}(\theta_0) = \frac{mgd\sin^2\theta_0}{p_\psi - p_\phi\cos\theta_0}$$

하지만 $p_\psi = I_3\omega_3$와 $p_\phi = I_1\dot{\phi}\sin^2\theta + I_3\cos\theta(\dot{\psi} + \dot{\phi}\cos\theta)$이므로

$$\begin{aligned}\dot{\phi}(\theta_0) &= \frac{mgd\sin^2\theta_0}{I_3\omega_3 - \left(I_1\dot{\phi}\sin^2\theta_0 + I_3\cos\theta_0\left(\dot{\psi} + \dot{\phi}\cos\theta_0\right)\right)\cos\theta_0} \\ &= \frac{mgd\sin^2\theta_0}{I_3\omega_3 - \left(I_1\dot{\phi}\sin^2\theta_0 + I_3\omega_3\cos\theta_0\right)\cos\theta_0} \\ &= \frac{mgd\sin^2\theta_0}{I_3\omega_3(1-\cos^2\theta_0) - I_1\dot{\phi}\sin^2\theta_0\cos\theta_0}\end{aligned}$$

이 식은 다음의 $\dot{\phi}$에 대한 2차 방정식이 된다:

$$\dot{\phi}^2(I_1\sin^2\theta_0\cos\theta_0) - \dot{\phi}\left(I_3\omega_3(1-\cos^2\theta_0)\right) + mgd\sin^2\theta_0 = 0$$

풀어 다음을 얻는다.

$$\dot{\phi} = \frac{I_3\omega_3(1-\cos^2\theta_0) \pm \sqrt{[I_3\omega_3(1-\cos^2\theta_0)]^2 - 4mgdI_1\cos\theta_0\sin^4\theta_0}}{2I_1\sin^2\theta_0\cos\theta_0}$$

$\dot{\phi}$는 실수이어야 하기 때문에 근호안의 양 또한 양수이어야 한다. 즉

$$\left[I_3\omega_3(1-\cos^2\theta_0)\right]^2 - 4mgdI_1\cos\theta_0\sin^4\theta_0 \geq 0$$

여기로부터

$$\omega_3^2 \geq \frac{I_1}{I_3^2}(4mgd\cos\theta_0)$$

세차 운동이 일어나려면 $\omega_3$는 최소한 이 값 이상을 가져야 한다. $\dot{\phi}$는 최솟값을 넘게 되면 두개의 가능한 값이 있다.

---

**예제 16.3**

빠르고 느린 세차 운동률은 $\dot{\phi} \simeq (I_3\omega_3/I_1\cos\theta_0)$와 $\dot{\phi} \simeq mgd/I_3\omega_3$가 됨을 보여라. (느린 세차 운동률은 가장 흔히 관찰된다.)

**풀이:**

$$\dot{\phi} = \frac{I_3\omega_3(1-\cos^2\theta_0) \pm \sqrt{[I_3\omega_3(1-\cos^2\theta_0)]^2 - 4mgdI_1\cos\theta_0\sin^4\theta_0}}{2I_1\sin^2\theta_0\cos\theta_0}$$

따라서

$$\begin{aligned}
\dot{\phi} &= \frac{I_3\omega_3(1-\cos^2\theta_0)}{2I_1\sin^2\theta_0\cos\theta_0} \pm \sqrt{\left[\frac{I_3\omega_3(1-\cos^2\theta_0)}{2I_1\sin^2\theta_0\cos\theta_0}\right]^2 - \frac{4mgdI_1\cos\theta_0\sin^4\theta_0}{\left[2I_1\sin^2\theta_0\cos\theta_0\right]^2}} \\
&= \frac{I_3\omega_3(1-\cos^2\theta_0)}{2I_1\sin^2\theta_0\cos\theta_0} \pm \frac{I_3\omega_3(1-\cos^2\theta_0)}{2I_1\sin^2\theta_0\cos\theta_0}\sqrt{1 - \frac{4mgdI_1\cos\theta_0\sin^4\theta_0}{[I_3\omega_3(1-\cos^2\theta_0)]^2}} \\
&= \frac{I_3\omega_3}{2I_1\cos\theta_0} \pm \frac{I_3\omega_3}{2I_1\cos\theta_0}\left[1 - \frac{4mgdI_1\cos\theta_0}{[I_3\omega_3]^2}\right]^{1/2}
\end{aligned}$$

이항 전개를 이용하면

$$\dot{\phi} \simeq \frac{I_3\omega_3}{2I_1\cos\theta_0}\left\{1 \pm \left[1 - \frac{1}{2}\frac{4mgdI_1\cos\theta_0}{[I_3\omega_3]^2}\right]\right\}$$

이다. 양의 부호는

$$\dot{\phi} \simeq \frac{I_3\omega_3}{2I_1\cos\theta_0}(2) = \frac{I_3\omega_3}{I_1\cos\theta_0}$$

이다. 그리고 음의 부호는

$$\dot{\phi} \simeq \frac{I_3\omega_3}{2I_1\cos\theta_0}\frac{1}{2}\frac{4mgdI_1\cos\theta_0}{[I_3\omega_3]^2} = \frac{mgd}{I_3\omega_3}$$

이다.

### 16.6.2 장동

팽이의 에너지는 $E = V'(\theta_0)$을 가정하였다. 이것은 계가 유효 퍼텐셜 우물의 최소에 있다는 것이다. 이때 $\theta$는 상수이며, $\theta_0$과 같다. 하지만 앞에서 언급한 것처럼 팽이의 에너지가 이 최솟값보다 크다면, $\theta$는 $\theta_1$과 $\theta_2$ 사이에서 진동한다. 그림 16.7의 스케치를 보라.

$\theta$가 $\theta_1$과 $\theta_2$ 사이에서 변함에 따라 팽이는 장동한다: 즉 팽이의 축이 올라갔다 내려갔다 한다. (유사한 현상이 구면 진자에서 관찰되었다. 12.4.2절을 보라.) 이 경우 전환점 $\theta_1$와 $\theta_2$에서 에너지 값은 이 들 점에서 유효 퍼텐셜과 같고 $\theta_1$와 $\theta_2$는 방정식의 근이다.

$$E = \frac{(p_\phi - p_\psi\cos\theta)^2}{2I_1\sin^2\theta} + \frac{p_\psi^2}{2I_3} + mgd\cos\theta \tag{16.35}$$

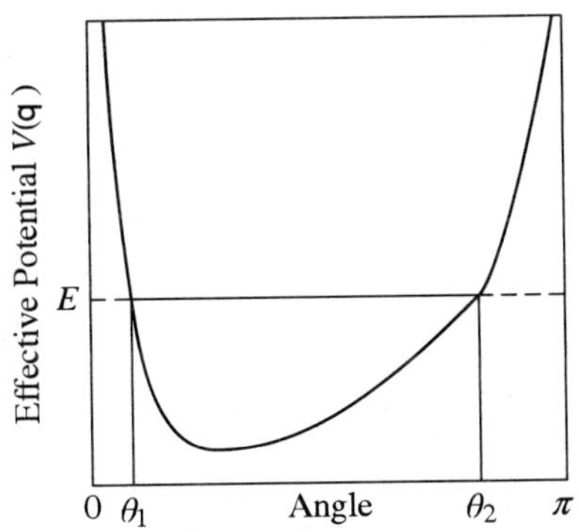


그림 16.7 ▌ 대칭 팽이에 대한 유효 퍼텐셜의 정성적 스케치. 만약 에너지 $E$가 유효 퍼텐셜 $V'$의 최솟값보다 크다면 $\theta$의 값은 $\theta_1$과 $\theta_2$ 사이에서 변할 것이다. (팽이는 장동한다.)

이 식은 식 (16.30)과 같고 예외는 $\dot{\theta}$가 전환점에서는 없기 때문에 $\dot{\theta}$가 개입된 항이 없는 것이다. 하지만 식 (16.35)은 다음과 같이 쓸 수 있다.

$$2I_1(E - p_\psi^2/2I_3)\sin^2\theta = p_\phi^2 - 2p_\phi p_\psi \cos\theta + p_\psi \cos^2\theta + 2I_1 mgd\cos\theta\sin^2\theta$$

$\sin^2\theta$을 $1 - \cos^2\theta$로 치환하면,

$$2I_1(E - p_\psi^2/2I_3)(1 - \cos^2\theta) = p_\phi^2 - 2p_\phi p_\psi \cos\theta + p_\psi \cos^2\theta + 2I_1 mgd\cos\theta(1 - \cos^2\theta)$$

이 식은 $\cos\theta$에 대하여 3차이다. 이 방정식은 3개의 근이 있다. 이 들 중 두개가 $\theta_1$와 $\theta_2$이다. 세 번째 근은 +1이고 물리적으로 가능한 상황이 아니다.

장동 중에는 회전축의 방향($\theta$)는 $\theta_1$와 $\theta_2$ 사이에서 변한다. 하지만 $\dot{\phi}$도 $\theta$에 의존해서 세차 운동률 또한 변한다. 다음을 알았다. (식 16.34를 보라.)

$$\dot{\phi} = \frac{p_\phi - p_\psi \cos\theta}{I_1 \sin^2\theta}$$

이 식은 $\dot{\phi}$의 부호가 $p_\phi$와 $p_\psi$의 상대적 값에 의존한다. 특히 $\cos\theta < p_\phi/p_\psi$이면, $\dot{\phi}$는 양이며, 이것은 세차 운동 속도와 팽이의 회전 속도 $\omega_3$가 같은 의미이며, 그렇지 않다면 $\dot{\phi}$는 음이다. 이를 다른 방법으로 표현하기 위하여 각 $\Theta = \cos^{-1}p_\phi/p_\psi$을 정의하자; 그러면 $\dot{\phi}$는 $\theta > \Theta$일 때 양수이고 $\theta < \Theta$일 때는 음수이다. 문제 16.7에서 $\Theta$가 $\theta_1$ 보다 작고 $\theta_2$ 보다 작다. $\Theta$의 값의 범우는 $0 < \Theta < \theta_0$이다. 만일 $\Theta < \theta_1$이면 $\dot{\phi}$가 항상 양수이고 장동하는 팽이의 축은 그림 16.8(a)에 나타낸 곡선의 궤적을 그린다. 한편 $\Theta > \theta_1$이면 $\theta$는 $\theta_1$으로부터 $\theta_2$까지 변함에 따라 세차 운동률 $\dot{\phi}$의 부호가 바뀐다. 축이 그리는 경로는 그림 18.8(b)에 나타나있다. 최종적으로 $\omega_3$로 회전하는 팽이가 처음 축 어떤 각 $\theta_1$로 잡았다가 놓으면 축은 16.8(c)에 나타낸 경로의 궤적을 그리는 것이 관찰된다. 자세한 것은 문제로 남겨둔다.

최근에 와서야 풀린 흥미로운 문제는 회전 디스크의 운동이다. 예를 들어 동전을 위로 쥐고 있다가 손가락을 쳐서 돌게 한다면 동전이 잠시 동안 위로 서 있다가 기울어지고 점점 빨리 회전한다. 그런 후 갑자기 넘어진다. 고전적인 해석(우리가 해온)은은 동전이 영원히 회전하도록 하지만, 실제로 공기 저항은 운동을 빨리 멈춘다.[7)]

7) 회전하는 동전은 느려지고 기울어진다. 그래서 둘레의 한 점에 대하여 회전하게 된다. 회전축은 동전을 통과하지 않는다. 동전과 바닥 사이의 접촉점은 고정되어 있지 않으나(둘레 주위를 움직인다.) 한 순간 한 점에 대하여 회전하고 있다고 생각할 수 있다. 매끈하게 가공된 평평한 접시위에서 잘 연마된 디스크는 오일러 디스크라고 불리는 장난감으로 팔린다. 매우 흥미로운 운동 분석이 H.K. Moffat의 논문에 주어졌다, "Euler's Disk and its Finite-time Singularity," Nature, 404, 833, 2000.

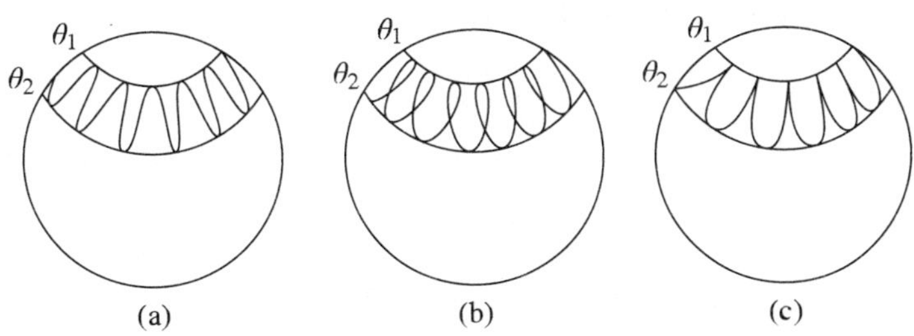


그림 16.8 ▌ 장동 중에 바닥과 접촉점을 중심으로 한 회전 팽이의 경로를 구의 표면상에 나타낸 회전축이 그리는 궤적

□ 연습 16.17

만약 명백히 $\theta < \Theta$이면, $\dot{\phi}$는 음수임을 보여라. 이는 $\dot{\phi}$는 $\omega_3$와 다른 부호를 가진다.

□ 연습 16.18

$\Theta < \theta_1$이면 $\dot{\phi}$는 양수임을 보여라.

## 16.7 요약

고정점에 대한 회전하는 임의의 형태의 강체의 각운동량은

$$\mathbf{L} = \mathcal{I} \cdot \boldsymbol{\omega}$$

이다. 역기서 I는 관성 텐서이다. 관성 텐서의 원소들은

$$I_{jk} = \int \rho(\mathbf{r})(r^2\delta_{jk} - r_j r_k)dV$$

그러므로

$$\mathcal{I} = \int \rho(\mathbf{r})(r^2\mathbf{1} - \mathbf{rr})dV$$

회전 물체의 운동에너지는

$$T = \frac{1}{2}\boldsymbol{\omega} \cdot \mathcal{I} \cdot \boldsymbol{\omega}$$

이다. 관성 텐서는 실수, 허미션 행렬로 표현될 수 있다. 이 수식 화는 행렬이 대각선으로 표현되면 가장 유용하다. 이때 좌표축은 물체의 주축과 나란히 놓인다.

종종 회전 좌표계에서 관성 텐서를 결정할 필요가 있다. 이는 유사 변환을 써서 수행된다.

$$\mathcal{I}' = \mathcal{A}\mathcal{I}\mathcal{A}^T$$

여기서 A는 적당한 회전 행렬이다.

I를 대각화 하기 위하여 고유 값 $\lambda^{(i)}$와 고유 벡터 $R^{(i)}$을 정한다.(이 과정을 돕기 위하여 네 개의 노고를 덜어주는 장치가 기술되었다. 관성 텐서의 고유 값과 고유 벡터는 고유 방정식으로부터 얻는다.

$$(\mathcal{I} - \lambda\mathbf{1})\mathbf{R} = 0$$

사소하지 않은 근은 계수의 행렬식이 영이 될 것을 요구한다. 즉

$$|\mathcal{I} - \lambda\mathbf{1}| = 0$$

이 관계식은 세 개의 고유 값, $\lambda^{(i)}$, $i = 1, 2, 3$을 줄 세 개의 방정식을 준다. 고유 값을 고유 값 방정식에 대입하면 고유 벡터, $R_j^{(i)}$, $i$, $j = 1, 2, 3$의 성분에 대한 표현을 얻을 수 있다. 여기서 $i$는 고유 벡터를 표시하고 $j$는 성분을 표시한다.(실제로는 $R_2^{(1)}/R_3^{(1)}$와 $R_2^{(2)}/R_3^{(2)}$와 같은 성분 비율을 얻는다.) 세 번째 성분($R_1^{(1)}$과 같은)은 단위 크기의 고유 벡터가 되도록 선택된다.

회전 물체에 대한 오일러 운동방정식은

$$\mathcal{I} \cdot \frac{d\boldsymbol{\omega}}{dt} + \boldsymbol{\omega} \times (\mathcal{I} \cdot \boldsymbol{\omega}) = \mathbf{N}$$

이다. 여기서 I는 물체 좌표축의 관성 텐서이다. 토크가 영이면(자유롭게 회전하는 물체) 오일러 방정식을 얻는다.

$$\begin{aligned} I_1\dot{\omega}_1 &= \omega_2\omega_3(I_2 - I_3) \\ I_2\dot{\omega}_2 &= \omega_3\omega_1(I_3 - I_1) \\ I_3\dot{\omega}_3 &= \omega_1\omega_2(I_1 - I_2) \end{aligned}$$

토크기가 영이 아니면 해석은 훨씬 복잡해진다. 회전하는 대칭인 팽이의 예로 과정을 보였다. 좌표로서 오일러 각을 이용하면 라그랑지안은

$$L = \frac{1}{2}\left[I_1\left(\dot{\theta}^2 + \dot{\phi}^2\sin^2\theta\right) + I_3\left(\dot{\psi} + \dot{\phi}\cos\theta\right)^2\right] - mgd\cos\theta$$

이다. 두 $\phi$와 $\psi$의 일반화 운동량은 상수이다. 즉

$$p_\phi = \frac{\partial L}{\partial\dot{\phi}} = I_1\dot{\phi}\sin^2\theta + I_3\cos\theta\left(\dot{\psi} + \dot{\phi}\cos\theta\right) = \text{ constant}$$
$$p_\psi = \frac{\partial L}{\partial\dot{\psi}} = I_3(\dot{\psi} + \dot{\phi}\cos\theta) = \text{ constant.}$$

그러면 총 에너지는 다음과 같이 쓸 수 있다.

$$E = \frac{1}{2}I_1\dot{\theta}^2 + \frac{(p_\phi - p_\psi\cos\theta)^2}{2I_1\sin^2\theta} + \frac{p_\psi^2}{2I_3} + mgd\cos\theta$$

즉

$$E = \frac{1}{2}I_1\dot{\theta}^2 + V'(\theta)$$

여기서 유효 퍼텐셜 $V'(\theta)$는

$$V'(\theta) = \frac{(p_\phi - p_\psi\cos\theta)^2}{2I_1\sin^2\theta} + mgd\cos\theta + \frac{p_\psi^2}{2I_3}$$

이다. 팽이의 세차 운동은 변화율에서 $\phi$의 변화로 구성된다.

$$\dot{\phi} = \frac{p_\phi - p_\psi\cos\theta_0}{I_1\sin^2\theta_0}$$

세차 운동은 팽이가 회전율이 다음과 같을 때 일어난다.

$$\dot{\psi} = \omega_3 \geq \frac{4mgdI_1}{I_3^2}\cos^2\theta_0\sin^2\theta_0$$

장동은 팽이의 축과 연직선간의 각 $\theta$의 변화이다. 두 각은 총 에너지에 의존하며 $\theta_1$으로부터 $\theta_2$까지 에 의하여 변한다. 이 각들은 다음의 3차 방정식의 두 근으로 계산된다.

$$2I_1(E - p_\psi^2/2I_3)(1-\cos^2\theta) = p_\phi^2 - 2p_\phi p_\psi + p_\psi\cos^2\theta + mgd\cos\theta(1-\cos^2\theta)$$

## 16.9 문제

**[문제 16.1]** 대칭 물체에 대하여 관성 곱이 영임을 보여라

**[문제 16.2]** 그림 16.2의 사면체에 대하여 관성 곱이 $-Ma^2/20$임을 보여라.

**[문제 16.3]** 질량 $M$인 세 개의 입자가 $(2a,0,0)$, $(0,2a,0)$, $(0,0,a)$에 위치한 계가 있다. 원점에 대한 주관성 모멘트를 구하라. 주축을 정하라.

**[문제 16.4]** 질량 중심에 대한 암모니아 분자의 관성 텐서를 구하라. 주축을 구하라. 암모니아($NH_3$)는 한 개의 질소원자와 세 개의 수소원자가 피라미드 형태로 꼭지 점에 질소, 수소는 등변 삼각형의 바닥에 위치한다. 수소 원자와 질소 원자 간의 거리는 1.03Å이며 결합간의 각들은 36.4°, 107.2°이다.

**[문제 16.5]** $R_n$을 원소가 $R_{ij}=\epsilon_{ijk}x_k$로 주어지는 반 대칭 텐서라고 하자. 여기서 $x_k$는 물체의 $k$번째 질점의 좌표이다. 물체의 관성 텐서 행렬은 다음과 같이 쓸 수 있음을 보여라.

$$\mathcal{I} = -m_n\left(\mathcal{R}_n\right)^2$$

정의에 의항 레비-시비타 밀도 텐서 $R_{ij}=\epsilon_{ijk}x_k$는 지수 $ijk$ 중 두개가 같으면 영, $ijk=1,2,3$ 또는 1,2,3의 짝수 교환이면 +1, 1,2,3의 홀수 교환이면 −1이다.

**[문제 16.6]** 식 (16.15)의 노고를 덜어주는 장치1을 증명하라.

**[문제 16.7]** $\Theta=\cos^{-1}(p_\phi/p_\psi)$가 $\theta_0$보다 작음을 보여라.

**[문제 16.8]** 높이 $h$, 바닥이 $R$인 균일한 원뿔의 질량이 $M$이다. 옆으로 누워 원뿔의 꼭짓점은 고정된 상태로 미끄러짐 없이 구른다. 순간적으로 회전축과 원뿔과 수평면의 접촉선이 나란함을 유의하라. 이 선과 수평면에 고정된 선과 사이 각은 $\theta$이고 원뿔은 질량 중심의 각속도는 $\dot{\theta}$이다. (a) 운동에너지 표현을 얻어라. (b) 각운동량 표현을 얻어라. (힌트: 먼저 주축에 대한 관성 텐서를 결정하라.)

**[문제 16.9]** 자체 축에 대하여 회전도 하고 $z$-축에 대하여 세차 운동도 하는 자이로스코프의 각속도가 $\omega = \alpha\hat{z} + \beta\hat{z'}$. 물체 축에 대한 각운동량과 운동에너지를 구하라. $I_1 = I_2$, $I_3$과 $\theta$가 알려졌다고 가정하라.

**[문제 16.10]** 자이로스코프가 고정점에 달려 있다. (그래서 $\theta_0 > \pi/2$). $\dot{\phi}(\theta_0)$에 대하여 양의 값과 음의 값이 있음을 보여라.

**[문제 16.11]** 팽이가 극각 $\theta = \theta_1$로 고정되어있다. 그러므로 처음 $\theta = 0$, $\dot{\phi} = 0$, $\dot{\psi} = \omega_3$이다. 그 다음 놓여서 세차 운동과 장동 운동하도록 하였다. (a) $p_\phi$, $p_\psi$, $V'$과 $E$를 구하라. (b) 장동의 전환점은 $\theta_1$과 $\theta_2$이다.($\theta_1 \leq \theta \leq \theta_2$). $\cos\theta_2$에 대한 표현을 구하라. (c) 팽이가 빠르게 회전해서 물리량 $\alpha = (2I_1 mgd)/(I_3^2\omega_3^2) \ll 1$이 됨을 가정하자. 이 경우 $\cos\theta_2 \simeq \cos\theta_1 - \alpha\sin^2\theta_1$가 됨을 보여라.

**[문제 16.12]** 빠르게 회전하는 자이로스코프의 회전축이 수평면에 놓여있다. 즉 $\theta = \pi/2$이다. (a) 초보적 고려로 세차 운동률 $\dot{\phi} = mgd/I_3\omega_3$을 이끌어 내어라. (b) 식 16.33에 기인한 좀 더 복잡한 분석으로 평균 세차 운동률 $\langle\dot{\phi}\rangle$의 표현을 얻을 수 있음을 보여라.

**[문제 16.13]** 대칭인 팽이는 질량 200 g, 높이 4 cm, 바닥 지름은 3 cm인 원뿔로 근사할 수 있다. 원뿔은 400 rad/s로 회전한다. (느린) 세차 운동률을 구하라.

**[문제 16.14]** 그림 15.1에 나타낸 디스크는 축 위에서 각속도 $\omega$로 회전한다. 한편 축은 방향이 고정된 되어있다. 갑자기 축을 놓아, 계(디스크와 축)가 자유롭게 흔들린다. (a) 축에 그리는 공간 원뿔의 반각을 구하라. 축의 질량은 무시해도 좋다. 축과 디스크 평면에 직교하는 선 사이의 각도는 $\alpha$이다. (b) 흔들거림(세차 운동)의 주기를 구하라.

**[문제 16.15]** 물체 내에 고정된 축 집합 ($x$, $y$, $z$)이 주축이다. 선분 $\overline{OQ}$는 원점(O)을 지나 각 $x$, $y$, $z$에 대한 방향 코사인 $\alpha$, $\beta$, $\gamma$를 가진다. $\overline{OQ}$에 대한 물체의 관성 모멘트는 다음과 같이 주어짐을 보여라.

$$I_{OQ} = \alpha^2 I_x + \beta^2 I_y + \gamma^2 I_z$$

(힌트: 방향 코사인 $\alpha_1$, $\beta_1$, $\gamma_1$와 .$\alpha_2$, $\beta_2$, $\gamma_2$로 주어지는 두 벡터 간의 각을 유의하면 도움이 된다.)

$$\cos\theta = \alpha_1\alpha_2 + \beta_1\beta_2 + \gamma_1\gamma_2.)$$

**[문제 16.16]** 물체 내에 고정된 축 집합 $(x, y, z)$이 있다. 이 물체 축에 대하여 관성 모멘트는 $I_x$, $I_y$, $I_z$이며 관성 곱은 $P_{xy}$, $P_{xz}$, $P_{yz}$이다. (a) 원점을 지나는 선분 $\overline{OQ}$에 대한 관성 모멘트는 다음과 같음을 보여라.

$$I = \alpha^2 I_x + \beta^2 I_y + \gamma^2 I_z - 2\alpha\beta P_{xy} - 2\beta\gamma P_{yz} - 2\alpha\gamma P_{xz}$$

여기서 $\alpha$, $\beta$, $\gamma$는 $\overline{OQ}$의 방향 코사인이다. (b) $\overline{OQ}$ 방향의 벡터 R을 그려라. R · R을 $\overline{OQ}$에 대한 관성 모멘트에 역 비례한다고 하자. 즉

$$R^2 = \frac{1}{I}$$

R의 끝은 타원체면을 그리는 것을 보여라. (이는 포이스노의 관성 타원체라고 부른다.)

**[문제 16.17]** 연직 축에 대하여 팽이가 회전한다. 만약 $\omega_3^2 > 4mgdI_1/I_3^2$ 이면 운동은 안정함을 보여라. (힌트: 안정한 경우에는 $\partial^2 E/\partial\theta^2 > 0$이다.)

## 컴퓨터 과제

**[컴퓨터 과제 16.1]** 식 (16.33)을 이용하여 $\theta_0$을 푸는 프로그램을 작성하라. $m = 1$, $d = 0.1$, $P_\phi = 1$, $P_\psi = 2$, $I_1 = 3$, $I_2 = 6$을 가정하라.

CHAPTER

# 17

# 파 동

파동은 바닷물이나 당겨진 얇은 천, 진동하는 기타 줄에서 퍼져나가는 것과 같은 매질에서의 진동이다. 일반적으로 매질자체는 전파되지 않는다. 예를 들면 바닷물은 물분자 자체는 위 아래로 진동하지만 파동은 수평으로 이동한다.[1] 파동에 관한 이상하고, 흥미로운 점은 질량의 이동은 없지만 에너지와 운동량의 운반은 있는 것이다.

횡파는 줄의 파동처럼 파형의 방향에 수직하게 물질 입자들이 운동하는 것이다. 반면에 음파나 금속막대를 망치로 칠 때 나타나는 파동은 종파의 한 예이다. 이 파동은 파형방형과 물질입자들의 운동이 평행하다.

파동운동의 소개는 줄의 파동해석만 할 것이다.[2] 그러나 여기서 유도되는 파동방정식과 성질은 모든 형태의 파동에 적용된다. 더욱이 파동방정식을 푸는데 사용되는 변수분리라는 수학적 기법은 편미분방정식을 풀 때 쓰는 아주 보편화된 방법이다. 이 장에서 다루는 물질은 전자기파를 배울 때 특히 유용할 것이다.

---

1) 이것은 전적으로 옳은 것은 아니다. 물분자도 수평으로 운동하고, 타원선을 밟는다. - 그러나 우리는 일반적인 생각을 한 것이다.

2) 이상적인 줄은 완전히 유연하며, 선탄성이다. 장력이 어느 곳에서나 같고, 접선 방향이란 뜻이다. 선탄성은 장력이 줄이 늘어난 양에 선형적으로 의존하는 것을 의미한다(후크의 법칙).

## 17.1 당겨진 줄의 파동

긴 줄을 생각하자. 줄의 한 끝을 위 아래로 흔들면 진행파를 만들 수 있다. 한번의 흔들음은 한 개의 펄스가 만들어져 줄을 따라 이동하고, 반복되는 흔들음은 싸인파 모양의 파열을 이룬다. 기타줄과 같이 짧은 줄을 튕기면 정상파를 만들 수 있다. 이것이 어떻게 만들어지는가에 관계없이 이 파동에는 많은 물리학적 특정 매개변수들이 있다. 그 중 중요한 것들을 들어본다.

| | |
|---|---|
| 진폭($A$) | : 원점에서 최고 변위 |
| 파장($\lambda$) | : 파동의 두 최고점 사이나 두 개의 대응점 사이 거리 |
| 주기($\tau$) | : 파동이 한번 진동하는데 걸리는 시간 |
| 주파수($f$) | : 단위시간동안 진동한 수 $f = 1/\tau$ 이다. |
| 속력($c$) | : 파형이 운동방향으로 이동하는 빠르기 이며, $c = \lambda/\tau = \lambda f$ 이다. |
| 각진동수($\omega$) | : 주파수의 다른 표현이며, $\omega = 2\pi f = 2\pi/\tau$로 정의한다. |
| 파수($k$) | : 파장에 관계된 매개변수이며, $k = 2\pi/\lambda$로 정의한다. $\lambda = c\tau$ 이므로 파수는 $k = \omega/c$로 나타낼 수 있다. 파수는 각진동수와 유사함에 주목하라. 하나는 시간의 역이고, 다른 것은 길이의 역이다. |

길이 $L$ 되는 양끝이 고정된 줄을 생각하자. (한 예로 기타줄이다.) 줄을 튕겨서 파동그래프 사진을 찍었다고 생각하자. 사진속의 줄은 그림 17.1과 같이 그릴 수 있다. 입자의 평형위치에서 변위는 $y$이다. 분명히 이 변위는 수평위치 $x$에 관계되므로 $y = y(x)$이다. (아직은 시간과는 관계없다.) 파동의 순간사진을 기술하기 때문이다. 곡선은 $x = \lambda$ 후에 반복된다. 파동은 싸인적이므로, 수학적으로 싸인곡선으로 표시하자. 그러면 순간 수직 변위는

$$y = A\sin\left(\frac{2\pi x}{\lambda}\right) = A\sin(kx)$$

이다. $x$가 $\lambda/2$의 곱이면 괄호안의 양은 $\pi$의 곱이며, 이 점에서 변위는 영이다. 이 점들을 파형의 마디라고 한다. 그림 17.1의 파는 줄의 길이 $L$의 반인 파장을 가진다. 줄에 맞는 파는 파장이 $\lambda = (2/n)L$인 것 뿐이다. 여기서 $n = 1,\ 2,\ 3,\ \cdots$ 이다.

이제 순간 사진대신 진동하는 줄의 영상을 상상해보자. 줄의 특정 점을 보면 아래

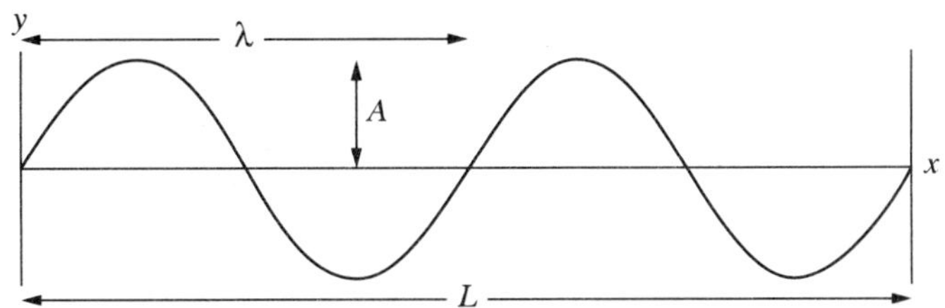


그림 17.1 ‖ 길이 $L$인 줄의 파동, 파장과 진폭이 그림에 나타나 있다. 평형에서 변위는 $y=y(x)$이다.

위로 운동하는 것을 볼 것이다. 따라서 변위 $y$도 시간 $t$의 함수인 것이다. 짐작한 바와 같이 파동은 수학적으로 다음과 같은 형태로 나타낼 수 있다.

$$y = A\sin(kx)\cos(\omega t)$$

이 표현은 예상한 것의 일반적인 생각을 알려준 것뿐이다. 파동에 대한 실제적인 표현을 얻기 위해서는 진동하는 줄에 관한 운동방정식을 풀어야한다. 길이 $\lambda$인 줄의 장력을 $F$라고 생각하자. 줄의 양쪽 끝은 $x=0$와 $L$이다. 중력을 무시하자. 줄을 튕기면 기타줄 처럼 정상파를 만들 수 있다. 튕겨진 기타줄을 보면 파동의 진폭은 줄의 길이 보다는 훨씬 작음을 알 것이다. 즉 $y$는 상대적으로 작은 양이다. 더욱이 기울기 $dy/dx$도 작다. 또한 줄의 장력은 어느 점에서나 같은 것에 주목하자.

그림 17.2는 펄스의 무한소에 해당하는 줄이 수직으로 약간 변위한 것을 보여준다. 줄의 무한소는 $x$와 $x+dx$이다. 이 요소의 질량은 $dm=\rho dx$이며, $\rho$는 단위길이당 질량이다. 두 끝은 수직으로 $y(x,\ t)$와 $y(x+dx,\ t)$변위한다. 줄 요소는 $x$(각 $\theta$)에서 왼쪽 아래로 장력 $F(x)$를 작용 받으며, $x+dx$(각 $\phi$)에서는 오른쪽 위로 $F(x+dx)$ 받는다. 이들 두 장력의 수평성분은 상쇄된다. 줄요소가 오른쪽이나 왼쪽으로 가속되지 않기 때문이다. 그러나 평형위치로 돌아오게 하는 힘의 수직하향 성분은 있다.

장력의 크기는 양 끝에서 같다. 즉

$$F(x+dx) = F(x) = F$$

수직방향 가속도는 $a_y = \partial^2 y/\partial t^2$이므로 뉴턴의 제2법칙을 이용하면

$$\begin{aligned}\rho dx\frac{\partial^2 y(x,t)}{\partial t^2} &= F(x+dx)\sin\phi - F(x)\sin\theta \\ &= F(\sin\phi - \sin\theta)\end{aligned}$$

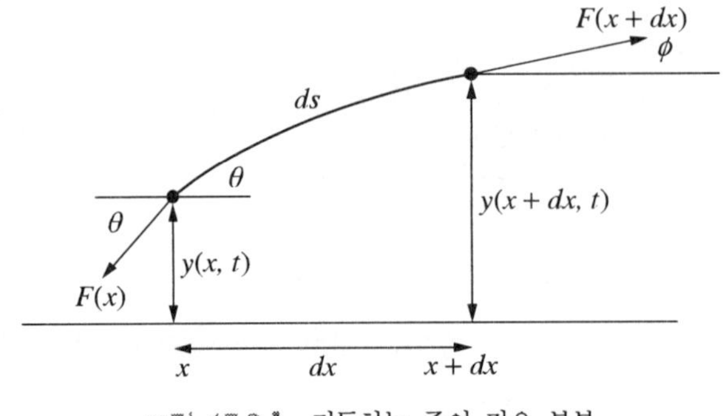


그림 17.2 ‖ 진동하는 줄의 작은 부분

이 된다. 각 $\theta$와 $\phi$가 작다고 ($y$와 $dy/dx$ 둘다 작기 때문) 생각하면

$$\sin\theta \doteq \tan\theta = \frac{dy}{dx} = \frac{\partial y(x,t)}{\partial x}$$
$$\sin\phi \doteq \frac{\partial y(x+dx,t)}{\partial x}.$$

이다. 따라서

$$\rho dx \frac{\partial^2 y(x,t)}{\partial t^2} = F\left[\frac{\partial y(x+dx,t)}{\partial x} - \frac{\partial y(x,t)}{\partial x}\right]$$

이 된다. 양변을 $dy$로 나누고, $dx \to 0$으로 무한을 취하면

$$\rho\frac{\partial^2 y}{\partial t^2} = F\frac{\partial}{\partial x}\left[\frac{\partial y}{\partial x}\right]$$

이 유도된다.

조금 있으면 당겨진 줄의 진행파의 속력은 $\sqrt{F/\rho}$ 임을 알 것이다. 이 결과를 이용하여 $F/\rho$는 $c^2$으로 대신한다. 그러면 운동방정식은 익숙한 형태로 된다.

$$\frac{\partial^2 y}{\partial t^2} = c^2\frac{\partial^2 y}{\partial x^2} \tag{17.1}$$

이 식은 대단히 중요하며, 이 관계식을 파동방정식(wave equation)이라 부른다. 이 줄의 변위를 시간과 위치의 함수로 나타낸 제2계 편미분방정식이다. 이점을 기억하기 바란다.

❐ 연습 17.1

길이 6 m인 줄의 양 끝이 고정되어 있다. 줄의 질량이 0.1 kg, 장력은 50 n이다. (a) 이 줄의 정상파가 가지는 가장 긴 파장은 얼마인가? (b) 파동의 진동수는 얼마인가?

❐ 연습 17.2

반파장의 수가 $n$이면 줄의 정상파 진동수는 $f = nc/2L$ 임을 보여라.

## 17.2 파동방정식의 직접해

파동방정식 (17.1)을 풀어보자. 많은 2계 편미분방정식은(이 식을 포함하여) 변수분리라는 기술로 풀 수 있다.

변수분리가 내포하는 기본생각은 미지함수(우리 경우는 $y = y(x,\ t)$)를 각각 한 변수만에 관계된 두 함수의 곱으로 나타내는 것이다. 즉 $y(x,\ t)$를 아래 모양으로 쓸 수 있다고 가정한다:

$$y(x,t) = X(x)T(t)$$

여기서 $X$는 $x$만의 함수이고, $T$는 $t$만의 함수이다. 이 식을 미분방정식에 대입하면

$$\begin{aligned}\frac{\partial^2 X(x)T(t)}{\partial t^2} &= c^2\frac{\partial^2 X(x)T(t)}{\partial x^2}\\ X\frac{\partial^2 T}{\partial t^2} &= c^2 T\frac{\partial^2 X}{\partial x^2},\\ \frac{1}{T}\frac{\partial^2 T}{\partial t^2} &= \frac{c^2}{X}\frac{\partial^2 X}{\partial x^2}.\end{aligned}$$

이 된다. 이제는 좌변은 $t$에만 관계되고, 우변은 $x$만 의존한다. $x$와 $t$가 독립적으로 변하므로 이 식을 만족시키는 방법은 우변과 좌변이 같은 상수일 때 뿐이다. 이것은 $-\omega^2$이다. 편미분방정식을 다음과 같은 통상적인 미분방정식으로 분리한다.

$$\frac{c^2}{X}\frac{d^2X}{dx^2} = -\omega^2$$
$$\frac{1}{T}\frac{d^2T}{dt^2} = -\omega^2$$

또는

$$\frac{d^2X}{dx^2} + \frac{\omega^2}{c^2}X = 0$$
$$\frac{d^2T}{dt^2} + \omega^2 T = 0$$

이 식 둘다 단조화진동의 형식이다. SHM식은 여러번 다루었으므로 일반해를 간단히 쓰겠다.

$$X(x) = A\cos\frac{\omega}{c}x + B\sin\frac{\omega}{c}x = A\cos kx + B\sin kx$$
$$T(t) = C\cos\omega t + D\sin\omega t.$$

$y = y(x,\ t)$의 해는 이 두 함수의 곱이므로

$$y(x,t) = X(x)T(t) = (A\cos kx + B\sin kx)(C\cos\omega t + D\sin\omega t) \tag{17.2}$$

이다. 편미분방정식 (17.1)은 아래의 4개 식을 만족함에 주목하라.

$$y(x,t) \propto \begin{cases} \cos kx\cos\omega t \\ \cos kx\sin\omega t \\ \sin kx\cos\omega t \\ \sin kx\sin\omega t \end{cases}$$

일반해(식 17.2)는 이 모든 식의 합이다. 계수 $A$, $B$, $C$, $D$는 다음절에서 보는 경계조건으로 결정한다.

❐ 연습 17.3

다음 형식의 식

$$y = A\sin kx + B\cos kx$$

은

$$y = C\cos(kx + \alpha)$$

과 같이 나타낼 수 있음을 보여라.

$c$와 $\alpha$를 $A$와 $B$로 나타내라. (양 $\alpha$를 "위상상수"라 부른다.)

**답:** $C=\sqrt{A^2+B^2}$, $\alpha=\tan^{-1}(-A/B)$

## 17.3 정상파(Standing Waves)

일반해(식 17.2)의 계수를 결정하는 방법의 예로 기타줄이나 그림 17.1에서 설명하는 줄의 정상파를 생각하자. 줄의 양끝은 매어 있으므로

$$y(x=0)=y(x=L)=0$$

이다. 따라서

$$y(0,t)=0=(A\cos 0+B\sin 0)(C\cos\omega t+D\sin\omega t)$$

또는

$$0=AC\cos\omega t+AD\sin\omega t$$

이다. 이 식은 $A=0$이어야 한다. 일반식은 이제 다음과 같이 간단해진다.

$$y(x,t)=B\sin(kx)(C\cos\omega t+D\sin\omega t)$$

두 번째 경계조건은

$$y(L,t)=0=B\sin(kL)(C\cos\omega t+D\sin\omega t)$$

이 된다. 이 조건은 $B=0$인 경우 만족한 것이었으나 $y=0$이면 어느 곳, 어느 때나 성립하게 된다.

이것은 미분방정식을 만족하지만 분명히 만족스런 해는 아니다(시도해이다). 그러나 식이 영이 되는 다른 방법이 있다:

$$\sin(kL)=0$$

이면 조건을 만족한다. 이것은 $kL$이 $\pi$의 정수배인 경우이다. 왜냐하면, $\theta=0$, $\pi$, $2\pi$, $3\pi$일 때 $\sin\theta=0$이기 때문이다. 즉

$$kL = n\pi, \qquad n = 1, 2, 3, \cdots$$

여기서 $n=0$는 포함되지 않음에 유의하라. $k=0$이면 $y(x, t)$로 항상 영이기 때문이다. $k$가 $n\pi/L$값이면 $\omega$도 다른 영역의 값이 된다. $\omega = ck = \sqrt{F/\rho}k$ 이기 때문이다. 즉 값들은

$$\omega_n = \sqrt{\frac{F}{\rho}}\frac{n\pi}{L} = \frac{cn\pi}{L}$$

이며, 식 (17.2)는 아래와 같이 변한다.

$$y(x, t) = B\sin\frac{n\pi x}{L}(C\cos\omega t + D\sin\omega t)$$

결국, 상수 $BC$와 $BD$는 합쳐서 $A_n$과 $B_n$으로 쓴다.

$$y(x, t) = (A_n\cos\omega t + B_n\sin\omega t)\sin\frac{n\pi x}{L} \tag{17.3}$$

미분방정식과 경계조건들은 모든 정수 $n$에 대해 만족한다. 그러나 $n$값이 달라지면 계수 $A_n$과 $B_n$이 일반적으로 달라짐에 유의하라.

미분방정식에 대한 일반해는 당연히 모든 가능한 해의 합이다. 즉

$$\begin{aligned} y(x, t) &= \sum_{n=1}^{\infty}(A_n\cos\omega_n t + B_n\sin\omega_n t)\sin\frac{n\pi x}{L}, \\ &= \sum_{n=1}^{\infty}\left(A_n\cos\frac{cn\pi}{L}t + B_n\sin\frac{cn\pi}{L}t\right)\sin\frac{n\pi x}{L} \end{aligned} \tag{17.4}$$

계수 $A_n$과 $B_n$을 결정하기 위해 다음 예제에서 설명하는 것과 같은 초기 조건을 이용한다.

**예제 17.1**

길이 $L$인 줄의 중앙점을 $b$만큼 퉁겨 올렸다 놓는다. 줄의 변위는 어느 위치 $(0 \le x \le L)$. 어느 시간에서나 $(t \ge 0)$ 식 (17.4)로 주어진다. 계수 $A_n$과 $B_n$을 결정하라.

**풀이:** $t=0$에서 파의 모양은 두 직선 $y = (2b/L)x$으로 주어진다. 더욱이 $t=0$에서 줄은 운동하지 않게 되어 $\partial y/\partial t = 0$이다. 이 두 번째 초기 조건을

생각하자. 이것은

$$0 = \frac{\partial}{\partial t}\left[\sum_{n=1}^{\infty} A_n \sin\frac{n\pi x}{L}\cos\omega_n t + \sum_{n=1}^{\infty} B_n \sin\frac{n\pi x}{L}\sin\omega_n t\right]_{t=0}$$

$$0 = \left[\sum_{n=1}^{\infty} A_n \sin\frac{n\pi x}{L}(-\omega_n \sin\omega_n t) + \sum_{n=1}^{\infty} B_n \sin\frac{n\pi x}{L}(\omega_n \cos\omega_n t)\right]_{t=0}$$

$$0 = \sum_{n=1}^{\infty} B_n \sin\frac{n\pi x}{L}$$

과 같이 된다. 이 식은 모든 $n$에 대해 $B_n = 0$일때만 모든 $x$에 대해 영이다. 그러므로

$$y(x,t) = \sum_{n=1}^{\infty} A_n \sin\frac{n\pi x}{L}\cos\omega_n t$$

$$y(x,0) = \sum_{n=1}^{\infty} A_n \sin\frac{n\pi x}{L}.$$

만 남는다. 그러나 $y(x,\ 0)$은 그림 17.3에서 설명하는 함수로 주어진다. 문제 17.1에서 보는 바와 같이 이 함수는 다음과 같은 푸리에 급수로 나타낼 수 있다:

$$y(x,0) = \frac{8b}{\pi^2}\left(\sin\frac{\pi x}{L} - \frac{1}{3^2}\sin\frac{3\pi x}{L} + \frac{1}{5^2}\sin\frac{5\pi x}{L}\cdots\right) \tag{17.5}$$

즉

$$y(x,0) = \frac{8b}{\pi^2}\left(\sin\frac{\pi x}{L} - \frac{1}{3^2}\sin\frac{3\pi x}{L} + \frac{1}{5^2}\sin\frac{5\pi x}{L}\cdots\right) = \sum_{n=1}^{\infty} A_n \sin\frac{n\pi x}{L}$$

이 된다. 여기서

$$A_n = \frac{8b}{n^2\pi^2}\sin\frac{n\pi}{2} \qquad n = 1, 3, 5, \cdots$$

이다. 결국 튕겨진 줄의 파의 모양은

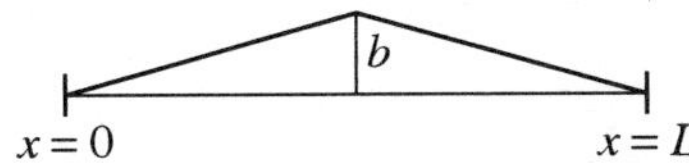


그림 17.3 ▌ 중앙이 튕겨진 줄. $L/2$의 변위는 $b$이다.

$$y(x,t) = \sum_{n=odd}^{\infty} \frac{8b}{n^2\pi^2} \sin\frac{n\pi}{2} \cos\omega_n t \sin\frac{n\pi x}{L}$$

이다. 계수 $\sin(n\pi/2)$에는 각 항의 부호가 포함되어 있다.

❐ 연습 17.4

식 (17.5)는 푸리에 급수이다. 이 급수의 항들을 그려보면 정수 $n$은 정상파의 루프수와 같으며, $y_n$항이 들뜬 상태가 되는 경우에만 일어난다. 각종 모드, $n=1, 2, 3, \cdots$을 제1, 제2, 제3조화...라 부른다. 길이 $L$인 줄의 처음 네 개의 조화를 그려라.

## 17.4 진행파(Traveling Waves)

지난 절에서 정상파를 다루었다. 이제 펄스와 같은 진행파가 무한히 긴 줄을 따라 진행하는(또는 전자기파가 공간을 전파하는)것을 생각하자. 대단히 긴(아마도 무한한) 줄의 어느 점이 튕겨진 경우 또는 한 끝을 흔든 경우를 상상하자. 루프나 몸매의 곡선에서 그림 17.4와 같은 펄스의 움직임을 경험했을 것이다. 에너지 손실이 없으면 형상은 한 순간이 지난 다음 시간에는 다음 위치로 이동하며 아래 그림에서 보는 것과 같은 일이 되풀이 될 것이다. 위 그림은 시간 $t=0$에서 파동모양이며, 곡선은 $y=y(x, 0)$이다. 아래 그림은 $dt$시간 늦은 후의 파동이다. 그러나

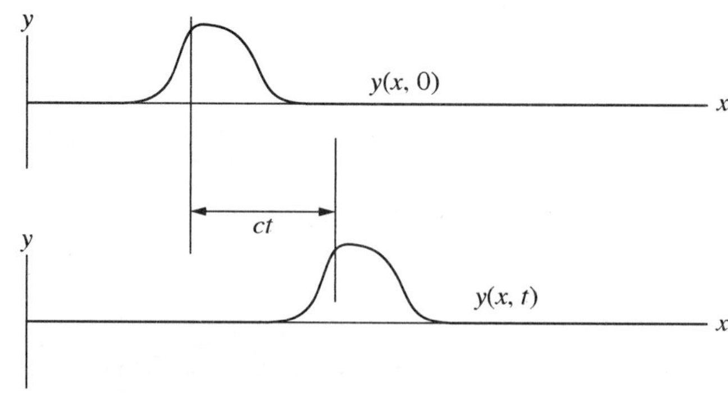


그림 17.4 ▌ 오른쪽으로 진행하는 끈의 펄스. 형태가 변하지 않는다. 그래서 변위 함수는 조건 $f(x, t)=f(x+dx, t+dt)$를 만족한다.

$y(x,\ t) = y(x - ct,\ 0)$이다. 즉 시간 $t$에서 점 $x$의 변위는 $x - ct$보다 빠른 시간에서의 변위와 같다. 시간구간 $t$동안 파동은 거리 $ct$만큼 진행한다. 그러므로 $c$는 파동의 전파속력이다. 이것을 위상속력이라 부른다. $c$는 양 $\sqrt{F/\rho}$와 같음을 상기하자.

시간 $t$에서 변위는 보다 이른 시간 $x - ct$에서의 변위와 같다는 사실은 속력 $c$로 진행하는 파동의 모양이

$$y(x,t) = f(x - ct)$$

인 함수 형태임을 암시한다. 그림에서 아래 부분은 좀더 늦은 시간 것을 나타내므로 파동은 오른쪽으로 운동한다. 즉 양의 $x$이다. 반대방향의 진행파는 함수모양이

$$y(x,t) = g(x + ct)$$

이다. 예를 들면 오른쪽 싸인형 진행파는

$$y(x,t) = A \sin k(x - ct)$$

으로 나타낼 수 있다. 여기서 $k$는 단순히 무차원 독립변수인 싸인을 만들기 위해 도입한 것이다; 그러나 잘 생각해보면 $k$는 실제로는 파수이며, 다음과 같이 나타내게 된다.

$$y(x,t) = A \sin(kx - \omega t)$$

이 식을 몇 개의 가까운 시간값에 대해 그림을 그려 확인하면 양의 $x$의 방향으로 진행하는 싸인파의 표현임을 알 것이다.

아래 식

$$y = f(x - ct)$$

이 진행파를 기술하는데 타당한 방법인 것 같지만 $x - ct$를 내포하고, $x$, $t$에 의존하는 함수 $f$에 관한 파동방정식을 만족하고 있는 것을 보이는 것이 남아있다. 예를 들면 $f$의 다양하고 가능한 형식은 다음과 같다.

$$\begin{aligned} y(x,t) &= A \cos k(x - ct) \\ y(x,t) &= A e^{ik(x-ct)} \\ y(x,t) &= A \sin k^2 (x - ct)^2 \end{aligned}$$

$(x - ct)$의 함수가 파동방정식을 만족한다는 가정은 $f(x - ct)$를 아래식에 넣어

나타냄으로서 확인할 수 있다.

$$\begin{aligned}\frac{\partial^2 y}{\partial t^2} &= \frac{\partial}{\partial t}\left[\frac{\partial}{\partial t}f(x-ct)\right] = \frac{\partial}{\partial t}\left[\frac{\partial}{\partial(x-ct)}f(x-ct)\frac{\partial(x-ct)}{\partial t}\right] \\ &= \frac{\partial}{\partial t}\left[(-c)\frac{\partial f(x-ct)}{\partial(x-ct)}\right] = +c^2\frac{\partial^2 f(x-ct)}{\partial(x-ct)^2},\end{aligned}$$

그리고

$$\begin{aligned}c^2\frac{\partial^2 y}{\partial x^2} &= c^2\frac{\partial}{\partial x}\left[\frac{\partial}{\partial x}f(x-ct)\right] = c^2\frac{\partial}{\partial x}\left[\frac{\partial f(x-ct)}{\partial(x-ct)}\frac{\partial(x-ct)}{\partial x}\right] \\ &= c^2\frac{\partial}{\partial x}\left[\frac{\partial f(x-ct)}{\partial(x-ct)}\right] = c^2\frac{\partial^2 f(x-ct)}{\partial(x-ct)^2}.\end{aligned}$$

두 식의 오른쪽 변은 같으므로 파동방정식은 이런 $x-ct$의 함수도 만족한다. 특히 진행파를 나타낼 때 자주 쓰는 $x-ct$함수는

$$y(x,t) = Ae^{ik(x-ct)} = Ae^{i(kx-\omega t)}$$

이다. 이것은 오일러 관계를 이용하여 싸인과 코싸인의 항으로 다음과 같이 나타낼 수 있음에 주목하자:

$$y(x,t) = Ae^{i(kx-\omega t)} = A\left[\cos(kx-\omega t) + i\sin(kx-\omega t)\right]$$

이 식은 파동방정식을 만족하지만 허수부분을 설명할 방법은 분명히 없다. 따라서 다음과 같이 써서 이 문제를 해결한다.

$$y(x,t) = \mathrm{Re}\left[Ae^{i(kx-\omega t)}\right]$$

즉, 식에서 실수부만 선택하는 것이다. 이 공식은 전자기파를 배울 때 특히 유용하다.

❐ **연습 17.5**

위에서 비례상수로 도입한 상수 $k$는 실제로 파수임을 밝혀라.

❐ **연습 17.6**

$y = A\sin(kx-\omega t)$식을 4번째 시간값까지 그려서 이것이 실제로 오른쪽 진행 파동임을 보여라. (알맞은 상수값들을 선택하고, 4개의 $t$값들은 사분의 일 주기보다 작음을 확인하라)

## 17.5 진행파의 특별한 경우인 정상파

파동방정식의 해는 $(x \pm ct)$함수임을 방금 알아보았다. 그러나 앞에서 생각해보면 그림 17.1의 정상파도 파동방정식의 해였으며, 다음과 같은 모양이었다.

$$y(x,t) = A\sin kx \cos\omega t + B\sin kx \sin\omega t \tag{17.6}$$

(이 식은 식 17.3을 아주 약간 변형한 것이다.) $(x-ct)$의 함수와 전혀 무관한 것 같다! 두식은 같은가? 답은 예이며, 정상파는 서로 반대 방향으로 운동하는 두 진행파의 합으로 생각할 수 있는 것이 분명한 이유이다. 진행파의 일반해는 다음과 같은 모양으로 나타낼 수 있다.

$$y(x,t) = f(x-ct) + g(x+ct) \tag{17.7}$$

여기서 $f$는 오른쪽으로 진행하는 파형이며, $g$는 왼쪽으로 운동하는 파형이다. 식 (17.6)으로 나타낸 정상파는 길이 $L$이고 양끝이 고정된 줄에서 세운 것임을 상기하자. 이것은 $x=0$과 $L$에서 변위 $y(x,\, t)$는 항상 영임을 요구한다. 그러므로

$$0 = f(-ct) + g(ct)$$

이며,

$$0 = f(L-ct) + g(L+ct)$$

이다. 이들에 대한 첫 번째 경계조건을 생각하자: $f(-ct) = -g(ct)$. 함수 $f$와 $g$는 파동이 전파될 때 모양이 변하지 않으므로 $x=0$에서의 조건을 유지하면 모든 $x$값에 대해서도 성립한다. 만일 $\zeta = -ct$이면

$$f(\zeta) = -g(-\zeta)$$

이며, 이 특별한 문제에서(양끝이 고정된 길이 $L$인 줄) 다음과 같이 쓸 수 있다.

$$\begin{aligned} y(x,t) &= f(x-ct) - f(-(x+ct)) \\ &= f(x-ct) - f(-x-ct). \end{aligned}$$

이제 두 번째 경계조건 $y(L,\, t)=0$을 생각하자. 이것은 다음과 같이 된다.

$$0 = f(L-ct) - f(-L-ct)$$

다음 $\zeta = -L - ct$라 하고, $L - ct = \zeta + 2L$인 것을 유의하면

$$0 = f(\zeta + 2L) - f(\zeta)$$
$$\therefore f(\zeta + 2L) = f(\zeta)$$

이다. 즉 파모양은 거리 $2L$ 후 되풀이 된다. 그러므로 이 거리는 파장이다:

$$\lambda = 2L$$

파동이 거리 $\lambda$만큼 전파하는데 걸리는 시간이 주기 $\tau$이므로

$$\tau = \frac{2L}{c}$$

이며, 각진동수

$$\omega = \frac{\pi c}{L}$$

이다. 지금까지의 설명은 일부분이었으므로 파동이 완전한 싸인형인 경우에 대해 논의하자. 중요한 것은 반대방향으로 진행하는 두 파동의 합이 정상파를 만드는 것을 보여주는 것이다. 진행파는 싸인과 코싸인항의 결합이므로, 양 방향으로 진행하는 것이 허용되어야 한다. 그러므로 파동은 다음과 같이 나타낼 수 있다.

$$y(x,t) = A\sin(kx - \omega t) + B\sin(kx + \omega t) + C\cos(kx - \omega t) + D\cos(kx + \omega t)$$

또 다시 경계조건은 $x = 0$와 $x = L$에서 $y = 0$를 요구한다. $x = 0$이면

$$0 = -A\sin\omega t + B\sin\omega t + C\cos\omega t + D\cos\omega t$$
$$= (B - A)\sin\omega t + (C + D)\cos\omega t.$$

이다. 이 조건은

$$B = A,$$
$$C = -D$$

이면 항상 성립하며, 해는 다음과 같이 된다.

$$y = A\left[\sin(kx - \omega t) + \sin(kx + \omega t)\right] + C\left[\cos(kx - \omega t) - \cos(kx + \omega t)\right]$$

두 번째 경계조건($x = L$에서 $y = 0$)을 적용하면

$$0 = A\left[\sin(kL - \omega t) + \sin(kL + \omega t)\right] + C\left[\cos(kL - \omega t) - \cos(kL + \omega t)\right]$$

이 된다. 이것은 $\omega$가 다음의 어느 값을 가질 때도 만족하게 되는 것을 과제로 남긴다.

$$\omega_n = n\frac{\pi c}{L}, \qquad n = 1, 2, 3, \cdots$$

정상파에서 $kL = n\pi$를 상기하면 이조건으로 $\omega = kc$라 쓸 수 있고, 더욱이 일반적으로

$$\omega_n = k_n c$$

라고 쓸 수 있다.

그러므로 두 진행파($x = 0$, $L$에서 $y = 0$인)의 합은 다음과 같다.

$$y(x, t) = A\left[\sin k(x - ct) + \sin k(x + ct)\right] + C\left[\cos k(x - ct) - \cos k(x + ct)\right]$$

삼각함수의 합과 차에 관한 공식을 이용하면

$$\begin{aligned} y(x, t) &= A\left[\sin kx \cos kct - \cos kx \sin kct + \sin kx \cos kct + \cos kx \sin kct\right] \\ &\quad + C\left[\cos kx \cos kct + \sin kx \sin kct - \cos kx \cos kct + \sin kx \sin kct\right] \\ &= 2A \sin kx \cos kct + 2C \sin kx \sin kct \\ &= (2A \cos kct + 2C \sin kct) \sin kx = (2A \cos \omega t + 2C \sin \omega t) \sin kx \end{aligned}$$

이 된다. 정상파는

$$y(x, t) = A \sin(kx) \cos \omega t + B \sin(kx) \sin \omega t$$

인 것을 상기하면 두 식은 계수의 표기만 제외하고 동일하다. 따라서 정상파는 반대방향으로 진행하는 두 개의 동일한 진행파의 중첩으로 생각할 수 있다는 것을 보였다.

**❒ 연습 17.7**

$x = L$인 경우 $y = 0$임을 보여라. $\omega = n\frac{\pi c}{L}$이며, 여기서 $n = 1$, 2, 3, $\cdots$이다.

## 17.6 에너지(Energy)

파동에서 에너지를 결정하는 것은 대단히 쉽다. 예를 들면 길이 $L$인 줄의 정상파를 생각하자. 위와 아래로 진동하는 질량소 $\rho\, dx$의 운동에너지는

$$dT = \frac{1}{2}\rho dx \left(\frac{dy}{dt}\right)^2$$

이다. 퍼텐셜 에너지를 구하기 위해 늘어나지 않았을 때 길이 $dx$의 요소가 길이요소 $ds$만큼 늘어난다는데 주목하면 변위는 줄이 $ds - dx$만큼 순 늘어난 것이 된다. (그림 17.2를 보아라). 줄의 장력을 $F$라고 하면 줄을 늘리는데 한(줄의 퍼텐셜 에너지 증가와 같은) 일은 다음과 같다.

$$dV = F(ds - dx)$$

그러나

$$ds = \sqrt{dx^2 + dy^2} = \sqrt{1 + \left(\frac{dy}{dx}\right)^2}\, dx$$

이므로

$$dV = F\left[\sqrt{1 + \left(\frac{dy}{dx}\right)^2} - 1\right] dx$$

이다. 이항급수를 이용하면

$$dV = Fdx\left[1 - \frac{1}{2}\left(\frac{dy}{dx}\right)^2 + \cdots - 1\right] \doteq F\frac{1}{2}\left(\frac{dy}{dx}\right)^2 dx$$

이 된다. 결과적으로 길이 $L$인 진동하는 줄의 총 에너지는 다음과 같다.

$$E = T + V = \int_0^L \left[\frac{1}{2}\rho\left(\frac{\partial y}{\partial t}\right)^2 + \frac{1}{2}F\left(\frac{\partial y}{\partial x}\right)^2\right] dx$$

예를 들면, 파동은

$$y(x,t) = A\sin\frac{\pi x}{L}\cos\omega t$$

으로 기술하며, 이것에 의해

$$\frac{\partial y}{\partial t} = -\omega A\sin\frac{\pi x}{L}\sin\omega t$$

이며,

$$\frac{\partial y}{\partial x} = \frac{\pi}{L}A\cos\frac{\pi x}{L}\cos\omega t$$

이다. 그러므로

$$\begin{aligned} E &= \int_0^L \left[\frac{1}{2}\rho\omega^2 A^2\left(\sin^2\frac{\pi x}{L}\sin^2\omega t\right) + \frac{1}{2}F\frac{\pi^2}{L^2}A^2\left(\cos^2\frac{\pi x}{L}\cos^2\omega t\right)\right]dx, \\ &= \frac{1}{2}A^2\left[\rho\omega^2\sin^2\omega t\int_0^L \sin^2\frac{\pi x}{L}dx\right] + \frac{1}{2}A^2\left[F\frac{\pi^2}{L^2}\cos^2\omega t\int_0^L \cos^2\frac{\pi x}{L}dx\right] \\ &= \frac{1}{2}A^2\frac{L}{2}\left[\rho\omega^2\sin^2\omega t + F\frac{\pi^2}{L^2}\cos^2\omega t\right]. \end{aligned}$$

이 된다.

이제 $F/\rho = c^2$와 $\omega = \pi c/L$이면 $F\pi^2/L^2 = \rho c^2\pi^2/(\pi^2 c^2/\omega^2) = \rho\omega^2$이며,

$$\begin{aligned} E &= \frac{1}{2}A^2\frac{L}{2}\rho\omega^2(\sin^2\omega t + \cos^2\omega t) \\ &= A^2\rho\omega^2\frac{L}{4}. \end{aligned}$$

인 점을 상기하자. 여기서 에너지는 진폭의 제곱에 비례하는 것에 주목하자.

### 17.6.1 에너지 흐름(Energy Flow)

파동이 한 매질에서 다른 매질로 입사하는 경우를 생각하자. 예를 들면 광파가 방의 창문으로 입사하는 것이다. 알다시피 입사광의 일부는 통과하고 일부는 반사될 것이다. 반사는 모든 파동의 특성으로써 파동이 두 물질의 접촉면에 입사할 때 다른 속력을 가지기 때문이다.

광파에 대해서 유리는 공기보다 더 큰 굴절률을 가지며, 파동은 더 느리게 진행한다. 줄에서 일어나는 파동의 경우 속력은 줄의 단위길이당 질량($\rho$)에 관계된다.

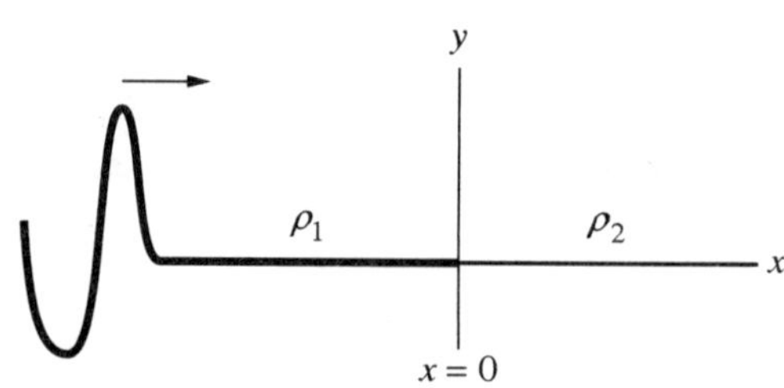


그림 17.5 ▌ 다른 선밀도를 가진 두 줄이 $x=0$에서 연결되어 있다.

유리에 입사한 광파와 유사하게 선밀도 $\rho_1$인 줄의 진행파는 선밀도 $\rho_2$인 제2의 줄에 입사한다. 그림 17.5는 이것을 설명한다.

어떤 파동이 왼쪽($x=-\infty$로부터) 온다고 생각하자. 이것을 입사파라 부르자. 두 줄의 경계점에서($x=0$에서) 입사파는 두 파동으로 나누어진다. $x=-\infty$로 되돌아가는 반사된 파와 $x=+\infty$로 계속 진행하는 투과파이다. 세 개의 파동을 $y_i$, $y_r$, $y_t$라고 표시하자. 이들은 모두 진행파이므로 다음과 같이 나타낼 수 있다.

$$\begin{aligned} y_i &= A_i \sin(k_1 x - \omega t) \\ y_r &= A_r \sin(k_1 x + \omega t) \\ y_t &= A_t \sin(k_2 x - \omega t) \end{aligned} \tag{17.8}$$

$y_r$에 관한식의 $\omega t$항의 부호와 $y_t$에 관한식에서 $k$의 아래숫자에 주목하자.

파동의 속력은 두 매질에서 다르다. $c=\omega/k$이므로 속력이 변하면 $\omega$나 $k$ 둘 다 변할 것이다. 위의 세 파동 모두 $\omega$는 같은 부호이고 $k$는 다른 값이다. $k$는 변하고 $\omega$는 그대로인지 의문이 갈 것이다. 그 이유는 파동의 진동수는 파동을 만드는 물리적 기구에 따라 결정되기 때문이다. 줄의 한쪽 끝에서 위 아래로 줄 끝을 흔들면 로프 끝을 빨리(또는 느리게) 흔들음에 따라 파동의 진동수가 달라진다. 진동수를 조절할 수 있는 것이다. 그러나 파장은 조절하지 못한다. 파장은 매질의 성질에 관계된다. 매질의 성질이 변하면 파장이 변하고, 파수 $k=2\pi/\lambda$도 변한다.

파동의 에너지는 파동의 진폭제곱에 비례한다. 흥미롭고 중요한 질문은 얼마의 에너지가 접촉면에서 반사되고, 제2매질로 투과하느냐이다. 입사진폭에 대한 반사파와 투과파의 진폭을 결정하면 답을 얻을 수 있다. 다른 말로 하면, $A_r/A_i$과 $A_t/A_i$의 비율을 구하는 것이 바람직하다. 이것은 $y$와 $dy/dx$가 두 줄의 이음점에서 연속이어야 됨을 알게 된다. $y$값은 두줄이 서로 매어져 있으므로 연속이다. $dy/dx$가 양쪽에서 같은 이유는 장력이 양쪽에서 같기 때문이다. 이들 두 조건을 다음과 같이 나타낼 수 있다.

$$[y_i + y_r]_{x=0} = [y_t]_{x=0}, \text{ 그리고}$$
$$\left[\frac{\partial y_i}{\partial x} + \frac{\partial y_r}{\partial x}\right]_{x=0} = \left[\frac{\partial y_t}{\partial x}\right]_{x=0}$$

이 식을 (17.8)식에 대입하여 다음을 얻는다.

$$A_i \sin(-\omega t) + A_r \sin(+\omega t) = A_t \sin(-\omega t)$$
$$A_i - A_r = A_t$$

과

$$k_1(A_i + A_r) = k_2 A_t$$

또는

$$\frac{1}{c_1}(A_i + A_r) = \frac{1}{c_2}A_t$$

그러므로

$$\frac{A_r}{A_i} = \frac{c_1 - c_2}{c_1 + c_2}$$
$$\frac{A_t}{A_i} = \frac{2c_2}{c_1 + c_2}$$

이음점을 통과하는 에너지흐름을 결정하기 위해 $x=0$에 있는 한쪽 입자가 다른쪽 입자에 하는 일의 비율을 생각하자. 접촉점에서 힘의 가로 성분은

$$F_y = F\sin\theta \doteq F\tan\theta = F\frac{\partial y}{\partial x}$$

이다. 한 일의 비율은 일률이며, $P = \mathrm{F} \cdot \mathrm{v}$로 주어진다. 그러므로

$$\left|\frac{dW}{dt}\right| = (F_y)\left(\frac{\partial y}{\partial t}\right) = \left(F\frac{\partial y}{\partial x}\right)\left(\frac{\partial y}{\partial t}\right) = FA^2\frac{\omega^2}{c}\cos^2(kx - \omega t)$$

여기서 $k = \omega/c$을 이용했다. 한 주기 동안의 평균은 바로

$$\left\langle \frac{dW}{dt} \right\rangle = \frac{FA^2\omega^2}{2c}$$

이다. 이 식은 $y = A\sin(kx - \omega t)$인 파동에서는 어느 곳에서나 성립한다. 이음점에서 왼쪽 파동은 입사와 반사파의 합이므로,

$$\left\langle \frac{dW}{dt} \right\rangle \bigg|_{x=0^-} = \left\langle \frac{dW}{dt} \right\rangle \bigg|_{i+r} = \frac{F\omega^2}{2c}\left(A_i^2 + A_r^2\right)$$

이며, 오른쪽은

$$\left\langle \frac{dW}{dt} \right\rangle \bigg|_{x=0^+} = \left\langle \frac{dW}{dt} \right\rangle \bigg|_{t} = \frac{F\omega^2}{2c}A_t^2$$

이다. 이음점에서 에너지 손실이 없으면 이들은 같다.

**예제 17.2**

입사파세기에 대한 반사파세기의 비로 정의되는 반사계수 $R$의 관계되는 식을 구하라. ($R = I_r/I_i$)

**풀이:** 파동의 세기는 단위 시간당 단위 법선면적을 통해 운반되는 에너지로 정의한다. 즉 단위 면적당 일률이다. 에너지는 진폭제곱에 비례함으로

$$\begin{aligned} R &= \frac{I_r}{I_i} = \frac{A_r^2/(\text{면적}\times\text{시간})}{A_i^2/(\text{면적}\times\text{시간})} = \frac{A_r^2}{A_i^2} = \left(\frac{c_1 - c_2}{c_1 + c_2}\right)^2 \\ &= \left(\frac{k_1 - k_2}{k_1 + k_2}\right)^2. \end{aligned}$$

**❐ 연습 17.8**

장력이 이음점에서 연속이면 기울기 $dy/dx$가 연속임을 보여라.

**❐ 연습 17.9**

두 개의 줄이 질량 $m$인 매듭으로 연결되어 있을 때 근사적 경계조건을 구하라.

**답:** $F\left(\dfrac{\partial y}{\partial x}\bigg|_{0^+} - \dfrac{\partial y}{\partial x}\bigg|_{0^-}\right) = m\,\dfrac{\partial^2 y}{\partial t^2}\bigg|_0$

## 17.7 운동량(Momentum)

가로파동에서 물질입자들은 파동운동의 수직방향으로 움직인다. 그러므로 가로파동은 세로로 운동량이 운반되지 않을 것이라고 생각할지 모른다. 그러나 줄의 파동은 운동량을 운반하는 것이 알려진 사실이다. 이것은 줄의 입자에 대한 순수 가로운동에 관한 우리의 가정이 틀렸음을 의미한다. 가로운동뿐 아니라 세로운동도 있음에 틀림없다.3)

줄의 파동을 연구하는 물리학자들은 줄 요소는 $x$축에 수직 또는 줄의 접선방향으로 운동하지 않는다고 암시해왔다.(아래에서 언급하듯이 이 제시는 아주 잘못된 것으로 밝혀진다.) 따라서 그림 17.6에 있는 입자의 속도는 $v_y$보다는 $v$이다. 각도 $\theta$가 대단히 작아서 $\theta \doteq \frac{\partial y}{\partial x}$이므로 $v$는 $v_y$와 거의 같다. 따라서 가로운동의 가정은 대단히 근사에 가까운 것이 분명하다.

그러나 이것은 정확하지는 않으며, 입자는 세로방향의 속도성분($v_x$)이 있다. $\theta$가 작으므로 다음과 같이 된다.

$$v_x = v\sin\theta \doteq v_y \sin\theta = \frac{\partial y}{\partial t}\frac{\partial y}{\partial x}$$

줄의 길이 요소 $dx$의 세로 운동량을 생각하자. 이 요소의 질량은 $\rho\, dx$이다. 이 요소의 $x$방향 운동량은

$$\rho dx \frac{\partial y}{\partial t}\frac{\partial y}{\partial x}$$

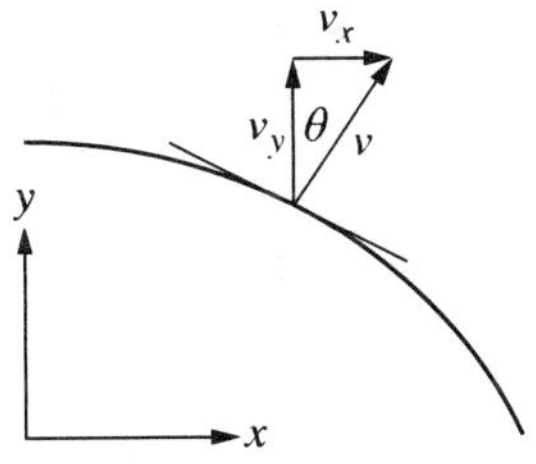


그림 17.6 ▌ 진동하는 끈의 구성 성분은 횡파 성분을 가지고 있다.

3) 진공에서 전자기파는 가로파이다. 그러나 이들 파동과 연관된 운동량 밀도는 $\epsilon_0 \mathrm{E}\times\mathrm{B}$이며, E와 B의 가로진동과 수직하다. 줄에 관해서는 완전 가로파동은 운동량의 세로성분이 없을 것이다.

이다. 그러므로 단위길이당 운동량(또는 운동량 밀도)는

$$g = \rho v_x = \rho \frac{\partial y}{\partial t}\frac{\partial y}{\partial x}$$

이다. 이 결과가 대단히 합리적인 것 같으나 실제로는 앞에서 본 것과 같이 1/2인수 벗어났다. 좀 더 세밀하지 못하였기 때문이며 운동량 밀도의 정확한 식은

$$g = \frac{1}{2}\rho \frac{\partial y}{\partial t}\frac{\partial y}{\partial x}$$

이다. 1/2인수가 어떻게 나오는지에 관심이 있으면 Rowland 등의 논문을 보기 바란다.[4)]

## 17.8 요약

이 장에서 줄의 파동을 해석하는 것이 과제였다. 그러나 구한 관계식들은(약간만 개선하면) 다른 종류의 파동에도 적용된다.

어떤 줄에 요소의 운동을 생각하고 여기에 뉴턴의 제2법칙을 적용하면 다음과 같은 관계식이 쉽게 유도된다.

$$\frac{\partial^2 y}{\partial t^2} = \frac{F}{\rho}\frac{\partial^2 y}{\partial x^2}$$

진행파에서 전파속력(위상속력)은 $c = \sqrt{F/\rho}$ 이며, 이 식은 다음과 같다.

$$\frac{\partial^2 y}{\partial t^2} = c^2 \frac{\partial^2 y}{\partial x^2}$$

이 식을 파동방정식이라 부른다. 파동방정식은 변수분리 기법으로 풀며, 다음과 같은 일반해로 된다.

4) David R. Rowland and Colin Pask, "The missing Wave Momentum Mystery," *Am. J. Phys*, 67, 378–388, 1999, and David R. Rowland, "Comment on 'What Happens to Energy and Momentum when Two Oppositely-Moving Wave Pluses Overlap?' by N. Gauthier," *Am. J. Phys*, 72, 1425–1429, 2004. 진동하는 줄의 이론은 1759년 라그랑지가 처음으로 세웠다는 것은 흥미롭다. 그러나 더욱 흥미로운 것은 아직도 연구할 문제가 있다는 것이다.

$$y(x,t) = (A\cos kx + B\sin kx)(C\cos\omega t + D\sin\omega t)$$

임의의 상수 $A$, $B$, $C$, $D$는 경계조건으로 결정한다. 양끝이 매어진 줄의 정상파의 해는 다음과 같이 나타낼 수 있다.

$$y(x,t) = \sum_{n=1}^{\infty} A_n \sin\frac{n\pi x}{L}\cos\omega t + \sum_{n=1}^{\infty} B_n \sin\frac{n\pi x}{L}\sin\omega t$$

계수 $A_n$과 $B_n$은 익힘예제 17.1에서 기술한 바와 같이 파모양이 처음 약간동안 알려지면 결정할 수 있다.

진행파는 $(x-ct)$와 $(x+ct)$, 또는 $(kx\pm\omega t)$의 함수로 항상 나타낼 수 있다. 예를 들면 양의 $x$로 운동하는 파동은 다음과 같이 나타낼 수 있다.

$$y(x,t) = \mathrm{Re}\left[Ae^{i(kx-\omega t)}\right]$$

정상파는 반대방향으로 운동하는 두 진행파의 합이다. 파동의 에너지는 파동의 진폭제곱에 비례한다. 예를 들면 길이 $L$인 당겨진 줄의 정상파 에너지는

$$E = A^2\rho\omega^2\frac{L}{4}$$

이다.

파동이 두 매질의 접촉면에 입사하면 일반적으로 반사파와 투과파를 모두 일으킨다. 이들 파동의 상쇄진폭은 다음과 같다:

$$\frac{A_r}{A_i} = \frac{c_1-c_2}{c_1+c_2}$$
$$\frac{A_t}{A_i} = \frac{2c_2}{c_1+c_2}$$

여기서 $c_1$과 $c_2$는 매질1과 2의 파동속력이다. 단위시간당 투과하는 평균에너지는 다음과 같다:

$$\left\langle\frac{dW}{dt}\right\rangle_t = \frac{F\omega^2}{2c_2}A_t^2$$

## 17.9 문제

**[문제 17.1]** 그림 17.3에 있는 모양의 줄에 대한 식 (17.6)를 구하라.

**[문제 17.2]** 선질량 밀도 $\rho$, 길이 $L$인 줄의 양끝이 고정되어 있으며, 장력은 $T$이다. 어느 순간 줄은 $y = a(L^2/4 - x^2)$으로 기술하는 포물선 모양으로 당겨졌다. 여기서 $x = 0$는 줄의 중앙이며, $a$는 길이의 역 단위를 가진다.
(a) $-L/2 \le x \le L/2$에 대한 $y = y(x,\ 0)$를 그려라. (b) 푸리의 급수로 $y(x,\ 0)$을 나타내라. (c) 줄을 시간 $t = 0$에서 놓는다. $y = y(x,\ t)$에 관한 식을 써라.

**[문제 17.3]** 길이 $L$인 줄의 장력은 $F_0$이며, 정지상태에서 놓는다. 초기에 줄의 모양은 $y(x,\ 0) = A\sin\frac{\pi x}{L}$로 주어진다. $y(x,\ t)$를 구하라.

**[문제 17.4]** 길이 1 m, 질량 50 g인 줄의 양끝이 고정되어 있다. 장력은 50 N이다. 줄의 중앙점을 2 cm 위로 당겼다가 놓았다. 운동을 구하라.

**[문제 17.5]** 길이 $L$, 질량밀도 $\rho$인 균일한 줄이 장력 $F_0$를 가진다. 양끝은 고정되어 있다. 어느 순간 처음 모양이 원의 호와 같다. 줄을 정지상태에서 놓는다. 줄이 수평 평형위치에서 아주 먼 거리로 변위하지 않으므로 원호의 반경은 현의 길이보다 상당이 길다. 따라서 $(L/R)^2$보다 작은 항은 무시할 수 있다. 운동을 구하라.

**[문제 17.6]** $y(x,\ t) = Ae^{i(kx - \omega t)}$로 나타내는 진행파를 생각하자. $k$가 복소수이고, $\omega$가 실수일 때 이 파동이 감쇄파동임을 보여라.

**[문제 17.7]** 어떤 줄이 점성매질에서 진동한다. 줄의 모든 부위가 $-b\frac{\partial y}{\partial t}dx$인 속력에 비례하는 억제력을 가진다고 가정하라.
(a) 운동방정식을 써라. (b) $y = \sum_{n=1}^{\infty} \phi_n \sin n\pi x/L$(정상해)이라 가정하라. 운동방정식에 넣고 $\sin m\pi x/L$을 곱하여 써라. $\phi_m = \phi_m(t)$에 관한 미분방정식을 구하라.
(c) $\phi_m$에 관해 풀고, $y = y(x,\ t)$의 해를 써라.

**[문제 17.8]** 진동하는 줄의 라그랑지안과 라그랑지 식을 구하라.

**답:** $L=\frac{1}{4}\sum_{n=1}^{\infty}\left(\rho l\dot{Q}_n^2-\frac{F_0\pi^2}{l}n^2Q_n^2\right)$, 여기서 “기준” 좌표 $Q_n$은 $Q_n=A_n\cos\omega_n t+B_n\sin\omega_n t$로 주어진다.

**[문제 17.9]** 진동하는 줄의 라그랑지안이 문제 17.8의 해와 같이 주어진다. (a) 운동방정식을 구하라. (b) 기준좌표 $Q_n$에 관해 풀어라.

**[문제 17.10]** 당겨진 줄의 한 끝은 고정되어있고, 다른 끝($x=L$)은 마찰없는 수직인 막대에서 미끄러지는 질량없는 고리에 매어있다. 경계조건을 정하고, 이 줄의 파동식을 구하라.

**[문제 17.11]** 길이 $L$인 줄의 한 끝이 $y(0,\ t)=A\sin\omega t$에 따라 진동하는 기구에 매어있다. 다른 끝($x=L$)은 고정되어있다. 운동의 해를 구하라.
**답:** $y=A\sin\omega t[\cos kz-\cot kL\sin kz]$

**[문제 17.12]** 익힘예제 17.1에서 튕겨진 줄의 문제를 풀어 정상파를 얻었다. 이제 정상파결과는 두 진행파 $f(x-ct)$와 $g(x+ct)$의 합이라 가정하여 문제를 풀어라. 초기와 경계조건을 만족하고 있음을 확인하라.

**[문제 17.13]** 길이 $L$인 줄의 양쪽끝이 고정되어 있다. $t=0$에서 임의 점의 변위가 $u(x)$, 수직속력은 $v(x)$이다. 일반식은

$$y(x,t)=\sum_{n=1}^{\infty}(A_n\sin\omega_n t+B_n\cos\omega_n t)\sin\frac{n\pi x}{L}$$

인 것을 상기하여

$$A_n=\frac{2}{\omega_n L}\int_0^L v(x)\sin\frac{n\pi x}{L}dx$$

$$B_n=\frac{2}{L}\int_0^L u(x)\sin\frac{n\pi x}{L}dx$$

임을 보여라.

**[문제 17.14]** 규격화 모드는 한 개 진동수의 진동으로 이루어진다. 진동하는 줄의 일반운동은 다음과 같다.

$$y(x,t) = \sum_{n=1}^{\infty} (A_n \sin \omega_n t + B_n \cos \omega_n t) \sin \frac{n\pi x}{L}$$

이식은 다음과 같은 규격좌표 $\phi_n$으로 정의되는 규격모드의 합으로 나타낼 수 있다.

$$\phi_n = A_n \sin \omega_n t + B_n \cos \omega_n t$$

이고, 이식은

$$y(x,t) = \sum_{n=1}^{\infty} \phi_n \sin \frac{n\pi x}{L}$$

으로 된다. (a) 규격좌표 $\phi_n$의 항으로 총 에너지를 나타내라. (b) 규격좌표항으로 라그랑지안을 나타내고 $\phi_n$항으로 운동방정식을 구하라.

## 컴퓨터 과제

**[컴퓨터 과제 17.1]** 익힘 예제 17.1에서 구한 $y(x, 0)$에 관한 식을 이용하여 처음 5개항들을 합하고 그려라. 그런 다음 처음 10개항들을 합하고 그려라.

CHAPTER 18

# 작은 진동(선택)

## 18.1 서론

역학에서 중요과제는 결합 입자계의 평형위치에 대한 작은 진동이다. 이런 계의 이상적인 예가 그림 18.1에 있는 질량없는 스프링에 연결된 입자들이다. 이들 계를 11장에서 좀 더 기본적인 방법으로 다루었었다: 11장을 앞으로 참고로 할 것이다.[1)]

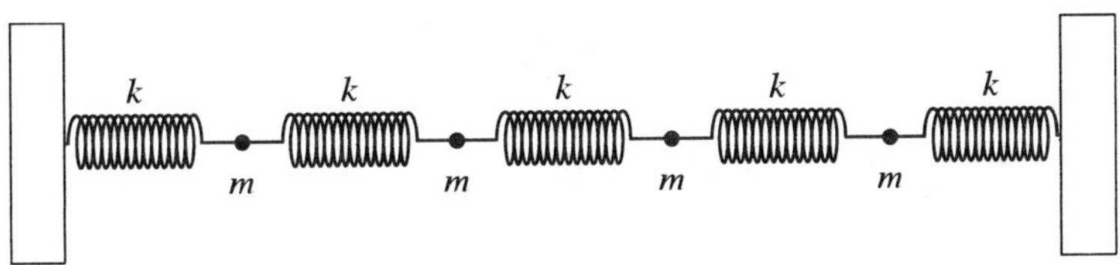


그림 18.1 ▌ 결합된 질량, 질량들은 같으며, 동일한 스프링 상수를 가진 스프링으로 연결되어있다.

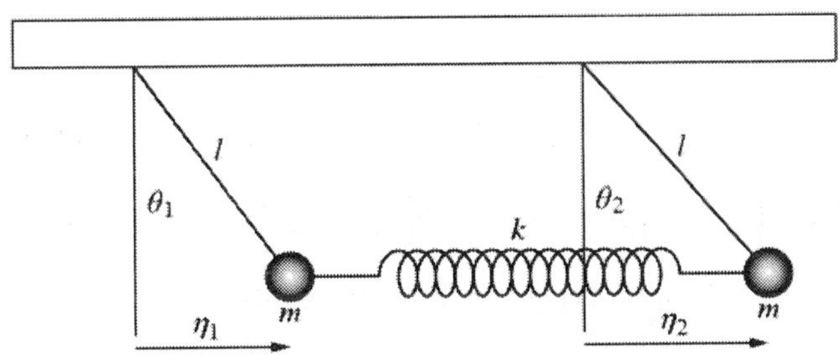


그림 18.2 ▌ 결합 진자. 추는 동일한 질량이며, 질량이 없는 줄로 길이가 같다. 추는 질량없는 스프링에 연결되어 있다.

1) 작은 진동에 관한 대단히 재미있는 논의는 Alexander와 Jhon Dirk Walecka가 쓴 책에 있다.

## 18.2 문제 설명

일반화 좌표 $q_1$, …, $q_n$으로 기술되는 어떤 계를 생각하자. 계는 보존되고, 퍼텐셜값은 좌표에만 관계된다. 그러므로:

$$V = V(q_1, \cdots, q_n) \tag{18.1}$$

구속방정식은 시간에 독립하므로 변환 방정식은 다음과 같은 모양으로 쓸 수 있다고 가정하자.

$$x_i = x_i(q_1, \cdots, q_n) \tag{18.2}$$

그러면 계의 라그랑지안은 $q$와 $\dot{q}$만의 함수이며, 시간에 의존하지 않는다:

$$L = L(q_1, \cdots, q_n; \dot{q}_1, \cdots, \dot{q}_n) \tag{18.3}$$

라그랑지안 운동방정식은 일반화 힘(식 4.10을 보라)을 포함한 모양으로 쓸 수 있다.

$$\frac{d}{dt}\frac{\partial T}{\partial \dot{q}_i} - \frac{\partial T}{\partial q_i} = Q_i$$

$Q_i = \dfrac{\partial V}{\partial q_i}$을 이용하면 다음과 같이 된다.

$$\frac{d}{dt}\frac{\partial T}{\partial \dot{q}_i} - \frac{\partial T}{\partial q_i} = -\frac{\partial V}{\partial q_i} \tag{18.4}$$

**정적 평형**

어떤 계가 평형일 때 정의에 의해 $\ddot{q}_i = 0$이다. 정적 평형은 더 나아가 $q_i = 0$을 요구한다. 이것을 해석할 때 정적 평형상태에 있는 $q_i$값을 $q_i^0$로 표기할 것이다.

$x_i = x_i(q_1, \cdots, q_n)$이므로 $x_i$의 총 시간도함수는

$$\frac{d}{dt}x_i = \dot{x}_i = \sum_{j=1}^{n}\frac{\partial x_i}{\partial q_j}\frac{dq_j}{dt} = \sum_{j=1}^{n}\frac{\partial x_i}{\partial q_j}\dot{q}_j$$

이다. 결과적으로 운동에너지는 다음과 같이 쓸 수 있다:

$$T = \sum_i \frac{1}{2} m_i \dot{x}_i^2 = \sum_i \frac{1}{2} m_i \left( \sum_{j=1}^{n} \frac{\partial x_i}{\partial q_j} \dot{q}_j \right) \left( \sum_{k=1}^{n} \frac{\partial x_i}{\partial q_k} \dot{q}_k \right)$$
$$= \frac{1}{2} \sum_{j=1}^{n} \sum_{k=1}^{n} \left\{ \sum_i m_i \frac{\partial x_i}{\partial q_j} \frac{\partial x_i}{\partial q_k} \right\} \dot{q}_j \dot{q}_k \qquad (18.5)$$
$$= \frac{1}{2} \sum_{j=1}^{n} \sum_{k=1}^{n} m_{jk} \dot{q}_j \dot{q}_k.$$

이것이 시간-독립 변환방정식을 일반화 좌표항으로 나타낸 운동에너지식이다.[2] 운동에너지에 관한 식이 2차식 모양임에 주목하자. 또한 $m_{jk}$는 입자의 질량이 아님에 주목하라.

**질량 행렬(The Mass Matrix)**

식 (18.5)의 양 $m_{jk}$를 질량 행렬이라 부르며

$$m_{jk} = \sum_i m_i \left( \frac{\partial x_i}{\partial q_j} \right)_{q^0} \left( \frac{\partial x_i}{\partial q_k} \right)_{q^0} \qquad (18.6)$$

로 정의한다. 이 식은 정적 평형상태에 관계됨을 분명히 가르키고 있다. 질량 행렬은 일정하고, 실수, 대칭 행렬이다. 즉 $m_{jk} = m_{kj} = m_{kj}^*$.

표기와 용어가 일치하도록 질량 행렬을 $M$으로 표기하고, $m_{jk}$를 질량 행렬로 계속 사용할 것이다.

계가 정적 평형이면 $\dot{q}_i = 0$이며, (18.5)에 의해 $T = 0$이다.

더욱이 $T$는 $\dfrac{\partial T}{\partial q_i}$만의 함수이다. 결국

$$\frac{\partial T}{\partial \dot{q}_i} = \frac{1}{2} \sum_{j=1}^{n} m_{ij} \dot{q}_j = 0$$

이다. 따라서 식 (18.4)에 의해 $\partial V / \partial q_i = 0$이며, $Q_i = 0$이다. 즉 정적평형에서 좌표는 일정하고, 운동에너지는 영이며, 일반화된 힘은 없어진다.

이 결과의 증명은 간단히 했으나 결과자체는 사실들을 명백하게 설명한다.

---

2) 좀 더 일반화된(복잡한) 식은 K. Symon, *Mechanics*. 3rd ed. Addison Wesley, Reading, MA, 1971, p. 357에 있다. 그러나 식 18.5는 대부분 역학문제에 적용되며, 우리의 목적이용에 충분하다.

**퍼텐셜 행렬(The Potential Matrix)**

그림 18.3은 평형점 가까이 있는 퍼텐셜 에너지의 가능한 3점을 보여준다.

이 그림에서 경우 (a)만이 퍼텐셜이 평형점에서 최저이며 계가 분명히 안정되어 있다. 안정된 평형은 계가 평형점에서 약간 변위하면 평형점으로 되돌아오는 것을 의미한다. 경우 (b)라 (c)는 비슷한 변위(무한소 변위일지라도)를 하면 계는 평형으로 되돌아오지 않는 결과가 된다.

평형점에서 작은변위는

$$q_i = q_i^0 + \eta_i, \qquad i = 1, \cdots, n \tag{18.7}$$

로 나타낼 수 있다. 여기서 $\eta_i$는 작은 양이다. 식 (18.7)은 $\dot{q}_i = \dot{\eta}_i$을 의미하며, 이 결과를 곧 이용할 것이다.

식 (18.7)을 이용하면 평형점 부근의 퍼텐셜 에너지는 다음과 같이 쓸 수 있다.

$$V(q_1, \cdots, q_n) = V(q_1^0 + \eta_1, q_2^0 + \eta_2, \cdots q_n^0 + \eta_n) \tag{18.8}$$

$q_i^0$에 관한 테일러급수전개를 하면

$$\begin{aligned} V(q_1, \cdots, q_n) = V(q_1^0, \cdots, q_n^0) &+ \sum_{j=1}^{n} \eta_j \left(\frac{\partial V}{\partial q_j}\right)_{q^0} \\ &+ \frac{1}{2}\sum_{j=1}^{n}\sum_{k=1}^{n} \eta_j \eta_k \left(\frac{\partial^2 V}{\partial q_j \partial q_k}\right)_{q^0} + \cdots \end{aligned} \tag{18.9}$$

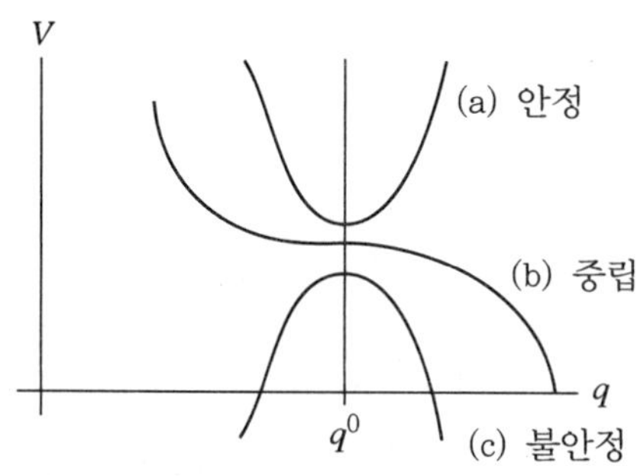


그림 18.3 ▌ 세 종류의 평형: 안정과 불안정, 중립

이 된다. 그러나 $\left(\frac{\partial V}{\partial q_i}\right)_q^0 = 0$와 $V(q_1^0, \cdots, q_n^0)$은 간단히 상수가 되어 영으로 놓을 수 있으며, 퍼텐셜 에너지의 영점을 다시 정의할 수 있다. 그러면 $\eta^2$보다 위치함수 항은 무시하게 되어 식 (18.9)은

$$\begin{aligned} V &= \frac{1}{2}\sum_{j=1}^{n}\sum_{k=1}^{n}\left(\frac{\partial^2 V}{\partial q_j \partial q_k}\right)_{q^0}\eta_j\eta_k \\ &= \frac{1}{2}\sum_{j=1}^{n}\sum_{k=1}^{n} v_{jk}\eta_j\eta_k, \end{aligned} \tag{18.10}$$

으로 축소된다. 여기서

$$v_{jk} = \left(\frac{\partial^2 V}{\partial q_j \partial q_k}\right)_{q^0} \tag{18.11}$$

이다. 이 식은 일정하고, 실수이며 대칭행렬 요소를 가지는 퍼텐셜 행렬을 정의한다.

**라그랑지 방정식(The Lagrange Equation)**

앞에서 말한 바와 같이 어떤 계를 평형으로부터 약간 변위시키면 $\dot{q}_i = \dot{\eta}_i$이며, 운동에너지 $T$는

$$V = \frac{1}{2}\sum_{jk} v_{jk}\eta_j\eta_k$$

이다. 식 (18.10)에 의해 퍼텐셜 에너지는

$$V = \frac{1}{2}\sum_{jk} v_{jk}\eta_j\eta_k$$

이다. 이 결과 라그랑지안은

$$L = T - V = \frac{1}{2}\sum_{jk}(m_{jk}\dot{\eta}_j\dot{\eta}_k - v_{jk}\eta_j\eta_k) \tag{18.12}$$

이 된다. 분명히 이 문제의 근사적 일반화 좌표는 $\eta$이다. 라그랑지 운동방정식은

$$\frac{d}{dt}\frac{\partial L}{\partial \dot{\eta}_k} - \frac{\partial L}{\partial \eta_k} = 0$$

이다. 식 (18.12)로부터

$$\frac{\partial L}{\partial \dot{\eta}_k} = \frac{1}{2}\sum_j m_{jk}\dot{\eta}_j$$

이며,

$$\frac{\partial L}{\partial \eta_k} = \frac{1}{2}\sum_j v_{jk}\eta_j$$

이다. 따라서 운동방정식은

$$\sum_{j=1}^{n}(m_{jk}\ddot{\eta}_j + v_{jk}\eta_j) = 0 \qquad k = 1, \cdots, n \tag{18.13}$$

라고 쓸 수 있다. $m_{kj}$와 $v_{kj}$은 대칭이므로 아래첨자의 순위 차이는 없다. 식(18.13)은 선형$n$ 동차의 결합된 제2차 미분방정식이며, 일정한 실수 계수를 가진다. 각 식들은 $n\times n$행렬 요소를 포함하는 $2n$항이며, 질량 행렬과 퍼텐셜 행렬이라고 이름을 붙인다. 식 (18.13)의 해를 구할 수 있으면, 다시말해서 함수 $\eta_i(t)$를 구해서 식 (18.13)을 만족시키면 동역학 문제를 푼 것이 된다.

**예제 18.1**

그림 11.10에서 보는 것과 같이 스프링으로 연결된 두 질량 계에 대한 질량 행렬과 퍼텐셜 행렬을 구하라.

**풀이:** 두 질량사이에 있는 스프링은 스프링상수가 $k_3$이고, 벽과 질량 $m_1$, $m_2$에 부착된 스프링은 스프링상수가 각각 $k_1$과 $k_2$이다. 질량의 (평형에 대한) 위치는 $x_1$과 $x_2$(반대방향에서 측정)이다. 그러므로 퍼텐셜 에너지는

$$V = \frac{1}{2}k_1x_1^2 + \frac{1}{2}k_2x_2^2 + \frac{1}{2}k_3(x_1+x_2)^2$$

이다. 이제

$$v_{jk} = \left(\frac{\partial^2 V}{\partial q_j \partial q_k}\right)_{q^0}$$

을 구한다. 각각의 요소는 다음과 같다.

$$\begin{aligned}
v_{11} &= \frac{\partial^2 V}{\partial x_1 \partial x_1} = \frac{\partial}{\partial x_1}[k_1 x_1 + k_3(x_1 + x_2)] = k_1 + k_3 \\
v_{12} &= \frac{\partial^2 V}{\partial x_1 \partial x_2} = \frac{\partial}{\partial x_1}[k_2 x_2 + k_3(x_1 + x_2)] = k_3, \\
v_{21} &= \frac{\partial^2 V}{\partial x_2 \partial x_1} = \frac{\partial}{\partial x_2}[k_1 x_1 + k_3(x_1 + x_2)] = k_3, \\
v_{22} &= \frac{\partial^2 V}{\partial x_2 \partial x_2} = \frac{\partial}{\partial x_2}[k_2 x_2 + k_3(x_1 + x_2)] = k_2 + k_3
\end{aligned}$$

따라서 퍼텐셜 행렬은

$$\begin{pmatrix} k_1 + k_3 & k_3 \\ k_3 & k_2 + k_3 \end{pmatrix}$$

이다. 주어진 질량 행렬은

$$m_{jk} = \sum_i m_i \left(\frac{\partial x_i}{\partial q_j}\right)_{q^0} \left(\frac{\partial x_i}{\partial q_k}\right)_{q^0}$$

으로 되며, 요소는

$$\begin{aligned}
m_{11} &= m_1 \frac{\partial x_1}{\partial x_1}\frac{\partial x_1}{\partial x_1} + m_2 \frac{\partial x_2}{\partial x_1}\frac{\partial x_2}{\partial x_1} = m_1 \\
m_{12} &= m_1 \frac{\partial x_1}{\partial x_1}\frac{\partial x_1}{\partial x_2} + m_2 \frac{\partial x_2}{\partial x_1}\frac{\partial x_2}{\partial x_2} = 0, \\
m_{21} &= m_1 \frac{\partial x_1}{\partial x_2}\frac{\partial x_1}{\partial x_1} + m_2 \frac{\partial x_2}{\partial x_2}\frac{\partial x_2}{\partial x_1} = 0, \\
m_{22} &= m_1 \frac{\partial x_1}{\partial x_2}\frac{\partial x_1}{\partial x_2} + m_2 \frac{\partial x_2}{\partial x_2}\frac{\partial x_2}{\partial x_2} = m_2
\end{aligned}$$

이다. 질량 행렬은

$$\begin{pmatrix} m_1 & 0 \\ 0 & m_2 \end{pmatrix}$$

이 된다.

**❐ 연습 18.1**

질량 $m$인 벽돌에 상수 $k$인 스프링이 연결되어 있다고 생각하자. 그림 4.4에서 설명하듯이 벽돌은 마찰이 없는 수평면 위를 미끄러지도록 되어있다. 이 일차원 계에 관한 질량 행렬과 퍼텐셜 행렬을 구하라.

❐ 연습 18.2

그림 18.1과 같이 설치된 한 개 질량과 두 스프링 계에 관한 질량 행렬과 퍼텐셜 행렬을 구하라. (모든 스프링은 같은 스프링 상수를 가지며 모든 물체는 질량이 같다.)

## 18.3 기준모드(Normal Mode)

이제 식 (18.13)의 해를 구한다. 이것은 형식적인 과정이지만 해답에 도달할 때까지는 기준좌표와 기준행렬과 같은 많은 중요한 개념을 만날 것이다. 고유치 결정은 중요한 일부 해이므로 한번 더 행렬을 대각선화하고, 앞 장에서 배운 다양한 수학적 기법을 이용할 것이다.

### 일차원 운동

단일 일반화 좌표 $q$로 특성화되는 일차원 문제를 다루는 계로부터 출발하자. 명확한 예로 단진자를 생각하자: 이 계에서 일반화 좌표는 줄과 수직선사이각, 예로 $q=\theta$이다. 그림 18.4에서 변환방정식은 다음과 같게 됨을 알 수 있다.

$$x = x_1 = l\sin\theta$$
$$y = x_2 = l\cos\theta$$

따라서 식 (18.6)은

$$\begin{aligned} m_{jk} &= \sum_i m_i \left(\frac{\partial x_i}{\partial q_j}\right)_{q^0} \left(\frac{\partial x_i}{\partial q_k}\right)_{q^0} \\ &= \left[m\frac{\partial x}{\partial \theta}\frac{\partial x}{\partial \theta} + \frac{\partial y}{\partial \theta}\frac{\partial y}{\partial \theta}\right], \\ &= m\left[(l\cos\theta)^2 + (l\sin\theta)^2\right], \\ &= ml^2. \end{aligned}$$

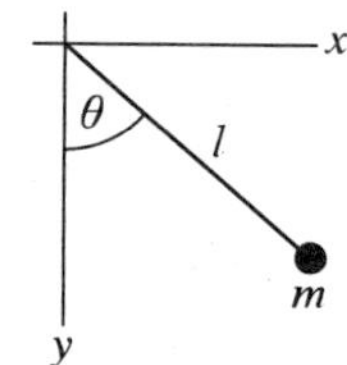


그림 18.4 ▌ 단진자

으로 된다. 비슷하게 $V=-mgy=-mgl\cos\theta$이므로 식 (18.11)은

$$v_{jk} = \left(\frac{\partial^2 V}{\partial q_j \partial q_k}\right)_{q^0} = -\frac{\partial}{\partial\theta}\left(\frac{\partial}{\partial\theta}(mgl\cos\theta)\right)_{\theta=0}$$
$$v_{jk} = mgl\cos\theta\,|_{\theta=0} = mgl.$$

으로 된다.

여기서 질량 행렬과 퍼텐셜 행렬은 단일요소인 1×1이다. 일반적으로 계가 단일좌표의 특성을 가지면 $m_{jk}=m$과 $v_{jk}=k$가 되는 것을 알 것이다. 여기서 $m$과 $k$는 실수이다. (그러나 질량과 힘상수는 반드시 동일한 것은 아니다.) 이 경우 운동방정식 (18.13)은

$$m\ddot{\eta} + k\eta = 0 \tag{18.14}$$

또는

$$\ddot{\eta} = -\frac{k}{m}\eta$$

로 축소된다. 진자로 되돌아가면 질량 행렬은 $ml^2$, 퍼텐셜 행렬은 $mgl$이고, $\eta=\theta$이다. 따라서 식 (18.14)는 기대한 대로

$$ml^2\ddot{\theta} + mgl\theta = 0$$

또는

$$\ddot{\theta} = -\frac{g}{l}\theta$$

이다. 좀더 자세하게 일반적인 일차원의 경우로 $\ddot{\eta}=-\dfrac{k}{m}\eta$를 생각하자. 먼저 $k>0$이므로 단조화운동을 하고, 이것은 상수 $k$인 스프링에 질량 $m$이 있는 것과 같음에 주목하자. 물론 이것의 해는 알지만, 미분방정식을 많은 입자 계에 대해서도 쉽게 푸는 방법을 찾아 본다.

$\ddot{\eta}=-\dfrac{k}{m}\eta$의 해를 구하기 위해 복소 변수 $z$를 도입하는 것이 편하다. 이것이 미분방정식을 만족시킨다고 가정한다. 즉

$$\ddot{z} = -\frac{k}{m}z$$

이 식의 해(어떤 해이든)를 구할 수 있으면 원래 문제에 대한 해는

$$\eta = \mathrm{Re}(z)$$

이다. 왜냐하면 방정식의 계수는 모두 실수이기 때문이다.

$z$식의 가능한 해는

$$z = z^0 e^{i\omega t} \tag{18.15}$$

이다. 이것을 $z$에 관한 미분방정식에 대입하여 다음조건을 만족만하면 진정한 해를 구하게 된다:

$$\frac{k}{m}z^0 = \omega^2 z^0 \tag{18.16}$$

이 조건을 $\omega^2$의 고유치 방정식으로 해석할 수 있다. 이식은 $z^0 = 0$이면 만족되지만 자명한 해로 관심을 끌지 못한다. 다른 가능성은

$$\omega = \pm\sqrt{k/m} = \pm\omega_1 \tag{18.17}$$

이며, 계가 진동할 수 있는 두 개의 가능한 진동수를 알려준다. 두 진동수값에서 나오는 수학적 해는 $z_+ \exp(i\omega_1 t)$과 $z_- \exp(-i\omega_1 t)$이다. 미분방정식은 선형이므로 일반해는 모든 가능한 해의 선형 중첩이나 합이다. 그러므로 일반해는

$$z(t) = z_+^{(1)} e^{i\omega_1 t} + z_-^{(1)} e^{-i\omega_1 t} \tag{18.18}$$

이다. 여기서 아랫수 (1)은 진폭 $z_+$와 $z_-$에 관한 것이고, 이들 진폭은 진동수 $\pm\omega_1$에 대응되는 것을 상기하자. 관심을 가지는 양은 $\eta = \mathrm{Re}(z)$이고,

$$\begin{aligned}\eta &= \mathrm{Re}(z) = \frac{1}{2}(z + z^*) \\ &= \frac{1}{2}\left\{\left[z_+^{(1)} + z_-^{(1)*}\right] e^{i\omega_1 t} + \left[z_+^{(1)*} + z_-^{(1)}\right] e^{-i\omega_1 t}\right\}\end{aligned} \tag{18.19}$$

이다. 여기에는 다른 극좌표형식의 복소수를 도입하는 것이 편하며, 다음과 같이 정의한다.

$$\rho e^{i\phi} = z_+ + z_-^*$$

$\rho$와 $\phi$는 실수인 것에 주목하자. 해 (18.19)는 $\rho$와 $\phi$의 항으로 다음과 같이 쓸 수 있다.

$$\eta = \frac{1}{2}\rho^{(1)}\left[e^{i(\phi+\omega_1 t)} + e^{-i(\phi+\omega_1 t)}\right] = \rho^{(1)}\cos(\omega_1 t + \phi) \tag{18.20}$$

이 식은 운동이 단조화라는 사실을 강조한다. 일반해 (18.20)은 두 개의 임의의 실수상수 $\rho^{(1)}$과 $\phi$을 포함하지만 흥미롭게도 양의 고유치 $\omega_1 = +\sqrt{k/m}$ 만을 내포한다. (앞으로 편리를 위해 $\rho$에 윗글자 (1)을 썼다.)

**❒ 연습 18.3**

$z = z^0 e^{i\omega t}$이면, 조건식 (18.6)을 만족하는 것을 보여라.

**❒ 연습 18.4**

식 (18.20)의 $\rho$, $\phi$와 (18.18)의 $(z_+)$, $(z_-)$ 사이의 관계를 구하라.

**결합방정식 풀기(Solving the Coupled Equation)**

일차원 문제를 풀었으므로 다음과 같은 모양의 $n$개의 결합방정식 세트로 넘어가자.

$$\sum_{j=1}^{n}(m_{kj}\ddot{z}_j + v_{kj}z_j) = 0, \qquad k = 1, \cdots, n \tag{18.21}$$

여기서 문제는 복소변수 $z$의 항으로 되어있으나 물리적 해는 $\eta_k = \mathrm{Re}(z_k)$인 것에 유의한다. 식 (18.21)은 결합 진동자계의 운동방정식이며 그림 18.1의 스프링에 매달린 질량들과 같은 것이다. 이제 모든 질량들은 정확히 동일 진동수로 진동한다고 가정하겠다. 11장을 상기하여 이 운동방정식을 정상모드라고 부른다. 진동수를 $\omega$라 하면 정상모드의 해는

$$z_j = z_j^0 e^{i\omega t} \tag{18.22}$$

이다. 식 (18.22)을 운동방정식 (18.21)에 대입하면

$$\sum_{j=1}^{n}(m_{kj}(-\omega^2)z_j^0 e^{i\omega t} + v_{kj}z_j^0 e^{i\omega t}) = 0$$

되거나

$$\sum_{j=1}^{n}(v_{kj} - \omega^2 m_{kj})z_j^0 = 0 \tag{18.23}$$

이 된다. 식 (18.23)은 한 세트의 $n$개의 선형동차 결합대수방정식이다. 앞에서 본 바와 같이 이런 방정식의 모임은 계수행렬이 영이면 비자명해를 가진다. 즉 비자명해는 다음과 같을 때 갖는다.

$$\det\left|v_{kj} - \omega^2 m_{kj}\right| = 0 \tag{18.24}$$

이것은 고유치방정식이다. 이 식을 만족하는 $\omega^2$의 값들은 고유치들이다. 식 (18.24)의 행렬을 구하면 $\omega^2$의 $n$차 다항식이 되고, $n$개의 $\omega^2$값들이 조건을 만족시킨다. 허용되는 $n$개의 $\omega^2$값들을 $\omega_s^2$로 표시하자. 여기서 $s=1,\ 2,\ \cdots,\ n$이다.

고유치 $\omega_s^2$은 실수이어야 한다. 식 (18.22)는 $\omega$가 실수일 때만 안정해를 가지기 때문이다. $\omega$가 실수임을 증명하기위해 특별한 고유치 $\omega_s$을 선택하자. $z_j^{(s)}$은 식 (18.23)의 세트에 대응되는 해라고 하자. $\left(z_k^{(s)}\right)$을 세트안의 각 식에 곱하고, $k$에 대해 합하면

$$\sum_{k,j}^{n}(z_k^{(s)*}v_{kj} - \omega_s^2 z_k^{(s)*}m_{kj})z_j^{(s)} = 0$$

또는

$$\sum_{k,j}^{n} z_k^{(s)*}v_{kj}z_j^{(s)} = \omega_s^2 \sum_{k,j}^{n} z_k^{(s)*}m_{kj}z_j^{(s)}$$

을 얻는다. 결과적으로

$$\omega_s^2 = \frac{\sum_{k,j}^{n} z_k^{(s)*}v_{kj}z_j^{(s)}}{\sum_{k,j}^{n} z_k^{(s)*}m_{kj}z_j^{(s)}} \tag{18.25}$$

이다. 이식에 대한 복소공액을 구하고, $v_{kj}$과 $m_{kj}$이 실수임을 이용하면,

$$(\omega_s^2)^* = \frac{\sum_{k,j}^{n} z_k^{(s)} v_{kj} z_j^{(s)*}}{\sum_{k,j}^{n} z_k^{(s)} m_{kj} z_j^{(s)*}}$$

을 얻는다. 그러나 $v_{kj}$과 $m_{kj}$은 대칭 행렬요소이므로

$$(\omega_s^2)^* = \frac{\sum_{k,j}^{n} z_k^{(s)} v_{jk} z_j^{(s)*}}{\sum_{k,j}^{n} z_k^{(s)} m_{jk} z_j^{(s)*}} = \frac{\sum_{k,j}^{n} z_j^{(s)*} v_{jk} z_k^{(s)}}{\sum_{k,j}^{n} z_j^{(s)*} m_{jk} z_k^{(s)}} = \omega_s^2 \qquad (18.26)$$

이 된다. 이식에서 $\omega_s^2$은 실수이다. $\omega_s^2$이 실수이면 $\omega_s^2 \geq 0$인 경우는 $\omega_s$도 실수이다. 그러므로 안정해의 조건은

$$\frac{\sum_{k,j}^{n} z_k^{(s)*} v_{kj} z_j^{(s)}}{\sum_{k,j}^{n} z_k^{(s)*} m_{kj} z_j^{(s)}} \geq 0 \qquad (18.27)$$

이다. 질량 행렬($m_{kj}$)의 요소들은 양이므로(정의 식 18.6에서 명백하지만) (18.27)의 분모도 양이다. 분수가 양 또는 음이 되는 것은 $v_{kj}$값들(식 18.11에서 정의한)에 관계된다:

$$v_{kj} = v_{jk} = \left(\frac{\partial^2 V}{\partial q_j \partial q_k}\right)_{q^0}$$

퍼텐셜 에너지 $V$가 평형점 $q^0$에서 최소이면 제2계 도함수는 양이다. 따라서 $v_{kj} > 0$이고, 조건식 (18.27)을 만족한다. 그러므로 안정된 진동은 퍼텐셜 에너지가 최소인 곳 주변에서만 일어난다. 직관적으로도 명백한 결과이다.

계의 운동을 구하는 문제로 되돌아가 특이한 고유치($\omega_s^2$)을 골라 식 (18.2)의 해의 모양을 생각하자. 이것은 좀더 일반적 방법으로

$$\sum_{j=1}^{n} (v_{kj} - \omega_s^2 m_{kj}) z_j^{(s)} = 0 \qquad (18.28)$$

라고 쓸 수 있다. 앞에서 보았듯이 이들 식은 계의 행렬이 사라지면 (식 18.24)의 비자명해를 갖는다. 행렬이 영이면 식들은 모두 독립이 아닌 것을 알자. 비독립식들은 버릴 수 있다. 이것은 다음과 같이 할 수 있다: 버리고자 하는 $n$번째 식에 번호를 부쳐라. 이제 방정식 계는 다음과 같이 된다:

$$\begin{aligned} a_{11}z_1 + a_{12}z_2 + \cdots + a_{1n}z_n &= 0 \\ a_{21}z_1 + a_{22}z_2 + \cdots + a_{2n}z_n &= 0 \\ &\vdots \\ a_{n1}z_1 + a_{n2}z_2 + \cdots + a_{nn}z_n &= 0 \end{aligned} \tag{18.29}$$

모든 식을 $z_n$으로 나누고, 마지막 식을 버린다. $n-1$개의 식의 세트는

$$\begin{aligned} a_{11}z_1/z_n + a_{12}z_2/z_n + \cdots &= -a_{1n} \\ a_{21}z_1/z_n + a_{22}z_2/z_n + \cdots &= -a_{2n} \\ &\vdots \end{aligned} \tag{18.30}$$

모양이 된다. 이것이 $n-1$개 비동차 식의 세트이며, 비율 $z_1/z_n$, $z_2/z_n$, $\cdots$에 관해서 크라머규칙을 이용해 풀 수 있다.

식 (18.30)의 계수 $a_{kj}$은 식 (18.28)에 의해

$$a_{kj} = v_{kj} - \omega_s^2 m_{kj}$$

이며, 실수이다. 이 결과 크래머규칙의 해 $z_j/z_n$은 실수이다. 그러나 $z_j$은 복소수로 가정했다! (식 18.22를 보라). 어떻게 두 복소수비가 실수인가? 이것은 두 수의 복소수부분이 동일할 때만 일어난다. 이것을 확인하기 위해 복소수 $z_j$을 극좌표형식으로 쓰자.

$$z_j^{(s)} = \rho_j^{(s)} e^{i\phi_s} \tag{18.31}$$

$\phi_s$값은 모든 $z_k$에 대해 같다. 그러나 $e^{i\phi}$이 공통인자이면 모든 식들은 이것으로 나눌 수 있고, 식 (18.28)은 아래 모양으로 쓸 수 있다.

$$\sum_{j=1}^{n} v_{kj}\rho_j^{(s)} = \omega_s^2 \sum_{j=1}^{n} m_{kj}\rho_j^{(s)}, \qquad k = 1, 2, \cdots, n \tag{18.32}$$

식 (18.32)는 고유 벡터 방정식이다. $\rho_j^{(s)}$은 $n$개 실수 세트인 것에 주목하자. 이들은 세로 행렬로 세울 수 있으므로

$$\boldsymbol{\rho}^{(s)} = \begin{pmatrix} \rho_1^{(s)} \\ \rho_2^{(s)} \\ \vdots \\ \rho_n^{(s)} \end{pmatrix} \tag{18.33}$$

이 된다. 여기서 $\rho^{(s)}$은 고유 벡터이다.

같은 방법으로 다른 진동수 $\omega_t^2$에 대응하는 고유 벡터 방정식은

$$\sum_{k=1}^{n} v_{kj}\rho_k^{(t)} = \omega_t^2 \sum_{k=1}^{n} m_{kj}\rho_k^{(t)} \tag{18.34}$$

이다. 이제 $\sum_k \rho_k^{(t)}$으로 (식 18.32)를 연산하고, $\sum_j \rho_j^{(s)}$은 식 (18.34)에 넣어

$$\sum_{k,j} \rho_k^{(t)} v_{kj}\rho_j^{(s)} = \omega_s^2 \sum_{k,j} \rho_k^{(t)} m_{kj}\rho_j^{(s)} \tag{18.35}$$

과

$$\sum_{k,j} \rho_j^{(s)} v_{kj}\rho_k^{(t)} = \omega_t^2 \sum_{k,j} \rho_j^{(s)} m_{kj}\rho_k^{(t)} \tag{18.36}$$

을 구한다. 식 (18.35)와 (18.36)의 좌변은 동일하므로 두 식을 빼면

$$0 = (\omega_s^2 - \omega_t^2) \sum_{k,j} \rho_k^{(t)} m_{kj}\rho_j^{(s)} \tag{18.37}$$

으로 된다. 고유치가 다르면 즉 $\omega_s^2 \neq \omega_t^2$이면,

$$\sum_{k,j} \rho_k^{(t)} m_{kj}\rho_j^{(s)} = 0, \qquad s \neq t \tag{18.38}$$

이다. 이 식이 고유 벡터에 대한 규격화조건이다. $\rho^{(s)}$와 $\rho^{(t)}$에 적당한 상수를 곱하여 다음과 같은 규격화조건을 만든다.

$$\sum_{k,j} \rho_k^{(t)} m_{kj}\rho_j^{(s)} = \delta_{ts} \tag{18.39}$$

이 때, $\rho$벡터들은 규격화 되었다고 한다.

미분방정식 (18.21)의 모양을 살펴보면 해는 임의의 상수의 곱임이 분명하다. 그러므로 (18.21)에 관한 일반해는

$$z_j^{(s)} = C^{(s)}\rho_j^{(s)} e^{i\phi_s}, \qquad j = 1, \cdots, n \tag{18.40}$$

이다. 각각의 고유치 $\omega_s$에 대해서 이런 모양의 $n$개의 해가 존재한다. 각각의 해는 (일반적으로) 다른 $\rho_j^{(s)}$값을 갖지만 요소 $C^{(s)}$과 $\phi_s$은 동일한 고유치에 대응하는 모든 해에 대해 공통이다. 예를 들면 그림 18.1의 그림에서 설명한 계에 대해서 실수부 $z_1^{(s)}$, $z_2^{(s)}$, …, $z_j^{(s)}$, …, $z_n^{(s)}$에 대응되는 입자 1, 2, 3, …, $j$, …, $n$의 변위는 모든 입자들이 동일(기준)진동수 $\omega_s$로 진동한다고 생각한다.

결합된 문제의 해는 모든 입자들의 해의 선형중첩으로 구하므로

$$z_j(t) = \sum_{s=1}^{n} \left[ z_{+j}^{(s)} e^{i\omega_s t} + z_{-j}^{(s)} e^{-i\omega_s t} \right], \qquad j = 1, \cdots, n \tag{18.41}$$

이다. 여기서

$$z_{+j}^{(s)} = C_+^{(s)} \rho_j^{(s)} e^{i\phi_s^+}, \qquad z_{-j}^{(s)} = C_-^{(s)} \rho_j^{(s)} e^{i\phi_s^-} \tag{18.42}$$

이다.

일반해는 모든 기준모드를 통틀어 합한 것이다. 기준모드의 해가 미분방정식을 만족하면 기준모드의 해의 합도 미분방정식을 만족할 것이다. 이것이 중첩의 원리이다.3)

실제적인 물리운동 $\eta_j$은 식 (18.41)의 실수부를 취하여 구할 수 있으며,

$$\eta_j(t) = \sum_{s=1}^{n} C^{(s)} \rho_j^{(s)} \cos(\omega_s t + \phi_s) \tag{18.43}$$

으로 된다.

❐ **연습 18.5**

안정평형의 조건은 퍼텐셜 에너지가 최고인 곳에서는 만족되지 못함을 밝혀라.

3) 미분방정식에서 일반해는 모든 독립해들의 합이다. 기준모드틀은 선형적으로 독립이므로 일반해는 그림 18.41과 같이 모든 기준모드들의 합으로 나타낼 수 있다.

## 18.4 행렬 공식

지금까지 생각한 문제를 행렬을 이용하여 대단히 간단한 방법으로 공식화 할 수 있다. $A$을 $n\times n$ 행렬로, $\mathbf{x}$을 요소 $n$인 세로 행렬로 표시하자. 그리고 $\mathbf{x}^T$을 가로 행렬이라 하면, $A\mathbf{x}$은 세로 행렬이 되고 따라서 $\mathbf{x}^TA\mathbf{x}$은 스칼라이다.

$\mathcal{V}$을 퍼텐셜 행렬(요소 $v_{jk}$), $\mathcal{M}$을 질량 행렬(요소 $m_{jk}$)이라고 하자. $\mathcal{V}$과 $\mathcal{M}$의 항으로 나타낸 고유치방정식은

$$\left(\mathcal{V}-\omega_s^2\mathcal{M}\right)\boldsymbol{\rho}^{(s)}=0 \tag{18.44}$$

이다. 규격화조건 (18.39)은

$$\left(\boldsymbol{\rho}^{(s)}\right)^T\mathcal{M}\boldsymbol{\rho}^{(t)}=\delta_{st}$$

이며, 일반해 (18.43)은 세로 행렬

$$\boldsymbol{\eta}(t)=\sum_s\boldsymbol{\rho}^{(s)}C^{(s)}\cos(\omega_st+\phi_s) \tag{18.45}$$

로 나타낼 수 있다. 상수 $C^{(s)}$과 $\phi_s$은 식 (18.45)과 그 도함수에 의해 초기 조건 $\eta(0)$과 $\dot{\eta}(0)$을 다음과 같이 연관지을 수 있다:

$$\boldsymbol{\eta}(0)=\sum_s\boldsymbol{\rho}^{(s)}C^{(s)}\cos\phi_s,$$
$$\dot{\boldsymbol{\eta}}(0)=-\sum_s\boldsymbol{\rho}^{(s)}C^{(s)}\omega_s\sin\phi_s$$

보통 $\eta(0)$과 $\dot{\eta}(0)$은 주어지며, $C^{(s)}$과 $\phi_s$을 구하여야 한다. 이들 양은 왼쪽으로부터 $(\rho^{(t)})^T\mathcal{M}$을 곱하고, 규격화조건을 이용하면 쉽게 구해진다.

$$\left(\boldsymbol{\rho}^{(t)}\right)^T\mathcal{M}\boldsymbol{\eta}(0)=\sum_s\left(\boldsymbol{\rho}^{(t)}\right)^T\mathcal{M}\boldsymbol{\rho}^{(s)}C^{(s)}\cos\phi_s=C^{(t)}\cos\phi_t$$

그리고,

$$\left(\boldsymbol{\rho}^{(t)}\right)^T\mathcal{M}\dot{\boldsymbol{\eta}}(0)=-\sum_s\left(\boldsymbol{\rho}^{(t)}\right)^T\mathcal{M}\boldsymbol{\rho}^{(s)}\omega_sC^{(s)}\sin\phi_s=-\omega_tC^{(t)}\sin\phi_t$$

**모드 행렬(The Modal Matrix)**

$n$개 결합 진동문제를 풀 때 각각 다른 진동수 $\omega_s$에 대응하는 $n$개의 고유 벡터 $\boldsymbol{\rho}^{(s)}$을 도입했었다. 더욱이 각각의 고유 벡터는 $n$개 요소 $\rho_j^{(s)}$을 가졌다. 그러므로 고유 벡터들을 세로로 하는 $n \times n$행렬을 만들 수 있다.

$$\mathcal{A} = \begin{pmatrix} \rho_1^{(1)} & \rho_1^{(2)} & \rho_1^{(3)} & \cdots & \rho_1^{(n)} \\ \rho_2^{(1)} & \rho_2^{(2)} & \rho_2^{(3)} & \cdots & \rho_2^{(n)} \\ & & & \vdots & \\ \rho_n^{(1)} & \rho_n^{(2)} & \rho_n^{(3)} & \cdots & \rho_n^{(n)} \end{pmatrix} = \begin{pmatrix} \boldsymbol{\rho}^{(1)} & \boldsymbol{\rho}^{(2)} & \boldsymbol{\rho}^{(3)} & \cdots & \boldsymbol{\rho}^{(n)} \\ \downarrow & \downarrow & \downarrow & & \downarrow \\ \downarrow & \downarrow & \downarrow & & \downarrow \\ \downarrow & \downarrow & \downarrow & & \downarrow \end{pmatrix} \tag{18.46}$$

$\mathcal{A}$를 모드 행렬이라 부른다. $\mathcal{A}$의 요소를 $a_{ij}$로 표시하면 $a_{ij} = \rho_i^{(j)}$이다. 모드 행렬은 대단히 흥미롭고 유용한 특성을 가지고 있다.

**특성 1**: 행렬곱 $\mathcal{A}^T\mathcal{M}\mathcal{A}$은 단위 행렬이다.

$$\left(\mathcal{A}^T\mathcal{M}\mathcal{A}\right)_{ij} = \sum_{kl} a_{ik}^T m_{kl} a_{lj} = \sum_{kl} a_{ki} m_{kl} a_{lj} = \sum_{kl} \rho_k^{(i)} m_{kl} \rho_l^{(j)} = \delta_{ij} \tag{18.47}$$

또는

$$\mathcal{A}^T\mathcal{M}\mathcal{A} = \mathbf{1} \tag{18.48}$$

결과적으로 $\mathcal{A}^T\mathcal{M}\mathcal{A}$은 대각선이 1인 $n \times n$ 대각선 행렬이다. 이것은 모드 행렬이 질량 행렬을 대각선화 시키는 것을 뜻한다.

**특성 2**: 행렬곱 $\mathcal{A}^T\mathcal{V}\mathcal{A}$은 요소들이 기준모드 진동수의 제곱인 대각선 행렬이다:

$$\left(\mathcal{A}^T\mathcal{V}\mathcal{A}\right)_{ij} = \sum_{kl} a_{ik}^T v_{kl} a_{lj} = \sum_{kl} \rho_k^{(i)} v_{kl} \rho_l^{(j)} = \sum_k \left\{ \rho_k^{(i)} \sum_l v_{kl} \rho_l^{(j)} \right\}$$

그러나 고유치방정식 (18.32)은 $\omega_j^2 \sum_l m_{kl} \rho_l^{(j)}$을 $l$에 대해 합하게 만들므로

$$\left(\mathcal{A}^T\mathcal{V}\mathcal{A}\right)_{ij} = \sum_k \left\{ \rho_k^{(i)} \omega_j^2 \sum_l m_{kl} \rho_l^{(j)} \right\} = \omega_j^2 \sum_{kl} \rho_k^{(i)} m_{kl} \rho_l^{(j)} = \omega_j^2 \delta_{ij}$$

또는

$$\mathcal{A}^T \mathcal{V} \mathcal{A} = \begin{pmatrix} \omega_1^2 & 0 & 0 & \cdots \\ 0 & \omega_2^2 & 0 & \cdots \\ 0 & 0 & \omega_3^2 & \cdots \\ \vdots & \vdots & \vdots & \vdots \end{pmatrix} \equiv \boldsymbol{\omega}_D^2 \qquad (18.49)$$

이 된다. 따라서 모드 행렬은 퍼텐셜 행렬을 대각화시키며, 영이 아닌 요소가 기준 모드 진동수의 제곱 만이 되도록 한다.

## 18.5 기준좌표(Normal Coordinates)

진동하는 질량점의 위치를 여러 가지 방법으로 나타냈었다.: 직각좌표 $x_i$은 원점으로부터 $m_i$까지 거리이다. 평형위치에서 질량점까지 거리는 $\eta_i$로 표시하며, 이것은 몇 개의 일반화 좌표들 중 첫 번째이다. $\eta_i$를 물리좌표로 삼았다. $\eta_i$은 다른 세트의 일반화 좌표이며 복소수가 허용된다. 이것은 기준모드해를 가정하여 운동방정식에서 구한 위치좌표들이며, 모든 입자들이 동일 진동수 $z_i^{(s)}$로 진동하는 것이 한 예이다. $z_i$에 대한 물리적 해석은 생각하기에 약간 어려울 수 있다. 이들이 복소수이므로 극좌표형식으로

$$z_i^{(s)} = \rho_i^{(s)} e^{i\phi_s}$$

과 같이 나타낼 수 있다.

$\rho_i^{(s)}$은 고유 벡터 $\boldsymbol{\rho}^{(s)}$의 요소들이며, 특정기준모드로 진동하는 모든 입자의 위치를 기술한다. $\eta_i$와 어떤 일반화 운동계의 고유 벡터 사이의 관계를 알아보면 모든 기준모드가 중첩된 것의 실수부이며, 다음과 같다.

$$\eta_i = \sum_{s=1}^{n} C^{(s)} \rho_i^{(s)} \cos(\omega_s t + \phi_s)$$

이런 복합적 방법으로 입자들의 위치를 나타내는 것이 다소 이상할지 몰라서 다른 일반화 좌표를 소개하고자 한다. 그러나 잠시 생각해둘 일은 기준좌표($\zeta_i$로 표시한)는 결합된 진동자들의 문제를 형식화할 때 대단히 편리한 방법이다. 기준좌표는 다음과 같이 정의하는 식과 연관되어 있다.

$$\boldsymbol{\eta}(t) = \mathcal{A}\boldsymbol{\zeta}(t) \tag{18.50}$$

$\mathcal{A}^T\mathcal{M}$을 곱해서 $\zeta$을 분리한다(식 18.48을 보라). 결과는

$$\boldsymbol{\zeta}(t) = \mathcal{A}^T\mathcal{M}\boldsymbol{\eta}(t) \tag{18.51}$$

이다. $\mathcal{A}^T$과 $\mathcal{M}$은 상수이며 실수요소를 가진 행렬이므로 기준좌표 $\zeta_i$는 원래의 일반화 좌표 $\eta_i$이 선으로 결합된 것이다.

기준좌표를 이용하면 라그랑지 운동방정식은 특별히 간단한 형식으로 된다. 라그랑지안 식 (18.12)는

$$L = T - V = \frac{1}{2}\sum_{ij}(m_{ij}\dot{\eta}_i\dot{\eta}_j - v_{ij}\eta_i\eta_j)$$

이었다. 이것은

$$2L = \sum_{ij}\dot{\eta}_i m_{ij}\dot{\eta}_j - \sum_{ij}\eta_i v_{ij}\eta_j$$

또는

$$2L = \dot{\boldsymbol{\eta}}^T\mathcal{M}\dot{\boldsymbol{\eta}} - \boldsymbol{\eta}^T\mathcal{V}\boldsymbol{\eta} \tag{18.52}$$

로 나타낼 수 있다. 그러나 $\boldsymbol{\eta}(t) = \mathcal{A}\boldsymbol{\zeta}(t)$와 $\dot{\boldsymbol{\eta}}(t) = \mathcal{A}\dot{\boldsymbol{\zeta}}(t)$이므로

$$\begin{aligned} 2L &= \left(\mathcal{A}\dot{\boldsymbol{\zeta}}\right)^T\mathcal{M}\left(\mathcal{A}\dot{\boldsymbol{\zeta}}\right) - (\mathcal{A}\boldsymbol{\zeta})^T\mathcal{V}(\mathcal{A}\boldsymbol{\zeta}) \\ &= \dot{\boldsymbol{\zeta}}^T\left(\mathcal{A}^T\mathcal{M}\mathcal{A}\right)\dot{\boldsymbol{\zeta}} - \boldsymbol{\zeta}^T\left(\mathcal{A}^T\mathcal{V}\mathcal{A}\right)\boldsymbol{\zeta} \\ &= \dot{\boldsymbol{\zeta}}^T\dot{\boldsymbol{\zeta}} - \boldsymbol{\zeta}^T\boldsymbol{\omega}_D^2\boldsymbol{\zeta} \end{aligned} \tag{18.53}$$

이거나 성분형식으로 쓰면

$$L = \frac{1}{2}\sum_{i=1}^{n}\left(\dot{\zeta}_i^2 - \omega_i\zeta_i^2\right) \tag{18.54}$$

이다. 새로운 일반화 좌표를 정의한 모드 행렬은 어떤 의미에서는 대각선화 라그랑지안임에 주목하자. 또한 식 (18.54)의 $\omega_i$은 계의 기준진동수 세트임에 주목하자.

기준좌표 $\zeta_i$항으로 나타낸 라그랑지 운동방정식은

$$\frac{d}{dt}\frac{\partial}{\partial\dot{\zeta}_i}\left(\frac{1}{2}\sum_{i=1}^{n}\left(\dot{\zeta}_i^2 - \omega_i\zeta_i^2\right)\right) - \frac{\partial}{\partial\zeta_i}\left(\frac{1}{2}\sum_{i=1}^{n}\left(\dot{\zeta}_i^2 - \omega_i\zeta_i^2\right)\right) = 0 \qquad (18.55)$$

또는

$$\ddot{\zeta}_i = -\omega_i^2\zeta_i \qquad (18.56)$$

이다. 이것이 단조화운동에 관한 식이다. 지금까지 운동방정식이 분리된 라그랑지안을 대각선화시켜 $n$개의 독립적이고, 분리된 단조화진동식의 세트로 문제를 축소했다. 각각의 기준좌표 $\zeta_i$은 각진동수 $\omega_i$를 가지고 독립적으로 진동한다.

유도는 완전히 일반적이었으며, 안정평형점 부근에서 작은 진폭진동을 하는 어떤 계도 기준좌표의 항으로 기술할 수 있다는 뜻이다.

식 (18.56)의 해는 성분형식으로 다음과 같이 나타낼 수 있다.

$$\zeta_i = C^{(i)}\cos(\omega_i t + \phi_i), \qquad i = 1, \cdots, n, \qquad (18.57)$$

또는 가로벡터 형식으로는

$$\boldsymbol{\zeta} = \begin{pmatrix} C^{(1)}\cos(\omega_1 t + \phi_1) \\ C^{(2)}\cos(\omega_2 t + \phi_2) \\ \vdots \\ C^{(n)}\cos(\omega_n t + \phi_n) \end{pmatrix} \qquad (18.58)$$

과 같다. 물리적 일반화 좌표를 $\boldsymbol{\eta}(t) = \mathcal{A}\boldsymbol{\zeta}(t)$을 정의하여 구했으며, 이것은

$$\boldsymbol{\eta} = \begin{pmatrix} \boldsymbol{\rho}^{(1)} & \boldsymbol{\rho}^{(2)} & \boldsymbol{\rho}^{(3)} & \cdots & \boldsymbol{\rho}^{(n)} \\ \downarrow & \downarrow & \downarrow & & \downarrow \\ \downarrow & \downarrow & \downarrow & & \downarrow \\ \downarrow & \downarrow & \downarrow & & \downarrow \end{pmatrix} \begin{pmatrix} \boldsymbol{\zeta} \\ \downarrow \\ \downarrow \\ \downarrow \end{pmatrix}$$

와 같이 쓸 수 있다. 그러므로

$$\eta_i = \sum_j \rho_i^{(j)} C^{(j)}\cos(\omega_j t + \phi_j) \qquad (18.59)$$

이다. 식 (18.59)와 (18.57)을 비교하여보면 기준좌표 $\zeta_i$는 $\eta_i$로 전개한 속에 있는 고유 벡터 $\rho_i$의 상수인 것을 알 수 있다.

## 18.6 결합진자: 예

그림 18.5에서 설명하는 상수 k인 스프링으로 연결된 두 진자를 생각하자. $\sin\theta = \eta/l$을 알 수 있다. 추의 운동에너지는

$$T = \frac{1}{2}m\left[\left(l\dot{\theta}_1\right)^2 + \left(l\dot{\theta}_2\right)^2\right] \doteq \frac{1}{2}m\left[\dot{\eta}_1^2 + \dot{\eta}_2^2\right] \tag{18.60}$$

이다. 퍼텐셜 에너지는 중력 퍼텐셜 에너지 $V_G$와 스프링안의 퍼텐셜 에너지 $V_s$의 합이다. 이들 양을 $\eta_1$과 $\eta_2$의 항으로 나타내는 식을 쉽게 구할 수 있다.

$$\begin{aligned} V_G &= mgl\left[(1-\cos\theta_1) + (1-\cos\theta_2)\right], \\ &= mgl\left[\left(1-\left\{1-\sin^2\theta_1\right\}^{\frac{1}{2}}\right) + \left(1-\left\{1-\sin^2\theta_2\right\}^{\frac{1}{2}}\right)\right] \\ &\doteq mgl\frac{1}{2}\left(\sin^2\theta_1 + \sin^2\theta_2\right). \end{aligned}$$

그러므로 작은 양에 관한 2차식은

$$V_G = \frac{mg}{2l}(\eta_1^2 + \eta_2^2) \tag{18.61}$$

이다.

스프링의 퍼텐셜 에너지는 $\frac{1}{2}k(d-d_0)^2$이며, 여기서 $d$는 질량들 사이거리, $d_0$는 당겨지지 않은 줄의 길이이다. 이들 양이 그림 18.5에 설명되어 있으며, 여기서

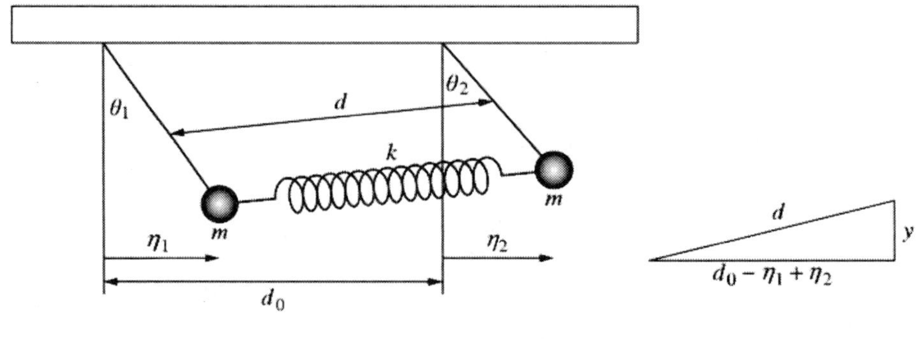


그림 18.5 ▍ 결합진자

$$\begin{aligned} d &= \left[y^2 + (d_0 - \eta_1 + \eta_2)^2\right]^{\frac{1}{2}} \\ &= d_0\left(1 + \frac{2(\eta_1 + \eta_2)}{d_0} + \frac{(\eta_2 + \eta_1)^2}{d_0^2} + \frac{y^2}{d_0^2} + \cdots\right)^{\frac{1}{2}} \\ &\doteq d_0 + \eta_2 - \eta_1 \end{aligned}$$

을 알 수 있다. 작은 양에 관계되는 2차식은

$$V_S = \frac{1}{2}k(d - d_0)^2 = \frac{1}{2}k(\eta_2 - \eta_1)^2 \tag{18.62}$$

이다. 운동과 퍼텐셜 에너지를 구하기 위한 라그랑지안은

$$L = T - V = \frac{1}{2}m\left[\dot{\eta}_1^2 + \dot{\eta}_2^2\right] - \frac{mg}{2l}(\eta_1^2 + \eta_2^2) - \frac{1}{2}k(\eta_2 - \eta_1)^2 \tag{18.63}$$

이다. 운동방정식은

$$\begin{aligned} m\ddot{\eta}_1 + \left(k + \frac{mg}{l}\right)\eta_1 - k\eta_2 &= 0 \\ m\ddot{\eta}_2 + \left(k + \frac{mg}{l}\right)\eta_2 - k\eta_1 &= 0 \end{aligned} \tag{18.64}$$

이다. 해를 구하기 위해 기준모드, 다시 말하면 두 개추가 동일한 진동수 $\omega$로 진동하는 해를 구한다. 즉

$$\eta_i = C\rho_i \cos(\omega t + \phi), \qquad i = 1, 2 \tag{18.65}$$

라고 생각한다. 이것을 운동방정식에 대입하여 다음과 같은 고유치방정식을 얻는다:

$$\begin{aligned} \left(k + \frac{mg}{l} - m\omega^2\right)\rho_1 - k\rho_2 &= 0 \\ -k\rho_1 + \left(k + \frac{mg}{l} - m\omega^2\right)\rho_2 &= 0 \end{aligned} \tag{18.66}$$

고유치방정식은

$$\left(\mathcal{V} - \mathcal{M}\omega^2\right)\boldsymbol{\rho} = 0 \tag{18.67}$$

형식을 가지는 것을 상기하자. 이 문제에서 $\rho$는 두 성분 가로벡터이다.

$$\boldsymbol{\rho} = \begin{pmatrix} \rho_1 \\ \rho_2 \end{pmatrix} \tag{18.68}$$

식 (18.66)과 (18.67)을 비교하면

$$\mathcal{M} = m \begin{pmatrix} 1 & 0 \\ 0 & 1 \end{pmatrix} \tag{18.69}$$

과

$$\mathcal{V} = \begin{pmatrix} k + \dfrac{mg}{l} & -k \\ -k & k + \dfrac{mg}{l} \end{pmatrix} \tag{18.70}$$

으로 정리된다.

고유치방정식 (18.66)은 결합된 동차 대수 방정식의 세트로써 계수행렬이 사라지면 비자명해를 갖는다. 즉

$$\begin{vmatrix} k + \dfrac{mg}{l} - m\omega^2 & -k \\ -k & k + \dfrac{mg}{l} - m\omega^2 \end{vmatrix} = 0$$

이다. 이것은 $\omega^2$에 관한 2차식의 해를 만든다.

$$\omega_1 = \sqrt{\frac{g}{l}} \tag{18.71}$$

$$\omega_2 = \sqrt{\frac{g}{l} + 2\frac{k}{m}} \tag{18.72}$$

이들 두 고유치에 대응하는 고유 벡터들을 구하기 위해 이것을 식 (18.66)에 넣으면

$$\omega = \omega_1\text{인 경우} \quad \rho_1^{(1)} = \rho_2^{(1)} \tag{18.73}$$

$$\omega = \omega_2\text{이면} \quad \rho_1^{(2)} = -\rho_2^{(2)} \tag{18.74}$$

을 얻는다. 식 (18.73)은 추들이 자유진자의 진동수에서 같은 진폭이면서 위상이 서로 맞게 진동하는 운동을 나타낸다. 식 (18.74)는 진자들이 자유진자보다 (식 18.72를 보라) 큰 진동수이면서 위상이 벗어난(진폭은 같으나 반대방향) 진동을 나타낸다. 이들 기준모드는 간단한 기구로 쉽게 보여줄 수 있다. 그러나 아주 일반적인 운동은 아니다. 일반운동을 기술하기 위해 운동방정식 (식 18.64)로 되돌아 가자. 벡터

$$\boldsymbol{\rho} = \begin{pmatrix} \rho_1 \\ \rho_2 \end{pmatrix}$$

은 진폭을 제외한 다른 것에 영향을 주지 않는 어떤 상수를 곱할 수 있다는 것을 안다.

$$\left(\boldsymbol{\rho}^{(s)}\right)^T \mathcal{M}\boldsymbol{\rho}^{(t)} = \delta_{st}$$

이것은 고유 벡터를 규격화하도록 허용하며, 규격화조건을 만족한다. 규격화상수가 $1/\sqrt{2m}$ 인 것을 간단히 알 수 있다. 그러므로

$$\begin{aligned} \boldsymbol{\rho}^{(1)} &= \frac{1}{\sqrt{2m}}\begin{pmatrix} 1 \\ 1 \end{pmatrix}, \\ \boldsymbol{\rho}^{(2)} &= \frac{1}{\sqrt{2m}}\begin{pmatrix} 1 \\ -1 \end{pmatrix}. \end{aligned} \tag{18.75}$$

이제 이들 세로 행렬로 규격화된 고유 벡터를 이용하여 모드 행렬을 만들어 보면,

$$\mathcal{A} = \frac{1}{\sqrt{2m}}\begin{pmatrix} 1 & 1 \\ 1 & -1 \end{pmatrix}$$

이 된다. 기준좌표는 $\boldsymbol{\zeta} = \mathcal{A}^T\mathcal{M}\boldsymbol{\eta}$ 에서 구하며, 다음과 같은 $\eta$의 선형결합으로 된다.

$$\begin{aligned} \zeta_1 &= \sqrt{\frac{m}{2}}(\eta_1 + \eta_2) \\ \zeta_2 &= \sqrt{\frac{m}{2}}(\eta_1 - \eta_2) \end{aligned} \tag{18.76}$$

식 (18.54)에 의하면 라그랑지안은

$$L = \frac{1}{2}\sum_{j=1}^{2}(\dot{\zeta}_j^2 - \omega_j^2\zeta_j^2)$$

이며, 운동방정식은

$$\ddot{\zeta}_j = -\omega_j^2\zeta_j, \qquad j = 1, 2 \tag{18.77}$$

이다. 일반해는

$$\begin{aligned}\zeta_1 &= C^{(1)}\cos(\omega_1 t+\phi_1)\\ \zeta_2 &= C^{(2)}\cos(\omega_2 t+\phi_2)\end{aligned} \tag{18.78}$$

이다.

상수 $C^{(1)}$, $C^{(2)}$, $\phi_1$, $\phi_2$은 초기 조건에서 구한다. 예를 들면 추1을 거리 $\alpha$ 변위시켜 정지에서 놓으면 $\phi_1=\phi_2=0$이며, $C^{(1)}=C^{(2)}=\alpha\sqrt{m/2}$이다. 그러므로

$$\boldsymbol{\zeta}=\alpha\sqrt{\frac{m}{2}}\begin{pmatrix}\cos\omega_1 t\\ \cos\omega_2 t\end{pmatrix}$$

원래의 (물리적) 일반화 좌표($\boldsymbol{\eta}=\mathcal{A}\boldsymbol{\zeta}$에서 구한)는

$$\begin{aligned}\eta_1(t) &= \frac{\alpha}{2}(\cos\omega_1 t+\cos\omega_2 t)\\ \eta_2(t) &= \frac{\alpha}{2}(\cos\omega_1 t-\cos\omega_2 t)\end{aligned} \tag{18.79}$$

또는

$$\begin{aligned}\eta_1(t) &= \left[\alpha\cos\left\{\frac{1}{2}(\omega_2-\omega_1)t\right\}\right]\cos\left\{\frac{1}{2}(\omega_2+\omega_1)t\right\}\\ \eta_2(t) &= \left[\alpha\sin\left\{\frac{1}{2}(\omega_2-\omega_1)t\right\}\right]\cos\left\{\frac{1}{2}(\omega_2+\omega_1)t\right\}\end{aligned} \tag{18.80}$$

이다. 첫항(겹괄호항)은 천천히 변하는 진폭이며, 둘째항($\omega_1+\omega_2$를 포함하는)은 빨리 변하는 항이다. 함수 $\eta_1$과 $\eta_2$의 시간함수 그림 18.6에 그려놓았다.

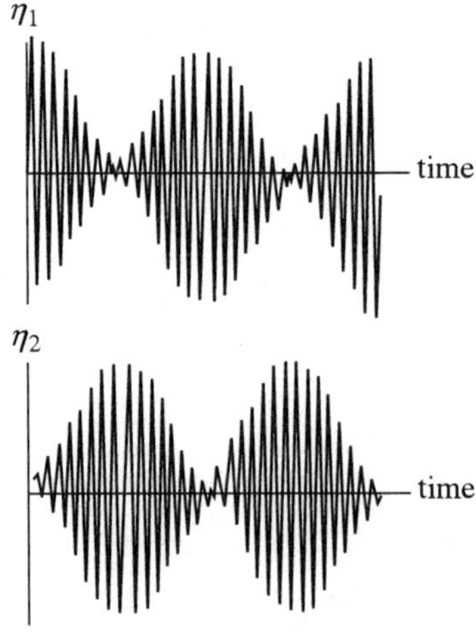


그림 18.6 ▌ 결합진자의 진동

□ 연습 18.6

그림 18.5에서 보는 계는 추의 질량 0.1 kg이며 스프링은 힘상수 5 N/m이다. 진자와 당겨지지 않은 스프링의 길이는 양쪽이 모두 0.3 m이다. 기준모드 진동수를 구하라. **답:** 5.72/sec와 11.52/sec

## 18.7 다중 자유도(Many Degrees of Freedom)

마지막 예로써 다중 자유도를 가진 계를 생각하자.: 구체적으로 그림 18.7에서 설명하는 질량 없는 당겨진 줄에서 가로 진동을 하는 질점을 보자.

### 문제설명

$N$개 입자들은 질량 $m$이고, 줄에 균일하게 분포되어있다고 가정하자. 입자들 사이의 수평거리는 $a$이고, 평형위치에서 입자의 수직변위를 $j$라고 놓자. $\tau$를 줄의 일정하고, 균일한 장력이라 하자. 그림 18.8을 보라.

$i$번째 입자의 운동방정식은 기초적인 방정식 즉, $F=ma$를 적용하여 구할 수 있다. 이것은

$$m\ddot{y}_j = \tau \sin\phi - \tau \sin\theta \tag{18.81}$$

이 된다. 그러나

$$\sin\phi \simeq \tan\phi = \frac{1}{a}(y_{j+1} - y_j)$$

과

$$\sin\theta \simeq \tan\theta = \frac{1}{a}(y_j - y_{j-1})$$

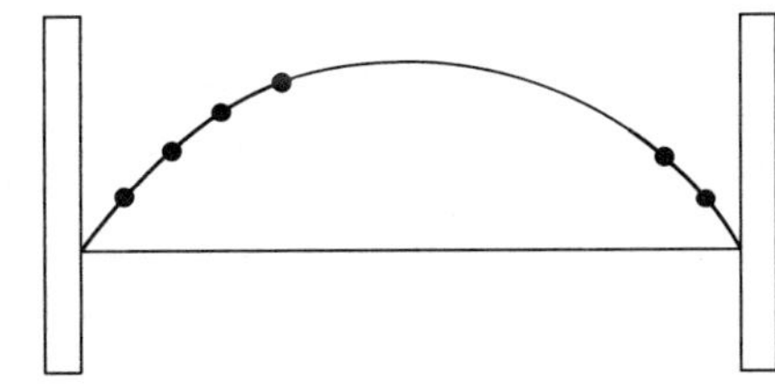

그림 18.7 ▌ 질점들이 같은 거리에 있는 질량없는 줄

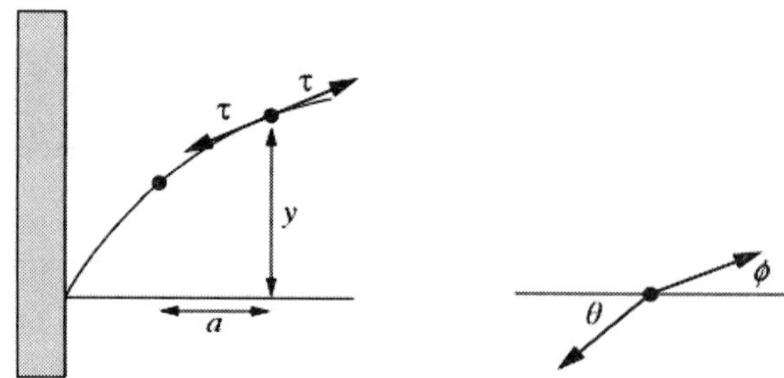


그림 18.8 ▌ 끈 위의 질점에 작용하는 힘. 끈과 질점의 수평 사잇각은 $\theta$와 $\phi$이다.

이다. 그러므로

$$m\ddot{y}_j + \frac{2\tau}{a}y_j - \frac{\tau}{a}(y_{j+1} + y_{j-1}) = 0, \qquad j = 1, \cdots, N \tag{18.82}$$

이 된다.

줄은 양쪽 끝이 벽에 매어있으며, 움직이지 않는다. 따라서

$$y_0 = y_{N+1} = 0 \tag{18.83}$$

이다.

**기준모드(Normal Modes)**

$j$ 번째 입자가 원점으로부터 수평거리 $ja$에 있다. 편리하게 $x_j = ja$라고 정하고, $y_j$를 $y(x_j)$로 표시한다. 이것은 단순히 표기의 변화이지만 계가 진동하고, 이 안에서 진행하는 평면파가 일어나기 때문에 유용하다. (정지 또는 정상파는 두 개의 진행파가 반대 방향으로 운동하는 것으로 생각할 수 있었던 것을 상기하자). 진행하는 평면파는 수학적으로

$$y(x_j, t) = Ae^{i(kx_j - \omega t)} \tag{18.84}$$

이라고 기술한다.

식 (18.84)를 운동방정식 (18.82)에 넣으면 다음과 같은 $\omega^2$에 관한 식으로 된다:

$$\omega^2 = \frac{4\tau}{ma}\sin^2\frac{ka}{2} \tag{18.85}$$

$k$의 함수로 $\omega$를 나타내는 이와 같은 식, $\omega = \omega(k)$을 분산관계라고 부른다.

식 (18.84)와 (18.85)에 있는 $\omega$와 $k$는 모두 연속이며, 많은 곳에서 응용된다. 그러나 이번 문제에서는 계가 경계조건에 의해 $\omega$와 $k$가 이산적이도록 묶여있다.

식 (18.84)는 양의 $x$방향으로 진행하는 평면파를 나타낸다. 반대방향으로 진행하는 평면파는 $Be^{-i(kx_j+\omega t)}$으로 나타낼 수 있으며, 이식도 운동방정식을 만족시킨다. 그러므로 일반해는 이들 두식의 합이다:

$$y(x_j, t) = Ae^{i(kx_j - \omega t)} + Be^{-i(kx_j + \omega t)} \tag{18.86}$$

$x_j = 0$에서 경계조건은 $y(0,\ t) = 0$이다. 이것이 만족하려면 $B = -A$을 요구한다. 다른쪽 끝점도 정지하고 있으므로

$$y([N+1]a, t) = 0$$

이다. 그러므로

$$\begin{aligned} 0 &= A\left\{e^{ik(N+1)a}e^{-i\omega t} - e^{-ik(N+1)a}e^{-i\omega t}\right\}, \\ &= Ae^{-i\omega t}\left[e^{ik(N+1)a} - e^{-ik(N+1)a}\right] = \left(Ae^{-i\omega t}\right)2i\sin\left(k(N+1)a\right) \end{aligned}$$

이고, 따라서

$$\sin\left(k(N+1)a\right) = 0$$

이며,

$$k(N+1)a = n\pi, \qquad n = 1, 2, \cdots, N \tag{18.87}$$

이다. 결과적으로 식 (18.85)로 부터

$$\omega^2 = \frac{4\tau}{ma}\sin^2\left(\frac{1}{2}\frac{n\pi}{N+1}\right), \qquad n = 1, 2, \cdots, N \tag{18.88}$$

이다. 특별한 $\omega_n$에 대하여 해 (18.86)은

$$\begin{aligned} y(x_j, t) &= A_n e^{-i\omega_n t}\left[e^{ikx_j} - e^{-ikx_j}\right], \\ &= A_n e^{-i\omega_n t} 2i\sin(kx_j), \\ &= 2iA_n \sin\left(\frac{n\pi x_j}{a(N+1)}\right)\left[\cos\omega_n t - i\sin\omega_n t\right] \end{aligned}$$

으로 된다. $y(x_j,\ t)$가 실수이므로 실수부만 얻었다. $A_n$이 실수라 가정하면

$$y(x_j, t) = 2A_n \sin\left(\frac{n\pi x_j}{a(N+1)}\right) \sin \omega_n t \tag{18.89}$$

이다. 여기서 $\omega_n^2$은 식 (18.88)에서 구한다.

**❐ 연습 18.7**

식 (18.82)와 (18.84)로부터 $\omega^2 = (4\tau/ma)\sin^2(ka/2)$임을 보여라.

**예제 18.2**

질량없는 줄에 3개 입자가 있다고 생각하자. 기준모드 진동수(고유진동수), 허용되는 파장과 최대진동수를 구하라.

**풀이:** 이 계에서 $N=3$이다. 식 (18.88)에서 구한 $\omega_n$값들은 다음과 같다:

$$\begin{aligned} \omega_1 &= 0.765\sqrt{\frac{\tau}{ma}} \\ \omega_2 &= 1.414\sqrt{\frac{\tau}{ma}} \\ \omega_3 &= 1.848\sqrt{\frac{\tau}{ma}} \end{aligned}$$

이들은 기준모드 진동수들이다. 식 (18.89)에 의하면 다양한 기준모드에 대한 운동진폭은 $2A_n\sin(n\pi x_j/4a)$에서 구하는 위치의 함수들이다. 이들의 진폭을 그려보면 계의 운동에 관해 잘 이해할 것이다. 그림 18.9를 보라.
"특정속도"

$$c = \sqrt{\frac{\tau}{m/a}} \tag{18.90}$$

을 도입하는 것이 편리하다. $c$의 항으로 나타낸 고유진동수는

$$\omega_n = \frac{2c}{a}\sin\frac{n\pi}{2(N+1)} \tag{18.91}$$

이다. 정의에 의해 파수는

$$k = \frac{2\pi}{\lambda} \tag{18.92}$$

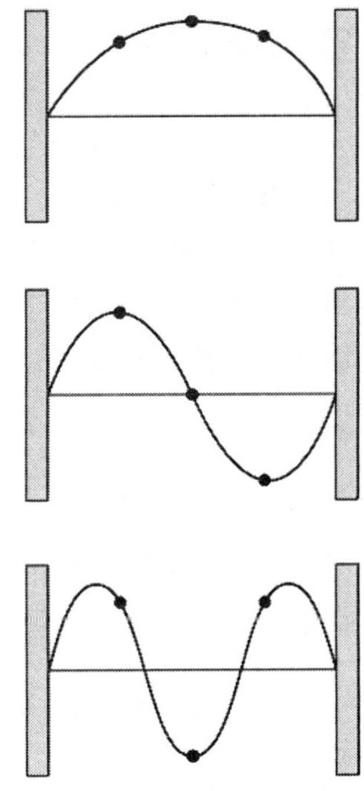

그림 18.9 ▌ 3개 질점의 위치

이며, $\lambda$는 파장이다. 그러나 $k = n\pi/[2(N+1)\alpha]$이므로

$$\lambda = \frac{2(N+1)a}{n}$$

이다. 줄의 길이가 $l$이면 $l = (N+1)\alpha$이며,

$$\lambda = \frac{2l}{n}$$

이다. 가장 큰 $n$값은 $N$이다. 따라서 가장 짧은 파장은

$$\lambda_{\min} = \frac{2l}{N} = \frac{2(N+1)a}{N} \gtrsim 2a$$

이다. 큰 $N$에 대한 최소파장은 입자사이 간격의 2배이며, 예기했던 결과이다. 그러나 이것은 최대 진동수가 있음을 의미하며, 직감으로는 못느낄지도 모른다. 즉

$$\omega_{\max} = \frac{2c}{a}\sin\frac{N\pi a}{(N+1)2a} \approx \frac{2c}{a}\sin\frac{\pi}{2} = \frac{2c}{a}$$

이다.

## 18.8 연속계로 전환(Transition to Continuous System)

지난 절에서 질량 $m$인 입자들이 거리 $a$만큼 이산적으로 구성된 계를 다루었다. 입자간격이 특정 현상규격에 비교해 대단히 작으면 계는 연속적이라 할 수 있다. 이절에서는 $a \to 0$일 때 앞절의 계를 아주 근접하게 연속적인 줄과 닮았다고 생각한다. 먼저 앞으로 전개되는 절에서 연속적 극한을 어떻게 해석할 것인가를 기술한다. 그러면 줄의 운동을 기본관점에서부터 라그랑지안을 이용하는 발전된 관점으로 살펴본다.

**연속체 극한(Continuum Limit)**

이산적 입자문제에서 연속분포경우로 전환하기 위해 $N \to \infty$과 $a \to 0$로 하자. 그러나 여전히 줄의 길이는 변하지 않도록 한다. 그러면

$$l = (N+1)a = \text{일정}$$

이다. 나아가 선질량밀도 $\sigma$는 일정하다고 가정한다. 즉

$$\sigma = \frac{m}{a} = \text{일정} \tag{18.93}$$

이다. 기준모드 진동수는

$$\omega_n^2 = \lim_{N\to\infty}\left\{\frac{4c^2}{a^2}\sin^2\left(\frac{1}{2}\frac{n\pi}{N+1}\right)\right\} = \frac{4c^2}{a^2}\left(\frac{n\pi}{2N}\right)^2 = c^2\left(\frac{n\pi}{l}\right)^2 \tag{18.94}$$

와 같이 쓸 수 있다.($N \to \infty$는 생각중인 어느 기준모드도 $n \ll N$)인 것을 뜻한다.) 해는 물론

$$y(x,t) = Ae^{i(kx-\omega t)}$$

형식으로 된다. 여기서 $k = 2\pi n/l$과 $\omega$은 기준모드 진동수 $\omega_n$ 중 하나이다.

**연속 줄(A Continuous String)**

17장에서 파동방정식을 제1원리로부터 유도했다. 장력은 $\tau$이고, 질량밀도 $\sigma$인 줄에 대해 식 (17.1)을 구했었다:

$$\frac{\partial^2 y}{\partial t^2} = c^2\frac{\partial^2 y}{\partial x^2} \tag{18.95}$$

여기서 $c^2 = \tau/\sigma$: 줄의 질량밀도로 $\sigma$를 사용한다. 이장에서 $\rho$는 고유 벡터를 나타내기 때문이다.

**예제 18.3**

이장에서 전개한 기술을 이용하여 파동방정식 (18.95)를 풀어라. (17장에서 파동방정식을 변수분리로 풀었던 것을 상기하라.)

**풀이:** 기준모드해의 형식이

$$y(x,t) = C\rho(x)\cos(\omega t + \phi) \tag{18.96}$$

라고 가정하자.
이 식을 미분방정식 (18.95)에 넣으면

$$\frac{d^2\rho(x)}{dx^2} + k^2\rho(x) = 0 \tag{18.97}$$

이 된다. 여기서 $k = \omega/c$이다. 식 (18.97)은 기본미분방정식이면서 고유치방정식이기도 하다. 해는 구체적으로 허용된 $k^2$값만 존재한다.(해는 고유함수이다) 식 (18.97)은 SHM식의 형식이므로 해를 바로 구할 수 있다:

$$\rho(x) = \sqrt{\frac{2}{l\sigma}}\sin kx \tag{18.98}$$

여기서 계수 $\sqrt{2/l\sigma}$ 은 규격화를 위해 취한 것이다.
양쪽 끝이 매어진 줄에서 경계조건은 $\rho(0) = 0$과 $\rho(l) = 0$이다. 이것은 해 (18.98)의 첫 번째 경계조건을 만족하며, 두 번째 조건은 $\sin kl = 0$일 때 이다. 여기서 $k$는 세트

$$k_n = \frac{n\pi}{l}, \quad n = 1, 2, \cdots, \infty \tag{18.99}$$

중 하나이다. $k = \omega/c$이므로 기준모드 진동수는

$$\omega_n = k_n c = \frac{n\pi c}{l}$$

이다. 허용되는 파장은

$$\lambda = \frac{2\pi}{k} = \frac{2l}{n}, \qquad n = 1, 2, \cdots, \infty \tag{18.100}$$

이다. 따라서 줄은 정수개의 반파장들을 포함하게 된다. 일반해는 기준모드들의 중첩이며, 다음과 같이

$$y(x,t) = \sum_{n=1}^{\infty} C_n \rho^{(n)}(x) \cos(\omega_n t + \phi) \qquad (18.101)$$

이 되거나 동일하게

$$y(x,t) = \sum_{n=1}^{\infty} \sqrt{\frac{2}{l\sigma}} \sin k_n x \,(a_n \cos\omega_n t + b_n \sin\omega_n t) \qquad (18.102)$$

이 된다. 여기서 $a_n = C_n \cos\phi_n$이고, $b_n = -C_n \sin\phi_n$이다. 각항의 합은 파동방정식과 경계조건을 만족시킨다. 상수값은 초기 조건으로 결정할 수 있다:

$$y(x,0) \equiv \sum_{n=1}^{\infty} a_n \sqrt{\frac{2}{l\sigma}} \sin k_n x$$

그리고

$$\dot{y}(x,0) \equiv \sum_{n=1}^{\infty} \omega_n b_n \sqrt{\frac{2}{l\sigma}} \sin k_n x$$

이들식은 푸리에 급수이므로 규격화성질을 이용하여

$$a_n = \sqrt{\frac{2\sigma}{l}} \int_0^l y(x,0) \sin(k_n x)\, dx \qquad (18.103)$$

과

$$\omega_n b_n = \sqrt{\frac{2\sigma}{l}} \int_0^l \dot{y}(x,0) \sin(k_n x)\, dx \qquad (18.104)$$

으로 쓴다.

---

❐ 연습 18.8

조건 18.100을 이용하여 양끝이 고정된 줄의 처음 4개의 파동을 그려라.

---

### 연속 줄의 라그랑지안(The Lagrangian for a Continuous string)

그림 17.2에서 설명하는 줄요소를 생각하자. 이 줄의 라그랑지안을 결정하기 위해 운동과 위치에너지를 계산하고, 전체 줄에 대해 적분하자. 선 $dx$의 운동에너지는

$$dT = \frac{1}{2}(\sigma dx)\left(\frac{\partial y}{\partial t}\right)^2$$

이며, 전체 줄에 대해서는

$$T = \frac{1}{2}\int_0^l \left(\frac{\partial y(x,t)}{\partial t}\right)^2 \sigma dx \tag{18.105}$$

이다. 퍼텐셜 에너지는 요소를 처음길이 $dx$에서 마지막길이 $ds$까지 늘리는데 필요한 일과 같다. $\tau$를 줄의 장력이라면 한일은

$$dW = \tau(ds - dx) = \tau\left[(dx^2 + dy^2)^{\frac{1}{2}} - dx\right] = \frac{1}{2}\tau\left(\frac{\partial y}{\partial x}\right)^2 dx$$

이며, 전체 줄에 대해서는

$$V = \frac{1}{2}\int_0^l \tau\left(\frac{\partial y(x,t)}{\partial x}\right)^2 dx \tag{18.106}$$

이다. 라그랑지안은 $L = T - V$에서 금방 나온다. $\sigma$과 $\tau$이 일정하면

$$L = \frac{\sigma}{2}\int_0^l \left(\frac{\partial y(x,t)}{\partial t}\right)^2 dx - \frac{\tau}{2}\int_0^l \left(\frac{\partial y(x,t)}{\partial x}\right)^2 dx \tag{18.107}$$

이다.

**연속계의 해밀턴 원리**(Hamilton's Principle for a Continuous system)

해밀턴 원리는 작용적분의 변화를 영이라고 기술했던 것을 상기하자:

$$\delta\int_{t_1}^{t_2} Ldt = 0 \tag{18.108}$$

길이 $l$인 연속 1차원계에 대해서 라그랑지안 밀도 $\mathcal{L}$은

$$L = \int_0^l \mathcal{L}dx \tag{18.109}$$

이라고 정의한다. 그러면 해밀턴 원리는

$$\delta \int_{t_1}^{t_2} dt \left\{ \int_0^l dx \mathcal{L}\left( y, \frac{\partial y}{\partial x}, \frac{\partial y}{\partial t}; x, t \right) \right\} = 0 \tag{18.110}$$

이다. 이제 실제변위

$$y(x,t) \rightarrow y(x,t) + \delta y(x,t)$$

에 시간적으로 양끝이 고정된 조건 즉

$$\delta y(x, t_1) = \delta y(x, t_2) = 0, \text{ (모든 } x\text{에 대하여)}$$

을 적용한다. 이것은 시간 $t_1$과 $t_2$에서 동일한 배위에 있는 계를 기술하며, 시간 $t_2 - t_1$동안 진동하는 줄의 경우와 같다.

줄은 또한 고정된 양 끝이 공간 경계조건을 가지게 되므로

$$\delta y(x=0, t) = \delta y(x=l, t) = 0, \text{ (모든 } t\text{에 대하여)}$$

이 된다. 식 (18.110)은

$$0 = \int_{t_1}^{t_2} dt \left\{ \int_0^l dx \left[ \frac{\partial \mathcal{L}}{\partial y} \delta y + \frac{\partial \mathcal{L}}{\partial \left( \frac{\partial y}{\partial x} \right)} \delta \left( \frac{\partial y}{\partial x} \right) + \frac{\partial \mathcal{L}}{\partial \left( \frac{\partial y}{\partial t} \right)} \delta \left( \frac{\partial y}{\partial t} \right) \right] \right\} \tag{18.111}$$

과 같이 쓸 수 있다. 한편

$$\delta \left( \frac{\partial y}{\partial x} \right) = \frac{\partial}{\partial x} \delta y$$

과

$$\delta \left( \frac{\partial y}{\partial t} \right) = \frac{\partial}{\partial t} \delta y$$

으로 쓸 수 있다. 보통 때와 같이 부분적분을 하면

$$0 = \int_{t_1}^{t_2} dt \left\{ \int_0^l dx \left[ \frac{\partial \mathcal{L}}{\partial y} - \frac{\partial}{\partial x} \frac{\partial \mathcal{L}}{\partial \left( \frac{\partial y}{\partial x} \right)} - \frac{\partial}{\partial t} \frac{\partial \mathcal{L}}{\partial \left( \frac{\partial y}{\partial t} \right)} \right] \delta y \right\}$$

으로 된다. 이 결과, 연속계에 대한 라그랑지식은

$$\frac{\partial}{\partial t}\frac{\partial \mathcal{L}}{\partial\left(\frac{\partial y}{\partial t}\right)}+\frac{\partial}{\partial x}\frac{\partial \mathcal{L}}{\partial\left(\frac{\partial y}{\partial x}\right)}-\frac{\partial \mathcal{L}}{\partial y}=0 \tag{18.112}$$

이다.

**예제 18.4**

라그랑지안 밀도와 식 (18.112)를 이용하여 줄파동에 관한 파동방정식을 유도하라.

**풀이:** 줄에 대해서, 식 (18.107)은

$$\mathcal{L}=\frac{\sigma}{2}\left(\frac{\partial y}{\partial t}\right)^2-\frac{\tau}{2}\left(\frac{\partial y}{\partial x}\right)^2 \tag{18.113}$$

이다. 따라서

$$\frac{\partial \mathcal{L}}{\partial\left(\frac{\partial y}{\partial t}\right)}=\sigma\frac{\partial y}{\partial t}$$

이며

$$\frac{\partial \mathcal{L}}{\partial\left(\frac{\partial y}{\partial x}\right)}=-\tau\frac{\partial y}{\partial x}$$

이다. 라그랑지식 (18.112)은

$$\frac{\partial}{\partial t}\left(\sigma\frac{\partial y}{\partial t}\right)+\frac{\partial}{\partial x}\left(-\tau\frac{\partial y}{\partial x}\right)-0=0$$

으로 되거나 $c=\sqrt{\tau/\sigma}$ 을 이용하면

$$\frac{\partial^2 y}{\partial t^2}=c^2\frac{\partial^2 y}{\partial x^2}$$

이 된다. 따라서 1차원 파동방정식을 구하게 된다.

## 18.9 요약

상호작용하는 입자들은 종종 평형점에 대해 작은 진동을 한다. 이런 계에 관한 두가지 고전적 예를 그림 18.1과 18.2에서 설명한다. 문제를 직교좌표계($x_i$)항으로

만들 수 있지만 더 편리하게 $q_i = q_i^0 + \eta_i$로 정의하는 일반화 좌표 $q_i$의 세트를 도입한다. 여기서 $q_i^0$은 $i$번째 입자의 평형위치이며, $\eta_i$는 평형점에서 순간변위이다. $\eta_i$를 물리좌표로 삼겠다. 운동에너지를 물리좌표의 항으로

$$T = \frac{1}{2}\sum_{j=1}^{n}\sum_{k=1}^{n} m_{jk}\dot{q}_j\dot{q}_k = \frac{1}{2}\sum_{j=1}^{n}\sum_{k=1}^{n} m_{jk}\dot{\eta}_j\dot{\eta}_k$$

와 같이 나타낼 수 있다. 퍼텐셜 에너지는

$$V = \frac{1}{2}\sum_{j=1}^{n}\sum_{k=1}^{n}\left(\frac{\partial^2 V}{\partial q_j \partial q_k}\right)_{q^0}\eta_j\eta_k = \frac{1}{2}\sum_{j=1}^{n}\sum_{k=1}^{n} v_{jk}\eta_j\eta_k$$

와 같다. 요소 $m_{jk}$과 $v_{jk}$은 질량 행렬과 퍼텐셜 행렬을 정의한다. 이들은

$$m_{jk} = \sum_i m_i \left(\frac{\partial x_i}{\partial q_j}\right)_{q^0}\left(\frac{\partial x_i}{\partial q_k}\right)_{q^0}$$

와

$$v_{jk} = \left(\frac{\partial^2 V}{\partial q_j \partial q_k}\right)_{q^0}$$

이다.

운동에너지와 퍼텐셜 에너지를 알면 라그랑지안을 구하고, 따라서 운동방정식을 정하게 된다. 이들은

$$\sum_j (m_{kj}\ddot{\eta}_j + v_{kj}\eta_j) = 0, \qquad k = 1, \cdots, n$$

이다. 운동방정식을 풀기위해 복소량 $z_i$세트를 도입하는 것이 편리하며 $\eta_i$는

$$\eta_j = \mathrm{Re}\,(z_j)$$

와 관계된다. 그러면 운동방정식은

$$\sum_j (m_{kj}\ddot{z}_j + v_{kj}z_j) = 0, \qquad k = 1, \cdots, n$$

이다. 해는 모든 입자가 동일진동수 $\omega$(기준모드가정)로 진동한다는 통상적인 가정에서 구한다. 즉

$$z_j = z_k^0 e^{i\omega t}$$

이다. 이것을 운동방정식에 대입하여 한 세트의 $n$개 결합 대수방정식을 얻게 되며,

$$\det\left|v_{kj} - \omega^2 m_{kj}\right| = 0$$

이면 비자명해를 갖는다. 또한 기준모드 진동수 $\omega_s$을 구할 수 있다. 한번 진동수가 결정되면 복소좌표 $z_k$는 크라머규칙을 이용하여 구할 수 있다. 크라머 규칙 절차에서 나오는 계수는

$$a_{kj} = v_{kj} - \omega_o^2 m_{kj}$$

이며, 해는 각각의 진동수 $\omega_s$에 대한 $z_k^{(s)}$의 $n$값들을 알려준다. 여기서 위첨자 $(s)$는 특정 기준모드를 가르킨다.(실제로 $n-1$비를 $z_k^{(s)}/z_n^{(s)}$ 형식으로 구한다.)

복소좌표 $z_k^{(s)}$은 극좌표형식으로 나타낼 수 있다. 즉

$$z_k^{(s)} = \rho_k^{(s)} e^{i\phi_s}$$

각각의 $k$값에 대해 다른 $\rho_k^{(s)}$이 있다. 그러나 $\phi_s$은(주어진 $s$에 대해) 모두 동일하다. 어떤 주어진 기준모드 $(s)$에 대한 $\rho$ 세트는 세로벡터로 편리하게 나타낼 수 있다. 즉

$$\boldsymbol{\rho}^{(s)} = \begin{pmatrix} \rho_1^{(s)} \\ \rho_2^{(s)} \\ \vdots \\ \rho_n^{(s)} \end{pmatrix}$$

이것을 기준모드에 대한 고유 벡터라 부른다. 다양한 고유 벡터들이 직교한다. 고유 벡터가 한번 결정되면 물리좌표는

$$\eta_j(t) = \sum_{s=1}^{n} C^{(s)} \rho_j^{(s)} \cos(\omega_s t + \phi_s)$$

에서 구할 수 있다. 여기서 $C^{(s)}$과 $\phi_s$은 초기 조건에서 구한다.

구한 식들은 행렬관계로 나타내는 것이 더 좋을 수도 있다. 질량 행렬 $\mathcal{M}$은 요소 $m_{kj}$을 가지며, 퍼텐셜 행렬 $\mathcal{V}$은 요소가 $v_{kj}$이다. 기준모드 진동수가 정해진다고 가정하면 고유 벡터 $\boldsymbol{\rho}^{(s)}$은

$$\left(\mathcal{V} - \omega_s^2 \mathcal{M}\right) \boldsymbol{\rho}^{(s)} = 0$$

에서 얻을 수 있다. 물리좌표도 세로벡터

$$\boldsymbol{\eta}(t) = \sum_s \boldsymbol{\rho}^{(s)} C^{(s)} \cos(\omega_s t + \phi_s)$$

로 나타낼 수 있다. 모드 행렬 $\mathcal{A}$은 고유 벡터들을 세로로 하여 만든 행렬이다.

"기준좌표"라고 부르는 좌표세트를 도입하는 것이 편리하며, $\zeta$로 표시한다. 이들은

$$\boldsymbol{\eta}(t) = \mathcal{A}\boldsymbol{\zeta}(t)$$

라고 정의한다. 결과적으로

$$\boldsymbol{\zeta}(t) = \mathcal{A}^T \mathcal{M} \boldsymbol{\eta}(t)$$

이다. 기준좌표는 운동방정식들을 분리하여 방정식의 세트인

$$\ddot{\zeta}_s = -\omega_s^2 \zeta_s, \qquad s = 1, \cdots, n$$

으로 이끌어 주기 때문에 유용하다. 해는 곧바로

$$\zeta_s = C^{(s)} \cos(\omega_s t + \phi_s), \qquad s = 1, \cdots, n$$

라고 쓸 수 있다.

이 이론을 응용한 예는 결합진자와 질량이 없는 줄에 있는 질점들의 가로진동이다. 이 마지막 예는 연속줄에 관한 것으로 일반화할 수 있다. 마지막 화제는 연속계에 대한 라그랑지안 식을 정하는 것이다. 줄에서는 다음과 같다:

$$L = \int_0^l \mathcal{L} dx = \frac{\sigma}{2} \int_0^l \left( \frac{\partial y(x,t)}{\partial t} \right)^2 dx - \frac{\tau}{2} \int_0^l \left( \frac{\partial y(x,t)}{\partial x} \right)^2 dx$$

여기서 $\sigma$ 선질량 밀도이며, $\tau$은 줄의 장력이다.

## 18.10 문제

**[문제 18.1]** 그림 18.1과 같이 설치된 두 개의 동일질량과 세 개의 같은 스프링계에 대한 질량 행렬과 퍼텐셜 행렬을 구라라.

**[문제 18.2]** 질량 $m$인 입자가 공간에서 퍼텐셜이

$$V(x, y, z) = \frac{V_0}{a^2}\left(4x^2 + 5y^2 + 6z^2 - 2ax - 5ay\right)$$

인 상태에 있다. $V_0$와 $a$는 양의 상수이다. (a) $V$가 최대인 지점과 그곳에서의 값을 구하라. (b) 질량 행렬과 퍼텐셜 행렬을 정하라. (c) 평형점에서 기준모드 진동수를 구하라.

**[문제 18.3]** 상수 $k$인 질량이 없는 스프링이 천장에 고정되어 수직으로 매달려있다. 질량 $m$인 입자가 스프링 밑에 붙어있다. 다음에 다른 동일한 스프링이 입자에 매어있고, 마지막으로 두 번째 입자(역시 질량 $m$임)가 두 번째 스프링에 매어있다. 계는 수직방향으로만 운동한다. 기준진동수와 고유 벡터 $\rho^{(1)}$과 $\rho^{(2)}$을 구하라.

**[문제 18.4]** 18.6절에서 기술한 두 개 결합진자에 대한 문제에서 $\mathcal{A}^T\mathcal{M}\mathcal{A} = \mathbf{1}$과 $\mathcal{A}^T\mathcal{V}\mathcal{A} = \boldsymbol{\omega}_D^2$을 보여라. 또한 라그랑지안 $L = \frac{1}{2}\sum_{j=1}^{2}(\dot{\zeta}_j^2 - \omega_j^2\zeta_j^2)$은 식 (18.12)의 형식으로 변형되는 것을 보여라.

**[문제 18.5]** 3개의 동일한 질량 $m$이 힘상수 $k$이고, 길이 $a$인 4개의 동일스프링에 그림 18.1의 계와 같이 연결되어 있다 어느 순간 질량들도 가로로 진동하게 된다. 즉 스프링선에 수직하다. (질량들은 가는막대에 설치되어 있다고 추측한다.) 진동은 모두 단일평면 안에서 일어난다. 기준모드 진동수를 알아보아라.

**[문제 18.6]** 세 개의 동일한 스프링이 마찰이 없는 원형통안에 놓여있다. 스프링의 연결점에는 질량이 $m$과 $2m$이 있다. 기준좌표와 진동의 진동수를 구하라.

**[문제 18.7]** 그림 18.1의 계가 두 개의 동일질량과 세 개의 동일스프링으로 이루어져있다고 가정하자. (a) 라그랑지안과 라그랑지 식을 구하라. (b) 기준모드 진동수

와 고유 벡터를 정하라. (b) 모드 행렬을 세워라. **답:** (b) $\omega_1^2 = k/m$, $\omega_3^2 = 3k/m$ (c) $A = \frac{1}{\sqrt{2m}}\begin{pmatrix} 1 & 1 \\ 1 & -1 \end{pmatrix}$

**[문제 18.8]** 앞의 문제에서 기술한 것과 같은 그림 18.1의 계를 생각하자. 한 질량을 평형으로부터 다른 질량방향으로 작은거리 $a$만큼 옮겼다. 운동을 구하라.

**[문제 18.9]** 그림 18.1과 같은 계가 두개의 동일질량과 세 개의 동일스프링으로 이루어져있다. 계는 처음에 정지해 있다. 다음에 오른쪽의 질량에 힘 $F = A\sin\omega t$을 가한다. 운동을 기술하라.

**[문제 18.10]** 선형대칭 3원자분자를 생각하자. 평형에서 질량 $m$인 두 원자는 원자의 양쪽에 위치한다. 세 개 원자 모두 일직선상에 있으며 평형에서 원자들 사이 거리는 $b$이다. 원자간 힘은 후크의 법칙을 따르는 것으로 가정한다. 진동은 분자의 직선을 따라 일어난다고 가정하라. 기준모드 진동수를 정하라. 기준모드를 기술하라. (영주파수 기준모드는 전체 분자의 병진운동에 대응됨에 주목하라.)

**[문제 18.11]** 앞의 문제에서 기술한 선형 대칭 3원자분자를 다시 생각하자. 이 문제는 원자들 사이 거리를 좌표로 하여 단지 두 자유도로 취급할 수 있음을 보여라. 2×2의 질량 행렬과 퍼텐셜 행렬을 쓰고, 기준모드 진동수를 구하라.

**[문제 18.12]** 그림 18.1에서 설명한 것과 같은 계가 질량이 $m$인 $N$개의 동일 입자들과 힘상수 $k$인 $N+1$개의 동일한 질량없는 스프링으로 이루어져있다. 평형에서 각각의 스프링은 당겨져 길이 $(a)$로 되어 당겨지지 않은 길이 $(a_0)$보다 크다. 세로모드진동과 가로진동모드가 일어남에 주목하라. (a) 계에 대한 라그랑지안을 정하라. (b) 운동방정식을 세워서 세로와 가로모드는 비결합인 것을 보여라.

**[문제 18.13]** 길이 $l$이고 질량 $m$인 많은 수의 진자들이 상수 $k$인 스프링들에 매달려 연결되어 있다. 계가 정지평형 일 때 모든 진자들은 수직으로 매달려 있으며 추들 사이 거리는 $(a)$는 스프링들의 평형길이와 같다. (a) $\eta_i$항으로 계에 대한 라그랑지안을 써라. $\eta_i$는 $i$번째 진자의 평형에서의 길이이다. (b) 운동방정식을 구하라. (c) 진행파의 해를 가정하여 $\omega$에 대한 식을 구하라.

**[문제 18.14]** 길이 $l$이고, 질량 $m$인 막대 양 끝에 평형길이 $b$이고 상수 $k$인 스프링이 매어있다. 스프링들은 천장에 매달려 있으며, 둘 사이는 거리 $L$만큼 떨어져 걸려있다. $l > L$이어서 스프링들이 수직이 아니며, 수직선과 각도 $\theta$를 이룬다. 막대가 막대와 스프링이 만드는 수직면에서만 진동한다고 가정하자. 작은진동을 가정하여 기준모드를 정하라.

**[문제 18.15]** 푸리에 급수의 직교를 이용하여 식 (18.103)과 (18.104) 안에 있는 식을 정하라.

## 컴퓨터 과제

**[컴퓨터 과제 18.1]** 적당한 상수 값을 이용하여 식 (18.80)을 그려라. 상수를 변화시켜 일어나는 효과를 관찰하라.

**[컴퓨터 과제 18.2]** 그림 18.1의 계가 10개의 동일질량(그리고 11개의 스프링)으로 이루어져 있다고 가정하자. 질량들은 모두 0.1 kg씩이며, 스프링들은 모두 $k = 5$ N/m 이다. 기준모드 진동수를 구하는 컴퓨터 프로그램을 써라.

# 제 6 부

# 특별 주제

CHAPTER 19

# 특수 상대성 이론

이번 단원은 특수 상대성 이론의 기본 개념을 다룬다. 상대성 이론은 시간, 공간, 인과율에 대한 고전 역학의 심각한 수정을 포함하고 있다. 이러한 이유로 상대성이론은 물리학자 뿐만 아니라 철학자들에게도 관심대상이다. 고전물리의 거대한 수정인 양자역학처럼 상대성 이론 또한 상식적 개념에 어긋난다.

상대성 이론은 우리 주위의 친숙한 세계의 물체에 대한 연구로 고전역학을 생각하게 한다. 공과 용수철, 낙하하는 물체 모두 고전 역학을 따른다. 물체가 매우, 매우 빠르게 빛의 속도에 가깝게 움직이면 고전물리학을 수정해야 한다. 여기가 상대성 이론의 영역이다. 원자와 전자와 같은 매우 작은 물체일 때 또한 고전 물리에 수정을 가해야 한다. 이 영역은 양자역학의 영역이다. 매우 빠르게 움직이는 아주 작은 물체는 상대론적 양자역학의 영역이다. 그림 19.1은 이러한 이론들의 영역을 나타낸다.

## 19.1 알버트 아인슈타인(역사 노트)

알버트 아인슈타인은 1879년 독일 울름에서 태어나서, 1955년 미국에서 사망했다. 그가 고등학생일 때 그의 가속은 이탈리아로 이사를 했지만, 그는 스위스의 쥐리히에서 대학을 다녔다. 대학 졸업 후 스위스 특허 국에서 특허 출원을 조사하는 직업을 가졌다. 이 기간 동안 그는 상대성이론을 발전시켜 1905년 현재 특수상대성 이론으로 알려진 논문 한편을 발표한다. 이 논문의 결론은 그 시대의 과학계에서 곧바로 받아들여지지 않았다. 같은 해 동안 아인슈타인은 고체의 비열과 광전효과에 중대한 논문 또한 발표한다. 1915년에는 그는 일반 상대성 이론에 대한 첫 논문을 발표한다. 특수 상대론은 등속도 운동하는 기준틀에 대한 것이며, 특히 전기역학의

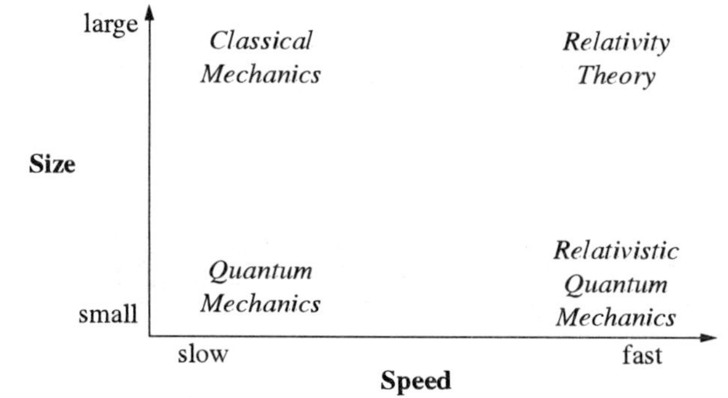


그림 19.1 물리의 다른 영역들. 고전 역학은 크고 느린 물체에 적용된다.

중요성에 관한 것이다. 일반 상대론은 중력의 이론과 가속 좌표계에 관한 내용을 포함하고 있다.[1)]

그러므로 아인슈타인은 전자기 이론과 중력이론 모두에 기여하였다. 그의 평생 갈망은 중력과 전자기학의 통일이론이었지만, 이 목표는 그를 피해 다녔다.

비록 아인슈타인이 양자역학 기초를 다진 아버지 중에 하나였지만, 양자론의 여러 국면을 만족스러워 하지 않았다. 특히 그는 양자역학의 철학적 해석을 불편해 하였다. 한번은 "신은 주사위를 가지고 놀지 않는다!"라고 선언하였다. 또한 예를 들어 한 광자의 상태가 아주 멀리 떨어진 다른 광자에 의하여 우연히 결정된다는 것을 좋아하지 않았다. 아인슈타인은 이것을 섬뜩한 원격작용이라 불렀다. 하지만 실험적 증거는 아인슈타인의 양자역학의 이러한 해석에 대한 거부가 틀렸다고 하는 것 같다.

일식이 일어나는 동안 어떤 별로부터 온 빛이 태양의 중력장에 의하여 구부러진다는 일반 상대론의 예측을 증명하는 실험이 수행된 후에 아인슈타인은 세계에서 유명한 저명인사가 되었다. 신문들은 세계에서 오직 다섯 사람만이 아인슈타인 이론을 이해할 수 있다고 발표하였다. 물론 이것은 사실이 아니었다. 하지만 이것은 그에 대한 신비감을 증가시켰다. 심지어는 물리학과 크게 동떨어진 주제에 대하서도 그의 의견을 구했다.

독일에서 나찌가 권력을 잡고, 유대인을 탄압하기 시작하자, 아인슈타인은 베를린을 떠나 미국으로 이주했고, 프린스턴 고등연구소에 연구직을 잡았다. 독일 과학자들이 핵무기를 개발할 것이란 확신을 한 그는 비록 그의 독재자 철학에 어긋나기

1) 최근의 읽을 만한 전기는 월터 아이작슨의 "아인슈타인, 그의 삶과 우주"가 있다. 사이먼, 슈스터사, 뉴욕 2007년

는 하지만, 루즈벨트 대통력에게 편지를 써서 원자폭탄 개발을 독려하였다. 후에 아인슈타인은 마침내 미국 시민권을 얻는다. 그의 만년은 조용한 학문생활의 하나의 모형이었다. 그가 죽은 후 의사들이 그의 뇌를 분리하였다. 아인슈타인 뇌와 그 이후의 여행들은 흥미롭지만, 다소 으스스한 얘기이다.

## 19.2 실험적 배경

19세기 말 물리학자들은 서로 모순되는 실험사실에 직면했다. 1881년에서 1887년까지의 마이클슨과 몰리의 연구는 빛의 속력이 모든 기준틀에서 동일함을 결정적으로 증명하였다. 광원이 관찰로부터 멀어지거나, 접근함에 관계없이 빛의 속력은 항상 같다. 즉 $c = 3 \times 10^8\,\mathrm{m/s}$(186,000 마일/초) 또한 관찰자가 광원을 향해 접근 또는 광원으로부터 멀어지는 가에도 상관없이 빛의 속력은 여전히 $3 \times 10^8\,\mathrm{m/s}$. 예를 들어, 연중에 한때 지구가 궤도를 따라 운동하면서, 먼별에 30 km/s로 접근한다면, 6개월 후 지구는 이 별로부터 30 km/s로 멀어질 것이다. 따라서 이 두 시간대에 측정된 빛의 속력은 60 km/s 만큼 차이가 날 것을 예측하고, 실험적으로 이 차이는 실험적으로 쉽게 측정될 수 있을 것이다. 하지만, 측정을 수행하니, 빛이 별에 접근하건, 멀어지건 간에 빛의 속력에는 차이가 없었다.

이러한 실험사실은 물리학자 사이에 큰 관심을 불러 일으켰다. 만일 당신이 자동차에 있고 어떤 사람이 던진다고 하자. 자동차에 대한 돌의 속력은 자동차가 얼마나 빨리 가는가에 있다. 하지만 마이클슨-모올리의 결과는 자동차에 대한 빛의 속력은 자동차의 속력에 전혀 관가 없다!

빛의 속력의 일정현상을 이해하고 그것에 대한 설명을 발견하는 것은 두 개의 다른 기준틀에 행해진 측정의 해석을 요구한다. 기준틀은 꽤 단순하다 - 이들은 상대 운동을 하고 있는 관성 기준틀이다. 기준틀을 R과 R*이라 부른다. 둘 다 일정속도로 움직인다. 상황을 구상하기 쉽게 하기 위하여 고정된 별에 대하여 정지한 상태는 R을 상상하고 R*는 R에 상대적으로 v로 움직인다. 초기($t=0$)에 두 좌표계의 원점은 일치하고 속도 $v$는 그림 19.2에서 보인 것처럼 공통 $x$-축에 나란한 방향이다.

원래 좌표와 프라임 좌표간의 관계식을 고려하자. 이 관계식은 고전이론 보다는 상대성 이론에서 다르기 때문에 물리학자들은 갈릴레오 변환이라 이름을 지어 고전

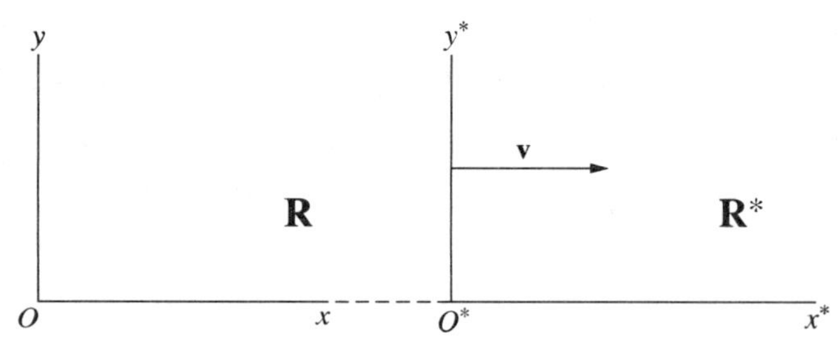


그림 19.2 ▎ 두 관성 기준틀, R과 R*. 상대 속도 v는 공통 $x$-축과 나란하다.

관계식을 표시하는데 사용한다. 기준틀 R에서 특별한 사건(초신성의 발생, 벨의 울림 또는 어떤 잘 구속된 사건)은 일어난 좌표와 시간으로 결정된다. 즉 사건은 $x$, $y$, $z$, $t$로 특징지어진다. 이것은 공간과 시간의 개념에 관련된다. 수세기 동안 철학자들은 공간이란 무엇인가? 시간이란 무엇인가? 같은 질문을 하면서 공간과 시간의 의미에 대하여 논쟁하였다. 아인슈타인 이 모든 복잡함을 가로 질러 쉬운 조작적 정의를 주기로 결정했다. 기본적으로 아인슈타인은 "공간이란 자로 측정하는 것이다. 시간은 시계로 측정하는 것이다."이라고 말하였다.

R에서 $x$, $y$, $z$, $t$에 위치한 사건은 R*에서는 $x^*$, $y^*$, $z^*$, $t^*$이다. 두 좌표 집합사이에는 어떤 관계가 있는가? $x$, $y$, $z$, $t$와 $x^*$, $y^*$, $z^*$, $t^*$ 사이의 갈릴레오 변환은

$$\begin{aligned} x^* &= x - vt \\ y^* &= y \\ z^* &= z \\ t^* &= t \end{aligned} \tag{19.1}$$

이다. 여기서 두 기준틀에서 자와 시계는 모든 면에서 같다. 비록 식 (19.1)로 주어진 변환은 매우 만족스럽고 역학의 대부분의 문제에 대하여 완벽하게 잘 작동하지만, 두 기준틀에서 같은 빛의 속력을 주지 않기 때문에 옳지 않다. 만일 $x^*$가 R*에서 어떤 특정한 시간의 위치의 $x$성분이라면 R*에서 속도의 $x$성분은 $\dot{x}^*$이다 그리고 R에서 속도의 $x$성분은 식 (19.1)의 다음과 같이 첫 번째 식의 시간 미분으로 주어진다.

$$\dot{x} = \dot{x}^* + v$$

R*에서 측정한 광속이 $c$라면 R에서 측정한 광속은 $c+v$일 것이다. 하지만 이것은 옳지 않다. 두 기준틀에서 빛의 속력은 $c$이다.

아이슈타인은 갈릴레오 변환에 있는 문제를 인지하였다. 그는 새로운 변환을 유도하여 빛의 속력에 비하여 느리게 움직이는 물체에서는 갈릴레오 변환이 나오지만 두 기준틀에서 빛의 속력은 같은 값이 나오도록 유도하였다. 이 변환 방정식은 로렌츠에 의하여 먼저 유도되었기 때문에 로렌츠 변환이라고 부른다. 아인슈타인은 로렌츠의 연구를 몰랐고 그는 독자적으로 혼자 방정식을 유도하였다. 로렌츠 변환 방정식을 간단히 유도하고자 한다. 하지만 먼저 특수 상대성 이론을 언급하는 도움이 될 것이다.

## 19.3 특수 상대성 이론의 추론

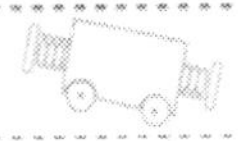

특수 상대론의 가장 쉬운 접근 방법은 아인슈타인의 두 추론을 받아들이는 것이다; 이것은 다음의 두 진술을 증명 없이 가정으로 받아들이는 것이다.

**추론 1.** 모든 관성계는 동등하다.
**추론 2.** 모든 관성계에서 빛의 속력은 같다.

첫 번째 추론은 상대성 원리라고 언급되며 모든 관성계에서 물리의 법칙은 모두 같다는 것을 의미한다. 또한 첫 번째 추론은 절대적으로 정지한 특별한 기준틀을 보일 수 있는 실험은 없다는 것을 의미한다. 사실 절대정지의 개념은 의미가 없다.

두 번째 추론은 단순히 마이클슨과 모올리 것과 같은 실험 결과들을 언급하는 것이다.

두 추론들은 긴밀히 관련되어 있다. 모든 관성계가 동등하다는 첫 번째 추론을 받아 드린다고 가정하자. 그러면 모든 관성기준틀에서 광속은 같아야만 한다. 왜냐하면 같지 않다면 단순히 램프를 켜고 광속을 측정하는 것으로 두 기준틀을 구분할 수 있기 때문이다. 광속이 다르다고 판명되면 두 기준틀은 동등하지 않다. 결과로 첫 번째 추론이 진실이라면 두 번째 추론 또한 사실이어야 한다.

## 19.4 로렌츠 변환

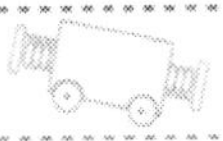

우리의 목표는 추론2와 모순되지 않고 고전역학의 조건하에서는 식 (19.1)로 되는 방정식의 집합을 얻는 것이다.

하지만 첫째 시간과 공간의 선입관을 제거할 필요가 있다. 만일 두 개의 동일한 시계를 가지고 있다면 두 시계는 같은 비율로 시계가 작동할 것을 예상한다. 만일 시계 중 하나를 일정 속도로 움직이는 우주선에 두었다면, 아마도 움직이는 시계가 느리게 갈 것을 예상치 못할 것이다. 하지만 이것이 실제 우리가 관측하게 되는 것이다. 예를 들어 존이 정지 기준틀 R에 있고 그의 친구 매리는 움직인 기준틀 R* 에 있다면 존은 매리의 시계가 느리게 간다고 주장할 것이다. 물론 매리의 관점으로는 그녀는 정지하고 존은 −v로 움직인다. 그리고 그녀는 존의 시계가 그녀의 시계보다 느리게 간다고 말할 것이다. 존과 매리는 결코 다시 만날 수 없기 때문에 누구의 시계가 실제로 천천히 가는가에 대한 질문은 답할 수 없다. (나중에 관찰자 중 한명이 한 바퀴 돌고 시계를 비교하는 쌍둥이 역설을 고려하게 될 것이다.)

뿐만 아니라 매리의 기준틀에서 망원경과 다른 기구를 써서 미터스틱의 길이를 측정한다면 그는 그녀의 미터스틱이 그의 미터스틱보다 짧다고 판단할 것이다!

이 모든 얘기가 완전히 당치않은 소리인 것 같지만 그것은 공간과 시간이 절대적이라 믿고 시간 과 공간이 관찰자에 상대적인 것을 아직 받아들이지 않았기 때문에 그런 것이다.

만일 시간이 시계로 측정하는 그것이고 상대적 운동을 하는 두 시계가 같은 비율로 가지 않을 가능성을 동의한다면, 상대성 이론을 거의 받아들인 것이다.[2)]

### 19.4.1 빛 시계: 사고 실험

아인슈타인은 물리적 법칙을 적용하여 상상적 상황에 적용하여 논리적 결과를 구하는 사고 실험 “gedanken” 실험을 좋아 했다.

잘 알려진 사고 실험은 두 개의 거울로 구성된 빛 시계의 동작을 기술한다. 빛 펄스가 한쪽 거울에서 방출되어 다른 거울에서 반사된 후 첫 번째 거울로 돌아온다. 일종의 측정기는 첫 번째 거울로 빛이 돌아 왔을 때를 알려준다. 시계가 똑딱한다. (이것이 실제 시계였는지 아무도 말할 수 없지만 확실히 가능한 것이다.) 그림 19.3의 왼쪽 부분은 시계를 나타낸다. 매리의 우주선에 시계가 있다고 하자. (기준틀 R*) 이 기준틀에서 시계는 정지한 상태이다. 거울들은 $d/2$ 거리만큼 떨어져 있어서 빛 펄스가 바닥의 거울($A$)로부터 위의 거울($B$)에 도달하는 데 시간이 요구되며 $(d/2)c$ 이다. 여기서 $c$는 광속이다. 똑딱 사이의 시간은 이 값의 두 배이다. 즉, $\Delta t_M = d/c$이다.

---

2) 자주 기준틀을 “정지” 또는 “움직이는”라고 하겠다. 아마도 매번 다음의 말, “다른 기준틀에 대하여”를 추가해야 한다면 사용할 것이다 하지만 이 문구를 마음속으로 넣게 하겠다.

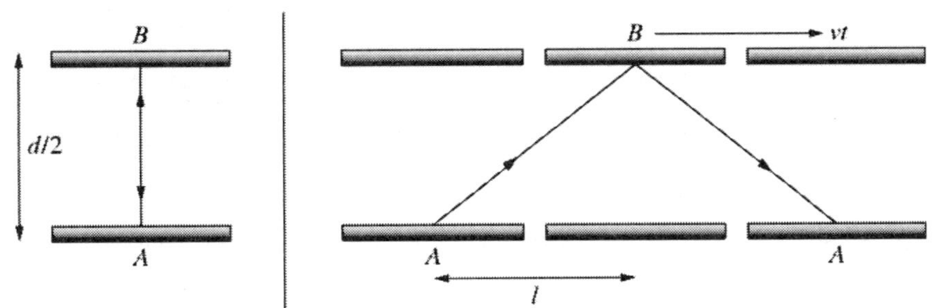


그림 19.3 ▌ 정지 기준틀 R*에서 빛 시계. 오른쪽의 스케치는 기준틀 R의 관찰자가 본 움직이는 시계이다.

R 기준틀의 관찰자, 존은 매리의 우주선이 그를 지나갈 때 시계를 보았다. 그의 관점으로는 빛 펄스는 $A$에서 $B$로 $B$에서 $A$로 가서 매리의 시계는 그림 19.3의 오른쪽에 스케치된 것처럼 더 긴 거리를 진행해야 한다. 빛 펄스가 $A$에서 $B$로 그리고 다시 $A$로 돌아올 시간 동안 시계는 오른쪽으로 거리 $2l$ 이동한다. 존에 의하면 광선이 이동한 경로는 $2s$이다. 여기서 $s^2 = l^2 + (d/2)^2$이다. 존은 매리 시계의 가는 소리 간의 시간은 $2s/c$라고 말한다. 이것을 $\Delta t_J$라 부르자. $s = c(\Delta t_J/2)$임을 유의하자. 또한 $l = v(\Delta t_J/2)$이다. 게다가 이미 본바와 같이 $d = c\Delta t_M$이다. 그러므로

$$\frac{d}{2} = c\left(\frac{\Delta t_M}{2}\right)$$

결과로 $s^2 = l^2 + (d/2)^2$은 다음과 같이 쓸 수 있다.

$$c^2\left(\frac{\Delta t_J}{2}\right)^2 = v^2\left(\frac{\Delta t_J}{2}\right)^2 + c^2\left(\frac{\Delta t_M}{2}\right)^2$$

$\Delta t_J$에 대하여 풀면 다음을 얻는다.

$$\Delta t_J = \frac{\Delta t_M}{\sqrt{1 - v^2/c^2}} \tag{19.2}$$

이식의 분모는 1보다 적다. 그래서 $\Delta t_J > \Delta t_M$이다. 존은 매리의 시계가 그의 기준틀에 정지 했을 때 보다 더 느리게 간다고 주장한다. 그는 그녀의 시계가 천천히 간다고 말한다. 이 효과는 시간 지연으로 알려져 있다.

$\Delta t_M$은 매리에 대하여 정지한 시계의 똑딱 시간이란 것과 $\Delta t_J$는 존이 측정한 같은 시계에 대한 똑딱 시간이란 것임을 기억하라. 매리의 심장도 일종의 시계이다. 그녀는 그녀의 심장이 분당 60회로 정상으로 심장이 뛰고 있다고 얘기한다. 하지만 존은 매리의 심장이 느리게 뛰고 있다고 얘기한다. 말하자면 분당 40회로. 그는 다시 그녀가 자신보다 느리게 나이를 먹고 있다고 판단한다.

R*에 정지한 시계에서 측정한 식산은 보통 $t^*$로 표시한다. 두 기준틀의 시계에 의하여 측정된 시간은 다음과 같이 관련된다.

$$t_2^* - t_1^* = (t_2 - t_1)\sqrt{1 - v^2/c^2} \tag{19.3}$$

매리는 우주선 속에서 시계에 대하여 정지한 상태이다. 그녀가 존의 기준틀의 시계를 관측한다면 그의 시계가 느리게 간다고 말할 것이다. (결국 이것이 상대성 이론이다!)

움직이는 시계가 느리게 간다고 측정(정지 틀에서 관찰한 것처럼) 되었기 때문에 정지틀에서 관측한 움직이는 물체의 길이를 고려하자. 매리가 그녀의 우주선에 탁자 하나를 가지고 있고 탁자는 두 기준틀의 공통 $x$-축과 나란히 정렬되었다고 상상하자. 탁자의 길이를 측정하기 위하여 매리는 한쪽 끝에 거울을 다른 쪽에는 전등을 배치하였다. 그녀는 어쨌든 전등으로부터 와서 다시 전등으로 가는 빛 신호의 시간을 측정한다. 이 시간은 그녀의 시계로 측정하고 $\Delta t_M$(또는 $\Delta t^*$)로 표시한다. 그녀는 탁자의 길이가 $l^* = (1/2)c\Delta t^*$라고 결론짓는다. 비행시간은 $\Delta t^* = \Delta t_M = 2l^*/c$임을 유의하라.

존이 이 실험을 관측한다. 그는 전등을 떠난 광선이 거울에 도달하려면 거리 $l + v\Delta t_1$을 진행해야 함에 주목한다. 왜냐하면 빛이 진행하는 동안 우주선이 거울을 거리 $v\Delta t_1$ 이동시키기 때문이다. 거울에 도달하는 빛 신호의 시간은

$$\Delta t_1 = \frac{1}{c}(l + v\Delta t_1)$$

그리고 $\Delta t_1$에 대한 풀면 다음을 얻는다.

$$\Delta t_1 = \frac{l}{c - v}$$

빛 신호는 이제 전등 위치에 돌아와야 하지만 (존에 의하면) 이번에는 거리

$l - v\Delta t_2$ 만을 이동해야만 한다. 여기서 $\Delta t_2$는 비행시간이다. 또 다시

$$\Delta t_2 = \frac{1}{c}(l - v\Delta t_2)$$

그리고 $\Delta t_2$에 대하여 풀면 다음을 얻는다.

$$\Delta t_2 = \frac{l}{c+v}$$

빛 신호가 전등으로부터 거울까지 갔다가 전등으로 돌아오는 총 시간은, 존에 의하면,

$$\Delta t_J = \Delta t_1 + \Delta t_2 = \frac{l}{c-v} + \frac{l}{c+v} = \frac{2l/c}{1 - v^2/c^2}$$

이다.

최종으로 다음을 기억하면

$$\Delta t_J = \frac{\Delta t_M}{\sqrt{1 - v^2/c^2}}$$

다음을 얻는다.

$$\frac{2l/c}{1 - v^2/c^2} = \frac{2l^*/c}{\sqrt{1 - v^2/c^2}}$$

결론으로

$$l = l^* \sqrt{1 - v^2/c^2} \tag{19.4}$$

이것은 움직이고 틀에서 보다 정지한 틀의 자의 측정된 길이가 더 길다. 이 효과를 길이 수축이라고 부른다. $l^*$를 정지한 좌표계의 물체의 길이로 생각하고 $l_0$, 정지 길이라고 부르는 것이 편리하다. 그러면 물체의 길이는 다른 기준틀의 관찰자가 본 것처럼

$$l = l_0(1 - v^2/c^2)^{1/2}$$

이다.

❐ 연습 19.1

우주 왕복선은 길이가 60 m이다. 이 왕복선이 당신을 시속 27,000 마일로 지나쳤다. ($1.2\times10^4$ m/s)이다 당신의 기준틀에서 얼마나 길이가 짧은가?
**답:** $4.8\times10^{-8}$ m

❐ 연습 19.2

매리의 우주선은 존에 대하여 $0.92c$로 움직인다. 매리 자신이 측정한 자신의 심장 박동율은 분당 60회이다. 그녀의 가슴에 청진기를 대고 무전장치로 존에게 이것을 전달한다. 존에 의하면 매리의 박동율은 얼마인가? **답:** 23.5/min

### 19.4.2 로렌츠 변환

시계와 미터자의 상대론적 성질을 구했기 때문에 이제 서로에 대하여 움직이는 두 좌표계에서 위치와 시간간의 관계를 얻을 수 있다. 즉 ($x^*$, $y^*$, $z^*$, $t^*$)와 ($x$, $y$, $z$, $t$)를 관련짓는 방정식을 쓸 수 있다. 시작하기 전에 이 좌표들이 무엇에 기준을 하였는지, 명백한 이해를 하고 있는 것이 중요하다. 존과 매리의 예를 다시 이용하면, 매리의 우주선에 어떤 사건(E)가 생겼다고 상상하자. 예를 들어 전구가 갑자기 펑하고 타 버렸다. 이 사건은 잘 정의 된 위치와 시간 에서 일어났다. 매리는 자신의 원점(O*)에서 사건까지의 거리를 측정할 수 있고 시계를 보아 사건이 일어난 시간을 측정할 수 있다. 매리는 E를 ($x^*$, $y^*$, $z^*$, $t^*$)로 묘사한다.

존은 또한 사건을 관찰하고 ($x$, $y$, $z$, $t$)의 값을 정하여 사건을 묘사한다.

사건 E의 두 좌표계 사이의 관계식은 어떻게 될까?

매리의 우주선은 공통 $x$, $x^*$ 좌표축에 나란히 움직인다. 상대론적 효과는 두 좌표계의 상대 운동에 기인한다. $y$와 $z$ 방향의 운동은 없기 때문에 이 성분들은 변하지 않은 것은 명백하다. 그러므로 이 방향들의 E의 좌표는 다음과 같이 관련된다.

$$y^* = y$$
$$z^* = z$$

존과 매리의 시계는 그들의 좌표계의 원점에 있고 원점들이 같은 위치에 있었던 순간에 시계를 일치시켜 영으로 맞추었다고 하자.

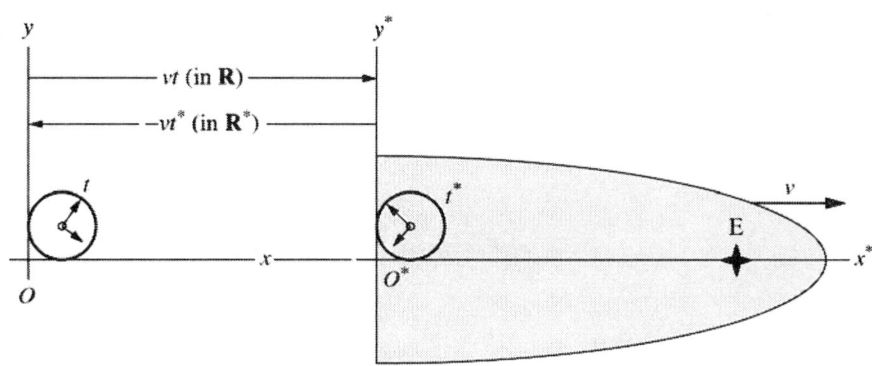


그림 19.4 ▌ 사건 E가 두 좌표계에서 관측된다. 정지 계 $(x,\ t)$에서의 사건과 움직이는 계 $(x^*,\ t^*)$에서의 사건

존에 의하면 사건 E의 발생한 시간에 매리의 좌표계(O*)의 원점은 $vt$에 있었다. 매리에 의하면 사건의 순간에 존의 좌표계의 원점은 $-vt^*$에 있었다. 그림 19.4를 보라.

매리는 미터자를 O*, 그녀의 원점으로부터 E까지의 거리를 재는데 사용한다. 존은 우주선의 모든 것이 수축되었다고 보고 O*로부터 E까지의 거리를 다음과 같이 말한다.

$$l = l_0\sqrt{1 - v^2/c^2}$$

따라서 매리에 의하면 사건의 위치는 $x^* = l_0$ 그리고 존에 의하면 위치는 $x = vt + l_0\sqrt{1-v^2/c^2}$ 이다. $l_0$를 $x^*$로 바꾸면

$$x = vt + x^*\sqrt{1 - v^2/c^2}$$

$x^*$에 대하여 풀면

$$x^* = \frac{x - vt}{\sqrt{1 - v^2/c^2}} \tag{19.5}$$

$x$와 $x^*$의 관계를 구했기 때문에 우리의 일은 반은 되었다. 이제 $t$와 $t^*$ 사이의 관계식을 얻어야 한다. 이것은 매리 또한 별표 좌표계와 별표가 붙지 않은 원래 $x$좌표 간의 같은 종류의 변환 방정식을 얻을 수 있다는 사실을 기억하면 꽤 쉽게 해결 된다. 그녀는 다음을 얻는다.

$$x = \frac{x^* + vt^*}{\sqrt{1 - v^2/c^2}} \tag{19.6}$$

식 (19.5)를 (19.6)에 대입하면 다음을 얻는다.

$$x = \frac{1}{\sqrt{1 - v^2/c^2}}\left[\frac{x - vt}{\sqrt{1 - v^2/c^2}} + vt^*\right]$$

$t^*$에 대하여 풀면

$$t^* = \frac{t - (xv/c^2)}{\sqrt{1 - v^2/c^2}} \tag{19.7}$$

이다. 이것으로 로렌츠 변환의 변환의 유도를 마친다. 방정식을 모으면

$$\begin{aligned} x^* &= \frac{x - vt}{\sqrt{1 - v^2/c^2}} \\ y^* &= y, \\ z^* &= z, \\ t^* &= \frac{t - (xv/c^2)}{\sqrt{1 - v^2/c^2}} \end{aligned} \tag{19.8}$$

상대성 이론에서는 자주 다음의 축약 표현을 사용한다.

$$\gamma = \frac{1}{\sqrt{1 - v^2/c^2}}$$

그러므로 변환 방정식은 다음의 형태를 가진다.

$$\begin{aligned} x^* &= \gamma(x - vt) \\ t^* &= \gamma\left(t - \frac{xv}{c^2}\right) \end{aligned} \tag{19.9}$$

역 로렌츠 관계식을 얻기 위하여 x와 t에 대하여 (19.9)의 식을 풀 수 있다. 얻으면

$$\begin{aligned} x &= \gamma(x^* + vt^*) \\ t &= \gamma\left(t^* + \frac{x^*v}{c^2}\right) \end{aligned} \tag{19.10}$$

로렌츠 변환 식은 길이 수축과 시간 지연의 관계를 준다; 이들이 이러한 개념에

바탕을 둔 것이기 때문에 이는 놀라운 것이 아니다. 하지만 이 식들은 쉽게 틀린 답을 얻을 수 있기 때문에 조심스럽게 적용하여야 한다. 다음의 예제들은 유용할 것이다.

**예제 19.1**

매리는 우주선의 길이를 측정하여 $l_0$임을 알았다. (이것은 $x_2^* - x_1^* = l_0$이다.) 정적인 행성표면에 가만히 있는 존은 우주선이 그를 지나갈 때 우주선의 길이를 측정한다. 변환 방정식을 이용하여 $l$와 $l_0$의 관계를 구하라.

**풀이:** 존은 우주선의 양 끝점의 위치 $x_1$와 $x_2$를 동시에 측정하여야 한다. 즉 양 끝점의 위치 측정은 동시에 일어난 두 사건이다. 그러면 (19.8)의 첫 번째 식으로부터 다음을 얻는다.

$$x_2^* - x_1^* = \frac{x_2 - x_1}{\sqrt{1 - v^2/c^2}}$$

즉

$$l_0 = \frac{x_2 - x_1}{\sqrt{1 - v^2/c^2}}$$

보통의 길이 수축에 도달한다.

$$l = l_0\sqrt{1 - v^2/c^2}$$

(이 논증은 $t_1 = t_2$를 인식한 것에 의존한다.)

**예제 19.2**

이제 매리는 그녀의 우주선의 날개 끝의 위의 반짝이는 빨간 빛을 본다고 하자. 매리는 우주선의 시계를 보고 반짝(또는 사건)거리는 시간 간격을 측정하고 이것을 $\tau_0(= t_2^* - t_1^*)$라고 부른다. 존 또한 두 사건을 본다. 그의 시계에 의하면 두 사건간의 시간은 $\tau = t_2 - t_1$이다. 매리가 측정한 시간과 존이 측정한 시간 사이의 관계는 어떻게 되는가?

**풀이:** 매리에 대하여 두 사건은 동시에 일어남에 유의하면 $x_2^* = x_1^*$이다. 시간 간격은 역 관계식, 식 (19.10)의 마지막 식을 이용하면 계산할 수 있다.

$$t_2 - t_1 = \frac{t_2^* - t_1^*}{\sqrt{1 - v^2/c^2}}$$

결과는

$$\tau = \frac{\tau_0}{\sqrt{1 - v^2/c^2}}$$

그러므로 $\tau > \tau_0$이다. 정지 기준틀($\tau_0$)에서 시간 간격은 사건에 대하여 움직이고 있는 기준틀에서의 시간 간격보다 짧다. 비록 존이 행성에 정지한 상태이지만 그의 시계는 움직이는 시계이며 움직이는 시계는 느리게 간다.

움직이는 관찰자에 의한 멀리 떨어진 시계가 가리키는 시간을 고려하는 것은 흥미롭다. 존이 위치 $x = -l$, 0, $+l$에 위치한 세 개의 시계의 시간을 같게 맞춘다고 하자. 우주선을 타고 있는 매리가 지나가다 존의 기준틀의 원점을 지나가는 순간에 매리는 시계의 시간을 측정한다. (실제로 측정하는데 긴 시간이 걸릴 지도 모른다. 하지만 그녀가 존의 원점을 지나는 순간에 읽은 시간을 나중에 알 수 있다.) 문제 19.3에서 매리가 읽은 시계 세 개의 시간은 $+lv/c^2$, 0, $-lv/c^2$가 됨을 보이게 될 것이다. 그러므로 그녀가 접근하는 시계는 정지한 시계보다 $-lv/c^2$ 이르다.

**❐ 연습 19.3**

식 (19.6)을 얻어라. 분자의 부호가 변함에 유의하라.

**❐ 연습 19.4**

식 (19.7)을 얻어라.

**❐ 연습 19.5**

(19.10)의 로렌츠 역 변환을 구하라.

**❐ 연습 19.6**

지구에 대하여 $0.92c$의 속력의 우주선의 한 사람이 두 사건 사이의 시간이 4시간임을 측정하였다. 지구에서는 두 사건은 같은 위치에서 일어났다. 지구상의 관찰자가 측정한 두 사건 사이의 간격은 얼마인가?

## 19.5 속도의 덧셈

상대성 이론은 빛의 속력보다 더 큰 속도로 가속될 수 있는 물체는 없다는 예측을 한 것을 알고 있을 것이다. (문제 19.20에서 이 논쟁을 증명하게 될 것이다.)

하지만 빛의 속도가 위끝-어떠한 물체의 최대 속력-이라면 우리는 속도를 어떻게 더해야 할지에 대한 생각을 심히 고쳐야 할 것이다. 다음의 시나리오를 상상해 보자: 아인슈타인 교수(A)가 지구에 정지하여 있다. 그는 버크 로저스[3)] 선장(B)이 속력 $0.75c$로 우주선을 타고 지구로부터 멀어지는 것을 관찰하고 있다. 버크 로저스가 어뢰(C)를 전방으로 그의 우주선에 대하여 $0.5c$로 발사하였다. 그림 19.5를 보라. 질문은 지구에 대한 어뢰의 속도는 얼마인가이다. 이것은 아인슈타인 교수가 말하는 어뢰의 속력이다.

여러분의 첫 충동은 단순히 B의 속도($0.75c$)와 C의 속도($0.5c$)를 더하여 지구에 대한 어뢰의 속도는 $1.25c$라고 말하는 것일 것이다. 하지만 어로의 속도는 어떤 기준 틀에서도 $c$보다 작기 때문에 명백히 틀렸다. 그렇다면 어떻게 속도를 더해야 할까?

적당한 속도 변환 법칙을 유도하는 것은 쉽다는 것이 판명된다. 정지 틀에 대한 어뢰의 속도를 $u$ 움직이는 틀에 대한 속도는 $u^*$라 하자. 정지 틀에 대한 우주선의 속도는 $v$이다. 간편하게 하기 위하여 A, B, C는 $t=0$에서 모두 일치한다고 하자. 문제는 $u^*$로 나타낸 $u$의 표현을 구하는 것이다.

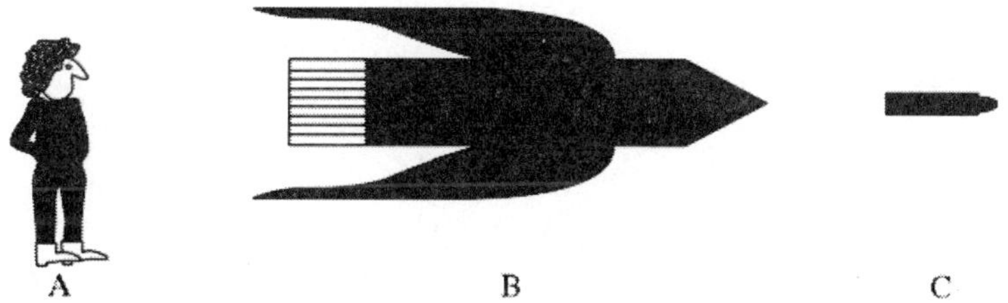


그림 19.5 ‖ A는 정지한 상태이다. B는 A에 대하여 $v=0.75c$로 움직이고 C는 B에 대하여 $0.5c$의 속력으로 움직인다. A에 대한 C의 속력은 얼마인가?

---

* 역자 주: 1979-1981 미국 NBC TV series로 방영된 드라마, Buck Rogers in the 25th Century. 한국에서도 방영된 바 있음.

움직이는 틀에 대하여 어뢰의 위치는

$$x^* = u^* t^*$$

이다. 변환 법칙을 기억하면

$$\begin{aligned} x &= \gamma(x^* + vt^*) \\ t &= \gamma(t^* + vx^*/c^2) \end{aligned}$$

$x^*$를 $u^*t^*$로 $x$를 $ut$로 바꾸어 다음을 얻는다.

$$u = \frac{u^* + v}{1 + (u^* v/c^2)} \tag{19.11}$$

이것은 상대론적 속도의 덧셈 법칙이다.

---

**예제 19.3**

그림 19.5를 참고하라. 버크 로저스는 운동 방향에 대하여 60°의 각도로 $0.7c$로 발사된다. 아인슈타인 교수가 측정한 어뢰 속도의 $x$와 $y$ 성분을 구하라.

**풀이:** 물체가 $y$방향의 속도 성분을 가질 때 속도 덧셈을 구하자. 식 (19.11)으로부터 $x$방향의 속도는

$$u_x = \frac{u_x^* + v}{1 + (u_x^* v/c^2)}$$

이다. 로렌츠 변환으로부터 얻을 수 있는 $y$방향의 속도는

$$y = y^*$$

임을 말해준다.
$y^*$를 $v_y{}^*t^*$로 $y$를 $v_y t$로 쓰면

$$\begin{aligned} u_y t &= u_y^* t^*, \\ u_y \gamma(t^* + vx^*/c^2) &= u_y^* t^*, \\ u_y &= \frac{u_y^* t^*}{\gamma(t^* + vx^*/c^2)} = \frac{u_y^* t^*}{\gamma(t^* + vu_x^* t^*/c^2)} \end{aligned}$$

그러므로

$$u_y = \frac{u_y^*}{\gamma(1 + u_x^* v/c^2)}$$

이제 문제는 거의 풀렸다. $v=0.75c$, $v_x{}^*=0.70c\cos60°$, $v_y{}^*=0.70c\sin60°$ 이다. 그러므로 마지막 식을 이용하면 계산할 수 있다. 따라서

$$\begin{aligned} u_x &= \frac{0.70c\cos 60° + 0.75c}{1+(0.70c\cos 60°)(0.75c)/c^2} \\ &= \frac{1.10c}{1+0.263} = 0.87c \end{aligned}$$

그리고

$$\begin{aligned} u_y &= \frac{u_y^*}{\gamma(1+u_x^* v/c^2)} = \frac{0.70c\sin 60°}{(1+(0.70c\cos 60°)(0.75c)/c^2)}\sqrt{1-(0.75c)^2/c^2} \\ &= \frac{0.10}{1.263} = 0.08c. \end{aligned}$$

이다.

---

**❐ 연습 19.7**

대수적 과정을 진행하여 식 (19.11)을 얻어라.

---

**❐ 연습 19.8**

식 (19.11)은 속도의 극한에서 예상되는 관계식으로 간소화됨을 보여라. (a) 광속보다 매우 작을 때 (b) 광속과 같을 때

---

**❐ 연습 19.9**

역 관계식 $u^*=u^*(u,\ v)$를 얻어라.

---

**❐ 연습 19.10**

물리실험실에 방사능 물질이 가만히 있다. 두 전자가 반대 방향으로 방출되었다. 각 전자는 실험실 기준틀에서 $0.67c$의 속력을 가지고 있다. 서로에 대하여 전자의 속력을 구하라. (a) 고전적으로 (b) 상대론적으로 **답:** (b) $0.92c$

---

## 19.6 동시성과 인과율

두 개의 상황이 같은 시간에 일어날 때 이들은 동시에 일어났다고 한다. 하지만 한 관찰자에게 동시 사건도 다른 관찰자에게는 일반적으로 동시적이지 않을 것이다.

예를 들어 매리가 그녀의 우주선 정확히 한 가운데 위치에 조명을 켠다. 빛은 우주선 양쪽 끝 벽($W_1$과 $W_2$)에 동시에 도달한다. 하지만 정지 기준틀의 존은 빛이 $W_1$에 도달하려면 거리 $L-vt$ 진행하지만 $W_2$에 도달하려면 $L+vt$ 진행해야 하기 때문에 $W_2$에 도달하기 전에 $W_1$에 먼저 도달하는 것을 본다.

만일 벽에 도달하는 것이 사건 $E_1$과 $E_2$라면 매리는 $E_1$과 $E_2$가 동시적이라고 말하지만 존은 $E_1$이 $E_2$전에 일어난다고 말한다. 매리에게는 다가가는 세 번째 관찰자는 $E_2$가 $E_1$보다 먼저 일어났다고 말할 것이다.

만일 한 사건이 다른 사건의 원인이 된다면 그것은 두 번째 사건에 선행해야 한다. 다시 말하여 어떤 좌표계에서도 원인이 결과보다 먼저 와야 한다. 현재의 예에서는 사건 $E_1$은 관찰자에 따라 사건 $E_2$ 전 또는 후에 올 수 있다. 그러므로 사건 $E_1$은 어떤 방법으로도 $E_2$의 원인이 될 수 없다.

$E_1$이 $E_2$의 원인이 될 때 $E_1$에서 $E_2$로 가는 신호 같은 것이 있어야 한다. 예를 들어 $E_1$은 빛이 $W_1$에 도달했을 때 울리는 벨 같은 것이다. 그리고 $E_2$는 $W_1$의 벨을 듣는 $W_2$에 있는 사람이 울리는 벨 같은 것이다. 곧 보겠지만 두 사건이 인과적으로 관련되어 있으면 모든 좌표계에서 $E_1$은 $E_2$에 항상 선행한다.

이 개념을 더 잘 이해하기 위하여 매리가 사건 $E_1$과 $E_2$가 동시적이었다고 하는 것을 유의하자. 사건들은 위치 $x_1^*=-L$, $x_2^*=+L$와 시간 $t_1^*=L/c$, $t_2^*=L/c$에서 일어난다.

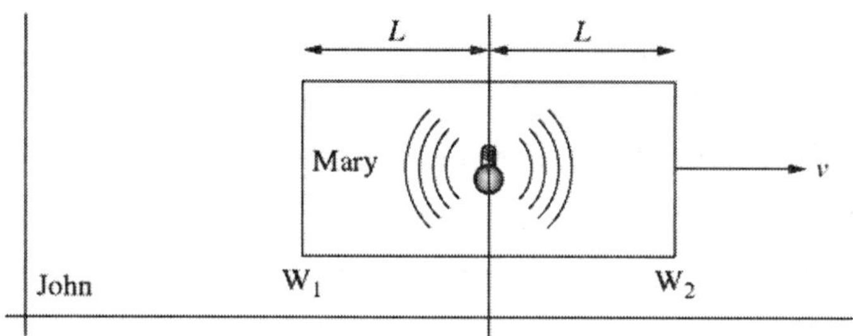


그림 19.6 ▌ 매리의 우주선의 중심에서 전등을 켠다. 그녀는 빛이 양 벽에 동시에 도달한다고 말한다. 하지만 존은 $W_1$에 빛이 $W_2$보다 먼저 도달하는 것을 본다.

존에 의하면 빛은 매리가 존을 지나칠 때 스위치를 켠다고 가정하고 두 사건은 위치와 시간은 $(x_1,\ t_1)$과 $(x_2,\ t_2)$이다. 이들은 다음의 표에 주어진 $(x_1{}^*,\ t_1{}^*)$와 $(x_2{}^*,\ t_2{}^*)$와 관련되어 있다.

| 사건 $= \mathrm{E}_1$ | 사건 $= \mathrm{E}_2$ |
|---|---|
| $x_1 = \gamma(x_1^* + vt_1^*) = \gamma(-L + vt_1^*)$ | $x_2 = \gamma(x_2^* + vt_2^*) = \gamma(L + vt_2^*)$ |
| $t_1 = \gamma(t_1^* + \frac{v}{c^2}x_1^*) = \gamma\left(\frac{L}{c} + \frac{v}{c^2}(-L)\right)$ | $t_2 = \gamma(t_2^* + \frac{v}{c^2}x_2^*) = \gamma\left(\frac{L}{c} + \frac{v}{c^2}L\right)$ |

비록 $t_2{}^* - t_1{}^* = 0$,

$$t_2 - t_1 = \gamma\left(\frac{L}{c} + \frac{vL}{c^2} - \frac{L}{c} + \frac{vL}{c^2}\right) = 2\gamma\frac{vL}{c^2}$$

임을 유의하라. 따라서 예상대로 존에 의하면 $\mathrm{E}_2$가 $\mathrm{E}_1$후에 일어난다.

$\mathrm{E}_1$과 $\mathrm{E}_2$는 인과적으로 관계될 수 없다. 매리의 좌표계에서 $\mathrm{E}_1$과 $\mathrm{E}_2$는 동시에 일어나서 $\mathrm{E}_1$이 $\mathrm{E}_2$의 원인이 되는 경우에 $\mathrm{E}_1$에서 $\mathrm{E}_2$로 가는 신호는 순간적으로 전달되어야 한다. 즉 무한히 큰 속력으로 전달되어야 한다. 존의 관점에서는 사건 사이의 시간이 영이 아니고 $2\gamma vL/c^2$이다. 두 사건의 공간적 거리는

$$\begin{aligned} x_2 - x_1 &= \gamma(L + vt_2^*) - \gamma(-L + vt_1^*) \\ &= \gamma\left(2L + v(t_2^* - t_1^*)\right) \\ &= 2\gamma L, \end{aligned}$$

이었다. 여기서 마지막 과정은 $t_2{}^* = t_1{}^*$이란 사실을 이용하였다. 따라서 존의 기준틀에서 신호가 $\mathrm{E}_1$에서 $\mathrm{E}_2$ 전달되면 속력은 다음과 같이 주어질 것이다.

$$\text{speed} = \frac{\text{distance}}{\text{time}} = \frac{2\gamma L}{2\gamma Lv/c^2} = c\left(\frac{c}{v}\right) > c$$

결과로 어떤 좌표계에서도 $\mathrm{E}_1$은 $\mathrm{E}_2$의 원인이 될 수 없다.

인과율의 문제를 이해하기 위한 좋은 기하학적 방법은 사건이 4차원 시공간 좌표계의 한 점인 개념에 바탕을 두고 있다. 한 사건이 세 개의 공간 좌표 $(x,\ y,\ z)$와 한 개의 시간 좌표 $(t)$로 표시된다. 4차원 시공간은 그릴 수 (또는 상상할 수 조차) 없다. 하지만 예로 모든 시간에 $z=0$인 경우는 4차원 시공간 다이아그램의 3차원 사영으로 그림으로 표현될 수 있다. 그림 19.7을 보라.

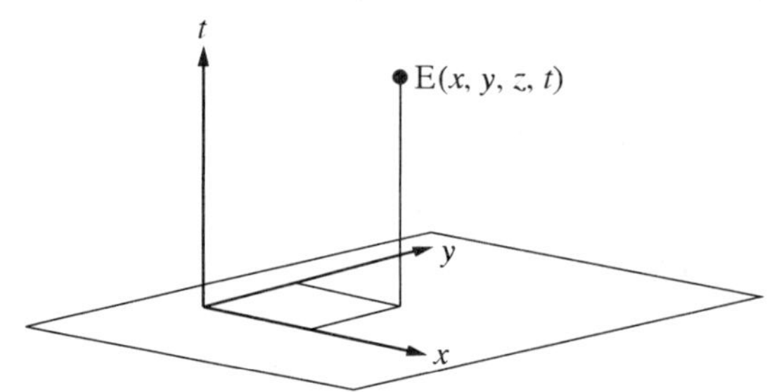


그림 19.7 ▌ 사건 E는 4차원 시공간의 한 점으로 표현된다.

$E_0$와 $E_1$이라 불리는 두 사건을 고려하자. 이들은 시공간 거리 $S$로 정의되는

$$S = (x_1 - x_0)^2 + (y_1 - y_0)^2 + (z_1 - z_0)^2 - c^2(t_1 - t_0)^2 \qquad (19.12)$$

만큼 떨어져 있다.

잠시 사건 $E_0$가 원점에서 빛의 전환점이라고 하자. $E_0$의 좌표는 (0,0,0,0)이다. 또한 $E_1$을 다른 점 ($x$, $y$, $z$, $t$)에서 빛을 받는 것이라고 하자. 빛이 진행한 거리는 $ct$이고 이것이 두 점 사이의 공간적 분리와 같아야 한다. 그러므로 두 사건에 대하여 식 (19.12)는 $S=0$를 이끈다. $z=0$의 평면에서 $E_0$로부터 온 빛은 반지름이 $(x^2+y^2)^{1/2} = ct$인, 원으로 퍼져 나간다. 빛의 퍼짐은 원의 집합으로 표현되고 각 운은 앞의 원보다 조금씩 커지고 시간 축을 따라 조금씩 올라간다. 이 원들은 그림 19.8에 나타낸 것처럼 시공간의 3차원 조각에서 원뿔을 만들어 낸다. 인과적으로 관련된 사건들은 같은 빛 원뿔에 놓여 있어야 한다.

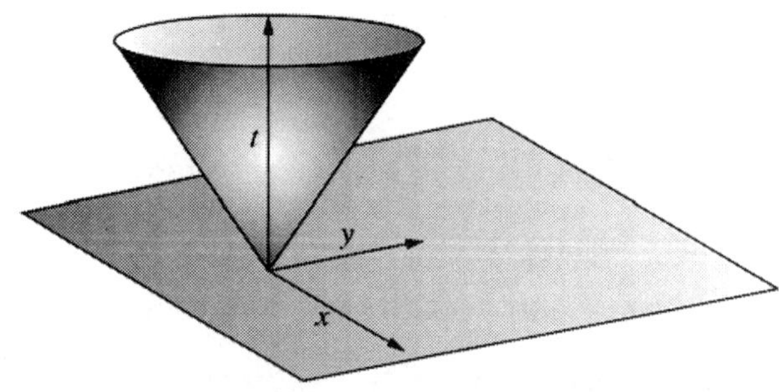


그림 19.8 ▌ 빛 원뿔. 이것은 4차원 시공간의 3차원 단면이다. $z$-축은 보이지 않는다. 빛이 원점의 시간 영에서 방출되어 원뿔 면에 있다.

## 19.7 쌍둥이 역설

특수 상대론의 가장 유명한 역설은 쌍둥이 역설로 알려져 있다. 역설은 다음과 같다: 쌍둥이 한명은 집에 있지만(정지한 상태) 그의 동생은 고속으로 먼 곳으로 여행을 하고 집으로 돌아온다. 집에 있던 쌍둥이는 그의 동생의 시계(심장 박동 등등)가 그가 고속으로 여행을 하기 때문에 천천히 똑딱거림에 주목한다. 여행하는 쌍둥이는 집에 있는 쌍둥이만큼 나이를 먹지 않을 것이다. 그러므로 그들이 다시 만날 때 여행한 쌍둥이가 집에 있는 그의 형보다 젊을 것이다.

처음 보기엔 특수 상대론이 관성계에 관한 것이라서 역설 같지 않다. 두 계는 일정한 상대 속도로 오직 한번 만나고 무한히 떨어져서 다시는 마주치지 않을 것이다. 그러므로 (처음에는) "엉성하게 제기된 문제"라고 주장할 지도 모른다. 여행하여 돌아오는 쌍둥이는 가속도를 경험한다. 그는 관성계에 있지 않았다. 모든 내기는 끝났다!

하지만 좀 더 숙고하면 여행 중인 쌍둥이의 가속은 역설의 본질을 바꾸지 못한다는 것을 깨닫게 될 것이다. 여행 중인 쌍둥이(그를 플래시라고 부르자.)는 짧은 시간동안 가속하고 지구시간으로 10년 동안 고속도로(말하자면 $3c/5$) 여행한다. 그리고 돌아서 $3c/5$의 속력으로 또 다른 10년 동안 지구로 돌아온다. 플래시는 오직 16살(계산해 보라!) 먹는 반면 집에 있는 그의 형(호머라고 부르자.) 20살 먹는다.

이제 플래시가 $3c/5$의 속력으로 지구시간으로 10년 대신에 20년 여행 했다고 하자. 이번 경우에는 호머는 40살을 먹는다. 하지만 플래시는 겨우 32살 먹는다. 플래시가 경험한 가속도는 두 경우 모두 같다는 것을 알 수 있다. 하지만 결과는 다르다. 그러므로 나이 차이를 주는 것은 가속도가 아니라 관성계에서 약간 긴 시간 고속 여행 때문이다.

이 쌍둥이 역설을 좀 더 조심스럽게 분석해 보자. 호머와 플래시는 집에 있고 플래시가 지구로부터 35광년 떨어진 항성 폴룩스, 즉 지구로부터 폴룩스까지의 거리가 $35c$(이 거리를 미터로 표현한다면 $c$를 미터/년으로 표현해야 한다.)를 향하는 우주선에 탈 때 나이가 같았다. 떠나는 우주선은 $3c/5$의 속력인 관성계이다. 플래시는 별을 향해 가는 우주선을 탔다가 우연히 지구로 돌아오는 $3c/5$의 우주선으로 옮겨 탄다.(플래시가 이 우주선에서 저 우주선으로 갈아 탄 후 팬케이크처럼 납작해지는 사실은 무시하자.) 호머는 그의 쌍둥이 플래시가 총 117년 동안 갔다 왔다고 말한다. $(2\times 35c)/[3c/5]$. 호머는 이제 117살이다. 하지만 플래시는 떠나는 우주선에 타자마자 폴룩스까지의 거리는 겨우 $(4/5)(35) = 28$광년이라고 생각했고 따라서 폴룩스까지 가는데 46.6년 걸렸고 돌아오는 우주선을 타고 46.6년 걸려서 총 93.2년 걸렸다고 한다. 그러므로 플래시는 93살이며 호머는 117살이다.[3)]

하지만 정말로 드라마 같은 결과를 얻으려면 플래시를 $0.95c$ 같이 빠르게 가게 해야 한다.

**예제 19.4**

30살인 남자에게 10살 난 딸 하나가 있다. 이 남자는 같은 속도로 여행을 떠났다가 집으로 돌아온다. 그가 돌아왔을 때 그와 그이 딸의 나이는 60살이다. 그는 어떤 속력으로 여행했을까?

**풀이:** 지구의 정지 틀에서 지난 시간은 50년이다.$(t^* = 50)$ 움직이는 기준틀에서 지난시간은 30년이다$(t = 30)$.

$$t^* = 50 = \frac{\text{distance}}{\text{velocity}} = \frac{l_0}{v}$$

또한

$$t = 30 = \frac{\text{distance}}{\text{velocity}} = \frac{l}{v} = \frac{l_0\sqrt{1 - v^2/c^2}}{v}$$

$$30 = \frac{50v\sqrt{1 - v^2/c^2}}{v}.$$

결과로

$$\frac{3}{5} = \sqrt{1 - v^2/c^2}$$

따라서

$$v = \frac{4}{5}c$$

이다.

❐ **연습 19.11**

플래시가 $098c$로 폴룩스로 왕복한다고 하자. 플래시와 호머가 얼마나 나이를 먹는지 구하라. **답:** 71.42년, 14.7년

3) 쌍둥이 역설의 흥미로운 국면은 S. Wortel, S. Malin, S.Semon의 최근의 논문, "상대론 개론을 위한 두 개의 원운동 예"에 논의되어 있다.

❐ 연습 19.12

세쌍둥이 역설은 한명은 오른쪽으로 $v$의 속력으로 여행하고 한명은 왼쪽으로 속력 $v$로 여행하고, 한명은 집에 머무른다. 움직이는 쌍둥이들은 여행하고 집으로 돌아온다. 여행하는 쌍둥이들이 다시 만났을 때 나이가 같을까 아니면 다른 나이일까?

## 19.8 민코프스키 시공간 도식

시공간 도식을 이용하여 상대론적 문제를 기하학적으로 취급하는 법이 아인슈타인의 교수님의 한명이었던 헤르만 민코프스키에 의하여 개발되었다. 많은 복잡한 상대론적 문제, 특히 동시성에 관련된 문제는, 이 시공간 도식을 이용하여 꽤 쉽게 분석된다. 왜냐하면 상대론적 상황이 단순한 기하학적 구성으로 간단히 되기 때문이다.

관찰자 A가 정지하였다고 하자. 그림 19.9에서 나타낸 좌표축 $x$와 $ct$의 2차원 직교 좌표를 그리자. 관심을 가지는 유일한 공간 좌표를 $x$라 하자. 시간 좌표는 거리를 나타내기 위하여 $c$를 곱했음을 유의하라. 0에서 $t$까지의 시간 간격 동안 광선은 거리 $x = ct$를 이동한다. 그래서 광선은 항상 $x$와 $t$축의 45°선으로 표현된다. $x = -4$에서 연직선은 A의 틀에 정지한 물체의 세계선이다. 그래서 항상 같은 위치에 있다. $x = -2$에서 시작하는 구부러진 선은 처음에는 음의 방향으로 움직이고 다음은 양의 방향으로 그리고 다시 음의 방향으로 움직이는 물체의 세계선이다. 오른쪽의 세계선은 $+x$방향으로 진행하는 광선을 표시한다.

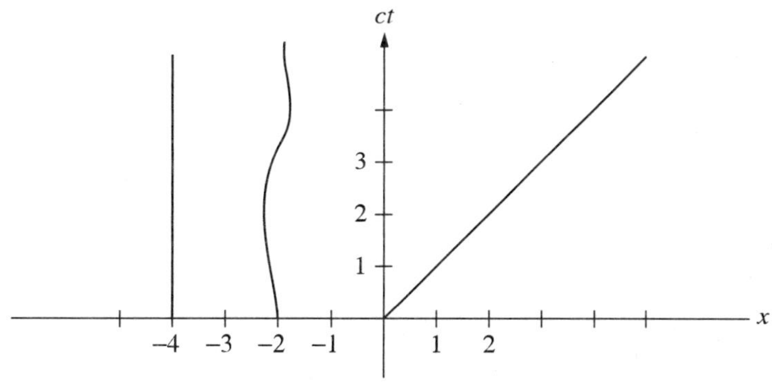


그림 19.9 ▌ 관찰자 A(정지했다고 가정)에 대한 시공간 도식. 세 개의 세계선을 나타내었다: 정지한 물체, 움직이는 물체에, (오른쪽) 광선

A에 대하여 일정한 속력 $v$로 오른쪽으로 움직이는 관찰자 B의 유사한 시공간 좌표계를 고려하자. 단순히 하기 위하여 B의 원점은 A의 원점과 일치할 때 그들의 시계 모두 영을 가리킨다($t = t^* = 0$). B의 원점은 A에 대하여 움직이므로 A의 시공도식에 표현될 수 있는 세계선 또한, 가지고 있다. B의 원점으로 세계선은 그림 19.10(a)의 사선으로 나타내었다. 이 세계선은 B가 빛의 속도보다 느리게 움직이기 때문에 광선보다 기울기가 큼에 주목하라. B의 원점에 대한 세계선은 $t$-축과 각도 $\theta$를 이루고 $\tan\theta = v/c$임을 알기는 쉽다. 또한 이 선을 따라 B의 계의 시간의 어떤 값에 대해서도 $x^* = 0$이기 때문에 세계선이 $ct^*$로 표시되는 것에 주목하게 될 것이다. 그림 19.10(b)에서 B에 대한 시공간 도식은 $x$-축에 대하여 각도 $\theta = \tan^{-1}(v/c)$로 $x^*$-축을 더해 주면 끝난다. 또한 B의 시공간 좌표계가 직교가 아님을 나타내기 위하여 사선들을 그었다. 하지만 움직이는 좌표계의 축에 대한 눈금에 대하여 아직 모르기 때문에 이 기울어진 축을 따라 어떤 수치 값도 쓰지 않았다. 최종적으로 그림 19.10(c)는 A에 대하여 왼쪽으로 움직이는 관찰자 C에 대한 좌표계를 보여준다. 그러나 A와 B계는 현재 분석에는 충분하다.

이제 시공간 도식(B의 눈금 빼고)이 구성되고 상대론적 문제를 풀 준비가 되었다. 길이 축소로 출발하는 것이 좋다, 왜냐하면 민코프스키 도식의 이용 뿐만 아니라 B계에 눈금을 주는 옳은 방법을 주기 때문이다. 그림 19.11에서 A계에 정지한 길이 $l_0$의 자(1 m로 생각해도 된다.)를 그린다. A계의 자의 양끝이 세계선들은 단순히 연직선이다. 움직이는 관찰자 B가 A계에 정지한 자를 관찰한다. 자의 길이를 재기 위해 그림에서 나타낸 것처럼 B는 양끝을 동시에 봐야 한다. 따라서 B에 의하면 자는 그림의 기울어진 선이 세계선인 물체이다. 이 길이는 $l_0$보다 작다.

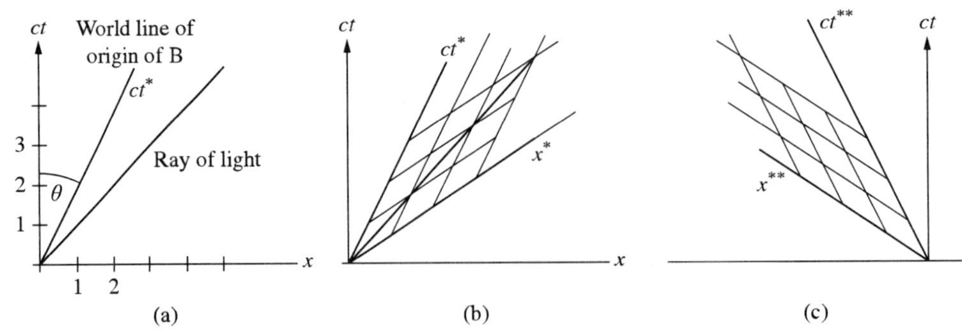


그림 19.10 ▌ 스케치 (a) 관찰자 B의 좌표계에 대한 세계선을 보여준다. 스케치 (b)는 관찰자 B에 대한 기울어진 좌표계를 보여준다. 스케치 (c)는 왼쪽으로 움직이는 관찰자 C의 좌표계를 보여준다.

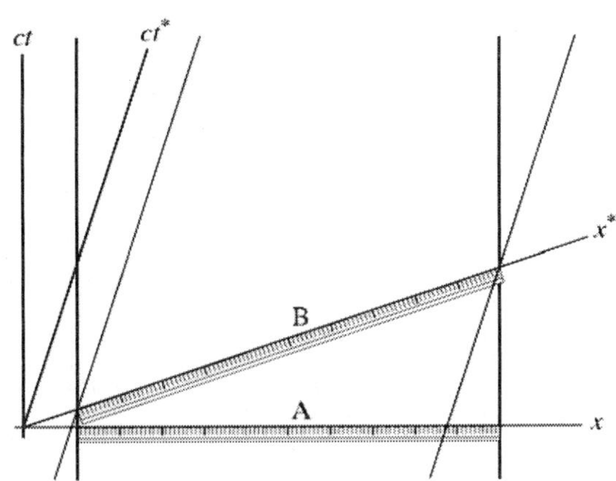


그림 19.11 ‖ A 좌표계에서 A가 본 정지한 자. 자의 양단의 세계선은 연직선들이다. 움직이는 좌표계의 B가 본 세계선은 기울어진 선이다.

이제 당신이 세심하다면 약간 이상한 점을 인식할 것이다. 그림에서 나타낸 자는 B에서는 삼각형의 빗변이고 A에서는 인접 변이란 사실을 인식하면 A에서 보다 B에서 길다. 움직이는 계에서는 자가 짧아져야 한다는 사실을 안다. 하지만 여러 축의 눈금에 대하여 결정하지 않았다는 것을 인식하면 문제는 사라진다.(자는 B에 의하면 더 짧아야 한다. 이것은 $x$-축 상의 눈금보다 $x^*$-축을 따라서는 눈금이 더 넓어야 한다는 의미이다. 분석을 쉽게 하기 위하여 그림 19.12에서 자의 한끝이 두 좌표계의 원점과 일치되도록 좌표계의 원점을 움직였다.

그림 19.12는 세 개의 길이를 나타낸다. 처음 것은 $l_0$, 1 m로 잡을 수 있는 A계의 자의 길이. 다음 것은 Ob, B가 측정한 자의 길이다. 이 길이는 아직 결정되지 않은 인자 $f$만큼 짧아졌다. 또한 별표 찍힌 좌표에 대해서도 눈금이 없다. 이런 모든 한계로 어떻게 길이 Ob를 계산이나 할 수 있을까 물을 것이다. 글쎄, 이 문제를 피하는 똑똑한 방법이 있고 이것은 눈금을 가진 A계로 돌아오는 것과 관련된다. B가 우연히 길이가 정확히 Ob인 막대를 가지고 있다고 상상해보자. 만일 A가 막대를 관측하면 또 다른 인자 $f$만큼 줄어든 채로 관측될 것이다. 그러므로 A계에서 이 막대는 $f^2 l_0$의 길이를 가질 것이다. 이 모든 자 주위에 얼씬거리고 한 관성계에서 다른 관성계로 가는 것은 움직이는 물체가 줄어든 양 $f$를 결정하게 해 줄 것이다. 왜냐하면 이제 문제는 간단한 기하문제이기 때문이다. 각 $\theta = \tan^{-1}(v/c)$는 그림의 여러 곳에 표시되었다. 이제 다음을 알 수 있다.

$$f^2 l_0 = l_0 - \delta x$$

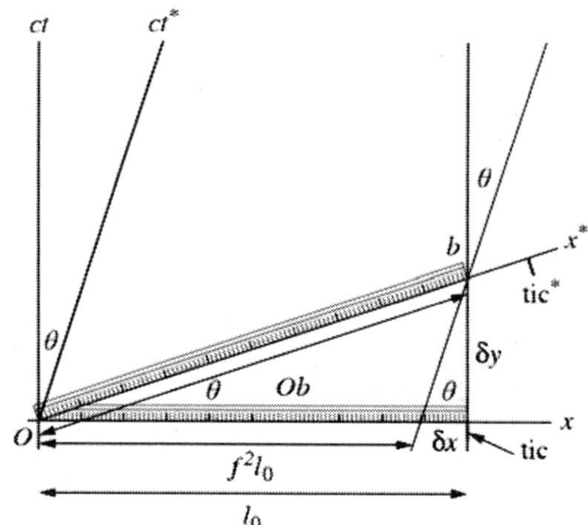


그림 19.12 ▌ A계의 길이 $l_0$인 자는 B계에서는 길이가 Ob이다. B계에 정지한 길이 Ob인 자는 A계에서는 $f^2 l_0$이다.

그리고 $\delta x = \delta y \tan\theta$이다. 하지만 $\delta y / l_0 = \tan\theta$, 그래서 $\delta x = l_0 \tan^2\theta$ 그러므로

$$f^2 = 1 - \tan^2\theta = 1 - (v^2/c^2)$$

제곱근을 취하면 잘 알고 있듯이 길이 수축 인자는

$$f = \sqrt{1 - \frac{v^2}{c^2}}$$

이다. 이것은 로렌츠 수축인자의 도표 유도이다. B계에서는 눈금이 없기 때문에 길이를 사용하지 않으려고 주의하였음을 유의하라. 하지만 이제 별표 좌표계에서 눈금을 결정할 수 있다. 즉 B계의 축 $x^*$, $t^*$를 따라 눈금표시를 할 수 있다. A에 따르면, 1 m에 해당하는 거리 $l_0$ 해당한다고 가정하여 시작하자. 1 A-미터라고 부르자. 만일 1 m의 거리(B에 따르면)를 $x^*$-축을 따라 표시한다면 , B에 의하면, 거리 Ob가 $\sqrt{1-(v^2/c^2)}$ 인자만큼 1 B-미터 보다 작기 때문에 이 길이는 Ob보다 길어야 한다. 그러므로

$$1\text{B-meter} = \frac{Ob}{\sqrt{1-(v/c)^2}}$$

그림 19.12로부터

$$\frac{Ob}{1\text{A-meter}} = \frac{1}{\cos\theta} = \sqrt{1+(v^2/c^2)}$$

따라서

$$1\text{B-meter} = \frac{\sqrt{1+(v^2/c^2)}}{\sqrt{1-(v^2/c^2)}}(1\text{A-meter})$$

❐ 연습 19.13

$\cos\theta = 1/\sqrt{1+(v^2/c^2)}$ 가 됨을 보여라.

## 19.9 4-벡터

사건은 특별한 좌표계에서 위치와 시간으로 기술된다. 사건이 4개의 좌표 ($x_0$, $x_1$, $x_2$, $x_3$)로 표시되는 4차원 좌표계를 도입하면 편리하다. 여기서

$$\begin{aligned} x_0 &= ct \\ x_1 &= x \\ x_2 &= y \\ x_3 &= z \end{aligned}$$

(비록 사건이 일어났을 때 $x_0$는 명백히 시간을 주는 좌표지만, 시간 좌표에 $c$를 곱하여 모든 좌표는 거리가 되었다.)

보통 3차원 벡터를 기술하는 공간 좌표처럼 4차원 시공간 좌표 ($x_0$, $x_1$, $x_2$, $x_3$) 또한 원점에서 출발하여 어떤 사건 E에서 끝나는 4-벡터를 기술한다. 사건 $E_1$으로부터 $E_2$까지의 4-벡터는 $(x_0^2-x_0^1)$, $(x_1^2-x_1^1)$, $(x_2^2-x_2^1)$, $(x_3^2-x_3^1)$의 네 성분을 가진다. 위첨자는 사건을 표시한다. 불행히도 이것은 약간의 혼란을 야기시키는 표기법이다. 왜냐하면 지수도 위첨자기이기 때문이다. 예를 들어 두 사건간의 4-거리(또는 시공간 간격)은 다음과 같이 주어진다.

$$S^{21} = (x_1^2-x_1^1)^2 + (x_2^2-x_2^1)^2 + (x_3^2-x_3^1)^2 - (x_0^2-x_0^1)^2$$

또한 시간항의 부호가 변한 것도 유의하라. 물론 이 4-거리는 앞의 식 (19.12)에서 정의된 바로 그 시공간 거리이다.

$S^{21}$의 중요한 성질은 이것의 값을 다른 관성계에서의 $S^{21}$로 표현하는 로렌츠 변환에 불변이란 사실이다. 16.1절의 논의를 기억하면, 3차원 좌표의 변환에 불변인 양을 스칼라고 부른다. 유사하게 $S^{21}$는 4-스칼라(또는 때때로 세계-스칼라)라고 부른다.

$S^{21}$를 쓰는 좀더 우아한 방법은 다음의 "메트릭"(5.3.3을 보라.)을 이용하는 것이다:

$$\begin{aligned} g_0 &= -1, \\ g_1 &= g_2 = g_3 = 1 \end{aligned}$$

그래서

$$S^{21} = \sum_{\mu} g_{\mu}(x_{\mu}^2 - x_{\mu}^1)^2$$

제16장에서 3차원 벡터는 물리량의 성분이 좌표축의 회전에 따라 좌표와 같은 방식으로 변환되는 물리량으로 정의된 것을 기억하라. 비슷하게 4-벡터는 로렌츠 변환(말하자면 좌표 변환 같은)에 따라 물리량의 성분이 변하는 양으로 정의된다. 로렌츠 변환에 의한 별표 없는 원래 좌표에서 별표 좌표로 좌표 변환은 식 (19.8)에 제시되었고, 지금은 약간 다른 표기를 써서 반복하고자 한다.

$$\begin{aligned} x_0^* &= \gamma(x_0 - \beta x_1) \\ x_1^* &= \gamma(x_1 - \beta x_0) \\ x_2^* &= x_2 \\ x_3^* &= x_3 \end{aligned} \tag{19.13}$$

여기서 $\beta = v/c$와 $\gamma = 1/\sqrt{1-\beta^2}$이다. 이 식들은 다음과 같이 배열 $a_{\mu\nu}$을 정의하여 좀 더 간결하게 표현될 수 있다.

$$a_{\mu\nu} = \begin{pmatrix} \gamma & -\beta\gamma & 0 & 0 \\ -\beta\gamma & \gamma & 0 & 0 \\ 0 & 0 & 1 & 0 \\ 0 & 0 & 0 & 1 \end{pmatrix}$$

그러면

$$x_\mu^* = \sum_\nu a_{\mu\nu} x_\nu \tag{19.14}$$

이 방정식은 4차원 좌표 변환 방법을 기술한다. 4-벡터를 식 (19.14)에 따라 변환 양으로 정의한다. 그러므로 4-벡터 성분 $A_\mu$ 변환은

$$A_\mu^* = \sum_\nu a_{\mu\nu} A_\nu$$

이다. 전통적으로 그리스 문자 아래첨자를 이용하여 4-벡터를 다룬다. 또한 4-벡터는 3-벡터처럼 진하게 쓰이지 않음을 유의하여야 한다.

예를 들어 4-벡터 변위 $D_\mu$는 한 사건에서 시작하여 다른 사건에서 끝이 난다. 별표 좌표에서 $D_\mu$의 성분은

$$\begin{aligned} D_0^* &= \gamma(D_0 - \beta D_1) \\ D_1^* &= \gamma(D_1 - \beta D_0) \\ D_2^* &= D_2 \\ D_3^* &= D_3 \end{aligned}$$

이다. 4-벡터 대수는 간단하다. 예를 들어 만일 $s$가 4-스칼라라면,

$$B_\mu = s A_\mu$$

만일 $A_\mu$가 4-벡터이면 $B_\mu$도 4-벡터이다. 비슷하게 $A_\mu$와 $B_\mu$가 둘 다 4-벡터라면 합 $A_\mu + B_\mu$ 또한 4-벡터이다. 여러 가지 면에서 $v=0$일 때 4-벡터의 성분들 $A_1$, $A_2$, $A_3$는 보통의 3-벡터의 성분이 되기 때문에 4-벡터는 3-벡터같이 행동한다고 해도 된다.

두 4-벡터의 스칼라 곱은 다음과 같이 정의된다.

$$(A_\mu, B_\mu) = \sum_\mu g_\mu A_\mu B_\mu = A_1 B_1 + A_2 B_2 + A_3 B_3 - A_0 B_0$$

한편, 외적 같은 4-벡터는 없다.

❐ 연습 19.14

만일 $A_\mu$와 $B_\mu$가 모두 4-벡터라면, 합 $A_\mu + B_\mu$ 또한 4-벡터임을 증명하라.

□ 연습 19.15

$(A_\mu, B_\mu)$가 4-스칼라라면 즉 이 값이 로렌츠 변화에 의하여 변하지 않음을 보여라.

### 19.9.1 공간 같은 간격과 시간 같은 간격

두 사건 $E_1$과 $E_2$ 그리고 관련된 스칼라 식 (19.12)에 의하여 주어진 $S^{21}$를 고려하자. 만일 $S^{21}$이 양이라면 두 사건간의 간격은 "공간 같은"이라고 부른다.(이 경우 각 사건은 다른 사건의 빛 원뿔 안에 있다.) 이러한 간격에 대하여 두 사건간의 실제량 "고유 거리"를 다음과 같이 정의하는 것이 가능하다.

$$\sigma^{21} = (S^{21})^{1/2}$$

이 양은 사건이 동시가 되는 좌표계에서 두 사건간의 거리이다.

$$\tau^{21} = \frac{(-S^{21})^{1/2}}{c}$$

물리적으로는 사건이 같은 장소에서 일어나는 좌표계에서 두 사건간의 시간 간격이다. 쉬운 예는 우주선에서 빛이 두 번 번쩍거리는 것이다.

□ 연습 19.16

로렌츠 변환에 고유시간은 불변임을 보여라.

### 19.9.2 4-벡터 속도

고유시간을 정의하였으므로 이제 4-벡터 속도를 정의할 수 있다. 이것은 3-벡터와 중요한 면에서 다르다. 시간 $t$에서 위치 $x$, 시간 $t+dt$에서 위치 $x+dx$인 한 움직이는 입자를 생각하자. 이 두 사건은 잘 정의된 시공간 좌표 $x_\mu$와 $x_\mu + dx_\mu$에서 일어난다. 여기서 $dx_\mu$는 4-벡터이다. 두 사건사이의 고유시간은

$$d\tau = \left[-(dx_\mu, dx_\mu)\right]^{1/2}/c$$

4-속도는 다음과 같이 정의된다.

$$U_\mu \equiv \frac{dx_\mu}{d\tau} \qquad (19.15)$$

4-속도의 공간 부분은 보통의 3-속도와 비슷하게 보이지만 실제로 많이 다르다는 점에 유의하라. 움직이는 3-속도는 물체가 움직인 거리를 측정하고 걸린 시간으로 나누어 구한다. 여기서 거리와 시간은 무도 같은 좌표계에서 측정한다. (보통 정지했다고 가정한다.) 하지만 4-속도는 어떤 기준틀에서 측정한 거리를 고유시간으로 나누어 좌표계와 무관한 양이다. 이들의 차이는 3-속도 성분의 변환 방정식을 쓰고 4-속도의 변환 방정식과 비교해보면 나타난다. 차이는:

3-속도 변환 방정식들은:

$$\begin{aligned} u_x^* &= \frac{u_x - v}{(1 - vu_x/c^2)} \\ u_y^* &= \frac{u_y}{\gamma(1 - vu_x/c^2)} \\ u_z^* &= \frac{u_y}{\gamma(1 - vu_x/c^2)} \end{aligned}$$

이다. 4-속도 변환 방정식들은:

$$\begin{aligned} U_0^* &= \gamma(U_0 - \beta U_1) \\ U_1^* &= \gamma(U_1 - \beta U_0) \\ U_2^* &= U_2 \\ U_3^* &= U_3 \end{aligned}$$

---

**예제 19.5**

3-속도로 4-속도의 성분을 표현하라.

**풀이:** R*에 정지한 시계를 고려하자. 이 시계에서 읽은 고유시간을 $d\tau$로 표시한다. R에서 관찰자에 따른 시간 간격은 $dt$이다. 이 시간들은 다음과 같이 관련된다.

$$d\tau = \sqrt{1 - v^2/c^2}\, dt$$

4-속도는 다음과 같이 정의된다.

$$U_\mu = \frac{dx_\mu}{d\tau}$$

그러므로

$$U_1 = \frac{dx_1}{d\tau} = \frac{v_x dt}{\sqrt{1 - v^2/c^2 dt}} = \frac{v_x}{\sqrt{1 - v^2/c^2}} = \gamma v_x$$

비슷하게

$$U_2 = \gamma v_y$$
$$U_3 = \gamma v_z$$

최종적으로

$$U_0 = \frac{dx_0}{d\tau} = \frac{cdt}{\sqrt{1 - v^2/c^2 dt}} = \frac{c}{\sqrt{1 - v^2/c^2}} = \gamma c$$

이다.

---

**예제 19.6**

핵물리학자가 실험실 긴 의자 위에 $x$-축과 $y$-축에 표시할 하고 원점에는 방사능 원을 놓았다. 방사능 원은 $x$-축에 대하여 30°, 속력은 $2c/3$으로 알파입자를 방출한다. 4-속도의 네 성분을 구하라.

**풀이:** 세 개의 보통 속도 성분(실험실에 대한)은

$$u_1 = u_x = v\cos 30^\circ = \frac{2c}{3}\frac{\sqrt{3}}{2} = \frac{\sqrt{3}}{3}c$$
$$u_2 = u_y = v\sin 30^\circ = \frac{2c}{3}\frac{1}{2} = \frac{1}{3}c,$$
$$u_3 = u_z = 0.$$

4-속도 성분은

$$U_i = \gamma u_i \qquad (i = 1, 2, 3)$$
$$U_0 = \gamma c.$$

$\gamma = 1/\sqrt{1-(2c/3)^2} = \sqrt{9/5} = 3/\sqrt{5}$ 를 유의하라. 따라서

$$U_0 = \gamma c = \frac{3}{\sqrt{5}}c,$$
$$U_1 = \gamma u_1 = \frac{3}{\sqrt{5}}\frac{\sqrt{3}}{2}c = \sqrt{\frac{27}{20}}c$$
$$U_2 = \gamma u_2 = \frac{3}{\sqrt{5}}\frac{1}{3}c = \frac{c}{\sqrt{5}},$$
$$U_3 = \gamma u_3 = 0.$$

---

❐ 연습 19.17

4-벡터의 성분이 4-벡터처럼 변환됨을 명백히 보여라. 정의, 식 (19.15)로부터 출발하라.

## 19.10 상대론적 동역학

특수 상대론의 방법을 이용하여 두 기본적 동역학적 원리, 즉 운동 보존과 에너지 보존, 를 고려하는 것은 흥미롭다.

4-속도를 정의하였기 때문에 입자의 4-운동량을 다음과 같이 정의하는 것은 간단하다.

$$p_\mu = mU_\mu$$

여기서 $m$은 입자가 정지한 좌표계에서 측정한 입자의 질량이다. ($m$은 입자의 "정지 질량"이다.) 운동량의 시간과 공간 부분은

$$\begin{aligned} p_0 &= \gamma mc, \\ p_i &= \gamma mu_i, \qquad (i = 1, 2, 3) \end{aligned}$$

임에 유의하라. $u << c$에 대하여 4-벡터 $p_\mu$의 공간 부분은 고전적 3-벡터 운동량으로 줄어든다. 입자 계에 대하여 총 4-벡터 $P_\mu$는 다음의 성분을 갖다.

$$P_\mu = \sum_j p_{j\mu} = \sum_j m_j U_{j\mu}$$

여기서 $m_j$는 $j$번째 입자의 질량이다.

이제 운동량 보존을 고려하자. 일단의 입자가 서로 상호작용할 수 있지만 다른 입자와 구속되었다고 가정하자. (관심 대상의 일단의 입자에 작용하는 외력은 없다.) 뿐만 아니라 입자들은 모두 자신을 잘 유지하고 있다. (붕괴되거나 합쳐지는 입자는 없다.) 두 번째 조건은 곧 제거될 것이다.

다음은 4-운동량이 보존된다고 가정하자. (4-운동량이 보존되는 것을 증명하지는 않겠지만 이 보존이 방대한 실험적 증거에 의하여 확인되었고 이론적으로도 유도될 수 있음을 보장한다.) 그러면 총 4-운동량은 항상 같다. 즉

$$(P_\mu)_{t1} = (P_\mu)_{t2} \tag{19.16}$$

이 진술에 대한 결과는 무엇인가? 식 (19.16)은 3-운동량은 보존되고 이것은 예상된 것이다. 하지만 이것은 또한 $P_0$가 상수임을 의미한다. 즉

$$\sum_j \gamma_j m_j c = \text{constant}$$

여기서

$$\gamma_j = \left(1 - \frac{u_j^2}{c^2}\right)^{-1/2}$$

이항 전개를 이용하여 전개하면 다음을 얻는다.

$$\begin{aligned} P_0 &= \sum_j \gamma_j m_j c = c\sum_j \left(1 - \frac{u_j^2}{c^2}\right)^{-1/2} m_j \\ &= c\sum_j \left\{1 + \frac{1}{2}\frac{u_j^2}{c^2} + \frac{3}{8}\frac{u_j^4}{c^4} + \cdots\right\} m_j \\ &= \sum_j m_j c + \frac{1}{c}\sum \frac{1}{2} m_j u_j^2 + \cdots \end{aligned}$$

즉

$$cP_0 = \left(\sum_j m_j\right) c^2 + T + \mathcal{O}(1/c^2) \tag{19.17}$$

이다.

마지막 항은 무시할 수 있다. $T$를 $\sum \frac{1}{2} m_j u_j^2$로 쓰겠다. 왜냐하면 입자계의 운동에너지이기 때문이다. 상대론에서는 에너지와 운동량이 단일한 물리량 4-운동량으로 통합된다. 이제부터는 $cP_0$를 총 에너지인 E로 표시하겠다. (총 에너지를 $E = \gamma mc^2$로 쓸 수도 있다.)

단일 입자에 대하여 식 (19.17)을 쓰면

$$E \doteq mc^2 + T \tag{19.18}$$

이것은 입자의 총 에너지가 운동에너지와 어떤 물리량 $mc^2$의 합으로 주어짐을 말해준다. $mc^2$가 상수가 아닐까 의심할 수 있다 왜냐하면 이것은 거의 항상 에너지에 상수로 더해 질 수 있다고 받아들이고 오직 에너지의 차이만 고려하기 때문이다. 따라서 상대론은 오직 에너지에 상수를 더하는 것이라고 느낄지도 모른다. 하지만 총 에너지 $E$가 상수라면 이 해석은 운동에너지 $T$ 또한 상수이고 명백히 이것은 사실일 필요가 없다는 것을 의미한다. 두 입자의 상호작용(충돌)에서 상호작용이 완전 탄성이면 운동에너지는 보존된다. 그렇지 않다면 운동에너지를 잃어버린다. 일반적 물리적 기술에 의하면 에너지는 열로 전환된다. 상대론에 의하면 항 $mc^2$은 다른 형태의 에너지를 나타낸다.(열, 퍼텐셜 에너지, 화학에너지 등등) 식 (19.18)은 총 에너지 $E$는 운동에너지 $T$와 모든 다른 형태의 에너지의 합이다. 그러므로 만일 정지한 물체를 가열하면 $mc^2$의 값은 증가해야만 한다. $m$이 정지 질량임을 기억하라. 이것은 가열된 물체가 차가운 물체 보다 더 무겁다는 것을 의미한다.

정지한 물체의 총 에너지는(즉 $T=0$)는 다음의 잘 알려진 방정식으로 주어진다.

$$E = mc^2$$

예를 들어 1 g의 물을 가열하여 1℃ 올린다면 열 1 cal(4.186 J)를 공급하여야 한다. 물의 질량은 $4.18/c^2 = 4.64\times 10^{-17}$ kg 늘어날 것이다. 이것은 측정 불가능하다. 비슷한 방법으로 원자핵이 분열하고 파편이 원래의 원자핵보다 작다면 에너지가 방출된 것이다. 잘 알려진 대로 이 에너지는 꽤 중요하다.

때때로 입자의 정지 질량을 $m_0$라고 쓰면 간편하다. 그러면 입자의 운동량은

$$P_i = \gamma m_0 u_i, \qquad (i = 1, 2, 3)$$

그리고 "상대론 질량" $m_{\rm rel}$은 다음과 같이 정의된다.

$$m_{\rm rel} = \gamma m_0 = \frac{m_0}{\sqrt{1 - v^2/c^2}}$$

여기서 $v$는 입자의 속도이다. 이표기는 운동하는 입자의 질량이 속도에 따라 증가하고 속도가 $c$에 접근 할수록 무한대에 접근함을 제시한다. 상대론적 질량 개념이 필요 없는 변수라고 생각할 지도 모른다. 사실 현대의 물리학자들은 무시하는 편이다. 그럼에도 불구하고 상대론적 입자들은 충돌 문제를 풀 때는 상대론적 질량이 충돌에서 보존되기 때문에 유용하다.

## 19.11 요약

간략한 상대론의 복습으로 역학과 관련된 상대론의 국면만을 고려하고 전자기 현상을 탐구하지는 않겠다. 그럼에도 불구하고 아인슈타인을 이끌어 이 이론에 도달한 것은 전자기적 고려에 의했다는 것을 기억해야만 한다. 이 이론의 가장 중대한 개념은 로렌츠 변환에 들어가 있다. 이곳으로부터 시간 지연과 길이 수축이 나온다. 이 변환은 움직이는 쌍둥이의 상대적 나이같은 역설을 포함하여 많은 색다른 효과를 유도한다. 로렌츠 변환은

$$
\begin{aligned}
x^* &= \frac{x - vt}{\sqrt{1 - v^2/c^2}} \\
y^* &= y \\
z^* &= z \\
t^* &= \frac{t - \left(xv/c^2\right)}{\sqrt{1 - v^2/c^2}}
\end{aligned}
$$

이다. 시간 지연은 다음과 같이 기술된다.

$$\tau = \frac{\tau_0}{\sqrt{1 - v^2/c^2}}$$

그리고 길이 수축은 다음과 같이 주어진다.

$$l = l_0\sqrt{1 - v^2/c^2}$$

상대론적 속도의 덧셈은 다음과 같이 주어진다.

$$u = \frac{u^* + v}{1 + \frac{u^* v}{c^2}}$$

4차원 시공간 연속체의 한 점으로 표현되는 사건과 두 사건의 거리는

$$S = (x_1 - x_0)^2 + (y_1 - y_0)^2 + (z_1 - z_0)^2 - c^2(t_1 - t_0)^2$$

이다. 인과적으로 관련된 어떠한 두 사건은 같은 빛 원뿔에 있어야 한다.

민코프스키 도식은 새로운 물리를 도입하지는 않지만 상대론적 효과를 분석하는 데 도움을 준다. 이 도식은 자연적으로 4-벡터의 수학적 정의로 이끌리고 유명한

표현 $E = mc^2$를 구하는데 사용할 수 있다.

상대론에서 속도는 네 개의 성분을 가지며 다음에 따라 변환된다.

$$\begin{aligned} U_0^* &= \gamma(U_0 - \beta U_1) \\ U_1^* &= \gamma(U_1 - \beta U_0) \\ U_2^* &= U_2, \\ U_3^* &= U_3. \end{aligned}$$

4-벡터 운동량의 공간 부분의 상대론적 표현 $p_i = \gamma m u_i$가 움직이는 물체의 질량 증가로 자주 해석된다는 사실과 질량에 대한 다음 표현을 자주 볼 수 있다.

$$m = \frac{m_0}{\sqrt{1 - v^2/c^2}}\text{수식}$$

하지만 이론적 관점에서 이것은 질량이 아니라 기준틀의 운동에 영향 받는 운동량이다.

## 19.12 문제

**[문제 19.1]** R의 관찰자가 $x = 3$과 $t = 7ns$에서 사건을 측정한다. R* 틀은 공통축 $x$-축을 $v = 0{,}6c$로 움직인다. (a) R*의 관찰자가 측정한 상대론적 시공간 좌표는 얼마인가? (b) 갈릴레오 변환이 맞다면 R*에서 측정한 시공간 좌표는 어떻게 될까?

**[문제 19.2]** 로렌츠 변환을 써서 어떤 좌표계에서 정지한 시계를 향해 속력 $v$로 움직이는 관찰자에게는 시계의 정지 틀에서 관찰자가 읽는 시간에 비하여 시계가 $-lv^2/c^2$를 읽게 됨을 보여라. 측정 순간 두 관찰자는 같은 위치에 있고 시계로부터 거리는 $l$ (정지틀)이다.

**[문제 19.3]** R의 관찰자, 존은 위치 $x = -l, 0, +l$에 있는 세 개의 시계의 시간을 같게 맞춘다. (R* 틀에서 $x$를 따라 속력 $v$로 움직이는) 매리는 존의 기준틀의 원점을 지나는 순간에 세 시계를 관측한다. 매리에 따르면 시계는 $+lv^2/c^2$, $0, -lv^2/c^2$를 가리킴을 보여라.

**[문제 19.4]** 선형 가속기의 전자가 50 MeV를 가지고 있다. 이 전자는 길이 10 m의 튜브를 움직인다. (실험실 기준틀에 의하면) 전자의 관점에서 튜브의 길이는 얼마인가?

**[문제 19.5]** R의 관찰자가 시간이 3초, $x = 3 \times 10^8$ m에서 사건이 발생했다고 주목하였다. 기준틀 R*는 $x$의 양의 방향으로 $0.5c$의 속력을 가지고 있다. (a) R*의 관찰자에게는 사건의 좌표가 어떻게 되는가? (b) 음의 $x$방향으로 $0.5c$로 움직이는 기준틀 속의 관찰자에게는 사건의 좌표가 어떻게 되는가? **답:** (b) $8.66 \times 10^8$ m, $4.04s$

**[문제 19.6]** 두 사건 $E_1$과 $E_2$를 고려하자. R에서 처음 사건은 $x$-축을 따라 한 점에서 빛이 켜진 것이다. 두 번째 사건은 1000 m 떨어진 곳에서 1 ms 후 다른 빛이 켜진 것이다. (a) 두 사건이 동시가 되는 R에 대하여 속도 $v$로 움직이는 관성계 R*가 있다. 어찌하여 이것이 가능하진 설명하라. (b) R*의 상대 속력 $v$는 얼마인가? (c) R*에서 두 사건의 거리를 얼마인가?

**[문제 19.7]** 파이온은 반감기 $1.8 \times 10^{-8}$초(자신의 정지 틀에서)인 입자이다. 파이온 빔을 양성자와 어떤 적당한 물질과의 충돌로 만들었다고 하고 $0.99c$의 속력을 가지고 있음을 알았다. 38 m 떨어진 곳에서 측정을 하였더니 파이온의 반이 빔 안에 있다고 한다. (a) 이 결과는 고전물리에 따르면 모순이 있음을 보여라. (b) 시간 지연이 이 측정을 설명할 수 있음을 보여라.

**[문제 19.8]** 존과 매리 모두 우주선을 가지고 있다. 이들의 정지 틀에서 우주선의 길이는 200 m이다. 반대 방향을 향하여 이들이 지나쳤다. 매리는 존의 우주선이 지나가는 순간에 시간을 측정하여 $4\mu s$를 얻었다. (a) 두 우주선의 상대속도는 얼마인가? (b) 매리는 그녀의 우주선에서 두 개의 시계를 우주선의 양 끝에 각각 두었다. 각 시계는 존의 우주선의 기수가 그녀의 우주선에 정반대 일 때 켜진다. 그녀의 시계 사이의 시간차이는 얼마인가?

**[문제 19.9]** 운동에너지가 정지에너지($m_0c^2$)와 같은 입자의 속력은 질량과 무관함을 보여라. 속도를 구하라.

**[문제 19.10]** 전자가 퍼텐셜 차이, $5 \times 10^6$ V로 가속 된다. 실험실 틀에서 운동에너지와 속도를 구하라.

**[문제 19.11]** 매리의 우주선의 시계는 미터로 눈금이 매겨진 양의 $x$-축 방향으로 움직인다. 원점을 지났을 때 시계는 영을 가리키고 200 m 표시를 지났을 때는 0.5 $\mu$s를 가리킨다. 우주선을 얼마나 빨리 움직이는가?

**[문제 19.12]** $w \equiv ct$로 정의되는 새 변수 $w$로 로렌츠 변환 방정식을 공식화 한다고 하자. 그러면 로렌츠 방정식과 $x$와 $t$ 좌표의 역 변환은 다음과 같이 주어짐을 보여라.

$$x^* = \gamma(x - \beta w) \qquad x = \gamma(x^* + \beta w^*)$$
$$w^* = \gamma(w - \beta x) \qquad w = \gamma(w^* + \beta x^*)$$

여기서 $\beta = v/c$이다.(이 변환 방정식은 원래 것 보다 훨씬 대칭적이다.)

**[문제 19.13]** 태양 주위의 지구의 궤도 속력은 30 km/s이다. 태양에 대하여 정지한 정지 틀에서 관찰한 지구의 지름의 수축을 구하라. 지구가 직선을 움직인다고 가정하는 것이 타당한가?

**[문제 19.14]** 어떤 파이온은 지구의 대기권 상층부에서 질소 원자핵과 우주선(cosmic ray)과의 충돌에 의하여 만들어 진다. 이 파이온들은 매우 큰 속력을 가진다. $v = 0.998c$라고 가정하자. 정지한 파이온의 평균 수명은 26 ns이다. 파이온이 바로 아래로 움직인다고 가정하고 붕괴되기까지 지표면을 향해 얼마나 이동했는지를 구하라.

**[문제 19.15]** 레이아 공주가 우주선 착륙장의 한쪽 끝에서 루크 스카이워커 향해 점프를 할 준비를 하고 서서 기다리고 있다. 그녀는 착륙장 먼 끝에서 빛이 반짝이는 것을 보았다.(2.7 km 떨어져 있다.) 그리고 10$\mu$s 후에 200 m 떨어진 곳에서 이 반짝이는 것을 보았다. 루크 또한 이 반짝임을 보았지만 이들이 같은 위치라고 생각했다. (a) 이 정보를 이용하여 루크의 움직이는 속력을 계산하라. (b) 루크의 기준 틀에서 반짝거리는 시간 간격은 얼마인가? **답:** $0.83c$

**[문제 19.16]** 두 사건에 관련된 시공간 간격 $S^{21}$은 로렌츠 변환에 불변임을 보여라. 사건들은 공통 $x$-축 상에서 일어났다고 가정해도 된다.

**[문제 19.17]** 상대론은 빛의 수차를 정확히 예측한다. (이 현상은 다음과 같이 기술된다: 지구가 정지했고 특별한 별이 머리위에 있다면 망원경을 똑바로 세워 별을 관찰할 수 있다. 하지만 지구가 움직이고 있으므로 똑바로 위에서 벗어난 작은 각으로 망원경을 맞추어 보상하여야 한다.) 빛의 수차는 정지 틀에서는 광선이 $x$-축과 각도 $\theta^*$를 이루는 것이 움직이는 틀에서는 각 $\theta$를 이루는 것을 의미한다. 여기서

$$\tan\theta = \frac{\sin\theta^* \sqrt{1 - v^2/c^2}}{\cos\theta^* + v/c}$$

R*에 정지한 광원을 고려하자. 반각 $\theta^*$의 원뿔 속으로 방출된 빛의 비율은

$$f = \frac{1}{2}(1 - \cos\theta^*)$$

이다. 이 문제에서 움직이는 틀에서 같은 양의 빛이 반각 $\theta$의 더 작은 원뿔속으로 방출되는 것을 보이는 것이다. (a) 관계식 $f = (1 - \cos\theta^*)$를 유도하라. (b) $\theta^* = 40°$로 가정하고 정지한 광원이 정지한 좌표계에서 $f$를 구하라. (c) $v = 0.9c$로 움직이는 틀의 원뿔속으로 같은 양의 빛이 방출되었을 때 반각을 계산하라. (d) 어찌하여 이 현상을 헤드라이트 효과라고 하는가?

**[문제 19.18]** 전자가 정지한 상태에서 $0.98c$로 가속될 때 전자에 가해 준일을 계산하라. **답:** $3.3 \times 10^{13}$ J

**[문제 19.19]** 운동량이 $m_0c$인 입자의 운동에너지와 속력을 구하라.

**[문제 19.20]** 광속으로 움직일 수 있는 물체는 정지 질량이 영이어야 함을 보여라.

**[문제 19.21]** 양성자가 실험실 틀에서 $0.995c$로 움직인다. 운동에너지는 얼마인가? 운동량은 얼마인가?

**[문제 19.22]** 질량 $m_0$인 두 개의 동일 입자가 $\pm 0.5c$의 속력으로 서로 접근하여 완전 비탄성 충돌을 한다. 최종 (복합) 입자의 운동량과 에너지는 얼마인가?(입자의

운동량은 $p = \gamma m_0 v$로 주어짐에 유의하라. 여기서 $\gamma = \gamma(v)$는 특정한 입자의 속력에 의존한다.)

**[문제 19.23]** 어떤 특별한 기준틀(아마도 실험실 틀)에서 한 입자가 $0.8c$로 이동하여 정지한 동일입자에 충돌하고 달라붙었다. (a) 결과의 복합 입자의 운동량을 구하라. (b) 속력은 얼마인가? (c) 고전물리학의 얼마의 속력을 주는가?(입자들은 정지 했을 때 질량이 $m_0$라고 가정해도 된다.)

**[문제 19.24]** 실험실 틀에서 $0.8c$로 움직이는 입자가 정지한 자와 탄성 충돌한다. 날아오는 입자의 정지 질량은 정지한 입자의 정지 질량의 세배이다. 충돌 후 두 입자의 속도를 구하라. (힌트: 총 운동량이 영인 좌표계로 변환하라. 두 번째 힌트: 운동량 중심계의 속력은 $v_c = P_T c^2/E$이다. 여기서 $P_T$와 $E$는 총 운동량과 에너지이다.)

**[문제 19.25]** 잘 절연된 20℃로 유지된 용기가 불가능 하리 만큼 정확한 저울위에 놓여 있다. 용기에 0℃의 50 g의 얼음덩이를 올리고 20℃에서 평형에 도달하기까지 긴 시간을 기다렸다. 저울의 눈금은 얼마나 변했을까?

**[문제 19.26]** 상대론적 기차의 속도는 기차 밖에 철로 옆의 서 있는 인부에 대하여 $4/5c$이다. 기차의 승객이 기차의 길이를 200 m로 재었다. 번개 두 개가 기차에 떨어졌다. 하나는 앞쪽 끝에 또 하나는 기차 뒤 끝에 떨어졌다. 승객은 번개가 정확히 같은 순간에 기차에 떨어졌다고 얘기한다. 번개가 기차의 뒤 끝에 떨어졌을 때 기차의 뒤 부분은 인부의 정확히 반대편이었다. 인부가 기차의 앞부분에 번개가 쳐서 번쩍거림을 볼 때 까지 얼마의 시간이 필요한가?

**[문제 19.27]** 직각 삼각형 형태의 나무 쐐기가 $4/5\,c$로 비행하는 우주선에 실려 있다. 삼각형의 규격은 정지 틀에서 4, 5, $\sqrt{41}$ m이다. 정지 틀에 대하여 삼각형의 규격을 계산하여 삼각형의 형태를 결정하라 면적 비는 얼마나 변했는가?

**[문제 19.28]** 별표 좌표는 원래 좌표와 평행하지 않는 일반적 경우에 $a_{\mu\nu}$를 구하라. 세 번째 좌표계로의 변환은 다음과 같음을 보여라. $a_{\lambda\mu}{}' = \sum a^*_{\lambda\mu} a_{\mu\nu}$.

CHAPTER 20

# 고전 혼돈 이론(선택)

이 책은 적분 가능한 문제 즉 운동방정식이 적분되어 닫힌 형태의 근을 주는 문제에 대하여 집중하여 왔다.

어떤 문제들은 닫힌 형태의 근(풀이)을 주지 않는다. 그럼에도 불구하고 수치적으로는 적분이 가능하고 잘 거동하는(well behaved) 근으로 발견된다. 이런 종류의 문제의 예는 달의 운동이다. 알고 있겠지만 달은 태양과 지구(제 1의 영향인) 뿐 아니라 다른 행성의 중력에 영향을 받는다. 최종 운동방정식은 매우 복잡하며 해석적 방법으로 적분할 수 없다. 하지만 수치해로는 얻을 수 있다. 달이 지구 주위를 수십 억년 계속 돌게 될 것을 알게 될 것이다.

달의 운동을 고려함에 태양과 행성들의 효과는 우세한 운동이 적분가능하고 약한 상호작용은 섭동으로 취급하는 섭동 방법으로 취급할 수 있다. 이 예는 10.10절에 있고 여기서 이전에 원 궤도의 작은 섭동의 효과를 고려하였다. (이 섭동은 행성과 혜성의 충돌이었다.)

대부분의 역학적 계 또는 초기 조건의 작은 변화인 경우는 원래의 근과 크게 다르지 않은 근을 얻는다. 이러한 경우는 규칙적 또는 표준이라 부른다.

하지만 초기 조건의 작은 변화에 대해서 극적으로 다른 운동으로 이끌리는 물리적 계도 있다. 이런 계와 근은 혼돈 적이라고 한다. 하지만 이러한 계가 완전히 결정적임에 유의하라. 정확하게 같은 조건으로 계를 다시 시작하면 계는 정확하게 같은 과정을 따를 것이다. 하지만 이러한 근은 예측가능하지는 않다. 왜냐하면 결코 절대적으로 정밀[1]하게 알려질 수 없는 초기 조건에 극히 민감하기 때문이다.

---

1) 혼돈 운동의 좋은 설명이 Herbert Goldstein, C,.Poole, J. Safko, 고전 역학, Addison Wesley, San Francisco, 11장에 나와 있다.

예측할 수 없는 확률적 거동을 하는 계인 마구잡이 계는 여기서 고려하는 혼돈의 예가 아니다. 고전 혼돈은 어느 정도의 규칙성을 가진 운동의 형태이다. 완전히 마구잡이 계는 예측할 수 없는 것이 아니라 혼돈계가 결정적이며, 어떤 순간의 계의 상태를 안다면 이러한 계의 미래 거동을 예측할 수 있다.

어떤 계는 혼돈적이고 다른 계는 그렇지 않은가에 대하여 궁금하다면 그럴 듯한 대답은 "혼돈은 비선형 운동방정식의 결과이다"

## 20.1 배위 공간과 위상 공간

물리계의 라그랑지안은 좌표와 속도의 함수이다. 예를 들어, 용수철의 질량에 대한 라그랑지안은 $x$와 $\dot{x}$로 표현가능하다. 다음과 같다.

$$L = T - V = \frac{1}{2}m\dot{x}^2 - \frac{1}{2}kx^2$$

임의의 순간에 계의 상태는 $x$와 $\dot{x}$의 값으로 기술된다. $\dot{x}$ 대 $x$의 그림 상에서 계의 상태는 한 점으로 표현된다. 시간이 지나감에 따라, $x$와 $\dot{x}$의 값은 변할 것이고 점은 경로를 그릴 것이다.

이중 진자의 라그랑지안은 $\theta_1$, $\theta_2$와 $\dot{\theta}_1$, $\dot{\theta}_2$의 함수로 표현할 수 있고 그림 11.10의 두 질량과 용수철의 계는 두 좌표, $x_1$, $x_2$ 두 속도, $\dot{x}_1$, $\dot{x}_2$에 의존하는 라그랑지안을 갖는다.

임의의 순간에 위치($x_1$과 $x_2$ 같은)의 값은 계의 배위를 기술하고 $x_1$ 대 $x_2$의 그림은 배위 공간의 계의 표현이다.

물리계를 기술하기 위한 다른 방법은 해밀토니안을 주는 것이다, 해밀토니안은 운동량과 위치의 함수임을 기억하고 있다. $H = H(p, q)$. 예를 들어 용수철의 질량의 해밀토니안은

$$H = \frac{p^2}{2m} + \frac{k}{2}x^2$$

이다.

또다시 임의의 순간에 계의 상태는 $p$와 $x$의 값으로 주어진다. 일차원 계에 대하여

상태는 $p$ 대 $x$의 그림의 한 점으로 표현된다. $p$와 $x$의 시간의 값이 변함에 따라 $p$와 $x$가 변하고 이 점은 $p_x$평면의 경로를 그릴 것이다. 이평면을 "위상 공간"이라고 부르고, 경로를 위상 공간 궤적이라고 부른다. 대부분의 단순 계에 대하여 운동량과 속도는 $p = m\dot{x}$로 연결되어 $\dot{x}$ 대 $x$의 그림은 위상 공간 그림(또는 위상 공간 "풍경화")라고 부른다.

비록 혼돈적 운동은 주기적이지 않지만 주기운동의 어떤 국면을 고려하여 연구를 시작하는 것이 편리하다. 두 개의 주기적 계에 익숙할 것이다: 단순 조화 진동자와 케플러(이체) 문제. 케플러 문제는 두 개의 서로 다른 주기성, 말하자면 지름방향 운동의 주기성 및 각운동의 주기성, 이 개입되기 때문에 흥미롭다.

타원 궤도의 입자의 지름 위치는

$$r = \frac{a\left(1 - e^2\right)}{1 + e\cos\theta}$$

각속도는 다음과 같이 주어진다.

$$\dot{\theta} = \frac{l}{mr^2}$$

제10장에서 고려한 것처럼, 이제 섭동 없는 이체 계가 축퇴되었다. 축퇴란, 즉 지름 운동의 주기가 각운동의 주기와 같고 궤도는 계속 반복된다. $r$ 대 $\theta$의 배위 공간 그림은 단순히 입자의 타원 궤도이다.

케플러 입자의 해밀토니안은 $p_r$, $p_\theta$, $r, \theta$의 함수이다. 이 운동에 대하여 위상 공간 그림을 그리는 것이 재미있다. 또 보통 그림은 운동량 대 위치가 아니라 $\dot{r}$ 대 $r$와 $\dot{\theta}$ 대 $\theta$와 같은 그림임을 유의하라. 그림 20.1은 임의의 단위를 이용한 $e$의 여러 값에 대한 그림이다.

❒ 연습 20.1

$k = 1$ $m = 1$이라 놓고 $H=1$, 2, 3에 대한 용수철에 대한 위상 공간 그림을 그려라.

❒ 연습 20.2

그림 20.1의 그림은 $e = 0$일 때 어떻게 될까?

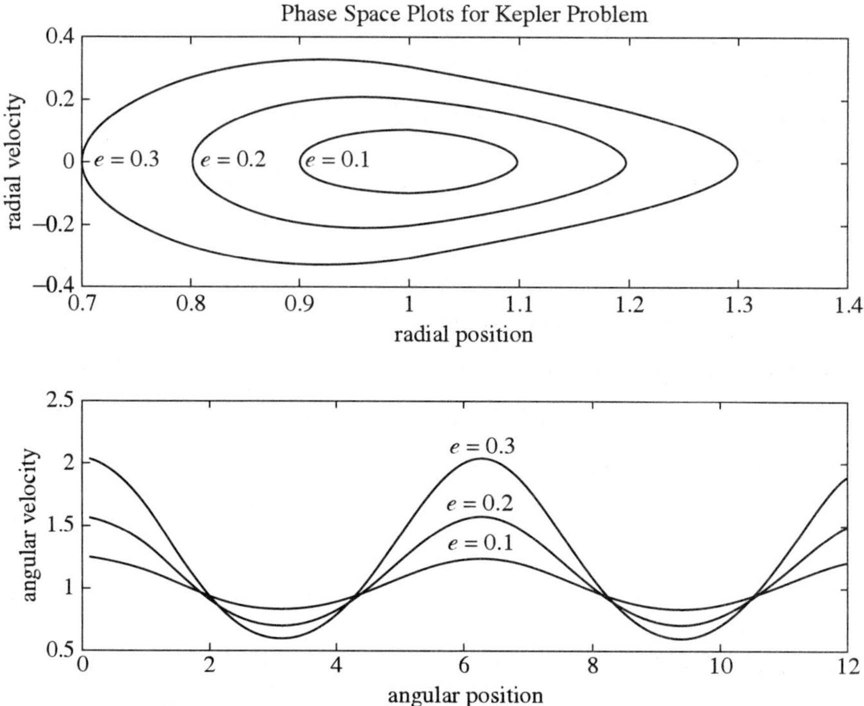


그림 20.1 ▌ 임의의 단위로 나타낸 케플러 운동에 대한 위상 공간 도식. 위 패널($\dot{r}$ 대 $r$), 아래 패널($\dot{\theta}$ 대 $\theta$)

## 20.2 주기 운동

비록 제4장에서 해밀토니안을 도입했지만 고려했던 여러 동역학적 문제를 풀 필요는 없었다. 하지만 혼돈을 연구하기 위하여 해밀토니안 접근은 필수 불가결하다.

해밀토니안이 운동량, 위치와 시간의 함수임을 기억하라. 그러므로:

$$H = H(p_1, p_2, \cdots, p_n; q_1, q_2, \cdots q_n; t)$$

여기서 $n$은 자유도이다. 앞으로 시간에 의존하지 않는 해밀토니안만 고려하고자 한다.

제4장으로부터 운동방정식은 해밀토니안 형식은

$$\dot{p}_i = -\frac{\partial H}{\partial q_i} \quad \text{and} \quad \dot{q}_i = +\frac{\partial H}{\partial p_i}$$

이다. (식 4.19를 보라.) 또한 대부분의 보통 조건하에서 해밀토니안은 총 에너지가 되고 다음과 같이 쓸 수 있다.

$$H = T + V$$

주기 운동의 예로 독립적으로 서로 직교하는 방향으로 운동하는 이중 진동자를 고려하자. 이러한 계에 대한 해밀토니안은 다음과 같이 쓸 수 있다.

$$H = \frac{(p_1')^2}{2m_1} + \frac{1}{2}m_1\omega_1^2(q_1')^2 + \frac{(p_2')^2}{2m_2} + \frac{1}{2}m_2\omega_2^2(q_2')^2 \qquad (20.1)$$

이는 단지 $E_1 + E_2 =$ 총 에너지이다. 다음과 같이 정의된 규격화 $p_i$, $q_i$로 변형하는 것이 편리하다.

$$p_i = \frac{p_i'}{\sqrt{2m_i}} \text{ and } q_i = q_i'\sqrt{\frac{1}{2}m_i\omega_i^2}$$

이 $p$와 $q$로 표현한 해밀토니안은

$$H = p_1^2 + q_1^2 + p_2^2 + q_2^2 = E_1 + E_2$$

이다. 위상 공간 그림은 그림 20.2에 보인 것처럼 단순히 반지름 $\sqrt{E}$인 원이다.

두 도식을 한 그림에 표현하는 것이 흥미롭다. $\omega_2 >> \omega_1$를 가정하자. 첫째 $p_1$ 대 $q_1$을 수평면의 원으로 그린다. 다음 $p_2$ 대 $q_2$를 연직 평면에, $p_2$는 수평면에 직교하고 $q_2$축은 원점을 향하도록 선택하여 그린다. 그러므로 주어진 순간에 조합 그림은 그림 20.3의 두 원이 될 것이다.

한 순간에 계의 상태는 높은 진동수 원의 위치가 $p_2$와 $q_2$의 주는 한 점으로 표현된다. $p_2$과 $q_1$의 순간 값들은 작은 원의 중심의 위치로 주어진다. 높은 진동수 원이 큰 원을 그리는 시간이 흘러감에 따라 점은 나선(helix)을 그린다.

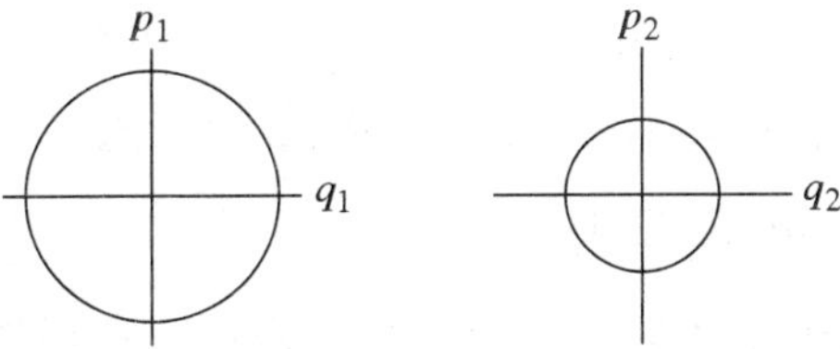


그림 20.2 ▌ $E_2 < E_1$인 경우의 이중 진동자의 위상 공간 도식

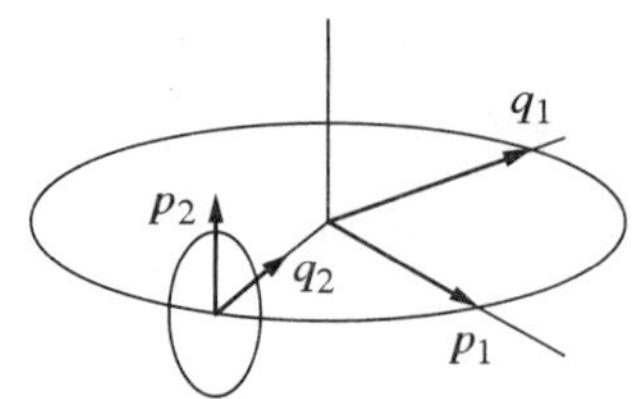


그림 20.3 ▌ 이 중 진동자의 위상 공간 도식

마침내 점의 모든 위치는 토러스를 만들 것이다. 계의 상태를 나타내는 점은 토러스의 면 위에서 운동한다. 만일 두 진동수가 유리수라면 즉

$$\frac{\omega_2}{\omega_1} = \text{ an integer}$$

그러면 계의 궤적은 닫힐 것이고 경로는 계속해서 반복할 것이다. 진동수가 유리수가 아니라면 궤적은 결코 닫히지 않고 계는 점점 토러스의 면을 덮을 것이다. 마침내 토러스 면의 모든 점에 가까워 질것이다.

세 진동자인 경우 운동은 3-D 면에서 일어나고 6차원 3-토러스라고 부른다. (변수는 $p_1$, $q_1$, $p_2$, $q_2$, $p_3$, $q_3$이다.)

## 20.3 끌개

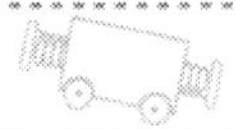

만일 구속되고, 주기적인 동역학적 계가 작은 섭동에 영향을 받는다면 이 계의 거동은 약간 바뀌겠지만 여전히 구속될 것을 예상한다. 러시아의 수학자 콜모고로프, 후에 아르놀트와 모세 등이 이 효과에 대한 정리를 개발하고 증명하였다. 후에 KAM 정리로 알려진 이것은 작은 섭동에 영향을 받는 구속 계는 계속 구속 상태에 있다는 것이다. 하지만 이 정리는 초기 조건이 잘 맞으면 일어날 혼돈 운동을 허락하지 않는다.

작은 섭동력을 받고 있는 주기적 계를 고려하자. 궤도는 붕괴하고 위상 궤적은 위상 공간의 한 점으로 끝날 것이고 계속 그 점에 머무를 것이다. 또는 계는 안정 궤도로 가고(한계 사이클) 그 궤도 주의를 계속 돌 것이다. 이런 경우에서 점 또는 안정 궤도를 끌개라고 한다.

다른 말로 끌개는 보통 긴 시간 간격 후에 근이 변화하여 도달한 위상 공간의 점들의 집합이다. 예를 들어 단진자를 고려하자. 섭동 없는 진자의 운동은 위상 공간

의 원으로 기술된다. 하지만 작은 섭동, 말하자면 약간 끌림 힘, 이 있으면 진자의 진폭은 진자가 멈출 때까지 점점 줄어들고 운동량은 차츰 감소한다.

만일 위상 공간상에서 그림을 그린다면 원점($p_\phi = 0$, $\phi = 0$)에서 끝나는 안쪽으로 들어가는 나선 궤적을 보게 될 것이다. 이 경우 원점은 끌개가 된다.

또 다른 예는 혜성 충돌에 의한 행성의 섭동의 경우이다. 10.10절에서 보았듯이 원래 원 궤도는 타원궤도로 변한다. 하지만 행성은 이후에 타원 궤도에 머무른다. 이 최종의 궤도는 섭동 행성에 대한 끌개이다. 이것은 한계 사이클이다.

위상 공간에서 한 점이 끌개라면(진자의 경우처럼) 차원이 영인 끌개라 부른다. 만일 끌개가 행성의 경우처럼 한계 사이클이라면, 차원이 1인 끌개이다. 만약 끌개가 토러스의 면이라면 끌개의 차원이 2이다.

혼돈 운동과 관련된 어떤 끌개는 비 정수 차원을 가지고 "별난 끌개"라고 부른다. 별난 끌개의 경우 위상 공간 점들이 위상 공간의 어떤 영역을 가고 또 가서 = 일련의 점으로 채운다. 이를 종종 혼돈의 특징(signature of chaos)라고 한다.

일차원 끌개를 가진 계의 예로서 반 데어 폴 방정식을 고려하자.

$$m\frac{d^2x}{dt^2} - \epsilon(1-x^2)\frac{dx}{dt} + m\omega_0^2 x = F\cos\omega_d t \qquad (20.2)$$

이 방정식은 실제로 역학적, 전기적, 생물학적 계의 진동을 잘 기술한다. 이 방정식은 비선형 감쇠, 강제 진자의 방정식의 형태를 하고 있다. $F=0$과 $\epsilon=0$면 단순 조화 운동이 됨을 주목하라. 만일 $F=0$, $\epsilon$이 작다면 그림 20.4에 나타낸 것처럼 위상 공간 궤적은 원에 접근한다. (한계 사이클)

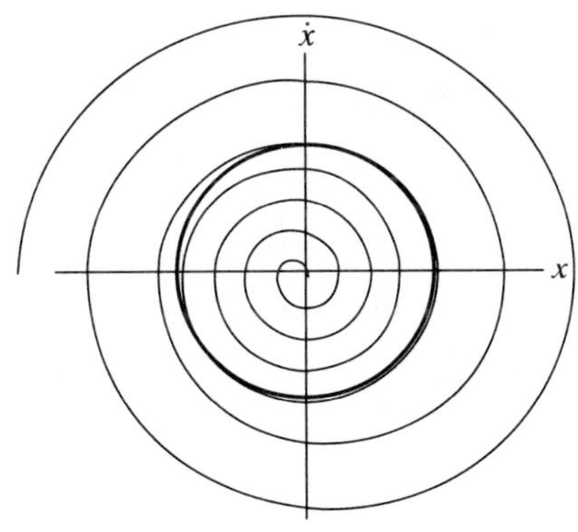


그림 20.4 ▌ $x_2$이 1보다 큰지 작은지에 따라 계는 한계 사이클을 향해 나선상으로 들어가거나 나간다. 더 큰 감쇠에 대하여 한계 사이클은 형태가 왜곡된다.

❐ 연습 20.3

감쇠 진동자에 대하여 위상 공간 궤적을 그려라.

## 20.4 혼돈 궤도와 리아프노프 지수

만약 위상 공간 궤적이 한 점 또는 한계 사이클에서 끝이 나면 운동은 잘 거동(well behaved)하고 궤적은 위상 공간의 제한된 영역에 국한된다. 이러한 운동은 명백히 혼돈적이지 않다.

하지만 때때로 궤적은 마구잡이식으로 돌아다녀서 위상 공간의 영역을 채울 것이다. (물론 이것은 앞 절의 별난 끌개이다.) 궤적은 결코 같은 위상 공간 점을 두 번 지나지 않는다. 이것이 혼돈 운동 이고 다음의 세 성질로 특징 지워 진다.

**성질 1: 섞임**

만일 $I_1$과 $I_2$가 운동 정의구역의 작은 부분이라면, 궤도 또는 궤적은 $I_1$을 지나 종국에 $I_2$를 지날 것이다.

**성질 2: 밀집, 준 주기 궤도**

혼돈 궤도는 준 주기적이라고 부른다. 왜냐하면 반복적으로 정의구역의 전 영역을 통해 지나가기 때문이다. 하지만 궤적은 닫히지 않고 방문과 재방문 사이 시간에 주기성이 없다. (규칙성이 없음)

**성질 3: 초기 조건에 민감성**

초기 조건의 작은 변화가 최종 상태의 큰 변화에 이를 수 있다. 예를 들어 비 혼돈적인 시냇물의 흐름에서 두 개의 근방의 물 입자는 계속 가까이 있을 것이지만 흐름이 난류라면 이들은 떨어져 점점 거리가 증가할 것이다.

초기 조건에 대한 민감성의 측정은 리아프노프 지수로 주어진다. 거의 동일한 궤도의 두 근방 점을 고려하자. 만약 $t=0$일 때 이들 간의 거리가 $s_0$라면, 나중에 이들의 거리는

$$s(t) \sim s_0 e^{\lambda t} \tag{20.3}$$

이다. 여기서 $\lambda$는 리아프노프 지수라고 부른다. 만일 $\lambda > 0$면, 운동은 혼돈 적이고 s는 좌표 공간의 가능한 모든 공간의 크기가 될 때까지 점점 커질 것이다. 그 후에는 시간에 따라 마구잡이로 변할 것이다.

만약 $\lambda < 0$ 이면 계는 규칙적 끌개로 접근한다.

근방의 행성들의 경우 $\lambda \approx 3 \times 10^{-10}$/년로 믿어지고 있어서 태양계는 혼돈적인 것 같다, 비록 겨우 그런 것 같지만. 이 경우는 한계 안정성의 경우이다.

## 20.5 포앙까레 사영

다시 해밀토니안이 식 (20.1)로 주어진 이중 진동자를 고려하자. 두 진동자의 운동은 독립적이다. 즉 운동은 결합되어 있지 않다. 두 위상 공간 그림은 두 개의 원이었고 예상대로 두 진동은 독립적이었다. 그럼에도 불구하고 운동을 하나의 약간 복잡한 그림으로 표현할 수 있다.

하지만 만약 운동은 독립적이지 않다면, 상황은 훨씬 더 복잡해진다. 예를 들어 어쩌면 해밀토니안은 $q_1^2 q_2$항을 포함하고 있다. 이 경우 위상 공간 그림은 일반적으로 분리가 되지 않고 축이 $p_1$, $p_2$, $q_1$, $q_2$인 4차원 위상 공간을 이용할 필요가 있다.

하지만 총 에너지가 상수라고 하자. 이것은 구속조건을 준다. 각 구속조건이 독립변수의 수를 하나씩 낮추는 것을 기억하라. 따라서 운동은 위상 공간의 3차원 영역에 국한된다. 이것은 3차원 에너지 면 또는 에너지 초곡면이라 부른다. 예로서 케플러 운동을 고려하자. 직교 좌표에서 위치는 $x$와 $y$로 표시된다. 해밀토니안은 $p_x$, $p_y$, $x$, $y$의 함수가 될 것이다. 하지만 만약 에너지가 상수라면 이 좌표들 간에는 관계가 있다. 즉

$$E = T + V = \frac{p_x^2}{2m} + \frac{p_y^2}{2m} - \frac{k}{(x^2+y^2)^{1/2}} \tag{20.4}$$

운동을 상상을 하는 가장 쉬운 방법은 에너지 초곡면의 2차원 단면을 잡으면 된다. 이 2-D 단면은 포앙까레 단면 또는 좀 더 흔하게 단면 곡면으로 부른다. 물론 궤도는 그림 20.5에서 보인 것처럼 타원이다.

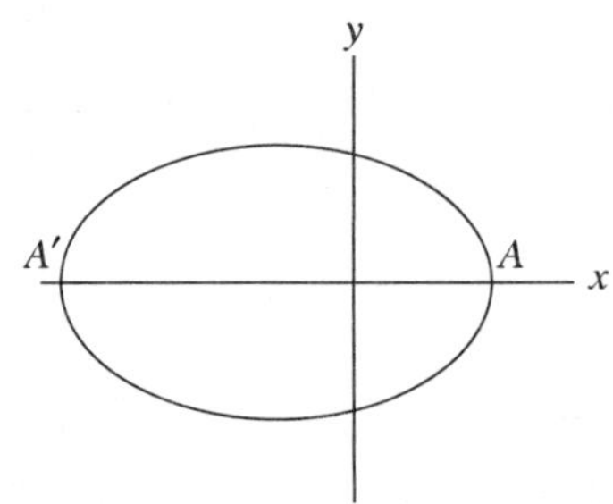


그림 20.5 ▌ 배위 공간에서 케플러 궤도 A와 A'는 근점과 원점이다.

점 $A$와 $A'$에서 운동량의 $x$의 성분은 영이다. 이 두 점(즉 $y=0$일 때)에서 $x$, $p_x$ 값을 그리면 그림 20.6에서 나타낸 극히 단순한 그림을 얻는다.

단면 곡면은 오직 두 특징, $x=A$와 $x=A'$에서의 점들을 가진다. 보통 잘 보이지 않기 때문에 그림의 왼쪽 부분에 색을 칠하였다. 그러면 단면 곡면은 $x=A$의 오직 한 점만 가진다. 이것은 $y=0$일 때 마다 $x$의 값은 $A$이고 $p_x$의 값은 영인 것을 의미한다. 명백하게 운동은 규칙적이다.

이제 일종의 섭동이 타원 궤도를 세차 운동하도록 한다. 그러면 궤도는 그림 20.7의 일반적 형태를 가진다.

$y=0$일 때 행성은 항상 근일점에 있는 것은 아니고 $x$, $p_x$의 평면을 통하여 점점 그림 20.8에 보인 궤도를 따라 움직인다. (점은 A에서 B에서 C로 그리고 등등으로 차츰 움직이는, 그림에서 나타낸 $x$, $p_x$곡선을 만든다.)

그러므로 포앙까레 단면은 4-D 위상 공간 속의 3-D 에너지 초곡면을 통한 2-D 단면 이다. 더 높은 차원 위상 공간에 대하여 포앙까레 곡면을 그리는 것이 가능하지만 유용성은 주로 4-D 위상 공간으로 제한된다.

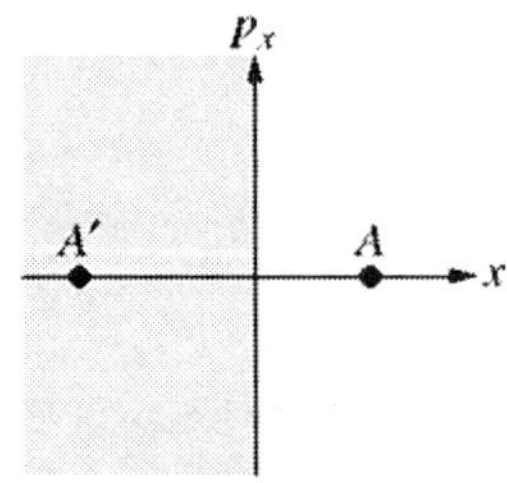


그림 20.6 ▌ 케플러 궤도에 대한 단면 곡면

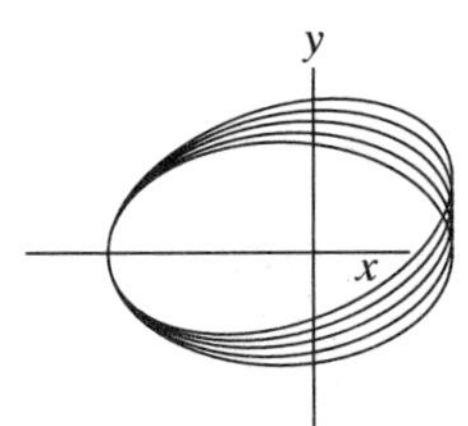


그림 20.7 ▌ 세차 운동하는 타원 궤도

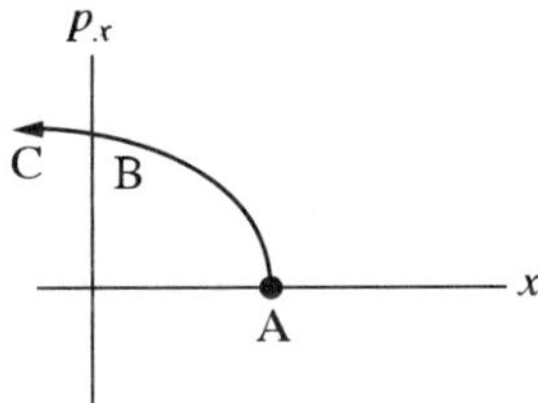


그림 20.8 ▌ 세차 운동하는 타원의 단면 곡면

## 20.6 헤논-하일즈 해밀토니안

헤논과 하일즈[2)]는 은하의 별의 운동은 다음의 2차원 해밀토니안으로 근사될 수 있음을 제안하다:

$$H = \frac{p_x^2}{2m} + \frac{p_y^2}{2m} + \frac{k}{2}(x^2 + y^2) + \lambda(x^2 y - \frac{1}{3}y^3) \tag{20.5}$$

여기서 $k$는 중력 상수와 관련있다. 필수적인 정보를 잃지 않고 단순히 하기 위해 $k=1$, $m=1$이라 하자. 만약 $\lambda=1$이면 운동방정식은

$$\begin{aligned} \ddot{x} &= -x - 2xy, \\ \ddot{y} &= -y - x^2 + y^2 \end{aligned} \tag{20.6}$$

$\lambda=1$에 대하여 퍼텐셜 에너지는

$$V = V(x, y) = \frac{1}{2}(x^2 + y^2) + x^2 y - \frac{1}{3}y^3$$

2) M.Henon과 C.Heiles, 운동의 제3적분의 응용: 몇 개의 수치 실험(The applicability of the third integral of motion: Some numerical experiments.) Astronomical Journal, 69, 73-79, 1964

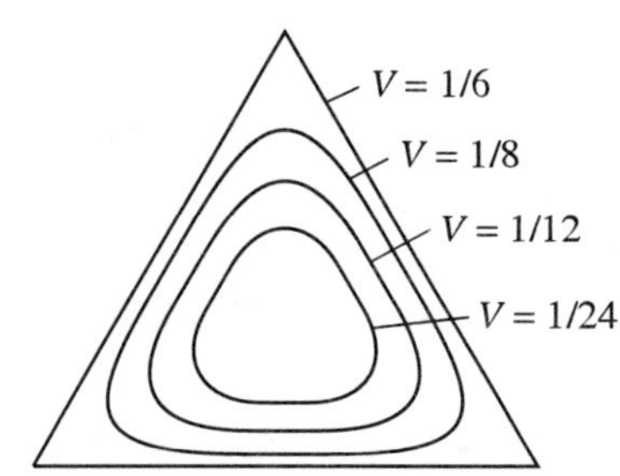


그림 20.9 ▌ 헤논-하일즈 퍼텐셜의 등 퍼텐셜선

이 표현은 총 에너지의 선택에 의존하는 흥미로운 형태이다. 총 에너지의 매우 작은 값에 대하여 위치 변수는 작고($x$, $y << 1$) 세제곱 항은 무시할 수 있어서 $V \approx \frac{1}{2}(x^2+y^2)$이다. 이것은 $xy$-평면의 원이다. $V$의 값에 따라 원은 커지거나 작아진다. $V$의 큰 값(하지만 $V < 1/6$은 만족하는) 등 퍼텐셜 곡선은 그림 20.9에서 표시된 형상을 가진다. $V = 1/6$에서는 등 퍼텐셜은 경계선 삼각형이다.

이 해밀토니안에 대한 단면 곡면을 얻는 것은 재미있고 교육적이다. 방법은 에너지 어떤 값을 선택해서 운동방정식 (20.6)을 적분한다. $x = 0$이면 항상, $y$와 $\dot{y}$ 값들이 $y\dot{y}$-평면상의 점들로 그려진다.

예를 들어 에너지가 1/12이며 초기 조건이 $x = 0$, $y = 0.02$, $\dot{y} = 0.08$을 가정하자. $\dot{x}$의 초기 값은 총 에너지로부터 측정가능하다.

$$E = \frac{1}{2}\dot{x}^2 + \frac{1}{2}\dot{y}^2 + \frac{1}{2}(x^2+y^2) + x^2y - \frac{1}{3}y^3$$

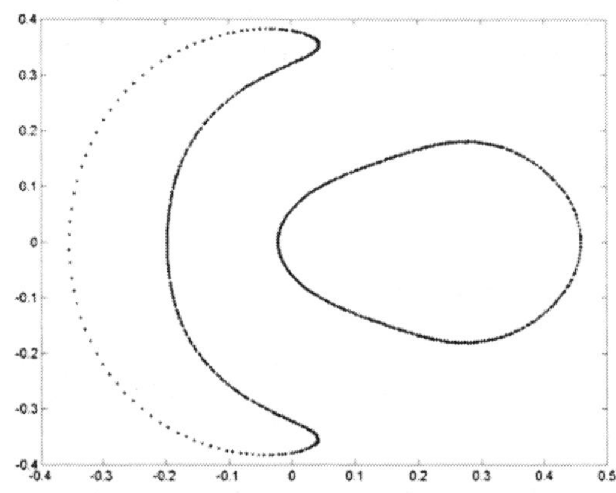

그림 20.10 ▌ 초기 조건 $y = 0.02$, $\dot{y} = 0.08$과 $E = 1/2$에 대한 헤논-하일즈 퍼텐셜의 단면 곡면

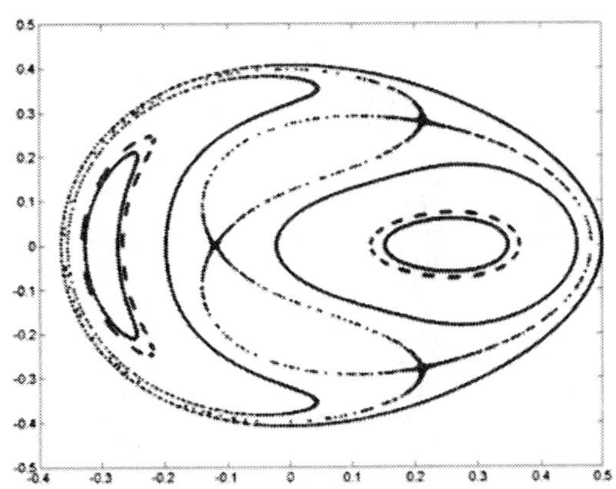

그림 20.11 ▌ E=1/2와 초기 조건 $(y,\dot{y})=(0.02,-0.08),(499,0),(.2,.05)$에 대한 헤논-하일즈 퍼텐셜의 단면 곡면

이며 $\dot{x}=0.4$이다. $x$와 $y$의 새로운 값이 운동방정식으로부터 얻어 질 수 있다. 매번 $x=0$이 나타날 때 마다, $y$와 $\dot{y}$가 그려진다. 그림 20.10에 그림이 나타나 있다. 만일 그림이 만들어지는 것을 주시한다면 처음 마구잡이 점집합이 $y\dot{y}$의 평면상에 이곳저곳에 찍히는 것을 볼 수 있을 것이다. 하지만 많은 점이 찍히고 난 후 패턴이 형성되기 시작하는 것을 볼 수 있다.

다양한 다른 초기 조건을 이용하여 그림 20.11에 나타낸 것처럼 좀 더 완벽한 단면곡면을 얻을 수 있다.

각각의 약간 복잡한 곡선은 규칙적으로 반복에 반복을 거듭하는 궤도를 나타낸다. 자신과 세 번 교차하는 폐곡선 안의 네 영역은 규칙적 궤도, 즉 초기 조건에 의존하는 경계선을 가진 안정 궤도를 포함하고 있다. 극한에서 타원 고정점이라 불리는 네 점으로 줄일 수 있다.

다른 에너지 값 (하지만 그림 20.11에서 나타낸 같은 초기 조건을 이용하여)은 그림 20.12에 보인 심히 다른 곡면 단면으로 이끈다.

안정 궤도를 가진 네 개의 영역을 여전히 볼 수 있지만 이들 영역 밖의 $x=0$ 평면을 교차하는 궤적은 전혀 규칙성을 보이지 않는다. 곡선들은 반복을 계속하는 궤도를 나타나며 그림의 매우 작은 영역을 점유한다. 그리고 그림의 나머지 부분은 명백한 패턴을 보이지 않은 점들이 차지하고 있다. 이 영역은 혼돈적인 운동을 나타내고 별난 끌개라 부른다. 그림 20.13은 $E=1/6$의 에너지에 대하여 얻은 단면곡면을 보여준다. 비록 규칙적 궤도를 가진 몇몇의 작은 영역만 있지만, 지금은 거의 모든 운동이 혼돈적이다.

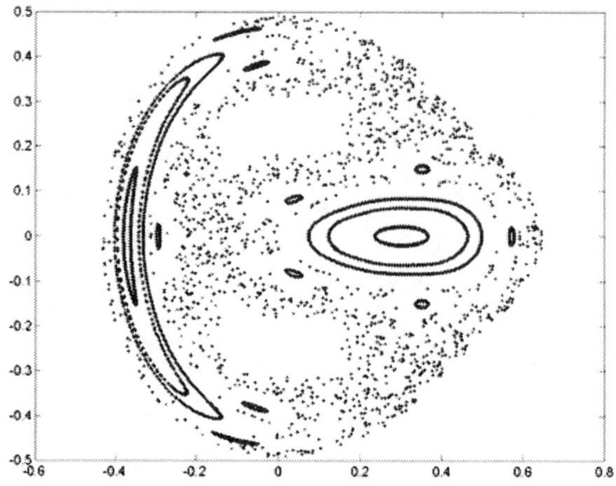

그림 20.12 ▌ 그림 20.11과 같은 초기조건이나 총 에너지는 $E=1/8$로 얻은 단면 곡면

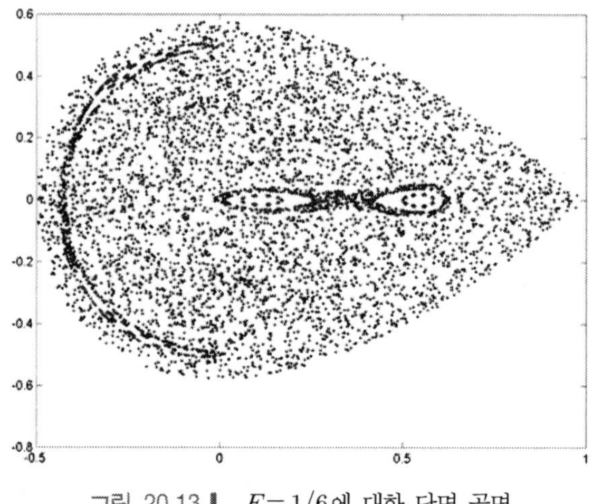

그림 20.13 ▌ $E=1/6$에 대한 단면 곡면

## 20.7 요약

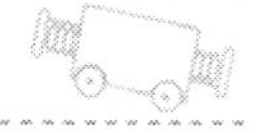

고전 혼돈 이론의 간략한 개론으로 이론에 사용하는 용어와 혼돈이론의 기본 사상의 일반 사상을 전달하고자 노력했다. 비선형 방정식은 때때로 혼돈 운동을 야기하는 초기 조건에 매우 민감하다. 혼돈은 위상 공간 풍경화(그림)에 마구잡이 점을 만드는 것이 특징이다. 초기 조건의 효과는 가까이 출발한 두 궤적이 발산하는 것을 기술하는 리아프노프 지수에 의하여 정량화 된다. 예로서 헤논-하일즈 해밀토

니안을 약간 자세히 고려하였다. 헤논-하일즈 퍼텐셜에서 혼돈 운동을 나타내는 그림들은 교육적이고 주의 깊게 공부할 가치가 있다.

## 20.8 문제

**[문제 20.1]** 헤논-하일즈 해밀토니안을 극좌표로 써라.

### 컴퓨터 과제

**[컴퓨터 과제 20.1]** $V=1/6$을 가정하여 헤논-하일즈 퍼텐셜을 그려서 이등변 삼각형이 됨을 보여라. ($r$ 대 $\theta$의 값들에 대한 복소수 근은 무시하라.)

**[컴퓨터 과제 20.2]** $F=0$, 작은 $\epsilon$에 대하여 반 데어 폴 방정식에 대한 그림 20.4 같은 그림을 그려라 $\epsilon$을 변화시켜 결과를 조사하라.

**[컴퓨터 과제 20.3]** 밴 데어 폴 방정식은 좀 더 단순한 형태로 쓸 수 있다.

$$\frac{d^2x}{dt^2} - \mu(1-x^2)\frac{dx}{dt} + x = 0$$

$\dot{x}$ 대 $x$를 $\mu<0$, $\mu=0$와 $\mu>0$의 경우에 대하여 그려라.

**[컴퓨터 과제 20.4]** 이번 단원의 마지막 세 그림을 그리는 컴퓨터 프로그램을 작성하라.

**[컴퓨터 과제 20.5]** 다음의 선형, 감쇠, 강제 진자에 대한 방정식을 고려하자.

$$\frac{d^2\theta}{dt^2} = -\frac{g}{l}\sin\theta - \alpha\frac{d\theta}{dt} + F_0\sin(\beta t)$$

$F_0=0$, 0.4, 1.1에 대하여 $\theta=\theta(t)$와 $\omega=\dfrac{d\theta}{dt}$를 그려라. $\alpha=0.5$, $g/l=1$ 그리고 $\beta=0.6$를 가정하라. 초기 조건은 $\theta(t=0)=0.3\,\text{rad}$, $\omega(t=0)=0.\,\text{rad/s}\,\dot{x}$로 하라.

**[컴퓨터 과제 20.6]** 두 동일한 감쇠, 강제 진자를 고려하자. 둘 다 같은 운동방정식을 가진다.

$$\frac{d^2\theta}{dt^2} = -\frac{g}{l}\sin\theta - \alpha\frac{d\theta}{dt} + F_0\sin(\beta t)$$

하지만 $\theta$의 초기 조건이 약간 다르다. $F_0$이 작다면(말하자면 0.1) 두 진자의 위상이 같지만 $F_0$이 클 때는(말하자면 1.0) 진자간의 각 거리가 점점 증가한다. $\alpha = 0.5$, $g/l = 1$, $\beta = 0.6$와 $\omega(t=0) = 0.$를 가정해도 된다. 초기 변위 $\Delta\theta = \theta_1 - \theta_2$는 말하자면 0.001로 작다. 두 진자에 대한 $\Delta\theta = \Delta\theta(t)$를 세미 log 스케일로 그려라. 발산하는 $\Delta\theta$에 대하여 리아프노프 지수를 어림하라.

**[컴퓨터 과제 20.7]** 로지스틱 사영은 다음을 가정한 $x_n$ 대 $n$의 그림이다.

$$x_{n+1} = \mu x_n(1 - x_n) \qquad 0 \le x \le 1$$

이 방정식으로 동물의 개체수의 증가 모델을 고려할 수 있다. (a) $\mu = 2, 3, 4$에 대한 $0 < n < 100$에서 로지스틱 사영을 그려라. 점들을 직선으로 연결하라. $x_0 = 0.6$을 가정하라. (b) 만약 $x_{n+1} = x_n$라서 $x$의 값이 변하지 않으면 계는 한계 값에 도달한다. $\mu = 0.2$인 경우 극한 값에 도달함을 보여라. $\mu = 0.3$에 대하여 계는 두 극한 값 사이에서 진동한다. $\mu = 0.4$에 대하여 극한 값이 없다.(계는 혼돈 적이다.)여 리아프노프 지수를 어림하라.

**[컴퓨터 과제 20.8]** 파이겐바움 그림은 $\mu$의 함수로서 로지스틱 방정식의 극한값의 그림이다.(앞 문제를 보라.) $\mu$의 범위가 1에서 4로 하고 $1000 < n < 200$에 대한 $x_n$ 대 $\mu$를 그려라.

**[컴퓨터 과제 20.9]** 로렌쯔 방정식은

$$\begin{aligned}\frac{dx}{dt} &= \sigma(y - x)\\ \frac{dy}{dt} &= -xz + rx - y\\ \frac{dz}{dt} &= xy - bz\end{aligned}$$

이다. (a) $r=25$, $\sigma=10$, $b=8/3$ 및 초기 조건 $x=1$, $y=z=0$에 대하여 $z$ 대 $t$를 그려라. 계를 (차원 없는) $t=50$까지 운용하라. (b) $z$ 대 $x$를 그려라.(시간 간격은 작아야 함에 유의하라.)

**[컴퓨터 과제 20.10]** 포식자-비포식자 관계는 다음의 방정식으로 이용하여 모델을 세울 수 있다.

$$\begin{aligned}\dot{x} &= 0.6x - 0.02xy \\ \dot{y} &= -2y + 0.02xy\end{aligned}$$

여기서 $x$는 비 포식자를 나타낸다. (말하자면, 토끼) 그리고 $y$는 포식자의 수를 나타낸다(말하자면, 여우). 시간의 함수로 $x$와 $y$를 같이 그리고 포식자에 대한 먹이 공급과 비포식자에 대한 생존확률을 이용하여 해석해 보아라. 초기 비포식자의 숫자를 100, 비포식자의 숫자는 5.로 가정해도 된다.

**[컴퓨터 과제 20.11]** 일반적으로 포식자-비포식자 관계는

$$\begin{aligned}\dot{x} &= ax - bxy \\ \dot{y} &= -cy + dxy\end{aligned}$$

이다. 여기서 $a$. $b$, $c$, $d$는 양수이다. $a=2$, $b=0.2$, $c=5$, $d=0.2$를 가정하라. 초기 조건 $x=10$, 30, 80과 $y=5$, 15, 15를 가정하라. 배위 그림 $x$ 대 $y$를 얻고 포식자와 비포식자의 개체수를 이용하여 해석하라.

APPENDIX

# 공식과 상수

## 보편상수

중력상수 $= G = 6.67 \times 10^{-11}\ \mathrm{Nm^2/kg^2}$

광속력 $= c = 3 \times 10^{8}\ \mathrm{m/s}$

## 천문학적 상수

지구질량　$5.97 \times 10^{24}\ \mathrm{kg}$

태양질량　$1.99 \times 10^{30}\ \mathrm{kg}$

지구 반지름　$6.37 \times 10^{6}\ \mathrm{m}$

지구의 공전반지름　$1.5 \times 10^{11}\ \mathrm{m}$

## 쌍곡선 함수의 정의

$$\sinh z = \frac{e^{z} - e^{-z}}{2}, \qquad \cosh z = \frac{e^{z} + e^{-z}}{2}, \qquad \tanh z = \frac{\sinh z}{\cosh z}.$$

## 적분

$a^2 \pm x^2$항을 포함한 표현

$$\int \frac{dx}{a^2 + x^2} = \frac{1}{a} \arctan \frac{x}{a},$$

$$\int \frac{dx}{a^2 - x^2} = \frac{1}{a} \tanh^{-1} \frac{x}{a},$$

$$\int \frac{dx}{\sqrt{a^2 - x^2}} = \arcsin \frac{x}{a},$$

$$\int \frac{dx}{\sqrt{x^2-a^2}} = \ln(x+\sqrt{x^2-a^2}),$$

$$\int \frac{dx}{a+bx+cx^2} = \frac{2}{\sqrt{4ac-b^2}}\tan^{-1}\frac{2cx+b}{\sqrt{4ac-b^2}},$$

$$\int \frac{dx}{\sqrt{a+bx+cx^2}} = \begin{cases} \frac{1}{\sqrt{c}}\sinh^{-1}\left(\frac{2cx+b}{\sqrt{4ac-b^2}}\right) & \text{if } c>0 \\ \frac{1}{\sqrt{-c}}\sin^{-1}\left(\frac{-2cx-b}{\sqrt{b^2-4ac}}\right) & \text{if } c<0 \end{cases}$$

삼각함수 표현

$$\int \tan x dx = -\ln\cos x,$$

$$\int \sec x dx = \ln(\sec x+\tan x)$$

$$\int \sin^2 x dx = \frac{x}{2}-\frac{1}{4}\sin 2x,$$

$$\int \cos^2 x dx = \frac{x}{2}+\frac{1}{4}\sin 2x.$$

쌍곡선 함수 표현

$$\int \sinh x dx = \cosh x,$$

$$\int \cosh x dx = \sinh x,$$

$$\int \tanh x dx = \ln\cosh x$$

log 표현

$$\int \ln x dx = x\ln x - x$$

error 함수

$$\mathrm{erf}(x) = \frac{2}{\sqrt{\pi}}\int_0^x e^{-t^2}dt$$

# 찾아보기

### ●●● ㅊ



### ●●● ㅋ

INTERMEDIATE DYNAMICS
**일반 역학**

2011년 2월 10일 1판 1쇄 인쇄
2011년 2월 20일 1판 1쇄 발행

저 자 PATRICK HAMILL
역 자 강지훈 · 송승기 · 양우철 · 이영재
발행인 연 규 산
발행처 청범출판사
등 록 1991년 8월 13일 No. 5-282
주 소 서울시 노원구 공릉 1동 598-7
TEL : 971-5385 FAX : 977-8967
ISBN 978-89-88247-65-5 93420

**가격 32,000원**